차량직·전차직

군무원

응시에서부터 합격으로 가는 길

▌ 군무원이란 ─────────────

▌ 시험정보 ─────────────

▌ 시험과목 및 면접시험 ─────────────

▌ 가산점 안내, 임용결격 사유 ─────────────

군무원이란

군 부대에서 군인과 함께 근무하는 공무원으로서
신분은 국가공무원법상 특정직 공무원으로 분류된다.

군무원 종류

1. 일반군무원
- 기술 · 연구 또는 행정일반에 대한 업무 담당
- 행정, 군사정보 등 46개 직렬
- 계급구조 : 1급~9급

2. 전문군무경력관
- 특정업무담당
- 교관 등
- 계급구조 : 가군, 나군, 다군

3. 임기제군무원

근무처

- 국방부 직할부대
  (정보사령부, 군사안보지원사령부, 국군지휘통신사령부, 국군의무사령부 등)
- 육군 · 해군 · 공군본부 및 예하부대

주요 업무

1. 차 량
- 건설장비(중장비, 경장비, 컴프레서) 및 연계된
  장비 정비, 수리 및 관리업무
- 육상용 차량 분해, 조립, 부품대체, 정비, 수리업무
- 내 · 외연기관 및 엔진부품의 생산, 조립, 정비, 수리업무

2. 전 차
- 전차, 장갑차량의 부품제작, 조립, 정비,
  수리업무
- 내 · 외연기관 및 엔진부품의 생산, 조립, 정비,
  수리업무

● 군무원 선발업무 주관부서

구 분	국방부	육군	해군	공군
선발 대상	각군 5급 이상 및 국직부대 전계급	6급 이하	6급 이하	6급 이하
주관 부서	국방부 군무원정책과	육군 인사사령부	해군 인사참모부	공군 인사참모부
연락처	02) 748-5105, 5106	042) 550-7145	042) 553-1284	042) 552-1453

● ● ● 원서 접수시 유의사항

1. 원서 작성 후 **응시수수료 결제까지 완료**하여야 원서접수가 완료된다.

2. 응시원서 결제는 원서접수기간 동안 원서작성 후 재접속하여 결제가 가능하나,

   접수 기한(접수마감일 18 : 00)까지 결재를 완료하여야 한다.

3. 원서접수 기간 내 응시수수료 **결제 전까지 원서의 수정** 또는 **작성된 원서의 삭제**와

   제작성이 가능하다.

4. 원서 작성 후 성명, 주민번호, 공채/경채 선택, 직렬, 계급, 응시자격 변경 및 수정은

   작성 된 **원서를 삭제한 후 재작성**을 통해서만 가능하다.

   ※ 위 사항을 제외하고 주소, 전화번호 등은 접수기간 내 〈원서수정〉을 통해 가능

5. 응시수수료를 결제 후 응시직렬, 응시 계급 수정은 My Page → 응시 원서 조회 및 수정

   페이지에서 **원서 삭제하기 후 재접수 가능**하다.

   [원서 삭제시 기존 원서정보와 결제 내역은 취소되고 응시수수료는 반환]

   ※ 본인 착오로 지원 분야를 잘못 선택하지 않도록 주의 바람.

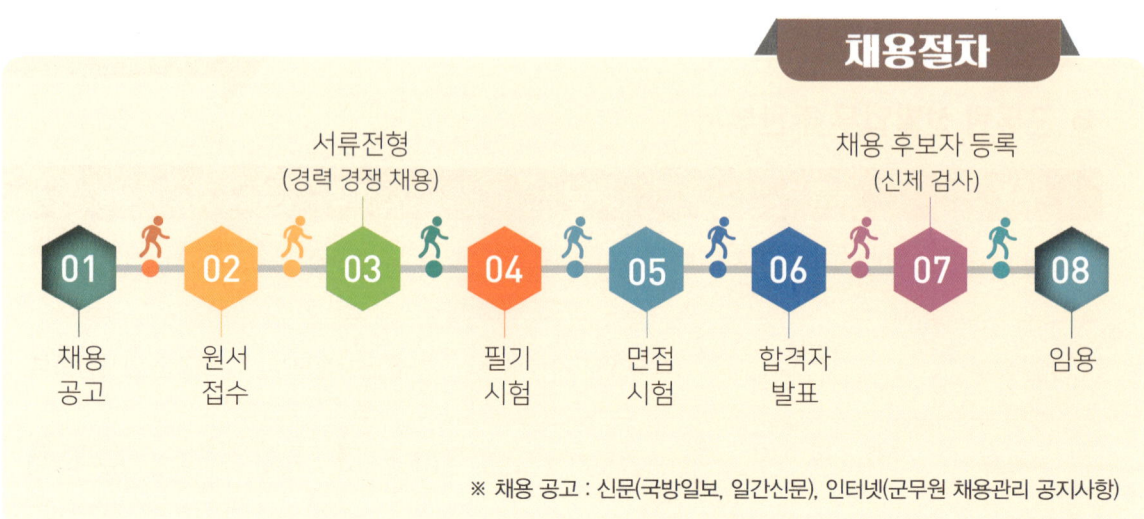

채용절차

서류전형
(경력 경쟁 채용)

채용 후보자 등록
(신체 검사)

01 채용 공고
02 원서 접수
03
04 필기 시험
05 면접 시험
06 합격자 발표
07
08 임용

※ 채용 공고 : 신문(국방일보, 일간신문), 인터넷(군무원 채용관리 공지사항)

채용일정 계획

채용 구분	원서 접수	응시서류 제출	서류전형 합격자 발표	필기 시험계획 공고	필기시험	필기시험 합격자 발표	면접시험	합격자 발표
공개경쟁채용	4월	※ 해당 없음		5월	6월	7월	7월~8월	8월
경력경쟁채용		4월	5월					

※ 세부 채용시험 일정은 매년 3월 하순경 당해 연도 군무원 채용계획 공고 시 안내

※ 원서접수 시간은 접수 기간중 09 : 00~21 : 00

※ 시험장소 공고 등 시험시행관련 사항은 국방부채용관리 홈페이지 (http://recruit.mnd.go.kr/main.do) 공지사항을 참조

※ 공개경쟁채용시험을 준비하는 수험생은 원서접수 마감일까지 군무원인사법 시행령 별표 4의2 및 별표 4의3에서 규정하고 있는 영어능력검정시험 성적 및 한국사 능력검정시험 성적을 취득할 수 있도록 사전에 대비 요망

※ 상기 일정은 시험주관기관의 사정에 따라 변경될 수 있으며, 변경 시 사전에 공지

※ 기타 문의 : 국방무 군무원정책과 채용담당(02-748-5298, 5299)

채용시험

시험구분	시험방법
공개경쟁채용시험	필기시험 → 면접시험
경력경쟁채용시험	서류전형 → 필기시험 → 면접시험

시험 출제 수준

- **5급 이상** : 정책의 기획 및 관리에 필요한 능력 · 지식을 검정할 수 있는 정도
- **6~7급** : 전문적 업무수행 능력 · 지식을 검정할 수 있는 정도
- **8~9급** : 업무수행에 필요한 기본적 능력 · 지식을 검정할 수 있는 정도

응시연령

최종 시험의 시행 예정일이 속한 연도에 다음의 계급별 응시 연령에 해당하여야 함.
- **7급 이상** : 20세 이상
- **8급 이하** : 18세 이상

응시 보유 자격증

군무원 공채시험 응시자는 채용 직렬/계급에서 요구하는 자격증을 보유하여야 하지만 차량 및 전차 직렬은 '자격증 미적용'에 해당함.

합격자 결정

1. 서류 전형(경력경쟁 채용의 경우만 해당)

응시자의 경력 · 학력 · 전공 과목 등과 임용 예정 직급의 직무 내용과의 관련 정도에 따라 합격 여부 결정

2. 필기시험

① 매 과목 **4할 이상**, 전 과목 총점의 **6할 이상** 득점한 자 중에서 **고득점자 순**으로 선발 예정 인원의 13할의 범위 안에서 합격자 결정

② 단, **선발 예정 인원의 13할을 초과**하여 동점자가 있는 경우 그 동점자 모두를 합격자로 하며, 기술 분야 6급 이하의 일반군무원 및 임용 시험은 **매 과목 4할 이상을 득점한 자** 중에서 고득점자 순으로 합격자 결정

3. 최종 합격자 결정

필기시험 합격자 중 면접시험을 거쳐 결정

시험과목

공개경쟁 채용시험

직군	직렬	계급	시험과목
공업	차량	5급	국어, 국사, 영어, **자동차정비, 자동차공학**, 내연기관, 기계열역학
		7급	국어, 국사, 영어, **자동차정비, 자동차공학**, 내연기관
		9급	국어, 국사, 영어, **자동차정비, 자동차공학**
	전차	5급	국어, 국사, 영어, **자동차정비, 자동차공학**, 기계열역학, 내연기관
		7급	국어, 국사, 영어, **자동차정비, 자동차공학**, 내연기관
		9급	국어, 국사, 영어, **자동차정비, 자동차공학**

※ '영어' 과목은 영어능력검정시험으로 대체, '한국사' 과목은 한국사능력검정시험으로 대체

경력경쟁 채용시험

직군	직렬	계급	시험과목
공업	차량	5급	자동차정비, 자동차공학
		7급	자동차정비, 자동차공학
		9급	자동차정비, 자동차공학
	전차	5급	자동차정비, 자동차공학
		7급	자동차정비, 자동차공학
		9급	자동차정비, 자동차공학

과목특성

1. 자동차 공학

자동차 구조와 기능 등의 **개념을 확립**시키고 여기에 수반되는 수치적 해석의 **이해도**를 확인하는 검정

2. 자동차 정비

자동차 부품들의 명칭 및 **상관관계 정립**과 **고장 시에 원인 및 해결 방법** 등을 점검하는 시험

※ 특히 본 과목은 면접 시에 구두 질문의 요소도 포함하고 있다.

면접시험

아래의 평점요소마다 각각 상(3점), 중(2점), 하(1점)로 평점하여 15점 만점으로 하되, 각 면접시험위원이 채점한 평점의 **평균이 중(10점)이상인 자** 중에서 **고득점자 순**으로 합격자 결정

– 군무원으로서의 정신자세
– 전문지식과 그 응용 능력
– 의사발표의 정확성과 논리성
– 창의력·의지력 기타 발전 가능성
– 예의, 품행 및 성실성

1. 취업지원 대상자(적용 : 6급 이하 공개경쟁 채용 및 경력경쟁 채용)

- 「독립유공자예우에 관한 법률」제16조, 「국가유공자 등 예우 및 지원에 관한 법률」제29조, 「보훈대상자 지원에 관한 법률」, 「5.18민주유공자 예우에 관한 법률」제20조, 특수임무유공자 예우 및 단체설립에 관한 법률」제19조에 의한 취업지원대상자 그리고 「고엽제후유증 환자지원 등에 관한 법률」제7조에 의한 고엽제후유증의 환자와 그 가족은 각 과목별 만점의 10% 또는 5%의 가점 비율에 해당하는 점수를 가산.
- 취업지원 대상자 가점은 각 과목 만점의 4할 이상 득점한 자에 한함
- 취업지원 대상자 가점을 받아 합격하는 사람은 선발예정 인원의 30%를 초과할 수 없음. 다만, 응시자 수가 선발예정 인원과 같거나 적은 경우에는 그러하지 아니함

   ※ 취업지원 대상자 여부와 가점 비율은 본인이 사전에 직접 국가보훈처 및 지방보훈지청 등에 확인하여야 함

2. 응시 직렬 가산 자격증 소지자 (적용 : 6급 이하 공개경쟁 채용)

- **적용 대상**

직렬＼자격	기술사	기능장	기사	산업기사	기능사
차 량	건설기계, 차량	건설기계정비, 자동차정비	건설기계 건설기계정비, 자동차정비	건설기계 건설기계정비 자동차정비 컴퓨터응용	자동차정비 자동차차체수리 건설기계정비 자동차보수도장
전 차	차량	자동차정비 건설기계정비	자동차정비 궤도장비정비 건설기계 건설기계정비	자동차정비 궤도장비정비 건설기계 건설기계정비	자동차정비 자동차차체수리 궤도장비정비 건설기계정비 자동차보수도장

- **가산 비율**

7급		9급	
기술사, 기능장, 기사	산업기사	기술사, 기능장, 기사, 산업기사	기능사
5%	3%	5%	3%

3. 가산점 관련 유의사항

- 가산 특전은 필기시험 시행 전일까지 발행한 **취업지원 대상자** 또는 **자격증 소지자**에게 부여하며, **필기시험 매 과목 4할 이상 득점자에 한하여 부여**
- 취업지원 대상자 가점과 자격증 가산점은 각각 적용
- 가산점이 중복되는 경우 다음과 같이 적용

   ※ 취업지원대상자 + 자격증소지자 ⇒ **취업지원 + 자격증 가산**

   ※ 2개 이상의 자격증 소지자 ⇒ **유리한 자격증 1개**

임용 결격 사유

★ 신원조사 등을 통해 확인

1. 군무원인사법 제10조 (결격 사유)

- 대한민국 국적을 가지지 아니한 사람
- 대한민국 국적과 외국 국적을 함께 가지고 있는 사람
- 「국방공무원법」 제33조 각 호의 어느 하나에 해당하는 사람

2. 국가공무원법 제33조 (결격 사유)

- 피성년 후견인 또는 피한정 후견인
  ※ 개정된 민법 시행(2013.7.1.)에 따라 기존 금치산자 또는 한정치산자도 2018.6.30. 까지는 결격사유에 해당.
- 파산선고를 받고 복권되지 아니한 자
- 금고 이상의 실형을 선고받고 그 집행이 종료되거나 집행을 받지 아니하기로 확정된 후 5년이 지나지 아니한 자
- 금고 이상의 형을 선고받고 그 집행유예 기간이 끝난 날부터 2년이 지나지 아니한 자
- 금고 이상의 형의 선고유예를 받은 경우에 그 선고유예 기간 중에 있는 자
- 법원의 판결 또는 다른 법률에 따라 자격이 상실되거나 정지된 자
- 공무원으로 재직기간 중 직무와 관련하여 「형법」 제355조 및 제356조에 규정된 죄를 범한 자로서 300만원 이상의 벌금형을 선고받고 그 형이 확정된 후 2년이 지나지 아니한 자
- 징계로 파면처분을 받은 때부터 5년이 지나지 아니한 자
- 징계로 해임처분을 받은 때부터 3년이 지나지 아니한 자

3. 국가공무원법 제31조 (정년)

- 군무원의 정년은 60세로 한다.
  다만, 전시·사변 등의 국가비상 시에는 예외로 한다.

합격을 기원합니다

※더 자세한 사항은
국방부채용관리홈페이지
http://recruit.mnd.go.kr/main.do 에서
확인할 수 있습니다.

2026

차량직 · 전차직

군무원
300제

자동차공학 | 자동차정비

이윤승 | 윤명균 | 강주원

GoldenBell

PREFACE

자동차 과목을 처음 접한 대부분의 수험생들이 공통적으로 하는 질문이 있습니다.

"수업을 들어도 무슨 얘기를 하는지 모르겠고 책의 내용이 머릿속에도 잘 남지 않아 학습방향을 잡기 어렵습니다. 지금 하고 있는 공부방법이 맞는지도 모르겠습니다."라는 것입니다.

개개인의 학습능력 정도에 따라 조언해 드리는 것이 가장 이상적이지만 그러지 못하는 상황에서 기본적으로 해드릴 수 있는 조언은 "본인이 가장 오래 앉아서 집중할 수 있는 방법으로 학습하세요."입니다. 익숙하지 않은 과목을 학습하실 때 조금이라도 흥미를 가질 수 있는 방법이 제일 좋습니다. 예를 들어,

목차 순서로 공부하면서 관련된 문제를 계단식으로 풀어 나가는 방법, 단원별로 복습을 철저히 하면서 조금씩 진도를 늘려나가는 방법, 인강 위주로 전반적인 회독을 늘려나가는 방법, 그 어떤 방법도 좋습니다.

최대한 학습할 때 시간이 잘 가는 느낌이 드는 방법을 찾아보시길 바랍니다. 이 교재는 어떤 사전 학습방법과도 잘 어울리며 문제를 풀면서 자연스레 시험 준비를 마무리할 수 있도록 구성하였습니다.

1단계 / 단원별 자주 출제되는 문제 반복 학습

이론서에서 학습했던 내용을 기반으로 자주 출제되는 문제를 반복 학습함으로써 틀려서는 안될 기본문제에 대한 점수를 확보할 수 있습니다. (문제 나열 순서를 이론서 목차 순서와 동기화하여 관련 내용을 찾거나 정리하는데 편의성을 높였습니다.)

2단계 / 상세 해설을 포함한 개념 확장 300문제

상세한 해설을 통해 이론적 개념 복습정리 및 연계 내용 확장을 통해 점진적으로 과목의 완성도를 높일 수 있도록 도움을 드렸습니다. (비슷한 유형의 문제, 변별력을 요하는 문제 해결 능력 상승효과 기대)

3단계 / 학습 완성도를 체크하기 위한 모의고사 10회분

학습 완성도 체크 및 학습 방향성을 잡기 위한 모의고사를 준비하였습니다.

모의고사 성적이 100점 만점을 기준으로

TIP

1. 50점 이하의 점수를 받은 경우

추가 문제를 학습하시는 것 보다는 이론서의 회독을 늘리는 방향으로 학습하시는 것이 도움이 됩니다. 기본적인 개념이 적립되지 않은 상태로, 목차 및 마인드맵을 기반으로 하여 지속적인 반복학습이 필요합니다.(이 때 1회독 하는 기간을 최대한 짧게 잡아 깊이 있게 공부하는 것보다 자주 보는 방향으로 학습하시는 것이 도움 됩니다.)

2. 60점 ~ 70점

단원별 주요 문제를 기반으로 자주 출제되는 문제의 유형을 파악하고 요약 노트 및 마인드맵 등을 활용하여 본인만의 학습 개념을 확실하게 정립합니다.

3. 70점 ~ 80점

다양한 문제(자동차 정비 기능사 문제 정도의 수준)를 많이 접하면서 기본 개념을 확장하는 단계로 문제를 풀면서 추가로 알게 된 내용들을 본인만의 노트에 첨삭하여 안정적인 고득점을 받기 위한 노력을 하면 됩니다.

4. 80점 이상

기복 없이 꾸준하게 80점 이상 점수를 얻게 된다면 1차 필기시험 합격에는 무난한 점수대로서 자동차정비 산업기사 수준의 어려운 문제를 조금씩 접해나가면서 학습마무리를 하시면 됩니다. 이 때 2차 면접시험 전공질문을 대비하여 정비 실무와 관련된 내용에 좀 더 비중을 두고 학습하시는 것이 도움 됩니다.

끝으로 "더 괜찮은 삶을 영위하기 위해 준비하는 시험이다."라는 것을 잊지 마시기 바랍니다. 이 시험이 내 삶에 전부는 아니라는 것입니다. 너무 큰 집착은 사람을 괴롭게 만드는 원인이 됩니다.

내가 마음먹고 계획한 1년, 후회 없도록 최선을 다하고 안 된다면 과감하게 버릴 줄 아는 것도 스스로를 힘들게 하지 않는 지혜라 생각합니다. 주어진 것에 최선을 다했다면 어떤 결과가 나오든 겸허하게 받아들일 수 있을 것입니다. 시험을 준비하는 과정이든 이후 삶이든 항상 편안하고 행복하셨으면 좋겠습니다.

2026년 3월
지은이

P.S 1차 필기시험을 보시고 난 뒤 기억나는 문제가 있으시다면 gard1212@naver.com 메일로 보내주세요. 작은 보답으로 2차 면접시험과 관련된 자료를 보내드리겠습니다.

CONTENTS

Chapter 05 **자동차 규칙**

PART 2
엄선 300제

Chapter 01 **엄선 300제**

PART 3
모의고사

Chapter 01 **모의고사**

01 자동차 일반

section 1 자동차의 정의 및 분류

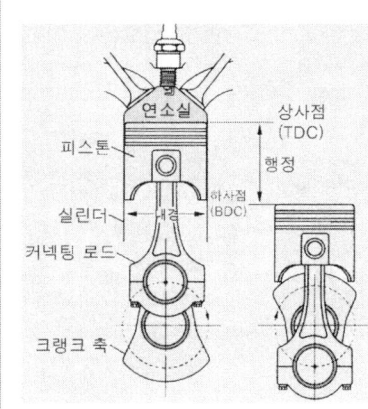

■ 배기량
① 행정체적의 부피를 말한다.
② 부피의 단위로 cm³을 cc라고 표현한다.
③ 1기통 배기량 $= \pi \times r^2 \times L$
　[π＝원주율, r＝반지름(반경), L＝행정(stroke)]
④ 총 배기량은 1기통 배기량 × 기통 수
⑤ 압축비$= \dfrac{실린더체적}{연소실체적} = 1 + \dfrac{행정체적}{연소실체적}$
⑥ 실린더체적＝연소실체적＋행정체적
※ 유사 용어 : 기통 수＝실린더 수, 직경(내경)＝지름(D)

---

01 출제빈도 ★☆☆

「자동차관리법」상 자동차의 종류에 대한 설명으로 틀린 것은?

① 11인 이상을 운송하기에 적합하게 제작된 자동차, 내부의 특수한 설비로 인하여 승차정원이 10인 이하로 된 자동차, 경형자동차로서 승차정원이 10인 이하인 전방조종자동차를 승합자동차라 한다.
② 10인 이하를 운송하기에 적합하게 제작된 자동차를 승용자동차라 한다.
③ 승용자동차는 배기량과 차량의 크기에 따라 경형, 소형, 중형, 대형자동차로 구분한다.
④ 캠핑용자동차 또는 캠핑용트레일러는 화물차의 종류에 속한다.

02 출제빈도 ★★☆

〈보기〉에서 4행정 왕복형 내연기관의 기본용어를 설명하고 있는 것으로 옳은 것을 모두 고른 것은?

┤ 보기 ├
ㄱ. 상사점 : 피스톤이 실린더 최상부에 있을 때 제일 높은 부분
ㄴ. 실린더체적 : 피스톤이 하사점에 있을 때 상부의 부피
ㄷ. 행정 : 상사점과 하사점의 거리
ㄹ. 행정체적 : 피스톤이 상사점에 있을 때 상부의 부피

① ㄱ, ㄴ, ㄷ　　② ㄱ, ㄴ, ㄹ
③ ㄱ, ㄷ, ㄹ　　④ ㄴ, ㄷ, ㄹ

03 출제빈도 ★★★

4실린더 엔진의 실린더 직경이 100mm, 행정이 80mm인 자동차의 총배기량은 얼마인가?

① 628cc　　　② 1,004cc
③ 2,512cc　　④ 10,048cc

04 출제빈도 ★★★

4기통 기관의 행정과 직경이 각각 100mm일 때 이 기관의 총배기량은 얼마인가?

① 1,000미만　② 1,570cc
③ 3,140cc　　④ 6,280cc

05 출제빈도 ★★★

실린더의 지름이 8cm, 행정이 9cm인 엔진의 총배기량은 약 얼마인가? (단, 6기통 엔진이다.)

① 2,400cc　　② 2,700cc
③ 3,000cc　　④ 3,300cc

06 출제빈도 ★★★

실린더의 안지름이 100mm이고, 행정이 80mm인 6개 실린더 기관의 총배기량으로 옳은 것은?

① 3,014cc　　② 3,768cc
③ 3,840cc　　④ 4,800cc

07 출제빈도 ★★★

4기통엔진의 피스톤 직경이 60mm, 행정이 60mm인 차량의 배기량은?
(단, π=3.14이며 소수점 아래는 절사)

① 128cc　　　② 356cc
③ 678cc　　　④ 734cc

08 출제빈도 ★★★

압축비가 9, 행정체적 402cc인 6실린더 총배기량?

① 2,412cc　　② 2,712cc
③ 2,112cc　　④ 1,608cc

09 출제빈도 ★★☆

총 배기량 3,140cc인 4기통 엔진의 행정은 몇 mm인가? (단, 실린더의 직경은 100mm이다.)

① 50mm　　　② 100mm
③ 150mm　　　④ 200mm

10 출제빈도 ★★☆

압축비에 대한 설명으로 가장 거리가 먼 것은?

① 행정체적/연소실체적
② 실린더체적/연소실체적
③ 1 + (행정체적/연소실체적)
④ (행정체적+연소실체적)/연소실체적

11 출제빈도 ★★★

실린더의 체적이 200cc, 연소실의 체적이 20cm^{3}인 기관의 압축비는 얼마인가?

① 8 : 1　　　② 9 : 1
③ 10 : 1　　　④ 11 : 1

12 출제빈도 ★★★

연소실체적 30cc, 행정체적 180cc일 때, 압축비를 구하라.

① 5 : 1　　　② 6 : 1
③ 7 : 1　　　④ 8 : 1

13 출제빈도 ★★★

실린더의 연소실체적이 100cc, 행정체적이 800cc인 엔진의 압축비는 얼마인가?

① 8 : 1   ② 9 : 1

③ 10 : 1   ④ 11 : 1

14 출제빈도 ★★★

한 실린더의 배기량이 810cc인 엔진의 연소실 체적이 90cc이다. 이때의 압축비로 맞는 것은?

① 9 : 1   ② 10 : 1

③ 11 : 1   ④ 12 : 1

15 출제빈도 ★★★

실린더의 행정체적이 960cc, 연소실체적이 80cc인 엔진의 압축비는 얼마인가?

① 10 : 1   ② 11 : 1

③ 12 : 1   ④ 13 : 1

16 출제빈도 ★★★

총 배기량이 2,000cc인 4기통 엔진이 있다. 한 실린더 당 연소실체적이 50cc일 때, 이 엔진의 압축비는 얼마인가?

① 9 : 1   ② 10 : 1

③ 11 : 1   ④ 12 : 1

17 출제빈도 ★★★

가솔린엔진 실린더의 연소실체적이 80cc이고, 압축비가 9:1일 때 행정체적은 얼마인가?

① 540cc   ② 580cc

③ 640cc   ④ 720cc

18 출제빈도 ★★★

기관의 실린더 내경 75mm, 행정 75mm, 압축비가 8 : 1인 4실린더 기관의 총 연소실체적은?

① 239.38cc   ② 159.76cc

③ 189.24cc   ④ 318.54cc

19 출제빈도 ★★★

연소실체적이 50cc이고, 압축비가 11일 때 이 기관의 총배기량은 얼마인가? (단, 엔진의 실린더 수는 6개이다.)

① 2,200cc   ② 2,500cc

③ 3,000cc   ④ 3,300cc

20 출제빈도 ★★☆

다음 중 압축비가 가장 큰 것은?

① 연소실체적 80cc, 행정체적 580cc

② 연소실체적 75cc, 실린더체적 525cc

③ 연소실체적 65cc, 행정체적 390cc

④ 연소실체적 55cc, 실린더체적 385cc

21 출제빈도 ★☆☆

트럭의 짐칸 형상으로 볼 수 없는 것은?

① 일방향 열림형

② 2방향 열림형

③ 3방향 열림형

④ 픽업형

>>> **정답**

01	02	03	04	05	06	07	08	09	10
④	①	③	③	②	②	③	①	②	①
11	12	13	14	15	16	17	18	19	20
③	③	②	②	④	③	③	③	③	①
21									
②									

01. ④ **자동차 관리법** : 캠핑용자동차 또는 캠핑용트레일러는 승합자동차에 속하였으나
〈2019.8.27. - 삭제〉
현재는 용도에 맞으면 승용, 승합, 화물 전부 적용 가능

02. ㄹ. 연소실체적-피스톤이 상사점에 있을 때 체적

03. 총배기량=πr^2(실린더면적)×L(행정)×N(기통 수)
$\quad = 3.14 \times (5cm)^2 \times 8cm \times 4$
$\quad = 2,512cm^3 = 2,512cc$

04. $\pi r^2 \times L \times N = 3.14 \times (5cm)^2 \times 10cm \times 4$
$\quad\quad = 3,140cm^3 = 3,140cc(1cm^3 = 1cc)$
※ 직경(지름) 100mm=10cm → 반지름=5cm

05. $\pi r^2 \times L \times N = 3.14 \times (4cm)^2 \times 9cm \times 6$
$\quad\quad = 2,713cm^3 = 2,713cc ≒ 2,700cc$

06. $\pi r^2 LN = 3.14 \times (5cm)^2 \times 8cm \times 6 = 3,768cc$

07. $\pi r^2 \times L \times N = 3.14 \times (3cm)^2 \times 6cm \times 4$
$\quad\quad = 678.24cm^3 = 678cc$
단, 10mm=1cm

08. 총배기량=행정체적(1기통 배기량)×실린더 수
$\quad\quad = 402cc \times 6 = 2,412cc$
압축비는 필요 없는 요소로 실수를 유발하기 위해 주어진 값임

09. $\pi r^2 \times L \times N = 3.14 \times (5cm)^2 \times Lcm \times 4 = 3,140cc$ →
$Lcm = \dfrac{3,140cm^3}{3.14 \times 25cm^2 \times 4} = 10cm = 100mm$

10 ① 압축비=행정체적/연소실체적+1

11. 압축비(ε)= $\dfrac{실린더\ 체적(V_{실})}{연소실\ 체적(V_{연})}$, $\dfrac{200cc}{20cc} = 10$
여기서 10은 $\dfrac{10}{1}$과 같으며 $\dfrac{10}{1}$을 10:1이라고 표현

12. $\varepsilon = \dfrac{V_{실}}{V_{연}} = 1 + \dfrac{V_{행}}{V_{연}} = 1 + \dfrac{180cc}{30cc} = 7 : 1$

13. $\varepsilon = \dfrac{100cc}{800cc} + 1 = 9 : 1$

14. $\varepsilon = \dfrac{V_{행}}{V_{연}} + 1 = \dfrac{810cc}{90cc} + 1 = 10 : 1$

15. $\varepsilon = \dfrac{V_{행}}{V_{연}} + 1 = \dfrac{960cc}{80cc} + 1 = 13 : 1$

16. $\varepsilon = \dfrac{V_{행}}{V_{연}} + 1 = \dfrac{500cc}{50cc} + 1 = 11 : 1$

17. $9 = \dfrac{V_{실}}{80cc}$, 실린더체적=720cc,
720cc=80cc+행정체적, 행정체적=640cc

18. $V_{행} = \pi r^2 \times L = 3.14 \times (3.75cm)^2 \times 7.5cm$
$\quad\quad = 331.17cm^3 = 331.17cc$
$\varepsilon = \dfrac{V_{행}}{V_{연}} + 1$, $8 = 1 + \dfrac{331.17cc}{V_{연}}$, $V_{연} = 43.31cc$
총 $V_{연}$ =연소실×기통수=47.31cc×4=189.24cc

19. $\varepsilon = \dfrac{V_{행}}{V_{연}} + 1$, $V_{행}$(1기통의 배기량)=$(\varepsilon - 1) \times V_{연}$
$\quad = (11-1) \times 50cc = 500cc$,
총 배기량= $V_{행} \times$ 기통수=500cc×6
$\quad\quad = 3,000cc$

20. ① $\varepsilon = \dfrac{V_{행}}{V_{연}} + 1$, $\dfrac{580cc}{80cc} + 1 = 8.25$
② $\varepsilon = \dfrac{V_{실}}{V_{연}}$, $\dfrac{525cc}{75cc} = 7$
③ $\varepsilon = \dfrac{V_{행}}{V_{연}} + 1$, $\dfrac{390cc}{65cc} + 1 = 7$
④ $\varepsilon = \dfrac{V_{실}}{V_{연}}$, $\dfrac{385cc}{55cc} = 7$

21. 다시 출제될 확률이 매우 낮은 문제이다.

일방향 열림형　　3방향 열림형　　　픽업형

■ 자동차의 기본 구조

(1) 차체 : 사람이나 화물을 싣는 부분
- 보디·온 프레임식 : 차체와 프레임 분리 / 일체 구조식(=모노코크 바디) : 차체와 프레임 일체
(2) 섀시 : 차체를 제외한 나머지(주행가능) → 엔진, 전기장치, 동력전달·현가·조향·제동장치

■ 제원

(1) 전장 : 측면에서 봄, 최대 길이 – 부속물(범퍼, 미등) 포함
(2) 전폭 : 정면에서 봄, 최대 폭 – 사이드 미러 제외
(3) 전고 : 접지면에서 최상부까지 높이 – 최대 공기압 상태, 안테나 가장 낮게
(4) 축거 : 측면에서 봄, 차축의 중심 사이의 거리
(5) 윤거 : 정면에서 봄, 좌·우 타이어 중심 사이의 거리
- 복륜의 경우 전체를 하나로 보고, 복륜과 복륜 중심 사이의 거리
- 독립현가방식에서는 총중량 상태에서 측정해야 함(윤거가 변하기 때문)
(6) 최저 지상고(10cm 이상) : 노면에서 자동차 최저부까지의 높이
- 공차 상태에서 측정 / 타이어 접지 부분과 드럼 아랫부분은 제외
(7) 앞 오버행 : 앞 차축 중심에서 맨 앞까지 – 부속물(범퍼, 훅) 포함
(8) 뒤 오버행 : 뒤 차축 중심에서 맨 뒤까지 – 부속물 포함

■ 중량

(1) 공차상태(= 차량중량) : 사람 승차 X, 물품 적재 X / 연료, 냉각수, 오일 만재
- 예비타이어 포함 / 예비 부품, 공구, 휴대물 제외
(2) 적차상태(= 차량 총중량) : 승차정원·최대 적재량 적재
① 윤중 : 바퀴 1개가 지면을 누르는 힘
② 축중 : 하나의 축에 연결된 윤중의 합

■ 성능과 공학

(1) 엔진성능곡선 : 엔진회전수(rpm)의 증가에 따라 토크(kgf·m), 출력(PS) 및 연료소비율의 변화정도를 나타낸 그래프 / 중저속 : 토크 최대, 중속 : 연료소비율 최저, 고속 : 출력 최대
▷ 출력 : 엔진이 할 수 있는 일의 능률 → 일률의 단위 : 1PS = 75kgf·m/s = 0.735kW
① 지시마력 : 연료가 연소하면서 발생된 이론상 마력
② 제동마력 : 크랭크축에서 계측한 실제 마력
③ 손실마력 : 피스톤 링의 마찰에 의해 손실된 마력

$$※ \ V_{\text{피스톤 평균속도(m/s)}} = \frac{2 \cdot R_{\text{분당회전수(rpm)}} \cdot L_{\text{행정(m)}}}{60}$$

④ 기계효율 : $\dfrac{\text{제동마력}}{\text{지시마력}} \times 100$

■ 정지거리 = 공주거리 + 제동거리

(1) 공주거리 : 제동하려고 인지했을 때부터 브레이크가 작동하기까지 이동한 거리
(2) 제동거리 : 브레이크가 작동했을 때부터 정지할 때까지 이동한 거리

■ **주행저항**

(1) **구름저항**(R_1) – 주행 시 타이어에 발생하는 저항 / 차량 총중량(W)과 비례

(2) **공기저항**(R_2) – 주행을 방해하는 공기의 저항 → 차량 총중량(W)과 무관

　　　　　 – 투영면적(A)과 차속의 제곱(V^2)에 비례

(3) **등판·구배저항**(R_3) – 오르막길 저항 / W와 구배율(sin경사각도)에 비례

(4) **가속저항**(R_4) – 관성저항으로 주행속도를 변화시키는 데 필요한 힘 / W + w'에 비례

(5) **전·주행저항** = $R_1 + R_2 + R_3 + R_4$

---

01 출제빈도 ★★☆

다음 중 섀시에 포함되지 않는 것은?

① 전기장치

② 조향장치

③ 엔진

④ 차체(바디)

02 출제빈도 ★★☆

자동차의 섀시와 가장 관련이 없는 것은?

① 동력발생장치(기관)

② 조향장치

③ 모노코크 바디(monocoque body)

④ 타이어 및 휠

03 출제빈도 ★★★

자동차를 정면에서 보았을 때 좌우 타이어의 중심 사이의 거리를 무엇이라 하는가?

① 윤거　　　　② 축거

③ 전장　　　　④ 전폭

04 출제빈도 ★★★

다음 중 자동차의 치수 제원의 용어에 대해 잘못 설명한 것은?

① 앞 오버행 – 자동차 앞바퀴의 중심을 지나는 수직면에서 자동차의 맨 앞까지의 수평거리를 말한다.

② 전장 – 자동차를 옆에서 보았을 때 범퍼를 포함한 자동차의 제일 앞쪽 끝에서 뒤쪽 끝까지의 최대길이를 말한다.

③ 윤거 – 좌우타이어의 접촉면의 중심에서 중심까지의 거리를 말한다.

④ 전폭 – 사이드 미러의 개방한 상태를 포함한 자동차 중심선에서 좌우로 가장 바깥쪽의 최대너비를 말한다.

05 출제빈도 ★★★

다음 설명하는 자동차 제원에 대한 설명으로 맞는 것은?

> 자동차를 정면에서 봤을 때 타이어 접지된 부분의 가운데 사이의 거리를 뜻한다.

① 전고　　　　② 축거

③ 윤거　　　　④ 앞오버행

06 출제빈도 ★★★

자동차의 제원 중 하나인 윤거(wheel tread)에 대한 설명으로 옳은 것은?

① 접지면에서 자동차의 가장 높은 부분까지의 거리
② 좌우 타이어의 접촉면의 중심에서 중심까지의 거리
③ 부속품을 포함한 자동차의 좌우 최대 너비
④ 앞뒤 차축 중심에서의 수평거리

07 출제빈도 ★★★

자동차의 치수에 관한 설명으로 옳지 않은 것은?

① 전장 – 자동차의 길이를 자동차의 중심면과 접지면에서 평행하게 측정하였을 때 부속물을 포함한 최대 길이
② 축거 – 앞뒤 차축의 중심에서 중심까지의 수평거리
③ 윤거 – 앞뒤 타이어의 접촉면의 중심에서 중심 사이의 거리
④ 뒤 오버행 – 맨 뒷바퀴의 중심을 지나는 수직면에서 자동차의 맨 뒷부분까지의 수평거리

08 출제빈도 ★★★

다음 중 자동차 제원의 정의가 잘못 설명된 것은?

① 윤거 – 차체 좌우 중심선 사이의 거리
② 전장 – 자동차의 제일 앞쪽 끝에서 뒤쪽 끝까지의 최대 길이
③ 전고 – 접지면으로부터 자동차의 최고부까지의 높이
④ 축거 – 앞차축의 중심에서 뒤차축의 중심 간의 수평거리

09 출제빈도 ★★★

다음 중 윤거에 대한 설명으로 가장 거리가 먼 것은?

① 자동차를 정면에서 보았을 때 좌우 타이어의 중심 사이의 거리를 뜻한다.
② 복륜인 경우 각 복륜 타이어의 중심에서 중심 사이의 거리를 뜻한다.
③ 일반적으로 윤거가 넓을수록 조종성, 안정성이 좋아진다.
④ 윤거가 변하는 독립현가방식인 경우 공차 상태에서 측정한다.

10 출제빈도 ★☆☆

적재함의 중심선과 후축 중심선과의 거리를 뜻하며 적재함의 중심이 후축보다 앞에 위치한 경우를 플러스, 그 반대를 마이너스로 표현하는 용어를 무엇이라 하는가?

① 전장
② 하대 옵셋
③ 리어오버행
④ 셋백

11 출제빈도 ★★☆

공차상태에 대한 설명으로 틀린 것은?

① 사람이 승차하지 않은 상태이다.
② 예비타이어가 있는 차량에서는 예비타이어의 무게도 공차중량에 포함이 된다.
③ 예비부품 및 공구도 공차중량에 포함이 된다.
④ 연료·냉각수 및 윤활유를 만재한 상태이다.

12 출제빈도 ★★☆

일반적인 자동차의 제원에 대한 설명으로 가장 옳지 않은 것은?

① 앞뒤 차축의 중심사이의 수평거리를 축거라고 한다.
② 자동차가 통과할 수 있는 턱의 최대 높이를 오버행이라고 한다.
③ 공차중량과 차량중량은 같은 의미이다.
④ 최소회전 반지름은 자동차의 제원 중 하나이다.

13 출제빈도 ★★★

"윤중" 용어의 정의로 옳은 것은?

① 자동차가 수평상태에 있을 때에 1개의 바퀴가 수직으로 지면을 누르는 중량
② 자동차가 수평상태에 있을 때에 1개의 차축에 연결된 모든 바퀴의 힘의 합
③ 자동차가 공차상태로 있을 때의 중량
④ 자동차의 제작 시 발생되는 제원치의 허용중량

14 출제빈도 ★★☆

자동차 용어에 대한 설명으로 틀린 것은?

① 윤거란 좌우 타이어의 중심 사이의 거리를 뜻한다.
② 자동차의 예비공구는 공차중량에 포함되지 않는다.
③ 차량중량이란 승차인원이 모두 승차하고 화물을 적재한 상태를 뜻한다.
④ 전폭에 사이드 미러의 크기는 제외된다.

15 출제빈도 ★★☆

엔진 성능 곡선도를 보고 알 수 있는 항목이 아닌 것은?

① 엔진 회전수에 따른 토크의 변화
② 엔진 회전수에 따른 출력의 변화
③ 엔진 회전수에 따른 압축압력의 변화
④ 엔진 회전수에 따른 연료소비율의 변화

16 출제빈도 ★★☆

엔진의 성능 곡선도에 대한 설명으로 가장 거리가 먼 것은?

① 엔진의 회전속도가 낮을 때 축출력이 높다.
② 엔진의 회전속도가 중저속 영역일 때 토크가 높은 편이다.
③ 엔진의 회전속도가 중속일 때 연료 소비율이 가장 낮다.
④ 과급장치를 활용하여 토크와 축출력을 더 높일 수 있다.

17 출제빈도 ★★☆

엔진성능용어와 관련된 설명으로 틀린 것은?

① 성능곡선도는 엔진회전수에 따른 최대출력, 토크, 연료 소비율의 변화를 나타낸다.
② 출력은 힘과 거리의 곱으로 나타낼 수 있다.
③ 회전력은 축 혹은 바퀴의 회전하는 힘에 비유할 수 있다.
④ 회전력(토크)에 엔진의 회전수를 곱한 출력이 엔진의 성능을 좌우한다.

18 출제빈도 ★★☆

1마력(PS)에 대한 설명으로 가장 옳은 것은?

① 1초 동안 65kgf · m의 일을 할 수 있는 능률

② 1초 동안 75kgf · m의 일을 할 수 있는 능률

③ 10초 동안 65kgf · m의 일을 할 수 있는 능률

④ 10초 동안 75kgf · m의 일을 할 수 있는 능률

19 출제빈도 ★☆☆

실린더에서 압력을 직접 측정한 마력을 무엇이라 하는가?

① 지시마력　　　　② 손실마력

③ 제동마력　　　　④ 연료마력

20 출제빈도 ★☆☆

4행정 사이클엔진의 총배기량이 3000cc인 엔진의 평균유효압력이 10kgf/cm²이다. 이 엔진이 1500rpm으로 회전하고 있을 때 지시마력(PS)은 얼마인가?

① 10　　　　　　② 20

③ 50　　　　　　④ 75

21 출제빈도 ★★☆

정미마력에 대한 설명 중 옳은 것은?

① 기계 부분의 마찰에 의하여 손실되는 동력을 말한다.

② 기관의 축 끝에서 계측한 마력으로 축마력, 제동마력이라고도 한다.

③ 실린더에서 연료가 연소하면서 발생된 이론적인 기관의 출력을 말한다.

④ 지시마력과 손실마력의 합을 정미마력이라 한다.

22 출제빈도 ★★☆

실린더의 행정 60mm인 엔진의 회전수가 2,500rpm일 때 피스톤의 평균 왕복 속도는 얼마인가?

① 2.5m/s　　　　② 5m/s

③ 25m/s　　　　④ 50m/s

23 출제빈도 ★★☆

실린더의 행정이 90mm인 엔진의 회전수가 800rpm일 때 피스톤의 평균속도는 얼마인가?

① 1.2m/s　　　　② 2.4m/s

③ 72m/s　　　　④ 144m/s

24 출제빈도 ★★☆

4행정 사이클, 4실린더, 행정 12cm인 엔진에서 회전수가 1,200rpm일 때 피스톤의 평균속도는 얼마인가?

① 1.2m/s　　　　② 2.4m/s

③ 3.6m/s　　　　④ 4.8m/s

25 출제빈도 ★★☆

4행정 사이클, 4실린더, 행정 15cm인 엔진에서 피스톤의 속도가 7.5m/s일 때 엔진의 회전수는 얼마인가?

① 1,000rpm　　　② 1,500rpm

③ 2,000rpm　　　④ 3,000rpm

26 출제빈도 ★★☆

내연기관의 지시마력이 120PS, 제동마력이 60PS일 때 기계효율은 몇 %인가?

① 30%　　　　　② 40%

③ 50%　　　　　④ 60%

27 출제빈도 ★★☆

엔진 출력의 단위인 마력은 일률의 단위로 사용되는데 이와 관련된 설명으로 가장 거리가 먼 것은?

① 구동력과 속도의 곱으로 표현할 수 있다.
② 단위로 PS를 쓰고 W로도 표현할 수 있다.
③ 엔진에서 만들어진 출력은 변속기를 통해 증대된다.
④ 일반적으로 엔진의 최고 높은 회전수 직전 영역에서 최대 출력이 발생된다.

28 출제빈도 ★★☆

자동차의 제원 중 공주거리에 대한 설명으로 옳은 것은?

① 제동거리와 정지거리를 합한 거리를 말한다.
② 자동차가 주행 중 제동장치의 영향을 받아 감속이 시작되는 시점부터 실제로 정지할 때까지의 거리를 말한다.
③ 운전자가 자동차를 정지하려 생각하고 브레이크가 걸리는 순간부터 실제로 정지할 때까지의 거리를 말한다.
④ 운전자가 자동차를 정지하려 생각하고 브레이크를 걸려는 순간부터 실제로 브레이크가 걸리기 직전까지의 거리를 말한다.

29 출제빈도 ★★☆

자동차의 제원 중 제동거리에 대한 설명으로 틀린 것은?

① 마찰계수가 낮은 도로에서 브레이크 작동 시 공주거리와 제동거리는 늘어난다.
② 제동장치에 전자제어 시스템의 적용으로 제동거리를 줄일 수 있다.
③ 공주거리가 일정할 경우 제동거리가 늘어나면 정지거리도 같이 늘어난다.
④ 운전자가 브레이크를 밟아서 실제 브레이크가 작동하기 시작하여 정지할 때까지 이동한 거리를 뜻한다.

30 출제빈도 ★★☆

자동차의 주행저항 중 〈보기〉의 내용에 해당하는 것은?

┃ 보기 ┃

차량의 주행 중 타이어의 접지면에서 발생하는 변형과 복원, 타이어와 도로면 사이의 마찰 손실에 의하여 발생하며, 바퀴에 걸리는 하중에 비례하는 주행저항이다.

① 가속저항　　　② 등판저항
③ 공기저항　　　④ 구름저항

31 출제빈도 ★★☆

양호한 콘크리트 도로를 시속 60km의 속도로 주행할 때 구름저항은 얼마인가?
(단, 차량총중량 : 2,000kg_f, 구름저항계수 : 0.015)

① 20kg_f　　　② 30kg_f
③ 40kg_f　　　④ 50kg_f

32 출제빈도 ★★☆

차량 중량 1,720kg_f인 자동차가 70kg_f인 사람 4명을 싣고 구름 저항계수가 0.01인 포장도로를 달릴 때 구름저항은 몇 N인가?

① 19.8N　　　② 20N
③ 196.0N　　　④ 200.0N

33 출제빈도 ★☆☆

무게가 1,000kg인 자동차가 등판각도 6°(0.1rad)인 경사면을 올라갈 때, 구배저항이 다음 중 가장 가까운 것은?

① 100N　　　② 490N
③ 980N　　　④ 6,000N

34 출제빈도 ★☆☆

총 무게가 1,500kgf인 자동차가 일정한 경사
각도를 갖는 경사면을 올라가고 있다. 등판
저항이 750kgf라고 할 때, 이 경사면의 경사
각도[deg]는?

① 30　　　　　　　② 45
③ 50　　　　　　　④ 60

35 출제빈도 ★★☆

자동차 주행저항의 한 요소인 공기저항에 대
한 설명으로 틀린 것은?

① 주행 중인 자동차의 진행방향에 반대방향
　 으로 작용하는 공기력을 공기저항이라 한
　 다.
② 공기저항은 공기밀도, 앞면 투영면적, 주행
　 속도 그리고 자동차 형상의 영향을 크게 받
　 는다.
③ 공기저항은 합성속도, 앞면 투영면적, 공
　 기밀도 등에는 영향을 받지만 차체표면의
　 거칠기에는 크게 영향을 받지 않는다.
④ 공기저항은 투영면적보다 주행속도에 더
　 영향을 많이 받는다.

36 출제빈도 ★★☆

다음 보기의 설명에 해당되는 주행저항은?

┤ 보기 ├

• 이 주행저항을 계산하는 수식에 따르면 자
　동차의 주행속도의 제곱에 비례하여 증가
　한다.
• 자동차의 형상에 따라 이 저항이 달라진다.
• 기온이 높은 것보다 낮은 때에 이 저항이
　높아진다.

① 구름저항(rolling resistance
② 가속저항(accelerating resistance)
③ 구배저항(gradient resistance)
④ 공기저항(air resistance)

37 출제빈도 ★★☆

자동차의 주행저항 중 공기저항에 대한 설명
으로 가장 옳지 않은 것은?

① 차량의 무게와는 무관하다.
② 차량 속도의 제곱에 비례하여 증가한다.
③ 기온이 높을수록 증가한다.
④ 자동차의 형상에 따라 달라질 수 있다.

38 출제빈도 ★★☆

〈보기〉에서 자동차 무게와 비례관계에 있는
주행저항을 모두 고른 것은?

┤ 보기 ├
㉠ 구름저항
㉡ 공기저항
㉢ 등판저항
㉣ 가속저항

① ㉠, ㉡, ㉢　　　② ㉠, ㉡, ㉣
③ ㉠, ㉢, ㉣　　　④ ㉡, ㉢, ㉣

39 출제빈도 ★★☆

자동차의 주행저항 중 차량총중량에 영향을
받지 않는 저항으로 가장 적당한 것은 무엇인
가?

① 공기저항　　　　② 마찰저항
③ 구름저항　　　　④ 가속저항

>>> 정답

01	02	03	04	05	06	07	08	09	10
④	③	①	④	③	②	③	①	④	②
11	12	13	14	15	16	17	18	19	20
③	②	①	③	③	①	②	②	①	③
21	22	23	24	25	26	27	28	29	30
②	②	②	④	②	③	③	④	①	④
31	32	33	34	35	36	37	38	39	
②	③	③	①	③	④	③	③	①	

01. 자동차는 크게 차체와 섀시로 나눌 수 있다. 즉, 사람이 타는 공간인 차체를 탑재하지 않은 상태를 섀시라고 한다. 섀시만으로 주행이 가능하다.

02. 모노코크 바디는 차체(body)에 해당된다.

03. 자동차 제원에서 윤거와 윤중의 정의에 대한 내용이 자주 출제된다.

04. 전폭에 사이드 미러의 길이는 제외한다.

06. • 윤거(Tread)
　ㄱ 자동차를 정면에서 보았을 때 좌우 타이어의 중심 사이의 거리
　ㄴ 복륜인 경우에는 복륜 타이어의 중심에서의 거리
　ㄷ 윤거가 변하는 독립현가방식인 경우에는 총중량 상태에서 측정

09. 윤거가 변하는 독립현가방식인 경우에는 총중량 상태에서 측정한다.

10.

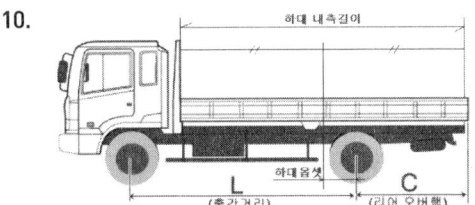

11. • **공차상태에서 제외 품목**
　예비부품, 공구, 휴대물 등

12. ② 자동차가 통과할 수 있는 턱의 최소 높이를 최저지상고라고 하고 규정상 10cm 이상이어야 한다.

13. ㄱ **윤중** : 1개의 바퀴가 수직으로 지면을 누르는 중량
　ㄴ **축중** : 수평상태에 1개의 축에 연결된 모든 바퀴의 윤중의 합

14. 차량중량＝공차중량, 차량총중량＝적차상태

15.

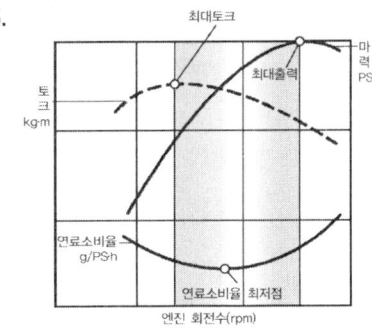

16. 엔진의 회전속도가 높을 때 축출력(축마력)이 높다.

17. • 일＝힘 × 거리＝1N·m(운동에너지)＝1J
　＝0.239cal(열에너지)
　• 출력(일률＝일 / 시간)
　＝1PS＝75kg$_f$ × m/s＝0.736kw
　＝632.3kcal/h
　※ W(전력)＝전기회로에 의해 단위 시간당 전달되는 전기에너지 J/sec

18. • 출력 ＝1PS ＝ 75kg$_f$ × m/s

19. 실린더에서 연료가 연소되면서 발생된 평균유효압력, 총배기량, 엔진 회전수 등에 비례하는 것이 지시마력(도시마력)이다.
　P.V선도 면적＝일의 양, 일의 양 / 행정체적
　　＝평균유효압력kg$_f$/cm^2 × cm^3
　　＝kg$_f$·cm, kg$_f$·cm/cm^3
　　＝kg$_f$/cm^2

20.
$$지시마력 = \frac{10\text{kg}_f/\text{cm}^2 \times 3000\text{cm}^3 \times 1500\text{rpm}}{75 \times 2}$$
$$= \frac{10\text{kg}_f \times 3000\text{m} \times 1500/\text{sec}}{75 \times 2 \times 100 \times 60} = 50\text{PS}$$

21. ① 손실마력(마찰마력)에 대한 설명이다.
　③ 지시마력(도시마력)에 대한 설명이다.
　④ 지시마력＝정미마력＋손실마력이다.

22. $V_{피스톤\ 평균속도(m/s)}$
$$= \frac{2 \cdot R_{분당\ 회전수(rpm)} \cdot L_{행정(m)}}{60}$$
$$= \frac{R \cdot L}{30} = \frac{2,500 \times 0.06\text{m}}{30} = 5\text{m/s}$$

23. $V\text{(m/s)} = \dfrac{2RL}{60}$ (단, L의 단위 = m)

$V = \dfrac{2 \times 800 \times 0.09\text{m}}{60} = 2.4\text{m/s}$

24. $V\text{(m/s)} = \dfrac{2RL_{(m)}}{60} = \dfrac{2 \times 1,200 \times 0.12}{60}$

$= 4.8\text{m/s}$

25. $V\text{(m/s)} = \dfrac{2RL_{(m)}}{60}$, $7.5\text{m/s} = \dfrac{2 \times \square \times 0.15}{60}$

26. 기계효율 $= \dfrac{\text{제동마력}}{\text{지시마력}} \times 100$

$= \dfrac{60\text{PS}}{120\text{PS}} \times 100 = 50\%$

27. ① F=kgf, V=m/s → F×V=kgf · m/s

→ 1PS=75kgf · m/s

② 1PS = 735W

③ 엔진의 출력은 변속기를 거쳐 구동바퀴에 전달될 때 줄어들게 된다. 다만 변속기에서 저속의 토크 증대, 고속에서 많은 회전수를 원활하게 쓸 수 있도록 도와줄 수 있지만 전체 출력을 높일 수는 없다.

28. 정지거리 = 공주거리 + 제동거리

• **공주거리** : 운전자가 장애물을 인식하여 정지하려 생각하고 제동을 하려는 순간부터 실제로 발이 브레이크 페달을 밟아 브레이크가 작동하기 직전까지 주행한 거리

• **제동거리** : 운전자가 브레이크를 밟아서 실제 브레이크가 작동하기 시작하여 정지할 때까지 이동한 거리

29. ① 마찰계수가 낮은 도로는 제동거리를 늘리지만 공주거리에는 영향을 주지 않는다.

30. 구름저항$(R_1) = \mu \times W$

μ : 구름저항계수, W : 차량 총중량(kgf)

31. 구름저항$(R_1) = \mu_r \times W$

단, μ_r : 구름저항계수, W : 차량총중량

구름저항 = 0.015 × 2,000kgf = 30kgf

32. 차량총중량 = 1,720kgf + (70kgf × 4명)

$= 2,000\text{kgf} = 2000\text{kg} \times 9.8\text{m/s}^2$

$= 19,600\text{N}$

($_f$ = 9.8m/s²)(1kg · m/s² = 1N)

구름저항 = 19,600N × 0.01 = 196N

33. 무게 1,000kg = 1,000kgf = 9,800N

(1kgf = 9.8N)

원에서 반지름과 호의 길이가 같으면 = 1red이므로 0.1red = 반지름을 10으로 가정할 때 높이가 거의 1인 삼각형에 해당되므로 $\sin 6° \fallingdotseq \dfrac{1}{10}$ 이 된다.

∴ 등판저항 = W · $\sin(\theta)$ = 9,800N × $\dfrac{1}{10}$ = 980N

34. 등판저항 = $W \times \sin\theta$,

$750 = 1,500 \times \sin\theta$, $\sin\theta = 1/2$, $\theta = 30°$

35. 차체표면의 거칠기에 따라 공기저항계수가 영향을 받게 된다.

36. 공기저항$(R_2) = \mu_a \times A \times V^2$

μ_a : 공기저항계수

A : 전면 투영 면적(m²) = (윤거×전고)

V : 자동차의 주행속도(km/h)

37. 공기저항은 공기의 밀도와 속도에 영향을 받는다. 기온이 높으면 공기 밀도가 낮아져 오히려 저항이 감소한다.

38. 공기저항은 차량의 중량에 영향을 받지 않는다.

02 엔진 구조학

엔진의 개요

■ 엔진의 위치와 구동방식에 따른 분류

(1) 앞 엔진 전륜구동방식(F·F)

　㉠ 추진축 X, 실내 공간의 활용성 ↑, 언더스티어 현상 잘 일어남(회전반경 커짐)

　㉡ 무게 중심이 앞에 있다, 전륜 부품 피로도↑: 내구성↓ / 대부분 소형차량에서 사용

　▷ 동력전달순서 : 엔 → 클 → 변속기 & 트랜스액슬(종감속·차동기어) → 등속자재이음 → 타이어

(2) 앞 엔진 후륜구동방식(F·R)

　㉠ 추진축 필요 → 차고, 실내공간의 높이 높아짐

　㉡ 무게 중심이 가운데 또는 뒤에, 오버스티어 현상 잘 일어남(회전반경 작아짐)

　▷ 동력전달순서 : 엔 → 클 → 변 → 추진축 → 종감속·차동기어 → 구동축 → 타이어

(3) 뒤 엔진 후륜구동방식(R·R)

　– 추진축 불필요, 실내공간의 활용성 ↑ / 버스에 주로 사용, 저상버스 구현 가능

(4) 4륜 구동방식(4WD)

　– 네 바퀴 모두 굴림, 주행 안정성↑ / 차량무게 및 동력손실↑, 연비↓

■ 트랜스퍼 케이스 – 2WD에서 4WD 구동을 하기 위한 장치

■ 사용 연료에 의한 분류

(1) 가솔린(인화점↓)엔진 : 연소 기본조건 – 규정의 압축압력, 정확한 점화, 적당한 혼합비

(2) 디젤(착화점↓)엔진 : 공기 흡입 및 압축 + 연료 고압분사 → 자기착화방식

(3) LPG(인화점↓)엔진 : 가솔린엔진과 거의 동일한 구조로 불꽃점화방식

■ 기계학적 사이클에 따른 분류

▷ 4행정 사이클엔진	▷ 2행정 사이클엔진
1사이클 = 크랭크 축 2회전 = 캠축 1회전 　→ 흡·배기밸브: 1번씩 개폐, 기동이 쉬움 • 각 행정이 완전히 구분, 회전속도 범위 넓음, 　체적 효율↑, 연료소비율 및 열적부하가 적음, 　HC 배출이 적음 • 밸브 기구가 복잡, 마력 당 중량이 무거움, 　충격·소음↑ 　위상차가 커서 실린더 수가 적을 경우 사용이 　어려움 → 고속 기관에 적합	1사이클 = 크랭크 축 1회전 / 캠축 없음 주 행정 : 압축, 폭발 / 부 행정 : 흡입 배기 • 4행정 대비 1.6~1.7배 출력 발생 　적은 기통수로 기관 회전이 원활함 　밸브 장치가 간단하여 소음 및 회전력 변동이 　적음마력당 중량이 적음 　유효행정이 짧아 흡·배기가 불완전함 　저속이 어렵고, 역화가 발생함 　피스톤 링의 소손 빠름 　연료 소비율 및 윤활유 소비량 많음 　→ 고속 기관에 부적합

블로바이 가스	블로다운	블로백
압축행정 시 피스톤과 실린더 사이로 새나가는 혼합가스	배기행정 초기에 배기밸브가 열려 실린더 압력에 의해 배기가스가 자연히 배출되는 현상	압축, 폭발행정 시 밸브면과 밸브시트 사이에 누출되는 현상

■ **2행정 기관의 특징**
　① 디플렉터 : 피스톤 헤드에 설치한 돌출부
　　– 장점 : 미연소 가스의 와류 작용, 잔류 가스 배출, 연료 손실 감소 및 압축비 높임
　② 소기종류 : 루프, 횡단, 단류

■ **4행정 기관의 밸브 배열에 따른 분류 : L I F T**
　I–헤드형 : 헤드에 흡·배기밸브 모두 설치, 가장 많이 사용

■ **실린더 내경(D)과 행정(L)비에 따른 분류**

단행정(오버 스퀘어)엔진 ⇨ L/D < 1	장행정(언더 스퀘어)엔진 ⇨ L/D > 1
• 피스톤의 평균 속도 일정 ⇨ 회전속도 ↑ • 측압이 큼, 엔진 높이가 낮음, 베어링을 크게 • 피스톤이 과열되기 쉬움 • 순간 흡입 효율↑(흡배기밸브의 지름↑) • 단위 체적당 출력↑	• D에 대한 L ⇨ L/D로 표현 • 흡입량↑, 폭발력↑, 저속 시 회전력↑ • 측압이 작고, 엔진 높이가 높음

01 출제빈도 ★☆☆
내연기관의 종류가 아닌 것은?
　① 가솔린　　　② 디젤
　③ 증기기관　　④ LPG

02 출제빈도 ★★★
앞기관 앞바퀴(F·F) 방식의 특징이 아닌 것은?
　① 추진축이 불필요하다.
　② 험로에서 차량조종성이 양호하다.
　③ 후륜이 무거워 언덕길 출발 시 유리하다.
　④ 실내공간이 넓어지고 무게가 가볍다.

03 출제빈도 ★★★
제조원가가 저렴하고 자동차 내부 공간을 크게 만들 수 있는 구동방식은?
　① 앞기관 앞바퀴 구동식(F·F)
　② 뒤기관 뒷바퀴 구동식(R·R)
　③ 차실바닥 밑기관 구동식
　④ 전륜구동식(4WD)

04 출제빈도 ★★★
소형 및 중형 승용차에 주로 사용되는 방식으로 실내 공간 확보가 유리하고 조향바퀴와 구동바퀴가 일치하여 조정안정성이 우수한 방식은 어느 것인가?
　① F·F 방식　　② F·R 방식
　③ R·R 방식　　④ 4WD

05 출제빈도 ★★★

앞엔진 앞바퀴 구동방식(F·F)의 특징으로 가장 거리가 먼 것은?

① 험로에서 조향안정성이 뛰어나다.
② 제작 시 부품의 수를 줄일 수 있어 경제적이다.
③ 군용차량이나 험한 도로에서 사용되기에 적합한 방식이다.
④ 실내공간이 넓어지고 무게가 가볍다.

06 출제빈도 ★★★

앞엔진 앞바퀴 구동방식의 장점이 아닌 것은?

① 험로에서 조향안정성이 뛰어나다.
② 제작 시 부품의 수를 줄일 수 있어 경제적이다.
③ 긴 추진축을 사용하므로 순간 가속력이 뛰어나다.
④ 국내 도로 여건에 맞아 세단에서 많이 사용하고 있는 방식이다.

07 출제빈도 ★★★

엔진이 차량 앞쪽에 위치하고 앞바퀴가 구동되는 F·F방식의 특징에 대한 설명으로 가장 거리가 먼 것은?

① 차량 앞쪽이 무거워 고속주행 중 조향 시 피시테일 현상이 발생될 가능성이 높다.
② 구동바퀴와 조향하는 바퀴가 일치하여 빗길, 눈길에서 F·R방식보다 구동 및 조향 안정성이 뛰어나다.
③ 추진축을 활용하여 동력을 전달하는 구조로 자동차의 무게 중심이 좀 높은 편이다.
④ 상대적으로 부품수가 적어 생산비용이 저렴하고 연비가 좋다.

08 출제빈도 ★★☆

뒤엔진 뒷바퀴 구동방식의 장점으로 맞는 것은?

① 차량 아래쪽을 종단하는 추진축이 필요하지 않으므로 차량 실내 공간의 활용성이 높아 여유 공간이 많다.
② 도로 노면의 상태가 좋지 않더라도 안정적인 조향을 할 수 있다.
③ 차량의 무게 배분 및 밸런스가 좋아 순간 가속력 및 구동력이 뛰어나다.
④ 주로 화물차에 많이 접목되는 방식으로 적재공간의 활용성이 좋다.

09 출제빈도 ★★☆

RR구동식(rear engine rear drive type)에 대한 설명으로 가장 거리가 먼 것은?

① 기관 냉각이 유리하다.
② 앞차축의 구조가 간단하며 동력전달 경로가 짧다.
③ 변속 제어기구의 길이가 길어진다.
④ 미끄러운 노면에서 가이드 포스(guide force)가 약하다.

10 출제빈도 ★★☆

4륜 구동방식(4-Wheel Drive)의 장점에 대한 설명으로 가장 적당한 것은?

① 높은 속도에서 급선회 주행 시 언더 스티어 경향을 보인다.
② 동력 전달 시 부품수의 증가로 인한 동력 손실이 많아 연료 소비량이 높아진다.
③ 오프로드나 악천 후에 바퀴의 슬립을 최소화할 수 있어 견인력이 뛰어나다.
④ 대량생산에 적합하여 제작비용이 저렴한 편이다.

11 출제빈도 ★★☆

2WD(2 wheel drive)에 비해 4WD(4 wheel drive)가 가지는 특징에 대한 설명으로 가장 옳지 않은 것은?

① 등판성능 및 견인력이 우수하다.
② 험한 도로나 미끄러운 도로면을 주행할 때 효과적이다.
③ 연비가 우수하다.
④ 조향성능과 안정성이 향상된다.

12 출제빈도 ★☆☆

운동방식에 따른 내연기관의 분류 중 방식이 다른 하나는?

① 가솔린엔진 ② 디젤엔진
③ 로터리엔진 ④ CNG엔진

13 출제빈도 ★★☆

전기 에너지로 불꽃 점화하여 연소하는 방식이 아닌 엔진은 무엇인가?

① 가솔린엔진 ② 디젤엔진
③ LPG엔진   ④ CNG엔진

14 출제빈도 ★★★

가솔린엔진과 디젤엔진에 대한 설명으로 옳지 않은 것은?

① 가솔린엔진에는 점화플러그가 반드시 필요하다.
② 가솔린엔진이 디젤엔진보다 압축비가 높다.
③ 디젤엔진에 사용되는 연료는 착화점이 낮다.
④ 디젤엔진이 가솔린엔진보다 폭발압력이 높다.

15 출제빈도 ★☆☆

경유의 비중으로 가장 적당한 것은?

① 0.52~0.57
② 0.62~0.67
③ 0.82~0.87
④ 0.92~0.97

16 출제빈도 ★★★

4행정 사이클엔진에서 1사이클을 완료하기 위해 크랭크축은 몇 회전하는가?

① 1회전   ② 2회전
③ 3회전   ④ 4회전

17 출제빈도 ★★★

4행정 사이클엔진에서 크랭크축이 10회전할 때 캠축은 몇 회전하는가?

① 5회전   ② 10회전
③ 15회전   ④ 20회전

18 출제빈도 ★★★

4행정 1사이클엔진에서 크랭크축이 20회 회전할 때 캠의 회전수로 맞는 것은?

① 10   ② 15
③ 20   ④ 40

19 출제빈도 ★★★

4행정 기관에서 크랭크축 회전수가 2000 rpm일 때, 캠축은 몇 rpm으로 회전하는가?

① 500   ② 1000
③ 1500   ④ 4000

20 출제빈도 ★★★

다음 중 4행정 사이클 엔진이 4200rpm으로 회전을 할 때 크랭크축과 캠축의 초당 회전수를 바르게 연결한 것은?

	크랭크축	캠축
①	30회/초	30회/초
②	36회/초	70회/초
③	70회/초	35회/초
④	70회/초	70회/초

21 출제빈도 ★★★

4행정 기관의 회전수가 3,600rpm일 때 초당 폭발횟수는 얼마인가?

① 30회　　　　② 60회

③ 90회　　　　④ 120회

22 출제빈도 ★★★

4행정 사이클엔진이 3,600rpm 회전하고 있을 때, 1번 실린더에 배기밸브가 1초 동안 열리는 횟수는?

① 30회　　　　② 60회

③ 1,800회　　　④ 3,600회

23 출제빈도 ★★★

4행정 사이클기관에서 엔진 회전수가 2,000rpm일 때 분당 흡기밸브가 열린 횟수는 몇 번인가? (단, 단기통이다.)

① 500　　　　② 1,000

③ 1,500　　　④ 2,000

24 출제빈도 ★★☆

4행정 4실린더기관에서 6행정이 완료되었을 때 크랭크축이 회전한 각도[deg]는 얼마인가?

① 120°　　　　② 480°

③ 720°　　　　④ 1,080°

25 출제빈도 ★★★

4행정기관의 행정 순서로 맞는 것은?

① 흡입－압축－동력－배기

② 흡입－동력－압축－배기

③ 압축－흡입－동력－배기

④ 압축－동력－흡입－배기

26 출제빈도 ★★★

4행정 사이클엔진에서 연소실의 압력이 대기 압력보다 낮을 때는?

① 흡입행정　　　② 압축행정

③ 폭발행정　　　④ 배기행정

27 출제빈도 ★★★

〈보기〉에서 설명하는 엔진과 행정 조합으로 가장 옳은 것은?

┤ 보기 ├

피스톤이 하강하면 실린더 내부의 압력이 낮아져 혼합기가 흡입된다. 흡기밸브가 열리고 배기밸브는 닫힌다.

① 가솔린엔진－흡기행정

② 가솔린엔진－연소·팽창행정

③ 디젤엔진－흡기행정

④ 디젤엔진－연소·팽창행정

28 출제빈도 ★★★

다음 4행정 사이클엔진의 행정에 대한 설명으로 맞는 것은?

㉠ 흡기밸브와 배기밸브가 닫혀있다.
㉡ BDC에서 TDC로 이동하고 있는 상태이다.

① 흡입행정　　　② 압축행정

③ 폭발행정　　　④ 배기행정

29 출제빈도 ★★☆

내연기관의 작동 순서 중 〈보기〉에 해당하는 것은?

┤ 보기 ├

피스톤이 상사점에 이르렀을 때, 점화플러그에서 전기적 불꽃을 일으키면 연료가 연소된다. 이후 연소된 내의 온도가 급상승하며 발생한 열에너지는 팽창하는 힘으로 피스톤에 작용하여 피스톤을 강제로 하강시킨다.

① 흡입 행정　　　② 압축 행정
③ 폭발 행정　　　④ 배기 행정

30 출제빈도 ★★★

4행정 가솔린기관에 대한 설명으로 옳은 것은?

① 크랭크축이 1회전하는 동안 1회 폭발한다.
② 4개의 행정이 각각 독립적으로 이루어져 각 행정마다 작용이 확실하며 2행정기관에 비해 체적효율이 높다.
③ 배기량이 같은 기관에서 발생하는 동력은 2행정기관에 비해 높다.
④ 윤활방법이 확실하며 윤활유의 소비량이 많다.

31 출제빈도 ★★☆

4행정 1사이클엔진과 관계가 없는 것은?

① 소기행정　　　② 압축행정
③ 배기행정　　　④ 동력행정

32 출제빈도 ★★☆

2기통 엔진에서 크랭크축 1회전 시 몇 회 폭발하게 되는가? (단, 2행정 사이클엔진이다.)

① 1회 폭발　　　② 2회 폭발
③ 3회 폭발　　　④ 4회 폭발

33 출제빈도 ★★☆

2행정 사이클 단기통 엔진에서 크랭크축 4회전 시 동력은 몇 번 전달되는가?

① 2회　　　　　② 4회
③ 6회　　　　　④ 8회

34 출제빈도 ★★☆

2행정 사이클기관의 실린더 수가 1개일 때 크랭크축이 몇 도[deg] 회전마다 한 번씩 폭발하게 되는가?

① 90°　　　　　② 180°
③ 360°　　　　　④ 720°

35 출제빈도 ★★☆

다음 중 2행정 사이클엔진에 대한 설명으로 가장 거리가 먼 것은?

① 밸브구조가 간단하고 소음이 작다.
② 가격이 비싸고 마력당 중량이 무겁다.
③ 회전력의 변동이 작고 연료소비율이 높다.
④ 저속이 어렵고 역화가 발생하기 쉽다.

36 출제빈도 ★★☆

다음 중 2행정 사이클기관의 단점에 대한 설명으로 틀린 것은?

① 4행정기관보다 폭발 횟수가 2배가 되므로 열부하가 커지고 냉각효율이 저하된다.
② 4행정 사이클엔진에 비해 평균유효압력이 높다.
③ 피스톤의 유효행정이 짧아 흡배기 효율이 원활하지 못하다.
④ 피스톤링의 마모가 빠르다.

37 출제빈도 ★★★

2행정 사이클기관과 4행정 사이클기관을 비교·설명한 것 중 틀린 것은?

① 2행정 사이클기관의 토크가 4행정 사이클에 비해 크므로 고속기관에 적합하다.

② 2행정 사이클기관의 구조가 덜 복잡하므로 소음과 진동이 상대적으로 적다.

③ 2행정 사이클기관은 주로 대형유조선, 컨테이너선에 사용된다.

④ 4행정 사이클기관은 기동이 쉽고 행정의 구분이 확실하다.

38 출제빈도 ★★★

2행정 사이클엔진과 4행정 사이클엔진의 특성에 대한 설명으로 옳은 것은?

① 2행정 사이클엔진은 크랭크축이 2회전할 때 1번 폭발하는 형식이다.

② 2행정 사이클엔진은 행정 구분이 확실하지 않아 출력이 낮은 편이고 관성력이 큰 플라이휠이 요구된다.

③ 4행정 사이클엔진은 연료소비율 및 열적부하가 적고 기동이 쉬운 편이다.

④ 4행정 사이클엔진은 각 행정 구분이 확실하여 실린더의 수가 적더라도 원활하게 동력을 전달하는 장점이 있다.

39 출제빈도 ★★★

2행정 사이클엔진과 4행정 사이클엔진의 비교·설명으로 맞는 것은?

① 2행정 사이클엔진은 오일과 함께 연소실에 공급되므로 오일 소모량이 많다.

② 4행정 사이클엔진은 크랭크축 1회전 시 1회 폭발한다.

③ 2행정 사이클엔진은 밸브기구가 있어 구조가 복잡하고 마력당 중량이 높다.

④ 4행정 사이클엔진은 배기행정 중 연료가 같이 배출됨에 따라 연료소모량이 높은 편이다.

40 출제빈도 ★★★

배기량이 같은 경우에 4행정 사이클기관에 대비해서 2행정 사이클기관의 장점으로 옳지 않은 것은?

① 체적효율이 높다.

② 회전력의 변동이 적다.

③ 흡·배기밸브가 없어 구조가 간단하다.

④ 출력이 크다.

41 출제빈도 ★★★

2행정 사이클엔진에 비해 4행정 사이클엔진이 가지는 특징에 대한 설명으로 가장 옳지 않은 것은?

① 압축비가 높다.

② 피스톤의 소손이 빠르다.

③ 체적효율이 높다.

④ 충격이나 소음이 크다.

42 출제빈도 ★★☆

블로다운에 대한 설명으로 맞는 것은?

① 압축이나 폭발행정 시 피스톤과 실린더 사이에 새어나가는 혼합가스

② 폭발행정 말, 배기행정 초에 배기밸브나 소기구멍이 열리면 연소실 자체의 압력으로 연소가스가 배출되는 현상

③ 2행정 사이클엔진에서 흡입구로 들어온 혼합가스가 피스톤 아래를 지나 소기구로 흘러가는 과정

④ 과열된 엔진을 식히기 위해 엔진 아래 오일팬을 지나가는 차가운 공기

43 출제빈도 ★★☆

배기행정 초기에 배기밸브가 열려 배기가스의 압력에 의해 자연히 배출되는 현상을 무엇이라 하는가?

① 디플렉터(Deflector)

② 블로다운(Blow down)

③ 밸브서징(Valve surging)

④ 밸브오버랩(Valve overlap)

44 출제빈도 ▶ ★★☆

자동차기관에서 흡기밸브와 배기밸브 모두가 실린더 헤드에 설치되어 있는 엔진 형태로 옳은 것은?

① F 형식
② I 형식
③ L 형식
④ T 형식

45 출제빈도 ▶ ★☆☆

L-헤드의 밸브위치 설명으로 맞는 것은?

① 흡기밸브와 배기밸브 둘 다 실린더 헤드에 위치한다.
② 흡기밸브와 배기밸브 둘 다 실린더 블록에 위치한다.
③ 흡기밸브는 실린더에, 배기밸브는 블록에 위치한다.
④ 연소실을 기준으로 흡기밸브와 배기밸브가 대칭하여 블록에 위치한다.

46 출제빈도 ▶ ★★★

단행정기관의 특징에 대한 설명 중 거리가 먼 것은?

① 직경에 대한 행정의 비율이 1보다 큰 엔진이다.
② 흡·배기밸브의 직경을 크게 할 수 있어 공기흐름의 저항을 줄일 수 있다.
③ 단위 체적당 출력을 크게 할 수 있다.
④ 피스톤의 속도를 올리지 않고 엔진의 회전수를 높일 수 있다.

47 출제빈도 ▶ ★★★

실린더에서 장행정엔진이란?

① 행정과 안지름비의 값이 1.0보다 작은 기관
② 행정과 안지름비의 값이 1.0인 기관
③ 행정과 안지름비의 값이 1.0보다 큰 기관
④ 정방엔진이라고도 한다.

48 출제빈도 ▶ ★★★

장행정엔진에 대한 설명으로 틀린 것은?

① 흡·배기밸브를 크게 제작하여 흡·배기 효율을 높일 수 있다.
② 배기량이 큰 편이고 폭발력이 높다.
③ 엔진회전속도가 느리고 회전력이 크다.
④ 엔진의 높이가 높고 피스톤 측압이 작다.

49 출제빈도 ▶ ★★★

회전력이 크고 측압이 작으며 HC 배출이 상대적으로 적은 엔진으로 맞는 것은?

① 단행정
② 장행정
③ 정방행정
④ 스퀘어엔진

50 출제빈도 ▶ ★★★

엔진과 실린더에 관한 설명 중 틀린 것은?

① 같은 회전수일 때 피스톤의 평균속도가 빨라 저속에서 큰 토크를 얻을 수 있는 것이 언더스퀘어 엔진이다.
② 실린더 직경이 행정보다 작은 것을 오버스퀘어 엔진이라 한다.
③ 오버스퀘어 엔진은 행정을 짧게 해서 피스톤의 속도를 높일 수 있다.
④ 흡입효율과 배기량당 출력이 커지는 것이 오버스퀘어 엔진이다.

51 출제빈도 ▶ ★★★

장행정엔진과 비교한 단행정엔진의 특징으로 가장 적당한 것은?

① 같은 엔진 회전수 대비 피스톤의 속도를 느리게 할 수 있다.
② 언더스퀘어(under square) 엔진으로 측압이 작은 편이다.
③ 엔진 내부의 연소에 의한 토크변동이 커서 플라이휠의 관성이 커야 한다.
④ 대형 화물차나 건설기계, 선박용 엔진으로 적합하다.

52 출제빈도 ★★★

엔진과 관련된 내용으로 틀린 것은?

① 오버스퀘어 엔진은 피스톤의 속도를 높이지 않아도 크랭크축의 회전속도를 높일 수 있다.

② 피스톤이 상사점에 위치하였을 때 형성되는 부피를 간극체적이라 한다.

③ 2행정 사이클엔진의 주행정은 압축과 폭발이다.

④ 압축비는 행정체적에 대한 간극체적의 비로 구할 수 있다.

53 출제빈도 ★☆☆

가솔린기관의 기본 사이클은?

① 복합 사이클 ② 정압 사이클

③ 오토 사이클 ④ 브레이턴 사이클

54 출제빈도 ★☆☆

다음 중 고속 디젤기관의 열역학적 기본 사이클은?

① 사바테 사이클 ② 오토 사이클

③ 디젤 사이클 ④ 브레이턴 사이클

55 출제빈도 ★☆☆

열역학적 사이클에 대한 설명으로 거리가 먼 것은?

① 가솔린엔진의 이론적 사이클은 정적 사이클에 해당한다.

② 저속 디젤엔진의 이론적 사이클은 일정한 압력하에 연소가 발생한다.

③ 압축비가 일정하다는 조건하에서 정적 사이클이 정압 사이클보다 효율이 좋다.

④ 실제 열효율은 사바테＞정적＞정압 순이다.

56 출제빈도 ★☆☆

자동차기관에서 1사이클 중 수행된 일을 행정체적으로 나눈 값으로 가장 옳은 것은?

① 열효율 ② 체적효율

③ 총배기량 ④ 평균유효압력

57 출제빈도 ★★★

압축비에 대한 설명으로 옳지 않은 것은?

① 일반적으로 가솔린엔진의 압축비가 디젤엔진의 압축비보다 낮다.

② 행정체적에 대한 간극체적의 비율이 압축비이다.

③ 실린더에 들어온 공기 및 연료를 얼마만큼 압축하는지의 정도를 나타내는 수치이다.

④ 압축비가 증가하면 이론열효율은 증가한다.

58 출제빈도 ★★★

다음 중 내연기관에 대한 설명으로 가장 거리가 먼 것은?

① 4행정 사이클엔진의 크랭크축이 2회전 시 한 사이클이 완료되며 이때 캠축은 1회전하고 흡·배기밸브는 각 한 번씩 열리고 닫힌다.

② 2행정 사이클 단기통엔진의 회전수가 500rpm일 때 분당 500번 폭발하게 된다.

③ 단행정엔진은 저속에서 토크가 크고 측압이 낮다.

④ 사바테 사이클은 고속 디젤엔진의 이론적인 열역학 사이클이다.

>>> 정답

01	02	03	04	05	06	07	08	09	10
③	③	①	①	③	③	③	①	①	③
11	12	13	14	15	16	17	18	19	20
③	③	②	②	②	②	①	①	②	③
21	22	23	24	25	26	27	28	29	30
①	①	②	④	①	①	①	②	③	②
31	32	33	34	35	36	37	38	39	40
①	②	③	②	②	②	③	①	②	①
41	42	43	44	45	46	47	48	49	50
②	②	②	②	②	①	③	①	②	②
51	52	53	54	55	56	57	58			
①	④	③	①	④	④	②	③			

01. 증기기관은 외연기관에 속한다.

02. F·F 방식은 전륜이 무겁고 후륜이 가벼운 구조로 언덕길 출발 시 슬립이 발생될 확률이 높다.

03. F·F 방식은 후륜으로 동력을 전달하기 위한 추진축이 필요하지 않기 때문에 부품 수를 줄일 수 있어 제조원가가 저렴하고 승객룸 공간의 활용성을 높일 수 있다.

04. F·F 방식은 조향하는 바퀴가 구동을 하는 관계로 선회 시 언더스티어 현상이 발생되며 요잉(차체 회전)이 발생될 확률이 줄어들게 된다.

05. 4륜 구동방식이 군용차량이나 험한 도로에서 가장 적합하다.

06. ③ F·R 방식이 F·F 방식에 비해 후륜의 하중이 많이 나가므로 순간 가속력이 뛰어나다.

07. 별도의 추진축을 필요로 하지 않는 관계로 자동차의 무게 중심을 낮출 수 있다.

08. R·R 방식은 전륜을 구동하기 위한 추진축이 필요하지 않으므로 F·F 방식처럼 실내 공간 활용성이 높다.

09. RR구동식은 엔진이 뒤쪽에 위치하므로 냉각이 불리하며 후륜구동 특성상 주행 안정성이 낮다.

10. ① 높은 속도에서 급선회 주행 시 뉴트럴 스티어 경향을 보인다.
② 4륜 구동방식의 단점에 해당된다.
④ 부품의 수 증가로 제작비용이 높아진다.

11. 4WD는 구동계가 복잡하여 무겁고 동력전달과정에서 손실이 상대적으로 큰 구조여서 연비가 좋지 못하다.

12. 로터리엔진은 회전운동형 방식으로 동력을 발생시키며 가스 터빈 등이 여기에 속한다.

13. ② 경유의 인화점은 60℃ 이상으로 불꽃 점화 방식이 적합하지 않다.

14. 자기착화방식인 디젤엔진의 압축비가 더 높다.

15. 경유(디젤유)는 휘발유보다 무겁고 비중은 약 0.84 전후가 일반적이다. 참고로 휘발유는 0.7~0.80이고 등유는 0.75~0.8 정도이다.

16. 4행정 1사이클엔진에서 흡입-압축-폭발-배기행정을 하는 동안 크랭크축은 2회전을 하게 된다.(각 행정당 180°)

17. 4행정 사이클엔진에서 크랭크축이 10회전하는 동안 5번의 사이클이 완료되므로 각각의 흡·배기밸브가 한 번씩 개폐되면 된다. 이러한 이유로 밸브를 열기 위한 캠은 5회전하면 되는 것이다. 캠이 일렬로 연결되어 있는 축이 캠축이다.

18. 크랭크축 2회전(1사이클) 동안 흡·배기밸브는 1회씩 열리면 된다. 따라서 크랭크축이 2회전 할 동안 캠축은 1회전한다. 즉 절반만큼 회전하게 된다.

19. 크랭크축이 2회전하면서 1사이클이 완료될 동안 각 밸브는 1번 개폐한다. 따라서 캠축이 1회전 하면서 밸브를 작동시키면 되기 때문에 캠축은 크랭크축의 절반만큼 회전한다.

20. 4200rpm÷60=70회/초(크랭크축), 4행정 엔진은 캠축이 크랭크축의 1/2속도로 회전하므로 → 캠축은 35회/초

21. 4행정기관의 폭발은 크랭크축 2회전마다 한 번씩 폭발하게 되므로 3,600rpm일 경우 분당 1,800회 폭발하게 된다($\frac{3,600}{2}=1,800$). 따라서 초당 폭발하는 횟수는 30회가 된다($\frac{1,800}{60}=30$).

22. 4행정 사이클=2회전당 밸브 1회 개폐
$$=\frac{3,600rpm}{2}=\frac{1,800회}{min}=\frac{1,800회}{60sec}=\frac{30회}{sec}$$

24. 1행정=720/4=180°, 180°×6=1,080°

25. 동력행정은 폭발행정을 표현한 것이다.

26. 실린더 내부의 피스톤이 상사점에서 하사점으로 내려가면서 압력을 낮추어 외부의 공기를 유입시키게 되는데 이를 흡입행정이라 한다.

27. 피스톤이 하강하는 행정은 흡기 및 팽창행정이다. 내부의 압력이 낮아진다는 조건에서 흡기행정이 확실해지고 '혼합기'라는 표현에서 공기와 연료가 포함되어 흡입되었기 때문에 공기만 흡입하는 디젤엔진이 될 수 없다.

28. ㉠의 조건을 만족하는 행정 : 압축, 폭발
    ㉡의 조건을 만족하는 행정 : 압축, 배기

29. 연료가 점화되어 폭발하며 피스톤을 하강시키는 단계이므로 '폭발(팽창) 행정'이다.

30. 체적효율이란 흡입행정 시 행정체적에 대한 흡입된 공기의 체적과의 비를 뜻하므로 행정의 구분이 확실할수록 높게 된다.

31. 소기는 2행정 1사이클엔진에서 발생한다.

32. 2행정 사이클엔진에서 크랭크축 1회전 시 모든 실린더의 폭발이 완료되므로 2기통 엔진에서 폭발횟수는 2회가 된다. 참고로 이 엔진의 위상차는 $\frac{360°}{2} = 180°$가 된다.

33. 실린더 1개를 기준으로 2행정 사이클엔진은 크랭크축 1회전에 한 번 폭발(동력)행정을 거치게 되므로 총 4번의 동력이 발생된다.

34. 크랭크축의 위상차를 구하는 문제이다. 4행정 사이클의 위상차는 크랭크축 2회전에 1사이클을 완료하므로 $\frac{720°}{실린더 수}$가 되고, 2행정 사이클의 위상차는 크랭크축 1회전에 1사이클이 완료되므로 $\frac{360°}{실린더 수} = \frac{360°}{1} = 360°$가 된다.

35. 2행정 사이클엔진은 밸브가 없고 구조가 간단하여 마력당 중량이 가볍고 가격이 저렴하다.

36. ② 2행정 사이클엔진은 소기펌프가 필요하며 소기 및 배기공이 열려있는 시간이 길어 평균유효압력 및 체적효율이 저하된다.

37. 2행정 사이클기관의 토크를 높일 경우 회전수를 높일 수 없게 된다. 토크와 회전수는 반비례관계에 있다.

38. ① 4행정 사이클엔진의 특성
    ② 2행정 사이클엔진은 행정 구분이 확실하지 않지만 크랭크축 1회전당 1번의 동력을 발생시키므로 출력이 높고 토크의 변동이 적어 플라이휠의 무게를 줄일 수 있다.
    ④ 4행정 사이클엔진은 각 행정 구분은 확실하나 실린더 수가 적으면 원활하게 동력을 전달하기 어렵다.

39. ② 4행정 사이클엔진은 크랭크축 2회전 시 1회 폭발한다.
    ③ 2행정 사이클엔진은 밸브기구가 없거나 간단하여 마력당 중량이 낮다.
    ④ 2행정 사이클엔진은 배기행정 중 연료가 같이 배출됨에 따라 연료소모량이 높은 편이다.

40. 2행정 사이클엔진은 각 행정이 확실하게 구분되지 않는 관계로 체적효율이 높지 않다.

41. 크랭크축이 2회전에 1회 폭발하기 때문에 피스톤 링이 소손이 상대적으로 빠르지 않다.

42. ① 블로바이에 대한 설명이다.
    ③, ④번 선지는 '블로다운' 용어에 맞춰 만들어진 내용이다.

43. ① 디플렉터 : 2행정 사이클엔진에서 피스톤 헤드에 설치한 돌출부
    ③ 밸브서징 : 밸브 개폐 횟수가 밸브 스프링의 고유진동수와 같거나 정수배로 되었을 때 공진하여 캠에 의한 작동과 관계없이 진동을 일으키는 현상
    ④ 밸브오버랩 : 배기에서 흡입행정으로 넘어가는 순간 상사점 부근에서 흡·배기밸브가 동시에 열리는 것

44. 현재 가장 많이 사용되고 있는 방식으로 I 형식이 대표적이라 할 수 있다. 다른 형식에 대해서도 흡·배기밸브 관계위치를 파악해 두어야 할 것이다.

45. 1) L-헤드형 : 실린더 블록에 흡·배기밸브를 모두 설치한 형식
    2) I-헤드형 : 실린더 헤드에 흡·배기밸브를 모두 설치한 형식
    3) F-헤드형 : 흡입밸브는 실린더 헤드에, 배기밸브는 실린더 블록에 설치한 형식
    4) T-헤드형 : 실린더를 중심으로 흡·배기밸브를 양쪽에 설치한 형식

46. 직경에 대한 행정의 비율의 수식은 $\dfrac{L}{D}$로 표현할 수 있고 $\dfrac{L}{D} > 1$일 경우 장행정엔진에 해당된다.

47. 장행정엔진에서 행정과 안지름비의 값은 수식으로 $\dfrac{L}{D} > 1$ 나타낼 수 있다.

48. ① 단행정엔진이 실린더 단면적을 크게 제작할 수 있어 흡·배기밸브의 직경을 키울 수 있다.

49. 피스톤의 속도가 일정하다는 가정하에 크랭크축의 회전속도가 상대적으로 느린 장행정엔진은 흡입과 배기행정의 기간을 충분히 확보할 수 있어 미연소 가스(HC)가 배기 쪽으로 나갈 확률이 줄어든다.

50. ② 언더스퀘어(장행정)엔진에 대한 설명이다.

51. 피스톤의 평균속도 $V = \dfrac{2RL}{60}$에서 회전수가 일정하다는 가정하에 R을 C로 바꾸면 변수 L이 짧아지면서 비례관계인 V도 느려진다.

52. ④ 압축비는 간극(연소실)체적에 대한 실린더체적의 비로 구할 수 있다.

53. 가솔린기관＝오토 사이클＝정적 사이클

54. 고속 디젤기관＝사바테 사이클＝복합 사이클

55. ④ 디젤기관이 가솔린기관보다 최대압력이 높은 관계로 열효율이 더 좋다. 따라서 실제 열효율은 사바테>정압>정적 순이 된다.

56.

57. 연소실체적(간극체적)에 대한 실린더체적의 비율을 압축비라 한다. 즉, 하사점에서 상사점으로 올라갔을 때 체적의 비 차이를 말한다. 또한 압축비는 이론적 열효율과 비례관계에 있다. 따라서 압축비가 증가하면 이론적 열효율은 증가하게 된다.

58. 장행정엔진은 저속에서 토크가 크고 측압이 낮다.

엔진의 주요부

1. 실린더 헤드
- 밸브, 점화플러그, 피스톤과 함께 연소실 형성
- 재질 : **알루미늄 합금**
  - ㉠ 가볍고 열전도성이 크다, 압축비 높일 수 있음, 연소실 온도 낮게 유지 가능
  - ㉡ '조기점화' 일어나기 어려움, 냉각성능 우수, 가볍다
  - ㉢ 부식성↑, 내구성↓, 변형되기 쉬움, 열팽창률 ↑

(1) 점검 방법 : 곧은 자, 필러게이지 사용(=틈새) → '평면도 점검'
  ① 헤드볼트 분해 순서 → 바깥에서 중심으로 대각선
  ② 조립 시 : 토크 렌치 사용 → 안쪽에서 바깥쪽으로 대각선
  ③ 헤드 볼트의 조임이 불량할 때 '실린더 헤드'에 균열이 발생할 수 있음

(2) 밸브 기구 : 캠의 회전운동을 이용하여 흡입밸브, 배기밸브를 개폐시킴
  ① DOHC 구성 : 일반적으로 캠축 2개 / 흡·배기밸브 연소실마다 2개씩 설치
    - 특징 : 높은 연소 효율, 응답성 향상, 흡입 효율 향상, 허용 최고 회전수 향상
      구조 복잡, 생산비 높음, 소음 및 진동 ↑
  ② 캠과 캠축
    - ㉠ 캠 : 회전운동을 직선운동으로 바꾸어 태핏이나 로커암에 동력 전달
    - ㉡ 캠축 : 크랭크축으로부터 동력을 전달받아 캠 구동
      - 잇수비 : 크랭크축(1): 캠축(2) / 회전비 : 크랭크축(2): 캠축(1)
  ③ 밸브간극(기계식 밸브 리프터)
    - 의미: 밸브스템 엔드와 로커암 사이의 거리(기관 작동에 의한 열팽창을 고려하여 둠)

클 때	작을 때
• 밸브가 늦게 열리고, 일찍 닫힘 • 운전온도에서 열림이 작다. • 흡입밸브 : 흡입량 부족 • 배기밸브 : 배출량 부족 → 엔진과열	• 밸브가 일찍 열리고, 늦게 닫힘 • 열림이 크고 제대로 안 닫힘 • 블로백 발생 • 흡입밸브: 역화, 실화 발생 • 배기밸브: 후화 잘 발생

  ④ 태핏(= 밸브 리프터)
    - ㉠ 기능 : 캠의 회전운동을 상하운동으로 바꾸어 푸시로드나 밸브로 전달
    - ㉡ 종류
      - ⓐ 기계식 : 밸브간극 조정 나사 있음
      - ⓑ 유압식 : 오일의 순환 압력과 비압축성 이용(밸브간극이 항상 '0'이다)
        개폐가 정확하고 조용하며, 간극 조정이 필요 없음
        유압으로 충격흡수 → 내구성 증대
        구조가 복잡, 오일펌프 및 유압회로 고장 시 작동 불량
  ⑤ 밸브
    - ㉠ 구비조건 : 고온에서 장력과 충격에 강할 것, 가볍고, 내구성 및 열 전도성이 클 것
    - ㉡ 배기밸브 : 밸브 헤드의 지름이 작다, 고온에 노출되어 밸브 간극이 크다.
    - ㉢ 주요부 – 마진 : 밸브 재사용 여부의 기준, 기밀 유지
      - 밸브면(페이스) : 밸브 시트와 접촉, 기밀 유지 및 열전도 작용, 주로 45° 사용
      - 밸브스템 : 밸브 운동 지지

    ② 밸브 시트 : 밸브면과 접촉, 열팽창을 고려하여 간섭각을 둠
    ⑩ 밸브 가이드 : 밸브 스템을 안내하는 역할
      – 밸브 가이드 끝 부분에 고무로 된 '실(seal)' 설치(연소실 엔진오일 유입 방지)
   ⑥ 밸브 스프링
    ㉠ 스프링 서징 현상 – 밸브 개폐 횟수가 밸브 스프링의 고유진동수와 같거나 정수배로 되었을
        때 캠에 의한 작동과 무관하게 진동을 일으킴
    ㉡ 방지책 – 이중 스프링, 원뿔형 스프링 사용, 부등 피치 스프링 사용, 고유 진동수 높임,
       충분한 스프링 정수 확보
   ⑦ 밸브 개폐시기 : 가스의 흐름 관성을 좋게 하기 위해 오버랩 제어
    * 밸브오버랩(= 정의 겹침) : 배기 TDC 부근에서 배기·흡기밸브가 동시에 열림
     why? : 흡입효율 상승, 원활한 잔류 가스의 배출, 연소실의 냉각효과 증대
       (저속 경부하일 때 → 짧게 / 고속 고부하일 때 → 길게)
   ⑧ 가변밸브장치 : VVT, CVVT, CVVL, CVVD
 (3) 연소(간극)실 : 혼합가스를 연소하여 동력을 발생시키는 곳
  – 구비조건
   표면적 최소화, 돌출부X(조기점화방지), 화염전파시간 짧게(압축 시 혼합기에 와류 발생)
   밸브 구멍에 충분한 면적 → 흡·배기 작용 원활
  * 연소실의 종류: 반구형, 욕조형, 지붕형, 쐐기형
   – 헤드 개스킷
    ㉠ 기능 : 헤드와 블록 사이에서 압축가스, 냉각수 및 엔진오일의 기밀유지
    ㉡ 재질 : 석면 계열. 최근 스릴 개스킷 사용
    ㉢ 구비조건 : 내열·내압성↑, 적정 강도, 기밀 유지, 윤활유 및 냉각수 누출 방지

2. 실린더 블록(구성: 실린더, 물 재킷, 크랭크 케이스)

 (1) 실린더
  – 긴 원통형 구조, 피스톤행정의 2배 길이, 정상 연소 시 실린더 벽 온도: 약 120°C
  – 피스톤 TOP링이나 실린더에 크롬(Cr) 도금하기도 함(buf 반드시 한 곳에만 = 내마모성 증대)
   ㉠ 건식 라이너(가솔린엔진), 두께 : 2~3mm
    : 냉각수와 간접 접촉, 끼울 때 유압 프레스 사용(2~3ton 힘)
   ㉡ 습식 라이너(대형 디젤엔진), 두께 : 5~8mm
    냉각수와 직접 접촉, 바깥 둘레가 물 재킷의 일부로 되어 있음
    비눗물을 발라끼움, 냉각수 누출 방지를 위해 상부에 플랜지, 하부에 2~3개 실링끼움
   ㉢ 실린더 상부의 마모가 가장 크다. → 윤활 상태의 불량, 헤드에 큰 압력 전달
   ㉣ 피스톤 링의 호흡작용(플래터 현상)으로 유막이 잘 끊김 → 블로바이 증대
    피스톤의 작동 위치가 바뀔 때, 순간적으로 떨리는 현상
 (2) 피스톤 : 실린더 내에 설치, 커넥팅로드를 통하여 크랭크축에 회전력 전달
  – 구비조건
   열전도성이 크고, 고온·고압에 잘 견딜 것
   열팽창률이 작고, 기계적 강도가 커야 함, 가볍고, 관성이 작을 것
   ① 구조
    ㉠ 피스톤 헤드, 링지대(링홈과 랜드), 스커트부, 보스부로 구성
     1번 랜드에 히트댐(헤드부의 열이 스커트부로 전달되는 것을 막음)을 두기도 함
    ㉡ 운동하면서 측압이 발생한다, 동력(폭발)행정 시 가장 심함

② 간극 : 실린더 벽과 피스톤 스커트부 사이의 틈새
　　㉠ 크면 : 압축압력 저하, 연소실 내 오일 유입, 블로바이 및 피스톤 슬랩 발생
　　㉡ 작으면 : 마찰 증대, 열 변형 및 소착(타붙음) 발생
③ 피스톤 링(특수주철)
　　㉠ 피스톤 헤드(소단부)의 링홈부터 압축링(연소실 기밀유지) 2개, 오일링(실린더 벽면 오일 제어
　　　및 피스톤 내 오일 공급) 1개 장착
　　㉡ 링의 탄성은 실린더 벽(피스톤 바깥)을 향해 있으며, 누르는 힘은 모두 균일해야 한다.
　　㉢ 링의 3대 작용 : 기밀 작용, 오일 제어 작용, 열전도(=냉각) 작용
　　㉣ 링의 이음 방향 : 서로 120°~180° 각도차 있음 → 블로바이 방지
④ 피스톤 핀
　　– 피스톤의 보스부에 끼워짐 / 피스톤과 커넥팅로드 소단부 연결
　　– 설치방법 : 부동(떠서 움직임)
　　　㉠ 고정식 : 보스부에 고정 볼트로 고정
　　　㉡ 반부동식 : 커넥팅로드 소단부에 클램프로 고정(1/2 부동식)
　　　㉢ 전부동식 : 고정 X, 스냅링 사용
⑤ 피스톤의 종류
　　㉠ 캠 연마 : 스커트부와 실린더 하부의 직경이 상대적으로 크다(열팽창 시 진원).
　　㉡ 스플릿 : 가로 홈, 세로 홈이 있음(열전달 및 열팽창 억제).
　　㉢ 인바 스트럿 : 인바강 사용(Ni: 35%↑), 열팽창 계수↓
　　㉣ 슬리퍼 : 측압이 크지 않은 보스부 중량감소
　　㉤ 오프셋 : 피스톤핀과 크랭크축 중심 편심(슬랩 방지, 측압 감소)
　　㉥ 솔리드 : 강도 높은 재질 사용, 통형, 열 보상장치 X
(3) 커넥팅로드 : 피스톤과 크랭크축을 연결하는 막대
　＊ 상부연결 – 커넥팅로드 소단부와 피스톤 보스부(피스톤핀)
　　하부연결 – 커넥팅로드 대단부와 크랭크축의 핀(크랭크 베어링)
　– 기능 : 피스톤의 왕복운동을 크랭크축의 회전운동으로 바꾸어 줌
　– 휨 및 비틀림 변형의 원인 : 크랭크 축의 과도한 엔드플레이, 반복하중
　　→ 영향 : 피스톤의 측압·블로바이가스↑, 소음·진동↑, 크랭크축의 이상 마모↑
(4) 크랭크 축 : 피스톤의 힘을 회전운동으로 바꾸어 동력을 전달함(플라이휠, 풀리 등)
　– 크랭크 축 엔드 플레이(= 축방향 유격) → 스러스트 베어링으로 조정

4기통 기준 : 저널 5개, 핀 4개
위상차 : 4행정cycle → 720°/기통수 – 2행정cycle → 360°/기통수

1　　　3　　　4　　　2

　※ 점화순서 결정 시 고려사항
　　– 같은 간격 연소, 순서대로 점화 X, 균일한 혼합기 분배, 크랭크축 비틀림 진동 X
(5) 엔진 베어링 – 축과 베어링 사이 유막(윤활간극)을 형성하여 마찰 마모를 줄여줌
　① 분류
　　㉠ 레이디얼 베어링 : 축의 직각 방향 하중지지(저널과 핀에 설치)
　　㉡ 스러스트 베어링 : 축 방향 하중지지
　② 구비조건 : 하중 부담능력↑, 길들임성, 내피로성, 내식성, 매입성

③ 윤활 간극
　　㉠ 클 때 : 유압 저하, 비산되는 오일의 양 과대, 오일 소비↑(배기가스 : 흰색)
　　㉡ 작을 때 : 저널과 직접 접촉(마찰·마모 증대), 오일 공급 불량
④ 크러시와 스프레드
　　㉠ 크러시 : 베어링의 바깥 둘레와 하우징 안 둘레와의 차이(밀착성과 열전도 ↑)
　　㉡ 스프레드 : 베어링 끼우기 전, 하우징의 지름과 베어링 바깥지름의 차이
　　　　　　　　　(베어링 이탈 방지, 크러시로 인한 찌그러짐 방지)
(6) 플라이-휠 : 폭발행정 시 발생한 회전력 저장, 속도를 일정하게 유지(관성력을 이용)
　　－ 크기와 무게는 기관의 회전수와 실린더 수에 관계 있음
　　－ 링기어 : 플라이 휠 외주에 기동전동기의 피니언 기어와 맞물리기 위해 설치
　　－ DMF : 내구성을 높이기 위해 토션 댐퍼 기능이 추가된 플라이 휠

＊ 기관의 해체 정비 시기
　　－ 규정 압축 압력의 70% 이하
　　－ 표준 대비 연료 소비율 60% 이상
　　－ 표준 대비 윤활유 소비율 50% 이상

---

01 출제빈도 ★★☆

실린더 헤드 볼트의 조임 불량으로 일어날 수 있는 증상 중 가장 관련이 깊은 것은?

① 실린더 헤드 균열
② 실린더 벽의 변형
③ 피스톤 링의 소결
④ 실린더 블록 균열

02 출제빈도 ★★☆

실린더 헤드의 변형 및 설치 부품의 고장 원인으로 가장 거리가 먼 것은?

① 실린더 헤드 볼트를 불균형하게 조임
② 과도한 노킹으로 인한 점화플러그 및 실린더 헤드 손상
③ 엔진 과냉으로 인한 실린더 헤드의 수축 변형
④ 엔진 과열로 인한 헤드가스켓 손상

03 출제빈도 ★★☆

4행정 사이클 4실린더 DOHC 엔진에서 크랭크축 스프로켓의 잇수가 16개일 때 흡기캠축과 배기캠축 스프로켓의 잇수는 총 몇 개인가?

① 16　　　　　　② 32
③ 64　　　　　　④ 80

04 출제빈도 ★★☆

DOHC, MPI 가솔린엔진의 실린더 헤드에 장착된 장치로 올바르게 짝지어진 것은?

① 인젝터, 예열플러그, 캠축, 배기다기관
② 밸브스프링, 밸브가이드 실, 기화기
③ 연료펌프, 크랭크축, 로커암
④ 흡·배기밸브, 점화플러그, 흡기다기관, 캠

05 출제빈도 ★★☆

4행정 사이클, 4기통, DOHC(Double Over Head Camshaft) 엔진에 대한 설명으로 옳은 것은?

① 크랭크축의 메인저널은 5개이다.
② 엔진 전체 배기밸브의 수는 4개이다.
③ 캠축과 크랭크축의 회전비는 2 : 1이다.
④ 흡기캠축이 2개이다.

06 출제빈도 ★★☆

다음 중 SOHC와 비교한 DOHC 엔진의 특징으로 맞는 것은?

① 엔진의 소음과 진동이 적다.
② 생산단가 및 유지보수 면에서 경제적이다.
③ 흡·배기효율이 향상되고 가속응답성이 좋아진다.
④ 직경이 큰 흡기 및 배기밸브를 각각 1개씩 설치할 수 있다.

07 출제빈도 ★★☆

캠축에서 캠의 구성 중 밸브가 열려서 닫힐 때까지의 직선거리를 뜻하는 용어는?

① 로브(lobe)　　② 양정(lift)
③ 노즈(nose)　　④ 플랭크(flank)

08 출제빈도 ★★☆

밸브기구와 관련된 설명으로 가장 적당한 것은?

① 밸브간극이 클 때 밸브가 늦게 열리고 일찍 닫힌다.
② 밸브간극이 작을 때 엔진의 정상 작동온도에서 밸브가 확실하게 열리지 못한다.
③ 밸브간극이 작을 때 밸브의 마모가 더 빠르다.
④ 밸브간극이 클 때 푸시로드가 휘어질 확률이 높다.

09 출제빈도 ★★☆

엔진의 흡·배기밸브 간극이 클 때 발생될 수 있는 사항이 아닌 것은?

① 흡배기 효율이 저하된다.
② 밸브 마모가 발생될 수 있다.
③ 밸브 작동 소음이 발생될 수 있다.
④ 블로백 현상이 발생될 수 있다.

10 출제빈도 ★★☆

엔진의 밸브 간극이 클 때 발생될 수 있는 현상으로 가장 적당한 것은?

① 압축행정 시 블로백(blowback) 현상이 발생될 수 있다.
② 배기밸브가 빨리 열리고 일찍 닫히게 된다.
③ 엔진의 정상 작동온도에서 흡입되는 공기량이 부족해진다.
④ 흡·배기밸브의 양정이 커지게 된다.

11 출제빈도 ★★☆

유압식 밸브 리프터의 내용으로 틀린 것은?

① 유체를 사용하여 완충역할을 할 수 있어 내구성이 뛰어나다.
② 구조가 간단하고 개폐시기가 정확하다.
③ 밸브 간극은 온도 변화와 무관하게 항상 '0'이다.
④ 기관성능이 우수하고 진동 및 소음 감소가 좋아진다.

12 출제빈도 ★★☆

밸브개폐 장치와 관련이 없는 것은?

① 로커암　　　② 밸브 리프터(태핏)
③ 푸시로드　　④ 물펌프

13 출제빈도 ★★★

밸브기구의 구비조건으로 거리가 먼 것은?

① 압축압력에 견딜 것
② 신축성이 좋을 것
③ 열전도성이 좋을 것
④ 충격에 대한 저항력이 클 것

14 출제빈도 ★★★

실린더 헤드에 위치한 흡·배기밸브에 관한 설명 중 거리가 먼 것은?

① 밸브의 헤드에서 발생된 열은 밸브면을 통해 실린더 헤드의 시트로 전달된다.
② 배기 말에서 흡기 초의 행정에서 흡·배기 밸브를 동시에 여는 오버랩을 두어 충진효율을 향상시킬 수 있다.
③ 실린더 헤드에 설치된 밸브스프링이 밸브를 여는 역할을 한다.
④ 흡입 효율을 높이기 위해 흡기밸브의 헤드를 배기밸브의 헤드보다 크게 제작한다.

15 출제빈도 ★★★

밸브오버랩(정의 겹침)에 대한 설명으로 옳은 것은?

① 피스톤이 상사점에 위치할 때 흡기밸브와 배기밸브가 동시에 열려 있는 현상
② 피스톤이 상사점에 위치할 때 흡기밸브와 배기밸브가 동시에 닫혀 있는 현상
③ 피스톤이 하사점에 위치할 때 흡기밸브와 배기밸브가 동시에 열려 있는 현상
④ 피스톤이 하사점에 위치할 때 흡기밸브와 배기밸브가 동시에 닫혀 있는 현상

16 출제빈도 ★★☆

밸브오버랩을 두는 직접적 이유로 가장 적당한 것은?

① 돌출부 발생으로 인한 노킹방지
② 엔진의 저 RPM에서 연료소비율 감소
③ 체적 및 충진효율 증대
④ 각 밸브 기구 및 피스톤의 마모방지

17 출제빈도 ★★☆

어느 4행정 사이클엔진의 밸브 개폐시기가 아래와 같다. 보기 중 맞는 것을 고르시오.

┤ 보기 ├

흡입밸브 열림 : 상사점 전 18°
흡입밸브 닫힘 : 하사점 후 48°
배기밸브 열림 : 하사점 전 45°
배기밸브 닫힘 : 상사점 후 14°

① 흡기밸브가 열려 있는 기간 동안 크랭크축이 회전한 각도는 239°, 밸브오버랩은 63° 이다.
② 배기밸브가 열려 있는 기간 동안 크랭크축이 회전한 각도는 239°, 밸브오버랩은 32° 이다.
③ 흡기밸브가 열려 있는 기간 동안 크랭크축이 회전한 각도는 246°, 밸브오버랩은 63° 이다.
④ 배기밸브가 열려 있는 기간 동안 크랭크축이 회전한 각도는 246°, 밸브오버랩은 32° 이다.

18 출제빈도 ★★☆

4행정 사이클엔진의 밸브 개폐시기가 아래와 같을 때 보기 중 맞는 내용으로 짝지어진 것은?

┨ 보기 ┠

흡입밸브 열림 : 상사점 전 15
흡입밸브 닫힘 : 하사점 후 35°
배기밸브 열림 : 하사점 전 35°
배기밸브 닫힘 : 상사점 후 10°

① 흡입밸브 열림 기간 230°,
　밸브오버랩 25°
② 배기밸브 열림 기간 230°,
　밸브오버랩 25°
③ 흡입밸브 열림 기간 225°,
　밸브오버랩 45°
④ 배기밸브 열림 기간 225°,
　밸브오버랩 45°

19 출제빈도 ★★☆

4행정 사이클엔진의 밸브 개폐시기가 보기와 같을 때 밸브오버랩은 얼마인가?

┨ 보기 ┠

흡입밸브 열림 : 상사점 전 2°
흡입밸브 닫힘 : 하사점 후 5°
배기밸브 열림 : 하사점 후 7°
배기밸브 닫힘 : 상사점 후 3°

① 상사점에서 5°　② 하사점에서 7°
③ 상사점에서 12°　④ 하사점에서 10°

20 출제빈도 ★★☆

아래 보기의 밸브 작동시기를 근거로 밸브오버랩의 각도[deg]는 얼마인가?

┨ 보기 ┠

흡기밸브 : 상사점 전 10°에서 열림 / 하사점 후 55°에서 닫힘
배기밸브 : 하사점 전 45°에서 열림 / 상사점 후 20°에서 닫힘

① 30°　　　　② 45°
③ 65°　　　　④ 100°

21 출제빈도 ★☆☆

흡입밸브 열림각도가 245°, 밸브오버랩이 15°, 흡·배기 밸브가 닫혀 있는 동안의 각도가 255°일 때 배기밸브 열림각은 몇 도(°)인가?

① 235°　　　② 240°
③ 245°　　　④ 250°

22 출제빈도 ★★☆

VVT는 엔진의 운전 상태에 따라 밸브를 희망하는 위치로 변화되도록 하여 밸브타이밍을 최적으로 하는 장치이다. 고속에서의 밸브오버랩 제어로 맞는 것은?

① 오버랩 기간을 늘린다.
② 오버랩 기간을 줄인다.
③ 오버랩 기간을 없게 한다.
④ 오버랩을 일정하게 한다.

23 출제빈도 ★★☆

밸브오버랩에 대한 설명 중 틀린 것은?

① 엔진의 회전 속도 및 부하에 따라 밸브오버랩의 정도를 다르게 하기 위한 전자제어 시스템이 가변밸브 제어시스템(CVVT)이다.
② 흡기밸브와 배기밸브가 동시에 열려 있는 구간으로 고속기관일수록 크게 해야 한다.
③ 흡기밸브가 상사점 전 15°에 열려서 하사점 후 35°에 닫히고 배기밸브가 하사점 전 35°에 열려 상사점 후 10°에서 닫혔다면 밸브오버랩은 95°이다.
④ 흡입효율을 상승시키고 잔류 배기가스의 배출을 원활하게 함과 동시에 연소실 내의 냉각효과를 증대시킬 수 있다.

24 출제빈도 ★☆☆

CVVT시스템의 주요 부품으로 ECU의 제어에 따라 CVVT로 공급되는 오일의 통로를 제어하여 밸브 개폐시기를 조절하는 것은?

① OCV(Oil Control Valve)
② SCV(Swirl Control Valve)
③ OTS(Oil Temperature Sensor)
④ OHV(Over Head Valve)

25 출제빈도 ★★☆

엔진의 회전수에 맞춰 밸브의 양정에 변화를 지속적으로 주어 밸브오버랩을 효율적으로 제어할 수 있는 전자제어 시스템을 나타내는 용어로 적당한 것은?

① CVVT(Continuously Variable Valve Timing)
② CVVL(Continuously Variable Valve Lift)
③ VVT(Variable Valve Timing)
④ CVT(Continuously Variable Transmission)

26 출제빈도 ★★☆

내연기관의 가변밸브 타이밍 리프트 (Variable Valve Timing Lift : VVTL) 기술 사용 시 나타나는 특성으로 옳지 않은 것은?

① 밸브 리프트, 위상이 연속적으로 변화한다.
② 흡입공기량을 흡기밸브로 직접 제어한다.
③ 동력 성능이 향상된다.
④ 스로틀밸브로 인한 펌핑 손실이 증가한다.

27 출제빈도 ★★☆

VVT-i(Variable Valve Timing with intelligence)의 제어에 대한 설명으로 맞는 내용을 아래 보기에서 모두 선택한 것은?

┤ 보기 ├

㉠ 공회전 시 밸브오버랩을 크게 하여 흡배기 작용을 원활히 해 연비향상을 도모한다.
㉡ 경부하 시 작은 오버랩으로 흡입 시 발생되는 역류를 방지하여 연소안정성을 향상시킬 수 있다.
㉢ 중부하 시 적당한 오버랩으로 EGR률을 증대시켜 엔진의 온도를 떨어뜨리고 출력향상에 도움을 줄 수 있다.
㉣ 고부하 시 밸브오버랩을 최대로 제어하여 체적효율을 증대시킬 수 있다.

① ㉠, ㉡   ② ㉡, ㉣
③ ㉢, ㉣   ④ ㉠, ㉢

28 출제빈도 ★★★

다음 중 기관 연소실의 구조와 기능에 대한 설명 중 틀린 것은?

① 밸브 면적을 최대한 크게 하여 흡·배기 작용을 원활하게 한다.
② 연소실이 차지하는 표면적을 최소가 되게 한다.
③ 압축행정 시 혼합기 또는 공기에 와류를 일으켜 화염전파에 요하는 시간을 짧게 한다.
④ 가열되기 쉬운 돌출부를 두어 실화를 방지할 수 있어야 한다.

29 출제빈도 ★★★

자동차 연소실의 구비조건으로 가장 옳지 않은 것은?

① 엔진출력을 높일 수 있는 구조일 것
② 압축 초 행정에서 강한 와류를 일으키도록 할 것
③ 가열되기 쉬운 돌출부가 없을 것
④ 노킹을 일으키지 않는 형상일 것

30 출제빈도 ★★★

연소실의 구비조건으로 거리가 먼 것은?

① 폭발 및 연소 효율성이 좋아야 한다.
② 압축행정 이후 강한 와류를 발생시켜야 한다.
③ 고온에 연소실이 변형이 되지 않기 위해 열전도가 잘 되어야 한다.
④ 예열을 빨리하기 위하여 가열된 돌출부가 있는 형상으로 한다.

31 출제빈도 ★★★

연소실의 구비 조건으로 옳지 않은 것은?

① 혼합기를 효율적으로 연소시키는 형상으로 해야 한다.
② 화염전파 시간을 최대로 해야 한다.
③ 열손실을 적게 해야 한다.
④ 가열되기 쉬운 돌출부가 없어야 한다.

32 출제빈도 ★★☆

아래 보기에서 그림의 화살표가 가리키는 곳의 구비조건으로 가장 적합한 것은?

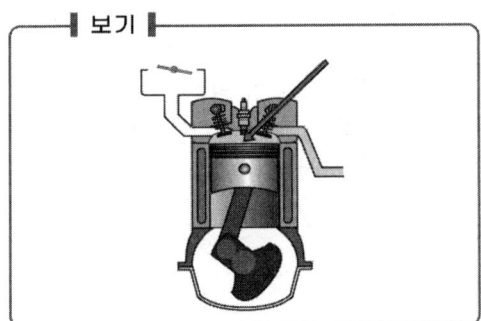

┤ 보기 ├

① 내마모성이 있을 것
② 추종 유동성이 좋을 것
③ 내열성이 있을 것
④ 내산성이 좋을 것

33 출제빈도 ★★★

연소실의 구비조건에 대한 설명으로 가장 거리가 먼 것은?

① 공기의 흐름을 좋게 하여 화염전파시간을 줄이는 구조일 것
② 연소실 벽면의 열전도가 잘될 것
③ 밸브 면적을 크게 하여 흡배기작용을 원활하게 하는 구조일 것
④ 압축 압력을 높게 하기 위해 연소실 표면적을 크게 하는 구조일 것

34 출제빈도 ★★☆

엔진 실린더 헤드 개스킷에 대한 설명으로 옳지 않은 것은?

① 기밀 유지 작용을 한다.
② 실린더와 오일팬 사이에 설치된다.
③ 냉각수의 누출을 방지한다.
④ 엔진오일의 누출을 방지한다.

35 출제빈도 ★☆☆

엔진의 정상 연소 시 실린더 벽의 온도로 적절한 것은?

① 60℃ 　　② 80℃
③ 100℃ 　　④ 120℃

36 출제빈도 ★★☆

라이너방식 실린더 중 습식 라이너 방식에 대한 설명으로 가장 옳지 않은 것은?

① 냉각효과가 커서 열로 인한 실린더 변형이 적다.
② 실린더 블록이 라이너 전체를 받쳐줘서 라이너의 두께가 얇다.
③ 냉각수가 새는 것을 방지하기 위해 실링(seal ring)을 사용한다.
④ 물재킷 부분의 세척이 쉽다.

37 출제빈도 ★★☆

습식 라이너의 특징에 대한 설명으로 가장 옳은 것은?

① 냉각효과가 건식 라이너보다 떨어진다.

② 두께가 2~4mm 정도이고, 건식 라이너보다 얇다.

③ 냉각수 누설 방지를 위해 내열, 내유성의 실링(sealing)을 설치한다.

④ 장착 시 2~3ton 정도의 큰 힘이 필요하다.

38 출제빈도 ★★☆

기관의 피스톤 링 플러터(piston ring flutter) 현상을 방지하는 방법으로 가장 옳지 않은 것은?

① 링 이음부는 배압이 적으므로 링 이음부의 면압 분포를 높게 한다.

② 실린더 벽에서 긁어내린 윤활유를 배출시킬 수 있는 홈을 링 랜드에 둔다.

③ 피스톤 링의 지름방향 폭을 좁게 하여 링의 장력과 면압을 감소시킨다.

④ 얇은 링을 사용하여 링의 무게를 줄여 관성력을 감소시킨다.

39 출제빈도 ★★☆

기관의 피스톤 링 플러터(piston ring flutter) 현상을 방지하는 방법으로 가장 옳지 않은 것은?

① 피스톤 링의 마모가 과도할 때 현상이 커지므로 새것으로 교체한다.

② 피스톤 링의 밀도를 높이고 관성력을 크게 한다.

③ 링 이음부는 배압이 적으므로 링 이음부의 면압 분포를 높게 한다.

④ 주기적인 엔진오일 교환으로 피스톤 링의 주변에 카본 등의 이물질이 끼지 않도록 한다.

40 출제빈도 ★☆☆

다음 중 피스톤 링에서 일어날 수 있는 이상 현상에 해당되지 않는 것은?

① 럼블 현상

② 스커프 현상

③ 스틱 현상

④ 플러터 현상

41 출제빈도 ★★★

피스톤의 구비조건으로 옳지 않은 것은?

① 피스톤의 헤드는 높은 압력에 견딜 수 있어야 한다.

② 열전도성이 높아 방열효과가 커야 한다.

③ 마찰손실 및 기계적 손실이 적어야 한다.

④ 원활한 동력을 전달하기 위해 관성력이 커야 한다.

42 출제빈도 ★★★

다음 중 피스톤의 구비 조건으로 거리가 먼 것은?

① 열전도성이 낮을 것

② 커넥팅로드와 피스톤의 중량차가 작을 것

③ 열팽창 계수가 작을 것

④ 기밀유지가 용이하고 관성력이 작을 것

43 출제빈도 ★★★

다음 중 피스톤의 구비조건으로 틀린 것은?

① 열전도성이 클 것

② 열팽창 계수가 작을 것

③ 기계적 강도가 크고 고온에서 견딜 것

④ 밀도가 클 것

44 출제빈도 ★★★

엔진의 피스톤 구비 조건으로 가장 옳지 않은 것은?

① 관성력에 의한 동력손실을 줄이기 위해 무게가 가벼울 것
② 열전도율이 높고 열팽창률이 클 것
③ 피스톤 상호 간의 무게 차이가 적을 것
④ 충분한 기계적 강도가 있을 것

45 출제빈도 ★★☆

피스톤의 상하 왕복운동이 커넥팅로드를 거쳐 크랭크축을 회전시킬 때 피스톤 헤드에 작용하는 힘과 크랭크축이 회전할 때의 저항력 때문에 실린더 벽에 피스톤이 압력을 가하는 현상은?

① 블로 다운(blow down)
② 소결
③ 디플렉터(deflector)
④ 측압

46 출제빈도 ★★★

엔진의 피스톤 간극이 작으면 발생할 수 있는 현상으로 옳은 것은?

① 연소실에 엔진 오일 유입
② 압축 압력 저하
③ 실린더와 피스톤 사이의 고착
④ 피스톤 슬랩음 발생

47 출제빈도 ★★★

피스톤 간극이 규정보다 작을 경우 발생할 수 있는 현상으로 옳은 것은?

① 피스톤과 실린더 사이 유막파괴 현상으로 인한 열화
② 피스톤 슬랩 현상으로 인한 측압 증가
③ 오일 및 연료소비량의 증가
④ 블로바이 가스 증가

48 출제빈도 ★★★

실린더와 피스톤의 간극이 클 때 발생될 수 있는 현상으로 틀린 것은?

① 압축압력 부족으로 인한 출력 부족 발생
② 엔진오일 연소로 인한 흰색 배출가스 발생
③ 피스톤의 슬랩으로 인한 소음과 진동 발생
④ 블로바이 현상으로 인한 흡입효율 증가

49 출제빈도 ★★★

피스톤 간극이 규정보다 클 때 발생하는 현상으로 거리가 먼 것은?

① 압축압력 감소   ② 피스톤 슬랩
③ 출력 저하   ④ 피스톤 융착

50 출제빈도 ★★★

피스톤 링에 대한 설명으로 옳은 것은?

① 일반적으로 피스톤 링을 3개 사용할 경우 상부에 압축링 2개, 제일 아래 오일링 1개로 구성된다.
② 피스톤 링은 크롬을 주재료로 한 크롬 링이다.
③ 오일링은 피스톤에 오일을 주입하는 역할을 한다.
④ 링의 3대 작용은 감마작용, 냉각작용, 기밀작용이다.

51 출제빈도 ★★★

피스톤 링에 관한 설명 중 옳지 않은 것은?

① 오일링은 실린더 벽의 여분 오일을 긁어내린다.
② 압축링은 오일링 위쪽에 끼워진다.
③ 오일링은 피스톤의 기밀을 유지하기 위한 것이다.
④ 압축링의 재질은 일반적으로 특수 주철이다.

52 출제빈도 ★★★

피스톤 링의 주요 기능이 아닌 것은?

① 방청작용　　　② 기밀작용

③ 오일제어작용　④ 열전도작용

53 출제빈도 ★★★

자동차엔진에서 피스톤 링의 구비조건에 해당하지 않은 것은?

① 열팽창률이 낮을 것

② 실린더 벽에 동일한 압력을 가할 것

③ 장시간 사용해도 피스톤 링과 실린더의 마멸이 적을 것

④ 열전도성이 낮을 것

54 출제빈도 ★★★

피스톤 링의 구비조건으로 옳지 않은 것은?

① 내열성 및 내마모성이 커야 한다.

② 실린더 벽의 마모를 최소한으로 해야 한다.

③ 열팽창률이 높아 정상 작동온도에서 블로바이 현상이 적어야 한다.

④ 열을 잘 전도하여야 한다.

55 출제빈도 ★★★

피스톤 링에 대한 설명으로 옳지 않은 것은?

① 피스톤 링은 실린더 내벽 쪽으로 장력이 발생한다.

② 블로바이를 최소화하기 위해 링이음의 방향을 120~180° 간극을 두고 설치한다.

③ 내마모성을 높이기 위해 피스톤 링과 실린더 내벽 두 곳에 크롬도금을 하기도 한다.

④ 압축압력 유지, 오일 제어, 냉각작용이 3대 주요한 작용이다.

56 출제빈도 ★★★

다음 중 피스톤 링(piston ring)에 대한 설명으로 옳지 않은 것은?

① 연소실 내에서 연소에 의해 받은 열을 실린더 벽으로 전도한다.

② 실린더 벽의 윤활유를 긁어내려 연소실로 흡입되는 것을 방지한다.

③ 피스톤과 커넥팅로드를 연결해준다.

④ 보통 압축링과 오일링으로 구성되어 있다.

57 출제빈도 ★★★

엔진오일이 연소실에 올라오는 원인 중 맞는 것은?

① 피스톤의 핀의 마모

② 피스톤 오일링의 마모

③ 크랭크축의 마모

④ 크랭크 저널의 마모

58 출제빈도 ★★☆

다음 중 피스톤 링에 대한 설명으로 틀린 것은?

① 링 절개부의 설치각도는 80~90°이다.

② 피스톤 링의 이음 틈새는 압축링의 틈새를 오일링의 틈새보다 크게 만든다.

③ 보통 3개의 링이 사용되고 있다.

④ 링의 장력이 적을 경우 블로바이 현상이 발생한다.

59 출제빈도 ★★☆

피스톤 압축링 절개부의 설명으로 거리가 먼 것은?

① 링에 탄성을 줄 수 있어 실린더 내벽에 밀착력을 높일 수 있다.
② 피스톤 운영 중의 열팽창을 고려하여 둔 것이다.
③ 링의 마모도가 높을 때 교환이 편리하여 정비성이 향상된다.
④ 간극이 클 경우 블로바이는 줄어들지만 열전도 효율은 향상된다.

60 출제빈도 ★★☆

피스톤에 대한 설명으로 거리가 먼 것은?

① 피스톤 간극이 커지면 피스톤 슬랩이 발생하고 블로바이가 증대된다.
② 피스톤 링의 내마모성을 키우기 위해 크롬으로 도금하기도 한다.
③ 전부동식은 커넥팅로드의 소단부와 피스톤 핀을 클램프로 고정해서 사용하는 방식이다.
④ 고정식은 고정 볼트로 피스톤과 피스톤 핀을 고정한 방식이다.

61 출제빈도 ★★☆

피스톤의 보스부 직경보다 스커트부 직경을 더 크게 제작한 피스톤으로 맞는 것은?

① 캠연마 피스톤
② 스플릿 피스톤
③ 슬리퍼 피스톤
④ 옵셋 피스톤

62 출제빈도 ★★☆

엔진 피스톤의 형상에 대한 설명으로 가장 옳지 않은 것은?

① 솔리드 피스톤은 스커트 부분에 홈이 없는 피스톤이다.
② 인바 스트럿 피스톤은 온도 변화에 따른 변형이 적은 피스톤이다.
③ 스플릿 피스톤은 측압을 받지 않는 스커트 부분을 떼어낸 피스톤이다.
④ 캠 연마 피스톤은 보스 부의 직경은 작게, 스커트 부의 직경은 크게 제작된 피스톤이다.

63 출제빈도 ★★☆

다음 보기에서 설명하는 피스톤의 형식으로 맞는 것은?

┤ 보기 ├
측압을 줄이고 슬랩을 방지하기 위해 피스톤 행정의 중심선이 크랭크축의 수직선과 교차하지 않고 평행하게 둔다.

① 옵셋 피스톤
② 슬리퍼 피스톤
③ 인바 스트럿 피스톤
④ 캠연마 피스톤

64 출제빈도 ★★★

엔진의 구성품인 피스톤에 관한 설명 중 틀린 것은?

① 관성력을 작게 하기 위해 측압을 받지 않는 부분을 잘라낸다.
② 단행정엔진은 피스톤의 직경을 크게 제작한다.
③ 열팽창을 고려해 보스부의 직경을 스커트부보다 크게 한다.
④ 피스톤핀의 중심과 크랭크축의 중심을 옵셋시킨다.

65 출제빈도 ★☆☆

피스톤의 내마모성, 내충격성 향상을 위해 표면 처리하는 방법이 아닌 것은?

① 고주파법　　　② 질화법
③ 아닐링법　　　④ 화염법

66 출제빈도 ★★☆

피스톤의 왕복운동을 크랭크축에 전달하여 회전운동으로 바꿔주는 연결 막대는?

① 피스톤　　　　② 피스톤 핀
③ 크랭크축　　　④ 커넥팅로드

67 출제빈도 ★★☆

엔진 본체 부품의 설명으로 틀린 것은?

① 실린더는 연료와 공기의 폭발로부터 얻은 열에너지를 기계적 에너지로 바꾸는 역할을 한다.
② 커넥팅로드는 피스톤의 왕복운동을 크랭크축의 직선운동으로 바꾸어준다.
③ 커넥팅로드는 피스톤과 크랭크축을 연결한다.
④ 크랭크 케이스는 실린더를 지지하고 엔진을 프레임에 고정시키는 역할을 한다.

68 출제빈도 ★★☆

자동차용 엔진의 밸브 구동 장치에 해당하지 않는 것은?

① 캠축(camshaft)
② 타이밍 체인(timing chain)
③ 커넥팅로드(connecting rod)
④ 로커 암(rocker arm)

69 출제빈도 ★★☆

피스톤의 직선 왕복운동을 동력전달장치의 회전운동으로 바꾸어주는 장치는?

① 실린더　　　　② 크랭크축
③ 클러치　　　　④ 캠축

70 출제빈도 ★★☆

직선왕복 운동하는 기관에서 피스톤의 왕복운동을 회전운동으로 바꿔주는 역할을 하며 커넥팅로드 대단부를 지지해 주는 크랭크축의 요소를 무엇이라 하는가?

① 크랭크 핀　　　② 메인 저널
③ 크랭크 암　　　④ 평형추

71 출제빈도 ★★☆

아래 설명에서 (A)와 (B)에 알맞은 내용으로 연결된 것을 고르시오.

> 직렬 4기통 엔진의 크랭크 핀의 개수는 (A)이며, 크랭크 저널의 개수는 (B)이다.

① A - 4, B - 4
② A - 4, B - 5
③ A - 5, B - 4
④ A - 5, B - 5

72 출제빈도 ★★★

크랭크축 비틀림 진동발생의 관계로 가장 옳지 않은 것은?

① 크랭크축의 길이가 길수록 크다.
② 크랭크축의 강성이 적을수록 크다.
③ 엔진의 회전력 변동이 클수록 크다.
④ 엔진의 회전속도가 빠를수록 크다.

73 출제빈도 ★★★

점화장치의 순서를 결정할 때 고려할 사항으로 맞는 것은?

① 연소가 같은 간격으로 일어나지 않도록 한다.

② 인접한 실린더에 연이어 점화되어야 한다.

③ 크랭크축의 비틀림 진동이 발생되어야 한다.

④ 혼합기가 각 실린더에 균일하게 분배되어야 한다.

74 출제빈도 ★★★

어떤 4사이클기관의 점화순서가 1-2-4-3이다. 1번 실린더가 압축행정을 할 때 3번 실린더는 어떤 행정을 하는가?

① 흡기행정　　② 압축행정

③ 배기행정　　④ 폭발행정

75 출제빈도 ★★★

4행정 사이클엔진에서 점화순서가 1-3-4-2일 때 1번이 압축행정일 때 2번 행정은?

① 흡입행정　　② 압축행정

③ 폭발행정　　④ 배기행정

76 출제빈도 ★★★

4행정 사이클 4기통 엔진에서 1번 실린더가 폭발행정을 할 때 4번 실린더는 무슨 행정을 하는가? (점화순서는 1-2-4-3)

① 흡입행정　　② 압축행정

③ 폭발행정　　④ 배기행정

77 출제빈도 ★★★

4행정기관의 실린더 수가 4개일 때 점화순서는 1-3-4-2(우수식)이다. 이때 1번 실린더가 흡입행정을 하고 있다면 3번 실린더는 무슨 행정을 하고 있는가?

① 흡입행정　　② 압축행정

③ 동력행정　　④ 배기행정

78 출제빈도 ★★★

1-2-4-3의 점화순서를 가지는 4행정 사이클 가솔린엔진에서 1번 실린더가 폭발행정일 때 3번 실린더의 행정으로 맞는 것은?

① 흡입행정　　② 압축행정

③ 동력행정　　④ 배기행정

79 출제빈도 ★★★

'1-3-4-2'의 점화순서를 갖는 4행정 가솔린기관에서 1번 실린더가 압축행정일 때 4번 실린더는 어떤 행정인가?

① 압축행정　　② 배기행정

③ 팽창행정　　④ 흡입행정

80 출제빈도 ★★★

4행정 사이클엔진의 점화순서가 1-2-4-3인 엔진이 있다. 3번 실린더가 압축행정일 때 2번 실린더의 행정으로 맞는 것은?

① 흡입행정　　② 압축행정

③ 동력행정　　④ 배기행정

81 출제빈도 ★★☆

점화순서가 1-3-4-2인 4행정 사이클 4실린더 기관에서 1번 실린더가 압축상사점에 위치한 후 크랭크축이 360° 회전했다면 배기상사점에 가장 가까운 실린더는?

① 1번 실린더　　② 2번 실린더

③ 3번 실린더　　④ 4번 실린더

82 출제빈도 ★★☆

4행정 사이클 직렬 4기통 기관의 제1기통이 흡기밸브 열림, 배기밸브 닫힘 상태이고, 제3기통은 흡기, 배기 양 밸브가 모두 닫혀 있었다. 이 기관의 점화순서로 맞는 것은?

① 1-2-3-4
② 1-2-4-3
③ 1-3-4-2
④ 1-3-2-4

83 출제빈도 ★★☆

4행정 사이클엔진에서 1-2-5-6-4-3의 폭발 순서를 가진 6기통의 엔진에서 5번이 동력행정일 때 6번 실린더는 무슨 행정인가?

① 흡입행정
② 폭발행정
③ 압축행정
④ 배기행정

84 출제빈도 ★☆☆

직렬 6기통 좌수식 엔진의 점화순서로 가장 옳은 것은?

① 1 - 6 - 4 - 2 - 5 - 3
② 1 - 4 - 2 - 6 - 3 - 5
③ 1 - 3 - 5 - 6 - 2 - 4
④ 1 - 5 - 3 - 6 - 2 - 4

85 출제빈도 ★★☆

다음 용어에 대한 설명으로 맞는 것을 고르시오.

┤ 보기 ├

㉠ 엔진 베어링의 바깥둘레가 하우징의 안 둘레보다 긴 것으로 열전도성을 높이는 작용을 한다.

㉡ 엔진 베어링의 지름이 하우징의 지름보다 크게 하여 베어링을 조립하였을 때 잘 이탈되는 것을 방지한다.

① ㉠ : 러그   ㉡ : 스러스트
② ㉠ : 스러스트   ㉡ : 레이디얼
③ ㉠ : 크러시   ㉡ : 스프레드
④ ㉠ : 스프레드   ㉡ : 크러시

86 출제빈도 ★★☆

자동차 기관 크랭크축 베어링의 구비 조건으로 옳지 않은 것은?

① 마찰 계수가 크고, 추종 유동성이 있어야 한다.
② 하중 부담 능력이 있어야 한다.
③ 매입성이 좋아야 하며, 내피로성이 커야 한다.
④ 내부식성 및 내마멸성이 커야 한다.

87 출제빈도 ★★★

크랭크축의 맥동운동을 관성운동으로 제어하기 위해 필요한 것은?

① 클러치 압력판
② 플라이휠
③ 토크컨버터의 펌프와 터빈
④ 타이밍 체인

88 출제빈도 ★★★

다음 글에서 설명하는 것으로 가장 옳은 것은?

- 엔진의 각 실린더에서 간헐적으로 발생하는 힘을 균일하게 하는 장치로 엔진에서 폭발행정이 없는 경우 이것의 관성력으로 엔진이 회전한다.
- 바깥 둘레에는 기관을 시동할 때 기동전동기의 피니언과 물려 회전력을 받는 링기어가 열 박음으로 고정되어 있다.

① 피스톤
② 커넥팅로드
③ 플라이휠
④ 크랭크축

89 출제빈도 ★★☆

다음 엔진의 구성요소 중 일정한 주기로 회전하는 부품으로 묶어진 것을 고르시오.

> ㉠ 흡·배기밸브 ㉡ 피스톤 핀
> ㉢ 플라이휠 ㉣ 피스톤
> ㉤ 크랭크축 ㉥ 캠축

① ㉢, ㉤, ㉥
② ㉡, ㉢, ㉤
③ ㉠, ㉣, ㉥
④ ㉡, ㉢, ㉤, ㉥

90 출제빈도 ★★☆

다음 중 동력발생 장치가 아닌 것은?

① 토크컨버터 ② 엔진
③ 크랭크축 ④ 실린더

91 출제빈도 ★★☆

다음 보기의 시험 사항은 어떤 것을 점검하기 위한 사전 내용인가?

┤ 보기 ├

> ㉠ 축전지 상태를 점검하고, 기관을 가동시켜 워밍업을 시킨 후 정지시킨다.
> ㉡ 모든 점화플러그를 뺀다.(디젤기관은 분사노즐을 모두 뺀다.)
> ㉢ 시동이 되지 않게 연료장치와 점화장치를 조정한다.
> ㉣ 에어클리너를 탈착하고, 스로틀밸브를 완전히 개방한다.
> ㉤ 점화플러그 구멍에 압력계를 설치한다.

① 점화플러그 전원 인가 여부점검
② 연료압력 점검
③ 압축압력 점검
④ 오일압력 점검

92 출제빈도 ★★★

기관 해체정비 기준으로 맞는 것은?

① 압축압력이 규정값의 70% 이하일 때
② 연료소비율이 표준소비율의 20% 이상일 때
③ 윤활유소비율이 표준소비율의 20% 이상일 때
④ 각 실린더의 압축압력의 차이가 20% 이상일 때

93 출제빈도 ★★★

차량 점검 시 엔진 해체정비 시기를 판단하는 것으로 옳지 않은 것은?

① 엔진 압축압력의 측정값이 규정값의 70% 이하일 때
② 평균 연료소비율이 규정값의 60% 이상일 때
③ 윤활유(엔진오일)소비율이 규정값의 50% 이상일 때
④ 시동 시 전류소모가 배터리 용량의 3배 이하일 때

>>> 정답

01	02	03	04	05	06	07	08	09	10
①	③	③	④	①	③	①	①	④	③
11	12	13	14	15	16	17	18	19	20
②	④	②	③	①	③	②	①	①	①
21	22	23	24	25	26	27	28	29	30
①	①	③	①	④	③	④	②	②	④
31	32	33	34	35	36	37	38	39	40
②	③	④	②	④	②	③	③	②	①
41	42	43	44	45	46	47	48	49	50
④	①	④	②	④	③	①	④	④	①
51	52	53	54	55	56	57	58	59	60
③	①	④	③	④	③	②	①	④	③
61	62	63	64	65	66	67	68	69	70
①	③	①	③	④	③	④	②	②	①
71	72	73	74	75	76	77	78	79	80
②	④	④	④	③	①	④	④	②	④
81	82	83	84	85	86	87	88	89	90
①	②	③	②	③	①	②	③	①	①
91	92	93							
③	①	④							

01. 실린더 헤드 볼트의 조임이 불량할 경우 연소실 내에서 발생되는 폭발압력에 의해 일부 연소가스가 체결이 불량한 쪽으로 유출되면서 실린더 헤드에 변형을 발생시킬 수 있다. 실린더 블록보다 실린더 헤드의 재질이 약한 것도 고려해야 한다.

02. 헤드 변형은 주로 과열(overheating)로 발생하며 과냉은 일반적으로 구조적 손상 원인이 아니다.

03. 캠축 스프로켓의 이수
= 크랭크축 스프로켓의 이수 × 2
= 16 × 2 = 32개
흡기캠축과 배기캠축 2개의 스프로켓으로 구성되어 있으므로 32 × 2 = 64개

04. • **인젝터** : 직분사 방식의 엔진에서 실린더 헤드에 장착, MPI는 흡기다기관에 설치
• **예열플러그** : 디젤엔진의 실린더 헤드에 장착
• **기화기, 연료펌프** : 전자제어 엔진 이전에 사용된 엔진에서 실린더 헤드에 장착

• **크랭크축** : 실린더 블록에 위치
• **로커암** : SOHC 엔진에서 실린더 헤드에 장착

05. ② 엔진 전체 배기밸브의 수는 8개이다.
③ 캠축과 크랭크축의 회전비는 1:2이다.
④ 흡기와 배기캠축이 각 1개씩이다.

06. ①, ②, ④는 SOHC의 특징이다.

07. • **로브** : 밸브가 열리는 점에서 닫히는 점까지의 직선거리
• **플랭크** : 밸브 리프터가 닫는 옆면

08. ② 밸브간극이 작을 때 엔진의 정상 작동온도에서 밸브가 확실하게 닫히지 못하게 된다.
③ 밸브간극이 클 때 밸브의 마모가 더 빠르다.
④ 밸브간극이 작을 때 푸시로드가 휘어질 확률이 높다.

09. 블로백은 밸브 간극이 작아 정상 작동온도에서 밸브의 면이 실린더 헤드의 시트에 완전 밀착이 불량해서 발생되는 현상이다.

10. ① 밸브 간극이 작을 때 압축행정 시 블로백(blowback) 현상이 발생될 수 있다.
② 배기밸브가 늦게 열리고 일찍 닫히게 된다.
④ 흡·배기밸브의 양정이 작아진다.

11. 유압장치를 사용하기 때문에 구조가 복잡해진다.

12. 물펌프는 냉각장치의 냉각수 순환을 위해 필요한 것이다.

13. 일반적으로 신축성이 좋은 재료들이 내열 및 내압성이 약한 경우가 많고 밸브는 길이가 가변되면 흡·배기밸브의 열림량이 부족하거나 완전히 닫히지 않게 된다.

14. 흡·배기밸브는 캠의 회전운동에 의해 열리고 밸브 스프링의 장력에 의해 닫히게 된다.

15. 밸브오버랩이란 배기행정 말에서 흡입행정 초로 넘어갈 때 흡·배기밸브가 동시에 열리는 현상을 뜻한다.

16. 피스톤은 빠른 속도로 연속적인 왕복운동을 하게 된다. 이에 배기밸브가 완전히 닫히고 흡기밸브가 열리게 된다면 연소실 내의 공기의 흐름이 순간 끊어지게 될 것이다. 이에 체적효율 및 충진효율이 떨어지게 될 것이다.

17. • **흡기밸브 개도 시 크랭크축 회전각도**
　: $18° + 180° + 48° = 246°$
• **배기밸브 개도 시 크랭크축 회전각도**
　: $45° + 180° + 14° = 239°$
• **밸브오버랩** : $18° + 14° = 32°$

18. • **흡기밸브 개도 시 크랭크축 회전각도**
　: $15° + 180° + 35° = 230°$
• **배기밸브 개도 시 크랭크축 회전각도**
　: $35° + 180° + 10° = 225°$
• **밸브오버랩** : $15° + 10° = 25°$

19. 밸브오버랩은 상사점에서 발생되며 '흡입밸브 열림 각도 + 배기밸브 닫힘 각도'로 구할 수 있다.

20. 밸브오버랩 $= 10° + 20° = 30°$이다.

21. 배기밸브 열림각(X) $= ① + ② + ③$ 이므로 $(360°-255°)+(360°-245°)+15°=235°$가 된다.

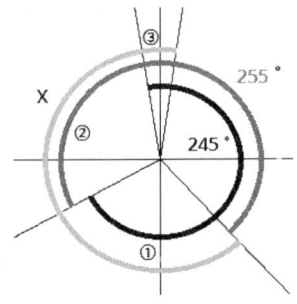

22. 부하를 제외한 엔진의 속도에 관련된 제어로 저속에서는 오버랩을 기간을 짧게/고속에서는 오버랩 기간을 길게 제어한다.

23. ③ 흡기밸브 열림 : 상사점 전 $15°$＋배기밸브 닫힘 : 상사점 후 $10°$＝밸브오버랩은 $25°$이다.

24. 오일을 통해 제어하는 액추에이터를 고르는 문제이므로 정답은 ①이 된다.

25. ① CVVT : 밸브오버랩을 큰 영역에서 작은 영역까지 선형적으로 변형할 수 있어 제어의 정밀도를 높인 장치이다.
③ VVT : 밸브오버랩을 크게 또는 작게 두 가지 경우로 제어하는 장치이다.
④ CVT : 무단자동변속기를 뜻한다.

26. VVTL(CVVL) 기술로 밸브오버랩을 상황에 맞게 제어할 수 있어 흡입공기의 흐름 유동을 최대한 좋게 할 수 있다. 따라서 스로틀밸브의 작동으로 인한 손실을 줄일 수 있다.

27. • 공회전 시 밸브오버랩을 작게 제어하여 연소하지 않은 연료가 배기쪽으로 빠져나가는 것을 방지할 수 있다. 이는 연비향상에 도움이 된다.
• EGR이 출력에 도움이 되지는 않는다.

28. 연소실의 돌출부는 열점의 역할을 하여 조기점화의 원인이 되기도 한다.

29. 압축행정 말에서 강한 와류를 일으키도록 할 것

30. 가열된 돌출부는 열점으로 작용하여 조기점화의 원인이 될 수 있다.

31. 화염전파 시간은 최소화해야 완전연소와 고출력을 얻을 수 있다.

32. 연소실의 구비조건을 뜻하는 것으로 높은 열과 압력에 잘 견디는 구조여야 한다.

33. 연소실 표면적이 커지면 벽면을 통한 열 손실이 증대되어 표면에서 연소가 일어나지 않는 미연소가 발생하여 배출가스 중 탄화수소의 발생량을 높이는 원인이 된다.

34. 실린더 헤드와 실린더 블록 사이에 설치된다.

35. 중부하시 실린더 벽면의 평균온도는 $120℃$ 정도이다.

36. 습식 라이너는 두께가 두껍고 냉각수와 직접 접촉하게 되므로 냉각효과가 크고 조립 및 분해가 쉽다.

37. 습식 라이너는 라이너 외주가 냉각수와 직접 접촉하므로 냉각효과가 건식 라이너보다 우수하다. 또한 두께는 $5{\sim}8mm$ 정도로 건식 라이너보다 두껍고 설치 시에는 비눗물을 발라 부드럽게 조립하면 된다.

38. 피스톤 링의 지름방향 폭을 좁게 하여 면압을 줄이면 피스톤의 움직임에 의한 피스톤 링의 진동이 더 심해진다.

39. 피스톤 링의 무게를 줄이고 관성력을 작게 한다.

40. ① **럼블(Rumble) 현상** : 기관의 압축비가 9.5 이상으로 높은 경우에 노크음과 다른 저주파의 둔한 뇌음을 내며 기관의 운전이 거칠어지는 현상으로 연소실의 이물질이 원인이 된다.
② **스커프(Scuff) 현상** : 딱딱한 것으로 흠을 내는 것으로 주로 실린더 벽면의 유막이 끊어지면서 발생된다.
③ **스틱(Stick) 현상** : 피스톤 링이 작동 중에 열에 의해 실린더와 고착되어 붙어버리는 현상을 말한다.

④ **플러터(Flutter) 현상** : 일명 링의 호흡작용으로 상사점 및 하사점에서 피스톤의 움직임이 반전될 때 링이 순간적으로 떨리는 현상을 말한다.

41. 관성력이 엔진의 기통수와 회전수에 따라 적당히 커서 좋은 건 플라이휠이다.

42. 피스톤의 열전도성이 낮아지면 열에 의해 변형이 발생된다.

43. 밀도가 높아질 경우 일반적으로 열팽창 계수가 커진다.

44. 피스톤의 열팽창률이 커지게 되면 작은 열에도 부피가 쉽게 커져서 실린더와의 마찰이 커지게 된다.

45. 측압은 크랭크축의 직각방향인 피스톤의 스커트부에서 크게 받게 된다.

46. 피스톤 간극이 작으면 오일 순환이 원활하지 못하고 마찰이 커져 열이 발생하게 된다. 이는 실린더와 피스톤에 변형을 발생시키고 심할 경우 고착된다.

47. ②, ③, ④ 모두 피스톤 간극이 규정보다 클 경우 발생될 수 있는 현상들이다.

48. 피스톤 간극이 커질 경우 공기를 필요한 만큼 흡입할 수 없게 되어 흡입효율이 떨어지게 된다.

49. **• 융착(融着)** : 고온에 의해 녹아 붙는 것을 뜻하는 것으로 피스톤 간극이 규정보다 작을 때 발생되는 현상이다.

50. ② 피스톤 링은 조직이 치밀한 특수주철을 주 소재로 사용하며 원심주조법으로 제작한다. 또한 링 면에는 흑연, 주석, 산화철 등을 부착하고 제1번 압축링과 오일링에는 크롬으로 도금하여 내마모성을 높이기도 한다.
③ 오일링은 실린더 벽을 윤활하고 남은 과잉의 오일을 긁어내려 연소실로 침입하지 못하도록 한다.
④ **링의 3대 작용** : 오일제어 작용, 냉각작용, 기밀작용

51. **• 오일링** : 링의 전 둘레에 홈이 파져 있어 실린더 벽을 윤활하고 남은 오일을 긁어내리며 실린더 벽의 유막을 조절함과 동시에 피스톤 안쪽으로 보내어 피스톤 핀의 윤활을 돕는다.

52. **• 피스톤 링의 3대 작용** : 기밀작용, 오일제어작용, 열전도작용(냉각 및 방열작용)

53. ④ 피스톤 링의 열전도성은 높아야 한다. 참고로 피스톤 링은 링 바깥쪽으로 펴지는 장력을 가지므로 실린더 벽에 동일한 압력을 가할수록 좋은 것이다.

54. 열팽창률이 높을 경우 정상 작동온도에서 피스톤 링의 마찰력이 증대된다.

55. 피스톤 탑(1번)링이나 실린더 내벽 둘 중 한 곳에만 크롬도금을 해야 내마모성을 높일 수 있다.

56. **• 피스톤 링(piston ring)** : 피스톤 링은 금속제 링의 일부를 잘라서 탄성을 유지하며, ④ 피스톤 링은 2~3개의 압축링과 1~2개의 오일링이 피스톤의 링 홈에 설치된다. 참고로 피스톤과 커넥팅로드를 연결해주는 것은 피스톤 핀이다.

57. 피스톤 링이 오일 제어를 잘하지 못했을 때 많은 양의 오일이 연소실에 유입되어 연소하게 된다.

58. 링 절개부의 설치각도는 120~180°이다.

59. 절개부 간극이 클 경우 블로바이의 양이 늘어나고 열전도 효율도 떨어지게 된다.

60. 전부동식은 스냅링을 사용하여 핀이 이탈되는 것만 방지한다. 참고로 클램프로 고정하는 방식은 반부동식이다.

61. ② **스플릿 피스톤(Split piston)** : 가로 홈(스커트부의 열전달 억제)과 세로 홈(전달에 의한 팽창억제)을 둔 피스톤으로 I, U, T자 홈 모양이 있다.
③ **슬리퍼 피스톤(Slipper piston)** : 측압을 받지 않는 부분을 잘라낸 것으로 무게를 가볍게 하는 효과가 있다.
④ **옵셋 피스톤(Off-set piston)** : 피스톤 핀의 중심을 크랭크축의 중심과 1.5㎜ 정도 옵셋시킨 형식으로 슬랩 방지용 피스톤이다.

62. 스플릿 피스톤은 가로 홈(스커트부의 열전달 억제)과 세로 홈(전달에 의한 팽창 억제)을 둔 피스톤으로 I, U, T자 홈 모양이 있다.

63. 중심을 일치시키지 않고 편심시킨 것을 옵셋이라 표현한다(휠의 옵셋, 더블 옵셋 조인트, 킹핀 옵셋, 하대 옵셋 등).

64. 피스톤의 슬랩을 방지하기 위하여 스커트부의 직경을 보스부보다 크게 제작한다.

65. **• 고주파법** : 표면만 경화
• 질화법 : 표면층에 질소를 확산시켜 표면층 경화
• 아닐링법(풀림) : 재료를 무르게 하여 가공성을 개선하기 위한 열처리
• 화염법 : 일반적으로 산소를 이용하여 간이 열처리하는 방법

66. 커넥팅로드 소단부는 피스톤에 핀에 의해 연결되고, 대단부는 레이디얼 베어링에 의해 크랭크축의 핀에 연결된다.

67. ② 커넥팅 로드는 피스톤의 직선운동 왕복운동을 크랭크축의 회전운동으로 바꾸기 위해 동력 전달하는 역할을 한다.
    ④ 실린더 블록 부분을 위 크랭크 케이스, 오일팬 부분을 아래 크랭크 케이스라고 표현하기도 한다. ④번 선지의 크랭크 케이스는 위 크랭크 케이스 부분인 실린더 블록의 역할을 설명한 것이다.

68. SOHC 기준으로 밸브가 구동되기 위한 동력전달 순서는 크랭크축 스프로켓 → 타이밍 벨트 및 체인 → 캠축 스프로켓 → 캠축 → 로커 암 → 각 밸브 순이다.

69. 만약 선지에 커넥팅로드가 포함될 경우 문제에 보다 자세한 설명이 되거나 크랭크축이 선지에서 빠지게 될 것이다.

70. 커넥팅로드 대단부에 지지되는 부분을 크랭크 핀이라 한다. 크랭크 핀의 수는 기통수와 같다.

71. 크랭크 핀은 앞의 문제에서 설명을 했고, 크랭크 저널은 블록에 지지되는 부분으로 4기통 기준으로 "저널-핀-저널-핀-저널-핀-저널-핀-저널" 순으로 설치되기 때문에 크랭크 핀 4곳, 크랭크 저널 5곳이 된다.

72. 엔진의 회전수가 낮은 공전 시에 부조 및 진동의 발생 확률이 높은 편이다.

73. ① 연소가 같은 간격으로 일어나도록 한다.
    ② 인접한 실린더에 연이어 점화되지 않도록 한다.
    ③ 크랭크축의 비틀림 진동이 발생되지 않아야 한다.

74. 점화순서의 역순으로 1번 실린더 압축행정을 기준으로 카운트 해나가면 3번 실린더는 폭발(동력)행정이 된다.

77. 참고로 1-2-4-3은 좌수식이다.

81. 앞의 문제 해결방식대로 1번 실린더가 압축행정일 때 4번 실린더가 배기행정인 것은 알 수 있다. 여기서 크랭크축의 회전방향대로 360° 회전시켰다면 2회의 위상차(4기통 위상차=180°)만큼 실린더 순서를 이동하면 된다. 따라서 4번의 배기 행정자리에 2번이 이동해서 오고 다음은 1번 실린더가 배기행정에 위치하게 된다.

82. 1번 실린더가 흡입행정이고, 3번 실린더가 압축 및 폭발행정이다. 이 2가지 조건으로 점화순서를 결정한다.
    ①번은 연이어서 점화되었기 때문에 답이 될 수 없다.
    ③, ④번은 1번 실린더가 흡입일 때 3번 실린더가 배기행정이기 때문에 답이 될 수 없다.

83. 6기통의 점화순서는 실린더 및 행정을 모두 12등분해야 한다. 5번을 동력(폭발) 중의 행정으로 가정하면 6번 실린더는 압축말 행정에 해당되므로 압축행정이 답이 된다. 각 행정의 초·중·말 언급이 없는 관계로 중으로 가정하는 것이 옳다.

84. 우수식인 1-5-3-6-2-4를 반대로 카운터 하면 좌수식 1-4-2-6-3-5가 된다.

85. 그림 참조

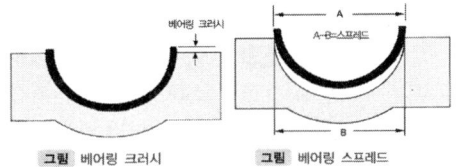

그림 베어링 크러시   그림 베어링 스프레드

86. 마찰 계수가 작고 추종 유동성이 있어야 한다.

87. 크랭크축에서 위상차별로 발생되는 폭발에 의한 맥동을 축의 끝에 플라이휠이 저장하여 다음 행정까지 축이 원활하게 회전할 수 있도록 돕는다.

88. 참고 : 플라이휠의 무게는 고속용 엔진일수록, 실린더가 다기통일수록 가볍다.

89. 크랭크축 및 플라이휠의 회전수가 엔진의 회전수가 되고 이의 절반만큼 회전하는 것이 캠축이다.

90. 토크컨버터는 입력된 회전력을 상황에 맞춰 증대하기 위한 장치이다.

91. 보기의 조건에서 크랭킹을 시켜 2~3회 압축시키면 연소실에서의 압축압력을 측정할 수 있다.

92. • 엔진 해체정비 시기의 기준
    ① 압축압력이 규정값의 70% 이하일 때
    ② 연료소비율이 표준소비율의 60% 이상일 때
    ③ 윤활유소비율이 표준소비율의 50% 이상일 때

93. 엔진 위쪽부터 70, 60, 50으로 암기하면 편하다. 70(점화장치 빼고 압력계 설치), 60(연소실에 연료), 50(크랭크케이스 내부에 엔진오일)

냉각장치

■ **냉각장치** : 과열방지, 기관손상방지 및 내구성 ↑, 엔진의 정상 작동온도: 80±5℃

1. 냉각수 순환(예열 후)

물 펌프 → 실린더 헤드 및 블록의 물 재킷부 → 수온 조절기→ 방열기(상부 탱크→ 하부 탱크) → 물 펌프

2. 냉각 방식

(1) 공랭식(시라우드, 냉각핀) : 부분 과열되기 쉽고 냉각이 불 균일, 구조 및 구성이 간단
(2) 수랭식
　① 구성 : 물 펌프, 냉각 팬, 방열기, 서모스탯
　② 종류 : 강제 순환식 → 물 펌프로 냉각수를 강제로 순환시킴, 가장 많이 사용
　③ 특징 : 균일한 냉각 작용, 차실 내 난방용이, 연소 소음이 낮음, 복잡한 구조, 안정성이 떨어진다.

3. 냉각장치 구성

(1) **물재킷** : 실린더 헤드 및 블록의 물 순환 통로
(2) **물펌프** : 원심력식 펌프
　* 펌프의 효율 : 냉각수 온도에 반비례, 냉각수 압력에 비례
　　– 벨트 : 크랭크축 풀리, 발전기 풀리, 물펌프 풀리와 연결
　　– 장력 : 10kg_f 힘 → 13~20mm

클 경우(단단함)	작은 경우(느슨함)
물 펌프 및 발전기의 베어링 마모↑	물 펌프, 냉각팬 회전속도↓: 엔진 과열
엔진 과랭 우려	발전기 출력 저하, 소음 발생

(3) **냉각팬** : 방열을 도와주는 기능을 함
　① 유체커플링 방식 : 기관의 동력손실을 줄여줌(주로 대형 FR, RR 방식에서 사용)
　② 전동 팬 방식 : 수온스위치가 전원을 공급하여 구동시킴(소형 F·F 방식에서 사용)
　　　　　　　　　　→ 설치위치가 자유롭고, 냉각 효과가 좋음, 구동 소음이 크다.
(4) **방열기**(= 라디에이터) : 냉각수 저장, 열 방출
　① 구비조건: 면적당 방열량 클 것, 공기흐름 저항↓, 냉각수 흐름 저항↓, 가볍고 강도가 커야 한다.
　② 캡 : 비등점 높여줌(약 112℃), 냉각범위↑
　　㉠ 압력밸브 : 고온 시 과도한 압력상승 방지, 비점 올려줌
　　　– 규정값 이상으로 압력 상승 → 압력밸브 열림 → 오버플로 파이프 → 보조 물탱크 → 압력
　　　　낮아짐(규정 값까지) → 압력밸브 닫힘
　　㉡ 진공밸브 : 냉각수 온도 저하로 인한 진공 방지
　　　　　　　　　'라디에이터 내 압력과 대기압을 동일하게 맞춰줌'
　　　– 냉각수 온도 저하 → 부분 진공 발생 및 진공밸브 열림 → 보조탱크에서 냉각수 유입 →
　　　　장치 내 압력 = 대기압 → 진공밸브 닫힘
　　　– 코어(냉각핀, 냉각 튜브) : 냉각효과 증대
　　　　종류 : 플레이트 핀, 코르게이트 핀(현재 가장 많이 사용), 리본 셀룰러 핀
　　* 코어 막힘률(%) → 20% 이상 막혔을 때 교환 = (신품용량 – 구품용량) / 신품용량×100
　　* 라디에이터에 기름이나 기포 발생 시 원인
　　　㉠ 실린더 헤드 또는 실린더 개스킷 파손
　　　㉡ 실린더 헤드 볼트 파손 또는 이완
　　　㉢ AT 차량의 경우, 붉은색 기름 떠 있음

(5) **수온조절기(서모스탯, 정온기)**
　① 기능 : 냉각수 통로를 개폐하며, 냉각수를 적정 온도로 유지
　② 위치 : 실린더 헤드 물재킷 출구
　③ 열림 온도 : 65 ~ 85℃ / 95℃ 이상 시 완전 개방
　④ 종류 : 펠릿형(왁스, 합성 고무), 바이메탈형(바이메탈 금속), 벨로즈형(에텔 또는 알콜)

(6) **수온스위치(서모스위치)**
　① 기능 : 전동 팬을 작동시키기 위한 전원 공급
　② 위치 : 방열기(라디에이터) 하부 탱크
　③ 작동온도 : 냉각수 90~100℃(이하의 온도에서는 전원을 차단함)

(7) **냉각수와 부동액**
　① 냉각수 : 산 X, 염기 X, 연수(증류수, 수돗물) 사용
　② 부동액 : 원액과 연수를 혼합해서 사용
　　　－ 종류
　　　영구 부동액 : 에틸렌글리콜(-50~197.2℃) 가장 많이 씀, 단점 : 팽창계수 크고 금속부식성 있음
　　　반영구 부동액 : 메탄올(화재 위험성 있음)
　　　기타 : 글리세린(저온-결정화, 비중이 크고 부식성 있음)
　③ 세기 → 비중으로 표시, 비중계로 측정 / 에틸렌글리콜 비중(1.11)
　④ 구비조건 : ㉠ 비등점↑, 빙점↓, 혼합이 잘될 것
　　　　　　　　㉡ 휘발성 X, 침전물 X, 순환이 잘될 것
　　　　　　　　㉢ 내부식성↑, 팽창계수↓

(8) **수온계** － 기능 : 계기판에 냉각수의 온도를 나타내는 장치
　　　　　　　위치 : 실린더 헤드 물 재킷부에 설치-NTC 사용

4. 열의 제어

(1) 출구제어방식
　① 기능 : 수온조절기가 냉각수 온도를 감지하며, 조절함
　② 위치 : 엔진의 냉각수 출구 쪽에 수온조절기가 위치함(엔진 상부 쪽)
　③ 특징 : ㉠ 단시간에 엔진 정상 작동온도로 만들 수 있음
　　　　　　㉡ 수온의 핸칭량이 큼(핸칭량 : 급격한 온도변화 정도)
　　　　　　㉢ 수온조절기 작동이 빈번해 고장률이 높고, 내구성↓

(2) **입구제어방식**
　① 위치 : 엔진의 냉각수 입구 쪽에 수온조절기가 위치함(엔진 하부 쪽)
　② 특징 : 내구성↑, 냉각효과↑, 제어 온도가 낮게 설계되어 노킹이 잘 발생되지 않음
　③ 기관 내부 온도가 일정함, 히터 성능 안정적, 냉각수의 보온 성능
　④ 엔진의 정상온도 도달이 늦음(예열시간 길다)

(3) **냉각장치의 손실과 흡수되는 열**

① 연료의 전체 발열량	② 엔진 종류별 정미 열효율
냉각손실 : 32%	가스엔진 : 20~22%
배기손실 : 37%	가솔린엔진 : 25~28%
기계손실 : 6%	디젤엔진 : 30~38%
정미출력 : 25%	가스터빈 : 25~28%

01 출제빈도 ★★☆

공랭식 냉각장치의 장점이 아닌 것은? (단, 수랭식과 비교했을 때)

① 구조가 간단하고 중량이 적게 나간다.
② 마력당 부담해야 할 중량 부분에서 유리하다.
③ 엔진의 정상작동온도 도달 시간을 짧게 가져갈 수 있다.
④ 엔진 전체가 균일한 냉각이 가능하다.

02 출제빈도 ★★☆

다음 중 자동차기관의 부품으로 옳지 않은 것은?

① 크랭크 케이스
② 쇽업소버
③ 커넥팅로드
④ 워터 펌프

03 출제빈도 ★★☆

내연기관 자동차의 냉각장치에 대한 설명으로 가장 적당한 것은?

① 냉각핀의 표면적이 크고 공기저항이 클수록 냉각작용이 잘된다.
② 부동액으로는 에탄올을 사용한다.
③ 원심식 펌프를 주로 사용한다.
④ 라디에이터는 공랭식 엔진에서 사용하는 방열장치이다.

04 출제빈도 ★★☆

냉각팬 및 물 펌프 구동 벨트에 대한 설명으로 틀린 것은?

① 장력이 크면 물 펌프의 효율이 떨어져 엔진 과열의 원인이 된다.
② 이음새가 없는 V형 형상을 하고 있어 마찰 면적을 크게 할 수 있다.
③ 장력이 너무 클 경우 베어링의 내구성에 문제가 될 수 있다.
④ 장력이 작을 경우 슬립으로 인한 소음이 발생될 수 있다.

05 출제빈도 ★★☆

다음 중 자동차 팬벨트가 끊어졌을 때 나타나는 현상이 아닌 것은?

① 엔진이 과열된다.
② 연료공급이 안 된다.
③ 조향핸들이 무거워진다.
④ 충전작용이 불능해진다.

06 출제빈도 ★★★

다음 중 기관이 과열되는 원인이 아닌 것은?

① 온도조절기가 닫혔을 때
② 방열기의 코어가 막혔을 때
③ 냉각수 통로가 막혔을 때
④ 수온조절기가 열린 채로 고장났을 때

07 출제빈도 ★★★

기관이 과열되는 원인으로 옳지 않은 것은?

① 수온조절기가 닫힌 상태로 고착되었을 때
② 팬벨트 장력감소로 물펌프 작동 지연되었을 때
③ 수온스위치 고장으로 냉각팬이 계속 구동될 때
④ 라디에이터 코어의 막힘률이 높을 때

08 출제빈도 ★★★

수랭식기관의 과열원인으로 가장 적당한 것은?

① 라디에이터 코어의 막힘률이 낮을 때
② 팬벨트 장력이 규정보다 강함
③ 수온조절기가 고장으로 상시 열림
④ 수온센서 및 수온스위치의 고장

09 출제빈도 ★★★

엔진이 과열되는 원인으로 거리가 먼 것은?

① 엔진 오일의 부족
② 냉각수온 조절기가 열린 상태에서 고착
③ 물재킷 부의 스케일 퇴적
④ 팬벨트의 노후화로 인한 벨트 크랙 및 장력과소

10 출제빈도 ★★★

기관의 과열 원인을 보기 중에 맞는 원인으로 짝지은 것은?

┤ 보기 ├
㉠ 냉각수가 부족할 때
㉡ 팬벨트의 장력이 클 때
㉢ 수온조절기가 열린 상태에서 고착되었을 때
㉣ 펌프의 효율이 떨어졌을 때

① ㉡, ㉣   ② ㉠, ㉢
③ ㉠, ㉣   ④ ㉡, ㉢

11 출제빈도 ★★★

다음 보기에서 엔진의 냉각수가 과열되는 원인을 모두 고른 것은?

┤ 보기 ├
ㄱ. 라디에이터 코어 파손
ㄴ. 물재킷 부 퇴적물 과다로 인한 라디에이터 막힘
ㄷ. 팬벨트 장력 부족

① ㄱ, ㄴ, ㄷ   ② ㄱ, ㄴ
③ ㄴ, ㄷ   ④ ㄷ

12 출제빈도 ★★☆

다음 중 기관이 과랭되었을 때 발생될 수 있는 현상은?

① 출력저하로 연료소비 증대
② 밸브 간극 부족으로 인한 흡입공기량 저하
③ 점화불량과 압축 과대
④ 냉각수 비등과 조절기의 열림

13 출제빈도 ★★☆

엔진 과랭 시 발생하는 현상으로 옳지 않은 것은?

① 블로바이 가스가 발생한다.
② 조기점화에 의한 노킹이 발생한다.
③ 엔진 오일의 점도가 높아 베어링의 회전저항이 커진다.
④ 배기가스 중에 HC의 발생량이 증가한다.

14 출제빈도 ★★★

라디에이터(방열기)의 구비조건으로 틀린 것은?

① 단위면적당 방열량이 커야 한다.
② 공기저항이 커야 한다.
③ 냉각수의 저항이 적어야 한다.
④ 가볍고 소형이어야 한다.

15 출제빈도 ★★★

라디에이터 구비조건으로 가장 거리가 먼 것은?

① 높은 열방산 능력과 함께 냉각수의 열팽창을 낮게 만듦
② 작은 공기저항과 함께 냉각수의 흐름저항을 낮게 만듦
③ 높은 강성과 함께 냉각수에 잘 부식되지 않음
④ 열전도가 안 되고 냉각수의 비등점을 낮게 만듦

16 출제빈도 ★★★

다음 중 방열기의 구비조건에 대한 설명으로 틀린 것은?

① 단위면적당 방열량이 커야 한다.
② 공기저항이 작아야 한다.
③ 냉각수 흐름저항이 커야 한다.
④ 가볍고 작으며 강도가 커야 한다.

17 출제빈도 ★★★

내연기관 자동차의 냉각장치 구성부품 중 방열기(Radiator)의 요구조건으로 가장 옳지 않은 것은?

① 공기흐름 저항이 적을 것
② 가볍고 작으며 강도가 클 것
③ 냉각수 흐름 저항이 적을 것
④ 단위면적당 방열량이 적을 것

18 출제빈도 ★★★

라디에이터에 대한 설명으로 거리가 먼 것은?

① 단위면적당 방열량이 클 것
② 가볍고 강도가 높을 것
③ 냉각수의 흐름 저항이 적을 것
④ 열전도율이 낮고 비점이 낮을 것

19 출제빈도 ★★☆

자동차 라디에이터 코어의 막힘률을 계산하는 공식으로 가장 옳은 것은?

① (사용품 용량 – 신품 용량) ÷ 신품 용량 × 100(%)
② (사용품 용량 – 신품 용량) ÷ 사용품 용량 × 100(%)
③ (신품 용량 – 사용품 용량) ÷ 사용품 용량 × 100(%)
④ (신품 용량 – 사용품 용량) ÷ 신품 용량 × 100(%)

20 출제빈도 ★★☆

라디에이터 신품 주수량이 10리터였는데 몇 년 후 8리터가 되었을 때 코어의 막힘률은?

① 30% ② 25%
③ 20% ④ 15%

21 출제빈도 ★★☆

라디에이터 압력캡에 대한 설명으로 거리가 먼 것은?

① 냉각수의 비등점 112℃ 정도로 높이기 위해 사용한다.
② 압력캡에 의한 압력은 게이지 압력으로 $0.2 \sim 0.9 kg_f/cm^2$ 정도 된다.
③ 압력밸브와 진공밸브로 구성되며 보조 물탱크를 활용할 수 있도록 해 준다.
④ 운행 중 냉각수가 부족할 경우 즉시 압력캡을 이용하여 냉각수를 보충할 수 있다.

22 출제빈도 ★★☆

라디에이터 캡의 기능 및 특징에 대한 설명으로 틀린 것은?

① 냉각장치의 비등점을 높여 냉각범위를 넓히기 위해 사용한다.

② 압력은 게이지 압력으로 $0.9 kg_f/cm^2$ 정도이며, 비등점은 112℃이다.

③ 라디에이터 캡은 압력밸브와 진공밸브로 구성된다.

④ 압력밸브는 냉각장치 내 온도가 낮아졌을 때 열리게 되며 오버플로 파이프를 통해 보조 물탱크 쪽으로 냉각수를 배출시키는 역할을 한다.

23 출제빈도 ★★★

냉각장치에 관련된 설명으로 거리가 먼 것은?

① 라디에이터는 단위면적당 방열량이 작아야 한다.

② 라디에이터 캡의 압력밸브는 냉각장치 내의 압력이 규정값 이상으로 높아지는 것을 막아주고 비등점을 높이는 역할도 한다.

③ 라디에이터 코어의 냉각핀 종류로는 플레이트 핀, 코르게이트 핀, 리본 셀룰러 핀 등이 있다.

④ 부동액은 내식성이 크고, 팽창계수가 작아야 한다.

24 출제빈도 ★★☆

자동차기관의 라디에이터 압력 시험을 실시하는 목적으로 옳은 것은?

① 기관 냉각 계통의 누설 여부 확인

② 기관 오일 누유 여부 확인

③ 기관 냉각수 상태 점검

④ 기관 오일 온도 이상 유무 확인

25 출제빈도 ★★☆

냉각장치 중 냉각펌프와 라디에이터 사이에 설치되어 냉각수의 온도에 따라 밸브가 열리거나 닫혀 엔진의 온도를 항상 일정하게 조절하는 장치를 무엇이라 하는가?

① 서모스위치　　② 서미스터

③ 서모스탯　　③ 물재킷 부

26 출제빈도 ★★☆

엔진에 사용되는 냉각수로 가장 거리가 먼 것은?

① 지하수　　② 증류수

③ 수돗물　　④ 빗물

27 출제빈도 ★★☆

냉각수에 첨가하는 부동액의 종류에 해당하지 않은 것은?

① 에틸렌글리콜　　② 아초산에틸

③ 글리세린　　④ 메탄올

28 출제빈도 ★★☆

부동액으로 사용할 수 없는 것은?

① 에탄올　　② 글리세린

③ 메탄올　　④ 에틸렌글리콜

29 출제빈도 ★★★

부동액의 구비조건이 아닌 것은?

① 내부식성이 클 것

② 비등점이 낮을 것

③ 휘발성이 없고 순환이 잘될 것

④ 열팽창 계수가 적을 것

30 출제빈도 ★★★

부동액 구비조건으로 거리가 먼 것은?

① 물과 혼합이 잘되어야 하고 휘발성이 없어야 한다.
② 내식성이 크고 금속을 부식시키지 않아야 한다.
③ 비점이 높고 팽창계수가 적어야 한다.
④ 빙점과 응고점이 높아야 한다.

31 출제빈도 ★★★

부동액의 구비조건이 아닌 것은?

① 물과 잘 섞여야 한다.
② 내부식성이 크고 팽창계수가 낮아야 한다.
③ 휘발성이 없고 침전물이 없어야 한다.
④ 물보다 비등점이 높고 응고점이 높아야 한다.

32 출제빈도 ★★★

냉각수 부동액의 구비조건으로 틀린 것은?

① 비등점이 높아야 한다.
② 열팽창 계수가 높아야 한다.
③ 내부식성이 커야 한다.
④ 휘발성이 없고 물과 잘 섞여야 한다.

33 출제빈도 ★☆☆

부동액 첨가제의 종류가 아닌 것은?

① 냉각제   ② 방부제
③ 방청제   ④ 안정제

34 출제빈도 ★★☆

내연기관의 입구제어방식 냉각장치에 대한 설명 중 가장 거리가 먼 것은?

① 제어 온도가 상대적으로 낮은 관계로 노킹이 잘 발생되지 않는다.
② 엔진이 정지했을 때 냉각수의 보온 성능이 좋다.
③ 수온조절기의 급격한 온도 변화가 적어 내구성이 좋다.
④ 한랭 시동 시 엔진 워밍업 시간이 짧다.

35 출제빈도 ★★☆

수랭식 냉각장치에 대한 설명으로 맞는 것은?

① 입구제어방식과 출구제어방식으로 나눌 수 있으며 입구제어방식이 수온의 핸칭(난조)량이 크다.
② 냉각장치 팬벨트의 장력이 부족하면 엔진이 과랭하게 된다.
③ 압력 캡을 이용하여 냉각수라인의 압력을 대기압보다 높게 하여 냉각수의 비등점을 높였다.
④ 수온 조절기의 개도되는 온도가 높아지면 엔진 정상작동 온도 도달 시간이 길어진다.

36 출제빈도 ★★☆

냉각장치 중 수랭식에 대한 설명으로 틀린 것은?

① 수온조절기는 실린더 헤드 물재킷 출구에 설치되어 냉각수 통로를 개폐하여 냉각수 온도를 알맞게 조절한다.
② 연료의 전체 발열량을 100%라고 하면 냉각장치에 의한 손실은 32% 정도 된다.
③ 시라우드와 냉각핀이 냉각장치의 주요 구성요소이다.
④ 수온조절기의 설치 위치에 따라 입구제어방식과 출구제어방식으로 나뉜다.

>>> 정답

01	02	03	04	05	06	07	08	09	10
④	②	③	①	②	④	③	④	②	③
11	12	13	14	15	16	17	18	19	20
①	①	②	②	④	③	④	④	④	③
21	22	23	24	25	26	27	28	29	30
④	④	①	①	③	①④	②	①	②	④
31	32	33	34	35	36				
④	②	④	①	③	③				

01. 공랭식은 냉각핀과 시라우드(바람가이드커버) 정도의 구성요소만 가지면 된다. 따라서 구성요소가 간단하고 엔진에서 출력이 만들어졌을 때 부담해야 하는 하중이 작다. 다만 방열하여 순환하는 냉각수가 없으므로 빨리 가열되고 부분적으로 열을 받는 부분이 발생되는 단점이 있다.

02. 쇽업소버는 현가장치로 섀시파트에서 언급된다.

03. ① 단위면적당 방열량이 커야 하고 공기 흐름의 저항이 작아야 한다.
② 부동액 : 메탄올, 글리세린, 에틸렌글리콜 등
④ 라디에이터는 수랭식에서 사용되는 방열장치

04. 팬벨트의 장력이 크면 물 펌프의 작동에는 문제가 없지만 펌프의 축을 지지하는 베어링의 내구성에 문제가 발생될 수 있다.

05. 팬벨트가 끊어졌을 때 바로 일어나는 현상에 대한 질문으로 배터리의 전원을 이용하여 연료공급은 할 수 있다. 다만 시간이 지났을 경우 배터리가 방전되어 모든 전기장치를 사용할 수 없게 된다. 즉, 시동도 꺼지게 된다. 그전에 엔진의 과열로 오버히트 현상이 먼저 발생될 수도 있다.

06. 수온조절기가 열린 채 고정되면 워밍업 시간이 길어져서 저온 유지기간이 길어진다.

07. 라디에이터 하부 탱크의 온도가 90℃ 이하일 경우 팬의 작동이 멈춰야 엔진이 과랭되지 않는다.

08. 수온센서와 수온스위치의 고장은 냉각팬의 작동에 영향을 주어 엔진과열의 원인이 된다.

11. 냉각수가 순환하는 계통으로 누수나 막힘이 있을 경우 엔진의 열을 잘 식히지 못하게 된다. 또한 냉각수 펌프가 제대로 작동하지 않을 경우 순환이 좋지 못해 역시 엔진은 과열하게 된다.

12. 기관이 과랭되었을 때 주행에 지장을 주는 일은 거의 없다. 다만 냉간 시 엔진의 회전저항이 커져 출력이 떨어지고 연료의 소비량이 많아지게 되는 것이 단점이라 할 수 있다.

13. ② 조기점화는 엔진이 고온일 때 쉽게 발생

14. 방열기의 공기저항이 작을수록 방열량이 더 커질 수 있고, 차량 주행 시 공기저항도 줄일 수 있다.

16. 냉각수가 흘러갈 때 저항은 작을수록 좋다.

17. 단위면적당 방열량이 높아야 방열기의 효율이 좋다.

19. 막힘률은 성능 저하 정도를 나타내는 비율로 신품 대비 용량이 얼마나 줄었는가를 기준으로 계산한다.

20.
$$\text{코어의 막힘률} = \frac{(\text{신품용량} - \text{구품용량})}{\text{신품용량}} \times 100$$
$$= \frac{(10-8)}{10} \times 100 = 20\%$$

21. 엔진의 온도가 높은 상황에서 방열기 압력캡을 열 경우 화상의 위험이 있다.

22. 압력밸브는 냉각장치 내 온도가 높아졌을 때 열리게 되며 오버플로 파이프를 통해 보조 물탱크 쪽으로 냉각수를 배출시키는 역할을 한다.

24. 라디에이터 압력 캡을 제거하고 압력 테스터를 설치하고 규정압력까지 펌핑하여 압력이 유지되는지 판단한다. 만약 압력이 떨어지면 냉각장치에 누수가 있는 것으로 판단한다.

25. • **서모스위치(수온스위치)** : 라디에이터 하부 탱크에 위치하여 냉각수의 온도가 90~100℃ 정도 되었을 때 전동 팬을 작동시키기 위한 전원을 공급하는 역할을 한다.

26. 처음 출제 시에 지하수만 정답이었으나 이의제기를 통해 빗물도 정답이 되었던 문제다.

27. • **영구 부동액** : 에틸렌글리콜
• **반영구 부동액** : 메탄올
• **기타** : 글리세린

29. 비등점(끓는점)은 높아야 한다.

30. 빙점과 응고점은 낮아야 한다.

31. 물보다 비등점은 높고 응고점은 낮아야 한다.

32. 열팽창 계수가 높으면 가열 시 부피가 크게 증가하여 시스템에 부담이 될 수 있다.

33. 수온의 변화가 급격하지 않은 관계로 핸칭량이 작아서 좋지만 한랭 시동 시 엔진 워밍업 시간이 상대적으로 길어지는 단점이 있다.

34. • **부동액 첨가제의 종류** : 방부제(부패 방지용), 방청제(부식 방지용), 안정제(산화 방지용), 소포제(거품 발생 방지용)

35. ① 출구제어방식이 방열기에 저온으로 쌓여 있던 냉각수가 수온조절기 작동 순간 엔진 쪽으로 유입되어 난조가 커지게 된다.
② 팬벨트의 장력이 부족하여 물펌프가 제대로 작동하지 못하는 경우 엔진이 과열하게 된다.
④ 수온 조절기의 개도되는 온도가 높아지면 엔진이 과열하게 된다.

36. 시라우드와 냉각핀은 공랭식 냉각장치의 주요 구성 요소이다.

■ 윤활장치

: 마찰 손실과 마모를 감소시켜, 기계효율을 향상시킴

- 점도는 적당하고 점도지수는 높아야 함
- 윤활 순서 : 오일팬(=섬프) → 오일 스트레이너 → 오일펌프 → 오일필터 → 엔진 및 각부 순환 → 실린더 헤드

(1) 윤활유 6대 작용

감마작용(마찰 및 마모 방지), 응력 분산 작용(충격 완화), 밀봉작용(가스 누출 방지), 냉각작용(열전도작용), 세척작용(청정작용), 방청작용(부식 방지)

(2) 윤활유 소비원인 : 연소(배기가스 흰색), 누설

① 피스톤 링의 마모 또는 장력 약화, 실린더 벽의 마모
② 밸브 스템, 가이드 마모, 밸브 가이드 오일실 파손 또는 마모
③ 엔진 오일 누유 및 과다 주유, 오일의 열화 및 점도 저하

(3) 윤활방식 : 대부분 비산 압력식 사용 → 비산식 + 압력식

① 비산식 : 크랭크축의 회전으로 인해 내부로 뿌려짐
② 압력식(= 압송식) : 오일펌프로 내부를 윤활시킴
③ 혼기식 : 주로 2륜 자동차(연료 + 오일 연소실 공급)

(4) 윤활유 구비조건

① 점도 지수가 크고, 점도가 적당할 것
② 청정력이 크고, 기포 발생이 적어야 하며, 비중이 적당해야 한다.
③ 열과 산에 대한 안정성 필요
④ 카본 생성이 적어야 하고, 카본 저항력이 커야 한다.
⑤ 응고점이 낮고 인화점·발화점은 높아야 함

(5) 여과 방식

① 분류식 : 펌프에서 일부 여과, 일부 윤활부 공급, 여과 거친 오일 팬으로 리턴
② 전류식 : 펌프에서 전부 여과 → 각 윤활부 공급(필터 막혔을 때 바이패스 필요)
③ 샨트식 : 펌프에서 일부 여과, 일부 윤활유 공급, 여과 거친 오일 윤활부 공급

■ 윤활장치 구성

(1) 오일 팬(강철판) : 냉각작용

① 섬프 : 오일이 고일 수 있도록 만든 홈, 스트레이너가 위치
② 칸막이(= 배플) : 오일 출렁임 방지
③ 드레인 플러그 : 오일 배출 마개

(2) 오일 스트레이너 : 큰불순물 여과, 금속 여과망 이용

(3) 오일펌프(2~3bar) : 크랭크축, 캠축상의 헬리컬 기어와 접촉 구동 → 윤활부로 압송

- 종류 : 기어펌프(크랭크축에 설치), 로터리펌프, 베인펌프('동력조향장치' 펌프로도 사용), 플런저 펌프

(4) 유압조절밸브(= 릴리프밸브)

① 기능 : 오일펌프 내에 위치하여 회로 내 과도한 유압 상승 시 팬으로 리턴
② 유압 상승 원인 : ㉠ 오일 점도↑, 릴리프밸브 스프링 장력↑
　　　　　　　　　　 ㉡ 오일 필터 및 회로 막힘 → 유압 경고등 점등(X)

③ 유압 저하 원인 : ㉠ 오일 점도↓, 과다 오염, 오일량 부족
　　　　　　　　　　㉡ 오일펌프 과다 마모, 릴리프밸브 스프링 장력 과소
　　　　　　　　　　㉢ 유압 경고등 점등

(5) 오일 여과기(= 오일 필터)
① 기능 : 불순물 걸러줌
② 바이패스밸브 : 필터가 막혔을 경우 오일의 순환을 위한 보상구멍을 제어함

(6) 유면 표시기(= 레벨 게이지)
– 기능 : 오일팬 내 오일량, 질, 색깔 점검, 정상 : F선 부근
　㉠ 엔진오일 점검 : 평지 주차 + 엔진 예열 → 시동 끄고 "P" –
　　　　　　　　　　　　　→ 주차 브레이크 체결 → 유면 표시기 점검
　㉡ 색깔로 점검 – 검정색 : 오염 심함, 붉은색 : 유연 가솔린 유입
　　　　　　– 우유색 : 냉각수와 섞임, 회색 : 연소생성물 혼입(4에틸납)

(7) ① 윤활유 냉각기 : 기능 – 섬프 온도 130℃ 이하 유지
　　　　　　　　　　　　 – 오일의 온도 상승에 의한 점도 저하 방지 → 윤활유의 윤활능력↑
② 크랭크케이스 환기장치 : 기능 – 블로바이 가스 유입으로 인한 오일의 오염 및 슬러지 방지

■ 윤활유의 분류
– SAE 분류 : 온도에 따른 정도 분류(대부분 다급 윤활유 사용)
– 단급 윤활유, 'w' 없을 때 높을수록 좋음, 'w' 있을 때 낮을수록 좋음
– 다급 윤활유 : 전계절용 범용오일

---

01 출제빈도 ★☆☆
다음 중 윤활유의 역할이 아닌 것은?

① 오일 막을 형성하여 금속 표면의 내부 부식과 녹을 방지한다.
② 금속 표면으로 외부의 공기나 수분이 침투하는 것을 막아 방청을 한다.
③ 엔진이 작동할 때 각 부에서 발생되는 열을 흡수하여 온도를 유지한다.
④ 윤활작용을 통해 마찰이나 마멸을 감소시킨다.

02 출제빈도 ★★★
윤활유의 성질 중 가장 중요한 것은?

① 비중　　　　　② 습도
③ 온도　　　　　④ 점도

03 출제빈도 ★★☆
엔진오일 팬의 섬프 부분에 설치되어 오일 속 비교적 큰 불순물을 여과하는 장치는?

① 오일 여과기
② 유압조절밸브
③ 오일펌프 스트레이너
④ 바이패스밸브

04 출제빈도 ★★☆
다음 보기에서 설명하는 장치는 무엇인가?

> 윤활장치의 오일팬에서 오일 스트레이너가 위치하는 곳으로 자동차가 한쪽으로 심하게 기울어져도 오일을 충분히 고일 수 있도록 하도록 하는 장치

① 드레인 플러그　　② 베플
③ 섬프　　　　　　④ 오일필터

05 출제빈도 ★★☆

자동차 기관 윤활 장치의 오일펌프를 구동하는 것으로 옳은 것은?

① 캠축
② 크랭크축
③ 타이밍 벨트
④ 오일 팬

06 출제빈도 ★★☆

가솔린기관의 윤활 경로로 가장 옳은 것은?

① 오일팬 → 오일펌프 → 오일필터 → 오일 스트레이너 → 오일통로 → 실린더 헤드
② 오일팬 → 오일필터 → 오일펌프 → 오일 스트레이너 → 오일통로 → 실린더 헤드
③ 오일팬 → 오일 스트레이너 → 오일펌프 → 오일필터 → 오일통로 → 실린더 헤드
④ 오일팬 → 오일통로 → 오일필터 → 오일 펌프 → 오일 스트레이너 → 실린더 헤드

07 출제빈도 ★★☆

엔진의 윤활장치에서 엔진오일이 순환하는 과정을 바르게 표시한 것은?

① 오일펌프 → 오일스트레이너 → 오일필터 → 유압리프터 → 섬프
② 섬프 → 오일스트레이너 → 오일펌프 → 오일필터 → 유압리프터
③ 오일스트레이너 → 오일펌프 → 오일필터 → 섬프 → 유압리프터
④ 오일스트레이너 → 오일필터 → 오일펌프 → 유압리프터 → 섬프

08 출제빈도 ★★★

자동차엔진의 원활한 작동과 내구성 향상을 위해 윤활장치가 적용된다. 〈보기〉에서 엔진 윤활장치에 의한 작용을 모두 고른 것은?

┤ 보기 ├
ㄱ. 밀봉(기밀유지)작용
ㄴ. 냉각(열전도)작용
ㄷ. 방청(부식방지)작용
ㄹ. 응력분산(충격완화)작용

① ㄱ, ㄴ, ㄷ   ② ㄱ, ㄴ, ㄹ
③ ㄱ, ㄷ, ㄹ   ④ ㄱ, ㄴ, ㄷ, ㄹ

09 출제빈도 ★★★

윤활유가 갖추어야 할 조건으로 옳은 것은?

① 점도가 높을 것
② 인화점이 낮을 것
③ 발화점이 낮을 것
④ 청정력이 작을 것
⑤ 기포발생이 작을 것

10 출제빈도 ★★★

윤활유의 작용에 해당되지 않는 것은?

① 응력집중작용   ② 냉각작용
③ 밀봉작용   ④ 방청작용

11 출제빈도 ★★★

기관 윤활유의 작용으로 옳지 않은 것은?

① 냉각작용   ② 밀봉작용
③ 연마작용   ④ 응력분산작용

12 출제빈도 ★★★

윤활유의 기능으로 가장 옳지 않은 것은?

① 응력분산작용   ② 밀봉작용
③ 세척작용   ④ 방음작용

13 출제빈도 ★★★

윤활유의 주요 기능에 대한 설명으로 가장 거리가 먼 것은?

① 마찰 감소　　② 응력 결집
③ 냉각 작용　　④ 부식 방지

14 출제빈도 ★★☆

내연기관에서 윤활유의 역할 중 섭동면이나 부품 등에 유막을 형성하여 공기나 유해 가스의 접촉으로 인한 산화나 부식을 방지하는 작용으로 옳은 것은?

① 밀봉작용　　② 방청작용
③ 세척작용　　④ 응력분산작용

15 출제빈도 ★★★

엔진에 사용되는 윤활유의 기능으로 거리가 먼 것은?

① 응력집중작용
② 마찰 및 마멸방지작용
③ 냉각작용
④ 가스누출방지작용

16 출제빈도 ★★★

엔진 윤활유의 작용으로 맞지 않은 것은?

① 방청작용　　② 압축작용
③ 응력분산작용　　④ 방열작용

17 출제빈도 ★★★

엔진에 사용되는 윤활유의 기능으로 거리가 먼 것은?

① 방청작용
② 냉각작용
③ 응력분산작용
④ 온도유지작용

18 출제빈도 ★★★

윤활유의 기능으로 옳지 않은 것은?

① 마찰감소작용
② 열전도작용
③ 응력분산작용
④ 부식작용

19 출제빈도 ★★★

엔진오일로 사용되는 윤활유의 6대 작용으로 가장 거리가 먼 것은?

① 밀봉작용
② 발열작용
③ 방청작용
④ 마멸방지 작용

20 출제빈도 ★★★

내연기관에서 윤활작용뿐만 아니라 다양한 역할을 담당하는 엔진오일의 작용으로 가장 옳지 않은 것은?

① 방청작용
② 완전연소작용
③ 기밀작용
④ 냉각작용

21 출제빈도 ★★★

윤활유의 구비조건에 대한 설명으로 틀린 것은?

① 열과 산에 대한 안정성이 있어야 한다.
② 높은 점도는 회전저항을 증대시키고 낮은 점도는 기계적 마찰을 증대시킨다.
③ 방청작용을 할 수 있어야 한다.
④ 인화점 및 발화점은 낮아야 한다.

22 출제빈도 ★★☆

윤활유에 대한 설명으로 가장 거리가 먼 것은?

① 응고점은 낮고 청정력을 유지할 수 있어야 한다.
② 적당한 비중을 가지고 산에 대한 저항성이 있어야 한다.
③ 점도가 높을 경우 엔진의 회전저항이 커져 동력손실이 증가한다.
④ 윤활유가 온도에 따라 점도가 바뀌는 정도를 점도지수라 하고 온도가 높아질수록 점도는 높아지게 된다.

23 출제빈도 ★★★

엔진오일로 사용되는 윤활유의 구비조건으로 맞는 것은?

① 점도가 적당하고 점도지수는 낮아야 한다.
② 응고점은 높아야 하고 인화점은 낮아야 한다.
③ 착화점이 높아야 한다.
④ 적당한 기포발생으로 오일의 호흡작용에 도움이 되어야 한다.

24 출제빈도 ★★★

자동차 윤활유의 구비조건으로 가장 옳은 것은?

① 점도지수가 낮을 것
② 인화점 및 자연발화점이 낮을 것
③ 강한 유막을 형성할 것
④ 응고점이 높을 것

25 출제빈도 ★★★

다음 중 윤활유의 구비조건으로 거리가 먼 것은?

① 양호한 유성을 갖추어야 한다.
② 청정력이 커야하고 기포 발생이 적어야 한다.
③ 열과 산에 대한 안정성이 있어야 한다.
④ 응고점, 인화점과 발화점이 낮아야 한다.

26 출제빈도 ★★★

자동차 기관용 윤활유의 조건으로 옳은 것은?

① 카본 발생이 적고 청정력이 높을 것
② 인화점 및 발화점이 낮을 것
③ 점도지수가 낮을 것
④ 비중 및 응고점이 높을 것

27 출제빈도 ★★★

자동차 윤활유의 구비조건에 대한 설명으로 가장 옳지 않은 것은?

① 응고점이 높을 것
② 카본 생성이 적을 것
③ 인화점과 발화점이 높을 것
④ 열과 산에 대해 안정성이 있을 것

28 출제빈도 ★★☆

오일펌프에서 나온 오일 중 일부만 여과하여 오일팬으로, 나머지는 윤활부로 공급되는 방식은?

① 분류식
② 전류식
③ 샨트식
④ 혼기식

29 출제빈도 ★★★

기관 윤활회로 내의 유압이 낮아지는 원인에 대한 설명으로 가장 옳지 않은 것은?

① 유압 조절 밸브스프링 장력이 과다하다.
② 크랭크축 베어링의 과다 마멸로 오일 간극이 커졌다.
③ 오일펌프의 마멸 또는 윤활회로에서 오일이 누출된다.
④ 오일팬의 오일량이 부족하다.

30 출제빈도 ★★★

기관의 윤활장치에서 유압이 낮아지는 원인으로 가장 적당한 것은?

① 릴리프밸브가 고착되어 오일팬으로 엔진오일이 회수가 잘되지 않을 때
② 오일의 교환 주기가 지나 오일에 연소생성물이 많이 포함되었을 때
③ 오일 경고등 스위치의 고장으로 경고등이 점등되지 않을 때
④ 실린더 헤드 가스켓의 파손으로 냉각계통에 오일이 유입되었을 때

31 출제빈도 ★★★

엔진오일의 유압이 낮아지는 이유로 가장 적당한 것은?

① 엔진오일의 교환주기가 지나 연소 생성물이 많이 포함되어 있는 경우
② 냉각수의 순환이 좋지 못한 이유로 엔진이 과열되어 오일의 점도가 낮아진 경우
③ 실린더헤드 개스킷이 변형되어 엔진오일의 유로를 일부 막은 경우
④ 크랭크축 베어링의 윤활간극이 작은 경우

32 출제빈도 ★★★

기관의 엔진오일 압력이 증가하는 원인이 아닌 것은?

① 릴리프밸브 스프링의 장력이 높을 때
② 베어링과 축간 거리가 커졌을 때
③ 저온에서 엔진오일의 점도가 증가되었을 때
④ 실린더 헤드의 윤활 경로가 막혔을 때

33 출제빈도 ★★★

엔진오일 압력이 상승 원인으로 맞는 것은?

① 오일필터가 막혔을 때
② 유압 조절 밸브 스프링 파손으로 장력이 약해짐
③ 냉각수의 희석으로 점도가 저하되었을 때
④ 오일펌프의 기어가 과다 마모되었을 때

34 출제빈도 ★★★

유압이 높아지는 원인으로 옳은 것은?

① 오일펌프의 마멸이 과대
② 오일의 점도가 높거나 회로가 막힘
③ 오일 통로에 공기가 유입
④ 오일 팬 내의 오일 부족

35 출제빈도 ★★★

엔진오일의 유압이 높아지는 원인으로 옳은 것은?

① 펌프가 마모되었을 때
② 오일의 점도가 낮아졌을 때
③ 유압조절 밸브스프링 장력이 높을 때
④ 크랭크축 메인 베어링이 과다하게 마멸되었을 때

36 출제빈도 ★★☆

자동차 기관 윤활회로 내의 유압이 높아지는 원인으로 가장 옳지 않은 것은?

① 오일 팬의 오일 양이 부족하다.
② 윤활회로 내의 어느 부분이 막혔다.
③ 기관의 온도가 낮아 오일의 점도가 높다.
④ 유압 조절 밸브 스프링의 장력이 과하다.

37 출제빈도 ★★★

엔진오일에 대한 설명으로 틀린 것은?

① 오일의 색깔이 우유색일 경우 냉각수가 유입된 것이다.
② 냉각수 등에 희석되면 유압이 낮아진다.
③ 온도가 낮으면 오일점도와 유압이 낮아진다.
④ 윤활유의 작용에는 밀봉작용, 응력분산 및 열전도작용 등이 있다.

38 출제빈도 ★★★

엔진오일을 점검하였더니 색깔이 우유색에 가까웠다. 이상증상으로 맞는 것은?

① 실린더 헤드 개스킷을 통해 냉각수가 유입되었다.
② 유연가솔린을 주유하고 블로바이에 의해 오일에 섞이게 되었다.
③ 교환주기가 지난 오래된 오일을 계속 사용하였다.
④ 연소 생성물이 탈락하여 오일에 섞이게 되었다.

39 출제빈도 ★★★

엔진오일 색깔로 상태를 점검하는 방법 중 잘못 판단한 것은?

① 오일에 거품이 있거나 흰색을 띄는 경우에는 냉각수가 유입된 것이다.
② 연소 생성물이 혼합된 경우에는 이물질과 함께 회색빛을 띄게 된다.
③ 교환 주기를 넘겨 심하게 오염된 경우에는 점도가 높아지고 검은색을 띄게 된다.
④ 경유가 오일에 섞이게 되면 노란색을 띄게 되고 점도가 높아진다.

40 출제빈도 ★★★

엔진오일을 점검하였더니 우유색을 띄었다. 원인으로 옳은 것은?

① 가솔린이 유입되었다.
② 교환주기를 넘겨 심하게 오염되었다.
③ 연소생성물이 혼합되었다.
④ 냉각수가 섞였다.

41 출제빈도 ★★★

유면표시기를 이용하여 오일팬 내의 오일 점검 시 냉각수가 섞여있을 때 나타나는 색깔로 가장 적합한 것은?

① 검정색에 가까운 색깔
② 붉은색에 가까운 색깔
③ 우유색에 가까운 색깔
④ 회색에 가까운 색깔

42 출제빈도 ★★★

실린더헤드 개스킷의 불량으로 엔진오일에 냉각수가 유입되었을 경우 오일의 색깔로 적합한 것은?

① 회색　　　　② 백색
③ 붉은색　　　④ 검은색

43 출제빈도 ★★★

다음 중 엔진오일의 색깔이 회색으로 점검되었을 때 원인으로 알맞은 것은?

① 헤드 개스킷의 불량으로 냉각수가 유입된 경우

② 블로바이에 의해 유연 가솔린이 유입된 경우

③ 피스톤링의 불량으로 연소생성물이 유입된 경우

④ 교환 주기가 많이 지나 오일이 심하게 오염된 경우

44 출제빈도 ★★★

엔진오일에 대한 설명으로 옳은 것은?

① 재생오일을 주로 사용하여 엔진의 냉각효율을 높이도록 한다.

② 엔진오일이 소모되는 주원인은 연소와 누설이다.

③ 점도가 서로 다른 오일을 혼합 사용하여 합성효율을 높이도록 한다.

④ 엔진오일이 심하게 오염되면 백색이나 회색을 띈다.

45 출제빈도 ★★☆

다음 중 오일압력 경고등이 켜지는 원인이 아닌 것은?

① 엔진오일 부족

② 엔진오일 압력 부족

③ 오일압력스위치 고장

④ 엔진오일 과다 주입

46 출제빈도 ★★☆

윤활유의 등급 중 SAE 10W-30의 사용 범위로 맞는 것은?

① 여름철 전용 오일

② 겨울철 전용 오일

③ 봄, 가을철 전용 오일

④ 사계절 범용 오일

47 출제빈도 ★★☆

엔진 오일 분류에 대한 설명으로 가장 옳지 않은 것은?

① SAE 분류는 엔진오일을 점도에 따라 분류한 것으로 5W-30에서 W 앞의 숫자는 상온에서의 점도를, W가 붙지 않은 뒤의 숫자는 100℃에서의 점도를 나타낸다.

② API 분류는 가솔린엔진용 엔진오일은 ML, MM, MS로, 디젤엔진용 엔진오일은 DG, DM, DS로 구분한다.

③ 기온이 낮은 국가에서 또는 겨울철용 엔진오일에는 SAE 분류 기준 20W-40보다는 5W-30을 사용하는 것이 더 적합하다.

④ API 분류에서 경부하용 가솔린엔진에 적합한 엔진오일의 분류는 ML이다.

48 출제빈도 ★☆☆

윤활유의 분류 중 API 신분류에서 가장 등급이 높은 것은?

① CF ② SJ

③ MS ④ DG

>>> 정답

01	02	03	04	05	06	07	08	09	10
③	④	③	③	②	③	②	④	⑤	①
11	12	13	14	15	16	17	18	19	20
③	④	②	②	①	②	④	④	②	②
21	22	23	24	25	26	27	28	29	30
④	④	③	③	④	①	①	①	①	④
31	32	33	34	35	36	37	38	39	40
②	②	①	②	③	①	③	①	④	④
41	42	43	44	45	46	47	48			
③	②	③	②	④	④	①	②			

01. ③ 윤활유는 냉각 및 열전도 작용이 필요하다.

02. 윤활유의 가장 중요한 성질은 점도이고 점도는 오일의 끈적한 정도를 나타낸다.

04. 자동차가 한 쪽으로 심하게 기울어도 오일이 쏠리는 것을 방지하는 것은 베플(Baffle)이지만 고일 수 있도록 하는 곳이며 스트레이너가 설치된 곳은 섬프(sump)이다.

05. 크랭크축에 내접 기어형식으로 설치된다.

07. 섬프는 오일팬이 깊게 파여진 부분을 뜻하는 용어이다. 섬프의 용어를 아는지 물어보는 질문이라 할 수 있다.

08. **• 윤활유 6대 작용**
　ⓐ 감마작용(마찰 및 마모방지작용)
　ⓑ 응력분산작용(충격완화작용)
　ⓒ 밀봉작용(가스누출방지작용)
　ⓓ 냉각작용(열전도작용)
　ⓔ 세척작용(청정작용)
　ⓕ 방청작용(부식방지작용)

11. 연마는 고체의 표면을 다른 고체의 모서리나 표면으로 문질러 매끈하게 만드는 것을 뜻한다.

12. 윤활유의 주요 기능은 마찰 감소, 밀봉, 냉각, 세척, 방청 등이다. '방음작용'은 직접적인 윤활유 기능이 아니다.

13. ② '응력 결집'은 윤활유 기능으로 일반적으로 사용되지 않는 표현이며, 윤활유는 부품 간 접촉을 완화해 응력 집중을 줄이는 방향으로 작용한다.

14. • **방청(防錆)** : 금속의 표면이 녹이 스는 것을 막는 것을 뜻한다.

15. 동력행정 시 발생되는 폭발력에 응력분산작용이 필요하다.

16. ② 밀봉작용을 압축작용으로 틀리게 표현한 문제이다.

17. 온도를 낮추는 냉각작용을 해야 한다.

19. 냉각작용이 필요하다.

21. 인화점 및 발화점은 높아야 안전하다.

22. 온도가 높아질수록 점도는 낮아진다. 점도지수는 온도 변화에 따른 점도의 변화를 나타내며 값이 높을수록 온도에 의한 점도 변화가 적다.

23. ① 점도가 적당하고 점도지수는 높아야 한다.
　② 응고점은 낮아야 하고 인화점은 높아야 한다.
　④ 청정력이 커야하고 기포발생이 적어야 한다.

24. ① 점도지수는 높아야 한다.
　② 인화점 및 발화점은 높아야 한다.
　④ 응고점은 낮아야 한다.

25. 인화점과 발화점은 높아야 한다.

26. ② 인화점 및 발화점이 높을 것
　③ 점도지수가 높을 것
　④ 비중은 적당하고 응고점은 낮을 것

27. ① 응고점은 낮을수록 좋다.

28. 샨트식은 여과된 오일과 여과되지 않은 오일이 같이 윤활부로 공급된다.

29. 유압 조절 밸브스프링의 장력이 클 경우 오일팬으로 리턴되는 오일량이 줄어들어 공급되는 유압은 높아지게 된다.

30. ①, ②은 윤활압력이 높아지는 원인이고 ③은 압력과 상관없이 스위치의 고장에 대해 언급한 것이다.

31. ①, ③, ④번의 경우 엔진 오일의 압력이 높아진다.

32. 베어링과 크랭크핀과 크랭크 저널 사이에 윤활간극이 커지게 되면 오일이 윤활부 바깥으로 새어나와 공급되는 오일압력이 낮아지게 된다.

34. ①, ③, ④는 유압이 낮아지는 원인이다.

35. 유압조절(릴리프)밸브 스프링의 장력이 높을 때 오일 –팬으로 회수되는 압력이 높아져서 공급되는 유압 역시 높아지게 된다.

36. 오일이 부족하면 유압은 낮아진다. 유압이 높아지는 원인은 회로 막힘, 점도 높음, 스프링 장력 과다 등이 다.

37. 온도가 낮아지면 오일의 점도는 높아지고 압력 또한 높아지게 된다. 식용유가 낮은 온도에서 굳어버리는 원리와 같다.

38. ② 붉은색, ③ 검정색, ④ 회색

39. 경유가 오일에 섞이게 되면 점도가 낮아져 물처럼 묽어져서 연소실에 오일이 유입되어 연소되는 경우 가 많아지게 된다. 참고로 유연휘발유가 섞이면 붉은 색을 띄게 되고, 무연휘발유가 섞이게 되면 노란색을 띄게 된다.

40. 냉각수가 오일과 섞이게 될 경우 순환하는 과정에서 거품이 발생될 확률이 높아지게 된다. 이는 전체적인 오일 색깔을 우유색으로 보이게 한다.

41. ① 연소생성물인 4에틸납이 혼입되었을 때
③ **붉은색** : 유연 가솔린이 유입되었을 때
④ **검은색** : 교환 시기를 넘겨 심하게 오염되었을 때

43. ① 흰색 및 우유색
② 유연 가솔린의 경우 붉은색
④ 검정색으로 이물질이 만져짐

44. 재생오일을 사용하면 윤활 성능이 떨어지게 된다. 점도가 같은 오일을 사용해야 하며 엔진 오일이 심하 게 오염되면 검정색을 띄게 된다.

45. 엔진오일이 과다하게 주입되었을 경우 유압 공급 회 로 내의 경고등스위치 작동에는 영향을 주지 않게 된다.

46. • **SAE 분류** : 온도에 따른 점도 분류

단급 윤활유 : SAE 5W, SAE 10W, SAE 20W,
SAE 10, SAE 20
"W" 겨울철용으로 –17.78℃의 점도
"W" 없을 때에는 100℃의 점도

다급 윤활유(전계절용 범용오일)
SAE 5W/20, SAE 10W/30, SAE 20W/40 등
현재 대부분 다급 윤활유 등급을 사용함

48. • **API 신분류** : SAE와 공동으로 도입연도별 설계특 성을 반영하여 만든 새로운 분류

조건	가솔린기관		디젤기관	
	SAE 신	API 구	SAE 신	API 구
좋은	SA	ML	CA	DG
중간	SB	MM	CB, CC	DM
나쁜	SC, SD	MS	CD	DS

	가솔린	도입년도		디젤
API 신	SG	1989	1984	CE
	SH	1993	1994	CF
	SJ	1996	2002	CI–4
	SL	2001	2007	CJ–4
	SN	2010	2017	CK–4
	↓			↓

가솔린 전자제어 연료장치

■ 공기와 연료를 완전연소하기 위한 이론적 공연비(가솔린) 14.7 : 1

완전연소 시 → 배기가스에 H_2O, CO_2

■ 연료장치에 전자제어장치 도입

– 기화기의 벤츄리 부가 없어 공기 흐름저항이 적음
– 구조가 다소 복잡함
– 유해물질 배출 감소 및 연비 향상
– 엔진효율 및 운전성능 향상(응답성↑)
– 'wall wetting' 방지에 따른 저온 시동성 향상

■ 전자제어 구성도 – 전자식 연료 분사량 조절방식

```
AFS
CAS  →   ECU →  인젝터 →  연료 분사량 조절
TPS                      인젝터의 통전시간에 비례
  :
```

1. 가솔린 전자제어 엔진의 기본 구성

  (1) 공기의 흐름

  ① 직접 계측방식 : 에어필터 → 계측기(= AFS) → 스로틀 바디
      → 서지탱크 → 흡기 다기관 → 연소실 → 배기 다기관 → O_2센서
      → 촉매 변환기 → 소음기

  *스로틀밸브와 서지탱크 압력
  밸브 닫힘 : 압력↓
  밸브 열림 : 압력↑

  ② 간접 계측(speed density)방식 : 에어필터 → 스로틀 바디 → 서지탱크(MAP센서) → 흡기 다기관

  (2) 연료의 흐름(MPI 방식)

  연료탱크 → 연료펌프(릴리프밸브) → 연료필터 → 연료분배 → 인젝터(가솔린: 약 3bar)
        (체크밸브)   파이프   (디젤: 100 bar 이상)
  * 중력밸브(연료탱크와 캐니스터 사이에 위치)   ↓ (리턴)
    : 심하게 기울거나 전복 시에   서지 탱크의 → 연료 압력 → 연료
      연료의 누출을 막아줌   진공도에 의해 작동   조절기   탱크

2. 옥탄가(내폭성 정도의 수치) = 이소옥탄/(이소옥탄 + 노멀헵탄) × 100

옥탄가가 높을수록 노킹현상 억제
연료는 탄소와 수소의 유기 화합물 'HC'

  * 인젝터 배치

  ① SPI(=TBI) : 스로틀밸브 앞쪽에 인젝터 설치
  ② MPI(14:7:1) : 각 실린더마다 흡기밸브 앞에서 연료분사
      – 월 웨팅 방지에 따른 냉시동성 향상 → 연소실 외부에 인젝터 설치
  ③ GDI(25~40:1) : 연소실 내에 인젝터 설치 및 연료 직분사
      – 고압분사(100bar 이상), 초희박연소 실현

3. 전자제어 연료분사 방식의 분류

  – 공기 유량 *직접 계측
          ① 체적유량 검출 – 베인식, 칼만와류식
          ② 질량유량 검출 – 열선·열막식 → 응답성 빠름, 온도·압력변화에 따른 맥동 오차

없음(열막식-CRDI 엔진에 사용)

*간접 계측 : D-제트로닉 - 흡입 다기관 내 압력변화(진공도) 검출

MAP 센서 사용(가솔린 차량에 많이 적용)

4. 전자제어식 연료장치의 각종 센서 개요

(1) ATS(흡기온도센서) : 흡입되는 공기의 온도를 측정하여 연료보정과 점화시기 보정에 사용
  - ATS, WTS → 부특성 서미스터 사용(온도 상승 → 저항 감소 → 출력전압 감소)

(2) BPS(대기압 센서) (고지대 : 보정량 감량)
  ① AFS에 부착, 피에조 저항형 센서(BPS, MAP 센서)
  ② 차량의 고도 계측 → 연료 분사량 및 점화시기 보정
    • 보정량 영향 : ATS > BPS

(3) AFS(공기유량센서) : 흡입되는 공기량 계측, 기본 분사량 결정
  - 고장 시 'TPS, 엔진 회전수'로 대신하여 분사량을 결정
  ① 직접 계측 방식(mass flow)
    ㉠ 체적 유량 계량
      ⓐ 베인식(= 메저링 플레이트)
      ⓑ 칼만와류식 : 흡입 시 발생된 공기의 와류를 초음파 센서를 이용하여 직접 검출함
    ㉡ 질량 유량 계량(speed density)
      ⓐ 열선식(hot wire)·열막식(hot film)
        - 흡입 공기에 의해 발열체의 온도가 변화하는 것을 직접 검출하여 질량유량을 측정함
        - 자기청정기능 있음, 백금 열선 사용
  ② 간접계측방식 → D-제트로닉 → MAP 센서(= 흡기 다기관 절대압력센서)
    - 반도체 피에조 저항형 압전소자 사용(BPS, 노킹 센서에서도 사용)
      작동 : 스로틀 개도량↓, 서지탱크 압력↓, 출력 전압↓, 진공도↑
            스로틀 개도량↑, 서지탱크 압력↑, 출력 전압↑, 진공도↓

(4) TPS(스로틀 포지션 센서) : 스로틀밸브의 열림 정도 감지(공전·부분부하·전 부하상태 판단)
  ① 포텐쇼미터: 회전 가변저항형 센서(각도의 변화에 따라 발생하는 전압 측정)
  ② 스로틀 보디에 위치 / 보디 구성품 : MPS, TPS, ISC-서보, 공기 밸브, 공전스위치
  ③ AFS 고장 시 대신하여 페일세이프 기능 수행하기도 함
    (= 림 홈기능) 고장 발생 시 강제로 안전모드로 전환하는 기능
  * TPS 고장 시 : 가속 응답성 저하, 주행 불안정, 변속 시점이 바뀜

(5) 공전속도 조절기
  ① ISC = 공전속도 조절 서보
    ㉠ 공전속도를 증가시키거나 조절함(ECU에 의해 바이패스 통로를 열고 닫음)
    ㉡ 직류모터 사용 / MPS, 공전스위치
  ② ISA(= 공전 액추에이터)
    - 듀티 제어로 로터리밸브를 이동시켜 공기 통로의 단면적 제어 → MPS 필요 없음
  ③ 스텝 모터 방식 - 단계별 작동으로 MPS 없이 정확한 제어 가능
    - 브러시 사용 X → 신뢰성 우수 / 특정 주파수에서 공진 및 진동 현상 일어날 수 있음

(6) WTS(= 수온센서)
  ① 실린더 물 재킷부 내에 장착, 저항형 센서(NTC 사용)
  ② 온도 검출 → ECU → 분사량 보정제어(80℃ 이하 시 증량)
  ③ 고장 시 : 공회전 불안정, 워밍업 시 검은 연기 배출
            배기가스 중 유해물질 배출량 증가, 냉간 시동성 불량

(7) O_2 센서(지르코니아, 티타니아) : 300~370℃ 이후에 연료 분사량 보정을 피드백제어 함
　＊배기관에 장착되어 폐회로 시 제어 → 정상 제어 / 개회로 시 제어 → 페일세이프 모드
　－ 전·후방 산소센서 : 촉매 전후의 기전력이 같으면 → 촉매 고장
　－ 배기가스 중의 O_2와 대기 중의 O_2 차이에 따른 공연비를 중심으로 출력 전압이 급격하게 바뀌는
　　것을 이용
　－ 삼원촉매 장치 사용 시 '공기과잉률(λ) = 1' 부근 제어 시 정화율 가장↑
　－ 고장 시 : 공연비 제어 X, 주행성능 저하, 연료소모 증가, CO, HC 발생량↑, 엔진 부조 현상
　　㉠ 지르코니아 O_2(출력 배선 1개) 센서
　　　－ 지르코니아 소자 주변 백금 전극 설치, 작동온도: 300℃ ~ 400℃
　　　－ 고온에서 내부와 외부 산소 농도 차이가 크면 기전력 발생
　　　－ 배기가스 내 O_2↑, 기전력↓: 희박(약 0.1v), 연료분사량 증가
　　　－ 배기가스 내 O_2↓, 기전력↑: 농후(약 0.9v), 연료분사량 감소
　　㉡ 티타니아 O_2(12V 예열 전원 입력) 센서
　　　－ 산소 분압에 대응 → 산화·환원 → 티타니아의 전기저항 변화
　　　－ HEGO(협대역) 센서, 370℃ 이상에서 활성화
　　　－ 전기 저항↑, 출력 전압↑: 희박(약 4.5~4.7v), 분사시간 길어짐
　　　－ 전기 저항↓, 출력 전압↓: 농후(약 0.3~0.8v), 분사시간 짧아짐
　　㉢ 전영역 O_2 센서 = UEGO(광대역) 센서
　　　－ 이론적 공연비 부근에서 2.5v 출력 발생　　　＊배기가스 색 : 희박(엷은 자색),
　　　－ 공연비가 희박할수록 높은 출력 나타냄　　　　불완전 및 농후(검정),
　　　＊O_2 센서 피드백제어 작동 조건　　　　　　　오일연소(흰색), 노킹(검정, 황색)
　　　－ 활성화 온도 이상일 때 / WTS가 일정온도 이상일 때 / TPS 아이들 접점이 ON일 때
(8) TDC 센서· CAS　＊4행정 가솔린엔진: 동력 TDC 후 10°~15°에서 최대 압력 이상적
　① TDC 센서 － 연료의 분사순서 결정, 고장 시 페일세이프기능 없음 → 고장 시: 엔진시동 X
　　　　　　　－ 옵티컬 타입의 센서로 현재 배전기가 없어 CPS(캠 포지션 센서)로 역할 대신
　② CAS(= 크랭크 각 센서) － 크랭크축 위치 및 엔진 회전수 검출 → ECU
　　－ 연료 기본 분사시기, 점화시기 제어
　　－ 위치 : 배전기 및 크랭크축에 설치　　　　　＊ATDC(= After TDC) － 상사점 이후
　　－ 페일세이프 기능 없음　　　　　　　　　　　＊BTDC(= Before TDC) － 상사점 이전
　　　→ 고장 시 : 시동 안 걸림(대체 센서 없음)
(9) 노킹센서 － 노킹 발생 시 점화시기를 제어(피드백 제어)
　　　　　　　－ 위치 : 실린더 블록에 설치(압전소자)
　　　　　　　－ 고주파 진동 발생 → 전기적 신호로 변환 → ECU

■ 연료계통

(1) 연료펌프 : 인젝터로 연료를 분사하기 위한 압력 제공
　① 위치: 연료 탱크 내에 설치(연료에 잠겨있음)
　② 엔진 회전수 50rpm 이상에서만 작동(CAS 신호 사용)
　③ 체크밸브 : 잔압유지, 베이퍼록 방지, 재시동성 향상
　④ 릴리프밸브(유압조절밸브) : 연료펌프 내 과도한 압력상승 방지(= 감압작용)
　⑤ 연속적으로 작동하는 경우: 크랭킹 시, 급 가속 시, 공회전 시
　　＊고장 시 : 분사시간이 일정해도 제어가 되지 않아 연료분사량이 달라짐
(2) 연료압력조절기(= 진공압으로 작동)
　① 연료 분사량의 변화를 방지하기 위해, 흡기 다기관과 분사압력의 차이를 일정하게 유지(분사압력을

약 2.55bar 더 높게)

② 위치 : 연료 공급 파이프 한쪽 끝에 설치

(흡기 다기관의 압력(진공도) 변화에 따라 작동) → 반비례 관계

(진공도↑: 분사압력↓/진공도↓: 분사압력↑)

③ 연료 분배 파이프 압력 기준

연료압력 낮아짐 *베이퍼록 원인	연료압력 높아짐
• 연료 공급라인에 공기 침입 • 연료 압력조절기의 작동 불량 • 연료량 부족 및 연료 필터 막힘	• 인젝터 및 리턴라인 막힘 • 릴리프밸브 닫힌 상태 고착 • 연료압력 조절기의 진공 누출

(4) 인젝터 : ECU에 의해 연료를 분사하는 장치

① 분사압력 : 연료펌프에 의해 결정(분사펌프)

가솔린 인젝터 분사압력 : 약 3bar

디젤 인젝터 분사압력 : 1500bar 이상

② 분사량 : 니들밸브의 열림 시간에 의해 결정

(= 솔레노이드 코일의 통전시간과 비례)

공급펌프의 연료 공급량 조절

③ 연료 분사시간 : (기본 분사시간 * 보정계수) + 무효 분사시간

* 배터리 전압이 낮을 경우 : 무효 분사 시간이 길어진다.

㉠ 분사 제어 방식

ⓐ 동시(비동기) 분사 : 농후할 때, 냉간 시 사용, 급가속 시, 크랭크축 1회전에 1회 분사

ⓑ 그룹(정시) 분사 : 2개 실린더씩 짝을 지어 분사

– 흡입행정 근처에 분사: 가속 시 응답성↑, 크랭크축 1회전에 1회씩 교대분사

ⓒ 동기(독립, 순차) 분사

– 1사이클당 1회 분사(각 실린더마다 흡입행정 직전에 분사), 배기 끝 무렵에 분사

ⓓ 연료 공급 차단(fuel cul) 제어 : 차속 감속 및 엔진 고속 회전 시 연료를 차단함

→ 연비 향상 및 배출가스 유해물질↓, 높은 회전수로 인한 시스템 파손 방지

> * 인젝터 듀티율?
> • 인젝터 작동을 위한 ON 시간 비율
>   낮을 경우 = 분사량 적음 → 희박 판단
>   높을 경우 = 분사량 많음 → 농후 판단

■ 제어 계통

(1) 컨트롤 릴레이 : 축전지 전원을 전자제어 연료 분사장치에 공급하는 메인 스위치

공급받는 장치 : ECU, 연료펌프, 인젝터

■ 신기술

(1) ETS(전자제어 스로틀밸브), 스로틀밸브 + 전자제어 시스템

① 제어 순서 : APS → ECU → 스로틀밸브 전동기

② 흡입 공기량 정밀 제어, 연비 향상 및 배출가스 저감, 가속 응답성 향상

(2) 가변 흡기 시스템

① 엔진 회전속도에 맞춰 흡입 공기의 관로 길이를 조절하는 장치

→ 저속 시 성능저하 방지, 연비 향상

② 제어 : 저속 시 → 관로를 길고 얇게 제어(유속 빠르게, 관성효과 높임)

: 고속 시 → 관로를 짧고 굵게 제어(관성효과 줄임, 공기저항 줄임)

(3) GDI(= 연소실 직접 분사장치) : 압축행정 말에 연료 분사 * 초희박 공연비 실현(25~40:1)

① 장점 : 출력, 연비 향상

② 단점 : 소음·진동 증대, 엔진 내구성 감소, NOx 발생량 증가

01 출제빈도 ★★★

전자제어 연료분사장치 시스템의 장점으로 거리가 먼 것은?

① 연료소비율 감소
② 고온에서 시동성 향상
③ 배출가스 중 유해물질 감소
④ 가속응답성 향상

02 출제빈도 ★★★

다음 중 EFI(Electronic Fuel Injection System) 전자제어 분사장치의 주요 특징으로 잘못 설명된 것은?

① 배기가스 배출량 저감
② 냉간 시 시동성능 향상
③ 조향능력 향상
④ 흡기효율 향상

03 출제빈도 ★★☆

일반적으로 연료의 혼합비가 가장 높은 것은?

① 상온에서 시동할 때
② 경제적인 운전할 때
③ 스로틀밸브가 완전히 열렸을 때
④ 가속할 때

04 출제빈도 ★★☆

〈보기〉에서 흡기장치의 구성 부품을 모두 고른 것은?

┃ 보기 ┃

㉠ 디퍼렌셜 기어 ㉡ 촉매변환기
㉢ 흡기 매니폴드 ㉣ 스로틀밸브
㉤ 크랭크축 ㉥ 피스톤

① ㉠, ㉡
② ㉠, ㉢
③ ㉢, ㉣
④ ㉠, ㉤, ㉥

05 출제빈도 ★☆☆

자동차 배기 계통 중 소음기(머플러)에 대한 설명으로 가장 옳지 않은 것은?

① 내부구조는 몇 개의 방으로 구분되어 있다.
② 배기가스가 방들을 지나면서 음과 압력에 대한 변화를 일으켜 소리를 줄인다.
③ 소음기 저항이 커질수록 기관 폭발음 감소 효과가 떨어진다.
④ 소음기 저항과 기관의 출력은 서로 관계가 있다.

06 출제빈도 ★★☆

옥탄가 80인 연료의 구성은?

① 노멀헵탄 80에 이소옥탄 20의 화합물
② 4에틸납 80에 노멀헵탄 20의 화합물
③ 4에틸납 20에 이소옥탄 80의 화합물
④ 노멀헵탄 20에 이소옥탄 80의 화합물

07 출제빈도 ★★☆

옥탄가 60에 대한 설명으로 옳은 것은?

① 정헵탄 60에 이소옥탄 40의 비율을 뜻한다.
② α-메틸나프탈렌 40에 이소옥탄 60의 비율을 뜻한다.
③ 이소옥탄 60에 세탄 40의 비율을 뜻한다.
④ 노멀헵탄 40에 이소옥탄 60의 비율을 뜻한다.

08 출제빈도 ★★☆

옥탄가가 높은 연료의 특징을 설명한 것으로 맞는 것은?

① 착화점이 낮다.
② 자연발화점을 높인다.
③ 노멀헵탄의 함유량이 높다.
④ 이소옥탄의 함유량이 낮다.

09 출제빈도 ★★☆

가솔린 전자제어 엔진에서 연소실에 연료가 직접분사하는 방식을 일컫는 용어로 적당한 것은?

① SPI(Single Point Injection)
② MPI(Multi Point Injection)
③ GDI(Gasoline Direct Injection)
④ TBI(Throttle Body Injection)

10 출제빈도 ★★★

전자제어 연료분사 장치에서 기본 연료 분사량을 결정하기 위한 센서로 맞는 것은?

① 대기압 센서(BPS)
② 공기 온도 센서(ATS)
③ 공기 유량 센서(AFS)
④ 스로틀 포지션 센서(TPS)

11 출제빈도 ★★★

전자제어 가솔린엔진에서 연료의 기본 분사량을 결정하는 센서는?

① TPS, AFS
② CKP, AFS
③ CKP, O_2
④ TPS, O_2

12 출제빈도 ★★★

엔진에 흡입되는 공기량을 검출하기 위한 센서로 옳은 것은?

① O_2 센서   ② TPS
③ ISC   ④ AFS

13 출제빈도 ★★★

전자제어 엔진에서 연료의 기본 분사량에 영향을 가장 많이 주는 입력신호는?

① 공기유량 센서   ② 냉각수 온도 센서
③ 차속 센서   ④ 크랭크각 센서

14 출제빈도 ★★★

가솔린 전자제어 엔진에서 연료의 기본 분사량과 점화시기를 조정하기 위해 사용하는 센서로 적합한 것은?

① 크랭크각 센서
② 흡입공기량 센서
③ 냉각수온 센서
④ 스로틀 포지션 센서

15 출제빈도 ★★★

전자제어 가솔린엔진의 ECU(Engine Control Unit)에 입력되는 신호가 아닌 것은?

① 캠 포지션 센서   ② 1번 상사점 센서
③ 공기유량 센서   ④ 인젝터 센서

16 출제빈도 ★★★

전자제어 엔진의 ECU에서 입력신호에 해당하지 않는 것은?

① 냉각수온 센서 신호
② 흡기 온도 센서 신호
③ 스로틀 포지션 센서 신호
④ 인젝터 신호

17 출제빈도 ★★☆

전자제어 연료분사차량에서 에어플로 센서의 공기량 계측방식이 아닌 것은?

① 베인식 　　　　② 칼만와류식
③ 핫 와이어 방식 　④ 베르누이 방식

18 출제빈도 ★★☆

다음은 어떤 방식의 흡입공기 유량 계측기에 대한 설명인가?

┤ 보기 ├
㉠ 공기의 질량을 가장 정확하게 계측한다.
㉡ 대기압 및 온도 변화에 따른 오차가 거의 없다.
㉢ 클린버닝을 사용하여 측정부위의 오염 물질을 태워낼 수 있다.
㉣ 감지부의 응답성이 빠르다.
㉤ 가는 백금선을 이용한다.

① 베인 방식 　　② 열선, 열막 방식
③ 칼만 와류식 　④ MAP 센서

19 출제빈도 ★★☆

공기량을 측정하기 위하여 흡입공기의 차가운 성질을 이용해 열손실이 일어나는 정도를 파악하는 센서의 방식은?

① 베인식 센서
② 열선·열막식 센서
③ 칼만 와류식 센서
④ MAP 센서

20 출제빈도 ★★★

흡입공기량 계측방식 중에서 흡입공기의 양을 직접 계량하는 방식이 아닌 것은?

① 열막식 　　　② MAP식
③ 칼만와류식 　④ 열선식

21 출제빈도 ★★★

흡기다기관 내의 절대압력, 스로틀밸브의 열림 정도, 엔진의 회전 속도로부터 흡입공기량을 간접 계측하는 공기유량 센서로 가장 옳은 것은?

① MAP 센서 방식
② 베인 방식
③ 칼만와류 방식
④ 열선 및 열막 방식

22 출제빈도 ★★★

흡기다기관에 공기절대압력을 측정하는 센서 방식으로 맞는 것은?

① 베인식 　　　　② 칼만류식
③ 열선, 열막식 　④ MAP 센서 방식

23 출제빈도 ★★★

흡입공기 유량을 계측하는 공기유량 센서 중에서 흡기관 내의 부압을 측정하여 공기량을 환산하는 방법으로 자연 급기식 엔진에 많이 사용되는 것은?

① L-제트로닉식(L jetronic type)
② 칼만와류식(karman vortex type)
③ D-제트로닉식(D jetronic type)
④ 열선식(hot wire type)

24 출제빈도 ★★☆

AFS에 대한 설명으로 맞는 것은?

① 칼만와류 방식은 가는 백금선을 이용하여 공기유량을 직접 계측한다.
② 핫필름방식은 공기 질량을 직접 계측하는 방식이다.
③ 베인식은 공기유량을 간접 계측하는 D-제트로닉 방식이다.
④ MAP 센서는 공기의 체적유량을 직접 계측하는 K-제트로닉 방식이다.

25 출제빈도 ★★☆

전자제어 연료장치의 설명으로 맞는 것은?

① MAP 센서는 speed-density 방식으로 ECU는 이 신호와 엔진의 회전 속도로부터 흡입공기량을 추정하여 연료량을 조절한다.

② 칼만와류식 흡입공기량 센서는 초음파를 이용하여 공기의 질량유량을 계측한다.

③ Hot wire 방식의 흡입공기량 센서는 가는 백금선을 활용하며 디지털 방식으로 신호가 출력된다.

④ BPS의 입력신호에 의해 ECU는 고지대에서 연료를 증량하는 제어를 하게 된다.

26 출제빈도 ★★★

전자제어 연료분사 장치의 센서에 대한 설명으로 맞는 것은?

① 스로틀 위치 센서는 브레이크 페달의 개도량을 측정한다.

② 맵 센서는 흡입공기량을 질량으로 측정한다.

③ 수온 센서는 냉각수 온도가 높아지면 저항값이 낮아지는 부특성 서미스터를 사용한다.

④ 캠 샤프트 포지션 센서는 1번 실린더의 하사점을 검출한다.

27 출제빈도 ★★☆

TPS의 설명으로 틀린 것은?

① 고정 저항형 센서이다.

② 스로틀밸브의 열림각을 검출한다.

③ 스로틀밸브의 회전에 따라 출력전압이 변화한다.

④ 센서 내부의 축 연결 부위는 스로틀밸브와 같이 회전한다.

28 출제빈도 ★★☆

〈보기〉의 공전속도 조절장치에 해당하는 방식은?

> **보기**
>
> 컴퓨터로부터의 작동 펄스신호에 의해 좌우 방향으로 15° 만큼씩 단계적으로 마그네틱 로터가 일정하게 회전하여 마그네틱 축과 나사(screw)로 연결된 밸브의 길이가 변화하여 바이패스 되는 공기량을 증감시켜 공전속도를 조절하는 장치

① ISC-서보 방식(idle speed control servo type)

② ISA 방식(idle speed actuator type)

③ 스텝 모터 방식(step motor type)

④ 전자제어 스로틀제어 방식(electronic throttle control type)

29 출제빈도 ★★★

전자제어 엔진 시스템에 사용되는 센서의 설명으로 틀린 것은?

① 수온 센서 : 대부분 정특성을 가진 서미스터를 활용하여 온도를 측정한다.

② 크랭크각 센서 : 엔진의 회전수를 근거로 점화시기 및 연료분사량을 결정하기 위해서 사용되는 중요한 파라미터이다.

③ 흡입공기온도 센서 : 흡입공기의 온도에 따른 연료량 및 점화시기의 보정을 위해 사용되는 신호로 서미스터를 활용하여 온도변화를 감지한다.

④ 스로틀 포지션 센서 : 스로틀 바디에 장착되어 운전자의 가속의사를 판단하기 위해 사용되는 신호로 슬라이드 저항기인 포텐셔미터 방식을 주로 사용한다.

30 출제빈도 ★★★

전자제어 연료분사 장치의 센서 중 부특성 서미스터를 이용한 것은?

① 노크 센서　　　　② 수온 센서
③ MAP 센서　　　　④ 산소 센서

31 출제빈도 ★★★

부특성 서미스터를 이용한 것으로서 온도가 높으면 저항값이 낮아지고 온도가 낮아지면 저항값이 높아지는 특성을 사용한 센서는?

① 수온 센서　　　　② 수온조절기
③ 대기압 센서　　　④ 공기량 센서

32 출제빈도 ★★★

전자제어에 사용되는 센서의 재료로 온도를 측정하는 데 사용되는 소자는?

① 부특성 서미스터
② 피에조 압전소자
③ 포텐셔미터
④ 홀소자

33 출제빈도 ★★☆

냉각 수온 센서에 대한 설명으로 틀린 것은?

① 냉각수의 온도가 상승하면 저항이 커진다.
② 고장 시 연료소비율이 높아진다.
③ 주로 실린더 헤드의 물 재킷부에 설치된다.
④ 계기판의 냉각수온계와 연결되어 운전자가 엔진 예열상태를 인지할 수 있다.

34 출제빈도 ★☆☆

ATS 등에 사용되는 부특성 서미스터의 온도, 저항, 출력전압의 상관관계에 대해 바르게 설명한 것은? (단, 센서의 입력전압은 5V 이다.)

① 온도가 낮을 시, 저항은 높아지고 전압이 낮아진다.
② 온도가 낮을 시, 저항은 낮아지고 전압이 높아진다.
③ 온도가 낮을 시, 저항은 높아지고 전압도 높아진다.
④ 온도가 낮을 시, 저항은 낮아지고 전압도 낮아진다.

35 출제빈도 ★★☆

다음 중 돌기에 의해 압축상사점을 검출하는 것은?

① 크루즈컨트롤스위치
② 크랭크각 센서
③ 앤티 다이브 센서
④ 차속 센서

36 출제빈도 ★★☆

단위시간당 기관 회전수를 검출하여 1사이클당 흡입공기량을 구할 수 있게 하는 센서는?

① 크랭크각 센서
② 스로틀위치 센서
③ 공기유량 센서
④ 산소 센서

37 출제빈도 ★★☆

가솔린엔진의 전자제어 연료장치의 설명 중 옳지 않은 것은?

① AFS는 엔진에 흡입되는 공기량을 측정하는 장치이다.
② TPS는 스로틀보디에 위치하며 스로틀밸브가 회전할 때 저항이 바뀌는 원리를 이용한 장치이다.
③ 인젝터에서의 연료 분사량은 플런저의 유효행정의 높이에 따라 결정된다.
④ WTS는 온도가 상승하면 저항이 감소하는 부특성 서미스터를 사용한다.

38 출제빈도 ★★☆

산소 센서의 특징으로 거리가 먼 것은?

① 촉매 변환기의 정화율을 높이기 위한 장치이다.
② 지르코니아 방식과 티타니아 방식이 있다.
③ 흡기다기관에 설치되어 산소의 농도를 측정한다.
④ 일반적으로 370℃ 이상의 온도에서 활성화된다.

39 출제빈도 ★★☆

산소(람다) 센서에 대한 설명으로 옳은 것은?

① 흡기 공기 중의 산소의 농도를 측정한다.
② 이론 공연비로 연소되고 있는지 판단하기 위해 사용된다.
③ 디젤엔진에 주로 사용되고 가솔린엔진에서는 잘 사용되지 않는다.
④ 산소 센서의 측정 결과를 바탕으로 점화타이밍을 제어할 수 있다.

40 출제빈도 ★★★

전자제어 기관에 사용되는 센서의 설명 중 틀린 것은?

① MAP 센서는 흡기다기관에서 공기량을 직접 계측한다.
② APS(액셀포지션 센서)는 가속페달의 밟는 양을 감지한다.
③ ATS(흡기온도 센서)는 흡입공기온도를 검출한다.
④ O_2(산소 센서)는 배기가스 중 산소농도를 측정한다.

41 출제빈도 ★★☆

시간의 흐름에 따라 출력되는 값을 지속적으로 제어해 목표값과 일치할 때까지 수정동작을 반복하는 피드백제어에 사용되는 입력신호는 무엇인가?

① 가속페달 위치 센서
② 스로틀 포지션 센서
③ 에어컨스위치
④ 산소 센서

42 출제빈도 ★★☆

전자제어 엔진에 사용되는 센서에 대한 설명 중 틀린 것은?

① 핫와이어 방식의 공기유량 센서는 체적 유량을 직접 계량하는 방식으로 공기 중에 발열체를 놓아 공기의 흐름에 의해 빼앗기는 열의 온도 변화를 활용하는 방식이다.

② 스로틀 포지션 센서는 스로틀밸브의 개방 각도를 감지하기 위해 위치변화형 가변저항을 활용하여 전압의 변화를 측정하는 방식을 사용한다.

③ 냉각수 온도 센서는 부특성 서미스터를 활용하여 온도의 변화에 따라 저항이 바뀌는 특성을 활용하며 냉간 시 연료의 분사량을 증량하는 데 사용한다.

④ 산소 센서는 지르코니아 소자의 양면에 백금 전극을 설치하여 양쪽 전극 사이의 산소의 농도차에 의해 발생되는 기전력을 활용하여 피드백제어를 할 수 있다.

43 출제빈도 ★★★

자동차 센서에 대한 설명으로 옳지 않은 것은?

① 산소 센서는 배기가스 중의 산소농도를 검출한다.

② 공기유량 센서는 흡입공기량을 검출한다.

③ MAP 센서는 배기다기관의 진공을 측정한다.

④ TPS는 가속페달에 의해 저항 변화가 일어난다.

44 출제빈도 ★★☆

전자제어 가솔린 분사장치의 입력 센서가 아닌 것은?

① 레인 센서

② 공기유량 센서

③ 산소 센서

④ 노크 센서

45 출제빈도 ★★☆

노킹 센서에 대한 설명으로 틀린 것은?

① 엔진이 작동 중에 노킹이 발생되면 ECU는 노킹 센서의 신호를 바탕으로 점화시기를 조절한다.

② 구조 및 작동원리에 따라 전자유도식과 압전식으로 나뉜다.

③ 노크 발생 시 ECU는 점화시기를 진각시키는 제어를 하게 된다.

④ 전자유도식은 노크 발생 시 진동자와 철심 틈새의 에어 갭을 변화시켜 저항을 바꾸면 코일의 자속이 변하여 기전력을 발생시키는 원리로 작동된다.

46 출제빈도 ★☆☆

MPI방식의 전자제어 연료분사장치의 인젝터에서 분사되는 연료의 분사압력은 약 몇 kg_f/cm^2인가?

① $0.5 \sim 1.0 kg_f/cm^2$

② $1.0 \sim 2.0 kg_f/cm^2$

③ $2.0 \sim 3.0 kg_f/cm^2$

④ $3.5 \sim 4.0 kg_f/cm^2$

47 출제빈도 ★★☆

기관 작동 중 연료공급 라인 내의 압력이 과도하게 상승하는 것을 방지하기 위한 장치는?

① 체크밸브　　　② 어큐뮬레이터
③ 릴리프밸브　　④ 연료필터

48 출제빈도 ★★☆

연료계통에 있는 릴리프밸브에 대한 설명으로 틀린 것은?

① 연료펌프에 과도한 부하가 걸리는 것을 방지한다.
② 엔진이 정지했을 때 연료의 역류를 방지해 재시동성을 향상시킨다.
③ 연료공급라인의 압력이 과도하게 높아지는 것을 방지한다.
④ 가솔린 MPI 엔진 기준으로 4.5~6.0 kg_f/cm^2 정도에서 작동된다.

49 출제빈도 ★★★

다음 중 연료공급 계통의 재시동성 향상 및 잔압 유지 역할을 하는 것은?

① 체크밸브
② 릴리프밸브
③ 딜리버리밸브
④ 니들밸브

50 출제빈도 ★★★

연료펌프에 설치된 체크밸브의 기능으로 옳은 것은?

① 연료라인의 수분 및 이물질을 제거한다.
② 잔압에 의한 재시동성을 향상시킨다.
③ ECU의 신호에 의하여 연료를 분사한다.
④ 스로틀밸브의 열림양을 감지한다.

51 출제빈도 ★★★

열에 의해 액체가 증발되어 어떤 부분이 폐쇄되어 기능이 상실되는 현상을 무엇이라 하는가?

① 베이퍼록
② 페일세이프
③ 서징
④ 노킹

52 출제빈도 ★★★

전자제어 가솔린엔진에 사용되는 체크밸브 설명으로 맞는 것은?

① 연료압력이 낮을 때 오픈하여 압력을 제어한다.
② 연료펌프의 작동이 없을 때 압력을 제어하여 재시동성을 향상시키고 높은 연료온도에서 베이퍼록을 방지한다.
③ 연료 필터 등의 저항으로 인한 연료의 공급 끊김을 방지한다.
④ 부표의 저항값으로 연료량을 측정한다.

53 출제빈도 ★★☆

전자제어 가솔린엔진의 동기분사에 대한 설명으로 맞는 것은?

① 크랭크축 1회전에 1회 분사하는 방식으로 흡입, 폭발행정 전 각 1회 분사한다.
② 2개의 인젝터가 동시에 분사하는 방식으로 1, 3번과 2, 4번이 같이 작동된다.
③ 1 사이클마다 각 연소실의 인젝터가 배기행정 말에 1회 분사한다.
④ 연료를 예비, 주, 후 분사 이렇게 3단계에 걸쳐 분사하는 방식이다.

54 출제빈도 ★★☆

전자제어 4기통 가솔린 기관에서 비동기식 연료 분사 방식에 대한 설명으로 옳은 것은?

① 1-3, 2-4번 실린더에 그룹 분사
② 공연비 제어 성능 및 연진 응답성 우수
③ 크랭크축 1회전마다 모든 실린더에 1회 분사
④ 각 실린더의 배기행정 말기에 순차적으로 연료를 분사하는 방식

55 출제빈도 ★☆☆

다음 중 대시포트의 기능을 설명한 것으로 맞는 것은?

① 급 감속 시 가속 페달에서 급히 발을 뗐을 때 서서히 스로틀밸브를 닫아, 급격한 부압 변화를 완화시킴으로써 미연소 가스의 배출을 방지한다.
② 과거 기화기 연료 공급 장치에서 농후한 혼합 가스에 의한 시동 불능을 막아주는 것으로 스로틀밸브가 닫혔을 때 이 구멍을 열어 비등을 방지한다.
③ 엔진이 정지하였을 때 연료가 탱크로 리턴되는 것을 방지하여 재시동성 향상 및 증기폐쇄 현상을 막아준다.
④ 연료펌프 및 연료 내의 압력이 과도하게 상승하는 것을 방지하기 위한 장치로 작동압력은 $4.5 \sim 6.0 \mathrm{kg_f/cm^2}$이다.

56 출제빈도 ★★★

배출가스 색깔로 구분한 내용으로 거리가 먼 것은?

① 검은색 – 공연비가 농후할 때이거나 공기여과기가 막혔을 때
② 백색 – 많은 양의 연료가 연소되었을 때
③ 무색 – 정상연소일 때
④ 엷은 자색 – 희박연소일 때

57 출제빈도 ★★★

배기가스의 색깔로 차량의 상태를 파악하는 것으로 거리가 먼 것은?

① 추운 겨울철이 아님에도 불구하고 지속적으로 흰색일 경우 다량의 엔진오일이 연소되는 것이다.
② 회색이나 검정색에 가까운 경우에는 연료가 과다 공급되는 경우이다.
③ 색깔이 없고 약간의 수증기만 나오는 경우에는 정상적인 연소를 하고 있는 것이다.
④ 냉간 시동 시에는 옅은 황색이나 자색을 띄게 된다.

58 출제빈도 ★★★

주행 중인 자동차의 배출가스 색이 백색이었다면 그 이유로 옳은 것은?

① 정상 연소되고 있다.
② 노킹이 발생되고 있다.
③ 기관 오일이 연소되고 있다.
④ 혼합비가 농후하다.
⑤ 혼합비가 희박하다.

59 출제빈도 ★★★

자동차의 배기구에서 검은색 매연이 나오는 이유로 가장 적당한 것은?

① 희박한 공연비로 연소되어 배기가스 중에 산소의 배출량이 높을 때
② 밸브 가이드의 오일 실(oil seal) 불량으로 엔진오일이 연소될 때
③ 에어필터의 불량으로 농후한 공연비에서 연소되었을 때
④ 실린더 헤드 개스킷의 불량으로 냉각수의 부동액이 연소될 때

60 출제빈도 ★★☆

운전자의 편의성을 높이기 위한 드라이브 바이 와이어(Drive-By-Wire) 기술의 설명으로 가장 거리가 먼 것은?

① 전자 스로틀 컨트롤 기술을 통해 가속페달과 스로틀밸브 사이 물리적 연결 없이 주행 상황에 맞는 가속이 가능해졌다.

② 브레이크 바이 와이어 기술을 통해 각 차륜에 얼마나 많은 제동력이 필요한지 결정하여 전기 유압 및 전기 기계식 브레이크를 활성화한다.

③ 스티어 바이 와이어 기술을 통해 스티어링 휠과 타이어 사이에 물리적 연결 없이 상황에 맞는 조향이 가능해졌다.

④ 파킹 바이 와이어 기술을 통해 난도 높은 주차도 원활이 할 수 있어 초보 운전자에게 큰 도움이 된다.

61 출제빈도 ★★☆

가변흡기 다기관(Variable Intake Manifold)에 대한 설명으로 틀린 것은?

① 흡입제어 밸브, 밸브위치 센서, 서보모터, ECU 등으로 구성된다.

② 저속 성능 저하를 방지하고 저·중속 영역에서 연비향상을 도모할 수 있다.

③ 저속에서 흡기 통로를 좁게 하고 관로를 길게 제어한다.

④ 고속에서 흡기 통로를 좁게 하고 관로를 짧게 제어한다.

62 출제빈도 ★★☆

〈보기〉는 엔진 회전수와 엔진 부하에 따라 흡입통로를 제어하여 출력을 향상시키는 가변 흡입 장치(VIS: Variable Induction System)의 작동에 대한 설명이다. (가), (나), (다)에 들어갈 내용으로 가장 옳은 것은?

┤ 보기 ├

컴퓨터는 (가) 에 VIS 밸브를 (나) 일반 엔진보다 흡입 통로가 (다) 지게 되고, 이에 따라 흡입 관성력이 증가함으로써 흡입효율이 높아져 엔진 출력이 향상된다.

	(가)	(나)	(다)
①	저속 및 저부하 시	닫아	길어
②	저속 및 저부하 시	열어	짧아
③	고속 및 고부하 시	닫아	짧아
④	고속 및 고부하 시	열어	길어

63 출제빈도 ★★☆

GDI에 대한 설명으로 틀린 것은?

① 연료를 연소하기 위해 전기방전 불꽃을 이용한다.

② 기화기가 구성요소로 사용된다.

③ 연료를 직접 연소실에 분사한다.

④ 연비를 향상시키기 위해 초희박 연소가 가능하다.

64 출제빈도 ★★☆

다음 〈보기〉의 설명에 해당되는 가솔린엔진 형식으로 맞는 것은?

┤ 보기 ├

• 압축비가 높아 초희박 연소(공연비＝25~40 : 1)가 가능하다.
• 연료를 연소실에 직접 분사한다.

① SPI ② MPI

③ GDI ④ LPI

65 출제빈도 ★★☆

다음 중 가솔린 전자제어 연료분사 시스템 중 MPI엔진과 비교했을 때 GDI엔진에만 존재하는 구성요소에 해당되는 것은?

① ECU(Engine Control Unit)
② 인젝터
③ 고압분사펌프
④ 흡입공기 유량 센서

66 출제빈도 ★★☆

MPI엔진과 GDI엔진의 특징 및 차이점을 설명한 것으로 가장 거리가 먼 것은?

① 두 엔진 모두 휘발유를 연료로 사용한다.
② 같은 배기량 대비 GDI엔진이 출력과 연비가 좋다.
③ MPI엔진이 상대적으로 희박한 공연비에서 연소가 된다.
④ GDI 시스템에 터보차저를 적극 활용하여 출력을 더 높일 수 있다.

67 출제빈도 ★★☆

GDI엔진의 특징으로 옳은 것은?

① 흡기 매니폴드에 위치한 인젝터에서 연료를 분사한다.
② 촉매 활성화 시간을 연장할 수 있어 유해 배기가스가 저감된다.
③ 연료량을 정밀하게 제어가 가능하여 운전 시 가속 응답성이 향상된다.
④ 실린더 직접분사를 통해 농후한 공연비로 작동시킬 수 있어 연비개선 효과가 크다.

68 출제빈도 ★★☆

GDI엔진에 대한 설명으로 가장 적당한 것은?

① 별도의 고압펌프를 이용하여 높은 연료압력으로 연소실에 직접연료를 분사하는 형식으로 최근 불꽃점화 방식의 엔진에 도입된 기술이다.
② DOHC엔진과 최적화를 위해 각 실린더당 두 개의 흡기밸브 바로 앞에 각각의 인젝터를 설치하여 효율을 높인 가솔린엔진이다.
③ 정밀 전자제어가 가능한 압축장치(압축 어큐뮬레이터, 레일)와 응답성이 뛰어난 연료 분사장치(인젝터)를 이용하여 운전 상태에 맞게 연료를 분사해주는 디젤엔진이다.
④ 흡입행정보다 폭발행정의 길이를 더 길게 하여 더 많은 운동에너지를 사용할 수 있도록 제작한 엔진이다.

69 출제빈도 ★☆☆

희박한 혼합기를 효율적으로 연소시키기 위해 일부 짙은 혼합기를 동시에 흡입시키는 방식은?

① 서멀리액터
② 성층급기법
③ 삼원촉매장치
④ 배출가스 재순환장치

>>> 정답

01	02	03	04	05	06	07	08	09	10
②	③	①	③	③	④	④	②	③	③
11	12	13	14	15	16	17	18	19	20
②	④	①	①	④	④	④	②	②	②
21	22	23	24	25	26	27	28	29	30
①	④	③	②	①	③	①	③	①	②
31	32	33	34	35	36	37	38	39	40
①	①	①	③	②	①	③	③	②	①
41	42	43	44	45	46	47	48	49	50
④	①	③	①	③	③	③	②	①	②
51	52	53	54	55	56	57	58	59	60
①	②	③	③	①	②	④	③	③	④
61	62	63	64	65	66	67	68	69	
④	①	②	③	③	③	③	①	②	

01. 전자제어 연료분사장치 시스템의 장점으로 저온에서 시동성이 향상되었다. 고온에서는 기존의 기화기 시스템에서도 시동이 어렵지 않았다.

02. 조향능력을 향상시키기 위해서는 전자제어 조향장치를 따로 구성하여야 한다.

03. 각 상황별 공연비 : 저온에서 시동 시 1:1, 상온에서 시동 시 5:1, 경제적인 운전을 할 때 14.7:1
③, ④번의 경우 8~11:1
공연비의 앞의 숫자는 연료 1을 기준으로 공기가 섞인 비율이다.

04. 전자제어 가솔린엔진의 공기의 흐름과정에서 연소실 이전의 부품으로 공기 여과기 → 직접계측방식의 공기유량 계측기 → 스로틀 바디(스로틀밸브 포함) → 서지탱크 → 흡기 다기관(매니폴드) 순이다.

05. ③ 소음기 저항이 커질수록 기관 폭발음 감소 효과(소음기의 역할)가 커진다.

06. 옥탄가 $= \dfrac{\text{이소옥탄}}{(\text{이소옥탄} + \text{노멀헵탄})} \times 100$

$= \dfrac{80}{(80+20)} \times 100 = 80$

07. 옥탄가 $= \dfrac{60}{(60+40)} \times 100 = 60$

08. 자연발화점이 낮아지면 조기점화의 원인이 되어 노킹이 많이 발생하게 된다.

09. ④ TBI는 SPI 시스템과 같은 개념으로 사용되었다.

10. 기본 연료 분사량을 결정하기 위한 센서로 AFS를 사용하고 이와 더불어 CAS(크랭크각 센서), TPS 등이 사용되기도 한다. 하지만 AFS의 신호를 가장 기본으로 한다.

11. CKP(crank shaft position sensor)로 크랭크각 센서(CAS)의 다른 명칭이다.

12. AFS : Air Flow Sensor

14. 점화시기를 결정하기 위해 사용되는 것이 CAS와 1번 TDC(CPS)센서라는 것을 알고 있다면 어렵지 않게 해결할 수 있는 문제이다.

15. ④ 인젝터는 센서가 아닌 액추에이터에 포함된다.

16. 입력신호로는 센서와 스위치가 있으며 인젝터는 ECU가 제어하는 액추에이터에 속한다.

17. ①, ②, ③은 공기유량을 직접 계측하는 방식이다.

18. 직접 계측방식의 공기유량 센서 중 열선, 열막식이 시험에 가장 많이 출제된다.

19. 백금으로 만들어진 열선이 흡입된 공기의 질량에 의해 열손실이 일어나는 정도를 파악하는 센서로 질량유량을 계측하는 방식이다.

20. 공기유량을 간접적으로 계측하기 위해 서지탱크나 흡기다기관의 진공도에 따라 압력의 변화를 측정하는 방식으로 D-제트로닉으로 분류된다.

21. ① 공기량을 간접 계측하는 D-제트로닉의 MAP 센서 외에 나머지 ②, ③, ④는 직접 계측하는 방식이다.

23. D-제트로닉은 흡입 다기관 내의 압력변화(진공도)를 검출하여 흡입 공기량을 검출하는 MAP센서를 사용하는 간접 검출방식이다.

24. ① 칼만와류 방식은 초음파를 이용하여 삼각기둥에서 발생되는 와류의 정도를 직접 계측한다.
③ 베인식은 공기유량을 직접 계측하는 L-제트로닉 방식이다.
④ MAP 센서는 흡기계통의 진공도를 측정하여 간접 계측하는 D-제트로닉 방식이다.

25. ② 칼만와류식 흡입공기량 센서는 초음파를 이용하여 공기의 체적유량을 계측한다.
③ Hot wire 방식의 흡입공기량 센서는 가는 백금선을 활용하며 아날로그 방식으로 신호가 출력된다.
④ BPS의 입력신호에 의해 ECU는 고지대에서 산소가 부족한 관계로 이론적 공연비를 맞추기 위해 연료를 줄이는 제어를 하게 된다.

26. ① TPS는 가속 페달의 개도량을 측정한다.
② MAP 센서는 흡입공기량을 간접 계측한다.
④ CPS는 1번 실린더의 상사점을 검출한다.

27. TPS는 회전형 가변저항 센서이다.

28. ① ISC-서보 방식 : 직류모터와 MPS를 사용
② ISA 방식 : 솔레노이드밸브를 듀티제어

30. 온도의 변화에 따라 저항이 변화(반비례 : 부특성 서미스터)하는 특성을 이용하여 CU가 온도의 정보를 얻을 수 있다.

32. ① **부특성 서미스터** : WTS, ATS, 유온 센서, 연료온도 센서 등에 사용된다.

33. ① 냉각수의 온도가 상승하면 저항이 작아지는 부특성 서미스터를 사용한다.

34. 부특성 서미스터
(온도 상승 → 저항 감소 → 출력전압 감소)
온도↓, 저항↑, 전압↑

35. 문제에서 요구하는 명확한 답은 캠포지션 센서(CPS)가 답이 되어야 한다. 일부 크랭크각 센서에 하나의 치형을 빼서 CPS의 역할을 대신하는 형식도 있다.

36. 단위시간당 기관 회전수를 검출하는 것이 문제에서 요구하는 주된 내용이므로 정답은 크랭크각 센서가 된다.

37. 가솔린엔진에서 연료분사량은 ECU(Engine Control Unit)가 여러 센서의 정보를 바탕으로 인젝터의 솔레노이드 밸브 통전시간으로 제어한다.

38. 배기다기관에 설치되어 산소의 농도를 측정하게 된다.

40. MAP 센서는 흡기다기관의 진공도를 측정하여 공기의 양을 간접 계측한다.

41. 피드백제어를 하는 대표적인 센서로 산소 센서가 있다.

42. 핫와이어(열선) 방식의 공기유량 센서는 질량 유량을 직접 계측하는 방식으로 공기 중에 발열체(백금)를 놓아 공기의 흐름에 빼앗기는 열의 온도 변화를 활용하는 방식이다.

43. MAP 센서는 흡기다기관의 진공을 측정한다.

44. 레인 센서는 우적감지와이퍼 제어에 사용되는 센서이다.

45. ECU는 노크 발생 시 점화시기를 지각시켜 출력 및 엔진의 온도를 낮추고 이후 노크신호가 발생되지 않으면 다시 진각시키는 제어를 하게 된다.

46. 참고로 릴리프밸브의 작동압력은 4.5~6.0kg$_f$/ cm^2 정도이다.

47. 릴리프밸브 작동에 관여하는 스프링의 장력이 클 때는 공급되는 유압이 높아지고 장력이 작을 때는 압력이 낮아지게 된다.

48. ②는 체크밸브에 대한 설명이다.

49. 체크밸브의 역할은 잔압을 유지시켜 베이퍼록을 방지하고 재시동성을 향상시킬 수 있다.

50. ① 연료필터의 역할이다.
③ 인젝터에 대한 설명이다.
④ TPS에 대한 설명이다.

51. 시험에 자주 출제되는 용어로 섀시의 브레이크 단원에서도 중요하게 언급된다.

52. 체크밸브는 브레이크의 마스터 실린더, ABS의 하이드롤릭 유닛, 동력조향장치, 자동변속기 밸브 바디 등에도 사용된다.

53. ① 동시(비동기) 분사에 대한 설명이다.
② 그룹(정시) 분사에 대한 설명이다.
④ 전자제어 디젤엔진의 다단분사에 대한 설명이다.

54. 비동기식은 크랭크축 위치와 상관없이 모든 인젝터가 동시에 작동하며 각 실린더에 동일한 타이밍으로 연료를 분사하는 방식이다.

55. ② 앤티 퍼컬레이터의 기능을 설명한 것이다.
③ 연료펌프 내의 체크밸브의 기능이다.
④ 연료펌프 내의 릴리프밸브의 기능이다.

56. 배출가스 색이 백색일 경우는 엔진오일이 연소될 경우이다.

57. 냉간 시동 시에는 농후한 공연비가 공급되므로 회색이나 검정색을 띄게 되고, 희박 연소 시 자색, 일부 노킹발생 시 황색을 띄기도 한다.

59. 검은색 배기가스의 주원인은 노킹과 농후한 공연비에서 연소될 때이다.

60. 드라이브 바이 와이어(Drive-By-Wire) 기술은 기존의 기계적 컨트롤을 보완하거나 완전히 대체할 수 있는 많은 전자 시스템을 의미하는 포괄적인 용어로 스로틀, 브레이크, 스티어, 시프트 등에 활용된다.

61. 엔진의 흡기포트는 저속 회전의 경우에는 가늘고 긴 것이 토크에 유리하고 고속 회전에서는 굵고 짧은 것이 출력을 내는 데 도움이 된다.

63. 기화기는 인젝터를 사용하기 이전에 기계적으로 연료를 공급하던 장치의 구성요소이다.

64. GDI(Gasoline Direct Injection)에 대한 설명으로 연비와 출력을 동시에 상승시킬 수 있는 장점이 있다. 다만 엔진의 내구성 문제는 보완되어야 한다.

65. 국내에서 세타 GDI엔진이 150bar의 고압분사펌프를 사용했다. 현재는 미세먼지 배출량을 줄이기 위해 델파이에서 500bar 정도 되는 고압분사펌프를 생산하고 있다.

66. 주요 공연비 → MPI-14.7:1 / GDI-25~40:1 (희박)

67. ① 연소실에 위치한 인젝터에서 연료를 분사한다.
② 촉매 활성화 시간이 길어지면 유해 배기가스가 증가된다.
④ 실린더에 직접 연료를 분사해 희박한 공연비로 작동시킬 수 있어 연비개선 효과가 크다.

68. ② 듀얼 인젝터 시스템에 대한 설명이다.
③ CRDI 엔진에 대한 설명이다.
④ 앳킨슨 사이클엔진에 대한 설명이다.

69. • **서멀리액터** : 로터리 엔진에서 주로 사용하는 열반응 연소기로서, 단열재로 싼 서멀리액터 주변으로 배기가스를 유도해 공기를 넣어 CO, HC를 연소시키는 방식이다.
• **성층급기** : 희박연소는 균질급기와 성층급기로 나누어진다. 이 중 성층급기는 점화플러그 주변에 일부 농후한 혼합기를 공급하는 방식이다.

배출가스 정화장치

■ 자동차의 유해가스 종류
 – 크랭크케이스로부터 배출 → 블로바이가스(HC) : 약 20%
 – 연료탱크로부터 배출 → 연료 증발가스(HC) : 약 20%
 – 배기관으로부터 배출 → 배기가스(HC, CO, NOx) : 약 60%

광화학 스모그
• 주원인 : HC, NOx
• 발생 : HC, NOx가 대기 중에서 자외선과 광화학 반응이 일어남
• 영향 : 눈, 호흡기 계통에 영향

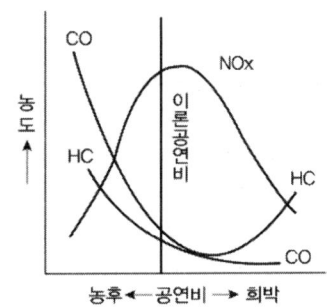

유해가스의 배출특성 / NOx 온도영향 大		
공전 시	CO, HC ⇧	NOx ⇩
가속 시	CO, HC, NOx ⇧	
감속 시	CO, HC ⇧	NOx ⇩
	단, fuel cut 제어 시 : 제외	

CO	HC	NOx
공전 시와 농후한 공연비 때 多	공연비 희박, 농후할 때 多 실화영향 大	고온·고압 연소 시 and 희박 연소 시
어지럼증, 구토, 사망	호흡기, 눈 자극, 암 유발	광화학 스모그의 원인 호흡기·폐·눈 자극

■ 배출가스 제어 장치
1. 블로바이-가스(주성분: HC) : 'PCV밸브' or '브리드 호스'로 제어하여 연소실로 유입
 – HC 가스를 흡기 다기관의 진공에 의해 서지탱크로 재유입
 – PCV 밸브 : 서지탱크의 낮은 압력(스로틀밸브 열림량 ⇩)에 의해 작동
   브리드 호스 : 서지탱크의 압력이 대기압에 가까울 때(밸브 열림량 ⇧) 흡기로 유입
2. 연료증발 가스 제어 : 차콜 캐니스터에 포집한 가스를 흡기로 유입하여 연소
 (1) 차콜 캐니스터(연료탱크 주변) – 엔진 정지 시 연료증발가스(HC) 포집 장치
 (2) CCV(캐니스터 클로즈 밸브)
     필터를 매개로 대기와 연결하여 캐니스터와 연료탱크의 압력을 보상
 (3) PCSV(재생밸브) – 캐니스터에 포집된 HC 가스 제어하는 밸브

연료증발가스 제어				
연료탱크 압력센서(FTPS) WTS	→	ECU	→	PCSV CCV

 냉각수 65°C 이하 → 밸브 닫힘
 냉각수 65°C 이상 → 밸브 열림 → 서지탱크 → 흡기 다기관 → 연소실

3. 배기가스제어

(1) EGR 장치(구성 : EGR 밸브, EGR S/V)

① EGR 밸브 – 밸브를 열고 닫아 배기가스의 일부를 연소실로 재순환시켜줌

연소 온도 낮춤 → NOx 배출량 감소(연비 향상 목적이 아님)

② EGR S/V : 기관 온도 65℃ 이상 + 중속 중부하 시 ← 작동 조건(간접 작동)

③ EGR율 = EGR 가스량/(EGR 가스량 + 흡입공기량) × 100(%)

④ 결함 시 – 열린 상태로 고착 : 시동 불량, CO·HC 배출량 증가 → 엔진 정지

– 닫힌 상태로 고착 : NOx 배출량 증대

⑤ 순서 : 배기 다기관 → EGR 밸브 → 밸브 개방 → 흡기 다기관 → 연소실

(2) 2차 공기 공급장치

배기관에 여과된 공기를 보내어 CO, HC를 산화 저감

CO, HC + 신선한 공기 → H_2O, CO_2

4. 촉매 변환기(삼원촉매장치)

(1) 기능

① 가솔린기관의 배기가스의 유해물질을 무해물질로 변환 → 유해가스 성분 저감

(CO, HC, NOx → N2, O2, CO2, H2O)

② CO, HC → CO2, H2O : 산화 작용(Pt or Pt + Pd)

③ NOx → N2, O2 : 환원 작용(Pt, Rh, Pd)

(2) 구조 : 알루미나(AL_2O_3) 뼈대에 → Pt, Rh, Pd 부착

(3) 정화율

① 320℃ 이상, 이론적 공연비 부근에서 정화율 가장 높음

② 폐회로에서 정화율 높아짐

↳ O_2 센서가 정상작동되는 시점(스위치 ON 상태)

(4) 공기과잉률(λ)

① 1보다 클수록 연소효율은 좋아진다(희박).

② λ(람다) = 실제공기량/이론상 필요한 공기량

③ "1"에 가까울 때 정화율 가장 좋다. ∴ O_2센서 중요

④ O_2 센서 = 람다센서

(5) 촉매 변환기 설치 차량 주의사항(연소하지 않은 HC 촉매에 X)

① 무연 가솔린 사용, 밀거나 끌어서 시동 X

② 주행 중 시동 끄지 말 것

③ 기능 상실 시 교환, 무 부하·급가속 금지

④ 기관 가동 중 고온 촉매 및 정화장치 손대지 말 것

01 출제빈도 ★★☆

자동차로부터 배출되는 유해가스의 종류는 크게 3가지로 나눈다. 해당되지 않는 것은?

① 크랭크실의 블로바이 가스
② 연료실의 증발가스
③ 배기관의 배출가스
④ 증발기의 에어컨가스

02 출제빈도 ★★★

자동차 배기가스의 종류로 거리가 먼 것은?

① 프레온 　　② 질소산화물
③ 탄화수소 　　④ 일산화탄소

03 출제빈도 ★★★

자동차에서 배출하는 유해물질로 거리가 먼 것은?

① 질소산화물 　　② 이산화탄소
③ 일산화탄소 　　④ 탄화수소

04 출제빈도 ★★★

자동차의 배출가스 중 유해한 물질이 아닌 것은?

① CO_2 　　② CO
③ HC 　　④ NOx

05 출제빈도 ★★★

인체에 위해는 적으나 많은 양이 배출되었을 때 지구 온난화의 원인이 되는 가스는?

① NOx 　　② CO
③ CO_2 　　④ HC

06 출제빈도 ★★☆

자동차의 배출가스에 대한 설명으로 가장 적당한 것은?

① 질소산화물은 강한 태양 광선을 받아 광화학 스모그의 현상을 발생한다.
② 탄화수소는 인체에 들어가 산소와 결합하여 산소 결핍에 의한 두통, 현기증 등의 중독증상을 일으키게 된다.
③ 일산화탄소는 시계를 악화시키며 인체에 들어가면 호흡기 계통을 자극한다.
④ 매연은 인체에 들어가면 눈의 점막을 자극시키고, 미각 기능을 저하시킨다.

07 출제빈도 ★★☆

가솔린엔진에서 엔진 상황별 배기가스 배출에 대한 설명으로 옳은 것은?

┃ 보기 ┃

㉠ 가속 시 : CO 증가, HC 증가, NOx 증가
㉡ 감속 시 : CO 증가, HC 증가, NOx 감소
㉢ 가속 시 : CO 감소, HC 증가, NOx 증가
㉣ 감속 시 : CO 증가, HC 감소, NOx 증가

① ㉠, ㉡ 　　② ㉠, ㉢
③ ㉡, ㉢ 　　④ ㉢, ㉣

08 출제빈도 ★★☆

자동차에서 배출되는 배기가스 중의 물질에 대한 특징을 설명한 것으로 틀린 것은?

① 농후한 혼합기에서 CO와 HC의 배출량은 높다.
② 과도하게 희박한 혼합비는 HC의 발생량을 높인다.
③ 경제적인 운전이 가능한 희박한 혼합비에서 NOx의 발생량이 가장 높다.
④ CO_2의 발생량은 지구 온난화에 영향을 준다.

09 출제빈도 ★★☆

자동차 배출가스에 대한 내용으로 옳지 않은 것은?

① 질소산화물은 광화학 스모그 형성의 원인이다.

② 일산화탄소는 산소부족으로 인한 어지럼증을 유발한다.

③ 일산화탄소는 이론공연비보다 희박한 공연비를 공급하면 발생량이 감소한다.

④ 질소산화물은 이론공연비보다 농후한 공연비를 공급하면 발생량이 증가한다.

10 출제빈도 ★★☆

다음 중 배기가스 CO의 배출량과 가장 관계가 깊은 것은?

① 배기량

② 공연비

③ 점화시기

④ 압축비

11 출제빈도 ★★☆

공연비에 관한 설명 중 맞는 것을 고르시오.

① 이론적 공연비 부근에서 CO, HC, NOx의 발생량은 줄어든다.

② 공연비가 과도하게 희박한 상태에서는 오히려 CO의 발생량이 증가된다.

③ 공연비가 농후한 상태나 불완전 연소 시 HC의 발생량은 증가하게 된다.

④ NOx의 발생 정도는 엔진의 온도에 크게 영향을 받지 않는다.

12 출제빈도 ★★☆

가솔린엔진의 배출가스 특징으로 맞는 것은?

① 희박한 공연비로 갈수록 HC의 배출량은 감소한다.

② 이론적 공연비 부근에서 주행을 할 때 NOx의 배출량은 감소한다.

③ 농후한 공연비로 갈수록 NOx의 배출량은 감소한다.

④ 기관의 온도가 낮을 경우 CO와 HC의 배출량은 감소한다.

13 출제빈도 ★★☆

다음 중 질소산화물(NOx)이 감소되는 상황으로 맞는 것은?

① 조기 점화 발생 시 줄어든다.

② 엔진이 과열 시 줄어든다.

③ 압축비가 감소될 때 줄어든다.

④ 이론 공연비 부근에서 연소 시 줄어든다.

14 출제빈도 ★★☆

기관의 흡기계통에 이상이 있어 농후한 공연비가 공급될 경우 기관의 성능에 미치는 영향으로 가장 적절하지 않은 것은?

① 출력저하

② 질소산화물(NOx) 증가

③ 미연소 탄화수소(HC) 증가

④ 일산화탄소(CO) 증가

15 출제빈도 ★★☆

이론공연비보다 약간 희박할 때 발생되는 유해 배출가스의 특징으로 올바른 것은?

① CO와 HC는 증가, NOx는 감소

② NOx는 증가, CO와 HC는 감소

③ CO와 NOx는 증가, HC는 감소

④ HC는 증가, CO와 NOx는 감소

16 출제빈도 ★★☆

다음에서 설명하는 배기가스의 종류로 맞는 것은?

┨ 보기 ┠
- 엔진을 감속시키거나 연소실의 소염경계층에서 발생한다.
- 공연비가 농후하거나 초희박 시 발생한다.
- 밸브오버랩으로 인하여 혼합기가 새나갈 때 발생한다.
- 연료 탱크 등에서 증발하여 발생한다.

① 탄화수소(HC)
② 황산화물(SO_x)
③ 일산화탄소(CO)
④ 질소산화물(NO_x)

17 출제빈도 ★★★

배출가스 제어장치에 대한 설명으로 거리가 먼 것은?

① 연료탱크에서 증발된 HC 가스는 캐니스터에 일시적으로 저장되고 PCSV의 작동에 의해 흡기 쪽으로 환원되어 연소실로 유입된다.
② 실린더헤드 커버에 모여진 블로바이 가스는 경·중부하 시에 PCV밸브로, 고부하 시에는 브리드 호스를 통해 흡기 쪽으로 환원된다.
③ 고온 연소 시에 CO_2, HC는 배출량이 증가되고 NO_x의 배출량은 줄어든다.
④ 배기가스 재순환(EGR) 장치는 NO_x의 배출량을 줄이기 위한 장치이다.

18 출제빈도 ★★☆

블로바이 가스를 제어하는 밸브로 맞는 것은?

① SCSV ② PCV
③ PCSV ④ DCSV

19 출제빈도 ★★★

다음 보기 중 자동차 배출가스의 종류와 제어장치를 올바르게 연결한 것은?

┨ 보기 ┠
㉠ 연료증발가스
㉡ 배기가스
㉢ 블로바이 가스

① ㉠ PCV ㉡ PCSV ㉢ EGR
② ㉠ PCV ㉡ EGR ㉢ PCSV
③ ㉠ PCSV ㉡ EGR ㉢ PCV
④ ㉠ PCV ㉡ PCSV ㉢ EGR

20 출제빈도 ★★☆

연료 증발 가스 제어장치에 대한 설명으로 맞는 것은?

① 연료탱크에서 증발된 HC 가스를 차콜 캐니스터에 저장하였다가 ECU는 PCSV를 제어하여 흡기 쪽으로 유도한다.
② 연소실에서 증발된 NO_x 가스를 EGR밸브를 통해 온도에 따라 흡기 쪽으로 유도한다.
③ 고열에 노출된 배기의 연료에서 증발된 CO 가스를 2차 공기 공급 장치를 거쳐 흡기 쪽으로 유도한다.
④ 압축행정 시 발생된 연료증발 가스인 HC를 PCV 밸브를 통해 흡기 쪽으로 유도한다.

21 출제빈도 ★☆☆

연료를 과다하게 주유하였을 때 연료탱크와 캐니스터 사이에 설치되어 자동차가 심하게 기울어지거나 전복될 경우 연료가 대기 중으로 누출되는 것을 방지하는 밸브는?

① 중력밸브 ② 셧오프밸브
③ 재생밸브 ④ 환기밸브

22 출제빈도 ★★☆

일산화탄소를 정화하기 위한 장치로만 짝지어진 것은?

─┤ 보기 ├─
㉠ 배출가스 재순환장치
㉡ 연료증발가스 제어장치
㉢ PCV(Positive Crankcase Ventilation valve)
㉣ 2차 공기공급장치
㉤ 촉매변환기

① ㉠, ㉡
② ㉠, ㉢, ㉤
③ ㉡, ㉢
④ ㉣, ㉤

23 출제빈도 ★★★

배기가스 재순환장치(EGR)는 배기가스 중 어떤 가스를 저감시키기 위한 것인가?

① NOx
② CO
③ HC
④ CO_2
⑤ N_2

24 출제빈도 ★★★

배출가스 재순환장치인 EGR밸브를 활용하여 줄일 수 있는 유해가스는?

① 질소산화물
② 탄화수소
③ 일산화탄소
④ 이산화탄소

25 출제빈도 ★★★

기관에서 NOx 발생을 저감시키기 위한 장치는?

① 연료증발가스 제어장치
② 배기가스 후처리장치
③ 블로바이가스 제어장치
④ 배기가스 재순환장치

26 출제빈도 ★★★

아래 괄호 안에 들어갈 단어로 적합한 것은?

─┤ 보기 ├─
배기가스 재순환장치는 배기가스 중의 (   )의 발생량을 감소시킨다.

① 이산화탄소
② 탄화수소
③ 일산화탄소
④ 질소산화물

27 출제빈도 ★★★

EGR 장치에서 배기가스의 일부를 연소실로 재순환시키는 이유로 맞는 것은?

① 출력을 증대시키기 위해
② 승차감을 개선시키기 위해
③ 연비를 향상시키기 위해
④ 연소온도를 낮추어 NOx의 발생을 억제시키기 위해

28 출제빈도 ★★☆

자동차의 배출가스에 대한 설명으로 거리가 먼 것은?

① 배기가스 : 연소실에서 연소된 가스가 배기계통을 통해 대기로 방출된다.
② 연료증발가스 : 연료계통에서 증발되는 연료를 모아 흡기라인으로 유입시킨다.
③ 블로바이가스 : 완전 연소된 가스가 크랭크실로 유입되어 이후 흡기라인으로 보내진다.
④ EGR가스 : 배기가스 중에 일부를 흡기라인으로 되돌린다.

29 출제빈도 ★★★

자동차의 배출가스와 관련된 설명으로 가장 거리가 먼 것은?

① PCV(Positive Crankcase Ventilation) 밸브는 엔진이 경·부하 시 열려서 블로바이 가스를 제어한다.
② PCSV(Purge Control Solenoid Valve)는 캐니스터에 포집된 연료증발가스를 제어하기 위한 장치로 엔진 ECU에 의해 제어되는 액추에이터의 일종이다.
③ 차량이 가속 시에는 CO, HC, NOx 모두 증가된다.
④ 엔진의 온도가 올라갈수록 EGR률을 감소시켜 NOx의 배출량을 줄일 수 있다.

30 출제빈도 ★★★

배기량에 상관없이 대부분의 내연기관 차량에서 질소산화물을 줄일 목적으로 사용되는 장치로 가장 적당한 것은?

① DPF-Diesel Particulate Filter
② DOC-Diesel Oxidation Catalyst
③ EGR-Exhaust Gas Recirculation
④ SCR-Selective Catalytic Reduction

31 출제빈도 ★★★

엔진의 온도가 높을 경우 발생량이 많은 질소산화물을 줄이기 위해 배기가스 중의 일부를 연소실로 재유입시키는 장치를 무엇이라 하는가?

① SCR 장치
② EGR 장치
③ LNT 장치
④ PCSV

32 출제빈도 ★★★

배기가스 재순환장치에 대한 설명으로 옳은 것은?

① 배출가스에 포함되어 있는 입자상물질(PM)을 줄이기 위해 배출가스의 높은 온도를 별도의 격실에 유입시켜 PM을 연소시키는 장치
② 농후한 공연비에서 많이 발생되는 탄화수소를 줄이기 위해 배출가스의 일부를 다시 연소실로 유입시키는 장치
③ 배출가스 중의 일부를 신선한 공기가 유입되는 흡기 쪽으로 순환하여 일산화탄소를 줄이는 장치
④ 높은 온도에서 많이 발생되는 질소산화물을 줄이기 위해 배출가스 중의 일부를 다시 연소실로 순환시켜 엔진의 온도를 낮추는 장치

33 출제빈도 ★★★

EGR장치에 대한 설명 중 가장 거리가 먼 것은?

① EGR 밸브가 닫힌 채로 작동이 불량할 경우 배기가스 중의 질소산화물 배출량이 증가된다.
② 질소산화물을 줄이기 위해 배기가스 중의 일부를 흡기 쪽으로 순환하여 연소실 온도를 높인다.
③ 과거에 온도밸브를 이용해 EGR 밸브를 작동하였으나 현재는 EGR 솔레노이드밸브를 이용하여 ECU가 전자 제어한다.
④ EGR률은 연소실에 흡입되는 새로운 공기량이 많을수록 낮아지게 된다.

34 출제빈도 ★★☆

다음 중 자동차에서 발생되는 유해가스를 저감하기 위한 장치가 아닌 것은?

① 삼원촉매장치
② 연료증발가스 제어장치
③ 차콜 캐니스터
④ 자동제한 차동기어장치

35 출제빈도 ★★☆

자동차 유해가스 저감 부품이 아닌 것은?

① 차콜 캐니스터(Charcoal canister)
② 인젝터
③ EGR(Exhaust Gas Recirculation)장치
④ 삼원 촉매장치

36 출제빈도 ★★☆

배출가스 제어장치에 대한 설명 중 옳은 것은?

① 증발가스 제어장치는 연료탱크와 기화기의 플로트실에서 연료증발가스가 대기로 방출되는 것을 막는다.
② 배기가스 재순환장치는 배기가스 중 탄화수소의 생성을 억제하기 위한 장치이다.
③ 엔진이 천천히 워밍업되고 초크가 천천히 열릴수록 엔진이 워밍업되는 동안 배출되는 배기가스의 양은 최소가 된다.
④ 촉매변환기는 HC, CO를 정화시키고 질소산화물은 정화시키지 않는다.

37 출제빈도 ★☆☆

삼원촉매장치의 산화·환원 반응에 대해 거리가 먼 것은?

① CO 산화반응 : $CO+1/2O_2 \Rightarrow CO_2$, $CO+H_2O \Rightarrow CO_2+H_2$
② NO 환원반응 : $NO+CO \Rightarrow 1/2N_2+CO_2$
③ HC 산화반응 : $HC+O_2 \Rightarrow CO_2+H_2O$
④ HC 환원반응 : $HC+H_2O \Rightarrow CO_2+H_2$

38 출제빈도 ★★☆

차량 주행 중 소음기 뒤의 배기관에서 물이 떨어지는데 이와 직접적인 관계가 있는 배기가스의 성분은 무엇인가?

① HC   ② CO
③ NOx   ④ SO_2

39 출제빈도 ★★☆

촉매 변환기에 대한 설명으로 거리가 먼 것은?

① CO, HC를 CO_2, H_2O로 산화반응시킨다.
② 고온에서 많이 발생되는 NOx를 환원반응을 통해 NO_2로 바꿀 수 있다.
③ 이론적 공연비에 가깝게 제어하여 촉매 변환기의 정화율을 높일 수 있다.
④ 벌집 모양틀에 백금, 로듐을 코팅하여 사용한다.

40 출제빈도 ★★★

배출가스 저감장치 중 삼원촉매(Catalytic converter) 장치를 사용하여 저감할 수 있는 유해가스의 종류로 옳게 짝지은 것은?

① CO(일산화탄소), HC(탄화수소), 흑연
② CO(일산화탄소), NOx(질소산화물), 흑연
③ CO(일산화탄소), HC(탄화수소), NOx(질소산화물)
④ NOx(질소산화물), HC(탄화수소), 흑연

41 출제빈도 ★★☆

가솔린엔진 자동차의 삼원촉매장치에서 환원반응을 통해 줄이는 배출가스 성분은?

① 탄화수소(HC)
② 질소산화물(NOx)
③ 일산화탄소(CO)
④ 이산화탄소(CO_2)

42 출제빈도 ★★☆

배기가스를 정화하기 위한 촉매 컨버터가 장착된 차량의 주의사항으로 옳지 않은 것은?

① 촉매작용이 충분히 발휘되기 위해 반드시 무연 가솔린을 사용해야 한다.
② 엔진진단을 위한 실린더의 파워 밸런스 테스터는 10초 이내로 한다.
③ 배터리의 방전으로 기동이 어려운 경우 밀거나 끌어서 시동을 걸 수 있다.
④ 화재를 예방하기 위해 가연 물질(잔디, 낙엽, 카펫 등) 위에 주차를 금지한다.

43 출제빈도 ★★☆

다음 중 자동차 배출가스 정화장치에 대한 설명으로 맞는 것을 모두 고른 것은?

┤ 보기 ├
㉠ 캐니스터는 연료증발가스를 제어하기 위한 장치이다.
㉡ 배기가스 재순환장치는 질소산화물을 줄이기 위해 배기가스 중의 일부를 흡기다기관에 순환시킨다.
㉢ 블로바이가스 환원장치는 연료의 성분을 배기다기관 쪽으로 보내어 연소시킨다.
㉣ 삼원촉매장치는 연소실과 배기다기관 사이에 설치된다.

① ㉠, ㉡   ② ㉠, ㉢
③ ㉡, ㉣   ④ ㉢, ㉣

44 출제빈도 ★★☆

배기가스와 관련하여 다음 설명 중 올바른 것을 고르시오.

① 배기가스 재순환장치(EGR밸브)는 배기가스의 일부를 재순환하여 온도를 낮춤으로써 HC의 배출을 감소시킨다.
② PCV밸브, 오일분리기를 통해 블로바이가스를 흡입 계통으로 재유입하여 CO의 배출량을 줄일 수 있다.
③ 2차 공기공급장치는 여과된 흡입공기 중의 일부를 배기 계통으로 보내어 NOx를 저감시킬 수 있다.
④ SCR장치는 요소수를 이용하여 NOx를 저감시킨다.

45 출제빈도 ★☆☆

다음 공연비와 관련된 내용으로 거리가 먼 것은?

① 부하가 적으면 희박한 공연비로 제어한다.
② 최대출력을 나타낼 때의 공연비를 최고출력 공연비라 하는데 부하와 관계없이 공연비가 일정하다.
③ 희박한 공연비에서는 엔진 부하에 상관없이 최고 출력이 일정하다.
④ 농후하면 불완전 연소가 발생하고 부하가 적어 희박하면 연료 소비율이 줄어든다.

46 출제빈도 ★☆☆

다음 중 배기가스 제어장치가 아닌 것은?

① 제트에어장치
② 가열공기흡입장치
③ 캐니스터
④ 촉매변환장치

>>> 정답

01	02	03	04	05	06	07	08	09	10
④	①	②	①	③	①	①	③	④	②
11	12	13	14	15	16	17	18	19	20
③	③	③	②	②	②	③	②	③	①
21	22	23	24	25	26	27	28	29	30
①	④	①	①	④	④	④	③	④	③
31	32	33	34	35	36	37	38	39	40
②	④	②	④	②	④	④	①	②	③
41	42	43	44	45	46				
②	③	①	④	③	③				

01. 블로바이 가스 약 20%, 연료 증발가스 약 20%, 배기관 배출가스 약 60% 정도 된다.

02. ① 프레온은 과거에 냉방장치의 냉매로 사용하였으나 현재는 오존을 파괴하는 이유로 잘 사용되지 않는다.

03. 대표적인 유해물질로는 CO, HC, NOx가 있다. 이 중 인체에 가장 유해한 물질은 CO이다.

05. 온실가스의 주 물질로 이산화탄소가 거론되면서 배출량을 줄이기 위한 노력을 하고 있다. 하나의 방편으로 다운사이징 엔진을 예로 들 수 있다. 배기량이 작아지면 연소 후 발생되는 이산화탄소를 줄일 수 있다는 논리이다.

06. ② 일산화탄소는 인체에 들어가 산소와 결합하여 산소 결핍에 의한 두통, 현기증 등의 중독증상을 일으키게 된다.
③ 매연은 시계를 악화시키며 인체에 들어가면 호흡기 계통을 자극한다.
④ 탄화수소는 인체에 들어가면 눈의 점막을 자극시키고, 미각 기능을 저하시킨다.

07. 농후한 공연비에서 CO, HC 증가, 고온에서 NOx 증가

08. 다음 공연비 그래프 암기 필요

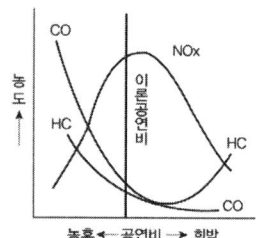

09. 질소산화물(NOx)은 연소 온도가 높을수록 많이 발생하며 농후한 공연비에서는 발생량이 줄어들게 된다.

10. 과거 선지에 부하라는 항목이 있었으나 부하와 공연비는 어떻게 해석하느냐에 따라 각각 CO의 배출량과 가장 관련이 깊을 수 있어 부하란 선지의 항목을 제외하였다.

11. ① 이론적 공연부 부근에서 NOx의 발생량은 증가한다.
② 공연비가 과도하게 희박한 상태에서는 오히려 HC의 발생량이 증가된다.
④ NOx의 발생 정도는 엔진의 온도에 크게 영향을 받는다. 즉, 온도에 비례한다.

13. 압축비가 감소되면 압축압력 및 압축온도가 낮아지게 되고 이는 연소실의 온도를 낮추는 원인이 된다. 이러한 이유로 고온에 많이 발생되는 질소산화물이 감소된다.

14. 고온 희박한 공연비에서 NOx의 발생량은 증가한다.

15. 공연비와 배기가스와의 관계 그래프에서 이론적 공연비 14.7 : 1에서 희박한 쪽으로 갈 때 NOx는 증가했다가 감소하고 CO는 지속적으로 감소된다. 또한 HC는 감소했다가 급격하게 증가된다. 이 문제에서는 약간 희박한 순간의 증감을 질문했으므로 선지 ②가 정답이 된다.

16. 연료의 주성분인 탄화수소에 대한 설명이다.

17. 고온 연소 시에 가장 많이 배출되는 것이 NOx이다.

18. ① SCSV : 자동변속기에서 변속을 하기 위해 사용하는 전자밸브
③ PCSV : 차콜캐니스터에 포집된 연료증발가스를 흡기 쪽으로 보내 단속을 하는 전자밸브
④ DCSV : 자동변속기에서 댐퍼클러치를 제어하기 위해 사용하는 전자밸브

19. • PCSV(Purge Control Solenoid Valve) : 캐니스터에 저장되어 있는 연료 증발 가스를 ECU의 신호를 받아 서지탱크로 유입시키는 역할을 한다.
• EGR(Exhaust Gas Recirculation) : 배기가스의 일부를 연소실로 재순환하며 연소 온도를 낮춤으로써 NOx의 배출량을 감소시키는 장치이다.
• PCV(Positive Crankcase Ventilation) : 경·중 부하 시 블로바이 가스를 서지 탱크로 유입시키는 역할을 한다.

21. ② 셧오프밸브는 재생밸브 작동 중에 캐니스터에 부압이 걸리지 않게 공기를 유입시키는 밸브이다.

③ 재생밸브는 PCSV(퍼지컨트롤 솔레노이드 밸브)를 우리말로 표현한 것이다.

④ 환기밸브는 보상탱크에 모여진 연료를 환기통로를 통해 캐니스터 쪽으로 보내는 밸브이다.

22. 일산화탄소는 산소를 공급하면 이산화탄소가 되는 원리로 정화할 수 있다. 2차 공기 공급장치와 촉매변환기의 산화작용을 이용하면 가능하다.

23. • 배기가스 재순환 장치(EGR : Exhaust Gas Re-circulation) : 배기가스의 일부를 연소실로 재순환하며 연소 온도를 낮춤으로써 NOx의 배출량을 감소시키는 장치이다.

27. 이론적 공연비에서 약간 희박한 공연비로 제어될 때 NOx의 배출량과 연소온도가 동시에 가장 높아지게 된다. 이때 배기가스 중의 일부를 흡기 쪽으로 순환시켜 연소실에 새로운 공기의 유입을 줄여 공연비를 농후한 쪽으로 제어하게 되면 연소실의 온도와 NOx의 배출량이 같이 낮아지게 된다. 결과적으로 엔진의 출력과 연비에는 도움이 되지 않지만 NOx의 배출량은 줄일 수 있게 된다.

28. ③ 블로바이가스 : 압축행정 시 실린더 벽과 피스톤 사이의 틈새로 새어 나간 미량의 혼합가스를 뜻한다.

29. 엔진의 온도가 고온이 될수록 NOx의 배출량은 증대되고 이를 줄이기 위한 EGR 장치는 더욱 활성화된다. 이때 순환되는 배기가스 양이 증가하게 되고 그 결과 EGR률은 높아진다.

30. EGR장치는 질소산화물을 줄이기 위해 연료에 상관없이 대부분의 차종에 적용된다. ①, ②, ④는 주로 디젤 차량에서만 사용되고 일부 배기량이 큰 CNG 엔진에 SCR장치가 활용되기도 한다.

31. • SCR(Selective Catalytic Reduction)

선택적 촉매 환원장치 SCR은 '요소수'라 불리는 액체를 별도의 탱크에 보충한 뒤 열을 가하여 암모니아로 바꾼 후, 배기가스 중의 NOx와 화학반응을 일으켜 물과 질소로 바꾸게 한다. 하지만 고가여서 배기량이 큰 차량이나 고급차에 적용된다.

• LNT(Lean NOx Trap-희박 질소 촉매)

• NSC(NOx Storage Catalyst)

필터 안에 NOx를 포집한 후 연료를 태워 연소시키는 방식으로 연료 효율이 떨어지는 단점이 있으나 가격 경쟁력이 있어 EGR 장치와 같이 사용하여 유로 6에 대응이 가능하다.

32. ① DPF-배기가스 후처리장치, 디젤 미립자 필터에 대한 설명이다.

②, ③ EGR 장치에 대한 설명을 틀리게 표현한 선지이다.

33. 연소실 온도의 상승은 질소산화물의 배출량을 증대시키는 원인이 되므로 재순환가스의 온도를 낮추기 위해 EGR 쿨러를 활용하기도 한다.

34. 각 장치별 유해가스 중 저해 요소

• 삼원촉매장치 : CO, HC, NOx

• 연료증발가스 제어장치, 차콜 캐니스터 : HC

• EGR장치 : NOx

• 2차 공기공급장치 : CO, HC

35. ① 차콜 캐니스터 : 연료증발가스(HC)를 줄이기 위한 장치

③ EGR장치 : 질소산화물(NOx)을 줄이기 위한 장치

④ 삼원촉매장치 : CO, HC, NOx를 줄이기 위한 장치

36. 과거에 사용했던 기화기 시스템의 간이 연료실(플로트실)의 연료증발가스 역시 제어하는 장치가 존재했다.

• 엔진 워밍업시간이 길어질수록 농후한 공연비 배출시간이 길어져 배출가스 중에 유해물질의 양은 많아지게 된다. 공전 회전수 역시 올라간 시간이 길어져 배출되는 가스양도 증가하게 된다.

37. HC는 산화반응을 통해 이산화탄소와 물로 변환시킬 수 있다.

38. 물의 원자기호는 H_2O이다. 따라서 연료의 주된 성분인 HC와 산화과정을 거치면서 만들어지는 것이 H_2O와 CO_2(이산화탄소)가 된다.

39. 질소산화물을 환원하기 위해 수소나 탄소가 활용된다. 즉, 수소를 활용할 경우 질소가 환원되고 H_2O이 생성된다. 만약 탄소를 사용할 경우 질소는 환원되고 CO_2가 생성된다.

40. 삼원촉매장치의 산화반응을 통해 CO, HC를 줄이고 환원반응을 통해 NOx를 줄일 수 있다.

41. 삼원촉매장치에서 HC, CO는 산화반응으로 정화시키고 NOx는 환원반응으로 정화한다.

42. 시동이 걸리지 않은 상태(변속기 기어 들어간 상태)에서 차량을 움직이면 크랭크축 회전수가 올라가 연료를 분사하게 된다. 이때 연소하지 않은 연료가 촉매 컨버터에 유입되었다가 뒤에 배기 열에 의해 연소될 때 촉매 컨버터에 손상을 줄 수 있다.

43. 블로바이가스는 흡기다기관으로 환원되며 삼원촉매는 배기다기관과 머플러 사이에 위치한다.

44. • EGR장치 – NOx 저감
  • PCV, 오일 분리기 – HC 저감
  • 2차 공기공급장치 – CO, HC 저감

45. ③ 희박한 공연비에서 엔진의 부하가 커질 경우 엔진 회전수가 급격하게 낮아지고 심할 경우 부조가 나거나 멈추기도 한다.

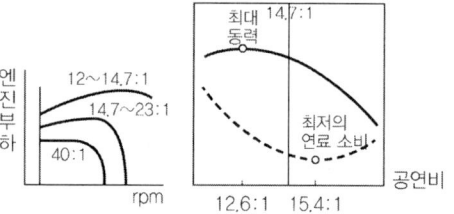

46. • **제트에어장치** : 흡기밸브와 연동되어 있는 제트밸브를 이용하여 점화플러그 주위에 잔류가스를 효과적으로 배출시키는 동시에 양질의 점화를 촉진하여 화염전파를 향상시켜 높은 연소율을 유지시키는 장치이다.
  • **가열공기흡입장치** : 일정 온도의 공기를 에어 클리너로 유입시켜 기화기에서의 아이싱을 최소화하는 역할을 한다. 이를 통해 CO와 HC의 배출을 줄이고 엔진의 웜업 특성을 향상시킬 수 있다.

LPG(액화석유가스) 연료장치

1. 연료공급순서

봄베(8~10bar) → 액, 기상 송출밸브 → 긴급 차단 S/V → 액·기상 S/V → (프리히터) → 베이퍼라이저 → 믹서 → 연소실

2. 연료의 특성(NOx 배출량 다소 높음 : 희박한 연소 조건에 고온 연소)

(1) 착화점 : 가장 높음(480°C)

(2) 인화점 : 가장 낮음(-60°c)

(3) 발열량 : 높음(12,000kcal/kg)

(4) 주성분 : 부탄(연비↑), 프로판(냉간 시동성↑)

> 연료의 액화 및 기화가 용이하다.
> - 액체 : 물보다 가볍다.
> - 기체 : 공기보다 무겁다.
> - 옥탄가가 높아 노킹 발생이 적다.
> - 연소 온도 높음, 카본 발생이 적다.

3. 구성

(1) 봄베(=연료탱크) – 80%까지만 충전 → 폭발 방지

(2) 긴급차단, 액·기상S/V : ECU에 의해 제어

(3) 과류방지밸브(액상방출밸브 內)

(4) 안전밸브(충전밸브 內) – 봄베가 폭발 위험(24bar 이상) 시 강제로 연료를 대기로 배출시킴

(5) 베이퍼라이저 = 감압 기화장치(증발잠열 보상 위해 냉각수 유입-과거 프리히터)

(6) 믹서 = 가스 혼합기, 벤츄리부 있음. 연료 : 기체 상태로 공급

    – 베이퍼라이저에서 감압·기화되어 공급된 연료를 공기와 혼합하는 장치

4. 기관의 특징

: 가솔린엔진 대비 NOx 배출량 약간↑

(1) 배기가스 내 CO 함유량 적음, 기동이 어려움, 작동 소음이 적음

(2) 가속성이 가솔린 차량보다 떨어짐(공연비를 농후하게 만들어내지 못하기 때문)

(3) 점화시기가 빠르다, 기체 상태의 연료를 사용하기 때문 → 점도가 높은 엔진오일을 사용해야 함

■ LPI(LPLI)

연료 탱크 내 펌프 설치(5~15bar) → 인젝터까지 액상의 연료 공급 후 분사

– 베이퍼라이저, 믹서 필요 X → 타르 생성 및 역화 문제 개선

– 정밀한 연료 제어로 겨울철 시동성 향상 및 연비 개선, 배출가스 유해물질 저감

– 가솔린과 동등한 수준의 출력 향상

■ 부탄과 프로판의 조성비 결정요소

– 연료 온도센서, 연료 압력센서

> *연료압력 조절기 유닛 구성
> – 연료차단 S/V
> – GTS, GPS, 연료압력조절기
> – 연료량 보정신호

01 출제빈도 ★★☆

액화석유가스의 특성에 대한 설명으로 틀린 것은?

① 액체 상태에서 물보다 가볍다.
② 기체 상태에서 공기보다 가볍다.
③ 옥탄가가 가솔린보다 높아 노킹의 발생이 적다.
④ 겨울철에 시동성능을 높이기 위해 프로판의 함유량을 늘린다.

02 출제빈도 ★★☆

다음 중 LPG 연료의 특징으로 거리가 먼 것은?

① 일반적으로 NOx의 배출량은 가솔린기관에 비하여 많이 발생한다.
② 프로판의 함유량을 높이면 영하의 온도에서도 기화가 잘된다.
③ 휘발유보다 열효율이 높다.
④ 연료의 가격은 저렴하나 연비가 떨어진다.

03 출제빈도 ★★☆

다음 중 LPG기관의 장점에 대한 설명으로 틀린 것은?

① 체적효율이 낮아 가솔린기관보다 출력이 떨어진다.
② 가솔린에 비해 옥탄가가 높아 노킹발생이 적고 기관의 수명이 길어진다.
③ 희박한 상태에서 연소하게 되므로 연소실에 카본생성이 적다.
④ 배기가스 중의 CO의 함유량이 가솔린기관에 비해 적다.

04 출제빈도 ★★☆

다음 중 LPG기관에서 감압, 기화, 조압 등을 하는 기관은?

① 솔레노이드 밸브 ② 믹서
③ 실린더 ④ 베이퍼라이저

05 출제빈도 ★★☆

LPG기관에서 액체 상태의 연료를 기체 상태로 전환하는 장치는?

① 베이퍼라이저 ② 솔레노이드밸브
③ 봄베 ④ 믹서

06 출제빈도 ★★☆

LPG 연료공급 순서로 맞는 것은?

① 연료탱크 – 베이퍼라이저 – 믹서 – 연료필터 – 연료차단밸브
② 연료탱크 – 믹서 – 베이퍼라이저 – 연료차단밸브 – 연료필터
③ 연료탱크 – 연료필터 – 연료차단밸브 – 베이퍼라이저 – 믹서
④ 연료탱크 – 연료차단밸브 – 연료필터 – 믹서 – 베이퍼라이저

07 출제빈도 ★★☆

LPG 연료를 사용하는 자동차의 연료공급 순서로 가장 옳은 것은?

① LPG봄베 → 솔레노이드 유닛 → 프리히터 → 베이퍼라이저 → 믹서 → 엔진
② LPG봄베 → 솔레노이드 유닛 → 베이퍼라이저 → 프리히터 → 믹서 → 엔진
③ LPG봄베 → 솔레노이드 유닛 → 프리히터 → 믹서 → 베이퍼라이저 → 엔진
④ LPG봄베 → 프리히터 → 솔레노이드 유닛 → 베이퍼라이저 → 믹서 → 엔진

08 출제빈도 ★★☆

LPG 자동차의 연료 공급 순서를 바르게 나열한 것을 보기에서 고르시오.

┤ 보기 ├
ㄱ 전자판   ㄴ 혼합기
ㄷ 조정기   ㄹ 여과기

① ㄹ – ㄷ – ㄴ – ㄱ
② ㄱ – ㄹ – ㄷ – ㄴ
③ ㄱ – ㄷ – ㄹ – ㄴ
④ ㄷ – ㄴ – ㄱ – ㄹ

09 출제빈도 ★★☆

LPG 차량에서 배관 및 연결부가 파손되었을 때 봄베로부터의 갑작스런 가스 유출을 막아주기 위해 필요한 장치는 무엇인가?

① 오일 압력 스위치
② 릴리프밸브
③ 연료차단 솔레노이드
④ 과류방지밸브

10 출제빈도 ★★☆

가솔린기관과 비교하였을 때 LPG기관의 장점으로 맞는 것은?

① 혼합비가 희박하여 배기가스 중의 CO 함유량이 낮다.
② 감압·기화장치에서 주기적으로 타르를 배출할 수 있다.
③ 저속·고부하 시나 냉간 시 엔진 부조가 발생할 염려가 없다.
④ 주행 중 전반적으로 엔진의 온도가 낮아 NOx의 발생이 적다.

11 출제빈도 ★★☆

LPI엔진에 대한 설명 중 틀린 것은?

① 프로판이 주성분이고 여름철에 부탄의 함유량을 늘린다.
② LPG가 과도하게 흐르면 밸브가 닫혀 유출을 방지하는 과류방지밸브가 설치된다.
③ 탱크의 안전을 위해 연료는 용량의 85% 정도에서 완충된다.
④ 기화잠열에 의한 연료의 빙결을 방지하기 위해 아이싱 팁을 활용한다.

12 출제빈도 ★★☆

기존 LPG엔진에 비해 LPI엔진이 가지는 특징에 대한 설명으로 가장 옳지 않은 것은?

① 겨울철 고질적인 냉간 시동 문제를 개선하였다.
② 가솔린엔진과 비슷한 수준의 동력성능을 발휘한다.
③ 정밀한 연료제어로 유해 배기가스의 배출이 적다.
④ 인젝터를 이용하여 연료를 고압 기상 분사하여 연소 특성을 개선하였다.

13 출제빈도 ★★☆

LPI엔진에서 연료압력조절 유닛의 구성으로 맞는 것은?

┤ 보기 ├
ㄱ 압력 센서   ㄴ 유압 센서
ㄷ 온도 센서   ㄹ 차속 센서

① ㄱ, ㄴ   ② ㄱ, ㄷ
③ ㄴ, ㄷ   ④ ㄷ, ㄹ

14 출제빈도 ▶ ★★☆

LPI(Liquid Petroleum Injection)엔진의 특징에 대한 설명으로 가장 거리가 먼 것은? (단, 베이퍼라이저를 사용하는 LPG엔진과 비교)

① 정밀한 연료 제어로 환경규제 대응에 유리하고 배출가스가 저감된다.
② 가솔린엔진과 동등 수준의 뛰어난 동력 성능 발휘가 가능하다.
③ 겨울철 시동성이 향상되고 연비도 개선된다.
④ 별도의 연료펌프가 필요 없기 때문에 압력 조절이 수월하다.

15 출제빈도 ▶ ★★☆

LPI엔진에서 펌프모듈에 대한 설명으로 맞는 것은?

① 멀티밸브와 연료펌프로 구성된 장치
② 연료의 차압을 제어하기 위해 센서를 융합하여 설치한 장치
③ LPG 분사 후 발생하는 기화잠열로 인하여 주위 수분의 빙결을 방지하기 위해 설치한 장치
④ 펌프와 연동하여 5단계로 압력을 제어하기 위한 장치

>>> 정답

01	02	03	04	05	06	07	08	09	10
②	③	①	④	①	③	①	②	④	①

11	12	13	14	15					
①	④	②	④	①					

01. LPG는 기체 상태에서 공기보다 무겁다.

02. ① LPG의 연료장치는 감압 기화된 연료가 믹서를
거쳐 연소실로 공급되기 때문에 연료의 증발잠열
로 인한 냉각을 기대할 수 없어 높은 온도에서
연소하게 된다. 이로 인해 NOx의 발생량은 가솔
린엔진에 비해 많이 배출된다.
② LPG의 구성성분 중 부탄의 기화한계점은 −0.5℃
이고, 프로판의 기화한계점은 −42.1℃이다. 따
라서 프로판의 함유량이 높아질수록 영하의 온도
에서도 기화가 잘돼 시동성이 좋아지게 된다.
③ 엔진의 종류별 정미열효율(%)
㉠ 가스엔진 : 20~22%
㉡ 가솔린엔진 : 25~28%
㉢ 디젤엔진 : 30~38%
㉣ 가스터빈 : 25~28%
④ 가격은 LPG가 가장 저렴하나 리터당 갈 수 있는
거리 수는 제일 짧다.

03. 믹서의 벤츄리 부에 의해 실린더로 유입되는 혼합기
에 저항이 생겨 체적효율이 떨어지는 것은 LPG기관
의 단점에 해당된다.

04. 베이퍼라이저를 감압·기화장치라고도 부른다.

05. 액체 상태의 LPG를 기체 상태로 전환하기 위해서는
압력이 낮아져야 한다. 감압하여 주는 역할을 하는
장치를 베이퍼라이저(감압 기화장치)라고 한다.

06. 봄베를 연료탱크로 표현했으며 연료필터의 위치에
대해 시스템마다 차이는 있으나 대부분 전자밸브에
같이 위치하게 되는 것이 일반적이다. 즉, 연료차단
전자밸브, 액·기상 전자밸브 등이 대표적이다. 다음
선지의 순서 중 ②, ④번은 믹서와 베이퍼라이저 순서
가 바뀌어서 답이 될 수 없고 ①번은 연료차단밸브가
제일 뒤에 있어 답이 될 수 없다. 따라서 이 문제에서
는 봄베 뒤의 연료차단밸브 내부의 연료필터의 순서
를 먼저 둔 것이다. 상황에 따라 연료필터가 액·기상
전자밸브 내의 것으로 출제할 수도 있다는 것을 감안
해야 한다.

07. 기존의 LPG 연료공급 순서를 학습한 내용에 과거에
사용했던 프리히터의 순서를 아는지 물어보는 문제
이다.

08. 봄베의 연료계를 전자판이라 명칭하여 위치를 대신
하였고, 베이퍼라이저를 조정기로, 믹서를 혼합기로
표현한 문제이다.

10. ②번은 단점에 해당한다. 저속이나 고부하시 냉간
시 엔진의 부조가 발생될 확률이 높고 주행 중 전반적
인 엔진의 온도는 LPG가 높아 NOx의 발생량이 가솔
린엔진에 비해 낮지 않다.

11. ① 부탄이 주성분이고 겨울철에 프로판의 함유량을
늘려준다.
④ **아이싱 팁** : LPG가 액체에서 기체로 기화되는
순간 온도가 낮아지기 때문에 아이싱 팁이 필요하
게 된다. 베이퍼라이저를 사용하는 LPG엔진에서
는 베이퍼라이저나 프리히터에 유입되는 냉각수
가 그 역할을 하게 된다.

12. LPI엔진은 봄베에 별도의 펌프를 설치하여 액상의
연료를 흡기밸브 앞쪽에서 인젝터를 통해 분사할 수
있게 되었다.

13. 연료압력조절기 유닛의 구성연료압력조절기, GPS
(가스 압력 센서), GTS(가스 온도 센서), 연료차단
솔레노이드 밸브

14. LPI엔진은 액상의 LPG 연료를 인젝터로 분사하기
위해 별도의 연료펌프가 필요하며 펌프를 구동하기
위한 제어장치와 연료의 압력을 측정하기 위한 센서
가 추가된다.

15. ② 연료압력 조절기에 대한 설명이다.
③ 인젝터의 아이싱팁 부분에 관련된 설명이다.
④ 연료펌프 드라이버에서 구동속도를 5단계(500,
1000, 1500, 2000, 2800rpm)로 제어한다.

디젤엔진의 연료장치

디젤엔진의 특징		가솔린엔진의 특징
자기착화방식	폭발 방식	불꽃 점화 방식
15~22 : 1	압축비	8~11 : 1
30~45 bar	압축 압력	8~10 bar
500~550°C	압축 온도	120~140°C

■ 경유의 구비조건
(1) 점도지수가 크고 점도가 적당해야 함 / 내폭성·내한성이 클 것
(2) 미립물, 협잡물 X / 높은 인화점, 낮은 착화점 / 발열량이 클 것

■ 장·단점

장 점	단 점
• 저속 고 토크용으로 적합 • 열효율 높고, 연료 소비량 적음 • 인화점이 높아 화재 위험↓ • 배기가스에 CO, HC 양 적다. • 실린더 지름 크기에 제한이 적음	• 마력당 중량이 무거움 • 평균유효압력과 회전속도가 낮음 • 소음 및 진동이 크다. • 출력이 큰 기동전동기 필요 • 고속회전에 부적당함

■ 세탄가(착화성의 정도를 나타냄) = 세탄/(세탄 + α·메틸나프탈렌) × 100
(1) 착화지연발생 시 : 디젤노킹이 일어남
(2) 촉진제와 함께 사용할 경우 노킹방지 가능(아질산아밀, 초산아밀, 질산에틸, 과산화테드탈렌)

■ 디젤의 연소과정 4단계(착·화·직·후)
(1) 착화지연기간(연소 준비기간) →
  - 분사시작에서 자연발화가 일어나기 전까지의 기간
  - 길어질 경우 노킹 발생

길어지는(지연) 원인 = 노킹원인	짧아지는 원인 = 노킹방지
• 연료의 착화성 부족 및 공기의 와류 불량 • 실린더 내 압력 및 온도 부족 • 연료의 미립 상태 및 분사상태 불량	• 압축비가 높음, 와류 발생 원활 • TDC 부근에 분사시기 위치 • 연료의 무화가 잘되거나 흡기 온도가 높을 때

(2) 화염 전파기간(폭발·정적·급격 연소기간)
  - 연료가 착화되어 연소하는 기간/실린더 내 압력이 급상승하고, 압력상승률이 가장 큰 구간
(3) 직접 연소기간(제어·정압 연소기간)
  - 연료가 분사와 동시에 연소하는 기간
    실린더 내 연소압력이 최대로 발생(TDC 후 약 10~15°가 이상적)
(4) 후기 연소기간(무기 연소기간) → 팽창행정 중에 발생
  - 직접 연소기간 중 미연소된 연료가 연소하는 기간
  - 길어질 경우 : 연료소비율 ⇧, 배기가스 온도 ⇧, 열효율 ⇩

■ 연료 공급순서

- 기계식 분사펌프 방식

  연료탱크 → 연료공급펌프 → 연료필터(오버플로밸브) → 연료분사펌프(연료실 → 플런저 배럴 → 플런저
  → 토출밸브) → 분사노즐(탱크 리턴가능) → 연소실

  (1) 연료 공급펌프
    - 작동 : 크랭크 축 → <u>분사펌프의 캠축</u> → 공급펌프 및 플런저 구동
    - 연료 공급장치 ↳ 4행정 : 크랭크축 회전*1/2, 2행정 : 크랭크 축회전과 동일
    - 연료 세디먼트: 유수분리기(연료 속의 수분을 걸러줌)

  (2) 연료필터
    - 공급 펌프와 분사펌프 사이에 설치(연료 불순물을 여과하여 분사펌프에 공급)
    - 오버플로 밸브 있음 → 릴리프밸브와 같은 역할
    - 규정압력(1.5bar) 이상 → 오버플로밸브 → 연료탱크(리턴)
    - 필터 막힘, 오버플로밸브 고착 : 연료필터 내 압력 증가
    - <u>공기빼기 순서</u> : 공급펌프 → 연료필터→ 분사펌프 순서
        ↳ 하는 이유 : 분사노즐에 많은 연료를 보내기 위해
    - 플라이밍펌프 : 엔진 정지 시 수동으로 공기빼기 작업하는 장치
        ↳ 수동으로 분사펌프까지 연료를 공급함

    > * 분사펌프 시험기
    > 연료 분사시기 측정 및 조정(= 타이머 시험)
    > 연료 분사량 측정(분균율 측정 및 조정)
    > 조속기 작동 시험과 조정

    > * 필터 설치 장소
    > 연료탱크 주입구, 연료 공급펌프 입구,
    > 연료 필터, 분사펌프 입구, 노즐 홀더

  (3) 연료분사펌프(구성 : 작동부, 분사량 조절기구, 토출밸브)
    - 기능 : 공급받은 연료를 고압으로 압축하여 분사노즐로 보냄
    - 연료 공급펌프, 조속기, 타이머 설치되어 있음
    - 연료공급 방식 : 독립식(대형엔진), 분배식(소형엔진), 공동식(CRDI)
    ① 작동부
      ㉠ 캠축 – 크랭크축에 의해 구동(흡·배기밸브 구동 캠축과 다름)
              - 편심 캠과 태핏을 통하여 플런저를 구동시킴 ← 실린더 개수만큼
              - 연료공급펌프를 구동하는 캠도 있음
      ㉡ 태핏 – 기능 : 캠축의 회전운동을 직선운동으로 바꾸어 플런저에 전달
              - 간극 조정을 위한 '조정 스크루' 있음
      ㉢ 펌프 엘리먼트 – 기능 : 캠에서 동력을 받아 연료를 분사노즐로 공급하는 펌프
              - 구성 : 플런저 배럴(고정), 플런저(압력 발생)
              - 특징 : 플런저의 유효행정과 연료 송출량은 정비례 관계
      ㉣ 리드의 종류

	분사초	분사말
정리드	일정	변화
역리드	변화	일정
양리드	모두 변화	

② 분사량 조절기구(플런저 회전 및 연료 제어기구)
　　㉠ 기능 : 가속 페달이나 조속기의 움직임을 플런저에 전달함
　　㉡ 작동순서 : 제어랙 → <u>제어 피니언</u> → <u>제어 슬리브</u> → 플런저 회전 → 위치를 바꾸어가며
　　　　　　　　　분사량을 조정한다.
　　㉢ 제어 가구
　　　ⓐ 제어랙 : 가속 페달이나 조속기에 의해 좌우로 구동함
　　　ⓑ 제어 피니언 : 제어랙의 움직임을 제어 슬리브에 전달
　　　ⓒ 제어 슬리브 : 피니언의 운동을 플런저에 전달하며 유효행정을 변화시킴
③ 토출밸브(딜리버리밸브) : 일종의 체크밸브
　　㉠ 기능 – 역류 방지, 후적 방지, 잔압 유지, 고압의 연료를 분사노즐로 송출시켜줌
　　㉡ 후적 : 분사가 끝난 후 분사노즐 팁에 맺혔다가 연소실에 떨어짐

(4) 조속기(거버너)
　① 기능 : 엔진 상태에 따라 자동으로 분사량을 조절해 줌(over run 방지)
　　　　　자동으로 제어랙 움직임 → 분사량 자동 조절 → 최고 속도 제어 및 전속도 운전 안정화
　② 종류 : 기계식, 공기식
　③ 앵글라이히 장치 : 전 범위 공연비 유지 장치
　④ 분사량 부족 원인 – 분사펌프의 플런저 마모
　　　　　　　　　　　 – 토출밸브의 시트 손상 및 스프링의 약화
　⑤ 불균율 산출식　*허용 : ±(3% 이내)
　　㉠ + 불균율 = (최대 분사량 – 평균 분사량)/평균 분사량×100
　　㉡ – 불균율 = (평균 분사량 – 최소 분사량)/평균 분사량×100

(5) <u>타이머(분사시기 조정기)</u> : 크랭크축의 기어와 물려있음
　　　↳ 고장 시 : 노킹 현상이 발생할 수 있음
　① 기능 : 엔진 상태에 따라 연료 분사시기를 자동으로 조절해줌
　　　　　기계식의 경우 – 분사시기 – 펌프와 타이밍 기어의 커플링
　　　　　　　　　　　　 – 분사압력 – 분사 노즐 스프링 또는 노즐 홀더
　② 분사시기 빠른 경우 – 시동 걸 때, 엔진의 부하가 클 때
　　　　　　　　　　　　 – 엔진 회전수를 높일 때, 경사로 주행할 때

(6) <u>분사노즐</u>(노즐이 갖추어야 할 조건 : 무화, 관통도, 분포)
　　　↳ 노즐홀더에 있는 '압력조절나사'로 분사압력 조절
　① 기능 : 고압의 연료를 미세한 안개 모양으로 분사
　② 연료 분무 형성 요건 : 관통력, 분산, 무화
　③ 구비조건 – 연소실의 구석까지 잘 뿌려져야 함
　　　　　　　 – 미세한 안개모양, 규정 이상의 압력 필요
　　　　　　　 (압력 부족 시 : 연소실에 카본이 생길 수 있음)
　　　　　　　 – 분사 끝에서 완전히 차단되어야 함(후적 방지) ← 딜리버리밸브의 역할
　④ 분사노즐 과열 원인 – 과부하에서 연속운전, 분사량 과다 및 분사시기가 틀릴 때
　⑤ 노즐의 분류

구분	밀폐형(폐지형)			
	구멍형		핀틀형	스로틀형
	단공식	다공식		
분사압력	$150 \sim 300 kg_f/cm^2$		$100 \sim 150 kg_f/cm^2$	$100 \sim 140 kg_f/cm^2$
분사각도	4~5도	90~120도	4~5도	45~65도
분공직경	0.2~0.4mm		1mm	1mm

(7) 연소실 구비조건
- 고속 회전 시 연소 상태가 좋아야 함
- 기동이 쉽고, 노킹을 일으키기 어려운 형상
- 평균 유효 압력이 높고, 연료 소비량이 적을 것
- 단시간에 완전 연소되어야 함
- 압축행정 끝에서 강한 와류를 일으킬 것
(8) 연소실의 종류

┌▶ 피스톤 강도 저하

* 단실식 : - 연소실 : 실린더 헤드 + 피스톤 헤드 요철(구형, 반구형, 하트형)
① 직접 분사실식 - 간단한 구조, 냉각 손실 적음, 열효율 높음
- 다공식 분사 노즐 사용(높은 분사 압력 요구), 예열플러그 불필요
- 비싸고 수명이 짧으며, 사용연료에 민감하여 노킹이 잘 일어남
- 주로 대형 엔진에 사용, 분사압력이 가장 높고, 연료소비율이 가장 낮음
- 주연소실에 연료분사 → 시동성 좋음

* 복실식
② 예연소실식 - 특징 : 압축비 가장 높음, 큰 출력의 기동전동기 필요
- 장점 - 낮은 분사압력   → 고장이 적고, 내구성 좋음
- 운전이 정숙함   → 노킹발생이 가장 어려움
- 사용 연료에 둔감   → 연료 선택 범위 넓음
- 단점 : 복잡한 구조 → 연료 소비율↑(가장 큼), 냉각 손실↑
* 공기와 연료의 혼합이 잘된다.
③ 와류실식 - 특징 : 압축행정 시 발생하는 강한 와류 이용
* 핀틀형 노즐 사용 → 연소 속도가 빠르고, 평균유효압력이 높다.
- 장점 - 분사압력이 낮아도 되고, 연료소비율이 비교적 낮음
- 회전 속도 범위가 넓어 고속회전이 가능, 운전이 원활
- 단점 - 저속에서 노킹이 잘 일어남(와류 발생이 적기 때문)
- 체적비가 커 열효율이 비교적 낮음
④ 공기실식 - 거의 사용 안 함, 기동이 쉬움
- 폭발압력↓, 압력상승↓, 연료소비율↑
노킹 발생 정도   : 직접 분사실식 ≫ 와류실식 ≫ 예연소실식
연료 소비율: 직접 분사실식 ≪ 와류실식 ≪ 예연소실식
분사 압력 : 직접 분사실식 ≫ 예연소실식 = 와류실식

■ 예열장치
예연소실식, 와류실식 : 예열플러그 / 직접 분사실식 : 흡기 히터 or 히터 레인지

■ 시동보조기구(디젤) → 감압장치, 예열장치
(1) 감압장치(데콤프장치) : 시동을 도와주거나 엔진 정지
① 엔진 정지 방법
- 연료 공급차단, 압축행정 시에 감압 캠으로 감압(감압장치 = 데콤프장치)
- 인테이크 셔터 사용(흡입 공기 차단)
② 시동 곤란 시 - 연소 촉진제 사용, 감압장치 사용, 연소실 예열(예열장치 사용)
- 흡입 공기 온도 및 연소실 내 온도 높여줌, 압축비·압축압력 높여줌

(2) 예열장치 : 실린더, 흡기 다기관 내 공기 가열
* 연소실 내 공기를 직접 예열시킴
① 예열 플러그 – 예연소실식, 와류실식에 사용
 – 종류 – ㉠ 코일형(직렬)
   ㉡ 실드형(병렬, 발열량 큼)
 – 단선되는 원인 – 예열시간이 깊, 과대전류가 흐름
  – 엔진 작동 중 예열, 엔진 과열
 – 기동전동기의 소손을 막기 위해 '히트 릴레이' 사용
② 흡기 가열식 : 직접 분사실식의 흡기 다기관에 설치 → 흡입 공기 가열 → 실린더
 (히트 레인지 설치하기도 함) → 흡기 다기관에 열선 설치

---

01 출제빈도 ★★★

경유의 구비조건으로 맞는 것은?

① 인화점이 낮아야 한다.
② 옥탄가가 높아야 한다.
③ 폭발력을 높이기 위해 황의 성분이 많이 함유되어야 한다.
④ 착화점이 낮아야 한다.

02 출제빈도 ★★★

디젤엔진의 연료의 특성으로 거리가 먼 것은?

① 착화점이 낮아야 한다.
② 점도가 적당하고 점도지수가 높아야 한다.
③ 세탄가가 높은 연료가 노킹을 잘 일으키지 않는다.
④ 황의 함유량이 높아야 한다.

03 출제빈도 ★★★

디젤엔진의 설명 중 거리가 먼 것은?

① 연료의 옥탄가와 거리가 멀다.
② 압축비가 가솔린의 엔진보다 높다.
③ 세탄가에 영향을 받지 않는다.
④ 점화플러그가 필요하지 않다.

04 출제빈도 ★★☆

다음 중 디젤엔진의 구성요소로 가장 거리가 먼 것은?

① 연료분사장치
② 크랭크축
③ 점화플러그
④ 흡·배기 밸브

05 출제빈도 ★★☆

다음 중 디젤기관의 특징이 아닌 것은?

① 전기불꽃 점화방식이다.
② 최고회전속도가 낮기 때문에 실린더 부피에 대한 출력은 작으나, 회전속도에 대한 토크변화가 적어 비교적 큰 토크를 얻을 수 있다.
③ 기화기와 점화장치가 필요 없어 고장이 적다.
④ 연료 분사펌프와 연료 분사노즐이 필요하다.
⑤ 가솔린기관의 압축비보다 높다.

06 출제빈도 ★★★

가솔린기관에 비해 디젤기관이 갖는 장점으로 옳은 것은?

① 연료소비율이 높다.
② 열효율이 높다.
③ 운전이 정숙하다.
④ 매연이 적어 친환경적이다.

07 출제빈도 ★★★

다음 가솔린과 디젤의 엔진에 대한 비교 설명으로 거리가 먼 것은?

① 가솔린엔진보다 디젤엔진이 압축압력이 더 높다.
② 가솔린엔진보다 디젤엔진이 압축비가 더 높다.
③ 디젤엔진은 전기 점화방식이다.
④ 디젤엔진은 공기를 압축한 뒤 발생되는 높은 압축열에 연료를 분사하여 폭발시키는 자기착화방식이다.

08 출제빈도 ★★★

가솔린기관의 노킹발생 원인에 대한 설명으로 가장 옳지 않은 것은?

① 착화지연기간이 길 때 주로 발생한다.
② 점화시기가 빠를 때 주로 발생한다.
③ 기관을 과부하로 운전할 때 주로 발생한다.
④ 압축비가 너무 높을 때 주로 발생한다.

09 출제빈도 ★★★

가솔린기관의 노크 방지법이 아닌 것은?

① 화염전파 거리를 길게 한다.
② 연료 착화 지연
③ 미연소 가스의 온도와 압력을 저하
④ 압축행정 중 와류 발생

10 출제빈도 ★★★

다음 중 디젤엔진에 사용되는 연료의 특성으로 거리가 먼 것은?

① 상온에서 자연발화점이 높아 휘발유보다 안전한 연료이다.
② 높은 온도에서 사용되는 연료이므로 질소산화물 발생량이 많다.
③ 세탄가가 높은 연료는 노킹을 잘 일으키지 않는다.
④ 연료의 착화성을 높이기 위해 질산에틸, 과산화테드탈렌, 아질산아밀, 초산아밀 등의 촉진제를 사용한다.

11 출제빈도 ★★★

다음 중 디젤자동차의 특징이 아닌 것은?

① 연료와 공기가 혼합된 형태로 흡입된다.
② 연료비가 저렴하고 열효율이 좋다.
③ 기화기와 점화장치가 필요 없어 고장이 적다.
④ 기관의 운전 시 진동이나 소음이 크다.

12 출제빈도 ★★★

가솔린엔진과 비교했을 때 디젤엔진의 특징
으로 맞는 것은?

① 과급기 장치를 추가하여 엔진의 무게를 줄
이고 출력을 높일 수 있다.
② 고온, 고압에서 엔진의 노킹이 심하다.
③ 엔진의 무게가 가벼워 고속용 엔진에 주로
사용된다.
④ 고압 분사 시스템으로 소음과 진동이 크
다.

13 출제빈도 ★★★

다음 중 가솔린과 비교 시 디젤의 장점이 아
닌 것은?

① 진동이 적고 운전이 정숙하다.
② 인화점이 높아서 화재의 위험이 적다.
③ 토크변동이 적어 운전이 용이하다.
④ CO, HC의 배출량이 적다.

14 출제빈도 ★★★

가솔린엔진과 비교한 디젤엔진의 장점으로
맞는 것은?

① 운전 중 소음과 진동이 적다.
② 열효율이 높아 연료소비율이 낮다.
③ 압축비가 낮아 큰 출력의 기동전동기를 필
요로 하지 않는다.
④ 기관의 중량당 출력이 낮은 편이다.

15 출제빈도 ★★☆

가솔린엔진과 비교하여 디젤엔진이 가지는
특징에 대한 설명으로 가장 거리가 먼 것은?

① 디젤엔진의 연료특성상 인화성이 낮은 관
계로 공기를 압축시킨 뒤 연료를 안개처럼
분사하여 자연스럽게 폭발하는 방식을 택
한다.
② 자연흡기방식보다 과급방식을 주로 택하
는 관계로 진공식 배력장치를 운용하기 위
해 별도의 진공펌프가 필요로 한다.
③ 보조 연소실의 예열플러그를 활용하여 연
료의 온도를 가열하여 착화를 원활하게 돕
는다.
④ 겨울철 시동에 어려움이 있으며 매연과 입
자상 물질을 줄이기 위한 별도의 부가장치
를 필요로 한다.

16 출제빈도 ★★☆

디젤기관에서 노킹이 발생하지 않는 범위 내
에서 압축비를 올리면 나타나는 현상은?

① 출력이 증가하고 연료소비율이 낮아진다.
② 소음과 진동이 줄어든다.
③ 질소산화물과 탄화수소의 발생농도가 낮
아진다.
④ 후기 연소기간이 길어져 열효율이 저하되
고 배기의 온도가 상승한다.

17 출제빈도 ★★☆

디젤기관의 연소과정으로 맞는 것은?

① 착화지연기간 → 제어연소기간 → 폭발연
소기간 → 후연소기간
② 착화지연기간 → 화염전파기간 → 직접연
소기간 → 후연소기간
③ 착화지연기간 → 직접연소기간 → 화염전
파기간 → 무기연소기간
④ 착화지연기간 → 정압연소기간 → 정적연
소기간 → 무기연소기간

18

디젤의 연소과정 4단계의 순서를 바르게 표현한 것은?

① 제어연소기간 → 무기연소기간 → 연소준비기간 → 폭발연소기간
② 무기연소기간 → 연소준비기간 → 제어연소기간 → 폭발연소기간
③ 무기연소기간 → 연소준비기간 → 폭발연소기간 → 제어연소기간
④ 연소준비기간 → 폭발연소기간 → 제어연소기간 → 무기연소기간

19

분사된 경유가 화염전파기간에서 발생한 화염으로 분사와 거의 동시에 연소하는 기간으로 맞는 것은?

① 착화지연기간
② 화염전파기간
③ 직접연소기간
④ 후 연소기간

20

디젤기관의 연소과정 4단계 중 (가) 그림에 해당되는 기간은?

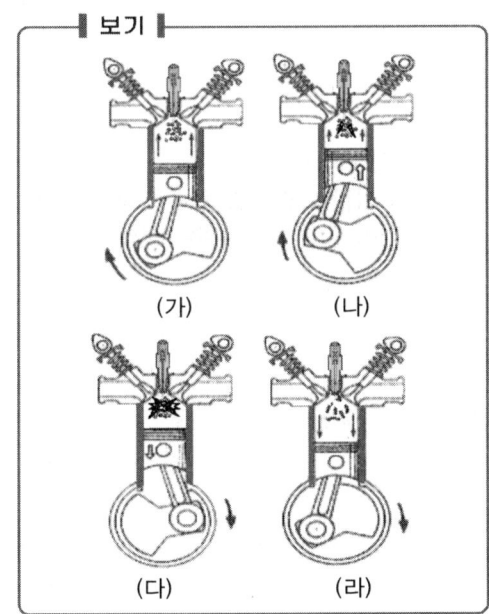

① 착화지연기간
② 화염전파기간
③ 직접연소기간
④ 후기연소기간

21

디젤엔진의 연소 과정 중 〈보기〉 B-C에 해당하는 구간으로 가장 옳은 것은?

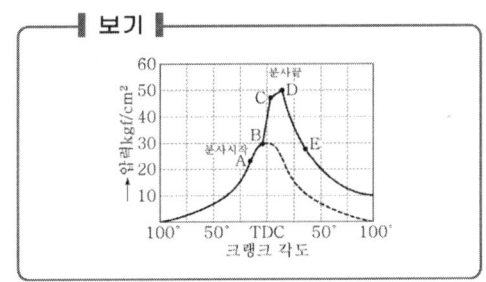

① 화염전파기간(급격연소기간)
② 직접연소기간(제어연소기간)
③ 착화지연기간(연소준비기간)
④ 후 연소기간

22

디젤의 연소과정으로 착화지연기간 → 화염전파기간 → 직접연소기간 → 후기연소기간으로 나눌 수 있는데 노킹의 발생과 관련이 있는 연소기간은 무엇인가?

① 화염전파기간, 직접연소기간
② 직접연소기간, 후 연소기간
③ 착화지연기간, 화염전파기간
④ 후 연소기간, 착화지연기간

23

독립식 연료 분사펌프를 사용하는 디젤 연료장치의 연료공급 순서로 맞는 것은?

① 연료탱크 → 연료필터 → 연료공급펌프 → 연료분사펌프 → 연료분사파이프 → 노즐 → 연소실
② 연료탱크 → 연료공급펌프 → 연료필터 → 연료분사펌프 → 연료분사파이프 → 노즐 → 연소실
③ 연료탱크 → 연료필터 → 연료공급펌프 → 연료분사펌프 → 노즐 → 연료분사파이프 → 연소실
④ 연료탱크 → 연료공급펌프 → 연료분사펌프 → 연료필터 → 연료분사파이프 → 노즐 → 연소실

24 출제빈도 ★☆☆

독립식 분사펌프를 사용하는 디젤엔진에서 연료분사량을 제어하는 순서로 맞는 것은?

① 제어 랙 → 제어 피니언 → 제어 슬리브 → 플런저 회전 → 분사량 조정
② 제어 피니언 → 제어 랙 → 제어 슬리브 → 플런저 회전 → 분사량 조정
③ 제어 슬리브 → 제어 랙 → 제어 피니언 → 플런저 회전 → 분사량 조정
④ 플런저 회전 → 제어 랙 → 제어 피니언 → 제어 슬리브 → 분사량 조정

25 출제빈도 ★★☆

디젤의 분사노즐의 구비조건으로 틀린 것은?

① 분무를 연소실 구석구석까지 뿌려지게 해야 한다.
② 연료의 분사 끝에서 완전히 차단하여 후적이 일어나지 않아야 한다.
③ 고온·고압의 가혹한 조건에서 장시간 사용할 수 있어야 한다.
④ 연료를 되도록 굵은 물방울 입자 모양으로 분사하여 엔진의 출력을 높인다.

26 출제빈도 ★★☆

디젤 엔진의 분사노즐이 갖추어야 할 조건으로 가장 거리가 먼 것은?

① 연료는 실린더 중심부로 고르게 분사되어야 한다.
② 연료는 미세한 입자(안개 상태)로 잘 분무되어야 한다.
③ 연료 분사 후 노즐 팁에 후적이 발생하지 않아야 한다.
④ 분사노즐은 장시간 사용하더라도 고온과 고압에 견딜 수 있어야 한다.

27 출제빈도 ★★☆

디젤엔진에서 연료 분사 시 조건으로 틀린 것은?

① 폭발성이 좋아야 한다.
② 연료의 입자가 작아야 한다.
③ 연소실 구석구석까지 뿌려져야 한다.
④ 후적이 일어나지 않아야 한다.

28 출제빈도 ★★☆

디젤연소실 중 직접분사실식의 특징으로 거리가 먼 것은?

① 열효율이 높고, 구조가 간단하고, 기동이 쉽다.
② 복실식으로 구성되며 분사개시압력이 $130\mathrm{kg_f/cm^2}$ 정도 된다.
③ 연소실체적에 대한 표면적 비가 작아 냉각 손실이 적다.
④ 사용 연료에 민감하고 노크 발생이 쉽다.

29 출제빈도 ★★☆

디젤기관의 연소실 중 연료소비율이 가장 적은 연소실의 종류는?

① 와류실식   ② 예연소실식
③ 공기실식   ④ 직접분사실식

30 출제빈도 ★★☆

디젤기관의 연소실형식 중 열효율이 좋으나 노킹이 일어나기 쉬운 것은?

① 직접분사실식   ② 예연소실식
③ 와류실식   ④ 공기실식

31 출제빈도 ★★☆

디젤엔진 연소실 중 직접분사실식의 장점은?

① 구멍형 노즐을 사용하여 가격이 싸다.
② 큰 출력의 엔진에 유리하다.
③ 엔진에서 발생되는 노크가 적다.
④ 연료소비량이 예연소실식보다 크다.

32 출제빈도 ★★☆

다음 중 디젤 연소실의 직접분사실식에 대한 설명으로 옳은 것은?

① 연소실 구조가 복잡하여 연료소비율 및 냉각손실이 크다.

② 사용연료 변화에 둔감하므로 연료의 선택 범위가 넓다.

③ 연료 분사압력이 높아 다공식 분사노즐을 사용하고 노즐의 가격이 비싸다.

④ 압축행정에서 발생하는 강한 와류를 이용하므로 연소가 빠르고 평균유효압력이 높다.

33 출제빈도 ★★☆

디젤 기관에서 예연소실식의 특징에 대한 설명으로 옳지 않은 것은?

① 구조가 간단하여 냉각 손실이 작고 열효율이 높다.

② 분사 압력이 낮아 연료 장치의 고장이 적고 수명이 길다.

③ 사용 연료의 변화에 둔감하므로 연료 선택 범위가 넓다.

④ 운전이 정숙하고 노킹이 발생되기 가장 어려운 연소실이다.

34 출제빈도 ★★☆

디젤기관의 연소실의 형식 중 와류실식의 특징이 아닌 것은?

① 예열 플러그가 필요한 형식으로 분사압력이 비교적 낮다.

② 와류 발생이 원활하지 못한 저속에서 일부 노킹이 발생될 수 있다.

③ 실린더헤드의 구조가 간단하고 연료소비율이 비교적 적다.

④ 연소실 표면적에 대한 체적비가 커 열효율이 비교적 낮다.

35 출제빈도 ★★☆

디젤기관의 연소실 중에서 간접분사식 와류실식의 장점이 아닌 것은? (단, 직접분사식과 비교한다.)

① 공기와 연료의 혼합이 잘된다.

② 비교적 고속회전에 적합하다.

③ 열효율이 높다.

④ 연료분사압력이 낮다.

36 출제빈도 ★★☆

다음 중 딜리버리밸브의 기능이 아닌 것은?

① 분사 노즐에서 연료가 분사된 뒤 후적을 막을 수 있다.

② 배럴 내의 연료압력이 낮아질 때 노즐에서의 역류를 방지하는 역할을 한다.

③ 분사 압력이 규정보다 높아지려 할 때 압력을 낮추어 연료장치의 내구성 향상에 도움이 된다.

④ 잔압을 유지하여 다음 분사노즐 작동 시 신속하게 반응하도록 돕는 역할을 한다.

37 출제빈도 ★★☆

아래 보기에서 설명하는 디젤엔진의 장치로 가장 적합한 것은?

┤ 보기 ├

엔진의 회전 속도나 부하 변동에 따라 자동적으로 연료의 분사량을 조정한다. 또한 최고 회전 속도를 제어하고 저속 운전을 안정시키는 역할을 한다.

① 타이머

② 조속기

③ 딜리버리밸브

④ 플라이밍펌프

38 출제빈도 ★★☆

최대분사량 57, 최소분사량 45, 평균분사량 50일 때 "+" 불균율과 "−" 불균율의 차는 몇 %인가?

① 2%
② 4%
③ 8%
④ 12%

39 출제빈도 ★☆☆

디젤기관의 분사량을 시험한 결과가 아래와 같을 때 다음 표를 설명한 내용 중 옳지 않은 것은?

실린더 번호	1	2	3	4	5	6
분사량	95	103	107	98	99	104

① 분사량 조정을 위해 제어피니언과 제어슬리브의 관계 위치를 바꾸어 준다.
② 분사량 불균율 오차범위는 ±3%이다.
③ 불균율 오차범위에서 벗어난 분사노즐은 1번, 3번이다.
④ 기준분사량 100보다 부족한 1번, 4번, 5번 분사량을 조정해야 한다.

40 출제빈도 ★★☆

디젤 감압장치의 설명으로 틀린 것은?

① 냉간 시 엔진의 시동을 쉽게 해 준다.
② 고장 시 정비를 용이하게 할 수 있게 해 준다.
③ 압축행정 시 압축압력을 높여 착화지연으로 인한 노킹을 줄여준다.
④ 엔진을 멈추기 위해서 사용되기도 한다.

41 출제빈도 ★★☆

디젤기관 예열플러그에 대한 설명으로 틀린 것은?

① 실드형 예열플러그는 예열 시간이 코일형에 비해 조금 길지만 1개당의 발열량과 열용량이 크다.
② 예열플러그의 적열상태를 운전석에서 점검할 수 있도록 하는 예열지시등이 있다.
③ 주로 복실식의 예연소실식과 와류실식에 사용한다.
④ 연소실에 분사된 연료를 가열하여 노킹을 줄일 수 있다.

42 출제빈도 ★★☆

디젤엔진에 사용하는 예열플러그의 종류 중 실드형 예열플러그(shield type glow plug)에 대한 설명으로 가장 옳지 않은 것은?

① 예열플러그 저항기를 장착하여 코일 손상을 방지하여야 한다.
② 열선 코일과 보호 금속튜브 사이에는 내열성의 절연 분말이 충전되어 있다.
③ 구조상 적열까지의 시간이 코일형 예열플러그에 비해 조금 길다.
④ 코일형 예열플러그에 비해 1개당의 발열량과 열용량이 크므로 시동성이 향상된다.

43 출제빈도 ★★☆

예열장치와 감압장치에 대한 설명으로 가장 적당한 것은?

① 예열장치 − 점화플러그의 불꽃 생성이 원활할 수 있도록 연료를 가열한다.
② 예열장치 − 주 연소실 내부에 위치하여 흡입되는 공기를 가열한다.
③ 감압장치 − 시동 시 압축압력을 낮춰서 시동을 원활하게 해준다.
④ 감압장치 − 배기행정 시 배기가스의 원활한 배출을 위해 압력을 낮추는 역할을 한다.

>>> 정답

01	02	03	04	05	06	07	08	09	10
④	④	③	③	①	②	③	①	①	①
11	12	13	14	15	16	17	18	19	20
①	④	①	②	③	①	②	④	③	①
21	22	23	24	25	26	27	28	29	30
①	③	②	①	④	①	①	②	④	①
31	32	33	34	35	36	37	38	39	40
②	③	①	③	③	③	②	②	④	③
41	42	43							
④	①	③							

01. 경유의 인화점이 낮으면 불꽃 점화방식을 택했을 것이다. 따라서 인화점은 높아야 하고 세탄가도 높아야 노킹이 잘 발생되지 않는다. 연료에 황의 성분은 낮아야 한다.

02. 황은 산화촉매장치 및 엔진의 내구성에 문제가 될 수 있고 대기 환경오염 물질인 황산화물을 만드는 주된 원인이 되기 때문에 황의 함유량을 엄격히 제한하고 있다.

03. 디젤엔진의 노킹을 줄이기 위해서는 세탄가가 높은 연료를 선택해야 한다.

04. 디젤엔진은 압축착화 방식으로 점화플러그가 없다.

05. 디젤엔진은 자기착화방식이다.

06. 디젤기관은 ① 연료소비율이 낮다.(연비가 높다.)
③ 운전 시 소음과 진동이 심하다.
④ 매연 배출량이 많다.

07. 디젤엔진은 선지 ④의 설명처럼 높은 압축열로 착과하는 방식을 택한다. 인화점이 낮은 휘발유와 LPG, 천연가스 등이 전기 점화방식을 택한다.

08. 착화지연기간이 길어질 때 노킹이 주로 발생되는 것은 디젤엔진에 해당된다. 가솔린엔진에서 착화지연기간이 길어질 경우 혼합가스 말단부의 자연발화를 지연시켜 노킹을 잘 일으키지 않는 원인이 된다.

09. 와류 등을 이용하여 화염전파 거리를 짧게 하는 것이 노킹을 줄일 수 있는 방법이다.

10. 상온에서 자연발화점이 높으면 자기착화방식의 디젤엔진에 사용하기 적합하지 않다. '상온에서 인화점이 높아 화재의 위험성이 적은 연료'란 표현이 맞다.

11. ①번은 SPI, MPI 방식의 가솔린엔진에 대한 설명이다.

12. ① 과급기 장치를 통해 출력은 높일 수 있지만 엔진은 무거워진다.
② 고온, 고압에서는 착화지연이 발생될 확률이 낮다. 때문에 노킹이 잘 발생되지 않는다.
③ 엔진이 무겁고 큰 토크용 엔진에 주로 사용된다.

13. ①번이 답이라는 것은 쉽게 찾아낼 수 있다. 다만, ③번 선지에서 디젤기관은 연료가 분사되면서 동력이 발생되는 특성을 가지고 있고 불꽃 점화방식보다 회전속도의 반응 및 변동이 느릴 수밖에 없다. 회전속도의 변동은 토크의 변동에도 영향을 주게 되어 토크 변동이 적다고 표현한 것이다.

14. ④는 디젤기관에 해당되는 사항이지만 장점이 아닌 단점에 해당된다.

15. 보조 연소실의 예열플러그를 활용하여 공기의 온도를 가열하여 착화를 원활하게 돕는다.

16. 연료소비량은 적어지고, 질소산화물의 발생농도는 높아지게 된다. 압축비가 높은 상황에서 직접 연소기간에 대부분의 연료가 연소하게 될 것이므로 후기 연소기간은 짧아지게 된다.

17. 착화지연기간(연소준비기간) → 화염전파기간(폭발연소기간, 정적연소기간, 급격연소기간) → 직접연소기간(제어연소기간, 정압연소기간) → 후연소기간(무기연소기간)

19. ① **착화지연기간** : 연료가 실린더 내에서 분사시작에서부터 자연발화가 일어나기까지의 기간
② **화염전파기간** : 연료가 착화되어 폭발적으로 연소하는 기간으로 회전각 대비 압력 상승비율이 가장 크다.
④ **후 연소기간** : 직접연소기간 중에 미 연소된 연료가 연소되는 기간

20. (가)의 그림은 연료가 분사되고 착화되지 않은 상황을 나타내고 있다.

22. 착화지연기간이 노킹을 발생시키는 원인이 되고 화염전파기간에 연료가 폭발적으로 연소하여 직접 노킹이 발생된다.

23. • **기계식 분사펌프 방식 연료공급 순서**
연료탱크 → 연료공급펌프 → 연료필터(오버플로밸브) → 연료분사펌프(연료실 → 플런저 배럴 → 플런저 → 토출밸브) → 분사노즐(탱크 리턴가능) → 연소실

24. • **분사량 조정 과정** : 제어랙 → 제어 피니언 → 제어 슬리브 → 플런저 회전

25. 연료가 뭉쳐질수록 착화가 지연되어 연료를 완전 연소시키기 어렵게 된다.

26. 분사노즐은 전체 연소실 내 연료를 고르게 분무시켜야 한다.

27. ① 높은 압축압력에서도 연료가 잘 분사될 수 있어야 한다.

28. 단실식으로 구성되며 분사개시압력은 250kg$_f$/cm^2 정도 된다.

29. • **직접분사실식** : 구조가 간단하여 연소실체적에 대한 표면적 비가 작아 냉각 손실이 적고 열효율이 높다.

30. • **직접분사실식** : 사용 연료에 민감하고 노크가 잘 발생되며 대형 엔진에 주로 사용된다.

31. • **직접분사실식** : 높은 분사압력이 요구되어 다공식 분사 노즐을 사용하며 가격이 비싸고 수명이 짧다.

32. ①, ② 예연소실식의 특징이다.
④ 와류실식의 특징이다.

33. 예연소실식은 구조가 복잡하고 냉각 손실이 커서 열효율이 낮다. 대신 연소가 부드럽고 소음이 적은 장점이 있다.

34. • **와류실식** : 실린더헤드의 구조가 복잡한 편이며 연료소비율이 비교적 적다.

35. 직접 분사실식에 비해 열효율이 높지 않다.

36. • **토출밸브(Delivery valve)** : 고압의 연료를 분사노즐로 송출시켜 주며, 배럴 내의 압력이 낮아지면 닫혀, 연료의 후적과 역류를 방지한다. 즉, 배럴 내의 압력이 일정 압력 이상이 되었을 때 분사관으로 연료를 송출하는 일종의 체크밸브이다.

37. ① 타이머 : 분사시점을 조정한다.
③ 딜리버리밸브 : 연료분사펌프의 출구에서 체크밸브의 역할을 한다.
④ 플라이밍펌프 : 수동펌프로 시동 불량 시 공기빼기 작업에 활용된다.

38.
$$• (+) \text{ 불균율} = \frac{\text{최대분사량} - \text{평균분사량}}{\text{평균분사량}} \times 100$$
$$= \frac{57-50}{50} \times 100 = 14\%$$

$$• (-) \text{ 불균율} = \frac{\text{평균분사량} - \text{최소분사량}}{\text{평균분사량}} \times 100$$
$$= \frac{50-45}{50} \times 100 = 10\%$$
$$14\% - 10\% = 4\%$$

39.
$$\text{평균분사량} = \frac{95+103+107+98+99+104}{6}$$
$$= \frac{606}{6} = 101$$

불균율 = 101×0.03 = 3.03이므로 재사용 허용 범위는 97.97에서 104.03이 된다. 따라서 범위에서 벗어난 1번과 3번 분사노즐을 조정하면 된다.

40. 감압장치의 필요성에 대해 잘 설명해주는 문제이다. ③번을 제외하고 나머지 내용만 정리하면 된다.

41. 예열플러그는 실린더 내의 공기를 미리 가열하여 기동을 쉽게 해 주는 장치로 연료를 가열하지는 않는다.

42. 예열플러그 저항기는 코일형 예열플러그에 필요한 구성요소이다.

43. ① 예열장치 : 예열플러그를 통해 공기의 온도를 올려 연료의 착화를 돕는다.
② 예열장치 : 보조 연소실 내부에 위치하여 흡입되는 공기를 가열한다.
④ 감압장치 : 시동 시 압축압력을 낮추어 시동을 원활하게 하고 엔진 정지 시 압축압력이 발생되지 않게 감압하는 역할도 한다.

가솔린과 디젤의 노킹 / 과급기

- 가솔린엔진 : 고온에 의해 말단 미연소가스의 자연발화로 인한 조기점화
- 디젤엔진 : 착화지연의 원인으로 많은 양의 연료가 급격하게 연소하여 발생

■ 노킹 발생원인

가솔린엔진(조기점화)	디젤엔진(착화지연)
• 엔진의 과부하 · 과열, 열점이 있을 경우 • 점화 시기가 빠름, 희박한 공연비 상태 • 저-옥탄가 연료 사용, 엔진 회전수 낮음 • 화염전파 속도가 느림	• 엔진 온도가 낮거나 저속 운전 시에 주로 발생 • 저-세탄가 연료 사용 • 분사시기 빠름 • 초기 분사량 과다

■ 노킹 방지 방법

낮게	실린더 벽, 흡기 · 냉각수 온도, 압축비, 압축압력	높게
빠르게	엔진 회전속도	빠르게
높게	착화 온도	낮게
길게	착화지연 기간	짧게
• 고 옥탄가 연료 사용 • 농후한 공연비, 카본제거 • 화염전파속도 : 빠르게 • 화염전파거리 : 짧게 • 점화시기 지각 • 혼합 가스에 와류 발생		• 고-세탄가 연료 사용 • 연소 촉진제 사용(착화지연 방지) • 알맞게 분사시기 조정 및 　초기 분사량 적게 • 흡입 공기에 와류 발생

■ 노킹이 엔진에 미치는 영향

- 엔진과열, 연소실 온도↑, 배기가스 온도↓, 최고압력↑, 평균 유효압력↓, 출력 저하
- 타격음 발생, 엔진 각 부의 응력 증가, 실린더 · 피스톤 손상 및 고착
- 배기가스 색 : 황색, 흑색

■ 과급기 : 엔진 출력 및 회전력 증대, 연료소비율 향상

엔진 중량이 10~15% 정도 증가하지만, 출력이 35~45% 증가함
- 방식 : 배기터빈식(배기가스에 의해 작동), 루트식(엔진 동력 이용)
- 구성 : 인터쿨러, 터보 차저, 부동 베어링(= 플로팅 베어링)
  (1) 인터쿨러 기능 : 과급된 공기를 냉각시켜 공기의 밀도를 높여줌 → 목적 : 충전 효율 향상
     - 고장 시 : 노킹 발생, 충전 효율 저하 → 방지하기 위해 라디에이터와 비슷한 구조로 설계
  (2) 터보차저(배기 터빈 과급기) : 체적 효율 및 배기 효율 향상(디퓨저의 기능)
     - 축양 끝에 각도가 서로 다른 터빈을 흡기 다기관과 배기 다기관에 설치하여 효율을 높여줌 (펌프와
       터빈이 한 축에 연결되어 있어 같이 회전한다)
        * 디퓨저 : 흐름 속도를 느리게 하고, 압력을 높게 변환하는 장치(*베르누이 원리)
               (속도 에너지를 압력 에너지로 변환)
               (10,000~15,000rpm)

(3) 부동 베어링(플로팅 베어링) - 기능: 터빈 축지지
    - 고속 주행 후 열 변형을 막기 위해 엔진오일로 냉각시킴 → 후열 중요
      * 터보랙 : 가속 시 터빈이 회전하는 데 걸리는 시간차
      * VGT(가변 용량 제어장치) : 터보랙을 줄일 수 있음
        - 터보 차저의 일종(배기가스의 흐름을 이용한다)
        - 배출가스의 흐름 통로를 조절하여 저속에서의 출력을 높여줌

01 출제빈도 ★★☆

실린더 내의 연소에서 점화플러그의 점화에 의한 정상연소가 아닌 말단부분의 미연소가스들이 자연 발화하여 엔진에 충격을 주는 현상을 무엇이라 하는가?

① 노킹   ② 스월
③ 텀블   ④ 착화지연

02 출제빈도 ★★★

다음 중 가솔린엔진에서 노킹이 발생하는 원인은?

① 연료의 옥탄가가 높다.
② 점화시기가 너무 빠르다.
③ 엔진에 가해지는 부하가 적다.
④ 윤활유의 양이 많다.

03 출제빈도 ★★★

다음 중 가솔린기관에서 노크의 발생 원인으로 거리가 먼 것은?

① 압축비가 증가했을 때
② 화염전파거리가 길 때
③ 연료에 이물질이 포함되어 있을 때
④ 흡기온도가 낮을 때

04 출제빈도 ★★★

가솔린엔진에서 노킹을 일으킬 수 있는 원인으로 거리가 먼 것은?

① 흡입공기의 온도 및 실린더 벽의 온도가 높을 때
② 연료의 착화온도가 높을 때
③ 압축비가 높을 때
④ 엔진의 회전수가 규정보다 낮을 때

05 출제빈도 ★★★

노킹에 대한 설명으로 옳은 것은?

① 가솔린엔진에서 노킹의 주된 원인은 착화지연 때문이다.
② 디젤엔진에서 점화시점이 늦어질 때 노킹이 일어나게 된다.
③ 가솔린엔진에서 노킹이 발생하게 되면 배기가스의 온도는 상승하게 된다.
④ 가솔린엔진에서 노킹이 발생하게 되면 엔진의 회전수를 높이는 것이 도움이 된다.

06 출제빈도 ★★★

가솔린엔진에서 노킹의 발생 원인과 거리가 먼 것은?

① 엔진에 걸리는 부하가 클 때
② 압축비가 높을 때
③ 혼합비가 맞지 않을 때
④ 점화시기가 느릴 때

07 출제빈도 ★★★

가솔린엔진에서 노킹의 발생 원인으로 틀린 것은?

① 옥탄가가 낮은 연료를 사용했을 때
② 규정의 점화시기보다 빠르게 했을 때
③ 농후한 혼합비로 연소하였을 때
④ 화염전파속도가 느릴 때

08 출제빈도 ★★★

가솔린엔진에서 노킹을 줄이기 위한 방법으로 거리가 먼 것은?

① 옥탄가가 높은 연료를 사용한다.
② 혼합 가스에 와류를 발생시키고 농후한 공연비로 조절한다.
③ 압축비를 높여 착화지연을 방지한다.
④ 냉각수 온도를 낮추고 열점이 생기지 않도록 카본을 제거한다.

09 출제빈도 ★★★

가솔린엔진에서 노킹을 방지하는 방법으로 거리가 먼 것은?

① 혼합비를 농후하게 해서 화염전파거리를 짧게 한다.
② 점화시기를 지연시킨다.
③ 세탄가가 높은 연료를 사용한다.
④ 연소실 내에 퇴적된 카본을 제거하여 열점 형성을 억제시킨다.

10 출제빈도 ★★★

가솔린엔진의 노킹에 대한 설명으로 가장 거리가 먼 것은?

① 고온, 고압에서 주로 발생되며 노멀헵탄의 함유량이 높을수록 노킹이 잘 발생된다.
② 노킹 발생 시 점화시점을 지각하여 줄일 수 있다.
③ 연료의 분사량이 많아 뭉쳐있는 조건에서 노킹이 더 많이 발생된다.
④ 혼합가스에 와류를 발생시키고 화염전파속도를 빠르게 할 때 노킹을 줄일 수 있다.

11 출제빈도 ★★☆

엔진의 연소에 대한 설명으로 옳은 것은?

① 가솔린엔진에서는 대부분의 연소기간 동안 확산연소가 발생하고 디젤엔진에서는 대부분의 연소기간에 예혼합연소가 발생한다.
② 실린더 내의 난류(turbulence)의 유동은 화염전파속도를 느리게 만들기 때문에 최대한 억제한다.
③ 이론 공연비에서 연소가 진행되면 생성물질은 이론적으로 연료와 산소가 전혀 남지 않는다.
④ 가솔린엔진에서 노킹을 방지하기 위해 점화시기를 앞당긴다.

12 출제빈도 ★★★

경유를 사용하는 디젤기관에서 노킹 발생을 억제하기 위한 조치로 옳은 것은?

① 착화성이 낮은 연료를 사용한다.
② 기관의 압축비를 가능한 낮게 설계하여 흡입공기의 압축압력과 연소온도를 낮게 한다.
③ 기관의 회전속도를 낮추고 냉각수의 온도를 낮게 유지한다.
④ 연료분사 개시 시의 초기 연료 분사량을 가능한 적게 한다.

13 출제빈도 ★★★

경유의 착화성을 나타내는 수치를 무엇이라 하는가?

① 옥탄가
② 세탄가
③ 헵탄가
④ 메틸나프탈렌가

14 출제빈도 ★★★

디젤기관의 노크 방지책을 바르게 설명한 것은?

① 압축압력을 낮춘다.
② 흡기온도를 낮춘다.
③ 세탄가가 낮은 연료를 사용한다.
④ 착화 지연기간을 짧게 한다.
⑤ 실린더 벽의 온도를 낮춘다.

15 출제빈도 ★★★

다음 중 디젤엔진의 노크 방지책으로 옳은 것은?

① 착화 지연기간을 길게 한다.
② 연료분사 개시 때 분사량을 많게 한다.
③ 연소실에 와류 발생을 적게 한다.
④ 압축비를 높인다.

16 출제빈도 ★★☆

디젤엔진에서 노크를 방지하는 대책으로 가장 적당한 것은?

① 세탄가가 높은 연료를 사용한다.
② 압축비를 작게 하여 압축온도와 압력을 낮춘다.
③ 분사량을 늘린다.
④ 회전속도를 빠르게 한다.

17 출제빈도 ★★★

디젤엔진의 노크를 줄일 수 있는 방법이 아닌 것은?

① 흡입공기의 온도를 높인다.
② 연료의 착화지연을 줄인다.
③ 압축비를 높인다.
④ 분사 개시의 분사량을 늘린다.

18 출제빈도 ★★★

디젤엔진의 노킹 방지 방법으로 잘못된 것은?

① 연료초기 분사량과 압축온도를 높여 착화지연을 방지한다.
② 엔진의 회전속도를 높인다.
③ 착화성이 좋은 연료를 사용하여 지연을 방지한다.
④ 세탄가가 높은 연료를 사용하고 착화촉진제를 사용한다.

19 출제빈도 ★★★

디젤엔진에서 노킹을 방지하는 방법으로 틀린 것은?

① 연료의 초기 분사량을 감소시켜 착화지연을 방지한다.
② 질산에틸, 아질산아밀, 초산아밀 등의 촉진제를 사용한다.
③ 압축비를 높여 연소실의 온도를 상승시킨다.
④ 옥탄가가 높은 연료를 사용한다.

20 출제빈도 ★★★

디젤엔진에서 노킹을 줄이기 위한 설명으로 거리가 먼 것은?

① 세탄가가 높은 연료를 사용한다.
② 연료의 초기 분사량을 많게 한다.
③ 흡입 공기에 와류를 발생시켜 연소 효율을 높인다.
④ 저속에서 노킹 발생 시 회전속도와 압축온도를 높인다.

21 출제빈도 ★★★

디젤엔진의 노크를 줄일 수 있는 방법이 아닌 것은?

① 흡입공기의 온도와 압축을 높인다.
② 연료의 초기 분사량을 증가시켜 착화지연을 짧게 한다.
③ 세탄가가 높은 연료를 사용하고 착화촉진제를 사용한다.
④ 저속에서 노킹발생 시 엔진회전수를 높이고 와류를 적극 활용한다.

22 출제빈도 ★★★

디젤엔진의 착화 지연을 방지하는 것으로 옳은 것은?

① 실린더 벽의 온도를 낮춘다.
② 압축비를 낮춘다.
③ 착화 지연 기간을 길게 한다.
④ 흡기온도를 높인다.

23 출제빈도 ★★★

디젤기관의 노크 방지 방법에 대한 설명으로 가장 옳지 않은 것은?

① 착화성이 좋은 연료를 사용한다.
② 연소실 내 공기와류를 일으키게 한다.
③ 연료 분사 초기에 연료 분사량을 많게 한다.
④ 압축비, 압축압력, 압축온도를 높인다.

24 출제빈도 ★★★

디젤엔진의 노킹을 방지하는 방법으로 옳지 않은 것은?

① 세탄가가 높은 연료를 사용한다.
② 착화지연 기간을 짧게 한다.
③ 엔진의 회전속도를 낮춘다.
④ 압축비, 압축압력, 흡기온도를 높인다.

25 출제빈도 ★★★

디젤노크의 방지 대책이 아닌 것은?

① 엔진의 온도, 흡기온도, 압축압력을 낮게 한다.
② 압축비를 높인다.
③ 와류를 형성시켜 연소반응을 빠르게 한다.
④ 세탄가가 높은 연료를 사용하여 착화지연을 줄인다.

26 출제빈도 ★★☆

다음 중 노킹현상이 일어날 때 엔진에 미치는 영향으로 틀린 설명은?

① 압축압력과 평균유효압력이 동시에 증가한다.
② 엔진부품 각 부의 응력 증가에 따라 부품 손상이 촉진된다.
③ 배기가스 색이 황색에서 흑색으로 변한다.
④ 엔진의 타격 음과 함께 출력이 저하된다.

27 출제빈도 ★☆☆

이상 연소의 한 종류로 혼합기의 급격한 연소가 원인으로 비교적 빠른 회전속도에서 발생하는 저주파 굉음은?

① 스파크 노킹   ② 런온
③ 럼블   ④ 터드

28 출제빈도 ★★★

흡입한 공기를 대기압보다 높은 압력으로 실린더에 압송하여 흡입효율을 높일 수 있는 장치로 옳은 것은?

① 조속기
② 토출밸브
③ 가변제어 밸브
④ 과급기

29 출제빈도 ★★☆

내연기관의 효율을 향상시키기 위한 방법으로 거리가 먼 것은?

① 엔진의 주요부 운동 시 마찰저항을 줄인다.
② 커넥팅로드의 길이를 줄인다.
③ 과급기를 장착하여 흡입 효율을 높인다.
④ 실린더 수를 늘리고 플라이휠의 무게를 줄인다.

30 출제빈도 ★★☆

배기가스를 이용해 터빈을 회전시키는 원리로 흡입되는 공기를 과급하여 출력을 증대시키는 장치로 맞는 것은?

① 슈퍼차저   ② EGR
③ 터보차저   ④ 압축기

31 출제빈도 ★★☆

터보차저에서 터빈을 작동시키는 에너지원으로 가장 적당한 것은?

① 배기가스   ② 흡기라인 진공
③ 엔진의 회전력   ④ 연료 압력

32 출제빈도 ★★☆

터보차저의 작동원리에 대한 설명으로 가장 거리가 먼 것은?

① 펌프를 이용하여 실린더에 공급되는 흡입 공기를 더해준다.
② 인터쿨러 장치를 이용해 흡입되는 공기를 냉각시킨다.
③ 배출가스의 양이 증가되어 배기 압력이 높아지는 것을 방지하기 위해 웨이스트 게이트 밸브를 활용하기도 한다.
④ 엔진 회전 시 원심식 회전축으로 터빈을 회전시킨다.

33 출제빈도 ★★☆

디젤기관의 터보차저에 대한 설명으로 옳은 것은?

① 높은 지대에서는 흡입되는 공기량이 작아 효율이 떨어진다.
② 압축온도의 상승으로 착화지연 기간이 길어지는 특징이 있다.
③ 연소 상태가 양호하여 세탄가가 낮은 연료를 사용할 수 있다.
④ 체적효율이 향상되기 때문에 평균유효압력과 회전력이 감소한다.

34 출제빈도 ★★☆

자동차에 사용되는 터보차저(Turbo charger) 구성품으로 옳지 않은 것은?

① 플로팅 베어링(Floating bearing)
② 터보 래그(Turbo lag)
③ 터빈(Turbine)
④ 압축기(Compressor)

35 출제빈도 ★★☆

과급기에서 흡입되는 공기의 체적효율을 높이기 위해 속도에너지를 압력에너지로 바꿔주는 장치를 무엇이라 하는가?

① 디플렉터
② 디퓨저
③ 부동베어링
④ WGT

36 출제빈도 ★★☆

과급기에 대한 설명으로 옳은 것은?

① 인터쿨러는 배기 쪽에 설치되어 배출가스의 온도를 떨어뜨려 터빈이 원활하게 작동될 수 있도록 도와준다.

② 과급기는 배기가스에 의해 작동되는 루트식과 엔진의 동력을 이용하는 터빈식이 있다.

③ 과급기를 설치하면 엔진의 중량은 10~15% 정도 증가하게 되지만 35~45%의 출력을 증가시킬 수 있다.

④ 디퓨저는 기체의 통로를 좁게 하여 유체의 흐름 속도를 빠르게 하여 압력을 높이게 하는 장치로 체적효율을 향상시킬 수 있다.

37 출제빈도 ★★☆

터보과급장치에서 흡입공기를 냉각시켜 충진 효율을 향상시켜 주는 장치는?

① 터보차저
② 인터쿨러
③ 슈퍼차저
④ 웨이스트 게이트 밸브

38 출제빈도 ★★☆

다음 중 인터쿨러의 용도 및 설명에 대해 가장 잘 설명한 것은?

① 흡입되는 공기의 밀도를 높이기 위해 사용되는 냉각장치이다.

② 자연흡기 시스템에 주로 사용되며 본닛 라인에 환풍구를 두어 설치하기도 한다.

③ 베르누이 원리를 이용하여 흡입되는 공기의 압력을 높이는 역할을 한다.

④ 배기라인에 설치하여 배출가스가 흘러갈 때 발생되는 운동에너지를 통해 흡입되는 공기를 과급할 수 있다.

39 출제빈도 ★★☆

엔진의 효율을 증가시킬 수 있는 방법으로 옳지 않은 것은?

① 터보 장치 사용
② 엔진 다운사이징
③ 가변흡기 액추에이터 사용
④ 브레이크 열손실 개선 기술사용

40 출제빈도 ★★☆

슈퍼차저에 대한 설명으로 가장 거리가 먼 것은?

① 엔진의 동력으로 흡입공기를 과급하는 장치이다.

② 고회전에서 출력이 떨어지는 단점을 보완하기 위해 트윈차저(twin charger)를 사용하기도 한다.

③ 저속과 고속에서 안정적인 과급이 가능하다.

④ 고속에서 슬립으로 인한 효율저하가 불가피하여 과급압력이 부족한 경우가 있다.

>>> 정답

01	02	03	04	05	06	07	08	09	10
①	②	④	②	④	④	③	③	③	③
11	12	13	14	15	16	17	18	19	20
③	④	②	④	④	①	④	①	④	②
21	22	23	24	25	26	27	28	29	30
②	④	③	③	①	①	④	④	②	③
31	32	33	34	35	36	37	38	39	40
①	④	③	②	②	③	②	①	④	④

01. 노킹의 정의에 대한 설명이 문제에 잘 표현되어 있다.

02. 가솔린엔진에서 노킹의 주된 원인은 조기점화 때문이다.

03. 흡기온도가 높을 때 조기점화 발생 확률이 높아져 노킹이 잘 발생된다. 여기서, 노킹(동명사)＝노크(동사)는 같은 용어이다.

04. 연료의 착화온도가 높을 경우 말단부의 미연소가스들이 자연 발화될 확률이 적어져 노킹이 잘 발생되지 않게 된다. 하지만 엔진 회전수가 낮을 경우 정상 연소보다 화염 전파속도가 느리기 때문에 노킹이 발생될 확률이 커지게 된다. 정상 연소보다 화염전파속도가 느릴 경우 점화플러그에 의한 폭발이 말단부의 미연소가스를 연소시키기 전에 스스로 자연 발화될 확률이 높아지게 된다.

05. ① 디젤엔진에서의 노킹의 주된 원인은 착화지연 때문이다.
② 디젤엔진에는 점화장치가 없다.
③ 가솔린엔진에서 노킹이 발생하게 되면 연소실 벽면의 온도는 올라가고 배기가스의 온도는 낮아지게 된다.

06. 점화시기가 너무 빠르거나 혼합비가 희박(조기점화 요건에 만족)할 때 노킹이 잘 발생된다.

07. 가솔린엔진에서 농후한 공연비는 노킹을 줄이는 요소이다.

08. 가솔린엔진에서 압축비를 높이면 연료의 착화성이 높아져 조기점화의 원인이 된다. 이는 노킹을 더욱 증대시키는 결과를 가져온다.

09. 높은 세탄가는 디젤엔진에서 노킹을 줄이는 요인이다.

10. 점화시기가 너무 빠르거나 혼합기가 희박할 때 노킹은 더 잘 발생된다.

11. ① 확산연소 : 디젤엔진에서 널리 채용되고 있는 연소 방식으로, 예혼합 연소량을 억제하여 연료를 분사하면서 연소시킨다. 연료를 공급하면서 연소시키기 때문에 혼합 가스의 형성이 충분하지 못하고 착화에서 연소의 피크에 걸쳐서 매연이 발생한다.
  • 예혼합연소 : 가솔린엔진의 연소와 같이 미리 공기와 혼합된 연료가 연소 확산하는 연소 형태를 말한다. 연료가 타면서 퍼져 가는 확산 연소와 대비하여 사용되는 용어이다.
② 난류의 유동을 이용하여 연소의 속도를 높일 수 있다.
④ 가솔린엔진에서 노킹을 방지하기 위해서는 점화 시기를 늦춰야 한다.

12. ① 착화성이 높은 연료를 사용해야 한다. 즉, 세탄가가 높은 연료를 사용한다.
② 기관의 압축비를 높이고 흡입공기, 압축압력 및 연소온도를 높게 한다.
③ 기관의 회전속도를 높이고 냉각수의 온도가 높은 편이 노킹을 줄이는 데 도움이 된다.

13.
$$옥탄가 = \frac{이소옥탄}{(이소옥탄 + 노멀헵탄)} \times 100$$

$$세탄가 = \frac{세탄}{(세탄 + \alpha메틸나프탈렌)} \times 100$$

15. 연료분사 개시 때 분사량을 적게 하고 와류를 이용하는 것이 노킹을 줄이는 데 도움이 된다.

16. 세탄가가 높을수록 착화지연이 짧아져 디젤 노크를 방지할 수 있다. 엔진의 회전속도를 높이면 일반적으로 노킹이 줄어들지만 고속에서는 회전수를 낮추는 게 도움이 되는 경우도 있기 때문에 가장 적당한 정답은 ①번이 된다.

19. ④ 디젤엔진에서 노킹을 줄이기 위해 세탄가가 높은 연료를 사용해야 한다.

20. ② 연료의 초기 분사량이 많아져서 착화가 지연되면 노킹이 발생되기 쉽다.

21. ② 연료의 초기 분사량을 감소시켜 착화지연을 짧게 한다.

22. 착화 지연을 방지하기 위해서는 연료 스스로 불이 잘 붙는 조건을 맞춰주면 된다. 따라서 흡기온도를 높이는 것이 도움이 된다.

23. 연료 분사 초기에 연료 분사량을 많게 할 경우 착화가 지연되어 디젤엔진에서 노킹의 원인이 된다.

24. 가솔린 및 디젤엔진의 노킹을 방지하기 위해서는 엔진의 회전수를 높이는 것이 도움된다.

25. 디젤의 착화지연을 방지하기 위해 엔진의 온도, 흡기온도, 압축압력을 높게 한다.

26. 노킹이 발생될 때 비정상적인 연소로 연소실 내 압력은 증가하지만 높은 압력이 평균유효압력으로 연결되지는 않는다.

27. ② **런온** : 엔진 키를 돌려 엔진을 멈춘 뒤에도 엔진이 정지하지 않고 한참 동안 돌아가는 상태를 말한다.
    ③ **럼블(Rumble)** : 기관의 압축비가 9.5 이상으로 높은 경우에 노크 음과 다른 저주파의 둔한 뇌음을 내며 기관의 운전이 거칠어지는 현상으로 연소실의 이물질이 원인이 된다.

28. • **과급기** : 과급기는 엔진의 출력을 향상시키기 위해 흡기 라인에 설치한 공기 펌프이다. 즉, 강제적으로 많은 공기량을 실린더에 공급시켜 엔진의 출력 및 회전력의 증대, 연비를 향상시킨다.

29. 커넥팅로드의 길이를 줄이게 되면 실린더에서 받는 측압이 증가하게 된다.

30. • **슈퍼차저** : 엔진의 동력을 이용해 흡입공기를 과급하여 출력을 증대시키는 장치

31. 터보차저는 엔진에서 배출되는 배기가스의 유동 에너지로 터빈을 회전시키고, 같은 축에 연결된 압축기가 흡입 공기를 압축하여 과급한다.

32. ④는 루트(슈퍼차저)식에 대한 설명이다.

33. 터보차저는 흡입 공기량을 늘려 연소 상태를 좋게 하므로 세탄가가 다소 낮은 연료도 사용할 수 있다.

34. ① 플로팅 베어링(부동 베어링) : 10,000~15,000 rpm 정도로 고속 회전하는 터빈축을 지지하는 베어링으로 엔진으로부터 공급되는 오일로 윤활된다.
    ② 터보 래그 : 터보차저에서 가속 페달을 밟는 순간부터 엔진 출력이 운전자가 기대하는 목표에 도달할 때까지의 지연 현상으로 구성품에 해당되지 않는다. 터보 래그는 터보차저가 부착된 엔진의 단점으로 엔진의 회전수가 낮을 때 이런 경향이 두드러지고 VGT (Variable Geometry Turbocharger)를 활용하여 최소화 할 수 있다.

36. ① 인터쿨러는 임펠러와 흡기 다기관 사이에 설치되어 흡입공기를 냉각시키는 역할을 한다.
    ② 과급기는 배기가스에 의해 작동되는 터빈식과 엔진의 동력을 이용하는 루트식이 있다.
    ④ 디퓨저는 기체의 통로를 넓게 하여 유체의 흐름속도를 느리게 하여 압력을 높이는 장치로 체적효율이 향상된다.

37. ③ 슈퍼차저=루트식
    ④ **웨이스트 게이트 밸브** : 터보차저에서 배출가스의 양이 순간 증가될 때 터빈의 저항으로 기계적 부하증가 및 배기압력이 높아지는 것을 방지하기 위해 둔 바이패스 밸브이다.

39. 터보 장치를 활용하여 출력을 높일 경우 엔진의 배기량을 줄일 수 있다(엔진 다운사이징). 가변흡기 액추에이터(VICS)를 활용할 경우 저속에서 성능저하 방지 및 연비 향상을 도모할 수 있다.

40. 저속과 고속 모두 안정적인 과급이 가능한 것이 슈퍼차저의 장점이다. 다만 항상 엔진의 출력을 사용하여 슬립 없이 터빈을 구동하기 때문에 저 rpm만 제외하고 대부분의 영역에서 터보차저에 비해 출력이 부족하다.

CRDI 연료장치

■ CRDI

- 전자제어 직분사 디젤엔진(기존 디젤엔진 대비 출력 및 연비 향상, 유해물질 감소)
- ECU 입력요소
  ① AFS(열막식) – EGR 피드백 용도(흡입공기량이 EGR율 결정)
  ② ATS – 연료량, 분사시기 보정신호(시동할 때 연료량 보정)
  ③ CAS – 분사시기 결정 / CPS 분사순서 결정
  ④ WTS – 연료량 보정, 냉각 팬 제어 신호
  ⑤ RPS(레일압력센서) – 연료량과 분사시기 조정 신호
  ⑥ BPS(부스트압력센서) – EGR 작동 보정, VGT S/V 작동량 점검
  ⑦ 람다센서 – EGR 제어 및 연료량 제어

■ 연료공급 순서

저압라인	고압라인/* 고압펌프 : 캠축으로 구동
기계식 : 연료탱크 → 연료필터 → 저압펌프	→ 고압펌프 → 커먼레일 → 인젝터
전자식 : 연료탱크 → 저압펌프 → 연료필터	
* 저압펌프 = 1차 공급펌프 　→ 기계식 : 2차 펌프와 같이 설치 　　　전자식 : 연료탱크 안에 있음	고압펌프 : 연료 압 1350bar로 높임 커먼레일(2차 공급펌프) → 고압 어큐뮬레이터 　→ 압력조절밸브 있음(1750bar 이상 작동) 고압 파이프에 RPS 및 인젝터 설치

■ 디젤 전용 경고등의 종류

(1) 연료 수분감지 경고등 – 연료 필터 내에 수분 감지
　　　　　　　　　　　　– 규정량 이상의 물 → 시동 상태에서도 계속 켜짐
(2) DPF 경고등(배기가스 후처리 장치)
　　– DPF 내에 PM이 많이 쌓임 / 시내주행이 많을 때 점등
　　　→ 고속으로 일정 시간 이상 주행해야 꺼짐
(3) 예열플러그 작동 등 '키 ON' 상태에서 예열플러그가 작동할 때 켜짐

■ CRDI의 연료의 분사

(1) 예비(파일럿)분사 : 착화지연을 줄여 부드러운 압력 상승 유도
　　– 가속, 연료분사 증대 시 진동과 소음↓, 자연스러운 종속이 가능하게 함
(2) 주(메인)분사 : 메인 분사, 출력을 발생시킴
(3) 후(포스트)분사 : DPF(배기가스 후처리장치) 내에 쌓인 PM을 태우기 위해 분사함

> * 예비분사를 하지 않는 경우
> 　예비분사가 주 분사를 앞지르는 경우 / rpm이 규정 이상인 경우
> 　분사량이 적은 경우 / 주 분사량이 부족한 경우 / 연료압이 100 bar 이하인 경우

■ **친환경 디젤**

(1) 유로 6 : NOx와 PM을 줄이기 위한 기준

　① NOx 저감장치

　　㉠ 저압 EGR 장치 : DPF 후단에서 PM을 감소시킨 배기가스를 연소실로 재순환

　　　↳ EGR 쿨러적용 – 연소실로 재순환되는 'EGR 가스'를 냉각시켜 줌

　　㉡ SCR(선택적 촉매환원장치) : 요소수 + 가열 → 암모니아(NH_3)

　　　↳ 도징 인젝터로 배기가스에 분사

　　　– 배기가스 중의 NOx와 화학반응 → N_2, H_2O

　　　– 배기량이 큰 차에서 주로 사용

　　㉢ LNT(희박질소촉매), NSC

　　　– 필터 내 NOx 포집하여 연료를 태워 연소시킴

　　　– 연료 효율이 떨어지나 EGR 장치와 같이 사용하여 '유로 6'에 대응

　② PM 저장장치 : 배기가스 후처리 장치(CPF, DPF)

　　㉠ DOC(디젤산화촉매장치)의 도움으로 HC를 산화하여 배기온도를 550℃ 이상 높임

　　　↳ CO, HC → CO2, H2O　　　　↳ PM감소 효과　　　　↳ PM을 태워냄

　　㉡ 차압센서 : PM 포집정도 파악 / 배기온도 센서 : VGT 보호(850℃ 이하로 유지)

---

01 출제빈도 ★★☆

초고압 직접분사 디젤엔진의 설명으로 옳지 않은 것은?

① 기존 인젝션 펌프 방식 대비 약 30%의 출력 및 연비의 향상을 구현할 수 있다.

② 커먼레일이라 불리는 축압기와 인젝터, 고압펌프 및 저압펌프 등으로 구성된다.

③ 순간 출력을 높이기 위해 인젝터의 동시분사 제어가 가능하다.

④ 과급장치를 사용하여 출력을 더욱 증대시킬 수 있다.

02 출제빈도 ★★☆

다음 중 커먼레일 엔진의 설명으로 옳은 것은?

① 엔진의 출력을 활용하지 않고 고압펌프를 구동하기 때문에 연비가 좋다.

② 분사압력은 엔진의 분사량 및 회전속도에 일부 영향을 받는다.

③ 인젝터에 압력 센서 및 압력제어 밸브가 설치되어 정밀한 제어가 가능하다.

④ 축압기의 체적을 활용해 펌프와 분사 사이클 때문에 발생하는 맥동을 감쇄시킨다.

03 출제빈도 ★★☆

커먼레일 디젤 엔진(CRDI)의 특성으로 가장 옳지 않은 것은?

① 고압 직접 분사 엔진이다.
② 저소음·저공해 엔진이다.
③ 1사이클당 연료를 1회만 분사한다.
④ ECU에 의한 정확한 연료제어가 가능하다.

04 출제빈도 ★★☆

초고압 직접분사 디젤엔진에서 고압펌프로부터 발생된 연료를 일시 저장하는 장소로 적합한 것은?

① 서지 탱크　　② 리저버 탱크
③ 압축기　　　④ 축압기

05 출제빈도 ★★☆

커먼레일의 구성요소가 아닌 것은?

① 인젝터　　　② 연료압력조절 밸브
③ 분사펌프　　④ 고압펌프

06 출제빈도 ★★☆

CRDI(Common Rail Direct Injection system)의 설명으로 틀린 것은?

① 각 실린더의 인젝터와 공통으로 연결되어 있는 '커먼레일'이라는 부품으로 분사에 필요한 압력을 항시 대기시켜 놓은 상태에서 전기적인 신호를 이용하여 인젝터를 작동시켜 연료를 공급하는 방식이다.
② 인젝터의 분사압력은 1,350~1,600bar 정도로 기존에 사용한 분사펌프의 압력보다 높아 연소실로 분무되는 연료의 무화와 관통력을 좋게 하였다.
③ 강화된 배기가스 규제를 만족시키기 위한 전자제어 장치로 출력향상과 연비의 향상까지 도모하였다.
④ 인젝터의 정밀화로 저압펌프 없이 고압펌프만으로도 높은 분사압력을 유지할 수 있다.

07 출제빈도 ★★☆

CRDI 자동차에서 배기가스 재순환장치를 제어하기 위해 입력받는 신호로 가장 적당한 것은?

① AFS　　　　② ATS
③ WTS　　　　④ CKS

08 출제빈도 ★☆☆

CRDI 전자제어 디젤엔진 장치에서 ECU(엔진)입력요소로 거리가 먼 것은?

① 블로워 모터
② EGR 밸브 위치 센서
③ 레일압력 센서
④ 에어컨스위치

09 출제빈도 ★★☆

전자제어 디젤엔진 CRDI에서 사용되는 센서 위치에 대한 내용으로 틀린 것은?

	센서	설치 위치
①	레일압력 센서	고압파이프
②	APS	가속페달
③	대기압 센서	ECU(ECM)
④	CAS	실린더블록

10 출제빈도 ★★☆

CRDI 엔진에서 ECU가 제어하는 출력신호만으로 구성된 것은?

① EGR 솔레노이드, 레일압력 센서
② 에어컨스위치, 스로틀밸브 액추에이터
③ 예열플러그, 가속페달 위치 센서
④ 연료압력밸브, 고압인젝터

11 출제빈도 ★★☆

전자식 저압펌프를 사용하는 CRDI 디젤엔진에서 연료공급 순서로 맞는 것은?

① 저압펌프 → 연료필터 → 고압펌프 → 커먼레일
② 연료필터 → 저압펌프 → 고압펌프 → 커먼레일
③ 연료공급펌프 → 연료필터 → 분사펌프 → 커먼레일
④ 연료펌프 → 연료필터 → 커먼레일 → 연료압력조절기

12 출제빈도 ★★☆

커먼레일방식 연료장치의 연료공급과정으로 옳은 것은?

① 고압 연료펌프 → 연료여과기 → 저압 연료펌프 → 커먼레일 → 인젝터
② 고압 연료펌프 → 연료여과기 → 저압 연료펌프 → 인젝터 → 커먼레일
③ 저압 연료펌프 → 연료여과기 → 고압 연료펌프 → 커먼레일 → 인젝터
④ 저압 연료펌프 → 연료여과기 → 고압 연료펌프 → 인젝터 → 커먼레일

13 출제빈도 ★★☆

커먼레일에 대한 설명 중 맞는 것은?

① 캠축을 사용하여 구동하므로 구조가 단순하다.
② 엔진의 속도가 증가하면 분사압력과 분사량도 증가한다.
③ 인젝터에서 연료를 분사할 때 파일럿 분사를 할 수 없다.
④ 분사압력의 발생과 분사과정이 독립적으로 행해진다.

14 출제빈도 ★★☆

다음 중 커먼레일 엔진(CRDI)의 설명으로 거리가 먼 것은?

① 고압라인의 압력은 저압펌프에 의해 결정된다.
② 분사압력의 발생과 분사과정이 독립적으로 수행된다.
③ 주 분사량은 엔진회전수, 냉각수 온도, 흡입 공기량 등에 영향을 받는다.
④ 다단분사를 활용하며 동력을 발생시키기 위해 예비분사, 주분사 제어를 한다.

15 출제빈도 ★★☆

CRDI 엔진에서 폭발압력의 상승을 부드럽게 하여 연소가 원활하도록 돕는 다단분사로 맞는 것은?

① 파일럿분사
② 주분사
③ 사후분사
④ 동기분사

16 출제빈도 ★★☆

커먼레일 디젤엔진의 연료분사에서 엔진의 소음과 진동을 줄이기 위한 분사 단계로 가장 옳은 것은?

① 광역분사
② 예비분사
③ 주분사
④ 후분사

17 출제빈도 ★★☆

CRDI(Common Rail Direct Injection)엔진에 대한 설명으로 가장 거리가 먼 것은?

① 연료분사 압력을 엔진의 회전속도 및 부하 조건과 관계없이 고압으로 분사가 가능하기 때문에 저속의 큰 부하 조건에서도 출력과 회전력을 원활하게 사용할 수 있다.

② 연료를 착화시키기 위한 별도의 분사가 가능하기 때문에 소음과 진동을 감소시키는 효과를 기대할 수 있다.

③ 공기유량 센서는 핫필름 방식을 주로 사용하며 NOx 저감을 위한 EGR장치의 피드백 제어를 위해 사용된다.

④ SCR 장치에 포집된 입자상 물질을 제거하기 위해 포스트 분사를 활용하기도 한다.

18 출제빈도 ★★☆

디젤에 주로 사용되는 커먼레일엔진(common rail direct injection engine)에 대한 설명으로 옳은 것은?

① 다단분사 중 파일럿 분사의 주목적은 배기가스를 줄이기 위한 목적으로 사용된다.

② 전자제어를 활용한 장치로 과거에 기계식 연료펌프에 비해 고압펌프의 분사압력을 낮추어 내구성에 도움이 된다.

③ 연료의 입자를 크게 분사하여 농후한 공연비를 구현하기 좋아 단시간에 출력을 높이기에 적합하다.

④ 커먼레일의 고압펌프는 스프라켓을 이용해 타이밍 벨트나 체인을 통해 동력을 전달받아 피동된다.

19 출제빈도 ★★☆

디젤 연료장치에서 예비분사를 하지 않는 경우로 올바르지 않은 것은?

① 엔진회전수가 규정보다 높은 경우

② 예비분사가 주분사를 너무 앞지를 경우

③ 연료량 보정 제어 시

④ 연료압력이 100bar 이하로 낮은 경우

20 출제빈도 ★★☆

디젤엔진 중 CRDI 연료장치에서 예비분사를 하지 않는 경우로 가장 거리가 먼 것은?

① 주분사 연료량이 많은 경우

② 예비분사가 주분사를 너무 앞지르는 경우

③ 주분사 연료량이 충분하지 않은 경우

④ 연료압력이 100bar 이하인 경우

21 출제빈도 ★★★

디젤엔진에서 배출하는 유해물질로 가장 거리가 먼 것은?

① CO　　　　② PM

③ CO_2　　　④ NOx

22 출제빈도 ★★★

다음 중 배기가스 재순환장치 EGR(Exhaust Gas Recirculation)과 관련된 설명으로 가장 거리가 먼 것은?

① 고온의 희박한 혼합기에서 다량 생성된 질소산화물을 줄이기 위한 장치로 연소실의 폭발 온도를 낮추는 데 그 목적이 있다.

② 냉간 시나 급가속 시, 배기가스 후처리 장치 DPF(Diesel Particulate Filter) 재생 시는 일반적으로 EGR 장치는 작동하지 않는다.

③ 가변 밸브 타이밍을 제어하는 시스템으로 별도의 EGR장치 없이 EGR장치의 효과를 볼 수도 있다.

④ 가솔린 차량에 EGR 쿨러를 적용해 연소실의 냉각효과를 높이는 제어를 한다.

23 출제빈도 ★★★

질소산화물은 디젤기관에서 많이 발생되는 불순물이다. 이를 여과하기 위한 장치로 맞는 것은?

① VGT(Variable Geometry Turbocharger)
② DPF(Diesel Particulate Filter)
③ DOC(Diesel Oxidation Catalyst)
④ SCR(Selective Catalyst Reduction)

24 출제빈도 ★★★

선택적 촉매환원장치 SCR은 '요소수'라 불리는 액체를 별도의 탱크에 보충한 뒤 배기라인에 공급하여 열을 가한 뒤 화학반응을 일으키는 원리로 배기가스 중 어떤 유해물질을 주로 줄일 수 있는가?

① 탄화수소   ② 질소산화물
③ 입자상물질   ④ 일산화탄소

25 출제빈도 ★★★

다음 중 요소수를 사용함으로써 저감되는 배기가스는?

① 탄화수소   ② 일산화탄소
③ 이산화탄소   ④ 질소산화물

26 출제빈도 ★★★

다음 보기에서 설명하는 여과장치로 가장 적당한 것은?

┤ 보기 ├

'요소수'라 불리는 액체를 별도의 탱크에 보충한 뒤 열을 가하여 암모니아로 바꾼 후, 배기가스 중의 NOx와 화학반응을 일으켜 물과 질소로 바꾸게 한다.

① SCR(Selective Catalytic Reduction)
② LNT(Lean NOx Trap)
③ NSC(NOx Storage Catalyst)
④ EGR(Exhaust Gas Recirculation)

27 출제빈도 ★★★

디젤 차량에서 요소수(UREA)를 사용하여 NOx를 줄이기 위한 장치로 맞는 것은?

① LNT   ② SCR
③ DPF   ④ DOC

28 출제빈도 ★★★

디젤엔진에 사용되는 요소수의 기능으로 옳은 것은?

① 연료와 함께 연소실에 유입되어 연소될 때 발생되는 다량의 질소산화물을 태워내는 역할을 한다.
② 배기가스 중에 노출시켜 고온에 의해 암모니아로 전환 후 질소산화물과 화학반응을 일으켜 물과 질소로 바꾸는 역할을 한다.
③ 배출가스 중의 탄화수소를 포집시킨 장치에 유입시켜 탄화수소와 함께 연소시켜 대기 중에 배출되는 것을 방지한다.
④ 흡입되는 공기 중에 무화상태로 공급하여 산소의 밀도를 높이고 연소가 원활하게 될 수 있도록 하여 엔진의 출력을 높여주는 기능을 한다.

29 출제빈도 ★★★

디젤엔진에서 요소수를 분사하여 NOx를 줄이기 위한 장치로 맞는 것은?

① 선택적 환원촉매장치 SCR
② 배기가스 재순환장치 EGR
③ 디젤산화촉매기 DOC
④ 배기가스 후처리장치 DPF

30 출제빈도 ★★☆

선택적 촉매환원장치 SCR(Selective Catalytic Reduction)에 대한 설명으로 가장 적당한 것은?

① HC와 CO를 H_2O와 CO_2로 변환시켜 80% 이상 감소시키고 PM도 20% 정도 저감하는 효과가 있다.

② 배기가스에 요소와 물을 분사하여 NOx을 줄이는 목적으로 사용한다.

③ 공연비가 농후할 때 많이 발생되는 PM을 포집해서 일정량이 누적되면 연소를 통해 없애는 장치이다.

④ 촉매에 NOx를 흡착하여 저장했다가 공연비가 농후할 때 촉매 반응을 통해 질소와 이산화탄소로 배출시킨다.

31 출제빈도 ★☆☆

디젤엔진에서 예열과정 중 매연이 발생되는 원인으로 틀린 설명은?

① 온도가 낮아 입자상물질이 응집되어 덩어리지기 때문에

② 출력을 높이기 위해 연료를 다량 분사하기 때문에

③ 연료입자가 대기 중의 산소와 결합되지 않아 불완전연소하기 때문에

④ 연료입자가 연소 시 공기 중의 산소와 혼합되지 않기 때문에

32 출제빈도 ★★☆

아래 설명에 해당되는 내연기관 자동차에서 배출되는 유해물질의 종류로 가장 적합한 것은?

- 주로 산소가 부족한 확산 연소 조건에서 많이 발생
- 가솔린 엔진보다 디젤엔진에서 많이 발생
- 입자상 물질이라고도 하고 주로 탄소 덩어리로 구성

① CO(carbon monoxide)
② HC(hydrocarbon)
③ NOx(nitrogen oxides)
④ PM(particulate matter)

33 출제빈도 ★★★

기관 연소실에서 배출되는 배기 중에서 매연, 입자상 물질을 저감시키는 주된 방법은 어떤 것인가?

① EGR   ② DOC
③ DPF   ④ SCR

34 출제빈도 ★★★

디젤엔진의 후처리장치로서 입자상물질(PM)을 포집하여 태우는 기술로 PM을 80% 이상 저감할 수 있는 매연 저감장치로 가장 옳은 것은?

① DOC   ② DPF
③ EGR   ④ NOx 촉매

35 출제빈도 ★★☆

배기가스 후처리장치 DPF를 제어하여 줄일 수 있는 요소와 입력신호로 맞는 것은?

① PM - 차압 센서, 온도 센서
② NOx - 차압 센서, WTS
③ HC - 온도 센서, 산소 센서
④ CO - 산소 센서, WTS

36 출제빈도 ★★☆

전자제어 디젤엔진의 인젝터의 사후분사 과정을 통해 배기가스 후처리장치(CPF)에 매연을 재생시키는 기준에 해당되지 않는 것은?

① 차압 센서에 의한 기준
② 일정거리 및 주행시간에 의한 기준
③ ECU의 시뮬레이션 계산에 의한 기준
④ PM 입자크기에 의한 기준

37 출제빈도 ★★☆

질소산화물을 정화하기 위한 장치로 거리가 먼 것은?

① DPF(Diesel Particulate Filter)
② SCR(Selective Catalytic Reduction)
③ LNT(Lean NOx Trap)
④ EGR(Exhaust Gas Recirculation)

38 출제빈도 ★★☆

디젤 자동차에 사용되는 배기가스저감 장치에 대한 설명으로 틀린 것은?

① DPF는 물리적으로 입자상 물질을 포집하고 연소시켜 제거하는 배기 후처리장치이다.
② LNT는 필터 안에 NOx를 포집한 후 연료를 태워 연소하는 방식이다.
③ DOC는 배기가스 중에 유해물질을 환원시키는 동시에 PM을 줄이는 기능도 한다.
④ SCR은 배기가스 중에 요소수를 공급하여 NOx를 물과 질소로 바꾸는 역할을 한다.

39 출제빈도 ★★☆

디젤엔진에 사용되는 신기술 중 배기가스 유해물질 저감장치에 해당되지 않는 것은?

① SCR   ② LNT
③ DPF   ④ 촉매변환장치

40 출제빈도 ★★☆

디젤자동차에 적용되는 일반적인 유해 배기 배출물 저감 장치로 가장 옳지 않은 것은?

① 삼원촉매장치(TWC)
② 디젤 입자상물질 여과장치(DPF)
③ 선택적 촉매 환원장치(SCR)
④ 질소산화물 저장 촉매기(NSC)

41 출제빈도 ★★☆

배기가스 중 유해물질을 줄이기 위한 장치에 대한 설명으로 거리가 먼 것은?

① SCR(Selective Catalytic Reduction)은 배기가스 중의 CO를 포집하여 일정기간 주행 후 연소시키는 역할을 한다.
② LNT(Lean NOx Trap)는 필터 안에 NOx를 포집한 후 연료를 태워 연소시키는 방식으로 연료 효율이 떨어지는 단점이 있다.
③ DOC(Diesel Oxidation Catalyst)는 포집장치에 모여진 PM을 원활히 연소하기 위해 배기온도를 상승시키는 역할을 한다.
④ 배기가스 재순환장치(EGR : Exhaust Gas Recirculation)는 배기가스의 일부를 연소실로 재순환하며 연소 온도를 낮춤으로써 NOx의 배출량을 감소시키는 장치이다.

›››› 정답

01	02	03	04	05	06	07	08	09	10
③	④	③	④	③	④	①	①	③	④
11	12	13	14	15	16	17	18	19	20
①	③	④	①	①	②	④	④	③	①
21	22	23	24	25	26	27	28	29	30
③	④	④	②	④	①	②	②	①	②
31	32	33	34	35	36	37	38	39	40
②	④	③	②	①	④	①	③	④	①
41									
①									

01. 동시분사 대신 다단분사를 실시한다.

02. ① 엔진의 출력을 활용하여 고압펌프에 동력을 전달한다.
② 분사압력은 일정하게 유지되도록 제어하고 인젝터의 제어를 통해 분사량을 결정한다.
③ 커먼레일에 압력 센서 및 압력제어 밸브가 설치된다.

03. 커먼레일 시스템은 예비분사, 주분사, 후분사 등 여러번 나누어 분사할 수 있다. 이 덕분에 소음과 진동이 줄고 배출가스의 유해 물질을 줄일 수 있게 된다.

04. Common Rail을 축압기라고도 표현한다. 축압기는 유체를 일시 저장하는 기능을 가진 장치를 통칭하는 용어로 사용된다.

05. 분사펌프는 기계식 디젤엔진의 구성요소이다.

06. 고압펌프까지 연료를 공급하기 위해 저압펌프가 필요하게 된다.

07. CRDI 엔진에서 AFS는 EGR 장치와 밀접한 관계를 갖고 피드백 제어를 한다. NOx 저감을 위해 EGR 장치가 활성화 되면 배기가스가 재순환되는 양이 많아져서 흡입공기량이 상대적으로 줄어드는 원리이다.

08. 블로워 모터는 작동되는 신호를 굳이 ECU에 입력할 필요가 없는 관계로 정답은 1번이 된다.

09. 일부 CRDI 엔진에서 대기압 센서가 ECU에 위치하는 경우도 있지만 대부분의 경우에는 AFS 근처에 위치하는 관계로 ③선지가 정답이 되는 것으로 판단된다.
③선지 외의 센서는 반론의 여지가 없다.

10. 센서와 스위치는 입력신호이다.

12. 전자식 저압 펌프를 사용하는 CRDI(Common Rail Direct Injection) 엔진의 연료공급 순서이다.

13. ① 고압펌프는 캠축으로부터 구동되며 정밀하게 만들어져 구조가 복잡하다.
② 엔진의 속도가 증가해서 분사량을 증가시키기 위해 인젝터의 구동시간을 늘리게 된다. 연료의 압력은 일정하게 유지된다.
③ 파일럿 분사를 포함한 다단분사를 실시한다.

14. 저압펌프는 연료탱크에서 고압펌프까지 연료를 압송하는 역할을 하며 고압라인의 압력은 고압펌프에 의해 발생된다.

15. 연료분사를 증대시킬 때 미리 예비분사를 실시하여 부드러운 압력 상승곡선을 가지게 해준다. 그 결과 소음과 진동이 줄어들고 자연스런 증속이 가능하다.

17. ④ CPF 장치에 포집된 PM을 제거하기 위해 사후(포스트) 분사를 활용하기도 한다.

18. ① 파일럿 분사 : 피스톤이 상승하는 과정 초기에 소량을 연소시킴으로써 압력과 온도를 미리 올려놓아서 주분사에서의 갑작스런 압력상승을 줄여주는 목적으로 사용된다. 참고로 배기가스를 줄이기 위한 목적으로 사후분사를 이용한다.

19. • 예비분사 제어를 하지 않는 경우는 다음과 같다.
ㄱ 예비분사가 주분사를 너무 앞지를 경우
ㄴ 엔진회전수가 규정 이상인 경우
ㄷ 연료 분사량이 너무 작은 경우
ㄹ 주분사 연료량이 충분하지 않은 경우
ㅁ 연료압력이 최소압 100bar 이하인 경우

20. 주분사 연료량이 충분하지 않은 경우 예비분사를 하지 않는다.

21. CO_2는 인체에 직접적으로 좋지 않은 영향을 끼치지 않는다.

22. 가솔린엔진은 디젤엔진보다 연소실의 온도가 낮기 때문에 별도의 EGR 쿨러를 사용하지 않는다.

23. ① **VGT(Variable Geometry Turbocharger) 가변용량 제어장치** : 일반 터보차저의 경우는 저속 구간에서는 배출 가스량이 적고 유속이 느려 터보의 효과를 발휘할 수 없지만 VGT는 저속 구간에서 배출가스의 통로를 좁힘으로써 배출가스의 속도를 빠르게 하여 터빈을 빠르고 힘 있게

구동시키므로 저속에서도 일반 터보차저보다 많은 공기를 흡입할 수 있으므로 저속구간의 출력을 향상시킬 수 있다.

② **DPF(Diesel Particulate Filter) 배기가스 후처리 장치** : 입자상 물질(PM)을 포집하여 태워내기 위한 장치이다.

③ **DOC(Diesel Oxidation Catalyst) 디젤 산화 촉매기** : 촉매기의 산화반응을 이용하여 매연, CO, HC의 농도를 낮출 수 있다.

24. • **SCR(Selective Catalytic Reduction)** : 선택적 촉매 환원장치 SCR은 '요소수'라 불리는 액체를 별도의 탱크에 보충한 뒤 열을 가하여 암모니아로 바꾼 후, 배기가스 중의 NOx와 화학반응을 일으켜 물과 질소로 바꾸게 한다.

25. 요소수는 세계 각국의 트럭, 버스 등 대형 상용차에 질소산화물을 줄이기 위한 촉매제로 사용되고 있다.
    • **SCR 장치** : 요소수 + 열 → NH$_3$(암모니아)
    → NH$_3$+NOx → N$_2$+H$_2$O

30. ① DOC(Diesel Oxidation Catalyst)에 대한 설명이다.
    ③ DPF(Diesel Particulate Filter)에 대한 설명이다.
    ④ LNT(Lean NOx Trap)에 대한 설명이다.

31. 디젤엔진은 예열을 하기 위해 예열플러그나 흡기 히터 등의 전열기구를 사용한다. 즉, 예열 중에 연료를 다량으로 분사하지 않는다.

32. 디젤엔진의 불완전 연소 시 생기는 탄소 입자(매연)로 입자상 물질(PM)이라 칭한다.

33. ①, ④ NOx 저감
    ② CO, HC 산화저감, HC 저감으로 PM 간접저감, 배기온도 상승으로 DPF 재생이 원활하게 도움을 준다.

34. PM에 의해 필터가 막혔는지 여부를 파악하기 위해 차압 센서가 필요하고 PM을 연소하기 위한 온도를 과도하게 올려 VGT가 손상되는 것을 방지하기 위해 배기가스 온도 센서의 신호를 받게 된다.

36. 입자상 물질의 크기를 측정하는 방식은 사용되지 않는다.

37. ① DPF는 입자상물질(PM)을 줄이기 위한 장치이다.

38. ③ DOC는 산화 촉매에 의해 CO, HC를 CO$_2$, H$_2$O, CO$_2$로 변환하고 PM의 구성성분인 HC를 줄여 간접적으로 PM을 저감시키는 기능도 한다.

39. 디젤엔진에는 디젤산화촉매장치(DOC : Diesel Oxidation Catalyst)가 유해물질 저감장치로 활용된다.

40. TWC(Three-Way Catalyst)는 가솔린 엔진의 삼원가스(CO, HC, NOx) 정화용 장치이다.
    디젤에는 DPF(Diesel Particulate Filter), SCR(Selective Catalytic Reduction), NSC(NOx Storage Catalyst) 등이 사용된다.

41. ① SCR(Selective Catalytic Reduction : 선택적 촉매환원장치)은 '요소수'라 불리는 액체를 별도의 탱크에 보충한 뒤 열을 가하여 암모니아(NH$_3$)로 바꾼 후, 배기가스 중의 NOx와 화학반응을 일으켜 물과 질소로 바꾸게 한다.

■ 전류의 3대 작용

(1) 발열 작용 : 전구, 예열플러그
(2) 화학 작용 : 전기 도금, 축전지
(3) 자기 작용 : 전동기, 발전기, 솔레노이드

옴의 법칙	기호	단위
전압	E	V
전류	I	A
저항	R	Ω

■ 도체의 고유저항(R) $= \rho(단면고유저항) \times \dfrac{l\ 도체의\ 길이(cm)}{A\ 단면적(cm^2)}$

- 직렬 합성저항 : $R = R_1 + R_2 + R_3 + \cdots$,

- 병렬 합성저항 : $\dfrac{1}{R} = \dfrac{1}{R_1} + \dfrac{2}{R_1} + \dfrac{3}{R_1} + \cdots$ or $R = \dfrac{R_1 \cdot R_2}{R_1 + R_2}$

■ 키르히호프의 법칙

(1) 제1법칙 : 회로 내의 어떠한 점에 유입한 전류의 총합과 유출한 전류의 총합은 같다.
           → 병렬 연결된 저항에 흐르는 전류에 적용
(2) 제2법칙 : 폐회로에 있어 저항에 의한 전압 강하의 총합은 기전력의 총합과 같다.
           → 직렬 연결된 저항에 걸리는 전압강하에 적용
* 전력 $P(W) = I \cdot E$ → 피 흘리는 아이   1PS = 0.735kW → 일률의 단위

■ 자동차 회로

(1) 퓨즈 : 과전류로부터 회로를 보호(연결 상태 : 폐회로, 끊어진 상태 : 개회로)
   ① 주로 납과 주석 또는 아연과 주석 합금 사용
   ② 사용 단위(A)   *용량 : 전류의 1.5배~1.7배
(2) 릴레이 : 스위치를 전자석 회로와 병렬 연결하여 전류 단속(스위칭 작용)
   ① 단점 : 전력 소모량 많음, 진동·소음이 큼, 작동하는 데 소요 시간이 긺
   ② 단점 보완 위해 트랜지스터 활용
(3) 키(점화)스위치
   ① 스위치 4단계
      ㉠ LOCK : 전원 완전 차단 상태, 핸들 조작 시 잠김
      ㉡ ACC : 액세서리 부품에 전원 공급(카오디오, 네비, 시거잭 …)
      ㉢ ON ⓐ 시동 OFF 상태 : 전원 공급단계
           ⓑ 시동 ON 상태 : 모든 장치에 전원 공급
      ㉣ START – 엔진 구동단계(크랭킹) → 기동전동기를 제외한 시동 걸기 위한 전원 공급(IG₁)

② 전원 종류 : 상시, ACC, IG_1, IG_2, ST

    *IG_1, IG_2로 구분한 이유 → 크랭킹 시 불필요한 전원 차단

■ 반도체 – Si(실리콘 → 150℃)

(1) 다이오드 : 한쪽 방향으로만 전류가 흐름

   ① P형과 N형 반도체 접합

   ② 정류 작용(AC → DC)

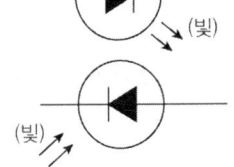

자동차 AC 발전기에서
AC → DC로 바꾸어 줌

(2) 제너다이오드 – '브레이크 다운 전압'에서 역방향으로 전류가 흐름

  * AC 발전기의 전압조정기에서 과충전을 막기 위해 사용

    ⌐ 레인센서 ⌐ 옵티컬 타입 센서

(3) 발광 다이오드(LED) – 순방향 전류 – '10mA 전류 소요' → '빛 발생'

   사용 센서 : CAS, TDC, 차고 센서, 조향 휠 각 센서

        (빛)

(4) 수광 다이오드 – 빛을 받으면 '역방향 전류인가(제너다이오드 원리 유사)'

   (= 포토) 사용센서 – CAS, 1번 TDC, 조향 휠 각 센서, A/C센서

  (빛)

(5) 트랜지스터 – 불순물 반도체 3개 접합(구성 : C – 컬렉터, B – 베이스, E – 이미터)

   작용 – 증폭 작용 : 작은 B전류로 큰 C전류를 단속함

        스위칭 작용 : B전류를 단속하여 C와 E전류를 단속함(= 릴레이 작용)

    – 회로 : 증폭 회로, 스위칭 회로, 발진 회로

   ※ 장점 – 진동에 강하다, 크기가 작고 가벼움, 전압 강하와 전력 손실이 적음(내부에서…)

         기계적으로 강하고, 수명이 길며, 예열이 불필요함

    단점 – 과대 전류·전압에 파손되기 쉽다(역내압 낮음).

        정격 값 이상 사용시 파손되기 쉬움, 온도 특성이 나쁘다.

    종류 – ① 포토(수광) 트랜지스터 – 빛에 의해 C전류 제어

          '수광다이오드' 보다 반응은 빠르지만 반응속도는 느리다.

             빛E — (변환) → 전기E

      ② 다링톤 트랜지스터 – 2개의 TR로 구성

         아주 작은 B전류로 큰 전류 제어가능(증폭 효과)

(6) 서미스터 – 온도 변화에 따라 저항 값이 바뀌는 반도체 소자

     종류 – 부특성 서미스터 – 온도↑ → 저항 값↓

        (NTC)   주로 온도센서에서 사용 + 연료 잔량센서

(7) 압전 소자 – 충격을 받으면 전기가 발생하는 원리(노킹센서)

    * 피에조 저항 – 압력에 의해 저항값이 변화(MAP센서, BPS)

(8) 광전도 셀 – 카드뮴과 황 결합

  (= 광량 센서) 빛 강함 → 저항↓, 빛 약함 → 저항↑

        오토라이트의 조도센서, ECM 미러에 사용

(9) 홀 센서 – '홀 소자'를 이용하여, 회전수를 측정하는 데 주로 사용(돌기에 의한 끊김, 빈도수로 측정)

            ↳ 주로 CAS, CPS, 변속기 입출력 회전수, 휠 회전수 … 회전 속도측정에 사용

   홀 전압 : 전류가 흐르는 홀소자에 수직으로 자력이 발생되면 나머지 방향으로 전압차가 발생

01
출제빈도 ★★☆

전류 3대 작용 중 화학작용에 의해 직류 기전력을 생기게 하여 전원으로 사용할 수 있는 장치는?

① 트랜지스터　　② 디퓨저
③ 축전지　　④ 직류 발전기

02
출제빈도 ★★☆

전류의 3대 작용의 하나인 자기작용을 이용한 장치가 아닌 것은?

① 점화코일　　② 릴레이
③ 시거라이터　　④ 기동전동기

03
출제빈도 ★★☆

전류의 3대 작용이 아닌 것은?

① 유도작용　　② 발열작용
③ 화학작용　　④ 자기작용

04
출제빈도 ★★☆

다음 그림에서 A와 B 사이 합성저항을 구하는 공식에 해당되는 것은?

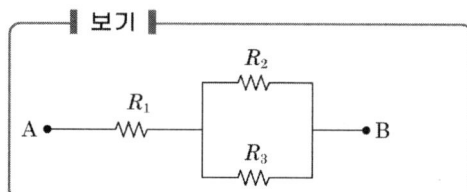

① $R = R_1 + \dfrac{1}{R_2} + \dfrac{1}{R_3}$

② $R = \dfrac{1}{R_1} + \dfrac{1}{R_2} + \dfrac{1}{R_3}$

③ $R = R_1 + \dfrac{R_2 \times R_3}{R_2 + R_3}$

④ $R = \dfrac{1}{R_1} + \dfrac{R_2 + R_3}{R_2 \times R_3}$

05
출제빈도 ★★★

아래 회로도를 보고 합성저항을 구하시오.

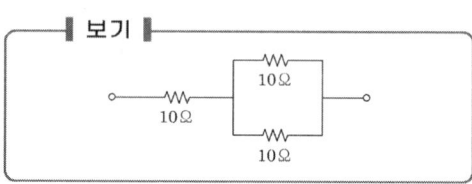

① 5Ω　　② 10Ω
③ 15Ω　　④ 20Ω

06
출제빈도 ★★★

다음 회로도의 총합성저항은 얼마인가?

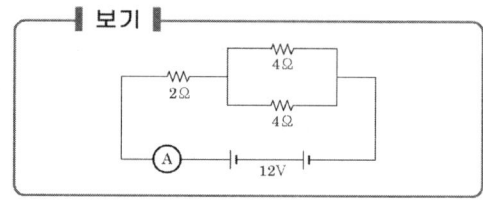

① 2Ω　　② 4Ω
③ 8Ω　　④ 10Ω

07
출제빈도 ★★☆

실드형 예열플러그를 사용하는 4기통 디젤엔진에서 예열플러그의 합성저항은 얼마인가? (단, 예열플러그 1개의 저항은 0.4Ω이다.)

① 0.1Ω　　② 0.4Ω
③ 1.6Ω　　④ 2Ω

08
출제빈도 ★★☆

키르히호프 제1법칙을 이용하여 다음 그림에서 I_5의 전류는 얼마인가?

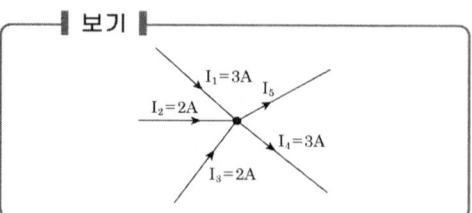

① 1A　　② 2A
③ 3A　　④ 4A

09 출제빈도 ★★☆

〈보기〉의 회로에서 헤드램프 스위치가 ON이 되면 (가)에서의 전압[V]은?

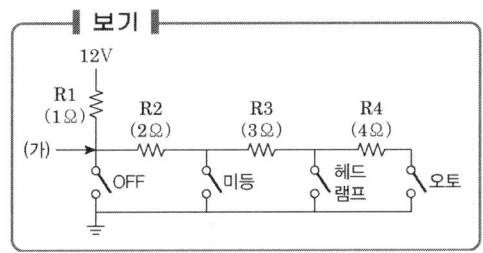

① 6
② 8
③ 10
④ 12

10 출제빈도 ★★☆

전압과 전류, 저항에 대한 설명으로 맞는 것은?

① 두 개의 병렬합성저항은 두 저항 값을 곱한 것 분의 더한 값이다.
② 각각 다른 직렬저항에 걸리는 전압은 일정하다.
③ 각각 다른 병렬저항에 흐르는 전류는 일정하다.
④ 병렬의 합성저항은 2개의 직렬합성저항보다 항상 낮다.

11 출제빈도 ★★★

〈보기〉에서 저항의 접속방법 중 병렬접속에 대한 설명으로 옳은 것을 모두 고른 것은?

┤ 보기 ├
㉠ 각 저항에 흐르는 전류의 크기는 같다.
㉡ 어느 저항에서나 동일한 전압이 가해진다.
㉢ 많은 저항들이 연결될수록 합성저항은 작아진다.
㉣ 합성저항은 각 저항의 합과 같다.

① ㉠, ㉡
② ㉠, ㉣
③ ㉡, ㉢
④ ㉡, ㉣

12 출제빈도 ★☆☆

다음과 같이 교류를 나타내는 방법으로 옳은 것은?

┤ 보기 ├
교류를 저항에 임의 시간 동안 흐르게 할 경우 발생되는 발열량과 같은 저항에 직류를 흘렸을 때 발생하는 발열량이 동일한 경우, 그 직류의 크기로 교류의 크기를 대신해서 나타내는 방법이다. 이 방법은 항상 변화하고 있는 교류의 크기를 실용적으로 나타낼 수 있는 방법이다.

① 순시값
② 최대값
③ 실효값
④ 평균값

13 출제빈도 ★★☆

회로가 단선되는 이유가 아닌 것은?

① 용량이 큰 퓨즈 사용
② 회로의 합선에 의해 과도한 전류가 흘렀을 때
③ 퓨즈가 접촉이 불량할 때
④ 퓨즈가 부식되었을 때

14 출제빈도 ★★☆

자동차 전기 전원장치에 사용되는 퓨즈의 설명으로 옳지 않은 것은?

① 재질은 주로 알루미늄과 구리의 합금을 사용한다.
② 단락 및 누전에 의해 과다 전류가 흐르게 되면 끊어져서 회로를 보호한다.
③ 전기회로에 직렬로 접속되어진다.
④ 퓨즈의 용량은 회로 내 사용 전류의 1.5~1.7배로 한다.

15 출제빈도 ★★☆

자동차에서 사용되는 직렬회로에 대한 설명으로 틀린 것은?

① 저항을 직렬로 연결할 경우 합성저항은 각 저항의 합으로 구할 수 있다.

② 저항을 직렬로 연결할 경우 각 저항에 흐르는 전류는 동일하다.

③ 전압계는 회로에 직렬로 연결하여 측정한다.

④ 퓨즈는 회로에 직렬로 연결하여 과전류로부터 회로를 보호한다.

16 출제빈도 ★★☆

배터리의 전압이 12V, 같은 저항 5개가 직렬로 연결되어 있는 회로에 흐르는 전류가 24A이다. 만약 이 회로에서 저항 두 개를 제거하여 3개가 되었을 때 흐르는 전류는 얼마인가?

① 20A ② 30A
③ 40A ④ 50A

17 출제빈도 ★★☆

단위시간 동안 전기장치에 공급되는 전기에너지, 또는 단위시간 동안 다른 형태의 에너지로 변화되는 전기에너지를 뜻하는 것은?

① 전류 ② 전압
③ 전력 ④ 전력량

18 출제빈도 ★★☆

기동전동기에 흐르는 전류가 120A이고 전압이 12V일 때 기동전동기의 출력은 몇 마력 (PS)인가?

① 0.98마력 ② 19.2마력
③ 1.96마력 ④ 147.0마력

19 출제빈도 ★★☆

아래 그림의 회로도에서 24W 전조등 2개에 12V의 전압을 가했을 때 흐르는 전류는 얼마 (A)인가?

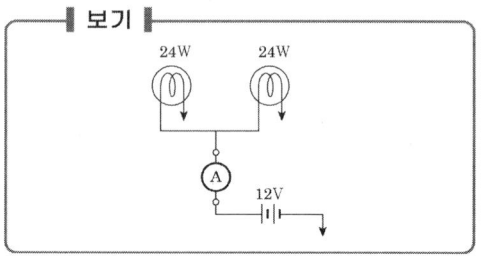

① 4A ② 8A
③ 12A ④ 24A

20 출제빈도 ★★☆

역방향 전압을 증가시켜 일정한 값에 이르게 되면 역방향으로도 전류가 흐를 수 있는 다이오드는?

① 발광다이오드(light emission diode)

② 포토다이오드(photo diode)

③ 서미스터(thermistor)

④ 제너다이오드(zener diode)

21 출제빈도 ★★☆

교류발전기의 전압조정기 구성요소로 사용되며 역방향으로 일정 이상의 전압 도달 시 전류를 인가시키는 특성을 가진 것은?

① 수광다이오드 ② 발광다이오드
③ 포토다이오드 ④ 제너다이오드

22 출제빈도 ★★☆

다음 기호의 소자 이름으로 맞는 것은?

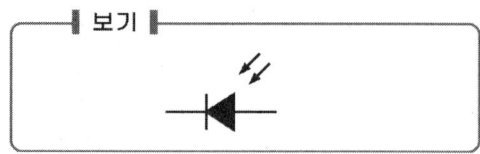

① 제너다이오드(zener diode)

② 발광다이오드(light emitting diode)

③ 포토다이오드(photodiode)

④ 포토트렌지스터(phototransistor)

23 출제빈도 ★★☆

게르마늄, 규소 등의 반도체를 이용하여 증폭 작용이나 스위칭 작용을 하는 데 사용되는 반도체 소자로 가장 옳은 것은?

① 다이오드 　　② 콘덴서
③ 트랜지스터 　　④ 광전도 셀

24 출제빈도 ★★☆

트랜지스터의 장·단점을 설명한 것으로 옳은 것은?

① 수명은 길지만 내부전력 손실이 크다.
② 내부의 전압강하가 매우 크다.
③ 소형이고 무겁다.
④ 과대전류 및 전압에 파손되기 쉽다.

25 출제빈도 ★★☆

트랜지스터의 특징에 대한 설명으로 옳은 것은?

① 내부 전압 강하와 전력 손실이 적다.
② 기계적으로 강하지 않아 진동에 취약한 편이다.
③ 역 내압과 과대 전류 및 과대 전압에 대한 내구성이 좋다.
④ 온도 특성이 좋아 고온에서도 잘 견딘다.

26 출제빈도 ★★☆

2개의 트랜지스터를 하나로 결합하여 전류의 증폭도가 높아 아주 작은 베이스 전류로 큰 컬렉터 전류를 제어할 수 있는 장치를 무엇이라 하는가?

① 다링톤 트랜지스터
② 사이리스터
③ 제너다이오드
④ 포토 트랜지스터

27 출제빈도 ★★☆

2개의 트랜지스터를 하나로 결합시킨 것으로 전류증폭도가 높아 작은 전류로도 큰 전류의 제어가 가능한 것은?

① 서미스터(Thermistor)
② 포토 트랜지스터(Photo transistor)
③ 달링톤 트랜지스터(Darlington Transistor)
④ 제너다이오드(Zener diode)

28 출제빈도 ★★★

다음 중 반도체 소자에 대한 설명으로 바른 것은?

① 발광다이오드는 감광소자로 구성된다.
② 사이리스터는 2개의 트랜지스터를 하나로 합쳐서 전류를 증폭한다.
③ 부특성 서미스터는 온도가 높아지면 저항이 낮아진다.
④ 트랜지스터는 PNPN, NPNP형으로 구성되며 애노드를 (+), 캐소드를 (−), 제어단자를 게이트라 한다.

29 출제빈도 ★☆☆

쿨롱의 법칙(Coulomb's Law)에 대한 설명으로 가장 옳지 않은 것은?

① 전기력과 자기력에 관한 법칙이다.
② 2개의 자극 사이에 작용하는 힘은 거리의 제곱에 비례하고 두 자극의 곱에는 반비례한다.
③ 2개의 대전체 사이에 작용하는 힘은 거리의 제곱에 반비례하고 대전체가 가지고 있는 전하량의 곱에는 비례한다.
④ 두 자극의 거리가 가까우면 자극의 세기는 강해지고 거리가 멀면 자극의 세기는 약해진다.

정답 및 해설

>>> 정답

01	02	03	04	05	06	07	08	09	10
③	③	①	③	③	②	①	④	③	④

11	12	13	14	15	16	17	18	19	20
③	③	①	①	③	③	③	③	①	④

21	22	23	24	25	26	27	28	29	
④	③	③	④	①	①	③	③	②	

01. • **전류의 3대 작용**
ⓐ **발열작용** : 전구, 예열플러그
ⓑ **화학작용** : 전기도금, 축전지
ⓒ **자기작용** : 전동기, 발전기, 솔레노이드

02. ③ 시거라이터는 니크롬선의 발열작용을 이용한 장치이다.

04. 병렬의 합성저항을 구할 때 두 수를 더한 것 분에 곱한 것으로 암기해서 문제를 빨리 해결할 수 있다. 참고로 3개 이상의 병렬로 연결된 합성저항을 구할 경우 2개의 합성저항을 구하고, 그 결과를 가지고 나머지 하나도 구해가는 방식으로 해결할 수 있지만 기존의 방식보다 시간이 더 많이 소요된다.

05. 10Ω 두 개 병렬로 연결된 합성저항부터 구한다.
$\frac{1}{10} + \frac{1}{10} = \frac{1}{R}$, $R = 5\,\Omega$, 이후 직렬로 연결된 10Ω을 더하면 15Ω이 된다.

06. 4Ω 두 개 병렬로 연결된 합성저항부터 구한다.
$\frac{1}{4} + \frac{1}{4} = \frac{1}{R}$, $R = 2\,\Omega$
이후 직렬로 연결된 2Ω을 더하면 4Ω이 된다.

07. 실드형 예열플러그는 회로에 병렬접속이므로 합성저항은 다음과 같이 구할 수 있다.
$\frac{1}{R} = \frac{1}{\frac{4}{10}} + \frac{1}{\frac{4}{10}} + \frac{1}{\frac{4}{10}} + \frac{1}{\frac{4}{10}}$
$\frac{1}{R} = \frac{10}{4} + \frac{10}{4} + \frac{10}{4} + \frac{10}{4} = \frac{40}{4}$
$R = \frac{4}{40} = 0.1\,\Omega$

08. 3A+2A+2A=3A+□,
□=4A

09. 헤드램프스위치가 ON될 경우 R1, R2, R3가 직렬저항회로가 된다. 키르히호프 제2법칙에 따라 총합성저항 6Ω 전체에 걸리는 전압은 12V가 되고 1Ω마다 2V의 전압강하가 발생된다. 따라서 R1(1Ω)에서 2V의 전압이 강하되므로 12V−2V =10V가 된다.

10. ① 두 개의 병렬합성저항은 두 저항값을 더한 것 분에 곱한 것으로 구할 수 있다.
② 각각 다른 직렬저항에 흐르는 전류는 일정하다.
③ 각각 다른 병렬저항에 걸리는 전압은 일정하다.

11. ⓐ **병렬접속** : 각 저항에 흐르는 전류의 크기는 저항의 값에 따라 다르다.
ⓓ **합성저항** : $\frac{1}{R} = \frac{1}{R_1} + \frac{1}{R_2} + \frac{1}{R_3} + \cdots$로 나타낼 수 있다.

12. 변별력을 위해 출제한 것으로 판단되는 문제이다. 다시 출제될 확률은 높지 않은 문제이다.

13. 용량이 큰 퓨즈를 회로에 사용하면 단선은 막을 수 있지만 회로를 보호할 수 없게 된다.

14. 퓨즈의 재질은 납, 주석, 아연 등이 사용되고 대 전류 용도로 알루미늄과 구리, 고 전압 용도로 텅스텐이 사용된다.

15. 전압계는 회로에 병렬로 연결하여 측정한다.

16. 처음 조건에서 저항을 먼저 구한다.
$R = \frac{E}{I} = \frac{12}{24} = \frac{1}{2} = 0.5$, 직렬저항 5개의 합성저항이 0.5Ω이므로 1개의 저항은 0.1Ω이 된다. 여기서 구한 저항을 두 번째 조건, 3개의 저항에 대입하면
$I = \frac{E}{R} = \frac{12}{0.3} = \frac{120}{3} = 40A$가 된다.

17. ① **전류** : 전하의 흐름으로, 정량적으로는 단면을 통하여 단위시간당 흐르는 전하의 양이다.
② **전압** : 일정한 전기장에서 단위전하를 한 지점에서 다른 지점으로 이동하는 데 필요한 일(에너지)로 정의된다.
④ 전기가 일정 시간 동안 하는 일의 양으로, 주로 전기/전자 기기의 소비 전력량을 나타낼 때 사용한다. 단위는 Wh 와트시를 사용한다.

18. P=IE=120×12=1440W, 1Ps=735W
1:735=X:1440, X=1.959PS

19. P=I×E, P=24+24=48(W), 48=I×12
I=4(A)

20. • **브레이크 다운전압** : 제너다이오드에서 역방향으로 전류가 급격히 흐르기 시작하는 전압을 말한다.

21. 일정 수준 이상의 전압을 역방향으로 가하면 급격히 전류가 역방향으로 흐르기 시작하는데 이 전압을 브레이크 다운전압이라 한다.

22. 외부의 화살표가 다이오드를 향하고 있는 그림이므로 포토(수광)다이오드가 정답이 된다.

23. • **트랜지스터 3대 작용** : 증폭 · 스위칭 · 발진 작용

24. • **트랜지스터의 장점**
　㉠ 진동에 잘 견디고, 극히 소형이고 가볍다.
　㉡ 내부에서의 전압강하와 전력손실이 적다.
　㉢ 기계적으로 강하고 수명이 길며, 예열하지 않아도 바로 작동된다.
　• **트랜지스터의 단점**
　㉠ 역 내압이 낮기 때문에 과대 전류 및 과대 전압에 파손되기 쉽다.
　㉡ 정격 값(Ge=85℃, Si=150℃) 이상으로 사용되면 파손되기 쉽다.
　㉢ 온도가 상승하면 파손되므로 온도 특성이 나쁘다.

26.

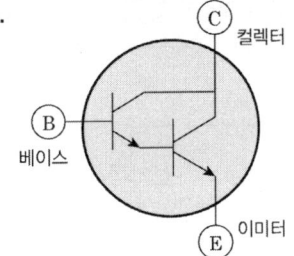

28. ① 포토다이오드는 감광소자로 구성된다.
② 다링톤 트랜지스터는 2개의 트랜지스터를 하나로 합쳐서 전류를 증폭한다.
④ 사이리스터는 PNPN, NPNP형으로 구성되며 애노드를 (+), 캐소드를 (−), 제어단자를 게이트라 한다.

29. 쿨롱의 법칙= F_1(인력)
$$= -F_2(척력)$$
$$= Ke\frac{Q_1 Q_2}{r^2}$$

축전지(Battery)

■ **축전지의 역할** : 시동 시 '전기적 부하' 담당

발전기의 출력과 전기적 부하와의 불균형 조정

+극 단자 : 적색 or 적갈색, 더 굵음, 터미널에 전기배선 많이 결선, 단자주변 이물질 많음

※ 납산(연)축전지 : 6개의 셀(2.1V)이 직렬로 구성, 화학적 평형을 위해 음극판을 1장 더 둔다.

‐ 충·방전 화학식

(양극판)	(전해액)	(음극판)	(방전)	(양극판)	(전해액)	(음극판)
PbO_2	$+ \quad 2H_2SO_4 \ +$	Pb	$\rightleftarrows$	$PbSO_4$	$+ \quad 2H_2O \ +$	$PbSO_4$
(이산화납)	(묽은황산)	(해면상납)	(충전)	(황산납)	(물)	(황산납)

↳ 충전 중(+ : 산소발생, ‐ : 수소발생)

■ **격리판** ‐ 홈이 있는 면이 양극판 쪽으로 향하게 하여 양극판과 음극판 사이에 끼워짐

↳ 합성 수지, 강화섬유, 고무 등 사용 …

구비조건 ‐ 비전도성, 전해액의 확산성↑, 기계적 강도↑, 다공성

　　　　　　내부식성, 극판에 안 좋은 물질 내뿜지 않을 것

* 전해액 : 묽은 황산($2H_2SO_4$) ← 증류수에 황산을 조금씩…

‐ 비중 : 1.260~1.280(20°C)　　　◆ $S_{20} = St + 0.0007(t-20)$

‐ 온도와 방전량, 전압, 기전력, 용량 → 비례 관계

　온도와　　　　　　비중　　　　　　→ 반비례 관계

　　↳ 겨울철 온도↓, 비중↑는데 시동이 잘 안 걸리는 이유는 저온에서 화학작용이 잘 일어나지 않기 때문

■ **설페이션(유화)** : 축전지를 과방전 상태로 두어 극판이 영구 황산납 됨

‐ 원인 : 과방전 및 방전상태로 장기간 방치

　　　　 전해액의 비중이 너무 높거나 낮음

　　　　 전해액에 불순물 함유, 극판의 노출

　　　　 불충분한 충전의 반복

충전전류
① 최대 충전전류 : 용량의 20%
② 표준 충전전류 : 용량의 10%
③ 최소 충전전류 : 용량의 5%
④ 급속충전 : 30분 이내 용량의 50%로 충전 　　　　　　(45°C가 넘지 않도록 주의)

※ 용량(AH) ‐ 완충 상태의 축전지를 일정 전류로

　　　　　　 방전시켜(기준 : 28°C)

　　　　　　 (셀당 1.7~1.8) ← 방전종지전압이 될 때까지의 용량

• 용량에 비례 : 극판의 크기(=면적), 극판의 수, 전해액의 양

• 용량 표기 방법 ‐ 20H율 : 방전종지전압이 될 때까지 20시간 동안 사용할 수 있는 전류의 양

　　　　　　　　 25A율 : 26.67°C에서 25A로 방전하여 방전종지전압이 될 때까지 시간(분)

　　　　　　　　 냉간율 : ‐17.7°C(=0°F) 300A로 방전하여 셀당 1V 강하될 때까지 시간(분)

• CCA(저온시동전류) : ‐17.7°C, 30초 동안 7.2V를 유지하면서 전달하는 전류량을 숫자로 등급화

　* 배터리 연결에 따른 변화 ‐ 직렬연결 : 연결 개수만큼 전압↑, 용량 변화 X

　　　　　　　　　　　　　 ‐ 병렬연결 : 전압 변화 X, 연결 개수만큼 용량↑

* 자기 방전 - 1일 자기 방전율 : 0.3~1.5% / 수명 : 오래될수록 자기 방전량↑, 용량↓
(1) MF 배터리 : 무보수·정비 축전지 / 젤 상태의 전해질 사용 / 밀폐형으로 자기방전율↓
  ① 구성 → (+)극판 : 납-저안티몬 합금 / (-)극판 : 납-칼슘 합금
  ② 특징 : 배터리액 증발 X, 장기간 보관이 가능
    ↳ 점검창 : 녹색 – 정상, 검정색 – 충전 부족, 투명 – 사용불가
(2) EFB : 강화침수전지
  폴리에스터 스크린 코팅 : 시동성↑, 상시전원을 많이 사용하거나 운행이 적은 차량에 적합
  심방전 저항이 큼, 수명이 길다(약 15%↑)
(3) AGM 배터리 : 흡수성 유리섬유 축전지
  – 전해액의 유동이 없음, 충전 사이클의 저항성 향상 / 충전시간 짧음, 출력↑, 수명이 길다.
  연비개선에 도움, 가격이 비싸다 / 'ISG'기능이 있는 차량, 하이브리드 차량에 주로 사용

---

01 출제빈도 ★★☆

자동차에서 사용하는 축전지의 설치 목적이 아닌 것은?

① 발전기와 함께 전기적 부하를 균형적으로 담당한다.
② 엔진이 가동하지 않을 때 자동차에 전원을 공급하는 역할을 한다.
③ 엔진 구동을 가능하게 전동기에 전원을 공급한다.
④ 연료의 분사시기와 점화시기를 적절하게 조절한다.

02 출제빈도 ★★☆

다음에서 설명하는 축전지의 부품으로 옳은 것은?

> 과산화납(PbO₂)을 도포한 것으로 암갈색을 띠고 있으며, 풍부한 다공성의 과산화납 미립자가 결합되어 있어 전해액이 입자 사이를 확산·침투하여 충분한 화학반응이 일어나도록 한다.

① 양극판(Positive Plate)
② 음극판(Negative Plate)
③ 격리판(Separators)
④ 셀 커넥터(Cell Connector)

03 출제빈도 ★★☆

납산축전지에서 충전된 양극판의 화학식으로 가장 적당한 것은?

① Pb
② $PbSO_4$
③ PbO_2
④ $2H_2O$

04 출제빈도 ★★☆

납산축전지의 설명으로 틀린 것은?

① 화학적 평형을 고려하여 음극판을 양극판보다 1장 더 두고 있다.
② 양극은 해면상납(Pb), 음극은 과산화납(PbO_2)으로 구성된다.
③ 전해액은 묽은 황산($2H_2SO_4$)으로 제조 시 물에다 황산을 조금씩 부어서 젓는다.
④ 배터리 단자의 굵기는 양극이 음극보다 더 굵다.

05 출제빈도 ★★☆

납산축전지의 화학반응으로 틀린 것은?

① 충전 시 양극은 해면상납, 음극은 과산화납이 된다.
② 방전 시 전해액은 묽은 황산에서 비중이 점점 낮아져 물에 가깝게 된다.
③ 방전 시 양극과 음극 모두 황산납이 된다.
④ 충전 시 양극에서는 산소가, 음극에서는 수소가 발생된다.

06 출제빈도 ★★☆

연 축전지 방전과 충전 시의 내용으로 거리가 먼 것은?

① 충전 시 양극판은 과산화납이 된다.
② 묽은 황산은 방전 시 물이 된다.
③ 방전 시 양극판은 황산납이 된다.
④ 방전 시 음극판은 해면상납이 된다.

07 출제빈도 ★★☆

납산축전지에 대한 설명으로 틀린 것은?

① 충전 시 양극판은 황산납이 된다.
② 충전 시 전해액은 묽은 황산이 된다.
③ 방전 시 음극판은 황산납이 된다.
④ 방전 시 전해액의 비중은 낮아진다.

08 출제빈도 ★★☆

아래 보기의 납산축전지 충 · 방전 화학식에서 빈칸에 들어갈 원소 기호로 맞는 것은?

$$\text{양극판 \ 전해액 \ 음극판 \ 방전 \ 양극판 \ 전해액 \ 음극판}$$
$$PbO_2 + 2H_2SO_4 + Pb \ \underset{\text{충전}}{\rightleftarrows} \ PbSO_4 + (\ \text{㉠} \ ) + (\ \text{㉡} \ )$$

	㉠	㉡
①	$2H_2O$	$PbSO_4$
②	H_2O	$PbSO_4$
③	$2H_2SO_4$	PbO_2
④	H_2SO_4	PbO_2

09 출제빈도 ★★☆

납산축전지의 화학식에서 아래 들어갈 내용으로 맞는 것은?

$$\text{양극판 \ 전해액 \ 음극판 \ 방전 \ 양극판 \ 전해액 \ 음극판}$$
$$(\ \text{㉠} \ ) + 2H_2SO_4 + Pb \ \underset{\text{충전}}{\rightleftarrows} \ (\ \text{㉡} \ ) + (\ \text{㉢} \ ) + PbO_2$$

	㉠	㉡	㉢
①	$PbSO_4$	PbO_2	$2H_2O$
②	PbO_2	$PbSO_4$	$2H_2O$
③	PbO_2	$PbSO_4$	H_2O
④	$PbSO_4$	PbO_2	H_2O

10 출제빈도 ★★☆

납산축전지 충전 중 발생되는 가스의 설명으로 맞는 것은?

① 음극에서는 수소가스가 발생되며 폭발의 위험성이 있다.
② 양극에서는 황산가스가 발생되며 중독의 위험성이 있다.
③ 음극에서는 산소가스가 발생되며 인화성 물질을 가까이 하는 것은 위험하다.
④ 양극에서는 탄화수소 증발가스가 발생되며 호흡기 장애를 일으킬 수 있다.

11 출제빈도 ★★★

자동차용 납산축전지에서 격리판(separator)의 구비 조건에 해당하지 않는 것은?

① 전도성일 것
② 다공성일 것
③ 내산성이 있을 것
④ 전해액의 확산이 잘 될 것

12 출제빈도 ★★★

납산축전지의 격리판의 구비조건에 대한 설명으로 틀린 것은?

① 전도성이 좋아 전기적 저항이 작을 것
② 전해액에 잘 부식이 되지 않고 기계적 강도가 높을 것
③ 다공성을 가지고 있어 전해액 유동을 원활하게 도와 확산이 잘될 것
④ 양극판과 음극판의 단락이 잘되지 않게 하는 구조일 것

13 출제빈도 ★★★

축전지의 격리판에 대한 설명 중 틀린 것은?

① 양극판과 음극판 사이에 끼워져 양쪽 극판이 단락되는 것을 방지한다.
② 극판에서 좋지 않은 물질을 내뿜지 않아야 한다.
③ 전해액에 부식되지 않고 기계적 강도가 있어야 한다.
④ 전도성이고 전해액의 확산이 잘되어야 한다.

14 출제빈도 ★★★

납산축전지 격리판의 구비조건에 대한 설명으로 가장 옳지 않은 것은?

① 전도성일 것
② 전해액의 확산이 잘될 것
③ 전해액에 산화 부식되지 않을 것
④ 극판에 나쁜 물질을 내뿜지 않을 것

15 출제빈도 ★★☆

내연기관에 사용하는 납산축전지의 구조에 대한 설명으로 가장 옳은 것은?

① 12V 축전지 케이스 속에는 6개의 셀(cell)이 병렬로 연결되어 있다.
② 양극판은 과산화납으로, 음극판은 해면상납으로 되어 있다.
③ 양극판은 음극판과의 화학적 평형을 고려하여 1장 더 많다.
④ 납산축전지의 격리판은 전도성이어야 한다.

16 출제빈도 ★★☆

납산축전지에 대한 설명으로 옳지 않은 것은?

① 격리판은 내산 및 내식성이 우수하고 다공성이 뛰어난 PVC 플라스틱 재질로 만들어진다.
② 양극판은 납−안티몬의 격자에 이산화납(PbO_2)을 바른 후 건조한다.
③ 음극판은 해면상납(Pb)으로 구성된다.
④ 황산 원액을 전해액으로 사용한다.

17 출제빈도 ★★☆

배터리 전해액이 10℃일 때 1.280의 비중을 나타냈다. 이 전해액이 20℃일 때 비중은 얼마가 되는가?

① 1.018 ② 1.210
③ 1.280 ④ 1.273

18 출제빈도 ★★★

자동차 배터리에서 황산과 납의 화학작용이 심화되어 영구적인 황산납으로 변하는 현상을 무엇이라 하는가?

① 디아이싱(deicing) 현상
② 베이퍼록(vapor lock) 현상
③ 설페이션(sulfation) 현상
④ 퍼콜레이션(percolation) 현상

19 출제빈도 ★★☆

영구 황산납 현상을 발생시키는 직접적인 원인으로 가장 거리가 먼 것은?

① 방전 상태에서 장기간 방치된 경우
② 전해액 속에 황산이 과도하게 함유되었을 경우
③ 전해액의 부족으로 인해 극판이 공기 중에 노출된 경우
④ 급속충전을 반복하여 사용하는 경우

20 출제빈도 ★★★

MF(Maintenance Free) 배터리에서 설페이션(sulfation)의 원인으로 가장 거리가 먼 것은?

① 발전기의 전압조정기 이상으로 과 · 충전이 되었을 때
② 장기간 주차하여 축전지를 방전된 상태로 방치하였을 때
③ 단거리만 주행하여 불충분한 충전이 반복되었을 때
④ 점화장치 불량으로 시동이 걸리지 않은 상태에서 계속 크랭킹을 반복했을 때

21 출제빈도 ★★☆

일반적인 자동차용 축전지의 1셀당 방전 종지 전압으로 옳은 것은?

① 1.65V ② 1.75V
③ 1.95V ④ 2.05V

22 출제빈도 ★★☆

자동차용 납산축전지의 수명을 단축시키는 원인으로 가장 옳지 않은 것은?

① 전해액 부족으로 인한 극판의 노출
② 전해액의 비중이 낮은 경우
③ 과다 방전으로 인한 극판의 영구 황산납화
④ 방전 종지전압 이상의 충전

23 출제빈도 ★☆☆

자동차에 사용되는 납산축전지에 대한 설명으로 옳지 않은 것은?

① 방전 충전이 가능한 2차 전지이다.
② 전해액의 비중이 높으면 자기 방전량도 커진다.
③ 전해액이 수산화나트륨인 알칼리 축전지이다.
④ 축전지의 용량은 방전전류와 방전시간의 곱이다.

24 출제빈도 ★★☆

납산축전지에 대한 설명으로 거리가 먼 것은?

① 양극 극판은 수산화니켈, 음극 극판은 철로 구성되어진다.
② 가격이 저렴하여 경제적이다.
③ 묽은 황산을 전해액으로 사용한다.
④ 화학적 평형을 고려하여 양극판보다 음극판을 한 장 더 둔다.

25 출제빈도 ★★☆

다음 중 축전지에 대한 설명 중 맞는 것은?

① 전해액의 온도가 높으면 비중이 높아진다.
② 축전지가 방전되면 기전력은 높아진다.
③ 전해액의 온도가 높으면 기전력은 낮아진다.
④ 극판이 크고 수가 많으면 용량은 커진다.

26 출제빈도 ★★☆

자동차에 사용하는 축전지에 대한 설명으로 옳지 않은 것은?

① 축전지의 셀은 화학적 안정을 고려하여 음극판의 수를 한 장 더 둔다.
② 격리판은 비전도성이어야 하며 충분한 강성을 가지고 있어야 한다.
③ 축전지는 사용하지 않아도 조금씩 방전되는데 이를 자기방전이라 한다.
④ 충전 시에는 화학에너지가 전기에너지로 변환하여 저장되고, 방전 시에는 전기에너지가 화학에너지로 바뀌어 사용된다.

27 출제빈도 ★★☆

납산축전지의 구조에 대한 설명으로 옳지 않은 것은?

① 축전지 내의 극판수가 많아지면 축전지 용량은 커진다.
② 격리판은 양극과 음극판 사이에 위치한 도체이며 전해액이 이동될 수 없도록 격리할 수 있어야 한다.
③ 단자의 기둥은 음극보다 양극이 커야 한다.
④ 전해액으로 묽은 황산을 사용한다.

28 출제빈도 ★★☆

납산축전지에 대한 설명으로 가장 거리가 먼 것은?

① 전해액은 물보다 비등점이 낮아야 한다.
② 양극판, 음극판은 충전 시 각 극판에서 황산의 분자가 분리된다.
③ 잦은 방전은 설페이션 sulfation의 원인이 된다.
④ 충전이 완료되고 난 후 물이 전기 분해되어 양극에서는 산소가, 음극에서는 수소 원소가 발생된다.

29 출제빈도 ★★☆

축전지의 방전이 계속되면 전압이 급격히 강하하여 방전능력이 없어진다. 이와 같이 방전능력이 없어지는 전압을 나타내는 용어는?

① 자기방전전압(self discharge voltage)
② 베이퍼록(vapor lock)
③ 방전종지전압(cut-off voltage)
④ 설페이션(sulfation)

30 출제빈도 ★★☆

축전지 용량 표기법으로 맞는 것은?

① 전류 × 전압
② 전압 × 시간
③ 전류 × 시간
④ 전압 × 전류

31 출제빈도 ★★☆

용량이 60AH인 배터리를 정전류로 충전할 때 표준 충전 전류로 적당한 것은?

① 3A
② 6A
③ 12A
④ 24A

32 출제빈도 ★★☆

완전 충전 상태인 12V 축전지를 40A의 전류로 5시간 사용할 수 있다면 축전지의 용량은 얼마인가?

① 200AH
② 240AH
③ 288AH
④ 480AH

33 출제빈도 ★★☆

축전지 용량이 12V 60AH일 때, 12V용 30W 전구와 12V용 60W 전구를 병렬로 연결하여 사용한다면 이론상 축전지 최대 사용시간은?

① 3시간
② 4시간
③ 6시간
④ 8시간

34 출제빈도 ★★☆

배터리 용량의 80%에서 30%까지 사용했을 때 전력량이 60kWh라면 최대 충전했을 때 사용할 수 있는 전력량(kWh)은 얼마인가?

① 120
② 160
③ 180
④ 240

35 출제빈도 ★★☆

자동차 배터리 전해액의 온도가 높아질수록 축전지의 자기 방전율은 어떻게 변화되는가?

① 자기방전율은 온도의 변화에 영향을 받지 않는다.
② 자기 방전율이 상승한다.
③ 자기 방전율이 낮아진다.
④ 일정한 값으로 방전된다.

36 출제빈도 ★★☆

축전지의 방전에 대한 설명으로 틀린 것은?

① 축전지 셀당 기전력이 1.75V일 경우 방전 종지전압에 해당된다.
② 축전지의 방전은 화학에너지를 전기에너지로 바꾸는 것이다.
③ 온도가 낮으면 축전지의 자기 방전율이 높아져 용량이 작아진다.
④ 배터리의 용량이 크면 자기 방전량도 커진다.

37 출제빈도 ★★☆

축전지의 방전에 대한 설명으로 맞는 것은?

① 축전지 셀당 기전력이 2.75V일 경우 방전 종지전압에 해당된다.
② 축전지의 방전은 전기에너지를 화학에너지로 바꾸는 것이다.
③ 온도가 낮으면 축전지의 자기 방전율이 높아져 용량이 작아진다.
④ 축전지 전해액이 적으면 방전량도 비례해서 적어진다.

38 출제빈도 ★★☆

축전지 용량에 대한 설명으로 틀린 것은?

① 25암페어율은 셀 전압이 1.75V로 떨어지기 전에 전해액 온도 27℃에서 25암페어의 전류를 공급할 수 있는 시간을 나타낸다.
② 축전지의 용량은 극판의 크기(면적), 극판의 수 및 전해액의 양에 비례한다.
③ 충전된 축전지를 사용하지 않고 방치해 두면 조금씩 자기방전을 하여 용량이 감소되는데, 일반적으로 1일 방전율은 3~5% 정도이다.
④ 20시간율은 셀당 전압이 1.75V될 때까지 20시간 사용할 수 있는 전류의 양으로 나타내는데 온도와 비중에 따라 약간의 차이는 있다.

39 출제빈도 ★★☆

축전지의 용량이 작아져 금세 방전되는 원인이 아닌 것은?

① 잦은 축전지의 과방전으로 점프시동 작업을 자주 수행하였을 때
② 과충전으로 극판에서 이물질이 탈락되어 침전물에 의해 단락이 되었을 때
③ 추운 겨울철에 (−)단자의 터미널을 분리하여 차량을 주차해 두었을 때
④ 점화장치의 불량으로 장시간 시동(크랭킹)작업을 계속 진행했을 때

40 출제빈도 ★★☆

축전지에 대한 설명 중 틀린 것을 고르시오.

① 용량은 AH로 표기한다.
② 축전지의 기전력은 전해액의 비중에 비례한다.
③ 12V의 축전지 방전종지전압은 10.5V이다.
④ 전해액의 비중이 낮아지면 빙결온도가 낮아진다.

41 출제빈도 ★★☆

납산축전지에 대한 설명으로 옳지 않은 것은?

① 화학적 안정을 고려하여 양극판보다 음극판을 1장 더 둔다.
② 격리판은 비전도성이고 기계적 강도가 있어야 한다.
③ 화학에너지를 전기에너지로 변환시키는 것을 충전이라 한다.
④ 비중은 온도와 반비례하고 방전량은 온도에 비례한다.

42 출제빈도 ★★☆

축전지의 용량을 점검할 때 안전 및 주의사항이다. 이들 중 맞지 않은 것은?

① 축전지 전해액이 옷에 묻지 않게 한다.
② 기름이 묻은 손으로 시험기를 조작하지 않는다.
③ 부하시험에서 부하시간은 최대 15초를 초과하지 않는다.
④ 부하시험에서 부하전류는 축전지의 용량에 관계없이 일정하게 한다.

43 출제빈도 ★★☆

납산축전지에 관한 설명으로 옳지 않은 것은?

① 전해액이 흘렀을 경우 자연 건조시킨다.
② 전압계에 의한 점검은 시동 시 9.6V 이상이면 정상이다.
③ 축전지 보호를 위해 기동전동기는 10~15초 이내로 테스트한다.
④ 급속 충전 시 전해액의 온도가 45℃를 넘지 않아야 한다.

44 출제빈도 ★★☆

납산축전지에 대한 설명으로 가장 거리가 먼 것은?

① 크랭킹 전압강하 점검 시 전압계의 전압이 10.5V 이하면 양호한 편이다.
② 시동을 걸기 위해 기동전동기를 10~15초 이상 구동시키지 않는다.
③ 전해액의 비중은 충전 상태에 따라 달라지며, 완전 충전 시 약 1.26~1.28이다.
④ 충전 시 발생하는 수소가스는 폭발 위험이 있으므로 환기에 주의해야 한다.

45 출제빈도 ★★☆

축전지의 케이스에 균열이 발생되는 원인으로 가장 적절한 것은?

① 과도한 방전에 의한 유화현상
② 부족한 전해액으로 인한 공기 중에 극판 노출
③ 영하의 날씨에 의한 전해액의 동결
④ 전압조정기 불량으로 인한 충전 불량

46 출제빈도 ★★☆

MF 축전지에 대한 설명으로 잘못된 것은?

① 젤 상태의 전해액을 사용하는 밀폐형 축전지로 자기 방전율이 낮다.
② 벤트플러그가 필요 없고 증류수를 보충할 필요가 없다.
③ 극판에 납-저안티몬 합금을 사용하다 현재는 납-칼슘합금을 많이 사용한다.
④ 단자전압이 비교적 강하지 않아 충전전류가 많다.

47 출제빈도 ★★☆

자동차의 축전지에 대한 설명으로 옳지 않은
것은?

① 전해액의 비중이 낮으면 자기 방전율이 높
다.
② 납축전지는 이온작용을 활용한다.
③ 전해액의 비중은 온도에 반비례한다.
④ 사용 중인 MF 배터리는 전해액을 보충할
필요가 없다.

48 출제빈도 ★★☆

자동차 배터리(battery)와 관련된 용어가 아
닌 것은?

① RC(Reserve Capacity)
② CCA(Cold Cranking Ampere)
③ AGM(Absorbent Glass Mat)
④ PWM(Pulse Width Modulation)

49 출제빈도 ★★☆

MF 축전지에 대한 설명 중 잘못된 것은?

① 양극판은 납과 저안티몬 합금으로 구성된
다.
② 음극판은 납과 칼슘 합금으로 구성된다.
③ 반영구적이다.
④ 무정비 무보수 축전지이다.

50 출제빈도 ★★☆

ISG 기능이 있는 차량에 적합한 배터리는?

① MF 배터리
② 연축전지
③ AGM 배터리
④ 알카리 축전지

51 출제빈도 ★★☆

자동차에 사용되는 축전지에 대한 설명으로
틀린 것은?

① 납축전지는 알칼리축전지보다 기전력은
높으나 시효율이 낮다.
② 축전지는 오래될수록 자기 방전량이 늘어
나고 용량이 줄어들게 된다.
③ 직렬로 연결된 축전지는 전압을 높이고 병
렬로 연결된 축전지는 용량을 증가시킨다.
④ 2차 전지를 사용하게 되며 용량의 단위로
전류와 시간의 곱인 AH를 사용한다.

52 출제빈도 ★☆☆

알칼리 전지의 장점이 아닌 것은 어느 것인
가?

① 구조상 기계적 강도가 강하여 운반과 진동
에 잘 견딜 수 있다.
② 과충전, 과방전에 강하며 전지의 수명이
길다.
③ 충전시간이 짧고 온도특성이 양호하다.
④ 공칭 전압이 높아 셀당 에너지 밀도가 좋
다.

>>> 정답

01	02	03	04	05	06	07	08	09	10
④	①	③	②	①	④	①	①	②	①
11	12	13	14	15	16	17	18	19	20
①	①	④	①	②	④	④	③	④	①
21	22	23	24	25	26	27	28	29	30
②	④	③	①	④	④	②	①	③	③
31	32	33	34	35	36	37	38	39	40
②	①	④	①	②	③	④	③	③	④
41	42	43	44	45	46	47	48	49	50
③	④	①	①	③	④	①	④	③	③
51	52								
①	④								

01. 연료의 분사시기와 점화시기는 엔진 ECU가 조절한다.

02. 납산축전지 구성요소의 원소기호를 알고 있으면 쉽게 해결할 수 있는 문제이다.

03. 양극은 과산화납, 음극은 해면상납으로 구성된다.

04. 충전 시 양극은 과산화납, 음극은 해면상납이 된다.

07. 충전 시 양극판은 이산화납이 된다.

10. 충전 시 양극에서는 산소가, 음극에서는 수소가 발생된다.

11. 양극판과 음극판을 격리하기 위해 절연성을 가지고 있어야 한다.

12. 격리판은 비전도성이어야 한다.

15. ① 12V 축전지 케이스 속에는 6개의 셀(cell)이 직렬로 연결되어 있다.
③ 음극판은 양극판과의 화학적 평형을 고려하여 1장 더 많다.
④ 납산축전지의 격리판은 비전도성이어야 한다.

16. 전해액은 묽은 황산($2H_2SO_4$)으로 20℃ 기준으로 비중을 1.270 정도로 한다.

17. $S_{20} = St + 0.0007(t-20)$
$= 1.280 + 0.0007(10-20)$
$= 1.280 - 0.007 = 1.273$

18. • **극판의 영구 황산납(유화, 설페이션)**: 축전지의 방전상태가 일정 한도 이상 오랫동안 진행되어 극판이 결정화되는 현상을 말하며 그 원인은 다음과 같다.
1) 전해액의 비중이 너무 높거나 낮다.
2) 전해액이 부족하여 극판이 노출되었다.
3) 불충분한 충전이 되었다.
4) 축전지를 방전된 상태로 장기간 방치하였다.
• **퍼콜레이션**: 기화기의 열화로 인해 연료가 과농하여 엔진정지 후 재시동이 어려운 현상

19. 불충분한 충전의 반복 시 영구 황산납 현상의 원인이 된다.

20. 과·충전이 설페이션(유화) 현상의 직접적인 원인이라 할 수 없다.

21. 납산축전지의 셀당 기전력은 2.1V 정도이고 방전 종지전압은 1.75V이다.

22. 방전 종지전압 이상을 유지할 수 있도록 항시 충전해야 한다. 이렇게 관리될 때 유화현상이 발생되지 않는다.

23. 알칼리 축전지는 전해액으로 가성 알칼리 수용액(수산화칼륨)을 사용하는 축전지이다. 납축전지에 비해 진동에 강하고 자기방전이 적어 가혹한 사용조건에서도 장기간 사용할 수 있는 것이 장점이만 셀전압이 1.2V 낮고 가격이 비싸다.

24. ① 알칼리전지의 구성요소이다.

25. 전해액의 온도와 비중은 반비례하고 축전지가 방전되면 기전력은 낮아진다. 전해액의 온도가 높으면 화학작용이 활발하여 기전력은 높아지게 된다.

26. 충전 : 전기E → 화학E, 방전 : 화학E → 전기E

27. ② 격리판은 양극과 음극판 사이에 위치하며 절연체로 전기가 통하지 않아야 하며 전해액 확산이 잘 되도록 하는 구조여야 한다.

28. 순수 황산(98%)은 비점이 338℃로 높다. 묽은 황산(전해액)의 비점이 높은 것이 정상이다. 이는 충전 시 발생되는 열에 수소와 산소가 잘 증발되지 않게 하는 요인으로 작용된다.

29. 실수를 유도한 문제라 할 수 있다. 문제를 빨리 읽다 보면 ④번 선지가 답으로 보일 수도 있으니 주의해야 하는 문제이다. 실제 문제를 처음 봤을 때 저자도 답을 ④번이라 착각한 경험이 있다.

30. 축전지 용량의 단위는 AH이다.

31. **• 정전류 충전**

　　최소 충전 전류 : 축전지 용량의 5%

　　표준 충전 전류 : 축전지 용량의 10%

　　최대 충전 전류 : 축전지 용량의 20%

　　• 급속 충전

　　축전지 용량의 50%

32. 축전지 용량의 단위가 AH이므로 40A×5H=200AH가 된다.

33. 합성전력은 30W+60W=90W이다. 축전지 용량의 단위에 전류가 포함되어 있으므로 P=IE의 식으로 전류를 구하면 90=I×12이므로 I=7.5A이다. 용량이 60AH이므로 60=7.5×H, 따라서 H=8이 된다.

34. 80% − 30%=50%이고 50%의 용량으로 60kWh 전력량을 발생시킬 수 있다면 완충(100%)했을 때 전력량은 두 배인 120kWh가 된다.

35. 온도가 높아질수록 화학반응이 활발하여 자기 방전율은 높아진다.

36. 온도가 낮으면 축전지의 화학반응이 잘 발생되지 않아 용량과 자기 방전량이 작아진다.

37. ① 축전지 셀당 기전력이 1.75V일 경우 방전종지전압에 해당된다.
　　② 축전지의 방전은 화학에너지를 전기에너지로 바꾸는 것이다.
　　③ 온도가 낮으면 축전지의 자기 방전율이 낮아진다.

38. 1일 자연 방전율은 20℃ 기준으로 0.5% 정도 된다.

39. 배터리의 (−)단자의 터미널을 분리하여 두면 암전류에 의한 방전을 막을 수 있다. 여기서 암전류란 점화 스위치를 끈 상태에서 회로에 흐르는 전류를 말하는 것으로 블랙박스 상시전원 및 보안 및 경보 장치 등이 사용하는 전류를 뜻한다.

40. 축전지 완충 시 빙점은 대략 −45℃ 정도이고 황산의 농도는 37% 정도 된다. 황산의 농도가 10% 정도 되는 낮은 비중에서는 빙점이 −4℃ 정도이다. 따라서 전해액의 비중이 낮아진다고 빙결온도가 낮아지지는 않는다. 그렇다고 비중과 빙점이 반비례하는 것은 아니다. 황산 100%의 빙점은 대략 7℃이기 때문이다.

41. 화학에너지를 전기에너지로 변환시키는 것을 방전이라 한다.

42. 기동전동기를 이용한 부하시험은 10초를 초과하지 않고 테스터기를 이용한 부하시험은 15초를 초과하지 않는다. 부하시험 시 테스터기에 축전지 용량에 맞춰서 부하전류를 다르게 설정할 필요성이 있다.

43. ① 축전지 케이스의 전해액 청소는 암모니아수나 탄산수소나트륨으로 중화한 후 물로 세척한다.

44. 시동 모터 작동 중 전압강하 점검 시 9.6V 이상이면 정상, 9.6V 이하이면 불량으로 판정한다. 10.5V는 너무 높게 설정된 값으로 잘못된 설명이다.

45. 전해액이 동결되면 부피가 증가하게 된다.

46. (+) 극판의 안티몬이 증발가스의 양을 증대시키는 역할을 해서 현재 칼슘합금으로 대체하여 사용한다. 밀폐형 축전지로 단자전압이 높고 자기 방전율이 낮아 연축전지에 비해 단별전류 충전 시 충전전류가 높지 않다.

47. 전해액의 비중이 낮아지면 화학반응이 활발하지 못하여 자기 방전율은 낮아진다.

48. RC : 보유용량, 단위 : 분
　　PWM : 펄스 폭 변조 → 액추에이터 제어신호로 사용

49. MF 배터리는 사용 환경에 따라 교환주기가 결정되며 반영구적으로 사용할 수 없다.

50. **• AGM(Absorbent Glass Mat)** : 유리섬유에 전해액을 흡수시켜 사용하는 배터리로 충전시간이 짧고 출력이 높으며 수명이 길다.

51. ① 납축전지는 알칼리축전지보다 기전력과 시효율(방전 전기량과 충전 전기량의 비)이 높다.
　　알칼리 축전지
　　셀당 기전력 1.35V 정도(납산축전지 2.1V)
　　시효율 80~85%(납산축전지 90%)

52. 알칼리 전지의 특징
　　1) 공칭 전압이 1.35V밖에 되지 않아 같은 기준 전압을 내기 위해서 더 많은 수의 셀이 필요하다.
　　2) 암페어 시효율이 낮고 가격이 비싸다.
　　3) 전해액은 가성칼리(KOH)용액이 사용되며 전하를 이동시키는 작용만 하고 충방전될 때 화학반응에는 관여하지 않아 비중의 변화가 거의 없다.
　　4) 종류로는 니켈(Ni, "+")/철(Fe, "−") 축전지와 니켈(Ni, "+")/카드뮴(Cd, "−") 축전지가 있다.

기동장치

■ 전자석스위치 점화스위치

- ST단자 연결 / 배터리 − B단자 연결 / 모터 − M단자와 연결

1. 기동전동기

- 위치 : 플라이휠 근처(엔진과 변속기 사이)
- 회전체 : 전기자, 정류자, 오버러닝 클러치
- 고정체 : 계철, 계자코일, 계자철심, 브러시, 전자석 스위치
- 회전방향 : 플레밍 − 왼손법칙(전압계 − 병렬, | 전류계 − 직렬)

(1) 직류 전동기 종류(계자코일과 전기자코일 연결 관계)

① 직렬 − 직권식(회전수가 떨어지면 토크가 증가) − 기동전동기

② 병렬 − 분권식(회전수가 일정) − 발전기 및 냉각팬 모터

③ 직병렬 − 복권식(회전수와 토크 둘 다) − 와이퍼 모터

(2) 구조

① 피니언 기어 : 크랭킹 시 플라이휠의 링기어에 물려 기관에 회전력을 전달

② 전기자(아마추어) : 성층철심에 코일이 감겨 계철의 자력에 의해 회전

③ 정류자 : 전기자코일에 전류를 한 방향으로 흐르게 하여 자력의 변화를 줌

정류자편과 편 사이 운모가 절연체 역할 / 정류자편과 운모 높이차 → 언더컷

④ 계자코일 : 전류를 공급받아 자력선을 형성

⑤ 계자철심 : 전류가 흐르면 전자석이 됨

⑥ 계철 : 자력선의 통로, 전동기의 틀이 됨(고정체 틀)

⑦ 브러시 : 회전하는 정류자에 닿아서 전원을 공급

⑧ 오버러닝 클러치 − 기관에 의한 시동모터의 고속회전 방지

− 종류 : 롤러, 다판클러치, 스프레그 형

− 한쪽 방향으로만 동력을 전달함(전기자축 → 피니언기어)

(3) 전원공급 순서

① 배터리 → 점화스위치 → ST단자 → 풀인 코일·홀딩 코일 → 플런저 이동(B, M단자 스위치 ON) 시프트레버 → 피니언 기어가 링기어에 물림

② 배터리 → B단자 → 플런저 → M단자 → 계자 코일 → 브러시 → 정류자→ 전기자코일 → 정류자 → 브러시 → 계자 코일 → 접지

③ 전기자 구동 → 오버러닝 클러치 → 피니언 기어 구동 → 플라이휠 링 기어 피동 → 시동

2. 동력 전달 기구 : 링기어에 회전력 전달(감속비 10~15:1)

(1) 구동 방식

① 벤딕스식 → 관성 섭동식(오버러닝 클러치 사용 X)

㉠ 피니언의 관성과 전동기 무 부하 상태에서 고속회전하는 성질 이용

㉡ 구조가 간단하고, 오버러닝 클러치가 필요 없음

㉢ 고장이 적고 대용량 기관에 부적합

② 피니언 섭동식

㉠ 수동식

㉡ 자동식(전자식) − 전자석 스위치를 이용하여 피니언을 링기어에 접촉

㉢ 전기자 섭동식 − 전기자 전체가 이동하여 피니언을 링기어에 접촉

(2) 전자석스위치
    ① 풀인 코일* : ST단자와 M단자를 직렬로 연결   * B단자와 M단자: 굵은 배선으로 연결
       → 플런저를 잡아당김
    ② 홀딩 코일* : ST단자와 몸체를 병렬로 연결 → 당겨진 플런저를 유지시켜줌
    ③ 점화스위치 : ST단자와 B단자 연결
    ④ 마그네트스위치 : ST단자와 M단자 연결
(3) 기타 사항
    ① 기동전동기 요구 회전력 $= \dfrac{\text{피니언잇수}}{\text{링기어잇수}} \times$ 회전저항(엔진)
    ② 시험 : 단선·단락·접지 시험   ┏ 전류계·전압계·가변저항·회전계 필요
    ③ 시험 항목 : 회전력·저항·부하·무부하 시험
                             ↳(크랭킹 시 전류·회전수 측정)
    ④ 시동 성능 – 용량·온도에 비례한다.
                윤활유 점도 상승 시 회전저항 증가 → 성능 저하
    ⑤ 주요부 : 기어가 물리는 부분, 회전력 발생 부분, 회전력 전달 부분
    ⑥ 기타
       ㉠ 성층 철심 – 전기자의 전력 손실 감소
                 맴돌이 전류에 의한 전력 손실 방지
       ㉡ 오버러닝 클러치 – 엔진의 회전력이 시동 이후에 시동 모터로 전달되는 것을 막아줌
                   (전달 시 시동모터 파손)
                    – 종류 : 롤러·다판클러치·스프래그 형
                    – 크랭킹 시 회전 수 : 200~300rpm
(4) 기동 전동기가 회전하지 않는 원인
    ① 브러시가 정류자에 밀착 불량(정류자편 다 닳음, 언더컷 = 0)
    ② 기동전동기 및 계자코일의 소손, 스위치 접촉 및 배선 불량
    ③ 축전지 전압이 낮거나 솔레노이드 스위치 불량
(5) 회전력이 떨어지는 원인 : 계자코일의 단선, 브러시의 손상, 언더컷 높이 불량

01 출제빈도 ★★☆
기동전동기와 같은 직류 모터 내부에서 도선에 대하여 자기장이 미치는 힘의 작용 방향을 정하는 법칙으로 맞는 것은?

① 플레밍의 왼손법칙
② 플레밍의 오른손법칙
③ 렌츠의 법칙
④ 파스칼의 법칙

02 출제빈도 ★★☆

전기와 관련된 법칙에 대한 설명으로 가장 옳은 것은?

① 줄의 법칙이란 전류에 의해 발생한 열은 도체의 저항과 전류의 제곱 및 흐르는 시간에 반비례한다는 것을 말한다.

② 렌츠의 법칙이란 도체에 영향을 주는 자력선을 변화시켰을 때 유도기전력은 코일 내의 자속이 변화하는 방향으로 생기는 것을 말한다.

③ 키르히호프의 제1법칙이란 에너지 보존의 법칙으로 회로 내의 어떤 한 점에 유입된 전압의 총합과 유출한 전압의 총합은 같다는 것을 말한다.

④ 플레밍의 왼손법칙이란 왼손의 엄지손가락, 인지 및 가운데 손가락을 서로 직각이 되게 펴고, 인지를 자력선의 방향에, 가운데 손가락을 전류의 방향에 일치시키면 도체에는 엄지손가락 방향으로 전자력이 작용한다는 것을 말한다.

03 출제빈도 ★★☆

기동전동기의 구성요소가 아닌 것은?

① 정류자
② 전압조정기
③ 구동피니언
④ 오버러닝클러치

04 출제빈도 ★★☆

기동전동기의 관련 부품으로 거리가 먼 것은?

① 브러시
② 교류모터
③ 계자코일
④ 원웨이 클러치

05 출제빈도 ★★☆

기동전동기에서 점화스위치와 직접 연결된 단자는?

① M 단자
② B 단자
③ L 단자
④ ST 단자

06 출제빈도 ★★☆

기동전동기의 구성과 세부 작동에 대한 설명으로 가장 거리가 먼 것은?

① ST단자에 연결된 배선보다 B단자에 연결된 배선이 더 굵다.

② M단자는 계자철심에 감겨져 있는 계자코일과 연결된다.

③ B단자와 M단자가 스위칭 된 후에 풀인 코일에 전류가 인가된다.

④ 일반적으로 계자코일과 전기자코일이 직렬 연결된 직권 직류 전동기를 사용한다.

07 출제빈도 ★★☆

〈보기〉의 자동차용 기동전동기 구성 부품 중 회전하는 것을 가장 옳게 짝지은 것은?

┃ 보기 ┃
㉠ 계철과 계자철심
㉡ 브러시와 브러시 홀더
㉢ 정류자
㉣ 마그네틱스위치
㉤ 전기자
㉥ 계자코일

① ㉠, ㉣
② ㉡, ㉤
③ ㉢, ㉤
④ ㉢, ㉥

08 출제빈도 ★★☆

점화스위치(키스위치)가 START 위치에서 엔진이 회전하지 않을 때 문제가 될 수 있는 부품은?

① 시동 전동기　　② 점화 1차 코일
③ 파워 트랜지스터　④ 인젝터

09 출제빈도 ★★☆

직류 전동기의 종류로 계자코일과 전기자코일이 직렬로 연결된 것은?

① 직권식　　　　② 분권식
③ 복권식　　　　④ 병권식

10 출제빈도 ★★☆

직류 전동기의 종류로 가장 거리가 먼 것은?

① 직권식　　　　② 분권식
③ 복권식　　　　④ 병권식

11 출제빈도 ★★☆

자동차에서 사용하는 기동전동기의 직류 전동기 종류로 맞는 것은?

① 직렬 직권식　　② 병렬 분권식
③ 직렬 분권식　　④ 병렬 복권식

12 출제빈도 ★★☆

직류 직권전동기의 특징에 관련된 설명으로 맞는 것은?

① 일정한 회전수에서 큰 토크를 사용할 수 있다.
② 전동기에 걸리는 부하가 커지면 토크가 커진다.
③ 회전토크는 계자자속과 전기자전류에 반비례한다.
④ 전기자전류가 2배로 증가하면 회전토크도 2배로 증가하게 된다.

13 출제빈도 ★★☆

차량용 직류 직권식 스타터 모터의 특징으로 가장 옳은 것은?

① 구조가 복잡하고 회전속도 변화가 큰 것이 단점이다.
② 회전속도가 일정한 장점이 있으나, 회전력이 작은 단점이 있다.
③ 기동 시 회전력이 크고 기동 후 회전속도가 일정하다.
④ 부하를 크게 하면 회전속도가 느려지고, 흐르는 전류가 증가한다.

14 출제빈도 ★★☆

배터리에서 시동전동기에 전류가 흐를 때 시동전동기의 큰 전류를 단속하고 피니언 기어를 링기어에 맞물리는 역할을 하며 풀인 코일과 홀딩 코일로 구성된 것을 무엇이라 하는가?

① 정류자
② 전자스위치
③ 전기자
④ 브러시와 브러시 홀더

15 출제빈도 ★★☆

내연기관의 기동전동기에서 항상 일정한 방향으로 회전하도록 전기자(Armature)코일에 일정한 방향으로 전류를 공급해주는 부품은?

① 슬립링과 브러시
② 브러시 정류자
③ 레귤레이터
④ 계자코일

16 출제빈도 ★★☆

기동전동기의 구비조건으로 거리가 먼 것은?

① 소형 경량이며, 내구성이 좋아야 한다.
② 시동 작업 시 회전력이 커야 한다.
③ 방진, 방수 성능을 가져야 한다.
④ 크랭킹 시 소모전류가 커야 한다.

17 출제빈도 ★★☆

〈보기〉에서 기동전동기의 주요 부분에 대한 설명으로 가장 옳은 것을 모두 고른 것은?

┃ 보기 ┃
ㄱ. 계자는 전기자코일에 전류를 흐르게 하는 부분이다.
ㄴ. 정류자는 자계를 발생시키는 부분이다.
ㄷ. 전기자는 토크가 발생하는 부분이다.
ㄹ. 솔레노이드스위치는 축전지의 주 전류를 단속하는 부분이다.

① ㄱ, ㄷ   ② ㄱ, ㄹ
③ ㄴ, ㄷ   ④ ㄷ, ㄹ

18 출제빈도 ★★☆

다음 중 기동전동기의 기능에 대한 설명으로 옳지 않은 것은?

① 정류자는 계자와 연결되어 전기자 코일에 전류를 한 방향으로 흐르게 한다.
② 계자코일은 전류가 흐르면 자력선을 발생시킨다.
③ 계자철심은 계자코일이 발생시키는 자력선에 의해 전자석이 된다.
④ 브러시는 회전하는 정류자에 전원을 공급하는 역할을 한다.

19 출제빈도 ★★☆

기동전동기의 구동방식에 해당되는 것은?

① 다판식   ② 롤러식
③ 벤딕스식   ④ 스프레그식

20 출제빈도 ★★☆

자동차에 사용되는 기동전동기에 대한 설명으로 틀린 것은?

① 가솔린엔진보다 디젤엔진에 사용되는 기동전동기의 용량이 더 커야 한다.
② 기동전동기의 감속비는 엔진의 회전저항이 커질수록 낮아져야 한다.
③ 기동전동기는 플레밍의 왼손법칙에 따라 구동방향이 결정되고 전압 및 전류계에도 같은 법칙이 적용된다.
④ 저온에서 축전지의 화학반응이 활발하지 못하고 엔진 오일의 점도도 높아지게 되어 링기어의 회전저항이 커지게 된다. 이는 피니언기어의 회전수를 떨어트리는 원인이 된다.

21 출제빈도 ★★☆

자동차에 사용되는 시동모터에 관한 설명으로 틀린 것은?

① 소형 경량화를 위해 감속기어 등을 활용하여 입력토크를 작게 한다.
② 회전속도를 일정하게 하기 위해 계자코일과 전기자코일이 병렬로 연결되어 있다.
③ 전기자 자력의 손실을 방지하기 위해 규소 강판의 성층철심을 활용한다.
④ 오버러닝 클러치를 활용하여 시동 후 전기자가 고속으로 회전하는 것을 방지한다.

22 출제빈도 ▶ ★★☆

기동전동기의 토크가 떨어지는 원인이 아닌 것은?

① 계자코일의 단락
② 솔레노이드스위치의 불량
③ 언더컷의 높이 불량
④ 브러시 손상

23 출제빈도 ▶ ★★☆

기동전동기의 회전이 느린 이유로 거리가 먼 것은?

① 전자석스위치의 작동 불량
② 기동전동기의 접지 불량
③ 브러시의 마모로 인한 접촉 불량
④ 계자코일의 단락

24 출제빈도 ▶ ★★☆

기관이 기동되었는데도 계속해서 스위치를 돌리게 되면 어떤 현상이 일어나는가?

① 로터 베어링이 녹는다.
② 스테이터가 단선된다.
③ 전기자가 타게 된다.
④ 크랭크축 베어링이 녹는다.

25 출제빈도 ▶ ★★☆

기동전동기의 오버러닝 클러치에 대한 설명으로 틀린 것은?

① 피니언기어의 회전을 전기자축으로 전달하는 역할을 한다.
② 종류로는 롤러식, 다판식, 스프레그식 등이 있다.
③ 기동전동기를 사용하여 엔진의 시동이 걸린 후 엔진의 회전력이 기동전동기 쪽으로 전달되는 것을 방지한다.
④ 피니언의 관성을 이용하는 벤딕스식에는 오버러닝클러치가 없다.

26 출제빈도 ▶ ★★☆

기동전동기에 대한 설명으로 틀린 것은?

① 직류 전원을 사용하고 직권식 전동기를 많이 사용한다.
② 오버러닝 클러치를 사용하여 시동 후 전기자가 고속으로 회전하는 것을 방지할 수 있다.
③ 전자석은 전류의 방향과 상관없이 일정한 자성방향을 갖는다.
④ 시동 성능은 축전지의 용량이나 온도에 따라 변화가 크게 나타난다.

27 출제빈도 ▶ ★★☆

시동 장치에 대한 설명으로 가장 옳지 않은 것은?

① 시동 장치는 스타터 모터(starter motor)와 플라이휠(flywheel) 또는 드라이브 플레이트(drive plate)로 구성되어 있다.
② 스타터 모터에서 피니언 기어의 회전축 방향으로의 이동은 마그네틱스위치(솔레노이드 스위치로도 표기)에 의해 이뤄진다.
③ 시동 걸린 엔진의 회전이 스타터 모터를 파손하지 않도록 언더러닝 클러치(under- running clutch)를 사용한다.
④ 시동에는 저속의 강한 힘이 필요하므로 스타터 모터는 감속 기어를 거쳐 피니언 기어에 동력을 전달한다.

28 출제빈도 ▶ ★★☆

전동기가 회전함과 동시에 마그네틱스위치가 선단에 부착된 피니언기어를 밀어서 전기자의 회전력을 플라이휠의 링기어에 전달시키기 위해 제작된 것은?

① 오버러닝 클러치
② 마찰 클러치
③ 유체 클러치
④ 전자 클러치

29 출제빈도 ★★☆

기관이 시동되고 난 후 기관의 동력을 기동 전동기 쪽으로 전달하지 않도록 하는 것은?

① 풀인코일
② M 단자
③ 오버러닝 클러치
④ 마그네틱스위치

30 출제빈도 ★★☆

아래 보기 중 병렬연결과 관련 있는 것들로 만 묶은 것을 고르시오.

┤ 보기 ├
㉠ 전압측정 시 측정기 연결
㉡ 전류측정 시 측정기 연결
㉢ 좌우 전조등 회로
㉣ 직권전동기 계자코일과 전기자코일의 결선

① ㉢
② ㉠, ㉢, ㉣
③ ㉠, ㉢
④ ㉡, ㉣

31 출제빈도 ★★☆

디젤엔진을 사용하는 자동차의 시동장치와 관련된 구성요소가 아닌 것은?

① 점화플러그
② 기동전동기
③ 예열플러그
④ 축전지

32 출제빈도 ★★☆

시동이 걸리지 않을 때 원인이 아닌 것은?

① 크랭크 각 센서 고장
② 타이밍 벨트가 끊어짐
③ 점화 1차 코일의 단선
④ 연료 펌프 배선의 단선
⑤ 차속 센서 고장

>>> 정답

01	02	03	04	05	06	07	08	09	10
①	④	②	②	④	③	③	①	①	④
11	12	13	14	15	16	17	18	19	20
①	②	④	②	②	④	④	①	③	②
21	22	23	24	25	26	27	28	29	30
②	②	①	③	①	③	③	①	③	③
31	32								
①	⑤								

01. 모터(전동기) 구동방향 – 왼손법칙
    발전기 전류방향 – 오른손법칙

02. ① 식 $Q[J] = I^2 \cdot R \cdot t$에서 전류에 의해 발생한 열은 도체의 저항과 전류의 제곱 및 흐르는 시간에 비례한다는 것을 말한다.
    ② 렌츠의 법칙이란 도체에 영향을 주는 자력선을 변화시켰을 때 유도기전력은 코일 내의 자속의 변화를 상쇄하려는 방향으로 발생한다는 것을 말한다.
    ③ 키르히호프의 제1법칙이란 에너지 보존의 법칙으로 회로 내의 어떤 한 점에 유입된 전류의 총합과 유출한 전류의 총합은 같다는 것을 말한다.

03. 전압조정기는 발전기의 구성요소이다.

04. 기동전동기는 직류모터를 사용한다.

05. ST 단자는 스타트(START)의 약자로, 점화스위치에서 직접 + 전원이 인가되는 단자이다.

06. ST 단자에 전원이 인가되면 풀인 코일과 홀딩 코일에 전류가 인가된다.

07. 기동전동기 구조가 정리되어 있으면 편하게 해결할 수 있는 문제이다. 회전하는 부품으로 피니언기어, 전기자, 전기자코일, 정류자 등이 있다.

08. 시동(기동) 전동기나 축전지 및 혹은 이 둘 사이의 전기배선에 문제가 있을 때 크랭킹이 되지 않는다. 여기서, 크랭킹이란 점화스위치를 ST위치에 놓았을 때 기동전동기가 엔진을 회전하는 상태를 뜻한다. 일반적으로 크랭킹 시 회전수는 200~300rpm 정도 된다.

09. 병렬로 연결된 것을 분권식, 직·병렬로 연결된 것을 복권식이라고 한다.

10. 직류 전동기의 종류 – 전기자코일과 계자코일이 연결된 방식
    ① 직렬연결 – 직권 전동기
    ② 병렬연결 – 분권 전동기
    ③ 직·병렬연결 – 복권 전동기

11. 기동전동기에는 계자코일과 전기자코일이 직렬로 접속된 직권식이 사용된다.

12. ① 전동기에 걸리는 부하가 커져서 회전수가 낮아지면 큰 토크를 사용할 수 있다.
    ③ 회전토크는 계자자속과 전기자전류에 비례한다.
    ④ 전기자전류가 2배로 증가하면 회전토크는 4배로 증가하게 된다.

13. 직권전동기는 부하가 커지면 전류가 증가하고 속도가 떨어지는 특성이 있다. 그래서 기동 토크가 매우 크다.

14. 솔레노이드스위치라고도 하며 회로에 직렬로 접속된 풀인 코일이 플런저를 당기는 역할을 하며 병렬연결된 홀딩 코일이 플런저를 유지시키며 이때 플런저는 피니언 기어를 플라이휠의 링기어에 물리는 동시에 큰 전류의 스위치 역할을 하게 된다.

15. ① 슬립링과 브러시는 교류발전기에서 로터에 전류를 공급해주는 부품이다.
    ③ 조정기기를 총칭하여 레귤레이터라는 표현을 사용하는데 여기서는 전압 조정기 정도로 해석할 수 있다.

16. 크랭킹 시 기동전동기의 소모전류는 축전지 용량의 3배 이하여야 한다.

17. ㄱ. 브러시와 정류자는 회전하는 전기자코일에 전류를 공급하는 역할을 한다.
    ㄴ. 계자철심은 자계를 발생시키는 부분이다.

18. 정류자는 전기자(회전자)에 연결되어 있으며 회전 시 전류의 방향을 주기적으로 반전시켜 토크 방향이 일정하도록 한다. 즉 "계자와 연결되어 있다."는 설명이 틀린 것이다.

19. 기동전동기의 구동방식은 벤딕스식, 피니언 섭동식, 전기자 섭동식 등이 있다. 다판식, 롤러식, 스프레그식은 오버러닝 클러치의 종류에 해당된다.

20. 기동전동기의 감속비는 엔진의 회전저항이 커질수록 높아져야 한다. 감속비가 높아질수록 플라이휠의 링기어의 회전수는 낮아지고 전달토크는 커지게 된다. (단, 피니언기어의 회전수가 일정하다는 가정하에)

21. 구동력을 크게 하기 위해 계자코일과 전기자코일이 직렬로 연결된 직권식 직류전동기를 사용한다.

22. 솔레노이드스위치(전자석스위치)가 불량할 경우 플런저가 작동되지 않는다. 이럴 경우 피니언 기어가 링기어에 물리지도 않고 전기자에 전원을 공급하지도 못하게 된다.

23. 전자석스위치가 불량할 경우 기동전동기는 작동하지 않는다.

24. 문제에서 전기자의 고속회전을 방지하는 오버러닝 클러치의 언급이 없기 때문에 전기자에서 발생되는 과전류로 인해 전기자가 열화되는 것으로 가정한다.

25. 오버러닝 클러치는 전기자축의 회전을 피니언기어에 전달하지만 피니언기어의 회전을 전기자축에 전달하지는 않는다.

26. ③ 전기자코일에 흐르는 전류의 방향에 따라 전기자 철심의 극성이 바뀌게 된다.

27. 시동 걸린 엔진의 회전이 스타터 모터를 파손하지 않도록 오버러닝 클러치를 사용한다.

28. 문제를 자세히 파악하지 않았을 경우 전자석 스위치에 대한 설명처럼 보이나 문제 앞부분의 설명은 답을 선택하는데 도움이 되지 않는 내용이며 실제 전기자 축의 회전을 피니언기어에 전달하고 이 피니언기어의 회전을 플라이휠의 링기어에 전달하는 오버러닝 클러치에 대해 설명하는 문제이다.

30. 전압을 측정할 때는 측정기를 병렬로 연결하고 전류를 측정할 때는 직류로 연결하여 측정한다. 좌·우 전조등은 하나가 단선되더라도 나머지 하나의 전구를 사용하기 위해 병렬로 연결하고 직류전동기의 직권식은 계자코일과 전기자코일을 직렬 접속한다.

31. 디젤엔진은 자기착화방식으로 점화플러그를 사용하지 않는다.

32. 엔진이 시동되는 데 차속 센서의 신호는 필요로 하지 않는다.

점화장치

1. 축전지식 점화장치(가솔린, LPG)

- 구성 : 배터리, 점화스위치, 점화코일, 배전기어셈블리(단속기, 축전기), 고압케이블, 점화플러그
- 작동 순서 : 배터리 → 점화스위치 → 점화코일 → 배전기 → 점화플러그

(1) 점화 1차 저항 : 직렬로 점화 1차코일과 연결되어 과열방지

　　*가변저항형(밸러스트 저항)을 둬 전류의 흐름을 조절함

　　　↳ 회전속도 느림 → 저항↑ → 전류 작게 흐름
　　　　 회전속도 빠름 → 저항↓ → 전류 많이 흐름

(2) 점화코일 – 고전압 전류 발생(승압 변압기) ← 단속기 접점 열릴 때 발생

① 1차 코일(0.6~1mm, 3~5Ω) : 자기유도 작용 → 축전지에 연결

　↳ 1차 코일에 흐르는 전류를 끊었을 때 발생되는 유도전압

② 2차 코일(0.06~0.1mm, 7.5~10kΩ) : 상호유도 작용 → 배전기에 연결

　↳ 전기회로에 자력선의 변화가 생겼을 때 그 변화를 방해하기 위해 다른 전기회로에 유도 기전력이 발생하는 현상

– 고전압 유도공식 $E_2 = \dfrac{N_2}{N_1} E_1$, $\dfrac{N_2 (25,000회)}{N_1 (250회)}$: 권선비(100배)

종류 ㉠ 개자로 철심형 – 2차 코일이 안에, 1차 코일이 밖에 있음(방열성↑)
　　　　　　　　 – 고전압의 손실을 방지하기 위해 내부에 절연유 또는
　　　　　　　　　 피치 컴파운드 충전함
　　㉡ 폐자로 철심형(몰드형 : 외부로 자속방출 X) : 1차 코일이 안,
　　　　　　　　　　　　　　　　　　　　　　　 2차 코일이 밖에 있음

(3) 배전기(내부에 단속기 = 접점스위치)

① 주기능 : 점화순서에 맞게 각 실린더의 점화플러그로 고전압을 분배시킴
② 구성 : 단속기 접점, 축전기, 점화 진각장치
③ 캠축에 의해 구동하며, 크랭크축의 1/2회전 함

㉠ 캠각(= 드웰각) : 접점이 닫혀있는 동안 캠이 회전한 각
　　(HEI방식 → 파워 TR 베이스 전류 인가시간)

점화시기 ╳ 캠각 ╳ 접점간극

㉡ 점화 1, 2차 회로

ⓐ 점화 1차 회로(저압) : 순서 : 배터리(+) → 점화스위치 → 점화코일 → 단속기 접점
ⓑ 점화 2차 회로(고압) : 순서 : 점화 코일 2차 단자(중심 단자) → 배전기 → 고압 케이블
　　→ 점화플러그

㉢ 점화 진각기구 – 엔진의 운전 상태에 따라 점화플러그의 작동시기를 자동으로 조정해줌 →
　　TDC 10°~13° (가장 높아지는 엔진의 효율을 얻기 위함)

ⓐ 종류(전자제어X) – 원심식 진각 기구 : rpm에 따름
　　　　　　　　 – 진공식 진각 기구 : 기관의 부하에 따름
ⓑ 점화지연의 3대 원인 : 기계적 지연, 전기적 지연, 연소(화염 전파)적 지연
ⓒ TVRS 케이블(내부저항 : 10kΩ) – 고주파 억제, 전기적 잡음 억제

㉣ 축전기(= 콘덴서) – 전기량 저장 장치, 전류의 차단 및 회복을 원활하게 해줌
　 정전 유도 작용 이용, 단속기 접점과 병렬 연결
ⓐ 역할 – 접점의 소손 방지, 2차 전압 높임 / 1차 전류를 빠르게 회복해줌
　　　　 – 고주파 잡음을 줄여줌
ⓑ 축전기 정전 용량과의 관계 – 전압에 비례 / 금속판의 면적 및 절연도에 정비례

2. 고에너지 점화방식(HEI) : 배전기 있음

- 엔진 상태 검출(CAS, 1번 TDC) → ECU → 파워 TR → 점화코일(폐자로형)
- 장점 - 고출력 점화코일 사용 → 완벽 연소 가능
  - 최적 점화시기 자동으로 조절 → 노킹 발생 억제
  - 단속기 접점 없음 → 저속 및 고속에서 안정된 불꽃 가능
  ① 파워 트랜지스터(NPN형) : 스위칭 작용
    ㉠ ECU에서 신호를 받아 점화코일의 1차 전류 단속
    ㉡ B : ECU / C : 점화 1차 코일(-) / E : 접지
  ② 크랭크각 센서(역할 : 엔진 회전수와 크랭크축의 위치를 검출)

3. 전자 배전 점화방식, 무배전 점화방식(DLI, DIS) - 배전기 X → 점화코일 개수 늘어남

(1) 특징 : 배전 누전이 없음 / 고압 에너지 손실과 전파 잡음이 없음
  - 진각 폭 제한 및 전파 방해 없음 → (다른 전자제어 장치의 제어에도 유리)
(2) 종류
  ① 다이렉트 점화장치의 종류
    ㉠ 동시 점화방식 : 1개의 점화코일로 2개의 실린더에 고전압 공급
    ㉡ 독립 점화방식 : 1개의 실린더에 1개의 점화코일 설치, 가장 많이 씀
    ㉢ 다이오드 분배 점화방식

4. 점화플러그 : 점화 2차 코일의 고전압을 받아 점화시키는 장치

(1) 구조 : 3주요부 - 전극부분, 절연체 (애자), 셀
  ① 전극 부분 틈새 : 0.7~1.1mm(클수록 요구전압이 높다)
  ② 절연체(= 애자) : 고전압 누전 방지
(2) 구비조건
  - 내열성·내부식성 및 기계적 강도가 클 것
  - 기밀유지가 잘되고, 절연성이 좋을 것
  - 열전도성이 크고, 자기청정온도가 잘 유지될 것
(3) 자기청정온도 : 450~600℃(나사부에서 열 방출이 가장 크다)
  ① 450℃ 이하 : 카본 부착, 실화의 원인
  ② 600℃ 이상 : 조기점화의 원인
(4) 열가 : 점화플러그의 열 방산정도
  ① 열형 플러그 - 오손에 대한 저항력↑방열 경로가 길고, 저속·저압축비 기관에 사용
  ② 냉형 플러그 - 조기점화에 대한 저항력↑, 방열 경로가 짧고, 고속·고압축비 기관에 사용
(5) 특수점화플러그
  ① 자기 돌출형 : 방열 효과↑
  ② 저항 플러그 : 고주파 소음 방지, 약 10kΩ 저항
  ③ 보조 간극 플러그 : 점화플러그 단자와 중심 전극 사이에 간극 있음

01 출제빈도 ★★☆

점화장치의 구비조건으로 가장 옳지 않은 것은?

① 내부식성이 적을 것
② 내열성이 클 것
③ 열전도율이 클 것
④ 전기 절연성이 좋을 것

02 출제빈도 ★★☆

다음 중 자기유도 작용과 상호유도 작용의 원리를 이용한 장치는?

① 점화플러그　　② 점화코일
③ 배전기　　　　④ 트랜지스터

03 출제빈도 ★★☆

개자로 철심형 점화코일에 대한 설명 중 옳지 않은 것은?

① 축전지의 1차 전압을 고전압으로 바꾸는 유도코일이다.
② 1차 코일은 0.05~0.09mm에서, 2차 코일은 0.4~1.0mm 정도의 코일이 사용된다.
③ 1차 코일은 방열을 좋게 하기 위하여 2차 코일 바깥쪽에 감겨진다.
④ 1차 코일은 축전지, 2차 코일은 배전기에 연결된다.

04 출제빈도 ★★☆

점화코일에서 1차 코일의 자기유도작용에서 250V, 2차 코일의 상호유도작용으로 유기된 기전력이 20,000V, 2차 코일의 감은 횟수가 20,000회일 때 1차 코일의 감은 수는 얼마인가?

① 80　　　　　② 250
③ 320　　　　　④ 500

05 출제빈도 ★★☆

다음 중 점화장치의 단속기 접점의 캠각이 작을 때의 설명으로 맞지 않은 것은?

① 단속기 접점의 간극이 커진다.
② 점화 1차 코일에 충분한 전류가 흐르지 못한다.
③ 점화시기가 늦어진다.
④ 고속에서 실화의 원인이 될 수 있다.

06 출제빈도 ★★☆

다음 중 접점식 점화장치의 캠각이 작을 경우 나타나는 현상이 아닌 것은?

① 점화시기가 빠르다.
② 1차 전류 흐름이 짧다.
③ 고속에서 실화된다.
④ 점화코일이 발열한다.
⑤ 접점 간극이 크게 된다.

07 출제빈도 ★★☆

캠각(cam angle)이 크면 나타나는 현상으로 가장 옳지 않은 것은?

① 접점간극이 작아진다.
② 점화시기가 빨라진다.
③ 1차 전류가 커진다.
④ 점화코일이 발열한다.

08 출제빈도 ★☆☆

단속기의 접점에 대한 설명 중 옳지 않은 것은?

① 접점 틈새가 작으면 점화플러그의 불꽃이 약해지며 점화시기가 늦어진다.
② 단속기 접점이 닫혀 있는 기간이 짧으면 1차 전류의 흐름이 적어지고 2차 전압이 올라간다.
③ 접점의 틈새가 좁으면 드웰각이 커진다.
④ 힐이 캠의 돌출 꼭지부에 있어 접점의 틈새가 최대인 것을 규정틈새라 한다.

09 출제빈도 ★★☆

단속기 접점방식의 점화장치에 대한 설명으로 옳은 것은?

① 접점이 떨어져 있는 동안 캠이 회전한 각을 캠각이라 한다.
② 캠각이 작으면 점화시기는 느려진다.
③ 접점 간극이 크면 캠각은 커진다.
④ 점화시기가 빠를 경우는 접점 간극이 클 때이다.

10 출제빈도 ★★☆

점화시기 조정과 밸브 간극에 대한 설명으로 틀린 것은?

① 밸브 간극이 크면 밸브가 늦게 열리고 일찍 닫혀 흡·배기 효율이 저하된다.
② 밸브 간극이 작으면 밸브가 일찍 열리고 늦게 닫혀 압축 압력이 낮아지고 과열되기 쉽다.
③ 점화시기가 너무 빠르면 노킹 발생으로 엔진 출력과 내구성이 저하된다.
④ 점화시기가 늦으면 배기 온도가 높아지고 엔진 출력이 향상된다.

11 출제빈도 ★★☆

접점 배전기 방식의 점화장치에서 고전압 분배기구를 무엇이라 하는가?

① 배전기 구동축　② 로터
③ 옥탄 셀렉터　　④ 배전기 캠

12 출제빈도 ★★☆

축전기(condenser)의 정전용량에 대한 설명으로 가장 옳지 않은 것은?

① 금속판 사이의 거리에 비례한다.
② 상대하는 금속판의 면적에 비례한다.
③ 금속판 사이 절연체의 절연도에 비례한다.
④ 가해지는 전압에 비례한다.

13 출제빈도 ★★☆

축전지 점화장치에서 점화순서를 나열한 것이다. 다음 보기의 빈칸에 들어갈 내용을 바르게 정리한 것은?

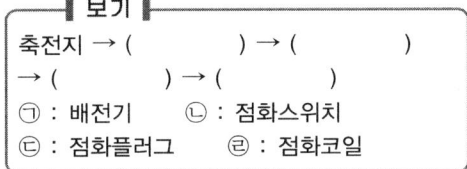

```
┤ 보기 ├
축전지 → (      ) → (      )
→ (      ) → (      )
㉠ : 배전기       ㉡ : 점화스위치
㉢ : 점화플러그   ㉣ : 점화코일
```

① ㉠ → ㉡ → ㉣ → ㉢
② ㉡ → ㉢ → ㉣ → ㉠
③ ㉡ → ㉣ → ㉠ → ㉢
④ ㉢ → ㉡ → ㉣ → ㉠

14 출제빈도 ★★☆

고에너지 점화방식에서의 구성요소와 관련이 없는 것은?

① 엔진전자제어 유닛
② 파워 트랜지스터
③ 촉매변환기
④ 점화플러그

15 출제빈도 ★★☆

고에너지 점화방식에 사용되는 반도체 파워 트랜지스터의 장점이 아닌 것은?

① 진동에 잘 견디고, 극히 소형이고 가볍다.
② 내부에서의 전압 강하와 전력 손실이 적다.
③ 내열성이 좋으며 순간적인 전기적 충격에도 강하다.
④ 기계적으로 강하고 수명이 길며, 예열하지 않아도 곧 작동된다.

16 출제빈도 ★★☆

가솔린 기관의 점화플러그에서 불꽃이 발생하는 시기로 옳은 것은?

① 점화 2차 코일에서 전원이 OFF 될 때
② 점화 1차 코일에서 전원이 OFF 될 때
③ 파워 트랜지스터의 이미터 전원이 ON 될 때
④ 파워 트랜지스터의 베이스 전원이 ON 될 때

17 출제빈도 ★★☆

고에너지 점화장치에 사용되는 파워 트랜지스터의 설명으로 틀린 것은?

① 주로 NPN형 트랜지스터를 사용하며 베이스, 컬렉터, 이미터로 구성된다.
② 베이스는 ECU와 연결되며 크랭크각 센서, 1번 상사점 센서의 신호를 기준으로 제어된다.
③ 컬렉터는 점화코일 "−"단자와 연결되며 베이스의 신호에 의해 전원이 제어된다.
④ 이미터는 접지와 연결되며 베이스 전원이 인가되는 순간 불꽃이 발생한다.

18 출제빈도 ★★☆

고에너지방식 점화장치에 대한 설명으로 맞는 것은?

① 이미터단자와 연결된 것은 점화코일 (−) 단자이다.
② 컬렉터단자와 연결된 것은 접지이다.
③ NPN형 트랜지스터에 ECU에 의해 신호받는 단자는 베이스이다.
④ 게이트는 배터리의 본선과 연결되어 있는 단자이다.

19 출제빈도 ★★☆

컴퓨터에서 신호를 받아 점화 코일의 1차 전류를 단속하는 장치로 컴퓨터와 연결된 베이스, 점화 1차코일 마이너스 단자와 연결된 컬렉터, 접지와 연결된 이미터로 구성되어진 것은?

① 사이리스터　　② 제너 다이오드
③ 파워 트랜지스터　④ 밸러스트 저항

20 출제빈도 ★★☆

파워 트랜지스터에서 ECU로부터 신호를 받아 점화 코일의 1차 전류를 단속(ON/OFF)하는 것으로 옳은 것은?

① 베이스 단자　　② 컬렉터 단자
③ 이미터 단자　　④ 애노드 단자

21 출제빈도 ★★★

점화장치의 작동 순서를 설명한 것으로 맞는 것은?

① 크랭크각 센서 → ECU → 파워 TR → 점화 코일
② 크랭크각 센서 → 파워 TR → ECU → 점화 코일
③ 파워 TR → 크랭크각 센서 → ECU → 점화 코일
④ 파워 TR → ECU → 크랭크각 센서 → 점화 코일

22 출제빈도 ★★★

다음 중 전자제어 점화장치의 제어 순서로 가장 적당한 것은?

① 각종 센서 → 점화코일 → ECU → 파워 트랜지스터
② 각종 센서 → ECU → 점화코일 → 파워 트랜지스터
③ 각종 센서 → ECU → 파워 트랜지스터 → 점화코일
④ 각종 센서 → 파워 트랜지스터 → ECU → 점화코일

23 출제빈도 ★★☆

엔진의 전자제어 장치 E.C.U.(Engine Control Unit)가 하는 일이 아닌 것은?

① 연료 분사량을 결정한다.
② 인젝터 분사시간을 제어한다.
③ 배터리 충전 전압을 제어한다.
④ 점화시기를 제어한다.

24 출제빈도 ★★☆

점화시기 점검 시에 기관 회전속도의 설명으로 알맞은 것은?

① 회전을 중지시킨다.
② 중속으로 회전시킨다.
③ 고속으로 회전시킨다.
④ 공회전시킨다.

25 출제빈도 ★★☆

4행정 사이클 가솔린엔진에서 실린더 내부에 최대압력이 발생되는 시기는 언제인가? (행정과 크랭크축의 각도로 표현)

① 동력행정 TDC 후 10~15°
② 배기행정 TDC 후 10~15°
③ 압축행정 TDC 전 10~15°
④ 동력행정 BDC 부근

26 출제빈도 ★★☆

가솔린엔진에 대한 설명으로 거리가 먼 것은?

① 점화 시점을 늦게 할 경우 노킹은 줄어들지만 출력이 낮아지게 된다.
② 연소실 카본에 의해 압축비가 증가될 경우 출력은 증가하고 연료소비율은 감소하게 된다.
③ 노킹이 발생될 경우 회전수를 높이는 것이 도움이 된다.
④ 엔진의 효율이 가장 높게 되는 최고의 폭발압력은 상사점 후 10~13°가 이상적이다.

27 출제빈도 ★★☆

자동차에 응용되는 회전속도 센서로 옳지 않은 것은?

① 바이메탈방식
② 주파수방식
③ 전압방식
④ 광전방식

28 출제빈도 ★★☆

가솔린엔진에서 배전기가 없는 점화장치는?

① 직접배전형식(DLI)
② 접점식
③ 반 트랜지스터형
④ 전 트랜지스터형

29 출제빈도 ★★☆

점화코일에서 1차 코일의 감은 횟수가 150회, 2차 코일의 감은 횟수가 7,500회일 때 최종 유기전압은 몇 V인가? (1차 코일의 유기전압은 220V이다.)

① 5,500V
② 8,800V
③ 11,000V
④ 22,000V

30 출제빈도 ★★☆

점화코일에 대한 설명으로 맞는 것은?

① 2차 코일에서 발생된 고전압은 1차 코일의 유효권수와 비례한다.
② 1차 코일은 굵고 감은 유효권수가 적으며 2차 코일은 얇게 많이 감겨진다.
③ 폐자로형 점화코일은 1차 코일의 과열을 방지하기 위해 2차 코일 밖으로 설치한다.
④ 2차 코일의 고전압에 의한 부품의 손상을 막기 위해 밸러스트 저항을 둔 형식도 있다.

31 출제빈도 ★★☆

불꽃 점화방식의 엔진은 점화코일과 점화플러그로 구성된 점화장치를 이용하여 연료-공기 혼합기를 연소시킨다. 다음 중 점화장치에 대한 설명으로 옳은 것은?

① 자동차용 배터리로 구동되므로 12V의 전원으로 점화코일을 거쳐 점화플러그는 12V로 작동된다.
② 점화장치가 빈번히 작동되어 점화플러그의 온도가 올라가게 될 때 예열을 빨리 시키기 위해 열 방산이 잘되지 않는 열형 점화플러그를 사용한다.
③ 1차 코일의 자기유도작용을 이용하기 위해 교류 전원을 공급한다.
④ 상호 유도 작용을 활용하기 위해 1차 코일의 권수가 2차 코일의 권수보다 작다.

32 출제빈도 ★★☆

다음 중 전자배전 점화방식 DLI의 특징으로 옳지 않은 것은?

① 로터와 배전기 캡 사이의 간극에서 발생되는 고전압 에너지 손실이 없다.
② 배전기에서 고주파 잡음이 발생되지 않아 다른 전자기기 사용에도 유익하다.
③ 점화시기의 진각 및 지각의 제한이 없다.
④ 고전압 출력을 작게 하면 방전 유효에너지가 감소한다.

33 출제빈도 ★★☆

DLI(Distributor Less Ignition system)에 대한 설명으로 틀린 것은?

① 배전기가 필요 없어 로터와 접지 전극 사이의 고압 에너지 손실이 없다.
② 배전기 캡에서 발생하는 전파 잡음이 없다.
③ 노킹 발생 시 ECU가 점화시점을 신속하게 제어할 수 있어 출력에도 도움이 된다.
④ 점화코일의 숫자를 줄일 수 있어 고전압 에너지 손실이 적다.

34 출제빈도 ★★☆

전자배전 점화장치(DLI: distributor less ignition)는 배전기(distributor)를 없애고 점화코일을 2개 이상 설치하여 불꽃방전을 일으키는 방식이다. 다음 중 전자배전 점화장치(DLI)의 특징으로 옳지 않은 것은?

① 배전기가 없으므로 전파장애의 발생이 없다.
② 점화시기가 정확하고 점화성능이 우수하다.
③ 진각의 범위에 제한이 없으나 내구성이 비교적 작다.
④ 고압배전부가 없기 때문에 누전의 염려가 적다.

35 출제빈도 ★★☆

점화플러그 교체시기로 다음 중 가장 적당한 것은?

① 1,500~2,000km
② 3,000~10,000km
③ 11,000~13,000km
④ 15,000~20,000km

36 출제빈도 ★★★

점화플러그의 자기청정온도(℃)로 맞는 것은?

① 100 이하
② 200~300
③ 500~600
④ 700~900

37 출제빈도 ★★☆

점화플러그에 BP6ES라고 적혀있을 때, 6의 의미는?

① 열가
② 나사부분의 지름
③ 나사산의 길이
④ 개조형

38 출제빈도 ★★☆

점화플러그의 특징을 설명한 것으로 틀린 것은?(단, NGK 제조업체 기준이다.)

① 열방산 정도를 수치로 나타낸 것이 열가이다.
② 점화플러그의 자기청정온도는 450~600℃이다.
③ 열가의 숫자가 높을수록 열형, 낮을수록 냉형 점화플러그이다.
④ 열형 점화플러그는 오손에 대한 저항력이 크다.

39 출제빈도 ★★☆

점화플러그의 특징을 설명한 것으로 맞는 것은?(단, NGK 제조업체 기준이다.)

① 열방산 정도를 수치로 나타낸 것이 자기청정온도이다.
② 열형 점화플러그는 오손에 대한 저항력이 작다.
③ 열가의 숫자가 높을수록 열형, 낮을수록 냉형 점화플러그이다.
④ 고속 고압축비 기관에는 냉형 점화플러그를 사용한다.

40 출제빈도 ★★☆

점화플러그의 최고온도가 400℃ 이하로 유지될 때 일어날 수 있는 현상 및 조치사항으로 틀린 것은?(단, NGK 제조업체 기준이다.)

① 열형 점화플러그를 사용할 필요성이 있다.
② 점화플러그의 표시방법 중 가운데 숫자가 낮은 번호를 택하면 된다.
③ 점화플러그에 카본이 부착되고 실화가 발생될 수 있다.
④ 자기청정온도 이하로 유지되어 조기 점화가 발생될 수 있다.

41 출제빈도 ★★☆

다음 중 점화플러그에 대한 내용으로 옳지 않은 것은?

① 점화플러그의 전극은 중심전극과 접지전극으로 구성되어 있다.
② 자기청정온도는 전극부분의 온도가 450℃~600℃로 유지하도록 하는 온도이다.
③ 점화플러그의 열방산 능력을 나타내는 값을 자기청정온도라 한다.
④ 고속, 고압축비 엔진에 사용되는 플러그는 냉형플러그를 사용한다.

42 출제빈도 ★★★

점화플러그가 갖추어야 할 조건으로 옳지 않은 것은?

① 열의 발산(방산)이 느릴 것
② 기계적 충격에 잘 견딜 것
③ 기밀유지가 가능할 것
④ 열적 충격 및 고온에 견딜 것

43 출제빈도 ★★★

점화플러그에 대한 설명으로 가장 거리가 먼 것은?

① 점화플러그는 고온의 연소가스에 견디기 위해 내열성, 내식성, 그리고 충분한 기계적 강도를 가져야 한다.

② 점화플러그는 열을 잘 방출하기 위해 열전도성이 높아야 하며, 동시에 자기청정(Self-cleaning) 온도를 유지할 수 있어야 한다.

③ 점화플러그의 중심 전극과 절연체는 절연성이 낮아야 하며, 고전압이 쉽게 통전되도록 한다.

④ 점화플러그는 혼합기를 안정적으로 점화할 수 있도록 강력하고 안정적인 불꽃을 발생시켜야 한다.

44 출제빈도 ★★☆

저항플러그의 역할로 맞는 것은?

① 오손된 점화플러그에서도 실화되지 않도록 한다.

② 라디오나 무선 통신기에 고주파 소음의 발생을 제어한다.

③ 고전압 발생을 느리게 한다.

④ 플러그의 열 방출 능력을 높여준다.

>>> 정답

01	02	03	04	05	06	07	08	09	10
①	②	②	②	③	④	②	②	④	④
11	12	13	14	15	16	17	18	19	20
②	①	③	①	③	②	④	③	③	①
21	22	23	24	25	26	27	28	29	30
①	③	④	①	①	②	①	①	④	②
31	32	33	34	35	36	37	38	39	40
④	④	④	②	④	③	①	③	④	④
41	42	43	44						
③	①	③	②						

01. ① 내부식성이 커야 한다. 즉, 부식되는 성질에 대한 내성이 커야 한다.

02. 점화 1차 코일에 전류를 차단하면 자기유도작용에 의해 1차 전압이 생성되고 이때 점화 2차 코일에서 상호유도작용으로 2차 고전압이 생성된다.

03. 1차 코일의 두께는 0.4~1.0mm이고, 2차 코일의 두께는 0.05~0.09mm 정도로 가늘다.

04.
$$E_2 = \frac{N_2}{N_1} E_1$$

- E_1 : 1차코일에 유도된 전압
- E_2 : 2차코일에 유도된 전압
- N_1 : 1차코일의 유효권수
- N_2 : 2차코일의 유효권수

$$20{,}000\text{V} = \frac{20{,}000}{\text{N}_1} \times 250\text{V}, \ \text{N}_1 = 250\text{회}$$

05. 캠각이 작을 때 점화 시기는 빨라진다.

06. 캠각이 작을 경우 1차 코일에 전류가 인가되는 시간이 짧기 때문에 과열하지 않게 된다.

07. • 접점 및 캠각과 점화시기의 관계

비교 항목	캠각 ↓	캠각 ↑
점화시기	빠르다	늦다
접점간극	크다	작다
1차 전류	작다	크다
1차 전류 시간	짧아 2차 전압↓	길어 차단 불량
미치는 영향	고속에서 실화	코일 발열

08. ②번 선지는 앞의 해설에서 설명이 된 부분이고 ①, ③번 선지는 점화시기, 캠각, 접점간극 그림으로 해석이 가능하다. ④번 선지는 규정틈새에 대한 정의이다.

10. 점화시기가 늦으면 연소가 늦게 일어나 출력이 감소하고 배기 온도는 상승하게 된다. 즉, 출력이 향상된다고 표현한 부분이 틀린 것이다.

11. 점화 2차 코일에서 발생된 고전압에 의한 전류는 로터를 통해 각 점화플러그로 공급된다.

12. 금속판 사이의 거리에 반비례한다.

13. 축전지의 기전력에 의해 전류가 점화스위치를 거쳐 점화 1차 코일로 흐르게 된다. 이후 단속기의 작동에 의해 점화 2차 코일의 고전압이 배전기의 로터를 거쳐 각 점화플러그 쪽으로 흐르게 된다.

14. 크랭크각 센서 및 1번 상사점 센서의 신호를 ECU(전자제어 유닛)에 입력시키고 ECU는 센서의 신호를 바탕으로 파워 TR(트랜지스터)의 베이스 전류를 제어한다. 이에 점화코일에서 발생된 고전압이 배전기를 통해 각 점화플러그 쪽으로 전달되게 된다.

15. 트랜지스터는 역 내압이 낮고 과대 전류 및 전압에 파손되기 쉬우며 온도 특성이 좋지 못해 실리콘 다이오드의 경우 150℃ 이상이 되면 파손되기 쉽다.

16. 1차 코일의 전류가 차단될 때 자기장이 붕괴하면서 2차 코일에 고전압이 유도되고 그때 불꽃이 발생한다.

17. 베이스의 전원이 차단되는 순간 고전압에 의해 점화플러그에 불꽃이 발생하게 된다.

18. ① 이미터단자와 연결된 것은 접지이다.
② 컬렉터단자와 연결된 것은 점화 1차 코일 (−)단자이다.
④ 사이리스터의 구성요소인 게이트는 고에너지식 점화방식에 점화를 제어하기 위해 사용되지 않는다.

20. 점화장치에 사용되는 NPN형 파워 트랜지스터에서는 ECU와 베이스 단자, 점화 1차 코일과 컬렉터 단자, 접지와 이미터 단자가 각각 연결된다. 애노드 단자는 사이리스터의 구성요소이다.

21. 크랭크각 센서의 회전수, 1번 상사점 센서(캠 포지션 센서)의 기준점 정보를 ECU로 보내주면 ECU는 이 신호를 바탕으로 정확한 시점의 점화를 위해 파워 트랜지스터의 베이스 단자를 제어하게 된다. 베이스 전원이 차단되는 시점에 점화 2차 코일에서 고전압이 발생되며 이후 고압케이블을 통해 점화플러그에 불꽃을 발생시킨다.

22. CAS, 1번 TDC 센서(CPS) 신호를 기반으로 ECU는 액추에이터인 파워 트랜지스터를 제어하여 점화코일에 유도전기를 발생시킨다.

23. 배터리의 충전 전압은 발전기의 전압조정기에서 제어하게 된다.

24. 과거에 점화시기를 점검하기 위해 타이밍라이트란 장비를 사용하였으며 측정조건은 공회전 상태였다. 현재는 진단기를 사용하여 모든 영역의 회전조건에서 점화시기 측정이 가능하다.

25. 폭발(동력)행정에서 실린더 내부에 가장 높은 압력이 발생되며 이 높은 압력을 기계에너지로 변환할 때 가장 큰 출력을 낼 수 있는 구간이 폭발행정의 상사점 후 10~15° 정도가 된다.

26. ① 점화 시점을 늦출 경우 출력이 낮아져 조기점화의 발생확률이 줄어들어 노킹이 잘 발생되지 않지만 출력이 낮아지게 된다.
② 가솔린엔진에서 압축비의 증가 원인은 대부분 연소실에 연소생성물이 쌓였을 때이고 이는 노킹을 발생시키는 원인이 되어 엔진의 출력을 떨어뜨리고 연료소비율은 증대시키는 원인이 된다.
③ 노킹 발생 시 엔진에 부조(헌터)가 일어나게 되고 심한 경우에는 엔진이 멈추게 된다. 이에 회전수를 높여주는 제어를 하게 되면 노킹 발생에 의해 엔진이 멈춰지는 것을 막을 수 있다.
④ 앞의 기출문제에서 폭발행정의 상사점 후 10~15° 정도가 된다고 학습했는데 이 선지에서는 10~13°라고 표현이 되었다. 이는 같은 가솔린엔진에서도 종류가 워낙 다양하고 성능의 차이가 있는 관계로 약간의 차이는 있을 수 있다는 부분을 감안해야 한다.

27. 바이메탈은 열팽창 계수가 현저하게 다른 두 물질을 접합하여 온도변화에 따라 금속이 휘는 성질을 이용하는 것으로 수온조절기에서 활용되기도 한다. 배전기 내의 발광다이오드와 수광다이오드를 활용하는 광전방식은 일정한 주파수를 가지게 되며 전압의 변화로 ECU가 크랭크축의 회전수를 검출할 수 있다.

28. 배전기에서 발생되는 문제점을 해결하고자 개발된 것이 직접배전형식(무배전 점화방식, DLI)이다.

29. $E_2 = \dfrac{N_2}{N_1}E_1, \ E_2 = \dfrac{7,500}{150} \times 220V = 11,000V$

30. ① 2차 고전압은 1, 2차 코일의 권선비에 비례한다.
③ 폐자로형 점화코일 : 1차 코일을 안쪽, 2차 코일을 바깥쪽으로 설치한다.(중심철심을 통해 1차 코일의 냉각효과를 높이기 위해)

④ 1차 코일의 과전류에 의한 손상을 막기 위해 밸러스트 저항을 둔 형식도 있다.

31. ① 22,000V 이상의 고전압을 이용하여 점화플러그에 불꽃을 공급한다.
② 점화플러그의 온도가 고온으로 유지될 것이 염려될 때 냉형 점화플러그를 사용한다.
③ 1차 코일은 직류 전원을 활용한다.

32. 높은 전압의 출력이 감소되어도 방전 유효에너지 감소가 없다.

33. DLI는 배전기가 없어지고 점화코일의 숫자를 늘려 직접점화를 할 수 있어 고전압 에너지 손실이 적다.

34. 배전기 접점의 고주파의 사용으로 인한 내구성 문제가 없어 고장요소가 줄어든다.

35. 점화플러그의 교체 주기가 지났을 때 점화시점의 문제로 엔진의 부조가 발생된다.

36. 자기청정온도보다 높을 때와 낮을 때 발생되는 현상들에 대해서도 같이 정리해 두자.

37.

B	P	6	E	S
나사 지름	자기 돌출형	열가	나사 길이	신제품

38. 열가의 숫자가 높을수록 냉형, 낮을수록 열형 점화플러그이다.

39. ① 열방산 정도를 수치로 나타낸 것이 열가이다.
② 열형 점화플러그는 오손에 대한 저항력이 크다.
③ 열가의 숫자가 높을수록 냉형, 낮을수록 열형 점화플러그이다.

40. ④ 600℃ 이상의 고온에서 조기 점화가 발생될 수 있다.

41. 열방산 능력 → 열가값(Heat Range)
자기청정온도(Self-cleaning temperature)는 전극온도 450~600℃ 범위에서 카본이 연소되어 플러그가 깨끗이 유지되는 온도를 뜻한다.

42. • **점화플러그의 구비조건**
ㄱ 내열성능이 클 것 ㄴ 기계적 강도가 클 것
ㄷ 내부식성이 클 것 ㄹ 기밀유지 성능이 양호할 것
ㅁ 자기청정온도를 유지할 것
ㅂ 전기적 절연성능이 양호할 것

43. 점화플러그의 절연체는 절연성이 매우 높아야 고전압 누설 없이 불꽃을 안정적으로 발생시킬 수 있다.

44. TVRS 케이블의 사용용도와 같고 둘 다 내부 저항을 10kΩ 정도 사용한다.

충전장치

1. 발전 전류의 방향 : 플레밍의 오른손 법칙

2. DC 발전기(구성 : 기동전동기 구성과 동일)

  (1) 구성 – 전기자 : AC 발생 / 정류자 : 정류 작용(AC → DC) / 계철 : 통로 역할

          계자철심(영구자석) : 계자코일에 전류가 흐르면 전자석이 되어 N극과 S극 형성

  (2) 특징 – 자여자식(계자에서 형성) / 발생 전압은 전기자의 회전수와 여자 전류에 비례한다.

          엔진 회전수에 따라 급상승 → 과대 전압

  (3) DC 발전기 조정기

     ① 컷 아웃 릴레이 – 역류 방지(AC 발전기 : 실리콘 다이오드와 같은 기능)

       축전지로 전류가 흐를 때 접점이 닫히면서 컷 인 전압 발생(12V의 경우 : 13.8~14.8V)

     ② 전압 조정기, 전류 조정기 : 과전류 방지, 발전기 소손 방지

     ※ 직교인, AD컨버터

3. AC 발전기(구성 : 스테이터, 로터, 엔드 프레임, 전압조정기)

  (1) 특징 – 타 여자식(로터에서 자력 형성)

          발전기 조정은 전압조정기만 필요, 슬립링 사용(브러시 수명↑)

          저속에서도 발전 성능 좋음(→ 스테이터 : Y-결선), 공회전 충전 가능

          소형, 경량 잡음↓, 고속회전 가능, 충전 역방향 과전류 주지 않음(다이오드 보호)

  (2) 구성

     ① 스테이터 – 외부의 고정 코일로 전류 형성

       ㉠ AC 발생('실리콘-D'에 의해 정류하여 내보냄)

       ㉡ 결선 방식 : Y(스타)-결선 → 선간전압 : 상전압의 $\sqrt{3}$ 배(= 약 1.7배…)

           (가장 많이 사용)   저속에서 고전압 얻을 수 있음

       ㉢ 삼각(델타)결선 → 선전류 : 상전류의 $\sqrt{3}$ 배(= 약 1.7배…) 큰 출력 요하는 곳

     ② 로터 – 초기에 여자를 형성하여 <u>로터코일(출력전압을 조정)</u>에 공급

     ③ 정류기 – 다이오드 (+) 3개, 다이오드 (−) 3개, 여자 다이오드 3개, 히트싱크, 콘덴서로 구성

             전압조정기의 '제너-D'를 사용하여 과충전을 방지

  (3) 전압조정기 – '자속의 수'로 출력전압을 조정해줌

     여자전류가 클수록, 회전수가 높을수록, 자극수가 많을수록 → 기전력은 높아진다.

     ※ 로터의 타여자 순서

       점화스위치 → L단자 → 브러시 → 슬립링 → 로터코일 → 슬립링 → 브러시 → TR1-C 접지 →

       로터 자화(회전) → 스테이터(AC 발생)

  (4) 브러시 리스 AC 발전기

     ① 작동 순서 : 계자 코일 → 로터 자화 → 스테이터 코일(교류전기 발생)

     ② 계자 코일과 로터 사이 보조간극 : 코일을 많이 감아야 한다.

       – 밀폐형으로 제작 : 이물질 침입 방지 / 브러시 사용 X = 내구성↑, 소형화

01 출제빈도 ★★★

교류발전기의 에너지 법칙은?

① 키르히호프의 법칙
② 플레밍의 왼손 법칙
③ 자기유도작용과 상호유도작용
④ 플레밍의 오른손 법칙

02 출제빈도 ★★★

자동차용 발전기에서 발생 된 전류의 방향을 정하기 위해 적용된 원리로 맞는 것은?

① 렌츠의 법칙
② 플레밍의 왼손법칙
③ 플레밍의 오른손법칙
④ 앙페르의 오른나사 법칙

03 출제빈도 ★★☆

DC 발전기 전기자에서 생성되는 전류는?

① 교류
② 직류
③ 전압
④ 저항

04 출제빈도 ★★☆

자동차 전기장치의 설명으로 옳지 않은 것은?

① 발전기는 자동차에 전기를 공급하는 역할을 한다.
② 축전지의 용량의 단위는 AH이다.
③ 발전기에서 생성된 전기는 직류이고 대부분 직류발전기를 사용한다.
④ 부하가 없어도 배터리는 자연 방전이 조금씩 발생된다.

05 출제빈도 ★★☆

교류발전기에서 엔진의 크랭크축 풀리와 벨트로 연결되어 회전하며 자속은 만드는 것으로 가장 적당한 것은?

① 로터
② 스테이터
③ 전기자
④ 정류자

06 출제빈도 ★★☆

차량용 교류발전기의 구성품으로 가장 옳지 않은 것은?

① 로터
② 정류자
③ 슬립링
④ 스테이터

07 출제빈도 ★★☆

내연기관 자동차에 사용되는 교류발전기의 구성요소로 맞는 것은?

① 전기자 – 계자 – 스테이터 코일
② 계자 – 전압조정기 – 스테이터 코일
③ 로터 – 슬립링 – 스테이터 코일
④ 정류자 – 전류조정기 – 스테이터 코일

08 출제빈도 ★★☆

교류발전기의 설명으로 맞는 것은?

① 플레밍의 왼손 법칙에 따라 충전전류의 방향이 결정된다.
② 처음 발전 시에는 타·여자방식을 택하고 이후 여자다이오드를 활용하여 발전한다.
③ 전기자, 정류자, 오버러닝클러치는 회전하고, 계자코일, 브러시, 전자클러치는 회전하지 않는다.
④ 과충전을 막기 위해 전압조정기 내 정류자를 이용한다.

09 출제빈도 ★★☆

내연기관에 사용하는 교류발전기의 설명으로 맞는 것은?

① 충전 역방향으로 과전류를 주면 다이오드가 파손될 수 있다.
② 슬립링을 사용하여 브러시의 수명이 직류발전기에 비해 짧다.
③ 스테이터에서 여자가 형성되고 로터에서 교류전기가 발생된다.
④ 자기장 속에 있는 도선에 전류가 흐를 때 자기장의 방향과 도선에 흐르는 전류의 방향으로 도선이 받는 힘의 방향을 결정하는 규칙으로 작동된다.

10 출제빈도 ★★☆

교류발전기에서 슬립링과 접촉하여 전류를 공급하는 역할을 하는 것은?

① 스테이터   ② 로터
③ 브러시   ④ 브래킷

11 출제빈도 ★★☆

자동차용 교류발전기 구성 부품 중 로터(Rotor)에 대한 설명으로 가장 옳지 않은 것은?

① 로터는 직류발전기의 전기자코일과 전기자철심에 상당하며 자속을 만든다.
② 로터는 로터철심, 로터코일, 슬립링, 로터축 등으로 구성되어 있다.
③ 로터는 크랭크 풀리와 벨트로 연결되어 회전하는 부분이다.
④ 로터코일은 브러시와 슬립링을 통해 들어온 여자 전류로 자장을 발생시킨다.

12 출제빈도 ★★★

교류발전기에서 교류를 직류로 바꾸는 장치는?

① 인버터
② 컨버터
③ 실리콘 다이오드
④ 컷아웃 릴레이

13 출제빈도 ★★★

자동차 교류발전기에서 교류를 직류로 바꾸어 주는 부품은 무엇인가?

① 트랜지스터   ② 저항
③ 서미스터   ④ 다이오드

14 출제빈도 ★★☆

교류발전기에서 배터리의 전류가 흘러가는 순서로 맞는 것은?

① 브러시 → 정류자 → 전기자코일 → 정류자 → 브러시
② 브러시 → 슬립링 → 스테이터코일 → 슬립링 → 브러시
③ 브러시 → 정류자 → 스테이터코일 → 정류자 → 브러시
④ 브러시 → 슬립링 → 로터코일 → 슬립링 → 브러시

15 출제빈도 ★★★

교류발전기의 구성부품 중 3상 교류 전기를 발생시키는 장치는?

① 전압조정기
② 정류기
③ 스테이터
④ 로터

16 출제빈도 ★★☆

자동차 발전기의 스테이터 코일에서 발생한 3상 교류를 직류로 바꾸어 주는 역할을 하며 실리콘 다이오드를 사용하는 것으로 옳은 것은?

① 정류기
② 브러시
③ 오버러닝 클러치
④ 계자코일

17 출제빈도 ★★☆

교류발전기에서 과충전을 방지하기 위해 사용하는 장치는?

① 컷 아웃 릴레이
② 전류제한기
③ 여자다이오드
④ 제너다이오드

18 출제빈도 ★★☆

내연기관 자동차용 교류발전기에서 컷-아웃 릴레이가 필요 없는 이유는 무엇인가?

① 트랜지스터를 사용하기 때문이다.
② 실리콘 다이오드를 사용하기 때문이다.
③ 스테이터를 사용하기 때문이다.
④ 슬립링과 브러시를 사용하기 때문이다.

19 출제빈도 ★★☆

내연기관 엔진에 사용되는 3상 교류발전기에 대한 설명으로 가장 거리가 먼 것은?

① 전압조정기, 전류제한기가 필요하다.
② 실리콘 다이오드를 이용하여 교류를 직류로 정류한다.
③ 플레밍의 오른손 법칙을 이용하여 발전 전류의 방향이 결정된다.
④ 역류를 방지하기 위한 컷아웃 릴레이를 사용하지 않는다.

20 출제빈도 ★★☆

자동차에 사용하는 교류발전기에 대한 설명으로 가장 거리가 먼 것은?

① 회전 방향과 상관없이 작동할 수 있다.
② 기계적 효율은 교류발전기가 직류발전기보다 높다.
③ 교류를 정류하기 위하여 3상 브릿지 회로에 다이오드를 이용한다.
④ 발전기에서 발생하는 전압이 배터리에서 발생하는 전압보다 높을 때 다이오드를 사용하여 전류를 차단한다.

21 출제빈도 ★☆☆

다음 중 IC 조정기 사용 교류발전기 단자의 역할이 아닌 것은?

① B 단자는 출력 전압이 나오는 단자로 배터리 충전과 부하를 받는 전기장치에 전원을 공급하는 역할을 한다.
② L 단자는 발전기 충전 경고등과 연결되어 점화스위치 ON일 때와 배터리 전압이 부족할 때 경고등을 점등시킨다.
③ B 단자와 L 단자의 전압이 같아지면 충전 경고등은 꺼진다.
④ 로터에서 발생된 전류가 S(IG) 단자를 통해 여자다이오드를 작동시켜 과충전이 되지 않도록 제어한다.

22 출제빈도 ★★☆

교류발전기에서 직류발전기의 계자 코일과 계자 철심에 상당하며, 자속을 발생시키는 것은?

① 로터
② 스테이터
③ 정류기
④ 전기자

23 출제빈도 ★★☆

자동차에 사용되는 교류발전기의 특징과 기능에 대한 설명으로 옳은 것은?

① 직류발전기에 사용되는 슬립링 대신 정류자를 사용하여 브러시의 수명이 길어진다.
② 소형, 경량으로 제작할 수 있고 잡음이 적으나 고속회전용으로는 적합하지 않다.
③ 충전 역방향의 과전류에도 실리콘 다이오드의 내구성이 좋아 잘 견딘다.
④ 저속 시에도 발전 성능이 좋고 공회전에도 충전이 가능하다.

24 출제빈도 ★★☆

내연기관에 사용되는 교류충전장치에 대한 설명으로 틀린 것은?

① 전기장치는 대부분 직류로 작동되므로 발전된 교류를 직류로 정류해야 한다.
② 기관이 정지 시 축전지 전류가 역류하는 것을 방지하기 위하여 컷 아웃 릴레이를 사용한다.
③ 기관의 전 회전속도 범위에 걸쳐서 항상 일정한 전압을 유지해야 한다.
④ 스테이터 코일은 대부분 선간전압이 높은 Y결선 방식을 사용한다.

25 출제빈도 ★★☆

순수 내연기관 자동차에 사용하는 직류발전기와 비교한 교류발전기의 설명으로 맞는 것은?

① 컷 아웃 릴레이를 사용하여 일정한 출력의 전압을 생성한다.
② 실리콘 다이오드로 정류하므로 전기적 용량이 크다.
③ 회전 부분에 정류자를 두어 허용 회전속도의 한계를 높일 수 있다.
④ 에너지 회생 제동기능이 있어 감속 시 배터리를 충전할 수 있다.

26 출제빈도 ★★☆

자동차용 발전기 중 직류발전기에 비해 교류발전기가 가지는 특징에 대한 설명으로 가장 옳지 않은 것은?

① 소형, 경량이며 저속에서도 충전이 가능한 출력 전압이 발생한다.
② 회전부분에 정류자를 두지 않으므로 허용 회전속도 한계가 높다.
③ 전압조정기가 필요 없다.
④ 실리콘 다이오드로 정류하므로 대체로 전기적 용량이 크다.

27 출제빈도 ★★☆

교류발전기에서 충전전류와 관련된 내용으로 맞는 것은?

① 안정적인 충전전류를 만들기 위해 로터코일은 델타결선을 택한다.
② 스테이터에서 만들어진 교류전원은 여자 다이오드를 활용하여 정류 후 배터리로 충전된다.
③ 과충전을 방지하기 위해 전압조정기에 제너다이오드의 브레이크 다운전압을 활용하기도 한다.
④ 일반적으로 교류발전기의 단자는 ST, B, M 이렇게 3가지로 구분 짓고 배터리를 충전하는 전류는 B 단자에서 출력된다.

28 출제빈도 ★★☆

내연기관에 사용하는 교류발전기의 설명으로 거리가 먼 것은?

① 충전 역방향으로 과전류를 주면 다이오드가 파손될 수 있으니 주의해야 한다.

② 슬립링을 사용하기 때문에 정류자를 사용하는 방식보다 브러시의 수명이 길다.

③ 스테이터에서 여자가 형성되고 전기자에서 교류전기가 발생된다.

④ 자기장 속에서 도선이 움직일 때 자기장의 방향과 도선이 움직이는 방향에 대해 수직으로 유도 기전력 또는 유도 전류의 방향을 결정하는 규칙으로 전기를 생성한다.

29 출제빈도 ★★☆

브러시 리스 교류발전기의 장단점 설명으로 옳은 것은?

① 계자코일이 필요 없고 대형화가 가능하다.

② 보조 간극으로 인한 저항의 증가로 코일을 많이 감아야 한다.

③ 개방형 발전기로 제작하여 먼지나 습기의 침입을 방지할 수 있다.

④ 브러시를 사용하지 않으므로 수명이 단축된다.

30 출제빈도 ★★☆

차량에서 발전기 탈착 시 제일 먼저 해야 할 일은?

① 축전지에서 접지케이블을 떼어낸다.

② 발전기 B 단자 배선을 분리한다.

③ 발전기 벨트장력 유지 조정볼트를 풀고 유격을 느슨하게 한 상태에서 벨트를 벗긴다.

④ 발전기 고정볼트(하단)를 풀고 브래킷에서 떼어낸다.

>>> 정답

01	02	03	04	05	06	07	08	09	10
④	③	①	③	①	②	③	②	①	③
11	12	13	14	15	16	17	18	19	20
①	③	④	④	③	①	④	②	①	④
21	22	23	24	25	26	27	28	29	30
④	①	④	②	②	③	③	③	②	①

01. 전동기는 플레밍의 왼손 법칙, 발전기는 플레밍의 오른손 법칙을 따른다.

02. ① 렌츠의 법칙 : 유도기전력과 유도전류는 자기장의 변화를 상쇄하려는 방향으로 발생한다.
② 플레밍의 왼손법칙 : 구동모터의 회전방향을 알기 위한 법칙
④ 앙페르의 오른나사 법칙 : 전류에 의해서 생기는 자계의 방향을 찾아내기 위한 법칙

03. 직류발전기에서 교류 전기를 생성하는 곳은 전기자이며 발생된 교류 전기를 정류자와 브러시를 이용해 직류로 변환하여 배터리를 충전하게 된다.

04. 발전기 풀리의 회전운동에 의해 발전된 전기는 교류이고 이 교류를 다이오드를 활용하여 정류한 뒤 직류로 바꿔 사용한다. 대부분 교류발전기를 사용한다.

05. 로터(rotor)는 회전하는 자극부로서 여자전류에 의해 자속을 형성하고 벨트로 엔진과 연결되어 회전한다.

06. 교류발전기(알터네이터)는 정류자(commutator) 대신 슬립링(slip ring)을 사용한다.
정류자는 직류발전기에 사용되는 부품이다.

07. 전기자, 계자, 정류자, 전류조정기는 직류발전기의 구성요소이다.

08. ③번 선지는 기동전동기에 해당되는 내용이다.
④ 교류발전기에서 과충전을 방지하기 위해 전압조정기 내 제너다이오드를 활용한다.

09. ② 슬립링을 사용하여 브러시의 수명이 직류발전기에 비해 길다.
③ 로터에서 여자가 형성되고 스테이터에서 교류전기가 발생된다.
④ 기동전동기의 작동 원리에 대한 설명이다.

10. 교류발전기에서 로터에 전원을 공급하기 위해 브러시와 슬립링을 활용하게 된다.

11. 교류발전기의 로터는 직류발전기의 계자코일과 계자철심에 상당하며 자속을 만든다.

12. 스테이터에서 발생된 전기를 +, − 다이오드를 이용하여 3상 전파 정류된 직류전압으로 변환하여 배터리를 충전하게 된다.

14. 로터코일에 배터리 전원을 공급(타·여자)하여 로터를 자화시키는 과정을 물어보는 것이다.

15. 교류발전기는 회전하는 로터의 자력에 의해 스테이터에서 교류전원이 발생된다.

16. • **정류기** : 실리콘 다이오드를 정류기에 사용하고 외부에는 히트싱크를 설치한다.
ⓐ 구성 : (+)다이오드 3개, (−)다이오드 3개, 여자 다이오드 3개, 히트싱크, 축전기(콘덴서)
ⓑ 히트싱크 : 다이오드의 열을 식히기 위해 공랭식 핀이 설치된 구조

17. 전압조정기 내부에 있는 제너다이오드의 브레이크다운전압을 활용해 과충전을 방지할 수 있다.

18. ② 직류발전기의 컷아웃 릴레이는 축전지에서 발전기로 역류하는 것을 방지하기 위한 장치이고 교류발전기에서 그 역할을 하는 것이 실리콘 다이오드이다.

19. 교류발전기는 전압조정기를 활용하고 전류제한기(조정기)는 필요로 하지 않는다.

20. ④는 내용이 반대이다. 발전기 전압이 배터리 전압보다 낮을 때 배터리 전류가 발전기로 역류하는 것을 막기 위해 다이오드가 역류를 차단한다.

21. 스테이터에서 발생된 교류 전원 중 일부를 여자다이오드를 통해 정류시켜 로터를 자화(자·여자)시키는 전원으로 사용할 수 있다. 축전지 과충전을 방지하기 위해서 제너다이오드를 활용한다.

22. 자속이란 자기력선속을 줄인 말로, 자기력선의 다발을 일컫는 용어이다. 자기력선 다발은 자력을 만드는 로터에서 발생된다.

23. 자동차용 교류발전기는 대부분 스테이터에 Y 결선을 이용하고 상전압보다 선간전압이 1.7배 정도 높아 저속에서도 발전 및 충전 성능이 좋다.

24. 교류발전기에서는 다이오드를 사용하여 축전지의 전류가 역류하는 것을 방지한다.

25. 직류발전기의 전압조정기와 전류조정기 및 컷 아웃 릴레이의 구성에 릴레이가 포함되는데, 릴레이를 사용 시 코일의 저항이 큰 관계로 전압강하가 다이오드에 비해 크게 일어나게 된다.

26. 교류발전기에서 컷 아웃 릴레이와 전류조정기는 필요하지 않지만 전압조정기는 필요하다.

27. ① 안정적인 충전전류를 만들기 위해 스테이터는 델타결선을 택해야 한다.
② 스테이터에서 만들어진 교류전원은 +, − 다이오드를 활용하여 정류 후 배터리로 충전된다.
④ 교류발전기의 단자는 일반적으로 L, IG, B 단자로 구성된다.

28. ③ 로터에서 여자가 형성되고 스테이터에서 교류전기가 발생된다.

29. 로터를 자화시키기 위한 계자코일이 필요하고 밀폐형 발전기로 제작하여 먼지나 습기 등의 침입을 방지할 수 있다. 또한 브러시를 사용하지 않으므로 내구성을 높일 수 있고 소형화가 가능하다.

30. 모든 전기장치를 탈부착하기 전에 전기적 쇼트 발생을 방지하기 위해 축전지에서 접지케이블은 탈거하고 작업을 한다.

등화 및 계기장치

■ 등화의 종류
- 조명등 : 전조등, 안개등, 후퇴등, 실내등, 계기등
- 신호용 : 방향지시등, 제동등, 비상등
- 경고용 : 유압등, 충전등, 연료등, 브레이크 오일등
- 표시용 : 후미등, 주차등, 번호등, 차폭등, 차고등

1. 전조등
- 복선식 사용, 좌·우 병렬회로
- 전조등 3요소 : 렌즈, 반사경, 필라멘트
  - ★ 조명 용어 – 광도 : 빛의 양(cd) – 광속 : 빛의 다발 & 총량(Lm) – 조도 : 받는 면의 밝기(Lx)
  - ★ 전기배선 표기 – 1.25GB → 1.25 : 전선의 굵기(mm²), G : 바탕색(녹색), B : 줄무늬(흑색)
    - ※ 조도(lx) = 광도(cd)/거리²(m)

(1) 종류
① 실드 빔 형식 : 렌즈, 반사경, 필라멘트가 일체형으로 되어 있음
　　　　　　　긴 수명, 렌즈가 흐려지지 않음, 비싸고, 단선되면 전체를 교환
② 세미 실드 빔 형식 : 렌즈, 반사경 → 일체형, 필라멘트는 분리형
　　　　　　↳ 흐려지기 쉬움　　　　↳ 고장 시 : 전구만 교환가능
③ 할로겐 램프(3000K) – 흑화 현상 없음 : 밝기의 변화가 적음
　　　　　　　↳ '할로겐 사이클' 때문(텅스텐 필라멘트의 순환)
　　　　　　밝은 배광색을 얻을수 있다, 눈부심이 적다, 전구의 효율↑
④ HID 라이트(4000K) = 고 휘도 방전 전조등(발광색 : 백색 광원)
　　　　　　　소비 전력이 적고, 점등이 빠름, 긴 수명, 광도 및 조사거리 향상
　　㉠ 방전관 내 금속 할로겐, 수은, 크세놉(제논) 성분 있음
　　㉡ 플라그마 방전으로 인해 햇빛의 색 온도에 가까운 흰색 빛 방출
⑤ LED 전조등(5500K)
　　㉠ 햇빛(6000K)과 비슷한 색온도를 가짐 → 낮에 잘 보임
　　㉡ 에너지 소비가 적다(할로겐 램프 대비).
　　㉢ 마모 없음, 공간 체적 적음, 냉각체와 LED칩 등으로 구성
　　　　↳ 디자인의 자유도가 크다.
⑥ 전자제어 시스템
　　㉠ '전조등 + 전자제어'
　　㉡ 조도센서(광전도 셀–빛이 밝은 정도를 측정)를 이용하여 주변의 밝기에 대응
　　　ⓐ 오토라이트 – 입력신호 : 오토라이트스위치, 점화스위치, 조도센서
　　　ⓑ 전조등 조사각 제어 장치 : 차체의 기울기 측정
　　　ⓒ 차속 감응형 오토라이트 : 오토라이트 + 차속감지
　　　ⓓ ECM 미러 : 광센서 사용, 눈부심 줄여줌

2. 방향 지시등
- 플래셔 유닛 사용
- 주기 : 분당 60~120회
- 종류 : 전자 열선식, 바이메탈식, 축전기식, 수은식, 스냅 열선식

- 이상작동
    ① 좌우 점멸 횟수가 다르거나 한쪽만 작동
        - 규정 용량 전구 미사용, 접지 불량, 전구 단선, 지시등 사이에서 단선
    ② 점멸이 느림 : 규정보다 작은 용량의 전구 사용, 접지 불량, 축전지 용량 저하, 플래셔 유닛의 결함

3. 와이퍼

(1) 주요부 : 와이퍼 전동기(복권식), 링크 기구, 블레이드
(2) 종류
    ① 차속 감응형 와이퍼 : 차속의 증감에 따라 와이퍼를 작동하거나 속도를 조절함
    ② 우적 감지 와이퍼 : 레인센서 이용 – 떨어지는 비의 양을 검출하여 작동
                        – 발광 & 수광 다이오드로 구성(적외선 이용)
    ③ 워셔액 – 계면 활성제 + 알코올(에탄올)로 구성

■ 계기장치

1. 계기의 구성

(1) 차량 속도계
    ① 구동 케이블은 변속기 출력축에 의해 구동
    ② 속도계는 맴돌이 전류와 영구 자석의 상호 작용에 의해 바늘이 움직임
    ③ 현재 '휠 스피드 센서'를 다중통신을 통해 신호를 입력받음
                ↳ 오차범위를 줄일 수 있음
(2) 유압 경고등 = 오일압력 경고등(오일펌프 정상 작동 시 소등됨)
(3) 연료계
    ① 연료잔량 표시계(연료 미터) → 연료의 증감에 따른 저항의 변화로 작동
        ㉠ 연료탱크 내 뜨개 활용(위치에너지 이용)
        ㉡ 평형코일, 서모스탯 바이메탈, 바이메탈 저항방식 등 사용
    ② 연료량 경고등 : 바이메탈 열선 사용(스위치 방식)
(4) 수온계 : 서미스터 활용(부든튜브, 평형코일, 서모스탯 바이메탈, 바이메탈 저항식)

2. 트립컴퓨터 : 주행과 관련된 다양한 정보를 LCD창으로 운전자에게 알려줌

---

01 출제빈도 ★★☆

등화장치에 대한 설명으로 옳은 것은?

① 조명용 : 전조등, 번호등
② 표시용 : 차폭등, 브레이크등
③ 신호용 : 방향지시등, 후미등
④ 경고용 : 충전등, 연료등

02 출제빈도 ★★☆

다음 보기의 등화 중에서 표시용으로 사용되는 등으로 맞게 묶은 것은?

┤ 보기 ├
제동등, 계기등, 차폭등, 번호등, 후미등

① 차폭등, 번호등, 후미등
② 제동등, 계기등, 차폭등
③ 계기등, 차폭등, 번호등
④ 제동등, 번호등, 후미등

03 출제빈도 ★★☆

전기장치의 배선방식에 대한 설명으로 옳은 것은?

① 단선식은 접지선에만 전선을 사용하여 차체에 연결하는 방식이다.
② 단선식은 전조등과 같이 비교적 큰 전류가 흐르는 회로에 사용된다.
③ 복선식은 전원 쪽과 접지 쪽 모두 전선을 사용하는 방식이다.
④ 복선식은 미등, 차폭등과 같이 작은 전류가 흐르는 회로에 사용한다.

04 출제빈도 ★★☆

자동차 전기회로에서 사용되는 배선의 색상 코드에 대한 연결로 가장 적당한 것은?

① B-청색
② T-황갈색
③ Gr-녹색
④ P-자주색

05 출제빈도 ★★☆

자동차 배선의 색을 표현하는 기호 중 빨강 바탕에 회색 줄선을 나타내는 기호로 맞는 것은?

① R Gr
② G R
③ L B
④ Gr R

06 출제빈도 ★★☆

등화장치 중 전조등에 대한 설명이다. 옳지 않은 것은?

① 전조등에서 사용하는 전구는 안전성을 높이기 위해 병렬로 연결해서 사용한다.
② 전조등의 전구 안에는 2개의 필라멘트가 있으며 1개는 상향등, 1개는 하향등 용도로 사용한다.
③ 전조등의 3요소는 렌즈, 전구, 필라멘트이다.
④ 전구만 따로 교환할 수 있는 방식의 전조등을 세미 실드 빔이라 한다.

07 출제빈도 ★★☆

조도에 관한 설명이다. 틀린 것은?

① 등화의 밝기를 나타내는 척도이다.
② 조도의 단위는 룩스(lux)이다.
③ 조도는 광도에 비례한다.
④ 조도는 광원에서 거리의 제곱에 비례한다.

08 출제빈도 ★★☆

다음 중 광도가 50cd이고 거리가 10m일 때 조도는?

① 500 lux
② 0.5 lux
③ 5 lux
④ 250 lux

09 출제빈도 ★★☆

다음 용어의 내용을 완성하기 위해 빈칸에 들어갈 단어의 순서로 알맞은 것을 고르시오.

┤ 보기 ├

(ㄱ)은(는) 광원으로부터 단위 입체각에 방사되는 빛의 에너지로서 빛의 다발을 말하며, (ㄴ)의 단위는 루멘(Lm)이고 (ㄷ)가(이) 많이 나오는 광원은 밝다고 한다.

| (ㄱ) | (ㄴ) | (ㄷ) |
① 광속 – 조도 – 광속
② 조도 – 광속 – 광속
③ 조도 – 광속 – 조도
④ 광속 – 광속 - 광속

10 출제빈도 ★★☆

조명에 관련된 용어와 정의에 대한 설명으로 틀린 것은?

① 광도는 빛의 세기를 말하며 조도에 비례한다.
② 조도는 빛을 받는 면의 밝기를 말하며 단위는 룩스(lux)를 사용한다.
③ 광속은 1 칸델라의 빛이 1 스테라디안으로 조사되는 빛의 다발로 광도에 반비례한다.
④ 조도는 광원에서 빛을 받는 면과의 거리의 제곱에 반비례한다.

11 출제빈도 ★★☆

〈보기〉에서 고휘도 방전 전조등(High Intensity Discharge Lamp)에 대한 설명으로 옳은 것을 모두 고른 것은?

┤ 보기 ├

ㄱ. 할로겐 전구에 비해 조사거리가 향상된다.
ㄴ. 할로겐 전구에 비해 수명이 향상된다.
ㄷ. 할로겐 전구에 비해 전력소비가 많다.
ㄹ. 플라즈마 방전에 의해 빛을 방출한다.

① ㄱ, ㄴ   ② ㄱ, ㄷ
③ ㄱ, ㄴ, ㄹ   ④ ㄴ, ㄷ, ㄹ

12 출제빈도 ★★☆

오토라이트 시스템의 입력 신호로 맞는 것은?

① 서미스터   ② 제너다이오드
③ 광전도셀   ④ 포토트랜지스터

13 출제빈도 ★★☆

등화장치에 관련된 설명으로 맞는 것은?

① 전조등 광도의 측정 단위는 룩스(lux)로 나타낸다.
② 필라멘트식 주행빔의 광도 기준은 43,800cd ~ 430,000cd이다.
③ 조도는 광도에 비례하고 거리에 반비례한다.
④ 광원에서 나오는 빛의 다발을 광속이라 하고 단위는 루멘(Lm)으로 나타낸다.

14 출제빈도 ★★☆

방향지시등의 점멸이 규정인 분당 60~120회보다 느릴 때의 원인으로 가장 거리가 먼 것은?

① 전구의 용량이 규정보다 작을 때
② 방향지시등 퓨즈의 용량이 맞지 않을 때
③ 플래셔 유닛에 결함이 있을 때
④ 배터리 용량이 부족할 때

15 출제빈도 ★★☆

통상 자동차 출발 전 운전석 앞 계기판에서 경고등으로 확인할 수 있는 사항은?

① 엔진오일의 점도
② 냉각수 비중
③ 연료의 비중
④ 타이어 마모상태
⑤ 주차 브레이크 잠김 상태

16 출제빈도 ★★☆

다음 계기판의 경고등 중 미등 표시에 해당되는 것은 무엇인가?

①   ②

③   ④

17 출제빈도 ★★☆

경고용 등화장치가 아닌 것은?

① 비상점멸 표시등
② 연료등
③ 브레이크 오일등
④ 유압등

18 출제빈도 ★★☆

운전자에게 알려주는 계기판의 경고등 중 적색으로 사용하지 않는 것은?

① 엔진오일 압력경고등
② ABS경고등
③ 충전경고등
④ 방향지시등 및 비상경고등

>>> 정답

01	02	03	04	05	06	07	08	09	10
④	①	③	②	①	③	④	②	④	③

11	12	13	14	15	16	17	18		
③	③	④	②	⑤	③	①	④		

01. • 등화의 종류
  ㉠ 조명용 : 전조등, 안개등, 후진등, 실내등, 계기
    등
  ㉡ 신호용 : 방향지시등, 제동등, 비상등
  ㉢ 경고용 : 유압등, 충전등, 연료등, 브레이크 오
    일등
  ㉣ 표시용 : 후미등, 주차등, 번호등, 차폭등, 차고
    등

03. 단선식은 <u>전원선에만</u> 전선을 사용하여 차체의 접지
   와 연결하는 방식으로 현재 대부분 자동차의 직류
   전기전원 장치에 복선식을 사용한다.
   → 접지의 안정성을 높이기 위해

04. ① B-흑색, ③ Gr-회색, ④ P-핑크색에 해당한다.

05. • 전기 배선의 식별 방법
  예 1.25GB 1.25 : 전선의 굵기,
    G : 바탕색(녹색), B : 줄무늬 색(흑색)
  • 전선의 색깔 표시
  Br : 갈색, Gr : 회색
  L : 파랑색, O : 오렌지색, P : 핑크색
  R : 빨간색, T : 황갈색, W : 하얀색
  Y : 노란색, Pp : 보라색

06. 전조등의 3요소는 렌즈, 반사경, 필라멘트이다.

07. 조도는 광원에서 거리에 제곱에 반비례한다.

08. 조도(lx)
  $= \dfrac{광도(cd)}{r^2(m)} = \dfrac{50cd}{100m^2} = 0.5\ lux$

09. • 광속 : 1cd의 빛이 1sr으로 조사되는 빛의 총량(다
  발)으로 단위는 루멘(lm)이다.
    광속(lm)＝광도(cd)・단위 입체각(sr)

10. 광속은 1cd의 빛이 1sr으로 조사되는 빛의 다발로
   광도에 비례한다.

11. 할로겐 전구에 비해 소비전력이 적고 점등이 빠르다.

12. • **오토라이트 시스템** : 전조등 장치에 전자제어가
   더해진 형식으로 조도 센서(광전도셀–CDS : 조도
   가 감소하면 저항 값이 커짐)를 이용하여 차량 주변
   의 밝기가 어두워지면 자동으로 미등 및 전조등을
   ON시켜 주는 전자제어 장치이다. (스위치 : 자동모
   드–AUTO mode)

13. ① 전조등 광도의 측정 단위는 칸델라(cd)로 나타낸
    다.
   ② 관련법 개정으로 의미 없는 내용임. 참조만 할
    것
   ③ 조도는 광도에 비례하고 거리의 제곱에 반비례한
    다.

14. 퓨즈 자체의 저항은 용량에 상관없이 방향지시등의
   작동에 영향을 끼칠 만큼 높지 않다. 만약 용량이
   낮아 단선되면 방향지시등 자체의 전원이 공급되지
   않는다.

15. 엔진오일의 저압경고, 냉각수 온도, 연료의 잔량, 타
   이어 공기압 경고 등의 내용을 확인할 수 있다.

16. ① 상향등
   ② 안개등
   ④ 외부 경광등 이상

17. 경고용 등화장치는 시스템의 이상 신호를 알리기 위
   한 용도로 사용되며 비상점멸 표시등은 신호용으로
   사용된다.

18. 적색 : 매우 위험한 경고
   황색, 노란색 : 주의
   초록색, 파란색 : 현 차량의 상태
   ※ 자세한 내용은 우측 QR코드 참조

냉 · 난방장치

주위의 변화에 따라 쾌적한 환경 제공 – 열 부하항목 : 승원 부하, 관류 부하, 환기 부하, 복사 부하

1. 온수식 난방장치
(1) 엔진의 냉각수 열 이용 / 디프로스터에도 사용(전면유리 습기 방지)
(2) 히터 모터와 히터 저항기 → 직렬연결, 모터의 회전속도 조절
(3) 송풍기 속도, 컴프레셔 클러치, 엔진 회전수 → 오토에어컨 시스템에서 컴퓨터에 의해 제어

2. 냉방 사이클 구성도   *패스트 아이들 기구 : 에어컨 작동 시 떨어지는 회전수 보상
(1) 팽창 밸브형
　– 압축기 – 고압기체 – 응축기 – 고압액체 – 건조기 – 고압액체 – 팽창밸브 – 저압액체 – 증발기
　– 저압기체
(2) 오리피스 튜브형
　– 압축기 – 고압기체 – 응축기 – 고압액체 – 오리피스튜브 – 저압액체 – 증발기 – 저압기체 – 축압기

■ 냉매의 종류
(1) R–12(프레온 가스) : 오존층 파괴, 지구 온난화의 원인
(2) R–134a : 염소(Cl)가 없음
(3) R–1234yf : 지구 온난화지수 가장 낮음, 'R–134a'에 비해
　　　　　　　냉방 능력이 떨어짐(열교환기 필요)
(4) 냉매 구비조건
　① 화학적 안전성↑, 내부식성, 불활성
　② 인화성 및 폭발성이 없어야 하고, 전열작용이 양호해야 함
　③ '냉매의 비체적, 밀도, 응축 압력'이 낮을 것
　④ 비열이 작고, 증발 잠열이 클 것
　⑤ 비등점 및 응고점이 낮을 것

*A/C 가변용량 컴프레셔 장점
 • 냉방성능 향상
 • 소음 · 진동 향상(= 저감)
 • 연비 향상
 • 운전성 향상

■ 전자동 에어컨 장치(= FATC)
(1) 입력 센서(= ECU)
　① 실내 온도 및 외기 온도 센서
　② 일사 센서, 수온 센서
　③ 핀 서모 센서, 습도 센서

01 출제빈도 ★★★

다음 중 냉방장치의 냉매 순환과정을 나열한 것으로 맞는 것은?

① 압축기 – 응축기 – 팽창밸브 – 증발기
② 증발기 – 응축기 – 압축기 – 팽창밸브
③ 팽창밸브 – 건조기 – 증발기 – 응축기
④ 응축기 – 압축기 – 증발기 – 팽창밸브

02 출제빈도 ★★★

아래 그림의 냉방 사이클에서 ㄱ, ㄴ, ㄷ에 들어갈 장치의 순서로 맞는 것은?

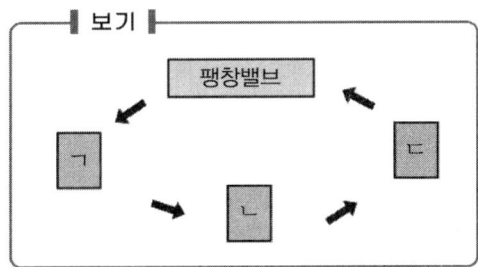

보기

팽창밸브

ㄱ   ㄴ   ㄷ

(ㄱ)	(ㄴ)	(ㄷ)
① 압축기 – 증발기 – 응축기
② 압축기 – 응축기 – 증발기
③ 응축기 – 증발기 – 압축기
④ 증발기 – 압축기 – 응축기

03 출제빈도 ★★★

자동차 에어컨의 냉매 순환 과정으로 올바른 것을 고르시오.

① 응축기 → 압축기 → 건조기 → 팽창밸브 → 증발기
② 압축기 → 팽창밸브 → 건조기 → 응축기 → 증발기
③ 압축기 → 응축기 → 건조기 → 팽창밸브 → 증발기
④ 압축기 → 증발기 → 건조기 → 팽창밸브 → 증발기

04 출제빈도 ★★★

에어컨 냉방 사이클의 작동 순서로 맞는 것은?

① 압축기 → 증발기 → 응축기 → 팽창밸브
② 팽창밸브 → 증발기 → 압축기 → 응축기
③ 응축기 → 증발기 → 압축기 → 팽창밸브
④ 증발기 → 팽창밸브 → 압축기 → 응축기

05 출제빈도 ★★★

내연기관 자동차의 에어컨 작동 시 냉매의 순환 경로에 대한 설명으로 가장 옳은 것은?

① 압축기 → 응축기 → 팽창밸브 → 리시버 드라이어 → 증발기
② 압축기 → 응축기 → 리시버드라이어 → 팽창밸브 → 증발기
③ 압축기 → 응축기 → 팽창밸브 → 증발기 → 리시버드라이어
④ 압축기 → 응축기 → 리시버드라이어 → 증발기 → 팽창밸브

06 출제빈도 ★★★

팽창밸브형에서 에어컨 냉매의 흐름순서로 가장 적당한 것은?

① 압축기 – 증발기 – 리저버 탱크 – 팽창밸브 – 응축기
② 압축기 – 응축기 – 팽창밸브 – 리저버 탱크 – 증발기
③ 압축기 – 팽창밸브 – 응축기 – 리저버 탱크 – 증발기
④ 압축기 – 응축기 – 리저버 탱크 – 팽창밸브 – 증발기

07 출제빈도 ★★★

TXV(Thermo Expansion Valve)형의 에어컨 냉매의 흐름도로 맞는 것은?

① 압축기 - 증발기 - 리저버 탱크 - 팽창밸브 - 응축기
② 압축기 - 응축기 - 팽창밸브 - 리저버 탱크 - 증발기
③ 압축기 - 팽창밸브 - 응축기 - 리저버 탱크 - 증발기
④ 압축기 - 응축기 - 리저버 탱크 - 팽창밸브 - 증발기

08 출제빈도 ★★★

에어컨 냉매의 순환과정으로 옳은 것은?

① 콤프레셔 - 콘덴서 - 리시버드라이어 - 익스팬션 밸브 - 에바포레이터 - 콤프레셔
② 콤프레셔 - 콘덴서 - 익스팬션 밸브 - 리시버드라이어 - 에바포레이터 - 콤프레셔
③ 콤프레셔 - 익스팬션 밸브 - 콘덴서 - 리시버드라이어 - 에바포레이터 - 콤프레셔
④ 콤프레셔 - 리시버드라이어 - 에바포레이터 - 콘덴서 - 익스팬션 밸브 - 콤프레셔

09 출제빈도 ★★★

자동차 에어컨 냉매의 순환 순서로 맞는 것은?

① 압축기(compressor) - 건조기(receiver drier) - 응축기(condenser) - 팽창밸브(expansion valve) - 증발기(evaporator)
② 압축기(compressor) - 응축기(condenser) - 팽창밸브(expansion valve) - 건조기(receiver drier) - 증발기(evaporator)
③ 압축기(compressor) - 응축기(condenser) - 건조기(receiver drier) - 팽창밸브(expansion valve) - 증발기(evaporator)
④ 압축기(compressor) - 증발기(evaporator) - 건조기(receiver drier) - 팽창밸브(expansion valve) - 응축기(condenser)

10 출제빈도 ★★★

냉방장치의 구성 중 고온, 고압으로 압축된 냉매 가스의 온도를 낮추어 액체 냉매로 변환하는 장치는?

① 응축기(condenser)
② 증발기(evaporator)
③ 건조기(receiver drier)
④ 팽창밸브(expansion valve)

11 출제빈도 ★★☆

냉방장치에 대한 설명으로 가장 옳지 않은 것은?

① 냉동사이클은 증발 → 압축 → 팽창 → 응축의 4가지 작용을 순환 반복한다.
② 자동차 에어컨의 주요 구성품목은 응축기, 압축기, 리시버드라이어, 팽창밸브 등이다.
③ 냉매는 압축기에서 압축되어 약 70℃에서 15kg$_f$/cm^2 정도의 고온·고압 상태가 된다.
④ 냉매의 구비 조건으로는 비등점이 적당히 낮고 증발 잠열이 커야 한다는 것이 있다.

12 출제빈도 ★★★

냉방장치에서 증발기와 응축기 사이에 있는 구성품은?

① 전자클러치 　　② 건조기
③ 압축기 　　　　④ 송풍기

13 출제빈도 ★★★

팽창밸브형 냉방사이클의 구성요소에서 고압의 기체 냉매를 고압의 액체 냉매로 전환하는 것은?

① 압축기 　　　　② 응축기
③ 팽창밸브 　　　④ 증발기

14 출제빈도 ★★★

자동차 냉방장치의 구성요소 중 기체의 냉매를 액체의 냉매로 전환하는 장치로 맞는 것은?

① 압축기 　　　　② 응축기
③ 팽창밸브 　　　④ 증발기

15 출제빈도 ★★☆

냉난방장치의 압축기에 들어가는 냉매 상태로 가장 적합한 것은?

① 저온저압 기체
② 고온고압 기체
③ 저온저압 액체
④ 고온고압 액체

16 출제빈도 ★★☆

냉매 사이클의 순환 과정 중 교축작용을 이용하여 냉매의 감압과 유량을 조절하는 장치를 무엇이라 하는가?

① 로드센싱-프로포셔닝 밸브
② 릴리프밸브
③ 팽창밸브
④ 토출밸브

17 출제빈도 ★★☆

다음 중 자동차 에어컨디셔너의 설명 중 틀린 것은?

① 응축기는 고온 고압의 기체 냉매를 고온 고압의 액체 냉매로 만든다.
② 압축기는 저온 저압의 기체 냉매를 고온 고압의 기체 냉매로 만든다.
③ 리시버 드라이어(건조기)는 액체 냉매를 압축기에 공급한다.
④ 증발기는 송풍팬의 작동으로 증발기 핀을 통과하는 공기 중의 열을 흡수한다.

18 출제빈도 ★☆☆

자동차 유압시스템에서 유량제어밸브에 해당하는 것은?

① 시퀀스밸브 　　② 릴리프밸브
③ 감압밸브 　　　④ 교축밸브

19 출제빈도 ★★☆

다음 냉방장치의 구성 중 이베퍼레이터(evaporator)와 함께 차량 실내에 장착된 것으로 가장 적당한 것은?

① 압축기 　　　　② 응축기
③ 건조기 　　　　④ 블로워 모터

20 출제빈도 ★★☆

냉방장치에 관한 설명으로 맞는 것은?

① 압축기는 응축기 이후에 설치된다.
② 응축기에 온도를 측정하는 센서가 부착되어 저온 시 과도하게 냉매가 순환되는 것을 방지한다.
③ 에어컨 냉매 R-134a는 R-1234yf에 비해 냉방능력이 떨어진다.
④ 증발기에 위치한 냉매가 증발하며 주변의 열을 빼앗는다.

21 출제빈도 ★☆☆

지구온난화지수(GWP : Global Warming Potention)는 온실가스가 열을 흡수할 수 있는 능력에 대한 상대지표를 나타내는데 그 단위질량(kg_f)의 기준으로 열 흡수 능력을 1로 가정한 온실가스로 맞는 것은?

① N_2O ② CH_4
③ CO_2 ④ SF_6

22 출제빈도 ★★☆

자동차 냉방장치와 관련된 설명으로 거리가 먼 것은?

① 건조기는 냉매 저장, 기포분리, 수분 흡수, 냉매 순환 관찰 등의 기능을 가지고 있다.
② 건조기에 설치된 압력스위치는 압축기 및 냉각팬에 전원을 제어하여 냉매의 저압과 고압을 보호하는 기능을 한다.
③ 냉매는 압축기, 응축기, 건조기, 팽창밸브, 증발기 순으로 순환한다.
④ 증발기에서 저온저압의 기체 냉매를 고온고압의 기체 냉매로 변환하여 흐르게 한다.

23 출제빈도 ★★☆

에어컨 구성요소에 대한 설명으로 옳지 않은 것은?

① 압축기는 기화된 냉매를 고온·고압으로 변환시켜 응축기로 보낸다.
② 팽창밸브는 고압의 액체 냉매를 분사시켜 저압으로 감압시키는 역할을 한다.
③ 증발기는 공기로부터 열을 흡수하여 기체 상태의 냉매로 변환시킨다.
④ 리시버 드라이어는 응축기에서 보내온 냉매를 일시저장하고 항상 고온·고압의 기체 상태인 냉매를 팽창밸브로 보내는 역할을 한다.

24 출제빈도 ★★★

에어컨 구성에 대한 설명으로 옳지 않은 것은?

① 응축기는 냉매를 기화시키는 역할을 한다.
② 압축기는 냉매를 고온·고압의 상태로 만든다.
③ 증발기에서 냉매는 증발하고 주위의 열을 빼앗는다.
④ 리시버 드라이어는 냉매 중의 수분 및 이물질을 제거한다.

25 출제빈도 ★★☆

에어컨과 관련된 설명으로 가장 적당한 것은?

① 냉매는 압축기, 증발기, 팽창밸브, 응축기 순으로 순환된다.
② 냉매는 밀도가 높고 응축압력은 가급적 높아야 한다.
③ 팽창밸브는 교축작용을 이용하여 냉매의 압력을 낮춘다.
④ 응축기의 핀서모 센서의 정보를 통해 압축기의 작동여부를 결정한다.

26 출제빈도 ★★☆

자동차의 냉방장치에 대한 설명으로 가장 옳지 않은 것은?

① 냉매는 압축기에서 시작하여 응축기, 팽창밸브, 증발기를 거쳐 다시 압축기로 되돌아오는 순환 경로를 따른다.
② 어큐뮬레이터(accumulator)는 증발기와 압축기 사이에 설치되어 액체 냉매가 압축기로 유입되는 것을 방지한다.
③ 응축기에서는 냉매와 공기 간의 열교환이 이루어지며, 이 공기를 객실에 공급함으로써 차량의 실내 온도를 낮춘다.
④ 팽창밸브에서는 좁은 유로를 통과한 냉매가 팽창하며 압력과 온도가 낮아진다.

27 출제빈도 ★★★

에어컨 냉매의 구비조건이 아닌 것은?

① 불활성이어야 한다.

② 액체 상태에서 비열이 작아야 한다.

③ 증발잠열이 작아야 한다.

④ 밀도가 작으며 응축압력은 가급적 낮아야
한다.

28 출제빈도 ★★★

냉방장치에 사용되는 냉매의 구비조건으로
맞는 것은?

① 활성(活性) 물질이어야 한다.

② 비체적이 커야 한다.

③ 증발잠열이 낮고 비열이 높아야 한다.

④ 기화점(비등점)이 낮아야 한다.

29 출제빈도 ★★★

에어컨 냉매의 구비조건에 대한 설명 중 가
장 거리가 먼 것은?

① 증발 잠열이 크고 액체 상태일 때 비열이
작을 것

② 응고점과 기화점이 낮을 것

③ 활성 물질로 냉매의 순환이 원활해야 한
다.

④ 화학적으로 안정되고 변질되지 않으며 부
식성이 없을 것

30 출제빈도 ★★☆

오토 에어컨에서 필요하지 않은 것은?

① 일사량 센서

② 대기압 센서

③ 외기온도 센서

④ 실내온도 센서

31 출제빈도 ★★☆

전자동 에어컨에서 증발기(Evaporator) 코
어의 온도를 감지하여 과랭으로 증발기가 빙
결되는 것을 방지하기 위하여 사용되는 센서
로 가장 옳은 것은?

① 실내온도 센서(In-car sensor)

② 핀 서모 센서(Fin thermo sensor)

③ 외기온도 센서(Ambient sensor)

④ 냉각수온 센서(Water temperature
sensor)

01	02	03	04	05	06	07	08	09	10
①	④	③	②	②	④	④	①	③	①
11	12	13	14	15	16	17	18	19	20
①	③	②	②	①	③	③	④	④	④
21	22	23	24	25	26	27	28	29	30
③	④	④	①	③	③	③	④	③	②
31									
②									

01. • 냉방 순환도

압축기 – 고압기체 – 응축기 – 고압액체 – 건조기
– 고압액체 – 팽창밸브 – 저압액체 – 증발기 – 저압기체

06. 건조기가 냉매를 일시 저장하는 기능이 있어 리저버 탱크라 호칭하기도 한다.

07. 팽창밸브(TXV : Thermo Expansion Valve)형 오리피스 튜브(CCOT : Clutch Cycling Orifice Tube)형

09. 냉매 순환 순서와 관련되어 영문 명칭도 같이 기억해 두자.

11. 냉동사이클은 압축 → 응축 → 팽창 → 증발의 4가지 작용을 순환 반복한다.

15. 냉방장치의 냉매 순환 순서와 함께 냉매의 상태도 함께 암기해 두어야 한다.

18. ① 시퀀스밸브 : 여러 개의 액추에이터에서 하나의 액추에이터가 작동을 완료한 후 다음 작동이 이루어지도록 유압을 조절하는 밸브이다.
② 오일펌프의 릴리프밸브를 연상하면 된다.
③ 감압밸브 : 주로 유압회로의 2차측 압력을 주회로(1차측) 압력보다 낮은 압력으로 유지할 목적으로 사용된다.
④ 교축밸브 : 냉매 순환시스템의 팽창밸브를 연상하면 된다.

19. 압축기, 응축기, 건조기, 팽창밸브는 엔진룸에 위치하고 증발기와 블로워 모터는 차량 실내 대시보드 안쪽에 위치한다.

20. ① 압축기는 증발기 이후에 설치된다.
② 증발기에 온도를 측정하는 센서가 부착되어 저온 시 과도하게 냉매가 순환되는 것을 방지한다.
③ 에어컨 냉매 R-1234yf는 R-134a에 비해 냉방능력이 떨어진다.

21.

온실가스	GWP	온난화 기여도	배출원
CO_2 이산화탄소	1	35	연소반응
CH_4 메탄	21	15	농·축산
N_2O 아산화질소	310	6	화학산업
SF_6 육불화황	23,900	24	전자제품

22. 증발기에서 저온저압의 액체 냉매를 저온저압의 기체 냉매로 변환하여 압축기로 보낸다.

23. 리시버 드라이어는 응축기에서 보내온 냉매를 일시 저장하고 고온·고압의 액체 상태인 냉매를 팽창밸브로 보내는 역할을 한다.

24. 응축기는 냉매를 기체에서 액체로 응축시키는 장치이며 냉매가 기화되는 곳은 증발기이다.

26. 응축기에서 냉매는 공기와 열교환해 액화되지만 이때의 공기는 외부로 방출된다. 객실로 공급되는 공기는 증발기를 지난 공기이다.

27. • 에어컨 냉매의 구비조건
㉠ 화학적으로 안정되고 변질되지 않으며 부식성이 없을 것
㉡ 불활성(다른 물질과 화학 반응을 일으키기 어려운 성질)일 것
㉢ 인화성 및 폭발성이 없을 것
㉣ 전열작용이 양호할 것
㉤ 냉매의 비체적(차지하는 공간)이 작을 것
㉥ 밀도가 작아서 응축압력은 가급적 낮을 것
㉦ 증발잠열이 크고 액체의 비열(온도를 올리는 데 필요한 열량)이 작을 것
㉧ 기화점(비등점)이 낮을 것
㉨ 응고점이 낮을 것

29. 불활성(다른 물질과 화학 반응을 일으키기 어려운 성질)일 것

30. • 오토 에어컨 입력 센서
㉠ **실내온도 센서** : 제어 패널상에 설치되어 있다.
㉡ **외기온도 센서** : 응축기 앞쪽에 설치되어 있다.
㉢ **일사 센서** : 태양의 일사량을 검출하는 센서로 실내 크래시 패드 중앙에 설치되어 있다.
㉣ **핀 서모 센서** : 증발기 코어의 평균 온도가 검출되는 부위에 설치되어 있다.
㉤ **수온 센서** : 실내 히터유닛 부위에 설치되어 있다.
㉥ **습도 센서** : 실내 뒤 선반 위쪽에 설치되어 있다.

31. 증발기 코어의 평균온도를 측정할 수 있는 곳에 핀 서모 센서를 설치하여 과도한 냉매의 순환으로 증발기가 빙결되는 것을 방지한다.

안전장치 및 기타 편의장치

1. SRS = 보조 방어 시스템 → 안전벨트의 보조 방어 시스템
  (1) 에어백
    ① 모듈
      ㉠ 에어백 : 인플레이터와 함께 설치 – 질소가스에 의해 팽창
      ㉡ 패트커버 : 에어백 전개 시 전개방향을 유도해줌
      ㉢ 인플레이터 : 에어백 점화 역할
    ② 클럭 스프링 – 조향 시 배선 꼬임 방지
                    – 조향 핸들과 조향 칼럼 사이에 설치
  (2) 에어백 ECU – 콘덴서, 충돌감지(G)센서, 단락바 → 고장 시 경고등을 점등
  (3) 충격센서 : 물리적 충격 검출
  (4) 승객유무감지(PPD)센서 – 압전소자 이용 조수석에 승객 유무 확인 → 에어백 작동 유무 결정
2. 벨트 프리-텐셔너(로드리미터에 의해 제한됨) – 충격이 작을 경우 프리텐셔너만 작동되기도 한다.
          ↳ 역할 – 충돌에 의한 에어백 작동 전에 승객을 시트에 고정시켜 전방에 부딪히는 것을 방지해줌

■ 중앙집중식 제어장치
1. ETACS : 시간 및 알람 제어를 하나의 CU에 통합시킨 장치
  – 기능 : 간헐 및 와셔 연동 와이퍼 / 유리열선 타이머, 안전띠 경고 타이머
          감광식 룸램프, 키 홀 조명, 키 회수 기능 / 파워 윈도우 타이머
2. 스마트 정선 박스 → ETACS, BCM(Body Control Module) 기능 포함
  : 퓨즈 박스 + 기판 → 온도 및 전기적 특성의 변화를 미리 예측하여 장비를 보호하는 장치

■ 자동차의 통신
1. LAN 통신
  – 배선의 경량화 / 설치 장소 확보 및 설계 변경의 대응 용이 / 장치의 신뢰성 및 정비 성능의 향상
    (1) 통신의 구분
      ① ㉠ 직렬 통신 : 저비용 / 1 bit씩 순차적 전송 / 적은 데이터 원거리 전송 /
              모듈 간 통신(CAN), 모듈과 주변장치 간 통신(LIN)
        ㉡ 병렬 통신 : CPU와 메모리
      ② ㉠ 단방향 통신 : 모듈에서 작동제어 신호로 사용(피드백 X)
        ㉡ 양방향 통신 : 모듈끼리 정보 교환 가능 CAN
      ③ ㉠ 비동기 통신 : 송·수신 간 시간 동기화 X, 데이터 앞뒤에 start, stop 비트 부가하여
                      한 번에 한 문자씩 전송–휴지시간 발생으로 느리다(K–line, CAN).
        ㉡ 동기 통신 : 송·수신 양쪽에 시간 맞춤
                    동기문자 추가 전송이 필요, 큰 크기의 데이터 프레임 고속 전송 – 플렉스레이
    (2) 통신 종류
      ① CAN 통신 – 'HI', 'LO' 두 선을 이용
                  ECU, TCU, TCS를 병렬로 연결
      ② 플렉스레이 통신 : CAN보다 20배 빠르고, 고가이다,
                      브레이크, 현가·조향장치 시스템에 사용

■ 기타 편의장치

1. 도난방지장치

(1) 이모빌라이저
- ① 트랜스폰더 암호를 ECU가 코드 일치 확인(→ 시동가능 조건)
- ② 구성 ㉠ 기관컴퓨터 : 점화스위치 'ON' 상태 → 시동 여부 판단
  - ㉡ 스마트라 : 통신매체 역할(정보저장 기능 X)
  - ㉢ 트랜스폰더 : 점화키에 위치(키 등록 정보 저장)

(2) 스마트 키 : 안테나를 추가하여 차량 외부 및 내부의 스마트키 정보를 인식

2. 초음파를 이용한 편의장치

(1) 후방 센서(= 후진 경고 장치)

(2) 사각지대 경고 장치 : 초음파 또는 레이저 이용

(3) 주차보조시스템 : 주차 가능여부 알림 또는 주차과정 지원

3. 첨단 운전자 지원 시스템(ADAS)

(1) 정속 주행 장치 : CC, SCC, SCC w/S&G, NSCC → 전방 레이더 모듈, 멀티 펑션 카메라

(2) 전방 충돌 방지 보조 장치(FCA, AEB) : 거리 감지 센서(레이더+카메라), 전자제어 제동장치 활용

(3) 전진 주행 보조 장치 : LDW(차로이탈경고), LKA(경고 + 차선유지)
    BCW(사각지대 접근경고), BCA(경고 + 차선유지)

4. 통합 운전석 기억장치(IMS) = 운전자세 메모리 시스템

- 운전자의 운전 자세를 기억하여 복귀시키는 시스템
  (시트 위치, 사이드미러·룸미러 각도, 핸들 위치 및 각도)

---

01 출제빈도 ★★☆

사고로부터 운전자 및 승객을 보호하기 위한 안전장치의 설명으로 거리가 먼 것은?

① 운전자의 무릎 아래쪽을 보호하기 위한 장치로 니 에어백이 있다.

② 에어백 모듈은 에어백, 패트 커버, 인플레이터 등으로 구성된다.

③ 사고의 충격이 약할 때 벨트 프리 텐셔너만 작동되기도 한다.

④ 클럭 스프링 내부의 충돌감지 센서가 사고 발생 시 충격의 정도를 감지한다.

02 출제빈도 ★★☆

에어백 구성요소로 맞는 것은?

① 프리텐셔너　　② 토션스프링

③ 인플레이터　　④ 안전벨트

03 출제빈도 ★★☆

G(가속도) 센서를 입력신호로 활용하는 장치로 맞는 것은 무엇인가?

① 에어백　　　　② 에탁스

③ 이모빌라이저　④ 크루즈 컨트롤

04 출제빈도 ★★☆

에어백의 구성요소로 운전석 에어백 모듈에 전원을 공급하고 조향핸들의 잦은 회전 간섭으로부터 배선이 끊어지는 것을 방지해 주는 장치를 무엇이라 하는가?

① 클럭 스프링

② 로드 리미터

③ 벨트 프리 텐셔너

④ 단락바

05 출제빈도 ★★☆

에탁스에 의해 제어되는 기능이 아닌 것은?

① 이모빌라이저
② 트렁크 도어 알람
③ 뒤 유리 열선
④ 점화 키 홀 조명

06 출제빈도 ★★☆

에탁스의 기능을 수행하는 데 필요 없는 신호는?

① 차속 센서
② 차고 센서
③ 간헐 와이퍼스위치
④ 도어스위치

07 출제빈도 ★★☆

에탁스의 기능으로 거리가 먼 것은?

① 간헐 와이퍼 제어
② 뒤 유리 열선 제어
③ 에어컨 작동 제어
④ 안전벨트 경고등

08 출제빈도 ★★☆

에탁스(ETACS Electric Time & Alarm Control System)에서 제어하지 않는 것은?

① 차속 감응 와이퍼 제어
② 점화스위치 조명
③ 전조등 상·하향 제어
④ 감광식 룸램프

09 출제빈도 ★★★

에탁스(ETACS)에서 제어하는 내용으로 옳지 않은 것은?

① 도어스위치 신호를 받아 감광식 룸램프의 제어를 할 수 있다.
② 안전벨트스위치 신호를 받아 안전 띠 경고 및 타이머 제어를 할 수 있다.
③ 다기능스위치 신호를 받아 간헐 와이퍼 및 와셔 연동 와이퍼 제어를 할 수 있다.
④ 키 등록 정보를 받아 이모빌라이저에 저장된 정보와 일치하지 않을 시 시동을 금지시킨다.

10 출제빈도 ★★☆

편의장치 중 중앙 집중식 제어장치 에탁스에 포함된 기능이 아닌 것은?

① 에어백 제어 기능
② 안전 띠 미착용 경보 기능
③ 뒷유리 열선 제어 기능
④ 파워 윈도 제어 기능

11 출제빈도 ★★☆

자동차의 LAN 통신의 한 종류인 CAN 통신의 특징으로 옳지 않은 것은?

① 자동차 설계변경 대응이 용이하다.
② 컴퓨터들 사이에 공동으로 사용하는 센서의 정보를 주고받을 수 있어 배선의 경량화가 가능하다.
③ CAN 버스라인을 병렬로 연결하여 원하는 데이터를 양방향 다중통신을 할 수 있다.
④ 데이터 전송은 2개의 채널에서 각각 2개의 배선(버스-플러스와 마이너스)을 이용한다.

12 출제빈도 ★★☆

자동차용 컴퓨터 통신방식 중 CAN (Controller area network) 통신에 대한 설명으로 가장 거리가 먼 것은?

① 일종의 자동차 전용 프로토콜로 모듈간 양방향 통신이 가능하다.

② 2개의 배선(HIGH, LOW)을 이용하여 데이터를 전송하기 때문에 노이즈에 강하고 확장성이 좋은 편이다.

③ 하나의 마스터 시스템의 분산화를 위해 사용되는 LIN(Local Interconnect Network) 통신보다 CAN 통신의 속도가 상대적으로 빠르다.

④ 데이터를 2채널로 동시에 전송함으로써 데이터 신뢰도를 높일 수 있다.

13 출제빈도 ★★☆

도난을 방지하기 위해 암호화가 다른 경우 다른 키로는 시동이 되지 않도록 하고 차키를 소지하고 있어야 시동이 걸리게 하는 장치는?

① 이모빌라이저
② 도난경보장치
③ 에탁스
④ 오토스타트 & 스톱

14 출제빈도 ★★☆

이모빌라이저(immobilizer) 시스템은 키와 자동차가 무선으로 통신되는 암호코드가 일치하는 경우에만 시동이 걸리도록 한 도난방지 시스템이다. 이 시스템의 구성장치가 아닌 것은?

① 액추에이터(actuator)
② 트랜스폰더(transponder)
③ 스마트라(smartra)
④ 안테나 코일(antenna coil)

15 출제빈도 ★★☆

이모빌라이저(immobilizer) 시스템에 대한 설명으로 가장 거리가 먼 것은?

① 물리적으로 복제된 키를 사용했을 때 엔진의 시동이 걸리지 않게 하여 차량의 도난을 방지하는 장치이다.

② 구성요소로 엔진 ECU, 스마트라, 트랜스폰더, 안테나코일이 있다.

③ 키를 분실했을 때 제조사에서 제공하는 열쇠를 구매하여 별도의 등록절차 없이 바로 사용할 수 있다.

④ 엔진 시동이 꺼진 상태에서 라디오, 에어컨, 멀티미디어 장치 등의 작동을 가능하게 해준다.

16 출제빈도 ★★☆

차로 이탈 방지장치(Lane Keeping Assist), 차선유지 보조 장치(Lane Following Assist)에 대한 설명으로 틀린 것은?

① 카메라 센서를 이용하여 차선을 인지한다.

② 레이더 센서의 빛을 이용하여 앞 차와의 거리를 인지한다.

③ 스마트 크루즈 컨트롤 시스템과 융합하여 사용하기도 한다.

④ 전자제어 동력조향장치와 연동하여 작동된다.

17 출제빈도 ★★☆

자동차 PIC(Personal Identification Card) 시스템의 주요 기능으로 가장 거리가 먼 것은?

① 스마트키 인증에 의한 도어록
② 스마트키 인증에 의한 엔진 정지
③ 스마트키 인증에 의한 도어 언록
④ 스마트키 인증에 의한 트렁크 언록

18 출제빈도 ★★☆

현재 상용화되어 있는 첨단 운전자 지원 시스템 ADAS-advanced driver assistance systems의 기능에 대한 설명으로 가장 거리가 먼 것은?

① 첨단 운전자 지원 시스템은 센서나 카메라 등을 활용하는 능동형 안전장치로 자율주행 기술을 완성하기 위해 개발되었다.

② 자동 긴급 제동장치는 차량 전면부에 부착한 초음파 센서를 활용, 차간 거리를 측정하여 충돌의 위험을 감지하면 경고음을 알리거나 속도를 줄여주는 장치이다.

③ 주행 조향보조 시스템은 방향지시등 조작 없이 차로를 이탈하면 자동으로 핸들을 조작해 차로를 유지할 수 있도록 하는 장치이다.

④ 어댑티브 스마트 크루즈 컨트롤 기능은 자동차의 속도유지는 물론 앞차와의 간격을 스스로 유지할 수 있는 기능이다.

>>> 정답

01	02	03	04	05	06	07	08	09	10
④	③	①	①	①	②	③	③	④	①

11	12	13	14	15	16	17	18		
④	④	①	①	③	②	②	②		

01. 에어백 ECU 내부의 충돌감지 센서가 사고 발생 시 충격의 정도를 감지한다.

02. • **에어백 구성** : 에어백 모듈(에어백, 패트 커버, 인 플레이터), 클럭 스프링, 에어백 ECU, 충돌감지 센서, 안전 센서, 승객유무 감지(PPD) 센서 등

03. 차체의 기울기나 순간 충격을 측정하는데 G 센서를 활용하게 된다. 전자제어현가장치(ECS), 차량자세 제어장치(VDC), 에어백 등에 G 센서가 사용된다.

04. ③ **벨트 프리 텐셔너** : 에어백이 작동하기 전에 운전 자를 사전에 구속시키는 장치로 구속한계점을 주 기 위해 로드 리미터를 사용한다.
④ **단락바** : 에어백 ECU 커넥터 탈거 및 장착 시 쇼 트를 방지하기 위해 에어백 점화라인 두 선을 단 락시켜 에어백의 점화회로가 구성되지 않게 하는 안전장치이다.

05. • **에탁스의 기능**
㉠ 간헐 와이퍼, 와셔 연동 와이퍼
㉡ 뒤 유리 열선 및 안전띠 경고 타이머
㉢ 도어 및 트렁크 열림 알람
㉣ **감광식 룸램프** : 도어가 닫히면 실내등의 불빛 을 약하게 한 후 서서히 소등시킴
㉤ **점화 키 홀 조명, 키 회수 기능** : 키를 뽑기 전에 도어를 열고 도어 노브를 눌러 락을 시키 면 0.5초 후 도어락을 해제시키는 기능
㉥ **파워 윈도 타이머** : 키 OFF 후 30초간 윈도우에 전원을 공급하는 기능

06. • **에탁스 입력 신호** : 간헐 와이퍼 및 볼륨스위치, 열선스위치, 안전벨트스위치, 도어·후드·트렁 크스위치, 조향핸들 잠금스위치, 도어 키 스위치, 미등스위치, 차속 센서, 충돌 검출 센서 등

07. • **에탁스(ETACS Electric Time & Alarm Control System)** : 시간과 경고음에 관련된 여 러 개의 시스템을 하나의 컨트롤 유닛으로 집합시 킨 것으로 에어컨 작동은 에탁스의 제어와 관련이 없다.

10. 에어백은 에어백 ECU에 의해서 제어된다.

11. ④번 선지는 플렉스레이 통신에 대한 설명이다.
• **플렉스레이 통신** : CAN보다 20배 정도 더 빠르고 신뢰성이 높지만 고가이다. 이 버스는 주로 데이터 의 전송속도가 높으면서도 안전도를 필요로 하는 브레이크, 현가장치, 조향장치 시스템에 사용된다.

12. 2개의 채널에 각 2개의 배선(버스플러스, 버스마이너 스)으로 구성되어 CAN통신보다 20배 정도 더 빠르고 신뢰성이 높지만 고가인 통신은 플렉스레이 통신이 다.

13. • **이모빌라이저의 구성** : 엔진 ECU, 스마트라, 트랜 스폰더

14. 엔진 ECU가 시동을 인가하는 구조여서 이모빌라이 저 시스템만의 별도 액추에이터를 구성요소로 두지 않는다.

15. ③ 새로운 키를 복제하여 사용할 경우 진단장비로 키를 등록시키는 과정을 거치고 사용해야 한다.

16. 레이더 센서는 LKA, LFA에 직접적으로 활용되지 않 고 SCC(Smart Cruise Control)에 차량의 거리를 인 지하기 위해 활용된다.
• **LKA** : 일정속도 이상에서 전방 카메라로 차선을 인 식하여 방향지시등스위치 작동 없이 차로를 이탈 할 경우 경고하고 차로를 이탈하지 않도록 자동으 로 조향을 도와준다.
• **LFA** : 전방 카메라로 차선을 인식하고 조향을 보조 (LKA보다 적극적으로 차선유지)하며 차로 미인식 시에는 전방의 차량을 인식하여 조향을 보조한다.

17. • **PIC(Personal Identification Card)** : 차량운전 자의 정보를 담고 있는 카드, RKE 등 보안시스템과 도 연동이 되어 카드만 갖고 있으면 자동으로 도어 의 록, 언록, 트렁크의 언록 등의 여러 가지 기능을 갖고 있음

18. 자동 긴급 제동장치는 차량 전면부에 부착한 레이더 및 카메라를 활용, 차간 거리를 측정하여 충돌의 위험 을 감지하면 경고음을 알리거나 속도를 줄여주는 장 치이다.

(1) 천연가스 : 메탄이 주성분
- CNG : 상온에서 200bar 이상으로 고압압축 / LNG : −162℃ 이하로 냉각시킨 액체상태
공기보다 가벼워 확산이 잘 되고, 안정성이 뛰어나다. 가격이 저렴하고, 개조하기 용이하다.
매연이 없고 「CO, HC, NOx」 배출량이 적다. 옥탄가 : 130, 기관의 작동소음을 낮출 수 있음

(2) 하이브리드 전기자동차의 특징
- ㉠ 장점 : 구동모터 활용 − 저속 토크↑, 회생제동으로 고전압 배터리를 충전, 연료소비율↓
엔진의 부하↓, CO, HC, NOx 유해가스 배출량↓, CO_2 배출량↓
오토 스톱(auto stop)기능을 적극 활용할 수 있어 환경과 연비에 도움
- ㉡ 단점 : 2개의 동력원을 사용하는 구조이므로 동력전달 계통이 복잡하고 무겁다.
고전압 배터리 및 모터를 사용하므로 안전에 유의해야 하고 제작 및 수리비용↑

① 동력전달 구조에 따른 분류
- ㉠ 직렬형 − 엔진은 고전압 배터리를 충전하기 위해 사용, 모터의 동력만으로 바퀴를 구동
  - ⓐ 엔진 효율이 더욱 향상되어 배출가스 저감에 유리하다.
  - ⓑ 구조 및 제어가 간단, 엔진이 차량 구동에 직접 관여하지 않는 관계로 특별한 변속장치 X
  - ⓒ 전동기로만 차량을 구동해야 하는 관계로 큰 출력의 전동기와 고용량의 배터리가 필요
  - ⓓ 모터와 배터리의 무게 증가로 가속성능↓, 엔진에서 모터로의 에너지 변환 손실↑
- ㉡ 병렬형 − 소프트형(현재 사용 X)과 하드형
  - ⓐ 엔진과 구동축이 기계적으로 연결되어 변속기가 필요하다.
  - ⓑ 직렬형에 비해 구동모터와 배터리 용량을 작게 할 수 있다.
  - ※ 하드형(TMED −Transmission Mounted Electric Device) : 모터가 변속기에 장착
    - 클러치로 엔진을 분리할 수 있어 변속기에 직결되어 있는 모터를 활용해 단독 주행이 가능,
    모터와 엔진이 떨어져 있어 엔진을 구동시키기 위한 별도의 스타터(HSG)가 필요
    (출발 및 저부하 : 모터 / 중·고속 정속 : 엔진 / 급가속·등판 : 모터 + 엔진)
- ㉢ 복합형 : 엔진과 2개의 모터를 유성기어(파워 스프릿 디바이스)로 연결하는 방식
  - ⓐ 변속기 대신 유성기어와 모터 제어를 통해 차속을 제어하는 방식
  - ⓑ 변속기의 감속기능이 없어 고용량 모터가 필요하나 효율 및 운전성이 우수

② 하이브리드 구성
- ㉠ 고전압 배터리 모듈
  - ⓐ 고전압 배터리 팩 Pack : 셀(3.75V) × 8 → 모듈(30V) → 팩
  - ⓑ BMS : 고전압 배터리의 충전 상태, 출력, 고장 진단, 축전지의 균형 및 냉각,
    전원 공급 및 차단의 역할
  - ⓒ PRA : BMS 신호에 따라 인버터 고전압 전원을 제어
    • 작동순서 : ⊖ 메인 릴레이 → 프리차지 릴레이 → 캐패시터 충전 → ⊕ 메인 릴레이 → 프리차지
    릴레이 OFF
- ㉡ HPCU
  - ⓐ HCU : ECU, TCU, MCU를 통합제어, 회생제동과 페일 세이프 등을 제어
  - ⓑ MCU 인버터 : 고전압 배터리의 직류를 교류로 변환하여 구동 모터에 동력을 공급하는 역할
  - ⓒ LDC : 고전압 배터리 직류 전원을 이용하여 12V용 배터리 충전
- ㉢ HEV 모터(교류 동기모터) : 영구자석을 회전자에 설치, 고정자에 스테이터 코일이 설치
  스테이터 코일 : 온도 센서 설치 / 회전자 : 레졸버(모터위치)센서가 설치
  − HSG : 엔진과 구동벨트로 연결 / 엔진 시동, 속도, 랜딩, 발전 제어
- ㉣ HEV 엔진 : 앳킨슨 기반(기구학) → 밀러사이클(밸브 제어로 압축은 짧게, 폭발은 길게)

(3) 전기자동차

    ㉠ 장점 : 충전비↓, 유해물질 X, 부품 모듈화 고장범위↓, 소음과 진동↓(VESS 적용)

        변속기 X, 운전 조작이 편함, 출발과 동시에 최대 토크, 중심이 낮아 주행과 선회안정성↑

    ㉡ 단점 : 고전압 배터리 가격↑, 영구적이지 못함, 자주 충전, 충전시간↑, 충전인프라↓,

        고속주행 및 PTC히터 작동 시 배터리 급격하게 방전, 사고 시 모듈 수리비↑

① 구성

    ㉠ 고전압 배터리 어셈블리 : 기본구성은 하이브리드와 비슷

      ⓐ CMU : 고전압 배터리 모듈의 온도, 전압, 변형정도(VPD)를 측정하여 BMS에 전달

      ⓑ 서비스(안전) 플러그 : 고전압을 점검하기 전에 전원을 차단하는 플러그

      ⓒ 리튬폴리머 전지 / 구성 : 양극(리튬금속화합물), 음극(탄소), 분리막, 전해질

    ㉡ 고전압 정선 박스

      ⓐ OBC 완속 충전 : AC전원(110~220V)을 이용, DC로 변환한 후 배터리를 완속 충전

      ⓑ 급속 충전 : 전용 충전기의 전원(380V)을 이용, 고전압 배터리를 80%까지만 충전

    ㉢ EPCU 전력제어장치 : VCU, LDC, MCU가 통합

      – VCU : 모터구동·FATC(공조부하)·AHB(회생제동)·EWP(고전압냉각장치)·

            CLU(클러스터·계기판 표시 및 진단)제어 등 차량 전반적인 제어에 관여

    ※ 고전압 배터리 및 구동모터 용량 순서 / HEV → PHEV → EV

(4) 연료 전지 전기자동차 FCEV

    ㉠ 장점 : 단위 질량당 에너지 큼, 내연기관 VS 발전효율↑, 리튬 배터리 VS 에너지 밀도↑

        충전 시간↓, 충전 주행거리↑, 공기정화 시스템 활용으로 환경에 도움

    ㉡ 단점 : 개질법(천연가스) 사용 수소생산→온실가스 배출, 충전 인프라↓, 차량생산비↑

        스택 수명↓, 가격↑, 무겁고 설치 공간 大, 순간 출력(출력밀도)↓, 수소 폭발에 주의

① **주행 상태에 따른 동력원**

    ㉠ 정속 및 저부하 : 연료전지에서 생성된 전기에너지를 모터에 전달하여 구동

      방전 : 연료전지 스택(250~450V) → 고전압 정선박스 → 인버터(DC→AC) → 구동 모터

      충전 : 연료전지 스택 → 고전압 정선박스 → BHDC(240V로 감압) → 고전압배터리충전

    ㉡ 출발 및 급가속 : 더 많은 전력이 필요할 경우 고전압 배터리 전력도 활용

② **FCEV 연료전지 제어시스템 및 주요 구성**

    ㉠ 차량 및 시스템 컨트롤러

      ⓐ FCU : 최상위 컨트롤러로 각 컨트롤러의 최종 제어신호를 송신

      ⓑ SVM Stack Voltage Monitor : 스택의 전압을 측정하여 FCU에 전송(셀당 전압:1V 이하)

    ㉡ BOP : 주변 운전 장치 – 수소 공급계 FPS, 공기 공급계 APS / 열 및 물 관리계 TMS

    ㉢ 연료 전지 스택 : 수소와 공기를 수소극(–)과 산소극(+)에 공급 이온반응 → 전기(DC250~450V)

      – 구성 : 여러 개의 단위 셀(분리판, 기체 확산층, 막전극접합체로 구성)

    ㉣ COD 히터 : 냉간 시동 시 냉각수 예열, 스택의 잔존 수소와 산소 소모 → 내구성 증대

01 출제빈도 ★★☆

LNG엔진의 연료인 액화천연가스의 일반적인 주성분은 무엇인가?

① 메탄　　　　② 부탄
③ 프로판　　　④ 올레핀

02 출제빈도 ★★☆

다음 중 천연가스(NG)의 설명으로 거리가 먼 것은?

① CNG는 천연가스를 200~250kg_f/cm^2의 고압으로 압축한 압축천연가스를 말한다.
② LNG는 천연가스를 상온에서 약 600배로 압축하여 액체 상태로 만든 것이다.
③ ANG는 활성탄 등의 흡착제에 천연가스를 30~60kg_f/cm^2으로 압축한 것이다.
④ PNG는 대형 가스관을 통해 운송되는 천연가스를 말한다.

03 출제빈도 ★★☆

CNG기관에 대한 설명으로 옳지 않은 것은?

① 연료는 현재 가정용 연료인 도시가스를 200~250 기압으로 압축하여 사용된다.
② 디젤기관 대비 매연은 100%, 가솔린 대비 CO_2는 20~30% 감소된다.
③ 베이퍼라이저의 LPG차량과 같이 낮은 온도에서의 시동 성능이 좋지 못하다.
④ 연료를 감압할 때 냉각된 가스를 기관의 냉각수로 난기시키기 위해 열 교환 기구가 필요하다.

04 출제빈도 ★★☆

천연가스의 설명으로 틀린 것은?

① 옥탄가는 130 정도로 가솔린보다 노크 방지성이 우수하다.
② 화염전파 속도가 느린 반면 자기착화온도가 다른 연료보다 높다.
③ 천연가스의 종류는 저장방법에 따라 LNG, CNG, ANG로 나뉜다.
④ CNG 기관은 가스 상태의 연료를 공급하기 때문에 열교환 기구가 불필요하다.

05 출제빈도 ★★☆

압축천연가스에 대한 설명으로 틀린 것은?

① 천연가스에서 직접 얻어 메탄(CH_4)이 주성분이며 약 200bar정도로 압축한 상태로 저장하였다가 감압장치를 거쳐 흡기다기관에 분사하여 사용한다.
② 공기보다 무거워서 누설 시 대기 중으로 쉽게 확산되지 않으므로 안전성이 높다.
③ 옥탄가가 높아(RON135) 연료로 사용하는 엔진의 소음과 진동이 작다.
④ CO 배출량이 아주 적고 매연이나 미립자를 거의 생성하지 않는 친환경 연료이다.

06 출제빈도 ★★★

친환경 자동차에서 감속 시 고전압배터리가 충전되는 기능을 무엇이라 하는가?

① 온보드 차저 - on board charger
② 리프트 풋업 - lift foot up
③ 킥백 기능 - kick back
④ 에너지 회생제동

07 출제빈도 ★★☆

하이브리드 자동차에 대한 설명으로 옳은 것은?

① 내연기관과 전동기 모두 연결하여 동력을 전달하는 것을 직렬형 하이브리드라 한다.
② 풀(full) 하이브리드 자동차는 외부 전원을 이용하여 충전 후 사용한다.
③ 하이브리드 자동차는 전동기 없이 내연기관만으로 또는 내연기관 없이 전동기만으로 주행하는 것이 불가능하다.
④ 하이브리드 자동차는 회생제동 기능을 이용해 일반 내연기관 자동차보다 연비가 개선된다.

08 출제빈도 ★★★

하이브리드 자동차에서 에너지 회생 제동장치의 작동 조건으로 맞는 것은?

① 가속 시 모터가 발전기의 역할을 하여 배터리를 충전시킨다.
② 감속 시 모터가 발전기의 역할을 하여 배터리를 충전시킨다.
③ 가속 시 발전기가 모터의 역할을 하여 배터리를 충전시킨다.
④ 감속 시 발전기가 모터의 역할을 하여 배터리를 충전시킨다.

09 출제빈도 ★★☆

제동방식 중 회생제동(regenerative braking)에 대한 설명으로 맞는 것은?

① 전기자동차에서 사용되는 제동방식으로 내연기관 및 하이브리드 자동차에서는 사용할 수 없다.
② 마찰 브레이크와 달리 회생제동은 구동모터의 역방향으로 토크를 걸어 제동력을 발생시킨다.
③ 저속으로 주행하는 시내주행보다 고속으로 주행하는 고속도로에서 회생제동에 의한 연비 개선 효과가 더 크다.
④ 회생제동을 사용하는 자동차는 마찰 브레이크를 사용하지 않기 때문에 제동장치를 단순화 할 수 있다.

10 출제빈도 ★★★

하이브리드 자동차에서 직류전원을 교류전원으로 변환하는 장치로 맞는 것은?

① 컨버터   ② 인버터
③ 교류발전기   ④ 스테이터

11 출제빈도 ★★☆

하이브리드 자동차에서 교류를 직류로 변환시켜 주는 장치로 맞는 것은?

① 컨버터   ② 인버터
③ 다이오드   ④ 캐패시터

12 출제빈도 ★★★

친환경 자동차에서 제어 및 출력과 동력을 향상시키기 위해 교류전동기를 많이 사용한다. 하지만 배터리의 전원은 직류이다. 이렇게 직류전원을 이용해 교류전동기를 구동하기 위해 사용하는 장치는?

① 감속기   ② 컨버터
③ 인버터   ④ 콘덴서

13 출제빈도 ★★★

친환경 자동차에서 고전압 직류 배터리의 전원을 이용하여 3상의 교류 동기모터를 구동하기 위해 사용하는 전력제어장치로 맞는 것은?

① 인버터
② LDC
③ 컨버터
④ 커패시터

14 출제빈도 ★★☆

내연기관과 전기식 모터를 동시에 사용하는 하이브리드 자동차의 장점에 대한 설명으로 옳지 않은 것은? (단, 내연기관 자동차와 비교)

① 고전압 배터리를 사용함으로써 전기적인 안전에 유리하다.
② 자동차의 감속주행 시 제동에너지를 회수하여 재사용할 수 있다.
③ 자동차의 주행상황과 무관하게 내연기관의 효율이 최고인 운전영역에서 운전할 수 있다.
④ 자동차의 정차 시 내연기관의 공회전에 의한 에너지 손실을 방지할 수 있다.

15 출제빈도 ★★☆

하이브리드 자동차의 분류에 따른 방식이 아닌 것은?

① 직렬형
② 병렬형
③ 복합형
④ 전동기형

16 출제빈도 ★★☆

하이브리드 시스템 형식 중 기관을 가동하여 얻은 전기를 축전지에 저장하고 차체는 순수하게 전동기의 힘으로 구동하는 방식은?

① 직렬형
② 병렬형
③ 직병렬형
④ 엑티브 에코 드라이브 시스템

17 출제빈도 ★★☆

하이브리드(hybrid) 자동차 동력전달 방식 중 직렬형(series type)의 동력전달 순서로 가장 옳은 것은?

① 기관 → 발전기 → 축전지 → 전동기 → 감속기 → 구동바퀴
② 기관 → 축전지 → 발전기 → 전동기 → 감속기 → 구동바퀴
③ 기관 → 감속기 → 축전지 → 발전기 → 전동기 → 구동바퀴
④ 기관 → 전동기 → 축전지 → 감속기 → 발전기 → 구동바퀴

18 출제빈도 ★★☆

하이브리드 자동차에서 직렬형 구조에 대한 설명으로 옳은 것은?

① 엔진과 구동축이 기계적으로 연결되어 변속기가 필요하다.
② 구동용 모터의 용량을 작게 할 수 있는 장점이 있다.
③ 엔진은 배터리를 충전하기 위해 사용되며 모터가 감속기를 구동하여 동력을 전달한다.
④ 구동용 모터의 위치가 플라이휠이나 변속기에 부착되기도 한다.

19 출제빈도 ★★☆

〈보기〉와 같은 구조를 갖는 하이브리드 자동차에 대한 설명으로 가장 옳지 않은 것은?

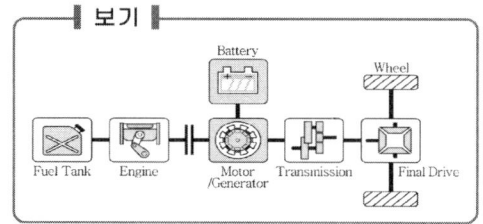

① 내연기관 엔진과 전동·발전기 요소가 필요하다.
② 동력의 제어 및 혼성이 이루어지므로 제어 기술 및 기계장치가 복잡하다.
③ 복수의 동력원을 설치하고, 주행 상태에 따라 한쪽의 동력을 이용하여 구동하는 방식이다.
④ 직렬형 하이브리드 시스템이다.

20 출제빈도 ★★☆

하이브리드 자동차는 크게 시리즈(Series) 방식과 패러럴(Parallel) 방식으로 나눌 수 있는데 이에 대한 설명으로 거리가 먼 것은?

① 시리즈(Series) 방식은 기관을 최적의 상태로 구동할 수 있으므로 유해물질 저감에 유리하다.
② 시리즈(Series) 방식은 전기자동차의 기술이 접목되어 있다.
③ 패러럴(Parallel) 방식은 별도의 발전기가 필요 없다.
④ 패러럴(Parallel) 방식은 시리즈(Series) 방식에 비해 에너지 효율이 낮다.

21 출제빈도 ★★☆

하이브리드 자동차의 시스템에서 기관과 변속기가 직접 연결되어 바퀴를 구동시키는 방식으로 별도의 발전기가 없어도 되는 방식은?

① 직렬형
② 병렬형
③ 직·병렬형
④ 엑티브 에코 드라이브 시스템

22 출제빈도 ★★☆

하드형 하이브리드 자동차의 특징으로 옳은 것은?

① 전기모터가 변속기에 설치되어 있다.
② 직렬형 하이브리드로 분류된다.
③ 중·고속의 정속 주행에서 모터를 구동하여 주행한다.
④ 출발 및 저속 주행 시 엔진과 모터를 동시에 구동한다.

23 출제빈도 ★★☆

병렬형 하이브리드 자동차의 특징으로 거리가 먼 것은?

① 기존 자동차의 생산라인을 공유할 수 있어 제조비용 측면에서 직렬형에 비해 유리하다.
② 동력전달 장치의 구조와 제어가 간단하다.
③ 부하가 많이 걸리는 주행을 할 때에는 전동기를 활용하여 성능을 높인다.
④ 내연기관의 여유구동력으로 전동기를 구동시켜 축전지를 충전하는 기능이 있다.

24 출제빈도 ★★☆

병렬형(Parallel) 하이브리드에 관한 설명 중 가장 거리가 먼 것은?

① 병렬형은 고효율 모터가 필요하다.
② 병렬형은 엔진만 보조하기 때문에 동력 손실이 적다.
③ 구동모터는 엔진의 동력보조뿐만 아니라 순수 전기모터로도 주행이 가능하다.
④ EV 주행 중 엔진 시동을 위해 별도의 장치가 필요하다.

25 출제빈도 ★★☆

병렬형 하이브리드 전기자동차 방식에 대한 설명으로 가장 거리가 먼 것은?

① 엔진은 발전기를 구동하는 역할만 수행하기 때문에 배출가스 저감에 많이 유리하다.
② 국내에서는 구동모터의 설치위치에 따라 소프트 타입과 하드 타입으로 구분된다.
③ 직렬형에 비해 구동모터와 배터리 용량을 작게 설계할 수 있다.
④ 별도의 변속장치나 동력분배장치가 요구되므로 구조와 제어가 복잡하다.

26 출제빈도 ★★☆

하이브리드 자동차에 대한 설명으로 틀린 것은?

① 2개의 동력원을 이용하여 구동되는 차량을 말하며 일반적으로 내연기관과 전기모터를 함께 사용한다.
② 병렬형은 모터의 위치에 따라 마일드(소프트)타입과 풀(하드)타입으로 나뉜다.
③ 제동 시에는 회생제동 브레이크 시스템을 사용하여 차량의 전기에너지를 모터를 통해 운동에너지로 전환하여 배터리를 충전한다.
④ 마일드(소프트) 타입은 모터 단독주행이 불가능하나 풀(하드)타입은 모터 단독주행이 가능하여 내연기관의 연료소비율을 낮출 수 있다.

27 출제빈도 ★★☆

다음 중 하이브리드 전기자동차의 특징으로 가장 거리가 먼 것은?

① 회생제동 기능을 활용할 수 있다.
② 직렬형은 엔진으로 자동차를 구동할 수 있고 모터의 효율을 높이는 데 도움이 된다.
③ 고전압 배터리와 저전압 배터리를 이용하는 두 개의 전원 회로가 있다.
④ 복합형은 동력분배장치 앞뒤에 엔진 및 전동기를 병렬로 배치하여 주행상황에 따라 최적의 성능과 효율을 발휘할 수 있다.

28 출제빈도 ★★☆

하이브리드 자동차에 대한 설명으로 가장 거리가 먼 것은?

① 하이브리드 자동차는 제동 시 회생제동을 활용하여 고전압 배터리 충전이 가능하다.
② 하이브리드 자동차는 12V 저전압 배터리 대신 고전압 배터리를 사용하므로 저전압 배터리는 필요하지 않다.
③ 하이브리드 자동차의 고전압 배터리 충전율이 낮을 때 구동모터로 시동이 금지되는 조건이 있다.
④ 외부의 전원을 이용하여 충전이 가능한 플러그인 하이브리드 자동차도 있다.

29 출제빈도 ★★☆

모터와 엔진을 병용하는 하이브리드 자동차의 설명으로 틀린 것은?

① 모터는 출발 시 이용하며 부하가 큰 주행 시 엔진의 출력을 보조하는 역할을 한다.
② 대부분 구동력이 큰 직류 모터를 사용한다.
③ 구동모터에 인버터를 통하여 전력을 공급한다.
④ 모터는 전류가 흐르는 도체를 자기장 속에 놓으면 자기장 방향의 수직방향으로 전자기적인 힘이 발생하는 원리를 이용한 것이다.

30 출제빈도 ★★☆

영구자석 동기전동기(Permanent magnet synchronous motor : PMSM)는 하이브리드 및 전기자동차에 적용하기에 적합한 전동기이다. 영구자석 동기전동기에 대한 설명으로 옳지 않은 것은?

① 전동기의 사용회전속도 범위(기본속도~최고속도)에 걸쳐 일정한 출력을 얻을 수 있다.

② 전자 스위칭 회로를 이용하여 자동차의 구동 특성에 적합하게 전동기를 제어할 수 있다.

③ 기본속도에 도달할 때까지는 최대토크가 발생한다.

④ 영구자석인 고정자와 권선형인 회전자로 구성되어 있으며 회전자에 공급되는 전원 주파수로 전동기의 속도를 조절한다.

31 출제빈도 ★★☆

다음 하이브리드 자동차의 설명 중 옳은 것은?

① 병렬형 하이브리드는 엔진구동–발전기 회전–배터리충전–모터구동의 순으로 동력이 전달된다.

② 복합(직·병렬)형 하이브리드 자동차는 별도의 변속기가 필요하다.

③ 직렬형 하이브리드는 인버터를 사용하지 않아도 교류전동 모터 구동이 가능하다.

④ 플러그인 하이브리드는 가정용 전기나 외부 전기콘센트에 플러그를 꽂아 배터리 충전이 가능한 형식이다.

32 출제빈도 ★★☆

하이브리드 자동차의 타입 중에서 엔진이 구동바퀴에 구동력을 직접 전달할 수 있는 타입을 〈보기〉에서 모두 고른 것은?

┤ 보기 ├
ㄱ. 직렬형 타입
ㄴ. 병렬형 타입
ㄷ. 직·병렬형(복합형) 타입

① ㄱ   ② ㄱ, ㄷ
③ ㄴ, ㄷ   ④ ㄱ, ㄴ, ㄷ

33 출제빈도 ★★☆

하이브리드 자동차에서 정확한 구동력을 제어하기 위해 회전자의 위치와 고정자의 위치 및 속도를 검출하는 것으로 맞는 것은?

① 레졸버

② 모터 온도센서

③ 컨버터

④ 모터컨트롤유닛(MCU)

34 출제빈도 ★★☆

전기플러그를 이용해서 외부로부터의 충전이 가능한 자동차는?

① 마이크로(micro) 하이브리드 자동차

② 마일드(mild) 하이브리드 자동차

③ 완전(full) 하이브리드 자동차

④ 플러그인(plug-in) 하이브리드 자동차

35 출제빈도 ★★☆

엔진의 기본 사이클을 설명한 것으로 옳지 않은 것은?

① 앳킨슨(Atkinson) 사이클은 팽창행정이 압축행정보다 더 긴 사이클이다.

② 밀러(Miller) 사이클은 팽창비가 압축비보다 크다.

③ 앳킨슨(Atkinson) 사이클은 기계적인 구조가 아닌 밸브 개폐 타이밍으로 조절한다.

④ 밀러(Miller) 사이클은 앳킨슨(Atkinson) 사이클을 개선한 사이클이다.

36 출제빈도 ★★☆

다음 설명하는 하이브리드 엔진의 기반 사이클로 가장 적당한 것은?

> 내연기관의 효율을 높이기 위해 기구학적으로 흡입과 압축을 짧게 하고 폭발과 배기행정은 길게 작동시켜 상대적으로 흡입량이 작아 낮은 압축손실과 더불어 긴 폭발과정을 가지는 것이 장점이다.

① 오토 사이클　　② 앳킨슨 사이클
③ 사바테 사이클　　④ 랭킨 사이클

37 출제빈도 ★★☆

내연기관의 사이클에 대한 설명으로 가장 옳지 않은 것은?

① 오토 사이클(Otto cycle)은 일반적으로 압축비가 증가할수록 효율이 낮아진다.
② 밀러 사이클(Miller cycle)은 흡기 밸브 타이밍을 조절하여 연비를 향상시키는 사이클이다.
③ 디젤 사이클(Diesel cycle)은 압축 착화 방식의 기관에 적용되며, 정압 연소 과정을 포함한다.
④ 이상적인 사이클과 달리, 실제 사이클에서는 흡입・배기 행정에서 추가적인 손실이 발생한다.

38 출제빈도 ★☆☆

하이브리드 전기 자동차의 시동 시 릴레이 작동 제어방법의 순서로 가장 적당한 것은?

① 메인 릴레이(−) → 프리차지 릴레이 → 메인 릴레이(+)
② 메인 릴레이(+) → 메인 릴레이(−) → 프리차지 릴레이
③ 메인 릴레이(+) → 프리차지 릴레이 → 메인 릴레이(−)
④ 프리차지 릴레이 → 메인 릴레이(+) → 메인 릴레이(−)

39 출제빈도 ★★☆

병렬형(TMED) 하이브리드 자동차에 대한 설명으로 가장 거리가 먼 것은?

① 일정 속도 이상의 고속에서 엔진과 모터가 분리되며 모터는 고전압배터리만 충전한다.
② 모터는 감속이나 정지 시 회생제동 기능을 이용할 수 있어 일반 내연기관 자동차보다 연비가 개선된다.
③ 엔진의 시동과 속도를 제어하기 위해 HSG가 사용되고 HSG는 고전압 배터리를 충전하는 용도로도 활용된다.
④ 출발 시 모터로 구동되고 부하가 큰 주행 시 엔진이 모터를 보조하는 역할을 한다.

40 출제빈도 ★★☆

하이브리드 전기자동차의 HCU(Hybrid Control Unit)는 여러 가지 센서의 정보를 기반으로 하여 각 CU(Control Unit)를 통합 제어하게 되는데 대상에 포함되지 않는 CU는 어떤 것인가?

① ECU(Engine Control Unit)
② VCU(Vehicle Control Unit)
③ TCU(Transmission Control Unit)
④ MCU(Motor Control Unit)

41 출제빈도 ★★☆

하이브리드 자동차의 분류 중에서 엔진과 전동모터를 활용하여 동시에 차량에 구동력을 전달할 수 있으며 또한 전기차 전용 주행이 가능한 방식을 무엇이라 하는가?

① 직렬형 하이브리드 자동차
② 플러그인 하이브리드 자동차
③ 하드형 하이브리드 자동차
④ 마일드형 하이브리드 자동차

42 출제빈도 ★★☆

하이브리드 자동차에서 전기차주행(EV) 모드가 주로 사용되는 경우는 언제인가?

① 급격한 오르막을 등판할 때
② 급가속하여 다른 차량을 추월할 때
③ 고속으로 주행할 때
④ 차량 출발 시나 저속으로 주행할 때

43 출제빈도 ★★☆

하이브리드 모터 시동 금지 조건으로 가장 옳지 않은 것은?

① 고전압 배터리 온도가 약 −10℃ 이하인 경우
② 고전압 배터리 온도가 약 45℃ 이상인 경우
③ ECU/MCU/BMS/HCU의 고장이 감지된 경우
④ 고전압 배터리의 충전량이 35% 이하인 경우

44 출제빈도 ★★☆

하이브리드 자동차 고전압 부품 작업 시 유의사항으로 틀린 것은?

① 절연복, 장갑, 보안경 등 장비 착용 후 작업한다.
② 고전압 안전플러그 탈착 후 작업한다.
③ SOC를 15% 이하로 방전시킨다.
④ 다 분해한 부품은 절연매트 위에 배치한다.

45 출제빈도 ★★☆

친환경 자동차에 관한 내용으로 옳지 않은 것은?

① 하이브리드 자동차 고전압 배선은 알아보기 쉽게 흰색으로 되어 있다.
② 감속 시 발생되는 운동에너지를 전기에너지로 전환하여 배터리를 충전하는 회생제동 기능이 있다.
③ 하이브리드 자동차의 안전 플러그를 제거한 후 인버터의 컨덴서에 충전되어 있는 고전압이 방전될 때까지 기다린 후 점검 및 수리작업을 실시한다.
④ 고전압 리튬이온 배터리의 내구성 증대를 위해 SOC 영역을 20~80% 정도로 유지하는 것이 좋다.

46 출제빈도 ★★☆

하이브리드 전기자동차에서 세이프티 플러그를 제거하고 일정시간 기다린 뒤 작업하는 이유로 가장 적당한 것은?

① 자력이 강한 네오디뮴을 사용하는 로터가 EV모드 주행 후 열화가 되었을 때 갑자기 온도가 떨어지는 것을 방지한다.
② 구동모터의 스테이터를 감고 있는 코일에 자력을 없애는 데 대기 시간이 필요하다.
③ 고전압 감전 경고 표기판의 설치와 안내하는 과정을 상기시키기 위한 시간이다.
④ 고전압 전원제어장치 내부의 콘덴서가 방전될 때까지 소요시간이 필요하기 때문이다.

47 출제빈도 ★★★

일반적으로 전기자동차의 회생제동은 어느 시점에서 작동되는가?

① 고부하 시   ② 가속 시
③ 감속 시   ④ 고속 주행 시

48 출제빈도 ★★☆

전기자동차의 특징으로 맞는 것은?

① 출발 시 무거운 축전지 무게 때문에 가솔린차보다 구름저항이 크다.
② 효율성이 낮다.
③ 1회 충전 시 무제한 사용할 수 있다.
④ 조작이 복잡하다.

49 출제빈도 ★★☆

전기자동차에 사용되는 리튬이온 배터리 1셀의 평균적인 전압의 값[V]은?

① 1.5   ② 3.7
③ 9.0   ④ 12.0

50 출제빈도 ★★☆

리튬이온 배터리의 셀당 전압은?

① 2.1V   ② 3.7V
③ 12.0V   ④ 24.0V

51 출제빈도 ★★☆

전기자동차의 특징과 관련된 설명으로 가장 거리가 먼 것은?

① 고속에서 토크가 좋아 고속주행 시 전기자동차의 전비(km/kWh)가 높게 나온다.
② 부품수가 내연기관 자동차에 비해 적어 시스템이 단순하고 고장 범위가 줄어든다.
③ 내연기관 자동차와 비교했을 때 주행 시 소음과 진동이 작다.
④ 주행 중 기어 변속할 일이 없어 운전과 조작이 편하다.

52 출제빈도 ★★☆

전기자동차와 관련된 설명으로 거리가 먼 것은?

① 인버터를 이용해 배터리 직류전원을 전동기의 교류전원으로 변환하는 역할을 한다.
② 고전압 구동모터의 높은 회전수를 활용하여 고속 주행에 적합하게 제작되었다.
③ 주행 소음이 적어 저속에서 VESS 등을 적용하여 주변 보행자에게 차량 주행을 인지시킨다.
④ 자동차의 저전압(12V) 배터리를 충전하기 위해 LDC를 활용하여 고전압을 저전압으로 변환한다.

53 출제빈도 ★★☆

전기자동차의 주요 구성부품(배터리, 모터, 인버터/컨버터)에 대한 설명으로 가장 옳지 않은 것은?

① 모터는 기계적 에너지를 전기적 에너지로 변환하는 장치이다.
② 인버터와 컨버터는 직류와 교류를 변환시키는 역할을 한다.
③ 모터는 배터리를 통해 구동력을 발생시킨다.
④ 일반적으로 배터리는 반복적인 충·방전으로 인해 성능이 저하된다.

54 출제빈도 ★★☆

전기차의 구성요소가 아닌 것은?

① 인버터 및 컨버터
② 차동기어장치
③ 다단변속기
④ 회생제동장치

55 출제빈도 ★★☆

전기자동차에 사용되는 리튬이온 배터리에 대한 설명으로 가장 옳은 것은?

① 배터리를 충전할 때, 리튬이온은 양극에서 음극으로 이동한다.

② 리튬이온 배터리의 전해액은 물(H_2O)에 리튬염($LiPF_6$ 등)을 녹여 만든다.

③ 리튬이온 배터리의 셀당 전압은 약 1.5V 수준이다.

④ 리튬이온 배터리의 분리막은 전극 간 단락을 방지하고, 전자의 이동이 가능하도록 다공성 구조를 가진다.

56 출제빈도 ★★★

전기자동차의 고전압 배터리 충전상태, 출력, 고장진단, 축전지의 균형 등을 제어하기 위해 사용되는 것으로 가장 적당한 것은?

① EDC　　　　② DCC
③ BMS　　　　④ ECS

57 출제빈도 ★★☆

다음 보기에서 설명하는 것으로 맞는 것은?

┤ 보기 ├

전기자동차에서 고전압 배터리의 충전상태, 출력, 고장진단, 축전지의 균형 및 냉각, 전원 공급 및 차단의 역할을 한다.

① HSG
② BMS
③ inverter
④ CMU

58 출제빈도 ★★☆

전기자동차 BMS(Battery management system)가 하는 역할로 옳지 않은 것은?

① 배터리의 셀 간 전압차가 발생할 경우 보정한다.

② 온도 센서로부터 정보를 받아 배터리의 온도를 일정하게 유지하도록 제어한다.

③ 배터리의 DC 전원을 모터를 구동하는 AC로 변환한다.

④ 배터리의 과충전과 과방전을 방지하고 충·방전 출력을 제어한다.

59 출제빈도 ★★☆

전기차에서 주로 사용되는 리튬이온 배터리에 대한 설명으로 거리가 먼 것은?

① 양극은 리튬과 산소가 만난 리튬금속산화물로 구성되고 망간과 코발트 등의 다양한 종류의 물질을 사용할 수 있다.

② 음극 소재는 천연흑연을 기본으로 하는 탄소계 화합물을 주로 사용하며 층상 구조로 설치된다.

③ 격리막은 전자가 전해액을 통해 직접 흐르지 않도록 하고, 내부의 미세한 구멍을 통해 원하는 이온만 이동할 수 있게 해준다. 일반적으로 합성수지를 많이 사용한다.

④ 전해액은 리튬염에 물을 섞어서 사용하며 사용된 물은 배터리의 냉각작용에 도움을 준다.

60 출제빈도 ★★☆

전기자동차 배터리의 구성단위의 크기가 큰 순서대로 가장 바르게 나열한 것은?

① 배터리 셀 > 배터리 팩 > 배터리 모듈
② 배터리 모듈 > 배터리 셀 > 배터리 팩
③ 배터리 셀 > 배터리 모듈 > 배터리 팩
④ 배터리 팩 > 배터리 모듈 > 배터리 셀

61 출제빈도 ★★☆

최근 전기자동차에 적용되는 배터리 중에 리튬이온 2차 전지가 대표적이다. 이 리튬이온 2차 전지의 특성으로 옳지 않은 것은?

① 상대적으로 에너지 밀도가 높음
② 자기방전이 적음
③ 대전류 방전에 적합하다.
④ 뛰어난 사이클 특성으로 방전심도(DOD : Depth of discharge)가 우수하다.

62 출제빈도 ★★☆

전기 자동차에서 완속 충전 시 외부 교류전원(AC)을 승압시키고 직류전원(DC)으로 변환하여 고전압 배터리에 충전시키기 위한 장치로 가장 옳은 것은?

① MCU(Motor Control Unit)
② BMS(Battery Management System)
③ LDC(Low voltage DC-DC Converter)
④ OBC(On-Board Charger)

63 출제빈도 ★★☆

전기자동차에서 외부의 전원을 이용하여 충전하는 방법으로 옳지 않은 것은?

① 급속 충전 장치
② 완속 충전 장치
③ ICCB(In-Cable Control Box)
④ 회생 제동 충전

64 출제빈도 ★★☆

다음 중 전기자동차에 사용되는 OBC(On Board Charger)에 대한 설명으로 가장 거리가 먼 것은?

① 전기자동차에서 완속 충전을 위해 사용되는 컨버터 장치의 일종이다.
② 외부로부터 110~220V 정도의 교류전원을 입력받아 고전압 직류전원으로 변환한다.
③ 이 장치를 통해 고전압 배터리의 전원을 이용하여 저전압 배터리 충전이 가능하다.
④ 이 장치에서 변환된 직류전원은 고전압 정션박스와 PRA(Power Relay Assembly)를 거쳐 고전압 배터리를 충전한다.

65 출제빈도 ★★☆

전기자동차의 충전장치에 대한 설명으로 가장 거리가 먼 것은?

① 완속 충전은 교류(AC)전원을 이용하여 직류로 정류한 뒤 고전압 배터리를 충전한다.
② 급속 충전 시 직류(DC)전원을 이용하여 고전압 배터리를 충전한다.
③ 급속 충전 시 OBC(On Board Charger)를 활용한다.
④ 완속 충전은 급속 충전보다 더 많은 시간을 필요로 하지만 급속충전을 활용할 때보다 충전 효율이 높다.

66 출제빈도 ★★☆

전기 자동차의 BMS(Battery Management System)에서 제어하는 항목과 제어내용에 대한 설명으로 틀린 것은?

① 고장진단 : 배터리 시스템 고장 진단
② 서비스 플러그 : 과충전 등에 의해 배터리 셀이 부풀어 오를 때 고전압 릴레이 차단
③ 셀 밸런싱 : 전압 편차가 생긴 셀을 동일한 전압으로 매칭
④ SOC(State of Charge) : 배터리 전압, 전류, 온도를 측정하여 적정 SOC 영역 관리

67 출제빈도 ★★★

다음에서 설명하는 전기자동차의 구성요소로 옳은 것은?

> 전기자동차 2차 전지의 전류, 전압, 온도, 습도 등 여러 가지 요소를 측정하여 배터리의 충전, 방전 상태와 잔여량을 계산하는 것으로 전기자동차의 전지가 최적의 동작 환경을 조성하도록 2차 전지를 제어하는 시스템

① 배터리 관리 시스템(BMS)
② DC-DC 변환기(LDC)
③ 모터 제어기(MCU)
④ 완속 충전기(OBC)

68 출제빈도 ★★☆

전기자동차의 구성요소에 대한 설명으로 거리가 먼 것은?

① 배터리 : 리튬이온 배터리를 주로 사용하며 화재에 대한 안정성이 보장되어야 하며 메모리 현상이 낮고 자기방전율이 낮아야 한다.
② BMS : 배터리의 전압, 전류, 온도 감지 및 SOC판단, 냉각제어 및 고장진단 등의 기능을 하기 위해 각종 센서의 정보를 입력받는다.
③ 모터 : 엔진 내연기관의 역할을 대신하며 회생 제동의 기능을 통해 감속 시 배터리 충전이 가능하다.
④ OBC : 저전압 직류 변환 장치로 직류 고전압을 이용하여 저전압 배터리를 충전하는 역할을 한다.

69 출제빈도 ★★☆

전기자동차에 전력을 변화시키기 위한 시스템으로 전력제어장치 EPCU(electric power control unit)가 사용된다. 이 EPCU의 직접적인 구성요소로 가장 거리가 먼 것은?

① LDC(low DC-DC converter)
② 인버터(inverter)
③ VCU(vehicle control unit)
④ CMU(cell monitoring unit)

70 출제빈도 ★★☆

전기자동차 제어기구인 VCU(Vehicle Control Unit)의 주요 기능으로 가장 옳지 않은 것은?

① 구동 모터 토크 제어 기능
② 회생제동 제어 기능
③ 주행 가능 거리 표시 기능
④ 고전압 배터리 온도 제어 기능

71 출제빈도 ★★☆

전기자동차 차량 통합 제어기를 의미하는 것은?

① BMS　　　② OBD
③ VESS　　　④ VCU

72 출제빈도 ★★★

전기자동차의 구성요소 중 고전압 배터리의 직류 전원을 교류로 변환하여 모터에 공급하는 장치는?

① 차량 탑재형 충전기(on-board charger)
② 인버터(inverter)
③ 배터리 관리 시스템
　　(battery management system)
④ 파워 릴레이 어셈블리(power relay assembly)

73 출제빈도 ★★☆

다음 전기자동차에 대한 설명으로 가장 거리가 먼 것은?

① 최근 고가의 삼원계(NCM) 배터리 대신 가격 경쟁력과 안정성이 높은 리튬인산철(LFP) 배터리를 활용하는 경우가 많아지고 있다.
② 모터는 내연기관 자동차의 엔진역할을 대신하며 기계적 에너지를 전기에너지로 바꿔주는 원리를 이용하여 자동차를 구동한다.
③ 자동차 규칙에 고전압의 기준은 AC 30V, DC 60V를 초과한 전기장치를 말한다.
④ 상용전원인 220V의 교류전원을 이용하여 직류 고전압 배터리를 충전하기 위해 OBC(On Board Charger)를 활용한다.

74 출제빈도 ★★☆

최근 상용화되는 전기자동차의 냉·난방 공조 시스템에 대한 설명으로 맞는 것은?

① 히트펌프를 사용하여 겨울철 자동차 주행 거리를 늘릴 수 있게 되었다.
② 비스커스 커플링을 통해 에어컨 압축기를 효과적으로 작동시킬 수 있게 되었다.
③ PTC 히터 방식에서 내연기관과 같은 냉각수를 사용할 수 있어 효율적이다.
④ 에어컨 냉매를 사용하지 않으므로 친환경적이다.

75 출제빈도 ★★☆

전기자동차에서 클러치 및 변속기가 필요 없는 이유로 가장 적당한 것은?

① 변속기의 전진, 후진, 공회전 기능이 필요 없기 때문이다.
② 내연기관에서 발생되는 토크 및 회전수를 클러치로 차단할 수 있기 때문이다.
③ 초기 최대토크 이후에 차량의 속도를 증가시키면서 토크가 지속적으로 떨어지기 때문이다.
④ 구동 모터에서 발생되는 회전수와 토크가 비례하기 때문이다.

76 출제빈도 ★★☆

다음 친환경 자동차의 종류 중 고전압 배터리의 용량이 가장 높은 순서부터 나열한 것을 고르시오.

① HEV Mild – HEV Strong – PHEV – EV
② HEV Strong – HEV Mild – EV – PHEV
③ PHEV – EV – HEV Strong – HEV Mild
④ EV – PHEV – HEV Strong – HEV Mild

77 출제빈도 ★★☆

다음 친환경 자동차 중 고전압 배터리의 용량이 높은 순서부터 나열한 것은?

① 플러그인 하이브리드 > 전기자동차 > 병렬형 하이브리드
② 플러그인 하이브리드 > 병렬형 하이브리드 > 전기자동차
③ 전기자동차 > 플러그인 하이브리드 > 병렬형 하이브리드
④ 전기자동차 > 병렬형 하이브리드 > 플러그인 하이브리드

78 출제빈도 ★★☆

고전압장치가 적용되는 친환경자동차에서 교통사고 발생 시 안전대책으로 올바르지 않는 것은?

① 안전을 고려하여 절연장갑 및 보안경을 착용한다.
② 화재 시 급할 경우 물을 이용하여 진압하고 능력단위 ABC 소화기 중 C형 소화기를 사용하지 않는다.
③ 절연피복이 벗겨진 파워케이블은 절대 만지지 않는다.
④ 차량이 물에 반 이상 침수되었을 때는 안전(세이프티) 플러그를 뽑지 않는다.

79 출제빈도 ★★☆

전기자동차 안전과 관련된 조치 사항으로 옳지 않은 것은?

① 전기자동차 사고 시 반드시 보호장구(절연장갑, 안전화 등)를 착용한다.
② 전기자동차 침수 시 안전 플러그를 제거한다.
③ 전기자동차 정비 시 고전압 시스템은 반드시 전원을 차단한 후 작업한다.
④ 주행 중 이상 경고등 점등 시 즉시 안전한 장소에 정차 후 점검한다.

80 출제빈도 ★★☆

고전압 배터리를 사용하는 친환경 자동차의 안전 유의 사항으로 거리가 먼 것은?

① 고전압 배터리 안전지침에 따라 작업을 진행한다.

② 안전지침에 따라 고전압을 먼저 차단한다.

③ 12V 저전압 배터리 케이블은 분리하지 않아도 된다.

④ 고전압을 차단 후 커패시터가 완전히 방전될 때까지 기다린 후 작업한다.

81 출제빈도 ★☆☆

고전압 전기장치의 작동 전압에 대한 기준으로 가장 적당한 것은?

① DC : 60V 초과 1,500V 이하, AC : 30V 초과 1,000V 이하

② DC : 60V 초과 1,000V 이하, AC : 60V 초과 1,500V 이하

③ DC : 30V 초과 1,500V 이하, AC : 60V 초과 1,000V 이하

④ DC : 60V 초과 1,000V 이하, AC : 30V 초과 1,500V 이하

82 출제빈도 ★★☆

기존 내연기관 대신 수소를 공급받아 공기 중의 산소와 결합해 전기를 자체 생산해 구동모터를 구동시키고, 여유 전기로 축전지를 충전할 수 있는 차세대 친환경 자동차를 무엇이라 하는가?

① 전기 자동차

② 하이브리드 자동차

③ 수소연료전지 자동차

④ 플러그인 하이브리드 자동차

83 출제빈도 ★★☆

수소-연료전지 자동차에서 수소와 산소의 반응에 의해 전기를 만드는 장치로 맞는 것은?

① 컨버터(converter)

② 인버터(inverter)

③ 컨트롤 유닛(control unit)

④ 연료전지 스택(fuel cell stack)

84 출제빈도 ★★☆

연료전지 자동차의 연료전지 스택에서 화학 반응을 이용하여 전기를 생산할 때 필요한 요소 2가지로 가장 적합한 것은?

① $HC - N_2$

② $CO - O_2$

③ $H_2 - O_2$

④ $NO_2 - H_2$

85 출제빈도 ★★☆

수소연료 자동차의 연료전지로 가장 많이 사용되는 것은?

① 알칼리 연료전지

② 용융탄산염 연료전지

③ 고분자 전해질 연료전지

④ 고체산화물 연료전지

86 출제빈도 ★★☆

수소연료 자동차의 연료전지 중 전해질에 이온 교환막을 사용하는 것으로 맞는 것은?

① AFC(Alkaline Fuel Cell)

② MCFC(Molten Carbonate Fuel Cell)

③ PEMFC(Polymer Electrolyte Membrane Fuel Cell)

④ SOFC(Solid Oxide Fuel Cell)

87 출제빈도 ★★☆

수소연료 전지자동차에서 산소와 수소의 화학적 반응을 이끌어내 전기에너지로 변환시키는 역할을 하는 수소이온화 부품으로 맞는 것은?

① 분리막(membrane)

② 격리판(separator)

③ 단자판

④ 막전극접합체(Membrane-Electrode Assembly, MEA)

88 출제빈도 ★★☆

수소연료 전지자동차의 연료전지 스택의 구성요소로 거리가 먼 것은?

① 막전극 접합체(MEA)
② 분리판
③ 기체 확산층
④ 주변보조시스템(BOP)Balance of Plant

89 출제빈도 ★★☆

연료전지자동차 전기발생 과정으로 틀린 것은?

① 공기극에서 물이 나온다.
② 수소는 공기극의 촉매와 반응하여 전해질을 통해 수소극으로 공급된다.
③ 연료전지 수소극에서 촉매와 반응하여 수소이온과 전자가 나온다.
④ 수소극에서 전자를 발생시켜 공기극으로 보낸다.

90 출제빈도 ★★☆

수소연료 전지자동차가 주행 시 받는 부하와 그 상태에 대해 설명한 것으로 가장 거리가 먼 것은?

① 평길 12km/h 이하의 저속 관성 주행 및 브레이크 작동 시 부하가 크지 않기 때문에 연료전지스택에서 전기를 생산하지 않는다.
② 등판 주행 시 수소연료만으로 구동되는 전력이 부족하면 고전압배터리의 도움을 받아 주행된다.
③ 내리막 주행 시 가속 페달을 밟지 않은 감속 및 관성 주행 시 수소연료를 차단하고 연료를 아끼는 주행을 한다.
④ 고전압 배터리가 충전된 상태에서 신호대기 및 잠시 주차 중에는 수소연료를 사용하지 않는다.

91 출제빈도 ★★☆

전기자동차, 연료전지자동차는 구동모터를 이용하기 때문에 엔진음이 발생되지 않는 것이 특징이다. 30km/h 이하로 주행할 때 보행자가 자동차를 인지할 수 있도록 임의의 소리를 내도록 하는 장치를 무엇이라 하는가?

① BMS   ② VESS
③ ABS   ④ VICS

92 출제빈도 ★★☆

친환경 자동차에 활용되는 고전압 리튬이온 배터리의 원료를 회수하기 위해 절단이 필요하다. 이때 배터리를 완전 방전시키지 않으면 절단 시 화재의 위험에 노출되는데 이를 방지하기 위해 올바른 방전방식으로 가장 적합한 것은?

① 염수 침전   ② 원료 분해
③ 산화 매립   ④ 고온 소성

93 출제빈도 ★☆☆

자동차 생애[LCA(life-cycle assessment)]에서 발생하는 온실가스(CO_2)를 평가하는 체제에 대한 설명으로 가장 거리가 먼 것은?

① LCA CO_2 : Life Cycle assessment CO_2 – 원유생산, 자동차의 제조, 운용, 폐차, 재활용하는 동안 발생된 CO_2를 포함한다.
② WtW CO_2 : Well to Wheel CO_2 – 연료를 생산하여 운반 및 자동차를 주행하면서 발생되는 CO_2를 포함한다.
③ TtW CO_2 : Tank to Wheel CO_2 – 자동차를 주행하는 동안 발생된 CO_2를 포함한다.
④ WtT CO_2 : Well to Tank CO_2 – 자동차를 정비 및 폐기하면서 발생되는 CO_2를 포함한다.

>>> 정답

01	02	03	04	05	06	07	08	09	10
①	②	②	④	②	④	④	②	②	②

11	12	13	14	15	16	17	18	19	20
①	③	①	①	④	①	①	③	④	④

21	22	23	24	25	26	27	28	29	30
②	①	②	①	①	②	①	②	②	④

31	32	33	34	35	36	37	38	39	40
④	③	①	④	③	②	①	①	①	②

41	42	43	44	45	46	47	48	49	50
③	④	②	④	③	④	③	①	②	②

51	52	53	54	55	56	57	58	59	60
①	②	③	①	③	①	②	③	④	④

61	62	63	64	65	66	67	68	69	70
③	④	②	④	③	①	④	④	④	④

71	72	73	74	75	76	77	78	79	80
④	②	②	①	③	④	③	②	②	②

81	82	83	84	85	86	87	88	89	90
①	③	④	③	③	③	④	④	②	①

91	92	93							
②	①	④							

01. LNG는 액화천연가스로 메탄을 주성분으로 한 천연 가스를 초저온으로 냉각해서 액화시킨 것이며, 성분 비율은 매우 다양하고 72%~95%의 메탄, 3~13%의 에탄, 1~4%의 프로판, 1~18%의 질소가 혼합되어 있다.

02. ② LNG는 천연가스를 −161.5℃ 이하로 냉각시켜 액 체 상태로 만든 것이다.

03. 가솔린 대비 CO(일산화탄소)가 20~30% 감소된다.

04. 200bar 이상의 높은 CNG 저장 탱크의 연료를 압력조 절기를 활용해 6bar정도로 감압한다. 이 때 발생된 증발잠열에 의한 연료 라인의 동결을 방지하기 위해 냉각수를 순환하는 열교환 기구가 필요하게 된다.

05. ② 공기보다 가벼워 누설 시 대기 중으로 쉽게 확산 되므로 안전성이 높다.

06. 회생제동은 고전압 배터리와 전동모터를 사용하는 하이브리드 전기자동차, 전기자동차, 연료전지전기 자동차 모두 구현가능하다.

09. 회생제동은 모터를 발전기로 사용하여 제동하면서 에너지를 회수하는 것으로 하이브리드 자동차에서 도 사용될 수 있다. 또한 제동이 잦은 시내 주행에서 연비개선 효과가 크고 안전을 위해 별도의 마찰 브레 이크 또한 필요하다.

10. 친환경 자동차에서 교류(AC) → 직류(DC)로 전환하 기 위해 사용하는 장치를 컨버터, 직류(DC) → 교류 (AC)로 전환하기 위해 사용하는 장치를 인버터라 한 다.

11. "직교인, AD컨버터"라고 암기하면 편하다.

14. 하이브리드 자동차는 고전압 배터리를 사용하는 관 계로 전기안전에 유의하여야 한다.

16. • **직렬형−SHEV**(Series Hybrid Electronic Vehicle) 기관은 배터리를 충전하기 위해 사용되며 모터는 변 속기를 구동하여 동력을 전달한다.

17. • 엔진 → 충전
• 모터 → 구동

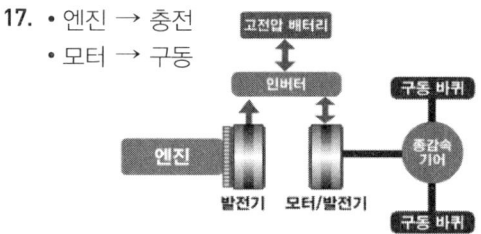

18. ① 엔진과 구동축이 기계적으로 연결되지 않는다.
② 구동 모터로 단독 주행하여야 하는 관계로 용량이 커야 한다.
④ 구동용 모터는 엔진과는 별개로 감속기를 구동한 다.

19. 보기의 그림에서 엔진과 모터가 별개로 변속기에 동 력을 전달할 수 있는 구조이므로 병렬형 하이브리드 중에서 하드형에 해당된다.

20. 하이브리드 자동차는 크게 직렬형(시리즈)과 병렬형 (패러럴) 방식으로 나눌 수 있고, 다음과 같은 특징이 있다. 직렬형의 기관은 발전기를 구동하기 위한 용도 로만 사용되기 때문에 항상 최적의 상태로 구동할 수 있다. 때문에 가장 적은 배기가스가 배출되는 상태 로 기관을 유지할 수 있다. 또한 기관과 모터가 따로 작동되므로 제어하기가 쉽다. 다만, 바퀴의 구동력을 오로지 모터에만 의존하기 때문에 모터의 용량이 커 야 되고, 에너지 효율이 병렬형(패러럴)에 비해 떨어 지게 된다. 이에 반해 병렬형은 바퀴의 구동력은 기관 과 모터가 주행상황에 따라 적절히 분배가 가능하기 때문에 최적의 주행 성능과 효율을 발휘할 수 있다.

또한 기관의 여유 구동력을 활용하여 모터를 구동시켜 축전지를 충전할 수도 있다(구동모터가 발전기 기능까지 수행). 다만, 동력전달 장치의 제어가 복잡한 것이 단점이라 할 수 있다. 국내에서는 구동모터의 위치에 따라 병렬형을 다시 소프트형과 하드형으로 나누어 사용하고 있다.

22. • **소프트형(FMED-Flywheel Mounted Electric Device)** : 모터가 엔진 측에 장착되어 있으므로 모터 단독 주행이 불가하다.
    • **하드형(TMED-Transmission Mounted Electric Device)** : 모터가 변속기에 직결되어 있고 모터 단독 주행을 위해 엔진과는 클러치로 분리되어 있다. 모터와 엔진이 떨어져 있어서 엔진을 구동시키기 위해 별도의 스타터가 필요하다.

24. 문제에서 병렬형만 언급했기 때문에 직렬형과 비교하여 가장 거리가 먼 선지를 선택하면 되는 문제로 직렬형은 모터만으로 주행되기 때문에 병렬형에 비해 고효율 모터를 필요로 하게 된다.
    ② 병렬형 소프트타입에 대한 설명이다.
    ③, ④ 병렬형 하드타입에 대한 설명이다.

25. 병렬형 하이브리드 전기자동차는 엔진이 차량의 구동에 직접관여하기 때문에 별도의 변속장치나 동력분배장치가 필요하다.

26. 회생제동 첫째, 브레이크를 작동시키면서 얻는 **운동에너지**를 활용하여 발전기를 구동시킨다. 둘째, 발전기를 구동하여 배터리를 충전하는 **전기에너지로 전환**한다.

27. 직렬형은 엔진으로 자동차를 직접 구동하지 않고 발전의 용도로만 활용하기 때문에 최적의 조건에서 엔진을 운영할 수 있다.

28. 하이브리드카는 여전히 12V 보조배터리를 사용하며 전장품(램프, ECU 등)에 전원을 공급한다.

29. ② 전기, 하이브리드, 연료전지 자동차 등 대부분의 전동 모터는 교류전원을 사용한다.

30. 회전자가 영구자석으로 구성되고 스테이터인 고정자에 코일이 감겨있으며 스테이터 주파수 제어를 통해 전동기의 토크와 속도를 조절한다.

31. ① 직렬형 하이브리드 자동차에 대한 설명이다.
    ② 복합형 하이브리드 자동차는 변속기 대신 유성기어를 포함한 파워 스플릿 디바이스를 사용한다.
    ③ 직류 배터리 전원을 이용하여 교류 전동기를 구동하기 위해서는 인버터 장치를 활용해야 한다.

33. 레졸버 센서는 내연기관의 크랭크각 센서와 비슷한 역할을 한다.

34. full 하이브리드 자동차와 전기자동차의 중간정도에 위치한 플러그인 하이브리드 자동차로 외부의 전원으로 고전압 배터리 충전이 가능하다. full 하이브리드 자동차에 비해 배터리 용량이 커서 한 번 충전으로 주행할 수 있는 거리가 길고 전기자동차에 비해 충전을 하기 어려운 환경에서도 내연기관을 활용하여 주행이 가능한 장점이 있다. 하지만 차체의 무게가 무겁고 완속 충전을 자주하기 어려운 환경이라면 내연기관을 자주 활용하기 때문에 연비 및 CO_2 배출량에서 큰 단점을 가진다.

35. 기구학적으로 압축비보다 팽창비를 크게 하여 효율을 높인 것이 앳킨슨 사이클이다. 앳킨슨 사이클은 구조가 복잡하고 설치공간을 많이 차지하므로 밸브 타이밍 조절 방식으로 앳킨슨 사이클의 장점을 살릴 수 있는 것이 밀러 사이클이고 하이브리드의 내연기관으로 많이 활용된다.

36. 기구학적으로 흡입과 압축을 짧게, 폭발을 길게 작동하는 것이 앳킨슨 사이클이고 밸브 개폐 타이밍을 적절히 조절하여 엔진 부피를 줄이면서 같은 효과를 볼 수 있는 것이 밀러사이클이다.

37. 오토 사이클은 압축비가 높을수록 효율이 증가한다. 단, 노킹 위험 때문에 실제로는 한계가 있다.

38. PRA 작동순서 : ⊖ 메인 릴레이 → 프리차지 릴레이 → 캐패시터 충전 → ⊕ 메인 릴레이 → 프리차지 릴레이 OFF

39. 고속으로 주행하는 상황에서도 가속이 필요할 경우 HEV 모드로 주행을 하게 된다.

40. HCU는 차량상태, 운전자의 요구, 엔진정보, 고전압 배터리 정보 등을 기초로 하여 엔진(ECU)과 모터의 파워(MCU) 및 토크 배분(TCU), 회생제동과 페일 세이프 등을 제어하는 역할을 한다. 참고로 VCU는 순수 전기자동차에서 차량 전반적인 제어에 관여한다.

42. • **하드형 하이브리드 자동차의 주행 모드**
    ㉠ **EV 주행** : 차량 출발 시나 저속 주행구간에는 모터로 단독 주행한다.
    ㉡ **엔진 단독 주행** : 중·고속 정속 주행할 때 엔진 클러치를 연결하여 변속기에 동력을 전달한다.
    ㉢ **HEV 주행** : 급가속 또는 등판 시에는 엔진+모터를 동시에 구동하여 HEV 주행을 한다.

※ EV 주행 중 HEV로 변경할 때 엔진속도 제어를 하게 된다.
(EV : 전기차, HEV : 하이브리드 자동차)

43. 고전압 배터리의 안전을 위해 일반적으로 20~40℃ 범위에서 유지되도록 제어한다. 일반적으로 SOC 영역 20% 이하에서 방전금지 등의 제어모드가 진행된다.

44. 고전압 배터리를 오래 사용하기 위해서는 SOC(충전상태)는 20~80%를 유지하는 것이 좋다. 또한 고전압 안전 플러그가 있기 때문에 굳이 방전시킨 상태에서 작업하지 않아도 된다.

45. ① 고전압 배선은 주황색으로 되어 있다.

47. ③ 내리막길에서 감속 운전을 하거나 제동 시에 회생 제동장치를 활용하여 전기를 발생시킨다.

48. • 전기자동차의 특징
   ㉠ 복잡한 구동장치가 필요하지 않다.
   ㉡ 가솔린차에 비해 엔진이나 구동장치 등이 전혀 필요하지 않기 때문에 구조가 간단해져서 부품 수가 가솔린차의 60% 정도까지 줄어들었다.
   ㉢ 대량생산이 이루어지면 생산비가 가솔린차보다 크게 싸질 수 있다.
   ㉣ 자동차의 생산단계에서 이용단계에 이르기까지 종합적인 에너지 사용을 비교해 보면 전기차의 에너지 소비 수준은 내연기관 자동차의 47~54%에 불과하다.
   ㉤ 차량 중량이 많이 나간다.
      2016년 기준 르노삼성자동차 SM3 공차중량
      가솔린 차량 – 1,250kgf, 디젤 차량 – 1,305kgf
      전기 차량 – 1,580kgf
   ㉥ 토크는 커서 순간 가속력은 뛰어나지만 마력이 낮아 최고 속도는 떨어진다.(SM3 기준)
      ⓐ 전기차 : 400~2,500rpm → 23kgf · m
        / 최고마력 : 95PS/1,800~9,000rpm
      ⓑ 가솔린차 : 4,000rpm → 16.1kgf · m
        / 최고마력 : 117PS/6,000rpm

49. 참고 K5 하이브리드 고전압 배터리 팩 270V
   셀(3.75V) × 8 → 모듈 × 9 → 팩(DC 270V)

50. 리튬이온 배터리는 평균 3.6~3.7V로 동작하며 완전 충전 시 약 4.2V, 방전 종료 시 약 3.0V 정도이다.

51. 출발과 저속에서 토크가 높아 효율적이고 고속 주행 시 전기소비가 급격히 증가하게 되어 전비(km/kWh)가 낮게 된다.

52. ② 감속기 등을 활용하여 차량 출발 시나 저속에서 토크가 뛰어나지만 고속주행 시 전기소비가 급격히 증가한다.

53. 모터는 전기적 에너지를 기계적 에너지로 변환하는 장치이다.

54. 전기차는 구동모터에서 발생되는 높은 회전수를 낮추어 토크를 증대시키는 목적으로 다단변속기가 아닌 감속기를 활용한다.

55. 충전 시 리튬이온은 양극(+)에서 음극(−) 으로 이동하여 에너지를 저장한다. 전해액은 비수계(유기용매)이며 분리막은 전자 차단·이온 통과용 다공성 구조이다.

56. • BMS(Battery Management System) : 고전압 배터리의 전압, 전류, 온도, SOC 값을 측정하여 고전압 배터리의 용량을 VCU에 전달한다.

57. 전해액은 낮은 화학반응성을 갖추어야 한다. 리튬은 수분을 만나면 급격한 반응을 일으키기 때문에 전해액의 용매는 물과 반응하지 않는 유기용매를 사용하며 리튬염, 첨가제를 추가하여 사용한다.

58. ③은 인버터(inverter)의 역할이며 BMS는 전압·온도·충방전 제어를 담당하게 된다.

59. 예 하이브리드 전기자동차의 배터리소프트 방식 공칭전압 180V = 팩(180V) → 모듈(30V) × 6개 → 셀(3.75V) × 8개

60. 방전 전류가 클수록 전지 전압이 강하하는 경향이 높아 용량과 뽑아낼 수 있는 전력량이 작아지는 특징이 있다.

61. ① MCU(Motor Control Unit) : 고전압 모터 제어기로 인버터가 포함되어 있다.
   ② BMS(Battery Management System) : 고전압 배터리 제어기로 일반적으로 배터리 패키지에 장착되어 있다.
   ③ LDC(Low voltage DC–DC Converter) : 고전압 배터리의 전원을 이용하여 저전압 배터리를 충전하는 장치이다.
   ④ OBC(On-Board Charger) : 차량 내부에 설치된 배터리 충전기로 완속 충전을 담당한다.

62. 회생 제동 충전은 구동모터의 여유 구동력으로 발전을 하는 것으로 외부 전원을 이용하여 충전하는 방법에 해당되지 않는다. 참고로 ICCB는 전기차 휴대용 충전기를 뜻한다.

63. ③ LDC(Low Dc-dc Converter)에 관한 설명이다.

64. ② 선지의 내용은 고전압 릴레이 차단장치·VPD(Voltage Protection Device)의 기능이다.

65. 급속충전은 외부 충전기의 DC 전력이 직접 배터리에 공급되며 OBC는 완속충전 시만 사용된다.

67. ② DC-DC 변환기(LDC) : 직류 고전압 배터리를 이용하여 직류 저전압 배터리를 충전하는 컨버터
③ 모터 제어기(MCU) : EPCU 내부에 위치하여 모터의 속도와 토크를 제어
④ 완속 충전기(OBC) : 100~220V 교류전원을 직류로 변환하여 고전압 배터리를 충전하는 일종에 컨버터

68. • OBC(On Board Charger 완속 충전 장치) : 외부로부터 AC전원(110~220V)을 이용하여 DC로 변환한 후 배터리를 완속 충전하는 컨버터

69. CMU은 고전압 배터리 시스템 어셈블리의 구성요소이다.

70. VCU는 주행 전체를 통합 제어하지만 배터리 온도제어는 BMS(배터리 관리 시스템)의 역할이다.

71. VCU(Vehicle Control Unit)는 구동, 제동, 에너지관리 등을 통합 제어하는 전기차의 중앙 제어장치이다.

72. 인버터는 고전압 배터리의 직류(DC) 전원을 교류(AC)로 변환해 구동 모터에 공급한다.

73. ② 모터는 내연기관 자동차의 엔진역할을 대신하며 전기에너지를 기계적 에너지로 바꿔주는 원리를 이용하여 자동차를 구동한다.

74. ① 초기 전기자동차는 전기히터로 에너지 소모량이 많아 주행거리가 짧았지만 최근에는 히트펌프가 적용되어 겨울철에도 주행거리를 늘릴 수 있게 되었다.
   • **히트펌프** : 외부에서 유입되는 공기 열원과 구동 모터, 통합전력제어장치 모듈, 배터리, 완속 충전기 등에서 발생하는 폐열을 회수해 난방에 활용한다.
② 비스커스 커플링은 일반적으로 4륜 차량의 센터 차동제한장치로 사용된다.
③ 저전도 전용 냉각수를 사용해야 한다.
④ 에어컨 냉방장치에 냉매를 사용하게 된다.

75. 전기자동차에서는 클러치 및 변속기를 사용하는 대신 감속기를 사용한다. 이유는 모터의 회전수를 감속시켜 초기에 차량을 가속하는 데 높은 토크를 사용할 수 있고 이후 자연스런 모터의 회전수 증가로 토크를 줄이고 차량의 속도를 높이는 데 유용하게 활용할 수 있기 때문이다. 그리고 모터는 회전방향을 반대로 제어할 수 있기 때문에 변속기의 후진 기능도 모터 자체에서 수행할 수 있다.

76. • **친환경 자동차의 배터리 용량**
   ㉠ **EV(순수 전기자동차)** : 16~100kWh
   ㉡ **PHEV(플러그인 하이브리드)** : 4~16kWh
   ㉢ **HEV Strong(하드형 하이브리드)** : 1.76kWh (270V-K5)
   ㉣ **HEV Mild(소프트형 하이브리드)** : 1.32kWh (180V-아반떼)
   ㉤ **FCEV(넥쏘)** : 1.56kWh

77. 하이브리드 전기자동차에서 배터리 용량을 높이고 외부 충전을 가능하게 한 것이 플러그 인 하이브리드 전기자동차이다. 전기자동차는 내연기관 없이 배터리와 구동모터로만 구성되어 있기 때문에 고전압 배터리 용량이 가장 커야 한다.

78. ② **소화기의 능력단위** : A(일반화재), B(유류화재), C(전기화재)에 사용되는 소화기이다.
④ 안전(세이프티) 플러그는 고전압장치 전원을 점검하기 위해 해제하는 플러그이다.

79. 전기차가 침수되면 고전압 시스템에 물이 접촉해 감전 위험이 있으므로 임의로 안전 플러그를 제거하거나 차량을 만져서는 안 된다. 반드시 전문가 또는 긴급 구조대의 조치를 받아야 한다.

80. 12V 저전압 배터리의 케이블의 "-"단자도 분리하여 전원을 차단한다. 전기차 12V 보조 배터리 장착 이유
   ㉠ 고전압 배터리의 예열 기능 및 EPCU(전력제어장치) 전원 공급
   ㉡ 조명, 조향, 보조장치 등 고전압을 사용하지 않는 전장 부품에 전원 공급
   ㉢ 안전을 위해 전동시트 등 사람이 직접 조작하는 전원 공급
   ㉣ 위급 시 차량고전압 배터리를 분리시키는 전원공급 및 비상 전원을 공급하는 백업 기능

81. 고전압 전기장치(고전압 회로)의 작동 전압 기준은 DC 60V 초과~1,500V 이하, AC 30V 초과~1,000V 이하 실효값(rms)으로 규정된다.

82. • **연료전지 자동차의 구성**
    ㉠ **수소 저장 용기** : 섬유를 감아서 만든 용기로 폭발 위험이 없으며, 충돌사고 등 비상 상황이 감지되면 밸브를 차단해 수소 공급을 막는 센서도 있다.
    ㉡ **연료 전지 스택** : 차량 앞에 위치한 라디에이터 그릴로 유입되는 공기(산소)가 연료 전지로 보내진다. 그리고 연료 전지 스택에서 수소와의 화학반응을 통해 전력이 생산된다.
    ㉢ **전력 제어 장치** : 연료 전지에서 생산된 전력을 전기 모터로 보내며, 가속 시에는 배터리에 저장된 전력을 추가로 보내 출력을 높여준다.
    ㉣ **배터리** : 니켈수소 전지에는 연료 전지가 생산한 전력 중 차량 운행에 쓰이지 않은 잉여 전력만 저장된다.

84. 연료전지 스택의 양극(+)에는 산소(O_2)를 공급하고 음극(−)에는 수소(H_2)를 공급한다.

85. • **연료전지의 종류 및 특징**

	알칼리형 (AFC)	인산형 (PAFC)	용융 탄산염형 (MCFC)	고체 산화물형 (SOFC)	고분자 전해질형 (PEMFC)
전해질	수산화 칼륨	인산	탄산염	지르 코니아	이온 교환막
작동 온도 (℃)	50~ 150	150~ 220	600~ 700	약 1,000	상온~ 100
효율(%)	60	36~45	45~60	50~60	40~50
용도	군사, 위성	자가 발전	중·대용량 발전	발전	정지 이동용

87. • **MEA** : 전해질막과 두 개의 전극(산화전극, 환원전극)으로 구성된다. 산화전극(Anode)에 투입된 수소기체는 촉매제(Catalysts)와 반응하여 수소이온(H^+)과 전자(e^-)로 분해된다. 분해된 수소이온(H^+)은 전해질막(Membrane)을 통과하여 환원전극인 Cathode로 이동하여 산소와 결합하고, 전해질막을 통과하지 못하는 전자(e^-)는 전기에너지로 사용된다. 전자(e^-)와 수소이온(H^+)은 환원전극(Cathode)에서 산소기체와 함께 만나 물로 변환된다.

88. • **BOP(Balance of Plant)** : 주변 운전 장치로 스택에서 전기를 생산하기 위해 조합된 각종 집합체이고 다음과 같이 분류된다.
    ㉠ 수소 공급계(FPS, Fuel Processing System)
    ㉡ 공기 공급계(APS, Air Processing System)
    ㉢ 열 및 물 관리계(TMS, Thermal Management System)

89. 연료전지는 공기극(+)과 수소극(−), 전해질(테프론류)로 구성되며 각각의 극은 흑연철과 촉매로 구성되어 있다.
    ㉠ 수소극에 유입된 H_2가 촉매(Pt)와 화학 반응하여 수소이온(H^+)과 전자(e^-)로 나뉜다.
    ㉡ 전자는 외부 회로를 거쳐 공기극으로 유입되고(이때 전력발생) 공기극의 산소와 결합해 O_2^-가 된다.
    ㉢ 수소이온($2H^+$)은 입자가 작은 관계로 전해질을 통과하여 공기극의 O_2^-와 결합해 H_2O가 된다.
    ㉣ 따라서 공기극에서 물(H_2O)이 발생하게 된다.

90. 주행속도 12km/h 이하에서 정차할 때까지 수소연료를 소모하기 때문에 정차하기 위해서 끝까지 브레이크를 작동해야 한다.

91. VESS(Virtual Engine Sound system)에 대한 설명이며 현대, 기아차는 최근 라디에이터 그릴에 이 시스템을 장착한다.

92. • **폐−리튬이온전지의 원료 회수방법** : 염수조 침전단계 → 방전단계(소정의 공정시간 동안 진행) → 절단단계(방전 완료된 전지를 일정 크기로 절단) → 건조단계(건조기에 투입) → 분쇄단계 → 선별단계(분쇄 가루로부터 활물질인 코발트(Co), 니켈(Ni), 망간(Mn), 탄소(C), 구리(Cu), 알루미늄(Al) 등의 원료를 선별)

93. 자동차 전 과정평가 LCA = WtW(Well to Wheel) + VC(Vehicle Cycle)
Well(유전) to Wheel : 연료생산에서 주행 단계
WtW = WtT + TtW
WtW = Well to Tank(연료생산에서 자동차에 연료공급) + Tank to Wheel(주행 중 배출)
VC(자동차 순환) : 차량의 제조, 폐기, 재활용단계
④ 자동차 정비 및 폐기 단계는 자동차 순환에 포함된다.

섀시 기초 및 동력전달장치

■ 섀시의 구성

프레임, 동력전달장치, 휠 및 타이어, 현가장치, 조향장치, 제동장치

(1) 프레임 : 차의 뼈대
   ① 보통 프레임 – H형(사다리 모양, 굽음에 강함) / X형(비틀림 강도↑)
   ② 특수 프레임 – 백보운형 : 주로 승용차
                    플랫폼형 : 프레임과 보디 바닥면 일체, 강성↑
                    트러스형 : 강관으로 제작
   ③ *일체구조 보디 = 모노코크 바디(충격에 의한 왜곡 시 전체에 영향)
      – 프레임과 차체가 일체형, 외력에 대한 충격 흡수가 좋음, 경량화 재료 사용, 내식성 높임(아연도금)
(2) 동력전달장치 : 엔진의 출력을 구동 바퀴에 전달
   ① F–F 방식
      엔진 → 클러치 → 변속기 → 트랜스액슬(종감속 → 차동기어) → 구동축 → 휠 → 타이어
   ② F–R 방식
      엔진 → 클러치 → 변속기 → 추진축 → 종감속 → 차동기어 → 구동축
(3) 현가장치 – 진동 및 충격을 흡수하여 완화시킴(차체와 차축 사이 설치)
      구성 : 스프링, 스태빌라이저, 쇽업소버
(4) 조향장치 : 방향 전환
(5) 제동장치 : 속도의 감속, 정지 및 정지 상태 유지, 주행 관성 에너지 흡수
(6) 휠, 타이어 : 차축의 회전력을 노면에 전달 또는 충격 흡수

01 출제빈도 ★★☆

다음 중 섀시의 구성에 대한 내용으로 거리가 먼 것은?

① 엔진의 동력을 바퀴에 전달하기 위해 클러치, 변속기, 차동기어장치 등이 활용된다.

② 노면으로부터의 진동 및 충격을 흡수 완화시키기 위해 고무, 스태빌라이저, 쇽업소버 등이 활용된다.

③ 차량의 주행 방향을 바꾸기 위해 조향기어박스, 타이로드, 추진축 등이 활용된다.

④ 주 제동장치로 디스크와 드럼브레이크가 사용된다.

02 출제빈도 ★★☆

자동차구조와 기능에 대한 설명으로 옳은 것은?

① 제동장치는 열에너지를 기계적 에너지로 바꾸어 유효한 일을 할 수 있도록 하는 장치이다.

② 동력전달장치는 조향핸들이 회전할 때 주행 방향을 임의로 바꿔주는 장치이다.

③ 현가장치는 주행 중 노면에서 받은 충격이나 진동을 완화시켜 주는 장치이다.

④ 4행정 기관의 동력을 발생시키는 과정은 흡입, 동력, 압축, 배기행정 순이다.

03 출제빈도 ★★☆

동력전달장치의 설명으로 맞는 것은?

① 종감속비는 링기어 잇수에 대한 구동피니언 잇수의 비율로 구할 수 있다.

② F·R 방식에서 변속기와 종감속장치 사이에 설치된 것은 추진축이다.

③ 차량 선회 시 차동사이드 기어의 회전수는 같고 차동 피니언기어의 회전수가 달라진다.

④ F·F 방식에서 변속기와 차동기어 장치가 일체형으로 제작된 것을 트랜스퍼케이스라 한다.

04 출제빈도 ★☆☆

동력전달장치의 결함으로 인한 사고의 원인으로 거리가 먼 것은?

① 과대한 클러치 페달의 유격

② 추진축의 파손

③ 싱크로 메시 기구의 마모

④ 스펀지 현상으로 인한 제동력 부족

05 출제빈도 ★★★

앞·엔진 후륜 구동 자동차의 동력전달 순서로 맞는 것을 고르시오.

① 플라이 휠 → 변속기 → 클러치 → 추진축 → 차동장치 → 액슬축 → 바퀴

② 플라이 휠 → 클러치 → 변속기 → 추진축 → 차동장치 → 액슬축 → 바퀴

③ 플라이 휠 → 클러치 → 변속기 → 차동장치 → 등속축 → 추진축 → 바퀴

④ 플라이 휠 → 클러치 → 변속기 → 차동장치 → 추진축 → 등속축 → 바퀴

06 출제빈도 ★★★

FR 기관의 동력전달 순서로 맞는 것은?

① 기관 → 클러치 → 변속기 → 차동기어 → 등속자재이음 → 구동바퀴

② 기관 → 클러치 → 변속기 → 트랜스퍼케이스 → 차동기어 → 구동바퀴

③ 기관 → 클러치 → 변속기 → 추진축 → 차동기어 → 구동바퀴

④ 기관 → 클러치 → 변속기 → 트랜스퍼케이스 → 추진축 → 차동기어 → 구동바퀴

07 출제빈도 ★★★
동력전달장치의 전달경로로 옳은 것은?

> 가. 변속기 나. 추진축
> 다. 최종 감속 기어 라. 구동바퀴
> 마. 클러치 바. 유니버설 조인트
> 사. 차동기어

① 가 → 마 → 나 → 바 → 다 → 사 → 라
② 나 → 마 → 가 → 바 → 다 → 사 → 라
③ 마 → 가 → 바 → 나 → 사 → 다 → 라
④ 마 → 가 → 바 → 나 → 다 → 사 → 라

08 출제빈도 ★★★
자동차의 F・R방식(Front engine Rear drive type)의 동력전달순서로 맞는 것은?

① 엔진 → 변속기 → 클러치 → 종감속장치 → 추진축 → 차동기어 → 구동바퀴
② 엔진 → 클러치 → 추진축 → 변속기 → 종감속장치 → 차동기어 → 구동바퀴
③ 엔진 → 클러치 → 변속기 → 추진축 → 종감속장치 → 차동기어 → 구동바퀴
④ 엔진 → 추진축 → 클러치 → 변속기 → 차동기어 → 종감속장치 → 구동바퀴

09 출제빈도 ★★★
앞・기관 뒷바퀴 구동(FR) 방식의 차량에서 동력전달장치의 요소들을 동력전달 순서대로 바르게 나열한 것은?

① 엔진 → 클러치 → 트랜스엑슬 → 등속축 → 구동바퀴
② 엔진 → 클러치 → 변속기 → 트랜스액슬 → 차축 → 구동바퀴
③ 엔진 → 클러치 → 변속기 → 종감속기어 → 차동기어 → 등속축 → 구동바퀴
④ 엔진 → 클러치 → 변속기 → 추진축 → 종감속기어 → 차동기어 → 차축 → 구동바퀴

10 출제빈도 ★★☆
수동변속기 차량에서 엔진의 동력이 바퀴까지 전달되는 동력전달장치의 순서로 맞는 것은?

① 클러치 → 변속기 → 추진축 → 차동기 → 구동축
② 클러치 → 추진기 → 변속기 → 차동기 → 구동축
③ 클러치 → 변속기 → 차동기 → 추진축 → 구동축
④ 클러치 → 추진축 → 차동기 → 변속기 → 구동축

11 출제빈도 ★★☆
모노코크바디(Monocoque body)의 특징으로 맞는 것은?

① 철에 아연도금을 하여 내식성을 높이고 알루미늄 합금, 카본파이버, 두랄루민 등의 경량화 재료를 사용하며 스폿용접을 활용하여 접합한다.
② 외력을 받았을 때 차체 전체에 분산시켜 힘을 받도록 제작하여 충격흡수가 뛰어나지만 소음과 진동이 발생할 수 있는 요소가 증가하였다.
③ 바닥을 낮게 설계할 수 있어 충격위험이 큰 곳에서 주행용으로 사용하기 적합하다.
④ 엔진과 변속기 등의 하중이 집중되는 부분에 따로 프레임을 설치하지 못하는 구조여서 하중에 의한 응력을 분산하기 어려운 단점이 있다.

12 출제빈도 ★☆☆

다음 중 차량 프레임에 대한 설명으로 틀린 것은?

① 트러스형 프레임은 스포츠카, 경주용차 등의 차량에 무게를 가볍게 하기 위해 고안된 프레임으로 입체 구조형이라고도 한다.

② 자동차의 뼈대에 해당되며 차량을 구동하기 위한 섀시 장치들을 지지한다.

③ H형 프레임은 일명 사다리형 프레임이라고도 하며, 휨 및 굽음 진동에 강하여 하중이 크게 나가는 버스나 트럭 등에 주로 사용된다.

④ 플랫폼형은 주로 승용차에 사용되며 하나의 두터운 강관을 뼈대로 하고 차체를 지지하기 위한 가로멤버로 구성된다.

>>> 정답

01	02	03	04	05	06	07	08	09	10
③	③	②	④	②	③	④	③	④	①

11	12								
①	④								

01. ③ 차량의 주행 방향을 바꾸기 위해 조향기어박스, 타이로드, 피트먼 암 등이 활용된다.

02. ① 제동장치는 운동관성 에너지를 기계적 마찰에 의한 열에너지로 변환하여 유효한 일을 할 수 있도록 한 장치이다.

② 조향장치는 조향핸들이 회전할 때 주행 방향을 임의로 바꿔주는 장치이다.

④ 4행정 사이클엔진의 동력을 발생시키는 과정은 흡입, 압축, 동력, 배기행정 순이다.

03. ① 종감속비는 구동피니언 잇수에 대한 링기어 잇수의 비율로 구할 수 있다.

③ 차량 선회 시 차동사이드 기어의 회전수는 다르고 차동 피니언기어는 공전과 자전을 동시에 한다.

④ F·F 방식에서 변속기와 차동기어 장치가 일체형으로 제작된 것을 '트랜스엑슬'이라 한다.

04. ④번 선지는 제동장치와 관련된 내용이다.

05. • **동력전달 방식의 종류**
㉠ F·F 방식(Front engine Front drive)
㉡ F·R 방식(Front engine Rear drive)
㉢ R·R 방식(Rear engine Rear drive)
㉣ 4WD 방식(4 Wheel Drive)

• **F·R방식의 동력전달 순서**
기관→플라이 휠→클러치→변속기→추진축
→종감속장치→차동장치→액슬축→바퀴

07. 추진축을 기준으로 앞과 뒤쪽에 유니버설 조인트가 설치되어 각도의 변화를 주며 동력전달을 할 수 있게 된다. 선지 중 유니버설 조인트가 추진축 기준으로 앞과 뒤에 위치하여 동력전달 순서가 맞는 답은 ④번이다.

08. 종감속장치와 차동기어장치를 구분하여 동력전달순서를 학습해두어야 한다.

10. 이 문제에서는 차동기어장치를 '차동기'라고 줄여서 표현했다.

11. • **일체구조 보디**(Monocoque body) **or 셀프 서포팅·프레임리스·유니 보디**
㉠ 프레임과 차체를 일체로 제작하며, 냉간압연강판, 고장력 강판으로 구성된다.
㉡ 바닥을 낮게 설계할 수 있어 주로 승용차에 사용된다.
㉢ 핸들링 및 연비, 가속성, 승차감이 향상된다.
㉣ 외력을 받았을 때 차체 전체에 분산시켜 힘을 받도록 제작(곡면 활용도 증가)하여 충격흡수가 뛰어나다.
㉤ 외력이 집중되는 부분(엔진설치 및 현가장치)에 작은 프레임을 두어 차체 힘을 분산시키도록 한다.
㉥ 철에 아연도금을 하여 내식성을 높이고 알루미늄 합금, 카본파이버, 두랄루민 등의 경량화 재료를 사용한다.
㉦ 충격위험이 큰 곳에서 주행용으로 사용하기에는 부적합하다.
 － 충격으로 왜곡이 발생했을 때 차량 전체에 영향을 끼치기 때문

12. 플랫폼형은 프레임과 차체의 바닥면을 일체로 한 것이며 휨 및 굽음에 대한 강성이 큰 편이다.
④ 선지의 설명은 백본형에 대한 설명이다.

클러치 및 수동변속기

---

* 클러치의 필요성
 – 기관의 <u>무부하</u> 상태 유지
 – <u>동력 서서히 전달</u>
 – <u>회전력 차단 및 관성 운전</u> → 동력차단

* 변속기의 필요성
 – <u>회전력 증대</u>(바퀴, 엔진 x)
 – <u>엔진의 무부하</u> 상태 운전
 – <u>후진</u>

---

1. 클러치(플라이휠과 변속기 사이에 설치) : <u>엔진의 동력을 차단 또는 연결하는 장치</u>

(1) <u>동력차단순서</u>

클러치 페달 → 푸시 로드 → 클러치 마스터 실린더 → 클러치 릴리스 실린더 → 릴리스 포크 ┆ 릴리스 베어링 ┆ → 릴리스 레버 → 클러치 압력판 들어 올림

(2) <u>구비조건</u>
 – 회전 관성이 작고, 평형이 좋을 것(런 아웃↓) / 방열이 잘되고, <u>동력 차단 시 신속·확실할 것</u>
 – 동력 전달 시 미끄러지며 서서히 전달할 것 / 간단한 구조, 다루기 쉽고, 고장이 적어야 함
(3) 클러치 <u>종류</u> : <u>마찰, 전자, 유체클러치(토크컨버터)</u>
(4) 클러치의 구성과 기능
  ① 클러치판(위치: 플라이휠과 압력판 사이)
   ㉠ <u>마모될 경우</u> : *동력전달이 어려움 → 슬립발생(잘 미끄러진다)
    ⓐ <u>유격(릴리스 레버와 릴리스 베어링의 간격)이 작아진다.</u>
    ⓑ <u>릴리스 레버의 높이가 높아짐*</u>, 클러치가 미끄러짐
    ⓒ <u>페이싱 리벳의 깊이(=홈의 깊이)가 낮아짐</u>
   ㉡ 쿠션 스프링의 작용 – 편마모 및 파손 방지 / 평행하게 회전시킴, 변형 방지 / 직각 방향 충격 흡수
   ㉢ 비틀림 코일(댐퍼, 토션)스프링 : 회전충격흡수(클러치 접속할 때, 페달을 놓았을 때)
  ② 릴리스 베어링
   ㉠ <u>클러치 차단하는 역할(마모가 심할 경우 : 소리가 심함) ← *차단했을 때</u>
   ㉡ 종류 : 볼 베어링형, 앵귤러 접촉형, 카본형 / <u>세척유로 세척금지!! 영구 주유식이기 때문</u>
  ③ 다이어프램 스프링
   ㉠ '<u>스프링 핑거</u>' = 릴리스 레버 역할 ──────────┐ 조작력이 작아도
   ㉡ <u>평형이 좋으며</u>(*런-아웃이 작다는 뜻), <u>일정한 힘 전달이 가능</u> ──┘ 작동된다.
         ★ 런-아웃 : 동력이 차단되었을 때 클러치 디스크의 끝부분이 회전하면서 흔들리는 좌우 유격
  ④ 기타 : 클러치 축(변속기 입력축), 압력판, 릴리스 포크, 클러치 커버
(5) 클러치 페달의 자유 간극(규격 : 20~30mm, 조정 : 푸시로드의 간극 조정 나사)
  ① 유격이 작을 경우 : 잘 미끄러지고, 동력 전달이 불량함
   ㉠ 미끄러지는 원인(동력전달이 어려움)
    ⓐ <u>클러치 압력 스프링의 쇠약·파손, 자유간극 과소</u>
    ⓑ 플라이 휠, 압력판의 손상 및 변형
    ⓒ 클러치 판 마모 및 오일이 묻었을 때
   ㉡ 미끄러졌을 때
    ⓐ 연료 소비량↑, 기관 과열 → 타는 냄새남
    ⓑ 증속이 잘 안 됨, 등판능력 저하

---

② 유격이 클 경우 : 동력 차단이 불량함 → 변속 시 : 소음 및 충격 발생
  ㉠ 원인 : ⓐ 클러치 차단 계통 각 부의 과도한 마모, 유압식에서 오일 부족 누설 또는 공기 흡입
          ⓑ 클러치판의 과도한 런-아웃(디스크가 휘어진 정도)
③ 점검
  ㉠ 클러치에서 소음이 나는 경우 - 동력 차단 시 발생 → 릴리스 베어링이 작동할 때 많이 발생
  ㉡ 〃   슬립이 나는 경우 - 동력 전달 시, 가속 시
  ㉢ 클러치가 미끄러지지 않는 조건   * C ≤ F x μ x r
  ㉣ 클러치 스프링의 장력(F), 마찰계수(μ), 클러치판의 평균 유효 반경(r), 엔진 회전력(C)
④ 전달 효율*

$$\eta = \frac{클러치에서\ 나온\ 동력}{클러치로\ 들어간\ 동력} \times 100(\%)\quad \frac{클러치\ 출력\ 회전수(rpm) \times 클러치\ 출력토크(kg_f \cdot m)}{엔진회전수(rpm) \times 엔진토크(kg_f \cdot m)} = 100(\%)$$

2. 수동변속기

– 엔진과 추진축 사이에 설치(정숙한 작동을 위해 '헤리컬 기어' 사용)
– 차량의 주행 상태에 맞게 회전력과 속도를 구동바퀴로 전달하는 장치
– 축 방향유격 : '스러스트 와셔'로 조정

■ 변속기의 구비조건

– 전달 효율이 좋고, 다루기가 쉬울 것
– 소형 경량이고, 고장이 없을 것
– 단계가 없이 연속적으로 변속될 것

| T : 회전력($kg_f \cdot m$) T = F x R |
| F : 구동력(kg_f)   F = T / R |
| R : 구동 바퀴의 반경(m)   R = T / F |

■ 변속기의 종류 : 섭동기어식, 상시물림식(도그클러치), 동기물림식(싱크로메시 기구)

변속비(= 감속비)
  → 나누어떨어지지 않는 값(편 마모 방지)

$= \dfrac{출력축\ 기어잇수}{입력축\ 기어잇수} = \dfrac{입력축\ 회전력}{출력축\ 회전력}$

$= \dfrac{부축}{주축} \times \dfrac{주축}{부축} = \dfrac{엔진회전수(rpm)}{추진축회전수(rpm)}$

$= \dfrac{총감속비}{종감속비}$

* 싱크로메시 기구 : 변속충격 완화 장치
– 변속기어가 물릴 때 작동
– 구성 : 링, 키, 허브, 슬리브
  링 → 기어 속도와 축 속도를 동기화시켜
      변속을 원활하게 해줌
– ★ 싱크로나이저의 고장 → 충돌음 발생
– * 스프링 장력 부족 시 → 기어가 잘 빠짐
– * 링의 마모 → M/T 기어 변경 시 충돌음 발생

■ 수동변속기의 이상 증상

(1) 기어 빠짐
  ① 싱크로나이저 키 스프링의 장력 감소
  ② 백래시 과대(기어 맞물렸을 때 유격)
  ③ *록킹 볼의 마모 or 스프링의 쇠약 및 절손
    ↳ 록킹 볼 → "기어 빠짐 방지 장치"

(2) 기어가 잘 물리지 않음
  ① 시프트 레일의 휘어짐
  ② 클러치 차단이 불량(유격 과대)
  ③ 스플라인 마모 및 싱크로 나이저 링의 접촉
     불량
  * 인터록 장치의 불량 → 이중 물림 방지 장치
    (시프트레일 사이에 설치)

■ 트랜스액슬

F·F 방식에 사용 → 변속기, 종감속기어, 차동기어를 일체로 제작
– 실내유효공간 넓게 활용 가능 / 경량화 연료 소비율↓, 험로 조향 안정성↑
  양쪽 등속 자재이음의 길이 다름 → 급가속 및 급정차 시 무게 중심 틀어질 위험

01 출제빈도 ★★☆

플라이휠과 압력판 사이에 설치되어 클러치 축을 통하여 변속기에 기관동력을 전달하는 역할을 하는 것은?

① 릴리스 베어링
② 클러치스프링
③ 클러치판
④ 릴리스레버

02 출제빈도 ★★☆

클러치판을 플라이휠에 압착시키게 하는 것은?

① 클러치스프링
② 릴리스 레버
③ 클러치 커버
④ 릴리스 포크

03 출제빈도 ★★☆

클러치 스프링의 힘으로 클러치판을 플라이휠에 밀착시키는 작용을 하는 장치는?

① 클러치 축
② 릴리스 베어링
③ 릴리스 레버
④ 압력판

04 출제빈도 ★★☆

클러치 페달을 밟아 동력을 차단 중일 때 플라이휠과 같이 회전하는 것으로 맞는 것은?

① 디스크판
② 압축판
③ 베어링 포크
④ 변속기 입력축

05 출제빈도 ★★☆

수동변속기에 사용되는 클러치의 구성 요소에 대한 설명으로 가장 거리가 먼 것은?

① 클러치 베어링 – 변속기 입력축을 하우징으로부터 지지하는 역할을 하며 입력축이 원활히 동력을 전달할 수 있게 하는 부품이다.
② 클러치 스프링 – 스프링의 장력이 클 때에는 동력전달이 원활하고 스프링의 장력이 약할 때에는 슬립이 발생될 수 있다.
③ 클러치 디스크 – 마모되어 두께가 얇아질 경우 동력전달이 원활하지 못하게 되는데 이는 클러치 디스크가 플라이휠과 클러치 압력판 사이에서 미끄러지기 때문이다.
④ 릴리스 레버 – 클러치 디스크가 마모되어 릴리스 레버의 높이가 높아질수록 클러치 유격은 커지게 된다.

06 출제빈도 ★★☆

클러치의 구비조건으로 옳지 않은 것은?

① 동력전달이 확실하고 신속할 것
② 방열이 잘되어 과열되지 않을 것
③ 회전부분의 평형이 좋을 것
④ 회전관성이 클 것
⑤ 동력차단이 확실하게 될 것

07 출제빈도 ★★☆

클러치의 구비조건으로 틀린 것은?

① 회전부분 평형이 좋아야 하고 회전 관성이 작아야 한다.
② 방열이 잘 되어 과열되지 않아야 한다.
③ 서서히 미끄러지지 않고 신속하게 동력을 전달한다.
④ 구조가 간단하고 다루기 쉬우며 고장이 적어야 한다.

08 출제빈도 ★★☆

클러치의 구비조건으로 가장 거리가 먼 것은?

① 평형이 좋고 회전관성이 커야 한다.
② 방열이 잘되어 과열되지 않아야 한다.
③ 동력 차단 시 신속하게 작동되어야 한다.
④ 동력 전달이 확실하여 효율이 높아야 한다.

09 출제빈도 ★★☆

수동변속기에 사용되는 클러치의 설명으로 틀린 것은?

① 동력전달 및 발진 시 빠르게 작동되어야 한다.
② 클러치판이 마모되면 유격은 작아진다.
③ 클러치에서 동력 차단이 불량하면 변속이 원활하지 못하다.
④ 막스프링 형식에서 스프링 핑거가 릴리스 레버의 역할을 대신한다.

10 출제빈도 ★★☆

클러치 디스크에 사용되는 토션스프링에 대한 설명으로 가장 거리가 먼 것은?

① 클러치 라이닝과 구동판 사이에 설치된다.
② 비틀림 코일 스프링을 구동판 중간 중간 아코디언 형식으로 설치된다.
③ 클러치가 접속될 때 회전충격을 흡수하며 측면인 얇은 쪽에서 봤을 때 물결무늬 형상을 하고 있다.
④ 스프링 서징 현상을 줄이기 위해 2중 스프링을 사용하기도 한다.

11 출제빈도 ★★☆

다음 중 클러치에 대한 설명으로 틀린 것은?

① 클러치가 미끄러지는 원인은 페달 자유간극의 과대이다.
② 마찰클러치는 다판식과 단판식이 있는데 주로 단판식 클러치를 사용한다.
③ 클러치 디스크 런-아웃이 클 때 클러치 단속이 불량해진다.
④ 다이어프램식 클러치는 구조가 간단하고 다루기가 쉽다.

12 출제빈도 ★★☆

다음 중 클러치가 미끄러지는 원인에 해당하지 않는 것은?

① 라이닝의 경화 및 오일이 묻어 있다.
② 클러치 스프링 장력이 약하다.
③ 클러치 페달유격이 크다.
④ 클러치하우징 얼라이먼트가 불량하다.

13 출제빈도 ★★☆

클러치가 미끄러지는 원인이 아닌 것은?

① 클러치 자유유격이 작을 때
② 디스크 라이닝의 경화 및 오일이 묻어 있을 때
③ 반 클러치를 자주 사용했을 때
④ 클러치 스프링 장력이 클 때

14 출제빈도 ★★☆

클러치가 미끄러지는 원인으로 가장 거리가 먼 것은?

① 클러치 압력 스프링이 쇠약 및 파손되었다.
② 플라이휠 또는 압력판이 손상 및 변형되었다.
③ 클러치 페달의 유격이 작거나 클러치판에 오일이 묻었다.
④ 릴리스 포크와 베어링의 유격이 커져 작동이 지연된다.

15 출제빈도 ★★☆

다음 중 클러치가 미끄러질 수 있는 원인에 해당되는 것은?

① 클러치 스프링의 장력 약화 및 손상
② 릴리스 베어링의 유격 발생 및 손상
③ 마스터 실린더와 릴리스 실린더 사이 유압 라인에 기포 발생
④ 클러치 디스크의 런 아웃 과대

16 출제빈도 ★★☆

수동변속기 차량에서 가속 시 클러치에서 슬립이 발생될 때의 원인으로 유추될 수 있는 것은?

① 릴리스 포크와 릴리스 베어링의 작동유격이 클 때
② 압력판 스프링의 장력이 클 때
③ 클러치 페달의 유격이 작을 때
④ 클러치 디스크의 런-아웃이 클 때

17 출제빈도 ★★☆

클러치가 미끄러진 결과로 일어나는 현상으로 가장 적당한 것은?

① 차의 속도가 급속히 증가한다.
② 연료소비가 증대한다.
③ 동력 차단이 불량해진다.
④ 소음이 발생한다.

18 출제빈도 ★★☆

변속기의 기어변속이 잘되지 않을 때의 이유로 맞는 것은?

① 푸시로드의 길이가 규정보다 길 때
② 클러치판의 마모
③ 유압식 클러치의 오일 누설
④ 클러치 페달의 작은 유격

19 출제빈도 ★★☆

엔진의 회전수 3,000rpm에서 회전력은 60kg$_f$ · m이다. 이때 클러치의 출력회전수가 2,400rpm이고 출력 회전력이 50kg$_f$ · m라면, 클러치의 전달효율은 약 몇 %인가?

① 62.67   ② 64.67
③ 66.67   ④ 68.67

20 출제빈도 ★★☆

엔진 3,000rpm에서 40kg$_f$ · m의 회전력이 발생되었을 때 클러치의 회전수는 2,500 rpm이다. 이때 클러치에 전달되는 토크는? (단, 클러치의 전달효율은 80%이다.)

① 26.7kg$_f$ · m   ② 38.4kg$_f$ · m
③ 41.8kg$_f$ · m   ④ 60kg$_f$ · m

21 출제빈도 ★★☆

엔진동력계로 회전수 2,000rpm에서 40kg$_f$ · m의 토크를 내는 엔진 값을 측정하였다. 이때 출력축이 1,800rpm에서 35kg$_f$ · m의 토크를 낼 때 기계효율은 몇 퍼센트(%)인가?

① 77.75   ② 78.75
③ 79.75   ④ 80.75

22 출제빈도 ★★☆

엔진의 회전수 3,000rpm에서 회전력은 60kg$_f$ · m이다. 이때 클러치의 출력회전수가 2,520rpm이고 출력 회전력이 50kg$_f$ · m라면, 클러치의 전달효율은 몇 %인가?

① 52   ② 64
③ 70   ④ 74

23 출제빈도 ★★☆

클러치에 입력되는 엔진의 회전수가 2,500rpm에서 회전력이 50kg$_f$ · m이고 클러치에서 출력되는 회전수가 2,000rpm에서 40kg$_f$ · m일 때 클러치의 전달효율은 얼마인가?

① 10%　　　　② 40%

③ 64%　　　　④ 72%

24 출제빈도 ★☆☆

다음 그림과 같이 T자형 렌치를 A지점과 B지점에서 100N의 힘으로 회전시킬 때, 토크가 85N·m이다. 이때 A와 B지점 사이의 거리는 얼마인가?

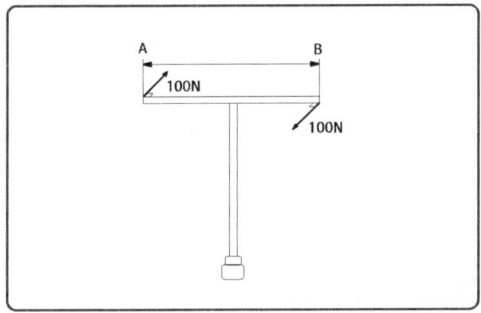

① 40cm　　　　② 55cm

③ 70cm　　　　④ 85cm

25 출제빈도 ★☆☆

클러치 페이싱 종류 중에 무명섬유, 탄소섬유, 유리섬유 등을 에폭시나 합성 접착제로 사용하여 쓰는 방식이고 습식클러치에 자주 사용되는 것은?

① 페이퍼 페이싱
② 유기질 페이싱
③ 소결 합금 페이싱
④ 소결 패드

26 출제빈도 ★★☆

다음 중 구동력이 가장 큰 경우는 몇 번인가?

① 차량중량 1,200kg$_f$, 바퀴의 회전력이 50kg$_f$ · m, 바퀴의 반지름이 0.4m일 때
② 차량중량 1,000kg$_f$, 바퀴의 회전력이 60kg$_f$ · m, 바퀴의 반지름이 0.5m일 때
③ 차량중량 1,200kg$_f$, 바퀴의 회전력이 60kg$_f$ · m, 바퀴의 반지름이 0.4m일 때
④ 차량중량 1,000kg$_f$, 바퀴의 회전력이 50kg$_f$ · m, 바퀴의 반지름이 0.5m일 때

27 출제빈도 ★★☆

구동바퀴의 구동력, 회전력과 관련된 내용의 설명으로 맞는 것은?

① 구동력을 크게 하려면 회전력은 크게 하고 회전의 중심에서 구동력이 작용하는 지점까지의 거리는 작게 한다.
② 구동력을 크게 하려면 회전력을 작게 하고 반경은 크게 한다.
③ 회전력을 크게 하려면 구동력을 크게 하고 반경은 작게 한다.
④ 회전력을 크게 하려면 구동력을 작게 하고 반경은 크게 한다.

28 출제빈도 ★★☆

변속기가 필요한 이유로 가장 적당하지 않은 것은?

① 동력 전달효율을 크게 하기 위해
② 엔진과 구동축 사이에서의 회전력을 증대하기 위해
③ 엔진을 무부하 상태로 유지하기 위해
④ 후진을 시키기 위해

29 출제빈도 ★★☆

변속기가 필요한 이유로 옳지 않은 것은?

① 구동바퀴의 회전력을 증대시키기 위해
② 입력축의 회전속도를 증대시키기 위해
③ 후진을 시키기 위해
④ 엔진을 무 부하 상태로 유지하기 위해

30 출제빈도 ★★☆

변속기의 필요성에 대한 내용만을 골라 묶은 것은?

┃ 보기 ┃

㉠ 엔진의 구동력을 크게 할 수 있다.
㉡ 엔진의 회전수보다 바퀴의 회전수를 높일 수 있다.
㉢ 후진 주행이 가능하다.
㉣ 엔진의 무부하 상태의 운전을 위해서

① ㉠, ㉡, ㉢   ② ㉡, ㉢, ㉣
③ ㉠, ㉢, ㉣   ④ ㉠, ㉣

31 출제빈도 ★★☆

다음 중 수동변속기의 종류가 아닌 것은?

① 상시 물림식
② 동기 물림식
③ 기어 섭동 물림식
  유성기어식

32 출제빈도 ★★☆

수동변속기 중 동기물림 방식의 구성 요소가 아닌 것은?

① 싱크로나이저 링
② 싱크로나이저 슬리브
③ 싱크로나이저 키
④ 도그 클러치

33 출제빈도 ★★☆

다음 보기의 수동변속기 그림에 대한 설명으로 맞는 것은?

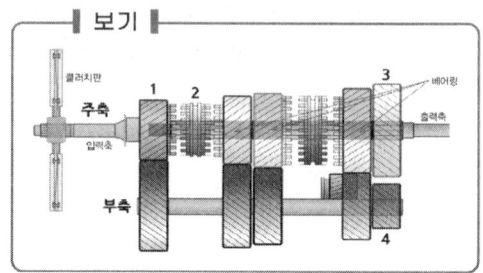

① 섭동 기어방식의 선택기어 변속기이다.
② 3번 기어와 4번 기어 사이에 아이들 기어가 물리면 부축의 회전방향과 출력축의 회전방향을 반대로 바꿀 수 있다.
③ 2번 도그클러치를 좌측으로 이동하여 1번 기어와 맞물리면 입력축과 출력축의 회전수가 같아진다.
④ 1번 기어는 바퀴의 회전력을 가장 크게 할 수 있는 저단 기어로 사용된다.

34 출제빈도 ★★☆

수동변속기의 소음원인이 아닌 것은?

① 싱크로메시 기구의 마모
② 클러치 페달의 유격이 클 때
③ 변속기 축 방향 유격이 클 때
④ 유성기어 장치의 마모가 클 때

>>> 정답

01	02	03	04	05	06	07	08	09	10
③	①	④	②	④	④	③	①	①	③
11	12	13	14	15	16	17	18	19	20
①	③	④	④	①	③	②	③	③	②
21	22	23	24	25	26	27	28	29	30
②	②	③	④	①	③	①	①	②	②
31	32	33	34						
④	④	③	④						

01. 변속기 입력축을 클러치축이라고 표현한다. 변속기 입력축과 클러치판(디스크)은 스플라인 부로 연결되어 있다.

02. 압력판과 클러치 커버 사이의 클러치스프링이 압력판을 밀게 된다. 이 압착력은 플라이휠과 압력판 사이의 클러치 디스크에 영향을 준다.

03. 압력판(pressure plate)은 다이어프램 스프링의 힘으로 클러치 디스크를 플라이휠에 눌러 밀착시킨다.

04. 클러치에서 동력차단 중일 때 플라이휠과 같이 회전하는 것 : 클러치커버, 클러치스프링, 릴리스레버, 압력판(압축판)

05. 클러치 디스크가 마모되어 릴리스 레버의 높이가 높아질수록 릴리스 베어링과 가까워져 클러치 유격은 작아지게 된다.

06. ④번 선지가 명확한 답인 관계로 ①번 선지의 신속하다는 뜻은 동력이 전달되는 찰나가 아닌 전달되고 있는 전반적인 과정 중에 신속이라 해석해야 된다.

07. 동력전달을 시작할 경우에는 미끄러지면서 서서히 맞물려 충격을 최소화하여야 한다.

08. 클러치는 회전관성이 작아야 신속한 동력 차단과 접속이 가능하다. 회전관성이 크면 변속 충격이 커지고 반응이 늦어지게 된다.

09. ① 동력전달 및 발진 시 빠르게 작동되면 자동차의 하중에 엔진 부하가 크게 걸려 시동이 꺼질 수도 있는 상황이 발생하게 된다. 앞의 문제의 동력전달이 확실하고 신속하다의 개념과는 다르게 해석해야 한다. 그래도 구분이 어렵다면 다른 선지의 내용을 먼저 파악해서 확실하게 정답이 될 수 있는 요인을 찾는 것도 하나의 방법이다.

10. ③ 클러치가 접속될 때 회전충격을 흡수하는 것은 맞는 설명이지만 측면에서 봤을 때 물결무늬 형상을 하고 있는 것은 쿠션스프링이다.

11. ① 클러치가 미끄러지는 원인은 페달의 자유간극이 작을 때이다.
③ 클러치 디스크 런-아웃이란 클러치에서 동력이 차단되었을 때 클러치 디스크가 플라이휠과 압력판 사이에서 공극(클러치 페달을 완전히 밟은 상태에서 클러치 디스크의 페이싱의 양쪽 면과 클러치 압력판 또는 플라이휠 마찰면 사이의 간극)을 가지고 뜨게 되었을 때 이때 클러치 디스크의 끝 부분이 회전하면서 가지는 좌우 유격을 뜻한다. 이 클러치 디스크의 런-아웃이 클 때 클러치 차단이 불량해지게 된다.

12. 클러치 페달의 유격이 클 때 동력 차단이 되지 않게 된다. 클러치 하우징은 클러치 케이스를 뜻하며 얼라이먼트는 이 클러치 케이스가 회전하면서 가지는 밸런스를 뜻한다.

13. 클러치 스프링의 장력이 크면 용량이 커져서 동력을 보다 더 잘 전달할 수 있게 된다.

14. ④는 클러치의 유격이 커지는 이유로 동력 차단이 잘 되지 않는 원인이다.

15. ① 클러치 스프링의 장력이 약화되거나 손상되었을 경우 동력전달이 잘 되지 않고 미끄러지게 된다.
③ 클러치를 작동시키기 위한 유압라인에 기포가 발생(증기폐쇄)되면 클러치를 작동시키는 거리가 부족하게 되고 이는 동력 차단불량의 원인이 된다.

16. ① 릴리스 포크와 릴리스 베어링의 작동유격이 클 때 클러치의 작동 거리가 부족해지는 관계로 압력판을 제대로 들어 올릴 수 없게 되어 동력 차단이 불량해진다.
②, ④ 선지에 대해서는 앞에서 설명이 되었다.

17. 클러치가 미끄러지게 되면 플라이휠과 압력판 사이에서의 디스크의 슬립으로 인해 열이 발생되고 심할 경우 타는 냄새까지 나게 된다. 클러치 슬립현상에 의해 동력은 잘 전달되지 않고 운전자는 가속페달을 더욱 많이 밟게 될 것이고 이때 차는 증속되지 않고 엔진의 회전수만 올라가게 된다. 이러한 이유로 연료의 소비량은 증대되고 대기 중에 유해 물질이 배출되는 양은 증대하게 된다.

18. 푸시로드의 길이가 규정보다 길 때에는 약간의 진동에도 클러치가 작동될 수가 있어 동력전달이 잘되지 않게 된다. 또한 클러치판이 과도하게 마모될 경우 클러치 유격이 작아져서 동력전달이 잘되지 않게 된다.

19. 클러치 전달효율 $= \dfrac{\text{클러치에서 나온 동력}}{\text{클러치에서 들어간 동력}} \times 100$

$= \dfrac{\text{클러치 출력회전수} N_2 \times \text{클러치 출력회전력} T_2}{\text{엔진의 회전수} N_1 \times \text{엔진의 발생회전력} T_1}$

$\times 100 = \dfrac{2,400rpm \times 50kg_f \cdot m}{3,000rpm \times 60kg_f \cdot m} \times 100 \fallingdotseq 66.67\%$

20. $\eta = \dfrac{\text{클러치에서 나온 동력}}{\text{클러치에서 들어간 동력}} \times 100$

$\eta = \dfrac{2,500 \times x}{3,000 \times 40} \times 100 = 80\%, \ x = 38.4 \text{kg}_f \cdot \text{m}$

21. $\eta = \dfrac{1,800 \times 35}{2,000 \times 40} \times 100 = 78.75\%$

22. $\eta = \dfrac{2,520 \times 50}{3,000 \times 60} \times 100 = 70\%$

23. $\eta = \dfrac{2000rpm \times 40kg_f \cdot m}{2500rpm \times 50kg_f \cdot m} \times 100 = 64\%$

24. 렌치의 중심부를 기준으로 양쪽에 같은 회전 방향으로 100N의 힘이 각각 가해졌으므로 중심부를 기점으로 좌측 회전력 $= 100N \times \dfrac{\overline{AB}}{2}$, 우측 회전력 $= 100N \times \dfrac{\overline{AB}}{2}$ 가 된다. 따라서 전체 회전력 $= 2\left(100N \times \dfrac{\overline{AB}}{2}\right) = 100N \times \overline{AB}$.

주어진 조건 회전력(토크)=85N·m를 대입하면

$85N \cdot Tm = 100N \times \overline{AB}$

$\therefore \overline{AB} = \dfrac{85}{100} \text{m} = 0.85\text{m} = 85\text{cm}$

25. 다시 출제될 확률이 매우 낮은 문제이다.
① **페이퍼 페이싱(paper facings)–습식(wet type)**
이 페이싱은 목재, 무명섬유, 탄소섬유 및 유리섬유 등과 에폭시(epoxy) 또는 페놀수지와 같은 합성 접착제를 혼합, 반죽하여 압축, 경화시킨 형식이다. 주로 2륜차의 습식 다판–클러치에 사용된다.
② **유기질 페이싱(organic facing)**
주성분은 유리섬유, 또는 아라미드(Aramid) 또는 탄소섬유 등이며, 첨가물질로는 금속섬유(⑩ 구리선 또는 청동선)를 사용한다. 여기에 접착제

(⑩ 페놀수지(Phenol resins))와 충전재(fillers) (⑩ 검댕이(soot), 글라스 비드(Glass beads), 바륨 설페이트(Barium sulphate)를 혼합, 반죽하여 경화시킨 형식이다. 승용 및 상용자동차의 건식 클러치에 주로 사용된다.
③ **소결 합금 페이싱(sintered–metal facings)–주로 습식**
주성분으로는 여러 종류의 금속(⑩ 구리, 철) 또는 합금(⑩ 청동, 황동)이 사용된다. 그리고 마찰계수가 높은 성분(⑩ 금속 산화물) 및 흑연 등은 첨가제로 사용된다. 내열성, 내마멸성 및 비상운전특성이 우수하다. 주로 자동변속기 및 2륜차의 습식 다판–클러치에 사용된다.
④ **소결 패드(sintered pads)**
세라믹(산화–알루미늄)의 함량이 높은 소결 금속 패드(pad)이다. 다른 재질의 페이싱에 비해 내열성과 내마멸성이 우수하고 마찰계수도 높다. 반면에 발진특성은 불량한 편이다. 스포츠카나 경주용 자동차처럼 열부하가 큰 자동차의 건식 클러치에 주로 사용된다.

26. $F = \dfrac{T}{R}, \ T = F \times R$

여기서, T=회전력(kg$_f$·m),
F=구동력(kg$_f$),
R=구동바퀴의 반경(m)

① 50kg$_f$·m/0.4m=125kg$_f$
② 60kg$_f$·m/0.5m=120kg$_f$
③ 60kg$_f$·m/0.4m=150kg$_f$
④ 50kg$_f$·m/0.5m=100kg$_f$

27. $F(\text{구동력}) = \dfrac{T(\text{회전력})}{r(\text{반경, 반지름})}$

T(회전력)=F(구동력)×r(반경, 반지름)

28. 동력 전달효율을 크게 하기 위해서는 가급적 장치들의 수를 줄이는 것이 유리하다. 즉, 클러치나 변속기 등을 거치게 되면서 동력 전달효율은 떨어지게 되는 것이다.

29. 변속기의 고단기어는 출력축의 회전속도를 증대시키기 위해 사용된다.

30. ㉠ 동력전달 순서상 변속기의 위치는 엔진의 뒤 쪽에 위치한다. 따라서 변속기가 엔진의 구동력을 높일 수는 없다.

31. ④ 유성기어식은 스텝방식의 자동변속기에서 사용된다.

32. 도그 클러치는 상시물림 방식에 사용된다.

33. ① 상시 물림식의 선택기어 변속기 그림이다.
② 3번 기어와 4번 기어 사이에 아이들 기어가 물리면 부축의 회전방향과 출력축의 회전방향을 같은 방향으로 바꿀 수 있다.
④ 1번 기어는 제일 높은 단의 기어로 사용된다. (직결)

34. ① 싱크로메시 기구가 마모되었을 때 동기화 불량으로 변속 시 소음과 진동이 발생될 수 있다.
② 클러치 페달의 유격이 클 경우 동력차단이 잘되지 않아 변속 충격이 발생될 수 있다.
③ 변속기 축 유격이 크면 시프트 포크의 작동 시 축의 유격 때문에 싱크로나이저 슬리브가 원활하게 이동할 수 없어 기어가 잘 들어가지 않게 되고 여러 번 작동시키면서 소음이 발생될 수 있다.

자동변속기

■ **A/T** : 자동변속기 오일(작동유) 흐름 순서 : 오일펌프 → 밸브보디 → 토크컨버터

– 구성 : 토크컨버터, 유성기어 장치, 유압제어 장치

– 장점	– 단점
• 출발 및 가감속이 원활함	• 시스템이 복잡하고 가격이 비싸며, 연료소비가 많다.
• 운전이 편리, 피로가 경감됨	• 유압장치에 의한 동력손실이 큼
• 유체가 기계각 부의 충격을 흡수 및 완화시킴	• 무게↑, 수리비↑
• 승차감↑, 엔진 수명↑	

	원리	
*유체 클러치 선풍기 2대 원리 이용	**원리**	*토크컨버터(M/T보다 토크가 더 높다) 유체 클러치의 개량형(3요소 2상 1단 형식)

– 펌프(임펠러) : 크랭크축에 연결
– 터빈(런너) : 변속기 입력축에 연결
– 가이드링
  • 유체의 흐름을 좋게
  • 와류 감소 및 전달효율 증가
	부품	– 펌프(임펠러) : 크랭크축과 연결
		– 터빈(런너) : 변속기 입력축과 연결
		– 스테이터
		  • 고정구간 – 오일의 흐름 방향을 바꿈
		               → 터빈의 토크 증대
		  • 공전구간 – 유체클러치 역할
		              펌프, 터빈과 같은 방향으로 회전

– 토크 변화율 : 「1 : 1」
– 동력 형태 : 직선 방사형
– 크랭크축의 비틀림 진동 완화
– 기관의 동력 → 유체 운동E
   유체 운동E → 변속기 입력축 운동E
	특징	– 토크 변화율: 「2~3 : 1」
		– 동력 형태 : 곡선 방사형
		– 클러치 포인트 : 스테이터가 펌프와 터빈이 도는
		                방향으로 회전하는 시점
		– 스톨 포인트 : 속도비 '0' 토크비 = 2
		              펌프만 회전하는 시점
		– 직결 전달 순서 : 엔진 → 프런트 커버
		           → 댐퍼클러치 → 변속기 입력 축

사용되는 오일의 구비조건☆
– 점도 및 응고점이 낮을 것
– '유성' 윤활성 좋고 점도지수 높을 것
– 비점, 인화점, 착화점이 높을 것
– 비중, 내산성이 큰 것

스테이터 내부의 원웨이(일방향) 클러치 : 동력 전달이 한 방향으로 이루어지게 함
★ 댐퍼클러치(= 록업 클러치)
  – 유체로 동력을 전달하지 않음
  – 일전감에 도달했을 때, 토크컨버터의 펌프와 터빈을 기계적으로 직결 연결시킴(→ 슬립 방지)
  – 작동시점 : 클러치 포인트 이후
  – 기능 : 클럽에 의한 손실 최소화, 정숙성↑

★ 댐퍼클러치 작동 조건	해제 조건(엔진에 부하가 클 때)	작동 제어에 관계되는 센서
3단 기어 작동 차속 70km/h 이상 브레이크 미 작동 냉각수: 75℃ 이상	800rpm 이하, 냉각수: 50℃ 이하 엔진 브레이크 작동, 가속 및 후진 시 시프트 다운할 때(3속 → 2속) 2,000rpm 이하에서 스로틀밸브가 크게 열릴 때	엔진 회전수, TPS, WTS, 에어컨 릴레이 PG-A(변속기 입력회전수), PG-B(〃 출력회전수), 가속스위치, 유온센서

입력 신호	A/T CU제어계통	출력 신호
TPS, WTS, 차속 센서, 인히비터스위치 가속스위치, 킥다운 서보스위치	TCU	압력제어 S/V, 댐퍼클러치 S/V 변속(시프트) 제어 S/V

★기어 변속이 간단함, 각 부의 수명 연장 및 엔진 스톨 없음
  - 진동·충격흡수·등판능력 향상
  - 구동력이 커서 등판, 발진이 쉬움

★ 유성기어장치 → "변속비 결정"
 구성 ✎
선기어, 유성기어, 유성-캐리어, 링기어

  캐리어 상당잇수
    = 선기어 잇수 + 링기어 잇수

습식 다판 클러치 사용

  – 제어 3요소: 선기어, 링기어, 캐리어
    예) : 36개 + 72개 = 108개
기본 동력전달 : 입력1, 고정1, 출력1

변속비 생성	입력		출력	변속비
선기어 고정	캐리어 구동	→	링기어: 증속	72/108 < 1
	링기어 구동	→	캐리어: 감속	108/72 > 1
링기어 고정	캐리어 구동	→	선기어: 증속	36/108 < 1
	선기어 구동	→	캐리어: 감속	108/72 > 1
캐리어 고정	선기어 구동	→	링기어: 역전 감속	
	링기어 구동	→	선기어: 역전 증속	

3요소 중 2개요소 출력
→ 1:1직결
모두 자유회전 : 중립

$$변속비 = \frac{출력기어\ 잇수}{입력기어\ 잇수}$$

■ A/T유압제어회로
(1) 오일 펌프 : 토크컨버터에 오일 공급, 작동 유압 공급 및 발생
(2) 매뉴얼 밸브 : 변속레버 조작 시 작동, 움직임에 따라 유로를 변경시킴
(3) 시프트 밸브
    ① 차속 및 엔진 상태에 맞게 유성기어를 작동시키기 위한 유압을 제어
    ② (현재 변속 제어 S/V로 TCU가 제어)
(4) 압력제어 밸브
    ① 유압 제어 및 조정, 기관 정지 시 역류 방지
    ② 변속 충격 방지
(5) 킥 다운
    ① 강제로 다운시프트 시킴(가속페달 80% 이상, 안 될 경우 : TPS 불량)
    ② 반대 개념 : 리프트 풋업

■ AT구조 및 성능
(1) 히스테리시스 현상(= 이력현상)
    – 업시프트와 다운 시프트 변속점을 각각 다르게 하며 빈번한 변속에 의한 주행의 불안정화를 막아줌
    ★ 변속을 위한 가장 기본적인 요소 : 스로틀 개도, 차속, 엔진 회전수
(2) 인히비터스위치(스위치 접점 변경)
    ① 변속레버의 움직임에 유로 변경 → 매뉴얼 밸브 작동
    ② TCU에 변속레버 위치를 알려줌
    ③ 'P or N'에서만 시동이 가능
    ④ 'R'에서는 후진등이 점등되게 해줌
    ⑤ 문제 시 크랭킹조차 안됨

■ A/T성능 점검

(1) 오일량 점검

　① 평평한 지면에 주차

　② 엔진가동 → 유온 70℃~ 80℃

　③ 각 유로와 토크컨버터에 오일 채움

　④ 'N' 위치에서 사이드 체결 시동 걸고 측정

　　→ 부족 시 'HOT' 범위까지 채워줌, 기포 발생, 클러치 또는 밴드에 슬립 및 마모 촉진

　　→ 많을 시 : 유압회로에서 기포 발생, 누유

　　→ 색깔로 점검 → 정상 : 적포도주색 / 오염 : 검붉은색, 이물질

(2) 스톨테스트 정상 값: 2000~2400rpm

　　↳ 토크비와 속도비가 '0'

　– A/T, 종합적인 성능을 점검함, '5초 이내로 할 것' → 댐퍼클러치와 무관함

　– ① 정상보다 낮음 : 출력 부족, 토크컨버터의 결함, 원 웨이 클러치 작동 불량

　　② 정상보다 높음 : 변속기 고장(★펌프만 회전, 이후부터 터빈이 회전하기 시작)

　　③ 확인 가능 사항: 라인 압력, 기관의 출력, 각 브레이크 앞, 뒤 클러치, O/D 클러치, 원웨이 클러치

■ 오버 드라이브

엔진의 여유 출력과 유성기어 장치 이용 → 추진축의 회전속도를 증가시켜줌

　　　　　　　　　　　　　→ 캐리어(입), 링기어(출), 선기쳐(고정)

(1) 기계식 : 종감속 기어부에 설치, 운전석에서 조작

(2) 자동식　① 변속기와 추진축 사이에 설치　　② 40km/h 이상 시 : 자동으로 작동

(3) 장점　① 약 20% 연료소비량 절약

　　　　② 엔진 수명↑, 정숙성↑

　　　　③ 동일 엔진 회전수에서 30% 정도 차속 증가

　　　　④ 크랭크축 rpm < 추진축 rpm

■ 프리 휠링 주행

원웨이 클러치를 이용한 관성 주행

■ CVT(= 무단변속기) : 연속적 가변 변속기 → 단의 구분이 없음, 선형적 변속이 가능

(1) 장점 : 변속 충격 없음, 연료소비율, 가속 성능 향상*

(2) 단점 : 순간다운 변속이 어려움

(3) 특징

　① 토크컨버터 방식 / 전자 분말 클러치 방식

　② 1차 풀리와 2차 풀리의 동력 전달(고무, 금속, 체인 벨트 방식)

　③ 큰 구동력 : 익스트로이드 방식 사용

　④ 유성기어 : 전·후진 용도로 사용

■ 정해진 변속비 구간 내에서 모든 영역의 변속 구현이 가능함

*불필요한 가감속을 제한 → 연료소비율이 좋음

■ DCT → A/T(유성기어방식)보다 변속 충격 큼

(1) 입력축 2개 사용(듀얼클러치 / 토크컨버터 X)

(2) 홀수단과 짝수단을 구분지어 동력전달

(3) 구분

　① 건식 : 연비 좋음 ← M/T와 비슷한 구조, 모터의 제어를 통해 변속이 이루어짐

　② 습식 : 최대 허용토크 높음

01 출제빈도 ★★☆

자동차 변속기의 구비 조건으로 옳지 않은 것은?

① 가볍고 고장이 적을 것
② 조작이 쉽고 신속·확실할 것
③ 변속 단계의 구분이 확실할 것
④ 전달 효율이 좋을 것

02 출제빈도 ★★☆

자동변속기 장착 차량에 대한 설명으로 거리가 먼 것은?

① 조작 미숙으로 인한 시동 꺼짐 현상이 없어 출발 및 가속이 원활하다.
② 배터리 방전 시 자동차를 밀어서 시동을 걸 수 있다.
③ 유압식 자동변속기는 오일이 변속 시 충격을 흡수 및 완화시켜 주는 작용을 한다.
④ 유압식 자동변속기의 무게가 무겁고 오일 순환에 사용하는 동력의 손실로 연료소비율이 높은 것이 단점이다.

03 출제빈도 ★★☆

자동변속기의 장점으로 옳지 않은 것은?

① 기관 회전력의 전달은 유체를 매개로 하기 때문에 출발, 가속 및 감속이 원활하다.
② 유체가 댐퍼 역할을 하기 때문에 기관에서 동력전달 장치로 전달되는 진동이나 충격을 흡수할 수 있다.
③ 클러치 페달이 없고 주행 중 변속조작을 하지 않으므로 운전하기가 편리하고 운전자의 피로가 줄어든다.
④ 클러치와 변속기의 조작을 자동화하여 연료소비율이 약 10% 감소한다.

04 출제빈도 ★★☆

자동변속기의 토크컨버터에 대한 설명으로 옳지 않은 것은?

① 발진이 쉽고 주행 시 변속조작이 필요 없다.
② 엔진의 동력을 싱크로메시를 통해 전달한다.
③ 저속 토크가 크다.
④ 진동이나 충격이 적다.

05 출제빈도 ★★☆

토크변환기에서 토크 증대를 목적으로 동력 전달의 매체로 사용하는 것은 무엇인가?

① 전자력
② 기계적 마찰클러치
③ 유체
④ 오버러닝 클러치

06 출제빈도 ★★☆

토크컨버터의 주요 3가지 구성요소로 거리가 먼 것은?

① 펌프(임펠러)
② 터빈(러너)
③ 스테이터
④ 가이드링

07 출제빈도 ★★☆

토크컨버터에서 오일 흐름의 방향을 전환시키는 것은?

① 가이드링
② 스테이터
③ 터빈
④ 임펠러

08 출제빈도 ★★☆

터빈으로 돌아오는 유체의 방향을 바꾸어 펌프의 방향과 일치시키는 장치는?

① 스테이터　　　② 펌프
③ 터빈　　　　　④ 댐퍼클러치

09 출제빈도 ★★☆

자동변속기에서 동력을 전달하기 위한 장치로 토크컨버터를 사용한다. 토크컨버터의 구성요소로 토크를 증대시키고 유체의 흐르는 방향을 바꾸어 주기 위해 사용하는 장치로 적당한 것은?

① 임펠러　　　　② 러너
③ 스테이터　　　④ 댐퍼클러치

10 출제빈도 ★★☆

자동변속기의 토크컨버터에서 오일 흐름의 방향을 바꾸어 엔진에서 발생한 토크를 증대하는 역할을 하는 것은?

① 펌프(pump)
② 스테이터(stator)
③ 터빈(turbine)
④ 로크업 클러치(lock-up clutch)

11 출제빈도 ★★★

토크컨버터의 형식 중 3요소 2상 1단이 있다. 이 중 3요소를 나타내는 것으로 맞는 것은?

① 댐퍼클러치, 터빈, 펌프
② 터빈, 유성기어, 댐퍼클러치
③ 펌프, 스테이터, 댐퍼클러치
④ 펌프, 터빈, 스테이터

12 출제빈도 ★★☆

토크컨버터에 대한 설명으로 틀린 것은?

① 3요소 2상 1단의 형식으로 구성되며 스톨포인트에서 토크변환비가 가장 높고 클러치포인트에서 스테이터가 회전하기 시작한다.
② 기계효율은 터빈의 회전수가 펌프의 회전수 대비 60~70%일 때 가장 높다.
③ 유체클러치와 비교했을 때 속도비 0.8 이전에 토크변환율이 높다.
④ 스테이터는 곡선 방사형 모양의 날개를 가지고 있으며 허브에 일방향 클러치가 위치한다.

13 출제빈도 ★★☆

자동변속기의 부품으로 가장 적절하지 않은 것은?

① 싱크로나이저 링　② 토크컨버터
③ 스테이터　　　　　④ 댐퍼클러치

14 출제빈도 ★★☆

자동변속기에서 유체의 운동에너지를 이용한 토크컨버터 동력전달 순서를 바르게 나열한 것은?

① 터빈, 펌프, 스테이터
② 펌프, 터빈, 스테이터
③ 스테이터, 터빈, 펌프
④ 가이드링, 펌프, 터빈

15 출제빈도 ★★☆

토크컨버터에서 출력 토크가 최대일 때의 설명으로 틀린 것은?

① 스테이터가 멈춰진 상태일 때
② 스톨 포인트일 때
③ 기계효율이 가장 낮을 때
④ 터빈의 회전수가 가장 높을 때

16 출제빈도 ★★☆

토크컨버터의 특징을 설명한 것으로 가장 거리가 먼 것은?

① 스테이터를 활용하기 때문에 저속에서 동력전달 시 토크가 낮다.
② 유체를 사용하여 동력을 전달하기 때문에 완충효과를 기대할 수 있어 작동이 정숙하다.
③ 별도의 펌프와 제어장치가 필요한 관계로 무겁고 복잡하다.
④ 자동변속기에 사용되므로 시동이 꺼질 염려가 적고 발진이 쉽다.

17 출제빈도 ★★☆

차에 사용하는 토크컨버터(Toque Converter)에 대한 설명으로 옳지 않은 것은?

① 펌프는 크랭크축에 연결되어 있다.
② 토크 변화율은 최대 2~3배로 얻을 수 있다.
③ 중요 구성품으로 펌프, 터빈, 스테이터가 있다.
④ 터빈은 변속기 케이스에 고정된 일방향 클러치(One way clutch)에 연결되어 있다.

18 출제빈도 ★★☆

다음 중 토크컨버터에 사용되는 스테이터에 대한 설명 중 옳은 것은?

① 엔진의 회전력을 이용해 원심력으로 유체의 방향을 바꾸어서 압력을 증대시킨다.
② 변속기 입력축과 연결되어 유입된 유체를 한 방향으로 보낸다.
③ 토크를 증대시키기 위해 공회전하고 일정 이상의 속도비에서 고정되어 출력 회전수를 높이는 역할을 한다.
④ 낮은 속도비에서 유선 곡선 방사 모양의 날개를 이용해 유체의 방향을 바꾸어서 입력토크를 증대시킨다.

19 출제빈도 ★★☆

다음 중 유체클러치 오일의 구비조건에 대한 설명으로 틀린 것은?

① 점도는 낮고 응고점은 높을 것
② 비중이 크고 인화점, 착화점이 높을 것
③ 비중, 내산성이 클 것
④ 유성, 윤활성이 클 것

20 출제빈도 ★★☆

자동변속기 유체 클러치 오일의 구비 조건으로 가장 옳지 않은 것은?

① 비중이 낮을 것
② 점도가 낮을 것
③ 비등점이 높을 것
④ 응고점이 낮을 것

21 출제빈도 ★★☆

토크컨버터의 록업 기구에 대한 설명으로 맞는 것은?

① 유체의 흐름을 펌프의 회전하는 방향으로 전환시킨다.
② 터빈이 고속으로 회전 시 스테이터를 공전시켜 유체 운동에 방해되지 않게 한다.
③ 펌프와 터빈을 기계적으로 직결하여 전달효율을 높인다.
④ 펌프의 유체 운동을 받아 회전하여 토크를 전달한다.

22 출제빈도 ★★☆

자동변속기 자동차가 일정 이상의 속도에서 토크컨버터 내의 유체 손실을 줄이기 위해 펌프와 터빈을 기계적으로 직결시키는 장치로 가장 적당한 것은?

① 댐퍼클러치　　② 유성기어
③ 습식 다판클러치　④ 댐퍼스프링

23 출제빈도 ★★☆

자동변속기의 미끄러짐에 의한 손실을 최소화하는 기능을 하는 댐퍼클러치(Damper clutch)의 비 작동 영역의 조건으로 가장 옳지 않은 것은?

① 냉각수 온도가 70℃에서 95℃ 사이로 안정적일 때
② 내연기관의 회전수가 800rpm 이하로 안정적일 때
③ 주행 중 정상적으로 변속하는 중일 때
④ 스로틀밸브 개도가 급격히 감소할 때

24 출제빈도 ★★☆

댐퍼클러치에서 동력전달 순서로 맞는 것은?

① 엔진 → 프런트 커버 → 댐퍼클러치 → 변속기 입력축
② 엔진 → 펌프 임펠러 → 댐퍼클러치 → 변속기 입력축
③ 엔진 → 댐퍼클러치 → 터빈 러너 → 변속기 입력축
④ 엔진 → 펌프 임펠러 → 터빈 러너 → 댐퍼클러치

25 출제빈도 ★★☆

자동변속기용 컴퓨터(TCU)로부터 출력신호를 받는 것은 어느 것인가?

① 유온 센서
② 펄스 제너레이터
③ 차속 센서
④ 변속제어 솔레노이드

26 출제빈도 ★★☆

전자제어 자동변속기의 TCU(컴퓨터)에 입력되는 센서가 아닌 것은?

① 수온 센서
② 스로틀 포지션 센서
③ 펄스 제너레이터
④ 압력 조절 솔레노이드 밸브(PCSV)

27 출제빈도 ★★☆

전자제어 자동변속기 TCU에 입력되는 센서 신호가 아닌 것은?

① 스로틀 공전스위치
② 가속 센서
③ 인히비터스위치
④ 댐퍼클러치 제어밸브

28 출제빈도 ★★☆

다음 중 엔진 ECU(Engine Control Unit)가 하는 제어로 가장 거리가 먼 것은?

① 운전자가 급가속을 원할 때 다운 시프트 제어를 한다.
② 엔진을 구동하기 위한 연료펌프를 제어한다.
③ 엔진의 회전수를 기반으로 점화시기를 제어한다.
④ 엔진에 흡입되는 공기량을 기반으로 연료의 기본 분사량을 결정한다.

29 출제빈도 ★★☆

자동변속기의 구성요소 중 변속비를 결정하는 것은 무엇인가?

① 유성기어
② 토크컨버터
③ 댐퍼클러치
④ 싱크로메시기구

30 출제빈도 ★★☆

유성기어 장치에서 출력인 링기어가 역전하고 있는 경우로 맞는 것은?

① 유성기어 캐리어를 고정하고 선기어를 구동하면 링기어는 감속한다.
② 유성기어 캐리어를 고정하고 선기어를 구동하면 링기어는 역전 증속된다.
③ 선기어를 고정하고 유성기어 캐리어를 구동하면 링기어는 감속한다.
④ 선기어를 고정하고 유성기어 캐리어를 구동하면 링기어는 역전 증속된다.

31 출제빈도 ★★☆

자동변속기에 사용되는 유성기어에서 캐리어를 고정하고, 선기어를 회전시킬 때 링기어가 하는 동작은?

① 정회전 감속
② 정회전 증속
③ 역회전 감속
④ 역회전 증속

32 출제빈도 ★★☆

단순유성기어 자동변속기 작동에 대한 설명으로 옳은 것은?

① 선기어를 입력으로 유성기어캐리어를 출력으로 할 때 역전감속이 가능하다.(단, 링기어는 고정)
② 선기어를 고정하고 입력을 유성기어캐리어, 출력을 링기어로 두면 증속한다.
③ 고정요소 없이 선기어를 입력, 링기어를 출력으로 잡으면 직결이 가능하다.
④ 링기어를 고정하고 캐리어를 입력으로 두면 선기어는 감속한다.

33 출제빈도 ★★☆

유성기어장치를 사용하는 자동변속기에서 엔진의 회전수가 시계방향으로 1500rpm으로 회전할 때, 선기어를 입력으로 하고 유성기어 캐리어 장치 고정, 링기어를 출력으로 할 경우의 결과 값으로 맞는 것은? (단, 토크 컨버터에서의 슬립은 없다. 선기어 잇수는 20개, 링기어 잇수는 60개, 유성기어의 잇수는 10개이다.)

① 반시계 방향에 4,500rpm
② 반시계 방향에 500rpm
③ 시계 방향에 4,500rpm
④ 시계 방향에 500rpm

34 출제빈도 ★★☆

다음 단순 유성기어 장치에서 선기어의 잇수가 25개이고 링기어 잇수가 75개일 때, A X B의 변속비로 적당한 것은?

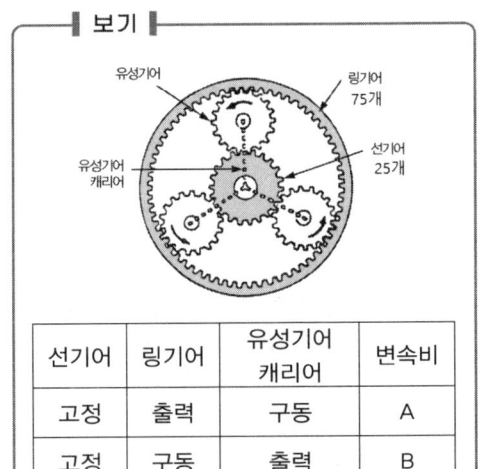

┤ 보기 ├

선기어	링기어	유성기어 캐리어	변속비
고정	출력	구동	A
고정	구동	출력	B

① 0.5
② 0.8
③ 1
④ 3

35 출제빈도 ★★☆

자동차용 자동변속기 유성기어 유닛에 사용되고 있는 것은?

① 건식 다판 클러치
② 건식 단판 클러치
③ 습식 다판 클러치
④ 습식 단판 클러치

36 출제빈도 ★★☆

자동변속기에서 사용되는 유성기어를 사용하는 변속기의 장점에 대한 설명으로 가장 거리가 먼 것은?

① 컴팩트한 구조로 동일한 공간에서 다양한 기어비를 구현할 수 있다.
② 여러 개의 행성 기어가 동시에 하중을 부담하여 높은 토크를 전달할 수 있다.
③ 평행축을 사용하는 기어방식보다 변속 충격과 소음이 크다.
④ 하나의 유성기어 세트만으로도 전진·후진 및 다단 변속을 구현할 수 있다.

37 출제빈도 ★★☆

운전자가 가속페달을 작동시켰을 때 자동차의 가·감속상태 및 자동변속기에서 변속선단을 결정하기 위해 입력되는 신호로 가장 적당한 것은?

① ATS
② MAP
③ TPS
④ CAS

38 출제빈도 ★★☆

킥다운에 대한 설명으로 맞는 것은?

① 스로틀밸브의 열림 정도가 같아도 업시프트와 다운시프트의 변속점에는 7~15 km/h 정도의 차이를 두는데 이렇게 변속 충격을 다운시키기 위한 설계를 말한다.
② 브레이크 페달을 급하게 밟았을 때 ABS가 작동되면서 페달을 쳐올리는 충격을 발생시키는데 이를 의미한다.
③ 가속페달에서 급격하게 발을 떼서 속도가 떨어지면서 다운시프트되는 현상을 말한다.
④ 가속페달을 80% 이상 갑자기 밟았을 때 강제적으로 다운시프트되는 현상을 말한다.

39 출제빈도 ★★☆

이력현상(히스테리시스)의 정의로 맞는 것은?

① 원활한 변속을 위해 변속시점에 엔진의 회전수를 150~300rpm 낮춰 주는 것을 말한다.
② 상향 변속과 하향 변속시점의 속도차이를 두어 주행 중 빈번히 변속되어 주행이 불안정한 것을 방지하는 것을 말한다.
③ 자동차가 출발 시 구동력이 강하여 바퀴가 미끄러지는 것을 방지하기 위해 상향 변속하는 것을 말한다.
④ 주행 중 큰 회전력이 필요한 경우 하향 변속하여 순간가속이 원활하도록 하는 것을 말한다.

40 출제빈도 ★★☆

스로틀밸브의 열림 정도가 똑같아도 업 시프트와 다운 시프트의 변속점에는 7~15km/h 정도의 차이가 있다. 이는 변속점 부근에서 빈번한 변속으로 주행이 불안정하게 되는 것을 방지한다. 이런 현상을 무엇이라 하는가?

① 킥다운   ② 리프트 풋업
③ 히스테리시스   ④ 오버드라이브

41 출제빈도 ★★☆

인히비터스위치의 기능에 대한 설명으로 옳은 것은?

① 변속레버의 위치를 엔진 ECU에 입력시키는 스위치 역할을 한다.
② 후진 영역의 위치에서 차폭등에 전원을 공급하는 역할을 한다.
③ 중립과 파킹 영역의 위치에서 시동이 가능하게 하는 역할을 한다.
④ 변속제어 솔레노이드 밸브에 전원을 공급하는 역할을 한다.

42 출제빈도 ★★☆

자동변속기 차량에서 기어가 중립 또는 주차에서만 시동이 가능하게 하는 것은?

① 인히비터스위치 ② 킥다운스위치
③ 펄스 제너레이터 ④ 아이들스위치

43 출제빈도 ★★☆

가솔린엔진에 자동변속기 차량에서 크랭킹은 가능하나 시동이 걸리지 않을 때의 설명으로 거리가 먼 것은?

① 연료펌프의 고장
② 공전속도 조절장치의 고장
③ 점화플러그의 고장
④ 인히비터스위치의 고장

44 출제빈도 ★★☆

자동차의 시동이 잘 걸리지 않을 때 확인해야 할 사항 중 틀린 것은?

① 자동변속기의 경우 변속레버가 "P"의 위치에 있어야 한다.
② 전자식 주차브레이크의 경우 잠금 경고등이 점등되어야 한다.
③ 수동변속기의 차량의 경우 클러치 페달을 밟아야 한다.
④ 시동버튼을 작동할 경우 브레이크 페달을 밟아야 한다.

45 출제빈도 ★★☆

㉠~㉢에 들어갈 내용이 바르게 연결된 것은?

(㉠)은 자동변속기 차량에서 운전자가 변속 기어를 넣으면 위치를 측정하여 자동변속기 컴퓨터에 전달하는 장치이다. 또한 안전상의 문제로 인하여 (㉡)레인지나 (㉢) 레인지에서만 시동이 걸릴 수 있도록 되어 있다.

	㉠	㉡	㉢
①	점화스위치	N	D
②	점화스위치	P	N
③	인히비터스위치	P	N
④	인히비터스위치	N	D

46 출제빈도 ★☆☆

자동변속기에서 운전자가 임의로 변속레버를 작동시켜 1속, 2속으로 작동시킬 수 있는 장치를 무엇이라 하는가?

① 가속 주행 모드 ② 매뉴얼 모드
③ 등판 모드 ④ 스포츠 모드

47 출제빈도 ★☆☆

자동변속기 장착 자동차에서 자동변속기 오일량은 오일 레벨 게이지로 점검하여 F와 L 사이에 있어야 하는데 엔진과 변속기는 어떤 상태에서 하는가?

① 엔진 공회전 상태에서 변속기 선택레버를 D 위치에 두고 점검한다.
② 엔진 공회전 상태에서 변속기 선택레버를 N 위치에 두고 점검한다.
③ 엔진 정지 상태에서 변속기 선택레버를 D 위치에 두고 점검한다.
④ 엔진 정지 상태에서 변속기 선택레버를 N 위치에 두고 점검한다.
⑤ 엔진 시동과는 관계없이 변속기 선택레버를 N 위치에 두고 점검한다.

48 출제빈도 ★★☆

자동변속기 오일(ATF: Automatic Transmission Fluid)에 대한 설명으로 틀린 것은?

① 자동변속기 오일은 기어 맞물림 시 발생하는 충격을 흡수하여 동력 전달을 원활히 한다.
② 주행 중 노면 충격을 완화하여 승차감을 개선하는 역할을 한다.
③ 자동변속기 오일은 유압 작동유로서 유압밸브, 클러치, 브레이크 밴드 등에 사용된다.
④ 자동변속기 오일은 냉각 및 윤활 작용을 하여 부품의 마모와 발열을 방지한다.

49 출제빈도 ★★☆

스톨시험에 대한 설명으로 틀린 것은?

① 규정보다 높으면 엔진의 출력이 부족한 것으로 판단할 수 있다.
② 규정보다 낮으면 토크컨버터에 문제가 있는 것으로 판단할 수 있다.
③ 엔진과 토크컨버터 변속기의 성능을 점검하기 위한 시험이다.
④ 자동차가 이동할 수 있는 레인지의 위치에서 브레이크를 밟고 가속페달을 밟는 시험이다.

50 출제빈도 ★★☆

기관의 최고 회전속도를 측정하여 변속기와 기관의 종합적인 성능을 시험하는 스톨 테스트(stall test)의 방법 및 결과 분석으로 가장 옳지 않은 것은?

① 브레이크 페달을 밟고 가속페달을 완전히 밟은 후 기관 RPM을 읽는다.
② 변속레버를 'N' 위치에 두고 한다.
③ 기관회전수가 기준치보다 현저히 낮으면 엔진의 출력 부족이다.
④ 기관회전수가 기준치보다 현저히 높으면 자동변속기 이상이다.

51 출제빈도 ★★☆

자동변속기 차량에서 스톨 테스트(stall test)로 점검할 수 없는 것은?

① 토크컨버터의 동력전달 기능
② 타이어의 구동력
③ 클러치의 미끄러짐
④ 브레이크밴드의 미끄러짐

52 출제빈도 ★★☆

자동변속기의 스톨 테스트로 이상 유무를 확인할 수 없는 것은?

① 엔진의 출력　　② 전진 클러치
③ 후진 클러치　　④ 댐퍼클러치

53 출제빈도 ★★☆

변속기와 추진축 사이에 설치되어 있으며, 기관의 여유 출력을 이용하여 추진축의 회전속도를 크랭크축 회전속도보다 크게 하는 장치는?

① 정속 주행 장치
② 동력전달 장치
③ 차동기어 장치
④ 오버드라이브 장치

54 출제빈도 ★★☆

오버드라이브 장치의 설명으로 맞는 것은?

① 변속비가 1보다 작을 때로 오버드라이브 장치의 입력축 속도보다 출력축의 속도가 더 빠르다.
② 추진축과 종감속장치 사이에 유성기어 형식으로 설치된다.
③ 출력축의 토크가 부족하여 가속페달을 더 밟아야 하므로 연료소비량이 증대된다.
④ 일반적으로 링기어를 고정시키고 유성기어 캐리어를 구동시켜 선기어를 증속을 한다.

55 출제빈도 ★★☆

무단변속기(CVT)의 특징으로 거리가 먼 것은?

① 순간 가속성능이 우수하여 급가속이 원활하다.
② 필요 없는 가·감속을 제한하여 연료소비율 측면에서 효율적이다.
③ 정해진 변속비의 구간 내에서 모든 영역의 변속 구현이 가능하다.
④ 변속충격이 없어 우수한 승차감을 얻을 수 있다.

56 출제빈도 ★★☆

다음 중 배출가스의 유해물질을 저감하면서 연비 향상에 도움을 주는 장치가 아닌 것은?

① VVA(Variable Valve Actuation)
② EGR(Exhaust Gas Recirculation)
③ CRDI(Common Rail Direct Injection Engine)
④ CVT(Continuously Variable Transmission)

57 출제빈도 ★★☆

자동변속기 중 이중클러치 변속기의 특징을 맞게 설명한 것은?

① 유성기어를 이용하는 변속기에 비해 높은 오일 압력을 사용하는 것이 단점이다.
② 이중클러치를 사용하기 때문에 출력 토크가 높은 편이다.
③ 주행 중 변속이 되는 순간을 인지하기 힘들 정도로 변속충격이 적은 편이다.
④ 홀수단 기어와 짝수단 기어를 나누어 각각의 클러치를 통해 동력을 전달한다.

58 출제빈도 ★★☆

자동변속기 하우징에 2개의 수동변속기를 적용한 형상으로 1개의 입력축에 2개의 출력축이 있어 변속 시 동력의 끊김 없이 원활히 변속할 수 있는 효율적인 변속기로 가장 적당한 것은?

① 토크컨버터식 자동변속기
② 듀얼클러치 변속기
③ 자동화 수동변속기
④ 무단 자동변속기

01	02	03	04	05	06	07	08	09	10
③	②	④	②	③	④	②	①	③	②
11	12	13	14	15	16	17	18	19	20
④	②	①	②	④	①	④	④	①	①
21	22	23	24	25	26	27	28	29	30
③	①	①	①	④	④	④	①	①	①
31	32	33	34	35	36	37	38	39	40
③	②	②	③	③	③	③	④	②	③
41	42	43	44	45	46	47	48	49	50
③	①	④	②	③	④	②	②	①	②
51	52	53	54	55	56	57	58		
②	④	④	①	①	②	④	②		

01. 단계가 없이 연속적으로 변속될 것

02. ② 자동변속기는 변속기 내에 오일펌프가 활성화 되지 못한 경우(시동이 걸리지 않은 경우) 유압이 제대로 작동되지 않아 내부의 전진 클러치 및 브레이크를 제대로 작동시킬 수 없게 된다. 이는 클러치와 브레이크에 슬립을 발생시키는 이유가 되고 이러한 상황에서 차체에 움직임이 엔진에 영향을 줄 수 없게 된다. 즉, 자동차를 밀어서 시동을 걸 수 없게 된다는 뜻이다.

03. ④ 변속기의 조작을 자동화하면서 발생되는 오일의 무게 증대 및 오일펌프의 구동에 의한 동력 손실 등으로 인해 약 10% 정도 연료소비율이 증대하게 된다.

04. ②번 선지의 싱크로메시 기구는 수동변속기 중 동기물림식에 사용되는 장치이다.

06. • **토크컨버터의 3요소** : 펌프, 터빈, 스테이터
　　• **유체클러치의 3요소** : 펌프, 터빈, 가이드링

07. • **펌프(임펠러)** : 크랭크축에 연결
　　• **터빈(러너)** : 변속기 입력축에 연결
　　• **스테이터** : 오일 흐름 방향을 바꾸어 토크를 증가시킴

08. 토크컨버터의 스테이터는 클러치포인트 이전의 영역에서 원웨이 클러치에 의해 고정되어 터빈에서 들어온 유체의 방향을 바꾸는 역할을 한다.

11. • **2상** : 스테이터의 역할이 2가지[속도비 0.8 정도의 클러치 포인트를 기준으로 구분할 수 있는데 클러치 포인트 전의 토크 변환 영역과 이후의 커플링(유체클러치) 영역으로 나눌 수 있다.]
　　• **1단** : 터빈이 1조 있는 것을 의미한다.

12. ② 기계효율은 터빈의 회전수가 펌프의 회전수를 비슷하게 따라 회전할 때(속도비 1에 가까울 때) 가장 높다.

13. 싱크로나이저 링은 동기물림식 수동변속기에 사용되는 장치이다.

14. 엔진의 회전으로 펌프가 작동되어 유체에너지를 만들어내고 이 에너지를 터빈이 받아 변속기 입력축에 전달시키게 된다. 이후 유체는 스테이터를 거쳐 토크를 증대시키고 다시 펌프로 향하게 된다(토크 변환 영역 기준).

15. ④ 터빈의 회전수가 최대로 높을 때의 토크비는 1 : 1이고 스톨 포인트의 토크비는 2~3 : 1이다.

16. 스테이터를 활용하여 클러치 포인트 전에 토크를 증대시킬 수 있다.

17. 스테이터 내부에 일방향 클러치가 있어 클러치 포인트보다 낮은 속도비에서 스테이터를 고정시키고 클러치 포인트보다 높은 속도비에서 펌프와 터빈의 회전방향과 같은 방향으로 공전하게 도와준다. 토크컨버터 케이스와 연결된 것은 펌프(임펠러)이다.

18. ① 펌프(임펠러)에 대한 설명이다.
　　② 터빈(러너)에 대한 설명이다.
　　③ 스테이터 내부의 원웨이클러치의 역할에 대해 반대로 설명했다.
　　④ 클러치 포인트 이전의 속도비에서 스테이터를 거친 유체는 펌프쪽으로 다시 전달되어 입력쪽의 토크를 증대시키는 역할을 수행한다.

19. 점도는 비교적 낮고 응고점도 낮아야 한다.

21. 록업 기구(클러치)＝댐퍼클러치
자동차의 주행속도가 일정한 값에 도달하면 토크컨버터의 펌프와 터빈을 기계적으로 직결시켜 미끄러짐에 의한 손실을 최소화하여 정숙성을 도모하며, 클러치점 이후에 작동을 시작한다.

22. 댐퍼클러치는 락업 클러치(lock-up clutch)라고도 하며 고속 주행 시 토크컨버터의 슬립 손실을 줄여 연비를 향상시킨다.

23. 냉각수의 온도가 50℃ 이하로 낮을 때 비 작동 영역에 해당된다.

24. 이 문제에서 토크컨버터의 플라이휠 앞부분(플라이휠과 터빈 사이)을 프런트 커버라고 표현하였다.

25. TCU가 제어하는 출력 요소(액추에이터)로는 압력 제어 전자밸브(솔레노이드), 댐퍼클러치 제어 전자밸브, 변속제어 전자밸브가 대표적이다.

26. 참고로 펄스 제너레이터(PG)는 A, B로 나뉘고 PG-A는 변속기 입력축의 회전수를, PG-B는 변속기 출력축의 회전수를 검출하는 센서이다.

28. 다운 및 업 시프트(변속)는 TCU(Transmission Control Unit)가 제어하는 항목이다.

29. 자동변속기에서 수동변속기의 기어 역할을 하는 것이 유성기어이다.

30. 단순 유성기어 장치에서 유성기어 캐리어가 브레이크에 의해 고정되어야만 역전이 가능하다. 유성기어 캐리어를 고정하고 링기어가 출력이 되면 선기어가 입력(구동)이 되어야 하므로 정답은 ①번밖에 될 수 없다. 여기서, 선기어의 잇수보다 링기어의 잇수가 많기 때문에 감속이 된다.

31. 캐리어 고정 → 역전
큰 기어/작은 기어 → 감속

32. ① 선기어를 입력으로 링기어를 출력으로 할 때 역전 감속이 가능하다.(단, 유성기어 캐리어는 고정)
③ 고정요소 없이 선기어를 입력, 링기어를 출력으로 잡으면 공전이 가능하다.
④ 링기어를 고정하고 캐리어를 입력으로 두면 선기어는 증속한다.

33. 단순 유성기어 장치에서 유성기어 캐리어가 고정될 경우 입·출력 회전방향이 반대로 바뀌게 되므로 선기어가 시계방향일 경우 링기어는 반시계 방향이 된다. 변속비는 입력기어 잇수분의 출력기어 잇수이므로

$$\frac{링기어\ 잇수}{선기어\ 잇수} = \frac{60}{20} = 3 : 1 이\ 된다.$$

즉, 3배만큼 감속하기 때문에

$$\frac{1500 rpm}{3} = 500 rpm 이\ 된다.$$

34.
$$변속비 = \frac{Z_{출력}}{Z_{입력}}$$

$$A = \frac{75}{(25+75)} = \frac{75}{100}$$

$$B = \frac{(25+100)}{75} = \frac{100}{75}$$

$$A \times B = 1$$

35. 자동변속기의 유성기어의 구성 중 입력과 고정을 위한 클러치와 브레이크는 습식 다판 클러치로 작동된다.

36. ③은 장점과 반대되는 설명으로, 유성기어 방식은 일반적으로 평행축 기어 방식보다 변속이 부드럽고 소음이 적은 편이다.

37. TPS의 신호는 엔진ECU와 TCU 모두 입력이 필요한 신호로 둘 중 하나의 CU가 센서의 신호를 입력받아 CAN 통신으로 정보를 공유한다.

38. ① 히스테리시스=이력현상을 뜻한다.
② 킥백을 뜻한다.
③ 가속 주행 중 가속페달에서 급격하게 발을 떼서 업시프트되는 현상을 리프트 풋업이라 한다.

39. • **이력현상(hysteresis)** : 이전부터 겪어 온 상태의 변화 과정에 의하여 결정되는 현상

40. • **인히비터스위치** : 시프트 레버를 P 또는 N에 위치하였을 때만 기관 시동이 가능하게 하고 TCU에 각 레인지 위치를 알려주고, R 레인지에서는 백램프(후진등)가 점등되게 한다.

42. 인히비터스위치가 불량할 경우 크랭킹조차 되지 않는다.

43. 전자식 주차브레이크(E-PKB)는 시동 후 차량 구동 시 자연스레 주차브레이크가 풀리면서 작동스위치의 경고등이 꺼지게 된다.

44. 인히비터스위치는 보기에서 설명한 기능 외에 R 레인지에서 후진등이 점등되게 한다.

45. • **변속레버의 종류**

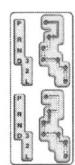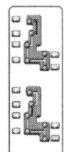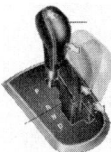

(a) 노멀형 7위치 변속레버 (b) 스포츠 모드 4위치

47. 자동차를 평탄 지면에 주차시킨 다음, 오일 레벨 게이지를 빼내기 전에 게이지 주위를 깨끗이 청소하고 변속레버를 P 레인지로 선택한 후 주차 브레이크를 걸고 엔진을 기동시킨 후 변속기 내의 유온(油溫)이 70~80℃에 이를 때까지 엔진을 공전 상태로 한다. 선택 레버를 차례로 각 레인지로 이동시켜 토크컨버터와 유압회로에 오일을 채운 후 시프트 레버를 N위치에 놓고 측정한다. 그리고 레벨 게이지를 빼내어 오일량이 "HOT" 범위에 있는가를 확인하고, 오일이 부족하면 "HOT"범위까지 채운다.

48. 노면 충격 완화는 현가장치(스프링, 쇼크업소버)의 역할이다. ATF는 윤활, 냉각, 유압전달, 충격 흡수(기어 작동 시) 역할을 하게 된다.

49. • **스톨시험(테스트)** : 변속기 레버의 D or R 위치에서 기관의 최대 속도를 측정하여 자동변속기와 기관의 종합적인 성능을 점검하는 데 그 목적이 있다. 스톨 시험시간은 5초 이내로 해야 한다.

50. • **스톨 테스트 결과**
   ㉠ **규정값 초과** : 변속기 내의 문제(내부 클러치 및 브레이크의 슬립 및 유압 발생 부족)
   ㉡ **규정값 미만** : 엔진의 출력 부족 및 토크컨버터, 스테이터의 일방향 클러치 불량

51. 댐퍼클러치의 작동은 클러치 포인트 이후이기 때문에 스톨 포인트에서 테스트할 수 없다.

53. 참고로 오버드라이브 장치의 선기어는 고정, 유성기어 캐리어는 입력, 링기어는 출력으로 활용된다.

54. ② 변속기 출력축과 추진축 사이에 유성기어 형식으로 설치된다.(F・R 방식 기준)
   ③ 엔진의 여유 출력으로 차량의 속도를 높일 수 있게 되므로 연료소비량이 감소된다.
   ④ 일반적으로 선기어를 고정하고 유성기어 캐리어를 구동시켜 링기어를 증속한다.

55. 무단변속기는 구조상 킥다운이 불가능하기 때문에 순간 가속력은 부족하지만 변속 충격이 없고 선형적인 변속이 가능하여 전반적인 가속 성능은 우수하다.

56. ① 엔진의 부하와 회전수의 상황에 맞게 밸브의 개폐 시기를 조정하는 장치로 연비 향상에 도움이 되며 유해물질을 저감시키는 효과도 기대할 수 있다.
   ② 배기가스 중의 질소산화물을 줄이는 효과는 있지만 연비와 출력 향상에는 도움이 되지 않는다.
   ③ 디젤엔진에 전자제어를 접목하여 연비 및 출력향상, 유해물질 저감의 효과를 기대할 수 있다.
   ④ 효율적인 변속 제어로 급 가・감속 시 연비 향상 및 유해물질 저감에 효과적인 시스템이다.

57. • DCT(Dual Clutch Transmission) : 클러치에서 입력되는 축을 두 개로 하여 홀수단과 짝수(후진포함)단을 구분지어 동력을 전달하는 방식이다.
   ① 건식은 수동변속기와 비슷한 구조이며 모터의 제어를 통해 변속이 이루어지므로 연비가 좋다.
   ② 토크컨버터를 사용하지 않는 관계로 유성기어 자동변속기나 CVT보다 출력 토크는 높지 않지만 건식 클러치와 습식 클러치로 구분할 때 건식은 연비가 좋고 습식은 최대 허용 토크 범위가 좋은 편이다.
   ③ 변속 시 발생되는 충격은 유성기어를 사용하는 자동변속기보다 크다.

58. 2개의 클러치로 동력의 단절 없이 빠르고 효율적인 변속이 가능한 것이 DCT이고 자동화 수동변속기는 클러치 없이 수동변속기 레버를 작동시키는 형식을 포함하기 때문에 정확한 정답은 ②가 된다.

동력 전달축, 종감속 · 차동기어장치

■ **드라이브 라인**(구성 : 자재이음, 슬립이음, 추진축)
  (1) 자재이음 : 구동축의 각도 변화 가능
    ① 위치 : 변속기와 종감속기어 장치 사이
    ② 종류
      ㉠ 십자형 자재이음 – 십자축, 2개의 요크 이용
        ⓐ 추진축의 양쪽 요크는 동일 평면상에 위치, 90°마다 진동 일으킴(부등속 자재이음)
        ⓑ 설치 각 : 12~18° 이하 ← 진동 최소화
      ㉡ 볼 & 트리니언 자재이음(마찰↑, 전달 효율↓) : 슬립조인트 불필요(슬립 역할도 하기 때문)
      ㉢ 플렉시블 자재이음 – 설치 각 : 3~8°
                         – 3상 요크, 경질 고무 사용 → 정숙성↑
      ㉣ CV자재 이음
        ⓐ 설치 각 : 29°~ 30° 최대 47°(이중십자형, 버필드)
        ⓑ F · F방식에서 구동축으로 사용
        ⓒ 종류 : 트랙터형, 벤틱스 와이어형, 제파형, 이중십자형, 트리포드 형, 더블 옵셋(슬립 이음
                기능 포함, 차동기어쪽에 주로 사용
                버필드 자재 이음(바퀴 쪽에 주로 사용, 30° 이상에서도 동력 전달이 가능)
        ⓓ 동력 전달이 우수함
  (2) 슬립이음(스플라인 활용, 추진축의 길이 변화를 줌)
  (3) 추진축
    ① 기능 : 변속기의 회전력을 '구동피니언'으로 연결해줌
    ② 특징
      ㉠ 재질 : 속이 빈 강관, 동일 평면상에 요크를 둠,
              (기하학적 중심과 질량적 중심이 불일치할 경우–'휠링'을 일으킬 수 있음)
      ㉡ 평형추(밸런스 웨이트)를 붙여서 진동을 줄임
    ③ 구성요소 : 슬립 이음, 십자형 자재이음, 평형추, 센터베어링(축거가 긴 차량에서 주로 사용)
    ④ 소음 및 진동 발생원인
      – 평형추가 떨어짐, 체결부가 헐거움, 니들 롤러 베어링의 마모, 추진축이 휘어짐, 스플라인 부의
        마모, 요크의 방향이 다름
  (4) 종감속기어 & 차동기어 장치
    ① 종 감속기어 : '기어 잇수 비'를 다르게 하여, 구동바퀴에 회전력을 전달함
      ㉠ 종류 : 웜과 웜기어(평기어), 스퍼 베벨 기어, 스파이럴 베벨 기어, 하이포이드 기어
      ㉡ 공식
        ⓐ 종감속비 = 링기어 잇수/구동 피니언기어 잇수
          (나누어 떨어지지 않는 값으로(→ "편마모 방지") 승용 : 4~6:1, 버스, 트럭 : 5~8:1
        ⓑ 총감속비 = 변속비 × 종감속비(차량 무게, 최고속도, 엔진의 성능 등 고려)
      ㉢ 하이포이드 기어
        ⓐ 장점 : 구동 피니언기어의 중심을 낮게 하여, 추진축의 높이를 낮출 수 있음
                무게 중심↓: 안정성 증대
                구동 피니언기어 크게 제작 가능 → 강도 및 물림률 증대, 정숙성↑
        ⓑ 단점 : 압력↑, 제작이 어렵고, '극압 윤활유'를 사용해야 함

② 차동(디퍼렌셜)기어장치 기어
　　㉠ 의미 – '랙과 피니언의 원리' 이용(구성 : 사이드, 피니언 기어, 피니언 축, 케이스 등)
　　　　 – 선회 시 바깥쪽 구동 바퀴의 회전 속도를 안쪽 바퀴보다 빠르게 해줌
　　㉡ 동력전달 순서 : 구동 피니언기어 → 링기어 → 차동 케이스[차동(피니언→사이드)] → 뒤 차축
　　　　　　　　　　 차동 피니언 기어 : 좌우 사이드 기어에 물려 직전 시 공전 / 선회 시 공전 및 자전
　　㉢ 작용 : 좌우 구동 바퀴의 회전저항 차이(안쪽 바퀴 : 저항↑, 회전↓ → 바깥쪽 바퀴 가속 시킴)
　　㉣ 자동 제한 차동기어 장치(LSD)
　　　　ⓐ 한쪽 바퀴가 공회전 시 차동 기능을 고정시켜 다른 쪽 바퀴로 구동력을 전달함
　　　　ⓑ 한쪽 바퀴를 들고 가속 절대 금지(차량 진행함)
　　　　ⓒ 장점 : 출발이 용이함, 후부 흔들림 방지, 슬립 감소, 안정성↑
③ 자동차의 주행속도

$$V(km/h) = \frac{\pi \times D \times N}{변속비 \times 종감속비} \times \frac{60}{1000}$$

　　D : 바퀴의 직경(m), N : 엔진 회전수(rpm)

> * 차량의 최고속도 증대
> ・ 타이어 유효반경 크게
> ・ 차량 중량 경감
> ・ 차체의 유선형화

★ 종감속기어 접촉상태

– 힐 접촉　　　　구동피니언 안쪽 접촉 (수정 : 구동피니언 → 안으로　　링기어 → 밖으로)
– 토우 접촉　　　　　 〃 　끝부분 접촉(수정 : 　 〃 　 → 밖으로　 〃 　→ 안으로)
– 페이스 접촉　 백래시의 과대 　　(수정 : 　 〃 　 → 안으로　 〃 　→ 밖으로)
– 플랭크 접촉
　↘이 뿌리　　　　 〃 　　과소 　　(수정 : 　 〃 　 → 밖으로　 〃 　→ 안으로)

■ 액슬축(= 구동축)

– 기능: 발생된 동력을 구동바퀴에 전달(종감속 및 차동기어 → 구동축 → 휠타이어)
– 연결 · 안쪽 – 스플라인 부를 통하여 차동 사이드 기어와 연결
　　　 · 바깥쪽 – 구동 바퀴와 연결
(1) 뒷바퀴 액슬축의 지지방식(→ 액슬하우징의 무게 부담 정도)
　　① 1/2 부동식(반부동식) → 소형차
　　② 3/4 부동식(바퀴를 떼어내야 함) → 중형차
　　③ 전부동식 – 차량 중량 전부를 액슬 하우징이 받음 → 대형차
　　　　　　 – 액슬축은 동력만 전달(바퀴를 떼어내지 않고 액슬축 분리가 가능)
(2) 액슬 하우징 : 액슬축을 감싸고 있으며 차량 중량을 지지함
　　• 종류 : 벤조형, 분할형, 빌드업 형(대량 생산에 적합하고, 가장 많이 씀)

> * 액슬축(rpm)
> = 추진축(rpm) / 총감속비

01 출제빈도 ★★★

동력전달장치 중 추진축의 각도변화를 주기 위한 이음방식으로 옳은 것은?

① 자재이음   ② 슬립이음
③ 스플라인 이음   ④ 새클이음
⑤ 링크이음

02 출제빈도 ★★★

드라이브 라인에서 유니버셜 조인트(자재이음)의 역할은?

① 각도변화에 대응하여 피동축에 원활한 회전력을 전달한다.
② 추진축의 길이 변화를 가능하게 하기 위하여 사용된다.
③ 회전속도를 감속하여 회전력을 증대시킨다.
④ 동력을 구동 바퀴에 전달하는 역할을 한다.

03 출제빈도 ★★★

추진축의 자재이음과 슬립이음에 대한 설명으로 맞는 것은?

① 자재이음은 각도 변화를 가능하게 하고 슬립이음은 길이변화를 가능하게 한다.
② 자재이음과 슬립이음 둘 다 길이 변화를 가능하게 한다.
③ 자재이음은 길이변화를 가능하게 하고 슬립이음은 각도의 변화를 가능하게 한다.
④ 자재이음과 슬립이음 둘 다 각의 변화를 가능하게 한다.

04 출제빈도 ★★☆

다음 중 자동차 동력전달장치의 드라이브 라인에 대한 설명으로 가장 적당한 것은?

① 슬립조인트는 동력 전달 시 각의 변화가 가능하다.
② 앞 기관, 뒷바퀴 구동 차량에서 변속기의 출력을 종감속 기어로 전달하는 부분이다.
③ 자재이음은 동력전달 시 길이 변화가 가능하다.
④ 추진축은 속이 매워져 있는 강관을 사용한다.

05 출제빈도 ★★★

동력을 전달하기 위한 축 이음의 종류로 일반적으로 30° 이하의 각[deg]의 변화를 주기 위한 장치와 거리가 먼 것은?

① 플렉시블 자재이음
② 십자형 자재이음
③ 볼 엔드 트리니언 자재이음
④ 슬립이음

06 출제빈도 ★★☆

자동차의 동력을 전달하기 위한 축에 관한 설명으로 맞는 것은?

① 플렉시블 자재이음은 경질의 고무나 가죽을 이용하여 각의 변화를 줄 수 있는 장치이며 설치각은 12~18°이다.
② 현재 사용되는 등속도 자재이음은 휠 쪽 부분에 더블 옵셋 자재이음을, 차동기어 장치 쪽은 버필드 자재이음을 주로 사용한다.
③ 추진축의 길이변화를 가능하게 하기 위해 스플라인 장치를 사용하며 이를 슬립이음이라 한다.
④ 휠링이 발생 시 이를 줄이기 위하여 스파이럴과 니들베어링을 사용한다.

07 출제빈도 ★★☆

3상의 요크와 경질의 고무를 이용하여 주유가 필요 없고 회전이 정숙하며 설치각이 3~5°가 적당한 자재이음은 무엇인가?

① 트리포드 자재이음
② 플렉시블 자재이음
③ 버필드형 자재이음
④ 십자형 자재이음

08 출제빈도 ★★☆

다음 드라이브 라인의 설명으로 맞는 것은?

> 주로 구동축에 경질 고무로 만들어진 커플링을 끼우고 볼트로 조립되어 마찰부분이 없다. 주유는 필요 없으나 3~5° 이상의 큰 각도[deg] 변화를 필요로 하는 동력을 전달할 시 소음이 발생되고 쉽게 손상될 수 있다.

① 십자형 자재이음
② 플랙시블 자재이음
③ 버필드 자재이음
④ 볼 앤드 트러니언 자재이음

09 출제빈도 ★★☆

트러니언 자재이음의 설명으로 맞는 것은?

① 2개의 요크를 십차축을 이용하여 지지하고 사이에 니들롤러 베어링을 이용하여 마찰을 최소화하는 구조이다.
② 주로 구동축에 경질의 고무 재질을 넣어서 커플링을 끼우고 볼트로 고정되는 구조이다.
③ 3 방향의 요크를 양쪽으로 놓고 여러 개의 부싱(대부분 6개) 및 철제 케이스를 안쪽에 위치시켜 고정 볼트로 결합한 구조이다.
④ 컵 모양의 하우징 내에 홈을 만들어 홈에 맞는 키나 대를 축과 연결시켜 동력전달 시 축의 길이방향 변화와 각의 변화를 줄 수 있다.

10 출제빈도 ★★☆

등속 자재 이음(Constant Velocity universal joint), 즉, CV 조인트에 대한 설명으로 가장 거리가 먼 것은?

① 구동축과 피동축의 속도 변화가 없다.
② 동력 전달 각도가 커도 동력 전달 효율이 우수하다.
③ 종류로 트리포드, 더블 옵셋, 버필드, 이중십자형 조인트 등이 있다.
④ 버필드 조인트는 주로 후륜구동방식의 구동차축으로 사용된다.

11 출제빈도 ★★☆

앞·엔진 앞바퀴 구동방식의 차량에서 사용되는 CV조인트가 선회 주행하면서 노면의 충격을 받을 경우의 작동으로 가장 적당한 것은? (단, 차동기어 장치쪽에 설치된 CV조인트를 기준으로 한다.)

① 양쪽 CV조인트가 같은 길이와 각도로 변화가능하다.
② 길이 변화만 가능하다.
③ 각도 변화만 가능하다.
④ 각도 및 길이 둘 모두 독립적으로 변화 가능하다.

12 출제빈도 ★★☆

추진축에서처럼 동력전달 시 각도변화에 대응하여 피동축에 원활한 회전을 전달할 수 있는 장치로 틀린 것은?

① CV 조인트(constant velocity joint)
② 유니버셜 조인트(universal joint)
③ 스플라인 조인트(spline joint)
④ 플렉시블 조인트(flexible joint)

13 출제빈도 ★☆☆

후륜구동 자동차의 구동라인에서 회전속도계로 주행시험을 한 결과 차속에 관계없이 진동과 소음을 유발하였다. 원인 중 옳지 않은 것은?

① 추진축에 이물질이 한쪽에 쌓인 경우
② 십자형 자재이음에 그리스(grease) 공급이 부족할 때
③ 슬립이음을 구성하는 스플라인의 표면이 거친 경우에
④ 센터 베어링 내부의 쿠션 러버(cushion rubber)가 파손되었을 때

14 출제빈도 ★★☆

다음 중 추진축으로 받은 동력을 마지막으로 감속시켜 회전력을 크게 하는 동시에 회전방향을 직각 또는 직각에 가까운 각도[deg]로 바꾸어주는 역할을 하는 것은?

① 차동기어   ② 최종감속기어
③ 추진축   ④ 자재이음

15 출제빈도 ★★☆

FR구동 방식에 주로 사용되며 직각으로 구동축에 동력을 전달하기 위해 사용하는 장치를 무엇이라 하는가?

① 차동기어장치   ② 종감속장치
③ 조향기어장치   ④ 트랜스액슬

16 출제빈도 ★★☆

다음 중 종감속기어비에 대한 설명으로 옳지 않은 것은?

① 차량 중량, 등판성능 등에 따라 결정된다.
② 종감속비를 크게 하면 등판성능이 향상된다.
③ 종감속비를 크게 하면 가속성능은 향상된다.
④ 종감속비를 크게 하면 고속성능이 향상된다.

17 출제빈도 ★★☆

선회 시 두 바퀴의 회전수 차이를 자연스레 주기 위한 차동기어장치의 원리로 맞는 것은?

① 애커먼 장토의 원리
② 파스칼의 원리
③ 드가르봉의 원리
④ 랙과 피니언의 원리

18 출제빈도 ★★★

주행 중 노면의 마찰에 의한 좌·우측 륜의 구동력에 따른 회전수를 조정해 주는 장치를 무엇이라 하는가?

① 자동 및 수동변속기
② 종감속기어
③ 추진축의 자재이음
④ 차동기어장치

19 출제빈도 ★★★

자동차가 굴곡이나 요철 부분의 길을 통과할 때 양 바퀴의 회전수를 다르게 하여 원활한 회전을 가능하게 하는 장치는?

① 유니버셜 조인트
② 차동기어장치
③ 슬립이음
④ 추진축

20 출제빈도 ★★★

곡선도로를 선회할 때 내측륜과 외측륜의 회전수 차이를 보상해 주는 장치를 무엇이라 하는가?

① 차동기어장치
② 종감속장치
③ 오버드라이브 장치
④ 하이포이드 기어장치

21 출제빈도 ★★★

자동차가 선회할 때 바깥쪽 바퀴의 회전수를 안쪽 바퀴보다 많게 해주는 장치는?

① 차동기어장치
② 유성기어장치
③ 차량 자세 제어장치
④ 전 차륜 조향장치

22 출제빈도 ★★★

선회할 때 양쪽 구동바퀴의 회전수 차이를 보상하기 위한 장치로 맞는 것은?

① 변속기　　　　② 종감속장치
③ 차동기어장치　④ 액슬축

23 출제빈도 ★★★

차량이 곡선도로를 주행하거나 회전할 때 안쪽 바퀴와 바깥쪽 바퀴의 회전거리가 달라진다. 이를 조정하는 역할을 하는 장치는?

① 토크컨버터(torque convertor)
② 차동기어장치(differential gear system)
③ 종감속기어장치(final reduction gear system)
④ 유성기어장치(planetary gear system)

24 출제빈도 ★★☆

다음 중 최종감속기어 장치에 대한 설명으로 틀린 것은?

① 추진축의 회전력을 수직으로 바꾸어 뒤차축에 전달해 준다.
② 엔진으로부터 받은 동력을 최종적으로 감속시켜 회전력을 증대시킨다.
③ 스파이럴 베벨기어는 추진축의 높이를 낮출 수 있어 자동차의 중심이 낮아져 안전성이 증대된다.
④ 하이포이드 기어는 구동 피니언의 중심을 링기어 중심보다 아래로 낮출 수 있다.

25 출제빈도 ★★☆

다음 중 종감속기어 장치로 사용하지 않는 것은?

① 헬리컬기어
② 스파이럴 베벨기어
③ 웜과 웜기어
④ 웜과 섹터기어

26 출제빈도 ★★☆

종감속기어로 사용되지 않는 것은 무엇인가?

① 웜과 웜기어
② 스파이럴 베벨기어
③ 래크와 피니언기어
④ 하이포이드 기어

27 출제빈도 ★★☆

하이포이드 기어의 특징을 설명한 것으로 거리가 먼 것은?

① 구동피니언의 중심을 링기어 중심보다 낮게 설계한다.
② 추진축의 위치를 낮출 수 있어 최저 지상고를 낮출 수 있다.
③ 제작이 용이하고 낮은 압력으로 구동되므로 오일의 선택 범위가 넓다.
④ 피니언 기어를 크게 제작할 수 있어 접촉률이 크고 원활하게 회전한다.

28 출제빈도 ★★☆

종감속 장치로 사용되는 하이포이드 기어의 특징을 바르게 설명한 것은?

① 링기어를 낮게 설치할 수 있어 추진축의 설치 높이가 낮아진다.
② 제작하기가 용이하고 사용하는 오일의 범위가 넓다.
③ 링기어의 중심이 구동피니언의 중심보다 아래쪽에 위치한다.
④ 추진축을 낮게 설계할 수 있어 무게 중심을 낮출 수 있고 실내 및 화물적제 공간을 넓게 사용할 수 있다.

29 출제빈도 ★★☆

종 감속기어장치로 활용되는 하이포이드 기어의 특징에 대한 설명으로 가장 거리가 먼 것은?

① 차량의 무게 중심이 낮아져 주행 안정성이 증대된다.
② 구동피니언과 링기어의 중심이 동일선상에 위치하여 동력전달 시 동적 평형이 좋다.
③ 스파이럴 베벨기어에 비해 구동 피니언을 크게 제작할 수 있어 강도 및 물림률이 증대되고 회전이 정숙하다.
④ 동력전달 시 기어면에 작용하는 미끄럼과 하중이 크기 때문에 극압성 윤활유를 활용한다.

30 출제빈도 ★★☆

자동차 동력 전달장치의 하나인 차동(differential) 기어의 기능 또는 원리를 설명한 것 중 옳지 않은 것은?

① 래크와 피니언의 원리를 활용한다.
② 자동차가 선회할 때 구동축 좌우바퀴의 미끄럼이 없다.
③ 자동차가 선회할 때 구동축 좌우바퀴의 회전수가 다르다.
④ 타이어 마모가 증가한다.

31 출제빈도 ★★☆

차동장치에 대한 설명으로 틀린 것은?

① 차동 피니언은 좌우 사이드기어에 물려 있으며 직진 시 자전, 선회 시 공전한다.
② 자동차가 선회할 때 바깥쪽바퀴가 안쪽바퀴보다 더 많이 회전하도록 하는 장치이다.
③ 자동차가 직진할 때 차동 사이드기어는 차동기어 케이스와 동일하게 회전한다.
④ 좌측바퀴만 매끄러운 노면에 빠지면 저항이 적은 왼쪽 사이드기어만 회전하게 된다.

32 출제빈도 ★★☆

자동제한 차동기어장치의 특징이 아닌 것은?

① 슬립을 최대한 줄여 속도를 원활하게 증가시키는 장치이다.
② 제동압력을 증대시켜 제동거리를 줄여준다.
③ 한쪽 바퀴의 마찰력이 낮아 슬립이 일어날 때 회전수를 보상해 주는 장치이다.
④ 차동기어장치의 단점을 보완하기 위해 고안된 부속장치이다.

33 출제빈도 ★★☆

자동제한 차동장치 LSD(Limited Slip Differential)의 설명으로 거리가 먼 것은?

① 미끄러운 길 또는 진흙 길 등에서 구동, 주행할 때 한쪽 바퀴가 헛돌며 빠져나오지 못할 경우 멈춰 있는 바퀴에 동력을 전달하는 것이다.
② 앞 뒤 바퀴의 회전수를 보상하며 선회할 때 각 바퀴가 그리는 궤적의 반경이 달라 타이트 코너 브레이킹 현상이 발생되는 단점이 있다.
③ 종류에는 수동식, 롤러 케이지식, 다판 클러치식, 헬리컬 기어식, 파워 로크식 등이 있다.
④ 중량이 많이 나가는 LSD 시스템의 단점을 보완하여 개발된 시스템이 B-LSD이다.

34 출제빈도 ★★☆

차동제한장치(LSD)가 가장 많이 도움이 되는 상황으로 맞는 것은?

① 양쪽 바퀴가 모래밭에 빠져 있을 때
② 한쪽 바퀴는 빙판, 다른 쪽 바퀴는 아스팔트일 때
③ 고속주행을 하다가 속도를 줄였을 때
④ 커브 길을 선회를 한 뒤 다시 직선로를 주행할 때

35 출제빈도 ★★☆

자동제한 차동기어장치(LSD : Limited Slip Differential)가 작동할 때의 장점에 대한 설명으로 가장 옳지 않은 것은?

① 고속 곡선주행을 할 때 안전성이 좋다.
② 타이어의 미끄럼이 방지되어 타이어 수명을 연장할 수 있다.
③ 요철 노면을 주행할 때 뒷부분의 흔들림을 방지할 수 있다.
④ 미끄러운 노면에서 출발이 쉽다.

36 출제빈도 ★★☆

LSD(Limited Slip Differential)에 대한 설명으로 옳은 것을 모두 고르시오.

> ㉠ 선회 시 공전되는 바퀴의 슬립을 제한
> ㉡ 각각의 바퀴를 독립적으로 제어
> ㉢ 출발 시 모든 바퀴가 미끄러지지 않게 제어 가능
> ㉣ 자키로 한쪽 바퀴 들어 올린 상태에서 구동시험 금지

① ㉠, ㉡
② ㉠, ㉣
③ ㉡, ㉢
④ ㉢, ㉣

37 출제빈도 ★★☆

다음 중 종감속 장치의 구동피니언과 링기어의 잇수 선정으로 적당한 것은?

① 구동피니언 잇수 8, 링기어 잇수 42
② 구동피니언 잇수 8, 링기어 잇수 44
③ 구동피니언 잇수 9, 링기어 잇수 37
④ 구동피니언 잇수 9, 링기어 잇수 36

38 출제빈도 ★★★

종감속비가 6인 자동차에서 추진축의 회전수가 900rpm이고 엔진이 4,500rpm으로 회전하고 있다. 이때 변속비는?

① 4:1
② 5:1
③ 6:1
④ 7:1

39 출제빈도 ★★★

변속비가 4.3, 종감속비가 2.5일 때 총감속비는?

① 0.58
② 1.72
③ 5.4
④ 10.75

40 출제빈도 ★★★

다음 그림을 보고 변속비를 구하시오. (단, 총감속비는 12 : 1)

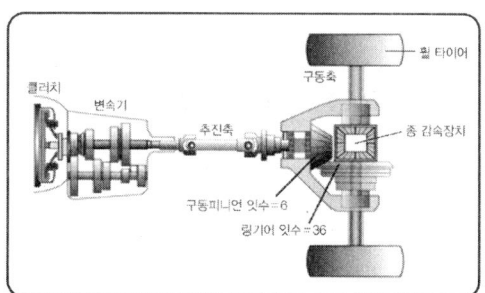

① 2
② 4
③ 6
④ 10

41 출제빈도 ★★★

추진축의 회전수 400rpm, 회전 토크는 24kg_f · m일 때, 구동바퀴의 회전수와 토크로 맞는 것은? (단, 종 감속기어비는 4이고 마찰에 의한 손실은 무시한다.)

① 100rpm, 96kg_f · m
② 100rpm, 6kg_f · m
③ 1600rpm, 6kg_f · m
④ 1600rpm, 96kg_f · m

42 출제빈도 ★★★

선회 중인 자동차의 추진축 회전수가 1,250rpm이고 바깥쪽 구동바퀴 회전수가 375rpm일 때 안쪽 구동바퀴의 회전수로 맞는 것은? (단, 종감속비는 5이다.)

① 125rpm 　　② 250rpm
③ 375rpm 　　④ 625rpm

43 출제빈도 ★★★

추진축 회전수가 2,000rpm이고, 구동피니언 기어잇수가 5, 링기어 잇수가 50이다. 왼쪽바퀴 회전수가 100rpm이라면 오른쪽 바퀴 회전수는 얼마인가?

① 100rpm 　　② 200rpm
③ 300rpm 　　④ 400rpm

44 출제빈도 ★★☆

차동기어장치 선회 시 안쪽 바퀴의 회전수가 1/2로 감소되었을 때 바깥쪽 바퀴의 회전수는 어떻게 되는가?

① 직진 상태일 때보다 회전수가 1/2배 증가한다.
② 직진 상태일 때보다 회전수가 1/2배 감소한다.
③ 직진 상태 주행일 때보다 회전수가 3/2배 증가한다.
④ 직진 상태 주행일 때보다 회전수가 3/2배 감소한다.

45 출제빈도 ★★★

구동기어의 잇수가 8, 피동기어의 잇수가 24이고 구동축의 회전수가 900rpm, 토크가 30Nm일 때, 피동기어의 회전수와 토크로 가장 옳은 것은?

① 300rpm, 90Nm ② 300rpm, 10Nm
③ 2700rpm, 90Nm ④ 2700rpm, 10Nm

46 출제빈도 ★★☆

자동차의 구동력을 늘리기 위한 방법으로 옳지 않은 것은?

① 구동륜 유효 반경을 크게 한다.
② 엔진토크를 높게 한다.
③ 종 감속비를 높게 한다.
④ 엔진 배기량을 높인다.

47 출제빈도 ★★☆

종 감속장치 접촉상태 중 이 뿌리와 접촉하는 것은?

① 플랭크 　　② 토우
③ 힐 　　　　④ 페이스

48 출제빈도 ★★☆

엔진 회전수가 2,500rpm, 변속비가 3 : 1, 종감속장치 구동피니언 잇수가 12이고 링기어 잇수가 60일 때 자동차의 주행속도는? (단, 타이어의 유효 반지름은 50cm이다.)

① 15.7km/h 　② 31.4km/h
③ 78.5km/h 　④ 94.2km/h

49 출제빈도 ★★☆

자동차가 800m의 비탈길을 왕복하였다. 올라가는데 4분 내려오는데 2분 걸렸다. 이 자동차의 평균속도는 얼마인가?

① 10km/h 　　② 12km/h
③ 14km/h 　　④ 16km/h

50 출제빈도 ★★☆

일체 차축식에서 뒤 차축과 차축 하우징과의 하중 지지 방식으로 옳지 않은 것은?

① 부동식 　　② 전부동식
③ 반부동식 　④ 3/4 부동식

51 출제빈도 ★★☆

뒷바퀴 액슬 축의 지지방식에서 차량의 중량 전부를 액슬 하우징이 지지하고 축은 동력만 전달하는 방식으로 주로 대형차에 사용하는 형식을 무엇이라 하는가?

① 전부동식   ② 3/4부동식
③ 반부동식   ④ 고정식

52 출제빈도 ★★☆

뒷바퀴 액슬 축의 지지방식 중 전부동식에 대한 설명으로 맞는 것은?

① 뒤 차축 하우징과 차축 사이에 베어링을 연결하여 사용한다.
② 한쪽 휠의 지지에 1개의 볼 베어링을 사용한다.
③ 바퀴의 하중은 모두 차축이 부담한다.
④ 바퀴를 떼지 않고 액슬 축을 분리할 수 있다.

53 출제빈도 ★☆☆

대형차에서 주로 사용하는 허브베어링으로 맞는 것은?

① 평(레이디얼) 베어링 1개
② 평(레이디얼) 베어링 1개와 테이퍼롤러 베어링 1개
③ 테이퍼 롤러 베어링 2개
④ 평(레이디얼) 베어링 2개

>>> 정답

01	02	03	04	05	06	07	08	09	10
①	①	①	②	④	③	②	②	④	④
11	12	13	14	15	16	17	18	19	20
④	③	③	④	②	④	④	④	②	①
21	22	23	24	25	26	27	28	29	30
①	③	②	③	④	③	④	③	②	④
31	32	33	34	35	36	37	38	39	40
①	④	③	①	②	②	③	②	④	①
41	42	43	44	45	46	47	48	49	50
①	④	③	①	①	①	②	④	①
51	52	53							
①	④	③							

01. • **자재이음**(Universal joint) : 변속기와 종감속 기어장치 사이의 구동각의 변화를 주는 장치이다.

02. ② 슬립이음의 설명이다.
③ 종감속장치에 대한 설명이다.
④ 동력전달장치에 대한 설명이다.

03. • **자재이음** : 추진축에서 동력전달 시 연결되는 축의 각도 변화를 가능하게 함
• **슬립이음** : 추진축에서 동력전달 시 발생될 수 있는 축의 길이 변화를 가능하게 함

04. ① 슬립이음은 주로 길이 변화를 흡수하며 각도 변화는 자재이음이 담당한다. ③ '자재이음'은 동력전달 시 각도의 변화가 가능하다. ④ 추진축은 보통 속이 빈 강관을 사용한다.

05. ① **설치각** : 3~5° 정도, 최대 8°(다각형 러버 조인트)
② **설치각** : 18° 이하
③ **설치각** : 22°

06. ① 플렉시블 자재이음의 설치각은 3~5° 정도이다.
② 현재 차동기어 장치 쪽에 더블 옵셋, 바퀴 쪽에 버필드형 자재이음을 주로 사용한다. 구조는 거의 비슷하나 더블 옵셋 자재이음은 슬립이음 기능이 포함된다.
④ 휠링(기하학적 중심과 질량 중심이 서로 틀릴 때 굽음 진동을 일으키는 것)이 발생 시 이를 줄이기 위해 평형추를 추진축에 용접한다.

09. ① 십자형 자재이음에 대한 설명이다.
② 플렉시블 자재이음에 대한 설명이다.
③ 플렉시블 자재이음 중 다각형 러버 조인트에 대한 설명이다.

10. • **후륜구동방식의 구동차축**에는 트리포드 조인트, 더블 옵셋 조인트 등이 사용된다.
• **전륜구동방식의 구동차축**에는 이중 십자형·더블 옵셋(차동기어 쪽)·구형·버필드 자재이음 등이 사용된다.

11. 일반적으로 차동기어장치 쪽 등속자재이음으로 트리포드와 더블옵셋 자재이음을 많이 사용하며 이 둘은 각도와 길이변화 둘 다 가능하게 한다.

12. 스플라인은 슬립이음이 가능하도록 한다.

13. ① 회전계에 불 평형을 줄 수 있는 원인이 된다.
② 십자형 자재이음 구동 시 마찰이 증대되어 소음이 발생된다.
③ 회전속도계로 주행시험을 할 때 축의 길이변화는 발생되지 않는다. 이러한 이유로 문제의 조건에서는 진동과 소음이 유발하지 않게 된다.
④ 쿠션 러버가 파손될 경우 추진축 회전 시 유격이 발생하게 된다.

14. 구동 피니언 기어의 잇수에 대한 링기어의 잇수의 비로 종감속비가 결정되며 이 감속비만큼 구동바퀴의 회전력을 높일 수 있으며 현재 대부분 하이포이드라는 종감속기어를 활용하여 추진축에 직각으로 설치된 액슬축에 동력을 전달한다.

15. 추진축이 세로로 동력을 전달할 때 가로로 설치되어 있는 뒤 차축에 동력을 전달하기 위해 종감속장치를 사용한다. 현재 대부분 하이포이드 기어 방식을 택한다.

16. 종감속비가 커지면 감속비가 높아져 토크(등판·가속력)는 좋아지지만 차량의 같은 속도 대비 엔진 회전수가 올라가므로 고속성능과 연비는 나빠진다.

17. ① 조향장치의 원리이다.
② 유압브레이크의 원리이다.
③ 가스봉입 방식의 쇽업소버이다.

18. 래크와 피니언의 원리를 이용하여, 자동차가 선회할 때 바깥쪽 바퀴의 회전 속도를 안쪽 바퀴보다 빠르게 해주는 것을 차동기어장치라고 한다. 구성은 사이드 기어, 피니언 기어, 피니언 축, 케이스 등으로 되어 있다.

24. 종감속기어를 최종감속기어라고 표현하며 추진축의 높이를 낮출 수 있는 종감속기어 형식은 하이포이드 방식이다.

25. 웜과 섹터기어는 조향장치의 조향기어비를 주기 위한 용도로 많이 사용된다.

26. 래크와 피니언기어는 조향장치의 조향기어박스에 주로 많이 사용된다.

27. 하이포이드 기어의 단점
   1) 기어 치형의 폭 방향으로 미끄럼 접촉하게 되므로 압력을 많이 받게 된다.
   2) 극압 윤활유를 사용해야 하고 제작이 어렵다.

28. 하이포이드 기어는 구동피니언-기어의 중심을 링-기어의 중심보다 낮게 설계하여 추진축의 설치 높이를 낮추는 구조를 가지고 있다.

29. 선회할 때 양쪽 구동바퀴의 회전수 차이를 줄일 수 있어 타이어의 마찰을 줄여준다.

31. ① 차동 피니언은 좌우 사이드기어에 물려 있으며 직진 시는 공전, 선회 시는 공전 및 자전을 한다.

32. 자동제한 차동장치(LSD)를 전자제어한 것이 B-LSD, B-TCS이고, 이 장치에서는 차량 구동 시 슬립이 발생되는 바퀴에 제동압력을 증대시켜 두 바퀴가 밸런스를 맞춰 구동할 수 있도록 도와준다.

33. ② 4WD 구동 선택치합 형식 중 수동식의 경우(4WD 선택 시) 타이트한 코너를 선회할 때 앞바퀴와 뒷바퀴의 회전 반지름이 달라서 브레이크가 걸린 듯이 뻑뻑해지는 현상을 뜻한다.

34. LSD는 양쪽바퀴의 접지 마찰력이 다른 경우 슬립이 발생되는 쪽을 제한하는 기능을 가진다.

35. 고속으로 곡선주행을 할 때 발생되는 언더 및 오버 스티어 현상을 줄이기 위해서는 VDC(Vehicle Dynamic Control)를 활용해야 한다.

36. LSD는 차동기어장치의 단점을 보완하기 위해 개발된 장치로 한쪽 구동바퀴가 슬립할 때 반대쪽 바퀴를 강제적으로 구동시킬 수 있는 장치이다. 좌우 구동축이 연동해 작동하며 자키로 한쪽을 들어 올린 상태에서 구동할 경우 지면에 닿아 있는 바퀴가 구동되어 자키를 넘어뜨리게 된다.

37. 종감속비(i_f)는 기어의 편마모를 줄이기 위해 나누어서 떨어지지 않는 값으로 선택한다.
  ① $i_f = \dfrac{42}{8} = 5.25$
  ② $i_f = \dfrac{44}{8} = 5.5$
  ③ $i_f = \dfrac{37}{9} = 4.11111\cdots$
  ④ $i_f = \dfrac{36}{9} = 4$

38. 문제에서 변속비 및 종감속비를 나누어 떨어지는 값으로 준 것은 계산의 편의를 고려한 것이다. 이 문제에서 주어진 종감속비 6은 필요 없다.
$$\text{변속비}(i_t) = \frac{R_{in}}{R_{out}} = \frac{4{,}500\text{rpm}}{900\text{rpm}} = 5:1$$

39. 총감속비(i_T) = 변속비(i_t) × 종속감속(i_f)
$$= 4.3 \times 2.5 = 10.75$$

40. 총감속비(i_T) = 변속비(i_t) × 종속감속(i_f)
$$i_f = \frac{\text{링기어 잇수}}{\text{구동피니언 잇수}} = \frac{36}{6} = 6$$
$$i_T = i_t \times i_f, \quad 12 = i_t \times 6, \quad i_t = 2$$

41. 추진축에서 구동축으로 동력이 전달될 때 종감속비 = 4이므로 회전수는 4배 감속, 토크는 4배 증대이므로 400rpm/4=100rpm, 24kgf·m×4= 96kgf·m가 된다.

42. 직진일 경우 양쪽 구동바퀴의 회전수는 (1,250 /5=) 250rpm이고 한 쪽이 직진대비 (375- 250=) 125rpm 더 회전했으므로 다른 쪽 회전수는 (250-125=) 125rpm이 된다.

44. 예를 들어 직진 시 양쪽의 바퀴 회전수가 100rpm이라고 가정할 때 안쪽 바퀴의 회전수가 50rpm이 되었다면 바깥쪽 바퀴의 회전수는 150rpm이 될 것이다.
즉, $100\text{rpm} \times \dfrac{3}{2} = 150\text{rpm}$이 된다.

45. 종감속비 = $\dfrac{\text{링기어 잇수}}{\text{구동피니언 잇수}} = \dfrac{24}{8} = 3:1$이므로 회전수는 3배 줄어들고 토크는 3배 늘어나게 된다.

46. 구동륜을 구동하는 액슬 축의 토크가 일정하다는 전제하에 유효 반경을 크게 할 경우 바퀴의 원둘레가 길어져서 회전 시 이동거리는 늘어나지만 구동력은 작아지게 된다.
T(일정) = F⇩ × r⇧

47.

정상   힐   토우   페이스   플랭크

48.
$$V(\text{km/h}) = \frac{\pi \cdot D \cdot N}{r_t \times r_f} \times \frac{60}{1,000}$$

$$= \frac{3.14 \times 100\text{cm} \times 2{,}500\text{rpm}}{3 \times \dfrac{60}{12}} \times \frac{60}{1,000}$$

$$= \frac{3.14 \times 1\text{m} \times 2{,}500\text{rpm}}{3 \times 5} \times \frac{60}{1,000}$$

$$= 31.4\text{km/h}$$

49.
$$V = \frac{1600\text{m}}{6\text{min}} \times \frac{60}{1000} = 16\text{km/h}$$

50. • **뒷바퀴 액슬 축의 지지방식**

　ⓐ **1/2 부동식(반부동식)** : 액슬 축이 윤하중의 1/2 을 지지하고, 액슬 하우징이 1/2을 지지하는 형 식으로 내부 고정 장치를 풀어야 액슬 축 분리 가 가능하다 → 승용차

　ⓑ **3/4 부동식** : 액슬 축이 윤하중의 1/4을 지지하 고, 액슬 하우징이 3/4을 지지하는 형식으로 바퀴만 떼어내면 액슬 축 분리가 가능하다 → 중형차

　ⓒ **전부동식** : 차량의 중량 전부를 액슬 하우징이 받고 액슬 축은 동력만 전달하는 방식이며, 바 퀴를 떼어내지 않고도 액슬축 분리가 가능하다 → 대형차

52. ① 뒤 차축 하우징과 휠 허브 사이에 베어링을 연결 하여 사용한다.
　② 일반적으로 대형차에는 한쪽 휠을 지지하는데 2 개의 테이퍼 롤러 베어링을 사용한다.
　③ 바퀴의 하중은 모두 차축하우징이 부담한다.

53.

 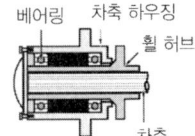

테이퍼 롤러 베어링　　베어링　차축 하우징

휠 허브

차축

휠 및 타이어

1. 휠
(1) 타이어를 지지하는 림과 림을 지지함
(2) 종류: 디스크, 경합금, 스포크

– 림의 종류
2분할 림, 드롭 센터 림, 인터 림(비드 시트를 두어야 하고, '사이드 링'을 키워야 함), 광폭 드롭 센터 림

2. 타이어
(1) 호칭 치수
① 고압 타이어: 외경(인치) × 폭(인치) × 플라이 수(플라이 수 → 타이어의 강도를 나타냄)
② 저압 라이어: 폭(인치) × 내경(인치) × 플라이 수
(2) 편평비(%) = (타이어 높이/타이어 폭) × 100
(3) 레이디얼 타이어 호칭 표시

195/60 R14 88 H

195	/60	R	14	88	H
타이어 폭 (mm)	편평비	레이디얼	림 직경 or 타이어 내경 (inch)	하중 지수	속도 기호

☆ 타이어의 구조
① 트레드(크라운) :노면과 직접 접촉
② 브레이커
 – 노면에서의 충격을 완화시켜줌
 – 카커스 손상 방지
③ 카커스 : 타이어의 뼈대에 해당
 – 완충 작용, 체적 유지
④ 비드 : 타이어의 이탈 방지, 림과 연결

(4) 튜브리스 타이어
① 장점 : 고속 주행 시 발열이 적음, 경량, 수리가 간단함, 공기 누출이 적음
② 단점 : 찢어질 경우 수리가 곤란, 림 변형 시 타이어와 밀착 불량, 공기 누출 위험
(5) 레이디얼 타이어
① 장점 : 접지면적이 크고, 트레드 변형이 적음, 선회 시 변형이 적고, 편평률을 크게 할 수 있다. 로드 홀딩 향상, 스탠딩웨이브 현상 감소
② 단점 : 저속, 핸들이 무거움, 브레이커의 강도가 높아 승차감이 나쁨
(6) 스노(= 윈터) 타이어
① 장점 : 제동성 우수, 견인력 큼
② 주의사항 : 급 제동 금지, 천천히 회전력 전달, 경사로 주행 시 서행, 50% 이상 마모 시 체인 병용, 구동바퀴의 하중 높일 것

* 형상에 따른 타이어의 종류 → 레이디얼 타이어 / 스노 타이어 / 편평 타이어

■ 기타 분류
(1) 보통 타이어 : (=바이어스 타이어) : 카커스의 코드가 사선 배열
(2) 편평 타이어 : 편평비가 작음(타이어의 폭이 크다), 접지 면적이 커 미끄럼에 강하고 선회성이 좋아짐
(3) 런 플랫 타이어 : 사이드 월에 강성을 더 함, 펑크 발생 시 탈균형 방지

(7) 타이어의 구조
트레드 – 노면과 직접 접촉되는 부분, 내부의 카커스와 브레이커를 보호
 – 편마모 원인 : 캠버의 부정확
① 패턴의 필요성 – 슬립 및 절상 등의 확산 방지, 열 방출, 구동력 및 선회 성능 향상

② 종류
　　㉠ 리브 패턴 : 옆·방향 미끄러짐 방지, 조향성 우수, <u>수막현상 저항성 우수</u>,
　　　　　고속주행에 적합(승용)
　　㉡ <u>러그 패턴</u> : 구동 및 제동력 우수, <u>수막현상 저항성↓</u>, 고속 : 편마모 발생↑,
　　　　　숄더부 방열 잘 됨(화물)
　　㉢ 리브 러그 패턴 : 모든 노면에 좋음(소형화물)
　　㉣ 블록 패턴 : 슬립방지

(8) <u>타이어 평형</u>☆
① <u>정적평형</u> : <u>상·하 무게가 맞음(불평형 시: 트램핑)</u>
② <u>동적평형</u> : <u>좌·우 대각선의 무게가 맞음(불평형 시: 시미)</u>
③ 취급 시 주의사항 : 임계온도 : 120~130℃, 로테이션 시기 : 8,000~10,000km
　　　　　트레드 홈 깊이 1.6mm 이하 시 교환(트레드웨어 인디케이터로 확인)

(9) <u>타이어 이상 현상</u>　　* 히트 세퍼레이션 : 심한 발열과 온도 상승에 의해 트레드가 분리되는 현상
① 스탠딩웨이브 현상 : 공기압력이 낮은 타이어가 고속주행 시 발생(표면이 물결처럼 일어남)
　　– 방지책 : 공기압 10~15% 이상 올림, 강성이 높은 타이어 사용, 전동 저항 감소 및 저속 주행
② 하이드로 플래닝 현상(수막현상) : 노면의 물기에 의해 타이어가 수막만큼 떠있는 상태
　　– 방지책 : 트레드 마모가 적은 타이어 사용, 감속 및 공기압 높임(약 10%), 트레드 패턴은
　　　　　카프형으로 <u>셰이빙 가공한 것 사용</u>, <u>리브형 패턴 사용(러그 패턴 사용을 피할 것)</u>
* 플랫 스팟(flat spot) '장기간 주차'하였을 때 지면과 닿은 부위가 평평하게 변형

(10) 타이어 공기압 경보장치(TPMS)
① 타이어 내부에 설치된 센서로 공기압을 감지하여 모니터링 해줌(경고등, 경고음, 메시지)
② 효과 : 주행성 및 제동성 확보, 승차감, 소음 절감, 조향 성능 향상, 타이어 수명 연장, 연비 향상,
　　　　　규정값 80% 이하 시 경고등 및 경고음 작동
③ 구성 : 타이어 압력 센서, 수신기, TPMS–CU, 경고등 및 경고음, <u>이니시에이터(위치 표시)</u>

---

01 출제빈도 ▶ ★☆☆

비드 한쪽을 열어서 타이어 교환을 쉽게 하기 위한 것이며 버스나 대형 화물차에 주로 사용하는 림의 방식은?

① 드롭센터 림
② 2 분할 림
③ 인터림
④ 플랫 베이스 림

02 출제빈도 ▶ ★★★

승용형 타이어의 규격표시이다. 틀린 것은?

> P <u>205</u> / <u>60</u> R <u>15</u> <u>91V</u>
> 　　㉠　　㉡　　㉢　㉣

① ㉠ – 타이어의 높이(단위 : mm)
② ㉡ – 편평비($\frac{타이어의 높이}{타이의 폭}$)×100
③ ㉢ – 림의 직경(단위 : inch)
④ ㉣ – 하중 지수(91＝615kg$_f$)

03 출제빈도 ★★☆

다음 레이디얼 타이어의 치수 표기에서 14가 의미하는 것은 무엇인가?

> P 195 / 60R 14 85 H

① 타이어의 편평비(%)
② 타이어의 폭(cm)
③ 타이어의 단면폭(cm)
④ 림의 사이즈(inch)

04 출제빈도 ★★☆

타이어에 표시된 기호와 숫자의 의미가 잘못 연결된 것은?

> P 195 / 60R 14 85 H

① 195-타이어 폭(mm)
② 60-타이어의 편평비
③ R-타이어 구조(레이디얼 타이어)
④ 14-림 사이즈(타이어 내경-inch)
⑤ H-타이어의 높이

05 출제빈도 ★★★

타이어 규격이 〈보기〉와 같을 때 타이어폭과 편평비의 값으로 맞는 것은?

┤ 보기 ├
245/45 R 18 103 W

① 245mm, 18
② 24.5cm, 45
③ 18cm, 45
④ 18inch, 245

06 출제빈도 ★★★

승용차 타이어 호칭기호 210/70R 17에 대한 설명으로 옳지 않은 것은?

① 타이어의 폭이 210mm이다.
② 편평비가 70%이다.
③ 레이디얼 타이어이다.
④ 휠의 림 반경이 17인치이다.

07 출제빈도 ★★★

다음은 타이어 규격을 나타낸 것이다. 타이어의 편평비로 옳은 것은?

> P 205 / 60 R 18 85 V

① 18%
② 60%
③ 85%
④ 205%

08 출제빈도 ★★☆

205/60 R 17의 호칭 치수에서 타이어의 높이는 얼마인가?

① 123mm
② 254mm
③ 341mm
④ 348.5mm

09 출제빈도 ★★☆

타이어 규격이 〈보기〉와 같을 때 타이어 높이에 가장 가까운 값은?

┤ 보기 ├
235/55 R 17 103 W

① 12cm
② 13cm
③ 14cm
④ 15cm

10 출제빈도 ★★☆

타이어 호칭 표시 "205 / 60 R 15 89 H̲"에서 밑줄 친 H가 뜻하는 것으로 맞는 것은?

① 편평비
② 타이어 폭
③ 하중지수
④ 속도기호

11 출제빈도 ★★★

타이어 치수 P195/60R14 85H에서 60이 가리키는 것은?

① 타이어 폭
② 편평비
③ 림 사이즈
④ 허용 하중코드

12 출제빈도 ★★★

다음 중 타이어 옆면의 표기 '195/60R14 85H'에서 '85'가 나타내는 것은 무엇인가?

① 하중 지수
② 평편도
③ 부하능력
④ 속도기호

13 출제빈도 ★★☆

타이어 표시기호 및 호칭이 보기와 같을 때의 설명으로 거리가 먼 것은?

P195 / 60 R 14 85 H
ⓐ   ⓑ ⓒ ⓓ

① ⓐ의 195는 타이어의 공칭 단면너비를 뜻하며 단위는 mm를 사용한다.
② ⓑ의 60은 공칭 편평비를 뜻한다.
③ ⓒ의 R은 타이어의 종류로 레이디얼 타이어를 뜻한다.
④ ⓓ의 14는 림의 반경을 나타내며 단위는 inch를 사용한다.

14 출제빈도 ★★☆

다음 보기의 타이어 표시기호에 관련된 설명으로 틀린 것을 고르시오.

┤ 보기 ├
P195 / 60R14 85 H

① P는 상용차용 타이어란 표시이다.
② 195는 타이어의 너비를 나타내고 단위는 mm를 사용한다.
③ 60은 편평비로 폭 195mm에 대한 높이의 비로 나타낼 수 있다.
④ R은 레이디얼 타이어를 나타내는 뜻으로 흡착성이 우수하여 고속주행 시 좋고 조종 안정성이 뛰어나다.

15 출제빈도 ★★☆

타이어의 규격표시 중 편평비에 대한 설명으로 옳은 것은?

① 타이어 단면의 높이에 대한 단면의 폭의 비율
② 타이어 단면의 높이에 대한 타이어 안지름의 비율
③ 타이어 단면의 폭에 대한 단면의 높이의 비율
④ 타이어 단면의 폭에 대한 타이어의 안지름의 비율

16 출제빈도 ★★★

타이어의 사이드에 다음과 같은 호칭이 표시되어 있다. 편평비와 림의 직경을 각각 나타낸 것을 보기 중에 고르시오.

┤ 보기 ├
195 / 65R16 84 H

① 195, 65
② 65, 16
③ 16, 84
④ 84, 195

17 출제빈도 ★★★

승용자동차의 타이어 제원이 215/45 R17 91H라면, 이에 대한 설명으로 가장 옳은 것은?

① 타이어의 폭은 215mm이다.
② 타이어의 옆면의 높이는 45mm이다.
③ 레이디얼 타이어이며, 림 반지름은 17inch이다.
④ 최고속도는 91km/h임을 의미한다.

18 출제빈도 ★★☆

규격이 다음과 같은 타이어의 높이가 12cm 일 때, 괄호 안에 들어갈 숫자로 옳은 것은?

> P250 / ( ) R 15 85 H

① 12　　　　　　② 48
③ 80　　　　　　④ 208

19 출제빈도 ★★☆

〈보기〉의 규격을 갖는 타이어의 외경과 가장 유사한 값[mm]은? (단, 1 inch=25.4mm로 계산한다.)

┤ 보기 ├
> 245/45　R　18　97　W

① 653　　　　　　② 678
③ 696　　　　　　④ 705

20 출제빈도 ★☆☆

레이디얼 타이어의 호칭치수를 나타내는 기호 중 H의 허용 최고속도는 몇 Km/h인가?

① 160　　　　　　② 180
③ 210　　　　　　④ 230

21 출제빈도 ★★☆

튜브리스 타이어(Tub-less tire)에 대한 설명으로 가장 거리가 먼 것은?

① 고속 주행 시 발열이 적은 편이다.
② 드릴 피스나 못 등이 박혀도 급격한 공기 누출이 적다.
③ 튜브가 없기 때문에 무게가 가볍고 펑크 수리가 간단하다.
④ 휠의 림 부분이 일부 변형되어도 주행하는 데 크게 지장이 없다.

22 출제빈도 ★★☆

우천 시 사용하기 가장 부적당한 타이어로 맞는 것은?

① 튜브-리스 타이어
② 레이디얼 타이어
③ 바이어스 타이어
④ 슬릭 타이어

23 출제빈도 ★★☆

자동차가 주행 중 타이어에 펑크가 발생 시 차체가 균형을 잃는 것을 방지하기 위해 사이드 월에 강성을 강하게 한 타이어로 맞는 것은?

① 스노 타이어　　② 평편 타이어
③ 바이어스 타이어　④ 런 플렛 타이어

24 출제빈도 ★★★

타이어의 트레드(Tread)에 관한 설명으로 가장 거리가 먼 것은?

① 트레드 패턴은 전진·방향 및 옆·방향 미끄럼을 원활하게 한다.
② 타이어 내부에 생긴 열을 방출해 준다.
③ 트레드부에 생긴 절상 등의 확산을 방지한다.
④ 구동력과 선회성능을 향상시킨다.

25 출제빈도 ★★☆

〈보기〉의 타이어 패턴에 해당하는 것은?

┤ 보기 ├

① 러그패턴　　　　② 블록패턴
③ 리브패턴　　　　④ 리브-러그패턴

26 출제빈도 ★★★

자동차 타이어의 구조 중 공기압에 견디면서 일정한 체적을 유지하고, 하중이나 충격에 완충작용을 하는 타이어의 뼈대가 되는 부품은?

① 트레드(Tread)
② 카커스(Carcass)
③ 비드(Bead)
④ 브레이커(Breaker)

27 출제빈도 ★★★

타이어의 뼈대가 되는 부분으로서 공기압력을 견디어 일정한 체적을 유지하고 또 하중이나 충격에 따라 변형하여 완충작용을 하는 것은?

① 브레이커
② 카커스
③ 트레드
④ 비드부

28 출제빈도 ★★★

타이어의 뼈대에 해당하며 플라이수로 표기되는 것은?

① 카커스
② 숄더
③ 브레이커
④ 비드

29 출제빈도 ★★☆

다음 타이어에 대한 설명에서 ㉠에 들어갈 단어로 가장 적당한 것은?

• (㉠)는 타이어의 고압을 유지하기 위한 골격으로 고무로 피복한 섬유층을 가로방향으로 여러 가닥 겹쳐서 만든다.
• (㉠)는 사용하는 자동차 타이어의 공기 압력에 맞추어 필요한 개수로 겹쳐서 뼈대부를 만든다.

① 브레이커(Breaker)
② 카커스(Carcass)
③ 비드(Bead)
④ 트레드(Tread)

30 출제빈도 ★★☆

타이어에서 노면과 직접 접촉하는 부분으로 제동력과 구동력, 옆 방향 미끄러짐 등을 제어하기 위해 필요한 것을 무엇이라 하는가?

① 브레이커
② 카커스
③ 트레드
④ 바이어스

31 출제빈도 ★★☆

자동차 타이어에서 상하방향으로 신축하며 노면의 충격을 받아들이는 부분의 명칭은?

① 트레드
② 숄더
③ 카커스 코드
④ 사이드 월

32 출제빈도 ★★☆

자동차 타이어에서 자동차 휠의 림과 접촉하는 부분으로 공기압을 유지토록 하는 부분은?

① 트레드(tread)
② 브레이커(breaker)
③ 카커스(carcass)
④ 비드(bead)

33 출제빈도 ★★☆

타이어에서 각 주요부의 명칭과 정의로 옳지 않은 것은?

① 비드부 – 타이어의 골격을 이루는 부분으로 주행 중 노면 충격에 따라 변형되어 완충 작용을 한다.
② 트레드 – 원어는 "밟는다"는 뜻으로 타이어가 노면에 접하는 면을 말하며 좌우 바퀴의 간격 치수를 의미하기도 한다.
③ 사이드 월 – 카커스를 보호하고 유연한 굴신 운동으로 승차감을 향상시키는 역할을 한다.
④ 숄더 – 타이어의 어깨 부분으로 트레드와 사이드 월의 경계 부분을 말하며 주행 중 내부 발생 열을 쉽게 발산시키는 구조로 설계되어 있다.

34 출제빈도 ★★☆

타이어에 대한 설명으로 옳은 것은?

① 비드는 타이어의 공기가 빠져나오지 못하게 휠의 림 부분에 타이어를 밀착함으로써 타이어의 압력을 유지하는 부분이다.

② 카커스는 트레드 측면의 두꺼운 고무층으로 주행 중 내부 발생 열을 쉽게 발산시키는 구조로 설계되어 있다.

③ 브레이커는 타이어의 기본 골격으로 외부 충격과 타이어 압력을 견디는 역할을 한다.

④ 숄더는 트레드와 카커스 사이에 위치한 코드 벨트로서 타이어 둘레에 배치되어 내구성을 강화한다.

35 출제빈도 ★★☆

타이어의 구성 요소에 대한 설명으로 틀린 것은?

① 노면과 직접 접촉하는 부분을 트레드라 한다.

② 비드는 카커스와 트레드 사이에 위치한다.

③ 사이드월은 각종 제원과 치수에 대한 정표를 표기하는 곳이다.

④ 비드 와이어는 휠의 림에서 타이어의 이탈을 방지하고 비드가 느슨해지는 것을 막아준다.

36 출제빈도 ★★☆

타이어의 형상에 따른 분류 중 카커스의 코드를 빗금방향으로 하고 브레이커를 원둘레 방향으로 넣어서 만든 타이어를 무엇이라 하는가?

① 편평 타이어

② 레이디얼 타이어

③ 보통(바이어스) 타이어

④ 런 플렛 타이어

37 출제빈도 ★★☆

타이어에 대한 설명으로 가장 거리가 먼 것은?

① 대부분의 승용차에서는 튜브리스 타이어를 사용한다.

② 고압 타이어의 호칭 방법 중 타이어의 직경은 mm로 표기한다.

③ 트레드 홈의 가장 깊은 곳에서 높이가 1.6mm되는 지점에 트레드 웨어 인디케이터를 둬야 한다.

④ 바이어스 타이어는 카커스 코드를 사선방향으로 하고 바깥쪽에 브레이커를 원둘레로 넣어 제작한다.

38 출제빈도 ★★☆

타이어 공기압이 규정압력보다 높을 때의 영향으로 거리가 먼 것은?

① 연료소비량이 증가한다.

② 타이어 트레드의 중심부 마모가 촉진된다.

③ 조향핸들이 가벼워진다.

④ 주행 중 충격의 증가로 승차감이 저하된다.

39 출제빈도 ★★☆

타이어 공기압이 규정보다 높을 때의 현상으로 맞는 것은?

① 구름 저항이 증가한다.

② 노면 충력의 흡수력은 증가되지만 트레드의 마모도가 높아진다.

③ 주행 시 진동저항 증가로 승차감이 저하된다.

④ 고속 주행 시 스탠딩웨이브 현상이 잘 발생된다.

40 출제빈도 ★★☆

타이어 공기압에 대한 설명 중 맞는 것은?

① 공기압이 높으면 더 많은 공기가 주행 중 발생하는 충격을 완화시켜주므로 승차감이 좋아진다.
② 공기압이 낮으면 고속 주행 시 타이어의 접지부에 열이 축적되어 심할 경우 타이어가 파손되기도 한다.
③ 공기압이 낮으면 타이어 접지면의 가운데 부분의 마모가 심해진다.
④ 공기압이 높을 때보다 낮을 때가 수막현상이 잘 발생되지 않는다.

41 출제빈도 ★★★

고속도로 통행 시 타이어 공기압을 10~20% 증가시키는 이유는?

① 베이퍼록 현상 방지
② 하이드로 플래닝 현상 방지
③ 브레이크 페이드 현상 방지
④ 스탠딩웨이브 현상 방지

42 출제빈도 ★★★

타이어 공기압의 부족으로 고속주행 시 타이어에 물결무늬가 생기는 현상을 무엇이라 하는가?

① 스탠딩웨이브   ② 하이드로 플래닝
③ 히트 세퍼레이션 ④ 플랫 스폿

43 출제빈도 ★★★

자동차 타이어의 공기압이 낮은 상태에서 고속주행 시 바닥면이 받는 원심력과 타이어 내부의 고열로 인해 트레드 부분이 분리되어 파손되는 현상으로 옳은 것은?

① 수막현상
② 스키드 마크 현상
③ 스탠딩웨이브 현상
④ 페이드 현상

44 출제빈도 ★★☆

스탠딩웨이브 현상에 대한 다음 설명 중 잘못된 것은?

① 고속주행 시 발생한다.
② 스탠딩웨이브 현상이 발생하면 구름저항이 감소한다.
③ 스탠딩웨이브 상태에서는 트레드가 원심력을 견디지 못하고 떨어져 타이어가 파손된다.
④ 스탠딩웨이브를 방지하기 위해서는 타이어의 공기압을 표준공기압보다 10~20% 정도 높여주어야 한다.

45 출제빈도 ★★★

〈보기〉와 같이 타이어 공기압이 낮은 상태에서 고속으로 주행 시 일정 속도 이상이 되면 타이어 접지부 뒷부분이 부풀어 물결처럼 주름이 접힌 뒤 타이어 파손이 발생한다. 이 현상으로 옳은 것은?

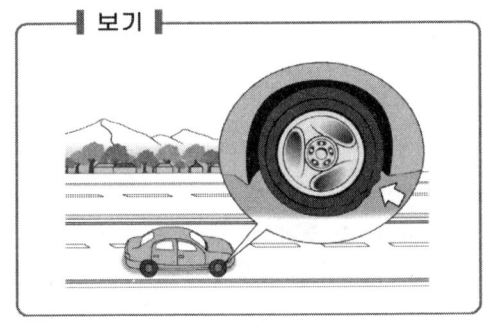
┤ 보기 ├

① 베이퍼록(Vapor lock) 현상
② 스탠딩웨이브(Standing wave) 현상
③ 하이드로 플래닝(Hydro-planing) 현상
④ 롤링(Rolling) 현상

46 출제빈도 ★★☆

스탠딩웨이브 현상을 줄이기 위한 방법으로 틀린 것은?

① 슬릭 타이어를 사용하여 슬립을 최소화한다.
② 강성이 강한 레이디얼 타이어를 사용한다.
③ 타이어의 공기 압력을 10~15% 정도 높여준다.
④ 노면과의 진동저항을 줄이기 위해 속도를 낮춰서 주행한다.

47 출제빈도 ★★★

물에 젖은 노면 주행 시 타이어가 노면에 직접 접촉하지 못하고 물의 층에 의해 떠 있는 상태에서 주행하는 현상을 무엇이라 하는가?

① 요잉
② 히스테리시스
③ 스탠딩웨이브
④ 하이드로 플래닝

48 출제빈도 ★★★

하이드로 플래닝(Hydro planing : 수막현상)을 방지하는 방법으로 옳지 않은 것은?

① 트레드 마멸이 적은 타이어를 사용한다.
② 타이어의 공기 압력과 주행 속도를 낮춘다.
③ 리브 패턴의 타이어를 사용한다.
④ 트레드 패턴을 카프(calf)형으로 셰이빙(shaving) 가공한 것을 사용한다.

49 출제빈도 ★★★

아래 보기에서 하이드로 플래닝 현상을 방지하기 위한 방법으로 옳은 것으로만 짝지어진 것은?

┤ 보기 ├

㉠ 트레드 마모가 적은 타이어를 사용한다.
㉡ 러그패턴의 타이어를 사용한다.
㉢ 타이어의 공기압을 10~15% 정도 높인다.
㉣ 트레드 패턴을 카프(calf)형으로 하고 셰이빙(shaving) 가공한 것을 사용한다.

① ㉠, ㉡
② ㉠, ㉢, ㉣
③ ㉡, ㉢, ㉣
④ ㉠, ㉡, ㉢, ㉣

50 출제빈도 ★★★

빗길을 주행할 때 빗물에 의해 타이어가 노면에 직접 접촉되지 못하고 수막만큼 공중에 떠 있어 구동력 및 제동력이 저하되는 현상을 무엇이라 하는가?

① 스탠딩웨이브 현상
② 하이드로 플래닝 현상
③ 자이로 현상
④ 서징 현상

51 출제빈도 ★★★

타이어에서 발생되는 수막현상(hydroplaning)에 대한 설명으로 맞는 것은?

① 타이어의 형태 변형과 복원이 수막현상의 주된 원인이다.
② 수막현상 발생 시 구름저항이 크게 증가한다.
③ 수막현상 발생 시 구동력과 선회력이 상실될 수 있다.
④ 고속 주행 시 수막현상이 빠르게 제거된다.

52 출제빈도 ★★☆

물이 고인 도로를 고속으로 주행할 경우 노면의 얇은 수면 위를 주행하게 된다. 이 경우 제동력과 조향능력을 잃게 되는 수막현상(하이드로 플래닝)이 발생하게 된다. 〈보기〉에서 수막현상을 방지하기 위한 방법을 모두 고른 것은?

┤ 보기 ├

ㄱ. 트레드 마모가 적은 타이어를 사용한다.
ㄴ. 타이어 공기압을 낮게 한다.
ㄷ. 주행속도를 낮게 한다.

① ㄱ, ㄴ   ② ㄱ, ㄷ
③ ㄴ, ㄷ   ④ ㄱ, ㄴ, ㄷ

53 출제빈도 ★★★

주행 중 하이드로 플래닝 발생 시 조치 사항으로 가장 거리가 먼 것은?

① 타이어 공기압을 낮추고 저속으로 주행한다.
② 타이어 트레드 모양을 카프형으로 사용하면 이 증상을 줄이는 데 도움이 된다.
③ 급격한 페달 조작은 미끄럼을 더 발생시키므로 급가속이나 급브레이크를 피한다.
④ 타이어 마모 상태를 평소에 점검하여 이 증상을 미연에 방지할 수 있다.

54 출제빈도 ★★☆

다음 타이어에 관련된 설명으로 틀린 것을 고르시오.

① 스탠딩웨이브는 고속으로 달리는 타이어의 접지부 뒤쪽에 나타나는 파상의 변형을 말하는 것으로 접지부 앞쪽으로 향하는 물결은 타이어 회전으로 추월되어 사라지고, 뒤쪽으로만 물결이 생겨난다.
② 타이어 규격이 185/60 R17일 때 185는 타이어폭(단위:mm)을 뜻한다.
③ 타이어비드는 카커스를 보호하기 위해 트레드와 카커스 사이에 삽입된 코드층으로 외부 충격을 완화시키고 카커스의 손상도 방지한다.
④ 하이드로 플래닝은 고속으로 빗길을 달리면 타이어와 노면 사이의 빗물 때문에 타이어가 노면에 접지하지 않고 위로 뜬 상태의 현상을 말한다.

55 출제빈도 ★★☆

다음 중 자동차의 연료절약 방법과 가장 거리가 먼 것은?

① 자동차 내 전원사용을 줄인다.
② 급가속, 급제동, 급출발을 삼가한다.
③ 불필요한 공회전을 하지 않는다.
④ 적정한 타이어 공기압을 유지한다.

01	02	03	04	05	06	07	08	09	10
④	①	④	⑤	②	④	②	①	②	④
11	12	13	14	15	16	17	18	19	20
②	①	④	④	④	②	①	②	②	③
21	22	23	24	25	26	27	28	29	30
④	④	④	④	③	②	②	①	②	③
31	32	33	34	35	36	37	38	39	40
④	④	④	④	②	③	②	①	③	②
41	42	43	44	45	46	47	48	49	50
④	①	③	②	②	①	④	②	②	②
51	52	53	54	55					
③	②	①	③	①					

01. • **드롭센터 림** : 타이어 탈착을 쉽게 하기 위해서 림 중앙부를 깊게 한 것, 소형 트럭이나 승용차에 주로 사용

• **2 분할 림** : 타이어 탈착이 용이하고 주로 항공기용 림에 주로 사용, 좌우 같은 모양의 강판을 볼트, 너트로 결합하는 림, 주로 직경이 작은 자동차에 많이 사용된다.

• **인터림** : 플랫 베이스 림을 겨냥한 것으로 비드 시트 부분을 넓게 하고 사이드 림의 모양을 바꾸어서 타이어를 정확하게 결합시키도록 했다. 림의 폭이 넓기 때문에 타이어의 공기 용적도 크게 된다.

• **플랫 베이스 림** : 비드 시트 부분을 한쪽만 설치하고 사이드 링을 설치하여 타이어 탈착을 쉽게 하여 트럭이나 버스용 고압타이어에 사용한다. 비드 시트가 없어 타이어에 받는 하중이 플랜지에 집중되는 단점이 있다.

02. ① ㉠ – 타이어의 폭(단위 : mm)

참고) 하중지수(LI)표시

단위 : kg₍

LI	허용하중	LI	허용하중	LI	허용하중	LI	허용하중	LI	허용하중
80	450	85	515	90	600	95	690	100	800
81	462	86	530	91	615	96	710		
82	475	87	545	92	630	97	730		
83	487	88	560	93	650	98	750		
84	500	89	580	94	670	99	775		

03. 레이디얼 타이어의 호칭표시

P195 / 60R14 85 H

• P : 승용차용 • 195 : 타이어 폭(mm)
• 60 : 편평비(%) • R : 레이디얼 타이어
• 14 : 림 직경 or 타이어 내경(inch)
• 85 : 하중지수 • H : 속도 기호

참고) 대형 레이디얼 타이어

　　　12 R 22.5

• 12 : 타이어 폭(inch)
• R : 레이디얼 타이어
• 22.5 : 림 직경(inch)

05. 타이어폭은 245mm(24.5cm)이고 편평비는 45이다.

06. 휠의 림 직경이 17인치이다.

07. P : 승용차용, 205 : 타이어 폭(mm)
R : 레이디얼 타이어, 18 : 타이어 내경(inch)
85 : 하중지수, V : 속도기호

08. 편평비 $= \dfrac{\text{타이어 높이}}{\text{타이어 폭}} \times 100$

$60 = \dfrac{H}{205mm} \times 100, \ H = 123mm$

09. $55 = \dfrac{H}{235mm} \times 100, \ H = 129mm ≒ 13cm$

12. 195 → 단면폭(mm) / 60 → 편평비(%) / R14 → 림 직경(inch) / 85 → 하중지수(Load Index) / H → 속도기호(Speed Symbol)

13. ㉣의 14는 림의 직경 또는 타이어의 내경을 뜻하며 단위는 inch를 사용한다.

14. P=Passenger : 승용차용
LT=Light Truck : 소형 상용차용
T=Temporary : 임시용
북미 수출용에는 반드시 표기를 해야 하지만 국내에는 P를 생략해서 사용한다.

15. ② 편평비가 45이다.

③ 림의 지름이 17inch이다.

④ 하중지수가 91(615kg$_f$)이다.

16. • **타이어 높이**

$$45 = \frac{H}{245mm} \times 100, \ H ≒ 110mm$$

타이어의 전체 외경에 타이어 높이가 2군데이므로 외경에서 타이어 높이가 차지하는 길이는 220mm 이다.

• **타이어의 내경** : $18 \times 25.4mm = 457.2mm$ 이므로 타이어의 전체 외경은 677.2mm가 된다.

18. 편평비 = (타이어 높이÷단면폭)×100
= (120÷250)×100 = 48

20. • **속도 기호 표시**

기호	속도 (km/h)	기호	속도 (km/h)	기호	속도 (km/h)
B	50	L	120	T	190
C	60	M	130	U	200
D	65	N	140	H	210
E	70	P	150	V	240
F	80	Q	160	W	270
G	90	R	170	Y	300
J	100	S	180	ZR	240 이상
K	110				

21. 휠의 림 부분이 변형되어 타이어와의 밀착이 불량하면 공기가 누출되기 쉽다.

22. • **슬릭 타이어** : 슬릭은 매끈하다는 뜻으로 트레드 패턴이 없어 대부분 경주용으로 많이 사용되는데 곳곳에 작은 구멍이 있어 마모의 한계는 알 수 있도록 했다. 건조하고 평평한 도로에서는 마찰력이 증대되어 효율적일 수 있으나 비오는 날엔 수막현상이 발생될 확률이 높은 구조이다.

23. • **런 플랫 타이어** : 사이드 월에 강성을 더 함, 펑크 발생 시 탈 균형 방지

24. 타이어의 전진 방향 및 옆 방향 미끄럼을 줄여주는 기능을 한다.

25.

(a) 리브패턴　(b) 러그패턴　(c) 리브-러그 패턴　(d) 블록패턴

26. ① 트레드(Tread) : 원어는 "밟는다."는 뜻으로 타이어가 노면에 접하는 면을 말하며 좌우 바퀴의 간격 치수를 의미하기도 한다.

③ 비드(Bead) : 타이어의 공기가 빠져나오지 못하게 휠의 림 부분에 타이어를 밀착함으로써 타이어의 압력을 유지하는 부분이다.

④ 브레이커(Breaker) : 트레드와 카커스 사이에 위치한 코드 벨트로서 타이어 둘레에 배치되어 내구성을 강화한다.

27. • **타이어 단면의 구조**

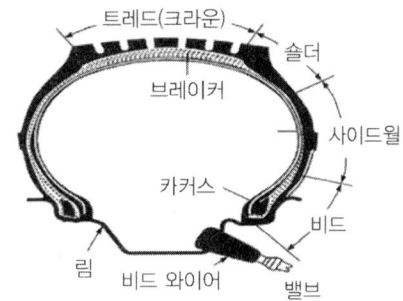

28. • **플라이수** : 카커스를 구성하는 코드 층의 수로 주로 타이어 강도를 나타내는 지수로 사용 (2PR~24PR, 짝수로 이루어 짐 – 승용 : 4~6, 트럭, 버스 : 8~16)

29. 카커스(carcass)는 타이어의 뼈대 역할을 하며 내부 공기압을 지탱하고 하중을 받는다.

31. 보훈청의 변별력 문제로 판단된다. 노면과 직접 맞닿는 부분은 트레드이지만 상하로 신축(늘고 줄면서), 충격을 흡수하는 역할을 사이드 월에서 담당한다.

33. ①은 카커스에 대한 설명이다.

비드부 – 휠의 림과 직접 접촉되어 접착시키고 코드지의 끝 부분을 감아 주어 공기압이 급격히 감소되어도 타이어가 림에서 빠져나가지 않도록 하는데 이것은 내부에 비드선(bead wire)이 원둘레 방향으로 몇 가닥 들어 있기 때문이다.

35. 카커스와 트레드 사이에는 브레이커가 위치한다.

36. 코드의 차이

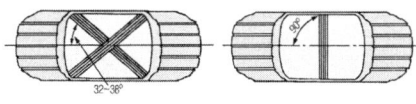

(a) 보통 타이어　　(b) 레이디얼 타이어

37. • **고압 타이어 호칭 방법** : 외경(인치) × 폭(인치) × 플라이수

38. 타이어 공기압이 규정보다 낮을 때 타이어 마모(양쪽 숄더에 가까운 트레드)가 심하고 연료소비량이 증가하게 된다.

39. • 타이어 공기압이 규정보다 높을 때
① 구름 저항은 감소한다.
② 노면의 충격 흡수가 잘 되지 않아 승차감이 나빠지고 트레드 중앙부의 마모가 발생한다.
④ 고속 주행 시 스탠딩웨이브, 빗길 주행 시 하이드로 플래닝 현상을 줄일 수 있다.

40. ① 타이어 공기압이 높으면 딱딱해져서 승차감이 떨어지게 된다.
② 스탠딩웨이브 현상에 대한 설명으로 맞는 내용이다.
③ 공기압이 낮으면 양쪽 모서리 부분의 마모가 심해진다.
④ 공기압이 낮을 때 수막현상이 더 잘 발생된다.

41. 고속도로라는 전제조건이 있으므로 스탠딩웨이브 현상 방지가 답이 된다.

42. ③ **히트 세퍼레이션** : 고열에 의해 타이어가 녹거나 분리되는 현상을 뜻한다.
④ **플랫 스폿** : 공기압이 부족한 상태에서 장기 주차 시 타이어 코드가 차체의 하중에 의해 꺾인 상태로 고정되는 것을 뜻한다.

44. 스탠딩웨이브 현상이 발생되면 구름저항은 증가한다.

45. ① **베이퍼록 현상** : 유압라인의 고열 및 잔압 저하로 인해 기포가 차는 현상
③ **하이드로 플래닝** : 수막현상
④ **롤링** : 스프링 위 질량 진동 중 X축을 기준으로 하는 회전운동

46. 슬릭 타이어는 경주용 타이어로 트레드 패턴이 없는 타이어를 뜻한다. 주행 시 큰 접지력을 가질 수 있지만 열을 방산시킬 수 있는 능력이 부족하여 스탠딩웨이브 현상을 줄이는 데는 도움이 되지 않는다.

48. 타이어의 공기 압력은 높이고 주행 속도는 낮추어야 수막현상을 줄이는 데 도움이 된다.

49. 하이드로 플래닝(수막현상)을 줄이는데 리브패턴의 타이어가 도움이 된다.
• **셰이빙** : 전단면을 깨끗하게 다듬는 것

50. • **자이로 현상** : 회전하고 있는 물체에만 발생하는 관성

카프형

51. 고속 주행 시 타이어가 물 위를 미끄러져 접지력이 상실되는 현상을 수막현상이라 한다. 이때 구름저항은 크게 감소되고 현상을 줄이기 위해서는 저속으로 주행을 해야 한다.

52. 타이어의 공기압은 높이는 것이 수막현상을 줄이는 데 도움이 된다.

53. 공기압을 낮추면 타이어가 노면과의 배수 성능이 떨어져 수막현상(hydroplaning)이 더 잘 발생된다. 수막현상을 줄이기 위해서 10% 정도 공기압을 높이는 것이 도움된다.

54. ③은 브레이커에 대한 설명이다.
타이어비드는 림에 고정하는 부분을 말하며 비드 와이어의 묶음이 섬유와 고무로 싸여 있다.

55. 발전기를 구동하는데 필요한 엔진의 부하는 다른 선지의 항목에 비해 연료를 소모하는 데 끼치는 영향이 상대적으로 작다.

현가장치(Suspension System)

■ 현가장치

☆ 승차감에 좋은 사이클: 60~120cycle/min

1. 스프링(금속제: 코일, 판, 토션바 스프링 / 비금속제: 공기·고무·스프링)

   (1) 판스프링(*섀클: 길이 변화에 대응)

      ① 장점 : 큰 진동 흡수율↑, 비틀림 진동에 강하고 주로 일체식 차축에 사용, 구조 간단,
          진동억제 작용이 큼(→ 판간 마찰 때문)

      ② 단점 : 작은 진동 흡수율↓, 승차감↓

   (2) 코일스프링(*독립식 현가장치에 주로 사용)

      ① 장점 : 작은 진동 흡수율↑, 승차감↑, 단위 중량당 에너지 흡수율이 큼

      ② 단점 : 큰 진동의 감쇠 작용 적음, 비틀림에 약함, 복잡한 구조, 쇽업소버와 병용

       * 스프링 정수가 적을 경우, 저속 시미의 원인

   (3) 토션 바 스프링

      ① 스프링 강이 막대로 되어있음(스프링의 세기: 단면적에 비례하고, 길이에 반비례)

      ② 특징 : 쇽업소버 병용, 좌우가 구분, 진동·감쇠 작용 없음, 단위 중량당 에너지 흡수율 가장
          큼(경량화 가능), 앵커암 조정나사(기계식)로 차고를 조정함

      [코일스프링과 토션 바 스프링] → 감쇠작용 X(*쇽업소버와 병용)

   (4) 공기 스프링(*고유 진동수를 일정하게 유지시킬 수 있음)

     - 압축 공기의 탄성 이용, 승차감↑

     ① 장점
        ㉠ 차고를 일정하게 유지 가능(* 레벨링 밸브의 역할)
        ㉡ 스프링 세기가 하중에 비례함(승차감 차이 X)
        ㉢ 탄성이 매우 유연(서지탱크의 역할), 진동 흡수율 좋음

                                          * 언로더 밸브
                                              압축기의 부하 경감

     ② 단점
      - 구조가 복잡하고 비쌈, 엔진 출력 일부 손실, 링크나 로드 필요(좌우 방향의 힘 지지 필요)

2. 쇽업소버

   * 기능 - 스피링의 진동을 신속히 감쇠 → 승차감 향상, 스프링의 피로 감소, 로드 홀딩 향상
       - 스프링의 상·하 운동에너지 → 열에너지로 변환

   (1) 텔레스코핑형

      ① 단동식 : 늘어날 때만 감쇠력 발생

      ② 복동식 : 상·하 모두 감쇠력 발생 → '노스업, 노스다운' 방지

          ↘ 스프링의 진동을 멈추게 하기 위한 쇽업소버의 저항력

        ㉠ 오버 댐핑 : 감쇠력이 커서 승차감이 나쁨

        ㉡ 언더 〃 : 〃 작아서 승차감이 저하

   (2) 드가르봉식 쇽업소버 - 유압식의 일종, 텔레스코핑의 개량형

     - 특징 : 간단한 구조, 방열 효과가 좋음, 오일실과 가스실이 분리되어 있음,
           내부에 질소가스 있음(30bar) → 분해금지

       오일의 기포 발생이 적어 장시간 작동되어도 감쇠 효과가 저하되지 않음

3. 스태빌라이저☆

   - 독립식 현가장치에서 사용되는 '토션바'의 일종

   - 선회 시 좌·우 롤링 방지, 차량의 평형 유지

4. 현가장치의 종류

(1) 일체식 및 독립식 현가장치의 비교

   ① 일체식 현가장치 – 대형 차량에서 주로 사용, 승차감 및 로드 홀딩이 좋지 않음,
                 구조 간단, 기울기가 적음.

   ② 독립식 현가장치

      ㉠ 승용차에서 주로 사용, 로드 홀딩이 좋음

      ㉡ 스프링 아래 질량이 작아 승차감이 좋고 시미를 잘 일으키지 않음
                                  ↳ 바퀴의 좌우 진동(동적 불평형)

      ㉢ 상수가 작은 스프링도 사용가능

   ③ 시미의 원인

      ㉠ 앞바퀴의 정렬 불량, 조향기어 마모, 공기압이 낮음

      ㉡ 바퀴의 변형 및 쇠약(*동적 불평형 : 고속 시미, 그 외 저속 시미)

(2) 독립식 현가장치의 종류

   ①

위시본 형식	평행사변형	SLA
위 · 아래 컨트롤 암의 길이	같다	위 < 아래
캠버	변화 X	변한다
윤거	변한다	변화 X
타이어 아모도	빠름	느림
		스프링 약해지면 → 부의 캠버

   ② 더블 위시본 형식 – 위시본 형식 보완

      ㉠ 맥퍼슨 형식 대비 강성이 크다, 구조가 복잡하고 넓은 설치 공간 필요

      ㉡ 캠버 · 캐스터의 변화가 작아 부드럽고 조향 안정성이 크다.

   ③ 맥퍼슨 형식☆

      ㉠ 스트럿과 조향너클이 일체로 된 형식, 엔진실의 유효 체적을 넓게 활용 가능

      ㉡ 스프링 아래 질량 작음 : 로드 홀딩, 승차감 우수

      ㉢ 승용차에 주로 사용함, 위시본 형식 대비 구조가 간단

   ④ 기타 현가장치

      ㉠ 트레일링 링크 형식 : 1~2개의 링크 또는 암으로 연결, 측면 저항이 약함

      ㉡ 스윙 차축 형식 : 좌 · 우로 분리한 차축이 독립적으로 운동, 소형과 후륜, 타이어 마모가 가장
           큼

5. 뒤 차축 구동 방식 → 구동 바퀴의 추력을 차체에 전달하는 방식

(1) 호치키스 구동 :   리어엔드 토크   → 판스프링이 흡수

(2) 토크 튜브 구동 :   〃   → 토크 튜브가 흡수

(3) 래디어스 암 구동 :   〃   → 2개의 암이 흡수

리어엔드 토크 → 「* 바퀴의 회전방향과 반대방향으로 차축이 회전하려는 힘」

6. 자동차의 진동☆(* 주행 중 멀미를 느끼는 진동: 45 cycle/min 이하)

(1) 스프링 위 질량의 진동 → 차체가 움직임	(2) 스프링 아래 질량의 진동 → 액슬 하우징의 움직임
① 롤링(X축 중심, 좌우)　② 피칭(Y축 중심, 앞 · 뒤) ③ 요잉(Z축 중심, 수평)　④ 바운싱(Z축 방향, 상 · 하) 　↳ 주로 선회 시 발생/요잉 → 차체의 회전운동 * 질량이 클수록: 승차감 좋음	① 휠 트램프(X축 중심, 좌우) ② 와인드업(Y축 중심, 앞 · 뒤) ③ 휠홉(Z축 방향, 상하) ④ 트위스팅(모든 진동 동시 발생) * 질량이 작을수록: 승차감 좋음

(3) 차량 전체 진동*
　　① 완더 : 한쪽으로 쏠렸다가 반대방향으로 쏠림
　　② 로드 스웨이 : 고속주행 시 앞부분이 제어 불가능한 심한 진동 일어남
　　③ 쉐이크 : 승·하차 시 발생(≠ 앤티쉐이크 : 쉐이크 진동을 억제해 줌)

■ 전자제어 현가장치(ECS)☆

- ECU에 의해 감쇠력 및 차고를 주행 조건에 따라 자동적으로 변환시킴
(댐핑력 조절, 조향 휠의 감도 선택, 차고 조절 작용)
　　↳ 감쇠력 변환(오토, 소프트, 하드) / 스프링 상수(소프트, 하드) / 차고 변환(노멀, 로우, 하이)
- 장점 : 급제동시 노스다운 방지(=앤티다이브 제어) / 승차감↑, 충격 저감
　　　　조향 시 쏠림 방지 / 주행 시 차고 조정, 안정성↑

(1) 구성 : 각종센서, 공기 압축기, 액추에이터, 공기 챔버
　　① 조향 휠 각속도 센서 : 핸들 작동 속도 감지
　　② G센서 : 롤(roll) 제어로 사용
　　③ 차속 센서 : 속도계 내에 설치, 변속기 출력축 회전수 입력
　　④ TPS : 급가·감속에 따른 스프링 상수와 감쇠력 조절
　　⑤ 차고 센서(옵티컬 방식, 가변저항 방식)
　　　　- 앞·뒤 차축에 설치 / 2개 이상 설치
　　⑥ ECU : 각종 액추에이터를 작동시킴
　　⑦ 공기 압축기 : 공기탱크의 압력을 유지시켜 줌
(2) ECS 쇽업소버 제어
　　① 감쇠력 제어 : 액추에이터, 스위칭 로드, 오리피스
　　② 높이 제어 : 공기탱크의 체적과 쇽업소버의 길이를 증가시킴
(3) 동적 제어
　　① 앤티 롤링 제어: 선회 시 바깥쪽 스트럿 압력↑
　　② 앤티 스쿼트 제어(노스업 제어), 앤티 다이브 제어(노스다운 제어)
　　③ 앤티 피칭 제어(요철 주행 시 쇽업소버 감쇠력 증가)
　　④ 앤티 바운싱 제어(G센서 검출)
　　⑤ 차속 감응 제어(고속 주행 시: 소프트 → 미디움, 하드로 변환)
　　⑥ 앤티 쉐이크 제어(승·하차 시 : 감쇠력 하드로 변환)
(4) 기타 제어
　　① 스카이 훅 제어 : 스프링 위 차체에 훅을 고정시켜 차체를 제어함
　　② 프리뷰 제어 : 초음파로 노면을 감지하여 감쇠력 제어
　　③ 퍼지 제어 :　㉠ 도로면 대응 제어: 상·하 진동을 주파수로 분석
　　　　　　　　　　㉡ 등판·하강 제어: 앤티롤 제어시기 조절
　　* 모드 표시등 : 고장 시 점등

01
출제빈도 ★★☆

일반적으로 차축과 차체 사이에 설치되어 노면의 충격을 흡수, 운전자의 승차감을 향상시키고 구동바퀴의 구동력 및 제동력을 차체에 전달하는 장치를 무엇이라 하는가?

① 동력전달장치
② 제동장치
③ 현가장치
④ 조향장치

02
출제빈도 ★★☆

주행 중 차량이 요철이나 노면이 좋지 않은 도로를 주행할 때 지면으로부터 받는 충격을 흡수하여 운전자가 받는 충격을 줄여주는 장치를 무엇이라 하는가?

① 제동장치
② 동력전달장치
③ 조향장치
④ 현가장치

03
출제빈도 ★★☆

현가장치는 주행 중에 노면을 통해 발생하는 충격을 흡수하여 승차감과 안전성을 향상시키는 장치이다. 다음 중 현가장치에 포함되지 않는 것은?

① 쇽업소버(shock absorber)
② 킹핀(king pin)
③ 스태빌라이저(stabilizer)
④ 섀시 스프링(chassis spring)

04
출제빈도 ★★☆

다음 중 현가장치에 대한 설명으로 맞는 것은?

① 토션 바는 비틀림 탄성을 이용하여 완충 작용을 하는 스프링으로 가늘고 긴 막대모양을 하고 있으며 구조가 간단하다.
② 타이로드는 길이를 조절하여 토인 값을 바꿀 수 있다.
③ 판스프링은 스프링 아래 질량이 커서 승차감이 우수하다.
④ 코일 스프링은 감은 수가 많을수록, 감은 지름이 클수록 딱딱해진다.

05
출제빈도 ★★☆

차체 하중에 대해 일정한 높이를 유지할 수 있도록 설계가 가능한 현가장치로 가장 적당한 것은?

① 공기스프링   ② 스태빌라이저
③ 코일스프링   ④ 판스프링

06
출제빈도 ★★☆

주행 중 차량의 무게 중심 변화에 차고를 일정하게 유지시켜 주기 위한 현가장치로 적합한 것은?

① 공기스프링   ② 고무스프링
③ 금속스프링   ④ 유체스프링

07
출제빈도 ★★☆

공기스프링에 대한 설명 중 거리가 먼 것은?

① 대형차에 주로 사용된다.
② 스프링 정수가 높다.
③ 종류에는 벨로즈, 다이어프램, 복합형 등이 있다.
④ 고유진동수를 낮출 수 있다.

08 출제빈도 ★★☆

다음 중 공기스프링의 특징에 대한 설명으로 틀린 것은?

① 비금속 스프링을 사용하므로 스프링 아래 질량 및 차체의 중량을 줄일 수 있어 승차감이 아주 우수하다.
② 하중이 변화해도 차체 높이를 일정하게 유지할 수 있다.
③ 스프링의 강도를 하중에 비례하여 바꿀 수 있다.
④ 진동 흡수율이 좋아 승차감이 좋으며 주로 버스나 대형화물차 등에서 사용한다.

09 출제빈도 ★★☆

공기스프링의 장점이 아닌 것은?

① 중량에 상관없이 차체 높이를 항상 일정하게 유지한다.
② 스프링의 세기가 하중에 비례한다.
③ 매우 유연하므로 진동 흡수율이 양호하다.
④ 공기 압축기를 구동해야 하므로 엔진의 출력에 손실이 발생한다.

10 출제빈도 ★★☆

다음 중 현가장치 구성품에 해당하는 것은?

① 너클 암   ② 타이로드
③ 쇽업소버   ④ 아이들 암

11 출제빈도 ★★☆

주행 중 노면에서 받은 충격 및 진동을 완화시키는 장치로만 연결된 것은?

① 겹판스프링, 토션빔, 타이로드
② 코일스프링, 쇽업소버, 토션빔
③ 로워암, 너클, 쇽업소버
④ 아이들 암, 쇽업쇼버, 스태빌라이저

12 출제빈도 ★★☆

다음 중 쇽업소버(shock absorber)의 기능으로 옳은 것은?

① 차량 선회 시 롤링(rolling)을 감소시켜 차체의 평형을 유지시켜 준다.
② 스프링의 잔 진동을 흡수하여 승차감을 향상시킨다.
③ 폭발행정에서 얻은 에너지를 흡수하여 일시 저장하는 역할을 한다.
④ 기관 작동에 알맞게 흡·배기밸브를 열고 닫아준다.

13 출제빈도 ★★☆

앞엔진 앞구동 기관에서 코일 스프링의 진동을 감쇠시키는 장치로 가장 적당한 것은?

① 쇽업소버   ② 부싱
③ 볼조인트   ④ 멀티링크

14 출제빈도 ★★☆

쇽업소버의 기능으로 맞는 것은?

① 노면의 충격을 직접 흡수한다.
② 스프링의 진동을 흡수하는 감쇠력의 역할을 한다.
③ 열에너지를 상하운동에너지로 변환하여 제어한다.
④ 수축하는 쪽의 감쇠력을 늘어나는 쪽의 감쇠력보다 크게 한다.

15 출제빈도 ★★☆

다음 중 노면의 충격을 흡수하는 것은?

① 쇽업소버
② 프레임
③ 타이어
④ 타이로드

16 출제빈도 ★☆☆

쇽업소버의 이물질 유입을 방지하는 장치는?

① 피스톤
② 스프링
③ 실
④ 더스트 커버

17 출제빈도 ★★☆

자동차의 차체와 차축 사이에 설치되어 노면의 요철이나 단차 외에 선회시나 급제동시의 차체의 상하좌우 움직임을 허용하고 또한 충격을 완화하기 위한 현가장치의 구성요소가 아닌 것은?

① 스태빌라이저
② 쇽업소버
③ 스프링
④ 피트먼 암

18 출제빈도 ★★☆

다음 중 현가장치의 구성요소가 아닌 것은?

① 스태빌라이저
② 스트럿
③ 타이로드
④ 코일스프링

19 출제빈도 ★★☆

다음 중 현가장치와 관련이 없는 것은?

① 스태빌라이저
② 각 부 금속 연결부의 부싱
③ 종감속장치
④ 코일스프링

20 출제빈도 ★★☆

현가장치에 사용하는 스프링 중 진동, 감쇠 작동이 없는 것은?

① 판스프링
② 토션바스프링
③ 고무스프링
④ 공기스프링

21 출제빈도 ★★☆

현가장치 중 긴 막대 형식의 스프링 강을 활용한 것으로서 비틀림 작용을 이용하여 차량의 기울기를 억제하는 스프링을 무엇이라 하는가?

① 코일스프링
② 판스프링
③ 토션바스프링
④ 멀티링크스프링

22 출제빈도 ★★★

스태빌라이저에 대한 설명으로 맞는 것은?

① 추진축에서 받는 동력을 직각이나 또는 직각에 가까운 각도로 바꾸어 뒤차축에 전달한다.
② 변속기로부터 최종감속기어까지 동력을 전달한다.
③ 스프링이 받는 고유진동을 흡수·완화하여 승차감을 좋게 한다.
④ 고속으로 선회할 때 차체의 좌우 진동을 완화시킨다.

23 출제빈도 ★★★

자동차가 고속으로 선회할 때 차체의 좌·우 진동을 완화하게 해주는 것은?

① 토인
② 겹판 스프링
③ 타이로드
④ 스태빌라이저

24 출제빈도 ★★★

독립현가식 장치에서 토션바라고도 하며, 고속 선회 시 차체의 롤링을 방지하는 것은?

① 스태빌라이저
② 차동기어
③ 유니버설조인트
④ 최종감속장치

25 출제빈도 ★★★

독립현가식 자동차는 기울기가 크기 때문에 선회할 때 롤링을 감소하고 차체의 평형을 유지하기 위해 사용되는 장치는?

① 스태빌라이저
② 현가스프링
③ 쇽업소버
④ 캐스터

26 출제빈도 ★★★

현가장치의 구성 부품으로 옳은 것은?

① 타이로드(tie-rod)
② 스태빌라이저(stabilizer)
③ 너클 암(knuckle arm)
④ 드래그 링크(drag link)

27 출제빈도 ★★★

독립현가방식 자동차는 스프링 상수가 낮아 선회할 때 롤링이 커지게 된다. 이를 감소하고 차체의 평형을 유지하기 위해 사용되는 장치를 무엇이라 하는가?

① 스태빌라이저
② 타이로드
③ 드래그 링크
④ 피트먼 암

28 출제빈도 ★★★

차체의 기울기를 줄이기 위해 사용되는 장치로 좌우 바퀴가 서로 다른 움직임을 보일 때 작용한다. 스프링 위 질량진동의 롤링을 줄일 수 있는 이 장치는 무엇인가?

① 코일스프링
② 쇽업소버
③ 스태빌라이저
④ 판스프링

29 출제빈도 ★★★

〈보기〉에 들어갈 (A), (B)의 내용으로 적합한 것은?

┤ 보기 ├

(A)는 토션 바 스프링의 일종으로 차체의 평형을 유지하는 것으로 차체의 (B)를 방지한다.

① A – 스태빌라이저   B – 롤링
② A – 로드리미터   B – 피칭
③ A – 레벨링 밸브   B – 요잉
④ A – 벨로즈   B – 바운싱

30 출제빈도 ★★★

차량이 선회 시 롤링을 감소하고 차체의 평형을 유지하기 위해 사용하는 기구로 맞는 것은?

① 판스프링   ② 스태빌라이저
③ 쇽업소버   ④ 공기스프링

31 출제빈도 ★★★

다음 현가장치에 대한 설명으로 맞는 것은?

차체의 기울기를 작게 하기 위해 붙인 비틀리는 막대 스프링(토션 바)으로 앞뒤 바퀴에 모두 사용된다. 토션 바의 뒤끝을 좌우에 서스펜션(보통은 로어 암)에 붙이고 좌우 바퀴가 서로 다른 움직임을 할 때만 작용한다.

① 쇽업소버   ② 스태빌라이저
③ 코일스프링   ④ 토션바스프링

32 출제빈도 ★★★

독립현가장치에 사용되는 스태빌라이저에 대한 설명으로 거리가 먼 것은?

① 토션바 스프링의 일종이다.
② 양쪽의 컨트롤암과 연결되어 있다.
③ 선회 시 자동차에 발생되는 피칭(Pitching)을 줄일 수 있다.
④ 자동차의 좌우 균형을 잡아주는 역할을 한다.

33 출제빈도 ★★★

스프링강의 비틀림 탄성을 이용한 현가장치에 대한 설명으로 맞는 것은?

① 독립식 현가장치에서 사용되는 일종의 토션바스프링이며 선회할 때 차체의 기울기 및 좌우 진동(rolling)을 방지하고 차의 평형을 유지하기 위해서 설치한 것으로 로워암에 링크로 연결된 스태빌라이저를 사용한다.

② 일체 차축방식에 사용되는 일종의 여러 개의 판을 겹쳐서 만든 판스프링으로 스프링 강성이 강해 좌우 롤링에 강하며 판과 판 사이의 상쇄작용이 있어 쇽업소버를 병용하지 않아도 된다.

③ 액체가 작은 구멍을 통과하려고 할 때 발생하는 저항력이 감쇠력이다. 쇽업소버는 이 현상을 이용하여 스프링이 늘어나거나 줄어드는 속도를 제어하는 장치이다.

④ 러버 부시(Rubber Bush)의 형상이나 재질은 서스펜션에 장착하는 방법에 따라 진동을 흡수하는 것과 동시에 서스펜션의 움직임을 컨트롤하여 조종 안정성을 향상시키는 역할을 한다.

34 출제빈도 ★★★

독립식 차축의 현가방식 설명 중 틀린 것은?

① 바퀴가 시미를 잘 일으키지 않고 로드홀딩이 좋다.

② 스프링 아래 질량이 커서 승차감이 나쁘다.

③ 스프링 정수가 적은 것을 사용할 수 있다.

④ 볼 조인트를 많이 사용하여 시간이 흘렀을 때 유격에 의해 전차륜 얼라이먼트가 틀어지기 쉽다.

35 출제빈도 ★★★

독립식 현가장치의 장점에 대한 설명으로 옳지 않은 것은?

① 부품수가 적고 구조가 간단하다.

② 무게 중심이 낮아 안정적인 주행이 가능하다.

③ 타이어의 접지 성능이 좋은 편이다.

④ 바퀴의 시미 현상이 적다.

36 출제빈도 ★★★

독립현가장치의 설명으로 가장 거리가 먼 것은?

① 스프링 아래의 질량을 감소시켜 차량 접지력이 좋아진다.

② 차고가 낮은 설계가 가능하여 주행 안정성이 향상된다.

③ 일체식 대비 구조가 단순해서 수리가 편하고 유지비가 적게 든다.

④ 차륜의 위치 결정과 현가스프링이 분리되어 승차감이 향상된다.

37 출제빈도 ★★★

독립식 현가장치의 장점으로 옳지 않은 것은?

① 차고가 낮은 설계가 가능하여 주행 안정성이 향상된다.

② 일체식 대비 구조가 단순해서 수리가 편하고 유지비가 적게 든다.

③ 스프링 아래의 질량을 감소시켜 차량 접지력이 상승된다.

④ 차륜의 위치 결정과 현가스프링이 분리되어 승차감이 향상된다.

38 출제빈도 ★★☆

현가장치에 대한 설명으로 맞는 것은?

① 코일스프링은 단위 중량당 에너지 흡수율이 작아야 한다.
② 스프링 정수가 적을 때 저속 시미의 원인이 된다.
③ 독립차축의 현가장치는 스프링 아래 질량이 커서 승차감이 좋지 않다.
④ 스태빌라이저는 커브 길을 선회할 때 차체가 상·하 진동하는 것을 잡아준다.

39 출제빈도 ★★☆

현가장치에서 저속시미의 발생 원인으로 가장 거리가 먼 것은?

① 앞 현가장치 스프링의 쇠약할 경우
② 링크 장치의 유격이 커서 헐거울 때
③ 자재이음의 과도한 마모 또는 윤활이 부족할 때
④ 스프링의 정수가 적을 때

40 출제빈도 ★★☆

다음 중 저속주행 시 시미(shimmy) 현상이 발생하는 원인으로 옳지 않은 것은?

① 조향기어가 마모되었다.
② 스프링 정수가 적다.
③ 타이어 공기압이 높다.
④ 현가장치가 불량하다.

41 출제빈도 ★★☆

다음 그림에 관련된 사항으로 맞는 것을 모두 고른 것은?

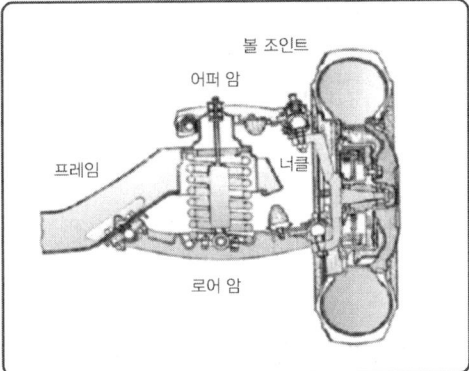

━┃ 보기 ┃━
㉠ 구조가 간단하고 정비가 용이하다.
㉡ 시미현상이 적고 로드 홀딩이 우수하다.
㉢ SLA와 평행사변형 형식으로 나눌 수 있다.
㉣ 일체차축의 현가방식이다.

① ㉠, ㉡　　　　　　② ㉠, ㉢
③ ㉡, ㉢　　　　　　④ ㉡, ㉣

42 출제빈도 ★★☆

현가장치의 한 종류로 상하 컨트롤 암 길이에 의해 캠버 및 윤거가 바뀌는 형식으로 맞는 것은?

① 맥퍼슨 스트럿(MacPherson Strut)
② 위시본(Wishbone)
③ 트레일링 링크(trailing link)
④ 스윙 액슬식(swing axle)

43 출제빈도 ★★☆

승용차의 현가장치로 많이 사용되는 맥퍼슨 스트럿의 구성 부품이 아닌 것은?

① 위시본 암　　　② 스트럿 바
③ 스트럿 댐퍼　　④ 코일스프링

44 출제빈도 ★★★

독립현가장치의 특징이 아닌 것은?

① 바퀴의 시미를 잘 일으키지 않고 로드홀딩이 우수하다.
② 스프링 밑 질량이 작아 승차감이 좋다.
③ SLA 방식의 경우 윤거가 변한다.
④ 위·아래 컨트롤 암의 길이가 같은 것이 평행사변형이다.

45 출제빈도 ★★☆

다음 중 독립현가장치의 종류에서 위시본 형식에 대한 설명으로 옳지 않은 것은?

① 평행사변형 형식은 위아래 컨트롤 암의 길이가 같다.
② 평행사변형 형식은 캠버의 변화가 없다.
③ SLA 형식은 타이어 마모가 평행사변형 형식보다 빠르게 진행된다.
④ SLA 형식은 캠버의 변화가 있다.

46 출제빈도 ★★☆

독립식 현가장치의 구성부품으로 틀린 것은?

① 코일스프링   ② 스트럿
③ 평행판스프링   ④ 스태빌라이저

47 출제빈도 ★★☆

맥퍼슨 스트럿 현가방식의 설명에 대한 내용으로 틀린 것은?
(단, 위시본 방식과 비교했을 때의 경우이다.)

① 스프링 아래 질량이 적고 로드홀딩이 우수하다.
② 구조가 비교적 간단하고 정비가 용이하다.
③ 엔진룸 공간을 넓게 가질 수 있다.
④ 캠버나 캐스터의 변화가 적고 조향 안전성이 크다.

48 출제빈도 ★★☆

맥퍼슨 현가장치의 설명으로 옳은 것은?

① 조향장치와 현가장치가 일체형으로 되어 있다.
② 대형차에 주로 사용한다.
③ 구조가 복잡하고 수리가 어렵다.
④ 엔진룸 공간 활용성이 좋지 못하다.

49 출제빈도 ★★★

일체차축의 현가방식에 대한 특징으로 맞는 것은?

① 주로 판스프링을 사용하며 감쇠작용이 작아 쇽업소버를 병용해 사용한다.
② 스프링 밑 질량이 커서 승차감이 좋은 편이다.
③ 스프링 강성이 커서 선회 시 차량의 기울기가 적다.
④ 바퀴에 시미현상이 발생하였을 때 대응이 용이하다.

50 출제빈도 ★★★

일체식 차축의 현가장치에 대한 장점으로 맞는 것은?

① 시미현상에 대한 대응이 좋다.
② 선회 시 차체의 기울기가 적다.
③ 경량화 된 스프링을 사용할 수 있어 승차감이 좋다.
④ 스프링 정수가 작은 것을 사용할 수 있다.

51 출제빈도 ★★★

일체식 차축의 현가장치에 대한 특징으로 가장 거리가 먼 것은?

① 스프링 아래 질량이 커서 승차감이 좋지 못하다.
② 선회 시 차체의 기울기가 적은 편이다.
③ 시미현상이 발생되었을 때 대응이 용이하다.
④ 로드 홀딩이 좋지 못하다.

52 출제빈도 ★★★

일체차축의 현가방식에 대한 설명으로 틀린 것은?

① 스프링에 힘을 가하는 경우 높이 변화량의 크기가 큰 스프링이 적합하다.
② 스프링 아래 질량이 커서 승차감이 좋지 않다.
③ 선회 시 차량의 차체 기울기가 적다.
④ 주행 중 충격 발생 시 차륜 얼라이먼트 변화량이 적다.

53 출제빈도 ★★★

양쪽 바퀴의 구동축이 액슬하우징으로 묶여진 일체차축식 현가장치의 장점으로 가장 거리가 먼 것은?

① 부품수가 적고 구조가 간단하다.
② 스프링의 하중이 크기 때문에 큰 적재중량의 차량에 적합하다.
③ 일반적으로 스프링 상수가 큰 것을 사용하기 때문에 승차감이 우수한 편이다.
④ 선회 시 차체의 기울기가 적다.

54 출제빈도 ★★★

차축식 현가방식과 비교하였을 때 독립식 현가방식의 장점이 아닌 것은?

① 스프링 아래질량의 경감으로 차륜의 접지성이 향상된다.
② 전륜에서 좌우륜의 독립작용, 스티어링 링크의 간섭 감소 등에 의해 시미발생이 어렵다.
③ 일반적으로 차륜의 위치결정과 현가스프링이 분리되어 시미의 위험이 적으므로 유연한 스프링을 사용할 수 있으며 승차감이 향상된다.
④ 차륜의 상하진동에 의한 얼라이먼트 변화가 적으며 타이어의 마모가 적다.

55 출제빈도 ★★☆

승차감과 가장 관계가 적은 것은?

① 차량의 출력
② 쇽업소버
③ 코일스프링
④ 타이어

56 출제빈도 ★★★

다음 그림을 보고 자동차의 진동에 대해 설명한 내용으로 맞는 것은?

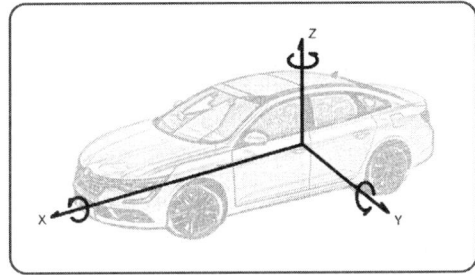

① X축을 기준으로 하는 회전진동을 피칭이라 한다.
② Y축을 기준으로 하는 회전진동을 롤링이라 한다.
③ Z축을 기준으로 하는 회전진동을 요잉이라 한다.
④ Z축을 기준으로 하는 직선왕복진동을 휠홉이라 한다.

57 출제빈도 ★★★

다음 중 Y축을 기준으로 회전하는 스프링 위 질량진동의 요소로 맞는 것은?

① 롤링(Rolling)
② 피칭(Pitching)
③ 요잉(Yowing)
④ 와인드 업(Wind up)

58 출제빈도 ★★★

〈보기〉를 참고하여, 현가장치 스프링 위 질량 진동의 명칭과 이에 대한 설명을 옳게 짝지은 것은?

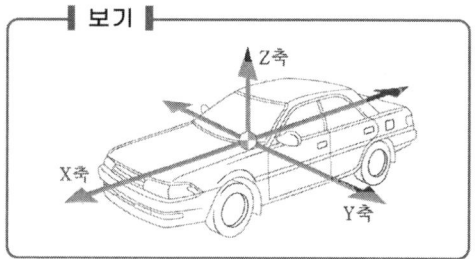

① 바운싱(bouncing) – 차체가 Z축 방향과 평행운동을 하는 고유진동
② 스키딩(skidding) – 차체가 X축을 중심으로 하여 회전운동을 하는 고유진동
③ 롤링(rolling) – 차체가 Y축을 중심으로 하여 회전운동을 하는 고유진동
④ 피칭(pitching) – 차체가 Z축을 중심으로 하여 회전운동을 하는 고유진동

59 출제빈도 ★★★

스프링 위·아래 질량 진동에 대한 설명으로 거리가 먼 것은?

① 휠홉 : 차축이 Z축 방향으로 움직이는 상·하 진동
② 롤링 : 차체가 X축을 중심으로 회전하는 좌·우 진동
③ 피칭 : 차체가 Y축을 중심으로 회전하는 앞·뒤 진동
④ 휠 트램프 : 차축이 Y축을 중심으로 하는 회전운동

60 출제빈도 ★★★

스프링 위 질량 진동의 요소로만 구성된 것을 고르시오.

① 피칭, 요잉, 롤링, 바운싱
② 휠 트램프, 와인드 업, 트위스팅, 휠홉
③ 피칭, 와인드 업, 요잉, 휠홉
④ 완더, 롤링, 바운싱, 쉐이크

61 출제빈도 ★★★

다음 중 자동차의 진동 중 스프링 윗 질량운동에 대한 요소가 아닌 것은?

① 롤링
② 와인드 업
③ 피칭
④ 바운싱

62 출제빈도 ★★★

스프링 위 질량 운동에서 Z축 방향과 평행하는 상하 진동을 무엇이라 하는가?

① 롤링
② 피칭
③ 바운싱
④ 요잉

63 출제빈도 ★★★

자동차 현가장치에서 스프링 위 질량과 관련된 진동현상으로 가장 옳지 않은 것은?

① 피칭(pitching)
② 롤링(rolling)
③ 와인드 업(wind-up)
④ 요잉(yawing)

64 출제빈도 ★★☆

자동차가 선회할 때 스프링 위 질량 진동을 나타내는 특성으로 옳은 것은? (단, 정속주행 중이다.)

① 롤링과 요잉 발생
② 피칭과 바운싱 발생
③ 휠홉과 와인드 업 발생
④ 요잉과 바운싱 발생

65 출제빈도 ★★☆

스프링 아래의 질량 진동 중 휠-홉에 대해
바르게 설명한 것은?

① 차축이 Z축 방향으로 상하 운동하는 것을
뜻한다.
② 차축이 X축 방향으로 회전 운동하는 것을
뜻한다.
③ 차축이 Y축 방향으로 회전 운동하는 것을
뜻한다.
④ 차축이 제어할 수 없을 만큼 모든 방향으
로 진동하는 것을 뜻한다.

66 출제빈도 ★★☆

차가 급제동할 때 앞으로 푹 숙였다가 다음
순간 바로 서는 현상은?

① 쉐이크   ② 완더
③ 로드 스웨어   ④ 노스다운

67 출제빈도 ★★☆

ECU에 의해 액추에이터가 제어되어 앞뒤의
스프링 상수와 감쇠력 및 차고가 주행 조건
에 따라서 자동적으로 변환되는 장치는?

① VDC(Vehicle Dynamic Control)
② ECS(Electronic Controlled
Suspension)
③ ESP(Electric Stability Program)
④ EPS(Electronic Power Steering)

68 출제빈도 ★★☆

전자제어 현가장치 ECU에 입력되는 센서는
무엇인가?

① 크랭크각 센서
② 캠위치 센서
③ 수온 센서
④ 스로틀 위치 센서

69 출제빈도 ★★☆

브레이크가 작동 여부를 컨트롤 유닛에 입력
하여 차고를 조정하는 전자제어 장치는?

① 헤드라이트 릴레이
② 발전기 L 단자
③ 제동등 스위치
④ 차속 센서

70 출제빈도 ★★☆

차고 센서의 설명 중 옳지 않은 것은?

① 전자제어 현가장치를 위해서 요구되는 센
서 중 하나이다.
② 자동차 앞쪽 바운싱의 높이 수준을 검출한
다.
③ 뒤차고 센서는 차체와 뒤차축의 상대위치
를 검출한다.
④ 차고 센서는 최소 4개 이상 설치한다.

71 출제빈도 ★★☆

ECS(Electronic Controlled Suspension)의
입력신호의 묶음으로 관련이 없는 센서를 포
함한 것은?

① 도어 센서, 중력 센서, 차고 센서
② 제동등스위치, 스로틀위치 센서, 차고 센
서
③ 차속 센서, 스로틀위치 센서, 차고 센서
④ 대기압 센서, 스로틀위치 센서, 조향핸들
각속도 센서

72 출제빈도 ★★☆

자동차 전자제어현가장치(ECS: Electronic Controlled Suspension)의 차량제어에 대한 설명으로 가장 옳지 않은 것은?

① 앤티 스쿼트 제어(anti-squat control) : 급제동할 때 노스다운(nose down)을 방지

② 앤티 롤링 제어(anti-rolling control) : 급커브에서 원심력에 의한 차량 기울어짐을 방지

③ 앤티 바운싱 제어(anti-bouncing control) : 비포장도로를 운행할 때 쇽업소버(shock absorber)의 감쇠력을 제어하여 주행 안전성 확보

④ 차속감응 제어(vehicle speed control) : 고속주행 시 쇽업소버(shock absorber)의 감쇠력을 제어하여 주행 안정성 확보

73 출제빈도 ★★☆

전자제어 현가장치(ECS)의 제어와 관련된 설명으로 가장 이상적인 것은?

① 스카이훅 제어 : 상하방향의 가속도 크기와 주파수를 검출하여 공기 스프링의 흡·배기 제어와 동시에 쇽업소버의 감쇠력을 딱딱하게 제어하여 차체가 가볍게 뜨는 것을 감소한다.

② 앤티 피칭 제어 : 승하차 시 쇽업소버의 감쇠력을 하드로 변환시킨다.

③ 앤티 다이브 제어 : 급출발 및 급가속 시 발생되는 노스업 현상을 제어한다.

④ 앤티 바운싱 제어 : 요철 도로면을 주행할 때 차체 앞·뒤의 각 높이 변화와 주행속도를 고려하여 쇽업소버의 감쇠력을 증가시킨다.

74 출제빈도 ★★☆

전자제어 현가장치에서 주행 중에 급제동을 하면 차체의 앞쪽은 낮아지고, 뒤쪽이 높아지는 노스다운(nose-down) 현상을 제어하는 것은?

① 앤티 쉐이크 제어

② 앤티 다이브 제어

③ 앤티 스쿼트 제어

④ 앤티 바운싱 제어

75 출제빈도 ★★☆

전자제어 현가장치에서 자동차가 급출발 또는 급가속을 할 때 차체의 앞쪽은 들리고 뒤쪽이 낮아지는 노스 업(Nose up) 현상을 제어하는 것은?

① 앤티 다이브 제어(Anti-dive control)

② 앤티 롤링 제어(Anti-rolling control)

③ 앤티 바운싱 제어(Anti-bouncing control)

④ 앤티 스쿼트 제어(Anti-squat control)

76 출제빈도 ★★☆

전자제어 현가장치 ECS의 기능으로 승객이 승·하차할 때 차체가 상·하 진동을 하지 않도록 감쇠력을 하드로 변환시켜 차체의 진동 충격을 억제하는 제어로 맞는 것은?

① 스카이훅

② 앤티 다이브

③ 프리뷰

④ 앤티 쉐이크

77 출제빈도 ★★☆

자동차 전자제어현가장치(ECS: Electronic Controlled Suspension)의 차량제어에 대한 설명으로 가장 옳지 않은 것은?

① 조향핸들 각속도 센서, G 센서, 차속 센서, 차고 센서, TPS 등의 신호를 ECS ECU에 입력한다.
② ECS ECU는 액추에이터를 활용하여 감쇠력 및 차고를 제어한다.
③ 차체가 선회할 때 앤티-스쿼트 및 앤티-다이브 제어를 하게 된다.
④ 모드 표시등을 활용해 운전자의 선택에 따른 ECS의 작동 모드 및 고장 여부를 알려준다.

78 출제빈도 ★★☆

전자제어 현가장치(ECS)에서 제어하지 못하는 요소는 무엇인가?

① 피칭   ② 롤링
③ 바운싱   ④ 요잉

79 출제빈도 ★☆☆

다음 중 ECS(Electronic Controlled Suspension) 장치로 제어하지 못하는 것은?

① 트랙션 제어(traction control)
② 앤티 스쿼트 제어(anti-squat control)
③ 차속감응 제어(vehicle speed control)
④ 앤티 롤링 제어(anti-rolling control)

80 출제빈도 ★★☆

전자제어현가장치(ECS : Electronic Controlled Suspension)에서 활용되는 동적제어에 대한 설명으로 틀린 것은?

① 차체가 선회할 때 – 앤티 요잉
② 급출발 및 급가속 시 – 앤티 스쿼트 제어
③ 요철을 지나갈 때 – 앤티 피칭 제어
④ 승객 승하차 시 – 앤티 쉐이크

81 출제빈도 ★★☆

전자제어 현가장치에서 자동차 주행 중 전방에 위치한 노면의 돌기 및 단차를 감지하기 위한 센서로 초음파를 이용하며 이를 바탕으로 감쇠력 제어를 하는 것을 무엇이라 하는가?

① 스카이훅 제어
② 앤티 쉐이크 제어
③ 앤티 다이브 제어
④ 프리뷰 제어

>>> 정답

01	02	03	04	05	06	07	08	09	10
③	④	②	①	①	①	②	①	④	③
11	12	13	14	15	16	17	18	19	20
②	②	①	②	③	④	④	③	③	②
21	22	23	24	25	26	27	28	29	30
③	④	④	①	①	②	①	③	①	②
31	32	33	34	35	36	37	38	39	40
②	③	①	③	①	③	②	②	②	③
41	42	43	44	45	46	47	48	49	50
③	②	①	③	③	③	④	①	③	②
51	52	53	54	55	56	57	58	59	60
③	①	③	①	③	①	③	①	④	①
61	62	63	64	65	66	67	68	69	70
②	③	③	①	①	④	②	④	③	④
71	72	73	74	75	76	77	78	79	80
④	①	①	②	④	④	③	④	①	①
81									
④									

01. • **현가장치** : 주행 중 노면에서 받은 충격 및 진동을 완화하거나 자동차의 승차감과 안정성 향상에 설치 목적이 있으며, 승차감이 가장 뛰어난 사이클은 60~120cycle/min이다.

03. 킹핀은 일체식 차축의 조향장치에 포함되며 앞바퀴가 선회할 때 회전의 중심이 된다.

04. ② 타이로드는 조향장치로 현가장치가 아니다.
③ 판스프링은 스프링 아래 질량이 커서 승차감이 좋지 않다.
④ 코일 스프링은 감은 수가 많을수록, 감은 지름이 클수록 부드러워진다.

05. 공기스프링에서 차체의 높이를 일정하게 유지하기 위해 레벨링 밸브를 활용한다.

06. 차고를 일정하게 조정하기 위해서 공기스프링의 레벨링 밸브를 활용한다.

07. 스프링 정수는 자동적으로 조절되어 우수한 승차감을 얻을 수 있다.

08. 공기스프링을 작동하기 위해서는 공기압축기, 공기저장탱크, 각종 제어밸브 등 구조가 복잡해진다. 따라서 차체가 무거워지고 엔진의 출력에 손실이 발생된다.

09. ④는 공기스프링의 장점이 아닌 단점에 해당된다.

10. ③번 선지를 제외한 나머지는 조향장치의 구성품에 해당한다.

12. • **쇽업소버(shock absorber)** : 자동차가 주행 중 노면에 의해서 발생된 스프링의 고유진동을 흡수하여 진동을 신속히 감쇄시켜 승차감의 향상, 스프링의 피로 감소, 로드홀딩을 향상시키며, 스프링의 상하 운동에너지를 열에너지로 변환시킨다.

14. ① 노면의 충격을 직접 흡수하는 것은 스프링이다.
③ 상하 진동 즉, 기계적인 운동에너지를 유체를 이용한 열에너지로 변환하여 제어한다.
④ 수축하는 쪽의 감쇠력을 더 작게 설계하여 순간 충격에 재빠르게 수축할 수 있게 한다.

15. 오답으로 쇽업소버를 선택하는 경우가 많다. 이유는 쇽업소버가 현가장치에 포함이 되는 관계로 노면의 충격을 흡수할 것이라 판단하기 좋지만 주행 중 실제 노면의 충격을 흡수하는 것은 스프링이고 이 스프링에 감쇠 작용을 하는 것이 쇽업소버임을 알아야 할 것이다. 스프링 대신 차선으로 타이어를 선택하는 것이 맞다.

16.

더스트 커버
록 너트
인슐레디터
스프링 시트
레버 범퍼
더스트 커버
— 프런트 스프링
— 스트러트

17. 피트먼 암은 조향장치의 구성요소이다.

18. 타이로드는 조향장치의 구성요소이다.

20. 코일스프링과 토션바스프링은 스프링의 진동, 감쇠 작용이 없어 쇽업소버를 병용해 주어야 한다.

21. • **멀티링크** : 자동차의 바퀴를 여러 개의 링크로 지지하는 형식으로 주로 대형 세단의 후륜에 적용된다.

22. • 스태빌라이저 : 독립식 현가장치에서 사용되는 일종의 토션 바이며, 선회할 때 차체의 기울기 및 좌우 진동(rolling)을 방지하고 차의 평형을 유지하기 위해서 설치한 것이다.

23. 겹판스프링＝다판스프링＝리프(leaf)스프링
＝판스프링

29. 기출문제에 자주 출제되는 스태빌라이저의 응용문제이다.

32. 선회 시 자동차에 발생되는 롤링(rolling)을 줄일 수 있다.

34. 독립으로 작동되는 차축의 하중은 일체식 차축에 비해 가벼우므로 스프링 아래 질량은 작아지게 되고 그로 인해 승차감은 좋게 된다.

35. 기본적으로 코일스프링이 사용되며 코일스프링은 링크나 로드의 설치가 추가로 필요하기 때문에 구성요소가 많아지고 구조가 복잡하다.

36. 독립현가장치는 기본적으로 쇽업소버가 감쇠력을 줄 수 있어 스프링과 같이 사용해야 한다. 이러한 이유로 독립현가장치의 구조는 복잡하고 수리 및 유지보수가 일체식 현가장치 대비 상대적으로 어렵다.

37. ② 구조가 단순하여 수리가 편하고 유지비가 적은 것은 일체식 차축이다.

38. ① 코일스프링은 단위 중량당 에너지 흡수율이 커야 한다.
② 스프링 정수는 하중에 비례하고 변형에 반비례하는 관계로 적다는 뜻은 작은 무게에도 잘 변형되는 약한 스프링을 뜻한다. 약한 스프링은 진동수가 낮아 저속에서 바퀴에 심한 진동을 일으키는 원인이 된다.
③ 독립차축의 현가장치는 스프링 아래 질량이 작아 승차감이 좋다.
④ 스태빌라이저는 커브 길을 선회할 때 차체가 좌·우 진동하는 것을 잡아준다.

39. • 저속시미의 원인 : ①, ②, ④번 선지 외에 타이어 공기압이 낮을 때, 바퀴의 평형이 불량할 때, 쇽업소버의 작동이 불량할 때
• 고속시미의 원인 : 바퀴의 동적 불평형일 때

40. 킹핀축 주위에서 자력 진동하는 저속 시미의 원인은 타이어 공기압이 너무 낮거나 불균일할 때 발생된다.

41. 그림은 위시본 방식의 현가장치이다.

42. 상하 컨트롤 암을 가지면서 캠버 및 윤거가 바뀔 수 있는 형식 위시본 방식 중에 SLA형과 평행사변형이 각각 있다.

43. 위시본 암은 위시본 방식의 구성요소로 어퍼암과 로워암이 있다.

44. ③ SLA 방식의 경우 윤거는 일정하다. 다만 캠버가 변하고 타이어의 마모도는 높지 않다.

45. SLA 형식은 노면의 충격을 받을 경우 캠버가 부의로 바뀌며 충격을 흡수하기 때문에 평행사변행 대비 타이어의 마모가 빠르지 않다.

46. 판스프링을 평행판 스프링이라고 표현하지 않는 것이 일반적이나 이 문제에서 의도한 것은 판스프링으로 판단된다.

47. 위시본 방식의 종류[평행사변형, SLA(Short- Long Arm), 더블위시본]에 따라 캠버나 캐스터의 비교 변화가 달라지므로 상대적으로 많다, 적다라고 정의내리기는 어렵다. 다만 운동학적 특성이 위시본 방식에 비해 떨어지고(위시본 : 4개의 운동포인트, 맥퍼슨 : 3개의 운동포인트)횡력에 대한 저항력이 약해 조향 안정성은 상대적으로 부족하다.

48. 맥퍼슨 현가장치는 너클을 중심으로 위쪽으로 스트럿, 아래쪽으로 로워암이 받치고 있는 "ㄴ"자 형상으로 구조가 단순하고 엔진룸 공간 활용성이 좋다. 하지만 로워암 쪽으로 하중이 집중되기 때문에 소형차의 현가장치에 적합하다.

49. ① 판스프링은 판간 감쇠작용이 가능하므로 반드시 쇽업소버를 병용하지 않아도 된다.
② 스프링 밑 질량이 커서 승차감이 좋지 않다.
④ 바퀴에 시미현상이 발생하였을 때 대응하기 어렵다.

50. ①, ③, ④는 독립식 차축의 현가장치에 대한 설명이다.

51. ① 스프링 상수가 큰. 즉, 스프링에 힘을 가하는 경우 변화량이 크지 않은 스프링이 적합하다.

52. ④는 차축식 현가방식의 특징이다.

53. 일체차축식은 스프링 상수가 크고 노면 충격 전달이 커 승차감이 떨어지게 된다.

55. 선지의 내용 중 자동차의 출력이 가장 승차감에 영향을 적게 주는 요소이다.

56. ① 롤링, ② 피칭, ④ 바운싱

57. ① 롤링 : X축 기준의 회전운동
③ 요잉 : Z축 기준의 회전운동
④ 와인드-업 : Y축 기준의 회전운동으로 스프링 아래 진량진동에 해당

59. • 휠 트램프 : 차축이 X축을 중심으로 회전하는 좌·우 진동

60. • 스프링 아래 질량 진동 : 휠 트램프, 와인드 업, 휠홉, 트위스팅

61. 와인드 업은 스프링 아래 질량의 진동 요소이다.

63. 와인드 업은 스프링 아래 질량 진동현상으로 Y축 기준으로 회전하는 성향을 가진다.

64. 선회할 때 차체가 바깥쪽으로 기우는 성향과 동시에 회전하는 운동성을 가지게 되므로 롤링과 요잉이 발생된다.

65. 1) **휠 트램프** : 액슬 하우징이 X축을 중심으로 회전하는 좌우 진동
2) **와인드 업(Wind up)** : 액슬 하우징이 Y축을 중심으로 회전하는 앞뒤 진동
3) **휠 홉(Wheel hop)** : 액슬 하우징이 Z축 방향으로 움직이는 상하 진동
4) **트위스팅(Tweesting)** : 종합 진동이며, 모든 진동이 한꺼번에 일어나는 현상

66. ① **쉐이크** : 승객이 승·하차할 때 차체가 상·하 진동을 한다. 이때 감쇠력을 하드로 변환하여 차체의 진동 충격을 억제하는 것을 앤티 쉐이크(Anti-shake)라 한다.
② **완더** : 자동차가 직진 주행 시 어느 순간 한쪽으로 쏠렸다가 반대 방향으로 쏠리는 현상을 말한다.
③ **로드 스웨이** : 자동차가 고속 주행 시 차의 앞부분이 상하, 좌우로 제어할 수 없을 정도로 심한 진동이 일어나는 현상을 말한다.
④ **노스다운** : 자동차가 급제동할 때 앞이 내려가는 현상
 - **노스업** : 자동차가 급출발할 때 앞이 들리는 현상

67. • **전자제어 현가장치(ECS)** : 자동차의 운행 상태를 검출하기 위한 각종 센서, 공기 압축기, 액추에이터, 공기 챔버 등으로 구성되어 있으며, ECU에 의해서 액추에이터가 제어되기 때문에 앞뒤의 스프링 상수와 감쇠력 및 차고가 주행 조건에 따라서 자동적으로 변환된다.

68. • **ECS에 사용되는 센서의 종류** : 조향 휠 각속도 센서, G-센서, 차속 센서, TPS, 차고 센서 등

69. 제동등 스위치 신호는 ECU가 제동 여부를 인식하여 서스펜션 높이 조정 등 다양한 제어에 활용된다.

70. 차고 센서는 앞 차축과 뒤 차축에 최소 2개 이상 설치하면 된다.

71. ECS에서 대기압 센서의 신호는 필요하지 않다.

72. ① **앤티 스쿼트 제어** : 급출발 및 급가속 시 발생되는 노스업 현상을 제어한다.

74. ② 앤티 쉐이크 제어에 대한 설명이다.
③ 앤티 스쿼트 제어에 대한 설명이다.
④ 앤티 피칭 제어에 대한 설명이다.

75. ① 앤티 다이브 제어(Anti-dive control) - 노스 다운 현상 방지
② 앤티 롤링 제어(Anti-rolling control) - 롤링 현상 방지
③ 앤티 바운싱 제어(Anti-bouncing control) - 바운싱 현상 방지

77. 차체가 선회할 때 앤티-롤링 제어가 필요하며 급출발 제어 시 앤티-스쿼트, 급제동제어 시 앤티-다이브 제어를 활용한다.

78. ECS는 차축과 차체의 거리를 제어할 수 있다. 요잉은 Z축을 기준으로 회전하려는 성향이기 때문에 제어할 수 없다.

79. ① 트랙션 제어는 바퀴에 구동력이 가해지는 순간 슬립이 발생될 때 엔진 출력제어 및 제동력을 발생시키는 장치로 TCS에서 이 기능을 수행한다.

80. ECS에서 요잉을 직접적으로 제어하지 않는다.

81. • **스카이훅 제어(Sky hook control)** : 스프링 위 차체에 훅을 고정시켜 레일을 따라 이동하는 것처럼 차체의 움직임을 줄이는 제어로 상하방향의 가속도 크기와 주파수를 검출하여 상하 G의 크기에 대응하여 공기 스프링의 흡·배기 제어와 동시에 쇽업소버의 감쇠력을 딱딱하게 제어하여 차체가 가볍게 뜨는 것을 감소시킨다. 후륜은 주행 속도에 연동시켜 전륜에 의해 자동적으로 제어된다.

조향장치(Steering System)

■ 독립식 차축 조향장치

(1) 랙과 피니언 방식

　　순서 : 조향 휠 → 축 → 조인트 → 조향기어 박스(피니언 → 랙기어) → 타이로드 → 엔드 → 너클 암 → 너클 → 휠 허브 베어링 → 디스크 → 휠 → 타이어

(2) 볼 너트 방식

　　순서 : 조향 휠 축 → 조인트 → 조향기어 박스(볼너트 섹터축) → 피트먼암 → 타이로드 조정 칩 → 엔드 → 너클 암 → 휠 → 타이어

■ 일체식 차축 조향장치

• 웜 섹터 방식

　　순서 : 조향 휠 → 축 → 조인트 → 조향기어박스(웜 → 섹터) → 피트먼암 → 드래그 링크 → 너클 암 → 너클 → 타이로드 → 반대쪽 너클 → 휠 → 타이어

－ 일체식 차축에서 너클 설치 방식

　　엘리옷 형 → 차축에 요크(킹핀 너클에 고정)

　　역 앨리옷 형 → 너클에 요크(킹핀 차축에 고정) 현재 가장 많이 사용

　　마몬형 → 차체의 높이가 가장 낮음(킹핀 돌출부 아래쪽)

　　르모앙형 → 차체의 높이가 가장 높음(킹핀 돌출부 위쪽)

☆ 조향장치의 원리 – 애커먼 장토식

선회 시 사이드 슬립이 발생되지 않고 동심원을 그리며 선회

바깥쪽(α)보다 안쪽 바퀴의 조향 각도(β)가 큼, 뒷차축 연장선상의 한 점을 중심으로 선회

$\beta - \alpha$= 애커먼각 → 사이드 슬립 방지, 조향력에 대한 저항 감소

* 최소회전반경(R)

$$R = \frac{L}{\sin\alpha} + r$$

L : 축거

$\sin\alpha$: 바깥쪽 앞바퀴 조향각도

r : 킹핀 중심선에서 타이어 중심선까지의 거리

→ 조향각도를 최대로 하고 선회하였을 때 가장 바깥쪽의 바퀴 중심이 그리는 최소회전반지름

→ 법규상 : 12m 이하　 * 승용: 4.5~6m, 대형 트럭: 7~10m

■ 조향장치의 종류와 구비조건

(1) 구비조건 – 선회 시 반력을 이길 것 또는 감각을 알 수 있을 것

　① 복원성이 있어야 하고, 약간의 충격이 핸들에 전달될 수 있을 것(→ 킥 백 현상)

　② ☆ 조향기어비 : 핸들 회전각도 / 피트먼 암 회전각도

　　• 기어비 작음 : 큰 회전력 필요(→ 가역식), 필요 조작력↑

　　• 기어비 큼 : 바퀴의 작동 지연 발생(→ 비가역식), 필요 조작력↓

　　　　(소형 10-15 : 1, 중형 15~20 : 1, 대형 20~30 : 17)

(2) 종류 : 웜 핀 / 섹터 / 섹터 롤러, 볼 너트 / 너트 웜 된 형식, 랙과 피니언 형식

(3) 힘 전달 방식

　① 가역식 : 바퀴의 힘 전달 O→ 기어비 작다(핸들 무거움, 고속 안정성↑ 장치 마모도↓)

　② 비가역식 :　　 〃　　 X → 기어비 큼(핸들 가벼움, 고속 안정성↓, 복원성↓, 장치 마모도↑)

　③ 반가역식 :　　 〃　　 약간

(4) 고장원인
　① 핸들에 충격 : 앞바퀴 정렬 및 쇽업소버의 작동 불량, 타이어 공기압 과다
　② 핸들이 한쪽으로 쏠림
　　㉠ 좌우 캠버 및 타이어 공기압 불균형
　　㉡ 브레이크 간극 및 앞바퀴 정렬이 맞지 않음
　　㉢ 쇽업소버 불량 or 컨트롤 암이 휨
　③ 핸들의 유격이 커짐(+ 소음 발생)
　　(등속조인트와 무관)
　　㉠ 조향기어의 조정 불량 및 마모, 허브베어링의 마모 및 헐거움
　　㉡ 조향 링키지의 이완 및 마모(조향 링키지 → 방향 전환 + 앞바퀴정렬 유지 역할)
　　㉢ 요크플러그·핸들 기어박스의 장착 볼트, 타이로드 엔드 조임 부분 마모 및 풀림

> * 백래시 : 조향기어의 기어와 기어 사이 유격
> 　– 백래시가 크다 = 핸들 유격이 크다.
> 　–　　〃　　작다 =　　〃　　작다.

■ 조향이론

(1) 코너링 포스 : 타이어의 진행 방향에 대하여 안쪽 직각으로 작용하는 힘
(2) 복원 토크 : 타이어가 측면으로 슬립할 때, 진행 방향과 일치시키려는 토크 또는 모멘트
(3) 언더 스티어링 현상(안쪽 뒷바퀴 제동 제어)
　① F·F 차량에서 발생함 → 선회 반경이 커짐
　② 뒷바퀴의 코너링 포스가 큼 → 선회 반경이 커짐
(4) 오버 스티어링 현상(바깥쪽 앞바퀴 제동 제어)
　① F·R 차량에서 발생함 → 선회 반경이 작아짐
　② 앞바퀴의 코너링 포스가 큼 → 선회 반경이 작아짐
(5) 뉴트럴 스티어링 현상 : 선회 반경이 일정하게 유지됨

■ 4륜 조향장치(4WS)

– 앞바퀴의 조향에 대응하여 뒷바퀴가 조향 됨
(1) 중립위치 조향 : 보통 주행 시, 뒷바퀴 조향 X
(2) 동위상 조향 : 차로 변경 및 선회 시, 앞, 뒷바퀴 조향 방향이 같음
(3) 역위상 조향 : 작은 회전 반경 필요시, ＿＿＿＿〃＿＿＿＿ 반대 방향

■ 동력조향장치

(1) 엔진의 출력으로 구동되는 유압펌프 부착(가볍고 원활한 조작)

장점	단점
• 노면의 진동 및 충격 흡수 • 조향기어 선정이 자유로움 • 필요 조작력↓, 시미 현상 방지	• 구조가 복잡함 • 가격이 비싸고, 정비가 어려움 • 고속에서 핸들이 가벼움

(2) 파워스티어링 압력스위치
　• 핸들 회전시킬 때 기관의 회전속도를 보상해주기 위해서 '공전속도 제어 서보'를 ECU에 입력시킴
(3) 3대 주요부
　① 작동부 : 제어부에서 유압을 받아 조향 링키지 작동시킴
　② 동력부 : 유압 발생 시킴(베인 펌프 사용)
　③ 제어부
　　㉠ 안전 체크 밸브 : 장치 고장 시 수동 조작을 도와줌
　　㉡ 압력 조절　〃　: 최고 유압 제어
　　㉢ 유량 제어　〃　: 최고 유량 제어(최적 상태로 제어)

■ **유압방식 전자제어 동력조향장치**(= 속도감응 제어) : ECU 입력요소 차속센서, TPS, 조향각센서

  (1) 유량 제어 방식

    ① 조향기어 박스의 유량을 제어밸브로 조절함

    ② 저속에서 → 펌프 바이패스 라인 차단 → 피스톤 유압 상승 → 핸들 가벼워짐

    ③ 고속에서 →   〃   확대 →   〃   저하 → 핸들 무거워짐

  (2) 유압 반력 방식 : 제어 밸브에 유압 제어

  (3) 실린더 바이패스 제어방식 : 동력 실린더 바이패스(리턴라인) 제어

■ **전동식 조향장치(= MDPS)** *토크센서 : 조향 시 조향력 연산

  – 특징

    ① 오일 사용 X, 전동모터 사용(기관 동력 직접 사용 X) + 경량화 가능 → 연료 소비율 향상

    ② 고압 유지장치 사용으로 인한 고장 X, 가격이 비싸고 유체의 부드러운 조향 X

  – 종류

    ① 칼럼 구동방식 : 칼럼축에 전동기 설치, 사용하기 용이함, 조향 시 거북한 느낌

    ② 피니언 구동방식 : 피니언기어에 전동기 설치, 조작력 증대시켜줌

    ③ 래크 구동방식 : 랙기어에 전동기 설치, 조작감 우수, 설계 변경이 불가피

---

01 출제빈도 ★★☆

조향장치에서 사용하는 기어 형식이 아닌 것은?

① 랙과 피니언 형식

② 웜과 섹터 형식

③ 볼 너트 형식

④ 하이포이드 기어 형식

02 출제빈도 ★★☆

다음 중 랙피니언 조향장치에 대한 역할로 옳은 것은?

① 피니언의 회전운동을 랙의 왕복운동으로 변환한다.

② 웜축의 회전운동을 랙의 왕복운동으로 변환한다.

③ 랙의 회전운동을 피니언의 왕복운동으로 변환한다.

④ 피니언의 회전운동을 섹터기어의 왕복운동으로 변환한다.

03 출제빈도 ★★☆

다음 중 조향장치의 동력이 바퀴까지 전달되는 순서로 가장 적당한 것은?

① 스티어링 휠 → 스티어링 칼럼 → 렉과 피니언 → 타이로드 → 서스펜션 너클 → 바퀴

② 스티어링 휠 → 스티어링 칼럼 → 렉과 피니언 → 서스펜션 너클 → 타이로드 → 바퀴

③ 스티어링 휠 → 스티어링 칼럼 → 타이로드 → 렉과 피니언 → 서스펜션 너클 → 바퀴

④ 스티어링 휠 → 스티어링 칼럼 → 타이로드 → 서스펜션 너클 → 렉과 피니언 → 바퀴

04 출제빈도 ★★☆

다음 중 볼 너트 형식의 독립차축의 조향장치 동력전달 순서로 맞는 것은?

① 조향핸들 → 조향축 → 조향기어 → 섹터축 → 피트먼암 → 타이로드 → 바퀴
② 조향핸들 → 조향축 → 타이로드 → 조향기어 → 섹터축 → 피트먼암 → 바퀴
③ 조향핸들 → 조향축 → 섹터축 → 조향기어 → 피트먼암 → 타이로드 → 바퀴
④ 조향핸들 → 조향축 → 피터먼암 → 조향기어 → 타이로드 → 섹터축 → 바퀴

05 출제빈도 ★★☆

자동차 일체 차축방식의 조향기구에서 앞 차축과 조향너클의 설치방식으로 가장 옳지 않은 것은?

① 엘리웃형
② 역 엘리웃형
③ 마몬형
④ 역 마몬형

06 출제빈도 ★★☆

조향장치의 애커먼-장토(Ackerman Jeantaud)방식에 대한 설명으로 옳은 것은?

① 좌우 바퀴가 평행하도록 같은 각도로 조향되는 방식이다.
② 조향과 함께 앞차축이 모두 돌아간다.
③ 선회 시 모든 바퀴가 동심원을 그리며 회전하므로 바퀴에 미끄러짐(slip)이 발생하지 않는다.
④ 선회 시 안쪽 바퀴가 그리는 원의 반지름을 최소회전반경이라고 한다.

07 출제빈도 ★★☆

조향장치의 최소회전반경에 대한 설명으로 틀린 것은?

① 자동차가 직진 위치에 있을 때 앞차축과 스티어링 너클 암, 타이로드가 사다리꼴로 형성을 한다.
② 선회 시 바깥쪽 바퀴의 조향각이 안쪽 바퀴의 조향각보다 작으며 최소회전반경을 구할 때는 바깥쪽 바퀴의 조향각이 필요하다.
③ 선회 시 좌·우 조향차륜의 스핀들 연장선은 항상 후 차축 연장선의 한 점에서 만난다.
④ 최소회전반경은 각 회전의 중심점에서 바깥쪽 휠의 킹핀까지의 거리로 나타낸다.

08 출제빈도 ★★☆

조향장치의 기본원리에 대한 내용으로 가장 거리가 먼 것은?

① 조향 동력전달 순서는 조향 휠, 조향기어박스, 피트먼 암, 드래그 링크, 너클 암 순이다.
② 조향각을 고정시켜 선회 시 애커먼 각은 일정하다.
③ 애커먼 장토각은 선회 시 좌우 바퀴의 조향각이 다르다.
④ 최소회전 반경을 구할 때 조향 휠의 각은 최소로 한다.

09 출제빈도 ★★☆

차량의 제원에 대한 설명으로 틀린 것은?

① 앞 오버행은 앞차축의 중심으로부터 범퍼 등 부속물까지 포함한 수평거리를 뜻한다.
② 축거는 휠베이스를 뜻하며 앞차축과 뒤차축의 중심과의 수평거리를 뜻한다.
③ 공차중량은 빈차 상태의 무게로 사람과 화물이 포함되지 않으며 규정량의 연료, 냉각수, 윤활유, 예비 타이어 등 주행과 관련된 물품을 포함한 중량을 뜻한다.
④ 최소회전반경은 최대조향각 상태에서 저속으로 회전시 바깥 바퀴 접지면의 외각이 그리는 선분과 회전의 중심과의 거리를 뜻한다.

10 출제빈도 ★★☆

자동차 제원에 대한 설명으로 옳은 것은?

① 정지거리란 제동거리에 공주거리를 합한 것을 말한다.

② 차량 중량이란 자동차의 최대 적재 상태에서의 중량을 말한다.

③ 앞오버행이란 앞바퀴의 접지면과 차체 바닥에서 가장 아래로 튀어나온 부분 사이의 거리를 말한다.

④ 최소회전반경이란 자동차의 핸들을 최대로 회전시킨 상태에서 회전할 때 내측 바퀴의 접지면 중심이 그리는 원의 반지름을 말한다.

11 출제빈도 ★★☆

최소회전반경을 구하는 기준이 되는 바퀴로 맞는 것은?

① 안쪽 앞바퀴　　② 바깥쪽 앞바퀴

③ 안쪽 뒷바퀴　　④ 바깥쪽 뒷바퀴

12 출제빈도 ★★☆

다음 중 자동차 최소회전반경은 몇 미터를 초과하면 안 되는가?

① 8m　　　　② 9m

③ 10m　　　④ 11m

⑤ 12m

13 출제빈도 ★★☆

자동차의 축거가 2.5m이고 조향휠을 최대로 돌렸을 때 앞바퀴의 바깥쪽 바퀴의 조향각도가 30도라고 한다면, 이 자동차의 최소회전반경을 구하면? (단, 바퀴의 접지 중심면과 킹핀의 축 사이의 거리는 5cm이다.)

① 2.25m　　　② 3.10m

③ 5.05m　　　④ 5.50m

14 출제빈도 ★★☆

축거가 2.5m, 바깥쪽 앞바퀴 조향각도가 30°, 킹핀에서 타이어 중심까지의 거리가 10cm일 때 최소회전반경은 얼마인가?

① 150cm　　　② 510cm

③ 1,020cm　　④ 1,510cm

15 출제빈도 ★★☆

축거가 2m, 최소회전반경이 4.3m인 자동차의 킹핀의 중심에서 타이어의 중심까지의 거리(r)를 구하는 공식으로 맞는 것은? (단, 바깥쪽 바퀴 조향각은 30°, 안쪽 바퀴 조향각은 40°이다.)

① $4.3\text{m} = \dfrac{2m}{\sin 30°} + r$

② $r = \dfrac{4.3\text{m}}{\sin 40°} + 2\text{m}$

③ $r = \dfrac{\sin 30°}{2\text{m}} + 4.3\text{m}$

④ $4.3\text{m} = \dfrac{2\text{m}}{\sin 40°} + r$

16 출제빈도 ★★☆

다음 보기의 조건에서 자동차의 최소회전반경은 얼마인가?

┨ 보기 ┠

– 좌회전을 하기 위해 조향핸들을 왼쪽 끝까지 돌린 상황

– 앞바퀴의 sig 값 : 왼쪽 4.2, 오른쪽 0.4

– 킹핀의 중심에서 타이어 중심까지의 거리 10cm

– 축거 3.5m

– 좌우측 킹핀의 중심에서 중심까지의 거리 2.0m

$$\text{최소회전반경(R)} = \dfrac{L}{\sin \alpha} + r$$

① 약 5.6m　　　② 약 8.5m

③ 약 8.9m　　　④ 약 10.2m

17 출제빈도 ★★☆

성능 용어의 설명으로 거리가 먼 것은?

① 최소회전반경을 구할 때는 회전하는 타이어 안쪽을 기준으로 하며 허용기준은 12m 이내이다.

② 동력은 1마력(PS)과 1kW로 표시할 수 있으며 1PS은 대략 0.736kW이다.

③ 배기량은 엔진의 각각 실린더 행정체적의 총합과 같다.

④ 등판능력은 최대 적재상태에서 1단 기어로 오를 수 있는 언덕의 최대경사도를 말한다.

18 출제빈도 ★★☆

조향장치가 갖추어야 할 조건으로 옳지 않은 것은?

① 조향조작이 주행 중 발생되는 충격에 영향을 받지 않을 것

② 조작하기 쉽고 방향 변환이 원활하게 이루어질 것

③ 고속주행에서도 조향핸들이 안정될 것

④ 조향핸들의 회전과 바퀴 선회차가 클 것

⑤ 주행 중 섀시 및 보디에 무리한 힘이 작용되지 않을 것

19 출제빈도 ★★☆

조향장치의 구비조건으로 옳지 않은 것은?

① 조향핸들의 회전과 바퀴 선회 차이가 클 것

② 조향 조작이 주행 중의 충격에 영향을 받지 않을 것

③ 고속주행에서도 조향핸들이 안정될 것

④ 회전반지름이 작아서 좁은 도로에서도 방향 변환을 할 수 있을 것

20 출제빈도 ★★★

조향기어비가 12인 차량에서 핸들을 한 바퀴 돌리면 피트먼 암이 움직이는 각도[deg]로 맞는 것은?

① 15° ② 20°
③ 25° ④ 30°

21 출제빈도 ★★★

조향비가 15 : 1일 때 피트먼 암이 20° 회전하였다면 조향핸들은 몇 도[deg] 회전하였는가?

① 30° ② 270°
③ 300° ④ 330°

22 출제빈도 ★★★

조향핸들 2회전에 피트먼 암이 80° 회전하였다. 이때 조향비는?

① 4 : 1 ② 6 : 1
③ 9 : 1 ④ 12 : 1

23 출제빈도 ★★★

조향 기어비 9:1의 조향장치에서 핸들을 반 바퀴 돌렸을 때 피트먼 암이 회전한 각도[deg]는?

① 20° ② 40°
③ 1620° ④ 3240°

24 출제빈도 ★★★

조향핸들을 한 바퀴 돌렸을 때 피트먼 암이 60°회전하였다면 이 차량의 조향기어비는 얼마인가?

① 3 : 1 ② 6 : 1
③ 9 : 1 ④ 12 : 1

25 출제빈도 ★★★
조향핸들을 90° 회전했을 때, 피트먼 암이 15° 회전하였다면 조향기어비로 맞는 것은?

① 5 : 1   ② 6 : 1
③ 7 : 1   ④ 8 : 1

26 출제빈도 ★★★
조향 휠이 2바퀴 돌고 피트먼암이 80° 회전했을 때 조향기어비는 얼마인가?

① 4 : 1   ② 8 : 1
③ 9 : 1   ④ 12 : 1

27 출제빈도 ★★★
조향휠이 2회전을 할 때 파트먼 암이 30° 회전한 경우 조향기어비(감속비)는?

① 6 : 1   ② 12 : 1
③ 18 : 1   ④ 24 : 1

28 출제빈도 ★★☆
주행 시 핸들의 쏠림 원인으로 거리가 먼 것은?

① 타이어 공기압력이 균일하지 못할 때
② 허브베어링이 마모되었을 때
③ 현가장치의 작동이 불량할 때
④ 조향 링키지가 헐거울 때

29 출제빈도 ★★☆
주행 중 조향핸들이 한쪽으로 쏠리는 원인이 아닌 것은?

① 좌·우 타이어의 공기압 불균형
② 좌·우 현가장치의 자유고의 상이
③ 동력조향장치의 오일 부족
④ 주행 휠 허브베어링의 파손

30 출제빈도 ★★☆
조향장치에서 조향핸들의 유격이 발생되는 원인으로 거리가 먼 것은?

① 조향기어의 백래시가 클 경우
② 허브 베어링의 마모 및 헐거움이 있을 때
③ 타이로드 엔드 볼 조인트의 유격이 발생되었을 때
④ 동력조향장치의 파워스티어링 오일이 부족할 때

31 출제빈도 ★★☆
조향기어 백래시가 큰 경우는?

① 조향핸들 유격이 크게 된다.
② 조향기어비가 커진다.
③ 핸들에 충격이 느껴진다.
④ 주행 중 핸들이 흔들린다.

32 출제빈도 ★★☆
다음 중 조향핸들을 무겁게 만드는 요인으로 거리가 먼 것은?

① 동력조향장치의 안전체크밸브가 작동되었을 때
② 로워암 볼 조인트가 과도하게 마모되었을 때
③ 바깥벨트(립벨트)의 장력이 너무 커서 베어링에 부하가 커질 때
④ 타이어 공기압이 부족할 때

33 출제빈도 ★★☆
주행 중 조향핸들이 무거워지는 원인 중 거리가 먼 것은?

① 타이어 공기압이 부족
② 동력조향장치 오일 부족
③ 볼 조인트의 마모
④ 타이어 밸런스 불량

34 출제빈도 ★★☆

주행 중 핸들이 무거워지는 원인으로 가장 거리가 먼 것은?

① 볼 조인트의 과도한 마모
② 동력조향기어의 오일 부족
③ 앞 타이어 공기부족
④ 휠 밸런스 불량

35 출제빈도 ★★☆

다음 보기에서 자동차가 주행 중에 조향핸들을 회전할 때 무거운 원인으로만 묶은 것은?

┤ 보기 ├

㉠ 앞 타이어의 공기압이 규정보다 낮을 때
㉡ 조향기어의 백레시가 클 때
㉢ 파워스티어링 박스의 오일이 부족할 때
㉣ 허브베어링의 마모가 과도할 때

① ㉠, ㉡   ② ㉠, ㉢
③ ㉡, ㉢   ④ ㉡, ㉣

36 출제빈도 ★★☆

자동차가 선회할 때 원심력과 평형을 이루는 힘은?

① 언더 스티어링(under steering)
② 오버 스티어링(over steering)
③ 셋백(set back)
④ 코너링 포스(cornering force)

37 출제빈도 ★★★

자동차가 선회 시 반지름이 점점 커지는 현상을 무엇이라 하는가?

① 언더 스티어링 현상
② 오버 스티어링 현상
③ 뉴트럴 스티어링 현상
④ 코너링 포스

38 출제빈도 ★★★

일정한 조향각으로 선회하여 속도를 높였을 때 선회반경이 점차 커지는 현상으로 원 운동의 궤적으로부터 벗어나 서서히 바깥쪽으로 커지는 주행상태의 선회특성을 나타낸 것으로 옳은 것은?

① 언더 스티어   ② 오버 스티어
③ 뉴트럴 스티어   ④ 리버스 스티어

39 출제빈도 ★★★

선회 시 슬립에 의해 회전 반경이 점점 커지는 현상을 무엇이라 하는가?

① 언더 스티어(under-steer)
② 오버 스티어(over-steer)
③ 뉴트럴 스티어
④ 플렉스 스티어

40 출제빈도 ★★★

일정한 조향각으로 선회할 때 회전반경이 작아지는 현상으로 바깥쪽 뒷바퀴의 슬립각이 바깥쪽 앞바퀴의 슬립각보다 커지면서 나타나는 현상을 무엇이라 하는가?

① 오버 스티어   ② 언더 스티어
③ 토크 스티어   ④ 리버스 스티어

41 출제빈도 ★★★

〈보기〉에 대한 내용으로 가장 옳은 것은?

┤ 보기 ├

조향핸들의 회전각도[deg]를 일정하게 유지한 상태에서 일정한 속도로 주행하면 자동차는 선회 반지름이 일정한 원운동을 한다. 그러나 일정한 주행속도에서 서서히 가속을 하면 처음의 궤적에서 이탈하여 바깥쪽으로 벌어지려고 한다.

① 뉴트럴 스티어링(neutral steering)
② 오버 스티어링(over steering)
③ 아웃사이드 스티어링(out-side steering)
④ 언더 스티어링(under steering)

42 출제빈도 ★★☆

다음 조향이론과 관련된 설명으로 거리가 먼 것은?

① F·F 방식은 선회 시 후륜에 코너링포스가 크게 작용하여 언더스티어 현상을 나타낸다.
② F·R 방식은 선회 시 전륜에 코너링포스가 크게 작용하여 오버스티어 현상을 나타낸다.
③ 선회 시 타이어 중심이 지시하는 방향에서 진행방향으로 일치하려는 모멘트가 작용하는데 이를 복원 토크라 한다.
④ 선회 시 타이어 중심이 지시하는 방향에 대하여 안쪽 직각방향으로 작용하는 힘을 코너링 포스라 한다.

43 출제빈도 ★★☆

4WS(4 Wheel Steering system)에서 평행주차 시 회전반경을 줄이기 위해 제어하는 내용으로 가장 적당한 것은?

① 앞바퀴가 조향하는 방향과 뒷바퀴가 조향하는 방향을 같게 한다.
② 앞바퀴가 조향하는 방향과 뒷바퀴가 조향하는 방향을 반대로 한다.
③ 앞바퀴를 고정하고 뒷바퀴를 조향한다.
④ 앞바퀴를 조향하고 뒷바퀴를 직진방향으로 고정한다.

44 출제빈도 ★★☆

동력조향장치의 장점으로 맞지 않은 것은?

① 고속에서 조향핸들의 조작력이 가볍다.
② 안전체크 밸브를 사용하여 고장이 나더라도 기본조향은 가능하다.
③ 유체를 사용하여 진동 및 충격흡수가 가능하다.
④ 조향비를 높이지 않고도 핸들의 조작력을 작게 할 수 있다.

45 출제빈도 ★★☆

동력조향장치의 장점과 거리가 먼 것은?

① 고속에서 조향핸들의 조작력이 가볍다.
② 조향핸들 조작 시 유체가 완충역할을 해 충격을 흡수하고 작동이 부드럽다.
③ 차량의 무게에 상관없이 조향 기어비를 작게 만들 수 있다.
④ 조향핸들 조작 시 조향바퀴의 선회반응이 빠르다.

46 출제빈도 ★★☆

파워스티어링의 구성요소가 아닌 것은?

① 볼륨 캐니스터
② 유체냉각기
③ 피트먼 암
④ 파워스티어링 쿨러

47 출제빈도 ★★☆

전자제어 동력조향장치의 작동에 대한 설명으로 맞는 것은?

① 저속에서 조향 시 조향핸들에 큰 힘이 들어갈 수 있도록 제어하여 운전안정성을 높인다.
② 고속에서 조향 시 안정적인 주행을 위해 작은 조작력으로 조향이 될 수 있도록 한다.
③ 속도에 상관없이 최대 조향각으로 조향 시 최소회전반경을 줄여주는 기능을 한다.
④ 저속에서 작은 조작력으로도 원활하게 조향하여 최적의 조향력을 제공하고 중·고속에서 안정적인 주행을 위해 핸들의 조작력을 무겁게 제어한다.

48 출제빈도 ★★☆

전자제어 동력조향장치에 대한 설명으로 틀린 것은?

① 차량의 속도에 맞춰 핸들의 조작력을 제어할 수 있다.
② 유압식, 모터+유압식, 모터구동방식으로 구분할 수 있다.
③ 전동방식 동력조향장치 MDPS는 유압식 EPS보다 유지비가 증가된다.
④ MDPS의 모터는 설계에 따라 컬럼, 피니언기어, 래크기어 주변에 설치가 가능하다.

49 출제빈도 ★★★

전동방식 동력조향장치 MDPS의 구성 요소와 관련 없는 장치는?

① 스로틀포지션 센서   ② 조향각 센서
③ 토크 센서   ④ 전동 모터

50 출제빈도 ★★☆

전동식 동력조향장치의 장점으로 옳지 않은 것은?

① 약간의 연비 향상이 이루어진다.
② 오일펌프를 사용하지 않아 엔진에 부하가 없다.
③ 부품 수 감소 및 조향 성능이 우수하다.
④ 앞바퀴의 시미 현상을 방지할 수 있다.

51 출제빈도 ★★☆

조향장치에 관한 설명으로 틀린 것은?

① 동력조향장치는 전자제어 조향시스템이 아닌 유압을 이용한 배력장치이다.
② 동력조향장치는 조향 조작력에 관계없이 조향 기어를 선정할 수 있다.
③ MDPS는 전기모터를 이용한 배력장치로 전자제어 조향시스템이 아니다.
④ MDPS는 유압을 이용하지 않기 때문에 엔진의 출력을 직접적으로 사용하지 않아 연비향상에 도움이 된다.

52 출제빈도 ★★☆

전동 동력조향장치에 대한 설명으로 맞는 내용으로 묶인 것은?

> ㉠ 칼럼 구동방식 : 조향 칼럼에 구동모터가 설치되어 제작 단가를 줄일 수 있고 힘이 약한 운전자에게 유용한 방식이며 일상 주행용 차량에 사용된다.
> ㉡ 피니언 구동방식 : 피니언 축에 구동모터가 설치되어 엔진의 시동이 꺼진 상태에서도 동력조향이 가능하다.
> ㉢ 래크 구동방식 : 조향기어장치의 래크기어에 모터가 설치되며 소음과 진동을 최소화 할 수 있어 고성능 차량이나 고급 세단에 적용되는 경우가 많다.

① ㉠   ② ㉡
③ ㉡, ㉢   ④ ㉠, ㉡, ㉢

53 출제빈도 ★★☆

EPS(MDPS)에 대한 설명으로 가장 적당한 것은?

① 전동모터를 이용하는 조향기어박스에 구동 모터를 설치하여 차속과 조향토크에 따른 조향 조작력을 제어하기도 한다.
② 연비 향상을 위해 전동모터를 이용하는 방식보다 유압을 이용하는 방식이 더 좋다.
③ 차량의 속도가 증가될수록 전동모터가 공급하는 회전력이 높아지게 된다.
④ 전동모터를 이용하기 위해 구성요소와 제어가 복잡해져 고장 시 검사할 요소가 많아지게 된다.

>>> **정답**

01	02	03	04	05	06	07	08	09	10
④	①	①	①	④	③	④	④	④	①
11	**12**	**13**	**14**	**15**	**16**	**17**	**18**	**19**	**20**
②	⑤	③	②	①	③	①	④	①	④
21	**22**	**23**	**24**	**25**	**26**	**27**	**28**	**29**	**30**
③	③	①	②	②	③	④	④	③	④
31	**32**	**33**	**34**	**35**	**36**	**37**	**38**	**39**	**40**
①	③	④	④	②	④	①	①	①	①
41	**42**	**43**	**44**	**45**	**46**	**47**	**48**	**49**	**50**
④	④	②	①	①	①	④	③	①	④
51	**52**	**53**							
③	①	①							

01. 하이포이드 기어는 종감속장치에서 사용

02. 랙피니언식은 조향 핸들의 회전 → 피니언 회전 → 랙의 직선운동으로 바퀴를 좌우 조향시키는 구조이다.

03. 핸들의 회전이 피니언과 렉기어를 통해 직선운동으로 변환되고 타이로드를 거쳐 너클을 조향한다.

04. 아래 그림 참조

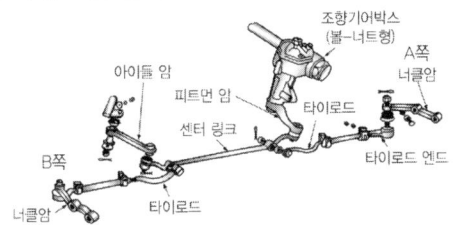

05. 조향너클 설치방식으로 엘리옷형, 역 엘리옷형, 마몬형, 르모앙형이 있으며 이 중 역 엘리옷형이 가장 많이 사용되고 있다.

06. ① 안쪽 바퀴가 더 많이 조향된다.
② 조향과 함께 너클(스핀들)이 돌아간다.
④ 선회 시 바깥쪽 앞바퀴의 중심이 그리는 원의 반지름을 최소회전반경이라고 한다.

07. ④ 조향 각도를 최대로 하고 선회하였을 때 그려지는 동심원 중에서 가장 바깥쪽 바퀴가 그리는 반지름을 최소회전반지름이라고 한다. (보통 자동차의 최대조향각은 40° 이하)

08. 최소회전반경을 구할 때 조향 휠의 각은 최대로 한다.

09. ④ 최소회전반경은 최대조향각 상태에서 저속으로 회전 시 바깥 바퀴의 중앙선이 그리는 선분과 회전의 중심과의 거리를 뜻한다.

10. ② 차량 총중량에 대한 설명이다. ④ 선회할 때 외측 앞바퀴의 접지면 중심이 그리는 원의 반지름을 말한다.

12. • **실제 최소회전반경** : 소형 승용차(4.5~6m 이하), 대형 트럭(7~10m 이하), 법규상(12m 이하)

13. 최소회전반경(R)

$$= \frac{\text{축거}(L)}{\sin\alpha(\text{바깥바퀴 조향각})} + r$$

$$= \frac{2.5\text{m}}{\sin30°} + 5\text{cm} = \frac{\frac{2.5\text{m}}{1}}{\frac{1}{2}} + 0.05\text{m}$$

$$= 5\text{m} + 0.05\text{m} = 5.05\text{m}$$

14. $R = \dfrac{L}{\sin\alpha} + r = \dfrac{250\text{cm}}{\sin30°} + 10\text{cm}$
$= 250\text{cm}(\times 2) + 10\text{cm} = 510\text{cm}$

16. $R = \dfrac{3.5\text{m}}{0.4} + 0.1\text{m} = 8.85\text{m}$

17. ④ 조향핸들의 회전과 바퀴의 선회차가 크게 되면 조향에 의한 바퀴의 선회가 지연된다.

19. 조향비는 바퀴의 회전각에 대해 핸들 회전량이 너무 크지 않아야 하며 민감도와 안정성이 조화로워야 한다.

20. 조향기어비 $= \dfrac{\text{조향핸들이 움직인 각도}}{\text{피트먼 암이 움직인 각도}}$

$12 = \dfrac{360°}{\text{피트먼 암 회전각도}}$

피트먼 암 회전각도 $= 30°$

21. $15 = \dfrac{\text{조향핸들 회전각도}}{20°}$

조향핸들 회전각도 $= 300°$

22. 조향핸들 2회전 $= 720$

조향비 $= \dfrac{720°}{80°} = 9 : 1$

25. 조향기어비 $= \dfrac{90°}{15°} = \dfrac{6}{1} = 6 : 1$

26. 조향(기어)비 $= \dfrac{360° \times 2}{80°} = \dfrac{9}{1} = 9 : 1$

27. 조향기어비 $= \dfrac{360° \times 2}{30°} = \dfrac{24}{1} = 24 : 1$

28. 조향 링키지(연결된 2개의 로드나 링크)가 헐거우면 유격이 커지게 되고 이는 차량의 쏠림에 영향을 주지는 않는다.

29. 좌·우측 차체의 무게 중심이 틀어질 수 있는 요인을 찾는다.
①, ②는 이해가 가능할 것이고,
④는 허브베어링이 파손되거나 수명이 다하면 휠이 회전하면서 좌우 및 상하로 유격이 생겨 주행 시 비행기가 활주로를 달리는 듯한 소음이 생기며 심할 경우에는 축이 휠의 중심에서 아래쪽으로 처지게 된다. 이 역시 무게 중심이 틀어지는 요인이 된다.
③의 경우에는 조향핸들을 조작하는 데 힘이 많이 들어갈 수 있는 요인이다.

30. 동력조향장치에서 오일이 부족할 경우 오일펌프 작동 시 소음이 발생되고 핸들을 조작하는 데 중간 중간 걸리는 느낌이 든다. 유격과는 직접적인 관련이 없다.

31. 조향기어가 맞물릴 때 기어와 기어 사이의 유격을 백래시라 하고 이 유격은 조향핸들의 유격으로 반영된다.

32. ① 동력조향장치에서 안전체크밸브가 작동될 경우 수동 조작으로 전환되어 핸들이 무거워지게 된다.
② 로워암 볼 조인트가 마모될 경우 볼 조인트를 기준으로 동력을 전달할 때 마찰저항이 커지게 된다.
③ 벨트 장력이 클 때에는 오일펌프 베어링의 내구성에는 문제가 될 수 있어도 동력조향에는 문제가 없다.
④ 타이어의 회전마찰 저항이 커져 조향핸들이 무거워지게 된다.

33. 타이어 밸런스가 불량할 경우 고속시미의 원인이 된다.

34. ② 동력조향기어 장치에 오일이 부족할 경우 공기가 유입될 수 있다. 유압장치에 공기가 유입되면 작동지연 및 압력이 부족하게 된다. 이는 조향핸들을 무겁게 만드는 원인이 될 수 있다.
④ 휠 밸런스가 불량할 경우 일정속도에서 시미가 발생되어 조향핸들의 떨림이 발생될 수 있다. 4가

지 선지 중 가장 핸들의 조작력에 영향을 끼치는 정도가 작다.

36. ① **언더 스티어링 현상(U.S.)** : 뒷바퀴에 작용하는 코너링 포스가 커서, 선회 반경이 커지는 현상이다.
② **오버 스티어링 현상(O.S.)** : 앞바퀴에 작용하는 코너링 포스가 커서, 선회 반경이 적어지는 현상이다.
③ **셋백** : 동일 차축에서 한쪽 차륜이 반대쪽 차륜보다 앞 또는 뒤로 처져 있는 정도를 뜻한다.

37. 언더 스티어링은 급 선회 시 F·F 방식의 차량에서 주로 발생되며 후륜에 비해 전륜의 코너링포스가 더 작을 때 발생된다.

39. • **플렉스 스티어** : 주행 환경에 따라 핸들 스티어링 휠의 무게감을 조절할 수 있는 기능으로 컴포트·노멀·스포츠 모드 등이 있다.
㉠ 컴포트 모드 : 핸들이 가벼워서 주차할 때 편함
㉡ 노멀 모드 : 기능 없는 차들의 핸들무게감
㉢ 스포츠 모드 : 핸들의 묵직한 안정감

40. 선회 시 바깥쪽 후륜에서 슬립각이 더 클 경우 차량 뒤쪽이 더 많이 미끄러지는 상황이 된다. 이런 경우를 오버 스티어라 표현한다.
• **토크 스티어** : FF차량에서 급출발 시 조향이 불가능해지거나 차량이 편향하는 현상
• **리버스 스티어** : 한(리버스) 포인트를 기준으로 이전에는 언더 스티어 경향을 나타내다 이후 오버 스티어로 변하는 특성

42. ④ 선회 시 타이어의 진행 방향에 대하여 안쪽 직각 방향으로 작용하는 힘을 코너링 포스라 한다. (타이어 중심의 방향≠타이어의 진행 방향) 타이어 중심 방향과 타이어 진행방향의 차이를 슬립각이라 한다.

43. 저속에서 역위상 조향 시 회전반경을 줄이는 효과가 있다.

44. ① 고속에서 조향핸들의 조작력이 가벼운 것은 단점에 해당한다. 이 부분을 보완하기 위해 조향장치에 전자제어를 활용하게 되었다.

46. 고압펌프 작동 시 발생되는 유체의 열을 식혀 주기 위한 장치로 유체냉각기와 파워스티어링 쿨러 등이 사용될 수 있다.

47. 저속에서 작은 조작력, 고속에서 큰 조작력을 필요로 하도록 제어한다. 저속에서 회전반경을 줄이기 위해 사용되는 것은 4WS 시스템이다.

48. MDPS는 팬벨트 및 유체를 사용하지 않기 때문에 고장 발생 요소가 적고 내구성이 좋은 편에 해당한다.

49. MDPS가 작동될 때 선행조건 및 입력신호, 제어 상황 등을 고려해보면 쉽게 정답을 찾을 수 있다.

50. MDPS는 유체를 사용하지 않는 관계로 조향기어의 백래시에 대한 유격을 보상하기 어렵다. 이러한 이유로 시미 현상을 줄이는 데 도움이 되지 않는다.

51. ③ MDPS는 차량의 속도에 따라 조향조작력을 제어하기 때문에 전자제어 시스템에 해당된다.

52. 전동 동력조향장치(MDPS)는 많은 전력을 순간 소모하기 때문에 시동이 꺼진 상태에서 동력조향이 되지 않는다. 위 문제에서 ㉠과 ㉢의 내용이 맞지만 ㉢은 틀린 ㉡과 모두 묶여 있기 때문에 이 문제의 정답은 ①번이 된다.

앞바퀴 정렬

(= 휠 얼라이먼트) → 불량할 경우(연료소비율 증대, 타이어 조기 마모 및 주행 안정성 저하)
앞바퀴 정렬 → 타이어 및 지지하는 축의 각을 설정함

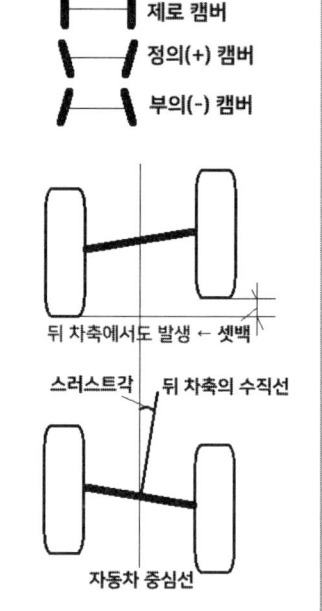

(1) 캠버 - 정면에서 봄
　① 타이어 중심선이 수선에 대하여 이루는 각(= 캠버 각)
　② 필요성 : 핸들 조작을 가볍게, 앞차축의 휨 방지
(2) 킹핀(조향축)경사각 - 정면에서 봄
　① 킹핀의 중심선이 수선에 대하여 이루는 각
　② 필요성 : 핸들 조작 가볍게, 시미현상 방지 *복원성↑
　(1) 캠버 + (2) 킹핀경사각 → 협각(인클루디드 각)
(3) 캐스터 - 측면(옆)에서 봄
　① 킹핀의 중심선이 수선에 대하여 이루는 각
　② 필요성 : 방향성, 직진·주행성, 복원성*
(4) 토인 - 위에서 봄 → 맞지 않을 경우 '스러스트 각'이 커짐
　① 타이어의 앞쪽이 뒤쪽보다 좁게 보임
　② 필요성 : 사이드슬립 방지(타이로드 길이로 조정한다)
　　　　　 편마모 방지, 선회 시 토아웃 방지
　　　　　 캠버에 의한 바퀴 벌어짐 방지, 앞바퀴 평행회전*
* 사이드 슬립 : 전진 주행 시 앞 차륜 정렬의 합성력

---

01 출제빈도 ★★☆
전차륜 정렬의 구성요소가 아닌 것은?
① 캠버　　　　② 캐스터
③ 조향축 경사각　④ 스러스트각

02 출제빈도 ★★☆
앞바퀴 정렬에 해당하지 않는 것은?
① 프레임　　　② 캠버
③ 캐스터　　　④ 토인

03 출제빈도 ★★☆
다음 중 앞바퀴 정렬에 해당하지 않는 것은?
① 토인　　　　② 캠버
③ 캐스터　　　④ 트레드

04 출제빈도 ★☆☆
다음 중 전차륜 휠얼라이먼트 구성요소에 해
당되지 않는 것은?
① 사이드 각(Side-angle)
② 캠버(Camber)
③ 캐스터(Caster)
④ 토(Toe)

05 출제빈도 ★★☆

전차륜 정렬(휠 얼라이먼트)에 대한 설명으로 가장 옳지 않은 것은?

① 휠이 차체에 대하여 어떠한 위치, 각도, 방향으로 정렬되었는지를 나타낸다.
② 조향핸들의 조작력을 무겁게 한다.
③ 조향핸들에 복원력을 준다.
④ 타이어의 편마모를 방지한다.

06 출제빈도 ★★☆

앞바퀴 정렬에서 정의 캠버의 설명이다. 옳은 것은?

① 스트럿을 자동차 측면에서 보았을 때 수직선에 대한 각도
② 앞바퀴를 자동차 정면에서 보았을 때 윗부분이 안쪽으로 약간 경사진 각도
③ 앞바퀴를 자동차 정면에서 보았을 때 윗부분이 바깥쪽으로 약간 벌어진 각도
④ 스트럿을 자동차 측면에서 보았을 때 좌우 중심간 약간 벌어진 각도

07 출제빈도 ★★☆

전차륜 정렬의 요소인 캠버에 대한 설명으로 거리가 먼 것은?

① 선회 후 조향핸들의 복원력을 줄 수 있다.
② 차체의 하중에 의한 앞 차축의 휨을 줄여 줄 수 있다.
③ 조향핸들을 조작 시 적은 힘으로도 가능하다.
④ 바퀴 아래 부분이 바깥으로 벌어지는 것을 예방할 수 있다.

08 출제빈도 ★★☆

자동차를 앞에서 보는 경우에 앞바퀴의 중심선과 노면에 대한 수직선이 만드는 각도를 캠버라고 한다. 캠버를 설치하는 목적으로 옳지 않은 것은?

① 앞바퀴가 하중에 의해 아래로 벌어지는 것을 방지한다.
② 수직방향의 하중에 의해 차축이 휘는 것을 방지한다.
③ 주행 중에 바퀴가 이탈하는 것을 방지한다.
④ 킹핀 옵셋을 크게 하여 조향휠 조작력을 적게 한다.

09 출제빈도 ★★☆

전차륜 정렬의 요소인 캠버에 대한 설명으로 가장 적당한 것은?

① 선회 후 조향핸들의 복원력을 줄 수 있다.
② 차체의 하중에 의한 앞 차축의 휨을 줄여 줄 수 있다.
③ 차량을 위에서 봤을 때 앞바퀴가 뒷바퀴보다 벌어진 것을 말한다.
④ 정의 캠버를 이용해 선회 주행 시 차체의 기울기를 줄일 수 있다.

10 출제빈도 ★★☆

앞바퀴 정렬에 대해 옳은 것을 고르시오.

① 캠버는 차량을 정면에서 봤을 때 타이어의 중심선이 지면의 수선에 대해 이룬 각으로 핸들의 조작력을 작게 한다.
② 부의 캠버는 차량 앞차축의 휨을 방지한다.
③ 토인은 차량을 위에서 봤을 때 앞바퀴가 뒷바퀴보다 벌어진 것을 말한다.
④ 토아웃은 사이드슬립을 방지한다.

11 출제빈도 ★★☆

차량의 정면에서 봤을 때 앞바퀴와 수직선에 대해 0.5~2° 정도 각도[deg]를 줘서 핸들의 조작을 가볍게 하고 하중에 의해 앞차축이 휘는 것을 방지하는 것은?

① 캠버
② 캐스터
③ 토인
④ 킹핀경사각

12 출제빈도 ★★☆

앞바퀴 정렬에서 캠버를 두는 이유로 옳지 않은 것은?

① 차체의 하중에 의해 바퀴의 아래가 벌어지는 것을 방지하기 위해
② 캠버 옵셋을 줄여 핸들 조작이 용이하기 위해
③ 차량의 직진성과 핸들의 복원성을 증대시키기 위해
④ 주행할 때 바퀴가 탈출하는 것을 방지하기 위해

13 출제빈도 ★★☆

차가 중량 때문에 주저앉는 것을 막고, 핸들 조작을 가볍게, 타이어의 이상마모를 방지하기 위해 두는 것은?

① 캠버
② 토인
③ 캐스터
④ 킹핀경사각

14 출제빈도 ★★☆

전차륜 얼라이먼트 요소인 캠버의 필요성과 거리가 먼 것은?

① 조향핸들의 조작력을 가볍게 할 수 있다.
② 차체의 수직 방향 하중에 의한 차축의 휨을 방지할 수 있다.
③ 선회 후 조향핸들이 직진의 위치로 돌아오게 해준다.
④ 부의 캠버를 이용해 선회 주행 시 차체의 기울기를 줄일 수 있다.

15 출제빈도 ★★☆

앞바퀴 정렬의 요소인 킹핀경사각의 필요성에 대한 설명으로 가장 거리가 먼 것은?

① 캠버와 함께 핸들의 조작력을 가볍게 하는 데 도움을 준다.
② 주행 중 앞바퀴의 동적 불평형을 줄여주는 역할을 한다.
③ 선회 후 조향핸들이 직진 위치로 돌아오게 한다.
④ 주행 중 차체에 하중이 가해졌을 때 앞차축이 휘는 것을 방지한다.

16 출제빈도 ★★☆

킹핀경사각에 캠버를 더한 것을 무엇이라 하는가?

① 킹핀옵셋
② 셋백
③ 스러스트각
④ 협각

17 출제빈도 ★★☆

자동차의 앞바퀴를 옆에서 보았을 때 조향너클과 앞 차축을 고정하는 조향축이 수직선과 어떤 각도를 두고 설치되는 휠 얼라이먼트 요소로 가장 옳은 것은?

① 캠버
② 토인
③ 캐스터
④ 셋백

18 출제빈도 ★★☆

주행 중 조향바퀴에 방향성과 복원성을 주는 전차륜 정렬 요소는?

① 캠버(camber)
② 캐스터(caster)
③ 토우인(toe-in)
④ 킹핀경사각

19 출제빈도 ★★☆

다음 중 조향바퀴에 복원력과 직진 안정성을 주는 것은?

① 캠버
② 토인
③ 킹핀
④ 캐스터

20 출제빈도 ★★☆

킹핀경사각과 같이 선회 후 조향핸들의 복원성을 줄 수 있으며 직진성과 주행성에 도움이 되는 앞바퀴 정렬의 요소는?

① 캠버
② 캐스터
③ 토인
④ 스러스트 각

21 출제빈도 ★★☆

바퀴를 옆에서 보았을 때 지면의 수선과 킹핀이 기울어진 각을 무엇이라 하는가?

① 스러스트각
② 캐스터
③ 인클루디드각
④ 킹핀경사각

22 출제빈도 ★★☆

자동차를 옆에서 보았을 때 전륜 타이어의 중심을 지나는 수선과 조향축이 만드는 각을 무엇이라 하는가?

① 캠버   ② 캐스터
③ 조향축경사각   ④ 토인

23 출제빈도 ★★☆

주행 중 방향성과 복원성을 부여하는 휠얼라이먼트 요소 중 하나로 그림에서 설명하고 있는 것은?

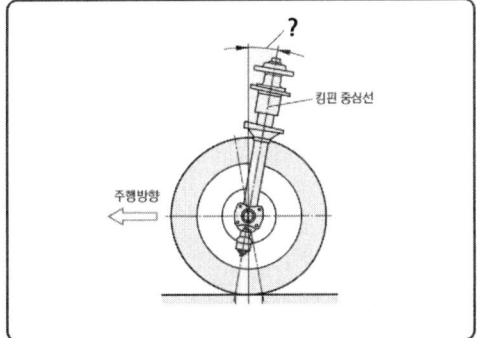

① 토인
② 토아웃
③ 캐스터
④ 캠버

24 출제빈도 ★★☆

전차륜 얼라이먼트의 요소인 캐스터의 필요성으로 거리가 먼 것은?

① 선회 시 조향핸들에 복원성을 부여한다.
② 조향하는 바퀴에 방향성을 부여한다.
③ 주행 바퀴의 직진성에 도움이 된다.
④ 차축이 차체의 중량에 의해 휘는 것을 방지한다.

25 출제빈도 ★☆☆

정해진 거리를 왕복하여 이동하는 카트에 필요한 전차륜 정렬 요소로 가장 적당한 것은?

① 캠버
② 킹핀경사각
③ 캐스터
④ 토인

26 출제빈도 ▶ ★★☆

자동차 앞바퀴 정렬의 요소에 대한 설명으로 가장 옳지 않은 것은?

① 캐스터는 앞바퀴를 평행하게 회전시킨다.
② 캠버는 조향휠의 조작을 가볍게 한다.
③ 킹핀경사각은 조향휠의 복원력을 준다.
④ 토인은 주행 시 캠버에 의해 토아웃이 되는 것을 방지한다.

27 출제빈도 ▶ ★★☆

선회 후 주행핸들에 힘을 주지 않아도 원래 직진 상태로 복원해 주는 전차륜 얼라이먼트 요소로 짝지어진 것은?

① 캠버, 캐스터
② 킹핀경사각, 토인
③ 조향축경사각, 캐스터
④ 협각, 셋백

28 출제빈도 ▶ ★★☆

다음에서 설명하는 얼라이먼트 용어에 대한 설명으로 맞는 것은?

> • 효과적인 주행을 위해서 주로 앞바퀴의 기하학적인 관계를 차륜정렬이라 한다.
> • 자동차 앞바퀴를 위에서 내려다 볼 때 바퀴 중심선 사이의 거리가 앞쪽이 뒤쪽보다 약간 작게 되어 있다.

① 토인(toe-in)
② 캐스터(caster)
③ 캠버(camber)
④ 조향축 경사각(king pin angle)

29 출제빈도 ▶ ★★☆

다음 중 전차륜 얼라이먼트의 구성요소인 토인을 두는 목적이 아닌 것은?

① 주행 중 전륜 바퀴 사이의 공기저항에 의해 바퀴가 토아웃되는 것을 막기 위해
② 선회 시 내·외측륜의 각도 차에 의해 토아웃되는 것을 막기 위해
③ 선회 시 핸들의 복원성을 가지기 위해
④ 조향 링키지 마모에 의해 토아웃되는 것을 막기 위해

30 출제빈도 ▶ ★★☆

토인의 필요성이 아닌 것은?

① 수직방향의 하중에 의한 앞차축 휨을 방지한다.
② 조향링키지의 마모에 의해 토아웃이 되는 것을 방지한다.
③ 앞바퀴를 평행하게 회전시킨다.
④ 바퀴가 옆 방향으로 미끄러지는 것과 타이어의 마모를 방지한다.

31 출제빈도 ▶ ★★☆

전차륜 정렬의 요소인 토인에 대한 설명으로 틀린 것은?

① 주행 시 공기저항에 의한 바퀴 벌어짐 방지
② 타이어의 이상마멸 방지
③ 불량 시 타이로드의 길이로 조정 가능
④ 선회 후 조향복원성 확보 가능

32 출제빈도 ★★☆

전차륜 정렬 요소인 토인의 필요성으로 가장 적당한 것은?

① 조향 휠의 조작을 가볍게 해준다.
② 선회 후 핸들에 복원성을 준다.
③ 주행 시 발생될 수 있는 시미현상을 줄여준다.
④ 앞바퀴를 평행하게 선회시켜 토·아웃화를 방지한다.

33 출제빈도 ★★☆

그림처럼 타이어의 내측보다 바깥쪽이 더 많이 마모되었을 때 원인으로 올바른 것은?

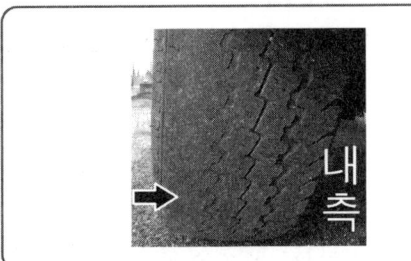

① 토아웃이 심한 경우
② 타이어 공기압이 과다
③ 토인 또는 캠버 과다
④ 적은 토인과 큰 부의 캠버일 경우

34 출제빈도 ★★☆

타이로드로 조정할 수 있는 것은?

① 캠버
② 캐스터
③ 토인
④ 킹핀경사각

35 출제빈도 ★★☆

전(前)차륜 얼라이먼트에 대한 설명으로 맞는 것은?

① 차량을 정면에서 봤을 때 지면의 수선과 타이어 중심선이 만드는 각을 캐스터라고 한다.
② 토인을 조정하기 위해 타이로드의 길이를 수정하면 된다.
③ 차량을 옆면에서 봤을 때 타이어 중심선의 수선과 조향축의 중심이 만드는 각을 캠버라고 한다.
④ 캠버와 캐스터의 각을 합한 것을 협각 혹은 인클루디드각이라고 한다.

36 출제빈도 ★★☆

다음 중 토인(toe-in)에 대한 설명으로 옳은 것은?

① 앞에서 볼 때 앞바퀴 중심선과 노면의 수직선이 이루는 각
② 옆에서 볼 때 앞바퀴의 조향축이 뒤로 기울어진 각
③ 차량(타이어)의 진행방향과 바퀴 중심선 사이의 각
④ 위에서 차륜을 보았을 때 앞쪽이 뒤쪽보다 좁게 되어 있는 상태

37 출제빈도 ★★☆

앞차륜 정렬에서 일정한 캠버가 주어졌을 때 토인을 조절하는 이유로 올바르지 않은 것은?

① 앞 타이어의 바깥쪽이나 안쪽이 편마모되는 것을 방지한다.
② 앞 타이어의 토인·아웃되는 성향을 줄여줄 수 있다.
③ 주행 중 차량의 하중에 의한 앞차축의 휨을 방지한다.
④ 개별 타이어의 직진성을 좋게 할 수 있다.

38 출제빈도 ★★☆

킹핀 경사각, 캠버, 캐스터, 토인(토 아웃)의 4가지 요소로 구성되는 차륜정렬(Wheel Alignment)의 역할을 〈보기〉에서 모두 고른 것은?

┤ 보기 ├

ㄱ. 핸들(steering wheel)의 조작력을 가볍게 한다.
ㄴ. 핸들(steering wheel)에 복원력을 준다.
ㄷ. 차량의 직진성을 안정시킨다.
ㄹ. 차체의 롤링을 억제한다.

① ㄱ, ㄴ, ㄷ ② ㄱ, ㄴ, ㄹ
③ ㄱ, ㄷ, ㄹ ④ ㄴ, ㄷ, ㄹ

39 출제빈도 ★★☆

다음 앞바퀴 정렬에 대한 설명으로 거리가 먼 것은?

① 캐스터의 각을 크게 하면 복원력이 줄어든다.
② 차량이 주행 중 발생하는 사이드슬립을 줄이기 위해 필요한 것이 토인이다.
③ 조향핸들의 조작을 가볍게 하기 위해 정의 캠버를 둔다.
④ 주행 중 타이어에 발생될 수 있는 시미 현상을 줄이기 위해 킹핀 경사각을 둔다.

40 출제빈도 ★★☆

다음 앞바퀴 얼라이먼트의 요소에 대한 설명으로 바른 것을 고르시오.

① 선회 시 조향핸들의 복원성을 부여하고 주행 바퀴의 직진성을 높이기 위해 캠버를 둔다.
② 선회 시 핸들을 가볍게 조향하고 차체의 하중에 의한 앞 차축의 휨을 줄여주기 위해 캐스터를 둔다.
③ 킹핀 경사각은 차량을 정면에서 봤을 때 지면의 수선과 킹핀이 기울어진 각으로 캠버각과 합하여 협각이라 표현한다.
④ 차량을 위에서 봤을 때 앞쪽이 밖으로 벌어져 있고 뒤가 더 좁은 형상을 하고 있는 것이 토인이다.

41 출제빈도 ★★☆

전차륜 얼라인먼트(alignment)에 관한 설명으로 가장 거리가 먼 것은?

① 정의 캠버는 자동차의 정면에서 봤을 때 앞바퀴의 아래쪽이 위쪽보다 더 벌어진 것을 말한다.
② 토인은 차량의 앞 타이어를 위에서 봤을 때 앞이 뒤보다 짧아 타이어가 전방으로 모인 것을 말한다.
③ 조향축경사각은 차량을 정면에서 봤을 때 지면의 수선과 조향축 중심의 연장선이 이루는 각을 말한다.
④ 캐스터는 차량을 측면에서 봤을 때 지면의 수선과 조향축이 이루는 각을 말한다.

42 출제빈도 ★★★

앞바퀴 정렬에 관한 내용으로 옳지 않은 것은?

① 킹핀경사각은 시미 현상을 방지한다.
② 토인은 앞차축의 휨을 방지하기 위해 부여한다.
③ 캐스터는 주행 중 조향 바퀴에 방향성을 부여한다.
④ 캠버각이란 바퀴를 앞에서 볼 때 타이어 중심선이 수직선과 이루는 각이다.

43 출제빈도 ★★☆

다음 전차륜 얼라이먼트에 대한 설명으로 가장 거리가 먼 것은?

① 캠버는 차량을 정면에서 봤을 때 지면의 수직인 선을 기준으로 타이어 중심이 기울어진 각으로 차량의 하중에 의한 앞차축의 휨을 방지한다.
② 캐스터는 차량 주행 중 방향성을 주고 선회 후 복원성을 줄 수 있다.
③ 토인은 주행 시 옆 방향의 미끄럼을 방지하고 타이어 마멸을 줄여준다.
④ 킹핀 경사각은 차량을 정면에서 봤을 때 지면의 수직인 선과 킹핀이 설치된 각을 말한다.

44 출제빈도 ★★☆

프런트 휠 얼라인먼트(Front wheel align-ment)의 조향특성에 대한 설명으로 가장 옳은 것은?

① 언더 스티어링이란 조향각을 일정하게 하면서 선회 시 안쪽으로 말려 들어가서 선회 반지름이 작아지는 현상을 말한다.

② 프런트 휠 얼라인먼트는 조향 링키지 마멸이나 캠버에 의한 토인(toe-in) 경향을 방지한다.

③ 차량의 하중과 타이어의 접지 부분의 반작용으로 타이어의 아래쪽(폭)이 바깥쪽으로 벌어지는 정(+)의 캠버를 방지하기 위하여 역(−)의 캠버를 둔다.

④ 직진 방향으로의 복원력을 높이려면 정(+)의 캐스터를 둔다.

45 출제빈도 ★★☆

핸들이 한쪽 방향으로 쏠리는 원인이 아닌 것은?

① 좌우 타이어 공기압이 불균형일 때

② 앞 차축의 중심과 뒤차축이 직각방향일 때

③ 너클과 스태빌라이저가 파손되었을 때

④ 사고에 의해 캠버와 캐스터가 틀어졌을 때

46 출제빈도 ★☆☆

스러스트 각이 커져서 발생되는 현상과 같은 현상이 만들어지는 이유로 가장 적당한 것은?

① 운전석 바퀴 정의 캠버, 동승석 바퀴 부의 캠버일 때

② 운전석측 "−" 캐스터, 동승석 바퀴 정의 캠버일 때

③ 운전석 바퀴 토인, 동승석 바퀴 토아웃일 때

④ 조향축(킹핀) 경사각이 맞지 않을 때

>>> 정답

01	02	03	04	05	06	07	08	09	10
④	①	④	①	②	③	①	④	②	①
11	12	13	14	15	16	17	18	19	20
①	③	①	③	④	④	③	②	④	②
21	22	23	24	25	26	27	28	29	30
②	②	③	④	③	①	③	①	③	①
31	32	33	34	35	36	37	38	39	40
④	④	③	③	②	④	③	①	①	③
41	42	43	44	45	46				
①	②	②	④	②	③				

01. • **스러스트각** : 차량의 기하학적 중심선과 뒷바퀴 뒤 차축의 수직선(추진선, 스러스트 라인)이 이루는 각도

02. ② **캠버** : 바퀴를 앞에서 보면 타이어 중심선이 수선에 대하여 이루는 각
③ **캐스터** : 바퀴를 옆에서 보면 킹핀의 중심선과 수선에 대하여 이루는 각
④ **토인** : 바퀴를 위에서 보면 앞쪽이 뒤쪽보다 좁게 되어 있는 것

05. ② 조향핸들의 조작력을 가볍게 해준다.

07. ① 복원력과 관련된 요소는 킹핀(조향축)경사각과 캐스터이다.

08. 킹핀의 연장선이 지면에 닿는 포인트와 타이어 중심과의 거리를 킹핍 옵셋(스크러브 반경)이라고 한다. 킹핀 옵셋은 0에 가까울수록 조향휠의 조작력을 적게 만든다.

09. ① 킹핀 경사각, 캐스터에 대한 설명이다.
④ 부의 캠버를 이용해 선회 주행 시 차체의 기울기를 줄일 수 있다.

10. ② 정의 캠버는 차량 앞차축이 차체 하중에 의해 휘는 것을 줄여준다.
③ 토인은 차량의 앞 타이어를 위에서 봤을 때 앞이 뒤보다 짧아 타이어가 전방으로 모인 것을 뜻한다.
④ 토인은 주행 중 발생되는 사이드슬립을 줄여주는 역할을 한다.

11. 정(+)의 캠버에 대한 설명이다.

12. ① 차체의 하중이 차축에 가해질 경우 바퀴의 아래가 벌어지는 현상이 발생된 것이다. 이를 방지하기 위해 정의 캠버를 주는 것이 좋다.
② 캠버 옵셋은 앞바퀴를 앞에서 보았을 때 타이어 중심선과 킹핀 중심선이 지면에서 만나는 거리를 말한다. 킹핀 경사각과 함께 조향 핸들의 조작을 가볍게 하기 위해서는 캠버의 옵셋이 작아야 한다.
③ 차량의 직진성과 복원성에 영향을 주는 요소는 캐스터이다.
④ 캠버는 시미를 줄여 주행 중 바퀴의 좌우로 흔들리는 충격을 줄여줄 수 있다. 이는 주행 중 바퀴가 탈출하는 것을 미연에 방지할 수 있게 해준다.

13. ① **캠버의 필요성** : 핸들조작을 가볍게, 앞차축의 휨 방지
② **토인의 필요성** : 타이어 사이드슬립 방지, 타이어 편마모 방지, 선회 시 토아웃 방지
③ **캐스터의 필요성** : 방향성, 직진성 or 주행성, 복원성
④ **킹핀경사각** : 핸들조작을 가볍게, 시미현상 방지, 복원성

15. ④은 정의 캠버의 필요성에 해당되는 내용이다.

16. • **스크러브 반경(킹핀옵셋)** : 차륜의 중심선이 노면에서 만나는 점과 킹핀 중심선의 연장선이 노면에서 만나는 점 사이의 거리
• **셋백** : 동일 차축에서 한쪽 차륜이 반대쪽 차륜보다 앞 또는 뒤로 처져 있는 정도

20. 조향핸들의 복원성과 관련 있는 요소는 킹핀경사각과 캐스터이다.
• **킹핀경사각(조향축경사각)** : 차량을 정면에서 봤을 때 지면의 수선과 조향축 중심의 연장선이 이루는 각
• **캐스터** : 차량을 측면에서 봤을 때 지면의 수선과 조향축이 이루는 각

25. 카트의 바퀴에 가해지는 하중을 지지하기 위한 축이 바퀴의 진행방향과 사선으로 설치되어 있는 것을 확인할 수 있다. 이는 카트의 직진성과 방향성을 높이는 데 그 목적이 있다.

26. ① 조향장치는 선회 시 안쪽 바퀴가 더 많이 회전하게 설계되어 있다. 이때 토인은 안쪽 바퀴를 더 안으로 위치시켜 선회 시 토아웃화 되는 현상을 최대한 줄여 평행하게 회전시킬 수 있도록 도와준다.

28. 단순히 차륜정렬 각 요소에 대해 암기하는 것보다 형상을 머릿속으로 정리하고 응용할 수 있어야 한다.

31. 토인은 선회 시 앞바퀴가 토·아웃화 되는 현상(조향장치의 원리상 선회 시 안쪽 타이어가 많이 조향됨)을 줄여줄 수 있다.

33. ① 내측 마모
② 가운데 마모
④ 내측 마모

35. ① 차량을 정면에서 봤을 때 지면의 수선과 타이어 중심선이 만드는 각을 캠버라고 한다.
③ 차량을 옆면에서 봤을 때 타이어 중심의 수선과 조향축의 중심이 만드는 각을 캐스터라고 한다.
④ 캠버와 킹핀경사(조향축경사)각을 합한 것을 협각 혹은 인클루디드각이라고 한다.

36. • **토우인(toe-in)** : 바퀴를 위에서 보면 앞쪽이 뒤쪽보다 좁게 되어 있는 것

38. ㄹ. 스태빌라이저의 역할이다.

39. 캐스터의 각을 크게 하여 복원력을 증대시킬 수 있다.

40. ① 캐스터에 대한 설명이다.
② 캠버에 대한 설명이다.
④ 토·아웃에 대한 설명이다.

41. 정의 캠버는 자동차의 정면에서 봤을 때 앞바퀴의 위쪽이 아래쪽보다 더 벌어진 것을 말한다.

42. 토인은 주행 시 앞바퀴가 벌어지는 현상을 보정하기 위해 약간 안쪽으로 모이게 설정하는 것이다. 차체의 하중에 의한 축의 휨을 방지하기 위해 필요한 것이 캠버이다.

43. 캐스터는 차량 주행 중 직진성을 주고 선회 시 방향성을 준다.

44. ① 언더 스티어링이란 조향각을 일정하게 하여 선회 시 바깥쪽으로 밀려가면서 선회 반지름이 커지는 현상을 말한다.
② 프런트 휠 얼라인먼트는 조향 링키지 마멸이나 캠버에 의한 토 아웃(toe-out) 경향을 방지한다.
③ 차량의 하중과 타이어의 접지 부분의 반작용으로 타이어의 아래쪽(폭)이 바깥쪽으로 벌어지는 부(−)의 캠버를 방지하기 위하여 정(+)의 캠버를 둔다.

45. ② 스러스트 각이 "0°"일 때를 표현한 것으로 기하학적 중심과 뒤차축의 진행방향이 일치할 때로 쏠림 없는 직진 주행에 도움이 된다.

46. 스러스트 각이 발생되면 조향핸들에 힘을 주지 않고 주행 시 핸들이 꺾이는 현상이 발생된다. 이런 현상은 토인이 제대로 조정되지 않았을 때의 현상과 같다. 즉, 한쪽으로 지속적인 쏠림 현상보다 주행 시 조향핸들이 꺾이는 현상이 더 커지게 되는 것이다.

제동장치(Brake System)

- 주 브레이크 : 디스크 및 드럼 사용
- 보조 브레이크 : 수동 레버 or T바 or 사이드 풋 브레이크
- 제3의 브레이크(주로 '감속 브레이크') : 엔진·배기 브레이크, 와전류·유압 리타더
  배기 브레이크 : 고속에서 제동효과가 더욱 효과적임, 운전자가 직접 작동시킴=공기저항 감속기

★ 유압식 제동장치(파스칼의 원리 이용)

* 파스칼의 원리 : 작용하는 유압과 작동되는 유압이 같은 원리
  ↳ 일정한 힘에 작은 면적의 실린더로 입력 → 큰 면적의 실린더에 큰 힘으로 작동
- 구비조건 : 확실한 작동, 안정성·신뢰성·내구성↑, 조작의 용이성
* 자동 조정 브레이크 : 후진에서 브레이크 작동 시 자동으로 조정된다.
- 리저버 탱크에 오일이 부족할 경우 : '주차브레이크 경고등 점등'

★ 브레이크 작동순서

페달 → 푸시로드 → (진공식)배력장치 → 마스터 실린더 → 브레이크 라인 → 캘리퍼 및 휠 실린더
* 브레이크 페달의 유격 : 약 10~15mm
  ↳ 측정 : 정지 상태 → 부스터 진공 제거 → 페달 작동 및 유격 측정
* 주 브레이크 구성
  (1) 브레이크 마스터 실린더
     ① 기능 : 유압 발생 및 오일 송출
     ② 구성 : ㉠ 피스톤 컵 : 1차 컵(유압발생) → 2차 컵(기밀유지)
              ㉡ 체크밸브 : 회로 내 잔압유지, 베이퍼록 방지
              ㉢ 리턴 스프링 : 회로 내 잔압유지, 휠 실린더 피스톤 원 위치
        ★ 잔압을 두는 이유
           - 신속한 브레이크 작동 / 휠 실린더 오일 누출 방지 / 공기 흡입 방지 / 베이퍼록 방지
  (2) 브레이크 드럼(구조가 복잡하다)
     ① 구비조건
        ㉠ 평형 및 충분한 강성 필요, 내마모성↑, 방열성↑
        ㉡ 저렴하고 가벼워야 함
  (3) 휠 실린더
     ① 기능 : 마스터 실린더에서 받은 유압으로 슈를 압착시킴
     ② 종류 : 단일 직경형(한쪽 피스톤 컵), 동일 직경형(양쪽 피스톤 컵), 계단 직경형
  (4) 브레이크 슈
     ① 기능
        ㉠ 슈 : 드럼에 압착하여 제동력 발생
        ㉡ 슈의 리턴 스프링 : 오일을 마스터 실린더로 리턴시킴, 장력이 약할 경우 잔압이 낮아짐
     ② 구비조건
        ㉠ 고열에 강하고, 내마모성↑, 마찰계수의 변화정도↓
        ㉡ 기계적 강도 및 마찰계수가 커야함, 페이드 현상에 강할 것
     ③ 기타 – 구성 : 강관의 파이프, 플렉시블 호스

(5) 브레이크 액(부족 시 : '주차경고등' 점등)
　① 구성 : 피자마 기름 + 알코올, 식물성 기름
　② 구비조건　㉠ 화학적 안정성↑, 침전물 생기지 않아야 함
　　　　　　　㉡ 적당한 점도 및 윤활성, 비점과 점도지수가 높을 것
　　　　　　　㉢ 빙점↓, 인화점·착화점↑, 내부식성↑, 팽창성↓

★ 제동 관련 이상현상

(1) 베이퍼록 현상(증기폐쇄현상)
　열에 의해 브레이크 오일에 기포가 발생하여 제동력이 저하되는 현상
　* 원인
　　① 긴 내리막에 과도하거나 빈번한 브레이크 사용
　　② 라이닝 끌림에 의한 페이드 현상 발생
　　③ 비점 저하, 불량오일 사용, 대기 온도가 높음
　　④ 잔압 저하 : 마스터 실린더 고장, 리턴 스프링 소손
(2) 페이드 현상
　－ 잦은 브레이크 사용으로 발생한 마찰열에 의해 제동력이 떨어짐

★ 마찰기구

(1) 자기작동 작용 : 제동 시 마찰력이 더욱 증대되는 현상
　① 리딩 슈(자기작동 발생) : '1차 슈 : 먼저 발생, 2차 슈 : 나중에 발생'
　② 트레일링 슈(자기작동 미 발생 → 제동력 감소)
(2) 작동 상태에 의한 분류
　① 넌 서보 브레이크 : 제동 시 해당 슈에만 자기작동 발생
　② 서보 브레이크 : 제동 시 모든 슈에 자기작동 발생
　　㉠ 유니서보형식(단일직경형) : 전진 시 모두 자기작동(단, 후진 시 모두 트레일링 슈)
　　㉡ 듀어서보 형식(동일직경형) : 전·후진 모두 자기작동 발생

★ 고장원인

(1) 제동 시 한쪽으로 쏠림
　① 드럼의 편마모 및 타이어 공기압 불균형, 휠 실린더 오일 누설(마스터 실린더 ×)
　② 라이닝 접촉 불량 및 좌·우 라이닝 간격 편차
　③ 한쪽 쇽업소버 및 휠 실린더 작동 불량, 휠 얼라이먼트 조정 불량
(2) 브레이크 풀림 지연
　① 마스터 실린더 리턴 구멍이 막히거나 푸시로드의 길이가 긺
　② 브레이크 페달 리턴 스프링의 장력 부족
　③ 마스터 실린더의 피스톤 컵이 부풀었을 때
　④ 드럼과 라이닝이 붙었을 때

★ 디스크 브레이크

(1) 장점
　① 방열성 및 제동 안정성이 좋음. 베이퍼록·페이드(드럼B보다) 현상이 적게 발생
　② 편 제동 가능성↓, 간단한 구조(*'드럼식 브레이크'의 구조가 복잡하다)
　　제동력의 회복이 빠르고 패드의 평형이 좋음
(2) 단점
　① 마찰 면적이 적음 → 패드의 압착력이 커야함
　② 자기 작동 × → 패드의 조작력이 커야함, 패드의 강도↑(강해야 한다), 마모도 빠름
　③ 이물질이 잘 달라붙음

(3) 종류
　① 고정 캘리퍼형(=대향형 피스톤) : 디스크 안쪽으로 실린더 설치
　② 부동 캘리퍼형 : 한쪽 패드에 실린더가 설치되고 반대쪽 패드는 캘리퍼가 움직여서 작동
　③ 벤틸레이티드 디스크(열 방출에 용이)

★ 배력식 브레이크(종류 : 진공식, 공기식)
▷ 적은 힘으로도 큰 제동력을 얻을 수 있음 → 유압식 브레이크의 보조장치로 사용
▷ 고장 시(기계식으로 사용)에도 배력장치와 무관하게 브레이크 작용이 가능(기계식 브레이크)
(1) 진공식 배력장치(= 하이드로백)
　① 엔진의 대기압과 흡기 다기관의 압력 차이를 이용(약 0.7bar) → 제동력 증대
　② 공기빼기 순서 : 릴레이밸브 부 → 하이드롤릭 실린더 → 휠 실린더
　③ 페달을 밟았을 때(=제동 시) : 진공밸브 → 닫힘 / 공기밸브 → 열림
　④ 페달을 놓았을 때(=해제 시) : 공기밸브 → 닫힘 / 진공밸브 → 열림
(2) 공기식 배력장치
　－ 콤프레셔에 의해 발생된 압력과 대기의 압력 차이를 이용 → "제동력 증대"

★ 공기 브레이크(공기 배력식 브레이크와 다름) : "휠 실린더가 없다"
(1) 5~7bar 정도의 압축압력 이용 → 페달로 밸브를 개폐하여 제동력 조절
(2) 장점 : 트레일러 견인 시 사용 가능, 안정성↑(공기가 조금 새어도 사용가능)
　　　　　 베이퍼록 발생하지 않음, 페달을 밟는 양과 제동력이 비례함
　　　　　　　　　　(유압식은 페달을 밟는 힘에 비례함)
(3) 작동순서 : 공기탱크 → 브레이크밸브(페달로 개폐함 : * 제동력 발생) → 퀵 릴리스밸브(제동 해제 시 공기를 신속히 배출시킴) → 브레이크 챔버(공기압력을 기계적 힘으로 바꿔줌, 휠 실린더와 같은 작용) → 푸시로드 → 브레이크슈 → 작동 / 전륜해제 : 퀵 릴리스밸브, 후륜해제 : 릴레이밸브

★ 언로더밸브 / 컴프레셔 이상 작동 방지 / 회로 내 압력을 일정하게 유지시켜 줌
－ 제동력을 크게 할 수 있음

★ LSPV(= 하중감지 비례밸브) : 트럭에서 사용되는 'P밸브'의 일종
→ 적재중량에 따른 차고를 감지하여 제동 유압을 조절하는 기계식 밸브
→ 피시테일 현상 방지

★ 핸드브레이크
－ 주차용으로 사용(완전 작동기준 : 전 범위의 50~70%)
　① 센터 브레이크식 : 라이닝 레버와 로드에 의해 작용(외부 수축식, 내부 확장식)
　② 휠 브레이크식 : 뒷 바퀴의 슈가 작동

01 출제빈도 ★★☆

유압브레이크는 무슨 원리를 이용한 것인가?

① 베르누이의 원리
② 애커먼 장토의 원리
③ 파스칼의 원리
④ 키르히호프의 원리

02 출제빈도 ★★☆

유압브레이크의 작동 순서를 바르게 나열한 것은?

① 브레이크 페달 → 푸시로드 → 진공식 배력장치 → 브레이크 마스터 실린더 → 브레이크 라인 → 브레이크 캘리퍼 및 휠 실린더
② 푸시로드 → 브레이크 페달 → 브레이크 마스터 실린더 → 진공식 배력장치 → 브레이크 라인 → 브레이크 캘리퍼 및 휠 실린더
③ 브레이크 라인 → 진공식 배력장치 → 브레이크 마스터 실린더 → 푸시로드 → 브레이크 페달 → 브레이크 캘리퍼 및 휠 실린더
④ 브레이크 페달 → 진공식 배력장치 → 푸시로드 → 브레이크 마스터 실린더 → 브레이크 라인 → 브레이크 캘리퍼 및 휠 실린더

03 출제빈도 ★★☆

아래 그림의 화살표가 가리키는 곳의 필요성으로 맞는 것은?

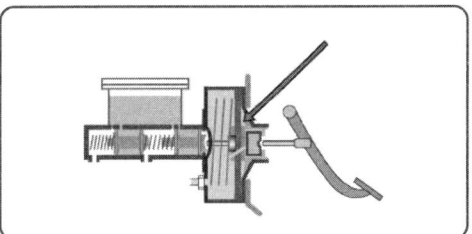

① 공기빼기 작업
② 제동장치 힘을 증대
③ 고장 시 제동장치 조작 불능
④ 잔압 유지

04 출제빈도 ★★☆

유압을 사용하는 브레이크의 특징을 설명한 것으로 거리가 먼 것은?

① 파스칼의 원리에 의해 모든 바퀴에 균일한 제동력을 발휘할 수 있다.
② 브레이크 페달의 밟는 힘에 상응하는 제동력을 얻을 수 있다.
③ 배력장치를 사용하여 페달의 조작력을 줄일 수 있다.
④ 큰 제동력이 요구되는 버스, 트럭 등에 주로 사용된다.

05 출제빈도 ★★☆

제동력 증대를 목적으로 유압계통에 보조 장치를 설치해 적은 힘으로 큰 제동력을 발생시키는 형식을 무엇이라 하는가?

① 기계식 제동
② 배력식 제동
③ 공기식 제동
④ 유압식 제동

06 출제빈도 ★★☆

브레이크 페달의 밟는 힘을 증대시키기 위한 유압식 브레이크의 진공식 배력장치는 어떤 압력차를 이용하여 작동되는가? (단, 진공식 일체형의 소형 가솔린 승용차)

① 흡기다기관의 압력과 엔진룸의 대기압
② 실린더의 압축압력과 흡기다기관의 압력
③ 발전기 내 진공압력과 실린더의 압축압력
④ 엔진룸의 대기압과 공기압축기의 압력

07 출제빈도 ★★☆

다음 중 브레이크 페달 자유간극이 크게 되는 원인이 아닌 것은?

① 푸시로드를 짧게 조정했을 시
② 브레이크 페달 링크 기구 접촉부 마모 시
③ 브레이크 페달 리턴스프링의 장력이 낮을 시
④ 마스터 실린더 리턴 포트의 막힘 시

08 출제빈도 ★★★

주행 중 과도한 제동장치 작동으로 인해 드럼과 라이닝 사이에 마찰열이 축적되어 라이닝의 마찰계수가 저하하는 현상을 나타내는 용어는?

① 베이퍼록(vapor lock)
② 하이드로 플래닝(hydroplaning)
③ 페이드(fade)
④ 스탠딩웨이브(standing wave)

09 출제빈도 ★★★

과도한 풋 브레이크 사용으로 마찰력이 감소되는 현상은?

① 페이드 현상
② 베이퍼록 현상
③ 하이드로 플래닝 현상
④ 스탠딩웨이브 현상

10 출제빈도 ★★★

다음 글에서 설명하는 것으로 가장 옳은 것은?

> 브레이크의 작동을 계속 반복하면 드럼과 슈의 마찰열이 축적되어 라이닝 표면의 마찰계수가 감소하여 제동력이 감소한다.

① 브레이크 페이드
② 자기 배력 작용
③ 서징 현상
④ 바운싱 현상

11 출제빈도 ★★★

긴 내리막길에서 풋 브레이크를 장시간 사용하면 드럼과 라이닝이 과열되어 브레이크 오일 중에 기포가 생겨 유압이 전달되지 않게 됨으로써 제동이 되지 않게 되는 현상은?

① 페이드 현상
② 베이퍼록 현상
③ 하이드로 플래닝 현상
④ 스탠딩웨이브 현상

12 출제빈도 ★★★

다음 글에서 설명하는 제동장치의 이상 현상은?

> 열에 의해 브레이크액의 비등으로 기포가 발생하여 송유 압력의 전달 작용이 불가능하게 되는 현상

① 베이퍼록
② 페이드 현상
③ 스탠딩 웨이브
④ 하이드로 플래닝

13 출제빈도 ★★★

브레이크의 과열로 인해 라인 내의 오일이 비등하여 기포가 발생되는 현상으로 맞는 것은?

① 페이드(Fade) 현상
② 베이퍼록(Vapor Lock)
③ 스퀼 노이즈(Squeal Noise)
④ 브레이크 부스터(Brake Booster)

14 출제빈도 ★★★

제동장치의 유압회로 내에서 베이퍼록이 발생되는 원인이 아닌 것은?

① 긴 내리막길에서 브레이크를 많이 사용하였을 때
② 비점이 높은 브레이크 오일을 사용하였을 때
③ 드럼과 라이닝의 끌림에 의하여 가열되었을 때
④ 브레이크 슈의 리턴 스프링의 소손에 의한 잔압이 저하되었을 때

15 출제빈도 ★★★

다음 중 베이퍼록 현상의 원인이 아닌 것은?

① 연료라인에 압력이 없을 때
② 대기온도가 높을 때
③ 드럼과 라이닝이 과열되었을 경우
④ 라이닝에 기름 또는 습기부착이 되었을 경우

16 출제빈도 ★★★

마스터 실린더 잔압을 두는 이유가 아닌 것은?

① 작동지연 방지
② 베이퍼록 방지
③ 오일누출 방지
④ 스탠딩웨이브 방지

17 출제빈도 ★★★

제동장치의 유압회로 내에서 베이퍼록이 발생되는 원인으로 가장 거리가 먼 것은?

① 디스크브레이크의 피스톤 씰(seal)의 고착으로 브레이크 유압이 해제되지 않을 때
② 브레이크액의 특성에 따른 전용등급보다 높여서 사용한 경우
③ 긴 내리막길에서 드럼 브레이크의 자기작동을 적극 활용한 경우
④ 디스크브레이크에서 플렉시블 호스의 조립 불량으로 선회 시 타이어의 간섭이 장기간 발생되었을 때

18 출제빈도 ★★★

다음 중 브레이크 오일의 증기폐쇄 현상의 원인이 아닌 것은?

① 교환주기를 넘긴 오염된 오일 사용 및 비점이 낮은 오일을 사용했을 때
② 긴 내리막길에서 과도한 엔진브레이크를 사용했을 때
③ 드럼 브레이크 내의 브레이크 슈의 리턴 스프링의 장력 약화로 잔압 유지가 불량할 때
④ 휠 실린더의 파손으로 브레이크액이 누유되었을 때

19 출제빈도 ★★★

제동장치와 관련된 설명으로 맞는 것은?

① 베이퍼록 현상을 줄이기 위해 긴 내리막길에 엔진브레이크를 적극 사용한다.
② 페이드 현상이 일어나면 라이닝의 압착력이 감소하여 라이닝마모가 줄어든다.
③ 브레이크 슈의 리턴 스프링 장력이 낮을 때 베이퍼록 현상은 줄어든다.
④ 디스크브레이크보다 드럼브레이크가 페이드 현상이 잘 발생되지 않는다.

20 출제빈도 ★★★

브레이크 시스템에서 베이퍼록(vapor lock) 현상이 발생하는 원인으로 가장 옳지 않은 것은?

① 긴 내리막길에서 과도하게 풋 브레이크를 사용할 때
② 브레이크 오일 변질에 의한 비등점의 저하 및 불량한 오일을 사용할 때
③ 마스터 실린더, 브레이크 슈 리턴 스프링 손상으로 잔압이 저하되었을 때
④ 브레이크 드럼과 라이닝 사이 간격이 넓어 과랭될 때

21 출제빈도 ★★☆

브레이크를 밟았을 때 나타나는 이상 현상으로 가장 거리가 먼 것은?

① 페이드 현상
② 스탠딩웨이브 현상
③ 베이퍼록 현상
④ 스펀지 현상

22 출제빈도 ★★☆

제동장치에 관한 설명으로 틀린 것은?

① 유압식 브레이크는 파스칼의 원리를 이용한 장치이다.
② 차체의 열에너지를 운동에너지로 바꾸어 대기 중에 방출한다.
③ 디스크브레이크는 물에 젖어도 회복이 빠르다.
④ 베이퍼록은 긴 내리막에서 과도한 풋 브레이크 사용으로 과열에 의해 주로 발생한다.

23 출제빈도 ★★☆

브레이크 오일의 구비조건으로 옳지 않은 것은?

① 윤활성능이 있을 것
② 빙점이 높고 인화점이 낮을 것
③ 알맞은 점도를 가지고 있을 것
④ 온도에 대한 점도 변화가 작을 것
⑤ 비점이 높아 베이퍼록을 일으키지 말 것

24 출제빈도 ★★☆

유압식 브레이크의 구성요소 중 피스톤이 속히 제자리로 돌아가게 하고 동시에 체크밸브와 함께 회로 내에 잔압을 남겨두는 역할을 하는 것은?

① 브레이크 슈
② 블리더 스크류
③ 리턴 스프링
④ 라이닝

25 출제빈도 ★★☆

디스크브레이크에 대한 설명으로 틀린 것은?

① 디스크를 양쪽에서 유압으로 브레이크 패드를 압착시켜 제동력을 발생한다.
② 방열작용이 좋다.
③ 실린더가 작아도 된다.
④ 점검과 조정이 용이하다.

26 출제빈도 ★★☆

일반적인 승용자동차의 제동장치인 디스크브레이크의 구성요소로 가장 옳지 않은 것은?

① 디스크   ② 드럼
③ 캘리퍼   ④ 실린더

27 출제빈도 ★★★

제동장치 중 디스크브레이크의 특징이 아닌 것을 고르시오.

① 자기작동이 가능하여 큰 제동력을 발휘할 수 있다.
② 디스크가 대기 중에 노출되어 방열작용이 우수하다.
③ 패드의 면적이 드럼브레이크에 비해 작아 빨리 마모된다.
④ 유압실린더의 고장이 적어 편제동현상이 적고 안정적인 제동능력을 가진다.

28 출제빈도 ★★★

디스크브레이크에 대한 내용으로 틀린 것은?

① 디스크가 공기 중에 노출되어 베이퍼록 현상이 잘 일어나지 않는다.
② 드럼브레이크에 비해 구조가 간단하다.
③ 디스크에 물이 묻어도 제동력의 회복이 빠르다.
④ 마찰면적이 작아 패드의 압착력이 작아야 한다.

29 출제빈도 ★★★

제동장치에서 발생할 수 있는 베이퍼록 현상에 대한 설명으로 틀린 것은?

① 내리막에서 과도한 풋 브레이크 사용으로 인해 발생할 확률이 높다.
② 베이퍼록 현상을 줄이기 위해 제동력이 큰 드럼브레이크를 사용하여 슬립에 의한 열 발생을 줄여야 한다.
③ 브레이크액에 기포가 발생하여 브레이크가 제대로 작동하지 않는 현상을 뜻한다.
④ 벤틸레이티드 디스크를 사용하면 베이퍼록 현상을 줄일 수 있다.

30 출제빈도 ★★★

주제동장치인 디스크브레이크의 특징을 바르게 설명한 것은?

① 자기작동이 있어 패드의 크기가 작아도 큰 제동력을 발휘할 수 있다.
② 부동형 캘리퍼는 유압실린더가 있는 쪽의 패드가 빨리 마모된다.
③ 디스크 가운데 환풍구를 두어 방열성을 높인 것을 솔리드 디스크라 한다.
④ 서보브레이크와 넌-서보브레이크로 나눌 수 있다.

31 출제빈도 ★★★

디스크브레이크의 특성으로 거리가 먼 것은?

① 브레이크 작동 압력이 높아 마찰에 의한 열변형이 크다.
② 제동 성능이 안정되고 한쪽만 제동되는 일이 적다.
③ 고속에서 반복 사용하여도 안정된 제동력을 얻을 수 있다.
④ 디스크에 물이 묻어도 제동력 회복이 빠르다.

32 출제빈도 ★★★

다음 중 디스크브레이크의 장점이 아닌 것은?

① 주행 중에 이물질이 붙어도 쉽게 떨어진다.
② 방열작용이 뛰어나 증기폐쇄 현상이 잘 일어나지 않는다.
③ 자기작동이 있어 큰 제동력을 발휘할 수 있다.
④ 브레이크 장치의 점검과 교환이 용이하다.

33 출제빈도 ★★★

디스크브레이크에 관련된 설명으로 옳지 않은 것은?

① 자기 작동이 없어 브레이크 페달의 조작력이 커야 한다.

② 패드의 강도가 커야 하며 패드의 마모가 빠르다.

③ 방열성이 양호하여 베이퍼록이나 페이드 현상이 적은 편이다.

④ 넌 서보 브레이크 형식보다 듀오서보 브레이크 형식이 후진 시 더 큰 제동력을 얻을 수 있다.

34 출제빈도 ★★★

회전하는 원판형의 디스크에 패드를 밀착시켜 제동력을 발생시키는 디스크브레이크의 특성에 대한 설명으로 옳은 것은?

① 방열성이 양호하여 페이드 경향성이 낮다.

② 자기작동작용(서보작용)을 활용하여 제동력을 높일 수 있다.

③ 패드의 면적이 커서 큰 제동력을 발생시킬 수 있으며 패드 교환 시 작업성도 용이하다.

④ 종류에 따라 넌 서보, 유니 서보, 듀어 서보 브레이크로 나눌 수 있다.

35 출제빈도 ★★☆

다음 보기에서 설명하는 브레이크의 형식으로 가장 적합한 것은?

┤ 보기 ├

디스크브레이크의 성능을 높이기 위해 개량한 것으로 디스크 양쪽 마찰면 가운데에 통풍구를 두어 열방산 능력을 높였다. 이전의 브레이크보다 30% 정도 온도를 낮출 수 있으며 내구성에도 도움이 돼 안정된 브레이크 성능을 얻을 수 있다.

① 솔리드 디스크

② 벤틸레이티드 디스크

③ 대향형 디스크

④ 부동형 디스크

36 출제빈도 ★★☆

주브레이크인 드럼브레이크에서 드럼의 구비조건으로 거리가 먼 것은?

① 정적 및 동적 평형이 잡혀 있을 것

② 마찰면의 내마모성이 우수할 것

③ 가벼우며 충분한 강성을 가질 것

④ 드럼의 표면적을 최대한 작게 하여 열효율을 높일 것

37 출제빈도 ★★★

드럼 브레이크와 비교한 디스크 브레이크의 특징으로 가장 거리가 먼 것은?

① 공기 중에 디스크가 노출되어 열방산 효과가 뛰어나 페이드 현상이 적다.

② 고속에서 반복 사용하여도 안정된 제동력을 얻을 수 있다.

③ 자기작동으로 인한 배력 효과가 뛰어나 브레이크 조작력이 작아도 된다.

④ 정비성이 양호하고 한쪽만 제동되는 일이 적으며 구조가 간단한다.

38 출제빈도 ★★★

드럼 브레이크에 비해 디스크 브레이크가 가지는 특징에 대한 설명으로 가장 옳지 않은 것은?

① 냉각성능이 좋기 때문에 제동성능을 안정적으로 낼 수 있다.

② 구조가 간단하고 부품 수가 적어서 정비가 쉽다.

③ 마찰면적이 적어 상대적으로 큰 패드 압착력을 필요로 한다.

④ 자기작동작용이 있기 때문에 고속에서 반복적으로 사용해도 제동력의 변화가 적다.

39 출제빈도 ★★★

드럼 브레이크에 비해 디스크 브레이크가 가지는 특징에 대한 설명으로 가장 옳지 않은 것은?

① 고속에서 반복적으로 사용해도 제동력 변화가 적다.
② 디스크에 이물질이 쉽게 부착된다.
③ 마찰 면적이 커서 패드의 압착력이 작아도 된다.
④ 냉각 성능이 좋다.

40 출제빈도 ★★☆

아래 그림의 브레이크에 대한 설명 중 ㉠과 ㉡에 들어갈 용어로 알맞은 것은?

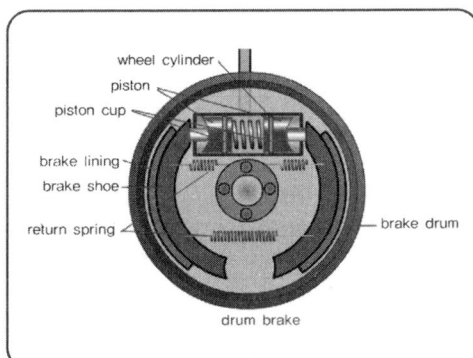

wheel cylinder
piston
piston cup
brake lining
brake shoe
return spring
brake drum
drum brake

드럼 타입의 제동 기구에서 회전 중인 바퀴에 제동을 걸면 유압(油壓)에 의해 확장되는 슈는 드럼과의 마찰력에 의해 드럼과 함께 회전하려는 힘, 즉 확장력이 생겨 마찰력이 증대되는 작용을 (㉠)이라 한다. 이런 (㉠)이 일어나지 않는 슈를 (㉡)라 한다.

① ㉠ : 자기작동   ㉡ : 트레일링 슈
② ㉠ : 자기작동   ㉡ : 리딩슈
③ ㉠ : 배력작동   ㉡ : 트레일링 슈
④ ㉠ : 배력작동   ㉡ : 리딩슈

41 출제빈도 ★★☆

드럼 브레이크의 방식에서 휠 실린더의 유압에 의해 피스톤 컵이 밀려 작동시키는 장치로 드럼과 직접 마찰을 발생시키는 장치를 무엇이라 하는가?

① 벤틸레이티드 디스크
② 부동형 캘리퍼
③ 브레이크 슈
④ 챔버

42 출제빈도 ★★☆

제동력이 저하되는 원인과 거리가 먼 것은?

① 마스터 실린더 불량
② 휠실린더 불량
③ 베이퍼록 발생
④ 릴리스 포크 불량

43 출제빈도 ★★☆

브레이크의 작동이 불량하여 제동되지 않는다. 이유로 거리가 먼 것은?

① 휠 실린더 고장
② 마스터 실린더 고장
③ 공기 침입
④ 클러치 유격이 없을 때

44 출제빈도 ★★★

다음 중 제동장치와 관련된 내용으로 거리가 먼 것은?

① 유압브레이크는 파스칼의 원리를 이용하여 각 바퀴에 안정적인 제동력을 공급한다.
② 디스크 브레이크는 배력장치가 없어 브레이크 페달 밟는 힘이 커야 한다.
③ 드럼 브레이크는 자기작동을 활용할 수 있어 큰 제동력을 필요로 하는 대형차에 주로 사용된다.
④ 긴 내리막길에서는 간접 브레이크를 적극 활용할 필요성이 있다.

45 출제빈도 ★☆☆

브레이크의 공기빼기 작업에 대한 설명으로 옳지 않은 것은? (단, 브레이크 배관이 X-분배 형식이다.)

① 공기 빼기 작업이 완료되면 리저버 탱크에 표면에 표시된 MAX라인까지 브레이크액을 채운다.

② 브레이크액이 흐르는 것을 방지하기 위해 마스터 실린더 밑에 천이나 깔개를 바닥에 깔고 작업한다.

③ 공기빼기 작업은 리어 우측 → 프런트 좌측 → 리어 좌측 → 프런트 우측 순서로 실시한다.

④ 브레이크 부스터 내의 잔압을 제거하기 위해 시동을 끄지 않고 브레이크 페달을 수차례 반복하여 펌핑한 다음 페달을 밟은 상태를 유지한다.

46 출제빈도 ★☆☆

유압브레이크 배관 방식 중 앞차축 좌우와 뒤차축 어느 차륜 하나를 연결해서 고장 시 50% 이상의 제동력을 유지할 수 있는 방식은?

① X 분배방식
② 3각 분배방식
③ 4-2 분배방식
④ 앞뒤 차축 분배식

47 출제빈도 ★★☆

브레이크의 배력장치로 서지탱크의 진공과 대기압의 압력차를 이용하는 방식을 무엇이라 하는가?

① 텐덤형 마스터 실린더
② 하이드로 에어백
③ 하이드로 백
④ 마이티 백

48 출제빈도 ★★☆

공기 브레이크의 구성품으로 틀린 것은?

① 하이드로 에어백
② 언로더밸브
③ 드레인 코크
④ 퀵 릴리스밸브

49 출제빈도 ★★☆

차량의 중량에 상관없이 원활한 제동을 할 수 있는 공기브레이크의 구성품으로 틀린 것은?

① 브레이크 밸브(brake valve)
② 퀵릴리스 밸브(quick relese valve)
③ 브레이크 체임버(brake chamber)
④ 마스터 실린더(master cylinder)

50 출제빈도 ★★☆

공기 브레이크에서 압축공기 압력을 기계적 힘으로 바꾸는 것은?

① 브레이크 슈
② 브레이크밸브
③ 브레이크 챔버
④ 릴레이밸브

51 출제빈도 ★★☆

공기브레이크의 구성요소 중 전륜 브레이크 챔버를 작동시킨 이후 제동 해제 시 공기를 배출시키는 밸브로 적당한 것은?

① 브레이크밸브
② 언로더밸브
③ 퀵 릴리스밸브
④ 릴레이밸브

52 출제빈도 ★★☆

공기 브레이크의 설명으로 틀린 것은?

① 차량의 중량에 제한을 받는다.

② 베이퍼록이 발생하지 않는다.

③ 브레이크 페달을 밟은 양에 비례하는 제동력을 얻는다.

④ 공기 압축기 구동에 따른 엔진출력이 감소된다.

53 출제빈도 ★★☆

유압식 브레이크와 비교하여 공기식 브레이크의 장점으로 옳지 않은 것은?

① 대형 차량에도 제한 없이 적용될 수 있다.

② 공기의 누설이 있어도 현저한 성능 저하가 없어 안정성이 높다.

③ 구조가 단순하고 가격이 저렴하다.

④ 제동력이 밟는 거리에 비례하여 발생하므로 운전자의 조작이 쉽다.

54 출제빈도 ★☆☆

전자식 파킹브레이크 EPB(Electronic Parking Brake)에 대한 설명으로 가장 거리가 먼 것은?

① 주차 브레이크 레버를 없애고 EPB 스위치를 설치하여 실내 공간이 넓어지는 장점이 있다.

② 주차 중 차량의 움직임이 감지되었을 때 제동력을 추가하여 최대 제동력을 얻을 수 있다.

③ 구성요소가 단순하여 설치가 간편하고 추가되는 부품이 저렴하다.

④ 오토홀드 기능과 같이 연동하여 사용할 수 있어 편의성을 더 높일 수 있게 되었다.

>>> 정답

01	02	03	04	05	06	07	08	09	10
③	①	②	④	②	①	③	③	①	①

11	12	13	14	15	16	17	18	19	20
②	①	②	②	④	④	②	②	①	④

21	22	23	24	25	26	27	28	29	30
②	②	②	③	②	②	①	④	②	②

31	32	33	34	35	36	37	38	39	40
①	③	④	①	②	④	③	④	③	①

41	42	43	44	45	46	47	48	49	50
③	④	④	②	④	②	③	①	④	③

51	52	53	54						
③	①	③	③						

01. • **파스칼의 원리** : 밀폐된 유체의 일부에 압력을 가하면 그 압력이 유체 내의 모든 곳에 같은 크기로 전달되는 원리로 브레이크 마스터 실린더에 발생된 유압이 각 바퀴의 제동 유압실린더에 동시에 전달될 수 있다는 것이다.

02. 기본서 제동장치 개요의 그림을 확인하면서 내용을 이해한다.

03. 그림에서 가르키는 곳은 진공식 배력장치 부분으로 제동장치의 힘을 증대시킬 목적으로 사용한다.

04. ④ 큰 제동력이 요구되는 버스, 트럭 등에는 주로 공기브레이크가 많이 사용된다.

05. 배력장치의 종류에는 진공식과 공기식이 있고 소형차에서는 진공식(서지탱크 및 발전기 내 진공펌프)이, 대형차에서는 공기식(공기압축기)이 사용된다.

06. 진공식 일체형의 배력장치는 흡기다기관의 압력(부압)과 엔진룸의 대기압을 이용하며 압력차는 대략 0.7kg/cm² 정도이다. 참고로 소형 디젤 차량의 경우(진공식 일체형) 발전기 뒷부분의 진공펌프와 대기압의 차를 활용하기도 한다.

07. 브레이크 페달 리턴스프링의 장력이 낮을 때 작동 후 페달이 원위치하지 못해 자유간극은 더 작아지게 된다.

08. • **페이드 현상** : 주행 중에 브레이크 작동을 계속 반복하여 마찰열에 의하여 제동력이 감소되는 현상을 말하며, 페이드 현상이 발생하면 자동차를 세우고 열을 공기 중에 서서히 식혀야 한다.

10. 페이드 현상은 대부분 풋 브레이크의 지나친 사용에 기인하는 경우가 많다. 페이드 현상을 방지하기 위해 드럼과 디스크는 열팽창에 의한 변형이 적고 방열성이 높은 재질과 형상을 사용하고 온도 상승에 의한 마찰 계수의 변화가 적은 라이닝과 패드를 사용하는 것이 좋다.

11. • **베이퍼록(Vapor Lock)** : 브레이크 오일이 비등하여 송유 압력의 전달 작용이 불가능하게 되는 현상. 즉, 열에 의하여 기포가 발생하는 현상

12. 브레이크액이 고온에서 끓으면서 기포가 생기면 압력 전달이 되지 않아 제동력이 사라지는 현상이다.

13. 베이퍼록(Vapor Lock)은 유압 라인 내에 생긴 기포로 인해 브레이크 압력이 전달되지 않아 제동력이 급감하는 현상이다.

14. • **베이퍼록(Vapor Lock)의 원인**
  ㉠ 과도한 브레이크 사용 시
  ㉡ 긴 비탈길에서 장시간 브레이크 사용 시
  ㉢ 브레이크 라이닝의 끌림으로 인한 페이드 현상 시
  ㉣ 오일의 변질로 인한 비점 저하, 불량 오일 사용 시
  ㉤ 마스터 실린더, 브레이크 슈 리턴 스프링 소손에 의한 잔압의 저하

17. 브레이크액의 전용등급은 DOT로 나타내고 숫자가 높을수록 비점이 높기 때문에 고온에 대한 안전성이 높다.

18. ② 긴 내리막길에서 과도한 풋 브레이크를 사용했을 때 증기폐쇄 현상이 발생될 수 있다.

19. ② 페이드 현상이 일어나면 라이닝의 마찰력이 감소하며 라이닝이 열화된다.
  ③ 브레이크 슈의 리턴 스프링 장력이 낮을 때 베이퍼록 현상이 더욱 잘 발생된다.
  ④ 디스크브레이크보다 드럼브레이크가 페이드 현상이 잘 발생된다.

21. • **스펀지 현상** : 제동 회로 내부에 공기가 포함되어 제동 시 유압은 발생되지 않고 브레이크 페달만 쑥 밟히는 현상

22. 제동장치는 차량의 운동에너지를 마찰 재료를 통한 열에너지로 바꾸어 대기 중에 방출한다.

23. ② 빙점은 낮고 인화점은 높아야 한다.

24. 브레이크 슈의 리턴 스프링이 휠 실린더에 압력을 발생시키고 브레이크 마스터 실린더 쪽에서 체크밸브가 역류를 방지하여 잔압을 유지한다.

25. 디스크브레이크는 자기작동 작용을 할 수 없으므로 패드를 작동시키는 압력이 커야 한다. 이러한 이유로 캘리퍼에 설치된 실린더의 용량이 커야 된다.

26. 드럼은 드럼브레이크의 구성요소이다.

27. ㉠ 자기작동이 가능한 브레이크는 드럼브레이크이다.
    ㉡ 자기작동의 종류에 따라 서보브레이크, 넌 서보브레이크로 나뉜다.
    ㉢ 서보브레이크는 유니서보와 듀어서보 형식으로 나뉜다.

28. 마찰면적이 작기 때문에 큰 제동력을 발휘하기 위해서는 패드의 압착력이 커야 한다. 이러한 이유로 디스크의 패드가 빠르게 마모된다.

29. ② 제동력이 큰 드럼브레이크는 더욱더 열에 노출되기 좋은 환경을 가지고 있으며 이는 베이퍼록 현상을 증대시키는 원인이 된다.

30. ① 디스크브레이크는 자기작동의 효과를 볼 수 없다.
    ② 유압실린더 쪽에서 패드가 직접 압착하는 힘이 큰 관계로 해당 패드가 빨리 마모된다. 이러한 이유로 마모한계를 나타내는 인디케이터가 설치된 패드를 실린더 쪽에 위치하여 설치하게 된다.
    ③ 디스크에 홈을 두어 방열성을 높인 것을 벤틸레이티드 디스크라 한다.
    ④ 드럼브레이크를 나누는 기준이다.

31. ① 브레이크 작동 압력이 높아 패드의 마모도가 높지만 디스크와 패드가 공기 중에 노출되어 방열성이 좋다.

34. 디스크가 공기 중에 노출되어 있어 방열성이 좋고 페이드나 베이퍼록 현상을 잘 일으키지 않는다.

36. ④ 드럼의 면적은 발생 마찰열의 열방산 능력에 따라 정해지는 만큼 되도록 크게 하여 방열성을 높이고 경우에 따라 드럼에 핀을 설치하기도 한다.

37. 디스크 브레이크는 자기작동이 없어 유압 실린더를 작동하는 힘이 커야한다.

38. ④ 자기작동이 없어 패드의 압착력이 커야하지만 고속에서 반복적으로 사용해도 제동력의 변화는 적다.

39. 자기작동이 없기 때문에 패드의 압착력이 커야 한다.

40. • **자기작동 작용** : 제동 시 마찰력이 더욱 증대되는 현상을 말한다.
    ㉠ **리딩슈** : 자기작동이 일어나는 슈
      ※ 1차 슈 : 자기작동이 먼저 일어나는 슈
      ※ 2차 슈 : 자기작동이 나중에 일어나는 슈
    ㉡ **트레일링 슈** : 자기작동이 일어나지 않아 제동력이 감소되는 슈

41. 앞 문제의 그림에서 드럼 브레이크의 슈를 확인할 수 있다.

42. 릴리스 포크는 클러치의 구성요소이다.

43. 클러치의 유격이 없을 때에는 동력 전달이 잘되지 않아 가속성이 불량해 진다.

44. 디스크 및 드럼 브레이크 모두 배력장치를 활용할 수 있으며 자기작동을 활용할 수 없는 디스크 브레이크는 캘리퍼의 실린더 단면적을 더 크게 하여 부족한 제동력을 보완할 수 있게 된다(파스칼의 원리).

45. ④ 점화스위치 OFF 및 브레이크 냉간 상태에서 브레이크 페달 답력이 급격이 증가할 때까지 브레이크를 3~5번 작동시켜 진공 브레이크 부스터 내의 진공을 제거한다.
    ③ 브레이크 공기 빼기 작업 순서는 유압브레이크 배관방식이 X-분배의 경우 보기처럼 시행하라고 서비스 매뉴얼에 표기됨. 기준은 가장 먼 리어 우측을 먼저 작업하고 그 라인과 대각선으로 연결되어 있는 프런트 좌측 순으로 작업한다. 이후 그 다음 먼 곳인 리어 좌측을 작업하고 그 라인과 연결되어 있는 프런트 우측 순으로 작업을 실시한다.

46. ① **X-형 배관방식(diagonal split)**

앞바퀴와 뒷바퀴를 각기 하나씩 X자형으로 연결한 방식이다. 전륜구동방식(FF) 자동차에서 부(−)의 킹핀 옵셋(negative kingpin offset)인 경우, 주로 이 방식을 사용한다. 회로당 제동력 배분은 50% : 50%가 된다.

③ **4−2 배관방식(front axle and rear axle/front axle split)**

드물게 이용되는 방식이다. 한 회로는 모든 차륜과 연결하고, 나머지 한 회로는 앞차축 좌/우 차륜에만 배관한 형식이다. 한 회로가 파손되었을 때 제동력 분배차가 크다. 제동력 배분은 예를 들면 35% : 65%가 된다.

④ **앞/뒤 차축 분배식(front/rear axle split)**

앞차축과 뒤차축의 브레이크회로가 각각 독립되어 있다. 예를 들면 앞차축회로가 고장일 경우에도 뒤차축회로는 제동능력을 유지한다. 물론 그 반대도 성립한다. 제동력의 배분은 앞차축에 60~70%, 뒤차축에 30~ 40% 범위가 대부분으로 대형차량에 많이 사용된다.

47. • **배력장치의 종류**

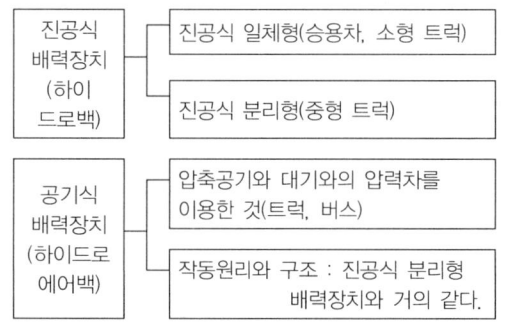

48. 하이드로 에어백은 유압브레이크의 제동력을 증대시키기 위한 배력장치로 사용된다.

49. 마스터 실린더는 유압식 제동장치 구성품이며 공기식에는 사용되지 않는다.

50. • **브레이크 챔버** : 휠 실린더와 같은 작용을 하며 브레이크 캠을 작동시킨다.

51. ① 차량의 중량이 증가되어도 사용할 수 있다.

53. 공기식 브레이크는 구조가 복잡하고 관련 부품이 많아 생산비용이 높다.

54. EPB는 모터, ECU, 센서 등 전자부품이 추가되므로 구조가 복잡하고 설치 비용이 높다. 다만 공간 절약과 편의성은 장점이다.

전자제어 제동장치

★ ABS(제동 시 휠 잠김 방지 장치) → '휠 잠김'을 미연에 방지
- 노면의 상태에 맞게 최적의 제동력 유지 및 미끄럼 방지
- 앞바퀴 잠김 방지 → 조향제어, 안정성↑, 제동거리 단축
  * WSS 센서 중 하나만 고장 → ABS시스템 모두 작동×(ABS 경고등 점등)→ 페일세이프(림 홈 기능)

(1) 특징
  ① 제동 시 : 안정성 확보, 조향능력 유지, 노면 환경에 따른 최소 제동거리 확보
  ② 초당 18~20회 작동, 모든 작용을 '피드백제어'로 한다.
  ③ 목표 슬립률(WSS사용) : 10~20% → 휠이 회전하면서 제동함
          슬립률 : (차체 속도-차륜 속도)/차체 속도×100(%) : 감압, 유지, 증압, 정상(S/V가 조절)

(2) 작동 및 구성
  ① 하이드롤릭 유닛(HCU) = 모듈레이터 → ABS 작동 유압 조절
     ㉠ 구성 : 전자밸브(S/V), 체크밸브, 축압기, 펌프, 리저버 탱크
     ㉡ 4가지 조절 상태(ECU 신호에 의해 각 작동유압 조절) : 정상, 감압, 유지, 증압
                (고장 시 : 모든 전원 OFF → 일반 브레이크 사용)
  ② ABS-ECU
     ㉠ ABS 조절하는 장치, WSS의 신호로 S/V, 모터 등에 신호를 보내 ABS를 작동시킴
     ㉡ 고장 시 페일세이프 작동 및 경고등 점등
  ③ 솔레노이드 밸브(=S/V) : 오일 압력 또는 유로조절
  ④ 체크밸브 : 마스터 실린더로의 오일량 회복 및 휠 실린더 내 유압상승 방지
  ⑤ 축압기(=어큐뮬레이터)
     ㉠ 오일 일시 저장 장소(감압 시 : 고압 오일 축적, 증압 시 : 캘리퍼로 공급)
     ㉡ 내부에 질소 및 다이어프램 있음
  ⑥ 전동펌프 : 점화스위치 'ON' 상태에서 일시 작동(일시적으로 소리가 남 : 정상), 유압조절
  ⑦ WSS(휠 스피드 센서) → 각 휠 속도 검출(EBD 장치에서 2개 이상 고장 시 경고등 점등)
                : 차축 휠 부근에 설치, 마그네트 코일로 구성

(3) EBD = 전자 제동력 분배제어
  ① 원리 : 'ABS - ECU + 논리' 급제동 시 뒤 바퀴가 제동압력에 의해 고착되지 않도록 함
          → "노즈 다운"에 대비
  ② 필요성 : 차량의 앞·뒤 무게 배분에 능동적으로 대응이 가능, 고장 시 : 경고등 점등
            * 과거 P(프로포셔닝) 밸브 사용(트럭 : LSPV 사용) : 제동압력에 의한 고착방지

★ 동적 제어 시스템(VDC, TCS)

(1) VDC(ESP) : 차체자세제어 장치(ABS와 TCS 제어 포함)
  ① 각각의 휠에 가해지는 제동압력을 다르게 함 → 차체의 안정성 유지
  ② 구성요소
     ㉠ 조향핸들 각속도 센서(ECS에서도 쓰임)
     ㉡ 요-레이트·G 센서 : 차량의 기울기 값 검출
     ㉢ 휠 스피드 센서 : 차속 검출
     ㉣ 하이드롤릭 유닛
     ㉤ VDC-ECU : 신호를 받아 각각의 브레이크를 독립적으로 작동시킴
     ㉥ 브레이크 스위치 : ECU의 참고 신호로 사용
     ㉦ VDC-OFF스위치 : *TCS의 기능을 끄는 스위치, 운전자가 직접 작동

(2) TCS(엔진 · 구동력 · 트레이스 제어) → 입력신호 : TPS, 브레이크 스위치, WSS, 엔진회전수
  ① 슬립이 발생하는 바퀴의 구동력을 제어하여 안전한 주행이 가능하도록 해 줌
  ② 종류
    ㉠ ETCS
      엔진의 구동력만 감소시킴(점화시기 지각제어, 흡입 공기량 제어)
    ㉡ BTCS
      ⓐ 슬립하는 바퀴의 구동력 저하
      ⓑ EM 방식보다 효과가 좋음
    ㉢ FTCS
      ⓐ 제동압력과 엔진출력을 동시에 제어 → 엔진출력 저하
      ⓑ "CAN 통신" 사용

※ 지렛대의 원리 – 마스터 실린더 작용 힘 : $F_2(\text{kg}_f)$

$$F_2 = \frac{b}{a} \times F_1 \qquad F_1 : \text{페달을 밟는 힘(kg}_f)$$

※ 파스칼의 원리 – 마스터 실린더 작용 힘 : $F_2(\text{kg}_f)$

$$F_2 = \frac{B}{A} \times F_1 \qquad P = \frac{F_1}{A} = \frac{F_2}{B}$$

A, B = 각 피스톤의 면적(cm^2), P : 압력$(\text{kg}_f/\text{cm}^2)$

---

01 출제빈도 ★★☆

ABS에 대한 설명으로 옳은 것은?

① 가속하여 바퀴가 미끄러질 때 제동을 해준다.

② 앞 차량과의 거리가 가까워졌을 때 경고를 해주고 상황에 따라 제동도 해준다.

③ 급브레이크를 밟았을 때 후방 추돌을 방지하기 위해 비상등을 점등시킨다.

④ 제동 시 바퀴가 미끄러질 때 브레이크를 풀었다가 잠그는 작업을 반복한다.

02 출제빈도 ★★☆

전자제어 브레이크 시스템인 ABS의 장점으로 거리가 먼 것은?

① 초당 15~20회 반복 작동하여 제동마찰계수를 크게 할 수 있다.

② 눈길을 제외한 대부분의 도로에서 최소 제동거리를 확보를 해줄 수 있다.

③ 긴급한 브레이킹 상황에서 조향능력을 가지게 한다.

④ 슬립률을 제어하므로 가속력도 좋아진다.

03 출제빈도 ★★☆

ABS(Anti-lock Brake System) 장치의 특징으로 옳지 않은 것은?

① 급제동 시 바퀴의 고정으로 관성력에 의한 조향능력의 상실을 방지한다.

② 기존 브레이크 시스템보다 구성요소가 복잡하고 제작 단가가 높다.

③ 맑은 날 아스팔트 도로에서 급제동 시 바퀴가 고착되지 않아 제동거리가 길어진다.

④ 미끄러운 노면에서 조향능력과 제동안정성을 유지시켜 준다.

04 출제빈도 ★★☆

잠김 방지 브레이크 시스템(ABS)에 대한 설명으로 맞는 것은?

① 각 바퀴가 미끄러질 때 바퀴로 가는 유압을 공급하는 역할을 한다.

② 제동 시 타이어의 미끄럼 방지, 조향성, 안정성을 확보하고 제동거리를 단축시킨다.

③ 모듈레이터의 조절상태에는 감압상태, 유지상태 2가지가 있다.

④ 모든 바퀴의 슬립률이 50%가 넘지 않도록 제어한다.

05 출제빈도 ★★★

ABS 시스템에서 사용되는 센서는?

① 스로틀위치 센서　② 휠 스피드 센서

③ 공기흡입 센서　　④ 제어 센서

06 출제빈도 ★★☆

ABS 구성품이 아닌 것은?

① 휠 스피드 센서　② 프로포셔닝 밸브

③ 하이드롤릭　　　④ 전자제어유닛

07 출제빈도 ★★☆

ABS가 설치된 차량에서 속도 센서 설치 위치는?

① 변속기 출력축

② 변속기 입력축

③ 계기판 속도계

④ 차축의 휠 부근

08 출제빈도 ★★☆

ABS에서 ECU신호에 의하여 각 휠 실린더에 작용하는 유압을 조절해주는 장치로 옳은 것은?

① 모듈레이터

② 페일 세이프 밸브

③ 셀렉터로

④ 프로포셔닝 밸브

09 출제빈도 ★★☆

ABS 장치에서 중앙제어처리장치의 신호에 의하여 각 실린더의 유압을 제어하기 위한 액추에이터로 무엇을 사용하는가?

① 휠 스피드 센서

② 프로포셔닝 밸브

③ 하이드롤릭 유닛

④ 요-레이트 센서

10 출제빈도 ★★☆

휠 스피드 센서의 역할로 맞는 것은?

① 휠의 회전속도를 검출하여 바퀴의 록업을 감시한다.

② 차체의 감속도를 알기 위해 모듈레이터 내부의 G 센서를 활용한다.

③ 톤휠의 회전에 의해 검출된 신호를 바탕으로 슬립률을 "0%"로 제어한다.

④ 센서의 종류에는 패시브 타입, 엑티브 타입, 옵티컬 타입 3종류가 있다.

11 출제빈도 ★★☆

ABS에서 고장이 발생하더라도 일반적인 브레이크를 작동되게 하는 기능은?

① 림홈 기능
② 리커브 기능
③ 리졸브 기능
④ 디스트리뷰트 기능

12 출제빈도 ★★☆

전자제어 시스템의 결함 또는 고장 시 안전을 유지하여 사고를 방지하는 기능을 무엇이라 하는가?

① 히스테리시스
② 킥 다운
③ 베이퍼록
④ 페일세이프

13 출제빈도 ★★☆

ABS에서 펌프로부터 토출된 고압의 오일을 일시적으로 저장 및 맥동을 완화시켜 주는 것은?

① 솔레노이드 밸브
② 프로포셔닝 밸브
③ 하이드롤릭 유닛
④ 어큐뮬레이터

14 출제빈도 ★★☆

ABS에 관한 설명으로 맞는 것은?

① 전 속도 범위에서 제동할 때 작동된다.
② 효과적으로 사용하기 위해서는 브레이크 페달을 나눠서 밟아주는 것이 좋다.
③ 휠 스피드 센서를 이용하여 각 바퀴의 회전속도를 검출하여 ABS ECU로 보낸다.
④ ABS 작동 시 눈과 모래가 많이 쌓인 지형에서도 제동거리를 줄일 수 있다.

15 출제빈도 ★★☆

미끄럼 방지 제동장치에 대한 설명으로 옳은 것은?

① 바퀴의 회전속도를 검출하기 위해 각 바퀴에 휠 스피드 센서를 설치한다.
② 제동 시 엔진 출력도 같이 제어하기 때문에 엔진 ECU가 제어하게 된다.
③ 액추에이터는 유성기어, 유압 다판클러치와 브레이크, 유압펌프 등으로 구성된다.
④ 제동 제어 시 전용 경고등을 점등시킨다.

16 출제빈도 ★☆☆

ABS 점검 시 내용으로 거리가 먼 것은?

① 경고등이 들어오면 먼저 오류코드를 삭제한다.
② 점검하기 전에 육안으로 시스템을 전반적으로 검사한다.
③ 키 ON 후 모듈레이터 작동음을 들어 본다.
④ 진단기를 이용하여 ABS 모터를 강제 구동하여 작동여부를 점검할 수 있다.

17 출제빈도 ★☆☆

ABS의 셀렉트 로우(Select low) 제어 방식이란 무엇인가?

① 제동압력을 독립적으로 제어하는 방식
② 좌우 차륜의 속도를 비교하여 속도가 느린 차륜 쪽의 유압을 제어하는 방식
③ 좌우 차륜의 감속도를 비교하여 먼저 슬립이 발생되는 차륜에 맞추어 유압을 동시에 제어하는 방식
④ 좌우 차륜의 속도를 비교하여 속도가 빠른 차륜은 제동하고 속도가 느린 차륜은 공전시키는 방식

18 출제빈도 ★★☆

전자제어장치 ECU(Electronic Control Unit)에 대한 설명으로 틀린 것은?

① 엔진이 구동되는 데 필요한 연료의 분사량을 공기의 흡입량에 맞추어 정밀하게 제어한다.

② 자동차의 속도와 운전자가 가속 페달을 밟은 정도에 따라 알맞은 변속비를 설정한다.

③ 자동차의 속도에 맞춰 조향핸들의 조작력을 고속에서는 무겁게, 저속에서는 가볍게 제어한다.

④ 휠스피드 센서의 정보가 정확하지 않거나 고장 시 안전한 감속을 위하여 초기에 저장된 값으로 모듈레이터에서 제동유압을 높여준다.

19 출제빈도 ★★☆

ABS 장치에서 전자제어유닛 ECU는 작동 조건에 따라 물리량으로 모듈레이터를 제어하게 된다. 이 ABS ECU의 제어 기준이 되는 것은 무엇인가?

① 브레이크 페달의 답력

② 자동차의 속도

③ 바퀴의 회전 속도

④ 유압조정기 작동시간

20 출제빈도 ★★☆

잠김 방지 브레이크 시스템 ABS 장치의 설명으로 틀린 것은?

① 긴급 브레이크 작동 시 조향안정성을 확보하여 위험을 회피할 수 있도록 도와준다.

② 눈이 쌓여있는 도로를 제외하고 대부분 제동거리를 줄여주는 효과가 있다.

③ 차륜의 회전을 감지하여 마찰계수가 낮은 노면에서 슬립에 의한 차체 스핀을 방지한다.

④ 타이어가 잠기지 않고 최소 마찰력을 얻을 수 있도록 슬립을 제어하는 장치이다.

21 출제빈도 ★★☆

제동장치에서 ABS컴퓨터를 이용하여 이상적인 제동력 배분곡선에 맞도록 전륜과 후륜의 제동압력을 제어하는 것은?

① EPS(Electronic Power Steering)

② EBD(Electronic Brake-force Distribution)

③ ASCC(Advanced Smart Cruise Control)

④ TCS(Traction Control System)

22 출제빈도 ★★☆

다음 중 바퀴 잠김 방지식 제동장치(ABS)에 프로그램을 추가하여 뒷바퀴가 조기 고착되지 않도록 제어하는 시스템은 무엇인가?

① AEB(Autonomous Emergency Braking)

② VDC(Vehicle Dynamic Control)

③ TCS(Traction Control System)

④ EBD(Electronic Brakeforce Distribution)

23 출제빈도 ★★☆

ABS에 관한 설명으로 가장 적당한 것은?

① ABS가 작동될 때 바퀴가 회전하는 방향의 반대로 회전력을 가한다.

② ABS ECU는 바퀴의 제동압력을 측정하여 모듈레이터를 조작한다.

③ 기존 ABS 시스템에 EBD 로직만 추가하여 ABS-EBD 제어가 가능하다.

④ 모듈레이터는 감압, 증압 이 두 가지 제어로 제동 슬립률을 제어한다.

24 출제빈도 ★★☆

선회주행 시 발생할 수 있는 ㉠, ㉡ 현상을 억제하기 위한 장치를 무엇이라 하는가?

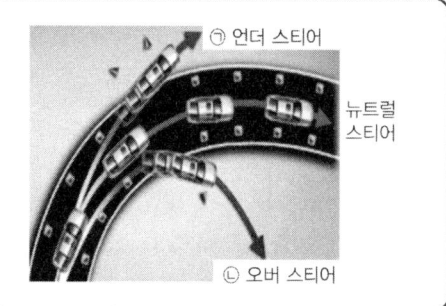

① EPS(Electronic Power Steering)
② ECS(Electronic Control Suspension)
③ VDC(Vehicle Dynamic Control)
④ SRS(Supplemental Restraint System)

25 출제빈도 ★★☆

능동형 차체제어시스템(VDC)의 입력요소로 가장거리가 먼 것은?

① 프론트 임펙트 센서
② 횡 가속도 센서
③ 휠 스피드 센서
④ 마스터 실린더 압력센서

26 출제빈도 ★★☆

VDC(Vehicle Dynamic Control) 또는 ESP (Electronic Stability Program)의 제어에서 운전자가 별도로 제동을 가하지 않더라도 차량 스스로 미끄럼을 감지해 각각의 바퀴 브레이크 압력과 엔진 출력을 제어한다. 이때 VDC 제어 방법을 옳게 설명한 것은?

① 스프링 아래 질량 중 롤링을 방지하고 선회 안전성을 향상시킨다.
② 스프링 위 질량 중 피칭을 제어하고 승차감을 향상시킨다.
③ 스프링 위 질량 중 요잉 모멘트를 제어하여 주행 안정성을 향상시킨다.
④ 스프링 아래 질량 중 바운싱을 제어하여 승차감을 향상시킨다.

27 출제빈도 ★★☆

자동차 ESC(Electronic Stability Control)에 대한 설명으로 옳지 않은 것은?

① 선회 시 자동차의 자세를 안정적으로 잡아주는 시스템이다.
② ABS와 관계없이 독립적으로 동작한다.
③ 오버스티어링과 언더스티어링을 방지한다.
④ 가속도 센서 등 관성 센서가 필요하다.

28 출제빈도 ★★☆

차량자세 제어장치에 사용되는 센서에 대한 설명으로 거리가 먼 것은?

① G 센서 : 차량의 수직 진동을 측정하기 위해 사용된다.
② 조향휠 각도 센서 : 운전자의 핸들 조작방향 및 각속도를 검출할 수 있다.
③ 요레이트 센서 : 차량의 비틀림을 측정하기 위해 사용된다.
④ 휠스피드 센서 : 바퀴의 속도를 측정하여 차량의 주행속도를 판단할 수 있다.

29 출제빈도 ★★☆

ESC(Electronic Stability Control)에서 ECU에 입력 신호로 가장 거리가 먼 것은?

① 차속도 센서
② 하이드롤릭(Hydraulic) 유닛
③ 요 레이트(Yaw rate)센서
④ 브레이크 스위치

30 출제빈도 ★★☆

다음 용어에 대한 설명으로 가장 거리가 먼 것은?

① 오버스티어는 선회 시 전륜에 코너링포스가 크게 작용하여 나타나는 현상으로 주로 후륜구동 방식의 차량에서 잘 발생된다.

② 언더스티어는 선회 시 후륜에 코너링포스가 크게 작용하여 나타나는 현상으로 주로 전륜구동 방식의 차량에서 잘 발생된다.

③ 바운싱은 스프링 위 질량진동의 상하 운동으로 차체 자세 제어장치인 'VDC-vehicle dynamic control system'으로 제어할 수 있다.

④ 요 모멘트는 선회 시 또는 주행 중 차체의 옆 방향 미끌림에 의해 발생될 수 있으며 내륜 또는 외륜에 제동을 가해 제어할 수 있다.

31 출제빈도 ★★☆

자동차가 주행 중 언더 스티어 현상이 발생될 때 제어하는 것으로 맞는 것은?

① 회전방향 안쪽 뒷바퀴에 제동력을 가한다.

② 회전방향 안쪽 앞바퀴에 제동력을 가한다.

③ 회전방향 바깥쪽 뒷바퀴에 제동력을 가한다.

④ 회전방향 바깥쪽 앞바퀴에 제동력을 가한다.

32 출제빈도 ★★☆

다음 설명의 (㉠)과 (㉡)에 들어갈 센서를 순서대로 나열한 것으로 맞는 것은?

> 차체 자세 제어장치(Vehicle Dynamic Control System)가 장착되는 자동차에서 중심점을 기준으로 이동되는 종방향 가속도 및 횡방향 가속도를 검출하기 위해 (㉠) 센서를 사용하고 각 차륜의 회전에 따른 속도를 검출하기 위해 (㉡)센서를 사용한다.

① 브레이크, 휠 스피드

② 조향각, 상사점

③ 요 레이트, 차속

④ 자이로, 캠포지션

33 출제빈도 ★☆☆

VDC(Vehicle Dynamic Control)의 부가 기능이 아닌 것은?

① Brake-LSD의 기능으로 한쪽만 미끄러운 노면을 출발할 때 발생되는 편 슬립을 방지하여 차량의 출발이 원활하도록 돕는다.

② ESS(Emergency Stop Signal)의 기능은 급정지 시 비상등을 작동시켜 뒤차에게 위험성을 알려주어 후방 추돌 확률을 줄여준다.

③ HSA(Hill Start Assist)의 기능은 언덕길에서 차량이 정차했다 다시 출발할 때 뒤로 밀리는 것을 방지하기 위해 운전자가 브레이크에서 발을 떼더라도 브레이크 유압을 유지시켜 준다.

④ HDC(Hill Descent Control)의 스위치와 4WD 모드스위치가 동시에 ON될 경우 가파른 경사의 내리막길에서 차량의 속도를 저속으로 유지하도록 도와준다.

34 출제빈도 ★★☆

차체자세제어장치 VDC(Vehicle Dynamic Control)의 설명으로 거리가 먼 것은?

① 타이어의 스핀 및 언더스티어, 오버스티어를 제어할 수 있다.

② 선회 제동 시 각 바퀴를 독립제어 할 수 있다.

③ 운전자가 희망하는 속도로 자동가속제어가 가능하다.

④ 요모멘트, ABS, TCS, EBD 제어를 포함한다.

35 출제빈도 ★★☆

자동차가 선회 시 발생되는 슬립으로 인한 언더스티어링 현상을 방지하기 위한 장치로 맞는 것은?

① ABS(Anti-lock Brake System)
② VDC(Vehicle Dynamic Control)
③ TCS(Traction Control System)
④ EBD(Electronic Brake-force Distribution)

36 출제빈도 ★★☆

미끄러운 노면에서 차량의 TCS(Traction Control System)가 작동하는 과정을 설명한 것으로 옳지 않은 것은?

① 엔진 회전력 조절
② 변속기의 단수 조절
③ 구동력 브레이크 조절
④ ABS에 의한 엔진과 브레이크 병용 조절

37 출제빈도 ★★☆

TCS(Traction Control System)의 제어에 대한 설명으로 맞는 것은?

① 파스칼의 원리를 이용하여 모든 타이어에 동일한 유압의 제동압력을 발생시킨다. 구성은 마스터 실린더, 브레이크 슈, 휠 실린더, 브레이크 파이프 또는 호스 등이 있다.
② 눈길, 빗길 등의 미끄러지기 쉬운 노면에서 차량을 출발하거나 급가속할 때 큰 구동력이 발생하여 타이어가 슬립하지 않도록 제동력 및 구동력을 제어한다.
③ 자동차가 급제동할 때 바퀴가 잠기지 않도록 제동유압을 감압, 유지, 증압 기능을 반복하여 운전자에게 최소한의 조향능력을 확보해 준다.
④ 승차인원이나 적재하중에 맞추어 앞뒤 바퀴에 적절한 제동력을 자동으로 배분하는 기능을 수행한다.

38 출제빈도 ★★☆

다음 장치에 대한 설명 중 가장 거리가 먼 것은?

① 차동기어 장치 – 직진 주행 시 양 구동바퀴의 회전력을 다르게 한다.
② ABS(anti-lock brake system) – 자동차가 급제동할 때 바퀴가 잠기는 현상을 방지하기 위해 개발된 특수 브레이크
③ TCS(traction control system) – 타이어가 공회전하지 않도록 차량의 구동력을 제어하는 시스템
④ VDC(vehicle dynamic control) – 차량 스스로 미끄럼을 감지해 각각의 바퀴 브레이크 압력과 엔진 출력을 제어하는 장치

39 출제빈도 ★★☆

제동력 전자제어장치에 관련된 설명으로 맞는 것은?

① TCS는 선회 시 브레이크 페달을 밟았을 때 제동력을 제어하여 차체 운동 안정성을 확보해 준다.
② ABS의 미끄럼률은 제동 시 자동차의 속도보다 바퀴의 회전이 느릴 때 커지게 된다.
③ EBD는 긴급 제동 시 전륜이 먼저 고착되는 것을 방지하기 위해 전·후 브레이크 유압을 제어하게 된다.
④ VDC(ESP)는 언더스티어 발생 시 바깥쪽 전륜바퀴의 제동력을 높여 차체의 안정성을 유지할 수 있다.

40 출제빈도 ★★☆

다음 제동력과 관련된 전자제어 시스템에 대한 설명으로 맞는 것은?

① ABS - 급제동 시 브레이크의 잠김을 방지하는 장치

② TCS - 미끄러운 노면에서 제동 시 슬립이 발생되는 바퀴에 제동력을 가해주는 장치

③ VDC(ESP) - ABS, BTCS에서 사용하는 액추에이터와는 별개로 별도의 기계적 제동장치를 활용해 차량의 자세를 제어해주는 장치

④ EBD - 급제동 시 전륜이 먼저 잠기는 것을 막기 위해 후륜으로 가는 브레이크 유압을 줄여주는 장치

41 출제빈도 ★★☆

다음 제동공학과 관련된 설명으로 가장 거리가 먼 것은?

① 정지거리는 공주거리와 제동거리를 더한 것이다.

② 공주시간이 길어지면 제동거리는 늘어난다.

③ 공주거리는 도로와 타이어의 마찰계수에 영향을 받지 않는다.

④ 제동거리는 제동초속도의 제곱에 비례한다.

42 출제빈도 ★★☆

운전자가 전방에서 발생한 위험을 인식하고 브레이크를 밟아 제동이 일어나기 전까지의 거리를 공주거리라고 한다. 이때 소요된 시간을 공주시간이라고 한다. 차량이 108km/h로 주행하고 있을 때 전방에 위험물을 발견하고 급제동을 하였을 때의 공주시간이 0.6초, 제동시간은 0.8초였다. 이때의 공주거리는 얼마인가?

① 9m   ② 18m

③ 27m   ④ 36m

43 출제빈도 ★★☆

브레이크 페달에 100N의 힘을 가할 때 배력장치에 의해 총 3배의 힘이 증대된다. 이후 마스터 실린더의 단면적보다 휠 실린더의 단면적을 2배로 크게 했을 때 패드에 발생되는 힘의 크기로 맞는 것은?

① 100N   ② 200N

③ 400N   ④ 600N

44 출제빈도 ★★☆

브레이크 마스터 실린더의 단면적이 $5cm^2$, 마스터 실린더에 작용하는 힘이 $20kg_f$일 때 휠 실린더에 작용하는 압력은 얼마인가? (단, 휠 실린더의 단면적은 $10cm^2$이다.)

① $2kg_f$ ② $4kg_f$

③ $2kg_f/cm^2$ ④ $4kg_f/cm^2$

>>> 정답

01	02	03	04	05	06	07	08	09	10
④	④	③	②	②	②	④	①	③	①
11	12	13	14	15	16	17	18	19	20
①	④	④	③	①	①	③	④	③	④
21	22	23	24	25	26	27	28	29	30
②	④	③	③	①	③	②	①	②	③
31	32	33	34	35	36	37	38	39	40
①	③	②	③	②	②	②	①	②	①
41	42	43	44						
②	②	④	④						

01. 제동 시 휠이 고정될 경우 제동슬립률이 높아지게 되고 이는 대부분의 경우 제동거리의 증가로 반영된다. 이를 제어하기 위해 ABS를 이용하며 바퀴의 회전 속도를 차체의 속도에 80% 정도로 유지할 수 있다.

02. ABS는 제동 시 작동하게 되므로 가속과는 상관없다.

04. ① 각 바퀴가 20% 이상 미끄러질 때 바퀴로 가는 제동 유압을 감압하는 역할을 한다.
③ 모듈레이터의 조절상태는 정상, 감압, 유지, 증압 4가지이고 ABS 작동 시에는 감압, 유지, 증압을 반복한다.
④ 제동 시 슬립률이 10~20%를 유지할 수 있도록 제어한다.

05. ABS는 슬립률을 제어해야 하는 관계로 휠의 회전속도를 알아야 한다.

06. 휠 스피드 센서 → ABS ECU(전자제어유닛) → 하이드롤릭 유닛(모듈레이터)

07. 휠 안쪽 차축에 기어형식으로 톤휠이 설치되고 톤휠의 높낮이를 측정하기 위해 너클에 휠 스피드 센서가 설치된다.

10. ② 슬립률을 연산하기 위해 휠 스피드 센서의 감속도와 가속도를 연산한다.
③ ABS 제어에서 슬립률은 10~20% 정도로 유지하는 것이 가장 이상적이다.
④ 센서의 종류에는 패시브(인덕티브) 방식, 엑티브(홀 IC) 타입 두 가지가 있다.

11. ① 페일세이프 기능이라고도 부른다.

12. 전자제어 시스템의 안전모드를 페일세이프 또는 림홈 모드라고 한다.

13. • 하이드롤릭 유닛(HCU) = 모듈레이터의 구성 : 솔레노이드 밸브(S/V), 체크밸브, 축압기(어큐뮬레이터), 펌프, 리저버 탱크

14. ① 일반적으로 30km/h 이하에서는 작동되지 않는다.
② 브레이크 페달을 한 번만 밟아 작동해야 한다.
④ 눈과 모래가 많이 쌓인 곳에서는 제동 시 바퀴를 고정시키는 것이 제동거리를 줄이는 데 효과적이다.

15. ② 미끄럼 방지 제동장치(ABS) 전용 ECU가 제동력을 제어한다.
③ 액추에이터인 모듈레이터는 전자밸브, 체크밸브, 축압기, 유압펌프 등으로 구성된다.
④ ABS ECU가 고장을 인지했을 때 경고등이 점등된다.

16. ① 오류코드를 삭제하기 전에 고장의 원인을 파악하기 위해 코드를 확인해야 한다.

17. 각 휠에 같은 제동력을 발생시키더라도 노면의 마찰력에 따라 차륜의 감속도가 달라지는데 먼저 슬립이 발생되는 휠의 제동마찰계수가 낮아져 차체의 중심이 무너지면서 흔들리는 현상이 발생하게 되는데 이를 최소화하기 위한 제어이다.

18. ① 전자제어엔진 ECU에 대한 설명이다.
② 자동변속기 TCU에 대한 설명이다.
③ 차속감응형 조향장치 EPS에 대한 설명이다.
④ ABS에 대한 설명이고 휠스피드 센서의 이상 시 모듈레이터는 작동하지 않게 된다. 즉, 일반 브레이크만 사용가능하게 된다.

19. 복원이 정확하지 않아 논란이 되었던 문제이다. 결국 당해 연도 경기도 만점자의 선택에 따라 문제를 복원한 것이며 ABS ECU를 제어하기 위한 기준신호로 해석이 된 것이다. ABS는 휠 스피드 센서를 이용하여 바퀴의 회전 속도를 입력신호로 받는다.

20. ④ 타이어가 잠기지 않고 최대 마찰력을 얻을 수 있도록 슬립을 제어하는 장치이다.

21. [P-밸브 장착차량]

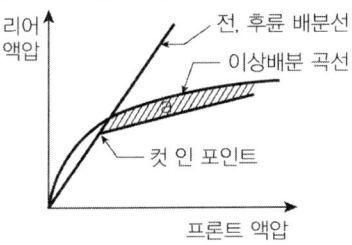

[EBD 장착차량]

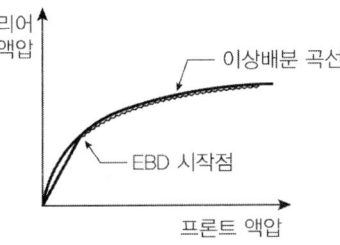

22. EBD는 전자식 제동력 분배장치로 제동 시 하중이 줄어드는 뒷바퀴의 잠김을 방지하기 위해 제동력을 자동으로 조절한다.

23. ① ABS는 회전하는 바퀴의 내부 디스크나 드럼에 마찰을 이용하여 속도를 줄이는 역할을 한다.
② ABS ECU는 바퀴의 속도를 측정하여 모듈레이터를 조작한다.
④ 모듈레이터는 감압, 유지, 증압, 이 3가지 단계로 제동 슬립률을 제어한다.

24. VDC는 ESP(Electric Stability Program)이라고도 부르며, 차량의 자세를 제어하는 장치를 말한다. VDC가 설치된 경우에는 ABS와 TCS제어를 포함한다. VDC는 요 모멘트 제어와 자동 감속기능을 포함하여 차량의 자세를 제어할 수 있다. VDC는 각각의 휠에 가해지는 제동압력을 다르게 하여 빠른 속도에서도 차체의 안정성을 유지시켜 주는 역할을 수행한다.

25. 프론트 임펙트 센서는 전자제어 에어백의 입력신호이다.

26. 주행 중 각 바퀴에 제동력을 제어했을 때 언더 및 오버 스티어링 현상을 줄일 수 있고 이는 스프링 위 질량진동 중 차체의 Z축 기준으로 회전운동을 제어하는 것이 되므로 요잉 모멘트 제어에 해당된다.

27. ② ABS에 사용하는 휠 스피드 센서를 이용하여 보다 정밀한 제어를 하는 것이 ECS이다.

28. 차량자세 제어장치에 사용되는 회전율감지 센서는 요잉의 정도를 파악할 필요성이 있다. 이에 회전율감지(Yaw-rate) 센서로 스프링 위 질량진동의 요잉의 정도를 알 수 있다. 이 문제에서 요잉의 정도를 차체가 기울어지는 상황에 비틀림으로 표현한 것으로 판단된다. 회전율 감지 센서는 수평방향의 횡 및 종의 기울기를 측정하는 G 센서로 역할을 대신할 수 있다. 다만 현가장치에 필요한 수직방향의 기울기를 측정하는 G 센서를 필요로 하지 않는다.

29. ② 하이드롤릭 유닛(유압 모듈레이터)은 ECU의 제어에 따라 제동압을 조절하는 구동(출력) 장치이므로 입력신호로 보기 어렵다.

30. 요잉은 스프링 위 질량진동의 회전 운동으로 차체 자세 제어장치인 'VDC-vehicle dynamic control system'으로 제어할 수 있다.

31. 23번 문제의 그림에서 ㉠의 언더 스티어 현상이 발생될 때 회전방향 안쪽 뒷바퀴에 제동력을 가하는 것이 뉴트럴 스티어를 만들기 가장 좋은 조건이 된다. 참고로 ㉡의 오버 스티어 현상이 발생될 때에는 회전하는 바깥쪽 앞바퀴를 제동하는 것이 가장 이상적일 것이다.

32. VDC 제어를 위한 입력 신호로 조향 휠 각속도센서, 요-레이트 센서, 차속(휠-스피드)센서 등이 있다.

33. ②번 선지의 내용은 시간과 알람의 경고와 관련된 내용으로 스마트 정선 박스에서 제어하는 것이 타당하다.

34. ③ 정속 주행장치 크루즈 컨트롤 시스템에 대한 설명이다.

35. 선회 시 발생되는 언더스티어 및 오버스티어 현상을 방지하기 위해 VDC는 각 바퀴의 제동력에 차이를 두어 제어하게 된다. 언더스티어 발생 시는 안쪽 뒤바퀴, 오버스티어 발생 시는 바깥쪽 앞바퀴의 제동력을 강하게 제어할 수 있다.

36. TCS가 개발되기 이전의 상황에서 자동변속기에 SNOW/HOLD 기능(변속패턴 변화)을 이용해 2단(속) 출발하던 상황도 있었지만 현재에는 적용되지 않는다.

37. ① 유압브레이크 장치에 대한 설명이다.
③ ABS 제어에 대한 설명이다.
④ EBD 제어에 대한 설명이다.

38. 차동기어 장치 – 선회 주행 시 양 구동바퀴의 회전수를 다르게 한다.

39. ① TCS는 가속페달 작동 시 필요에 따라 제동력을 제어한다.
③ EBD는 긴급 제동 시 후륜이 먼저 고착되는 것을 방지한다.
④ VDC는 오버스티어 발생 시 바깥쪽 전륜바퀴의 제동력을 높여 차체의 안정성을 유지할 수 있다.

40. ② TCS –미끄러운 노면에서 구동 시 작동된다.
③ ESP – ABS, BTCS에서 사용하는 액추에이터를 활용하여 자동차의 상황에 맞게 개별 브레이크 제어가 가능하여 차량의 자세를 제어해주는 장치
④ EBD – 급제동 시 후륜이 먼저 잠기는 것을 막기 위해 후륜으로 가는 브레이크 유압을 줄여주는 장치

41. 공주시간이 길어지면 공주거리가 길어지게 된다. 제동거리와는 상관이 없다. 다만 전체 정지거리는 공주거리가 길어진 만큼 영향을 받아 길어지게 된다.

42. 공주시간 0.6초 동안 이동한 거리를 구하면 되는 문제이므로
$$108km/h = \frac{108,000m}{3,600sec} = 30m/s\,\text{이므로}$$
$30m : 1sec = x\,m : 0.6sec,\ x = 18m$가 된다.

43. F(패드에 발생되는 힘)$=100N \times 3(배력) \times 2(파스칼의 원리)=600N$

44. 파스칼의 원리=입력 실린더의 압력과 출력 실린더의 압력은 같다.
$$\text{마스터 실린더의 압력}=\frac{20kg_f}{5cm^2}=4kg_f/cm^2$$

기 타

01 출제빈도 ★☆☆

차량이 주행 시 빙판길, 눈길, 빗길 등에서 구동력이 감소되는 것을 방지하기 위한 장치로 전륜 구동차량에 장착된 전자제어식 트랜스퍼는 무엇인가?

① ITM(Interactive Torque Management)
② TOD(Torque On Demand)
③ EST(Electric Shift Transfer)
④ Part Time 4WD

02 출제빈도 ★☆☆

BLDC 모터의 특징에 바르게 설명한 것은?

① 세라믹 콘덴서를 사용해서 노이즈를 제어할 수 있다.
② DC 모터에 비해 회전 관성이 작고 출력이 높다.
③ 브러시부에 오일 미스트 같은 이물질 등이 묻지 않는다.
④ DC 모터에 비해 가격이 싸다.

03 출제빈도 ★☆☆

압연에 의해 휨, 변형, 넓게 퍼지는 성질을 무엇이라 하는가?

① 연성   ② 인성
③ 전성   ④ 취성

04 출제빈도 ★☆☆

자기진단 장비로 점검할 수 있는 항목으로 틀린 것은?

① 엔진의 센서를 점검할 수 있다.
② 자동변속기 센서 출력 값을 확인할 수 있다.
③ 오실로스코프 출력 전압 및 파형을 확인할 수 있다.
④ 센서의 고장기억 소거는 할 수 없다.

05 출제빈도 ★☆☆

차량 화재사고의 대응방법으로 옳지 않은 것은?

① 자동차엔진룸에서 연기가 나는 경우 엔진룸 내부에 소화기를 분사하거나 물을 사용하여 진압한다.
② 도로에서 차량화재가 발생한 경우 차량 후방에 안전삼각대를 설치하여 후속 차량들이 피해갈 수 있도록 한다.
③ 터널 내 화재로 차량 통행이 불가능할 경우 가장자리에 정차하고 시동을 끈 후에 열쇠를 차량에 두고 대피한다.
④ 터널 내 화재가 발생하면 터널 내부의 비상벨을 눌러 화재 발생 상황을 알리거나 비상전화로 구조요청을 한다.

01	02	03	04	05					
①	②	③	④	①					

01.

- **4륜 구동 시스템의 종류에 따른 분류**

  ㉠ **선택 치합식(Part Time 4WD)** : 2륜, 4륜 선택가능. (수동식, 기계식, 진공식, EST 등) – EST 전기식 트랜스퍼 : ESOF(Electric Shift On Fly)라고도 불리며 후륜베이스 구동 모델이며 2H, 4H, 4L의 모드 등이 있다.

  ㉡ **상시 4륜식(Full Time 4WD)** : 운전자 2륜 선택할 수 없음(토크분배 고정식, ITM, TOD 등)

    ⓐ ITM : 기본 2륜 구동(전륜) 차량에 옵션으로 장착된 전자제어식 4륜 구동 트랜스퍼이다.

    ⓑ TOD 전자식 트랜스퍼 : ATT(Active Torque Transfer)라고도 불리며 이론상 후륜 구동으로 주행하다가 후륜에 슬립이 감지되면 전륜에 50:50까지 구동력이 전달될 수 있도록 자동으로 제어한다.

02. ① 콘덴서는 주로 브러시로부터 발생하는 채터링(접점 진동현상)을 접지로 보내는 역할을 한다.

③ BLDC(Brush–Less DC)모터는 브러시부가 존재하지 않는다.

④ 회전자에 영구자석을 사용하는 것이 일반적이다. 영구자석의 한계로 대용량의 모터제작이 어렵고 브러쉬형 모터에 비해서 가격이 비싸다.

03. ① **연성** : 재료의 늘어나는 특성

② **인성** : 점성이 크고 충격에 잘 견디는 성질

④ **취성** : 연성을 갖지 않고 파괴되는 성질

04. 전자제어 시스템의 이상 유무를 판단하기 위한 것이 자기진단 장비이다. 자기진단기로 각종 ECU의 입력신호와 작동장치의 이상 유무를 판단하기 위해 단선, 단락, 접지, 시간에 따른 출력전압 확인(오실로스코프) 등의 정보를 제공하며 관련된 고장코드를 지울 수 있는 기능도 포함한다.

05. 엔진룸에 불길이 확인되는 경우 엔진룸을 열거나 만지지 않고 대피한다. 만약 소화기로 화재를 진압할 때는 바람을 등지고 차량별 화재 전용 소화기를 사용한다.

section 1
총 칙

section 2
자동차 및 이륜자동차의 안전기준

01 **출제빈도 ★★☆**

공차상태에서 접지부분 외의 차체가 지면으로부터의 최소한의 높이는?

① 10cm   ② 12cm

③ 15cm   ④ 18cm

02 **출제빈도 ★★☆**

「자동차안전기준규칙」상의 자동차안전기준에 대한 내용으로 잘못된 것은?

① 자동차의 길이는 15m를 초과하여서는 아니 된다.

② 자동차의 높이는 4m를 초과하여서는 아니 된다.

③ 자동차의 윤중은 5톤을 초과하여서는 아니 된다.

④ 자동차의 최소회전반경은 바깥쪽 앞바퀴 자국의 중심선을 따라 측정할 때에 12m를 초과하여서는 아니 된다.

03 **출제빈도 ★★☆**

자동차 규칙에 대한 설명으로 가장 거리가 먼 것은?

① 자동차의 길이는 15m 이하여야 한다. 단, 연결된 자동차는 16.7m 이하여야 한다.

② 자동차의 최소회전반경은 바깥쪽 앞바퀴 자국의 중심선을 따라 측정할 때에 12미터 이하여야 한다.

③ 자동차의 높이는 4m를 초과하여서는 안 된다.

④ 자동차의 너비는 2.5m 이하여야 하고 피견인차가 견인차보다 너비가 초과하는 경우 피견인차의 가장 바깥으로부터 10cm 이하여야 한다.

04 **출제빈도 ★★☆**

다음 「자동차 및 자동차부품의 성능과 기준에 관한 규칙」에 대한 내용으로 가장 거리가 먼 것은?

① 승차정원 1인은 65kg으로 하고 13세 이하는 1.5인의 정원을 1인으로 한다.

② 공차상태에 연료, 냉각수, 윤활유, 예비타이어의 무게는 포함이 되고 예비부품, 공구, 휴대물의 무게는 포함되지 않는다.

③ 적차상태를 차량총중량이라 표현하고 차량총중량은 20톤을 초과할 수 없다.

④ 윤중이란 바퀴 1개가 수직으로 지면을 누르는 중량을 뜻하고 윤중은 5톤 이하여야 한다.

05 출제빈도 ★★☆

자동차의 제원을 설명한 것으로 가장 옳지 않은 것은?

① 휠베이스(wheelbase)는 앞바퀴 중심과 뒷바퀴 중심 사이의 거리를 뜻한다.
② 최대적재량(Maximum payload)은 차량에 실을 수 있는 최대 무게이다.
③ 토크는 차량 가속 성능, 언덕 주행 성능, 견인력과 연결된다.
④ 자동차의 승차정원은 운전자를 제외하고 승차할 수 있는 최대 인원이다.

06 출제빈도 ★★★

「자동차 및 자동차부품의 성능과 기준에 관한 규칙」상 자동차의 안전기준으로 옳지 않은 것은?

① 자동차의 길이는 13m, 너비는 2.5m, 높이는 4m 이하로 제한한다.
② 차량 총중량은 20톤, 축중은 10톤, 윤중은 5톤 이하로 제한한다.
③ 공차상태에서 차체의 가장 낮은 부분이 지상보다 10cm 이상 유지한다.
④ 자동차의 최소 회전반경은 바깥쪽 앞바퀴의 중심을 따라 15m 이하로 제한한다.

07 출제빈도 ★☆☆

기타자동차의 주제동장치의 제동능력 조작력기준에 대한 설명으로 거리가 먼 것은?

① 각 축의 제동력 합은 차량중량의 50% 이상이어야 한다.
② 전 축의 제동력 합은 전축중의 50% 이상이어야 한다.
③ 후 축의 제동력 합은 뒤축중의 50% 이상이어야 한다.
④ 좌·우 제동력의 편차는 당해 축중의 8% 이하여야 한다.

08 출제빈도 ★☆☆

자동차의 앞면창유리로 사용되는 것은?

① 안전유리 ② 이중접합유리
③ 강화유리 ④ 합성유리

09 출제빈도 ★☆☆

다음 중 머리지지대를 설치하지 않아도 되는 자동차는?

① 승용자동차
② 차량총중량 4.5톤 이하의 특수자동차
③ 차량총중량 4.5톤 이하의 화물자동차
④ 피견인자동차

10 출제빈도 ★☆☆

다음 중 운행기록장치 의무 설치 자동차가 아닌 것은?

① 긴급자동차를 포함한 8톤 이상의 화물자동차
② 운송 사업용 화물자동차
③ 고압가스 운송을 위해 필요한 탱크를 설치한 화물자동차
④ 쓰레기 운전 전용의 화물자동차

11 출제빈도 ★☆☆

경음기 음의 크기 측정 시 측정 위치로 맞는 것은?

① 차체 전방 1m 위치에서 지상높이 1.0m±0.05
② 차체 전방 1m 위치에서 지상높이 1.2m±0.05
③ 차체 전방 2m 위치에서 지상높이 1.0m±0.05
④ 차체 전방 2m 위치에서 지상높이 1.2m±0.05

>>> 정답

01	02	03	04	05	06	07	08	09	10
①	①	①	①	④	④	③	②	④	①

11									
④									

01. • **제5조(최저지상고)** 공차상태의 자동차에 있어서 접지부분 외의 부분은 지면과의 사이에 10센티미터 이상의 간격이 있어야 한다(자동차규칙).

02. • **길이, 너비, 높이(자동차규칙 제4조)**
　　1) 길이 : 13m 이하
　　　　※ 연결 자동차 : 16.7m 이하
　　2) 너비 : 2.5m 이하
　　※ 외부 돌출부는 승용 25cm, 기타 30cm 이하, 피견인차가 견인차보다 넓은 경우 피견인차의 가장바깥으로부터 10cm 이하
　　3) 높이 : 4m 이하

03. 자동차의 길이는 13m 이하로 한다. 단 연결된 자동차는 16.7m 이하로 한다.

04. 승차정원 1인은 65kg으로 하고 13세 <u>미만</u>은 1.5인의 정원을 1인으로 한다.

05. ④ 자동차의 승차정원은 운전자를 포함한 승차 가능 최대 인원을 뜻하므로, "운전자를 제외하고"라는 설명은 옳지 않다.

06. 자동차의 최소 회전반경은 바깥쪽 앞바퀴의 중심을 따라 12m 이하로 제한한다.

07. ③ 후 축의 제동력 합은 뒤축중의 20% 이상이어야 한다.

08. • **제34조(창유리 등)** ① 자동차의 앞면창유리는 접합유리 또는 유리·플라스틱 조합유리로, 그 밖의 창유리는 강화유리, 접합유리, 복층유리, 플라스틱유리 또는 유리·플라스틱 조합유리 중 하나로 하여야 한다.(자동차 규칙)

09. • **자동차 및 자동차부품의 성능과 기준에 관한 규칙**
　　제26조(머리지지대) 다음 각 호의 어느 하나에 해당하는 자동차의 앞좌석(중간좌석을 제외한다)에는 추돌시 승차인의 머리부분의 충격을 감소시킬 수 있는 머리지지대를 설치하여야 한다.
　　1. 승용자동차(초소형승용차는 제외한다)
　　2. 차량총중량 4.5톤 이하의 승합자동차
　　3. 차량총중량 4.5톤 이하의 화물자동차(초소형화물자동차 및 <u>피견인자동차는</u> 제외한다)
　　4. 차량총중량 4.5톤 이하의 특수자동차

10. • **설치차량(자동차 규칙 제56조 및 교통안전법 제55조)**
　　1) 「여객자동차 운수사업법」에 따른 여객자동차 운송사업자
　　2) 「화물자동차 운수사업법」에 따른 화물자동차 운송사업자 및 화물자동차 운송가맹사업자
　　3) 「도로교통법」 제52조에 따른 어린이통학버스(제1호에 따라 운행기록장치를 장착한 차량은 제외한다) 운영자

11. • **자동차 및 자동차부품의 성능과 기준에 관한 규칙**
　　제53조(경음기) 자동차의 경음기는 다음 각 호의 기준에 적합해야 한다.
　　1. 일정한 크기의 경적음을 동일한 음색으로 연속하여 낼 것
　　2. 자동차 전방으로 <u>2미터</u> 떨어진 지점으로서 지상높이가 <u>1.2±0.05미터</u>인 지점에서 측정한 경적음의 최소크기가 최소 90데시벨(dB) 이상일 것

1-1. 자동차의 정의 및 분류

01④ 02① 03③ 04③ 05② 06② 07③ 08① 09② 10①
11③ 12③ 13② 14② 15④ 16③ 17③ 18③ 19③ 20①
21②

1-2. 자동차의 기본 구조와 제원

01④ 02③ 03④ 04① 05③ 06② 07③ 08① 09④ 10②
11③ 12② 13① 14① 15③ 16① 17② 18② 19① 20③
21② 22② 23② 24④ 25② 26③ 27② 28④ 29① 30④
31② 32③ 33③ 34① 35③ 36④ 37③ 38③ 39①

2-1. 엔진의 개요

01③ 02③ 03① 04① 05③ 06③ 07③ 08① 09① 10③
11③ 12③ 13② 14② 15③ 16② 17① 18① 19② 20③
21① 22① 23② 24④ 25① 26① 27② 28② 29③ 30②
31① 32③ 33④ 34③ 35② 36② 37① 38③ 39① 40①
41② 42② 43② 44② 45② 46① 47② 48② 49② 50①
51④ 52③ 53① 54④ 55④ 56② 57③ 58①

2-2. 엔진의 주요부

01① 02③ 03③ 04④ 05① 06③ 07① 08① 09④ 10③
11② 12④ 13② 14① 15① 16② 17② 18① 19① 20①
21① 22① 23③ 24① 25② 26② 27② 28④ 29② 30④
31② 32③ 33④ 34② 35④ 36② 37③ 38② 39② 40①
41④ 42① 43④ 44④ 45④ 46④ 47① 48④ 49④ 50②
51③ 52① 53④ 54③ 55③ 56② 57② 58① 59④ 60③
61① 62③ 63① 64③ 65③ 66④ 67② 68③ 69② 70①
71② 72④ 73④ 74④ 75③ 76① 77④ 78④ 79② 80④
81① 82② 83③ 84② 85③ 86① 87② 88③ 89① 90①
91③ 92① 93④

2-3. 냉각장치

01④ 02② 03③ 04① 05② 06④ 07③ 08④ 09② 10③
11① 12④ 13② 14② 15④ 16③ 17④ 18④ 19④ 20③
21④ 22④ 23① 24① 25③ 26④ 27② 28① 29② 30③
31④ 32② 33① 34④ 35③ 36③

2-4. 윤활장치

01③ 02④ 03③ 04③ 05② 06③ 07② 08④ 09⑤ 10②
11③ 12④ 13② 14② 15① 16② 17④ 18④ 19② 20②
21④ 22④ 23④ 24③ 25④ 26① 27① 28① 29① 30④
31② 32③ 33① 34② 35③ 36① 37③ 38① 39④ 40④
41③ 42② 43③ 44② 45④ 46④ 47① 48②

2-5. 가솔린 전자제어 연료장치

01② 02③ 03① 04④ 05③ 06④ 07④ 08② 09③ 10③
11② 12④ 13① 14① 15④ 16④ 17④ 18② 19② 20②
21① 22④ 23② 24② 25① 26③ 27① 28③ 29① 30②
31① 32③ 33① 34④ 35② 36① 37③ 38③ 39② 40①
41④ 42③ 43④ 44① 45③ 46③ 47① 48② 49① 50②
51① 52② 53③ 54③ 55① 56② 57④ 58③ 59③ 60④
61④ 62① 63② 64③ 65③ 66③ 67③ 68① 69②

2-6. 배출가스 정화장치

01④ 02① 03② 04① 05③ 06① 07① 08③ 09④ 10②
11③ 12③ 13③ 14② 15② 16① 17③ 18② 19③ 20①
21① 22④ 23① 24① 25④ 26④ 27④ 28③ 29③ 30③
31② 32④ 33② 34④ 35② 36① 37④ 38① 39② 40③
41④ 42③ 43① 44④ 45③ 46③

2-7. LPG(액화석유가스) 연료장치

01② 02③ 03① 04④ 05① 06③ 07① 08② 09④ 10①
11① 12④ 13② 14④ 15①

2-8. 디젤엔진의 연료장치

01④ 02④ 03③ 04③ 05① 06② 07③ 08① 09① 10①
11① 12④ 13① 14② 15③ 16① 17② 18④ 19③ 20①
21① 22③ 23② 24① 25④ 26① 27① 28② 29③ 30①
31① 32③ 33① 34④ 35③ 36③ 37② 38② 39④ 40③
41④ 42① 43③

2-9. 가솔린과 디젤의 노킹 / 과급기

01① 02② 03④ 04② 05④ 06④ 07③ 08③ 09③ 10③
11③ 12④ 13② 14④ 15④ 16① 17④ 18① 19④ 20②
21② 22④ 23③ 24② 25① 26① 27④ 28④ 29② 30③
31① 32④ 33③ 34② 35② 36③ 37② 38① 39④ 40④

2-10. CRDI 연료장치

01③ 02④ 03③ 04④ 05③ 06④ 07① 08① 09③ 10④
11① 12③ 13④ 14① 15① 16② 17④ 18④ 19③ 20①
21③ 22④ 23④ 24② 25④ 26① 27② 28② 29① 30②
31② 32④ 33③ 34② 35① 36④ 37① 38③ 39④ 40①
41①

3-1. 전기의 기초

01③ 02③ 03① 04③ 05③ 06② 07① 08④ 09③ 10④
11③ 12③ 13① 14① 15③ 16③ 17③ 18③ 19① 20④
21④ 22③ 23③ 24④ 25① 26① 27③ 28③ 29②

3-2. 축전지(Battery)

01④ 02① 03③ 04② 05① 06④ 07① 08① 09③ 10①
11① 12① 13④ 14① 15② 16④ 17④ 18③ 19④ 20①
21② 22④ 23④ 24① 25④ 26④ 27② 28① 29③ 30③
31② 32① 33④ 34① 35② 36③ 37④ 38② 39④ 40④
41③ 42④ 43① 44① 45③ 46④ 47① 48④ 49③ 50③
51① 52④

3-3. 기동장치

01① 02④ 03② 04② 05④ 06③ 07④ 08① 09① 10④
11① 12② 13④ 14② 15② 16④ 17④ 18① 19③ 20②
21② 22② 23① 24③ 25① 26③ 27③ 28① 29③ 30③
31① 32⑤

3-4. 점화장치

01① 02② 03② 04② 05③ 06④ 07② 08② 09④ 10④
11② 12① 13③ 14③ 15③ 16② 17④ 18③ 19③ 20①
21① 22③ 23③ 24④ 25① 26② 27① 28① 29③ 30②
31④ 32④ 33④ 34③ 35④ 36③ 37① 38③ 39④ 40④
41③ 42① 43③ 44②

3-5. 충전장치

01④ 02③ 03① 04③ 05① 06② 07③ 08② 09① 10③
11① 12③ 13④ 14④ 15③ 16① 17④ 18② 19① 20④
21④ 22① 23④ 24② 25② 26③ 27④ 28③ 29② 30①

3-6. 등화 및 계기장치

01④ 02① 03③ 04② 05① 06③ 07④ 08② 09④ 10③
11③ 12③ 13④ 14② 15⑤ 16③ 17① 18④

3-7. 냉 · 난방장치

01① 02④ 03③ 04② 05② 06④ 07④ 08① 09③ 10①
11① 12③ 13② 14② 15① 16③ 17③ 18④ 19④ 20④
21③ 22④ 23④ 24① 25③ 26③ 27③ 28④ 29③ 30②
31②

3-8,9. 안전장치 및 기타편의장치

01④ 02③ 03① 04① 05① 06② 07③ 08③ 09④ 10①
11④ 12④ 13① 14① 15③ 16② 17② 18②

3-10. 저공해 자동차

01① 02② 03② 04④ 05② 06④ 07④ 08② 09② 10②
11① 12③ 13① 14① 15④ 16① 17① 18③ 19④ 20④
21② 22④ 23② 24① 25① 26③ 27② 28② 29② 30④
31④ 32③ 33① 34④ 35③ 36② 37① 38① 39① 40②
41③ 42④ 43④ 44③ 45① 46④ 47③ 48① 49② 50②
51① 52② 53① 54③ 55① 56③ 57② 58③ 59④ 60④
61③ 62④ 63④ 64③ 65③ 66② 67① 68④ 69④ 70④
71④ 72② 73② 74① 75③ 76④ 77③ 78② 79② 80③
81① 82③ 83④ 84③ 85③ 86③ 87④ 88④ 89② 90①
91② 92① 93④

4-1 섀시 기초 및 동력전달장치

01③ 02③ 03② 04④ 05② 06③ 07④ 08③ 09④ 10①
11① 12④

4-2 클러치 및 수동변속기

01③ 02① 03④ 04② 05④ 06④ 07③ 08① 09① 10③
11① 12③ 13④ 14④ 15① 16③ 17② 18③ 19③ 20②
21② 22③ 23③ 24④ 25① 26③ 27① 28① 29② 30②
31④ 32④ 33③ 34④

4-3. 자동변속기

01③ 02③ 03④ 04② 05③ 06④ 07② 08① 09③ 10②
11④ 12④ 13① 14② 15④ 16① 17④ 18④ 19① 20①
21③ 22① 23① 24① 25④ 26④ 27④ 28① 29① 30①
31③ 32② 33② 34③ 35③ 36③ 37③ 38④ 39② 40④
41③ 42① 43④ 44② 45③ 46④ 47② 48② 49① 50②
51② 52④ 53④ 54① 55① 56② 57④ 58②

4-4. 동력 전달축, 종감속 · 차동기어장치

01① 02① 03① 04② 05④ 06③ 07② 08② 09④ 10④
11④ 12③ 13③ 14② 15② 16④ 17④ 18④ 19② 20①
21② 22③ 23② 24③ 25④ 26③ 27③ 28④ 29② 30④
31① 32② 33② 34② 35① 36② 37③ 38② 39④ 40①
41② 42① 43③ 44③ 45① 46① 47① 48② 49④ 50①
51① 52④ 53③

자동차 구조원리

엄선 300제

01 실린더의 지름이 110mm, 행정이 100mm이고 압축비가 17 : 1일 때 연소실체적은 얼마인가?

① 약 29cc ② 약 59cc
③ 약 79cc ④ 약 109cc

심화문제 01-1 연소실체적이 35cm³이고 행정체적이 252cc인 엔진에서 압축비는?

① 7.2 ② 8
③ 8.2 ④ 8.5

심화문제 01-2 실린더의 안지름 60mm인 정방형 엔진의 4실린더 기관의 총 배기량은 얼마인가?

① 750.4cc ② 678.6cc
③ 339.2cc ④ 169.7cc

02 루프를 접었다 폈다를 할 수 있는 것으로 센터필러가 없는 차량을 무엇이라 하는가?

① 컨버터블 ② 리무진
③ 세단 ④ 웨건

03 4행정 사이클 기관에서 총 배기량이 1500cc이다. 이 기관이 3,600rpm으로 회전할 때 도시평균유효압력이 8kg$_f$/cm²라고 한다. 도시마력은 얼마인가?

① 8ps ② 12.5ps
③ 24ps ④ 48ps

04 크랭크축에 밴드 브레이크를 설치하고, 토크암의 길이를 1m로 하여 측정하였더니 10kg$_f$의 힘이 작용하였다. 1200rpm일 때 이 기관의 제동출력은 몇 PS인가?

① 32.5 ② 22.6
③ 16.7 ④ 8.4

05 피스톤 행정 100mm인 기관이 2,100rpm으로 회전하고 있을 때 피스톤의 평균속도는 매초 몇 m인가?

① 3m/s ② 7m/s
③ 14m/s ④ 21m/s

심화문제 05-1 행정의 길이가 100mm, 엔진의 회전수는 1,500rpm, 4행정 사이클 가솔린 엔진의 피스톤 평균속도는?

① 15m/sec
② 10m/sec
③ 5m/sec
④ 4m/sec

06 4행정 4기통 엔진의 실린더 지름이 80mm이고 피스톤 행정은 90mm이다. 또한 이 엔진의 실제 흡입 공기량이 1,296cc라면 이 엔진의 체적 효율은? (단, 원주율=3이다.)

① 65% ② 75%
③ 82% ④ 87%

07 자동차의 주행저항과 관련된 내용의 설명으로 거리가 먼 것은?

① 주행저항이란 자동차의 주행방향과 반대 방향으로 주행을 방해하는 힘으로 종류에는 구름·공기·등판·가속저항 등이 있다.

② 구름저항은 자동차의 주행 시 차륜에 발생하는 저항으로 타이어의 변형 및 노면의 굴곡에 의한 충격저항 및 차륜 베어링부의 마찰저항 등이 있다.

③ 등판저항을 구배저항이라고도 하며 자동차가 경사면을 올라갈 때 차량중량에 의해 경사면에 평행하게 작용하는 분력의 성분을 말한다.

④ 공기저항은 전면 투영면적과 차량 중량의 제곱에 비례한다.

08 4륜 구동방식(4WD)의 특징으로 거리가 먼 것은?

① 등판능력 및 견인력 향상

② 조향 성능 및 안전성 향상

③ 고속 주행 시 직진 안전성 향상

④ 연료소비율 낮음

09 디젤기관의 해체 정비시기와 가장 관계가 없는 것은?

① 연료 소비량　　② 윤활유 소비량

③ 압축비　　　　④ 압축압력

10 4기통 4행정 기관에서 3행정을 완성하려면 크랭크축의 회전각도는 몇 도인가?

① 360도　　　　② 540도

③ 720도　　　　④ 1080도

11 2행정 사이클 디젤기관의 소기방식으로 잘못 표현한 것은?

① 이코노미 소기식

② 크로스 소기식

③ 루프 소기식

④ 유니플로 소기식

12 스퀘어(square) 엔진이란?

① 행정과 커넥팅로드의 길이가 같은 기관

② 실린더의 지름이 행정의 제곱에 해당하는 기관

③ 행정과 크랭크 저널의 지름이 같은 기관

④ 행정과 실린더 내경이 같은 기관

13 내연기관의 열역학적 사이클에 의한 분류 중 고속 디젤엔진에 사용되는 사이클은?

① 정적 사이클　　② 복합 사이클

③ 정압 사이클　　④ 카르노 사이클

심화문제 13-1 연소실에 가솔린을 직접 분사하는 스파크 점화기관의 열역학적 기본 사이클은?

① 정압 사이클 또는 디젤(Diesel) 사이클

② 복합 사이클 또는 사바테(Sabathe) 사이클

③ 정적 사이클 또는 오토(Otto) 사이클

④ 재열 사이클 또는 랭킨(Rankine) 사이클

14 실린더 헤드에 균열이 생기는 주된 원인은?

① 과격한 열적 부하나 겨울철 동결

② 피스톤의 현저한 마모

③ 실린더의 과도한 마모

④ 거친 운전

15 기관의 성능 효율을 높이기 위해 고려해야 할 연소실의 형상으로 틀린 것은?

① 연소실 내에 가열되기 쉬운 돌출부를 만들지 않는다.
② 압축행정 시 강한 와류를 일으킬 수 있어야 한다.
③ 연소실체적에 대한 표면적을 최소화한다.
④ 화염 전파 시간을 가능한 길게 한다.

16 DOHC엔진의 연소실은 Pent roof형 연소실을 주로 사용한다. 이 연소실의 특징을 설명한 것 중 틀린 것은?

① 다른 형식에 비해 스퀴시(squash)의 발생이 용이하다
② 연소실 용적에 대한 표면적이 작아 연소에 유리하다.
③ 구조가 간단하여 가공이 용이하다.
④ 화염 전파 거리가 길어지는 단점이 있다.

17 피스톤의 재질은 다음과 같은 특성이 요구된다. 틀린 것은?

① 무게가 가벼워야 한다.
② 고온 강도가 높아야 한다.
③ 내마모성이 좋아야 한다.
④ 열팽창계수가 커야 한다.

18 피스톤 링의 3대 작용이 아닌 것은?

① 밀봉작용
② 냉각작용
③ 오일제어 작용
④ 피스톤 마멸방지 작용

19 피스톤링에 플래터 현상이 일어날 경우 발생하는 현상으로 가장 적당한 것은?

① 배기가스 색깔이 흑색으로 변한다.
② 블로바이 현상이 더욱 커지게 된다.
③ 노킹이 일어난다.
④ 피스톤링이 실린더에 교착한다.

20 가솔린 엔진에서 점화장치 설계와 관련된 사항으로 옳은 것은?

① 4행정 4기통 엔진의 위상차는 120°이다.
② 인접한 실린더는 연이어 점화시켜 배전의 효율을 높일 수 있다.
③ 2행정 단기통 엔진의 위상차는 180°이다.
④ 혼합기가 각 실린더에 균일하게 분배되게 한다.

21 점화순서가 1-5-3-6-2-4인 직렬 6기통 4행정 엔진에서 제6번 실린더의 흡기밸브와 배기밸브가 같이 열려있는 상태로 되어 있다. 이때 제1번 피스톤이 있는 위치로 옳은 것은?

① 흡입 초   ② 배기 초
③ 압축 말   ④ 폭발 말

22 커넥팅로드 대단부에 사용되는 베어링의 종류 중 배빗메탈(Babbitt Metal)의 주재료는 어느 것인가?

① 주석(Sn)   ② 안티몬(Sb)
③ 구리(Cu)   ④ 납(Pb)

23 그림과 같이 베어링에 변형이 생기는 이유는 무엇 때문인가?

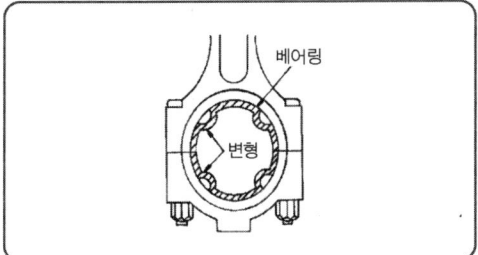

① 베어링 크러시(bearing crush)가 너무 크다.
② 베어링 두께가 너무 두껍다.
③ 베어링 스프레드(bearing spread)가 너무 작다.
④ 베어링 돌기(bearing lug)의 설치 유격이 너무 크다.

24 엔진온도가 상승함에 따라 흡·배기밸브의 길이는 늘어난다. 밸브길이의 팽창요인과 관계가 가장 먼 것은?

① 밸브 스템의 길이
② 밸브 시트의 강도
③ 밸브의 재질
④ 밸브의 온도 상승

25 캠 양정의 높이가 규정보다 0.1mm 마모되었을 때 밸브간극은? (단, 밸브간극 규정값은 0.25mm이다.)

① 커진다.
② 작아진다.
③ 변화없다.
④ 밸브간극은 0이 된다.

26 오버헤드 밸브장치에서 캠의 양정(lift)이 6.2mm, 밸브 간극이 0.3mm이라고 하면 밸브 리프터는 얼마인가?

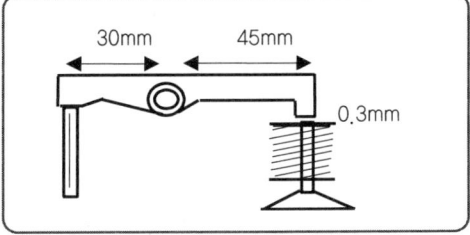

① 6mm   ② 9mm
③ 12mm   ④ 15mm

27 유압식 밸브 리프터의 특징이 아닌 것은?

① 밸브 간극을 자동적으로 조정한다.
② 밸브 개폐시기를 정확히 조절하나 소음이 다소 심하다.
③ 오일의 비압축성과 윤활장치의 순환압력을 이용하여 작동한다.
④ 오일이 완충작용을 하므로 밸브기구의 내구성이 향상된다.

28 어떤 4행정 엔진의 밸브 개폐시기가 다음과 같다. 흡기밸브의 열림은 몇 도인가?(단, 흡기밸브 열림 : 상사점 전 15°, 흡기밸브 닫힘 : 하사점 후 50°, 배기밸브 열림 : 하사점 전 45°, 배기밸브 닫힘 : 상사점 후 10°)

① 235°   ② 180°
③ 230°   ④ 245°

29 엔진출력이 약할 때의 원인이 아닌 것은?

① 태핏의 간극이 맞지 않을 때
② 연료의 공급압력이 높을 때
③ 점화시기가 늦을 때
④ 밸브 작동시기가 늦을 때

30 기관 내 냉각장치의 방열기 구비조건과 관계없는 것은?

① 냉각수 흐름 저항이 클 것
② 대류작용 및 열전달이 좋을 것
③ 단위면적당 방열량이 클 것
④ 가볍고 강도가 클 것

31 수냉식 기관의 냉각장치에서 냉각의 역할과 거리가 먼 것은?

① 배출가스의 온도를 낮추어 배기손실을 줄이기 위하여
② 윤활유를 냉각시켜 열화 및 성능저하를 방지하기 위하여
③ 기관 각부의 과열을 방지하여 부품의 내구성을 확보하기 위하여
④ 연소실의 온도를 최적으로 유지하여 출력과 연비성능을 향상시키기 위하여

32 라디에이터의 온도조절기에서 왁스실에 왁스를 넣어 온도가 높아지면 팽창축을 올려 열리는 식의 온도조절기는?

① 벨로우즈형
② 펠릿형
③ 바이패스형
④ 바이메탈형

33 부동액으로 많이 쓰이는 에틸렌글리콜의 특성이 아닌 것은?

① 불연성이다.
② 휘발되지 않는다.
③ 팽창계수가 크다.
④ 금속부식성이 없다.

34 입구제어방식과 비교하여 출구제어방식 냉각장치의 특징으로 가장 거리가 먼 것은?

① 수온조절기의 내구성이 좋다.
② 과냉 현상이 발생할 수도 있다.
③ 수온조절기에 걸리는 부하가 증대된다.
④ 단시간에 엔진을 웜업할 수 있다.

35 엔진오일의 유압이 규정보다 낮은 원인이 아닌 것은?

① 오일팬의 오일량이 부족 시
② 오일점도 과대
③ 유압조절 밸브 스프링 장력 약화
④ 오일펌프의 마모 시

36 엔진의 밸브장치에서 소음이 나는 원인이 아닌 것은?

① 윤활장치의 결함
② 캠 샤프트의 손상
③ 연료 공급 불충분
④ 밸브 스프링의 결함

37 연료 및 오일 등의 액체가 갖는 점도를 측정하는 방법에 대한 설명으로 거리가 먼 것은?

① 일정한 양의 오일이 가는 구멍을 통과하는데 걸리는 시간을 초수로 표시한 것이 세이 볼트 점도계이다.
② 점도계의 하부 세관으로부터 측정 유체 50cc가 유출되는데 소요된 시간을 초로 표시한 것이 레이우드이다.
③ 100℃를 기준으로 10℃씩 온도를 낮춰가며 오일이 임의의 구멍을 통과하는 시간을 측정하는 것이 오스트발트 점도계이다.
④ 20℃의 물 200cc가 흐르는 데 52초가 소요되는 유출구로부터, 같은 양의 오일이나 기타 액체가 유출되는 데 소요되는 시간을 물의 유출 시간으로 나누어 그 점도를 측정하는 방법이 앵귤러 점도이다.

38 전자제어 연료분사 엔진은 기화기 방식 엔진에 비해 어떤 단점을 갖고 있는가?

① 흡입공기량 검출 부정확 시 엔진 부조 가능성
② 저온 시동성 불량
③ 가감속시 응답 지연
④ 흡입저항 증가

39 기관에서 가장 농후한 혼합비로 연료를 공급하여야 할 시기는?

① 가속 시   ② 고출력 운전 시
③ 저속 주행 시   ④ 엔진 시동 시

40 연료에서 방향족의 일반식에 속하는 것은?

① CnH2n+2   ② CnH2n-6
③ CnH2n   ④ CnH2n-2

41 전자제어 연료분사 장치차량의 특징을 잘못 설명한 것은?

① 흡입기관 설계의 자유도가 낮다.
② MPI는 각 실린더에 동일한 양의 연료를 공급하므로 균일한 혼합기 조성이 가능하다.
③ 가속 성능과 감속 특성이 개선되었다.
④ 연료 절감 및 유해물질 저감 효과가 크다.

42 L-Jetronic 전자제어 연료분사장치에 관한 내용 중 연료의 분사량이 기본 분사량 보다 감소되는 경우는?

① 흡입공기 온도가 20℃ 이상일 때
② 대기압이 표준대기압(1기압)보다 높을 때
③ 냉각수 온도가 80℃ 이하일 때
④ 축전지의 전압이 기준전압보다 낮을 때

43 가솔린 분사장치의 공기량 계량방식에서 칼만 와류는 어느 방식에 속하는가?

① 기계식 체적 유량 계량방식
② 베인식 질량 유량 계량방식
③ 초음파식 체적 유량 계량방식
④ 열선식 질량 유량 계량방식

44 전자제어 차량의 흡입 공기량 계측 방법으로 직접계측 방식과 간접계측 방식이 있는데 다음 중 직접계측 방식이 아닌 것은?

① 맵 센서식(MAP sensor type)
② 핫 필름식(hot film type)
③ 베인식(vane type)
④ 칼만 와류식(kalman voltax type)

45 전자제어 가솔린 엔진 ECU에 입력되는 신호가 아닌 것은?

① 대기압센서(BPS)
② 산소센서(O_2 sensor)
③ 크래쉬-센서(crash sensor)
④ 모터포지션센서(MPS)

46 전자제어 가솔린 엔진에서 엔진이 워밍업된 후 ISC(공전속도 조절장치)의 기능으로 가장 적절한 것은?

① 워밍업 후에는 작동하지 않음
② 급가속시 공기량 보충
③ 각종 부하 작용 시 공전 부조 방지
④ 스로틀 밸브 고장 시 기능 대체

47 전자제어 가솔린기관에서 공전속도 조절에 해당되지 않은 것은?

① 에어컨 컴프레셔 작동 시 RPM보상 제어
② 노크 제어
③ 대시포트 제어
④ 페스트 아이들 제어

48 전자제어 연료분사장치에서 연료의 기본 분사량은 무엇으로 결정하는가?

① 냉각 수온 센서
② 흡입공기량 센서
③ 공기온도 센서
④ 유온 센서

49 전자제어기관에서 포텐셔미터식 스로틀포지션센서의 기본 구조 및 출력 특성과 가장 유사한 것은?

① 차속 센서
② 크랭크 각 센서
③ 노킹 센서
④ 액셀러레이터 포지션 센서

50 전자제어 기관의 흡기계통에서 공기밀도를 측정하여 공연비를 보정하는 과정에서 가장 영향을 크게 미치는 센서는?

① O_2 센서
② 대기압 센서
③ 흡기온도 센서
④ 에어-플로우 센서

51 인젝터에서의 기본 연료분사량은 보통 엔진의 회전수와 공기량으로 결정된다. 다음 중 운전조건에 따른 연료량 보정 내용으로 틀린 것은?

① 냉각수온에 따른 제어
② 엔진 회전수 일정속도 이상 시 연료 차단
③ 흡기온도에 따른 제어
④ 가속 및 전 부하 시 연료 증량

52 노크센서(knock sensor)에 대한 내용으로 관계가 없는 것은?

① 실린더 블록에 부착한다.
② 사용온도 범위는 130℃ 정도이다.
③ 주로 은으로 코팅하여 사용한다.
④ 특정 주파수의 진동을 감지한다.

53 다음 중 전자제어 연료 분사장치의 페일세이프(fail safe) 기능이 적용되지 않는 부품은?

① O_2센서
② 냉각수온센서
③ 흡기온도센서
④ TDC센서

54 지르코니아 산소센서의 주요 구성 물질로 맞는 것은?

① 강+주석
② 백금+주석
③ 지르코니아+백금
④ 지르코니아+주석

55 일반적으로 공급전원을 사용하지 않아도 되는 센서는?

① 1번 실린더 TDC 센서
② WTS
③ AFS
④ O_2 센서

56 전자제어 연료분사장치에서 피드백 제어 (feed-back control)에 대한 설명 중 틀린 것은? (단, 지르코니아 산소센서 기준)

① 산소센서(O_2 sensor)에서 희박 또는 농후 신호가 일정 시간 이상 계속 될 때는 개회로(Open loop) 제어한다.
② 산소센서에서 0~0.45V의 전압이 ECU로 입력되면 인젝터의 듀티율(Duty ratio)은 낮아진다.
③ 자동차가 중속, 중부하로 정속 주행할 때 산소센서(O_2 sensor)의 신호는 ECU에 입력되어 폐회로(Closed loop) 제어한다.
④ ECU는 산소센서의 신호를 받아 이론 공연비에 가깝게 학습 제어를 하며 산소센서가 고장 났을 때는 백업(Back-up) 보정을 한다.

57 전자제어 가솔린기관에서 공연비 피드백 제어의 작동 조건을 설명한 것으로 거리가 먼 것은?

① 주행 중 급가속 시
② 산소 센서가 활성화 온도 이상일 때
③ 냉각수 온도가 일정 온도 이상일 때
④ 스로틀포지션센서의 아이들 접점이 ON일 때

58 전자제어 엔진의 구성요소인 센서에 대한 설명 중 틀린 것은?

① 자동차에 전자신호 중 컴퓨터에 입력신호는 산소센서 AFS, TPS, 노킹센서, WTS, 차속센서 등이 있다.
② 티타니아 산소센서는 배기 다기관의 산소 농도가 감소하면 자체 저항은 증가하고 산소농도가 증가하면 자체 저항이 감소하는 것을 기본원리로 한다.

③ 엔진의 최대 토크가 발생하는 점화시기는 노킹한계 전후방에 있고 그 노킹 한계점에서 엔진을 최적으로 작동하도록 점화시기를 제어한다.
④ ATS는 흡입되는 공기온도를 측정하여 연료량 보정, 점화시기 보정, 아이들 제어 시 공기온도 보정 등에 쓰인다.

59 O_2센서가 고장일 경우 발생할 수 있는 현상으로 가장 적당한 것은?

① 시동 불능
② 유해 배기가스의 발생량 증가
③ 가속 불능
④ 주행 중 기관 회전속도의 변화

60 전자제어 가솔린 기관의 연료펌프에서 릴리프 밸브의 역할은 무엇인가?

① 밸브를 닫아 연료의 리턴을 방지한다.
② 연료의 압력이 낮을 때 밸브가 열려 연료의 압력을 높여준다.
③ 증기폐쇄 현상을 방지한다.
④ 과대한 연료의 압력이 걸릴 때 밸브를 열어 압력 상승을 방지한다.

61 전자제어 가솔린 분사엔진에서 연료압력 조절기에 대한 설명으로 맞는 것은?

① 연료압력 조절기는 엔진 부하 정보에 의해 ECU가 솔레노이드밸브 듀티율로 연료압력을 조절한다.
② 연료압력 조절기는 흡기매니폴드 부압을 이용하여 연료압력을 조절한다.
③ 연료압력 조절기는 엔진의 온도에 따라 연료압력을 제어한다.
④ 연료압력 조절기는 압축압력을 이용하여 연료압력을 제어한다.

62 전자제어 연료분사장치를 장착한 기관에서 압력조절기(pressure regulator)의 고장으로 발생하는 현상은?

① 분사시간이 일정해도 연료분사량이 달라진다.
② 인젝터에서의 연료분사시간이 다르다.
③ 흡기관의 압력이 높아진다.
④ 연료펌프의 압력이 상승한다.

63 전자제어 가솔린 분사 기관에서 연료의 분사량은 어떻게 조정되는가?

① 연료펌프의 공급압력으로
② 인젝터 내의 분사압력으로
③ 압력조정기의 조정으로
④ 인젝터의 통전시간에 의해

64 전자제어기관의 연료 분사량에서 실제 분사량이라고 하는 것은 1회의 분사로 공급될 총 연료를 말한다. 그렇다면 실제 분사량의 형태를 가장 잘 나타낸 것은?

① 기본 분사량 + 각종 센서의 보정량
② 기본 분사량 + 수온 보상값
③ 기본 분사량 + 대기압 중량
④ 기본 분사량 + CPS 값

65 인젝터에서 연료분사량의 결정에 관계되지 않는 것은?

① 니들밸브의 행정
② 분사구의 면적
③ 연료의 압력
④ 분사구의 각도

66 전자제어 연료분사차량 센서 중에서 기관을 시동할 때 기본연료분사 시간과 관계가 없는 것은?

① 수온센서(W.T.S)
② 스로틀 위치센서(Throttle position Sensor)
③ 에어플로워센서(A.F.S)
④ 산소센서(O₂ Sensor)

67 전자제어 연료분사장치에서 인젝터 분사시간에 대한 설명으로 틀린 것은?

① 급 감속할 경우에 연료분사가 차단되기도 한다.
② 배터리 전압이 낮으면 무효 분사시간이 길어진다.
③ 급 가속할 경우에 순간적으로 분사시간이 길어진다.
④ 지르코니아 산소센서의 전압이 높으면 분사시간이 길어진다.

68 전자제어 기관에서 연료 차단(fuel cut)에 대한 설명으로 틀린 것은?

① ECU에서 인젝터로 보내는 분사신호를 정지하여 연료를 차단한다.
② 이 기능을 통해서 배출가스 중의 유해 물질을 저감할 수 있다.
③ 쓸모없는 연료의 소모를 줄여 연비를 개선할 수 있다.
④ 기관의 고속회전을 위한 준비단계에서 일부 연료를 차단하는 기능도 있다.

69 가솔린 기관의 연료장치에서 베이퍼록(Vapor lock)이 발생하는 원인은?

① 혼합기가 너무 농후하기 때문에
② ECU(전자제어유닛)의 고장
③ 연료관에서 연료가 증기화 되기 때문에
④ 연료펌프의 코일 단락

70 연료장치에서 베이퍼록(vapor lock)이 발생하는 원인으로 가장 적당한 것은?

① 낮은 옥탄가의 휘발유를 사용함으로 인해서
② 연료펌프와 연료라인(파이프)에서의 온도가 너무 높거나 과열되었을 때
③ 연료펌프 및 연료라인의 압력이 너무 높음
④ 겨울철에 한냉 시동을 할 때 발생

71 전자제어 가솔린 엔진의 연료분사 방식에 대한 설명 중 동시 분사 방식에 해당하는 것은?

① 각 인젝터마다 최적의 타이밍으로 분사한다.
② 각 인젝터를 몇 개의 그룹으로 나누어 분사한다.
③ 엔진 1회전에 1회 모든 기통에서 분사한다.
④ 엔진 4회전에 1회 모든 기통에서 분사한다.

72 전자제어 연료분사식 가솔린엔진에서 일정 회전수 이상으로 상승하면 엔진이 파손될 염려가 있다. 이러한 엔진의 과도한 회전을 방지하기 위한 제어는?

① 출력증량 보정제어
② 연료차단 제어
③ 희박연소 제어
④ 가속 보정제어

73 전자제어 차량의 ECU에서 연료분사 신호를 출력하면, 인젝터에서는 바로 연료를 분사하지 못하고 약간의 지연시간을 거쳐 연료를 분사하게 되는데, 이것을 무효분사시간이라 한다. 이 무효분사시간의 발생요인이 아닌 것은?

① 배터리 전압 크기
② 인젝터 코일의 인덕턴스
③ 인젝터 니들밸브 무게
④ 연료분사시간

74 자동차 연료분사장치의 인젝터 제어방식으로 맞는 것은?

① 전류제어식   ② 전력제어식
③ 저항제어식   ④ 기계제어식

75 기관의 흡입장치에서 흡입효율을 향상시키기 위한 방법으로 거리가 먼 것은?

① 과급 방법
② 밸브개폐시기 제어 방법
③ 배기장치의 배압감소 방법
④ 흡기다기관의 길이 및 단면적을 고정하는 방법

심화문제 75-1 다음 중 자동차 기관의 가변흡기장치(variable inertia changing system)에 대한 설명으로 옳은 것은?

① 일정 회전 이상에서만 작동한다.
② 관성이나 압력 변화를 이용하여 흡기의 충진 효율을 높이는 장치이다.
③ 개·폐 회로는 기어의 변속시기에 맞추어 작동된다.
④ 기관이 일정 회전수 이상 되면 흡기포트가 사실상 길어지는 효과가 있다.

76 가솔린 직접분사식 엔진인 GDI 엔진의 특징이라고 볼 수 없는 것은?

① 희박한 공연비(25~40:1)에서도 연소가 가능하다.
② 연료가 회전하면서 분사되는 고압 스월 인젝터를 사용한다.
③ 흡·배기 캠축 구동 시 소음을 줄이기 위해 기어 내부에 스프링이 장착된 이중기어를 사용한다.
④ 연료는 고압으로 흡기밸브 입구에서 분사시켜 준다.

77 자동차 기관에서 배출되는 가스의 종류에 해당되지 않는 것은?

① 배기가스   ② 블로바이가스

③ 연료증발가스   ④ 베이퍼록가스

78 자동차 배출가스 중 가장 유해한 물질은?

① 질소   ② 수증기

③ 이산화탄소   ④ 일산화탄소

79 가솔린 기관에서 흡입 연료가 이론혼합비로 연소될 때 가장 많이 발생되는 배기가스는?

① H_2O ② HC

③ CO   ④ NO_2

80 실린더와 피스톤 사이의 틈새로 가스가 누출되어 크랭크실로 유입되는 것을 연소실로 유도하여 재연소시키는 배출가스 정화장치는?

① 촉매 변환기

② 배가스 재순환 장치

③ 블로바이 가스 환원장치

④ 연료증발 가스 제어 장치

81 다음 중 캐니스터에 포집한 연료 증발가스를 흡기 다기관으로 보내주는 장치는?

① PCV

② EGR 솔레노이드 밸브

③ PCSV

④ 서모 밸브

82 연료계통에서 가솔린의 증발손실을 막기 위한 것과 관련 있는 것은?

① 연료압력조절기   ② 서지탱크

③ 캐니스터   ④ 연료제트

83 전자제어 가솔린 분사장치에서 배기가스 재순환장치의 작동조건 중 EGR량을 증량시키는 조건으로 맞는 것은?

① 라디에이터 수온이 약 17℃ 이하이거나 엔진냉각 수온이 약 70℃ 이하일 때

② 공회전, 저속 무부하

③ 고속 고부하

④ 중속 중부하

심화문제 83-1 삼원촉매 장치의 정화성능이 가장 우수해지는 엔진의 제어 영역은?

① 중속, 중부하영역

② 고속, 고부하영역

③ 공회전 영역

④ 저속, 고부하영역

84 일반 가솔린 기관에서 이론공연비 때의 공기과잉률은?

① $\lambda = 0.65$

② $\lambda = 1.5$

③ $\lambda = 1.0$

④ $\lambda = 2.5$

85 3원 촉매장치의 산화작용에 주로 사용되는 것은?

① 납

② 로듐

③ 백금

④ 파라듐

86 촉매 변환기를 보호하기 위하여 엔진컨트롤 시스템에서 갖추어야 할 사항과 거리가 먼 것은?

① 스로틀밸브의 작동을 80% 이내로 제한하고 엔진냉각수의 온도가 80℃ 이내에서 작동 할 수 있도록 팬 모터를 구동시킨다.

② 점화 계통 감시 프로그램의 활성화로 점화가 이루어지지 않은 실린더는 당해 실린더의 연료분사가 차단되도록 해야 한다.

③ 산소센서의 정확한 피드백에 의해 공연비는 보정 및 학습되어 상황에 적응할 수 있어야 한다.

④ 증발가스의 유입 시 공연비가 농후해 질 수 있기 때문에 인젝터의 통전 시간도 보정되어야 한다.

87 LPG 자동차의 봄베에 부착되지 않는 장치는?

① 충전밸브
② 액상밸브
③ 플로트 게이지
④ 듀티솔레노이드 밸브

88 LPG 차량에서는 안전을 위하여 봄베 내의 용적량 몇 %를 최고 충전량으로 추천하고 있나?

① 65%
② 75%
③ 85%
④ 95%

89 LPG-자동차에서 화재 등으로 봄베 주위온도가 높아지거나 압력이 상승될 경우 어떻게 되는가?

① 안전밸브에서 LPG를 차단한다.
② 안전밸브에서 LPG를 방출한다.
③ 과류방지 밸브에서 LPG를 차단한다.
④ 기상밸브에서 LPG를 방출한다.

90 LPG기관에서 베이퍼라이저가 하는 일이 아닌 것은?

① 감압작용
② 기화작용
③ 압력조절기능
④ 액화작용

91 LPG차량에서 공전회전수의 안정성을 확보하기 위해 혼합기(믹서)의 바이패스 통로를 수동으로 조정해 추가로 보상하는 장치로 맞는 것은?

① 아이들업 솔레노이드 밸브
② 대시포트
③ 공전속도 조절 밸브
④ 스로틀 위치센서

92 가솔린과 비교한 LPG에 대한 설명이다. 틀린 것은?

① 발열량이 높다.
② 프로판과 부탄을 사용한다.
③ 착화온도가 높다.
④ 노킹 발생이 많다.

 심화문제 92-1 가솔린 자동차와 비교한 LPG 자동차에 대한 설명으로 가장 적절한 것은?

① 저속에서 노킹이 자주 발생한다.
② 연료공급펌프가 없다.
③ LPG는 압축행정 말 부근에서 완전한 기체상태가 된다.
④ 배기가스 중 유해물질이 많다.

심화문제 92-2 가솔린 자동차와 비교한 LPG 자동차에 대한 설명으로 틀린 것은?

① 동절기에는 부탄의 비율을 높인다.
② 동절기에는 시동성이 떨어진다.
③ 퍼컬레이션(Percolation) 현상이 없다.
④ 저속에서는 기관 출력이 비슷하다.

93 LP가스를 사용하는 자동차의 설명으로 틀린 것은?

① 실린더 내 흡입공기의 저항 발생 시 축출력이 가솔린엔진에 비해 낮아진다.

② 일반적으로 NOx가 가솔린엔진에 비해 많다.

③ LP가스 중의 프로판은 영하의 온도에서 기화되지 않는다.

④ 탱크는 밀폐식으로 되어 있다.

94 가솔린 기관과 비교한 LPG 기관의 특징으로 가장 거리가 먼 것은?

① 희박연소를 기반으로 하고 있어 유해 배출물 발생이 적다.

② LPG의 옥탄가가 높은 관계로 소음과 진동이 적은 편이다.

③ 엔진의 평균 유지온도가 낮기 때문에 오일의 교환주기를 길게 가져갈 수 있다.

④ 노킹에 의한 불완전 연소의 발생 빈도가 적어 카본이 적고 엔진오일의 오염이 적다.

95 LPI 기관의 연료라인 압력이 봄베 압력보다 항상 높게 설정되어 있는 이유로 옳은 것은?

① 공연비 피드백 제어를 원활하게 하기 위함이다.

② 연료의 기화를 방지하기 위함이다.

③ 공회전 시 엔진의 속도를 원활하게 제어하기 위함이다.

④ 인젝터에 정확한 듀티 제어를 하기 위함이다.

96 디젤기관에 대한 설명으로 올바른 것은?

① 연료소비율이 가솔린기관보다 높다.

② 열효율이 가솔린기관보다 나쁘다.

③ 고속회전에는 부적당하고 저속회전이 용이하다.

④ 연료비가 가솔린기관보다 많이 든다.

심화 문제 96-1 가솔린기관에 대한 디젤기관의 장점으로 맞는 것은?

① 열효율이 좋다.

② 매연발생이 적다.

③ 기관의 최고속도가 높다.

④ 마력당 기관의 중량이 유리하다.

97 디젤엔진의 차량에서 배출가스 중 흰색 연기가 지속적으로 나올 때의 원인에 해당되는 것은? (단, 엔진 워밍업은 끝난 상태이고 상온이다.)

① 흡입 호스 불량

② 엔진 오일이 유입되어 연소

③ 공기청정기 여과망 막힘

④ 연료 분사시기가 너무 빠름

심화 문제 97-1 디젤기관의 매연 발생과 관계없는 것은?

① 앵글라이히 장치

② 분사 노즐

③ 딜리버리 밸브

④ 가열 플러그

98 디젤기관의 연소 진행과정에 속하지 않는 기간은?

① 착화지연기간

② 인화연소기간

③ 제어연소기간

④ 급격연소기간

99 디젤기관의 분사펌프에서 타이머 역할로 옳은 것은?

① 분사량 조절　② 분사압력 조절
③ 분사시기 조절　④ 분사속도 조절

100 디젤기관의 기계식 고압 연료분사장치에서 분사량의 조정은 무엇에 의하여 결정되는가?

① 플런저의 유효행정에 의하여
② 플런저의 행정에 의하여
③ 플런저의 압력에 의하여
④ 플런저의 홈의 길이에 의하여

101 디젤기관의 연료 분사시기가 빠르면 어떤 결과가 일어나는가를 기술하였다. 틀린 것은?

① 노크를 일으키고, 노크음이 강하다.
② 배기가스가 흑색을 띤다.
③ 기관의 출력이 저하된다.
④ 분사압력이 증가한다.

102 분사펌프 조속기 내의 앵글라이히 장치의 작용에 알맞은 것은? (단, 공기식 조속기이다.)

① 조정래크의 위치를 변경시켜 분사량을 크게 한다.
② 조정래크의 위치를 변경시켜 분사량을 작게 한다.
③ 조정래크의 위치가 동일할 때에도 엔진의 흡입공기에 알맞은 연료를 분사한다.
④ 캠축의 위치를 조정하여 분사량을 알맞게 조정한다.

103 디젤기관의 연료분사 펌프에 있는 딜리버리 밸브(토출밸브)의 피스톤부는 어떤 작용을 하는가?

① 연료의 분사량을 제한한다.
② 분사개시압력을 낮추는 일을 한다.
③ 연료분사시기를 앞당겨 준다.
④ 연료분사 후 후적이 생기지 않도록 한다.

104 디젤 엔진의 회전 속도나 부하 변동에 따라 자동적으로 제어 래크를 움직여 연료의 분사량을 가감하여 운전이 안정되게 하는 장치로 적당한 것은?

① 타이머　　　② 거버너
③ 태핏　　　　④ 딜리버리 밸브

105 각 실린더의 분사량을 측정하였더니 최대분사량이 66cc, 최소분사량이 58cc, 평균분사량이 60cc였다면 분사량의 [+]불균율은?

① 10%　　　　② 15%
③ 20%　　　　④ 30%

106 디젤기관의 연료분사 요건 중 옳은 것은?

① 무화, 관통력, 분무속도
② 무화, 관통력, 분포
③ 무화, 분무속도, 분포
④ 무화, 분포, 분무압력

107 디젤기관의 구멍형 노즐의 특징이 아닌 것은?

① 연료 소비율이 적다.
② 연료의 무화가 좋다.
③ 엔진의 시동이 쉽다.
④ 연료분사 개시 압력이 비교적 낮다.

108 디젤기관의 노즐분사 압력의 조정은 어디에서 하는가?

① 딜리버리밸브　② 오버플로밸브
③ 제어래크　　　④ 노즐홀더

109 디젤엔진의 연소실 중 단실식으로 구성된 것은 무엇인가?

① 직접분사식　② 예연소실식
③ 와류실식　　④ 공기실식

110 디젤기관의 예연소실식의 장점에 대한 설명으로 틀린 것은?

① 사용연료의 변화에 민감하지 않다.
② 운전상태가 조용하고 디젤노크가 잘 일어나지 않는다.
③ 출력이 큰 엔진에 적합하다.
④ 공기와 연료의 혼합이 잘되고 엔진에 유연성이 있다.

 심화문제 110-1 디젤기관의 연소실 중 직접분사실식의 장점은?

① 분사펌프, 분사노즐의 수명이 길다.
② 공기의 와류가 강하다.
③ 디젤 노크를 일으키지 않는다.
④ 열효율이 높다.

 심화문제 110-2 디젤기관의 연소실 형식 중 와류실식의 장점이 아닌 것은?

① 연료 소비율이 예연소실식에 비해 낮다.
② 핀틀 노즐을 사용하므로 고장 빈도가 낮다.
③ 직접분사실식에 비해 연료 소비율이 높다.
④ 고속에서의 특성이 우수하다.

 심화문제 110-3 디젤기관의 연소실 중 냉각손실이 가장 큰 것은 어느 것인가?

① 와류실식　　② 예연소실식
③ M-연소실식　④ 직접분사실식

111 분사펌프 디젤기관의 연소 과정에 영향을 주는 변수와 가장 거리가 먼 것은?

① 연료 분사시기
② 분사지속시간과 분사율
③ 무효 분사시간
④ 분사방향

112 디젤기관에서 감압 장치의 설치 목적에 적합하지 않는 것은?

① 겨울철 오일의 점도가 높을 때 시동을 용이하게 하기 위해 사용한다.
② 기관의 점검 조정 등 고장 발견 시 등에 작용시킨다.
③ 흡입 또는 배기밸브에 감압 작용을 한다.
④ 흡입효율을 높여 압축압력을 크게 하는데 사용한다.

113 디젤기관에 사용되는 코일형 예열플러그의 특징이 아닌 것은?

① 히터코일 노출로 적열 시까지의 시간이 짧다.
② 내부식성이 적다.
③ 병렬로 결선된다.
④ 회로 내에 예열플러그 저항기를 둔다.

114 가솔린 기관의 노크 방지법으로 틀린 것은?

① 화염전파 거리를 짧게 한다.
② 화염전파 속도를 빠르게 한다.
③ 냉각수 및 흡기 온도를 낮춘다.
④ 혼합 가스에 와류를 없앤다.

가솔린 기관의 노킹방지와 관계있는 것은?

114-1

① 점화시기를 빠르게 한다.
② 저 옥탄가 가솔린을 사용한다.
③ 퇴적된 카본을 제거한다.
④ 혼합기를 희박하게 한다.

 스파크 점화기관의 노크를 경감시킬 수 있는 방법들 중 부적당한 것은?

114-2

① 압축비를 낮게 한다.
② 연소실벽 온도를 낮게 한다.
③ 급기압력을 낮게 한다.
④ 연료의 착화지연을 짧게 한다.

디젤엔진에서 착화지연의 원인으로 틀린 것은?

114-3

① 높은 세탄가
② 압축압력 부족
③ 분사노즐의 후적
④ 지나치게 빠른 분사시기

115 다음 중 실린더 내에서 연료의 연소속도를 빠르게 하는 경우가 아닌 것은?

① 혼합비가 희박하다.
② 흡기압력과 온도가 높다.
③ 압축비가 높다.
④ 기관의 회전속도가 빠르다.

116 노크 한계 이하에서 엔진의 압축비를 증가시키면 어떤 결과가 나타나는가?

① 출력 증가, 연료소비량 증가
② 출력 감소, 연료소비량 감소
③ 출력 감소, 연료소비량 증가
④ 출력 증가, 연료소비량 감소

117 다음 중 노크(Combustion knock)에 의하여 발생하는 현상이 아닌 것은?

① 배기온도의 상승
② 출력의 감소
③ 실린더의 과열
④ 배기밸브나 피스톤 등의 소손(燒損)

118 피스톤 기관에서 과급하는 목적에 대하여 가장 적합한 것은?

① 기관의 출력을 일정하게 한다.
② 기관의 출력을 증대시킨다.
③ 기관의 회전수를 증가시킨다.
④ 기관의 마찰을 감소시킨다.

119 과급기의 종류 중 다른 3개와 흡기 압축방식이 전혀 다른 것은?

① 베인식 과급기
② 루트 과급기
③ 원심식 과급기
④ 압력파 과급기

 구동방식에 따라 분류한 과급기의 종류가 아닌 것은?

119-1

① 배기 터빈 과급기
② 전기 구동식 과급기
③ 기계 구동식 과급기
④ 흡입 가스 과급기

120 디젤기관의 인터쿨러 터보(inter cooler turbo) 장치는 어떤 효과를 이용한 것인가?

① 압축된 공기의 밀도를 증가시키는 효과
② 압축된 공기의 온도를 증가시키는 효과
③ 압축된 공기의 수분을 증가시키는 효과
④ 압축된 공기의 압력을 증가시키는 효과

121 터보차저시스템에서 엔진을 급가속하면 펌핑된 다량의 공기는 배출가스의 양을 증가시키게 되고, 이 배출가스의 증가는 다시 흡입공기의 양을 증가시키는 일을 반복하게 되어 기관출력이 급속히 증가하여 통제가 안 되는 상황에 이를 수도 있게 된다. 따라서 배출가스의 양을 통제하는 기능이 필요하게 되어 밸브를 설치하는데 이 밸브를 무엇이라고 하는가?

① 서모밸브
② 터보밸브
③ 캐니스터 밸브
④ 웨스트게이트 밸브

122 전자제어 디젤 분사장치의 장점에 속하지 않는 것은?

① 분사펌프 설치 공간 유리
② 자동차의 다른 전자제어 시스템과 연결하여 사용가능
③ 자동차의 주행성능 향상
④ 디젤 분사펌프의 생산비 절감

123 전자제어 디젤엔진의 제어모듈(ECU)로 입력되는 요소가 아닌 것은?

① 가속페달의 개도
② 기관 회전속도
③ 연료 분사량
④ 흡기 온도

124 전자제어 디젤엔진에서 사용되는 유니트 인젝터란?

① 분사펌프와 타이머를 일체화시킨 것
② 분사펌프와 노즐을 일체화시킨 것
③ 한 개의 노즐로 전체 실린더에 분사하는 것
④ 타이머와 노즐을 일체화시킨 것

125 전자제어 디젤엔진의 연료분사 장치 중 커먼레일(Common rail)에 대한 설명으로 옳은 것은?

① 분사압력의 발생과 분사과정이 독립적으로 이루어진다.
② 분사압력이 속도에 따라 증가하면 분사량도 증가한다.
③ 캠구동 장치를 사용하므로 구조가 단순하다.
④ 파일럿 분사는 불가능하다.

126 디젤기관에 사용되고 있는 급속 가열 장치(Quick Start System)에 관한 설명 중 틀린 것은?

① 가열장치의 주요부품은 가열 플러그 가열 플러그 릴레이 컨트롤 유닛으로 이루어진다.
② 후열 시스템(After Heating System)이 내장된 가열장치는 시동 후에도 냉각수가 웜 업 (Warm-up)될 때까지 가열 플러그를 가열시킨다.
③ 점화 스위치를 "ON"으로 방치시킬 때에도 가열 장치는 계속 작동하여 가열 플러그를 가열시켜 시동성능을 좋게 한다.
④ 점화키를 "ON" 후 가열램프는 약 3초 후 소등되고 점 "START" 위치에서는 가열 플러그가 충분히 예열될 때까지 계속 전류가 인가된다.

127 디젤 기관의 NOx 가스 발생을 억제하려면 어떻게 하여야 하는가?

① 흡기온도를 높인다.
② O_2의 농도를 낮춘다.
③ 연소온도를 높인다.
④ EGR률을 낮춘다.

128 물체의 전기저항 특성에 대한 설명 중 틀린 것은?

① 단면적이 증가하면 저항은 감소한다.
② 온도가 상승하면 전기저항이 감소되는 재료를 NTC라 한다.
③ 도체의 저항은 온도에 따라서 변한다.
④ 보통의 금속은 온도상승에 따라 저항이 감소된다.

129 그림과 같이 12V 축전지 2개에 3Ω의 저항을 가진 히터플러그 4개를 접속하였을 때 전류계에 측정되는 값은 얼마인가?

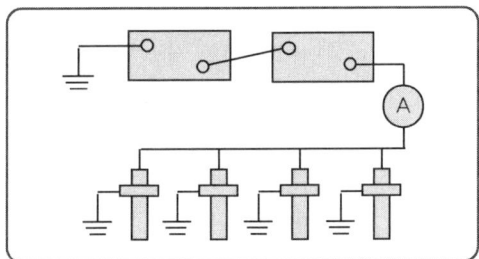

① 16A　　　② 20A
③ 32A　　　④ 40A

130 전기자 전류가 20A일 때 10Kw의 전력을 내는 직권전동기가 있다. 이 전동기의 전기자 전류가 40A일 때의 전력(Kw)은?

① 20Kw　　　② 30Kw
③ 40Kw　　　④ 50Kw

131 자동차의 회로 부품 중에서 일반적으로 "ACC 회로"에 포함된 것은?

① 카스테레오
② 경음기
③ 와이퍼모터
④ 전조등

132 자동차 키를 ST로 하여 시동 시 ECU가 입력받는 신호는?

① 크랭크각 센서　　② No1 TDC 센서
③ 흡기온 센서　　　④ 크랭킹 신호

133 트랜지스터의 대표적 기능으로 릴레이와 같은 작용을 하는 것을 무엇이라 하는가?

① 스위칭 작용　　　② 채터링 작용
③ 정류 작용　　　　④ 상호 유도 작용

134 다음 중 납산 축전지용 전해액으로 사용되는 물질은 원소기호로 맞는 것은?

① H_2O　　　　② $PbSO_4$
③ $2H_2SO_4$　　④ $2H_2O$

135 배터리의 충전이 부족하게 되는 원인으로 거리가 먼 것은?

① 극판이 유화(硫化)되어 있다.
② 전압조정기의 조정전압이 높다.
③ 전해액의 비중이 너무 낮다.
④ 불충분한 충전이 반복되었다.

136 배터리의 비중이 1.273이며 이 때 전해액의 온도는 30℃이다. 표준상태(20℃)의 비중으로 환산하면 얼마인가?

① 1.203　　　② 1.266
③ 1.280　　　④ 1.283

137 25℃에서 양호한 상태인 100AH 축전지는 300A의 전기를 얼마동안 발생시킬 수 있는가?

① 5분　　　② 10분
③ 15분　　　④ 20분

138 다음 중 0°F에서 300A의 전류로 방전하여 셀당 기전력이 1V 전압 강하하는데 소요되는 시간으로 축전지의 용량을 표시하는 방법은 무엇인가?

① 20 시간율

② 25 암페어율

③ 냉간율

④ 20 전압률

139 20시간율의 전류로 방전하였을 경우 축전지의 셀당 방전종지전압은 몇 V인가?

① 1.65V   ② 1.75V

③ 1.90V   ④ 2.0V

140 충전되어 보관된 축전지의 자기 방전율은 온도가 높아지면 어떻게 되는가?

① 낮아진다.

② 높아진다.

③ 변함없다.

④ 온도와 관계없고 습도와도 관계없다.

141 납산 축전지에서 50AH의 축전지를 정전류 충전법에 의해 충전할 때 적당한 충전전류는?

① 5A   ② 10A

③ 15A   ④ 20A

142 기동전동기에서 계자철심이 하는 역할로 가장 적절한 것은?

① 관성을 크게 하는 일을 한다.

② 자속을 잘 통하게 하고 계자코일을 유지한다.

③ 전기자 코일을 절연한다.

④ 전기를 소비하는 일을 한다.

143 직권기동전동기의 전기자코일과 계자코일의 연결은 어떻게 되어 있는가?

① 계자코일은 직렬, 전기자코일은 병렬접속

② 병렬접속

③ 전기자코일은 직렬, 계자코일은 병렬접속

④ 직렬접속

144 시동전동기 중 피니언 섭동식에 대한 설명으로 틀린 것은?

① 피니언 섭동식은 수동식과 전자식이 있다.

② 전기자가 회전하기 전에 피니언 기어와 링 기어를 미리 치합시키는 방식이다.

③ 피니언의 관성과 직류전동기가 무부하에서 고속 회전하려는 특성을 이용한 것이다

④ 전자식 피니언 섭동식은 피니언 섭동과 시동전동기 스위치의 개폐를 전자력을 이용한 형식이다.

145 시동전동기의 전기자 철심을 성층철심으로 하는 이유는 무엇인가?

① 전동기의 무게를 줄이기 위함이다.

② 전기가 코일의 내마모성을 강화하기 위함이다.

③ 전기자 코일의 전류 소모를 최소화하기 위함이다.

④ 전기자 코일에 흐르는 전류에 의한 맴돌이 전류를 감소시키기 위함이다.

146 플라이휠 링기어의 잇수가 121개, 기동전동기 피니언 기어의 잇수가 13개일 때 1,500cc, 엔진의 회전저항이 $6kg_f \cdot m$이면 엔진을 기동시키기 위한 기동전동기의 최소 회전력은 약 얼마인가?

① $0.43kg_f \cdot m$ ② $0.57kg_f \cdot m$

③ $0.65kg_f \cdot m$ ④ $0.78kg_f \cdot m$

147 기동전동기 중 오버런닝 클러치를 사용하지 않는 방식은?

① 벤딕스식
② 전기자 섭동식
③ 피니언 섭동식(수동식)
④ 피니언 섭동식(자동식)

148 엔진의 크랭킹이 안 되거나 혹은 크랭킹이 천천히 되는 원인이 아닌 것은?

① 기동장치의 결함
② 한냉 시 오일 점도가 높을 때
③ 축전지 혹은 케이블 불량
④ 연소실에 연료가 과다하게 분사

149 점화장치의 고전압을 구성하는 것이 아닌 것은?

① 배전기　　　　② 점화 코일
③ 고압 케이블　　④ 축전기(콘덴서)

150 자동차용 점화코일에서 1차 코일의 권수는 250회이고, 2차 코일 권수는 30,000회일 때 2차 코일에 유기되는 전압은 몇 V인가? (단, 1차 코일 유기전압은 250V이고, 축전지는 12V이다.)

① 25,000　　　　② 30,000
③ 35,000　　　　④ 40,000

151 점화장치에서 배전기 내부 구성부품이 아닌 것은?

① 로터
② 픽업코일
③ 점화모듈
④ 노크 센서(Knock sensor)

152 최적의 점화시기를 의미하는 MBT(Minimun spark advance for Best Torque)에 대한 설명으로 옳은 것은?

① BTDC 약 10°~15° 부근에서 최대 폭발압력이 발생되는 점화시기
② ATDC 약 10°~15° 부근에서 최대 폭발압력이 발생되는 점화시기
③ BBDC 약 10°~15° 부근에서 최대 폭발압력이 발생되는 점화시기
④ ABDC 약 10°~15° 부근에서 최대 폭발압력이 발생되는 점화시기

153 연소실 내의 압력이 최대 폭발압력을 나타낼 때까지의 시간, 즉 착화지연기+화염전파기를 합하여 3.0ms가 된다고 할 때 엔진이 750rpm이라면 이때의 크랭크 각도로는 몇 도 움직인 것이 되는가?

① 10°　　　　　② 11.5°
③ 12°　　　　　④ 13.5°

154 축전기의 정전 용량에 대한 설명 중 틀린 것은?

① 가해지는 전압에 비례한다.
② 상대하는 금속판의 면적에 비례한다.
③ 금속판 사이의 절연체 절연도에 비례한다.
④ 금속판 사이의 거리에 비례한다.

155 ECU의 신호를 받아 점화 1차 전류를 단속하는 것은?

① TDC 센서
② 차속 센서
③ 파워 TR
④ 스로틀 포지션 센서

156 점화장치에서 드웰시간이란?

① 파워TR 베이스 전원이 인가되어 있는 시간

② 점화 2차 코일에 전류가 인가되어 있는 시간

③ 파워TR이 OFF에서 ON이 될 때까지의 시간

④ 스파크플러그에서 불꽃방전이 이루어지는 시간

157 접점식 점화장치와 비교한 트랜지스터 점화 방식의 장점이다. 틀린 것은?

① 접점의 소손이나 전기손실이 없다.

② 점화코일이 없어 비교적 구조가 간단하다.

③ 고속에서도 비교적 점화에너지 확보가 쉽다.

④ 고속에서도 2차 전압이 급격히 저하되는 일이 없다.

심화문제 157-1 반도체 점화장치 중 트랜지스터(Transistor) 점화장치의 특성을 설명한 것이다. 틀린 것은?

① 점화시기가 가장 적당하여 NOx가 감소한다.

② 고속 성능이 향상된다.

③ 엔진성능 개선을 위한 전자제어가 가능하다.

④ 전력 손실이 적어 점화성능이 향상된다.

158 배전기의 1번 실린더 TDC센서 및 크랭크각 센서에 대한 설명이다. 옳지 않은 것은?

① 크랭크각 센서용 4개의 슬릿과 내측에 1번 실린더 TDC센서용 1개의 슬릿이 설치되어 있다.

② 2종류의 슬릿을 검출하기 때문에 발광 다이오드 2개와 포토 다이오드 2개가 내장되어 있다.

③ 발광 다이오드에서 방출된 빛은 슬릿을 통하여 포토 다이오드에 전달되며 전류는 포토 다이오드의 순방향으로 흘러 비교기에 약 5V의 전압이 감지된다.

④ 배전기가 회전하여 디스크가 빛을 차단하면 비교기 단자는 0볼트(V)가 된다.

159 전자제어 가솔린 엔진에서 크랭킹은 되나 시동이 안되는 원인 중 맞지 않은 사항은?

① 파워트랜지스터(Power TR)의 결함

② 발전기 다이오드의 결함

③ 점화 1차 코일의 단선

④ ECU의 결함

160 DLI(Distributor Less Ignition) 시스템의 장점으로 틀린 것은?

① 점화 에너지를 크게 할 수 있다.

② 고전압 에너지 손실이 적다.

③ 진각(advance)폭의 제한이 적다.

④ 스파크 플러그 수명이 길어진다.

심화문제 160-1 점화장치에서 DLI(Distributorless Ignition : 무배전기 점화장치)의 특징을 설명한 것 중 옳은 것은?

① 배전기식보다는 성능면에서 떨어진다.

② 2차 전압의 손실을 최소화할 수 있다.

③ 점화코일의 갯수를 줄일 수 있다.

④ 고속형 기관에는 불리하다.

161 무배전기 점화(D.L.I)시스템에서 크랭크 각도를 검출하여 정확한 엔진 회전수를 감지하는 전자식 검출방식의 신호는?

① CAS 신호　　② TPS 신호

③ MAP 신호　　④ MPS 신호

162 가솔린엔진에서 점화요구 전압에 대한 설명으로 틀린 것은?

① 급가속 시 점화요구 전압은 높아진다.

② 압축압력이 증가할수록 점화요구 전압은 낮아진다.

③ 혼합기의 온도가 높아지면 점화요구 전압은 낮아진다.

④ 중심전극과 접지전극의 에어 갭이 크면 점화요구 전압은 높아진다.

163 점화플러그의 구비조건으로 틀린 것은?

① 내열성이 작아야 한다.

② 열전도성이 좋아야 한다.

③ 기밀이 잘 유지되어야 한다.

④ 전기적 절연성이 좋아야 한다.

164 스파크 플러그의 그을림 오손의 원인과 거리가 먼 것은 어느 것인가?

① 점화시기 진각

② 장시간 저속운전

③ 플러그 열가 부적당

④ 에어클리너 막힘

165 점화플러그의 자기청정온도로 가장 알맞은 것은?

① 250~300℃　　② 450~600℃

③ 850~950℃　　④ 1,000~1,250℃

166 저항플러그가 보통 점화플러그와 다른 점은?

① 불꽃이 강하다.

② 플러그의 열 방출이 우수하다.

③ 라디오의 잡음을 방지한다.

④ 고속 엔진에 적합하다.

167 교류발전기의 작동에 대한 설명으로 맞는 것은?

① 점화스위치 ON상태에서는 자여자식으로 스테이터 철심이 자화된다.

② 기관이 시동되면 스테이터 코일에서 발생한 교류는 정류자에 의하여 정류된다.

③ 기관 공전 시에도 발전이 가능하다.

④ 엔진 회전속도가 1,000rpm 이상이면 로터코일은 타여자식으로 자화된다.

168 교류발전기의 스테이터에서 발생한 교류는?

① 실리콘 다이오드에 의해 직류로 정류시킨 뒤에 내부로 들어간다.

② 정류자에 의해 교류로 정류되어 외부로 나온다.

③ 실리콘에 의해 교류로 정류되어 내부로 나온다.

④ 실리콘 다이오드에 의해 직류로 정류시킨 뒤에 외부로 나온다.

169 발전기 내부에 위치하여 발전기가 전기를 생성하지 않을 때 축전지에서 발전기 쪽으로 전류를 흐르지 못하도록 하는 안전장치는 무엇인가?

① 스테이터 코일

② 절연바니시

③ 다이오드

④ 브러시와 정류자

170 자동차용 교류발전기의 출력은 무엇을 조절하여 조정하는가?

① 스테이터 전류(stator current)
② 로터전류(rotor current)
③ 회전속도
④ 축전지 전압

171 충전장치 중 IC전압조정기에서 전압을 일정하게 유지하도록 하는 제어 반도체 소자는?

① 스테이터
② 정류자
③ 브러시
④ 제너 다이오드

172 배터리 및 발전기에 대한 설명 중 틀린 것은?

① 기관 정지 시에는 배터리만 전기장치의 전원으로 사용한다.
② 기관 시동 시는 배터리만 시동모터와 점화코일에 전원을 공급한다.
③ 차량 전기 사용량이 발전기의 전원 공급량보다 많을 때는 배터리에서도 공급한다.
④ 기관 시동 시 예열장치의 전원공급은 발전기이다.

173 다음 점등장치 중에서 표시용이 아닌 것은?

① 주차등
② 후미등
③ 차폭등
④ 방향지시등

174 광도 20,000cd인 전조등에서 20m 떨어진 위치에 있는 사물의 밝기는 몇 lx인가?

① 40
② 50
③ 80
④ 100

175 다음과 같이 전조등에 관한 설명 중 맞는 것은?

① 자동차의 전조등 회로는 어스 측에도 반드시 전선을 사용하여 확실한 접촉이 이루어지도록 하는 단선방식을 사용한다.
② 자동차의 할로겐 전등은 흑화현상이 없어 수명 말기까지 밝기가 잘 변하지 않는 것이 특징이다.
③ 세미 실드 빔 형식의 전조등은 반사경에 필라멘트를 붙이고 이것에 렌즈를 용착하여 내부를 진공으로 하고 불활성 가스를 봉입한 타입을 말한다.
④ 자동차의 할로겐램프는 유리부분을 손으로 만졌을 경우 장착 후에는 쉽게 파손되므로 절대로 사용을 해서는 안 된다.

176 압축기로부터 들어온 고온, 고압의 기체냉매를 냉각시켜서 액화시키는 기능을 하는 것은?

① 증발기
② 응축기
③ 건조기
④ 팽창밸브

 심화문제 176-1 에어컨 냉방사이클의 작동 순서로 맞는 것은?

① 압축기 → 증발기 → 응축기 → 팽창밸브
② 팽창밸브 → 증발기 → 압축기 → 응축기
③ 응축기 → 증발기 → 압축기 → 팽창밸브
④ 증발기 → 팽창밸브 → 압축기 → 응축기

177 오리피스 방식의 에어컨 시스템에서 냉매의 순환 순서로 맞는 것은?

① 압축기 → 응축기 → 축압기 → 오리피스 튜브 → 증발기
② 압축기 → 응축기 → 오리피스 튜브 → 증발기 → 축압기
③ 압축기 → 응축기 → 오리피스 튜브 → 축압기 → 증발기
④ 압축기 → 응축기 → 증발기 → 오리피스 튜브 → 축압기

178 자동차의 냉방장치에 가장 많이 사용하는 형식은 어느 것인가?

① 냉매압축식 ② 흡수식
③ 전자냉매식 ④ 화학냉매식

179 자동차의 전자동에어컨장치에 적용된 센서 중 부특성 저항방식이 아닌 것은?

① 일사량 센서 ② 내기온도 센서
③ 외기온도 센서 ④ 증발기온도 센서

심화문제 179-1 전자제어 에어컨에서 자동차의 실내온도와 외부온도 그리고 증발기의 온도를 감지하기 위하여 사용되는 센서의 방식은 무엇인가?

① 서미스터 ② 포텐쇼미터
③ 다이오드 ④ 솔레노이드

180 자동에어컨 시스템에서 컴퓨터가 감지하는 온도센서가 아닌 것은?

① 외기온도센서
② 콘덴서(응축기)온도센서
③ 핀 서모 센서
④ 냉각수온도센서

181 차량에서 전자제어 공기조화 장치의 특성으로 요구되는 것이 아닌 것은?

① 실내온도는 빠르게 쾌적한 온도에 도달해야 한다.
② 외부의 기상상태와 주행상태에 좌우되지 않고 지정한 실내온도가 유지되어야 한다.
③ 실내공기의 흐름이 자연스럽고 정숙해야 한다.
④ 송풍기의 풍량은 제어하지 않는다.

182 에어백 시스템의 충돌 시 시스템 작동에 관한 설명으로 틀린 것은?

① 에어백은 질소가스에 의해 부풀려 있는 상태를 지속한다.
② 충격에 의해 센서가 작동하여 인플레이터에 전기신호를 보낸다.
③ 프리텐셔너와 연동하여 작동한다.
④ 에어백 ECU 내부에 전원을 일시 저장하는 장소가 있다.

183 에어백 장치 중 진단 모듈에 속하지 않는 것은?

① 시스템 내의 구성부품 및 배선의 단선, 단락 진단
② 부품 이상 시 경고등 점등 또는 점멸
③ 에어백 인플레이터 작동 가능 여부
④ 시스템 이상 시 경고등 점등

184 하이브리드의 모터 사용 정도에 의한 분류에 해당되지 않는 것은?

① Hard HEV ② micro HEV
③ medium HEV ④ soft HEV

185 다음 내용에서 설명하는 자동차의 세부 명칭으로 맞는 것은?

> 기본은 하이브리드 전기자동차이지만, 축전지 용량을 하이브리드 전기자동차와 전기자동차의 중간 크기로 하고, 비상시에는 다시 충전해 두는 것으로 단거리는 전기자동차로서 활용하는 형식이다. 가정 전원이 이용가능하고 어디서도 충전할 수 있다는 간편성을 염두해 둔 방식이다.

① EV ② FCEV
③ HEV ④ PHEV

186 다음 내용에서 설명하는 전기차의 핵심부품으로 맞는 것은?

이것은 모터의 제어와 함께 차량의 전반적인 움직임을 제어하는 장치로 기존 내연기관의 컨트롤유닛과 비슷한 기능을 한다. 인버터와 컨버터 및 차량제어유닛의 구성요소를 하나로 묶어서 모듈로 만들어 사용한다.

① IGBT 모듈　　　② EPCU
③ LDC　　　　　　④ BLDC

187 수소 연료전지자동차의 특징에 대한 설명으로 틀린 것은?

① 충전소등의 인프라 구축에 소요되는 비용이 크다.
② 주행 시 CO_2나 NOx가 발생하지 않아 친환경적이다.
③ 항속 거리가 전기자동차 보다 길다.
④ 연료전지는 거의 반영구적으로 사용할 수 있어 내구성이 우수하다.

188 2차 전지의 종류로 거리가 먼 것은?

① 납축전지
② 니켈카드뮴 전지
③ 고분자 전해질 전지
④ 리튬 공기 전지

189 하이브리드 자동차의 컨버터(Converter)와 인버터(Inverter)의 전기특성 표현으로 옳은 것은?

① 컨버터(Converter) : AC에서 DC로 변환,
　 인버터(Inverter) : DC에서 AC로 변환
② 컨버터(Converter) : DC에서 AC로 변환,
　 인버터(Inverter) : AC에서 DC로 변환
③ 컨버터(Converter) : AC에서 AC로 승압,
　 인버터(Inverter) : DC에서 DC로 승압
④ 컨버터(Converter) : DC에서 DC로 승압,
　 인버터(Inverter) : AC에서 AC로 승압

190 현재 많이 상용화되어 있는 리튬 2차 전지의 특징으로 거리가 먼 것은?

① 리튬 폴리머 전지는 전해질이 젤 형태로 전지 모양을 다양하게 제작할 수 있다.
② 같은 용량 대비 리튬이온 전지의 전체 무게가 많이 나간다.
③ 배터리 전체 무게를 기준으로 리튬이온 전지가 에너지 밀도가 높다.
④ 같은 용량 대비 리튬 폴리머 전지의 최대 출력이 높다.

191 하이브리드 자동차에서 하드타입 구동모터의 주요 기능으로 틀린 것은?

① 출발 시 전기모드 주행
② 가속 시 구동력 증대
③ 감속 시 배터리 충전
④ 변속 시 동력 차단

192 압축천연가스(CNG)의 특징으로 거리가 먼 것은?

① 전 세계적으로 매장량이 풍부하다.
② 옥탄가가 매우 낮아 압축비를 높일 수 없다.
③ 분진 유황이 거의 없다.
④ 기체연료이므로 엔진체적효율이 낮다.

193 다음은 클러치의 릴리스 베어링에 관한 것이다. 맞지 않는 것은?

① 릴리스 베어링은 릴리스 레버를 눌러주는 역할을 한다.
② 릴리스 베어링의 종류에는 앵귤러 접촉형, 카본형, 볼베어링형이 있다.
③ 대부분 오일리스 베어링으로 되어 있다.
④ 항상 기관과 같이 회전한다.

194 클러치 압력판의 역할로 다음 중 가장 적당한 것은?

① 기관의 동력을 받아 속도를 조절한다.
② 제동거리를 짧게 한다.
③ 견인력을 증가시킨다.
④ 클러치판을 밀어서 플라이휠에 압착시키는 역할을 한다.

195 릴리스 레버 대신 원판의 스프링을 이용하고, 레버높이를 조정할 필요가 없는 클러치 커버의 종류는?

① 오번 형
② 이너 레버 형
③ 다이어프램 형
④ 아우터 레버 형

196 다이어프램 스프링 형식의 클러치에서 릴리스레버의 역할을 하는 것은?

① 리트랙팅 스프링
② 피벗링
③ 스프링핑거
④ 댐퍼스프링

197 클러치 유격을 바르게 설명한 것은?

① 동력전달 상태에서 릴리스 베어링과 릴리스 레버 접촉면 사이의 간극을 말한다.
② 동력이 전달되지 않은 상태에서 릴리스 베어링이 왕복한 거리를 말한다.
③ 동력이 전달된 상태에서 페달이 올라온 거리를 말한다.
④ 동력이 전달된 상태에서 릴리스 베어링과 페달이 움직인 거리를 말한다.

198 다음 중 클러치 차단 불량의 원인이 될 수 있는 것은?

① 릴리스 베어링 소손
② 클러치 페달의 자유간극 과소
③ 클러치판 과다 마모
④ 스프링 장력 약화

199 건식 마찰 클러치가 장착된 자동차이다. 기어를 넣은 다음, 발진 시 클러치 및 엔진의 떨림이 심하다. 그 원인으로 부적당한 것은?

① 클러치 디스크의 변형 및 비틀림 코일 스프링이 절손되었다.
② 엔진 마운트 설치볼트가 풀렸거나, 마운트 고무가 파손되었다.
③ 클러치 유격이 너무 크다.
④ 클러치 설치상태에서 릴리스레버(또는 다이어프램)의 높이가 일정하지 않다.

200 건식 단판 마찰 클러치에서 공극(air gap)이란?

① 클러치를 밟지 않은 상태에서 릴리스레버와 릴리스베어링 사이의 간극
② 클러치 페달의 유격(자유거리)
③ 클러치 페달을 완전히 밟은 상태에서 클러치 디스크의 페이싱의 양쪽 면과 클러치 압력판 또는 플라이휠 마찰면 사이의 간극
④ 클러치 페달을 완전히 밟은 상태에서 클러치 디스크의 축방향 런아웃

201 클러치를 차단하고 아이들링 할 때 소리가 난다. 그 원인은?

① 비틀림 코일스프링 절손
② 변속기어의 백래시가 작다.
③ 클러치 스프링의 파손
④ 릴리스 베어링의 마모

202 자동차에 주로 사용되는 수동변속 기구의 형식이 아닌 것은?

① 부동 기어식
② 동기 치합식
③ 섭동 기어식
④ 상시 치합식

203 기어 변속 시 기어의 클래시(Clash)를 방지하기 위하여 장치한 변속기 내의 특수 장치 명칭은?

① 카운터 기어(Counter Gear)
② 싱크로나이저(Synchronizer)
③ 헤리컬 기어(Helical Gear)
④ 아이들 기어

204 그림과 같은 변속기에서 기어의 감속비는 약 얼마인가?

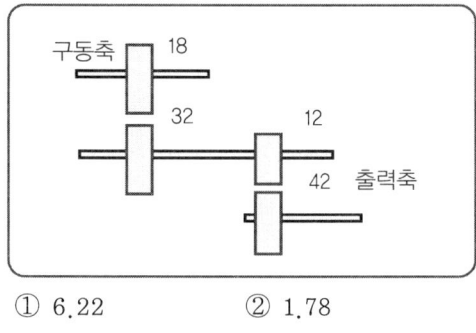

① 6.22
② 1.78
③ 3.50
④ 2.33

205 수동변속기의 동기물림 기구를 설명한 것으로 맞는 것은?

① 변속하려는 기어와 슬리브의 회전수를 같게 한다.
② 주축기어의 회전속도를 부축기어의 회전속도보다 빠르게 한다.
③ 주축기어와 부축기어의 회전수를 같게 한다.
④ 변속하려는 기어와 아이들 기어와의 회전수를 같게 한다.

206 변속기 내의 록킹 볼이 하는 역할이 아닌 것은?

① 시프트 포크를 알맞은 위치에 고정한다.
② 기어가 빠지는 것을 방지한다.
③ 시프트 레일을 알맞은 위치에 고정한다.
④ 기어가 2중으로 치합되는 것을 방지한다.

207 유체클러치와 마찰클러치의 차이점에 대한 설명 중 틀린 것은?

① 유체클러치는 마찰클러치에 비해 동력 전달이 매끄럽다.
② 마찰클러치는 유체클러치에 비해 동력 전달이 확실하다.
③ 유체클러치는 마찰클러치에 비해 동력 전달효율이 낮다.
④ 마찰클러치에는 비틀림 코일 스프링이 설치되어 유체클러치보다 비틀림 진동을 잘 흡수한다.

208 유체클러치와 자동변속기에 사용되는 토크 컨버터의 기능 중 구별되는 것은?

① 토크 증대 기능
② 동력전달 기능
③ 입력은 펌프 임펠러
④ 출력은 터빈 런너

209 자동변속기 차량의 토크컨버터에서 출발 시 토크증대가 되도록 스테이터를 고정시켜주는 것은?

① 오일 펌프
② 펌프 임펠러
③ 원웨이 클러치
④ 가이드 링

심화문제 209-1 기관의 회전속도가 일정할 때 토크컨버터의 회전력이 가장 큰 경우는?

① 터빈속도가 느릴 때
② 펌프의 속도가 느릴 때
③ 펌프와 터빈의 속도가 같을 때
④ 스테이터가 회전하고 있을 때

210 속도비가 0.2, 토크 변환기 효율이 0.4이다. 펌프가 3,000rpm으로 회전할 때 토크비는 얼마인가?

① 0.1   ② 0.2

③ 1   ④ 2

211 자동변속기 차량에서 저온 시 오일의 점도가 높아지면 나타나는 증상은?

① 변속기 내부의 제어밸브 등의 응답성이 저하하여 작동이 활발하지 못하게 된다.

② 오일펌프의 흡입저항이 감소하여 캐비테이션 현상이 잘 발생될 수 있다.

③ 유동에 따르는 압력손실이 감소하여 자동변속기 전체의 효율이 상승한다.

④ 오일펌프의 동력손실이 감소하여, 기계효율이 상승한다.

212 토크컨버터 클러치(또는 댐퍼 클러치)의 작동이 가능한 상태는?

① 출발   ② 후진

③ 중립 시   ④ 고속주행

213 자동변속기 차량의 변속과 록-업 작동의 기초신호는 무엇인가?

① 펄스 제너레이터와 차속센서

② 스로틀센서와 차속센서

③ 펄스 제너레이터와 스로틀센서

④ 펄스 제너레이터와 유온센서

214 자동변속기 제어 컴퓨터(TCU)의 출력 요소는?

① 유온 센서

② 차속 센서

③ 펄스 제너레이터

④ 변속 제어 솔레노이드 밸브

215 오버 드라이브에서 선기어가 고정되고 링기어가 회전하면 유성캐리어는 어떻게 회전하나?

① 감속한다.   ② 증속한다.

③ 역전 증속한다.   ④ 역전 감속한다.

216 3속 또는 2속으로 주행하다가 급가속할 경우 가속페달을 완전히 밟으면 변속점을 넘어서 다운 시프트하여 가속에 필요한 구동력을 얻는 것을 무엇이라 하는가?

① 토크 변환기   ② 킥 다운

③ 댐퍼   ④ 업 시프트

 심화문제 216-1 전자제어 자동변속기에서 주행 중 가속페달에서 발을 떼면 나타날 수 있는 현상은?

① 스쿼트   ② 킥 다운

③ 노즈 다운   ④ 리프트 풋 업

217 자동변속기에서 히스테리시스(hysteresis) 작용이란?

① 증속 시 변속점과 감속 시 변속점에 차이를 두는 것

② 일정속도가 되면 자동적으로 변속이 이루어지는 것

③ 일정속도 이상이 되면 안전을 위해 자동적으로 감속시키는 것

④ 스로틀의 개도가 일정부근 이상이 되면 증속되는 것

218 자동변속기 유압제어회로에 작용하는 유압은 어디서 발생되는가?

① 토크 컨버터

② 변속기 내의 오일펌프

③ 냉각수 수압

④ 유체 클러치

219 자동변속기에서 기어비 부적절 결함 코드가 입력될 때 관련 없는 것은?

① 입력속도 센서
② 출력속도 센서
③ 변속솔레노이드 밸브
④ 압력제어 솔레노이드 밸브

220 자동 변속기에서 운행 중 오일 온도가 상승할 수 있는 경우가 아닌 것은?

① 산악 지역 운행
② 시내 주행
③ 윈터 기능 과다 사용
④ 록업 클러치 작동

221 전자제어 자동변속기에서 페일세이프(fail safe)란?

① 시스템 이상 시 멈추는 기능
② 시스템 이상 시 사전에 설정된 일정 조건 하에서 작동하도록 제어하는 안전기능
③ 고속 근접 시 오버드라이브 기능에 이상이 생겼을 때 연료의 절약을 위해 자동으로 유성기어가 고단에 치합되는 기능
④ 저속 운전 시 시스템에 이상이 생겼을 때 파워모드로 고정되는 기능

222 자동변속기 점검 중 브레이크를 최대로 작동시킨 상태에서 셀렉터 레버를 "D"위치에 놓고, 가속 페달을 최대로 밟아 차량정지 상태에서 최대의 엔진속도를 의미하는 것은?

① 엔진 최대속도
② 정지속도
③ 스톨 회전수
④ 최대토크

222-1 [심화문제] 다음 중 자동차의 "D"레인지 스톨 테스트를 할 때 규정보다 스톨속도가 높게 나온 원인은?

① 자동변속기 오일이 규정보다 많다.
② 클러치의 압력이 높다.
③ 후진단 클러치의 미끄럼이 있다.
④ 1단 클러치의 미끄럼이 있다.

223 유성기어 장치를 이용한 오버드라이브 장치에서 추진축과 연결되는 부분은?

① 유성기어   ② 유성기어 캐리어
③ 선기어   ④ 링기어

224 무단변속기(CVT)의 특징으로 틀린 것은?

① 가속성능을 향상시킬 수 있다.
② 연료소비율을 향상시킬 수 있다.
③ 변속에 의한 충격을 감소시킬 수 있다.
④ 킥다운의 적극적 활용으로 순간 가속성능을 향상시킬 수 있다.

225 6속 DCT(Double Clutch Transmission)에 대한 설명으로 옳은 것은?

① 클러치 페달이 없다.
② 변속기 제어모듈이 없다.
③ 동력을 단속하는 클러치는 1개이다.
④ 변속을 위한 클러치 액추에이터가 1개이다.

226 자동 크루즈 컨트롤 시스템에서 정속주행 모드가 해제되는 경우이다. 이에 해당되지 않는 경우는?

① 주행 중 브레이크를 밟을 때
② 수동변속기 차량에서 클러치를 차단할 때
③ 자동변속기 차량에서 인히비터 스위치를 "N"에 놓았을 때
④ 자동차 속도가 80Km/h 이하일 때

227 후크식 자재이음을 설치하는 방법으로 옳은 것은?

① 추진축상의 2개의 요크는 동일 평면 내에 있어야 한다.
② 추진축상의 2개의 요크는 90° 평면 내에 있어야 한다.
③ 입력축과 추진축 간의 경사각은 추진축과 출력축 간의 경사각과 달라야 한다.
④ 입력축과 추진축 간의 경사각은 추진축과 출력축 간의 경사각과 90° 차이가 있어야 한다.

228 변속기와 차동장치를 연결하며 두 장치 간의 충격완화 및 각도변화 등을 가능하게 하는 동력전달 기구는?

① 드라이브 샤프트(drive shaft)
② 유니버설 조인트(universal joint)
③ 파워시프트(power shift)
④ 크로스멤버(cross member)

229 가죽을 겹친 가용성 원판을 넣고 볼트로 고정한 축이음을 무엇이라 하는가?

① 플렉시블 조인트
② 등속 조인트
③ 훅 조인트
④ 트러니언 조인트

230 추진축의 센터 베어링에 관한 설명으로 틀린 것은?

① 볼 베어링을 고무제의 베어링 베드에 설치한다.
② 베어링 베드의 외주를 다시 원형강판으로 감싼다.
③ 차체에 고정할 수 있는 구조이다.
④ 분할식 추진축을 사용할 때는 설치되지 않는다.

231 자동차 종감속 장치에 일반적으로 사용되는 기어 형식이 아닌 것은?

① 스퍼 기어
② 스크루 기어
③ 하이포이드 기어
④ 스파이럴 베벨 기어

232 종 감속장치에서 링기어의 힐(heel)접촉은?

① 피니언 드라이브 기어가 링기어의 중심에서 이뿌리 안쪽으로 지나치게 치우쳐 있음
② 피니언 드라이브 기어가 링기어의 중심에서 이끝 쪽으로 지나치게 벗어나 있음
③ 피니언 드라이브 기어가 링기어의 중심에서 안쪽으로 지나치게 벗어나 있음
④ 피니언 드라이브 기어가 링기어의 중심에서 바깥쪽으로 멀리 떨어졌음

233 다음에서 자동차의 최고 속도를 증대시키는 것과 가장 거리가 먼 것은?

① 총 감속비를 크게 한다.
② 구동바퀴의 유효반경을 크게 한다.
③ 자동차의 중량을 경감한다.
④ 차체를 유선형으로 제작한다.

234 변속비 1/2, 차동장치의 링기어 잇수 42, 구동피니언 잇수 7, 오른쪽 앞뒤의 바퀴만 잭에 들려 있는 상태에서 추진축이 1,800rpm으로 회전할 때 오른쪽 뒷바퀴의 회전수는?

① 100rpm
② 300rpm
③ 600rpm
④ 900rpm

235 구동 피니언기어 잇수가 8, 링기어 잇수가 40, 추진축이 1500rpm으로 회전할 때 왼쪽 구동 바퀴의 회전수는 250rpm이다. 이때 오른쪽 바퀴의 회전수는 얼마인가?

① 150rpm ② 250rpm
③ 350rpm ④ 450rpm

236 종감속비(final reduction gear ratio)의 설명에서 틀린 것은?

① 종감속비는 링기어의 잇수와 구동피니언의 잇수의 비로 표시된다.
② 종감속비는 엔진의 출력, 차종, 중량 등에 의해 정해진다.
③ 종감속비를 크게 하면 감속성능(구동력)이 향상된다.
④ 종감속비를 크게 하면 고속성능이 향상된다.

237 고압 타이어의 안지름이 20인치, 바깥지름이 32인치, 폭 6인치, 플라이수(PR) 10인 경우 호칭치수를 바르게 표시한 것은?

① 32×6-10 PR ② 20×6-10 PR
③ 6.0×32-10 PR ④ 6.0×20-10 PR

238 타이어 호칭기호 185/70 R 13에서 13이 나타내는 것은?

① 림 직경(인치) ② 타이어 직경(인치)
③ 편평비(%) ④ 허용하중(kg_f)

심화문제 238-1 타이어 호칭기호 185/65R 14 90W에서 90W가 뜻하는 것은?

① 90 : 타이어 폭 9.0인치, W : 수막현상 방지용 타이어
② 90 : 허용축하중 900kg_f, W : 접지면 프로필 형상
③ 90 : 하중지수 600kg_f, W : 허용 최고속도 270km/h까지
④ 90 : 림 직경 90cm, W : 겨울철용 타이어

239 타이어 구조의 명칭이 아닌 것은?

① 앤티 스키드 ② 브레이커
③ 카커스 ④ 비드

240 타이어의 구조에서 직접 노면과 접촉되어 마모에 견디고 견인력을 좋게 하는 것으로 맞는 것은?

① 트레드(tread)
② 브레이커(breaker)
③ 카커스(carcass)
④ 비드(bead)

241 자동차의 공기압 고무 타이어는 요철형 무늬의 깊이를 몇 mm 이상 유지하여야 하는가?

① 1.0 ② 1.6
③ 2.0 ④ 2.4

242 자동차가 고속으로 주행할 때 발생하는 앞바퀴의 진동으로 상·하로 떨리는 현상을 무엇이라 하는가?

① 완더(wander)
② 트램핑(tramping)
③ 로드 스웨이(road sway)
④ 다얼팅(darting)

243 자동차 주행 속도가 빠르면 타이어 트레드부의 변형이 복원되기 전에 다음의 변형을 맞이하게 되어 타이어의 트레드부가 물결 모양으로 떠는 현상이 생긴다. 이것을 무엇이라 하는가?

① 타이어 웨이브 현상
② 하이드로 플레이닝 현상
③ 타이어 접지 변형 현상
④ 스탠딩 웨이브 현상

244 타이어와 노면의 점착력에 대한 설명으로 옳은 것은?

① 자동차가 주행을 하기 위해서는 전주행저항보다 구동력이 작아야 한다.
② 타이어가 구동바퀴로 작용하는 경우 타이어와 노면 사이에 미끄럼에 대한 마찰저항은 불필요하다.
③ 큰 구동력을 얻기 위해서는 구동바퀴의 하중을 작게 해야 할 필요가 있다.
④ 구동바퀴의 구동력이 구동바퀴의 점착력보다 크면 바퀴는 슬립한다.

245 타이어의 소음 중 차량이 건조하고 평탄한 노면에서 급발진, 급제동, 급선회를 할 때 트레드가 노면에서 반복적으로 미끄러지면서 발생하는 소음은?

① 스퀼소음   ② 탄성소음
③ 비트소음   ④ 하시니스

246 차체의 롤링을 제어하며 양끝이 좌우의 아래 컨트롤 암에 연결되고 중앙부가 프레임에 설치되는 현가장치는?

① 토션바
② 쇽업쇼버
③ 스태빌라이저
④ 레디어스로드

247 독립현가장치의 장점이 아닌 것은?

① 앞바퀴에 시미가 잘 일어나지 않는다.
② 스프링 정수가 작은 스프링도 사용할 수 있다.
③ 스프링 아래 질량이 작기 때문에 승차감이 좋다.
④ 일체차축 현가에 비해 구조가 간단하다.

심화문제 247-1 독립현가장치의 특징으로 거리가 먼 것은?

① 스프링 및 질량이 작기 때문에 승차감이 좋다.
② 바퀴가 시미(Shimmy)를 잘 일으키지 않는다.
③ 로드 홀딩(Road Holding)이 좋지 못하다.
④ 스프링 정수가 작은 스프링을 사용할 수 있다.

248 쇽업쇼버가 설치된 스트럿과 컨트롤암이 조향너클과 일체로 연결되어 있는 현가장치의 형식은?

① 맥퍼슨형   ② 트레일링암형
③ 위시본형   ④ SLA형

249 일체식 차축의 스프링이 피로해지면 바퀴의 캠버는?

① 더 정(+)이 된다.
② 더 부(−)가 된다.
③ 변화가 없다.
④ 정답이 없다.

250 전자제어 현가장치(ECS : Electronic Control Suspension)의 구성부품에 속하지 않는 것은?

① 가속도 센서
② 감쇠력 절환 액추에이터
③ 차고센서
④ 충격센서

251 전자제어 현가장치에서 차고는 무엇에 의해 제어되는가?

① 공기압   ② 금속스프링
③ 진공   ④ 유압

252 전자제어 현가장치(ECS)에서 급가속 시의 차고제어로 맞는 것은?

① 앤티 롤 제어
② 앤티 다이브 제어
③ 스카이훅 제어
④ 앤티 스퀴트 제어

 심화문제 252-1 전자제어 현가장치의 현가특성 제어에서 SOFT와 HARD의 판정조건에서 스퀴트(Squat)에 관한 설명 중 맞는 것은?

① 발진 가속 시 후륜이 내려감
② 제동 시 전륜이 내려감
③ 노면의 요철에 의해 자동차가 조금씩 상하로 진동함
④ 노면의 요철에 의해 자동차가 크게 상하로 진동함

 심화문제 252-2 전자제어 현가장치의 기능이 아닌 것은?

① 어퍼-컨트롤암 제어
② 차고 조정
③ 스프링 상수와 댐핑력의 선택
④ 주행조건 및 노면상태 적응

253 전자제어 현가장치 부품 중에서 선회 시 차체의 기울어짐 방지와 가장 관계있는 것은?

① 도어 스위치
② 조향휠 각속도 센서
③ 스톱램프 스위치
④ 헤드램프 릴레이

254 전자제어 현가장치에서 앤티-쉐이크(anti-shake)제어를 설명한 것은?

① 고속주행 시 차체의 안전성을 유지하기 위해 쇽업소버의 감쇠력의 폭을 크게 제어한다.
② 승차자가 승·하차할 경우 하중의 변화에 의한 차체의 흔들림을 방지하기 위해 감쇠력을 딱딱하게 한다.
③ 주행 중 급제동 시 차체의 무게중심 변화에 대응하여 제어하는 것이다.
④ 차량의 급출발 시 무게 중심의 변화에 대응하여 제어하는 것이다.

255 자동차의 축거가 2.6m, 전륜 외측 조향각이 30°, 전륜 내측 조향각이 36°이고 킹핀과 타이어 중심 거리가 30cm일 때 자동차의 최소 회전반경은?

① 5m ② 5.2m
③ 5.5m ④ 5.8m

 심화문제 255-1 어떤 자동차에서 축거가 2.5m이고, 타이어와 킹핀의 각 중심 거리가 20cm, 바깥쪽 앞바퀴의 조향각이 30°일 때 이 자동차의 최소 회전반경은?

① 5m ② 5.2m
③ 7.5m ④ 12m

256 다중 중 앞 현가장치에서 킹핀의 역할을 하고 있는 것은?

① 새클핀
② 어퍼볼 조인트와 로워볼 조인트
③ 코터핀
④ 타이로드엔드와 볼조인트

257 조향핸들을 2바퀴 돌렸을 때 피트먼암이 90° 움직였다. 조향기어비는?

① 6 : 1 　　　② 7 : 1
③ 8 : 1 　　　④ 9 : 1

 257-1 조향핸들을 2회전 시 타이어가 50° 조향된 다면 조향기어비는?

① 14.4 : 1
② 15.4 : 1
③ 16.4 : 1
④ 17.4 : 1

258 조향핸들의 조작을 가볍게 하는 방법은?

① 타이어 공기압을 낮춘다.
② 캐스터를 규정보다 크게 한다.
③ 저속으로 주행한다.
④ 조향 기어비를 크게 한다.

259 조향축의 설치 각도와 길이를 조절할 수 있는 형식은?

① 랙 기어 형식
② 틸트 형식
③ 텔레스코핑 형식
④ 틸트 앤드 텔레스코핑 형식

260 주행 중 조향 휠이 쏠리는 원인이 아닌 것은?

① 좌·우 축거가 다르다.
② 브레이크 조정이 불량하다.
③ 앞바퀴 정렬이 부정확하다.
④ 조향핸들의 유격이 크다.

260-1 다음 중 자동차 핸들이 쏠리는 원인이 아닌 것은?

① 쇽업소버의 작동불량
② 조향기어 하우징의 불량
③ 타이어 공기압의 불균형
④ 바퀴 얼라인먼트의 조정 불량

261 앞바퀴에 발생하는 코너링 포스를 Cf, 뒷바퀴에 발생하는 코너링 포스를 Cr이라 했을 때, 오버 스티어링(OS) 현상을 바르게 표시한 것은?

① Cf < Cr 　　　② Cf ≤ Cr
③ Cf > Cr 　　　④ Cf ≥ Cr

261-1 선회 시 조향각을 일정하게 유지하여도 선회반지름이 작아지는 현상을 무엇이라 하는가?

① 오버 스티어링
② 어퍼 스티어링
③ 다운 스티어링
④ 언더 스티어링

262 코너링 포스(cornering force)에 영향을 미치는 요소가 아닌 것은?

① 림의 폭
② 제동 성능
③ 타이어 크기
④ 타이어 수직 하중

262-1 조향할 때 조향 방향쪽으로 작용하는 힘은?

① 스러스트 　　　② 원심력
③ 코너링 포스 　　④ 슬립각

263 조향 성능이 향상된 4륜 조향장치(4WS)의 적용 효과와 가장 거리가 먼 것은?

① 차선 변경이 용이하다.
② 고속에서 직진성이 향상된다.
③ 저속 조향 시 최소회전 반경이 증대되는 단점이 있다.
④ 미끄러운 도로 주행 시 안정성을 향상시킬 수 있다.

264 파워 스티어링 오일 압력 스위치는 무엇을 조절하기 위하여 있는가?

① 공연비 조절
② 점화시기 조절
③ 공회전 속도 조절
④ 연료펌프 구동 조절

265 동력 조향 장치에서 조향 핸들을 회전시킬 때 기관의 회전속도를 보상시키기 위하여 ECU로 입력되는 신호는?

① 인히비터 스위치
② 파워스티어링 압력 스위치
③ 전기부하 스위치
④ 공전속도 제어 서보

266 동력 조향장치가 고장 났을 때 수동조작을 가볍게 할 수 있도록 하는 것은?

① 안전체크밸브 　② 압력조절밸브
③ 유량제어밸브 　④ 밸브스풀

267 다음 중 아이들 업 장치(Idle up-system)가 작동하지 않을 때는?

① 에어컨 작동
② 동력조향장치 작동
③ 전조등 작동
④ 고속 주행 시

268 차속 감응형 동력조향장치의 오일 공급펌프가 고장 나면 어떤 현상이 발생하는가?

① 안전을 위해 자동차의 시동이 꺼진다.
② 핸들이 고정된다.
③ 동력조향만 이용할 수 없게 된다.
④ 핸들이 갑자기 가벼워져 위험하다.

269 자동차가 주행 중 바른 방향을 유지하고 핸들 조작이나 외부의 힘에 의해 주행 방향이 변했을 때 직진 상태로 복원되도록 타이어 및 지지하는 축의 각을 설정하는 요소에 해당되지 않는 것은?

① 토인
② 캐스터
③ 휠 밸런스
④ 킹핀 경사각

 자동차의 전차륜 얼라이먼트에서 캠버의 역할은?

① 제동 효과 상승
② 조향 바퀴에 동일한 회전수 유도
③ 하중으로 인한 앞차축의 휨 방지
④ 주행 중 조향 바퀴에 방향성 부여

 자동차의 바퀴에 캠버를 두는 이유로 가장 타당한 것은?

① 회전했을 때 직진방향의 직진성을 주기 위해
② 자동차 핸들을 조작력을 가볍게 하기 위해
③ 조향 바퀴에 방향성을 주기 위해
④ 앞바퀴를 평행하게 회전시키기 위해

심화문제 269-3 캠버에 대한 설명으로 맞는 것은?

① 자동차를 뒷면에서 보았을 때 수평선에 대하여 차륜의 중심선이 경사되어 있는 것을 말한다.

② 자동차를 앞면에서 보았을 때 수직선에 대하여 차륜의 중심선이 경사되어 있는 것을 말한다.

③ 자동차를 옆면에서 보았을 때 수직선에 대하여 차륜의 중심선이 경사되어 있는 것을 말한다.

④ 자동차를 앞면에서 보았을 때 수평선에 대하여 차륜의 수평선이 경사되어 있는 것을 말한다.

270 캐스터에 의한 효과를 설명한 것 중 틀린 것은?

① 정의 캐스터를 갖는 차는 선회 시 차체운동에 의한 바퀴 복원력이 발생한다.

② 캐스터에 의해 바퀴가 추종성(追從性)을 갖게 된다.

③ 부(負)의 캐스터를 갖는 차는 주행 중 조향핸들이 급선회하기 쉬운 경향이 있다.

④ 정(正)의 캐스터를 갖는 차는 조향핸들을 풀 때 직진 위치에서 멎지 않고 지나치게 되어 바퀴가 흔들리게 된다.

271 앞바퀴 정렬 중 토인의 필요성이 아닌 것은?

① 조향 시에 바퀴의 복원력을 발생

② 앞바퀴 사이드슬립과 타이어 마멸 방지

③ 캠버에 의한 토아웃 방지

④ 조향 링키지 마멸에 의한 토아웃 방지

272 4륜 휠얼라인먼트에서 뒤차축의 수직선이 자동차 중심선과 이루는 각을 무엇이라 하는가?

① 토인   ② 셋백

③ 스러스트 각   ④ 협각

273 휠얼라인먼트에서 앞차축과 뒤차축의 평행도에 해당되는 것은?

① 셋백(Set Back)

② 토인(Toe-in)

③ KPI(King Pin Inclination)

④ SAI(Steering Axis Inclination)

274 다음 중 유압 브레이크의 특징을 설명한 것으로 가장 거리가 먼 것은?

① 제동력의 증폭이 용이하다.

② 마찰 손실이 적다.

③ 페달의 조력이 작아도 된다.

④ 유압회로에 공기가 침입하여도 제동력에 변화가 없다.

275 브레이크 장치에서 브레이크액을 전달하는 이송 통로로 전륜에 사용된다. 잦은 조향에 적합하게 제작된 장치를 무엇이라 하는가?

① 플렉시블 호스   ② 플라스틱

③ 강   ④ 구리

276 브레이크 마스터실린더의 옳은 설명은?

① 리턴구멍이 막히면 브레이크가 잘 풀리지 않는다.

② 외부 고무 부트는 마스터실린더의 기밀을 유지한다.

③ 체크밸브가 불량하면 브레이크 파이프가 파손되기 쉽다.

④ 피스톤컵이 팽창 또는 변형되면 브레이크가 잘 풀린다.

277 제동장치에서 텐덤 마스터 실린더의 사용 목적은?

① 브레이크 라이닝의 마모를 적게 한다.
② 브레이크 오일의 소모를 줄일 수 있다.
③ 브레이크 드럼의 마모를 적게 한다.
④ 앞, 뒤바퀴의 브레이크 제동을 분리시켜 제동 안정을 얻게 한다.

278 브레이크슈의 리턴스프링의 장력이 낮아지면 휠실린더 내의 잔압은?

① 높아졌다 낮아졌다 한다.
② 낮아진다.
③ 일정하다.
④ 높아진다.

279 유압식 브레이크 장치에서 잔압의 필요성이 아닌 것은?

① 베이퍼록 방지
② 작동지연 방지
③ 타이어록 방지
④ 휠실린더 오일 누출 방지

280 브레이크 푸시로드의 작용력이 62.8kg$_f$이고 마스터실린더의 내경이 2cm일 때 브레이크 디스크에 가해지는 힘은? (단, 휠실린더의 면적은 3cm^{2}이다.)

① 약 40kg$_f$ ② 약 60kg$_f$
③ 약 80kg$_f$ ④ 약 100kg$_f$

심화문제 280-1 마스터실린더의 내경이 2cm일 때 푸시로드에 100kg$_f$의 힘이 작용하면 브레이크 파이프에 작용하는 유압은?

① 32kg$_f$/cm^2 ② 25kg$_f$/cm^2
③ 10kg$_f$/cm^2 ④ 200kg$_f$/cm^2

281 브레이크 라이닝 표면이 과열되어 마찰계수가 저하되고 브레이크 효과가 나빠지는 현상을 무엇이라고 하는가?

① 페이드   ② 캐비테이션
③ 언더 스티어링   ④ 하이드로 플래닝

282 다음 중 브레이크 오일이 갖추어야 할 특징 중 틀린 것은?

① 비압축성일 것
② 비등점이 높을 것
③ 금속이나 고무 제품을 부식, 연화, 팽창 시키지 말 것
④ 흡습성이 높을 것

283 전·후진 각각의 경우에 브레이크슈의 자기작동 작용이 가장 큰 브레이크 형식은?

① 심플렉스 브레이크
② 듀오 서보 브레이크
③ 서보 브레이크
④ 디스크 브레이크

284 자동차에 적용된 디스크 브레이크의 장점이 아닌 것은?

① 자기작동 작용이 없으므로 고속에서 반복적으로 사용하여도 제동력 변화가 적다.
② 디스크가 대기 중에 노출되어 회전하므로 냉각성능이 커 제동 성능이 저하되지 않는다.
③ 패드 면적이 작고, 제한되어 있으므로 낮은 유압으로 충분한 제동 효과를 얻을 수 있다.
④ 디스크에 물이나 진흙 등이 묻어도 원심력에 의해 잘 떨어져 나가므로 제동효과의 회복이 빠르다.

브레이크 페이드 현상이 가장 적은 것은?

① 2리딩 슈우 브레이크

② 서보 브레이크

③ 디스크 브레이크

④ 넌서보 브레이크

285 다음 중 제동장치에 대한 설명 중 옳은 것은?

① 디스크 브레이크는 드럼식 브레이크에 비해 방열이 나쁘다.

② 디스크 브레이크는 드럼식 브레이크에 비해 페이드 현상이 많이 발생되기 때문에 항상 주행 중 잡음이 더 많이 들린다.

③ 디스크 브레이크는 자기작동을 하지 않는 관계로 브레이크에 가해지는 유압의 압력이 커야 한다.

④ 벤틸레이티드 디스크 브레이크는 마찰면 중간에 구멍을 뚫어 냉각성은 좋게 했으나 안전성이 적고 패드의 수명이 적어 경주용에만 사용된다.

286 브레이크 작동 시 페달행정이 변화되는 원인이 아닌 것은?

① 브레이크액의 누설

② 패드 또는 라이닝에 오일 묻음

③ 브레이크 계통에 공기 유입

④ 푸시로드와 마스터 실린더의 간극 과대

287 금속분말을 소결시킨 브레이크 라이닝으로 열전도성이 크며 몇 개의 조각으로 나누어 슈에 설치된 것은?

① 위븐 라이닝

② 메탈릭 라이닝

③ 몰드 라이닝

④ 세미 메탈릭 라이닝

288 공기브레이크에서 제동력을 크게 하기 위해서 조정하여야 할 밸브는?

① 브레이크 밸브

② 안전 밸브

③ 체크 밸브

④ 언로드 밸브

289 잠김방지 브레이크 시스템 ABS(Anti Lock Brake System)에 관한 설명 중 틀린 것은?

① ABS 장치는 조향성 및 선회 안전성을 확보하고 제동거리를 단축시킨다.

② 유압 조정기(Hydraulic Control Unit)는 브레이크 마스터 실린더 유압을 직접 조절한다.

③ 휠 스피드 센서(Wheel Speed Sensor)는 각 바퀴의 회전 상태를 검출하여 컴퓨터로 입력 시킨다.

④ ABS장치가 고장 시에는 고장 지시등이 시동 후에도 계속 점등되어 있다.

290 전자제어 ABS 제동장치에 대한 설명 중 틀린 것은?

① 급제동 시 브레이크 페달에서 맥동을 느낄 수도 있다.

② 1개의 휠스피드 센서 고장 발생 시 ABS는 사용할 수 없게 된다.

③ ABS 제동장치는 선회 시 제동 중 선회안전성을 확보한다.

④ 제동 시 타이어의 슬립이 발생하면 모터가 작동되어 제동력을 증가시킨다.

291 ABS 차량에서 휠 스피드 센서의 설명으로 적당한 것은?

① 광전식 차속 센서와 같은 원리이다.
② 앞바퀴에만 설치된 형식도 있다.
③ 1개의 센서 불량 시 정상작동이 가능하다.
④ 바퀴의 회전속도를 톤 휠과 센서의 자력선 변화를 감지하여 컴퓨터로 입력한다.

292 전자제어 제동장치인 ABS의 구성요소가 아닌 것은?

① 휠 스피드 센서
② ECU
③ 하이드로릭 유닛
④ 조향휠 각도 센서

293 ABS의 셀렉트-로우(select low)방식이란 무엇인가?

① 제동시키려는 바퀴만 골라서 제동시키는 형식
② 제동력을 독립적으로 조정하는 방식
③ 좌우 차륜의 감속도를 비교하여 먼저 슬립되는 바퀴에 맞추어 유압을 동시에 제어하는 방식
④ 좌우 차륜의 속도를 비교하여 속도가 빠른 바퀴는 제동하고 속도가 느린 바퀴는 증속시키는 방식

294 자동차의 제동장치에 사용되는 부품이 아닌 것은?

① 리액션 챔버
② 모듈레이터
③ 퀵 릴리스 밸브
④ LSPV(Load Sensing Proportioning Valve)

295 승용자동차의 제동력에 관한 내용이다. 가장 옳은 것은?

① 일반적으로 전륜의 제동력이 후륜의 제동력보다 약하다.
② 일반적으로 전륜의 제동력과 후륜의 제동력은 같아야 한다.
③ 일반적으로 후륜의 제동력을 전륜의 제동력보다 약하게 한다.
④ 일반적으로 좌륜의 제동력보다 우륜의 제동력이 약해야 한다.

296 EBD(Electronic Brake-force Distribution) 장치의 특징에 해당되지 않는 것은?

① 제동거리를 단축시킨다.
② 선회 제동 시 안전성이 확보된다.
③ 마찰계수가 낮은 도로에서 출발 또는 가속 시 구동력을 저하시킨다.
④ 급제동 시 뒷바퀴가 먼저 고착되어 미끄러짐이 발생하는 것을 방지한다.

297 전자제어 제동장치인 EBD(Electronic Brake force Distribution)시스템의 효과로 틀린 것은?

① 적재용량 및 승차인원에 관계없이 일정하게 유압을 제어한다.
② 앞바퀴의 제동력을 향상시켜 제동거리가 짧아진다.
③ 프로포셔닝 밸브를 사용하지 않아도 된다.
④ 브레이크 페달을 밟는 힘이 감소된다.

심화문제 297-1 브레이크장치의 프로포셔닝 밸브에 대한 설명으로 옳은 것은?

① 바퀴의 회전속도에 따라 제동시간을 조절한다.

② 바깥 바퀴의 제동력을 높여서 코너링 포스를 줄인다.

③ 급제동 시 앞바퀴보다 뒷바퀴가 먼저 제동되는 것을 방지한다.

④ 선회 시 조향 안정성 확보를 위해 앞바퀴의 제동력을 높여준다.

298 TCS(Traction Control System)의 특징이 아닌 것은?

① 슬립(slip) 제어

② 프리뷰(preview) 제어

③ 트레이스(trace) 제어

④ 선회 안전성 향상

299 미끄러운 노면에서 가속성 및 선회 안정성을 향상시키고 횡가속도 과대로 인한 언더 및 오버 스티어링 현상을 방지하여 조향성능을 향상시키는 장치는?

① ABS(Anti Lock Brake System)

② TCS(Traction Control System)

③ ESC(Electronic Suspension Control)

④ 정속 주행 장치(Cruise Control System)

300 운행 자동차의 주 제동장치의 제동능력 판정기준 중 틀린 것은?

① 기타 자동차는 각축 제동력의 합이 차량 중량의 50% 이상

② 최고속도가 80km/h 이상이고, 차량 총중량이 차량 중량의 1.2배 이하인 자동차는 각축 제동력의 합이 차량 총중량의 50% 이상

③ 최고속도가 80km/h 미만이고, 차량 총중량이 차량 중량의 1.5배 이하인 자동차는 각축 제동력의 합이 차량 총중량의 40% 이상

④ 최고속도가 80km/h 미만이고, 차량 총중량이 차량 중량의 1.7배 이하인 자동차는 각축 제동력의 합이 차량 중량의 40% 이상

01	01-1	01-2	02	03	04	05	05-1	06	07	08	09	10	11	12	13	13-1	14	15	16
②	③	②	①	④	③	②	③	②	④	④	③	②	①	④	②	③	①	④	④

17	18	19	20	21	22	23	24	25	26	27	28	29	30	31	32	33	34	35	36
④	④	②	④	③	①	①	②	③	②	②	④	②	①	①	②	④	①	②	③

37	38	39	40	41	42	43	44	45	46	47	48	49	50	51	52	53	54	55	56
③	①	④	②	①	①	③	①	③	③	②	②	④	③	②	③	④	③	④	②

57	58	59	60	61	62	63	64	65	66	67	68	69	70	71	72	73	74	75	75-1
①	②	②	④	②	①	④	①	④	④	④	④	③	②	③	②	④	①	④	②

76	77	78	79	80	81	82	83	83-1	84	85	86	87	88	89	90	91	92	92-1	92-2
④	④	④	④	③	③	③	④	①	③	③	①	④	③	②	④	③	④	②	①

93	94	95	96	96-1	97	97-1	98	99	100	101	102	103	104	105	106	107	108	109	110
③	③	②	③	①	②	④	②	③	①	④	③	④	②	①	②	④	④	①	③

110-1	110-2	110-3	111	112	113	114	114-1	114-2	114-3	115	116	117	118	119	119-1	120	121	122	123
④	③	②	③	④	③	④	③	④	①	①	④	①	②	④	④	①	④	④	③

124	125	126	127	128	129	130	131	132	133	134	135	136	137	138	139	140	141	142	143
②	①	③	②	④	③	③	①	④	①	③	③	④	③	②	②	②	①	②	④

144	145	146	147	148	149	150	151	152	153	154	155	156	157	157-1	158	159	160	160-1	161
③	④	③	①	④	④	②	④	②	④	④	③	①	②	①	③	②	④	②	①

162	163	164	165	166	167	168	169	170	171	172	173	174	175	176	176-1	177	178	179	179-1
②	①	①	②	③	③	④	③	②	④	④	④	②	②	②	②	②	①	①	①

180	181	182	183	184	185	186	187	188	189	190	191	192	193	194	195	196	197	198	199
②	④	①	③	④	②	④	③	①	③	④	②	④	④	③	③	①	①	③	③

200	201	202	203	204	205	206	207	208	209	209-1	210	211	212	213	214	215	216	216-1	217
③	④	①	②	①	①	④	④	①	③	①	④	①	④	③	④	①	②	④	①

218	219	220	221	222	222-1	223	224	225	226	227	228	229	230	231	232	233	234	235	236
②	④	④	②	③	④	④	④	①	④	①	②	①	④	②	④	①	③	③	④

237	238	238-1	239	240	241	242	243	244	245	246	247	247-1	248	249	250	251	252	252-1	252-2
①	①	③	①	①	②	②	④	④	①	③	④	③	①	③	④	①	④	①	①

253	254	255	255-1	256	257	257-1	258	259	260	260-1	261	261-1	262	262-1	263	264	265	266	267
②	②	③	②	②	③	①	④	④	④	②	③	①	②	③	③	②	①	④	④

268	269	269-1	269-2	269-3	270	271	272	273	274	275	276	277	278	279	280	280-1	281	282	283
③	③	③	②	②	④	①	③	①	④	①	①	②	③	②	①	①	④	②	②

284	284-1	285	286	287	288	289	290	291	292	293	294	295	296	297	297-1	298	299	300	
③	③	③	②	②	④	②	④	④	④	③	①	③	③	①	③	②	②	④	

01 배기량

① 행정체적의 부피를 말한다.　　　　② 부피의 단위로 cm^3을 cc라고 표현한다.

③ 1기통 배기량 $=\pi r^2 \times L$　　　　④ 총 배기량은 1기통 배기량×기통 수

⑤ 압축비 $= \dfrac{실린더체적}{연소실체적}$　　　　⑥ 실린더체적 = 연소실체적 + 행정체적

문제에서 실린더의 지름과 행정을 주고 압축비를 주었다.

그리고 연소실체적을 구하라고 한다. 압축비는 $\dfrac{실린더체적}{연소실체적}$ → (제일 큰 체적 나누기 제일 작은 체적)으로 해결할

수가 있는데 실린더체적과 연소실체적을 알 수가 없다. 지름으로 실린더의 단면적(원의 단면적 $=\pi r^2$ ← 여기서 r은 반지름이다)을 구할 수 있고 거기에 행정(L)을 곱하면 피스톤이 위·아래로 움직이는 범위의 원기둥 부피, 즉 행정체적(즉, 1기통의 배기량)을 구할 수 있다. 행정체적을 구했다면 배기량의 내용 중 ⑤, ⑥을 조합해서

만든 압축비는 $\dfrac{연소실체적 + 행정체적}{연소실체적} = 1 + \dfrac{행정체적}{연소실체적}$ 으로 바꿀 수 있다. 이제 계산만 하면 된다. 배기량

의 단위는 CC이고 CC는 $1cm^3$이므로 모든 단위는 cm로 바꿔서 계산하면 편리하다 (지름 11cm → 반지름 5.5cm, 행정 10cm).

$3.14 \times (5.5cm)^2 \times 10cm = 949.85cm^3 (949.85cc)$

$17 = 1 + \dfrac{949.85}{연소실체적}$ 이므로 $16 = \dfrac{949.85}{연소실체적}$. 따라서 연소실체적은 $\dfrac{949.85}{16} = 59.36cc$가 된다.

심화문제

01-2 정방형 엔진은 실린더 내경과 행정이 같은 엔진을 뜻한다.

02 흔히 우리가 알고 있는 오픈카의 정식명칭을 컨버터블이라고 기억하면 된다.
이 컨버터블은 루프(지붕)를 구성하는 재질에 따라 하드탑과 소프트탑으로 구분할 수 있다.

03 도시마력 $= \dfrac{1500cc \times 3600rpm \times 5kg_f/cm^2}{75 \times 2} = \dfrac{1500m \times 3600/s \times 8kg_f}{75 \times 2 \times 100 \times 60} = 48ps$

4행정 사이클이므로 회전수를 2로 나눠줘야 한다.
cm를 m로 환산하기 위해 100으로 나눠줬고 분을 초로 환산하기 위해 60을 나눠줬다.

04 제동마력 $= 2\pi TN = \dfrac{2 \times 3.14 \times 10kg_f \times 1m \times 1200rpm}{75} = \dfrac{2 \times 3.14 \times 10kg_f \times 1m \times 1200rpm}{75 \times 60} = 16.7$

05 크랭크축이 2,100rpm으로 회전한다는 것을 초당 회전수로 환산하게 되면 $\dfrac{2,100}{60} = 35rps$가 된다. 피스톤이

크랭크축 1회전마다 행정을 2번 움직이게 되므로 크랭크축 1회전 당 피스톤은 (100mm = 10cm) → 10cm×2

$= 20cm$가 된다. 따라서 $\dfrac{35 \times 20cm}{sec} = 700cm/s = 7m/s$가 된다.

06 먼저 이론적인 부피부터 구하고 난 뒤 실제 흡입 공기량과 비교하여 체적 효율을 구하면 될 것이다. 이론적인 부피인 엔진의 총 배기량은

$\pi r^2 LN = 3 \times (40mm)^2 \times 90mm \times 4 = 3 \times (4cm)^2 \times 9cm \times 4 = 1,728cm^3 = 1,728cc$ 이고

엔진의 체적효율은 $\dfrac{실제\ 공기\ 흡입량}{이론적\ 흡입\ 공기량} \times 100 = \dfrac{1,296cc}{1,728cc} \times 100 = 75\%$

07 **주행저항**(Running Resistance) : 주행저항이란 자동차의 주행방향과 반대방향으로 주행을 방해하는 힘

(1) **구름저항**(Rolling Resistance)＝R_1

자동차의 주행 시 차륜에 발생하는 저항으로서 타이어의 변형, 노면의 굴곡에 의한 충격저항 및 차륜 베어링부의 마찰저항 등이 있다.

[공식1] 구름저항(R_1)＝$\mu \times W$

(μ : 구름저항계수, W : 차량총중량)

(2) **공기저항**(Air Resistance)＝R_2

자동차의 주행을 방해하는 공기의 저항으로 자동차의 투영면적과 주행속도의 곱에 비례한다.

[공식2] 공기저항(R_2)＝$\mu \times A \times V^2$

[μ : 공기저항계수, A : 전면 투영면적(㎡)＝(윤거×전고), V : 자동차의 주행속도(km/h)]

(3) **등판저항 또는 구배저항**(Grade Resistance)＝R_3

자동차가 경사면을 올라갈 때 차량중량에 의해 경사면에 평행하게 작용하는 분력의 성분이다. 경사면을 구배율(%)로 표시하면 다음과 같다.

[공식3] 등판저항(R_3) $= W \cdot \sin(\theta) = \dfrac{W \cdot G}{100}$

[W : 차량 총중량, θ : 경사각도, G : 구배율(%)]

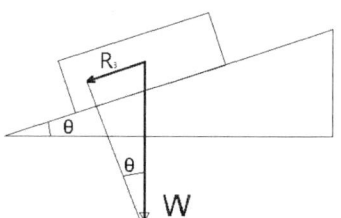

(4) **가속저항**(Acceleration Resistance)＝R_4

자동차의 주행속도를 변화시키는 데 필요한 힘을 가속저항이라 하며, 자동차의 관성을 이기는 힘이므로 관성저항이라고도 할 수 있다. 그리고 회전부분 상당 중량(w′)은 차량 변속비에 따라 상이하고 저속 시에 중요한 인자가 된다.

[공식4] 가속저항(R_4) $= \dfrac{(W+w')}{g} \times a$ ※ $a = \dfrac{나중속도(V_1) - 처음속도(V_0)}{주행시간(t)}(m/sec^2)$

(5) **전주행저항**(Total running resistance)＝R

※ 전주행저항(R)＝구름저항(R_1)＋공기저항(R_2)＋구배저항(R_3)＋가속저항(R_4)

08 **4WD, FF, FR 방식의 차량 동력전달 순서 및 특징**

(1) **동력전달 순서**

① **FF방식** : 엔진 → 클러치 → 변속기(트랜스액슬 : 변속기, 차동기어장치 일체형) → 구동축(등속자재이음) → 휠, 타이어

② **FR방식** : 엔진 → 클러치 → 변속기 → 추진축 → 종감속장치(차동기어장치 포함) → 구동축 → 휠, 타이어

③ **4WD방식**(후륜베이스 모델-2WD일 때 후륜주행)

엔진 → 클러치 → 변속기 → 추진축 → 종감속장치(차동기어장치 포함) → 구동축 → 휠, 타이어
　　　　　　　　　　↳ 트랜스퍼케이스 → (추진축) → 차동기어장치 → 구동축 → 휠, 타이어

(2) **특징**

① **FF 방식** : 전륜에서 모든 것을 다 끝내기 때문에 추진축 등이 불필요하고 부품의 무게를 줄일 수 있다. 또한 동력을 전달하면서 생기는 기계적인 마찰 역시 줄일 수 있어 경제적인 주행이 가능하다. 추진축이 없는 관계로 실내공간을 넓게 활용할 수 있다. 엔진룸에 엔진과 변속기가 대부분 정면에서 봤을 때 가로로 설치되어 있으며 구조가 복잡하고 변속기가 한쪽으로 치우쳐 있어 구동축의 길이가 다르게 설치되어야 한다. 이러한 특성 때문에 차량을 급출발시킬 경우 한쪽으로 차량이 쏠리는 현상이 발생될 수 있다.

② **FR 방식** : 급출발하게 되었을 때 노스업, 즉 무게 중심이 뒤로 쏠리게 되는데 후륜이 구동하게 되므로 동력을 고스란히 차량을 앞으로 보내는데 사용하기 유리하다. 일반적으로 엔진과 변속기가 세로로 설계되어 있으며 앞과 뒤 무게 배분이 좋고 조향휠과 구동휠이 분리되어 있어 부품에 피로도 적어 내구성에

도움이 된다. 다만, 구동휠과 조향휠이 따로 작동되는 관계로 조향안정성에는 취약한 구조이다.

　③ **4WD 방식** : 부품에 수가 많고 동력을 전달함에 있어 기계적인 마찰도 많아 경제적으로 차량을 운용하는 부분에 있어 단점을 가지고 있다.

09 엔진 해체 정비시기는 다음과 같다.

　㉠ 압축압력이 규정값의 70% 이하일 때

　㉡ 연료 소비율이 표준 소비율의 60% 이상일 때

　㉢ 윤활유 소비율이 표준 소비율의 50% 이상일 때

10 4기통 4행정 기관에서 3행정을 완성한다고 하였기 때문에 4행정 하는데 크랭크축이 회전하는 각도는 720°이고 이중 3행정에 해당하는 수식은 $720° \times \dfrac{3}{4} = 540°$가 된다.

11 ② 크로스 소기식＝횡단소기식　　　④ 유니플로 소기식＝단류소기식

소기방법의 종류

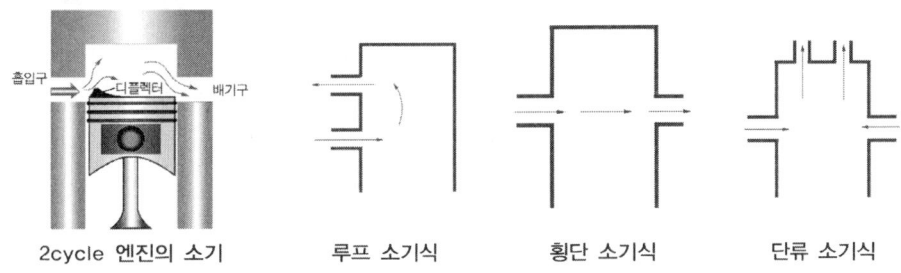

2cycle 엔진의 소기　　　루프 소기식　　　횡단 소기식　　　단류 소기식

12 실린더 내경과 행정 비에 따른 분류는 다음과 같다.

　(a) **단행정 엔진**(Over Square Engine) L/D<1 : 실린더 내경에 대한 행정의 비율이 1보다 작다.

　　① 피스톤의 평균 속도를 높이지 않아도 회전속도를 높일 수 있다.

　　② 측압이 크고, 엔진의 높이가 낮다.

　　③ 피스톤이 과열되기 쉽고, 베어링을 크게 해야 한다.

　　④ 흡입 효율을 높일 수 있다.

　(b) **정방행정 엔진** Square (L/D＝1)

　　실린더 내경과 피스톤 행정의 크기가 똑같은 엔진이다.

　(c) **장행정 엔진**(Under Square Engine) L/D>1 : 실린더 내경에 대한 행정의 비율이 1보다 크다.

　　① 흡입량이 많고, 폭발력이 크다.

　　② 저속 시 회전력이 크다.

　　③ 측압이 작고, 엔진의 높이가 높다.

심화문제
03-1　열역학적 사이클에 의한 분류

　(1) **오토 사이클**(Otto Cycle): 가솔린 엔진의 이론적인 사이클로 일정한 체적 하에서 연소가 일어나므로 정적 사이클이라고도 한다.

　(2) **디젤 사이클**(Diesel Cycle) : 저속 디젤엔진의 이론적인 사이클로 일정한 압력 하에서 연소가 일어나므로 정압 사이클이라고도 한다.

　(3) **사바테 사이클**(Sabathe Cycle) : 고속 디젤엔진의 이론적인 사이클로 정적과 정압 사이클을 혼합한 사이클이며, 합성 또는 복합 사이클이라고도 한다.

(4) **열역학적 사이클의 비교**
　① 공급 열량 및 압축비가 일정할 때의 열효율 비교 : 오토 > 사바테 > 디젤
　② 공급 열량 및 최대 압력이 일정할 때의 열효율 비교 : 오토 < 사바테 < 디젤
　③ 공급 열량 및 최고 압력 억제에 의한 열효율 비교 : 오토 < 디젤 < 사바테

14　과거에는 주철을 실린더헤드의 재료로 사용하였으나 현재는 알루미늄 합금을 사용하고 있다. 알루미늄 합금은 가볍고 열전도성이 좋은 장점을 가지고 있는 반면 열팽창계수가 크고 강성이 떨어져 내열성이 좋지 않다. 이런 단점 때문에 냉각수나 윤활장치에 문제가 발생되었을 경우 헤드에서 받는 열의 제어가 어렵게 되고 이는 실린더 헤드에 큰 손상을 입히게 되는 원인이 된다.

15　**연소실**(Combustion chamber)
　실린더헤드와 피스톤이 상사점에 있을 때 형성되는 공간으로 연소실체적(간극체적)이라 한다. 즉, 혼합 가스를 연소하여 동력을 발생시키는 곳이며, 구비조건은 다음과 같다.
　① 연소실 내의 표면적은 최소가 되도록 할 것
　② 가열되기 쉬운 돌출부를 두지 않을 것
　③ 밸브 구멍에 충분한 면적을 주어 흡·배기 작용이 원활하게 될 것
　④ 압축행정에서 혼합기에 와류를 일으키게 할 것

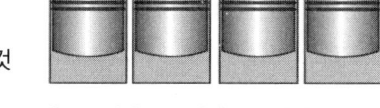

[반구형] [쐐기형] [욕조형] [지붕형]

　⑤ 연소실의 종류 ┬ I-head : 반구형, 쐐기형, 욕조형, 지붕형
　　　　　　　　　└ L-head : 리카도형, 제인웨어형, 와트모어형, 평편형

16　Pent roof(지붕형) 연소실은 다음과 같은 특징을 가지고 있다.
　㉠ 밸브가 일정한 각도로 대향하고 있다.
　㉡ 쐐기형보다 밸브 면적을 크게 할 수 있으므로 그 만큼의 출력 향상을 기대할 수 있다.
　㉢ 연소실 용적을 적게 하고 고압 압축비를 도모하기 위하여 피스톤 헤드부에 디플렉터를 설치한 것도 있다.
　㉣ 4밸브 엔진에서 중앙에 점화플러그를 설치하고 지붕 양쪽에 2개씩 흡배기 밸브를 배치한 형식이 전형적이다.
　㉤ 연소실 내의 소용돌이인 스쿼시의 발생이 용이하다.
　㉥ 혼합가스의 연소 속도를 높이고, 연비를 좋게 하는 효과가 있다.

17　**피스톤의 구비조건**
　㉠ 열전도성이 크고, 고온·고압에 견딜 것
　㉡ 열팽창률이 작으며 기계적 강도가 클 것
　㉢ 무게가 가벼우며, 관성이 작을 것

18　**링의 3대 작용** : 기밀작용(밀봉작용), 오일제어 작용, 열전도 작용(냉각작용)

19　**피스톤 링의 호흡작용**(플래터-Flutter 현상)
　엔진이 고속으로 작동하면 상사점에서 하사점으로, 하사점에서 상사점으로 피스톤의 작동 위치가 변환될 때 피스톤 링의 접촉 부분이 바뀌는 과정에서 순간적으로 떨림 현상이 발생되는 현상을 뜻한다. 이런 플래터 현상은 유막을 끊어 실린더 상부의 마모를 촉진시키고 블로바이 현상을 증대시키는 원인이 된다.

20　① 4행정 4기통 엔진의 위상차는 180°이다.
　② 인접한 실린더는 연이어 점화되지 않게 해야 한다.
　③ 2행정 단기통 엔진의 위상차는 360°이다.

21　실린더는 6기통, 행정은 4종류, 6과 4의 최소공배수는 12가 된다. 이를 구현하기 위해 하나의 행정을 3가지로 분류한다. "초·중·말" 이렇게 분류하면 행정이 총 12가지로 나눠지고 6기통을 중간 연결하는 바를 이용하여 총 12개로 분류한다. 그러면 실린더와 행정이 정확하게 하나의 카운트씩 맞아 떨어지게 된다. 단, 여기서 주의할 점은 본인이 정한 기준에서 왼쪽 방향으로 화살표를 그리고 역으로 행정을 카운트 해야 한다. 우수식·좌수식

구분하지 않아도 폭발 순서에서 바뀌어 카운터 되는 것은 같기 때문에 모두 접목이 가능하다. 4기통도 물론 접목 가능하다.

문제에서 흡기밸브와 배기밸브가 같이 열려있는 상태라고 표현하였다. 이는 배기말에서 흡입초로 넘어가는 밸브오버랩(정의겹침) 구간이라 생각하면 된다. 이러한 이유로 6번 실린더가 배기말이 된다. 그럼 6번부터 중간구간을 빠뜨리지 않고 하나씩 카운터 해나가면 1번 실린더는 자연스레 압축말 행정이 된다.

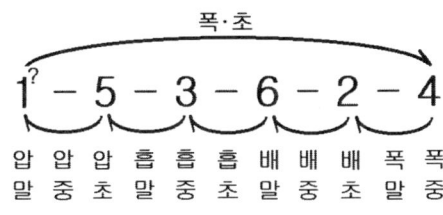

점화순서가 1-5-3-6-2-4인 직렬 6기통 4행정 엔진에서 제6번 실린더의 흡기밸브와 배기밸브가 같이 열려있는 상태로 되어 있다. 이때 크랭크축 회전방향으로 120도 회전시켰을 때 제1번 피스톤이 있는 위치로 옳은 것은?

6실린더의 위상차는 120도(4행정 사이클 엔진의 위상차=$\frac{720}{6}$=120)이다. 이런 이유로 크랭크축 방향으로 120도 회전을 시키게 되면 1번 실린더를 한 화살표만큼 더 이동하면 된다. 그러면 1번 실린더가 하고 있는 행정은 폭발중이 된다.

점화순서가 1-5-3-6-2-4인 직렬 6기통 4행정 엔진에서 제6번 실린더의 흡기밸브와 배기밸브가 같이 열려있는 상태로 되어 있다. 이때 크랭크축 회전방향으로 120도 회전시켰을 때 폭발행정 중에 있는 실린더는 몇 번인가? 행정을 기준으로 120도 크랭크축 방향으로 회전을 하게 되면 행정은 가만히 두고 돌아오는 실린더 번호를 확인하면 되는 것이다. 정답은 1번 실린더이다.

22 엔진 베어링의 종류인 배빗(개발자 이름을 인용)메탈은 다음과 같은 구성요소와 함유량으로 이루어져 있다.
Sn(80~90%) + Sb(3 ~ 12%) + Cu(3 ~ 7%) + Zn + Pb

23 베어링의 크러시와 스프레드
　㉠ 베어링 크러시(bearing crush) : 조립 시 베어링의 밀착이 잘 되고 열전도가 잘 되도록 하기 위해서 베어링의 바깥 둘레를 하우징의 안 둘레보다 크게 하여야 한다. 이 베어링의 바깥 둘레와 하우징의 안 둘레와의 차를 말한다.
　㉡ 베어링 스프레드(bearing spread) : 베어링을 끼우지 않았을 때, 하우징의 지름과 베어링 바깥쪽 지름의 차를 말하며, 통상적으로 차이는 0.125~0.50mm이며, 두는 이유는 조립 시 베어링이 제자리에 밀착을 좋게 하고, 크러시로 인한 안쪽으로 찌그러짐을 방지하며, 작업 시 베어링의 이탈을 방지한다.

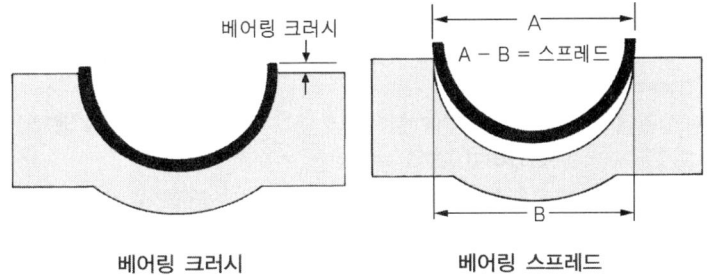

베어링 크러시　　　　　　　베어링 스프레드

24 흡기밸브와 배기밸브의 특징

구 분	온 도	간 극	헤드 지름	흡기밸브를 더 크게 하는 이유
흡기밸브	450~500℃	0.2~0.35mm	크 다	흡입효율 증대시킬 목적
배기밸브	700~800℃	0.3~0.40mm	작 다	

흡기밸브보다 배기밸브가 더 고온에 노출되고 이러한 이유로 밸브간극 역시 열팽창을 고려하여 배기밸브 쪽을 더 두게 된다. 이렇듯 간극을 결정하는데 밸브가 노출되는 온도도 중요한 역할을 하게 된다. 또한 밸브 스템의 길이가 길수록 열팽창계수가 큰 재질을 사용할수록 밸브간극은 더 커져야 한다.

25 옆의 그림처럼 밸브간극은 밸브 쪽 로커암 끝단의 조정 스크루 끝부분과 밸브스템 엔드 사이의 간극을 뜻한다.
캠축의 양정의 높이가 낮아졌다는 것은 밸브를 열 때의 높이 즉, 밸브의 열림량이 줄어든 것이다. 이유는 캠의 노즈 부분의 마모와 관련이 있으므로 밸브간극의 변화는 없다.

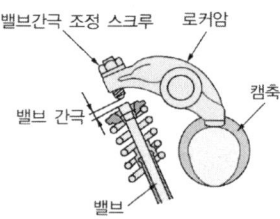

26 **밸브의 양정(h)**

$$= \frac{d_{(\text{밸브 지름})}}{4} = \frac{\text{캠의 양정}\times\text{밸브쪽 로커암의 길이}}{\text{캠축쪽 로커암의 길이}} - \text{밸브간극}$$

$$\text{밸브 리프터(양정)} = \frac{6.2mm\times45mm}{30mm} - 0.3mm = 9mm$$

27 기계적 충격이 반복적으로 발생되는 곳에 유압식 리프터를 사용하게 되면 밸브 간극을 항상 "0"으로 만들 수 있어 소음과 진동을 획기적으로 줄일 수 있고 내구성에도 많은 도움이 될 것이다.
②번 선지에서 밸브 개폐시기를 정확히 조절하는 내용은 맞지만 뒤에 소음이 다소 심하다는 내용이 틀린 것이다.

28 ㉠ 흡기밸브가 열린 동안 크랭크축이 회전한 각도 = 15°+180°+50° = 245°
㉡ 배기밸브가 열린 동안 크랭크축이 회전한 각도 = 45°+180°+10° = 235°
㉢ 밸브 오버랩 = 15°+10° = 25°

29 ① 오른쪽 그림에서처럼 흡·배기밸브의 작동을 관장하는 태핏의 간극이 맞지 않을 경우 출력이 부족한 원인이 될 수 있다.
② 연료의 공급압력이 높다 하여 출력이 부족한 원인이 되기는 어렵다.
③ 가솔린 엔진에서 점화시기가 늦어질 경우 출력이 줄어들게 된다. 반대로 너무 빠를 경우 노킹이 발생되니 적정한 점화시기를 찾는 것이 중요하다.

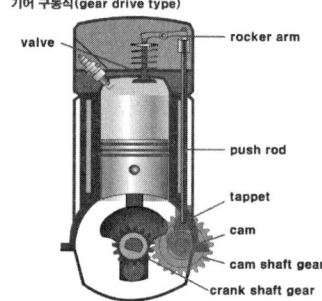

30 **라디에이터의 구비 조건**
㉠ 단위면적당 방열량이 클 것   ㉡ 공기 흐름 저항이 작을 것
㉢ 가볍고 경량이며 강도가 클 것   ㉣ 냉각수 흐름 저항이 작을 것

31 배출가스의 온도를 낮추는 목적으로 냉각장치를 활용하지는 않는다.

32 **수온 조절기**(Thermostat : 정온기)
수온 조절기는 실린더 헤드 물재킷 출구에 설치되어 냉각수 통로를 개폐하여 냉각수 온도를 알맞게 조절한다. 그리고 열림 온도는 65℃~85℃이고 95℃ 정도이면 완전히 개방된다.
㉠ **펠릿형** : 왁스의 팽창성과 합성 고무의 신축 작용으로 개폐하는 방식이다.
㉡ **바이메탈형** : 코일 모양의 바이메탈이 수온에 의해 밸브가 열리는 형식이다.
㉢ **벨로우즈형** : 에텔이나 알코올을 봉입하고 냉각수 온도에 따라서 액체가 팽창, 수축하여 밸브가 통로를 개폐하는 방식이다.

33 **냉각수와 부동액**
(1) **냉각수** : 산이나 염분이 없는 연수(증류수, 수돗물) 사용
(2) **부동액** : 원액과 연수를 혼합
　① **영구 부동액** : 에틸렌글리콜 – 현재 많이 사용(비등점 197.2℃, 응고점 –50℃, 불연성, 휘발되지 않음, 팽창계수가 크고 금속부식성 있음)
　② **반영구 부동액** : 메탄올(비등점 82℃)
　③ **기타** : 글리세린(비등점 290℃, 융점 17℃ – 저온에서 결정화, 단맛의 액체, 비중이 크고 산이 포함되면

금속부식성 있음)

영구 부동액으로 많이 쓰이는 에틸렌글리콜은 비등점이 높고 응고점이 낮은 장점을 가지고 있는 반면 열에 의한 팽창계수가 크고 금속을 부식시키는 단점을 가지고 있다. 이러한 이유로 라디에이터 캡에 압력밸브와 진공밸브를 만들어 온도가 올라갔을 때는 압력밸브가 작동되어 보조물탱크로 팽창된 부피만큼 이동시켰다가 온도가 다시 떨어지게 되면 진공밸브를 통해서 다시 냉각수 순환 라인으로 공급된다.

34 이 문제는 난이도 조절 문제로 출제한 신기술 문제이다.

출구제어방식과 입구제어방식

(1) **출구제어방식** : 수온조절기가 엔진의 냉각수 출구 쪽에 위치하는 형식

① 한랭 시 엔진을 단시간에 정상 작동 온도로 만들 수 있다.

② 수온의 행칭량(순간적인 온도차에 의한 갑작스런 온도변화)이 입구제어방식에 비해 크다.

③ 수온조절기 작동이 빈번하여 고장 확률이 높다.

(2) **입구제어(Bottom by-pass)방식** : 수온조절기를 엔진 냉각수 입구 쪽에 설치한 형식

① 수온조절기의 급격한 온도 변화가 적어 내구성이 좋다.

② 수온조절기가 열렸을 때 바이패스 회로를 닫기 때문에 냉각효과가 좋다.

③ 기관 내부의 온도가 일정하고 안정적인 히터 성능의 효과를 볼 수 있다.

④ 기관이 정지했을 때 냉각수의 보온 성능이 좋다.

⑤ 제어 온도를 출구제어방식 보다 낮게 설계하여 노킹이 잘 일어나지 않는다.

35

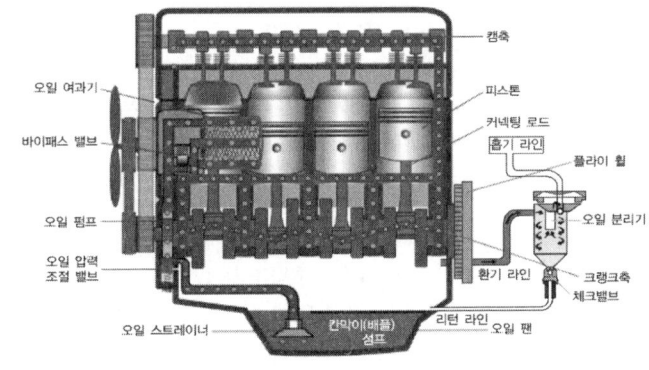

윤활장치의 구성

① 오일량이 부족할 경우 공기가 유압라인에 같이 공급되어 압력이 낮아지게 된다.

② 오일의 점도가 높아질 경우 오일이 끈적한 상태가 되기 때문에 압력은 높아지게 된다.

③ 유압조절 밸브 스프링이 약화될 경우 오일팬으로 회수되는 오일량이 많아지게 되므로 공급되는 오일의 압력은 낮아지게 된다.

④ 오일펌프의 마모 시 오일 공급의 효율이 떨어지게 되고 압력은 낮아진 상태에서 각 기계요소에 공급되게 된다.

36 밸브장치 소음의 직접적인 원인은 엔진오일의 윤활이 좋지 못할 경우이다. 특히 유압리프트를 사용하는 방식에서 오일의 부족은 밸브 작동 시 소음의 주된 원인이 될 수 있다. 그 외에 캠축이나 밸브 스프링의 상태가 좋지 못하여 불규칙한 진동을 야기할 경우 소음과 진동의 발생의 원인이 될 수 있다.

37 정답은 ③이다. 변별력을 위해 준비한 문제이다.

오스트발트 점도계 : 같은 부피의 표준액이 모세관을 흘러 내려가는 시간을 측정한다.

38 연료의 기본 분사량을 결정하기 위한 센서가 고장이 발생될 경우 엔진의 연료분사량 제어를 거의 할 수 없게 된다. 그나마 흡입공기량 센서는 부조(공회전 시 불안정하게 흔들리는 현상)가 심하게 나는 선에서 유지가 될

수 있지만, 크랭크각 센서가 고장날 경우 대부분의 엔진은 시동이 꺼지게 된다. 따라서 전자제어 엔진에서 주요센서가 주행 중 고장이 날 경우 기화기 방식에 비해 더 위험한 상황에 처할 수도 있다.

39 **상황별 공연비**

ⓐ 저온 시동 시=1:1

ⓑ 상온에서 시동 시=5:1

ⓒ 가속할 때 및 스로틀 밸브가 완전히 열렸을 때=8~11:1

ⓓ 경제적인 운전을 할 때=13:1

 ※ 시동 작업을 할 때 가장 농후한 공연비가 필요하다. 특히, 한랭시동 시는 더욱 많은 연료가 필요하게 된다.

40 ①-팔라핀계, ②-방향족계 ③-나프텐계(올레핀계), ④-알킨계

연료는 탄소와 수소의 유기화합물 혼합체이고 팔라핀계($CnH2n_{+2}$), 나프텐·올레핀계($CnH2n$), 방향족계($CnH2n_{-6}$), 알킨계($CnH2n_{-2}$)로 구별되고 각각 다른 특성을 가지고 있다.

이 성질 때문에 원유에 대해서도 어느 계통의 탄화수소를 주성분으로 사용되는가에 따라 팔라핀계 원유, 나프텐계 원유 그리고 중간계의 원유(팔라핀계 원유와 나프텐계 원유의 중간), 특수 원유(방향족 화합물이 많이 첨가된 것) 4종류로 분류하고 있다.

올레핀계 및 알킨계 탄화수소는 석유의 제조과정에서 생성되는 것이기 때문에 원유 중에는 존재하지 않는다.

41 기화기를 사용하는 엔진에 비해 공기와 연료의 혼합가스가 연소실로 유입되는 거리가 짧아지기 때문에 흡기관 설계의 자유도는 높아지게 된다.

42 압력과 온도에 따라 연료의 보정이 바뀌는 상관관계를 물어보는 문제이다.

ⓐ 압력이 낮아지면 단위체적당 공기 중의 산소의 밀도가 떨어지는 관계로 연료의 분사량도 줄어야 한다.

ⓑ 온도가 높아지면 단위체적당 공기 중의 산소의 밀도가 떨어지게 되므로 연료 분사량이 줄어야 한다.

 ※ 고지가 높은 산에 올라갔을 때, 더운 한증막에 들어갔을 때 숨쉬기 어려운 것과 관련지어 암기하시면 편할 것이다.

43 **칼만 와류식**(Karman vortex type) : 칼만 와류식은 공기의 체적 유량을 계량하는 방식으로 공기의 흐름 속에서 발생된 와류를 이용하여 공기량을 검출한다. 발신기로부터 발신되는 초음파가 칼만 와류에 의해 잘려질 때 칼만 와류 수만큼 밀집되거나 분산된 후 수신기에 전달되면 변조기에 의해 전기적인 신호로 컴퓨터에 보내는 방식의 공기 체적 검출 방식이다. 흡입 공기의 체적 유량은 전압에 비례한다.

44 흡입공기량을 측정하는 방식은 다음과 같이 정리할 수 있다.

(1) **직접계측 방식**

 ① 베인식(위치변화에 따른 가변저항 이용) - 체적 유량 방식 / L 제트로닉

 ② 칼만와류식(초음파 발신기와 수신기를 이용) - 체적 유량 방식

 ③ 열선·열막식(가는 백금선을 이용) - 질량 유량 방식

(2) **간접계측 방식** - MAP 센서식(반도체 피에조 압전소자 이용) / D 제트로닉

45 크래쉬-센서는 에어백 시스템의 구성요소로 사고의 유무를 검출하는 센서이다.

46 엔진 공회전 시에 부하를 주는 원인에 대해 정리하면 다음과 같다.

• 냉각수 온도가 저온일 때 • 에어컨을 작동시켰을 때

• 조향핸들을 조작하였을 때 • 전조등 및 열선 등 부하가 큰 전원장치를 작동시켰을 때

위와 같은 부하들을 조절하기 위해 엔진 ECU는 공전속도를 조절하는 액추에이터를 사용하게 된다. 제어하는 방식에 따라 직류모터(MPS 필요), 듀티제어, 스텝모터 등으로 나뉘게 된다.

47 ① 엔진이 공전상태에서 에어컨을 작동시키게 되면 팬벨트에 열결되어 있는 에어컨 컴프레셔가 부하를 받게되고 이는 동력을 전달시키는 팬벨트를 통해 크랭크축에 부하를 전달하게 된다. 순간 부하의 정도에 따라 엔진의 회전수를 보상해주지 못했을 경우 엔진부조가 날 수 있고 증상이 심할 경우에 엔진이 멈출 수 있기때문에 에어컨 작동신호에 의해 회전수를 높여주는 보상을 할 필요성을 가지게 된다.

② 노크 제어는 일반적으로 점화시점을 제어하는 경우가 대부분이다. 엔진이 부하를 받게 되는 순간 점화시점제어를 통해 엔진에 충격이 발생되지 않도록 하는 제어를 하게 된다. 문제에서 공전속도의 제어에 관해 질문했기때문에 노크 제어가 답이 되는 것이다.

③ 대시포트 제어란 감속 시나 변속 시 가속 페달을 급히 놓았을 때, 즉 스로틀 밸브를 급히 닫아 버리면 진동쇼크가 발생함과 동시에 배출가스 중에 HC가 증가하게 된다.

또한 종래부터 기계적인 대시포트가 사용되어 왔지만 ISC에 있어서도 같은 작동으로 스로틀 밸브를 서서히닫는 제어를 행하여 이러한 단점들을 보완할 수 있다. 이 역시도 주행하다가 스로틀밸브를 놓았을 때의 제어이기때문에 공전 시 엔진의 회전속도 제어라 할 수 있다.

④ 냉간 시 회전수를 보상하여 단시간에 엔진 정상작동 온도를 유지하기 위한 제어를 뜻한다.

48 수업하면서 자주 강조를 했던 중요한 문제이다. 연료의 기본 분사량을 결정하기 위해서는 엔진의 회전수와흡입공기량의 신호가 필요하다는 것이다. 즉, 크랭크 각 센서와 공기유량센서 이 두 가지로 기본 분사량을 결정짓는중요한 역할을 한다는 것이다.

49 ① **차속 센서의 종류** : 리드 스위치식(회전수에 비례한 ON—OFF 신호로 차속 검출, 광전식—옵티컬 방식(발광다이오드, 수광트랜지스터 사용), 전자식—위의 두 가지는 속도계 내에 설치가 되는 반면 전자식은 변속기에 설치되고 마그넷과 IC가 내장

② **크랭크 각 센서의 종류** : 전자 픽업식, 홀 소자식, 리드 스위치식, 광학식, 자기 저항, 소자식 등이 있다.

③ **노킹 센서의 종류** : PZT(압전소자) 압전체를 이용한 압전형 노크센서, 강자성 금속의 자기변형효과를 이용한자기변형형 노크센서 등이 있다.

④ **액셀레이터 포지션 센서** : 운전자의 가속 의사를 ECU가 입력받기 위한 신호로 가속페달의 물리적인 이동량에대한 변화를 측정해야 한다. 이러한 이유로 스로틀밸브의 개도량을 물리적으로 측정하는 가변저항(포텐셔미터)방식을 활용하면 된다.

50 연료의 보정에 영향을 미치는 센서로는 BPS, ATS, WTS, O_2 센서 등이 있다. 이 중 온도를 측정하는 ATS,WTS가 다른 보정 센서들 보다 가장 영향을 크게 끼친다는 것을 기억하길 바란다.

51 ②번 선지 : 문제에서 연료량 보정의 내용을 질문한 것으로 보정이란 상황에 맞게 연료를 조금씩 가감하는상황을 뜻하므로 연료를 차단하는 내용은 이에 해당되지 않는다.

52 노킹센서가 엔진의 실린더 블록에 조립되는 중앙의 파이프 부분을 제외한 센서 전체는 강화 플라스틱으로 쌓여진다.

53 ECU에 엔진 회전수의 정보를 입력시키는 크랭크각 센서와 회전의 기준점을 알려주는 1번 상사점 센서의신호가 입력되지 않았을 경우 대부분의 엔진에서 시동이 꺼지는 현상이 발생된다. 이는 두 센서의 정보를대신할 수 있는 기능을 가진 센서가 없기 때문이다. 이러한 상황을 이 문제에서는 페일세이프 기능이적용되지 않는 것으로 표현하였다.

54 **지르코니아 O_2센서**(Zirconia λ−sensor) : O_2센서는 고체 전해질의 지르코니아 소자(ZrO_2)의 양면에 백금 전극을설치하고 이 전극을 보호하기 위하여 전극 외측을 세라믹으로 코팅하였다. 센서의 안쪽에는 산소 농도가 높은대기가 있고 외측에는 산소 농도가 낮은 배기가스가 접촉되도록 되어 있다. 이 지르코니아 소자는 고온에서양측의 산소 농도 차이가 크면 기전력이 발생되는 원리를 이용하여 산소 농도차를 전압으로 ECU로 전달하여이론 공연비로 연료 분사량을 제어할 수 있는 정보를 준다.

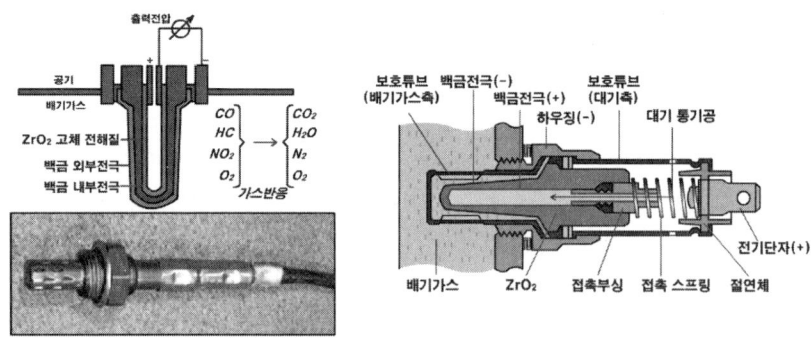

55 대부분의 센서는 입력되는 전원이 있어야지만 작동할 수 있다. 산소센서 중 유일하게 전원의 공급 없이 작동할 수 있는 것이 지르코니아 방식의 산소센서이고 이 문제가 출제되었을 당시 기준으로 다른 산소센서는 존재하지 않았던 관계로 O₂ 센서라고 표현한 것으로 판단된다.

56 • 개회로 제어 : 시스템의 이상 발생 시 피드백 제어를 하지 않고 페일세이프 및 림홈 제어를 하는 것을 뜻한다.
• **폐회로 제어** : 시스템이 정상적으로 제어되고 있는 것을 뜻한다.
• **인젝터의 듀티율** : 인젝터를 작동시키기 위한 ON 시간의 비율로 듀티율이 낮아지면 연료분사량은 줄어들게 된다.
• **백업 보정** : 컴퓨터의 오류, 센서의 고장 등으로 정상적인 제어가 어려울 경우를 대비하여 시스템의 최소(기본)기능을 유지하기 위한 값을 입력하여 그 값으로 대처하는 것이다.

②번 선지에서처럼 지르코니아 산소센서에서 낮은 전압이 출력될 경우 혼합비가 희박하다고 판단하고 듀티율을 높여 연료의 분사량을 늘리는 제어를 해야 한다.

57 피드백 제어에 있어서 결과를 자동적으로 재투입시키는 궤환 회로를 피드백 루프라 하고, 이 회로를 갖춘 시스템을 피드백 시스템(feedback system)이라고 한다. 반드시 폐쇄 루프가 형성되므로 폐쇄 루프 제어(closed loop control)라고도 하는데 이 제어를 공연비에 사용하기 위해 필요한 것이 산소센서이다. 일단 산소센서의 활성화 온도는 지르코니아 방식 기준 300℃ 이상으로, 이 조건이 만족되어야만 피드백 제어를 할 수 있다. 또한 냉각수 온도가 일정 온도 이상일 때의 경우에만 피드백 제어를 할 수 있다. 엔진의 온도가 정상 작동온도 이하에서는 엔진 워밍업작업을 하기 위하여 농후한 공연비를 필요로 하게 된다. 이럴 경우에는 피드백 제어를 하지 않는다. ④번 선지에서는 TPS 아이들 접점이 ON일 때라고 주어져 있는 경우이기 때문에 엔진 공전(공회전)상황이라 생각하면 된다. 정확하게 표현하자면 온간(따뜻한) 공전시라고 표현하는 것이 맞을 것이다. ①번 선지에서 주행 중 급가속 시란 정확히 농후한 공연비가 필요한 상황에 대해 설명하고 있다.

58 산소센서의 티타니아 소자는 농도에 따라 저항이 변화하기 때문에 자체적으로 기전력을 발생시키지 못한다. 따라서 전원을 공급(5V)하여 저항 변화에 따른 전압강하 값의 변화를 출력신호로 사용해야 한다. 배출가스가 희박한 경우에는 티타니아의 저항 값이 증가하여 전압강하 값이 커진다. 이때 출력전압은 전압이 강하되는 값을 기준으로 측정하게 된다. 따라서 출력전압 값이 4.5~4.7V 정도로 높아지게 된다. 반대로 배출가스가 농후한 경우에는 티타니아 저항 값이 감소하여 전압강하 값이 작아지기 때문에 0.3~0.8V의 낮은 전압이 출력된다.

59 산소센서는 공기과잉률을 뜻하는 람다가 1이 될 수 있도록 조절하는 센서로 일명 람다 센서라고도 불린다. 공기과잉률이 1일 때 촉매변환기의 정화율이 가장 높아지게 되고 유해물질의 배출량이 줄어들게 된다. 이 산소센서가 고장 시에는 공기과잉률을 1부근에서 제어하기가 어려워짐으로 배기가스 중에 유해물질의 발생량이 증가하게 된다.

60 **연료펌프**(Fuel Pump) : 연료펌프는 축전지 전원에 의해서 직류 모터를 구동하며, 주로 연료 탱크 내에 설치되는 내장형으로써, 연료탱크에 저장되어 있는 연료를 인젝터에 공급하는 역할을 한다. 연료펌프는 기관의 회전수가

50rpm 이상에서만 작동되고 기관이 정지되면 전원의 공급이 차단되므로 연료펌프는 작동되지 않는다. 체크 밸브는 기관이 정지하면 체크 밸브가 닫혀 연료 라인에 잔압을 유지시켜 베이퍼 록을 방지하고, 재시동성을 향상시키며, 릴리프 밸브는 연료펌프 및 연료 내의 압력이 과도하게 상승하는 것을 방지하기 위한 장치이고, 작동 압력은 4.5~6.0kg/cm² 정도이다.

61

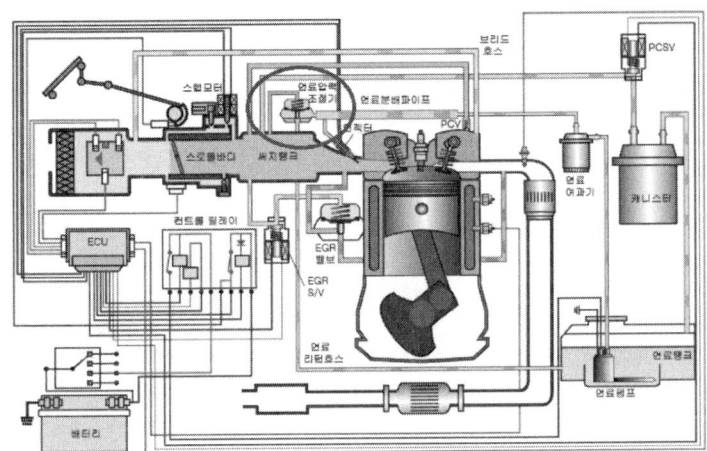

그림에서 원으로 표시한 연료압력 조절기의 윗부분에 진공호스가 써지탱크와 연결된 것을 확인할 수 있을 것이다. 써지탱크의 오른쪽에 인젝터설명한 제어를 하여 탱크쪽으로 리턴되는 양을 많게 하면 연료분배파이프에 일정한 압력을 유지할 수 있게가 설치되어 있는 부품이 흡기다기관(흡기매니폴드)이다. 상황에 따라서는 이 진공호스가 흡기다기관에 설치되어도 같은 역할을 수행할 수 있다. 이 진공호스에는 스로틀밸브의 개도량에 따라 부압이 걸릴 수도 대기압에 가까운 압력이 걸릴 수도 있다. 예를 들어 스로틀밸브의 개도량이 많지 않을 경우 흡입행정에 있는 피스톤이 상사점에서 하사점으로 공기를 당기려고 할 때 진공압(마이너스압력, 부압)이 높아질 것이다. 이럴 경우 연료압력조절기의 윗부분에 걸리는 진공압의 영향으로 조절기의 다이어프램(막)이 스프링의 장력을 이기고 위쪽으로 들어 올려질 것이고 이 때 리턴 밸브가 열리게 되어 연료탱크쪽으로 리턴되는 연료의 양이 많아질 것이다. 즉, 공전 시나 저부하 시 인젝터에서 분사되는 연료의 양이 많지 않은 관계로 연료분배파이프의 압력이 높아질 수 있다(연료펌프의 일정한 작동에 의해). 이럴 경우 되는 것이다.

62 연료압력조절기의 작동이 불량할 때 연료분배파이프(High-pressure lines)에 모여진 연료의 압력이 일정하지 않게 제어된다. 이럴 경우 연료분배파이프에 설치된 인젝터에서 연료를 분사하기 위해 작동하는 순간 연료의 분사량이 ECU의 목표치와 오차가 발생하게 된다.

63 집안에 가장이 경제적인 부분을 책임지듯이 엔진 ECU의 기본적인 책무는 연료와 공기의 양을 정확하게 맞춰나가는 것이다. 이를 제어하기 위해 AFS, CAS의 신호를 매인으로 기본 분사량을 결정하고 나머지 각종 센서의 정보를 바탕으로 연료의 보정량을 결정한다. 연료의 분사량을 결정한 ECU는 연료의 분사량을 정확하게 맞추기 위해 인젝터를 제어하게 된다. 인젝터를 제어하기 위해 컨트롤 릴레이를 거쳐 ECU는 전원제어를 하게 된다. ECU는 컨트롤 릴레이를 통해 전류를 통전(인가)시키는 시간에 의해 플런저를 작동시키고 이 플런저의 작동에 의해 발생된 유압은 니들밸브를 들어 올려 연료를 분사하게 된다.

64 앞 문제 해설 참조

65 분사구의 각도는 연료의 분포 정도를 결정할 수 있지만 분사량과는 상관이 없다.

65 냉간 시가 아닌 경우 기본연료의 분사량을 결정하기 위해 ECU가 입력받는 신호는 AFS와 크랭크각센서(CAS)이다. 이 문제에서는 시동할 때 기본 연료분사량을 결정하는 요소를 질문하는 것으로 냉간 확인용 WTS, 공전상태 확인용 TPS, AFS가 사용된다는 것을 알려준다.

상기 내용을 모르더라도 산소센서는 정상작동 온도인 370도 이상에서 정상 작동된다는 것을 알고 있다면 어렵지 않게 답을 선택할 수 있다.

67   ① 내리막길에서 주행할 때나 감속할 경우 엔진 내부의 연소실에 연료를 분사하지 않더라도 동력전달 장치를 통해 자동차가 주행하던 관성력이 엔진을 구동하기 때문에 엔진이 멈추지 않게 된다.

② 배터리의 전압이 낮을 경우 ECU의 제어에 의해 인젝터가 구동되는데 걸리는 시간이 지연되고 작동도 정확하지 않게 된다. 이러한 이유로 ECU에서 작동신호를 줬음에도 불구하고 인젝터의 니들밸브가 개방되기까지 지연되는 시간인 무효 분사시간이 길어지게 되는 것이다.

③ 급 가속할 경우 농후한 공연비가 필요하게 되고 이를 만족하기 위해 순차적으로 분사시간을 길게 제어하게 된다.

④ 지르코니아 산소센서는 배출가스 중의 산소의 농도와 대기 중의 산소의 농도차에 의해 기전력을 만들어 내는 장치로 배출가스 중의 산소가 부족할 경우(공연비가 농후) 대기 중의 산소의 농도차에 의해 1V에 가까운 높은 전압을 출력하게 된다. 이렇게 1V에 가까운 출력이 지속되면 ECU는 연료의 분사량을 줄이는 제어를 하여 공연비를 희박하게 제어한다.

68   과거에는 자동차의 성능에 비중을 두고 시스템을 개발하였지만 최근에는 환경 부분을 많이 고려하게 되었다. 하나의 예로 ISG(Idle Stop & Go—공전 시 엔진정지) 등의 기능으로 신호 대기 중에 연료를 차단하여 위 문제의 선지 ①~③까지의 장점을 구현할 수 있게 되었다. ISG의 기능을 적절히 잘 활용하기 위해서는 잦은 시동에 의해 발생될 수 있는 단점을 보완하여야 한다. 이를 보완하기 위해 개발된 것이 흡수성 유리섬유 축전지 —AGM(Absorbent glass mat) 배터리이다.

69   유압라인에 기체가 차는 것을 증기폐쇄(베이퍼록)이라고 한다.

■ 기체가 발생되는 이유

㉠ 유체가 고온에 노출되어 끓어서 증기화되었을 때

㉡ 유압라인에 압력이 낮을 때

㉢ 유체가 누유되었을 때

㉣ 이 모든 제어를 하기 위한 장치인 체크밸브의 밀착이 불량할 때

㉤ 스프링의 장력이 부족할 때 등

70   브레이크 파이프 내에 브레이크 오일의 잔압이 낮아지면 오일이 끓어 버릴 확률이 높아 증기폐쇄(베이퍼록) 현상이 잘 발생될 수 있다. 이와 같은 맥락으로 이해하면 된다.

71   인젝터의 분사 제어 방식은 크게 3가지로 나뉘며 다음과 같다.

㉠ 동시 분사(비동기 분사)는 각 기통을 동시에 <u>크랭크축 1회전에 1회 분사하는 방식</u>을 말한다.

⇒ 행정에 무관하게 1사이클당 2회 분사

㉡ 그룹 분사(정시 분사)는 2실린더씩 짝을 지어 분사시키는 방식을 말하며, 4기통의 경우는 1, 3기통과 2, 4번 기통의 2그룹으로 나누어 크랭크축 1회전에 1회씩 교대로 연료를 분사한다.

㉢ 동기 분사(독립 분사, 순차 분사)는 1사이클당 1회 분사로 각 기통마다 엔진 흡입행정 직전에 분사하는 방식을 말한다. ⇒ 배기 행정 끝 무렵에 분사한다.

72   **연료공급 차단(fuel cut) 제어** : 차량의 감속과 엔진이 고속 회전할 때 연료를 차단하여 연비의 향상 및 배출가스의 정화, 고속회전으로 인한 시스템의 파손 등을 방지할 수 있는 기능을 의미한다.

73   문제에서 무효분사시간에 대한 정의에 대해서는 언급이 되었고 이 무효분사시간에 가장 영향을 크게 끼치는 것은 인젝터 코일의 인덕턴스와 인가된 전류의 세기이다. 인덕턴스는 점화장치에서 학습했던 유도작용을 떠올리면 된다. 1차 코일에 자기유도작용, 2차 코일에 상호유도작용을 자기인덕턴스, 상호인덕턴스라 표현한다. 이 인덕턴스에 따라 플런저의 작동에 소요되는 시간이 변하게 된다. 또한 전류에 영향을 받는데 전류와 비례관계에 있는 배터리의 전압의 크기로 그 내용을 대신하였다. 니들밸브 역시 플런저의 작동에 의해 유압이 발생될 때 무게의 상관관계로 작동의 소요시간이 결정이 되는 요소이기 때문에 무효분사시간과 관련이 있다.

※ **연료분사시간＝(기본분사시간×보정계수)＋무효분사시간**

위 식에서처럼 연료분사시간은 무효분사시간에 영향은 받지만, 무효분사시간에 연료분사시간이 직접적인 영향을 주지는 못함을 설명하고 있다.

74 전압·전류제어방식의 인젝터

　㉠ **전압제어방식** : 인젝터에 직렬로 저항을 넣어 전압을 낮추어 제어하게 된다.

　　배터리 → 점화스위치 → 저항 → 인젝터 → ECU(NPN방식 TR제어)

　㉡ **전류제어방식** : 저항을 사용하지 않고 인젝터에 직접 축전지 전압을 가해 응답성을 향상시켜 무효분사 시간을 줄일 수 있다. 플런저를 유지하는 상태에서는 전류를 감소시켜 코일의 발열을 방지함과 동시에 소비를 감소시킨다.

75 흡입효율과 관련된 장치

　① **과급 방법** : 과급방법에는 배기터빈과급기와 기계 및 전기구동 과급기로 나눌 수 있다. 먼저 일반적인 상용형 디젤엔진에 주로 많이 사용되는 배기터빈과급기는 배출가스의 운동에너지를 활용하여 터빈을 회전시키고 같은 축으로 연결된 원심압축기로 공기를 1.5〜2.0bar의 압축하여 실린더에 공급하게 된다. 압축된 공기의 온도를 떨어뜨려 공기 중의 산소 밀도를 더욱 높이기 위한 장치로 인터쿨러가 사용된다. 이렇게 압축된 공기를 공급하고 연료의 분사량을 조금 더 늘리게 되면 같은 크기의 엔진에서 30〜45%의 출력이 더 높아지는 효과를 볼 수 있다. 이런 부수적인 장치들로 인한 무게의 증가분 10〜15%는 감안해야 한다. 과급기의 회전속도는 10,000 〜15,000rpm 정도이며 이 때 발생되는 열은 엔진오일 순환에 의하여 제어하게 된다. 과급차량의 후열을 필요로 하는 이유가 여기 있다.

　　그리고 기계구동 과급기는 엔진 동력을 이용하여 원심압축기를 구동하는 방식으로 배기터빈과급장치에서 발생되는 터보홀(저속 및 냉간 시 과급이 잘 되지 않는) 현상의 단점을 보완하여 어떠한 상황에도 안정적으로 흡입효율을 높일 수 있는 것이 특징이다. 하지만 엔진의 일부 동력을 사용해야 하므로 기관 유효출력은 감소된다. 전기구동식은 과급기를 전기모터를 이용하여 구동시키는 방식을 말한다. 과급하지 않는 상태로 운전할 경우에는 과급기를 정지시키고, 필요할 때만 구동시키기 위한 목적에 주로 사용하기 때문에 효율이 좋은 편이며 구동장치가 간단한 것이 특징이다.

　② **밸브개폐시기 제어 방법** : 4행정 1사이클 엔진에서 배기행정 말에서 흡입행정 초로 넘어가는 과정, 즉 흡기밸브 와 배기밸브가 동시에 열려있는 밸브 오버랩(정의겹침)을 엔진의 회전수에 따라 고속에서는 길게, 저속에서는 짧게 만들어서 공기의 흡배기 효율 및 연료의 사용 범위도 넓힐 수 있다.

　③ **배기장치의 배압감소** : 배기가스의 통로를 바꾸어 배기 소음을 적게 함과 동시에 배기 저항을 감소시키는 장치로 가변배기장치가 있다. 소음기 내에 복수의 통로를 설치하여 중·저속에서는 배기가스가 긴 경로를 통과하게 하여 배기 소음을 적게 하고, 고속 운전에서는 제어 밸브를 열어 바이패스나 배기 파이브를 충분히 사용하여 배기 저항을 적게 한다.

　④ 엔진의 회전과 부하 상태에 따라 공기 흡입통로를 자동적으로 조절해, 저속에서 고속에 이르기까지 모든 운전 영역에서 엔진 출력을 높여 주는 가변흡기장치가 있다.

`심화문제`

75-1 가변흡기다기관(Variable Intake Manifold)

　흡입공기의 관로의 길이를 엔진의 회전속도에 맞춰 조절함으로서 저속 성능저하 방지 및 연비 향상을 도모할 수 있다.

　(1) 구성

　　1차 포트(저속에서 사용 : 관로를 길게 함)

　　2차 포트(고속에서 사용 : 관로를 짧게 함)

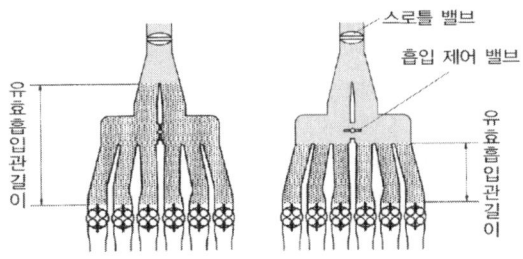

(a) 흡입 제어 밸브 닫힘　(b) 흡입 제어 밸브 열림

(2) 제어
① 저속 영역 : 관로의 길이를 길게 제어 → 공기의 유속을 빠르게 하여 관성 과급효과를 높임
② 고속 영역 : 관로의 길이를 짧게 제어 → 관성 효과를 줄여 빠른 회전수로 인해 흡입밸브에 부딪히게
되는 공기저항을 최대한 줄임

76 연소실 직접분사 장치(GDI)
압축행정 말에 연료를 분사하여 점화플러그 주위의 혼합비를 농후하게 하는 성층 연소로 매우 희박한 공연비
(25~40:1)에서도 쉽게 점화가 가능하도록 하였다.

(1) 와류(스월) 인젝터의 제어
① 부분부하 : 압축 행정 말에 분사(성층 연소 활용으로 초희박 연소)
② 전부하 : 흡입 행정 중에 분사(일반연소)

(2) 시스템의 장·단점
① 장점 : 엔진의 출력과 연비가 증대된다.
② 단점 : 고압분사 시스템으로 인한 소음과 진동이 증대되고 엔진 내구성에 문제가 될 수 있다.

77 배출가스
자동차로부터 배출되는 유해 가스는 연료탱크나 기화기로부터 배출되는 연료 증발가스, 기관의 크랭크 케이스로
부터 배출되는 블로바이 가스, 배기관으로부터 배출되는 배기가스의 3종류로 분류된다. 인체에 유해한 CO,
HC, NOx 등을 정화시켜 배출시키는 장치가 배기가스 정화 장치이다.

크랭크케이스
블로바이가스
약 20%

연료탱크
증발가스
HC−20%

배기관
배출가스
약 60%

④ 베이퍼록은 증기폐쇄현상으로, 즉 액체라인에 열이 가해져서 끓어서 기체가 발생되는 현상을 말하는 것이다.
주로 열에 많이 노출되는 브레이크 라인에서 주로 발생하게 되며 이 현상을 방지하기 위해서는 비점이 높은
오일을 사용하거나 라인의 압력을 높여 주면 된다. 압력이 높아지게 되면 끓는점이 올라가는 원리를 이용하는
것이다.

78 지구 온난화의 주된 원인 : CO_2

배출가스가 인체에 끼치는 영향		
CO	HC	NOx
• 산소 부족으로 어지럼증, 구토, 심한 경우 사망	• 호흡기와 눈을 자극, 심한 경우 암을 유발한다.	• 광화학 스모그의 원인 • NO_2 호흡기 질환 및 폐에 염증 유발, 눈을 자극

79 유해가스의 배출 특성
HC와 NOx가 대기 중에서 자외선을 받아 광화학 반응이 반복되어 눈,
호흡기 계통에 자극을 주는 것을 광화학 스모그라고 한다.
① 공전 시에는 CO, HC 증가, NOx 감소
② 가속 시에는 CO, HC, NOx 모두 증가
③ 감속 시에는 CO, HC 증가, NOx 감소 → 최근에는 퓨얼컷 제어로 세
가지 모두 감소함

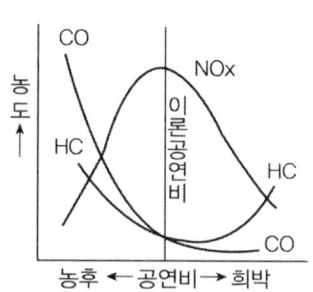

배출가스의 발생원인

CO	HC	NOx
• 공전 운전 시 • 공연비(혼합비) 농후	• 연소 시 소염 경계층 및 실화 • 공연비 희박 및 농후	• 고온(2000℃)·고압 연소 시 • 광화학 스모그의 원인

80 블로바이 가스 환원장치

– 공전 시나 경·중부하 시에는 PCV 밸브로 고부하 시에는 브리드 호스로 제어하게 된다.

– 블로바이 가스의 주된 성분은 HC이다.

– 같은 HC를 제어하는 장치인 연료증발 가스의 구성 장치들에 대해서도 알고 있어야 한다. 차콜 캐니스터와 PCSV이다.

81 퍼지 컨트롤 솔레노이드 밸브(PCSV)

캐니스터에 포집된 연료 증발 가스를 제어하는 장치이며, ECU의 제어 신호에 의하여 작동되어 캐니스터에 저장되어 있는 연료 증발가스를 흡기 다기관에 유입 또는 차단시키는 역할을 한다. PCSV는 공전 및 워밍업 전(엔진의 냉각수 온도가 65℃ 이하)에는 밸브가 닫혀 증발가스(HC)가 서지 탱크로 유입되지 않으며, 워밍업 되어 정상온도에 도달하면 밸브가 열려 저장되었던 증발가스(HC)를 PCSV가 ECU의 신호에 의해서 작동되어 서지 탱크에서 흡기 다기관을 통해 연소실로 유입되어 연소시킨다.

82 연료 증발가스 제어장치에 관한 질문으로 구성은 증발가스를 포집하는 차콜캐니스터와 ECU의 제어를 받아 흡기 쪽으로 환원하는 시기를 제어하는 PCSV 등으로 구성된다.

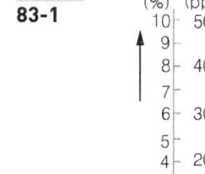
심화문제
83-1

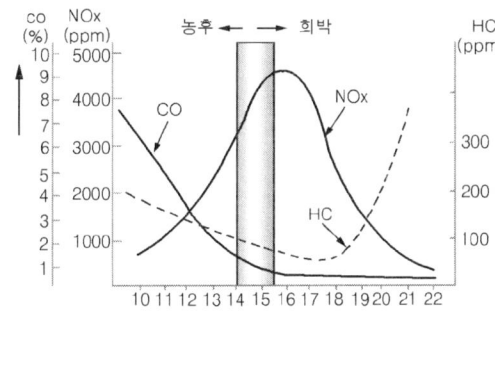

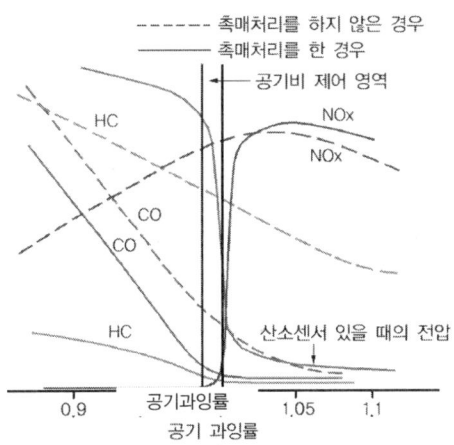

왼쪽 그래프는 이론적 공연비보다 조금 희박할 때 가장 NOx가 많이 배출되는 것을 보여주고 있다. 이론적 공연비에 가장 가까울 때는 "중속 중부하"에서 라고 정리해 두면 된다. 그리고 오른쪽 그래프는 공기과잉률이 1 부근에서 촉매장치의 정화율이 가장 높은 것을 확인할 수 있다.

$$공기과잉률(\lambda) = \frac{실제\ 공급된\ 공기량}{이론적으로\ 필요한\ 공기량}$$ 으로 나타낼 수 있으므로 공기과잉률이 1에 가까운 것이 이론적 공연비에 가까울 때라는 것을 알 수 있다.

84 공기과잉률(λ)에 따른 유해물질 발생 농도

㉠ 공기과잉이 "1"에 가까울 때(이론적 공연비) 정화율이 가장 높게 나타난다.

㉡ 산소센서의 중요성을 설명해준다.

85 미세한 분말을 한 백금은 그 부피의 100배 이상의 수소를 흡수하며, 적열(赤熱)한 백금은 수소를 흡수하여 투과시키는 특징이 있다. 이는 연료 중에 수소를 흡수하여 산화작용을 돕는 용도로 널리 사용하기 좋은 특성을 가지게 된다.

86 촉매 변환기 설치 자동차의 주의사항은 다음과 같다.

ㄱ 연료는 무연 가솔린을 사용할 것

ㄴ 자동차를 밀거나 끌어서 시동을 걸지 말 것

ㄷ 주행 중에는 절대로 점화스위치를 끄지 말 것

ㄹ 엔진가동 중에 촉매나 배기가스 정화장치에 손대지 말 것

ㅁ 촉매 변환기는 그 기능이 상실되면 교환한다.

ㅂ 무부하 급가속을 하지 말 것

위의 내용을 정리해 보면 연소되지 않은 연료의 성분인 HC가 가급적 촉매 변환기 쪽으로 직접 닿는 것을 방지하는 내용들이다.

①번 선지의 경우 출력을 제한하고 냉각수 온도가 80도 이내에서만 작동하도록 제어한다라고 표현되어 있다. 80% 이상 스로틀밸브를 작동시키더라도 연료의 분사량만 적절히 조절된다면 출력을 올리면서도 촉매 변환기에 크게 무리가 가지 않는 선에서 제어할 수 있다. 또한 냉각수의 정상작동온도가 80±5도임을 감안한다면 틀린 내용이 되는 것이다.

87 봄베의 구성요소로는 충전밸브(안전밸브 포함), 액상 송출밸브, 기상 송출밸브, 뜨개암(float arm), 배압밸브(back pressure valve) 등이 있다.

88 LPG의 봄베는 고온과 충격에 노출될 경우를 고려하여 용적량의 85% 정도로 충전량을 제한한다.

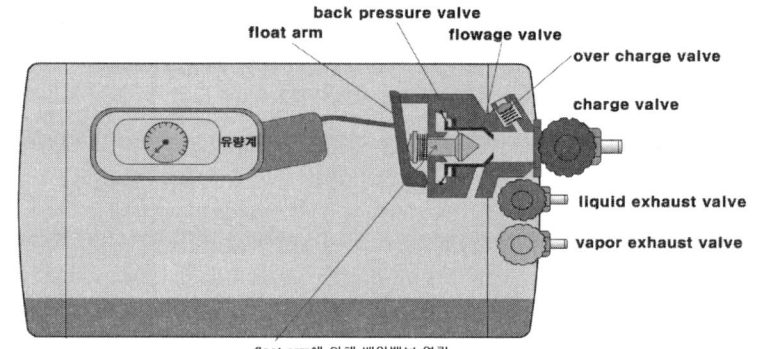

89 충전밸브 안에 위치한 안전밸브의 역할에 대한 설명이다. 봄베가 폭발 위험(24bar 이상 작동, 18bar 이하 닫힘)에 있을 때 강제로 LPG를 방출하게 된다. 참고로 과류방지 밸브는 액상송출밸브 내에 설치된 밸브로 연료 파이프가 손상되었을 때 작동되는 밸브이다.

90 LPG 엔진의 연료공급순서

봄베(연료펌프×, 자체 압력으로 공급) → 액·기상 송출밸브 → 긴급차단 전자밸브 → 액·기상 전자밸브 → 감압·기화장치(베이퍼라이저) → 가스 혼합기(믹서) → 연소실

91 ① 선지의 내용이 공회전 시 회전수를 올려주는 액추에이터 장치이며 이후 추가로 공전 시 들어가는 연료를 제어하기 위해 필요한 것이 공전속도 조절 밸브이다. 단어에서 알 수 있듯이 아이들업 솔리노이드 밸브는 ECU의 제어를 받는 액추에이터이고 공전속도 조절 밸브는 정비사가 인위적으로 조절할 수 있는 밸브이다.

92

연료	발열량(kcal/kg)	연료	발열량(kcal/kg)
경유	약 10,500	LPG	약 12,000
가솔린	약 11,000	천연가스	약 13,000

심화문제

92-1 가솔린 엔진과 LPG 엔진 모두 불꽃점화방식을 택하고 있지만 연료의 특성상 가지는 차이점에 대해 잘 정리해 둘 필요성이 있다.

■ LPG 연료의 특성

① 상온에서 가스 상태의 석유계 또는 천연가스계의 HC에 압력을 가해 액화한 연료이다.

② 냉각이나 가압에 의해 쉽게 액화되고 가열이나 감압하면 기화되는 성질을 이용하여 연료를 공급한다.

③ 액체 상태의 비중은 0.5 정도이고 기체 상태에서의 비중은 1.5~2.0 정도 되어 공기보다 무겁다.

④ 부탄과 프로판이 주성분이며 부탄의 함유량이 높으면 연비가 좋아지고 프로판의 함유량이 높으면 겨울철 시동성이 좋아진다. → 기화 한계온도(프로판 : −42.1℃ / 부탄 : − 0.5℃)

⑤ 옥탄가가 높아 노킹 발생이 적다(옥탄가 가솔린 91~94, LPG 100~120).

⑥ 높은 연소 온도 때문에 카본의 발생이 적고 연료가 저렴하여 경제적이다.

■ LPG 기관의 특징

① 배기가스 중에 CO 함유량이 적고, 장시간 정지 시 및 한랭 시 기동이 어렵다.

② 가솔린에 쉽게 기화되어 연소가 균일하여 작동 소음이 적다.

③ 봄베로 인해 중량이 높아지고 트렁크 공간의 활용성이 떨어지며 가속성이 가솔린 차량보다 못하다.

심화문제

92-2 퍼컬레이션이란 과거에 기화기식 가솔린 엔진에서 주로 발생되었던 현상이다. 긴 시간을 주행 후 시동을 껐을 때 연소실의 고온에 의해 가솔린이 증발하였다가 다시 시동을 걸 때 다량의 연료가 연소실에 유입되어 시동이 불량한 현상으로 LPG 엔진에서는 연료의 증발 잠열이 퍼컬레이션 현상을 방지해 준다.

93 LP가스는 부탄과 프로판이 주성분이며 부탄의 함유량이 높으면 연비가 좋아지고, 프로판의 함유량이 높으면 겨울철 시동성이 좋아지게 된다. → 기화한계온도(프로판 : −42.1℃ / 부탄 : −0.5℃)

94 LPG의 발열량이 휘발유보다 높기 때문에 엔진의 평균온도가 높아지게 된다. 따라서 엔진오일이 높은 열에 의해 산화되는 속도도 더 빠르다. 이러한 이유로 엔진오일 교환주기를 가솔린 엔진보다 더 짧게 가져가는 것이 좋다.

95 LPG기관과 달리 LPI기관에서는 봄베에 연료펌프를 설치해 인젝터까지 고압의 연료를 공급하게 된다. 이렇게 압력을 높여 인젝터까지 연료를 공급하게 되면 낮아진 압력에 의해 연료가 기화되는 것을 막을 수 있어 농후한 상태의 연료를 연소실에 공급할 수 있게 된다. 이로 인해 LPG기관이 가지는 단점을 보완할 수 있다.

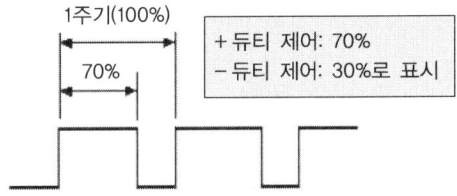

선지별 응답자 수에서 ④번 선지를 오답으로 많이 선택한 이유는 듀티제어란 난해한 용어 때문인 것으로 생각된다. 다음의 파형에서 전원이 들어간 시간과 그렇지 않은 시간의 비율의 차이를 만들기 위한 제어정도로 기억을 하면 된다.

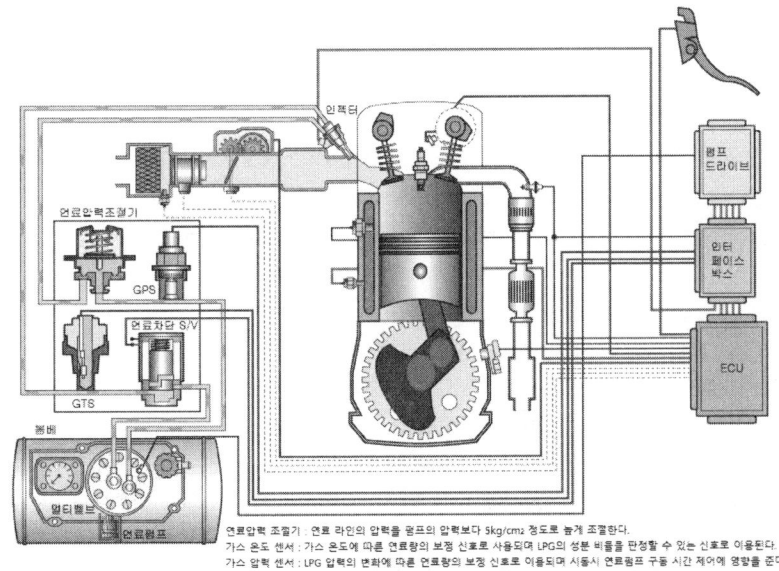

연료압력 조절기 : 연료 라인의 압력을 펌프의 압력보다 5kg/cm2 정도로 높게 조절한다.
가스 온도 센서 : 가스 온도에 따른 연료량의 보정 신호로 사용되며 LPG의 성분 비율을 판정할 수 있는 신호로 이용된다.
가스 압력 센서 : LPG 압력의 변화에 따른 연료량의 보정 신호로 이용되며 시동시 연료펌프 구동 시간 제어에 영향을 준다.
연료 차단 솔레노이드 밸브 : 연료를 차단하기 위한 밸브로 점화 스위치 OFF시 연료를 차단한다.

디젤기관의 장·단점

장 점	단 점
• 가솔린 엔진보다 열효율이 높다. • 가솔린 엔진보다 연료 소비량이 적다. • 인화점이 높아 화재의 위험이 적다. • 배기가스에 CO, HC 양이 적다.	• 마력당 중량이 무겁다. • 평균유효압력^{주)} 및 회전속도가 낮다. • 운전 중 진동 소음이 크다. • 기동 전동기의 출력이 커야 한다.

주) 평균유효압력
- 평균유효압력 : 폭발 행정에서 연소가스의 압력이 피스톤에 작용하여 피스톤에 행한 일(균일한 압력 기준)
- 평균유효압력 = 일 / 행정체적 → 일에 비례, 배기량에 반비례. 즉, 배기량이 작으면서 많은 일을 하면 높다.
- 제동평균유효압력(4행정 승용 기준 : 단위 bar) → 오토기관 7~12, 디젤기관 5~7.5로 디젤기관이 낮다.

97 자동차의 배출가스의 색

자동차의 배출가스 색(흰색, 검은색, 무색)으로 차량의 일반적인 사항을 진단할 수 있는 항목은 다음과 같다. 단, 추운 겨울철에 시동을 걸 경우 흰 연기나 물이 떨어지는 경우를 볼 수 있는데 이는 배출가스의 온도와 외기의 온도차이 때문에 발생하는 현상으로 차량에 문제가 있는 경우는 아니다.

① **흰색** : 배출가스가 흰색으로 나타날 경우에는 오일이 연소되어서 일어나는 현상으로 흡·배기 밸브의 가이드씰이 마모된 경우, 실린더 헤드 가스켓이 파손되어 엔진오일이 연소실로 들어간 경우, 피스톤링의 마모가 심한 경우 등으로 요약할 수 있다.

② **검은색** : 검은색의 경우는 공연비 중 공기의 함유량이 부족한 경우, 즉 공연비가 농후한 상태에서 이러한 증상이 일어나게 된다. 원인으로는 공기청정기(에어휠터) 막힘, 연료의 분사시기가 맞지 않아 완전연소가 일어나지 않은 경우, 분사펌프의 조정 불량 및 노즐 불량으로 인한 연료의 과다 분사 등의 경우 배출가스가 검은색을 띄게 된다.

③ **무색** : 정상적인 배출가스의 색은 무색 또는 약한 푸른색 및 보라색을 배출하게 된다.

이 문제는 연료의 분사량과 관련되어 제어하는 요소 중 거리가 먼 것을 고르는 문제이다. 검은색 매연과 직접적인 관련이 있는 문제이므로 같이 정리해 두면 좋다. 앵글라이히 장치, 분사노즐, 딜리버리 밸브(토출밸브)는 디젤엔진의 연료장치에서(기계식) 분사량 및 분사 보정량, 연료 분사 후 후적 등을 결정짓는 구성요소라 할 수 있다.

① **앵글라이히 장치(Angleichen device)** : 앵글라이히 장치는 제어랙이 동일한 위치에 있어도 모든 범위에서 공기와 연료의 비율을 알맞게 유지하는 역할을 한다.

② **분사 노즐(Injection nozzle)** : 분사 노즐은 분사 펌프에서 보내준 고압의 연료를 미세한 안개 모양으로 연소실 내에 분사하는 일을 하는 장치이다.

③ **딜리버리 밸브(Delivery valve)** : 고압의 연료를 분사 노즐로 송출시켜주며, 배럴 내의 압력이 낮아지면 닫혀, 연료의 후적과 역류를 방지한다.

참고로 색으로 차량을 점검하는 방법 중 대표적인 또 하나의 예인 엔진오일의 색깔로 점검하는 방법을 추가 기술한다.

■ 엔진오일 색깔로 점검하는 방법

① **검은색** : 교환 시기를 넘겨 심하게 오염되었을 때
② **붉은색** : 가솔린이 유입되었을 때
③ **우유색** : 냉각수가 섞여 있을 때
④ **회 색** : 연소생성물인 4에틸납[$(C_2H_5)_4Pb$]의 혼입
- 엔진오일을 점검할 때는 차량을 평지에 두고 엔진워밍업이 끝난 상태에서 엔진의 시동을 끄고 레벨게이지를 활용하면 된다.
- 자동변속기 오일의 점검은 시동을 걸고 점검한다.

98 **디젤 연소 과정의 4단계**

(1) 착화지연기간(연소 준비기간)

연료가 실린더 내에서 분사시작에서부터 자연발화가 일어나기까지의 기간(A~B)으로 통상 $\frac{1}{1000}$ ~ $\frac{4}{1000}$ 초를 두며 이 착화지연기간이 길어지면 디젤 노크가 발생한다.

① 착화지연의 원인
  ㉠ 연료의 착화성 및 공기의 와류
  ㉡ 실린더 내의 압력 및 온도
  ㉢ 연료의 미립도 및 분사상태

② 착화지연기간이 짧아지는 경우
  ㉠ 압축비가 높은 경우
  ㉡ 분사시기를 상사점 근방에 두는 경우
  ㉢ 연료의 무화가 잘되는 경우
  ㉣ 흡기 온도가 상승하는 경우
  ㉤ 와류가 커지는 경우

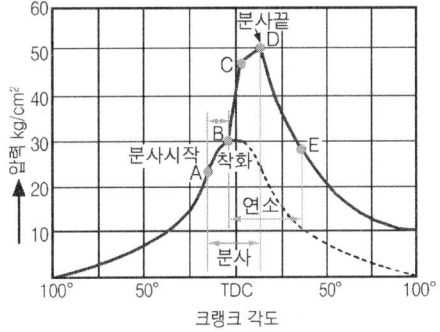

디젤 연료의 연소 과정

(2) 화염 전파기간(폭발 연소기간, 정적 연소기간, 급격 연소기간)

연료가 착화되어 폭발적으로 연소하는 기간(B~C)으로 회전각(시간)대비 압력 상승비율이 가장 큰 연소구간이다. 또한 실린더 내의 압력이 급상승하는 기간이다.

(3) 직접 연소기간(제어 연소기간, 정압 연소기간) : 분사된 연료가 분사와 동시에 연소하는 기간(C~D)으로 실린더 내의 연소 압력이 최대로 발생하는 구간이다.

(4) 후기 연소기간(무기 연소기간) : 직접 연소기간 중에 미 연소된 연료가 연소되는 기간(D~E)이며, 팽창행정 중에 발생하는 것으로 후기 연소기간이 길어지면 연료소비율이 커지고 배기가스의 온도가 높아진다. 특히 연소과정의 4단계 중 가장 연소기간이 길다.

99 디젤기관에서 연료공급의 3가지 방식에는 독립형(대형엔진), 분배형(소형엔진), 공동형(커먼레일식) 등이 있다. 시험에 자주 출제되는 형식은 독립식 분사펌프를 택하고 있는 엔진이다.

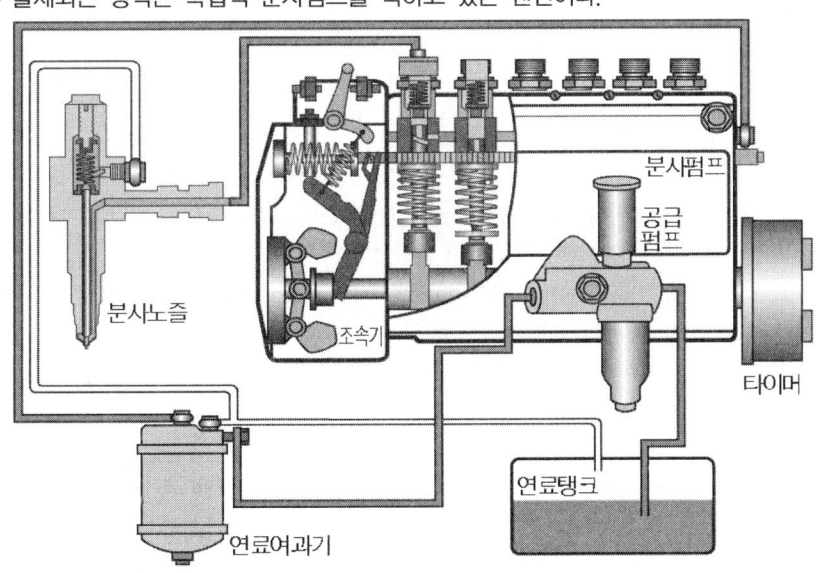

이 연료 분사펌프의 특징은 양쪽에 엔진의 회전수에 따라 분사량을 보정하는 조속기와 분사시점을 보정하는 타이머로 나눌 수가 있다. 분사량을 보정하기 위해 사용하는 조속기는 플런저의 리드의 모양에 따라 정리드, 역리드, 양리드로 구분할 수 있다. 이 셋의 특징은 다음과 같다.

① **정 리드형**(Normal lead type) : 분사개시 일정, 분사말기 변화되는 플런저이다.
② **역 리드형**(Reverse lead type) : 분사개시 변화, 분사말기 일정한 플런저이다.
③ **양 리드형**(Combination lead type) : 분사개시, 분사말기 모두 변화되는 플런저이다.

정리드형   역리드형   양리드형

엔진의 부하, 회전속도에 따라 연료 분사시기를 조절하고, 보쉬형 연료 분사펌프의 분사시기는 펌프와 타이밍 기어의 커플링으로 조정하며, 보쉬형 연료장치의 분사압력의 조정은 분사노즐 스프링 또는 노즐 홀더에서 한다.

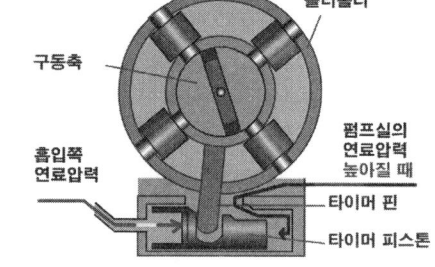

■ **분사시기를 빠르게 하는 시기**
① 시동을 할 때
② 기관의 부하가 클 때
③ 기관의 회전수를 높일 때
④ 급격한 구배(언덕길)를 오를 때

100 오른쪽 QR 코드를 리딩하면 교보재와 함께 관련된 내용의 해설을 들을 수 있다.

101 디젤엔진에서 연료의 분사시기를 빠르게 가져갈 경우 연소실의 낮은 압력에서의 연료 분사로 인한 연료의 착화지연으로 이어지게 된다. 착화지연은 디젤엔진에서 노킹의 주된 원인이 되고 이로 인한 불완전 연소로 배기가스가 흑색을 띄게 되고 출력은 떨어지게 된다. 다만, 낮은 연소실의 압력에서 연료를 분사하게 될 경우 분사압력이 증가되지는 않는다.

102 앵글라이히 장치는 저속 회전 시 연료량 부족으로 인한 부조를 막고 고속 회전에서는 공기가 부족하게 되어 불완전연소를 일으키는 현상을 막기 위해 기관의 모든 속도 범위에서 공기와 연료의 비율이 알맞게 유지되도록 하는 기구이다. 특징은 조정래크의 위치가 동일한 상태에서 흡입공기량에 알맞은 연료를 분사하게 도와주는 것이다.

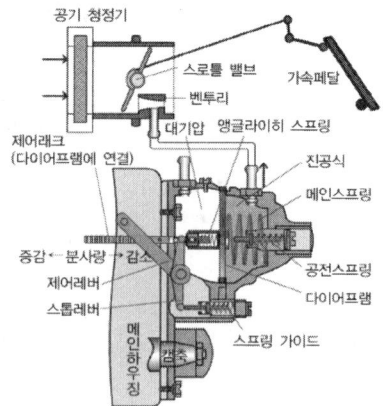

103 **토출밸브(Delivery valve)**

고압의 연료를 분사 노즐로 송출시켜 주며, 배럴 내의 압력이 낮아지면 닫혀, 연료의 후적과 역류를 방지한다. 즉, 배럴 내의 압력이 일정 압력 이상이 되었을 때 분사관으로 연료를 송출하는 일종의 체크밸브이다. 밸브 내의 압력은 150kg/cm^2 이상 올려야 하며, 작동압력은 10kg/cm^2 이상이다.

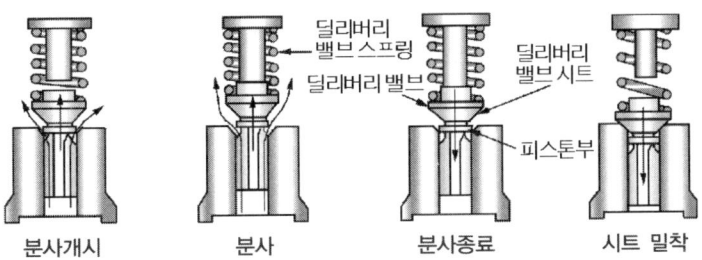

| 분사개시 | 분사 | 분사종료 | 시트 밀착 |

104 ① **타이머** : 디젤엔진의 부하 및 회전 속도에 따라 연료 분사시기를 조절한다.

③ **태핏** : 캠축의 회전 운동을 직선 운동으로 바꾸어 플런저에 전달하는 장치로 연료의 분사 간격이 일정하지 않을 때 간극을 조정하기 위한 스크루가 설치되어 있다.

④ **딜리버리 밸브(토출 밸브)** : 고압의 연료를 분사 노즐로 송출시켜주며 배럴 내의 압력이 낮아지면 닫혀서 연료의 후적과 역류를 방지하는 기능을 한다.

105 **분사량의 불균율 산출식** : ± 3% 이내

ⓐ (+) 불균율 $= \dfrac{\text{최대 분사량} - \text{평균 분사량}}{\text{평균 분사량}} \times 100$ ⓑ (−) 불균율 $= \dfrac{\text{평균 분사량} - \text{최소 분사량}}{\text{평균 분사량}} \times 100$

(+) 불균율 $= \dfrac{66cc - 60cc}{60cc} \times 100 = \dfrac{6cc}{60cc} \times 100 = 10\%$

106 **(1) 연료 분무 형성의 3대 요건** : ① 관통력 ② 분산(분포) ③ 무화

(2) 분사 노즐의 구비 조건

① 분무가 연소실의 구석구석까지 뿌려지게 할 것

② 연료를 미세한 안개모양으로 하여 쉽게 착화되게 할 것

③ 연료의 분사 끝에서 완전히 차단하여 후적이 일어나지 않을 것

107 **분사 노즐의 분류와 특징**

구분	밀폐형(폐지형)				개방형 (사용 안함)
	구멍형		핀틀형	스로틀형	
	단공식	다공식			
분사압력	100~300kg/cm^2		100~150 kg/cm^2	100~140 kg/cm^2	밸브 없이 항상 열려 있음
분사각도	4~5도	90~120도	4~5도	45~65도	
분공직경	0.2~0.4mm		1mm	1mm	

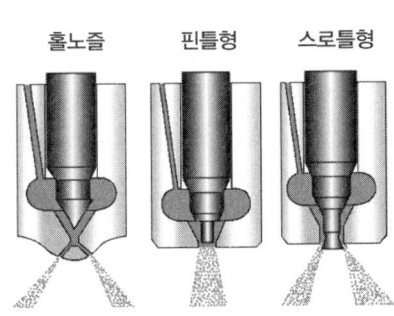

홀노즐   핀틀형   스로틀형

108 노즐홀더 안쪽의 조정 스프링의 장력을 조정하여 분사 압력 조정이 가능하다.

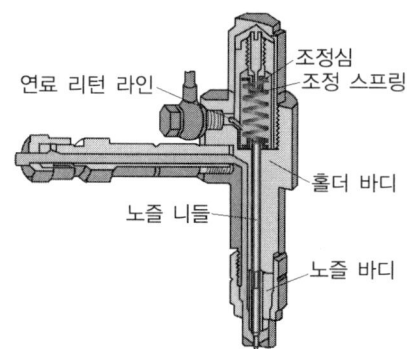

연료 리턴 라인 / 조정심 / 조정 스프링 / 홀더 바디 / 노즐 니들 / 노즐 바디

109 디젤엔진의 연소실 종류

종 류	단 실 식	복 실 식		
연소실 종류	직접분사실식	예연소실식	와류실식	공기실식
예열 플러그	필요가 없다.	필요로 하다.	필요로 하다.	필요가 없다.
분 사 압 력	200~300kg/cm^2	100~120kg/cm^2	100~140kg/cm^2	

110 **(1) 직접분사실식**(Direct injection chamber type)**의 특징**

① 열효율이 높고, 구조가 간단하고, 기동이 쉽다.
② 실린더 헤드와 피스톤 헤드에 요철로 둔다.
③ 연소실체적에 대한 표면적 비가 작아 냉각손실이 적다.
④ 사용연료에 민감하고 노크 발생이 쉽다.
⑤ 출력이 큰 대형 엔진에 적합하다.

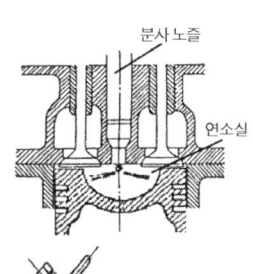

분사 노즐 / 연소실

(2) 예연소실식(Precombustion chamber type)**의 특징**

① 운전이 정숙하고, 노크를 가장 일으키기 어려운 연소실이다.
② 사용연료 변화에 둔감하므로 연료의 선택 범위가 넓다.
③ 분사압력이 낮아 연료장치의 고장이 적고, 수명이 길다.
④ 연소실 표면적에 대한 체적비가 크므로 냉각손실이 크다.
⑤ 연료소비율 및 냉각손실이 크며, 연소실 구조가 복잡하다.
⑥ 압축비가 높아 큰 출력의 기동 전동기가 필요하다.

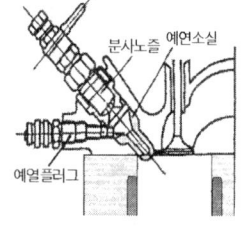

분사노즐 / 예연소실 / 예열플러그

(3) 와류실식(Turbulence chamber type)**의 특징**

① 엔진의 회전속도 범위가 넓고, 고속회전이 가능하며, 운전이 원활하다.
② 분사압력이 낮아도 되고, 연료소비율이 비교적 적다.
③ 압축행정에서 발생하는 강한 와류를 이용하므로 회전속도 및 평균유효압이 높다.
④ 실린더 헤드의 구조가 복잡하고, 저속에서 노크발생이 쉽다.
⑤ 분출구멍의 조임 작용, 연소실 표면적에 대한 체적비가 커 열효율이 낮다.

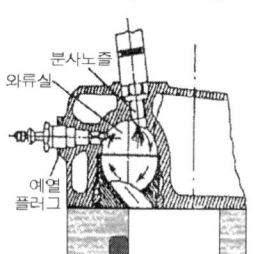

분사노즐 / 와류실 / 예열 플러그

(4) 공기실식(Air chamber type)**의 특징**

① 폭발압력이 가장 낮고, 압력상승이 낮고, 작동이 조용하다.
② 연료가 주연소실로 분사되므로 기동이 쉽다.
③ 연료소비율이 비교적 크고, 분사시기가 엔진 작동에 영향을 준다.

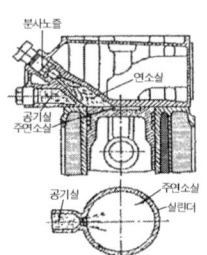

분사노즐 / 연소실 / 공기실 주연소실 / 공기실 / 주연소실 실린더

• **사용되는 연료에 민감하고 노킹에 가장 취약한 구조**
  : 직접분사실식 〉 와류실식 〉 공기실식, 예연소실식

- **연료소비율이 높은 순서** : 예연소실식, 공기실식 〉 와류실식 〉 직접분사실식

111 분사펌프를 사용하는 디젤엔진에서 연소 과정에 영향을 주는 주요변수

(1) 분사량의 제어
 ① 제어랙과 제어피니언의 상관관계로 조절
 ② 조속기의 작동으로 인한 보정제어 　③ 앵글라이히 장치를 통한 보정제어
 ④ 플런저의 리드 형식(정리드, 역리드, 양리드)에 따른 분사초·말의 제어

(2) 타이머를 통한 분사시기 제어
(3) 분사노즐의 연료 분무 형성의 3대 요건 : ① 관통력 ② 분산(분포) ③ 무화
(4) 예열장치를 통한 착화지연 방지

112 감압 장치(데콤프장치 : De-Compression Device)

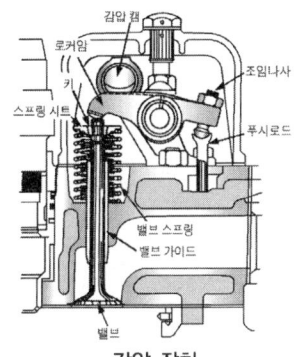

감압 장치

디젤엔진은 압축압력이 높기 때문에 한랭 시 기동을 할 때 원활한 시동이 어렵다. 이런 점을 고려하여 시동할 때 흡기밸브나 배기밸브를 캠축의 운동과는 상관없이 강제적으로 열어서 기관의 시동 또는 조정을 위하여 회전시킬 때 실린더 내의 압축압력을 감압시켜 기관의 시동을 도와주는 장치이며 디젤엔진을 정지시키는 역할도 할 수 있다.
④선지는 과급기에 대한 설명이다.

113 예열플러그

구 분	코 일 형	실 드 형	예열플러그가 단선되는 원인
발 열 량	30〜40W	60〜100W	• 예열시간이 길다.
예열시간	40〜60초	60〜90초	• 과대전류가 흐른다.
회로연결	직렬접속	병렬접속	• 엔진 작동 중에 예열시킬 때
발열온도	950〜1050℃	950〜1050℃	• 엔진이 과열되었다.

※ 히트 릴레이(heat relay)는 예열플러그에 흐르는 전류가 크기 때문에 기동전동기 스위치의 소손을 방지하기 위하여 사용하는 것이다.

114

가솔린 노킹과 디젤 노킹의 비교	노킹 저감 인자	디젤 노킹	가솔린 노킹
• 가솔린 노킹은 연소의 말기에 발생하는데 비하여 디젤 노킹은 연소 초기에 나타남이 특징적이다.	① 압축비	높게 한다	낮게 한다
	② 실린더 벽 온도	높게 한다	낮게 한다
	③ 흡기온도	높게 한다	낮게 한다
	④ 흡기압력	높게 한다	낮게 한다
	⑤ 회전속도	빠르게 한다	빠르게 한다
• 노킹이란? 실린더 및 연소실 안에 심한 압력 진동이 생겨 이때 피스톤이 실린더 벽을 해머로 두들기는 금속음이 나는 현상을 말한다.	⑥ 옥탄(세탄)가	높다	높다
	⑦ 실린더의 체적(용적)	크게 한다	작게 한다
	⑧ 연료의 착화온도	낮게 한다	높게 한다
	⑨ 연료의 착화지연	짧게 한다	길게 한다

가솔린 노킹의 주된 원인은 조기점화이고 디젤 노킹의 주된 원인은 착화지연이다. 연소 중에 와류를 일으켜 화염전파 거리를 짧게 만들고 속도를 높이는 것이 연소의 효율적인 측면이나 노킹을 줄일 수 있는 방법 중에 하나라는 것을 기억하길 당부한다.

심화문제
114-2 가솔린의 연료의 특성상 착화온도가 높은 관계로 불꽃 점화방식을 택하고 있다.
④번 선지는 디젤엔진의 노킹을 줄이는 방법으로 기억하면 된다.
다음은 디젤엔진의 노킹에 대한 문제이니 같이 풀어보고 정리하자.

114-3 • ③번 선지 내용처럼 분사 후 노즐에 후적(연료가 맺히는 현상)이 발생되면 다음번 연료분사 시에 영향을 끼치게 되어 착화가 잘 발생되기 어렵다(뭉쳐진 연료가 불이 붙기 힘든 원리이다).

• ④번 선지 내용처럼 분사시기가 지나치게 빠르게 되면 압축압력이 제대로 발생되지 않은 상황에서 연료가 분사되면 낮은 압력 때문에 착화가 발생되기 어려운 환경이 된다.

115 혼합비가 희박할 경우 연료 입자사이의 거리가 멀어지게 되므로 화염전파 하는데 소요되는 시간이 길어지게 된다. 이는 연소속도 저하의 원인이 된다.

116 가솔린 엔진에서 압축비를 높이게 되면 연소실에 고온 고압 조건을 만들기가 용이해져 출력을 높이고 연료소비율을 감소시키는데 도움이 된다. 하지만 지나친 압축비의 증가는 조기점화의 원인 될 수 있고 이는 가솔린 엔진에서 노킹의 주된 원인이 된다. 이러한 이유로 노킹이 발생되지 않는 정도에서 압축비를 높이는 것이 시스템에 이로운 영향을 줄 수 있는 방법 중에 하나가 되는 것이다.

117 **노크가 엔진에 미치는 영향**
　ㄱ 연소실 온도는 상승(연소실 벽면의 가스층을 파괴)하고 배기가스 <u>온도는 낮아진다.</u>
　ㄴ 최고 압력은 상승하고 평균 유효압력은 낮아진다.
　ㄷ 엔진의 과열 및 출력이 저하된다.
　ㄹ 타격 음이 발생하며, 엔진 각부의 응력이 증가한다.
　ㅁ 배기가스의 색이 황색 및 흑색으로 변한다.
　ㅂ 실린더와 피스톤의 손상 및 고착이 발생한다.

118 과급기는 엔진의 출력을 향상시키기 위해 흡기다기관에 설치한 공기 펌프이다. 즉, 강제적으로 많은 공기량을 실린더에 공급시켜 엔진의 출력 및 회전력의 증대, 연료소비율을 향상시킨다. 과급기는 배기가스에 의해 작동되는 배기 터빈식과 엔진의 동력을 이용하는 루트식이 있다. 과급기를 설치하면 엔진 중량이 10~15% 증가하고, 출력은 35~45% 증가하게 된다.

119 **과급기의 종류**
　ⓐ 배기 터빈 과급기 – 터빈과 압축기형
　ⓑ 기계 구동식 과급기(엔진동력)–루트형, 슬라이딩 베인식, 원심식 과급기, 회전 피스톤식 등...
　ⓒ 복합형 과급기(배기+기계식) – 압력파 과급기　　　ⓓ 전기 구동식 과급기

120 인터쿨러는 임펠러와 흡기다기관 사이에 설치되어 과급 임펠러에 의해서 과급된 공기는 온도가 상승함과 동시에 공기밀도의 증대비율이 감소하여 노킹이 발생되거나 충전효율이 저하되게 된다. 따라서 이러한 현상을 방지하기 위하여 라디에이터와 비슷한 구조로 설계하여 주행 중 받는 공기로 냉각시키는 장치를 장착하게 되고 이를 인터쿨러라 한다. 인터쿨러는 전자에서 언급한 공랭식과 냉각수를 이용하여 냉각시키는 수랭식이 있다.

121 과급기의 터빈 앞쪽에 설치되며 배출가스의 양이 많아질 때 배압이 차지 않도록 터빈을 거치지 않고 바로 배출이 되게 하는 보상장치를 뜻한다.

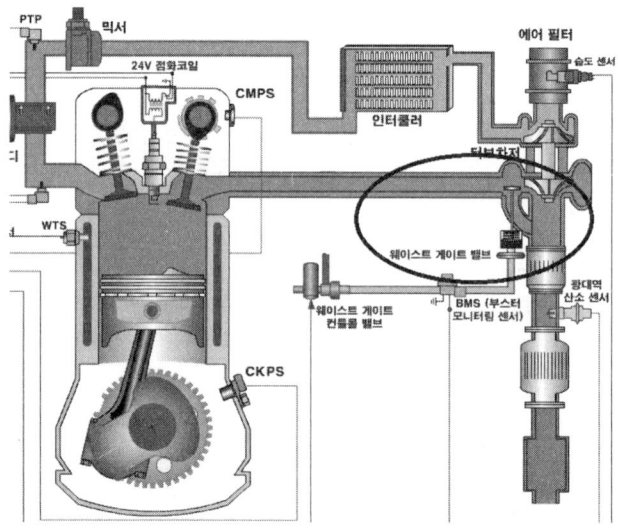

122 ① 디젤 분사펌프의 설치공간이 엔진 주변에 위치하여 꽤 큰 부피를 차지하게 된다.

④ 전자제어 디젤 분사장치의 고압분사 펌프는 높은 압력으로 제어되기 때문에 더 높은 정밀도를 요하게 된다. 따라서 생산이나 보수하는 비용도 상당히 높다.

123 전자제어 디젤엔진에서 입력받는 신호는 가솔린의 전자제어 엔진에서 입력받는 신호와 거의 동일하다. 다만, 산소센서 대신 DPF의 막힘 정도를 측정하는 차압센서를 두고 있다. 그리고 연료의 분사량을 측정하는 센서는 따로 두고 있지 않다.

124 오른쪽 그림에서처럼 따로 고압의 펌프를 사용하지 않고 펌프와 노즐을 일체화시킨 것을 유니트 인젝터라 한다.

125 CRDI 방식에 대한 설명으로 분사압력을 발생시키는 고압펌프와 ECU의 제어를 받아 연료를 분사하는 인젝터를 활용해 분사 과정이 독립적으로 이루어진다. 다음 문제에서 압력의 발생과 분사장치가 같이 묶여져 있는 시스템에 대해 언급한다.

로커암
캠축
캠
유니트 인젝터
연료 리턴 라인
연료 입구
예열 플러그

②번 선지 : 분사압력이 속도에 따라 증가하지 않도록 압력을 일정하게 유지해주는 조절장치의 제어가 있어 제한 압력 이상으로 올라가지는 않는다.

③번 선지 : 밸브를 구동하는 캠축의 동력을 타이밍 체인으로 받아 고압펌프를 작동시키며 작동된 고압의 연료를 일시 저장하는 축압기(커먼레일)등 구조가 단순하지 않다.

④번 선지 : CRDI 전자제어 디젤엔진에서는 다단분사가 가능하다.

연료분사

㉠ **예비(파일럿)분사** : 연료분사를 증대시킬 때 미리 예비분사를 실시하여 부드러운 압력 상승곡선을 가지게 해준다. 그 결과 소음과 진동이 줄어들고 자연스런 증속이 가능하다.

㉡ **주분사** : 메인 분사로 출력을 발생하는 역할을 한다.

㉢ **후분사** : 배기가스 후처리 장치인 DPF(Diesel Particulate Filter)에 쌓인 입자상물질(PM)을 태워 없애기 위해 사용하는 분사를 말한다.

126 ③, ④ 선지의 내용이 상충되는 것을 알 수 있다. 이러한 이유로 ①, ② 선지는 답이 될 수 없다. 디젤 차량을 타보신 분들은 열선 경고등은 3초 정도 지나고 꺼진다는 것을 알 것이다. 예열이 끝난 후에도 열선을 계속 작동시키게 되면 연소실이 고온에 노출될 경우 열선이 단선될 확률이 높아지게 된다. 따라서 ③ 선지 내용이 답이 되는 것이다. ② 선지의 내용을 모르는 분들은 공부했던 기본서에 내용을 정리해 두면 다음 공부할 때 편리할 것이다.

127 배기가스 재순환장치(EGR)의 작동원리를 생각하면 답을 쉽게 찾을 수 있다.

산소량이 부족한 배출가스 중에 일부를 흡기 쪽으로 흘리는 이유는 연소실의 산소의 농도를 낮추어 이론적 공연비부근에서 농후한 쪽으로 공연비를 바뀌게 하기 위함이다.

이렇게 될 경우 출력이 떨어지고 엔진의 온도가 낮아져 결과적으로 질소산화물의 배출량을 줄일 수 있도록 도와준다.

128 **도체의 고유저항(R)**

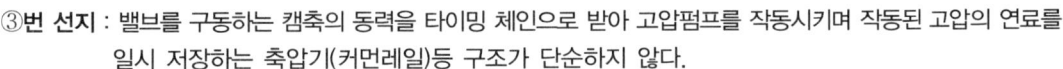

$$R_{\text{도체의 저항}(\Omega)} = \rho_{\text{단면 고유저항}(\mu\,\Omega\,cm)} \times \frac{\ell_{\text{도체의 길이}(cm)}}{A_{\text{단면적}(cm^2)}}$$

식에서 단면적과 저항은 반례관계인 것을 알 수 있다. 일반적인 금속은 온도가 상승함에 따라 저항도 같이 커지는 정특성의 성질을 가지고 있으나 자동차에서 온도를 측정하는 용도로 주로 사용되는 반도체 소자는 부특성 서미스터(NTC)로 온도의 상승에 따라 저항이 감소하는 성질이 있다.

129 회로의 합성저항부터 구하고 옴의 법칙을 사용하면 해결할 수 있는 문제이다.

합성저항 $R = \dfrac{1}{\dfrac{1}{3} + \dfrac{1}{3} + \dfrac{1}{3} + \dfrac{1}{3}} = \dfrac{3}{4} \Omega$ 이 된다.

여기에 옴의 법칙을 사용하면 $I = \dfrac{E}{R} = \dfrac{24}{\dfrac{3}{4}} = \dfrac{96}{3} = 32A$ 가 된다.

전압이 24V가 되는 이유는 그림에서 12V의 배터리가 직렬접속 되어 있다.
같은 전압과 용량의 배터리 2개가 직렬접속 되면 전압이 2배 병렬접속 되면 용량이 2배가 된다.

130 계산 문제에서 완전히 무너진 수험생이 많다. 정답률이 7%가 되지 않는다.
이 문제는 옴의 법칙과 피 흘리는 아이에서 응용된 식 $P = I^2 \cdot R$이란 식으로 해결할 수 있다. 여기서 P = 전력(w),
I = 전류(A), R = 저항(Ω)이다.
"$P_1 = (I_1)^2 \cdot R$" 식에서 기동전동기의 저항을 먼저 구할 수 있다. 10Kw = $(20A)^2 \times R$이란 식에서 R을 구하면
$R = \dfrac{10,000}{400} = 25\Omega$이 된다.(10Kw = 10,000w)

기동전동기의 저항은 바뀌지 않는다. 따라서 "$P_2 = (I_2)^2 \cdot R$" 이 식을 다시 사용하면
$P_2 = (40)^2 \times 25 = 1600 \times 25 = 40,000w = 40Kw$가 된다.

131 키 스위치(점화 스위치)
시동을 걸기 위해 자동차 키를 돌려 작동하는 스위치로 4개의 단계로 구성되어 진다.
　㉠ **LOCK(OFF)** : 자동차의 전원을 완전히 차단하기 위한 단계이며 이 때 조향핸들을 조작하면 핸들이 잠기게
　　된다.
　㉡ **ACC(Accessory)** : 자동차의 액세서리 부품의 전원을 공급하는 단계로 카오디오, 시가라이터, 내비게이션
　　등의 전원을 사용할 수 있다.
　㉢ **ON** : 시동 걸기 전의 단계와 걸고 난 이후의 단계로 나눌 수 있다.
　　ⓐ 시동 OFF 상태 : 계기판, 연료펌프, ABS 모듈레이터, 시동을 돕기 위한 예열장치 등에 전원을 공급하는
　　　단계이다.
　　ⓑ 시동 ON 상태 : START 단계 이후에 시동이 걸린 상태에서는 엔진의 회전수가 50rpm 이상 입력되므로
　　　시스템을 정상적으로 작동시키기 위한 모든 장치에 전원이 공급된다.

132 전원의 종류
　㉠ IG_1 : 시동을 걸기 위한 최소한의 전원으로 점화 스위치 START 단계에서 공급되는 전원이다.
　㉡ IG_2 : 일반적인 전자부품에 사용되는 전원(계기판, 전조등, 에어컨, 와이퍼, 에탁스 등)으로 점화 스위치 ON
　　단계에서 공급되는 전원이다.
　㉢ ACC : 점화스위치 ACC단계에서 공급되는 전원이다.
　㉣ 상시전원 : 점화스위치 LOCK 단계에서 공급되는 전원으로 도난경보장치, 블랙박스 등에 전원을 공급한다.
　※ ECU는 자동차키 ST위치에서 IG_1의 전원을 공급하기 위해 크랭킹 신호를 받는다.

133 트랜지스터(Transistor)
불순물 반도체 3개를 접합한 것으로 PNP형과 NPN형의 2가지가 있으며, 트랜지스터는 각각 3개의 단자가
있는데 한쪽을 이미터(Emitter=E), 중앙을 베이스(Base=B), 다른 한쪽을 컬렉터(Collector–C)라 부른다.
작용에는 적은 베이스 전류로 큰 컬렉터 전류를 만드는 증폭 작용과 베이스 전류를 단속하여 이미터와 컬렉터
전류를 단속하는 스위칭 작용이 있으며, 회로에는 증폭 회로, 스위칭 회로, 발진 회로 등이 있다.
　㉠ **트랜지스터의 장점**
　　ⓐ 진동에 잘 견디고, 극히 소형이고 가볍다.

ⓑ 내부에서의 전압 강하와 전력 손실이 적다.

ⓒ 기계적으로 강하고 수명이 길며, 예열하지 않아도 곧 작동된다.

ⓛ 트랜지스터의 단점

ⓐ 역 내압이 낮기 때문에 과대 전류 및 과대 전압에 파손되기 쉽다.

ⓑ 정격 값(Ge = 85℃, Si = 150℃) 이상으로 사용되면 파손되기 쉽다.

ⓒ 온도가 상승하면 파손되므로 온도 특성이 나쁘다.

채터링 작용

배전기 내의 단속기 접점 스위치나 릴레이의 접점이 닫힐 때 한 번에 닫히지 않고 여러 번 단속(斷續)을 반복하는 것을 뜻하는 것으로 이는 회로의 오동작 원인이 되는 동시에 접점의 소모를 촉진시키게 된다.

134 납산 축전지 화학반응식

(양극판)		(전해액)		(음극판)	(방전)	(양극판)		(전해액)		(음극판)
PbO_2	+	$2H_2SO_4$	+	Pb	$\rightleftarrows$	$PbSO_4$	+	$2H_2O$	+	$PbSO_4$
(과산화납)		(묽은황산)		(해면상납)	(충전)	(황산납)		(물)		(황산납)

135 ① 유화는 각 극판이 영구 황산납현상이 진행되어 충전전압을 축전지에 가하더라도 황산을 극판에서 때어내지 못하게 된다. 이는 용량이 작아지는 원인이 되며 심할 경우 축전지의 기본적인 역할을 수행할 수도 없게 된다.

② 전압조정기의 조정전압이 높을 경우 충전되는 전압이 높아 충전이 부족하게 되는 원인으로 거리가 멀다.

③ 충전을 했음에도 축전지의 전해액의 비중이 낮다는 것은 황산보다 물의 양이 많은 것으로 대부분 유화현상이 발생될 경우라 생각하면 된다.

④ 충분하지 못한 충전이 반복되었을 때 축전지 용량 저하의 원인이 된다.

136 • 전해액 비중 환산 공식

$S_{20} = St + 0.0007(t-20)$

S_{20} : 표준온도 20℃에서의 비중 S_t : t℃에서의 실측한 비중 t : 전해액의 온도

$S_{20} = 1.273 + 0.0007(30-20) = 1.280$

137 축전지의 용량과 관련된 문제로 $100AH \times \dfrac{1}{300A} = \dfrac{1}{3}H = 20$분

배터리 용량에 300A를 나눠준 이유는 간단하게 시간을 구하기 위한 단위 맞추기 작업이라 생각하면 된다.

138 축전지의 방전율과 용량 표시방법

① **20H율** : 방전 종지 전압이 될 때까지 20시간 사용할 수 있는 전류의 양

② **25A율** : 26.67℃에서 25A로 방전하여 방전 종지 전압이 될 때까지 시간

③ **냉간율** : −17.7℃(0℉)에서 300A로 방전하여 셀당 1V 강하될 때까지 소요시간

139 축전지 용량

축전지 용량이란 완전 충전된 축전지를 일정한 전류로 방전시켜 방전종지전압(셀당 1.7~1.8V)이 될 때까지의 용량을 말하며, 단위는 (AH)=A×H이다.

※ 용량은 극판의 크기(면적), 극판의 수, 전해액의 양에 따라 정해진다.

140 방금도 한 분이 메일로 질문을 주셨다.

비중은 용량과 비례 / 용량과 온도는 비례

따라서 비중과 온도는 당연히 비례 관계에 있어야 하는데 왜 반비례 관계에 있습니까? 라는 내용이다.

수학적 논리로 접근한다면 당연히 말이 안 된다. 그럼 여기서 어떤 내용을 중심으로 정리하면 될까? 그 핵심은

"온도에 따른 화학작용의 활성화 정도에 있다."라고 생각하면 되겠다.

저온에서는 당연이 비중이 높기 때문에 전기를 만들어 낼 자원이 풍부하게 된다. 하지만 이 풍부한 자원이 저온에서 활성화되지 않으면 아무 소용이 없는 것이다. 따라서 저온에서는 비중이 높음에도 불구하고 전기를 잘 만들어 낼 수가 없어 용량이 작아지게 되는 것이다. 이 문제에서도 온도가 높아지면 당연히 화학반응이 잘 일어날 조건이 갖추어지기 때문에 스스로의 방전율 또한 높아진다고 해석하면 되겠다.

141 보충전

자기방전에 의하거나 사용 중에 소비된 용량을 보충하기 위하여 하는 충전을 말한다.
　ㄱ 정전압 충전(Constant-voltage charging) : 일정한 전압을 설정하여 충전하는 것
　ㄴ 정전류 충전(Constant-current charging) : 일정한 전류로 설정하여 충전하는 것
　　ⓐ 최대 충전전류 : 축전지 용량의 20%
　　ⓑ 표준 충전전류 : 축전지 용량의 10%
　　ⓒ 최소 충전전류 : 축전지 용량의 5%
　　　※ 참고로 급속 충전은 축전지 용량의 50%의 전류로 충전한다.

142 기동전동기 내에서 계자코일은 계자철심 위에 감기게 된다. 계자철심이 횡으로 접해 이루는 원통의 틀을 계철이라고 한다. 계자철심은 계자코일에 흘러간 전류에 의해 발생된 자력을 모으는 역할을 하고 이 자력을 이용하여 내부의 전기자의 철심에서 만들어진 자력과 반응하여 전기자를 회전하게 만들어 준다.

143 직류 전동기의 종류

직류 전동기의 종류	전기자코일과 계자코일	사용되는 곳
직권 전동기	직렬 연결	기동 전동기
분권 전동기	병렬 연결	DC・AC 발전기
복권 전동기	직・병렬 연결	와이퍼모터

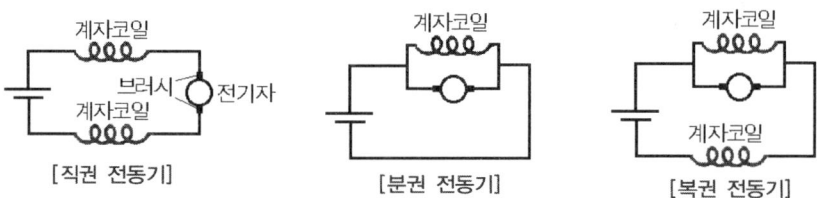

[직권 전동기]　　　[분권 전동기]　　　[복권 전동기]

144 피니언 섭동식

　ㄱ **수동식** : 운전자가 손이나 발로 피니언을 링기어에 접촉
　ㄴ **자동식(전자식)** : 전자석 스위치를 이용하여 피니언을 링 기어에 접촉(현재 가장 많이 사용)

145 오른쪽 QR 코드를 리딩하면 실물과 함께 관련된 내용의 해설을 들을 수 있다.

146 기동전동기에 필요한 회전력

$$※ \ 회전력(T) = \frac{피니언의\ 잇수 \times 회전저항}{링기어의\ 잇수} = \frac{13 \times 6 kg_f \cdot m}{121} ≒ 0.65 kg_f \cdot m$$

147 **벤딕스식** : 피니언의 관성과 전동기 무부하 상태에서 고속 회전하는 성질을 이용하는 것으로 오버러닝 클러치를 필요로 하지 않는다.

　※ 특징 : 구조가 간단하고 고장이 적으나 대용량 기관에 부적합

48 **크랭킹** : 점화스위치(자동차키 이용해서 스위치를 붙임)를 이용하여 기동전동기에 전원을 공급하여 엔진의 시동이 걸리기 전까지의 상태를 말한다.

(1) 크랭킹 조차 되지 않는 경우
① 축전지가 완전히 방전이 된 경우
② 수동변속기의 경우 클러치 페달을 밟지 않은 경우
③ 자동변속기의 경우 변속레버를 "P 또는 N" 영역에 놓지 않은 경우(최신차량에서는 "N" 영역에서도 크랭킹되지 않음)
④ 기동전동기의 커넥터 및 배선이 탈거된 경우
⑤ 축전지의 배선이 탈거된 경우
⑥ 기동전동기 내부에 배선의 단선

(2) 크랭킹이 천천히 되는 경우
① 축전지가 부분 방전되었거나 케이블의 접촉 불량 시
② 기동전동기의 배선이 접촉 불량 시
③ 기동전동기 내부의 배선의 단락 및 저항 증가
④ 한냉 시 엔진오일의 점도가 높을 때

문제 ④번 선지의 연소실에 과다하게 연료가 분사되었을 경우 오버플로워 현상으로 시동이 걸리지 않을 수는 있지만 크랭킹이 늦어지는 원인하고는 거리가 멀다 할 수 있다.

149 2차 점화코일 이후부터 점화플러그까지가 고압이라고 정리해 두면 된다.
순서는 2차 점화코일 → 고압케이블 → 배전기 로터 → 고압케이블 → 점화플러그 순이 된다.

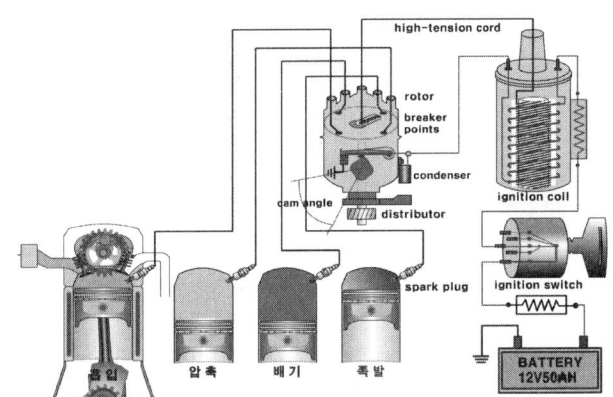

150 **점화코일에서 고전압을 얻도록 유도하는 공식**

$$E_2 = \frac{N_2}{N_1} E_1$$

• E_1 : 1차 코일에 유도된 전압   • E_2 : 2차 코일에 유도된 전압
• N_1 : 1차 코일의 유효권수   • N_2 : 2차 코일의 유효권수

$$E_2 = \frac{30,000}{250} \times 250\,V = 30,000\,V$$

151 ① **로터** : 외부의 점화 2차 코일에서 발생한 고전압을 배전기 내에 위치하여 필요한 점화플러그 쪽으로 순환 공급하는 장치
② **픽업코일** : 트렌지스터 점화방식에서 점화 1차 코일의 전원을 단속하기 위해 베이스단자 전원을 제어하는 코일
③ **점화모듈** : 드웰(캠각)을 조정하는 반도체 전자식 유닛
※ 노크 센서는 실린더 블록에 위치한다.

152 이 문제를 통해 상사점 이후 10~15° 정도에 최대 폭발압력이 발생되는 것이 최적의 점화시기라는 것과 이를 뜻하는 용어가 MBT란 것을 알 것이다. 이와 더불어 엔진회전수와 점화시작 각도가 주어졌을 경우 연소시간을 구하는 부분도 고려해 보기 바란다.

예 엔진의 회전수가 1,800rpm, 점화시작 각도가 BTDC 20°, 최고압력 발생각도가 ATDC 10°일 때 연소시간을 구하라.

초당 크랭크축이 회전한 각도는 $\dfrac{1,800rpm}{60} = 30rps \times 360 = 10,800°/s$이고, 연소시간 동안 크랭크축이

회전한 각도는 20° + 10° = 30°가 된다.

따라서 다음과 같은 비례식이 만들어진다.

10,800° : 1sec = 30° : 연소시간 → 연소시간 ≒ 0.00278sec = 2.78ms가 된다.

153 1000mL의 우유를 1L라고 표현하듯이 3msec = 0.003sec가 된다.

엔진의 750rpm을 초당회전수로 환산하면 $\dfrac{750}{60} = 12.5rps$가 된다.

1회전을 각도로 계산하면 360도이므로 12.5×360 = 4500°/sec가 된다.

따라서 비례식을 세우면 X : 0.003sec = 4500° : 1sec가 되므로 X = 13.5°가 된다.

154 축전기(Condenser)
정전유도 작용을 이용하여 많은 전기량을 저장하기 위해 만든 장치로서 단속기 접점과 병렬로 접촉되어 있다.

ⓐ 축전기의 역할
ⓐ 접점 사이의 불꽃을 방지하여 접점의 소손을 방지한다.
ⓑ 1차 전류를 신속하게 차단하여 2차 전압을 높인다.
ⓒ 접점이 닫혔을 때 1차 전류의 회복을 빠르게 한다.

ⓒ 축전기의 정전 용량의 관계
ⓐ 가해지는 전압에 비례한다.
ⓑ 금속판의 면적에 정비례한다.
ⓒ 금속판의 절연체의 절연도에 정비례한다.
ⓓ 금속판 사이의 거리에 반비례한다.

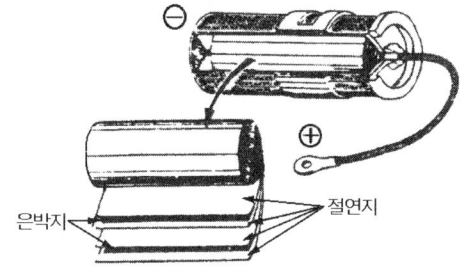

은박지　　　　절연지

155 파워 트랜지스터 (Power TR)
파워 트랜지스터는 컴퓨터에서 신호를 받아 점화 코일의 1차 전류를 단속하는 장치이며, NPN형을 사용한다. 파워 트랜지스터의 베이스는 ECU, 컬렉터는 점화 코일(−)단자와 연결되어 있고, 이미터는 접지되어 있다.

156 접점식 점화장치에서 접점이 붙어 있는 동안 캠이 회전한 각을 캠각(드웰각), 그 때의 걸린 시간을 캠시간(드웰시간) 이라 표현한다. 고 에너지 방식의 점화장치 HEI에서 드웰시간이란 파워TR 베이스 단자에서 접지인 이미터 단자로 소전류를 인가한 시간, 즉 1차 코일을 자화시키기 위해 파워TR의 컬렉터 단자에서 이미터 단자로 큰 전류가 인가된 시간으로 표현할 수 있다.

157 트랜지스터 점화방식의 트랜지스터를 사용하여 얻을 수 있는 장점
① 단속기 접점에서 발생되는 불꽃을 방지할 수 있어 접점의 소손이 없다.
② 단속기 접점의 전기적 에너지 손실을 방지할 수 있어 2차 전압을 높게 사용할 수 있다.
③ 기관이 저속으로 회전하는 경우에도 안정된 2차 전압을 얻을 수 있다.
④ 기관이 고속으로 회전하는 경우에도 2차 전압이 급격히 저하되는 일이 없다.
⑤ 점화장치의 안정된 불꽃으로 배기가스 중의 CO 및 HC를 감소시킬 수 있다.
⑥ 점화장치의 기계적 고장요소를 줄일 수 있다.

점화시기를 적당하게 제어하게 되면 출력은 높아지고 연소실 온도도 같이 상승하게 된다. 이로 인해 NOx의 발생량은 증가하게 된다.

158 발광 다이오드(Led-light Emission Diode)

순방향으로 전류를 흐르게 하였을 때 빛이 발생한다. 보통 전자회로의 파일럿램프나 문자표시기로 사용되며, 발광 시에는 순방향으로 10mA 정도의 전류가 소요된다. 그리고 자동차의 크랭크각 센서, 상사점 센서, 차고센서, 조향 휠 각도 센서 등에서 이용된다.

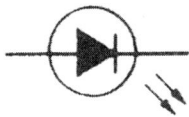

수광 다이오드(Photo Diode)

P형과 N형으로 접합된 게르마늄판 위에 입사광선을 쬐면 빛에 의해 전자가 궤도를 이탈하여 <u>역방향으로 전류를 흐르게 하는 것</u>, 즉 빛을 받으면 전기를 흐를 수 있게 하며, 일반적으로 스위칭 회로에 쓰인다. 자동차에서 사용되는 센서는 다음과 같다.

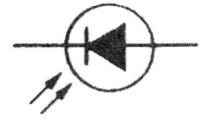

159

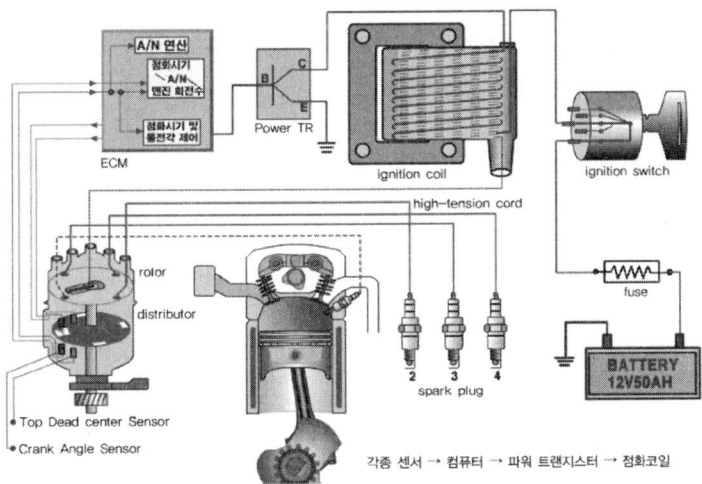

고에너지 점화방식의 그림을 보면 확인할 수 있듯이 발전기의 다이오드 결함과 직접적인 시동과는 연관이 없다. 다만 시동 후 배터리가 충전이 되지 않는 현상이 발생될 수는 있다.

160 전자 배전 점화방식(DLI : Distributor Less Ignition system, DIS : Direct Ignition System)

(1) 정의

2개의 실린더를 1개조로 하는 점화코일이 설치되어 있기 때문에 점화코일에서 발생된 2차 고전압을 압축행정의 끝과 배기행정의 끝에 위치한 실린더의 점화 플러그에 분배시키는 복식 점화장치이다. 또한 배전기가 없기 때문에 캠축에 설치되어 있는 페이스 센서가 점화 신호를 검출한다.

(2) 배전기 없는 점화방식의 특징

① 배전기의 로터와 접지 전극 사이의 고압에너지 손실이 없다.
② 배전기에 의한 배전 누전이 없다.
③ 배전기 캡에서 발생하는 전파 잡음이 없다.
④ 진각폭의 제한이 없고, 고압에너지 손실이 적다.
⑤ 전파방해가 없어 다른 전자제어 장치에도 유리하다.

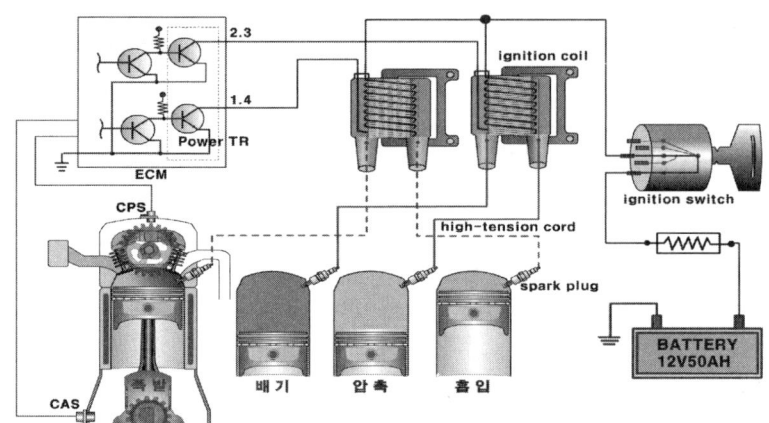

DLI(Distributor Less Ignition system)는 원어를 직역하면 배전기가 없는 점화방식이다.
DIS(Direct Ignition System)는 직접점화방식이다.
DLI 점화방식의 계통도 중에 파워TR을 자세히 보면 2, 3번 실린더와 1, 4번 실린더가 같이 제어되는 것을
확인할 수 있다. 이런 사소한 내용들이 맞는 것, 틀린 것 고르는 선지에 출제되는 경향이 많다.

①, ② 직접점화방식은 배전기에서 일어나는 고전압에너지 손실을 줄일 수 있으므로 점화에 직접 사용되는
   에너지를 크게 할 수 있다.
③ 진각폭의 제한이 적다는 문장은 배전기의 로터가 각 접점을 지나가는 순간에 파워TR을 작동시켜야 하는
   제한이 없어졌기 때문에 진각뿐만 아니라 지각의 제한폭도 상당히 적어졌다고 할 수 있다.
④ 스파크 플러그 수명이 길어진다라는 표현은 직접점화방식에서 더욱 더 높은 고전압을 활용하여 불꽃을 안정적
   으로 공급할 수 있는 조건이 되었기 때문에 점화플러그 입장에서는 내구성을 높게 가져가기 어려운 환경이
   되었다고 할 수 있다. 이러한 이유로 전극의 재료를 기존 니켈에서 내구성이 좋은 백금이나 이리듐을 사용한
   점화플러그가 널리 사용되고 있다.

161 크랭크각 센서의 종류에는 배전기 내에 설치되는 광학식(발광·수광 다이오드 이용)과 축의 기어 잇수를 직접
파악하는 자기식, 홀 방식 등 크게 3가지로 분류할 수 있다.

161

점화전압이 결정되는 요인	점화요구 전압	
	높다	낮다
전극간극	크다	작다
압축	높다	낮다
혼합비	희박	농후
전극온도	낮다	높다
전극형상	둥그스름하다	날카롭다
점화시기	늦다	빠르다

163 **점화플러그의 구비조건**
① 내열성·내부식성 및 기계강도가 클 것
② 기밀유지 성능이 양호하고 전기적 절연성능이 양호할 것
③ 열전도성이 크고 자기청정 온도를 유지할 것
④ 점화성능이 좋아 강력한 불꽃을 발생할 것

164 스파크(점화) 플러그에는 자기청정온도라는 것이 존재한다. 어원 그대로 스스로 깨끗함을 유지할 수 있는 온도
(450~600℃)를 뜻한다.
이 자기청정온도보다 낮게 유지가 되면 카본이 부착되고 이 카본 때문에 중심전극과 접지전극의 간극을 일정하게

유지할 수 없으므로 불꽃이 일어나지 않게 되는 실화의 원인이 되기도 한다.

반대로 자기청정온도보다 높게 유지가 될 경우에는 전극의 모서리 부분에 열점이 발생되어 이 열점으로 인해 원하는 시점보다 빨리 불꽃이 발생되는 조기점화의 원인이 되기도 한다. 불꽃 점화방식에서의 조기점화는 노킹의 원인이 된다. 따라서 높은 온도에서는 노킹이 발생된다고 정의하면 된다.

문제에서 그을림으로 인한 오손(오염되어 손상)은 카본을 말하는 것으로 자기청정온도보다 낮게 유지가 된 경우에 대해 질문한 것이다.

①번 선지의 점화시기의 진각은 조기점화와 관련된 것이므로 온도가 높게 유지된 경우의 예라 할 수 있다.

②번 선지의 경우 장시간 저속으로 운전하게 되면 점화플러그의 온도가 낮게 유지가 되는 관계로 오손이 생길 확률이 높다. 이런 저속운전용 엔진의 점화플러그에는 열형플러그를 사용하는 것이 오손을 막을 수 있는 하나의 방법이다.

점화플러그 표시방법 (예 "B P 6 E S"의 경우)

B	P	6	E	S
나사의 지름	자기 돌출형	열가	나사 길이	신제품
A = 18mm B = 14mm C = 10mm D = 12mm	Projected Core nose plug	크 면 : 냉형 작으면 : 열형	E = 19mm H = 12.7mm	중심축에 동을 사용한 플러그

- 위 표에서처럼 점화플러그를 표시할 때 5자리의 기호 중 가운데 위치한 숫자가 점화플러그의 열가를 나타내며 숫자가 높을수록 냉형, 낮을수록 열형 점화플러그를 표시한다.
- ③번 선지의 열가를 잘못 선택했을 경우 이런 오손과 노킹현상이 일어날 수 있는 것이다.
- ④번 선지는 번외의 예로 공기여과기가 막혔을 경우 흡입공기량의 부족으로 농후한 상태에서 연소가 일어나게 되어 카본이 많이 발생하게 되는 간접적인 예를 든 선지로 이 역시 오손의 원인이 될 수 있다.

165 자기청정온도

점화플러그가 스스로 청정함을 유지할 수 있는 온도로 450~600℃ 정도이다.

㉠ 400℃ 이하 : 카본부착, 실화원인이 된다.

㉡ 600℃ 이상 : 조기점화의 원인이 발생한다.

166 특수 점화플러그

① **프로젝티드 코어 노즈 플러그**(Projected core nose plug) : 고속 주행 시에 방열 효과를 향상시키기 위하여 중심 전극을 절연시킨 절연체를 셀의 끝 부분보다 더 노출된 점화 플러그이다.

② **저항 플러그**(Resistor plug) : 라디오나 무선 통신기에 고주파 소음을 방지하기 위하여 중심전극에 10kΩ 정도의 저항이 들어 있는 점화 플러그이다.

③ **보조간극 플러그**(Auxiliary gap plug) : 점화 플러그 단자와 중심 전극 사이에 간극을 두어 배전기에서 전달되는 고전압을 일시적으로 축적시켜 고전압을 유지시키는 점화 플러그로 오손된 점화 플러그에서도 실화되지 않도록 한다.

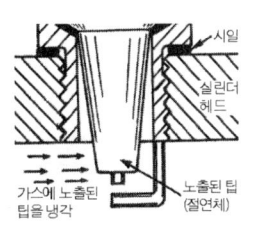

[프로젝티드 코어 노즈 플러그]

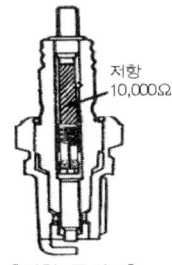

[저항 플러그]

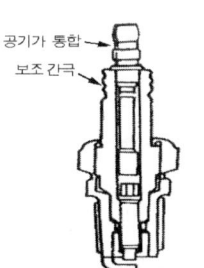

[보조간극 플러그]

이외에도 고주파 억제 장치용 고압 케이블(TVRS-내부 저항은 10kΩ 정도)을 사용할 수 있다.

167 ① 점화스위치(키스위치)는 ON 상태에서 타여자 방식으로 로터를 자화시킨다.

② 기관 시동 후 스테이터 코일에서 발생된 전류는 실리콘 다이오드에 의해 정류된다.

④ 시동 후 스테이터에서 만들어진 전원으로 로터가 자화된다.

168 교류발전기 3상의 스테이터에서 생성된 전기는 전파의 교류전압이다. 이 교류 전원을 실리콘 다이오드를 통해 직류로 정류시킨 뒤 B단자를 통해 배터리를 충전하게 된다.

즉, 교류발전기 B단자에서 발생되는 전기는 3상 전파 정류된 직류전압이 된다.

169 **절연바니시** : 전기를 차단하기 위해 입히는 광택제(니스)

교류발전기에서 만들어진 교류전기를 직류로 정류하여 축전지로 보내고 또한 축전지에서 전기가 역류하는 것을 방지하기 위해 필요한 것이 실리콘 다이오드이다.

170 교류발전기에서 로터에 인가되는 전류의 양에 의해 자력의 세기가 결정되고, 이 자력의 세기에 따라 스테이터에서 만들어지는 교류전기의 출력이 변화된다.

171

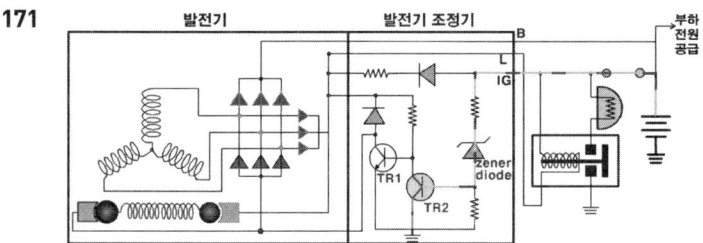

발전기 조정기와 IC전압조정기는 같은 장치를 뜻하는 용어이다.

172 시동 시라고 표현한 것은 크랭킹 시 즉, 기동전동기가 구동되어 크랭크축을 돌리고 있는 상황이며 이 때, 시동이 걸려 있는 상황은 아니다. 따라서 발전기가 정상적으로 작동하기 어려운 상황이다.

173 **등화의 종류**

(1) **조명등** : 전조등, 안개등, 후진등, 실내등, 계기등

(2) **신호용** : 방향지시등, 브레이크등

(3) **경고용** : 유압등, 충전등, 연료등, 브레이크 오일등

(4) **표시용** : 후미등, 주차등, 번호등, 차폭등

174 **조명의 용어와 조도를 구하기 위한 공식**

• 광속 : 광원에서 나오는 빛의 다발이며, 단위는 루멘 기호는 Lm이다.

• 광도 : 빛의 세기이며 단위는 칸델라 기호는 cd이다.

• 조도 : 빛을 받는 면의 밝기이며 단위는 룩스 기호는 Lx이다.

$$조도(lux) = \frac{광도(cd)}{r^2(m)} \qquad r : 광원과 피조면 사이의 거리$$

$$조도 = \frac{20,000}{400} = 50lux(lx)$$

175 ① 전조등에 사용하는 전기배선은 복선식을 사용한다.

③ 세미 실드 빔 형식의 전조등은 반사경과 렌즈는 일체로 되어 있고 필라멘트는 별개로 되어 있다.

④ 자동차의 할로겐램프의 제일 앞부분 검정색으로 코팅된 부분을 손으로 만졌을 경우 장착 후 쉽게 파손된다. 유리부분을 만지는 것은 괜찮다.

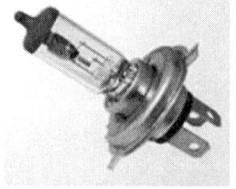

176

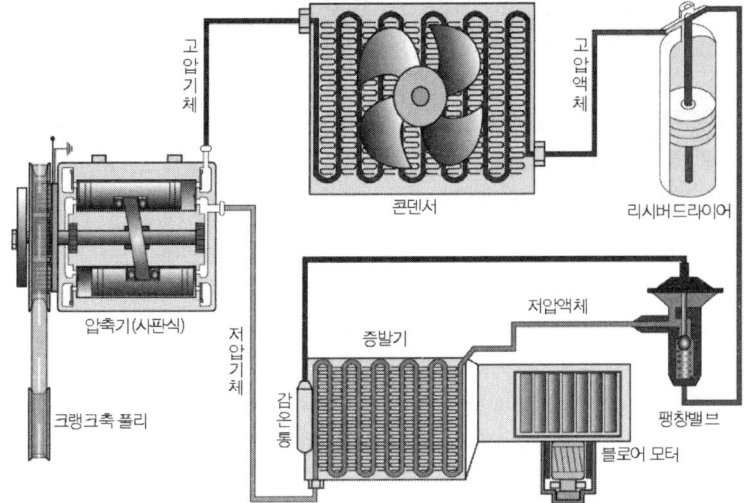

고압기체　고압액체

콘덴서　리시버드라이어

압축기(사판식)　저압기체　증발기　저압액체

크랭크축 폴리　감온통　팽창밸브

블로어 모터

■ **자동차 에어컨의 냉매 순환경로**
팽창 밸브형(위 그림) : 압축기 → 응축기(콘덴서) → 건조기(리시버드라이어) → 팽창밸브 → 증발기
이 순환경로가 시험에 가장 많이 출제되는 문제이다.

■ **에어컨 냉매**

(1) **에어컨 냉매의 변환**
　① **R-12(프레온가스)** : 오존층파괴, 지구온난화(지구온난화지수 8100)의 원인
　② **R-134a** : 오존층을 파괴하는 염소(Cl)가 없다. 지구온난화지수 1300
　　　※ 2011년 이후 유럽에서 생산된 차량의 지구온난화지수 150 이하로 규제
　③ **R-1234yf** : 지구온난화지수 4, 냉방능력이 R-134a에 비해 떨어져(7%) 내부열교환기가 필요함,
　　　　　　　　　 가격 경쟁력이 떨어짐

(2) **구비조건**
　① 화학적으로 안정되고 변질되지 않으며 부식성이 없을 것
　② 불활성(다른 물질과 화학 반응을 일으키기 어려운 성질)일 것
　③ 인화성 및 폭발성이 없을 것
　④ 전열작용이 양호할 것
　⑤ 증기의 비체적이 작을 것
　⑥ 밀도가 작으며 응축압력은 가급적 낮을 것
　⑦ 증발잠열이 크고 액체의 비열(온도를 올리는데 필요한 열량)이 작을 것
　⑧ 비등점은 높지 않아야 하며 응고점은 낮을 것

177 일반적으로 팽창 밸브형 에어컨 냉매 순환경로만 시험에 출제가 되어 왔다. 혹시 모를 난이도 조절 문제도 출제될
수 있을 가능성이 충분히 있기에 오리피스 방식의 에어컨 시스템 문제를 준비하였다.

■ **오리피스 튜브형 방식의 에어컨 냉매 순환 경로:**
압축기 → 응축기 → 오리피스 → 증발기 → 축압기(어큐뮬레이터)
① **축압기의 기능** : 냉매 저장 및 2차 증발, 수분 흡수, 오일순환, 증발기 빙결방지
② **압력스위치** : 축압기 위에 설치된다.

178 자동차에서 가장 많이 사용하는 냉매 순환방식은 크랭크축 폴리에 팬벨트를 이용해 에어컨 압축기를 구동시키는
방식이다. 이 중 사판식 펌프를 이용하여 냉매를 고온고압의 기체로 압축시켜 응축기로 보내는 방식을 주로
사용한다.

179 온도를 측정하는 용도로 온도가 낮아지면 저항이 커지는 부특성 서미스터를 주로 사용한다. 위의 에어컨 시스템에 사용되는 온도 센서 외에도 흡기온도 센서, 냉각수 온도센서, 유온센서 등이 모두 부특성 서미스터를 사용하고 있다.

참고로 일사량 센서는 입사하는 광에너지를 열량으로 변환하여 그 열량을 열량 그대로 검출하는 형식의 절대 일사계와 흡수열량을 전기량으로 변환하는 열전식 일사계가 있다. 열전식에는 열전쌍형과 볼로미터형, 초전형 등이 있지만 열전쌍형이 가장 많이 사용되고 있다.

180 전자동 에어컨 Full Auto Temperature Control 장치는 다음과 같이 구성된다.

(1) 입력 센서
  ① 실내 온도 센서 : 제어 패널 상에 설치되어 있다.
  ② 외기 온도 센서 : 응축기 앞쪽에 설치되어 있다.
  ③ 일사 센서 : 태양의 일사량을 검출하는 센서로 실내 크래시 패드 중앙에 설치되어 있다.
  ④ 핀 서모 센서 : 증발기 코어의 평균 온도가 검출되는 부위에 설치되어 있다.
  ⑤ 수온 센서 : 실내 히터유닛 부위에 설치되어 있다.
  ⑥ 습도 센서 : 실내 뒤 선반 위쪽에 설치되어 있다.

181 전자동 에어컨의 출력 장치(액추에이터)
  ① 실내 송풍기(블로워 모터) – 파워 트랜지스터 제어, 고속 송풍 릴레이 제어
  ② 압축기 클러치
  ③ 에어 믹스 도어 액추에이터 – 온도 조절 및 풍향 조절
  ④ 내·외기 도어 액추에이터

182 ① 에어백 ECU가 인지하는 사고 발생 시 점화장치에서 발생한 질소가스에 의해 백을 팽창시킨 후 배출 구멍으로 가스를 배출하여 충돌 후 운전자가 에어백에 압착되는 것을 방지한다.
  ② 충격에 의해 작동하는 센서로는 ECU 내부에 위치한 충돌감지센서(G센서), 전방 및 좌우측방(B필러 아래쪽)에 위치한 물리적인 변형을 감지하는 안전센서가 있으며 이 센서의 정보들 바탕으로 ECU는 인플레이터에 전기적 신호를 보내 점화장치를 작동시키게 된다.
  ③ 벨트 프리텐셔너는 에어백을 작동시키기 전 운전자를 구속시키는 역할을 하며 사고가 경미할 시 에어백과는 별개로 단독으로 작동되기도 한다.
  ④ 사고 발생 시 전원장치가 OFF되어 에어백을 작동하기 힘들 경우 ECU 내부에 축전기(콘덴서)를 이용하여 비상전원을 공급할 수 있다.

183 에어백의 인플레이터가 작동되면 전원장치에 큰 충격이 가해지게 되며 관련부품은 전부 교환되어야 한다. 이런 위험한 인플레이터의 작동 여부를 진단하게 될 경우 내부의 화약이 언제 작동하게 되어 위험한 상황에 처할지 모르게 된다.

184 정답은 ③번이다.

micro(mild) HEV	• 공회전시 엔진이 정지 • 모터는 엔진 보조용으로 사용되며 보조하는 역할이 미비하다. • 소형차량에 적합한 방식	• 시트로엥 C2
soft(power assist) HEV	• 기존 엔진에 모터로 보조 • 시동이나 가속순간에만 모터가 엔진을 보조 • 대부분의 병렬형 방식	• 전기 주행모드가 없다. • 아반떼(LPI HEV), 혼다 시빅
hard(full) HEV	• 모터가 출발과 가속시에만 역할을 하는게 아니라 주행에 주된 역할 • 전기 주행모드가 있다. • 직렬형, 혼합형(직·병렬형)	• 하이브리드의 주류가 될 것 • K5, 도요타 프리우스

185 정답은 ④번이다.

EV(Electronic Vehicle) – 전기 자동차

FCEV(Fuel Cell Electronic Vehicle) – 연료 전지 자동차

HEV(Hybrid Electronic Vehicle) – 하이브리드 자동차

PHEV(Plug-in Hybrid Electronic Vehicle) – 플러그인 하이브리드 자동차

186 정답은 ②번이다.

IGBT(Insulated Gate Bipolar Transistor) 모듈(KEC) : 대전력 스위칭 및 제어용 파워 모듈

EPCU(Electric Power Control Unit)

LDC(Low DC-dc Converter) : 직류 고전압을 직류 저전압으로 변환하여 저전압 배터리를 충전

BLDC(Brushless Direct Current motor) : 도선이 맞닿아 있지 않고 토크를 만들어내고, 더욱 쉽고 편하게 소프트웨어적인 제어가 가능한 모터

187 정답은 ④번이다.

연료전지는 이온 교환 수지의 마모에 의한 성능 저하를 피할 수 없으며 장기간 이용 시 교환을 필요로 한다.

188 정답은 ③번이다.

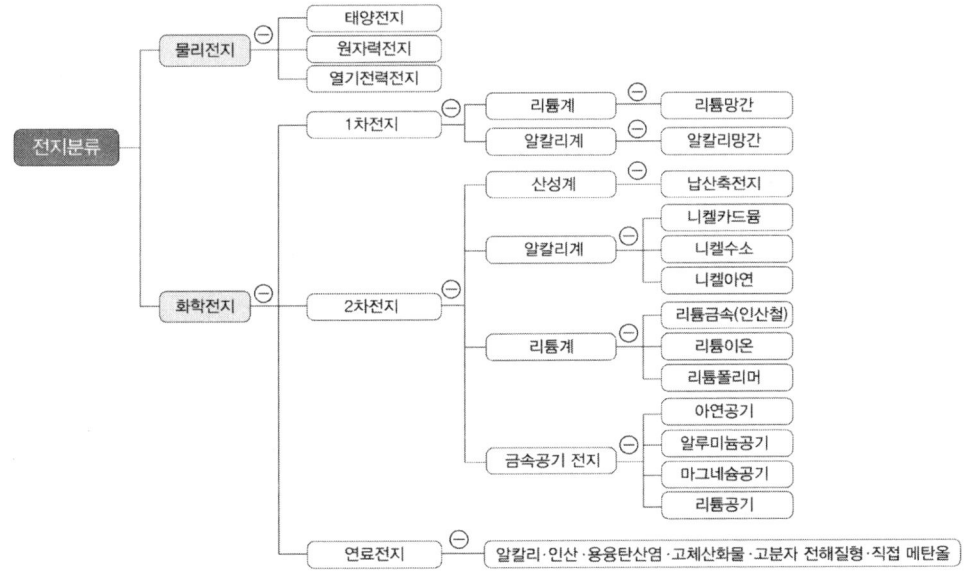

189 하이브리드 자동차와 전기자동차의 핵심 구성요소 중에 하나로 친환경적인 자동차에 관심이 높아지면서 충분히 출제될 수 있는 문제 중에 하나이다.

친환경자동차에 사용하는 고전압배터리는 직류(DC) 전원을 사용하고 전동기는 AC전동기를 주로 사용하게 되면서 인버터가 필요하게 된다. 반대로 자동차의 속도를 줄이거나 브레이크를 사용할 때 모터의 구동을 발전기(AC)로 활용하여 고전압배터리를 충전하는 에너지회생제동장치도 필요하게 된다. 이를 구현하기 위해서는 컨버터를 활용하여 AC 전원을 DC로 전환하여 충전할 필요성이 있게 된다.

190 정답은 ③번이다.

기본서에서 리튬이온 전지가 에너지 밀도가 높다라고 표현한 것은 내장재 기준으로 표현한 것이고 내외장재 전체의 중량 기준으로는 다음 표와 같이 리튬 폴리머가 높다.

구분	미쓰비시 I-MIEV	현대 I-10
전지형식	리튬이온	리튬 폴리머
전압/용량	330V/50Ah	330V/50Ah
최대출력	50kW	62kW
중량	230kg	200kg
에너지 밀도	72Wh/kg	82Wh/kg

191 병렬형 하이브리드 자동차는 구동모터가 엔진의 플라이휠에 설치되는 소프트타입과 변속기에 설치되는 하드타입 이렇게 두 가지로 분류할 수 있다. 소프트타입은 시동과 동시에 엔진이 항상 구동되어야 하는 방식이며 구동모터는 엔진을 보조하는 역할을 하게 된다. 이에 반해 하드타입은 엔진이 구동되지 않더라도 모터단독 주행이 가능하여 연비가 좋아지는 장점이 있다. 전기차의 장점인 높은 토크를 활용하여 차량 출발 시나 저속 주행구간에서 주로 구동모터를 활용하여 주행하고 중·고속의 정속 주행 시에는 주로 엔진을 활용하여 주행하게 된다. 또한 급가속, 등판 시에는 엔진+모터를 동시에 사용하여 주행하게 된다.

배터리의 충전은 일반적으로 내연기관을 활용하여 행하나 감속 시 구동모터를 발전기로 전환하여 사용하여 충전효율을 높이기도 한다. 이를 에너지 회생 제동장치라 한다.

192 CNG(Compressed Natural Gas : 압축천연가스) 자동차
CNG는 가정 및 공장 등에 사용되는 도시가스를 자동차 연료로 사용하기 위하여 200기압 정도로 압축한 가스를 연료로 사용한다.

① 공기보다 가볍고 누출이 되어도 쉽게 확산되며 기타 연료에 비해 안정성이 뛰어나다.
② 연료가격이 저렴하고 다른 연료를 사용하는 내연기관을 활용하여 개조하기 용이하다.
③ 매연이 없고 CO, HC, NOx의 배출량이 감소하며 친환경적이다.
④ 옥탄가가 130으로 높아 기관 작동소음을 낮출 수 있다.
⑤ 충전소가 많지 않고 1회 충전으로 운행 가능한 거리가 짧다.

193 ①과 ②선지의 내용은 옳은 내용이고 ③선지의 오일리스 베어링은 그리스로 영구주유되어 있는 방식의 다른 표현이라 정리해 두도록 한다.
④선지의 릴리스 베어링과 같이 회전하는 것은 일부 동력을 차단하기 위해 작동될 경우 릴리스베어링 안쪽 레이스 쪽이 회전할 경우가 있다. 이도 슬립이 없다는 전제하에 가능한 것이다. 동력을 전달하기 위해 클러치 페달을 밟지 않은 경우에는 회전하지 않으며 바깥쪽 베어링은 항상 회전하지 않는다.

194

195

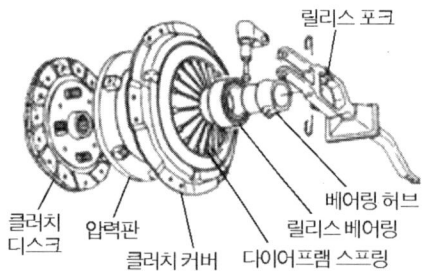

릴리스 포크
클러치 디스크 압력판 클러치 커버 다이어프램 스프링 릴리스 베어링 베어링 허브

릴리스 레버의 형식에 비해 다이어프램 스프링 방식은 스프링강을 활용해 얇은 판형식으로 제작한 것이다. 따로 릴리스 레버의 위치(120°)마다 코일 스프링을 두고 있는 형식이 아니기 때문에 무게도 가볍고 회전밸런스도 좋게 된다. 다이어프램 스프링 방식에서 릴리스 레버의 역할을 하는 요소를 스프링핑거라고 한다.

197 **클러치 유격(릴리스 베어링과 릴리스 레버 사이 간극)**

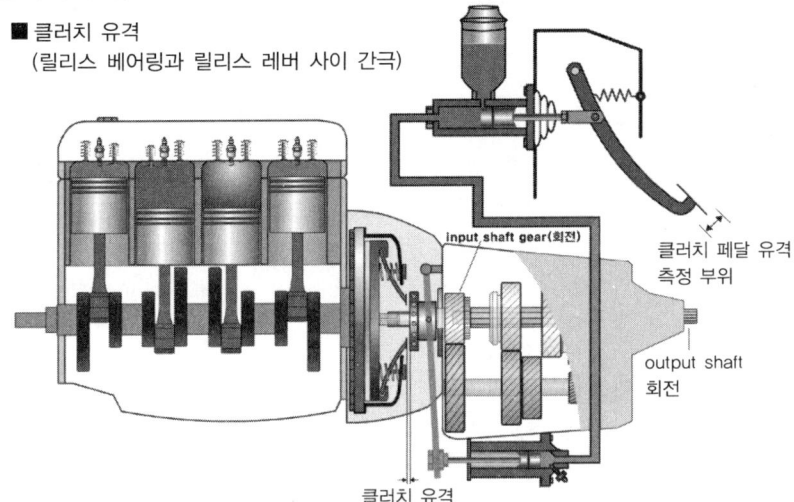

■ 클러치 유격
　(릴리스 베어링과 릴리스 레버 사이 간극)

input shaft gear(회전)

클러치 페달 유격
측정 부위

output shaft
회전

클러치 유격

198 릴리스 베어링이 소손될 경우 동력차단 시 릴리스 레버를 제대로 작동시킬 수가 없게 되어 동력차단이 잘 되지 않게 된다.

199 클러치 유격이 클 경우 동력차단이 잘 되지 않는다. 이는 변속 시 소음과 진동의 원인이 된다.
엔진 마운트는 엔진을 차체에 지지하고 진동을 감쇠시키기 위한 장치로 마운트라 칭한다.

200 강의할 때 클러치 유격에 대한 중요성만 강조했었다. 공극이란 단어의 정의에 대해 알아두면 좋을 것 같아 이 문제를 준비했다. 기본서에서 클러치 내용을 찾아서 본인이 보기 좋은 곳에 공극에 대한 정의를 기입해 두도록 한다.

201 동력을 전달하지 않는 상태를 공전상태(아이들링)라고 한다. 따라서 클러치를 차단한 상태 즉 릴리스 베어링이 릴리스 레버를 밀고 있는 상황에서 소리가 난다라고 했기 때문에 가장 직접적인 원인은 ④선지가 되는 것이다.

202 **변속기의 종류**

① 일정 기어
　변속기
　　┬ 점진 기어식
　　├ 선택 기어식
　　└ 유성 기어식
　　┬ 섭동 기어식
　　├ 상시 물림식
　　└ 동기 물림식

② 무한 기어
　변속기
　　┬ 유체식 변속기
　　└ 전자식 변속기
　　┬ 유체 클러치
　　└ 토크 컨버터

"치합"을 "물림"이라는 단어로 바꿔서 표현하기도 한다.

203 수동변속기의 동기물림방식에서 변속충격을 완화시키기 위한 장치를 싱크로 매시기구라고 한다. 이 싱크로 매시기구의 구성요소는 위의 그림과 같다. 그 중 싱크로나이저 링이 변속되는 순간 마찰에 의해 회전수를 맞춰주는 핵심부품이다. 변속을 목적으로 하는 기어와 싱크로나이저 링 내부의 마찰에 의해 회전수가 동기화 되어 변속되면서 충격을 줄여 줄 수 있는 것이다.

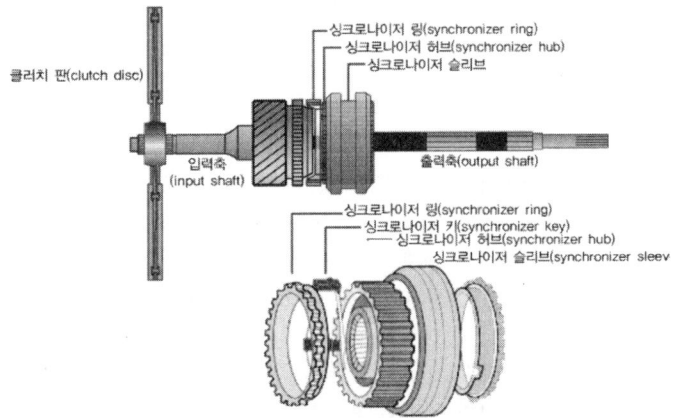

싱크로나이저 링(synchronizer ring)
싱크로나이저 허브(synchronizer hub)
싱크로나이저 슬리브

클러치 판(clutch disc)

입력축
(input shaft)

출력축(output shaft)

싱크로나이저 링(synchronizer ring)
싱크로나이저 키(synchronizer key)
싱크로나이저 허브(synchronizer hub)
싱크로나이저 슬리브(synchronizer sleev

204

$$변속비(감속비) = \frac{출력기어\ 잇수}{입력기어\ 잇수} = \frac{32}{18} \times \frac{42}{12} ≒ 6.22$$

205

  QR 코드 영상을 보면 내용을 확인할 수 있다.

206

㉠ 기어가 빠지는 원인	㉡ 기어가 잘 물리지 않는 원인
ⓐ 싱크로나이저 키 스프링의 장력 감소 ⓑ 변속 기어의 백래시 과대 ⓒ 록킹 볼의 마모 또는 스프링의 쇠약 및 절손되었다.	ⓐ 시프트 레일이 휘었다. ⓑ 페달의 유격이 커서 클러치의 차단이 불량할 때 ⓒ 변속레버 선단과 스플라인 마모 및 싱크로나이저 링의 접촉 불량
㉢ 인터록 장치(2중 물림 방지 장치)	㉣ 록킹 볼(Locking ball)
이것은 어느 하나의 기어가 물림하고 있을 때 다른 기어는 중립위치로부터 움직이지 않도록 하는 장치이다.	시프트 레일에 몇 개의 홈을 두고 여기에 록킹 볼과 스프링을 설치하여 시프트 레일을 고정함으로서 기어가 빠지는 것을 방지하는 장치이다.

207 마찰클러치는 수동변속기의 클러치디스크를, 유체클러치는 자동변속기의 유체클러치를 연상하면 된다. 마찰클러치는 기계적으로 동력을 전달하게 되므로 전달효율이 높고 작동도 확실하다. 이에 반해 유체클러치의 동력전달 효율은 97~98% 정도 된다.

기계적인 마찰클러치가 유체클러치보다 비틀림 진동을 잘 흡수할 수는 없다.

208

구분	유체클러치(유체커플링)	토크변환기(토크컨버터)
원리	• 선풍기 2대의 원리를 이용한 것	• 유체클러치의 개량형이다.
부품	• 펌프(임펠러) : 크랭크축에 연결 • 터빈(런너) : 변속기 입력축에 연결 • 가이드링 : 유체의 흐름을 좋게 하고 와류를 감소시켜 전달효율을 증가시킴	• 펌프(임펠러) : 크랭크축에 연결 • 터빈(런너) : 변속기 입력축에 연결 • 스테이터 : 오일흐름 방향을 바꾸어 토크를 증가시킴
토크	• 변화율 1 : 1	• 변화율 2~3 : 1
동력형태	• 전달효율 : 97~98%(슬립량 : 2~3%) • 날개형태 : 직선 방사형	• 전달효율 : 98~99%(슬립량 : 1~2%) • 날개형태 : 곡선 방사형
특징	• 전달 토크가 크게 되는 경우에는 슬립률이 작을 때이다. • 크랭크축의 비틀림 진동을 완화하는 장점이 있다.	• 클러치점이란 스테이터가 회전하는 시점을 말하며 전달매체는 유체이다. • 토크변환기는 클러치 작용만 할 수 있는 장치이다.

※ 유체클러치에서 구동축(펌프)과 피동축(터빈)에 속도에 따라 현저하게 달라지는 것은 클러치 효율이다.

209 **토크컨버터**

토크컨버터에서 엔진과 연결되어 동력을 전달하는 요소를 펌프라 하고 변속기 입력축과 연결되어 동력을 전달하는 요소를 터빈이라 한다. 스테이터는 이 펌프와 터빈 사이에 연결하여 토크를 증대시키기 위한 장치로 오른쪽에 QR 코드를 찍어 실물 영상을 확인하면 이해하는데 많은 도움이 될 것이다.

원웨이 클러치

① X축이 속도비, Y축은 토크비, Y'축은 기계효율을 나타내고 있다.

② X축 인자인 속도비의 뜻은 펌프와 터빈과의 회전수의 비를 나타내는 것이다. 즉, 펌프는 회전하는데 터빈이 회전하지 않는 상태를 속도비가 "0", 반대로 속도비가 1일 때는 펌프의 속도와 터빈의 속도가 같을 때라고 정의하면 된다. 속도비가 올라갈수록 터빈의 회전수가 펌프의 회전수에 가까워지는 상태라고 기억하면 된다.

③ 토크컨버터의 성능곡선도는 이 속도비가 증가할 때 토크비와 기계효율이 어떻게 변화하는지 관계를 나타내는

그래프인 것이다. 속도비가 "0"일 때의 점을 "스톨포인트"라 정의하고 이 때 굵은 실선의 토크 컨버터의 토크비가 2를 나타내고 있다.

④ 2에서 시작한 토크컨버터의 토크비는 속도비 0.8이 될 때까지 지속적으로 감소하는 값을 나타낸다. 이렇게 아래쪽 얇은 실선 대비 높은 토크를 낼 수 있도록 도와주는 장치가 스테이터이고 그 스테이터 안에 위치한 원웨이 클러치가 이 역할을 할 수 있도록 도움을 주는 것이다.

⑤ 스테이터가 없는 얇은 실선의 유체클러치는 토크비가 1로 속도비가 증가하여도 항시 똑같은 값을 나타낸다. 이 경우 차량이 초기 출발 시 큰 토크가 필요로 할 때 힘이 부족한 결과를 가져오게 되고 대각선 사선으로 올라가는 기계효율의 차이를 가져오게 되는 것이다.

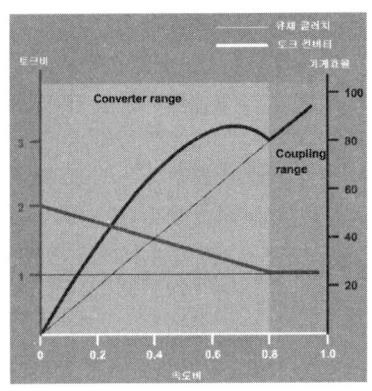

⑥ 같은 속도비 대비 굵은 실선이 얇은 실선에 비해 기계효율이 높게 나오는 이유가 토크비 때문이다.

⑦ 참고로 속도비가 0.8인 점을 "클러치포인트"라 정의하고 이후부터는 펌프와 터빈이 회전하는 방향으로 스테이터가 같이 회전하기 시작한다. 클러치포인트 이전에는 원웨이 클러치가 스테이터를 회전하지 못하게 고정하면서 토크비를 증대시키다가 클러치포인트 이후에는 스테이터에 유체가 들어오는 방향이 반대가 되어 자연스레 펌프와 터빈이 돌아가는 방향으로 같이 회전하게 되는 것이다.

심화문제
209-1 정답률이 낮은 어려운 문제이다. 앞의 내용을 학습하고 난 뒤 문제를 다시 접하게 되면 그리 어렵지 않게 받아들여질 것이다. 구조학의 기본개념이 중요한 이유가 여기 있다.

210 속도비가 0.2이므로 터빈의 회전수는 600rpm이 된다.
회전수가 5배 감소하였으므로 토크가 5배 증가하여 토크비는 5가 되어야 하지만 기계효율이 0.4이므로 5×0.4=2가 된다.

211 점도(점성)는 유체의 끈적끈적한 정도를 나타내는 척도로 온도가 올라가게 되면 점도는 낮아지는 반비례 관계에 있다. 여기서 주의할 것은 점도지수란 용어와는 구분을 해야 한다. 점도지수란 온도의 변화에 따라 점도가 변화하는 정도를 나타내는 척도이다. 즉, 온도의 변화에 의한 점도변화가 적은 경우를 "점도지수가 높다."라고 정의한다. 그렇기 때문에 점도지수는 무조건 높을수록 시스템에 이롭다고 할 수 있다.
문제에 나타낸 자동변속기 점도는 얇은 관을 지나가야 하는 오일의 특성상 다른 오일에 비해 점도가 낮은 편(물처럼 잘 흘러 다니는)이 시스템에 이롭다. 자동변속기에 사용되는 오일의 구비조건은 다음과 같다.

■ 자동변속기에 사용되는 오일의 구비조건
① 점도, 응고점이 낮을 것
② 비점, 인화점, 착화점이 높을 것
③ 비중, 내산성이 클 것
④ 유성, 윤활성이 좋을 것

위와 같은 조건과 비교해 보았을 때 점도가 높아지게 되면
① 유체저항에 의해 기계적 제어밸브 등의 움직임이 원활하지 못하게 된다.
② 오일펌프의 흡입저항이 증가하게 되며 펌프 뒤쪽에 순간적으로 압력이 낮아져서 발생되는 기포(케비테이션–공동현상)가 많아지게 된다.
③ 유동에 따르는 압력손실이 증가하여 자동변속기 전체 효율이 낮아지게 된다.
④ 오일펌프의 동력손실이 증가하여 기계효율이 낮아지게 된다.

212 댐퍼 클러치는 터빈과 플라이휠 사이에 위치한 기계적인 클러치로 작동되는 순간 토크컨버터에서 발생되는 높은 토크를 사용할 수 없게 된다. 다만 유체의 마찰손실이 없어지게 되므로 연비는 좋아질 수 있다. 따라서 댐퍼 클러치는 토크가 크게 필요하지 않은 고속의 주행 시에 주로 사용된다.

213 록업은 토크컨버터 내에서 기계적으로 펌프의 동력을 터빈쪽으로 직결시키기 위한 록업 클러치라는 것을 알 수 있어야 한다.

■ **댐퍼 클러치(Damper clutch)-록업 클러치**
자동차의 주행속도가 일정한 값에 도달하면 토크 컨버터의 펌프와 터빈을 기계적으로 직결시켜 미끄러짐에 의한 손실을 최소화하여 정숙성을 도모하며, 클러치점 이후에 작동을 시작한다.

※ 댐퍼 클러치 작동을 자동적으로 제어하는데 직접 관계되는 센서는 엔진 회전수, 스로틀 포지션 센서, 냉각수온 센서, 에어컨 릴레이, 펄스 제너레이터-B, 엑셀레이터 스위치 등이다.

(1) 댐퍼 클러치의 작동 조건
① 3단 기어 작동 시 및 차량속도가 70km/h 이상일 때
② 브레이크 페달이 작동되지 않을 때
③ 냉각수 온도가 75℃ 이상일 때

(2) 댐퍼 클러치의 해제 조건
① 엔진속도가 800rpm 이하 시(냉각수 온도 50℃ 이하)
② 엔진 브레이크 시
③ 발진 및 후진 시
④ 3속에서 2속으로 시프트다운 시
⑤ 엔진의 회전수가 2,000rpm 이하에서 스로틀 밸브의 열림이 클 때

록업 클러치를 제어하기 위해서는 여러 종류의 센서를 사용하는데 그 중에 운전자의 가속의지(TPS)와 현재 차량의 속도를 알려주는 (P·G-B : 출력축 펄스제너레이터) 신호가 기반이 되어 제어된다.

214 **자동변속기의 컨트롤 유닛인 T.C.U의 제어 계통**

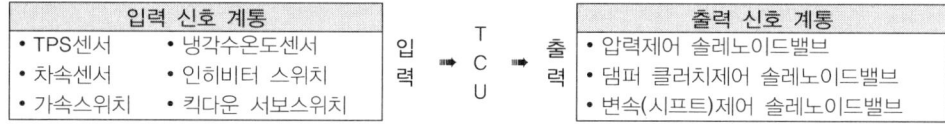

입력 신호 계통		입 력 →	T C U	→ 출 력	출력 신호 계통
• TPS센서	• 냉각수온도센서				• 압력제어 솔레노이드밸브
• 차속센서	• 인히비터 스위치				• 댐퍼 클러치제어 솔레노이드밸브
• 가속스위치	• 킥다운 서보스위치				• 변속(시프트)제어 솔레노이드밸브

위와 같은 문제는 자동변속기 TCU에만 해당하는 것이 아니라 모든 전자제어유닛에 공통적으로 접목되는 사항이다. 입력되는 신호들을 보면 항상 끝에 센서와 스위치라는 단어가 붙는다(③번 선지의 펄스 제너레이터의 우리말 표현은 변속기 입·출력축 속도센서이다).
그리고 출력 요소를 보면 단어 끝에 솔레노이드 밸브, 모터 등의 단어가 따라오게 된다.
• ①번 선지의 유온 센서의 신호를 받는 이유는 냉간 시와 온간 시의 자동변속기 오일의 점도가 달라지기 때문이다. 만약 냉간 시라면 자동변속기 오일의 점도가 높아질 것이고 이 때 유압을 강하게 제어하면 변속충격이 발생될 것이다. 이를 대비하여 냉간 시에는 변속충격을 줄이기 위해서 슬립구간을 일부 두고 변속을 하여 충격을 최대한 줄이는 제어를 하게 된다.
• ②번 선지의 차속 센서는 TCU가 변속을 하는 시점을 결정짓기 위하여 변속선도를 사용하는데 이 선도의 X축의 입력요소가 차속이 된다. 결국 변속하는 시점을 결정하는데 아주 중요한 역할을 하는 신호라고 할 수 있다.
• ③번 선지의 펄스 제너레이터는 변속기 입력축 속도센서와 출력축 속도센서로 나뉘게 된다. 만약 1속(1단)의 변속비가 3 : 1이라 가정하자. TCU가 1속의 제어를 하기 위해 해당되는 솔레노이드 밸브에 신호를 주어 유성기어를 정상적으로 작동했을 경우에는 입력축 속도센서에 3,000rpm의 신호가 입력되었다면 출력축 속도센서에는 1,000rpm의 신호가 나와야지만 시스템이 정상적으로 작동되고 있다고 인지할 수 있을 것이다. 만약 이 결과값이 일반적으로 200rpm 이상 차이가 나게 되면 고장으로 인지하고 경고등을 띄우게 되는 것이다.

215 단순 유성기어에서 선기어가 고정이고 링기어가 입력, 유성기어캐리어가 출력이 되는 상황이다. 변속비는 $\dfrac{\text{출력기어잇수}}{\text{입력기어잇수}}$ 이므로 $\dfrac{\text{유성기어 캐리어}}{\text{링기어}}$ 즉, 작은 기어가 큰 기어를 구동하는 상황이다. 이럴 경우 변속비가 1보다 커져서 감속이 되는 것이다.

그럼 오버드라이브 장치에서 왜 감속이 일어나는 것일까? 아마 문제를 꼬아서 출제하기 위함인 것으로 판단된다. 변속기에서 바퀴로 동력이 전달될 때에는 유성기어캐리어가 입력이 되고 링기어가 출력이 되어 증속이 되는 것이 일반적이나 위 문제의 경우 링기어가 입력이 된 것으로 보아 바퀴의 회전이 역으로 변속기 출력축을 회전시키는 즉, 엔진브레이크의 상황이라 추측해 볼 수 있다. 하지만 실제 사용되는 오버드라이브 장치의 경우 링기어와 오버드라이브 장치 출력축 사이에 원웨이 클러치가 설치되어 프리휠링 주행을 가능하게 하기 때문에 엔진브레이크가 걸릴 염려는 없다.

216

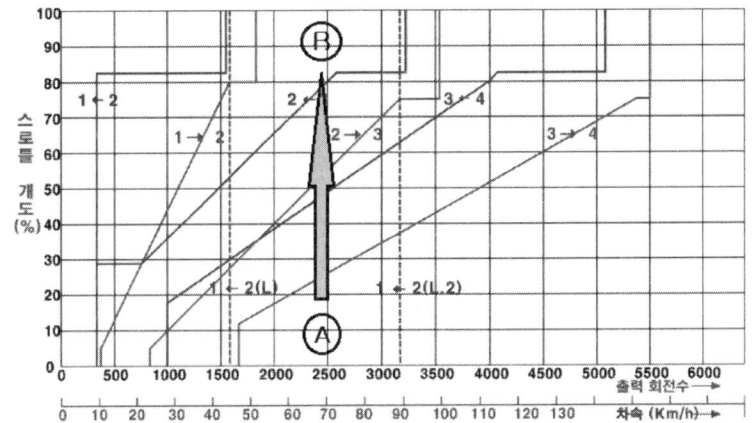

변속선도에서 "Ⓐ" 포인트로 주행을 하고 있다가 운전자가 가속페달을 80% 이상 밟아서 "Ⓑ" 포인트로 이동해서 주행할 때를 "킥 다운"이라 표현한다. Ⓐ 포인트에서 주행할 때 변속단은 4속 영역이고 급가속하기 위해 Ⓑ 포인트로 바뀌었을 때는 2속으로 다운 시프트 된다. 이러한 킥 다운의 반대되는 개념으로 "리프트 풋업(Ⓑ → Ⓐ)"이라는 용어도 있으니 같이 정리해 두면 된다.

217

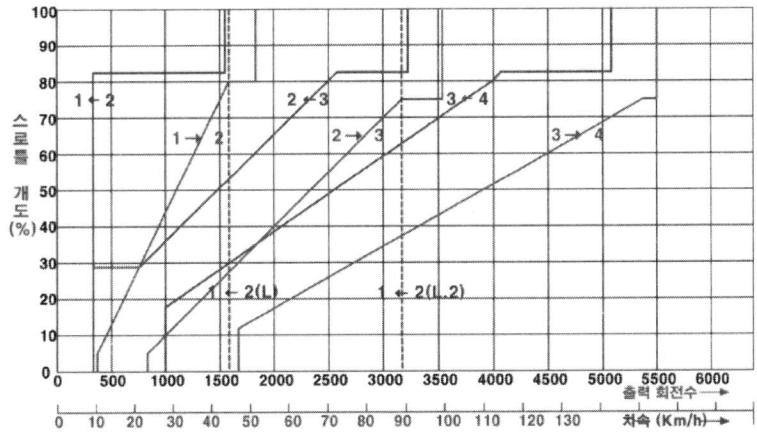

위쪽 변속선도에서

1→2, 2→3, 3→4 : 업시프트 선도 / 4→3, 3→2, 2→1 : 다운시프트 선도를 확인할 수 있다.

만약, 이렇게 차이를 두지 않고 하나의 선을 기준으로 업·다운시프트 제어를 하게 되면 일정변속 시점을 기준으로 속도를 올렸다 내렸다를 반복할 경우 잦은 변속으로 인한 충격이 지속적으로 발생될 수 있을 것이다. 이러한 현상을 방지하기 위해 히스테리시스 작용을 활용하는 것이다.

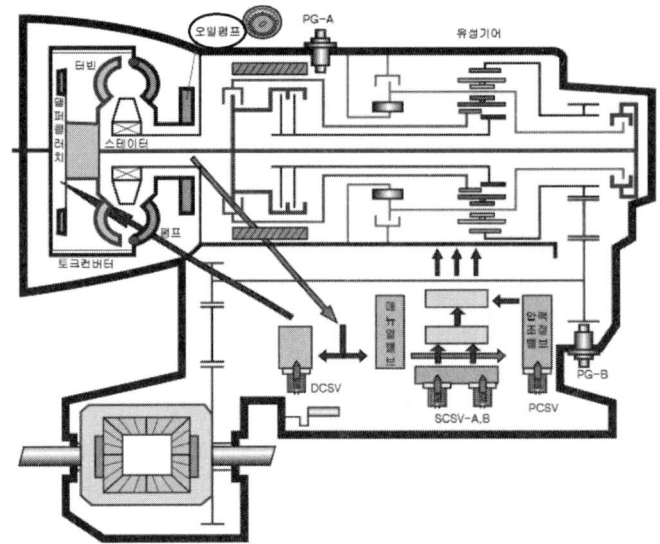

218

219 예를 들어 자동변속기 CU가 1속을 놓기 위해 변속 제어솔레노이드 밸브를 작동시켰다고 가정하고, 이 때의 변속비는 3:1로 하자. 이럴 경우 입력속도 센서에 입력된 회전수가 3,000rpm이라고 하면 출력속도 센서에 입력되어야 하는 회전수는 1,000rpm 정도 된다. 만약 검출되어야 할 출력회전수가 1,000rpm보다 200rpm 이상의 차이를 보일 경우 변속과 관련된 결함 코드를 띄워 운전자, 혹은 정비사에게 알려야 한다. 이 결함코드를 제어하기 위해 입력받는 신호는 ①, ②선지가 되고 제어할 액추에이터는 ③선지가 되는 것이다.

220 ④선지의 록업(댐퍼) 클러치는 동력을 전달하기 위해 유체를 사용하지 않고 기계적으로 직접 동력을 전달하는 장치이다. 이는 큰 토크가 필요하지 않은 고속 주행 시 유체의 마찰에 의한 손실을 없애는 효과를 준다. 따라서 댐퍼클러치가 작동되는 동안 오일의 온도 상승에 영향을 끼치지 않게 된다.

221 페일세이프란 전자제어시스템에서 입출력 요소의 이상에 의해 제어가 어려울 경우 운전자에게 사전에 설정된 값으로 맞추어 최소한의 안전을 보장해 주는 장치이다.
4단 자동변속기의 경우 다음과 같이 페일세이프 제어를 하게 된다.
• 유압제어장치의 경우 유압을 최대로 제어
• 댐퍼클러치의 경우 댐퍼클러치 해제
• 변속의 경우 3단 고정

222 스톨 테스트
스톨 테스트는 D위치와 R위치에서 기관의 최대 속도를 측정하여 자동 변속기와 기관의 종합적인 성능을 점검하는 데 그 목적이 있다. 스톨 시험시간은 5초 이내로 해야 한다.
　㉠ 스톨 테스트로 확인할 수 있는 사항
　　ⓐ 라인 압력 저하　　　　　　ⓑ 기관의 출력 성능
　　ⓒ 브레이크의 슬립　　　　　　ⓓ 앞, 뒤 클러치의 슬립
　　ⓔ 오버 드라이브 클러치의 슬립　ⓕ 토크 컨버터의 일방향 클러치 작동
　㉡ 스톨시험 결과 기관의 회전수가 규정(2000~2400rpm)보다 낮으면
　　ⓐ 기관 조정 불량으로 출력 부족
　　ⓑ 토크 컨버터의 일방향 클러치의 작동 불량
　　ⓒ 정상값보다 600rpm 이상 낮아지면 토크 컨버터의 결함일 수도 있다.

223 단순 유성기어 장치를 이용해 정방향으로 증속하는 방법은 크게 두 가지이다.
입력을 유성기어 캐리어로 출력을 링기어로 하는 것과 입력을 유성기어 캐리어로 출력을 선기어로 하는 것이다.

이 둘 중 직결인 1:1의 변속비와 가장 가까운 변속비를 택하는 것이 변속 시 충격을 줄일 수 있는 방법이기에 전자를 택하여 오버드라이브 장치를 설계하는 것이다.

즉, 오버드라이브 입력인 변속기 출력축과 유성기어 캐리어를 연결하고, 출력인 추진축과 링기어를 연결하여 사용하게 된다. 참고로 선기어는 항시 고정되어 있다.

224 유성기어를 사용하는 자동변속기에 비해 무단자동변속기는 변속의 충격이 없어 부드러운 주행이 가능하다. 이로 인해 엔진과 변속기의 내구성의 증대를 기대할 수 있으며 킥다운을 적극적으로 활용할 수 없는 시스템의 특성상 과도한 저단 주행을 방지하여 연료소비율 또한 향상시킬 수 있다. 다만, 킥다운을 구현할 수 없는 특성이 스포티한 주행성능을 기대하기 어려운 측면의 단점이 있다.

225 DCT는 자동변속기의 한 형식으로 클러치 페달이 없고 제어하는 ECU가 존재하는 구조이다. 홀수단과 짝수단으로 나누어 홀수단 제어 클러치, 짝수단 제어 클러치를 통해 2개의 축에 동력을 전달하는 구조로 되어 있다. 클러치와 각각의 기어를 변속하기 위해 일반적으로 전기모터를 주로 사용하여 변속기의 무게를 줄이고 연비향상을 도모하였다. 다만, 클러치제어의 충격을 줄이기 위해 습식클러치를 사용해 유압제어 방식을 택하는 경우도 있다. 습식클러치를 사용하는 경우에도 기어의 변속을 모터를 이용한 엑추에이터를 사용한다.

226 정속주행장치(Cruise control system) : 자동차를 운전할 때 일정한 속도로 조정해 놓으면 가속 페달을 밟지 않고도 운전자가 원하는 차량속도로 주행할 수 있는 장치이다.
　㉠ 정속주행 중 브레이크를 작동시키면 정속주행이 해제된다.
　㉡ 차량속도가 30~40km/h 이하에서는 정속주행이 해제된다.
　㉢ 정속주행 중 기어 선택레버를 중립(N)위치로 하면 정속주행이 해제된다.
　㉣ 주행속도와 세팅속도가 20km/h 이상 차이가 나면 정속주행이 해제된다.
　㉤ Auto cruise control unit의 입력신호는 클러치 스위치 신호, 브레이크 스위치 신호, 크루즈 컨트롤 스위치 신호 등이다.
　㉥ 구성요소는 차속 센서, 액추에이터, 제어 스위치, 해제 스위치, ECU 등이다.
　㉦ 정속주행장치(Cruise control system)가 작동하기 위해서 컴퓨터가 받는 정보는 엔진회전수, 차량속도, 스로틀 밸브의 열림 정도 등이다.

227 훅의 자재이음이라 통칭하며 일반적으로 십자형 자재이음을 뜻한다.

십자형 자재이음의 특징
① 십자축, 두 개의 요크를 이용한다.
② 추진축의 양쪽 요크는 동일 평면상에 위치해야 한다.
③ 변속기 출력축이 등속도 회전을 하여도 추진축은 90°마다 속도가 변하여 진동을 일으킨다.
④ 진동을 최소화하기 위해 설치각은 12~18도 이하로 한다.

228

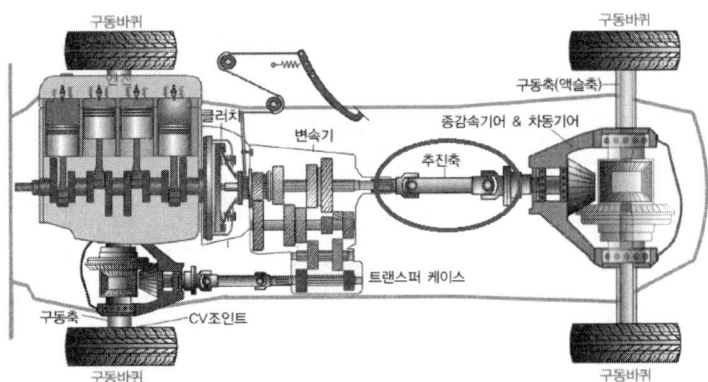

추진축에 사용되는 십자형 자재이음을 영어로 유니버설 조인트라 표현한다.

229 플렉시블 이음

㉠ 설치각 : 3~5도가 적당하다.

㉡ 3상의 요크와 경질 고무를 이용하므로 주유가 필요 없고, 회전이 정숙하다.

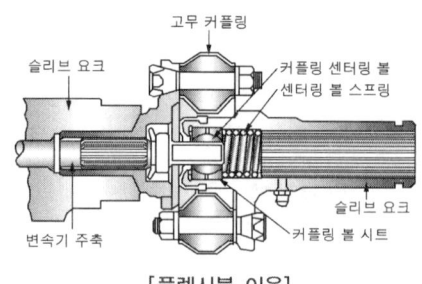

[플렉시블 이음]

230

축거가 긴 차량에 설치할 때는 2~3개로 분할하여 설치하고, 각 축의 뒷부분을 센터 베어링으로 프레임에 지지한다.

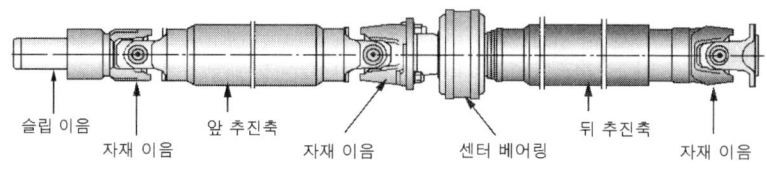

[추진축]

231 종감속 기어의 종류

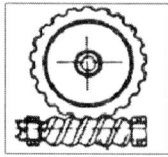
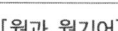
[웜과 웜기어]

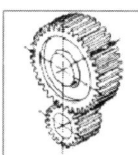
[평 기어]

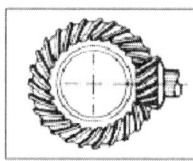
[스파이럴 베벨 기어]

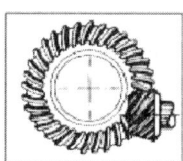
[하이포이드 기어]

① 스퍼 기어는 두 번째 그림의 평 기어를 말하는 것으로 보통의 기어라고 생각하면 된다.

③, ④ 그림을 보면 스파이럴 베벨 기어와 하이포이드 기어의 구조적 차이점이 있다. 구동피니언 기어의 중심이 링기어의 중심보다 아래쪽으로 내려와서 기어가 맞물리는 것을 확인할 수 있을 것이다. 이렇게 구동피니언의 중심이 링기어보다 낮아지게 되면 추진축의 높이가 낮아질 수 있다. 추진축의 높이가 낮아지면 전반적으로 차량의 무게 중심을 낮게 설계할 수 있는 장점이 있다. 무게 중심이 낮으면 선회 시 롤링에 대한 저항력 등 운동성능이 안정적으로 바뀔 수 있다. 그리고 추진축이 낮아진 만큼 실내공간이나 적재공간의 활용범위가 넓어지기 때문에 공간활용성도 좋아진다. 기어의 물림률이 커서 소음과 진동도 훨씬 적어지고 큰 동력전달에도 적합하다. 하지만 이런 장점이 있는 반면 제조 단가가 비싸지고 기계적 마찰이 일어나는데 극압유를 써야 하는 등의 단점이 있다.

232 종 감속기어의 접촉상태 및 수정

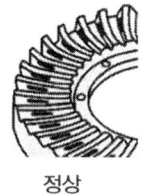
정상

힐

토우

페이스

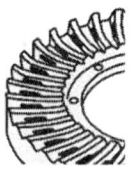
플랭크

① **정상** : 기어 중심부에 50~70% 이상 접촉

② **힐 접촉** : 구동 피니언 안쪽 부분의 접촉 상태이고, 수정은 구동 피니언을 안으로 링기어를 밖으로 수정한다.

③ **토우 접촉** : 구동 피니언의 끝부분 접촉 상태이고, 수정은 구동 피니언을 밖으로 링기어를 안으로 수정한다.

④ **페이스 접촉** : 백래시의 과대로 인한 접촉 상태이고, 수정은 구동 피니언을 안으로 링기어를 밖으로 수정한다.

⑤ **플랭크 접촉** : 백래시의 과소로 인한 접촉 상태이고, 수정은 구동 피니언을 밖으로 링기어를 안으로 수정한다.

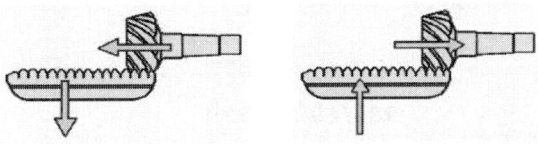

힐, 페이스 접촉 수정방법   토우, 플랭크 접촉 수정방법

233 ① 총 감속비를 크게 할 경우 속도는 줄어들고 토크가 증대된다.

예 변속기 1단이 일반적으로 3:1, 최고단이 0.7~0.8:1 즉, 변속비가 작을수록 최고 속도는 증대된다.
② 구동바퀴의 유효반경을 크게 한다.

예 아동용 자전거와 성인용 자전거의 바퀴 직경을 생각하면 된다. 직경이 큰 성인용 자전거가 최고 속도를
내기 좋은 구조로 되어 있다.
③, ④에 대해서는 굳이 설명하지 않는다.

234

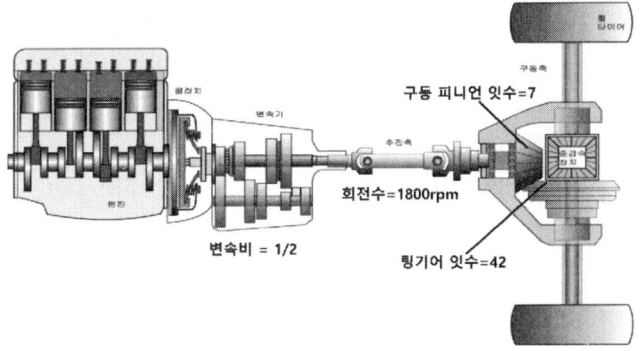

종감속비는 $\dfrac{\text{링기어 잇수}}{\text{구동피니언 잇수}} = \dfrac{42}{7} = 6$이 된다. 추진축의 회전수가 1,800rpm이므로 차량이 직진한다고

가정했을 때 양쪽 휠의 회전수는 각각 $\dfrac{1,800\text{rpm}}{6} = 300$rpm이 된다. 하지만 오른쪽바퀴가 잭(간이 리프터)에

들려 있으므로 아무런 노면의 접지력을 받지 않기 때문에 왼쪽바퀴는 회전하지 않게 된다(차동기어장치의 원리＝
랙과 피니언의 원리). 따라서 왼쪽바퀴의 회전수가 모두 오른쪽으로 전달이 되기 때문에 오른쪽바퀴의 회전수는
두 배인 600rpm이 되는 것이다.

235 종감속비＝$\dfrac{\text{링기어 잇수}}{\text{구동 피니언 잇수}} = \dfrac{40}{8} = 5$, 추진축이 1,500rpm으로 회전하고 있으므로 직진 주행 중일 경우 양쪽

바퀴의 회전수는 $\dfrac{1,500\text{rpm}}{5} = 300$rpm이 된다. 하지만 왼쪽 구동 바퀴의 회전수가 250rpm으로 50rpm만큼

적게 회전하였다. 차동기어 장치의 원리상 이 50rpm은 반대 바퀴의 구동회전수로 전달되어 350rpm이 되는
것이다.

236 종감속비는 구동피니언의 잇수분에 링기어의 잇수로 결정되며 비가 클수록 토크는 증대되지만 회전수는 떨어지게
된다. 엔진의 출력이 부족할 경우, 화물차의 경우 중량이 많이 나갈 경우 감속비를 크게 하여야 한다. 고속에서
주행속도를 높이기 위해서는 종감속비를 작게 설계하여야 한다.

237 타이어의 호칭 치수
㉠ 고압 타이어의 호칭방법 : 외경(인치)×폭(인치)−플라이 수
㉡ 저압 타이어의 호칭방법 : 폭(인치)×내경(인치)−플라이 수
※ 플라이 수 : 타이어 강도를 나타내는 지수(2PR~24PR, 짝수로 이루어 짐)

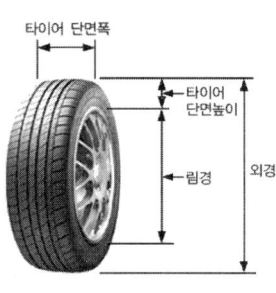

(단위 : kg)

LI	최대허용 하중	LI	최대허용 하중	LI	최대허용 하중	LI	최대허용 하중	LI	최대허용 하중	LI	최대허 용하중
0	4.5	43	155	86	530	129	1,850	172	6,300	215	21,800
1	46.2	44	160	87	545	130	1,900	173	6,500	216	22,400
2	47.5	45	165	88	560	131	1,950	174	6,700	217	23,000
3	48.7	46	170	89	580	132	2,000	175	6,900	218	23,600
4	50	47	175	90	600	133	2,060	176	7,100	219	24,300
5	51.5	48	180	91	615	134	2,120	177	7,300	220	25,000
6	53	49	185	92	630	135	2,180	178	7,500	221	25,750
7	54.5	50	190	93	650	136	2,240	179	7,750	222	26,500
8	56	51	195	94	670	137	2,300	180	8,000	223	27,250
9	58	52	200	95	690	138	2,360	181	8,250	224	28,000
10	60	53	206	96	710	139	2,430	182	8,500	225	29,000
11	61.5	54	212	97	730	140	2,500	183	8,750	226	30,000

■ 속도기호

속도기호	최대 허용속도(km/h)	속도기호	최대 허용속도(km/h)
B	50	M	130
C	60	N	140
D	65	P	150
E	70	Q	160
F	80	U	200
G	90	H	210
J	100	V	240
K	110	W	270
L	120	Y	300 또는 300 초과속도

주) "속도기호"란 타이어의 최대 허용속도를 나타내는 기호를 말한다.

239 타이어 단면의 구성은 다음과 같다.

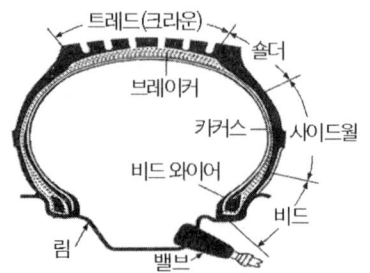

240 타이어의 구조

(1) 트레드(Tread) : 트레드는 노면과 직접 접촉되는 부분으로서 내부의 카커스와 브레이커를 보호해주는 부분으로 내마모성의 두꺼운 고무로 되어 있다. 트레드가 편마모되는 원인은 캠버의 부정확한 조정에 있다.

(2) 트레드 패턴의 필요성

① 타이어의 전진방향 및 옆방향 미끄러짐을 방지한다.
② 타이어 내부에 생긴 열을 방출해 준다.
③ 트레드부에 생긴 절상 등의 확산을 방지한다.
④ 구동력과 선회성능을 향상시킨다.

(3) 트레드 패턴의 종류

① 리브 패턴(Rib Pattern) : 옆방향 미끄러짐 방지와 조향성 우수 – 승용차
② 러그 패턴(Lug Pattern) : 구동력, 제동력 우수 – 덤프트럭, 버스
③ 리브 러그 패턴(Rib Lug Pattern) : 모든 노면에 우수 – 고속버스, 소형 트럭
④ 블록 패턴(Block Pattern) : 앞·뒤 또는 옆방향 슬립 방지

[리브 패턴]　　[러그 패턴]　　[리브 러그 패턴]　　[블록패턴]

241 타이어 취급 시 주의 사항

㉠ 타이어 임계온도 120~130℃이다.
㉡ 타이어 로테이션 시기는 8,000~10,000km 주행마다 한다.
㉢ 공기압력을 규정대로 주입하고, 급출발, 급정지, 급선회 등은 피한다.
㉣ 앞바퀴 얼라이먼트를 정확히 하며, 트레드 홈 깊이가 <u>1.6mm 이하</u> 시 교환한다.

■ **자동차 및 자동차 부품의 성능과 기준에 관한 규칙 별표 1의2**
[자동차용 공기압타이어의 표기·구조 및 성능 기준]

1. 공기압타이어 표기 기준
① 타이어 트레드 부분에는 트레드 깊이가 1.6mm까지 마모된 것을 표시하는 트레드 마모지시기를 표기할 것
※ 사이드월에 표기되어야 할 사항 : 제작사, 제작번호, 호칭(너비, 편평비, 내부구조, 림지름, 하중지수, 속도기호)

242 타이어 평형(Wheel Balance)

(1) 정적·동적 평형

① 정적 평형(Static Balance)은 상하의 무게가 맞는 것(불평형 시 : 트램핑)
② 동적 평형(Dynamic Balance)은 좌·우 대각선의 무게가 맞는 것(불평형 시 : 시미)

(2) 타이어 취급 시 주의사항

① 타이어 임계온도는 120~130℃이다.
② 타이어 로테이션 시기는 8,000~10,000km 주행마다 한다.
③ 공기압력을 규정대로 주입하고, 급출발, 급정지, 급선회 등은 피한다.
④ 앞바퀴 얼라인먼트를 정확히 하며, 트레드 홈 깊이가 1.6mm 이하 시 교환한다.

243 (1) 스탠딩 웨이브 현상(Standing wave)

고속 주행에서 타이어에 발생하는 것으로 발열과 피로에 의해 타이어 트레드 부위가 찌그러지는 현상을 말하며, 방지책은 다음과 같다.

① 타이어 공기압을 10~15% 높이고, 강성이 큰 타이어를 사용한다.

② 전동 저항을 감소시키고, 저속으로 주행한다.

(2) 하이드로 플레이닝 현상(Hydro planing)

비가 올 때 노면의 빗물에 의해 타이어가 노면에 직접 접촉되지 않고 수막만큼 공중에 떠있는 상태를 말하며, 방지책은 다음과 같다.

① 트레드 마모가 적은 타이어를 사용한다.

② 속도를 줄이고, 타이어 공기압을 10% 높인다.

③ 트레드 패턴은 카프(Calf)형으로 셰이빙(Shaving) 가공한 것을 사용한다.

④ 리브형 패턴을 사용하고, 러그 패턴의 타이어는 하이드로 플레이닝을 일으키기 쉽다.

244 ① 전주행저항 요소로는 구름저항, 공기저항, 구배저항, 가속저항 등이 있다. 이 항목들을 모두 더한 것이 전주행저항으로 구동력이 전주행저항보다 더 커야지만 차량이 주행할 수 있다.

② 타이어와 노면 사이에 슬립에 대한 마찰저항이 있어야지만 구동력이 발생될 수 있다.

③ FF 방식은 전륜쪽에 기계적 장치(엔진, 변속기) 등의 하중을 주고 전륜을 구동하게 되고 FR 방식은 짐을 싣는 뒤쪽을 기준으로 하중을 주고 후륜을 구동하게 된다. 즉, 무게 중심이 있는 쪽의 바퀴를 구동하는 것이 미끄럼 없는 큰 구동력을 구현하는 방법이다.

④ 타이어가 노면에 달라붙는 힘을 점착력이라 하고 점착력은 가해지는 하중과 타이어와 노면 간의 마찰에 비례한다. 따라서 이 점착력보다 구동력이 크게 될 경우는 바퀴는 미끄러지게 된다.

245 ① **스퀼소음** : 건조하고 평탄한 노면에서 급가속, 급정지, 급선회 시 트레드가 노면에 반복적으로 미끄러지면서 발생하는 소음이다. 코너링스퀼과 브레킹스퀼이 있으며 트레드의 탄성진동에 의하여 발생하는 500~1000Hz 의 고주파 음이며 공기를 매개체로 하는 공기 전달 소음이다.

스퀼소음 크기는 트레드패턴의 현상과 구성물질의 성분, 노면상태에 따라 달라지며 이것은 트레드패턴의 탄성진동에 영향을 주기 때문이다.

② **탄성소음** : 타이어의 소음과 노면의 고유진동수가 공진하여 발생하는 공기 전달 소음이며 타이어의 강성 변동과 불균일로 인한 가진력(물체에 작용하고 있는 힘-여진력)이 원인이다. 타이어 트레드의 크라운 라운드 부위에서 미끄러움에 의한 소음도 이에 속한다.

③ **비트소음** : 타이어 소음과 엔진 및 구동계의 소음이 간섭되어 발생하는 울림현상의 소음으로 타이어의 불균일로 인한 고차(배수) 성분이 주요 원인이다. 70~80Km 주행속도에서 심하고 주파수는 60~120Hz이다.

④ **하시니스** : 차량이 요철이나 포장도로의 연결부위 등을 통과할 때 충격적인 진동과 소음을 일으키는 현상이다. 로드소음과 같이 평탄한 노면을 주행하지 않는 상태에서 진동과 소음이 발생한다는 점에서 같지만 단시간에 진동과 충격적인 소음이 발생된다는 점이 다르다. 하시니스의 주파수는 노면입력, 시간, 차량속도에 비례한다.

■ **대책**

① **타이어** : 레디얼타이어(많이 사용)의 강성을 내려 진동을 흡수하고 엔벨로프 특성(돌기부위를 통과 시 타이어가 돌기 부위를 감쌈)이 우수한 타이어를 사용

② **서스펜션** : 스프링상수와 댐퍼의 감쇠를 낮게 하여 바디로 전달되는 진동 저감

246 오른쪽 그림에서처럼 로워암(아래 컨트롤 암)에 링크로 연결이 되어 크로스 멤버(프레임)에 설치되어진 스태빌라이저를 확인할 수 있다.

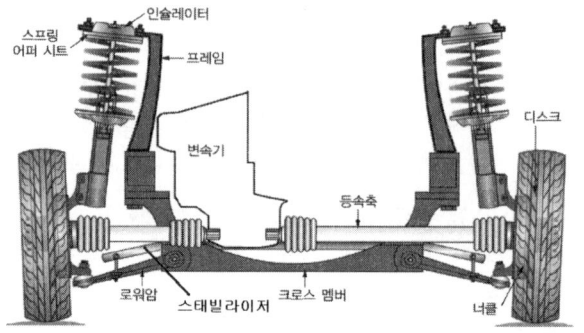

247 일체식 및 독립식 현가장치의 비교

(1) 일체식 현가장치	(2) 독립식 현가장치
① 구조가 간단하다.	① 바퀴의 시미를 잘 일으키지 않는다.
② 선회 시 차체의 기울기가 적다.	② 스프링 밑 질량이 적어 승차감이 좋다.
③ 승차감이 좋지 않다.	③ 스프링 상수가 작은 스프링도 사용할 수 있다.
④ 로드 홀딩이 좋지 못하다.	④ 로드 홀딩이 좋다.

248 맥퍼슨 형식

맥퍼슨 형식은 조향너클과 일체로 된 형식이며, 특징으로는 엔진실의 유효 체적을 넓게 할 수 있고, 스프링 밑 질량이 작아 로드 홀딩이 우수하다.

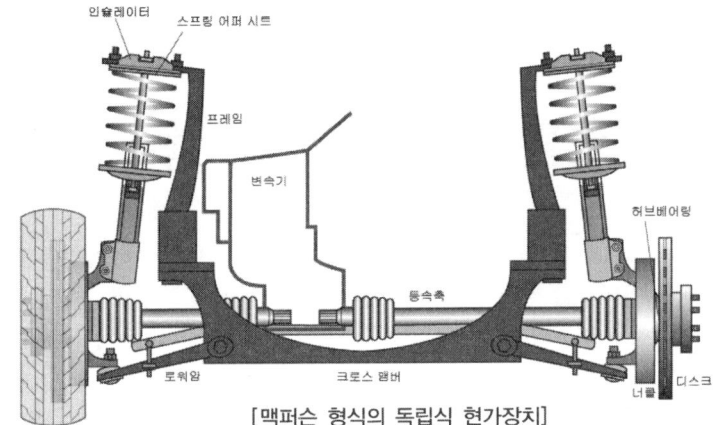

[맥퍼슨 형식의 독립식 현가장치]

위의 그림에서처럼 쇽업쇼버와 코일스프링의 일체를 스트럿이라 하고 이 스트럿은 너클과 연결되어 있으며 너클의 아래쪽에 로워암이 떠 받치고 있는 구조이다. 그리고 문제에서 언급한 조향장치와 관련되어서는 아래의 그림과 같이 너클 뒤쪽으로 컨트롤암과 타이로드엔드가 연결되어 있는 그림을 확인할 수 있을 것이다. 자세한 실물은 QR 코드로 확인할 수 있다.

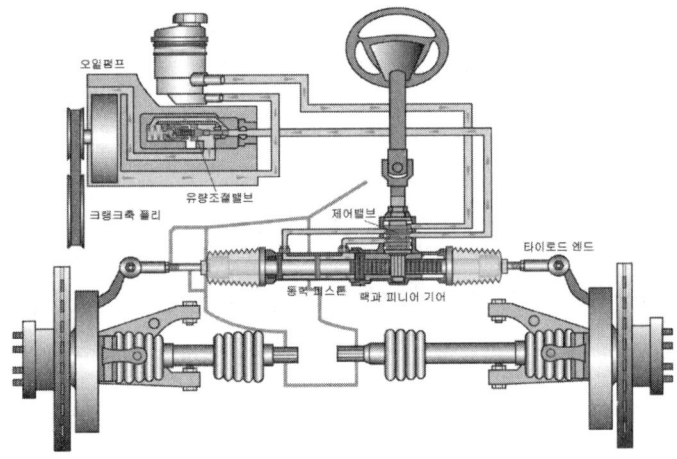

249 독립식 차축의 위시본방식 중 SLA 현가장치에서 코일 스프링이 피로해지면 더욱 부의 캠버가 된다는 것을 이용해 틀리기 쉬운 문제로 유도한 것이다.

일체식 차축은 판스프링을 이용하여 차체를 지지하기 때문에 한쪽의 스프링이 피로해지더라도 캠버는 변화하지 않는다. 차체 전체의 기울기가 한쪽으로 기울어질 수는 있다.

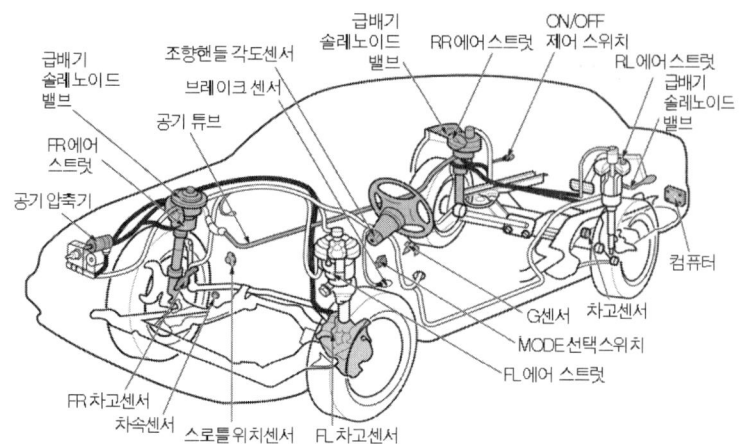

위 그림은 전자제어 현가장치(압축압력 이용)의 구성요소를 나타낸 것이다. 참고로 ②번 선지의 경우는 차고의 높이제어는 불가능하고 감쇠력만 제어하는 시스템에 사용되는 액추에이터이다.
④번 선지의 충격센서는 에어백 시스템에 사용되는 센서이다.

251 일반적으로 차량의 높이를 제어하기 위해서는 공기의 압축압력을 활용한다. 하지만 압축압력을 활용하기 위해서는 엔진의 동력을 일부 할애해서 압축기를 작동하여야 하고 만들어진 압축압력을 저장하는 탱크, 압력을 제어하는 장치(각종 센서 및 ECU, 엑츄에이터) 등이 설치되어야 한다. 때문에 출력의 여유가 없는 소형차나 중형차량에서는 접목하기가 어려운 시스템이다.

② 금속스프링은 처음 제조될 때 스프링의 높이가 정해져 있기 때문에 높이를 조절하기가 어렵다.

③ 진공은 일반적으로 다른 시스템의 제어를 위한 용도(브레이크 배력장치, 연료압력조절, EGR밸브제어, PCV밸브제어, 브리드호스제어 등)로 사용될 뿐 큰 힘을 필요로 하는데 사용하기 힘들다.

④ 유압장치는 쇽업소버 내부에 설치하여 감쇠력을 제어할 때 주로 사용하게 된다.

252 **자동차의 진동**

(1) 스프링 위 질량의 진동
① 롤링(Rolling) : 차체가 X축을 중심으로 회전하는 좌우 진동
② 피칭(Pitching) : 차체가 Y축을 중심으로 회전하는 앞뒤 진동
③ 바운싱(Bouncing) : 차체가 Z축 방향으로 움직이는 상하 진동
④ 요잉(Yowing) : 차체가 Z축을 중심으로 회전하는 수평 진동

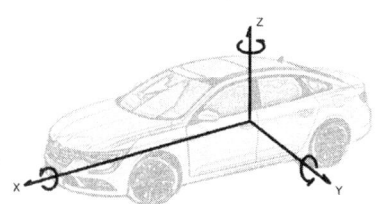

(2) 스프링 아래 질량의 진동
① 휠 트램프(Wheel tramp) : 액슬 하우징이 X축을 중심으로 회전하는 좌우 진동
② 와인드 업(Wind up) : 액슬 하우징이 Y축을 중심으로 회전하는 앞뒤 진동
③ 휠홉(Wheel hop) : 액슬 하우징이 Z축 방향으로 움직이는 상하 진동
④ 트위스팅(Tweesting) : 종합 진동이며, 모든 진동이 한꺼번에 일어나는 현상

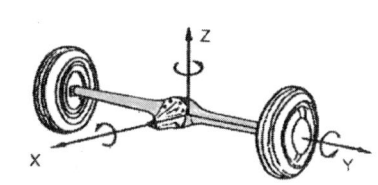

급 가속 시 무게 중심이 뒤쪽으로 가면서 무게 중심의 이동으로 인한 앞쪽이 들리는 현상이 발생한다. 이를 노스업이라 하고 이 노스업이 일어나지 않게 하는 제어를 앤티 스쿼트 제어라고 한다. 반대로 급브레이크를 작동했을 때 차량 앞쪽이 처지는 현상이 발생하게 되고 이를 노스다운이라 한다. 이 노스다운이 일어나지 않게 하는 제어를 앤티 다이브 제어라 한다. 그 외에 ①번 선지의 앤티 롤 제어는 스프링 위 질량의 진동과 관련된 용어들을 모두 숙지해야 한다. 정리할 때 스프링 아래 질량의 진동과 관련된 용어들도 같이 숙지하자. ③번

선지의 스카이훅 제어와 관련된 정의는 다음과 같다.

■ **기타 제어**

(1) **스카이훅 제어(Sky hook control)** : 스프링 위 차체에 훅을 고정시켜 레일을 따라 이동하는 것처럼 차체의 움직임을 줄이는 제어로 상하방향의 가속도 크기와 주파수를 검출하여 상하 G의 크기에 대응하여 공기스프링의 흡 · 배기 제어와 동시에 쇽업소버의 감쇠력을 딱딱하게 제어하여 차체가 가볍게 뜨는 것을 감소시킨다.

(2) **프리뷰 제어(Preview control)** : 자동차 앞쪽에 있는 도로면의 돌기나 단차를 초음파로 검출하여 바퀴가 단차 또는 돌기를 넘기 직전에 쇽업소버의 감쇠력을 최적으로 제어하여 승차감각을 향상시킨다.

253 ① **도어 스위치** : 앤티-쉐이크 제어를 위해 입력받아야 하는 신호이다.

② **조향휠 각속도 센서** : 운전자의 조향 의사를 확인해 선회 시 앤티-롤링을 제어하기 위한 신호로 사용 된다.

③ **스톱램프 스위치** : 일반적으로 브레이크 스위치와 연결이 되어 있으며, 앤티-다이브 제어를 위한 신호로 사용된다.

※ 발전기 L 단자의 신호를 받아 저전압 시 전자제어 현가장치는 작동하지 않게 된다.

254 ㉠ **쉐이크** : 승객이 승 · 하차할 때 차체가 상 · 하 진동을 하게 되는데, 이 때 감쇠력을 하드로 변환하여 차체의 진동 충격을 억제하는 것을 앤티 쉐이크(Anti-shake)라 한다.

㉡ **앤티 쉐이크 제어** : 승 · 하차 시 쇽업소버의 감쇠력을 하드로 변환시켜 차체의 흔들림을 최소한으로 하는 제어를 의미한다.

256 **애커먼 장토식(Ackerman Jeantaud type)**

자동차가 선회할 경우에는 양쪽 바퀴는 사이드슬립이 발생되지 않고 조향 휠을 회전시킬 때의 저항이 작아지기 위해서는 각각의 바퀴는 동심원을 그리며 선회하는 것을 이용한 것이다.

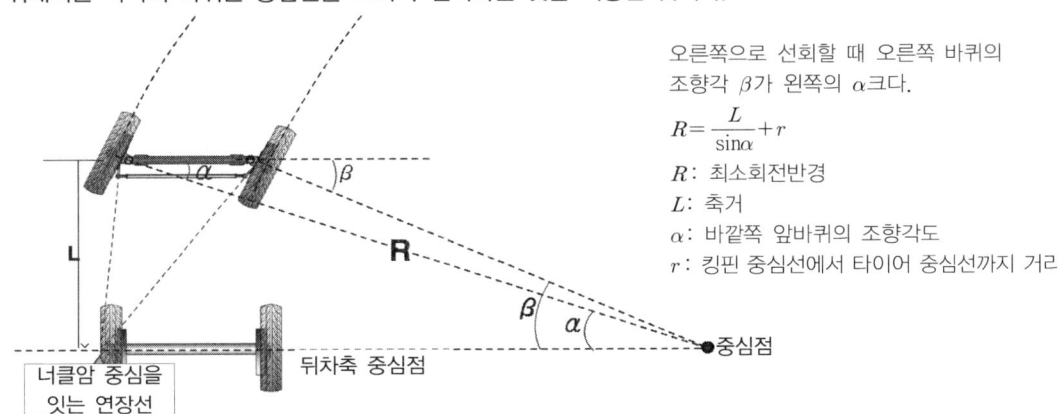

오른쪽으로 선회할 때 오른쪽 바퀴의 조향각 β가 왼쪽의 α크다.

$$R = \frac{L}{\sin\alpha} + r$$

R : 최소회전반경
L : 축거
α : 바깥쪽 앞바퀴의 조향각도
r : 킹핀 중심선에서 타이어 중심선까지 거리

최소 회전반경(Minimum radius of turning)

조향각도를 최대로 하고 선회하였을 때 그려지는 동심원 중에서 가장 바깥쪽 바퀴가 그리는 반지름을 최소 회전반지름이라고 한다(보통 자동차의 최대 조향각은 40도 이하).

※ 실제 최소 회전반경 : 소형 승용차(4.5~6m 이하), 대형 트럭(7~10m 이하), 법규상(12m 이하)

최소 회전반경을 구하기 위해서 축거와 전륜 바깥쪽 바퀴의 조향각도(이후 "α"로 표기) 그리고 킹핀 중심에서 타이어 중심선까지의 거리(이후 "r"로 표기)가 필요하게 된다. 필요하지 않는 정보로 전륜 안쪽바퀴의 조향각도를 같이 주기도 하지만 이는 필요 없는 항목이다. 시험을 칠 때 계산기를 지참할 수 없는 이유로 α는 30도가 주어지게 되어 있다. 따라서 최소 회전반경을 구하는 공식의 분모에 sin30도, 즉 1/2이 들어갈 경우 범분수를 계산하면 축거의 2배가 된다. 그래서 위와 같은 문제를 풀 때에는 축거의 2배에 r을 더하면 된다. (2.6m×2) + 30cm = 5.2m + 0.3m = 5.5m가 된다.

256 전륜 현가장치는 독립식 차축과 일체식 차축에 따라 크게 2가지로 구분할 수 있다. 일체식 차축에 사용하는 것이 킹핀이고 독립식 차축은 다시 맥퍼슨 스트럿 방식과 위시본 방식으로 구분할 수 있다. 맥퍼슨 스트럿 방식에서의 조향 기준 즉, 킹핀의 역할을 하는 것은 스트럿이 되고 위시본 방식에서의 조향의 기준이 되는 것은 어퍼 볼조인트의 중심과 로워 볼조인트의 중심을 지나는 가상선이 된다.

257 조향핸들을 1회전 했을 때의 각도는 360°이고 2회전을 했기 때문에 720°가 된다. 그러면 피트먼암이 90°만큼 움직인다고 했기 때문에 조향기어비는 $\dfrac{720도}{90도}$ =8이기에 정답은 ③이다. 피트먼암은 일체차축의 조향장치에서 사용한다. 그리고 조향했을 때 동력이 전달되는 순서별로 부품을 나열하면 조향핸들 → 조향축 → 조향조인트 → 조향기어박스(웜섹터형식 많이 사용) → 피트먼암 → 드래그링크 → 너클암 → 타이로드 거쳐서 반대쪽 너클 회전이다.

258
조향기어비 = $\dfrac{조향핸들이\ 움직인\ 각도}{피트먼\ 암이\ 움직인\ 각도}$

ㄱ 적으면 : 조향핸들 조작이 빠르지만 큰 회전력이 필요하다.
ㄴ 크면 : 조향핸들 조작은 가벼우나 바퀴의 작동 지연이 생긴다.
ㄷ 소형차 10~15 : 1, 중형차 15~20 : 1, 대형차 20~30 : 1

259 조향핸들을 운전자의 눈높이와 자세에 편하게 맞추기 위해 조향핸들 바로 뒤 커버 아래에 위치한 레버를 아래로 내리면 각도를 조절하는 기능이 있다. 그 기능을 "틸트"라고 한다(대형화물차의 헤드가 회전하면서 열리는 기능도 틸트라고 한다). 그리고 축 방향으로 길이를 조절하는 기능을 "텔레스코핑"이라고 한다.

260 주행 중에 핸들(조향 휠)이 한쪽으로 지속적으로 힘을 받는(쏠림) 원인을 찾는 문제이다.
① 좌·우 축거가 다를 경우에는 차량을 위에서 보았을 때 차축이 수평이 되지 않는다는 뜻이다. 캐스터가 맞지 않는 경우, 혹은 셋백이 틀어진 경우, 스러스트각이 발생된 경우 다음의 그림과 같은 형상이 나타나게 된다. 이럴 경우에는 지속적으로 핸들이 한쪽으로 힘을 받아 쏠리는 현상이 발생되게 된다.
② 브레이크 조정이 불량할 경우는 한쪽 바퀴의 브레이크에만 제동이 가해지는 경우를 생각하면 된다. 이 경우에도 핸들의 쏠림이 발생될 수 있다.
③ 앞바퀴 정렬이 부정확할 경우는 34번 문제에서 설명했다.
④ 조향핸들의 유격이 클 경우에는 핸들이 쏠리는 현상이 발생되는 것이 아니라 조향작동이 지연되는 현상이 발생될 수 있다. 조향핸들의 유격이란 조향바퀴가 움직이지 않는 범위에서 조향핸들이 작동되는 간극을 말한다.

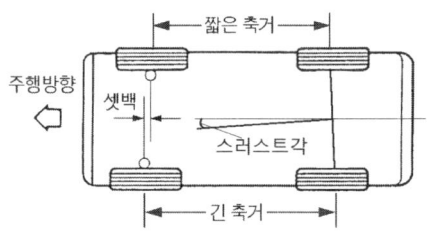

261 오버 스티어링 현상은 선회 주행하려고 하는 방향보다 더 많이 감기어 들어가는 현상으로 전륜 코너링 포스가 클 때 발생될 수 있는 현상이다.
• 코너링 포스(cornering force) : 타이어가 어떤 슬립각을 가지고 선회할 때 접지면에 발생하는 힘 가운데, 타이어의 진행 방향에 대하여 직각으로 작용하는 성분을 코너링 포스라 한다.
• 복원 토크 : 타이어가 양방향으로 미끄러짐을 할 때 타이어의 회전면에는 진행방향과 일치시키려는 토크나 모멘트가 작용하는 데 이를 복원 토크라고 한다.
• 언더 스티어링 현상(Under Steering, U.S.) : 뒷바퀴에 작용하는 코너링 포스가 커서, 선회 반경이 커지는 현상이다.
• 오버 스티어링 현상(Over Steering, O.S.) : 앞바퀴에 작용하는 코너링 포스가 커서, 선회 반경이 작아지는 현상이다.
• 뉴트럴 스티어링(Neutral Steering, N.S.) : 자동차가 일정한 반경으로 선회할 때 선회 반경이 일정하게 유지되는 현상이다.

접지면에 발생하는 힘은 휠·타이어의 폭, 크기, 수직 하중 등에 영향을 받는다. 선회하면서 발생되는 성분이므로 제동 성능과는 관계가 없다.

263 4WS란 앞바퀴의 조향에 따라 뒷바퀴의 3가지 변화 상태에 따라서 노면의 위치에 대응하여 조향이 이루어지도록 하는 장치를 말한다.

ㄱ 중립위치 조향 : 직진 도로의 주행 시나 일반도로의 보통 주행 시 사용된다.

ㄴ 동위상 조향 : 고속주행 시 커브길 선회나 차선변경 시에 사용된다.

ㄷ 역위상 조향 : 조향핸들의 조작각도가 클 경우 주정차 등을 위하여 적은 회전반경을 요구할 경우에 사용된다.

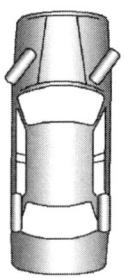 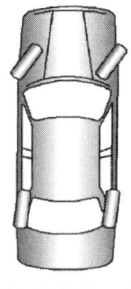 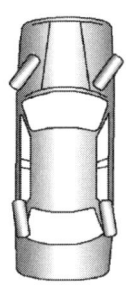

ㄱ 중립위치 조향   ㄴ 동위상 조향   ㄷ 역위상 조향

264 **파워 스티어링 오일 압력 스위치**

조향핸들을 회전시켜 유압이 상승되는 순간을 전압으로 변환하여 컴퓨터에 입력함으로써 공전속도제어서보를 작동시켜 엔진의 회전속도를 상승시키는 역할을 한다.

265 유압을 사용하는 동력조향장치(흔히, 파워핸들이라 칭함)에서 조향 핸들을 갑자기 회전시키게 되면 팬벨트에 의해 동력을 전달 받게 되는 파워스티어링 오일펌프에서 부하가 걸리게 된다. 이 부하는 크랭크축에 영향을 미치게 되고 회전수의 보상(올려줌)을 해주지 않으면 엔진이 부조(동력밸런스가 맞지 않아 엔진이 심하게 흔들리는 현상)를 일으키다 심한 경우에 엔진이 멈추게 된다. 특히 공전 시에 이런 현상이 더욱 두드러지게 된다. 이를 기구학적으로 보상하기 위하여 만들어진 것이 파워스티어링 (오일) 압력 스위치이다. 운전자의 조향 핸들의 작동에 의하여 높아진 유압을 반영하여 스위치가 작동되게 되면 이 신호를 엔진 ECU에 입력하게 되고 ECU는 공전 시 유입되는 공기량을 제어하여 안정적으로 회전수를 유지할 수 있게 도와주게 된다.

266 제어밸브 내에 안전체크밸브가 설치되어 있어 엔진의 정지, 오일펌프의 고장 및 오일 누출 등의 원인으로 유압이 발생되지 않을 시에도 조향 휠의 조작이 기계적으로 이루어질 수 있도록 되어 있다. 조향 휠을 조작하여 링크가 작동하면 동력 실린더가 연동하여 실린더의 한쪽 챔버의 오일을 압축하고 다른 쪽 챔버를 부압 상태로 만들기 때문에 큰 저항을 받게 된다. 이 때 안전체크밸브가 그 압력 차이에 의하여 자동적으로 열리고 압력이 가해진 챔버의 오일을 부압측의 챔버에 유입시켜 수동조향 조작이 원활하게 되도록 하는 것이다.

267 다음 사진에서 바깥벨트에 같이 묶어져 있는 요소들에 대해 알고 있다면 쉽게 해결할 수 있는 문제이다. 바깥벨트에 묶어진 요소들이 작동되는 순간 크랭크축의 동력을 소모하여 회전수가 떨어질 가능성이 있다. 이를 보완하기 위해 공전(아이들) 시 회전수를 올려주는 장치들이 각각 작동하게 되어 있다.

① **에어컨 작동** : 에어컨 스위치

② **동력조향장치 작동** : 압력스위치

③ **전조등 작동** : 전압조정기

268 동력조향장치에서 유압장치 고장 시 제어밸브 내부에 설치된 안전 체크밸브가 작동되어 수동조작이 가능하게 해준다.

269 앞바퀴 정렬의 정의 및 필요성

	캠버 (Camber)	킹핀 경사각 (King pin angle)	캐스터 (Carster)	토인 (Toe-in)
정의	바퀴를 앞에서 보면 타이어 중심선이 수선에 대하여 이루는 각	바퀴를 앞에서 보면 킹핀의 중심선과 수선에 대하여 이루는 각	바퀴를 옆에서 보면 킹핀의 중심선과 수선에 대하여 이루는 각	바퀴를 위에서 보면 앞쪽이 뒤쪽보다 좁게 되어 있는 것
각도	1° 30′	8° 53′	1° 45′±30′	2~6mm
필요성	• 핸들조작을 가볍게 • 앞차축의 휨 방지	• 핸들조작을 가볍게 • 시미현상 방지 • 복원성	• 방향성 • 직진성 or 주행성 • 복원성	• 타이어 사이드슬립 방지 • 타이어 편마모 방지 • 선회 시 토아웃 방지
앞바퀴 정렬 그림				
	캠버각	킹핀각	캐스터각	토인 길이 A<B

③번 선지의 휠 밸런스 대신 캠버가 들어오면 모두 맞는 선지가 될 것이다. 앞바퀴 정렬의 4가지 요소 용어도 암기해야 하지만 각각의 정의와 필요성에 대한 문제도 자주 출제된다. 특히 정의에 대해서 자주 출제되니 반드시 암기를 해야 한다.

참고로 휠 밸런스란 휠, 타이어 한 조의 밸런스를 보는 것으로 종류에는 정적 밸런스와 동적 밸런스가 있다. 정적 밸런스의 불균형으로 일어나는 상·하 떨림 현상을 트램핑이라 하고 동적 밸런스의 불평형으로 일어나는 좌·우 떨림 현상을 시미라 한다. 앞바퀴 정렬을 전차륜 얼라이먼트라고 표현하기도 한다.

관련된 문제를 하나 더 풀어보자.

심화문제
269-1 앞선 문제의 해설을 잘 학습했다면 그리 어렵지 않게 해결할 수 있는 문제이다.
④번 선지는 캐스터에 관한 설명이다.

270 캐스터는 정의 캐스터와 부의 캐스터로 나눌 수 있는데, 정의 캐스터는 바퀴의 복원성과 직진성, 방향성(추종성)에 영향을 준다.

이 문제의 경우 부의 캐스터의 필요성까지 물어보는 것으로 부의 캐스터는 핸들의 조작력을 적게 가져 갈 수 있다는 장점에 대한 부분을 기술하고 있다.

대형차의 앞 타이어를 지지하는 축은 대부분 부의 캐스터를 사용하고 있다. 이렇게 부의 캐스터로 설계할 경우 핸들의 조작력을 적게 가져가는 장점이 있어 큰 차량의 무게 대비 손쉽게 핸들을 조작할 수 있게 된다. 다만 후륜에 부의 캐스터를 사용할 경우 ④ 선지의 현상이 두드러지게 나타나는 것을 쉽게 확인할 수 있다. 간단한 예로 대형마트의 카트를 생각하면 된다. 카트의 뒤 바퀴는 조그만 충격에도 좌우로 잘 흔들리는 것을 볼 수 있는데, 이는 카트의 뒤 바퀴가 부의 캐스터로 설계되어 있기 때문이다.

271 바퀴를 위에서 보았을 때 앞쪽이 뒤쪽보다 좁게 되어 있는 상태를 토인이라 하며 토인이 필요한 이유는 다음과 같다.
• 주행 시 발생될 수 있는 사이드슬립을 방지할 수 있다. • 타이어 편마모를 방지할 수 있다.
• 선회 시 토아웃화 되는 것을 막을 수 있다.   • 앞바퀴를 평행하게 회전시킨다.
• 각종 조향링키지의 마멸에 의해 생긴 유격으로 타이어가 토아웃화 되는 것을 방지한다.

272 ② 동일 차축에서 한 차륜과 반대쪽 차륜과의 위치차이를 셋백이라 한다.

    (+)셋백 : 좌측륜이 우측륜보다 더 앞쪽으로 나감.

    (−)셋백 : (+)셋백의 반대

④ 차량을 정면에서 봤을 때 지면의 수선과 타이어 중심선이 만드는 각을 캠버, 지면의 수선과 킹핀의 중신선이 만드는 각을 킹핀경사각, 이 캠버와 킹핀경사각을 더한 것을 협각이라고 한다.

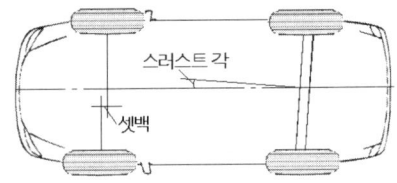

273 앞 차축에도 셋백이 존재하듯이 뒤 차축 역시 셋백이 존재한다.
앞 · 뒤, 두 축의 셋백의 값을 통해 평행한 정도를 나타낼 수 있다.

274 유압회로 내에 공기침입은 베이퍼록 현상으로 이어져 제동력을 떨어뜨리는 주된 원인이 된다.

275

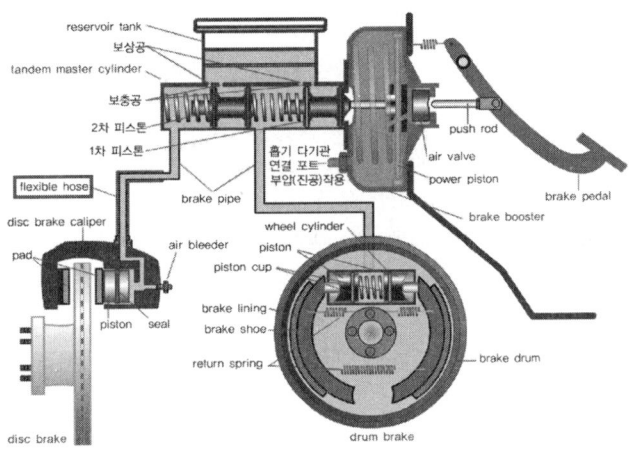

276 ② 외부 고무 부트는 먼지가 내부로 들어가는 것을 방지하는 목적으로 사용되며 유밀을 유지하는 것은 2차 컵이다.

③ 체크밸브가 불량하게 되면 브레이크 파이프 내에 잔압이 낮아지게 되고 이는 낮은 온도에서도 오일이 쉽게 끓어 증기폐쇄의 원인이 되고 브레이크 휠 실린더의 컵을 제대로 확장시키지 못해 오일이 누유되는 원인이 되기도 한다. 브레이크 파이프가 파손되는 것과는 상관이 없다.

④ 피스톤컵이 팽창 또는 변형이 되면 제동력 해제 시 컵의 마찰에 의해 잘 풀리지 않게 된다.

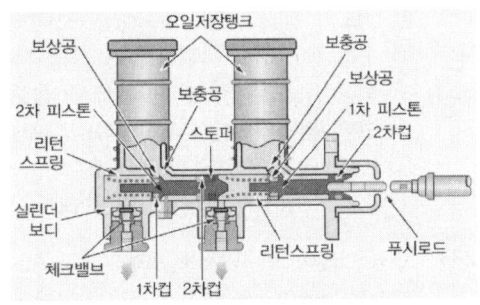

[탠덤형 마스터 실린더]

278 굵은 볼트로 표시한 두 원 사이에 압력을 유지하기 위해 브레이크 마스터 실린더 출구에는 체크밸브가, 휠 실린더 양쪽의 브레이크슈는 리터스프링의 의해 잔압이 유지된다. 이 잔압은 증기폐쇄 현상을 막아주게 된다. 이런 상황에서 브레이크슈의 리턴스프링의 장력이 부족하게 되면, 휠 실린더의 압력을 강하게 형성할 수 없어 잔압이 낮아지게 되고, 이는 브레이크 오일이 증기화가 되는 원인이 되기도 한다.

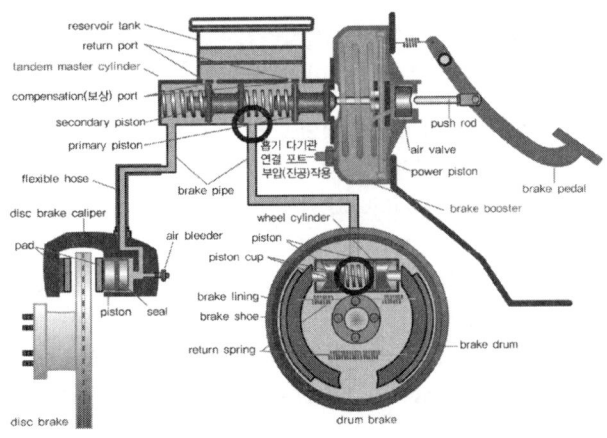

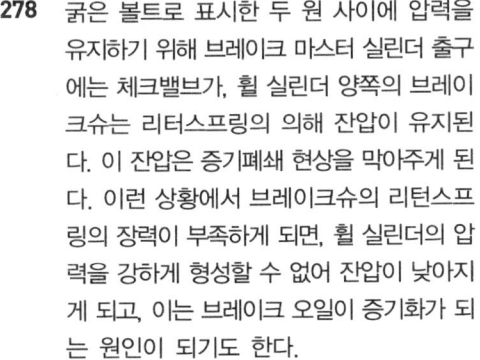

279 유압 브레이크 장치의 잔압은 체크밸브와 휠실린더의 리턴 스프링으로 만들고 잔압을 두는 목적은 다음과 같다.

- 브레이크 작동을 신속하게 한다.
- 휠실린더의 오일 누출을 방지한다.
- 공기 혼입을 방지한다.
- 베이퍼록을 방지한다.
- 잔압은 0.6~0.8kg/cm² 이다.

280 진공배력식 장치 중 마스터실린더와 일체형의 경우 : 브레이크 페달 → 푸시로드 → 진공식배력장치 → 마스터실린더(싱글형, 텐덤형 구분) → 체크밸브 → 각 브레이크의 실린더(캘리퍼실린더, 드럼의 휠실린더)에 유압작용 → 마찰제 압착 등의 순서로 나열할 수 있다.

직경(내경 = 안쪽구멍의 직경을 뜻함)으로 면적을 구하기 위해 πr^2 을 활용하면 3.14×1cm×1cm가 되므로 마스터실린더의 직경은 3.14cm²가 된다. 휠 실린더의 단면적이 3cm² 이라고 주어졌으므로 거의 같은 면적이라 생각할 수 있다. 다만 조금 작은 힘이 작용한다고 유추할 수 있다. 푸시로드에 의해 작용하는 힘이 62.8kgf이므로 출력되는 힘은 거의 60kgf에 가깝다고 생각된다. 3.14 : 3 = 62.8 : X라는 비례식을 세우면 문제를 해결할 수가 있다. 본 문제는 단순한 계산문제와 파스칼의 원리(유압브레이크 장치)까지 같이 내용을 정리할 수 있는 괜찮은 문제이다.

281 페이드 현상과 함께 브레이크에 발생할 수 있는 이상증상으로 베이퍼록, 스펀지 현상들도 같이 정리해 두면 도움이 될 것이다.

- **베이퍼록(증기폐쇄)** : 유압라인의 압력이 낮아지거나 고온에 의해 오일이 끓어 기포가 발생되는 현상으로 제동장치에서는 제동거리가 길어지는 요인이 된다.
- **스펀지 현상** : 브레이크 페달을 작동시켰을 때 저항 없이 페달이 깊게 밟혀 들어가는 현상으로 베이퍼록 및 마스터실린더 내 피스톤의 문제 등이 이유가 될 수 있다.

282 **브레이크 오일 구비 조건**

ⓐ 화학적으로 안정되고 침전물이 생기지 않을 것

ⓑ 점도가 알맞고 점도지수가 클 것

ⓒ 윤활성이 있고, 비점이 높을 것

ⓓ 빙점이 낮고, 인화점과 착화점이 높을 것

ⓔ 고무, 금속 제품을 부식, 연화 팽창시키지 않을 것

④ 흡습성이 높을 경우 물을 잘 흡수하여 100℃ 정도만 되어도 끓어서 기포가 발생될 것이다. 이는 베이퍼록의 원인이 되어 제동성능을 떨어뜨리는 원인이 된다.

283 드럼 브레이크는 넌서보 브레이크와 서보 브레이크로 나뉜다.

넌서보 브레이크는 전진 시 자기작동을 하는 리딩슈 1개와 자기작동을 하지 않는 트레일링슈 1개로 구성되며 후진 시는 그 역할을 바꾸어 수행하게 된다.

서보 브레이크는 유니 서보와 듀얼 서보 브레이크로 나뉘게 된다. 유니 서보 브레이크는 전진 시는 모두 리딩슈가 후진 시에는 모두 트레일링슈가 되는 방식이며, 듀어 서보 브레이크 방식은 전·후진 시 각각 모두 리딩슈의 역할을 수행하는 특징이 있다.

284 **디스크 브레이크의 정의와 장·단점**

(1) 정의

마스터 실린더에서 발생한 유압을 이용하여 회전하는 디스크에 양쪽에서 마찰 패드를 디스크에 밀어 붙여 제동하는 브레이크이다.

(2) 디스크 브레이크의 장·단점

① **장점**

ⓐ 방열성이 양호하여 베이퍼 록이나 페이드 현상이 드럼 브레이크에 비해 적다.

ⓑ 제동 성능이 안정되고 한쪽만 제동되는 일이 적으며, 구조가 간단하다.

ⓒ 디스크에 물이 묻어도 제동력의 회복이 빠르다.

ⓓ 고속에서 반복 사용하여도 안정된 제동력을 얻을 수 있다.

② **단점**

ⓐ 마찰 면적이 적어 패드의 압착력이 커야 한다.

ⓑ 자기 작동 작용이 없어 페달 조작력이 커야 한다.

ⓒ 패드의 강도가 커야 하며, 패드의 마모가 빠르다.

ⓓ 디스크에 이물질이 쉽게 달라붙는다.

285 디스크 브레이크의 종류

디스크 브레이크의 종류로는 디스크의 양쪽에 설치된 실린더가 패드를 접촉시켜 제동력을 발생하는 고정 캘리퍼형(대향 피스톤형), 실린더가 한쪽에 설치되어 캘리퍼가 유동하여 제동력을 발생하는 부동(떠서 움직이는) 캘리퍼형으로 분류한다.

그리고 디스크의 내부나 표면에 공기구멍을 두어 솔리드 디스크보다 30% 정도 온도를 낮게 유지할 수 있는 벤틸레이티드 디스크도 사용된다.

286 패드나 라이닝에 오일이 묻을 경우 제동마찰력이 떨어져 제동거리가 길어진다. 이는 브레이크 페달의 유격이나 행정에 영향을 주지 않는다.

287 ① **위븐 라이닝**(weaving lining) : 위븐은 "짜서 만들다. 엮어 만들다"라는 뜻으로 장섬유의 석면을 황동, 납, 아연선 등을 심으로 하여 실을 만들어 짠 다음, 광물성 오일과 합성수지로 가공하여 성형한 것으로서 유연하고 마찰계수가 크다.

③ **몰드 라이닝**(mould lining) : 몰드는 형판, 틀에 넣어 만든 것, 금형의 뜻으로 단섬유의 석면을 합성수지, 고무 등과의 결합제와 섞은 다음 고온·고압에서 성형한 후 다듬질한 것으로 내열·내마모성이 우수하다.

④ **세미 메탈릭 라이닝** : 금속을 많이 첨가한 유기계(탄소가 포함된 유기물질 소재) 마찰재이다.

288

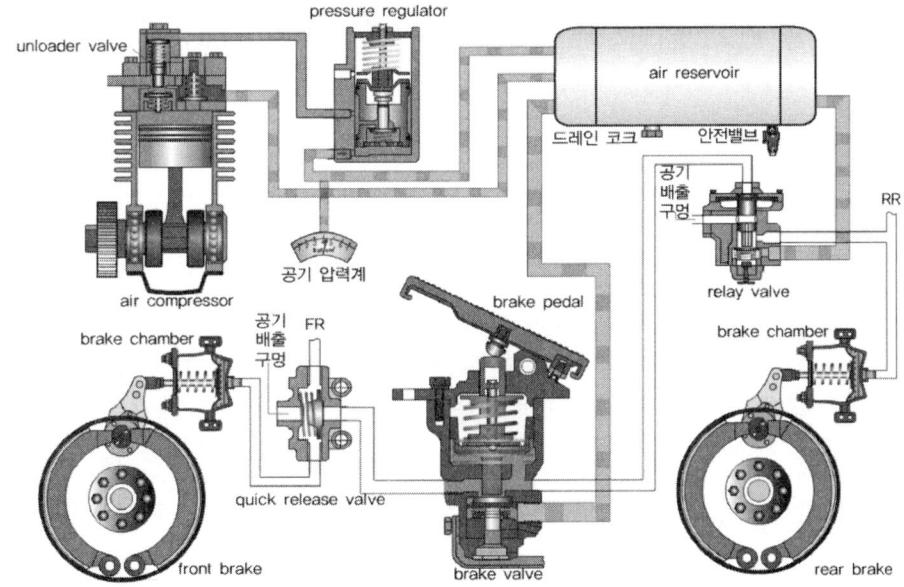

[공기 브레이크 장치의 구조]

공기 압축기의 상부에 위치한 언로드 밸브를 조정하여 압축기의 작동 시 공기저장 탱크로 보내는 압력을 조정할 수 있다. 이 조정된 압력은 공기저장 탱크의 압력을 결정할 수 있고 이는 곧 공기의 브레이크의 제동력에 영향을 주게 된다.

289 ABS의 구성품 및 기본 작동원리에 대해서는 앞선 문제에서 설명했다.

②번선지 : 마스터 실린더의 유압은 운전자가 브레이크 페달을 밟은 힘에 의해 결정된다. 유압 조정기는 마스터 실린더와 유압브레이크 장치 사이에 위치하여 감압, 유지, 증압 등의 제어를 하게 된다.

290 ① 선지의 상황을 킥백이라는 용어로 표현한다.

② 참고로 EBD 시스템의 경우 휠스피드 센서 2개 이상 고장 발생 시 사용할 수 없다.

③ ABS는 제동마찰계수를 높여주는 동시에 선회안전성에도 도움이 된다.

291 ① 선지에서 표현한 광전식 차속 센서의 원리는 점화장치의 배전기 내에 설치된 크랭크 각센서, 1번 상사점 센서, 차고센서 등이 옵티컬 방식의 센서를 사용한다.

② 휠 스피드 센서는 앞, 뒷바퀴 모두 설치가 되어야 한다.

③ ABS 에서는 단 1개의 휠 스피드센서에 고장이 발생되더라도 작동을 하지 않는다.

④ 휠 스피드 센서의 대표적인 종류 2가지는 패시브(인덕티브)방식과 액티브(능동형 속도 검출센서–홀IC)방식으로 나눌 수 있는데 이 두 가지 모두를 포함하여 설명하는 선지이다.
- 패시브(인덕티브)방식 : 영구자석과 코일을 사용한 패러데이 유도 기전력의 원리를 이용한 센서로 사인파의 출력신호가 발생된다.
- 액티브(능동형 속도 검출센서–홀IC)방식 : 홀 효과를 이용하여 바퀴회전에 따른 자속 밀도의 변화를 감지하는 센서로 디지털 신호가 출력된다.

■차속 센서

차속 센서는 리드스위치식, 광전식, 전자식의 3가지 종류로 나눌 수 있고 일반적으로 변속기 출력축에 설치되며 다음과 같은 특징을 가지고 있다.

① 리드스위치식 : 속도계 내의 회전자석 부근에 장착되어 리드 스위치(자력의 변화에 의해 작동되는 스위치)에 의해 차속에 비례한 회수의 ON, OFF 신호를 만들고 이를 통해 차속을 검출하게 된다.

② 광전식 차속 센서 : 속도계 내의 발광 다이오드와 포토트랜지스터를 대향시켜서 조합하는 옵티컬 방식을 활용하여 속도계 케이블로 구동되는 차광판(홈을 가진 디스크)에 의해 차속을 검출한다.

③ 전자식 차속 센서 : 앞서 설명한 2가지와는 달리 트랜스미션에 설치되어 있고, 차속 센서에는 마그넷과 IC가 내장되어 있는 홀센서 방식을 사용한다.

292 ABS의 특징 및 작동과 구성부품

(1) A.B.S. 장치의 특징

　① 제동 시 차체의 안정성 확보

　② 운전자의 의지에 따라 조향능력 유지

　③ 최소 제동거리 확보를 위한 안전장치

　④ 반복 작동 횟수는 1초당 15~20회이며, 모든 작용을 피드백으로 한다.

　⑤ A.B.S의 작동은 미끄럼률 10~20% 범위이며, 바퀴가 어느 정도 회전되면서 제동하는 것이 이상적인 제동 방법이다. 그러나 구조가 복잡하며 가격이 비싸다.

$$미끄럼률 = \frac{자동차 \ 속도 - 바퀴의 \ 속도}{자동차 \ 속도} \times 100$$

(2) A.B.S의 작동 및 구성부품

　① 휠 스피드 센서

　② ABS ECU

　③ 하이드로릭 유닛(HCU)=모듈레이터

　　㉠ 솔레노이드 밸브　　　㉡ 축압기(어큐뮬레이터)　　　㉢ 오일 펌프

293 셀렉트-로우(select low)의 용어에 대해 질문한 문제이다. 이렇게 학습하지 않았던 문제가 한 번씩 출제되는데 대부분은 용어와 관련된 문제이다. 기본 내용을 모두 학습하였다면 정비나 검사 관련된 쪽으로 깊이 있게 학습하는 것보다 이렇게 용어와 관련된 문제를 많이 풀어보길 바란다.

294 ① **리액션 챔버** : 동력 조향장치에서 조향할 때 밸브 스풀(제어밸브)의 움직임에 대하여 리액션(반발력)이 발생되어 운전자에게 확실한 조향감각을 느낄 수 있도록 하는 장치이다.

② **모듈레이터** : ABS의 액추에이터로 사용된다.

③ **퀵 릴리스 밸브** : 공기브레이크에서 제동이 풀릴 때 챔버의 공기를 신속히 배출시키는 밸브로 전륜에 사용된다.

④ **LSPV** : 프로포셔닝 밸브의 개선형으로 차체의 하중을 반영하여 후륜 브레이크로 가는 유압을 적절히 제어하는 장치를 의미한다.

295 앞쪽 EBD 시스템을 설명하면서 언급이 되었던 부분으로 급제동 시 차량의 무게 중심이 앞쪽으로 쏠리게 되고 이로 인해 뒷바퀴가 빨리 고정되는 것을 방지하기 위해 후륜의 제동력을 전륜의 제동력보다 약하게 한다.

296 일반적으로 차량에 급제동을 가하게 되면 무게 중심이 앞쪽으로 쏠리게 되고 하중을 받고 있는 앞바퀴보다는 하중을 상대적으로 적게 받는 뒷바퀴가 빨리 고착되는 현상이 발생될 수 있다. 이럴 경우 모든 휠에서 노면과의 제동력을 확보할 수 없기 때문에 좌 · 우의 밸런스가 조금만 무너져도 차체가 회전하거나 속도가 빠를 경우 전복되는 사고를 당할 수 있다.

이런 단점을 보완하기 위해 처음 레이크 작동 시개발된 것이 프로포셔닝 밸브이다. 줄여서 P-밸브라고도 칭한다. 이 P-밸브를 처음 사용했을 때 단순히 급브 뒤쪽으로 가는 브레이크 유압을 앞쪽으로 가는 유압보다 약하게 하여 제어를 하다 보니 차량에 짐을 싣는 경우와 싣지 않는 경우까지 영민하게 계산해서 제어하기가 힘든 경우가 발생하였다.

그래서 이러한 단점을 보완하고 전자제어화해 개발된 것이 EBD이다. 각 바퀴의 휠의 속도를 감지하여 속도가 같이 줄어들 수 있도록 앞쪽과 뒤쪽 브레이크 유압을 달리 제어하는 것이다. 이런 제어를 구현할 때 EBD는 ①, ②, ④번 선지와 같은 장점을 가지게 되는 것이다.

심화문제
297-1 급 제동 시 무게 중심이 앞쪽으로 이동된 상태에서 후륜이 먼저 잠기게 되면 차체의 안정성을 확보하기가 어렵게 된다. 즉, 4개의 타이어와 지면의 접점의 포인트가 아닌 전륜 2개의 접점 포인트로 속도가 줄다가 좌우 밸런스가 조금만 무너져도 차체가 쉽게 전복되거나 차체의 요잉 현상이 일어날 수 있게 되는 것이다. 이런 현상을 방지하기 위해 뒤쪽으로 가는 유압을 줄이는 기계적 장치로 프로포셔닝 밸브를 사용하게 된다. 다만, 프로포셔닝 밸브는 차량 뒤쪽에 짐을 실었을 때와 공차일 때 작동을 같이 했기 때문에 완성도가 떨어진 반면 로드센싱 프로포셔닝 밸브는 차체 뒤쪽 하중까지 감안을 해 작동하는 것이 특징이다. 그러다가 ABS시스템이 활성화되고 이후 프로포셔닝 밸브도 같이 사용할 때도 있었으나 곧 EBD의 개발로 프로포셔닝 밸브의 역할을 대신하게 된다. EBD 시스템은 4바퀴의 회전수를 감지하는 휠 스피드 센서의 회전수를 같게 제어하는 원리를 이용하여 보다 안정적으로 차량의 속도를 줄여주는 역할을 수행하게 된다.

298 TCS
① 차량자세제어시스템(VDC, ESP)을 기반으로 TCS 장치를 활용할 수 있으며 차량이 가속하려고 하는 순간, 편 슬립을 방지하는 기능을 한다.

② 구동바퀴의 양쪽 노면의 마찰이 다른 경우 차동기어장치의 단점인 마찰력이 적은 쪽 바퀴가 슬립하게 되는 것인데 이를 보완하기 위해 고안된 것이 자동제한차동기어장치(LSD)이다. 하지만 중량의 증가와 영민하지 못하게 작동하는 단점이 발생되어 이를 완벽하게 보완한 시스템이 TCS라 생각하면 된다.

③ TCS를 사용하여 운전자가 의도하는 방향으로 슬립 없이 선회할 수 있는 트레이스 제어가 가능해져 선회할 때 주행 안전성이 매우 향상되게 된다.

299 TCS(Traction Control System)

(1) TCS의 개요

차량의 구동바퀴가 각각 마찰계수가 다른 노면에 정차했다가 출발할 때 차동기어 장치가 마찰계수가 떨어지는 바퀴의 회전수를 높이게 된다. 또한 선회할 때 가속을 하면 구동력이 커지면서 바퀴에 슬립이 발생하게 된다. 이러한 상황에서 TCS가 작동하면 슬립이 발생하는 바퀴에 구동력을 저하시켜 안전한 주행이 가능하게 된다.

(2) TCS의 종류

① ETCS(Engine intervention Traction Control System) : 국내에 처음 TCS가 도입되었을 당시 주로 사용된 것으로 브레이크의 제어와는 별개로 엔진의 구동력만 감소시키기 위해 점화시기 지각제어, 흡입공기량 제한 제어방식을 사용했다. 현재 사용하는 TCS는 브레이크 제어와 함께 엔진 점화시기 제어인 EM(Engine Management)제어를 실행한다.

② BTCS(Break Traction Control System) : 구동바퀴에서 미끄럼이 발생하는 바퀴에 제동유압을 가해 구동력을 저하시키는 것으로 TCS 효과가 EM방식에 비해 우수하다.

③ FTCS(Full Traction Control System) : 브레이크 ECU가 슬립이 일어나는 바퀴에 제동력을 가해주는 동시에 엔진 ECU에 회전력 감소 신호를 CAN통신으로 요청하여 연료 공급 차단 및 점화시기 지각 등을 통해 엔진 출력을 저하시킨다.

300 주 제동장치의 제동능력 및 조작력 기준

최고속도	$\dfrac{\text{차량 총중량}}{\text{차량 중량}}$의 차	제동력의 판정기준
80km/h 이상	1.2배 이하일 때	$\dfrac{\text{제동력의 총합}}{\text{차량 총중량}} \geq 0.5\,(50\%)$
80km/h 미만	1.5배 이하일 때	$\dfrac{\text{제동력의 총합}}{\text{차량 총중량}} \geq 0.4\,(40\%)$
기타 자동차	각 축의 제동력의 합	차량 중량의 50% 이상
	각 축중의 제동력	전 축중의 50% 이상, 뒷 축중의 20% 이상
	좌우 제동력의 편차	당해 축중의 8% 이하

※ 제동력의 복원 : 브레이크 페달을 놓을 때에 제동력이 3초 이내에 당해 축중의 20% 이하로 감소될 것

① 회 | 모의고사

자동차공학

01 기동전동기의 전기자 코일과 계자코일은 어떻게 연결되어 있는가?

① 직, 병렬로 연결되어 있다.
② 병렬로 연결되어 있다.
③ 직렬로 연결되어 있다.
④ 각각 단자에 연결되어 있다.

02 아래 그림에 표시된 X는 무엇을 나타내는 것인가?

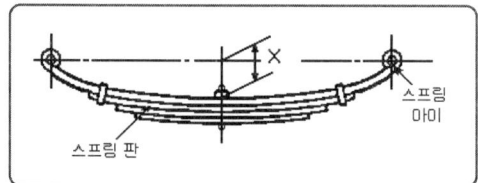

① 닙
② 스팬
③ 섀클
④ 캠버

03 AC(교류) 발전기에서 전류가 발생하는 곳은?

① 전기자
② 스테이터
③ 로터
④ 브러시

04 자동차의 PCV(Positive Crank- case Ventilation) 장치는 공해방지 대책의 한 방법이다. 다음 중 무엇을 제거하기 위한 것인가?

① 일산화탄소(CO)
② 이산화탄소(CO_2)
③ 아황산가스(SO_2)
④ 블로-바이 가스(Blow-by gas)

05 전자제어 디젤 연료분사 방식 중 다단분사에 대한 설명으로 가장 적합한 것은?

① 후분사는 소음 감소를 목적으로 한다.
② 다단분사는 연료를 분할하여 분사함으로써 연소효율이 좋아지며 PM, NOx를 동시에 저감시킬 수 있다.
③ 분사시기를 늦추면 촉매환원성분인 HC가 감소된다.
④ 후분사 시기를 빠르게 하면 배기가스 온도가 하강한다.

06 LPG 기관의 연료 제어 관련 주요 구성부품에 속하지 않는 것은?

① 베이퍼라이저
② 긴급 차단 솔레노이드 밸브
③ 퍼지컨트롤 솔레노이드 밸브
④ 액상 기상 솔레노이드 밸브

07 배기가스 재순환 장치의 설치목적에 적당한 것은?

① NOx 감소
② CO 감소
③ HC 감소
④ 매연 감소

08 동력조향장치의 구성품이 아닌 것은?

① 오일 펌프
② 파워 실린더
③ 서지 탱크
④ 제어 밸브

09 현가장치에서 스프링 시스템이 갖추어야 할 기능이 아닌 것은?

① 승차감
② 원심력 증가
③ 주행 안정성
④ 선회특성

10 기관의 회전력을 액체 운동 에너지로 바꾸어 변속기에 동력을 전달하는 장치는?

① 시동전동기　② 토크컨버터
③ 건식클러치　④ 플라이휠

11 기관의 점화시기가 너무 늦을 경우 일어 날 수 있는 현상은?

① 기관의 동력 증가
② 연료소비량의 감소
③ 배기관에 다량의 카본퇴적
④ 기관의 수명연장

12 점화회로에서 파워트랜지스터의 베이스를 차단하는 것은?

① 다이오드
② 제너다이오드
③ 콘덴서
④ ECU

13 디젤기관의 장점으로 맞는 것은?

① 실린더 지름 크기에 제한이 적다.
② 매연 발생이 적다.
③ 기관의 최고속도가 높다.
④ 마력당 기관의 중량이 유리하다.

14 공해방지장치의 하나인 활성탄 여과기에 관한 설명이다. 맞는 것은?

① 흡기다기관과 3원 촉매기 사이에 설치되어야 한다.
② 에어클리너를 통과한 흡입공기를 다시 여과 시켜 배기가스의 질을 향상시킨다.
③ 흡기를 여과시킬 때 특히 질소산화물을 흡착한다.
④ 기관 정지 상태에서 연료탱크 또는 흡기다기관에서 증발한 연료가스를 흡착하였다가 기관 작동 중 다시 이를 방출, 연소되게 한다.

15 클러치에 대한 설명 중 부적당한 것은?

① 페달의 유격은 클러치 미끄럼(Slip)을 방지하기 위하여 필요하다.
② 페달의 리턴 스프링이 약하게 되면 클러치 차단이 불량하게 된다.
③ 건식클러치에 있어서 디스크에 오일을 바르면 안 된다
④ 페달과 상판과의 간격이 과소하면 클러치 끊임이 나빠진다.

16 400cd의 광원에서 2m 거리의 조도는?

① 100 cd
② 100 Lx
③ 200 Lx
④ 200 cd

17 그림과 같은 브레이크 페달에 100N의 힘을 가하였을 때 피스톤의 면적이 5cm²라고 하면 작동유압은?

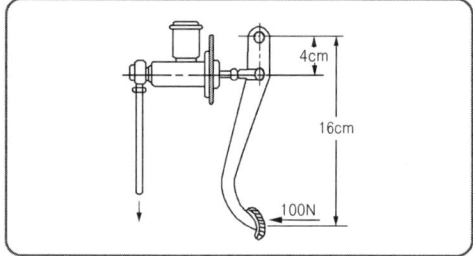

① 60 N/cm²　　② 80 N/cm²

③ 100 N/cm²　④ 120 N/cm²

18 흡기 시스템의 동적 효과 특성을 설명한 것 중 ( )안에 알맞은 단어는?

> 흡입행정의 마지막에 흡입 밸브를 닫으면 새로운 공기의 흐름이 갑자기 차단되어 (㉠)가 발생한다. 이 압력파는 음으로 흡기다기관의 입구를 향해서 진행하고, 입구에서 반사되므로 (㉡)가 되어 흡입 밸브쪽으로 음속으로 되돌아온다.

① ㉠ 간섭파, ㉡ 유도파

② ㉠ 서지파, ㉡ 정압파

③ ㉠ 정압파, ㉡ 부압파

④ ㉠ 부압파, ㉡ 서지파

19 일반적인 브레이크 오일의 주성분은?

① 윤활유와 경유

② 알코올과 피마자기름

③ 알코올과 윤활유

④ 경유와 피마자기름

20 화물자동차 및 특수자동차의 차량 총중량은 몇 톤을 초과해서는 안 되는가?

① 20톤　　　② 30톤

③ 40톤　　　④ 50톤

21 자동차관리법상 저속전기자동차의 최고속도(km/h) 기준은? (단, 차량 총중량이 1361kg을 초과하지 않는다.)

① 20　　　　② 40

③ 60　　　　④ 80

22 하이브리드 자동차에서 고전압 배터리관리시스템(BMS)의 주요 제어 기능으로 틀린 것은?

① 모터 제어　　② 출력 제한

③ 냉각 제어　　④ SOC 제어

23 리튬-이온 축전지의 일반적인 특징에 대한 설명으로 틀린 것은?

① 셀당 전압이 낮다.

② 높은 출력밀도를 가진다.

③ 과충전 및 과방전에 민감하다.

④ 열관리 및 전압관리가 필요하다.

24 하드타입의 하이브리드 차량이 주행 중 감속 및 제동할 경우 차량의 운동에너지를 전기에너지로 변환하여 고전압배터리를 충전하는 것은?

① 가속 제동　　② 감속 제동

③ 재생 제동　　④ 회생 제동

25 하이브리드 자동차에서 모터의 회전자와 고정자의 위치를 감지하는 것은?

① 레졸버

② 인버터

③ 경사각 센서

④ 저전압 직류 변환장치

① 회 | 모의고사

01 주행 중 조향핸들이 한쪽으로 쏠리거나 꺾이는 원인이 아닌 것은?

① 조향핸들 축의 축 방향 유격이 크다.
② 좌우 타이어의 압력이 같지 않다.
③ 뒷 차축이 차의 중심선에 대하여 직각이 되지 않는다.
④ 앞 차축 한쪽의 현가스프링이 절손되었다.

02 기동전동기의 기본 원리는 어느 법칙에 해당되는가?

① 플레밍의 왼손법칙
② 렌츠의 법칙
③ 오른나사의 법칙
④ 키르히호프의 법칙

03 디젤기관에서 부하 변동에 따라 분사량의 증감을 자동적으로 조정하여 제어랙에 전달하는 장치는?

① 플런저 펌프   ② 분사 노즐
③ 조속기   ④ 분사 펌프

04 종감속 및 차동장치에서 링기어와 항상 같은 속도로 회전하는 것은?

① 차동 사이드 기어
② 액슬축
③ 차동 피니언 기어
④ 차동기 케이스

05 전자제어 디젤연소분사장치(Com- mon- rail system)에서 예비분사에 대한 설명 중 가장 옳은 것은?

① 예비분사는 주 분사 이후에 미연가스의 완전 연소와 후처리 장치의 재연소를 위해 이루어지는 분사이다.
② 예비분사는 인젝터의 노후화에 따른 보정 분사를 실시하여 엔진의 출력저하 및 엔진 부조를 방지하는 분사이다.
③ 예비분사는 연소실의 연소압력 상승을 부드럽게 하여 소음과 진동을 줄여준다.
④ 예비분사는 디젤 엔진의 단점인 시동성을 향상시키기 위한 분사를 말한다.

06 다음 중 냉각장치에서 과열의 원인이 아닌 것은?

① 벨트 장력 과대
② 냉각수의 부족
③ 팬벨트의 마모
④ 냉각수 통로의 막힘

07 자동차용 AC 발전기에 사용되는 일반적인 다이오드의 수는? (단, 여자 다이오드는 무시한다.)

① 2개
② 3개
③ 4개
④ 6개

08 자동차가 고속으로 선회할 때 차체의 좌우 진동을 완화하는 기능을 하는 것은?

① 타이로드   ② 토인

③ 겹판스프링   ④ 스태빌라이저

09 자동변속기 유압제어회로에 작용하는 유압은 어디서 발생되는가?

① 토크 컨버터

② 변속기 내의 오일펌프

③ 냉각수 수압

④ 유체 클러치

10 자동차로 길이 400m의 비탈길을 왕복하였다 올라가는 데 3분, 내려오는 데 1분 걸렸다고 하면 왕복의 평균속도는 몇 km/h인가?

① 10km/h   ② 11km/h

③ 12km/h   ④ 13km/h

11 전자제어 섀시 장치에 속하지 않는 장치는?

① 종감속 장치

② 자동 변속기

③ 차속감응형 조향장치

④ 차속감응형 4륜 조향장치

12 150Ah의 축전지 2개를 병렬로 연결한 상태에서 15A의 전류로 방전시킨 경우 몇 시간 사용할 수 있는가?

① 5   ② 10

③ 15   ④ 20

13 다음 중 촉매 변환기의 효율을 높이기 위한 장치는?

① 아이들 업 장치

② 2차 공기 공급 장치

③ 배기가스 재순환 장치

④ PCV

14 전자제어 차량의 연료펌프는 재시동성을 향상시키기 위해 연료의 압력을 유지시켜주고 베이퍼록 현상을 방지시켜 준다. 이 역할을 하는 구성 부품은?

① 체크밸브(Check valve)

② 연료압력조절기

③ 임펠러

④ 연료필터

15 조향핸들의 회전각도와 조향바퀴의 조향각도와의 비율을 무엇이라 하는가?

① 조향핸들의 유격

② 최소 회전반경

③ 조향 안전 경사각도

④ 조향비

16 E.G.R(Exhaust Gas Recirculation) 밸브에 대한 설명 중 틀린 것은?

① 배기가스 재순환 장치이다.

② 연소실 온도를 낮추기 위한 장치이다.

③ 증발가스를 포집하였다가 연소시키는 장치이다.

④ 질소산화물(NOx) 배출을 감소하기 위한 장치이다.

17 자동차의 길이, 너비 및 높이 기준 중 길이에 있어서 화물 자동차 및 특수 자동차의 경우 몇 m 이내이어야 하는가?

① 12

② 13

③ 15

④ 16.7

18 순방향으로 전류를 흐르게 하였을 때 빛이 발생되는 다이오드로서 자동차에서는 크랭크각 센서, TDC센서, 조향휠 각도센서, 차고센서 등에 이용되는 다이오드는? (단, 크랭크각 센서, TDC 센서는 멜코시스템일 경우)

① 포토 다이오드
② 발광 다이오드
③ 트랜지스터
④ 정류 다이오드

19 일반적인 오일의 양부 판단 방법이다. 틀린 것은?

① 오일의 색깔이 우유색에 가까운 것은 물이 혼입되어 있는 것이다.
② 오일의 색깔이 회색에 가까운 것은 가솔린이 혼입되어 있는 것이다.
③ 종이에 오일을 떨어뜨려 금속 분말이나 카본의 유무를 조사하고 많이 혼입된 것은 교환한다.
④ 오일의 색깔이 검은색에 가까운 것은 너무 오랫동안 사용했기 때문이다.

20 디젤 연소실의 구비조건 중 틀린 것은?

① 연소시간이 짧을 것
② 열효율이 높을 것
③ 평균유효 압력이 낮을 것
④ 디젤노크가 적을 것

21 병렬형 하드 타입의 하이브리드 자동차에서 HEV모터에 의한 엔진 시동 금지 조건인 경우, 엔진의 시동은 무엇으로 하는가?

① HEV 모터 　② 블로어 모터
③ HSG 　　　④ MCU

22 하이브리드 고전압장치 중 프리차저 릴레이 & 프리차저 저항의 기능 아닌 것은?

① 메인릴레이 보호
② 타 고전압 부품 보호
③ 메인 퓨즈, 부스 바, 와이어 하니스 보호
④ 배터리 관리 시스템 입력 노이즈 저감

23 BMS(Battery Management System)에서 제어하는 항목과 제어내용에 대한 설명으로 틀린 것은?

① 고장진단 : 배터리 시스템 고장 진단
② 배터리 과열 시 컨트롤 릴레이 차단
③ 셀 밸런싱 : 전압 편차가 생긴 셀을 동일한 전압으로 매칭
④ SOC(State of Charge)관리 : 배터리 전압, 전류, 온도를 측정하여 적정 SOC 영역 관리

24 하이브리드 자동차는 감속 시 전기에너지를 고전압 배터리로 회수(충전)한다. 이러한 발전기 역할을 하는 부품은?

① AC 발전기
② 스타팅 모터
③ 하이브리드 모터
④ 컨트롤 유닛

25 라이트를 벽에 비추어 보면 차량의 광축을 중심으로 좌측 라이트는 수평으로, 우측 라이트는 약 15도 정도의 상향 기울기를 가지게 된다. 이를 무엇이라 하는가?

① 컷 오프 라인
② 쉴드 빔 라인
③ 루미네슨스 라인
④ 주광축 경계 라인

01 가솔린 기관에서 노킹(knocking) 발생 시 억제하는 방법은?

① 혼합비를 희박하게 한다.
② 점화시기를 지각 시킨다.
③ 옥탄가가 낮은 연료를 사용한다.
④ 화염전파속도를 느리게 한다.

02 디젤기관에서 감압 장치의 설치 목적에 적합하지 않는 것은?

① 겨울철 오일의 점도가 높을 때 시동을 용이하게 하기 위하여
② 기관의 점검 조정 및 고장 발견 시 등에 작용시킨다.
③ 흡입 또는 배기밸브에 작용 감압한다.
④ 흡입효율을 높여 압축압력을 크게 하는 작용을 한다.

03 수동변속기 차량의 클러치판은 어떤 축의 스플라인에 끼워져 있는가?

① 추진축   ② 크랭크축
③ 액슬축   ④ 변속기 입력축

04 하이드로백은 무엇을 이용하여 브레이크에 배력 작용을 하게 하는가?

① 흡기 다기관의 압력
② 배기가스 압력
③ 대기 압력
④ 대기압과 흡기 다기관의 압력차

05 실린더 배기량이 200cc, 연소실의 체적이 $20cm^3$인 기관의 압축비는 얼마인가?

① 8   ② 9
③ 10   ④ 11

06 제동마력(BHP)을 지시마력(IHP)으로 나눈 값은?

① 기계효율   ② 열효율
③ 체적효율   ④ 전달효율

07 예연소실식 디젤기관의 노즐 분사압력은?

① $100 \sim 120 \ kg_f/cm^2$
② $200 \sim 250 \ kg_f/cm^2$
③ $300 \sim 330 \ kg_f/cm^2$
④ $400 \sim 450 \ kg_f/cm^2$

08 기관의 플라이휠의 무게는 무엇과 관계가 있는가?

① 링기어의 잇수
② 클러치판의 길이
③ 크랭크축의 길이
④ 회전속도와 실린더 수

09 마스터 실린더에서 피스톤 1차 컵의 하는 일은?

① 오일 누출 방지 ② 유압 발생
③ 잔압 형성   ④ 베이퍼록 방지

10 기동전동기에서 회전력을 기관의 플라이휠에 전달하는 동력 기구는?

① 피니언 기어   ② 아마추어

③ 브러시   ④ 시동 스위치

11 축전지를 방전하면 양극판과 음극판은?

① 양극판은 과산화납이 된다.

② 양극과 음극판 모두 황산납이 된다.

③ 음극판만 해면상납이 된다.

④ 양극과 음극판 모두 해면상납이 된다.

12 냉각장치 라인에 압력 캡을 설치하는 이유로 가장 적합한 것은?

① 냉각수 순환을 원활하게 한다.

② 냉각수의 비등점을 올린다.

③ 냉각수의 누수를 방지한다.

④ 방열기 수명을 연장한다.

13 전자제어 분사차량의 인젝터 분사시간에 대한 설명 중 틀린 것은?

① 급가속시에는 순간적으로 분사시간이 길어진다.

② 배터리 전압이 낮으면 무효 분사 시간이 길어진다.

③ 급감속시에는 경우에 따라 연료차단이 된다.

④ 지르코니아 산소 센서의 출력 전압이 높으면 분사시간이 길어진다.

14 추진축이 진동하는 원인이 아닌 것은?

① 추진축의 굽음

② 십자축 베어링의 마모

③ 밸런스웨이트가 떨어졌다.

④ 피니언 기어의 마모

15 자동변속기 장착 차량에서 가속 페달을 전스로틀 부근까지 갑자기 밟았을 때 강제적으로 다운 시프트되는 현상을 무엇이라고 하는가?

① 킥 다운   ② 히스테리시스

③ 리프트 풋업   ④ 스톨 테스트

16 트랜지스터의 대표적 기능으로 릴레이와 같은 작용을 하는 것을 무엇이라 하는가?

① 스위칭 작용

② 채터링 작용

③ 정류 작용

④ 상호 유도 작용

17 교류발전기에서 브러시와 슬립링이 하는 역할은?

① 로터 코일을 자화시킨다.

② 충전 경고등을 점등시킨다.

③ 다이오드의 소손을 방지한다.

④ 발전 전류를 충전시킨다.

18 전자제어 연료분사장치에서 인젝터 연료분사 압력은 압력조절기에 의해 조정된다. 압력조절기는 무엇에 의하여 제어를 받는가?

① 산소(O_2) 센서

② 엔진 회전수

③ 흡기 다기관 진공도

④ 솔레노이드 밸브

19 다음 중 배기가스 제어장치가 아닌 것은?

① 제트 에어장치

② 가열공기 흡입장치

③ 캐니스터

④ 촉매 변환 장치

20 가솔린기관의 점화장치에서 전자배전 점화 장치(DLI)의 특징이 아닌 것은?

① 배전기에 의한 배전 누전이 없다.

② 배전기 캡에서 발생하는 전파 잡음이 없다.

③ 고전압 출력을 작게 하여도 유효방전에 너지는 감소한다.

④ 배전기식은 로터와 접지전극 사이로부터 진각폭의 제한을 받지만 DLI는 진각폭에 따른 제한이 없다.

21 리튬이온 배터리와 비교한 리튬폴리머 배터리의 장점이 아닌 것은?

① 폭발 가능성이 적어 안전성이 좋다.

② 패키지 설계에서 기계적 강성이 좋다.

③ 발열 특성이 우수하여 내구 수명이 좋다.

④ 대용량 설계가 유리하여 기술 확장성이 좋다.

22 하이브리드 자동차의 고전압 배터리 관리 시스템에서 셀 밸런싱 제어의 목적은?

① 배터리의 적정 온도 유지

② 상황별 입출력 에너지 제한

③ 배터리 수명 및 에너지 효율 증대

④ 고전압 계통 고장에 의한 안전사고 예방

23 병렬형 하이브리드 자동차의 특징 설명으로 틀린 것은?

① 모터는 동력 보조만 하므로 에너지 변환 손실이 적다.

② 기존 내연기관 차량을 구동장치의 변경 없이 활용 가능하다.

③ 소프트방식은 일반 주행 시에는 모터 구동만을 이용한다.

④ 하드방식은 EV 주행 중 엔진 시동을 위해 별도의 장치가 필요하다.

24 하이브리드 자동차의 동력제어 장치에서 모터의 회전속도와 회전력을 자유롭게 제어할 수 있도록 직류를 교류로 변환하는 장치는?

① 컨버터　　　　② 레졸버

③ 인버터　　　　④ 커패시터

25 하이브리드 자동차에서 저전압(12V) 배터리가 장착된 이유로 틀린 것은?

① 오디오 작동

② 등화장치 작동

③ 네비게이션 작동

④ 하이브리드 모터 작동

01 가솔린 연료의 구비조건으로 적합하지 않는 사항은?

① 발열량이 클 것

② 연소 후 탄소 등 유해 화합물을 남기지 말 것

③ 온도에 관계없이 유동성이 좋을 것

④ 연소 속도가 늦고 자기 발화온도를 낮출 것

02 디젤기관에서 조속기의 작용은?

① 분사압력을 조정한다.

② 분사시기를 조정한다.

③ 분사량을 조정한다.

④ 착화성을 조정한다.

03 클러치판의 비틀림 스프링의 작용은?

① 클러치판 라이닝 마모를 방지한다.

② 회전동력이 작용할 때 충격을 흡수한다.

③ 클러치판의 마찰을 방지한다.

④ 압력판을 보호한다.

04 삼원촉매장치에서 삼원 물질에 들지 않는 가스는?

① CO   ② HC

③ CO_2 ④ NOx

05 폐자로 점화코일에 흐르는 1차 전류를 차단 했을 때 생기는 2차 전압은 약 몇 V인가?

① $10000 \sim 15000$

② $25000 \sim 30000$

③ $45000 \sim 50000$

④ $50000 \sim 65000$

06 다음 중 ABS(Anti-lock Brake System)의 구성 요소가 아닌 것은?

① 휠 스피드 센서

② 모듈레이터

③ 믹스춰(mixture) 컨트롤 밸브

④ 하이드롤릭 유닛

07 직류전기의 설명으로 틀린 것은?

① 시간의 변화에 따라 전류의 변화가 없다.

② 시간의 변화에 따라 전압의 변화가 없다.

③ 시간의 변화에 따라 전류의 방향이 변한다.

④ 시간의 변화에 따라 전류의 방향이 일정하다.

08 다음 중 압력 센서의 방식이 아닌 것은?

① 반도체식

② 피에조식

③ 금속 다이어프램식

④ 정전 용량식

09 기동전동기 중 피니언 섭동식에 대한 설명으로 틀린 것은?

① 피니언 섭동식은 수동식과 전자식이 있다.
② 전기자가 회전하기 전에 피니언 기어와 링기어를 미리 치합시키는 방식이다.
③ 피니언의 관성과 직류전동기가 무부하에서 고속 회전하려는 특성을 이용한 것이다.
④ 전자식 피니언 섭동식은 피니언 섭동과 시동전동기 스위치의 개폐를 전자력을 이용한 형식이다.

10 축거 2.5m, 조향각 30°, 바퀴 접지면 중심과 킹핀과의 거리 25cm인 자동차의 최소회전반경은?

① 4.25m ② 5.25m
③ 6.25m ④ 7.25m

11 자동차의 최저 지상고는 얼마인가?

① 10cm 이상 ② 12cm 이상
③ 15cm 이상 ④ 65cm 이하

12 다음 중 디젤기관의 해체 정비 시기와 관계가 없는 것은?

① 연료 소비량 ② 윤활유 소비량
③ 압축비 ④ 압축 압력

13 블로바이 가스는 어떤 밸브를 통해 흡기다기관으로 유입되는가?

① EGR 밸브
② 퍼지컨트롤 솔레노이드밸브
③ 서모밸브(Thermo valve)
④ PCV밸브

14 다음 중 브레이크 페이드 현상이 가장 적은 것은?

① 서보 브레이크
② 넌서보 브레이크
③ 디스크 브레이크
④ 2리딩 슈우 브레이크

15 제 4속의 감속비가 1이고 종감속비가 6.0인 자동차의 엔진을 1800rpm으로 회전시켰다. 이때 왼쪽바퀴는 고정시키고 오른쪽 바퀴만 회전시킬 때 오른쪽 바퀴의 회전수는? (단, 차체는 직진 상태)

① 300rpm ② 600rpm
③ 1200rpm ④ 1800rpm

16 전자제어분사 차량의 크랭크각 센서에 대한 설명 중 틀린 것은?

① 이 센서의 신호가 안 나오면 고속에서 실화한다.
② 엔진 RPM을 컴퓨터로 알리는 역할도 한다.
③ 이 신호를 컴퓨터가 받으면 연료펌프 릴레이를 구동한다.
④ 분사 및 점화시점을 설정하기 위한 기준 신호이다.

17 연료의 잔압이 저하되는 원인과 가장 관계가 없는 것은?

① 연료 필터의 막힘
② 연료압력 조정기의 누설
③ 인젝터의 누설
④ 체크 밸브의 불량

18 다음 중 피드백(Feed back) 제어에 필요한 센서는?

① 대기압 센서　② 산소 센서
③ 흡기온 센서　④ 공기흐름 센서

19 전자제어 현가장치(E.C.S)에서 압축공기 저장탱크내의 구성품이 아닌 것은?

① 잔압 체크밸브
② 드라이어
③ HARD/SOFT 전환밸브
④ 리턴펌프

20 부동액 성분의 하나로 비등점이 197.2℃, 응고점이 −50℃ 인 불연성 포화액인 물질은?

① 에틸렌글리콜　② 메탄올
③ 글리세린　④ 변성 알코올

21 주행 중인 하이브리드 자동차에서 제동 및 감속 시 충전 불량 현상이 발생하였을 때 점검이 필요한 곳은?

① 회생제동 장치
② LDC 제어 장치
③ 발전 제어 장치
④ 12V용 충전 장치

22 하이브리드 차량 정비 시 고전압 차단을 위해 안전 플러그(세이프티 플러그)를 제거한 후 고전압 부품을 취급하기 전 일정시간 이상 대기시간을 갖는 이유로 가장 적절한 것은?

① 고전압 배터리 내의 셀의 안정화
② 제어모듈 내부의 메모리 공간의 확보
③ 저전압(12V) 배터리에 서지 전압 차단
④ 인버터 내 콘덴서에 충전되어 있는 고전압 방전

23 하이브리드자동차의 전원 제어 시스템에 대한 두 정비사의 의견 중 옳은 것은?

- 정비사 kim : 인버터는 열을 발생하므로 냉각이 중요하다.
- 정비사 Lee : 컨버터는 고전압의 전원을 12V로 변환하는 역할을 한다.

① 정비사 kim만 옳다.
② 정비사 Lee만 옳다.
③ 두 정비사 모두 틀리다.
④ 두 정비사 모두 옳다.

24 하이브리드에 적용되는 오토스톱 기능에 대한 설명으로 옳은 것은?

① 모터 주행을 위해 엔진을 정지
② 위험물 감지 시 엔진을 정지시켜 위험을 방지
③ 엔진에 이상이 발생 시 안전을 위해 엔진을 정지
④ 정차 시 엔진을 정지시켜 연료소비 및 배출가스 저감

25 다음 중 하이브리드 자동차에 적용된 이모빌라이저 시스템의 구성품이 아닌 것은?

① 스마트라
② 트랜스폰더
③ 안테나 코일
④ 스마트 키 유닛

01 자동차의 삼원촉매장치에 관한 설명 중 옳은 것은?

① 배기가스 중의 일부를 흡기다기관으로 보내 혼합기에 합류시키는 장치이다.

② 연료탱크에 생기는 증발가스를 처리하기 위한 장치이다.

③ 크랭크실에 생기는 블로바이가스를 감소하기 위한 장치이다.

④ 배기가스 중의 유해가스를 정화시키기 위하여 설치한 장치이다.

02 유체클러치에서 와류를 감소시키는 장치는 어느 것인가?

① 커플링　　　② 클러치

③ 가이드링　　④ 베인

03 다음 중 가속 페달에 의해 저항 변화가 일어나는 센서는?

① 공기온도 센서

② 수온 센서

③ 크랭크 포지션 센서

④ 스로틀 포지션 센서

04 속도제한장치를 설치하지 않아도 되는 자동차는?

① 차량총중량 10톤 이상인 고속시외버스

② 차량총중량 4톤 이상인 혈액 공급차량

③ 차량총중량 10톤 이상인 전세버스

④ 차량총중량 16톤 이상인 덤프형 화물자동차

05 자동 변속기 장착 차량을 스톨 테스트(Stall test) 할 때 가속 페달을 밟는 시험시간은 얼마 이내 이어야 하는가?

① 5초　　　　② 10초

③ 15초　　　④ 20초

06 4행정 기관에서 3행정을 완성하려면 크랭크축의 회전 각도는 몇 도인가?

① 360°

② 540°

③ 720°

④ 1080°

07 점화장치의 고전압을 구성하는 것이 아닌 것은?

① 배전기

② 점화 코일

③ 고압 케이블

④ 다이오드

08 디젤엔진에서 연료 분사량 부족의 원인 중 틀린 것은?

① 엔진의 회전속도가 낮다.

② 분사펌프의 플런저가 마모되었다.

③ 토출밸브 시트가 손상되었다.

④ 토출밸브 스프링이 약화되었다.

09 그림과 같은 회로에 20A의 전류가 흐른다면 2Ω의 저항이 연결된 곳에는 얼마의 전류가 흐르는가?

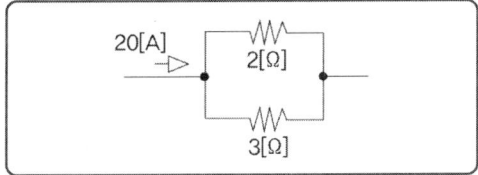

① 4A
② 8A
③ 12A
④ 16A

10 자동차 에어컨 장치의 순환과정으로 맞는 것은?

① 압축기 → 응축기 → 건조기 → 팽창밸브 → 증발기
② 압축기 → 응축기 → 팽창밸브 → 건조기 → 증발기
③ 압축기 → 팽창밸브 → 건조기 → 응축기 → 증발기
④ 압축기 → 건조기 → 팽창밸브 → 응축기 → 증발기

11 가솔린 자동차와 비교한 LP가스를 사용하는 자동차에 대한 설명으로 틀린 것은?

① 동절기에는 연료결빙으로 인하여 부탄만을 사용한다.
② 동절기에는 시동성이 떨어진다.
③ 저속에서는 기관출력이 문제되지 않는다.
④ 엔진오일의 점도지수가 높은 것을 사용한다.

12 다음 중 실린더 내에서 연료의 연소속도를 빠르게 하는 경우가 아닌 것은?

① 혼합비가 희박하다.
② 흡기압력과 온도가 높다.
③ 압축비가 높다.
④ 기관의 회전속도가 빠르다.

13 오버 드라이브에서 선기어가 고정되고 링기어가 회전하면 유성캐리어는 어떻게 회전하나?

① 링기어보다 천천히 회전한다.
② 링기어 회전수와 같다.
③ 링기어보다 빨리 회전한다.
④ 링기어의 1/3 회전한다.

14 디젤 기관의 연소실 중 직접 분사식의 장점은?

① 분사펌프, 분사노즐의 수명이 길다.
② 공기의 와류가 강하다.
③ 디젤 노크를 일으키지 않는다.
④ 열효율이 높다.

15 발전기에서 교류를 직류로 변경시키는 장치는?

① 콘덴서
② 다이오드
③ 트랜지스터
④ 집적 회로

16 사이드 슬립(Side slip) 량은 무엇으로 조정하는가?

① 타이로드
② 타이어
③ 현가스프링
④ 드래그 링크

17 수막현상에 대하여 잘못 설명한 것은?

① 빗길을 고속 주행할 때 발생한다.
② 타이어 폭이 좁을수록 잘 발생한다.
③ ABS가 수막현상의 위험을 줄일 수 있다.
④ 트레드 홈의 깊이가 적을수록 잘 발생한다.

18 점화순서가 1-3-4-2인 4실린더 4행정 기관에서 1번 실린더가 압축행정일 때 크랭크 축을 회전하는 방향으로 180°회전 시키면 배기행정을 하고 있는 실린더는 몇 번 실린더인가?

① 1번 실린더　　② 2번 실린더
③ 3번 실린더　　④ 4번 실린더

19 노면상태, 주행조건, 운전자의 선택상태 등에 의하여 차량의 높이와 스프링상수 및 감쇠력 변화를 컴퓨터에서 자동으로 조절하는 장치를 무엇이라 하는가?

① 뒤차축 현가장치(IRS)
② 전자제어 현가장치(ECS)
③ 미끄럼 제한 브레이크(ABS)
④ 고에너지 점화장치(HEI)

20 엔진작동 중 밸브를 회전시켜주는 이유는?

① 밸브면에 카본이 쌓여 밸브의 밀착이 불완전하게 하는 것을 방지한다.
② 밸브 스프링의 작동을 돕는다.
③ 연소실벽에 카본이 쌓여 있는 것을 방지한다.
④ 압축 행정 시 공기의 와류를 좋게 한다.

21 하이브리드 차량에서 감속 시 전기모터를 발전기로 전환하여 차량의 운동 에너지를 전기에너지로 변환시켜 배터리로 회수하는 시스템은?

① 회생제동 시스템
② 파워 릴레이 시스템
③ 아이들링 스톱 시스템
④ 고전압 배터리 시스템

22 병렬형 하드 타입 하이브리드 자동차에 대한 설명으로 옳은 것은?

① 배터리 충전은 엔진이 구동시키는 발전기로만 가능하다.
② 구동모터가 플라이-휠에 장착되고 변속기 앞에 엔진 클러치가 있다.
③ 엔진과 변속기 사이에 구동모터가 있는데 모터만으로 주행이 불가능 하다.
④ 구동모터는 엔진의 동력보조 뿐만 아니라 순수 전기모터로도 주행이 가능하다.

23 다음은 하이브리드 자동차에서 사용하고 있는 캐퍼시터(Capacitor)의 특징을 나열한 것이다. 틀린 것은?

① 충전시간이 짧다.
② 출력의 밀도가 낮다.
③ 전지와 같이 열화가 거의 없다.
④ 단자 전압으로 남아있는 전기량을 알 수 있다.

24 하이브리드 자동차의 고전압 배터리 시스템 제어특성에서 모터 구동을 위하여 고전압 배터리가 전기 에너지를 방출하는 동작 모드로 맞는 것은?

① 제동 모드　　② 방전 모드
③ 접지 모드　　④ 충전 모드

25 하이브리드 자동차 고전압 배터리 충전상태(SOC)의 일반적인 제한 영역은?

① 20 ~ 80%　　② 55 ~ 86%
③ 86 ~ 110%　　④ 110 ~ 140%

❸ 회 | 모의고사

자동차정비

01 전자제어 연료분사 장치에서 기본 분사량의 결정에 영향을 주는 요소는?

① 엔진 회전수와 흡입 공기량
② 흡입 공기량과 냉각수온
③ 냉각수온과 스로틀 각도
④ 스로틀 각도와 흡입 공기량

02 교류발전기에서 직류 발전기 컷-아웃 릴레이와 같은 일을 하는 것은?

① 실리콘 다이오드 ② 로터
③ 전압조정기　　　④ 브러시

03 클러치 미끄러짐의 판별 사항에 해당하지 않는 것은?

① 연료의 소비량이 적어진다.
② 등판할 때 클러치 디스크의 타는 냄새가 난다.
③ 클러치에서 소음이 발생한다.
④ 자동차의 증속이 잘되지 않는다.

04 냉각 수온 센서의 결함 시 엔진에 미치는 영향으로 거리가 먼 것은?

① 공회전상태가 불안정하게 된다.
② 워밍업 시에 검은 연기가 배출된다.
③ 배기가스 중에 CO 및 HC가 증가된다.
④ 엔진의 점화시기가 불량하게 된다.

05 자동변속기 차량의 토크컨버터에서 출발 시 토크증대가 되도록 스테이터를 고정시켜 주는 것은?

① 오일 펌프　　　② 펌프 임펠러
③ 원웨이 클러치　④ 가이드 링

06 가솔린 기관의 연소실 종류가 아닌 것은?

① 반구형 연소실
② 지붕형 연소실
③ 욕조형 연소실
④ 보조형 연소실

07 동력조향장치가 고장 시 핸들을 수동으로 조작할 수 있도록 하는 것은?

① 베인식 오일 펌프
② 파워 실린더
③ 안전 체크 밸브
④ 시프트 컨트롤 레버

08 일반적으로 공급전원을 사용하지 않아도 되는 센서는?

① 1번 실린더 TDC 센서
② WTS
③ AFS
④ O_2 센서

09 연소실 체적이 35㎤이고 행정 체적이 252cc 인 엔진에서 압축비는?

① 7.2
② 8
③ 8.2
④ 8.5

10 추진축의 스플라인 부가 마모되면?

① 차동기의 드라이브 피니언과 링기어의 치합이 불량하게 된다.
② 차동기의 드라이브 피니언 베어링의 조임이 헐겁게 된다.
③ 동력을 전달할 때 충격 흡수가 잘 된다.
④ 주행 중 소음을 내고 추진축이 진동한다.

11 종감속 기어의 구동피니언의 잇수가 5, 링기어 잇수가 42인 자동차가 평탄한 도로를 달려갈 때 추진축의 회전수가 1400 rpm일 때 뒤차축의 회전수는?

① 약 210rpm
② 약 167rpm
③ 약 280rpm
④ 약 700rpm

12 전조등 자동제어 시스템이 갖추어야 할 조건으로 거리가 먼 것은?

① 차고 높이에 따라 전조등 높이를 제어한다.
② 어느 정도 빛이 확산하여 주위의 상태를 파악할 수 있어야 한다.
③ 승차인원이나 적재 하중에 따라 전조등의 조사방향을 좌·우로 제어한다.
④ 교행할 때 맞은 편에서 오는 차를 눈부시게 하여 운전의 방해가 되어서는 안 된다.

13 자동차에 사용되는 냉매 중 오존(O_3)을 파괴하지 않는 신냉매는?

① R-11
② R-12
③ R-113
④ R-134a

14 기관의 연소속도에 대한 설명 중 틀린 것은?

① 공기 과잉률이 크면 클수록 연소 속도는 빨라진다.
② 일반적으로 최대 출력 공연비 영역에서 연소속도가 가장 빠르다.
③ 흡입공기의 온도가 높으면 연소속도는 빨라진다.
④ 연소실내의 난류의 강도가 커지면 연소속도는 빨라진다.

15 자동변속기에서 오일펌프에서 발생한 압력, 즉 라인압을 일정하게 조정하는 밸브는 어느 것인가?

① 리듀싱 밸브
② 거버너 밸브
③ 매뉴얼 밸브
④ 레귤레이터 밸브

16 점화지연의 3가지에 해당되지 않는 것은?

① 기계적 지연
② 점성적 지연
③ 전기적 지연
④ 화염 전파지연

17 연료 분사 펌프의 토출량과 플런저의 행정은 어떠한 관계가 있는가?

① 토출량은 플런저의 유효행정에 정비례한다.
② 토출량은 예비행정에 비례하여 증가한다.
③ 토출량은 플런저의 유효행정에 반비례한다.
④ 토출량은 플런저의 유효행정과 전혀 관계가 없다.

18 LPG 기관에서 액체상태의 연료를 기체상태의 연료로 전환시키는 장치는?

① 베이퍼라이저
② 솔레노이드 밸브 유닛
③ 봄베
④ 믹서

19 브레이크슈의 리턴 스프링에 관한 설명으로 거리가 먼 것은?

① 리턴 스프링이 약하면 휠 실린더 내의 잔압이 높아진다.
② 리턴 스프링이 약하면 드럼을 과열시키는 원인이 될 수도 있다.
③ 리턴 스프링이 강하면 드럼과 라이닝의 접촉이 신속히 해제된다.
④ 리턴 스프링이 약하면 브레이크슈의 마멸이 촉진될 수 있다.

20 물품 적재 장치에 대한 안전기준으로 틀린 것은?

① 쓰레기 청소용 자동차의 물품 적재 장치는 덮개를 설치한 구조일 것
② 사체·독극물 또는 위험물을 적재하는 장치는 차실과 완전히 격리되는 구조일 것
③ 일반형 또는 덤프형 화물자동차의 적재함은 위쪽이 개방된 구조일 것
④ 밴형 화물자동차의 승차 장치와 물품적재장치 사이에는 차실과 완전히 격리되는 구조로서 적하구는 위쪽에 설치할 것

21 하이브리드 자동차의 보조 배터리가 방전으로 시동 불량일 때 고장원인 또는 조치방법에 대한 설명으로 틀린 것은?

① 단시간에 방전이 되었다면 암전류 과다 발생이 원인이 될 수도 있다.
② 장시간 주행 후 바로 재시동시 불량하면 LDC 불량일 가능성이 있다.
③ 보조 배터리가 방전이 되었어도 고전압 배터리로 시동이 가능하다.
④ 보조 배터리를 점프 시동하여 주행 가능하다.

22 병렬형(Parallel) TMED(Trans- mission Mounted Electric Device)방식의 하이브리드 자동차의 HSG(Hybrid Starter Generator)에 대한 설명 중 틀린 것은?

① 엔진 시동 기능과 발전 기능을 수행한다.
② 감속 시 발생되는 운동에너지를 전기에너지로 전환하여 배터리를 충전한다.
③ EV 모드에서 HEV 모드로 전환 시 엔진을 시동한다.
④ 소프트 랜딩 제어로 시동 ON 시 엔진 진동을 최소화하기 위해 엔진 회전수를 제어한다.

23 하이브리드 자동차의 전기장치 정비 시 반드시 지켜야 할 내용이 아닌 것은?

① 절연장갑을 착용하고 작업한다.
② 서비스 플러그(안전 플러그)를 제거한다.
③ 전원을 차단하고 일정 시간이 경과 후 작업한다.
④ 하이브리드 컴퓨터의 커넥터를 분리하여야 한다.

24 하이브리드 차량의 정비 시 전원을 차단하는 과정에서 안전 플러그를 제거 후 고전압 부품을 취급하기 전에 5~10분 이상 대기시간을 갖는 이유 중 가장 알맞은 것은?

① 고전압 배터리 내의 셀의 안정화를 위해서
② 제어모듈 내부의 메모리 공간의 확보를 위해서
③ 저전압(12V) 배터리에 서지전압이 인가되지 않기 위해서
④ 인버터 내의 컨덴서에 충전되어 있는 고전압을 방전시키기 위해서

25 하이브리드 자동차에서 기동발전기(hybrid starter & generator)의 교환방법으로 틀린 것은?

① 안전 스위치를 OFF하고 5분 이상 대기한다.
② HSG 교환 후 반드시 냉각수 보충과 공기 빼기를 실시한다.
③ HSG 교환 후 진단장비를 통해 HSG 위치 센서(레졸버)를 보정한다.
④ 점화스위치를 OFF하고 보조배터리의 (−)케이블은 분리하지 않는다.

01 다음은 클러치의 릴리스 베어링에 관한 것이다. 맞지 않은 것은?

① 릴리스 베어링은 릴리스 레버를 눌러주는 역할을 한다.

② 릴리스 베어링의 종류에는 앵귤러 접촉형, 카본형, 볼 베어링 형이 있다.

③ 대부분 오일리스 베어링으로 되어 있다.

④ 항상 기관과 같이 회전한다.

02 기관에서 밸브시트의 침하로 인한 피해 현상이다. 관계가 없는 것은?

① 밸브스프링의 장력이 커짐

② 가스의 저항이 커짐

③ 밸브 닫힘이 완전하지 못함

④ 블로우백 현상이 일어남

03 공기 브레이크에서 공기의 압력을 기계적 운동으로 바꾸어 주는 장치는?

① 릴레이 밸브　　② 브레이크 챔버

③ 브레이크 밸브　　④ 브레이크 슈

04 자동차 및 자동차부품의 성능과 기준에 관한 규칙 중 자동차의 연료탱크, 주입구 및 가스 배출구의 적합기준으로 옳지 않은 것은?

① 배기관의 끝으로부터 20cm이상 떨어져 있을 것(연료탱크를 제외한다.)

② 차실안에 설치하지 아니하여야 하며, 연료탱크는 차실과 벽 또는 보호판 등으로 격리되는 구조일 것

③ 노출된 전기단자 및 전기개폐기로부터 20cm이상 떨어져 있을 것 (연료탱크를 제외한다.)

④ 연료장치는 자동차의 움직임에 의하여 연료가 새지 아니하는 구조일 것

05 냉방장치에 관한 설명으로 맞는 것은?

① 압축기는 응축기 이후에 설치된다.

② 응축기에 온도를 측정하는 센서가 부착되어 저온 시 과도하게 냉매가 순환되는 것을 방지한다.

③ 에어컨 냉매 R-134a는 R-1234yf에 비해 냉방능력이 떨어진다.

④ 증발기에 위치한 냉매가 증발하며 주변의 열을 빼앗는다.

06 아래 그래프는 혼합비와 배출가스 발생량의 관계를 나타낸 것이다. ㉠, ㉡, ㉢의 배출가스 명칭은?

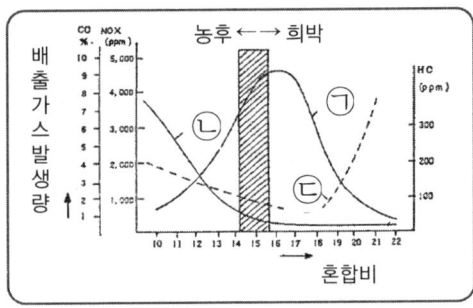

① ㉠-NOx　㉡-CO　㉢-HC

② ㉠-HC　㉡-NOx　㉢-CO

③ ㉠-CO　㉡-HC　㉢-NOx

④ ㉠-CO　㉡-NOx　㉢-HC

07 타이어의 뼈대가 되는 부분으로서 공기 압력을 견디어 일정한 체적을 유지하고 또 하중이나 충격에 따라 변형하여 완충 작용을 하는 것은?

① 브레이커
② 카커스
③ 트레드
④ 비드부

08 기관이 과열되는 원인이 아닌 것은?

① 수온 조절기가 열려 있다.
② 라디에이터 코어가 20% 이상 막혔다.
③ 냉각수의 양이 적다.
④ 물 펌프의 작동이 불량하다.

09 납산 축전지를 분해하였더니 브리지 현상을 일으키고 있다. 그 원인은?

① 극판이 황산화되었다.
② 사이클링 쇠약이다.
③ 과충전하였다.
④ 고율 방전하였다.

10 유압식 제동장치에서 제동력이 떨어지는 원인 중 틀린 것은?

① 브레이크 오일의 누설
② 엔진 출력 저하
③ 패드 및 라이닝의 마모
④ 유압장치에 공기 유입

11 엔진의 공회전 속도를 적절하게 제어해 주는 것은?

① 스텝모터
② 배기가스 재순환 밸브
③ 연료 분사밸브
④ 연료압력 조절기

12 점화플러그의 자기청정온도로 가장 알맞은 것은?

① 250~300℃
② 450~800℃
③ 850~950℃
④ 1000~50℃

13 각 실린더의 분사량을 측정하였더니 최대분사량이 66cc 최소분사량이 58 cc, 평균 분사량이 60cc였다면 분사량의 [+]불균율은?

① 10%
② 15%
③ 20%
④ 30%

14 기관을 크랭킹 할 때 가장 기본적으로 작동되어야 하는 센서는?

① 크랭크 각 센서
② 수온 센서
③ 산소 센서
④ 대기압 센서

15 토인의 필요성을 설명한 것으로 틀린 것은?

① 수직방향의 하중에 의한 앞 차축 휨을 방지한다.
② 조향링키지의 마모에 의해 토 아웃이 되는 것을 방지한다.
③ 앞바퀴를 평행하게 회전시킨다.
④ 바퀴가 옆 방향으로 미끄러지는 것과 타이어의 마모를 방지한다.

16 LP가스를 사용하는 자동차의 설명(감압기화기 방식)으로 틀린 것은?

① 실린더 내 흡입공기의 저항 발생 시 축 출력 손실이 가솔린 엔진에 비해 더 크다.
② 일반적으로 배출가스 중에 NOx의 양은 가솔린 엔진에 비해 많다.
③ LP가스는 영하의 온도에서 기화되지 않는다.
④ 탱크는 밀폐식으로 되어 있다.

17 예연소실식 엔진의 연료분사 개시 압력은 일반적으로 얼마인가?

① $70kg_f/cm^2$ 정도

② $130kg_f/cm^2$ 정도

③ $200kg_f/cm^2$ 정도

④ $250kg_f/cm^2$ 정도

18 교류발전기에서 배터리의 전류가 흘러가는 순서로 맞는 것은?

① 브러시 → 정류자 → 전기자코일 → 정류자 → 브러시

② 브러시 → 슬립링 → 스테이터코일 → 슬립링 → 브러시

③ 브러시 → 정류자 → 스테이터코일 → 정류자 → 브러시

④ 브러시 → 슬립링 → 로터코일 → 슬립링 → 브러시

19 하이브리드 자동차의 특징이 아닌 것은?

① 에너지 회생제동

② 2개의 동력원으로 주행

③ 저전압 배터리와 고전압 배터리 사용

④ 고전압 배터리 충전을 위해 LDC 사용

20 토크컨버터에 대한 설명 중 틀린 것은?

① 속도비율이 1일 때 회전력 변환비율이 가장 크다.

② 스테이터는 펌프와 터빈의 회전방향과 반대로 돌지 못한다.

③ 클러치점(Clutch point)이상의 속도비율에서 회전력 변환비율은 1이 된다.

④ 유체충돌의 손실은 클러치 포인트 이전인 경우 속도비율이 0.6~0.7일 때 가장 작다.

21 하이브리드 자동차 계기판에 있는 오토 스톱(Auto Stop)의 기능에 대한 설명으로 옳은 것은?

① 배출가스 저감

② 엔진오일 온도 상승 방지

③ 냉각수 온도 상승 방지

④ 엔진 재시동성 향상

22 하이브리드 자동차에서 엔진정지 금지조건이 아닌 것은?

① 브레이크 부압이 낮은 경우

② 하이브리드 모터 시스템이 고장인 경우

③ 엔진의 냉각수 온도가 낮은 경우

④ D 레인지에서 차속이 발생한 경우

23 전기 자동차의 특징으로 옳지 않은 것은?

① 대용량 고전압 배터리를 탑재한다.

② 전기 모터를 사용하여 구동력을 얻는다.

③ 변속기를 이용하여 토크를 증대시킨다.

④ 전기를 동력원으로 사용하기 때문에 주행 시 배출가스가 없다.

24 80kW의 전동기의 전류가 100A일 때 전압은?

① 600V   ② 700V

③ 750V   ④ 800V

25 저소음 자동차의 가상 엔진 사운드 시스템의 설명으로 틀린 것은?

① 발생 음은 85dB을 넘지 않아야 한다.

② 전진 시 20km/h까지 음이 발생해야 한다.

③ 가상 음은 운전자가 임의로 끌 수 없어야 한다.

④ 경고음은 전진 주행 시 자동차의 속도변화를 보행자가 알 수 있도록 주파수 변화의 특성을 가져야 한다.

④ 회 | 모의고사

자동차정비

01 가솔린 차량의 배출가스 중 CO에 관한 설명이다. 틀린 것은?

① 불완전 연소 시 다량 발생
② 촉매변환기에 의해 CO_2로 전환 가능
③ 혼합기가 희박할 때 발생량 증대
④ 인체에 다량 흡입 시 사망 유발

02 자동차 및 자동차부품의 성능과 기준에 관한 규칙에서 정한 방향지시등의 1분간 점멸 횟수는?

① 10 ± 30회
② 30 ± 30회
③ 50 ± 30회
④ 90 ± 30회

03 스로틀(밸브) 위치 센서의 비정상적인 현상이 발생 시 나타나는 증상이 아닌 것은?

① 공회전시 엔진 부조 및 주행 시 가속력이 떨어진다.
② 연료 소모가 적다.
③ 매연이 많이 배출된다.
④ 공회전 시 갑자기 시동이 꺼진다.

04 과급기에 대한 설명 중 틀린 것은?

① 과급기는 기관의 출력을 높이기 위하여 설치한다.
② 배기터빈 과급기가 많이 사용된다.
③ 피스톤과 실린더의 마모를 방지하여 수명을 길게 한다.
④ 실린더 내에 체적 효율을 높인다.

05 전(前)차륜정렬 중 조향 핸들의 조작력을 가볍게 하기 위해 필요한 것은?

① 캠버
② 캐스터
③ 토인
④ 토아웃

06 다음 센서 중 서미스터(Thermistor)에 해당되는 것으로 나열된 것은?

① 냉각수온 센서, 흡기온 센서
② 냉각수온 센서, 산소 센서
③ 산소 센서, 스로틀 포지션 센서
④ 스로틀 포지션 센서, 크랭크 앵글 센서

07 전자제어 가솔린 연료분사 장치의 장점이 아닌 것은?

① 엔진의 출력 증대
② 실린더 헤드의 설계 자유도 향상
③ 가속응답성 향상
④ 시동·난기성 향상

08 타이어 호칭기호 185/70 R 13 85 H에서 13이 나타내는 것은?

① 림 직경(인치)
② 타이어 직경(인치)
③ 편평비(%)
④ 허용하중(kg_f)

09 다음 중 디젤엔진에 사용되는 연료의 특성으로 거리가 먼 것은?

① 상온에서 자연발화점이 높아 휘발유 보다 안전한 연료이다.
② 높은 온도에서 사용되는 연료이므로 질소 산화물 발생량이 많다.
③ 세탄가가 높은 연료는 노킹을 잘 일으키지 않는다.
④ 연료의 착화성을 좋게 하기 위해 질산에틸, 과산화테드탈렌, 아질산아밀, 초산아밀 등의 촉진제를 사용한다.

10 전조등 장치에 관련된 내용으로 맞는 것은?

① 주행빔 전조등은 좌우 각 1개씩만 설치 가능하다.
② 실드빔 전조등은 렌즈를 교환할 수 있는 구조로 되어 있다.
③ 실드빔 전조등 형식은 내부에 불활성가스가 봉입 되어 있다.
④ 전조등 회로의 좌·우 램프는 직렬연결 되어 있다.

11 점화플러그에 카본이 심하게 퇴적되어 있는 원인으로 틀린 것은?

① 장시간 저속 주행
② 점화플러그의 과냉
③ 혼합기가 너무 희박
④ 연소실에 오일이 올라옴

12 기관이 1500rpm에서 $20kg_f \cdot m$의 회전력을 낼 때 기관의 출력은 41.87ps이다. 기관의 출력을 일정하게 하고 회전수를 2500rpm으로 하였을 때 약 얼마의 회전력을 내는가?

① $45kg_f \cdot m$
② $35kg_f \cdot m$
③ $25kg_f \cdot m$
④ $12kg_f \cdot m$

13 오버드라이브 장치를 설치했을 때 얻을 수 있는 장점에 해당되지 않는 것은?

① 기관회전수가 같을 때 차의 속도를 30% 가량 빨리 할 수 있다.
② 기관의 수명이 20% 가량 줄어든다.
③ 평지에서 연료가 20% 정도 절약된다.
④ 기관의 운전이 정숙하다.

14 클러치를 작동시켰을 때 동력을 완전히 전달시키지 못하고 미끄러지는 원인이 아닌 것은?

① 클러치 압력판 및 플라이휠 등에 기름이 묻었을 때
② 클러치 스프링의 장력이 감소되었을 때
③ 클러치 페이싱 및 압력판이 한계값 이상 마모되었을 때
④ 클러치 페달의 자유간극이 클 때

15 전자제어 ABS 제동장치 설명 중 틀린 것은?

① 급제동 시 브레이크 페달에서 맥동을 느낄 수도 있다.
② 제동 시 미끄럼이 발생하는 휠의 제동압력을 감소시킨다.
③ ABS 제동장치는 선회 시 제동 중 선회안전성을 확보한다.
④ 제동 시 휠에 미끄럼이 발생하면 모터가 작동되어 제동압력을 증가시킨다.

16 4행정 가솔린기관의 연료 분사 모드에서 동시 분사모드에 대한 특징을 설명한 것 중 거리가 먼 것은?

① 급가속시에만 사용된다.
② 1사이클에 2회씩 연료를 분사한다.
③ 기관에 설치된 모든 분사밸브가 동시에 분사한다.
④ 시동 시, 냉각수 온도가 일정 온도 이하일 때 사용된다.

17 축전지 격리판의 요구조건이 아닌 것은?

① 다공성일 것
② 기계적 강도가 있을 것
③ 전도성일 것
④ 전해액 확산이 잘될 것

18 다음 중 동력조향장치의 장점이라고 볼 수 없는 것은?

① 조향 조작력이 작아도 된다.
② 조향 조작력에 관계없이 조향기어비를 선정할 수 있다.
③ 조향 조작이 경쾌하고 신속하다.
④ 고속에서 조향이 가볍다.

19 전자제어 점화 장치에서 크랭킹 중에 고정 점화 시기는?

① BTDC 0°
② BTDC 5°
③ ATDC 12°
④ BTDC 15°

20 가솔린 기관의 밸브 간극이 규정 값보다 클 때 어떤 현상이 일어나는가?

① 정상 작동온도에서 밸브가 완전하게 개방되지 않는다.
② 소음이 감소하고 밸브기구에 충격을 준다.
③ 흡입 밸브 간극이 크면 흡입량이 많아진다.
④ 기관의 체적효율이 증대된다.

21 고전원 전기장치의 규정되는 배선 색은?

① 주황색   ② 검은색
③ 흰색   ④ 빨간색

22 전기 자동차 고전압 배터리의 안전 플러그에 대한 설명으로 틀린 것은?

① 탈거 시 고전압 배터리 내부 회로의 연결을 차단한다.
② 전기 자동차의 주행속도를 제한하는 기능을 한다.
③ 일부 플러그 내부에는 퓨즈가 내장되어 있다.
④ 고전압 장치 정비 전 탈거가 필요하다.

23 수소 연료전지 자동차의 특징으로 옳은 것은?

① 전기 구동장치의 효율이 낮다.
② 연료 충전소요 시간이 길고, 주행거리가 짧다.
③ 이동하면서 유해물질을 배출하지 않는다.
④ 동력원 전체의 작동소음 수준이 크다.

24 수소연료 전지 자동차에서 주기적으로 교환해야 하는 부품이 아닌 것은?

① 이온 필터
② 연료 전지 클리너 필터
③ 연료 전지(스택) 냉각수
④ 감속기 윤활유

25 전기 자동차의 고전압 장치 점검 시 주의사항으로 틀린 것은?

① 조립 및 탈거 시 배터리 위에 어떠한 것도 놓지 말아야 한다.
② 키 스위치를 OFF시키면 고전압에 대한 위험성이 없어진다.
③ 취급 기술자는 고전압 시스템에 대한 검사와 서비스 교육이 선행되어야 한다.
④ 고전압 배터리는 "고전압" 주의 경고가 있으므로 취급 시 주의를 기울여야 한다.

01 크랭크 핀과 축받이의 간극이 커졌을 때 일어나는 현상이 아닌 것은?

① 운전 중 심한 타음이 발생할 수 있다.
② 흑색 연기를 뿜는다.
③ 윤활유 소비량이 많다.
④ 유압이 낮아 질 수 있다.

02 차동 제한 차동장치(LSD: Limited Slip Differential)의 특징으로 틀린 것은?

① 급선회 시 주행 안전성을 향상시킨다.
② 좌, 우 바퀴에 토크를 알맞게 분배하여 직진안정성이 향상된다.
③ 요철 노면에서 가속, 직진 성능에 향상되어 후부 흔들림을 방지할 수 있다.
④ 구동 바퀴의 미끄러짐 현상을 단속하나 타이어의 수명이 단축된다.

03 다음 중 직접점화장치(Direct Ignition System)의 구성요소와 관계없는 것은?

① E.C.U
② 배전기
③ 이그니션 코일
④ 센서

04 실린더 마모의 원인 중에 부적당한 것은?

① 실린더와 피스톤 링의 접촉
② 피스톤 랜드에 의한 접촉
③ 흡입가스 중의 먼지와 이물질에 의한 것
④ 연소 생성물에 의한 부식

05 전동식 전자제어 동력조향장치의 설명으로 틀린 것은?

① 속도감응형 파워 스티어링의 기능 구현이 가능하다.
② 파워스티어링 펌프의 성능 개선으로 핸들이 가벼워진다.
③ 오일 누유 및 오일 교환이 필요 없는 친환경 시스템이다.
④ 기관의 부하가 감소되어 연비가 향상된다.

06 ABS(Anti-lock Brake System), TCS(Traction Control System)에 대한 설명으로 틀린 것은?

① ABS는 브레이크 작동 중 조향이 가능하다.
② TCS는 주행 중 브레이크 제동 상태에서만 작동한다.
③ ABS는 급제동 시 타이어 록(lock) 방지를 위해 작동한다.
④ TCS는 주로 노면과의 마찰력이 적을 때 작동할 수 있다.

07 자동차의 동력을 전달하기 위한 축에 관한 설명으로 맞는 것은?

① 플렉시블 자재이음은 경질의 고무나 가죽을 이용하여 각의 변화를 줄 수 있는 장치이며 설치각은 12~18도 이다.

② 등속 자재이음의 휠 쪽을 더블 옵셋 조인트, 차동기어 장치 쪽을 버필드 조인트라 한다.

③ 추진축의 길이변화를 가능하게 하기 위해 스플라인 장치를 사용하며 이를 슬립이음이라 한다.

④ 휠링이 발생 시 이를 줄이기 위하여 스파이럴과 니들베어링을 사용한다.

08 조향축의 설치 각도와 길이를 조절할 수 있는 형식은?

① 랙 기어 형식
② 틸트 형식
③ 텔레스코핑 형식
④ 틸트 앤드 텔레스코핑 형식

09 공연비에 관한 중 맞는 것을 보기 중에 고르시오.

① 이론적 공연비 부근에서 CO, HC, NOx의 발생량은 줄어든다.

② 공연비가 과도하게 희박한 상태에서는 오히려 CO의 발생량이 증가된다.

③ 공연비가 농후한 상태나 불완전 연소 시 HC의 발생량은 증가하게 된다.

④ NOx의 발생 정도는 엔진의 온도에 크게 영향을 받지 않는다.

10 공주거리에 대한 설명으로 맞는 것은?

① 정지거리에서 제동거리를 뺀 거리
② 제동거리에서 정지거리를 더한 거리
③ 정지거리에서 제동거리를 나눈 거리
④ 제동거리에서 정지거리를 곱한 거리

11 변속기에서 싱크로메시 기구는 어떤 작용을 하는가?

① 가속 작용 ② 감속 작용
③ 동기 작용 ④ 배력 작용

12 패스트 아이들 기구는 어떤 역할을 하는가?

① 연료가 절약되게 한다.
② 빙결을 방지한다.
③ 고속회로에서 연료의 비등을 방지한다.
④ 기관이 워밍업 되기 전에 엔진의 공전속도를 높게 하기 위한 기구이다.

13 점화코일 1차 전류 차단 방식 중 TR을 이용하는 방식의 특징으로 옳은 것은?

① 원심, 진공 진각기구 사용
② 고속회전 시 채터링 현상으로 엔진부조 발생
③ 노킹 발생 시 대응이 불가능함
④ 기관 상태에 따른 적절한 점화시기 조절이 가능함

14 전자 제어 엔진에서 노크센서(Knock sensor)가 장착됨에 따른 효과가 아닌 것은?

① 엔진 토크 및 출력 증대
② 연비 향상
③ 엔진 내구성 증대
④ 일정한 연료 컷(cut) 제어

15 12V를 사용하는 자동차에 60W 헤드라이트 2개를 병렬로 연결하였을 때 흐르는 전류는 얼마인가?

① 5A   ② 10A
③ 8A   ④ 2.5A

16 기관의 흡배기장치에 대한 설명으로 가장 잘못 된 것은?

① 배기 배압을 방지하기 위해 배기관의 굴곡을 완만하게 한다.
② 고속에서는 흡기다기관의 길이가 길수록 체적효율이 높아진다.
③ 배기다기관은 고온, 고압가스가 통과하므로 내열성이 큰 주철 등이 주로 사용된다.
④ 흡입효율을 높이기 위해 운전 조건에 따라 흡기다기관의 길이나 체적을 변화시키는 가변흡기장치가 있다.

17 LPI 자동차의 연료 공급장치에 대한 설명으로 틀린 것은?

① 봄베는 내압시험과 기밀시험을 통과하여야 한다.
② 연료펌프는 기체 상태의 LPG를 인젝터에 압송한다.
③ 연료압력조절기는 연료 배관의 압력을 일정하게 유지시키는 역할을 한다.
④ 연료 배관 파손 시 봄베 내 연료의 급격한 방출을 차단하기 위해 과류방지밸브가 있다.

18 L-Jetronic 전자제어 연료분사장치에 관한 내용 중 연료의 분사량이 기본 분사량보다 감소되는 경우는?

① 흡입공기 온도가 20℃ 이상일 때
② 대기압이 표준대기압(1기압)보다 높을 때
③ 냉각수 온도가 80℃ 이하일 때
④ 축전지의 전압이 기준전압보다 높을 때

19 50Ah의 축전지를 정전류 충전법에 의해 충전할 때 적당한 충전전류는?

① 5A   ② 10A
③ 15A   ④ 20A

20 주차 브레이크는 공차상태에서 몇 도 이상의 경사면에서 정지 상태를 유지할 수 있는 능력이 있어야 하는가?

① 10도 30분   ② 11도 30분
③ 12도 30분   ④ 13도 30분

21 모터 컨트롤 유닛 MCU(Motor Control Unit)의 설명으로 틀린 것은?

① 고전압 배터리의(DC) 전력을 모터 구동을 위한 AC 전력으로 변환한다.
② 구동 모터에서 발생한 DC 전력을 AC로 변환하여 고전압 배터리에 충전한다.
③ 가속 시에 고전압 배터리에서 구동 모터로 에너지를 공급한다.
④ 3상 교류(AC) 전원(U, V, W)으로 변환된 전력으로 구동 모터를 구동시킨다.

22 전기자동차에 사용되는 리튬이온 배터리의 양극제로 사용되지 않는 물질은?

① $LiMn_2O_4$ ② $LiFePO_4$
③ $LiTi_2O_2$ ④ $LiCoO_2$

23 수소 연료 전지 전기 자동차에서 감속 시 구동 모터를 발전기로 전환하여 차량의 운동 에너지를 전기 에너지로 변환시켜 배터리로 회수하는 시스템은?

① 회생 제동 시스템
② 파워 릴레이 시스템
③ 아이들링 스톱 시스템
④ 고전압 배터리 시스템

24 후측방 레이더 감지가 정상적으로 작동하지 않고 자동해제 되는 조건으로 틀린 것은?

① 차량 후방에 짐칸(트레일러, 캐리어 등)을 장착한 경우
② 범퍼 표면 또는 범퍼 내부에 이물질이 묻어 있을 경우
③ 차량운행이 많은 도로를 운행할 경우
④ 광활한 사막을 운행할 경우

25 환경친화적 자동차의 요건 등에 관한 규정상 일반 하이브리드 자동차에 사용하는 구동 축전지의 공칭전압 기준은?

① 교류 220V 초과
② 직류 60V 초과
③ 교류 60V 초과
④ 직류 220V 초과

01 자동차가 고속으로 주행할 때 발생하는 앞바퀴의 진동으로 상·하로 떨리는 현상을 무엇이라 하는가?

① 완더(wander)

② 스쿼트(squat)

③ 트램핑(tramping)

④ 노스다운(nose down)

02 자동차에 디스크 브레이크 종류 중 부동형 캘리퍼의 장점이 아닌 것은?

① 구조가 간단하고 중량이 가볍다.

② 오일이 누출될 수 있는 개소가 적다.

③ 피스톤의 이동량을 크게 하여야 한다.

④ 베이퍼록 현상이 잘 발생되지 않는다.

03 자동변속기 차량의 히스테리시스 (hysteresis) 작용에 대한 내용으로 알맞은 것은?

① 일정속도가 되면 자동으로 변속이 이루어지는 작용

② 스로틀 개도가 일정각도 이상이 되면 자동으로 변속이 이루어지는 작용

③ 주행 시 변속점 경계구간에서 변속이 빈번하게 일어나지 않게 해주는 작용

④ 주행속도가 일정속도 이상이 되면 자동으로 변속이 이루어지는 작용

04 다음은 광속에 대한 정의이다. ( )안에 알맞은 것은?

> 광속이란 모든 방향에 고르게 복사되는 빛의 광도가 1 칸델라인 점광원에서 1 스테라디안의 입체각 안에 복사되는 빛의 다발을 말하며 단위는 ( )을 쓴다.

① cd

② lux

③ lm

④ dB

05 자동차의 공기압 고무 타이어는 요철형 무늬의 깊이를 몇 mm 이상 유지하여야 하는가?

① 1.0

② 1.6

③ 2.0

④ 2.4

06 흡입공기량 검출방식에서 질량유량을 검출하는 것은?

① 열선식

② 가동베인식

③ 칼만와류식

④ 제어유량식

07 축전지 셀의 음극과 양극의 판수는?

① 각각 같은 수다.

② 음극판이 1장 더 많다.

③ 양극판이 1장 더 많다.

④ 음극판이 2장 더 많다.

08 제동 시 뒤쪽으로 가는 브레이크 유압을 제어하는 제동 안전장치가 아닌 것은?

① 로드센싱 프로포셔닝 밸브

② 프로포셔닝 밸브

③ 언로더 밸브

④ 리미팅 밸브

09 전자제어 연료분사 가솔린 기관에서 연료펌프의 체크 밸브는 어느 때 닫히게 되는가?

① 기관 회전 시 ② 기관 정지 후

③ 연료 압송 시 ④ 연료 분사 시

10 기관의 윤활유 유압이 높을 때의 원인과 관계없는 것은?

① 베어링과 축의 간격이 클 때

② 유압 조정 밸브 스프링의 장력이 강할 때

③ 오일 파이프의 일부가 막혔을 때

④ 윤활유의 점도가 높을 때

11 LPG 기관의 연료장치에서 냉각수의 온도가 낮을 때 시동성을 좋게 하기 위해 작동되는 밸브는?

① 기상 밸브 ② 액상 밸브

③ 안전 밸브 ④ 과류 방지 밸브

12 다음 중 4행정 사이클 엔진에 대한 내용으로 맞는 것은?

① 실린더의 이론적 발생 마력을 제동마력이라 한다.

② 6실린더 엔진의 크랭크축의 위상각은 90도이다.

③ 베어링 스프레드는 피스톤 핀 저널에 베어링을 조립 시 밀착되게 끼울 수 있게 한다.

④ 모든 DOHC 엔진의 밸브 수는 16개이다.

13 가솔린의 주요 화합물로 맞는 것은?

① 탄소와 수소 ② 수소와 질소

③ 탄소와 산소 ④ 수소와 산소

14 연료는 온도가 높아지면 외부로부터 불꽃을 가까이 하지 않아도 발화하여 연소된다. 이때의 최저온도를 무엇이라 하는가?

① 인화점 ② 착화점

③ 연소점 ④ 응고점

15 전자제어 가솔린 기관의 실린더 헤드 볼트를 규정 토크로 조이지 않았을 때 발생하는 현상으로 거리가 먼 것은?

① 냉각수의 누출

② 스로틀 밸브의 고착

③ 실린더 헤드의 변형

④ 압축가스의 누설

16 차동장치에서 하이포이드기어 시스템의 장점이 아닌 것은?

① 운전이 정숙하다.

② 하중 부담 능력이 작다.

③ 추진축의 높이를 낮게 할 수 있다.

④ 설치공간을 작게 차지한다.

17 옥탄가 80이란 무엇을 말하는가?

① 이소옥탄 20%에 노멀헵탄 80%의 혼합물인 표준연료와 같은 정도의 내폭성이 있다는 것

② 이소옥탄 80%에 노멀헵탄 20%의 혼합물인 표준연료와 같은 정도의 내폭성이 있다는 것

③ 이소옥탄 80%에 세탄 20%의 혼합물로서 20% 정도의 노킹을 일으킨다는 연료

④ 노멀헵탄 80%에 세탄 20%의 혼합물로서 내폭제(antiknock dope)를 의미

18 점화장치에서 폐자로 점화코일에 흐르는 1차 전류를 차단했을 때 생기는 전압이 250V이고 점화1차 코일과 2차코일의 권선비가 100 : 1 일 때 2차 전압은 약 몇 V인가?

① 10000
② 25000
③ 45000
④ 50000

19 자동차 충전장치에서 전압조정기의 제너다이오드는 어떤 상태에서 전류가 흐르게 되는가?

① 브레이크다운 전압에서
② 배터리 전압보다 낮은 전압에서
③ 로터코일에 전압이 인가되는 시점에서
④ 브레이크다운 전류에서

20 다음 중 자동변속기 차량의 공회전 상태에서 작동하지 않는 것은?

① 토크컨버터의 펌프의 회전
② 오일펌프의 작동
③ 토크컨버터의 터빈의 회전
④ 토크컨버터의 댐퍼클러치의 작동

21 연료전지 자동차에서 수소라인 및 수소탱크 누출 상태점검에 대한 설명으로 옳은 것은?

① 수소가스 누출 시험은 압력이 형성된 연료전지 시스템이 작동 중에만 측정을 한다.
② 소량누설의 경우 차량시스템에서 감지를 할 수 없다.
③ 수소 누출 포인트별 누기 감지 센서가 있어 별도 누설 점검은 필요 없다.
④ 수소 탱크 및 라인 검사 시 누출 감지기 또는 누출 감지액으로 누기 점검을 한다.

22 연료전지 자동차의 모터 냉각 시스템의 구성품이 아닌 것은?

① 냉각수 라디에이터
② 냉각수 필터
③ 전자식 워터 펌프(EWP)
④ 전장 냉각수

23 자동변속장치의 조정레버가 전진 또는 후진 위치에 있는 경우에도 원동기를 시동할 수 있는 자동차 종류로 틀린 것은?(단, 자동차 및 자동차부품의 성능과 기준에 관한 규칙에 의한다.)

① 원동기의 구동이 모두 정지될 경우 변속기가 수동으로 주차위치로 변환되는 구조를 갖춘 자동차
② 하이브리드자동차
③ 전기자동차
④ 주행하다가 정지하면 원동기의 시동을 자동으로 제어하는 장치를 갖춘 자동차

24 첨단 운전자 보조 시스템(ADAS) 센서 진단 시 사양 설정 오류 DTC 발생에 따른 정비 방법으로 옳은 것은?

① 베리언트 코딩 실시
② 해당 센서 신품 교체
③ 시스템 초기화
④ 해당 옵션 재설정

25 전기 자동차의 PTC 히터에 대한 내용으로 옳지 않은 것은?

① 히터를 작동시킬 때 PTC 히터 및 히터 펌프를 사용하여 난방을 한다.

② 히터 펌프는 난방을 필요로 하는 조건에서 고전압이 인가되고 블로워가 작동하면 찬공기를 따뜻한 공기로 변환한다.

③ PTC 히터는 전원을 연결하면 바로 코일이 가열되어 그 열로 난방을 한다.

④ 히터 펌프는 냉매의 흐름을 전환하여 냉방, 난방이 가능하도록 하는 기능을 한다.

01 엔진의 윤활장치에서 엔진오일이 순환하는 과정을 바르게 표시한 것은?

① 오일펌프 → 오일스트레이너 → 오일필터 → 유압리프터 → 섬프

② 섬프 → 오일스트레이너 → 오일펌프 → 오일필터 → 유압리프터

③ 오일스트레이너 → 오일펌프 → 오일필터 → 섬프 → 유압리프터

④ 오일스트레이너 → 오일필터 → 오일펌프 → 유압리프터 → 섬프

02 경형 및 소형자동차의 "뒤 오버행" 값으로 옳은 것은?

① 가장 앞의 차축 중심에서 가장 뒤의 차축 중심까지의 수평거리의 20분의 11이하일 것

② 가장 앞의 차축 중심에서 가장 뒤의 차축 중심까지의 수평거리의 2분의 1이하일 것

③ 가장 앞의 차축 중심에서 가장 뒤의 차축 중심까지의 수평거리의 3분의 2이하일 것

④ 가장 앞의 차축 중심에서 가장 뒤의 차축 중심까지의 수평거리의 4분의 1이하일 것

03 오일의 상태를 살펴보았더니 흰색이 나타났다. 그 원인은 무엇인가?

① 엔진에서 노킹현상이 심하게 발생되었다.

② 엔진오일에 냉각수가 유입되었다.

③ 가솔린이 유입되었다.

④ 심히 오염된 상태로서 교환시기가 지났다.

04 가솔린 기관(자동차용)의 실린더 내 최고 폭발 압력은 약 몇 kg_f/cm^2인가?

① 3.5

② 35

③ 350

④ 3500

05 S.L.A형 독립현가 장치에서 과부하가 걸리면 어떻게 되는가?

① 더욱 정의 캠버가 된다.

② 더욱 부의 캠버가 된다.

③ 캠버의 변화가 없다.

④ 더욱 정의 캐스터가 된다.

06 자동변속기의 오일량을 점검할 때 방법이 아닌 것은?

① 오일은 정상 작동온도에서 측정 전 각 영역별로 변속레버를 이동시킨 후 점검한다.

② 차량을 평지에 주차시킨 후 변속레버의 위치를 N에서 점검한다.

③ 오일량 점검은 시동을 끄고 점검을 한다.

④ 레벨게이지의 MIN과 MAX선 사이에 지시되면 정상이고 일반적으로 오일 색깔은 붉은색이다.

07 자동차에 사용하는 퓨즈에 관한 설명으로 맞는 것은?

① 퓨즈는 정격 전류가 흐르면 회로를 차단하는 역할을 한다.

② 퓨즈는 과대 전류가 흐르면 회로를 차단하는 역할을 한다.

③ 퓨즈는 용량이 클수록 전류가 정격 전류가 낮아진다.

④ 용량이 적은 퓨즈는 용량을 조정하여 사용한다.

08 이모빌라이저 시스템에 대한 설명으로 틀린 것은?

① 차량의 도난을 방지할 목적으로 적용되는 시스템이다.

② 도난 상황에서 시동이 걸리지 않도록 제어한다.

③ 도난 상황에서 시동키가 회전되지 않도록 제어한다.

④ 엔진의 시동은 반드시 차량에 등록된 키로만 시동이 가능하다.

09 여러 장을 겹쳐 충격 흡수 작용을 하도록 한 스프링은?

① 토션바 스프링 ② 고무 스프링
③ 코일 스프링 ④ 판스프링

10 자동차가 커브를 돌 때 원심력이 발생하는데 이 원심력을 이겨내는 힘은?

① 코너링 포스 ② 컴플라이언 포스
③ 구동 토크 ④ 회전 토크

11 조향 핸들이 1회전하였을 때 피트먼 암이 40°움직였다. 조향기어의 비는?

① 9 : 1 ② 0.9 : 1
③ 45 : 1 ④ 4.5 : 1

12 유압 브레이크 장치에서 잔압을 형성하고 유지시켜 주는 것은?

① 마스터 실린더 피스톤 1차 컵과 2차 컵

② 마스터 실린더의 체크 밸브와 슈의 리턴 스프링

③ 마스터 실린더 오일 탱크

④ 마스터 실린더 피스톤

13 자동차 주행빔 전조등의 발광면은 상측, 하측, 내측, 외측의 몇 도 이내에서 관측 가능해야 하는가?

① 5 ② 10
③ 15 ④ 20

14 피스톤의 평균속도를 올리지 않고 회전수를 높일 수 있으며 단위 체적 당 출력을 크게 할 수 있는 기관은?

① 장 행정기관 ② 정방형 기관
③ 단 행정기관 ④ 고속형 기관

15 내연기관과 비교하여 전기 모터의 장점 중 틀린 것은?

① 마찰이 적기 때문에 손실되는 마찰열이 적게 발생한다.

② 후진 기어가 없어도 후진이 가능하다.

③ 평균 효율이 낮다.

④ 소음과 진동이 적다.

16 스로틀 밸브가 열려 있는 상태에서 가속할 때 일시적인 가속 지연 현상이 나타나는 것을 무엇이라고 하는가?

① 스텀블(stumble)

② 스톨링(stalling)

③ 헤지테이션(hesitation)

④ 서징(surging)

17 전자동 에어컨(FATC) 시스템의 ECU에 입력되는 센서 신호로 거리가 먼 것은?

① 외기온도 센서   ② 차고 센서

③ 일사 센서   ④ 내기온도 센서

18 스파크 플러그 표시 기호의 한 예이다. 열가를 나타내는 것은?

BP6ES

① P   ② 6

③ E   ④ S

19 선회할 때 조향 각도를 일정하게 유지하여도 선회 반경이 작아지는 현상은?

① 오버 스티어링

② 언더 스티어링

③ 다운 스티어링

④ 어퍼 스티어링

20 커넥팅 로드 대단부의 배빗메탈의 주재료는?

① 주석(Sn)   ② 안티몬(Sb)

③ 구리(Cu)   ④ 납(Pb)

21 하이브리드 자동차에서 리튬 이온 폴리머 고전압 배터리는 9개의 모듈로 구성되어 있고, 1개의 모듈은 8개의 셀로 구성되어 있다. 이 배터리의 전압은?(단, 셀 전압은 3.75V 이다.)

① 30V   ② 90V

③ 270V   ④ 375V

22 다음과 같은 역할을 하는 전기 자동차의 제어 시스템은?

배터리 보호를 위한 입출력 에너지 제한 값을 산출하여 차량 제어기로 정보를 제공한다.

① 완속 충전 기능

② 파워 제한 기능

③ 냉각 제어 기능

④ 정속 주행 기능

23 수소 연료전지 자동차에서 열관리 시스템의 구성 요소가 아닌 것은?

① 연료전지 냉각 펌프

② COD 히터

③ 칠러 장치

④ 라디에이터 및 쿨링 팬

24 SBW(Shift By Wire)가 적용된 차량에서 포지션 센서 또는 SBW 액추에이터가 중속(60km/h) 주행 중 고장 시 제어방법으로 알맞은 것은?

① 변속 단 상태 유지

② 브레이크를 제어하여 정차시킴

③ 경보음을 울리며 엔진 출력제어

④ N단으로 제어하여 정차시킴

25 하이브리드 자동차의 회생 제동 기능에 대한 설명으로 옳은 것은?

① 불필요한 공회전을 최소화 하여 배출가스 및 연료 소비를 줄이는 기능

② 차량의 관성에너지를 전기에너지로 변환하여 배터리를 충전하는 기능

③ 가속을 하더라도 차량 스스로 완만한 가속으로 제어하는 기능

④ 주행 상황에 따라 모터의 적절한 제어를 통해 엔진의 동력을 보조하는 기능

01 저속, 전부하에서 기관의 노킹(knocking) 방지성을 표시하는데 가장 적당한 옥탄가 표기법은?

① 리서치 옥탄가　② 모터 옥탄가
③ 로드 옥탄가　④ 프런트 옥탄가

02 다음에서 설명하는 디젤기관의 연소과정은?

> 분사 노즐에서 연료가 분사되어 연소를 일으킬 때까지의 기간이며 이 기간이 길어지면 노크가 발생한다.

① 착화 지연기간
② 화염 전파기간
③ 직접 연소시간
④ 후기 연소기간

03 블로다운(blow down) 현상에 대한 설명으로 옳은 것은?

① 밸브와 밸브 시트 사이에서의 가스 누출 현상
② 압축행정 시 피스톤과 실린더 사이에서 공기가 누출되는 현상
③ 피스톤이 상사점 근방에서 흡배기 밸브가 동시에 열려 배기 잔류가스를 배출시키는 현상
④ 배기행정 초기에 배기 밸브가 열려 배기가스 자체의 압력에 의하여 배기가스가 배출되는 현상

04 삼원 촉매장치 설치 차량의 주의사항 중 잘못된 것은?

① 주행 중 점화스위치를 꺼서는 안된다.
② 잔디, 낙엽 등 가연성 물질 위에 주차시키지 않아야 한다.
③ 엔진의 파워 밸런스 측정 시 측정 시간을 최대로 단축해야 한다.
④ 유연 가솔린을 사용한다.

05 가솔린 기관의 흡기다기관과 스로틀 바디 사이에 설치되어 있는 서지 탱크의 역할 중 틀린 것은?

① 실린더 상호간에 흡입 공기 간섭 방지
② 흡입 공기 충진 효율을 증대
③ 연소실에 균일한 공기 공급
④ 배기가스 흐름 제어

06 압력식 라디에이터 캡을 사용하므로 얻어지는 장점과 거리가 먼 것은?

① 비등점을 올려 냉각효율을 높일 수 있다.
② 라디에이터를 소형화할 수 있다.
③ 라디에이터 무게를 크게 할 수 있다.
④ 냉각장치 내의 압력을 높일 수 있다.

07 배기가스 재순환 장치(EGR)의 설명으로 틀린 것은?

① 가속 성능을 향상시키기 위해 급가속시에는 차단된다.

② 연소 온도가 낮아지게 된다.

③ 질소산화물(NOx)이 증가한다.

④ 탄화수소와 일산화탄소량은 저감되지 않는다.

08 연료 누설 및 파손을 방지하기 위해 전자제어 기관의 연료 시스템에 설치된 것으로 감압 작용을 하는 것은?

① 체크 밸브　　　② 제트 밸브

③ 릴리프 밸브　　④ 포핏 밸브

09 타이어 트레드 패턴의 종류가 아닌 것은?

① 러그 패턴　　　② 블록 패턴

③ 리브러그 패턴　④ 카커스 패턴

10 유압식 전자제어 동력조향장치에서 컨트롤 유닛(ECU)의 입력 요소는?

① 브레이크 스위치 ② 차속 센서

③ 흡기 온도 센서 ④ 휠 스피드 센서

11 변속장치에서 동기 물림 기구에 대한 설명으로 옳은 것은?

① 변속하려는 기어와 메인 스플라인과의 회전수를 같게 한다.

② 주축기어의 회전속도를 부축기어의 회전속도보다 빠르게 한다.

③ 주축기어와 부축기어의 회전수를 같게 한다.

④ 변속하려는 기어와 슬리브와의 회전수에는 관계없다.

12 전자제어 현가장치의 제어 기능에 해당되는 것이 아닌 것은?

① 앤티 스키드　　② 앤티 롤

③ 앤티 다이브　　④ 앤티 스쿼트

13 그림에서 $I_1 = 5A$, $I_2 = 2A$, $I_3 = 3A$, $I_4 = 4A$ 라고 하면 I_5에 흐르는 전류(A)는?

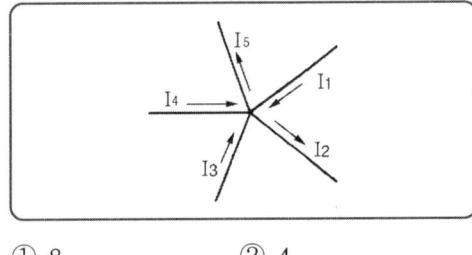

① 8　　　　　　② 4

③ 2　　　　　　④ 10

14 축전지에 대한 설명 중 틀린 것은?

① 전해액 온도가 올라가면 비중은 낮아진다.

② 전해액 온도가 낮으면 황산의 확산이 활발해진다.

③ 온도가 높으면 자기방전량이 많아진다.

④ 극판수가 많으면 용량이 증가한다.

15 배기밸브가 하사점 전 55°에서 열려 상사점 후 15°에서 닫힐 때 총 열림각은?

① 240°　　　　② 250°

③ 255°　　　　④ 260°

16 점화코일의 2차 쪽에서 발생되는 불꽃전압의 크기에 영향을 미치는 요소 중 거리가 먼 것은?

① 점화플러그 전극의 형상

② 점화플러그 전극의 간극

③ 기관 윤활유 압력

④ 혼합기 압력

17 전류에 대한 설명으로 틀린 것은?

① 자유전자의 흐름이다.
② 단위는 A를 사용한다.
③ 직류와 교류가 있다.
④ 저항에 항상 비례한다.

18 측압이 가해지지 않은 쪽의 스커트 부분을 따낸 것으로 무게를 늘리지 않고 접촉면적은 크게 하고 피스톤 슬랩(slap)은 적게 하여 고속기관에 널리 사용하는 피스톤의 종류는?

① 슬리퍼 피스톤(slipper piston)
② 솔리드 피스톤(solid piston)
③ 스플릿 피스톤(split piston)
④ 옵셋 피스톤(offset piston)

19 자동차에서 제동 시의 슬립률을 표시한 것으로 맞는 것은?

① $\dfrac{\text{자동차 속도} - \text{바퀴속도}}{\text{자동차 속도}} \times 100$

② $\dfrac{\text{자동차 속도} - \text{바퀴속도}}{\text{바퀴속도}} \times 100$

③ $\dfrac{\text{바퀴속도} - \text{자동차 속도}}{\text{자동차 속도}} \times 100$

④ $\dfrac{\text{바퀴속도} - \text{자동차 속도}}{\text{바퀴속도}} \times 100$

20 수동변속기에서 클러치(clutch)의 구비조건으로 틀린 것은?

① 동력을 차단할 경우에는 차단이 신속하고 확실할 것
② 미끄러지는 일이 없이 동력을 확실하게 전달 할 것
③ 회전부분의 평형이 좋을 것
④ 회전관성이 클 것

21 병렬형 하드 타입 하이브리드 자동차의 특징으로 틀린 것은?

① 출발과 저속 주행 시에는 모터만을 이용하는 전기 자동차 모드로 주행한다.
② TMED(Transmission Mounted Electric Device) 방식은 구동 모터가 변속기에 직결되어 있다.
③ 부하가 적은 평지의 주행에서는 엔진의 동력만을 이용하여 주행한다.
④ 엔진과 모터가 직결되어 있어 전기 자동차 모드의 주행은 불가능하다.

22 하이브리드 차량의 내연기관에서 발생하는 기계적 출력 상당 부분을 분할(split) 변속기를 통해 동력으로 전달시키는 방식은?

① 하드 타입 병렬형
② 소프트 타입 병렬형
③ 직렬형
④ 복합형

23 RESS(Rechargeable Energy Storage System)에 충전된 전기 에너지를 소비하며 자동차를 운전하는 모드는?

① HWFET 모드
② PTP 모드
③ CD 모드
④ CS 모드

24 친환경 자동차에 적용되는 브레이크 밀림방지장치 (어시스트 시스템)에 대한 설명으로 맞는 것은?

① 경사로에서 정차 후 출발 시 차량 밀림현상을 방지하기 위해서 밀림 방지용 밸브를 이용 브레이크를 한시적으로 작동하는 장치이다.

② 경사로에서 출발 전 한시적으로 하이브리드 모터를 작동시켜 차량 밀림현상을 방지하는 장치이다.

③ 차량 출발이나 가속 시 무단 변속기에서 크립토크를 이용하여 차량이 밀리는 현상을 방지하는 장치이다.

④ 브레이크 작동 시 브레이크 작동유압을 감지하여 높은 경우 유압을 감압시켜 브레이크 밀림을 방지하는 장치이다.

25 하이브리드 자동차에서 돌입전류에 의한 인버터 손상을 방지하는 것은?

① 메인 릴레이

② 프리차저 릴레이와 저항

③ 안전 스위치

④ 부스바

01 기관의 습식 라이너(wet type)에 대한 설명 중 틀린 것은?

① 습식 라이너를 끼울 때에는 라이너 바깥둘레에 비눗물을 바른다.

② 실링이 파손되면 크랭크 케이스로 냉각수가 들어간다.

③ 냉각수와 직접 접촉하지 않는다.

④ 냉각효과가 크다.

02 조향장치가 갖추어야 할 조건으로 틀린 것은?

① 조향조작이 주행 중의 충격을 적게 받을 것

② 안전을 위해 고속주행 시 조향력을 작게 할 것

③ 회전반경이 작을 것

④ 조작 시에 방향전환이 원활하게 이루어질 것

03 제작자동차 앞면 창유리 및 운전자 좌석 좌, 우의 창유리 또는 창의 가시광선투과율은 몇 % 이상이어야 하는가?

① 80 ② 90

③ 60 ④ 70

04 유압 브레이크는 무슨 원리를 응용한 것인가?

① 아르키메데스의 원리

② 베르누이의 원리

③ 아인슈타인의 원리

④ 파스칼의 원리

05 현가장치에서 스프링이 압축되었다가 원위치로 되돌아올 때 작은 구멍(오리피스)을 통과하는 오일의 저항으로 진동을 감소시키는 것은?

① 스태빌라이저 ② 공기 스프링

③ 토션 바 스프링 ④ 쇽업소버

06 유압식 동력 조향장치와 비교하여 전동식 동력 조향장치 특징으로 틀린 것은?

① 엔진룸의 공간 활용도가 향상된다.

② 유압제어를 하지 않으므로 오일이 필요 없다.

③ 유압제어 방식에 비해 연비를 향상시킬 수 없다.

④ 유압제어를 하지 않으므로 오일펌프가 필요 없다.

07 중·고속 주행 시 연료 소비율의 향상과 기관의 소음을 줄일 목적으로 변속기의 입력 회전수보다 출력 회전수를 빠르게 하는 장치는?

① 클러치 포인트 ② 오버 드라이브

③ 히스테리시스 ④ 킥 다운

08 전자제어 연료 분사식 기관의 연료 펌프에서 릴리프 밸브의 작용 압력은 약 몇 kg_f/cm^2인가?

① 0.3~0.5 ② 1.0~2.0

③ 3.5~5.0 ④ 10.0~11.5

09 디젤기관에서 열효율이 가장 우수한 형식은?

① 예연소실식 　　② 와류실식
③ 공기실식 　　　④ 직접분사식

10 인젝터의 분사량을 제어하는 방법으로 맞는 것은?

① 솔레노이드 코일에 흐르는 전류의 통전시간으로 조절한다.
② 솔레노이드 코일에 흐르는 전압의 시간으로 조절한다.
③ 연료압력의 변화를 주면서 조절한다.
④ 분사구의 면적으로 조절한다.

11 축전지의 충방전 화학식이다. (　)속에 해당되는 것은?

$$PbO_2 + (\quad) + Pb$$
$$\rightleftarrows PbSO_4 + 2H_2O + PbSO_4$$

① H_2O 　　　② $2H_2O$
③ $2PbSO_4$ 　　④ $2H_2SO_4$

12 시동 off 상태에서 브레이크 페달을 여러 차례 작동 후 브레이크 페달을 밟은 상태에서 시동을 걸었는데 브레이크 페달이 내려가지 않는다면 예상되는 고장 부위는?

① 주차 브레이크 케이블
② 앞바퀴 캘리퍼
③ 진공 배력장치
④ 프로포셔닝 밸브

13 디젤기관의 연료 분사에 필요한 조건으로 틀린 것은?

① 무화 　　　　② 분포
③ 조정 　　　　④ 관통력

14 전자제어 가솔린 분사장치에서 기관의 각종 센서 중 입력 신호가 아닌 것은?

① 스로틀 포지션 센서
② 냉각수온 센서
③ 크랭크 각 센서
④ 인젝터

15 가솔린 기관의 이론 공연비로 맞는 것은? (단, 희박연소 기관은 제외)

① 8 : 1 　　　② 13.4 : 1
③ 14.7 : 1 　　④ 15.6 : 1

16 가솔린 기관에서 체적 효율을 향상시키기 위한 방법으로 틀린 것은?

① 흡기 온도의 상승을 억제한다.
② 흡기 저항을 감소시킨다.
③ 배기 저항을 감소시킨다.
④ 밸브 수를 줄인다.

17 가솔린 노킹(knocking)의 방지책에 대한 설명 중 잘못된 것은?

① 압축비를 낮게 한다.
② 냉각수의 온도를 낮게 한다.
③ 화염전파 거리를 짧게 한다.
④ 착화지연을 짧게 한다.

18 AC 발전기의 출력변화 조정은 무엇에 의해 이루어지는가?

① 엔진의 회전수

② 배터리의 전압

③ 로터의 전류

④ 다이오드 전류

19 트랜지스터식 점화장치는 어떤 작동으로 점화코일의 1차 전압을 단속하는가?

① 증폭 작용

② 자기유도작용

③ 스위칭 작용

④ 상호유도작용

20 모터나 릴레이 작동 시 라디오에 유기되는 일반적인 고주파 잡음을 억제하는 부품으로 맞는 것은?

① 트랜지스터

② 볼륨

③ 콘덴서

④ 동소기

21 마스터 BMS의 표면에 인쇄 또는 스티커로 표시되는 항목이 아닌 것은?(단, 비일체형인 경우로 국한한다.)

① 사용하는 동작 온도 범위

② 저장 보관용 온도 범위

③ 셀 밸런싱용 최대 전류

④ 제어 및 모니터링 하는 배터리 팩의 최대 전압

22 하이브리드 자동차의 내연기관에 가장 적합한 사이클 방식은?

① 오토 사이클

② 복합 사이클

③ 에킨슨 사이클

④ 카르노 사이클

23 연료 전지의 효율(n)을 구하는 식은?

① $n = \dfrac{1mol의 \ 연료가 \ 생성하는 \ 전기에너지}{생성 \ 엔트로피}$

② $n = \dfrac{10mol의 \ 연료가 \ 생성하는 \ 전기에너지}{생성 \ 엔탈피}$

③ $n = \dfrac{1mol의 \ 연료가 \ 생성하는 \ 전기에너지}{생성 \ 엔탈피}$

④ $n = \dfrac{10mol의 \ 연료가 \ 생성하는 \ 전기에너지}{생성 \ 엔트로피}$

24 상온에서의 온도가 25℃일 때 표준상태를 나타내는 절대온도(K)는?

① 100

② 273.15

③ 0

④ 298.15

25 하이브리드 자동차의 특징이 아닌 것은?

① 회생제동

② 2개의 동력원으로 주행

③ 저전압 배터리와 고전압 배터리 사용

④ 고전압 배터리 충전을 위해 LDC 사용

01 자동차용 교류 발전기에 대한 특성 중 거리가 먼 것은?

① 브러시 수명이 일반적으로 직류 발전기보다 길다.

② 중량에 따른 출력이 직류 발전기보다 1.5배 정도 높다.

③ 슬립링 손질이 불필요하다.

④ 자여자 방식이다.

02 유압식 브레이크 마스터 실린더에 작용하는 힘이 120kg$_f$ 이고, 피스톤 면적이 3cm²일 때 마스터 실린더 내에 발생되는 유압은?

① 50kg$_f$/cm² ② 40kg$_f$/cm²

③ 30kg$_f$/cm² ④ 25kg$_f$/cm²

03 빈 칸에 알맞은 것은?

> 애커먼 장토의 원리는 조향각도를 (㉠)로 하고, 선회할 때 선회하는 안쪽 바퀴의 조향각도가 바깥쪽 바퀴의 조향각도보다 (㉡)되며, (㉢)의 연장선상의 한 점을 중심으로 동심원을 그리면서 선회하여 사이드슬립 방지와 조향 핸들 조작에 따른 저항을 감소시킬 수 있는 방식이다.

① ㉠ 최소, ㉡ 작게, ㉢ 앞차축

② ㉠ 최대, ㉡ 작게, ㉢ 뒷차축

③ ㉠ 최소, ㉡ 크게, ㉢ 앞차축

④ ㉠ 최대, ㉡ 크게, ㉢ 뒷차축

04 캠축의 구동방식이 아닌 것은?

① 기어형 ② 체인형

③ 포핏형 ④ 벨트형

05 다음 중 전자제어 동력조향장치(EPS)의 종류가 아닌 것은?

① 속도 감응식

② 전동 펌프식

③ 공압 충격식

④ 유압 반력 제어식

06 가솔린 기관에서 배기가스에 산소량이 많이 존재하고 있다면 연소실 내의 혼합기는 어떤 상태인가?

① 농후하다.

② 희박하다.

③ 농후하기도 하고 희박하기도 하다.

④ 이론공연비 상태이다.

07 기동전동기에서 오버런닝 클러치의 종류에 해당되지 않는 것은?

① 롤러식

② 스프래그식

③ 전기자식

④ 다판 클러치식

08 디스크 브레이크와 비교해 드럼 브레이크의 특성으로 맞는 것은?

① 페이드 현상이 잘 일어나지 않는다.
② 구조가 간단하다.
③ 브레이크의 편제동 현상이 적다.
④ 자기작동 효과가 크다.

09 전자제어식 자동변속기 제어에 사용되는 센서가 아닌 것은?

① 차고센서
② 유온센서
③ 입력축 속도센서
④ 스로틀 포지션 센서

10 자동변속기에서 오일라인압력을 근원으로 하여 오일라인압력보다 낮은 일정한 압력을 만들기 위한 밸브는?

① 체크밸브
② 거버너 밸브
③ 매뉴얼 밸브
④ 리듀싱 밸브

11 수동변속기에서 기어변속 시 기어의 이중물림을 방지하기 위한 장치는?

① 파킹 볼 장치
② 인터록 장치
③ 오버드라이브 장치
④ 록킹 볼 장치

12 공기량 계측방식 중에서 발열체와 공기 사이의 열전달 현상을 이용한 방식은?

① 열선식 질량유량 계량방식
② 베인식 체적유량 계량방식
③ 칼만와류 방식
④ 맵 센서방식

13 피스톤 링의 주요기능이 아닌 것은?

① 기밀작용
② 감마작용
③ 열전도 작용
④ 오일제어 작용

14 일반적으로 에어백(air bag)에 가장 많이 사용되는 가스는?

① 수소
② 이산화탄소
③ 질소
④ 산소

15 연료파이프나 연료펌프에서 가솔린이 증발해서 일으키는 현상은?

① 엔진 록
② 연료 록
③ 베이퍼 록
④ 앤티 록

16 자동차 기관이 과열된 상태에서 냉각수를 보충할 때 적합한 것은?

① 시동을 끄고 즉시 보충한다.
② 시동을 끄고 냉각시킨 후 보충한다.
③ 기관을 가감속하면서 보충한다.
④ 주행하면서 조금씩 보충한다.

17 피스톤 간극이 크면 나타나는 현상이 아닌 것은?

① 블로바이가 발생한다.
② 압축압력이 상승한다.
③ 피스톤 슬랩이 발생한다.
④ 기관의 기동이 어려워진다.

18 동력전달장치에서 차동기어 장치의 원리는?

① 후크의 법칙
② 파스칼의 원리
③ 랙과 피니언의 원리
④ 에너지 불변의 원칙

19 가솔린을 완전 연소시키면 발생되는 화합물은?

① 이산화탄소와 아황산
② 이산화탄소와 물
③ 일산화탄소와 이산화탄소
④ 일산화탄소와 물

20 다음은 점화플러그에 대한 설명이다. 틀린 것은?

① 전극 앞부분의 온도가 950℃ 이상 되면 자연 발화될 수 있다.
② 전극부의 온도가 450℃ 이하가 되면 실화가 발생한다.
③ 점화플러그의 열 방출이 가장 큰 부분은 단자 부분이다.
④ 전극의 온도가 400~600℃인 경우 전극은 자기청정 작용을 한다.

21 하이브리드 자동차의 연비 향상 요인이 아닌 것은?

① 주행 시 자동차의 공기저항을 높여 연비가 향상된다.
② 정차 시 엔진을 정지(오토 스톱)시켜 연비를 향상시킨다.
③ 연비가 좋은 영역에서 작동되도록 동력 분배를 제어한다.
④ 회생제동(배터리 충전)을 통해 에너지를 흡수하여 재사용한다.

22 하이브리드 자동차에 적용하는 배터리 중 자기방전이 없고 에너지 밀도가 높으며 전해질이 젤타입이고 내 진동 성이 우수한 방식은?

① 리튬이온 폴리머 배터리(Li-Pb battery)
② 니켈수소 배터리(Ni-MH battery)
③ 니켈카드뮴 배터리(Ni-Cd battery)
④ 리튬이온 배터리(Li-ion battery)

23 모터 컨트롤 유닛 MCU(Motor Control Unit)의 설명으로 틀린 것은?

① 고전압 배터리의(DC) 전력을 모터 구동을 위한 AC 전력으로 변환한다.
② 구동 모터에서 발생한 DC 전력을 AC로 변환하여 고전압 배터리에 충전한다.
③ 가속 시에 고전압 배터리에서 구동 모터로 에너지를 공급한다.
④ 3상 교류(AC) 전원(U, V, W)으로 변환된 전력으로 구동 모터를 구동시킨다.

24 하이브리드 시스템을 제어하는 컴퓨터의 종류가 아닌 것은?

① 모터 컨트롤 유닛(MCU)
② 하이드로릭 컨트롤 유닛(HCU)
③ 배터리 컨트롤 유닛(BCU)
④ 통합 제어 유닛(HCU)

25 하이브리드 시스템에서 주파수 변환을 통하여 스위칭 및 전류를 제어하는 방식은?

① SCC 제어
② CAN 제어
③ PWM 제어
④ COMP 제어

01 기관의 회전수가 3500rpm, 제2속의 감속비 1.5, 최종감속비 4.8, 바퀴의 반경이 0.3m일 때 차속은?(단, 바퀴의 지면과 미끄럼은 무시한다.)

① 약 35km/h   ② 약 45km/h

③ 약 55km/h   ④ 약 65km/h

02 전자제어 현가장치의 입력센서가 아닌 것은?

① 차속센서

② 조향 휠 각속도센서

③ 차고센서

④ 임펙트 센서

03 액슬축의 지지방식이 아닌 것은?

① 반부동식

② 3/4 부동식

③ 고정식

④ 전부동식

04 앞바퀴 정렬 요소 중 조향핸들의 복원성과 관련 있는 것들로만 묶인 것은?

① 킹핀경사각, 캐스터

② 캐스터, 캠버

③ 캠버, 토인

④ 토인, 킹핀경사각

05 자동변속기에서 토크컨버터 내의 록업 클러치(댐퍼 클러치)의 작동조건으로 거리가 먼 것은?

① "D" 레인지에서 일정 차속(약 70 km/h 정도) 이상일 때

② 냉각수 온도가 충분히(약 75℃ 정도) 올랐을 때

③ 브레이크 페달을 밟지 않을 때

④ 발진 및 후진 시

06 ABS의 구성품 중 휠 스피드 센서의 역할은?

① 바퀴의 록(lock) 상태 감지

② 차량의 과속을 억제

③ 브레이크 유압 조정

④ 라이닝의 마찰 상태 감지

07 전자식 기관제어 장치의 구성에 해당하지 않는 것은?

① 연료 분사 제어

② 배기 재순환(EGR)

③ 공회전 제어(ISC)

④ 전자식 제동 제어장치(ABS)

08 우수식 크랭크축을 사용하는 6기통 가솔린 엔진의 점화 순서가 1-5-3-6- 2-4이다. 3 실린더가 동력행정을 시작하려는 순간 5번 실린더는 어떤 행정을 하는가?

① 동력행정   ② 배기행정

③ 압축행정   ④ 흡기행정

09 디젤기관의 연료분사 장치에서 연료의 분사량을 조절하는 것은?

① 연료 여과기　　② 연료 분사노즐
③ 연료 분사펌프　④ 연료 공급펌프

10 LPG차량에서 연료를 충전하기 위한 고압용기는?

① 봄베
② 베이퍼라이저
③ 슬로 컷 솔레노이드
④ 연료 유니온

11 연소실 체적이 40cc 이고, 총배기량이 1280cc인 4기통 기관의 압축비는?

① 6 : 1　　　　② 9 : 1
③ 18 : 1　　　④ 33 : 1

12 자동차 엔진오일 점검 및 교환방법으로 적합한 것은?

① 환경오염방지를 위해 오일은 최대한 교환시기를 늦춘다.
② 가급적 고점도의 오일로 교환한다.
③ 오일을 완전히 배출하기 위하여 시동 걸기 전에 교환한다.
④ 오일 교환 후 기관을 시동하여 충분히 엔진 윤활부에 윤활한 후 시동을 끄고 오일량을 점검한다.

13 배터리 취급 시 틀린 것은?

① 전해액량은 극판 위 10~13mm 정도 되도록 보충한다.
② 연속 대전류로 방전되는 것은 금지해야 한다.
③ 전해액을 만들어 사용 시는 고무 또는 납그릇을 사용하되, 황산에 증류수를 조

금씩 첨가하면서 혼합한다.
④ 배터리 단자부 및 케이스 면은 소다수로 세척한다.

14 배출가스 저감장치 중 삼원촉매(Catalytic Convertor)장치를 사용하여 저감시킬 수 있는 유해가스의 종류는?

① CO, HC, 흑연
② CO, NOx 흑연
③ NOx. HC, SO
④ CO, HC, NOx

15 LPG 기관에서 액상 또는 기상 솔레노이드 밸브의 작동을 결정하기 위한 엔진 ECU의 입력요소는?

① 흡기관 부압　　② 냉각수 온도
③ 엔진 회전수　　④ 배터리 전압

16 전자제어 점화장치에서 점화시기를 제어하는 순서는?

① 각종 센서 → ECU → 파워 트랜지스터 → 점화코일
② 각종 센서 → ECU → 점화코일 → 파워 트랜지스터
③ 파워 트랜지스터 → 점화코일 → ECU → 각종 센서
④ 파워 트랜지스터 → ECU → 각종 센서 → 점화코일

17 IC 조정기를 사용하는 발전기 내부 부품 중 사용하지 않는 것은?

① 다이리스터　　② 제너 다이오드
③ 트랜지스터　　④ 다이오드

18 축전지를 과 방전 상태로 오래두면 사용하지 못하게 되는 이유는?

① 극판에 수소가 형성된다.
② 극판이 산화납이 되기 때문이다.
③ 극판이 영구 황산납이 되기 때문이다.
④ 황산이 증류수가 되기 때문이다.

19 추진축의 자재이음은 어떤 변화를 가능하게 하는가?

① 축의 길이   ② 회전속도
③ 회전축의 각도   ④ 회전토크

20 전자제어 현가장치(ECS)에서 급가속 시의 차고제어로 맞는 것은?

① 앤티 롤 제어
② 앤티 다이브 제어
③ 스카이훅 제어
④ 앤티 스쿼트 제어

21 전기회생제동장치가 주제동장치의 일부로 작동되는 경우에 대한 설명으로 틀린 것은? (단, 자동차 및 자동차부품의 성능과 기준에 관한 규칙에 의한다.)

① 주제동장치의 제동력은 동력 전달계통으로부터의 구동전동기 분리 또는 자동차의 변속비에 영향을 받는 구조일 것
② 전기회생제동력이 해제되는 경우에는 마찰제동력이 작동하여 1초 내에 해제 당시 요구 제동력의 75% 이상 도달하는 구조일 것
③ 주제동장치는 하나의 조종장치에 의하여 작동되어야 하며, 그외의 방법으로는 제동력의 전부 또는 일부가 해제되지 아니하는 구조일 것
④ 주제동장치 작동 시 전기회생제동장치가 독립적으로 제어될 수 있는 경우에는 자동

차에 요구되는 제동력을 전기회생제동력과 마찰제동력 간에 자동으로 보상하는 구조일 것

22 하이브리드 자동차 용어(KS R 0121)에 의한 하이브리드 정도에 따른 분류가 아닌 것은?

① 마일드 HV
② 스트롱 HV
③ 풀 HV
④ 복합형 HV

23 하이브리드 자동차에 사용되는 모터의 작동 원리는?

① 렌츠의 법칙
② 플레밍의 왼손 법칙
③ 플레밍의 오른손 법칙
④ 앙페르의 오른나사 법칙

24 KS R 0121 에 의한 하이브리드의 동력 전달 구조에 따른 분류가 아닌 것은?

① 병렬형 HV
② 복합형 HV
③ 동력집중형 HV
④ 동력분기형 HV

25 전기 자동차 고전압 배터리의 안전 플러그에 대한 설명으로 틀린 것은?

① 탈거 시 고전압 배터리 내부 회로 연결을 차단한다.
② 전기 자동차의 주행속도 제한 기능을 한다.
③ 일부 플러그 내부에는 퓨즈가 내장되어 있다.
④ 고전압 장치 정비 전 탈거가 필요하다.

01 자동변속기의 장점이 아닌 것은?

① 기어변속 조작이 간단하고, 엔진 스톨이 없다.
② 구동력이 커서 등판발진이 쉽고, 등판능력이 크다.
③ 진동 및 충격흡수가 크다.
④ 가속성이 높고, 최고속도가 다소 낮다.

02 자동차 후퇴등 등화의 중심점은 공차상태에서 지상 25센티미터 이상 몇 센티미터 이하의 높이에 설치하여야 하는가?

① 50
② 75
③ 120
④ 150

03 디젤기관에서 기계식 독립형 연료 분사펌프의 분사시기 조정방법으로 맞는 것은?

① 거버너의 스프링을 조정
② 랙과 피니언으로 조정
③ 피니언과 슬리브로 조정
④ 펌프와 타이밍 기어의 커플링으로 조정

04 자동변속기에서 스톨테스트의 요령 중 틀린 것은?

① 사이드 브레이크를 잠근 후 풋 브레이크를 밟고 전진기어를 넣고 실시한다.
② 사이드 브레이크를 잠근 후 풋 브레이크를 밟고 후진기어를 넣고 실시한다.
③ 바퀴에 추가로 버팀목을 받치고 실시한다.
④ 풋 브레이크는 놓고 사이드 브레이크만 당기고 실시한다.

05 다음 중 현가장치에 사용되는 판스프링에서 스팬의 길이변화를 가능하게 하는 것은?

① 섀클
② 스팬
③ 행거
④ U 볼트

06 수동변속기의 클러치의 역할 중 거리가 가장 먼 것은?

① 엔진과의 연결을 차단하는 일을 한다.
② 변속기로 전달되는 엔진의 토크를 필요에 따라 단속한다.
③ 관성운전 시 엔진과 변속기를 연결하여 연비향상을 도모한다.
④ 출발 시 엔진의 동력을 서서히 연결하는 일을 한다.

07 다음 중 윤활유 첨가제가 아닌 것은?

① 부식 방지제
② 유동점 강하제
③ 극압 윤활제
④ 인화점 하강제

08 스로틀 포지션 센서(TPS)의 설명 중 틀린 것은?

① 공기유량센서(AFS) 고장 시 TPS 신호에 의해 분사량을 결정한다.
② 자동 변속기에서는 변속시기를 결정해 주는 역할도 한다.
③ 검출하는 전압의 범위는 약 0(V) ~12(V)까지이다.
④ 가변저항기이고 스로틀 밸브의 개도량을 검출한다.

09 다음 중 힘이나 압력을 받으면 기전력이 발생하는 반도체의 성질은 무엇인가?

① 펠티어 효과
② 피에조 효과
③ 제백 효과
④ 홀 효과

10 지르코니아 산소센서의 주요 구성 물질은?

① 강 + 주석
② 백금 + 주석
③ 지르코니아 + 백금
④ 지르코니아 + 주석

11 전자제어 분사장치에서 결함코드를 삭제하는 방법 중 틀린 것은?

① 배터리 터미널을 탈·부착한다.
② ECM 퓨즈를 분리한다.
③ 스캐너를 사용하여 제거한다.
④ 엔진을 정지시킨 후 시동을 한다.

12 다음에서 와이퍼 전동기의 자동 정위치 정지장치와 관계 되는 부품은?

① 전기자
② 캠판
③ 브러시
④ 계자철심

13 LPI 차량에서 시동이 걸리지 않는다. 원인 중 거리가 가장 먼 것은?(단, 크랭킹은 가능하다.)

① 연료차단 솔레노이드 밸브 불량
② key-off시 인젝터에서 연료 누유
③ 연료 필터 막힘
④ 인히비터 스위치 불량

14 배전기의 1번 실린더 TDC센서 및 크랭크각 센서에 대한 설명이다. 옳지 않은 것은?

① 크랭크각 센서용 4개의 슬릿과 내측에 1번 실린더 TDC센서용 1개의 슬릿이 설치되어 있다.
② 2종류의 슬릿을 검출하기 때문에 발광 다이오드 2개와 포토다이오드 2개가 내장되어 있다.
③ 발광 다이오드에서 방출된 빛은 슬릿을 통하여 포토다이오드에 전달되며 전류는 포토다이오드의 순방향으로 흘러 비교기에 약 5V의 전압이 감지된다.
④ 배전기가 회전하여 디스크가 빛을 차단하면 비교기 단자는 '0' 볼트(V)가 된다.

15 속도계 기어의 설치 장소는?

① 변속기 1속 기어
② 변속기 부축
③ 변속기 출력축
④ 변속기 톱기어

16 피스톤 스커트부의 모양의 분류에 속하지 않는 것은?

① 스플릿형   ② T 슬롯형
③ 솔리드형   ④ 히트 댐형

17 크랭크각 센서가 설치될 수 있는 곳은?

① 연료 펌프   ② 서지 탱크
③ 스로틀 보디   ④ 배전기

18 자동차에서 축전지를 떼어낼 때 작업 방법으로 가장 알맞은 것은?

① 접지 터미널을 먼저 푼다.
② 양 터미널을 함께 푼다.
③ 벤트 플러그를 열고 작업한다.
④ 절연되어 있는 케이블을 먼저 푼다.

19 간접분사방식의 MPI(Multi Point Injection) 연료 분사장치에서 인젝터가 설치되는 곳은?

① 각 실린더 흡입밸브 전방
② 서지탱크(Surge tank)
③ 스로틀보디(Throttle body)
④ 연소실 중앙

20 오토매틱 트랜스미션의 오일 온도 센서는 전기적인 신호로 오일온도를 T.C.U에 전달해주는 역할을 한다. 설치 목적은?

① 트랜스미션 오일의 온도에 따라 점도 특성변화를 참조하기 위함
② 트랜스미션 오일의 온도 상승에 따른 누유를 방지하기 위함
③ 트랜스미션 오일의 온도 상승에 따른 오염작용을 방지하기 위함
④ 트랜스미션 오일의 교환 주기를 알려주기 위함

21 하이브리드 자동차(HEV)에 대한 설명으로 거리가 먼 것은?

① 병렬형(Parallel)은 엔진과 변속기가 기계적으로 연결되어 있다.
② 병렬형(Parallel)은 구동용 모터 용량을 크게 할 수 있는 장점이 있다.
③ FMED(Flywheel Mounted Electric Device)방식은 모터가 엔진 측에 장착되어 있다.
④ TMED(Transmission Mounted Electric Device)는 모터가 변속기 측에 장착되어 있다.

22 전기자동차용 배터리 관리 시스템에 대한 일반 요구사항(KS R 1201)에서 다음이 설명하는 것은?

> 배터리가 정지 기능 상태가 되기 전까지의 유효한 방전상태에서 배터리가 이동성 소자들에게 전류를 공급할 수 있는 것으로 평가되는 시간

① 잔여 운행시간
② 안전 운전 범위
③ 잔존 수명
④ 사이클 수명

23 하이브리드 자동차에 사용되는 배터리 중에서 에너지 밀도가 가장 높은 것은?

① Li-Ion(리튬-이온) 배터리
② AGM(흡수성 유리섬유) 배터리
③ Li-Polymer(리튬-폴리머) 배터리
④ Ni-MH(니켈-수산화금속) 배터리

24 친환경(전기)자동차에 사용되는 감속기의 주요 기능에 해당하지 않는 것은?

① 감속기능 : 모터 구동력 증대
② 증속기능 : 증속 시 다운 시프트 적용
③ 차동기능 : 차량 선회 시 좌우바퀴 차동
④ 파킹기능 : 운전자 P단 조작 시 차량 파킹

25 하이브리드 차량에서 화재발생 시 조치해야 할 사항이 아닌 것은?

① 화재 진압을 위해 적절한 소화기를 사용한다.
② 차량의 시동키를 OFF하여 전기 동력 시스템 작동을 차단시킨다.
③ 메인 릴레이(+)를 작동시켜 고전압 배터리 (+)전원을 인가한다.
④ 화재 초기 상태라면 트렁크를 열고 신속히 세이프티 플러그를 탈거한다.

01 경광등 기준에 있어서 민방위 업무를 수행하는 기관에서 긴급예방 또는 복구를 위한 출동에 사용하는 자동차의 경광등의 등광색은?

① 적색　　　　② 적색 또는 청색
③ 황색　　　　④ 녹색

02 가솔린 300cc를 연소시키기 위해서는 몇 kg_f의 공기가 필요한가? (단, 혼합비는 14 : 1, 가솔린비중 0.73이다.)

① 3.770 kg_f　　② 2.455 kg_f
③ 2.555 kg_f　　④ 3.066 kg_f

03 크랭크 케이스의 환기에 관한 설명 중 관계되지 않는 것은?

① 오일의 열화를 방지한다.
② 자연식과 강제식이 있다.
③ 대기의 오염 방지와 관계한다.
④ 송풍기를 두고 있다.

04 가솔린 기관에서 발생되는 질소산화물에 대한 특징을 설명한 것 중 틀린 것은?

① 혼합비가 농후하면 발생농도가 낮다.
② 점화시기가 빠르면 발생농도가 낮다.
③ 혼합비가 일정할 때 흡기다기관의 부압은 강한 편이 발생농도가 낮다.
④ 기관의 압축비가 낮은 편이 발생농도가 낮다.

05 자동 정속 주행 장치의 오토 크루즈 컨트롤 유닛(Auto cruise control unit)에 입력되는 신호가 아닌 것은?

① 클러치 스위치 신호
② 브레이크 스위치 신호
③ 크루즈 컨트롤 스위치 신호
④ 킥다운 스위치 신호

06 브레이크 파이프에 잔압이 없을 때 어디를 점검하는가?

① 브레이크 페달
② 마스터 실린더 1차 컵
③ 마스터 실린더 체크밸브
④ 푸시로드

07 전자제어 차량에서 배터리의 역할이 아닌 것은?

① 컴퓨터(ECU, ECM)를 작동시킬 수 있는 전원을 공급한다.
② 인젝터를 작동시키는 전원을 공급한다.
③ 연료 펌프를 작동시키는 전원을 공급한다.
④ P.C.V 밸브를 작동시키는 전원을 공급한다.

08 자동변속기에서 리어 유성캐리어의 반시계 방향 회전을 고정하는 클러치는?

① 원웨이 클러치　　② 프런트 클러치
③ 리어 클러치　　　④ 엔드 클러치

09 실린더 배열에 의한 분류로 나누었을 때의 종류로 틀린 것은?

① 직렬형 엔진

② V형 엔진

③ 성형(방사형) 엔진

④ 수직 대향형 엔진

10 클러치 압력판의 역할로 다음 중 가장 적당한 것은?

① 기관의 동력을 받아 속도를 조절한다.

② 제동거리를 짧게 한다.

③ 견인력을 증가시킨다.

④ 클러치판을 밀어서 플라이휠에 압착시키는 역할을 한다.

11 미끄럼제한 브레이크장치(ABS)의 구성품이 아닌 것은?

① 휠(wheel)속도센서

② 모듈레이터 유닛

③ 브레이크오일 압력센서

④ 어큐뮬레이터

12 자동차 연결장치는 길이방향으로 견인할 때 당해 자동차의 차량 중량이 3000 kgf일 경우 어느 정도 이상의 힘에 견딜 수 있어야 하는가?

① 1000kgf 이상

② 1500kgf 이상

③ 3000kgf 이상

④ 6000kgf 이상

13 자동차의 안개등에 대한 안전기준으로 틀린 것은?

① 뒷면 안개등의 등광색은 백색일 것

② 앞면의 안개등은 좌우 각각 1개를 설치할 것

③ 앞면 안개등의 등광색은 백색 또는 황색으로 하고, 너비가 130cm 이하인 초소형자동차에는 1개를 설치할 수 있다.

④ 뒷면에 안개등을 설치할 경우에는 2개 이하로 설치할 것

14 전자제어 연료분사장치 차량에서 시동이 안걸리는 증세에 대한 원인들이다. 가장 거리가 먼 것은?

① 타이밍 벨트가 끊어짐

② 점화 1차코일의 단선

③ 연료펌프 배선의 단선

④ 차속센서 고장

15 디젤기관의 연료 분사시기가 빠르면 어떤 결과가 일어나는가를 기술하였다. 틀린 것은?

① 노크를 일으키고, 노크음이 강하다.

② 배기가스가 흑색을 띤다.

③ 기관의 출력이 저하된다.

④ 분사압력이 증가한다.

16 수동변속기 차량에서 고속으로 기어 바꿈할 때 충돌음이 발생하였다면 원인이 되는 것은?

① 바르지 못한 엔진과의 정렬

② 드라이브 기어의 마모

③ 싱크로나이저 링의 고장

④ 싱크로나이저 스프링의 장력 부족

17 다음 그림에서 전체 저항을 구하면?

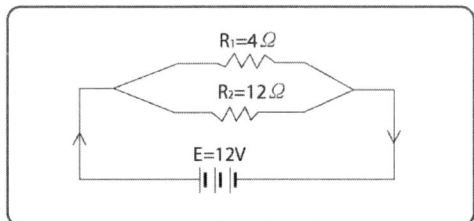

R₁=4Ω
R₂=12Ω
E=12V

① R = 1Ω
② R = 2Ω
③ R = 3Ω
④ R = 4Ω

18 일정한 어느 속도에서 차의 떨림이 앞바퀴로부터 올 때 무슨 조정을 해야 하는가?

① 휠 밸런스
② 앞바퀴 휠 얼라인먼트
③ 클러치 페달 유격
④ 종감속 기어의 백래시

19 전자제어 현가장치가 제어하는 3가지 기능이 아닌 것은?

① 조향력   ② 스프링 상수
③ 감쇠력   ④ 차고 조정

20 전자제어 LPI 기관의 구성품이 아닌 것은?

① 베이퍼라이저   ② 가스온도센서
③ 연료압력센서   ④ 레귤레이터 유닛

21 하이브리드 스타터 제너레이터의 기능으로 틀린 것은?

① 소프트 랜딩 제어
② 차량 속도 제어
③ 엔진 시동 제어
④ 발전 제어

22 KS 규격 연료전지기술에 의한 연료전지의 종류로 틀린 것은?

① 고분자 전해질 연료전지
② 액체 산화물 연료전지
③ 인산형 연료전지
④ 알칼리 연료전지

23 하이브리드 시스템에 대한 설명 중 틀린 것은?

① 직렬형 하이브리드는 소프트타입과 하드타입이 있다.
② 소프트타입은 순수 EV 주행 모드가 없다.
③ 하드타입은 소프트타입에 비해 연비가 향상된다.
④ 플러그-인타입은 외부 전원을 이용하여 배터리를 충전한다.

24 병렬(하드방식)하이브리드 자동차에서 엔진의 스타트&스톱 모드에 대한 설명으로 옳은 것은?

① 주행하던 자동차가 정차 시 항상 스톱모드로 진입한다.
② 스톱모드 중에 브레이크에서 발을 떼면 항상 시동이 걸린다.
③ 배터리 충전상태가 낮으면 스톱기능이 작동하지 않을 수 있다.
④ 스타트 기능은 브레이크 배력장치의 입력과는 무관하다.

25 하이브리드 자동차의 주행에 있어 감속 시 계기판의 에너지 사용표시 게이지는 어떻게 표시 되는가?

① RPM(엔진 회전수)
② Charge(충전)
③ Assist(모터 작동)
④ 배터리 용량

01 직류발전기 계자코일에 과대한 전류가 흐르는 원인은?

① 계자코일의 단락
② 슬립링의 불량
③ 계자코일의 높은 저항
④ 계자코일의 단선

02 다음 중 핸드브레이크의 휠 브레이크에서 양쪽 바퀴의 제동력을 같게 하는 기구는?

① 스트럿바
② 래칫컬
③ 리턴스프링
④ 이퀄라이저

03 전자제어 디젤 기관의 인젝터 연료분사량 편차보정 기능(IQA)에 대한 설명 중 거리가 가장 먼 것은?

① 인젝터의 내구성 향상에 영향을 미친다.
② 강화되는 배기가스규제 대응에 용이하다.
③ 각 실린더별 분사 연료량의 편차를 줄여 엔진의 정숙성을 돕는다.
④ 각 실린더별 분사 연료량을 예측함으로써 최적의 분사량 제어가 가능하게 한다.

04 기관에 쓰이는 베어링의 크러시(Crush)에 대한 설명으로 틀린 것은?

① 크러시가 크면 조립할 때 베어링이 안쪽 면으로 변형되어 찌그러진다.
② 베어링에 공급된 오일을 베어링의 전 둘레에 순환하게 한다.
③ 크러시가 작으면 온도 변화에 의하여 헐겁게 되어 베어링이 유동한다.
④ 하우징보다 길게 제작된 베어링의 바깥 둘레와 하우징 둘레의 길이 차이를 크러시라 한다.

05 전자제어기관 연료 분사장치에서 흡기 다기관의 진공도가 높을 때 연료 압력 조정기에 의해 조정되는 파이프라인의 연료 압력은?

① 일정하다.
② 높다.
③ 기준압력 보다 낮아진다.
④ 기준압력 보다 높아진다.

06 전자제어 제동장치 구성부품 중 컨트롤 유닛(E.C.U)이 하는 역할이 아닌 것은?

① 센서의 고장감지
② 유압기구의 제어
③ 각 센서의 정보입력
④ 바퀴를 고정

07 다음 중 저항에 관한 설명으로 맞는 것은?

① 저항이 0Ω이라는 것은 저항이 없는 것을 말한다.

② 저항이 ∞Ω이라는 것은 저항이 너무 적어 저항 테스터로 측정할 수 없는 값을 말한다.

③ 저항이 0Ω이라는 것은 나무와 같이 전류가 흐를 수 없는 부도체를 말한다.

④ 저항이 ∞Ω이라는 것은 전선과 같이 저항이 없는 도체를 말한다.

08 사다리꼴 조향기구(애커먼장토식)의 주요 기능은?

① 조향력을 증가시킨다.

② 좌우 차륜의 조향각을 다르게 한다.

③ 좌우 차륜의 위치를 나란하게 변화시킨다.

④ 캠버의 변화를 보상한다.

09 기관 공회전 시 윤활유의 소비량이 증가한다. 소비될 수 있는 원인이 아닌 곳은?

① 기계식 연료 펌프가 부착된 곳

② 타이밍 체인커버

③ 크랭크축 뒷부분의 오일 실

④ 오일레벨 스틱

10 댐퍼 클러치 제어와 관련 없는 것은?

① 스로틀 포지션 센서

② 펄스제너레이터-B

③ 오일온도 센서

④ 노크센서

11 농후한 혼합기가 기관에 미치는 영향이다. 틀린 것은?

① 출력 감소   ② 불완전 연소

③ 기관의 냉각   ④ 카본의 생성

12 자동변속기를 장착한 자동차가 출발할 때 덜커덩거리는 원인 중 가장 영향을 주는 것은?

① 레귤레이터(Regulator) 압력스프링 작용 불량

② 오일펌프 불량

③ 압력조정 밸브 불량

④ 브레이크밴드 조정 불량

13 ABS(Anti-lock Brake System) 경고등이 점등되는 조건이 아닌 것은?

① ABS 작동 시

② ABS 이상 시

③ 자기 진단 중

④ 휠 스피드 센서 불량 시

14 MPI엔진의 연료압력 조절기 고장 시 엔진에 미치는 영향이 아닌 것은?

① 장시간 정차 후에 엔진시동이 잘 안 된다.

② 엔진연소에 영향을 미치지 않는다.

③ 엔진을 짧은 시간 정지 시킨 후 재시동이 잘 안 된다.

④ 연료소비율이 증가하고 CO 및 HC 배출이 증가한다.

15 전자제어 연료분사장치에 사용하는 베인식 에어플로미터(Air flow meter)의 구성부품이 아닌 것은?

① 흡기온 센서

② 포텐셔 미터

③ 댐핑 챔버

④ O_2 센서

16 전자제어 연료분사장치의 구성 품 중 다이어프램 상하의 압력차에 비례하는 다이어프램 신호를 전압변화로 만들어 압력을 측정할 수 있는 센서는?

① 반도체 피에조(piezo) 저항형 센서

② 메탈코어형 센서

③ 가동벤식 센서

④ SAW식 센서

17 메스 에어 플로 센서(Mass air flow sensor)의 핫 와이어로 주로 사용되는 것은?

① 가는 백금선　② 가는 은선

③ 가는 구리선　④ 가는 알루미늄선

18 전자제어 현가장치(ECS)의 감쇠력 제어를 위해 입력되는 신호가 아닌 것은?

① G센서

② 스로틀 포지션센서

③ ECS 모드 선택 스위치

④ ECS 모드 표시등

19 다음 중 디젤기관의 장점이 아닌 것은?

① 일산화탄소와 탄화수소 배출물이 적다.

② 제동 열효율이 높다.

③ 시동에 소요되는 동력이 크다.

④ 동급 배기량에 비해 출력이 높다.

20 도난방지장치에서 리모콘으로 록(Lock)버튼을 눌렀을 때 문은 잠기지만 경계상태로 진입하지 못하는 현상이 발생한다면 그 원인으로 가장 거리가 먼 것은 무엇인가?

① 후드 스위치 불량

② 트렁크 스위치 불량

③ 파워윈도우 스위치 불량

④ 운전석 도어 스위치 불량

21 하이브리드 자동차 용어 (KS R 0121)에서 충전시켜 다시 쓸 수 있는 전지를 의미하는 것은?

① 1차 전지　② 2차 전지

③ 3차 전지　④ 4차 전지

22 하이브리드 자동차에서 배터리 시스템의 열적, 전기적 기능을 제어 또는 관리하고 배터리 시스템과 다른 차량 제어기와의 사이에서 통신을 제공하는 전자장치는?

① SOC(State Of Charge)

② HCU(Hybrid Control Unit)

③ HEV(Hybrid Electric Vehicle)

④ BMS(Battery Management System)

23 하이브리드 자동차에서 하이브리드 모터 작동을 위한 전기 에너지를 공급하는 것은?

① 엔진제어기

② 고전압 배터리

③ 변속기 제어기

④ 보조배터리 충전 컨트롤 유닛

24 전기 자동차용 전동기에 요구되는 조건으로 틀린 것은?

① 구동 토크가 커야 한다.

② 충전시간이 길어야 한다.

③ 속도제어가 용이해야 한다.

④ 취급 및 보수가 간편해야 한다.

25 도로 차량-전기자동차용 교환형 배터리 일반 요구사항(KS R 1200)에 따른 엔클로저의 종류로 틀린 것은?

① 방화용 엔클러저

② 촉매 방지용 엔클로저

③ 감전 방지용 엔클로저

④ 기계적 보호용 엔클로저

01 극판의 크기, 판의 수 및 황산 양에 의해서 결정되는 것은?

① 축전지의 용량
② 축전지의 전압
③ 축전지의 전류
④ 축전지의 전력

02 전자제어 현가장치(ECS)에서 차고조정이 정지되는 조건이 아닌 것은?

① 커브길 급회전 시
② 급가속 시
③ 고속 주행 시
④ 급정지 시

03 자동차 기관의 스플릿 피스톤 스커트부에 슬롯을 두는 이유는?

① 블로바이 가스를 저감시킨다.
② 실린더 벽에 오일을 분산시킨다.
③ 공급된 연료를 고루 분산시킨다.
④ 피스톤 헤드부의 높은 열이 스커트로 전도되는 것을 차단한다.

04 전자제어 디젤엔진의 연료장치 중에서 고압 이송 단계에 속하는 것은?

① 플라이밍 펌프
② 연료 필터
③ 1차 연료펌프
④ 커먼레일

05 기관이 회전 중에 유압경고등 램프가 꺼지지 않은 원인이 아닌 것은?

① 기관 오일량의 부족
② 유압의 높음
③ 유압 스위치와 램프 사이 배선의 접지 단락
④ 유압 스위치 불량

06 지르코니아 산소센서에 대한 설명 중 틀린 것은?

① 지르코니아 소자와 백금이 사용된다.
② 일정온도 이상이 되어야 전압이 발생한다.
③ 이론 혼합비에서 출력전압이 900 mV로 고정된다.
④ 배기가스 중의 산소농도와 대기중의 산소농도의 차이로 공연비를 검출한다.

07 크랭크축에 밴드 브레이크를 설치하고, 토크 암의 길이를 1m로 하여 측정하였더니 10kgf의 힘이 작용하였다. 1200 rpm일 때 이 기관의 제동출력은 몇 PS인가?

① 32.5
② 22.6
③ 16.7
④ 8.4

08 병렬형(Parallel) TMED (Trans- mission Mounted Electric Device)방식의 하이브리드 자동차의 HSG(Hybrid Starter Generator)에 대한 설명 중 틀린 것은?

① 엔진 시동 기능과 발전 기능을 수행한다.
② 감속 시 발생되는 운동에너지를 전기에너지로 전환하여 배터리를 충전한다.
③ EV 모드에서 HEV(Hybrid Electric Vehicle)모드로 전환 시 엔진을 시동한다.
④ 소프트 랜딩(Soft Landing)제어로 시동 ON 시 엔진 진동을 최소화하기 위해 엔진 회전수를 제어한다.

09 동력조향장치(유압식)에서 조향휠을 한쪽으로 완전히 조작 시 엔진의 회전수가 500 rpm 정도로 떨어지는 원인으로 가장 알맞은 것은?

① 파워 스티어링 펌프 구동 벨트 장력 이완
② 파워 스티어링 오일압력 스위치 접촉 불량
③ 파워 스티어링 오일의 점도 상승
④ 파워 스티어링 기어의 유격 과대

10 전자제어 현가장치에서 차고센서의 감지방식으로 옳은 것은?

① G 센서 방식
② 가변 저항 방식
③ 칼만 와류 방식
④ 앤티 쉐이크 방식

11 다음 중 브레이크 작동 시 페이드 현상이 가장 적은 것은?

① 서보 브레이크
② 넌 서보 브레이크
③ 디스크 브레이크
④ 2 리딩 슈 브레이크

12 2행정 기관에서 주로 사용되는 윤활방식은?

① 비산압력식　　② 압력식
③ 분리윤활식　　④ 비산식

13 시동전동기 스위치의 풀인 코일에 대한 설명으로 옳은 것은?

① 풀인 코일은 전기자에 전원을 공급한다.
② 풀인 코일은 시동 시 플런저를 잡아당긴다.
③ 풀인 코일은 ST단자에서 감기 시작해서 차체에 접지된다.
④ 풀인 코일은 시동 시 플런저의 위치를 유지시킨다.

14 헤드라이트 등 등화 안전장치에서 퓨즈 대신에 회로차단기(Circuit breaker)를 사용하는 이유로 가장 적절한 것은?

① 회로의 순간적인 오류로부터 운전자가 위험에 처하는 것을 방지하기 위해
② 엔진부의 온도가 너무 높으면 회로가 끊어지도록 하기 위해
③ 전류에 의해 발생한 열을 내장된 컴퓨터로 측정하기 위해
④ 쉽게 리셋 할 수 있어 회로 검사를 할 필요가 없으므로

15 냉각수 온도 센서(WTS)의 고장 시 발생될 수 있는 현상 중 틀린 것은?

① 냉간 시동 시 공전상태에서 엔진이 불안정하다.
② 냉각수 온도 상태에 따른 연료 분사량 보정을 할 수 없다.
③ 고장발생 시(단선) 온도를 150℃로 판정한다.
④ 엔진 시동 시 냉각수 온도에 따라 분사량 보정을 할 수 없다.

16 엔진이 난기가 되어도 출력이 증가되지 않는 원인 중 틀린 것은?

① 스로틀(밸브) 위치 센서의 오작동
② 산소 센서의 오작동
③ 연료 펌프의 오작동
④ 맵(MAP) 센서의 오작동

17 현가장치에서 드가르봉식 쇽업소버의 설명으로 가장 거리가 먼 것은?

① 질소가스가 봉입되어 있다.
② 오일실과 가스실이 분리되어 있다.
③ 오일에 기포가 발생하여도 충격 감쇠효과가 저하하지 않는다.
④ 쇽업소버의 작동이 정지되면 질소가스가 팽창하여 프리 피스톤의 압력을 상승시켜 오일 챔버의 오일을 감압한다.

18 전자제어 자동변속기에서 클러치점(Clutchpoint)이 0.8, 터빈축의 회전속도가 1600rpm일 때 기관의 회전속도는?

① 1000rpm ② 2000rpm
③ 3000rpm ④ 3500rpm

19 기관의 상태에 따른 점화 요구전압, 점화시기, 배출가스에 대한 설명 중 틀린 것은?

① 질소산화물(NOx)은 점화시기를 진각 함에 따라 증가한다.
② 탄화수소(HC)는 점화시기를 진각 함에 따라 감소한다.
③ 연소실의 혼합비가 희박할수록 점화 요구전압은 높아져야 한다.
④ 실린더 압축 압력이 높을수록 점화 요구전압도 높아져야 한다.

20 전자제어 파워스티어링 제어방식이 아닌 것은?

① 유량제어식
② 유압반력 제어식
③ 유온 반응 제어식
④ 실린더 바이패스 제어식

21 병렬형(Parallel) TMED(Trans- mission Mounted Electric Device) 방식의 하이브리드 자동차(HEV)의 주행패턴에 대한 설명으로 틀린 것은?

① 엔진 OFF시에는 EOP(Electric Oil Pump)를 작동해 자동변속기 구동에 필요한 유압을 만든다.
② 엔진 단독 구동시에는 엔진 클러치를 연결하여 변속기에 동력을 전달한다.
③ EV 모드 주행 중 HEV 주행모드로 전환할 때 엔진동력을 연결하는 순간 쇼크가 발생할 수 있다.
④ HEV 주행모드로 전환할 때 엔진 회전속도를 느리게 하여 HEV 모터 회전속도와 동기화되도록 한다.

22 다음은 하이브리드 자동차 계기판(Cluster)에 대한 설명이다. 틀린 것은?

① 계기판에 READY 램프가 소등 시 주행이 안 된다.
② 계기판에 READY 램프가 점등 시 정상 주행이 가능하다.
③ 계기판에 READY 램프가 점멸 시 비상모드주행이 가능하다.
④ EV 램프는 HEV 모터에 의한 주행 시 소등된다.

23 하이브리드 자동차의 영구자석 동기 전동기(Permanent Magnet Synchronous Motor)에 대한 설명 중 틀린 것은?

① 비동기 전동기와 비교해서 효율이 높다.
② 에너지 밀도가 높은 영구자석을 사용한다.
③ 대용량의 브러시와 정류자를 사용하여야 한다.
④ 전자 스위칭 회로를 이용하여 특성에 맞게 전동기를 제어한다.

24 직·병렬형 하드타입(hard type) 하이브리드 자동차에서 엔진 시동기능과 공전 상태에서 충전 기능을 하는 장치는?

① MCU(Motor Control Unit)
② PRA(Power Relay Assembly)
③ LDC(Low DC-DC Convertor)
④ HSG(Hybrid Starter Generator)

25 하이브리드 자동차에서 PRA(Power Re lay Assembly) 기능에 대한 설명으로 틀린 것은?

① 승객 보호
② 전장품 보호
③ 고전압 회로 과전류 보호
④ 고전압 배터리 암전류 차단

01 기관의 열효율을 측정하였더니 배기 및 복사에 의한 손실이 35%, 냉각수에 의한 손실이 35%, 기계 효율이 80%라면 제동 열효율은?

① 35%   ② 30%

③ 28%   ④ 24%

02 전자제어 제동장치(ABS)에 대한 설명으로 틀린 것은?

① 제동 시 차량의 스핀을 방지한다.

② 제동 시 조향안정성을 확보해 준다.

③ 선회 시 구동력 과다로 발생되는 슬립을 방지한다.

④ 노면 마찰계수가 가장 높은 슬립율 부근에서 작동된다.

03 타이어의 높이가 180mm, 너비가 220mm인 타이어의 편평비는?

① 122   ② 82

③ 75   ④ 62

04 최근에 전조등으로 많이 사용되고 있는 크세논(Xenon)가스 방전등에 관한 설명이다. 틀린 것은?

① 전구의 가스 방전실에는 크세논 가스가 봉입되어 있다.

② 전원은 12.24V를 사용한다.

③ 크세논 가스등의 발광색은 황색이다.

④ 크세논 가스등은 기존의 전구에 비해 광도가 약 2배 정도이다.

05 자동차 기능 종합 진단 시 자동변속기를 장착한 자동차의 스톨테스트(Stall test)를 하고자 한다. 그 목적은?

① 토크컨버터, 프런트 및 리어브레이크밴드, 리어클러치, 엔진 등의 성능을 알아보기 위한 시험

② 주행 중 클러치 및 변속기의 조작 상태를 알아보기 위한 시험

③ 출발시의 토크비를 알아보기 위한 시험

④ 펌프임펠러가 터빈 러너에 전달하는 회전력을 알아보기 위한 시험

06 금속분말을 소결시킨 브레이크 라이닝으로 열전도성이 크며 몇 개의 조각으로 나누어 슈에 설치된 것은?

① 위븐 라이닝

② 메탈릭 라이닝

③ 몰드 라이닝

④ 세미 메탈릭 라이닝

07 공기 브레이크에 해당하지 않는 부품은?

① 릴레이 밸브

② 브레이크 밸브

③ 브레이크 챔버

④ 하이드로 에어백

08 과급기에서 공기의 속도 에너지를 압력 에너지로 바꾸는 장치는?

① 디플렉터(Deflecter)

② 터빈(Turbine)

③ 디퓨저(Defuser)

④ 루트 슈퍼 차저

09 링 1개의 마찰력이 0.25kgf인 경우 4기통 기관에서 피스톤 1개당 링의 수가 4개 일 때 마찰손실 마력은? (단, 피스톤의 평균속도는 12m/sec)

① 0.64 ps   ② 0.8 ps

③ 1 ps   ④ 1.2 ps

10 자동 변속기가 변속이 이루어질 때 변속 충격을 흡수하는 작용을 하는 것은?

① 오일 펌프   ② 밸브 보디

③ 거버너   ④ 어큐뮬레이터

11 브레이크를 밟았을 때 하이드로백 내의 작동이다. 틀린 것은?

① 공기 밸브는 닫힌다.

② 진공 밸브는 닫힌다.

③ 동력 피스톤이 마스터 실린더 쪽으로 움직인다.

④ 하이드로백 내의 동력 피스톤과 마스터 실린더 쪽 사이는 진공상태이다.

12 변속기에서 주행 중 기어가 빠졌다. 그 고장 원인 중 직접적으로 영향을 미치지 않는 것은?

① 록킹볼의 마모 및 스프링 절손

② 각 기어의 지나친 마모

③ 오일의 부족 또는 변질

④ 싱크로나이저 키의 마모

13 디젤 엔진의 예열장치에서 연소실내의 압축 공기를 직접 예열하게 되는 형식을 무엇이라 하는가?

① 흡기 가열식   ② 흡기 히터식

③ 예열 플러그식   ④ 히터 레인지식

14 전자제어 가솔린기관에서 공연비 피드백제어의 작동 조건을 설명한 것으로 거리가 먼 것은?

① 주행 중 급가속 시

② 산소 센서가 활성화 온도 이상일 때

③ 냉각수 온도가 일정 온도 이상일 때

④ 스로틀 포지션 센서의 아이들 접점이 ON 시

15 쇽업쇼버가 설치된 스트럿과 컨트롤 암이 조향너클과 일체로 연결되어 있는 현가장치의 형식은?

① 맥퍼슨형   ② 트레일링암형

③ 위시본형   ④ SLA형

16 토크 컨버터에서 스톨 포인트에 대한 설명이 아닌 것은?

① 속도비가 "0"인 점이다.

② 펌프는 회전하나 터빈이 회전하지 않는 점이다.

③ 스톨 포인트에서 토크비가 최대가 된다.

④ 스톨 포인트에서 효율이 최대가 된다.

17 장기 주차 시 차량의 하중에 의해 타이어에 변형이 발생하고, 차량이 다시 주행하게 될 때 정상적으로 복원되지 않는 현상은?

① 히스테리시스 현상

② 히트 세퍼레이션 현상

③ 런 플렛 현상

④ 플렛 스팟 현상

18 조향기어의 종류에 해당하지 않는 것은?

① 토르센형

② 볼 너트형

③ 웜 섹터 롤러형

④ 랙 피니언형

19 차축의 형식 중 구동 차축의 스프링 아래 질량이 커지는 것을 피하기 위해 종감속기어와 차동장치를 액슬 축으로부터 분리하여 차체에 고정한 형식은?

① 3/4 부동식(Three quarter floating axle type)

② 반부동식(Half floating axle type)

③ 벤조식(Banjo axle type)

④ 데 디온식(De dion axle type)

20 유해 배기가스가 과도하게 배출되는 원인으로 가장 거리가 먼 것은?

① 산소 센서 불량

② 유온 센서 불량

③ 냉각수온 센서 불량

④ 스로틀위치 센서 불량

21 하이브리드 전기자동차, 전기자동차 등에는 직류를 교류로 변환하여 교류모터를 사용하고 있다. 교류모터에 대한 장점으로 틀린 것은?

① 효율이 좋다.

② 소형화 및 고회전이 가능하다.

③ 로터의 관성이 커서 응답성이 양호하다.

④ 브러시가 없어 보수할 필요가 없다.

22 하이브리드 자동차의 총합제어 기능이 아닌 것은?

① 오토스톱 제어

② 경사로 밀림방지 제어

③ 브레이크 정압 제어

④ LDC(DC-DC변환기) 제어

23 하이브리드 전기 자동차와 일반 자동차와의 차이점에 대한 설명 중 틀린 것은?

① 하이브리드 차량은 주행 또는 정지 시 엔진의 시동을 끄는 기능을 수반한다.

② 하이브리드 차량은 정상적인 상태일 때 항상 엔진 기동전동기를 이용하여 시동을 건다.

③ 차량의 출발이나 가속 시 하이브리드 모터를 이용하여 엔진의 동력을 보조하는 기능을 수반한다.

④ 차량 감속 시 하이브리드 모터가 발전기로 전환되어 고전압 배터리를 충전하게 된다.

24 전기 자동차의 공조장치(히트 펌프)에 대한 설명으로 틀린 것은?

① 정비 시 전용 냉동유(POE) 주입

② PTC형식 이배퍼레이트 온도 센서 적용

③ 전동형 BLDC 블로어 모터 적용

④ 온도 센서 점검 시 저항(Ω) 측정

25 하이브리드 자동차 고전압 배터리의 사용 가능 에너지를 표시하는 것은?

① SOC(State Of Charge)

② PRA(Power Relay Assembly)

③ LDC(Low DC-DC Convertor)

④ BMS(Battery Management System)

자동차공학

01	③	02	④	03	②	04	④	05	②
06	③	07	①	08	③	09	②	10	②
11	③	12	④	13	①	14	②	15	②
16	②	17	②	18	③	19	②	20	③
21	③	22	①	23	②	24	④	25	①

01 전동기의 종류

전동기의 종류	전기자 코일과 계자 코일	사용되는 곳
직권 전동기	직렬 연결	기동 전동기
분권 전동기	병렬 연결	DC·AC 발전기
복권 전동기	작병렬 연결	와이퍼모터

02 ① 닙 : 판스프링의 끝에 휘어진 부분
② 스팬 : 아이와 아이사이 거리
③ 섀클 : 판스프링의 스팬 길이가 늘어났을 때 보상해 주는 장치

03 교류발전기 및 직류발전기의 비교

역 할	교류 발전기(AC)	직류 발전기(DC)
① 여자 방식	타 여자식	자 여자식
② 여자 형성	로터	계자
③ 전류 발생	스테이터	전기자
④ 브러시 접촉부	슬립링	정류자
⑤ AC를 DC로 정류	실리콘 다이오드	브러시와 정류자
⑥ 역류 방지	다이오드 (+)3개, (−)3개	컷 아웃릴레이
⑦ 컷인 전압	13.8~14.8 V	13.8~14.8 V
⑧ 자속을 만드는 부분	로터(rotor)	계자코일과 계자철심
⑨ 조정기	전압조정기	전압, 전류조정기와 역류방지기
⑩ 작동 원리	플레밍의 오른손 법칙	플레밍의 오른손 법칙

04 PCV는 압축행정 시 피스톤과 실린더 사이로 새어나오는 HC(블로바이)가스를 제어하기 위한 장치이다.
새어나온 HC 가스는 엔진 헤드 커버에 포집되어 있다가 공전과 저속시에는 PCV 장치를 통해 흡기 쪽으로 환원되고 고속시에는 브리드 호스를 통하여 흡기 쪽으로 환원된다.

05 커먼레일 방식 디젤기관의 연소과정 3단계
1. **파일럿 분사**(Pilot Injection : 착화 분사) : 파일럿 분사란 주 분사가 이루어지기 전에 연료를 분사하여 연소가 원활히 되도록 하기 위한 것이며, 파일럿 분사 실시 여부에 따라 기관의 소음과 진동을 줄일 수 있다.
2. **주 분사**(Main Injection) : 기관의 출력에 대한 에너지는 주 분사로 부터 나온다. 주 분사는 파일럿 분사가 실행되었는지 여부를 고려하여 연료 분사량을 계산한다.
3. **사후 분사**(Post Injection) : 사후 분사는 유해 배출가스 감소를 위해 사용되는 것이며, 연소가 끝난 후 배기행정에서 연소실에 연료를 공급하여 배기가스를 통해 촉매변환기로 공급한다.

06 퍼지컨트롤 솔레노이드 밸브는 캐니스터에 저장된 HC 가스를 흡기 쪽으로 환원시키기 위한 액추에이터이다. 연료증발가스 제어 장치의 구성요소인 것이다.

07 이론적 공연비 부근에서 엔진의 온도가 높아지게 되고 이 때 NOx의 발생량이 증가하게 된다. 이 때의 NOx를 줄이기 위해 배출가스 중의 일부를 흡기쪽으로 환원시켜 완전연소에 도움이 되지 않게 만들어 주는 장치를 배기가스 재순환 장치(EGR)라 한다.

08 서지 탱크는 공기를 일시 저장하는 기능을 가진 것으로 유압을 제어하는 장치와는 거리가 멀다.

09 원심력은 구심력에 상응하는 힘으로 차량이 주행함에 있어 도움이 되지 않는 운동성분이다.

10 이 문제의 답은 유체 클러치와 토크컨버터가 될 수 있다. 유체클러치와 토크컨버터의 가장 큰 차이점은 스테이터의 유무에 따라 나뉜다고 생각하면 된다.
유체클러치와 토크컨버터 둘 중 스테이터가 어디의 구성요소에 포함이 되는지는 알고 계시죠?^^

11 가솔린 기관에서 노킹의 주된 원인은 조기점화 때문이다. 조기점화에 의해서 노킹이 발생되면 노크센서에서 신호를 ECU로 보내고 ECU에서는 점화시기를 늦춰서 노킹이 일어나지 않게 만들어 준다. 하지만 점화시기가 너무 늦어지게 되면 압축압력이 떨어진 상태에서 폭발이 일어나기 때문에 출력도 떨어지고 불완전 연소에 의해서 배기라인으로 카본이 퇴적되게 된다. 출력이 부족하니 가속 페달을 더 밟을 것이고 당연히 연료 소비량도 증가될 것이다. 카본이 퇴적되면 연소실 체적이 더욱 더 작아지게 되어 압축행정 시 실린더 헤드에 부하가 더욱 가중되어 기관의 수명에도 좋지 않은 영향을 끼치게 된다.

12 파워TR은 NPN형을 사용하고 베이스, 이미터, 컬렉터 3개의 리드로 구성되어 있다.
베이스는 ECU와 이미터는 접지, 컬렉터는 점화 1차 코일과 연결되어 있다.

13 디젤엔진은 자기착화 방식으로 높은 압축압력을 만들어 내기 위해 중량이 많이 나가게 되어 마력당 부담해야 하는 무게 부분에서 불리하다. 그리고 가솔린엔진에 비해 폭발 압력이 상대적으로 높아 큰 토크를 만들어 내지만 마력당 중량이 불리한 관계로 고속을 내기에는 어려움 있다. 전반적으로 토크를 많이 필요로 하는 대형차에 주로 많이 사용되므로 발생되는 매연 역시 많다고 할 수 있다. 다만 최근에는 이런 디젤엔진에 전자제어가 추가되면서 CRDI, 과급기 등 출력을 높일 수 있는 부가적인 시스템이 많이 추가가 되면서 엔진의 무게도 줄어들고 마력도 높아져서 고속용 엔진으로도 많이 사용하게 되었다.

14 연료증발가스 제어장치에 관련된 문제이다. 구성은 캐니스터, PCSV이다.2

15 클러치
① 페달의 유격이 있어야만 페달을 밟지 않았을 때 간극이 유지되어 동력이 미세하게 차단되는 것을 막을 수 있다. – 동력이 미세하게 차단되면 미끄럼이 발생된다.
② 페달의 리턴 스프링의 장력이 약하게 되면 동력 전달이 잘 되지 않는다.
③ 건식클러치의 오일은 미끄러지는 주된 원인이 된다.
④ 상판은 페달 아래쪽의 바닥면을 말하므로 간격이 과소하면 페달을 끝까지 밟지 못해 차단이 제대로 될 수가 없다.

16 $조도(\text{Lx}) = \dfrac{광도(\text{cd})}{거리(\text{m})^2} = \dfrac{400}{2^2} = 100\text{Lx}$

17 ① 지렛대 비율=16 : 4 = 4 : 1
② 푸시로드에 작용하는 힘=지렛대 비율×페달 밟는 힘
∴ 4×100N=400N
③ 작동유압 $= \dfrac{400N}{5cm^2} = 80N/cm^2$

18 흡입행정의 마지막에 흡입 밸브를 닫으면 새로운 공기의 흐름이 갑자기 차단되어 정압파가 발생한다. 이 압력파는 음으로 흡기다기관의 입구를 향해서 진행하고, 입구에서 반사되므로 부압파가 되어 흡입 밸브 쪽으로 음속으로 되돌아온다.

19 브레이크 오일의 주성분은 알코올과 피마자기름이다.

20 제6조(차량총중량등)
① 자동차의 차량총중량은 20톤(승합자동차의 경우에는 30톤, 화물자동차 및 특수자동차의 경우에는 40톤), 축중은 10톤, 윤중은 5톤을 초과하여서는 아니 된다. 〈개정 2004.8.6.〉

21 저속 전기자동차의 기준(자동차관리법 시행규칙 57조의2) 법 제35조의2에서 "국토교통부령으로 정하는 최고속도 및 차량중량 이하의 자동차"란 최고속도가 매시 60킬로미터를 초과하지 않고, 차량 총중량이 1,361 킬로그램을 초과하지 않는 전기자동차(이하 "저속전기자동차"라 한다)를 말한다.

22 MCU : HCU의 명령에 따라 HEV 모터와 HSG를 제어

23 셀당 전압이 3.75V로 낮지 않다.

제1회 자동차정비

01	①	02	①	03	③	04	④	05	③
06	①	07	④	08	④	09	②	10	③
11	①	12	④	13	②	14	①	15	④
16	③	17	②	18	②	19	②	20	③
21	③	22	④	23	②	24	③	25	①

01 ① 조향핸들의 축방향 유격은 핸들의 조향에 영향을 미치지 않는다.
③ 번 보기는 스러스트 각에 대한 설명으로 스러스트 각으로 인해 조향핸들은 한쪽으로 꺾이는 원인이다.
②, ④은 핸들이 한쪽으로 쏠리는 원인이다.

02 **기동전동기** – 플레밍의 왼손법칙
교류발전기 – 플레밍의 오른손법칙

03 분사량 증감은 분사펌프의 캠축 회전 관성력이나 흡기 쪽의 진공을 이용한 조속기로 할 수 있고 분사 시기는 타이머로 할 수 있다.

04 차동기 케이스가 링기어와 볼트로 연결되어 있어 같은 회전수를 가진다.

05 **예비(파일럿)분사** : 연료 분사를 증대시킬 때 미리 예비분사를 실시하여 부드러운 압력 상승곡선을 가지게 해준다. 그 결과 소음과 진동이 줄어들고 자연스런 증속이 가능하다.

06 벨트의 장력이 과할 경우에는 베어링의 마모가 촉진되고 엔진 과냉의 원인이 될 수 있다.

07 AC 발전기에서 교류를 직류로 정류하기 위해 "–" 다이오드 3개, 역류방지용 "+"다이오드 3개 총 6개의 다이오드가 존재한다. 그리고 AC 발전기는 타여자 방식이다. 타여자 방식에서 자여자 방식으로 전환되는 교류를 직류로 정류해 주기 위해 여자다이오드 3개가 존재한다.

08 스프링 위 질량 운동 중 X축을 기준으로 일어나는 회전운동(롤링)을 완화시키기 위해 사용하는 토션바 스프링의 일종인 스태빌라이저가 있다. 이 문제는 기출 문제에 가장 많이 출제되었다.

09 아래 그림에서 토크컨버터와 변속기가 맞물리는 자리에 자동변속기 오일펌프가 위치하게 된다.

10 총 왕복시간 = 4min
왕복이동거리 = 800m 이므로
$$V = \frac{거리}{시간} = \frac{800m}{4min}$$
$$= \frac{0.8km}{4h} \times 60 = 12km/h$$

11 종감속 장치는 구동 토크를 키우기 위해 감속 기어비를 결정하는 기계적 장치이다.

12 150Ah 축전지 2개를 병렬로 연결하면 300Ah가 된다.
$$AH = A \times H에서 \ H = \frac{AH}{A}$$
$$\therefore \ \frac{300Ah}{15A} = 20H$$

13 **2차 공기 공급 장치** : 배기관에 신선한 공기를 보내서 배기가스 중에 포함되는 유해한 HC와 CO를 연소하여, H_2O와 CO_2로 변환하기 위한 시스템이다. 즉, 엔진에 혼합기로서 흡입되는 공기를 1차로 생각하고, 펌프에 의해서 공기를 보내는 에어 인젝션 시스템도 배기 맥동을 이용하여 공기를 흡입하는 에어 섹션 시스템이 있다.

14 체크밸브는 기관이 정지하면 체크 밸브가 닫혀 연료 라인에 잔압을 유지시켜 베이퍼 록을 방지하고, 재시동성을 향상시키는 장치이다. 릴리프 밸브는 연료펌프 및 연료내의 압력이 과도하게 상승하는 것을 방지하기 위한 장치이고, 작동압력은 4.5 ~ 6.0kg_f/cm² 이다.

15 **조향기어비(조향비)**
$$= \frac{조향 \ 핸들이 \ 움직인 \ 각도}{피트먼 \ 암(조향바퀴)이 \ 움직인 \ 각도}$$

16 **배기가스 재순환 장치** : 질소산화물을 감소시키기 위해 배출가스 중의 일부를 흡기 쪽으로 다시 순환시키는 장치이다. 이론적 공연비의 최적의 상태에서 벗어나게 되어 출력에는 도움이 되지 않지만 연소실의 온도를 낮출 수 있어 결과적으로 질소산화물의 배출량을 감소할 수 있는 것이다.

17 **제4조(길이·너비 및 높이)**
① 자동차의 길이·너비 및 높이는 다음의 기준을 초과하여서는 아니된다.
1. **길이** : 13미터(연결자동차의 경우에는 16.7미터를 말한다)
2. **너비** : 2.5미터(후사경·환기장치 또는 밖으로 열리는 창의 경우 이들 장치의 너비는 승용자동차에 있어서는 25센티미터, 기타의 자동차에 있어서는 30센티미터. 다만, 피견인자동차의 너비가 견인자동차의 너비보다 넓은 경우 그 견인자동차의 후사경에 한하여 피견인자동차의 가장 바깥쪽으로 10센티미터를 초과할 수 없다)
3. **높이** : 4미터

18 멜코시스템은 발광다이오드와 포토다이오드를 같이 사용하는 옵티컬 타입의 센서를 사용한다.

19 유연가솔린이 혼입되었을 경우 붉은 색을 띄게 된다. 회색의 경우 연소 생성물이 혼입되었을 때이다.

20 디젤기관 연소실의 구비조건
① 분사된 연료를 가능한 한 짧은 시간 내에 완전 연소시킬 것
② 평균유효 압력이 높고, 연료 소비율이 적을 것
③ 고속회전에서의 연소 상태가 좋을 것
④ 기관 시동이 쉬울 것
⑤ 노크발생이 적을 것
⑥ 열효율이 높을 것

21 HSG(Hybrid Starter Generator)

22 프리차지 릴레이는 파워 릴레이 어셈블리에 설치되어 있으며, 인버터의 커패시터를 초기 충전할 때 고전압 배터리와 고전압 회로를 연결하는 역할을 한다. 파워 릴레이 어셈블리는 (+), (−) 메인 릴레이, 프리 차지 릴레이, 프리 차지 레지스터, 배터리 전류 센서, 메인 퓨즈, 안전 퓨즈로 구성되어 있다. 파워 릴레이 어셈블리는 부스 바를 통하여 배터리 팩과 연결되어 있다. 프리차지 저항은 인버터의 커패시터를 초기 충전할 때 충전 전류를 제한하여 고전압 회로를 보호하는 역할을 한다.

23 PRA(Power Relay Assembly) **제어** : 고전압 배터리의 전력을 모터로 공급 및 차단하는 역할
② 컨트롤 릴레이란 표현 때문에 오답.

24 구동 모터가 감속 시 발전의 기능을 하는 것을 회생제동이라 한다.

25

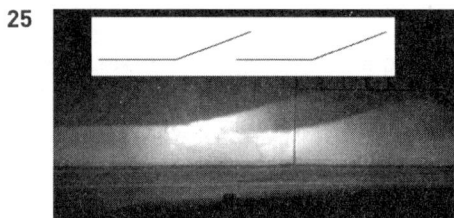

▲ 컷 오프 라인

01	②	02	④	03	④	04	④	05	④
06	①	07	①	08	④	09	②	10	①
11	②	12	②	13	④	14	④	15	①
16	①	17	①	18	③	19	③	20	③
21	②	22	③	23	③	24	③	25	④

01 가솔린 기관의 노킹방지 방법
① 화염전파거리를 짧게 하는 연소실 형상을 사용한다.
② 자연 발화온도가 높은 연료를 사용한다.
③ 동일 압축비에서 혼합기의 온도를 낮추는 연소실 형상을 사용한다.
④ 연소속도가 빠른 연료를 사용한다.
⑤ 점화시기를 늦춘다.
⑥ 옥탄가가 높은 가솔린을 사용한다.
⑦ 혼합가스에 와류가 발생하도록 한다.
⑧ 냉각수 온도를 낮춘다.

02 데콤프장치(감압장치 : De−Compression Device)
디젤 엔진은 압축압력이 높기 때문에 한랭 시 기동을 할 때 원활한 크랭킹이 어렵다. 이런 점을 고려하여 크랭킹을 할 때 흡기밸브나 배기밸브를 캠축의 운동과는 상관없이 강제적으로 열어서 기관의 시동 또는 조정을 위하여 회전시킬 때 실린더내의 압축압력을 감압시켜 기관의 시동을 도와주는 장치이며 디젤엔진을 정지시키는 역할을 한다.
보기 ④는 과급장치에 대한 설명이다.

03 변속기 입력축(클러치축)의 스플라인 부에 의해 클러치 판이 조립되며 변속기 입력축의 직경이 작은 부분은 파일럿 베어링에 의해 지지된다.(플라이 휠 가운데 베어링 위치)

04 브레이크 페달을 밟지 않았을 때 공기 밸브는 닫히고 진공 밸브가 열려서 하이드로백 전체에 진공압이 형성되고 브레이크 페달을 밟게 되면 공기밸브는 열리고 진공 밸브는 닫혀서 파워 피스톤을 기준으로 브레이크 마스터 실린더 쪽은 진공압 페달 쪽은 대기압이 형성된다. 이런 원리에 의해 브레이크 힘이 배력 된다.
이런 원리 때문에 주행 중 엔진이 멈추게 되면 피스톤의 진공압을 만들 수 없게 되어 배력 작용을 할 수 없게 되어 브레이크가 잘 듣지 않게 되는 것이다.

05 $$압축비 = \frac{행정체적}{연소실체적} + 1 = \frac{200cc}{20cc} + 1 = 11$$
배기량 = 행정체적 $1cc = 1cm^3$

06 ※ $기계효율(\eta) = \frac{BHP}{IHP} \times 100$
※ $BHP = IHP - FHP$ *손실마력(FHP)

07

종 류	단 실 식	복 실 식		
연소실 종류	직접분사식	예연소실식	와류실식	공기실식
예열 플러그	필요가 없다	필요로 하다	필요로 하다	필요가 없다
분사압력	200~300 kg_f/cm^2	100~120 kg_f/cm^2	100~140kg_f/cm^2	

08 회전속도가 높은 엔진일수록 플라이휠의 무게는 가벼워야 하며(속도를 올리는데 유리)
실린더 수가 많을수록 플라이휠의 무게는 가벼워도 된다.(위상차가 줄어들기 때문)
즉, 크랭크축이 얼마 회전하지 않아 자주 폭발하기 때문에 저장해야할 관성에너지가 작아지기 때문이다.

09 1차 컵은 유압 발생실의 유밀을 유지한다. 2차 컵은 외부로 오일 누출을 방지한다.

10

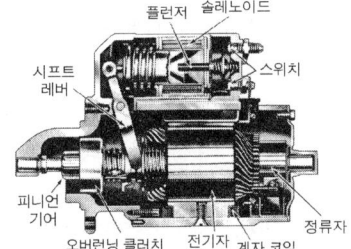

11

(양극판)	(전해액)	(음극판)	(방전)	(양극판)	(전해액)	(음극판)
PbO_2	$+2H_2SO_4$	$+Pb$	$\rightleftarrows$	$PbSO_4$	$+2H_2O$	$+PbSO_4$
(과산화납)	(묽은황산)	(해면상납)	(충전)	(황산납)	(물)	(황산납)

12 압력 캡을 설치하면 냉각장치의 압력을 높일 수 있어 냉각수의 끓는 온도를 올릴 수 있다. 압력 밥솥의 원리와 비슷하다.

13 지르코니아 산소센서의 특징
ⓐ 배기가스 중의 산소량이 많으면 산소센서에서 기전력이 낮게 발생되면 출력 전압 (0.1V 정도)이 감소하고, ECU는 혼합기가 희박하다고 판단한다.
ⓑ 배기가스 중의 산소량이 적으면 산소센서에서 기전력이 높게 발생되면 출력 전압 (0.9V 정도)이 증가하고, ECU는 혼합기가 농후하다고 판단한다.
ⓒ 산소 센서의 출력 전압은 반드시 디지털 테스터로 측정한다.
ⓓ 산소 센서의 정상 작동 범위는 300~400℃ 이상이다.

14 구동 피니언 기어가 마모 되더라도 피니언 축을 받치고 있는 베어링 때문에 진동하지는 않는다. 다만, 구동피니언 기어와 링기어의 백래시가 커지기 때문에 힐과 페이스 접촉이 일어날 확률이 많아질 것이다.

15 반대로 가속 페달에서 발을 갑자기 때서 업 시프트 되는 현상을 "리프트 풋업"이라 한다.

16 트랜지스터의 3대 작용에는 적은 베이스 전류로 큰 컬렉터 전류를 만드는 증폭 작용과 베이스 전류를 단속하여 이미터와 컬렉터 전류를 단속하는 스위칭 작용이 있으며, 회로에는 증폭 회로, 스위칭 회로, 발진회로 등이 있다.

17 로터에 감겨져 있는 코일의 양쪽 단자가 슬립링과 연결되어 있다. 슬립링을 누르고 있는 브러시를 통해 로터 코일을 자화시키게 된다.

18 연료압력조절기는 서지탱크와 진공호스로 연결이 된다. 스로틀밸브 개도량이 작을 때 진공이 높게(낮은 압력) 형성되어 연료의 회수량이 많아지고 반대로 개도량이 클 때 진공이 낮아져(높은 압력) 형성되어 연료의 회수량이 작아지게 된다.

19 ①, ②, ④은 배기가스 즉, 엔진에서 일어나는 연소에 의해 배출되는 가스를 제어하기 위한 장치이다.
③은 연료 증발가스를 제어하는 장치이다.
① **제트 에어장치** : 흡입효율을 높이고 점화플러그 주변에 와류를 발생시켜 연소효율을 높이기 위한 장치로 작은 제트밸브를 흡기 쪽에 한 개 더 위치시킨다.
② **가열공기 흡입장치** : 과거 기화기를 사용했던 방식에 흡입공기의 올리는 장치로 기화기의 결로 현상을 방지할 수 있고 기화를 촉진 시키는 기능을 할 수 있었다.

20 ③ 고전압 출력이 낮아져도 유효방전에너지 변화는 없다.

21 젤 타입의 전해질이기 때문에 용기의 형상이 자유로운 반면 기계적 강성이 좋지 않다.

22 ① **능동형 셀밸런싱 방식** – 전압이 낮은 셀을 이웃의 높은 셀을 통해 충전을 통해 셀 높이를 맞추는 방식으로 전력을 소비하지 않고 용량을 분배하는 방식
② **수동형 셀밸런싱 방식** – 전압측정 소자를 통해 연결된 저항으로 방전하여 전압을 낮추는 방식으로 높은 전압을 낮은 전압에 맞춰 전력을 소비하여 용량을 낮추는 방식

23 소프트방식은 EV 주행모드를 지원하지 않는다.

24 직.교.인

25 하이브리드 모터는 고전압에 의해 작동된다.

01	④	02	③	03	②	04	③	05	②
06	③	07	③	08	④	09	③	10	②
11	①	12	③	13	④	14	③	15	②
16	①	17	①	18	②	19	③	20	①
21	①	22	④	23	④	24	④	25	④

01 가솔린 기관에서 연료의 자기 발화온도를 낮추게 되면 불꽃을 만들기 전에 조기점화가 발생하게 되어 노킹의 주된 원인이 된다.

02 디젤 기관의 기계식 분사펌프에서 조속기는 분사량을 타이머는 분사시기를 조정한다.

03 **비틀림 코일스프링**(댐퍼 스프링 or 토션 스프링) 클러치를 접속할 때 압축 또는 수축되면서 회전충격을 흡수해 준다.

04 사람이 날숨으로 뱉는 것이 CO_2인 것처럼 CO_2는 엔진에서 정상연소 시 많이 발생되는 물질이다.

05

구 분	1차 코일	2차 코일
코일굵기	0.6 ~ 1mm	0.06 ~ 0.1mm
저항값	3 ~ 5Ω	7.5 ~ 10kΩ
권선비	60 ~ 100 : 1	
감은 횟수	200 ~ 300회	20,000 ~ 25,000회
유기전압	200 ~ 300V	20,000 ~ 25,000V

06 • **ABS의 구성부품 및 제어순서** : 휠 스피드 센서 → ECU → 하이드롤릭 유닛(모듈레이터)
 • **믹스춰 컨트롤 밸브** : 스로틀밸브 보상장치로 밸브가 닫히는 감속 시 잠시 작동하여 공기를 보상해 줌.

07 ③은 교류전기에 대한 설명이다.
 • 직류 – DC(Direct Current)
 • 교류 – AC(Alternation Current)

08 반도체 피에조 저항형 센서는 MAP센서, 노크센서 등에 사용된다.
 정전 용량식은 전기장의 원리를 이용한 장치로 터치식의 전원의 스위치로 많이 사용된다.

09 ③은 벤딕스식의 설명이다.

10 **최소회전반경**
$$= \frac{축거}{\sin\alpha} + r = \frac{2.5m}{\frac{1}{2}} + 0.25m = 5.25m \quad *25cm = 0.25m$$

11 **제5조(최저지상고)**
 공차상태의 자동차에 있어서 접지부분외의 부분은 지면과의 사이에 10센티미터 이상의 간격이 있어야 한다.

12 **기관 해체 정비 시기**
 윤활유 소비량이 표준 소비량의 50% 이상
 공인연비보다 연료 소비율이 60% 이상
 규정의 압축 압력의 70% 이하

13 ① EGR 밸브 : NOx를 줄이기 위해 배출가스 중 일부를 흡기쪽으로 유입시키는 역할을 한다.
 ② **퍼지컨트롤 솔레노이드밸브** : ECU의 제어를 받아 캐니스터에 포집된 연료증발가스(HC)를 흡기쪽으로 유입시키는 역할을 한다.
 ③ **서모밸브**(Thermo valve) : 온도밸브를 뜻하는 것으로 냉각수온센서(WTS)를 사용하기 이전의 시스템에서 EGR밸브를 작동시키기 위한 장치로 사용.
 ④ **PCV밸브** : 브리드호스와 함께 블로바이 가스를 흡기관으로 유입시키기 위해 사용함.

14 ①, ②, ④은 드럼 브레이크의 종류들이다.
 디스크와 브레이크 패드가 공기 중에 노출되어 열방산 능력이 뛰어난 디스크 브레이크에서 페이드 현상이 적다.

15 총감속비 = 변속비×종감속비 = 1×6 = 6
 엔진의 회전수는 감속되므로 $\frac{1800rpm}{6} = 300rpm$
 이 때 한쪽 바퀴가 고정되므로 차동기어 장치의 원리상 반대쪽 바퀴의 회전수가 2배로 커지게 되므로 $300rpm \times 2 = 600rpm$

16 크랭크각 센서의 신호가 입력되지 않으면 저속에서도 엔진 부조가 일어나고 시동 자체가 되지 않는다.

17 연료 필터가 막히면 오히려 잔압이 잘 유지 될 것이다.

18 피드백 센서의 대표적인 예는 산소센서와 ABS 시스템의 휠 스피드 센서이다.

19 HARD/SOFT 전환밸브는 유압을 이용하는 쇽업소버 스텝모터 제어방식에 사용되는 밸브이다.

20 **에틸렌글리콜의 특징**
 ① 비등점이 197.2℃, 응고점이 최고-50℃ 이다.
 ② 도료(페인트)를 침식하지 않는다.
 ③ 냄새가 없고 휘발하지 않으며, 불연성이다.
 ④ 기관 내부에 누출되면 교질 상태의 침전물이 생긴다.
 ⑤ 금속 부식성이 있으며, 팽창계수가 크다.

22 콘덴서(축전기)가 있는 전장시스템을 점검할 때 항상 방전에 필요한 대기 시간을 가져야 한다.

23 고전압 배터리 모듈 및 모터, 하이브리드 파워컨트롤 유닛 장치 등에 공랭식 및 수냉식 냉각장치를 활용한다. Lee 정비사가 표현한 것은 LDC(Low Dc-dc Converter)의 역할이다.

25 이모빌라이저 구성요소로 엔진 ECU, 스마트라, 트렌스폰더, 안테나 코일 등이 있다.

01	④	02	③	03	④	04	②	05	①
06	②	07	④	08	①	09	③	10	①
11	①	12	①	13	①	14	④	15	②
16	①	17	②	18	②	19	②	20	①
21	①	22	④	23	②	24	②	25	①

01 ① 배기가스재순환장치 EGR
　② 연료증발가스
　③ PCV, 브리드 호스

02

터빈 — 가이드링

03 위치에너지가 바뀌는 부분을 가변저항을 이용해 측정하
　는 센서로 TPS, APS(가속페달 위치센서) 등이 있다.

04 제54조(속도계 및 주행거리계)
　② 다음 각 호의 자동차(「도로교통법」 제2조제22호에
　　따른 긴급자동차와 당해 자동차의 최고속도가 제3항
　　의 규정에서 정한 속도를 초과하지 아니하는 구조의
　　자동차를 제외한다)에는 최고속도제한장치를 설치
　　해야 한다. 〈개정 1995.7.21., 1995.12.30.,
　　1997.1.17., 2003.2.25., 2005.8. 10., 2010.3.29.,
　　2012.2.15.〉
　1. 승합자동차
　2. 차량총중량이 3.5톤을 초과하는 화물자동차·특수자
　　동차(피견인자동차를 연결하는 견인자동차를 포함한
　　다)
　3. 「고압가스 안전관리법 시행령」 제2조의 규정에 의
　　한 고압가스를 운송하기 위하여 필요한 탱크를 설치한
　　화물 자동차(피견인자동차를 연결한 경우에는 이를
　　연결한 견인자동차를 포함한다)
　4. 저속전기자동차
　도로교통법 제2조제22호
　22. "긴급자동차"란 다음 각 목의 자동차로서 그 본래의
　　긴급한 용도로 사용되고 있는 자동차를 말한다.
　　가. 소방차
　　나. 구급차
　　다. 혈액 공급차량
　　라. 그 밖에 대통령령으로 정하는 자동차

05 터빈은 멈춘 상태에서 펌프만 가동시키는 작업이므로
　자동변속기 오일이 순간 높은 열에 노출되게 된다.

06 위상차 $= \dfrac{720\,°}{기통수} = \dfrac{720\,°}{4} = 180\,°$

　* 1행정에 180도 회전하므로 3행정을 완성하려면
　　$180\,° \times 3 = 540\,°$

07 고전압이 흘러가는 부품을 전기의 흐름별로 나열하면
　점화 2차 코일 → 고압케이블 → 배전기(중심전극, 로터,
　접점) → 고압케이블 → 점화플러그 순이다.

08 엔진 회전수가 낮을 때는 조속기가 작동되어 연료의 분
　사량을 증량시키는 제어를 하게 된다. 반대로 회전수가
　과도하게 높아졌을 경우에는 조속기는 연료의 분사량을
　줄이는 제어를 한다.

09 먼저 합성저항을 구하고 회로에 가해진 전압을 구한다.

$$R_T = \dfrac{1}{\left(\dfrac{1}{2} + \dfrac{1}{3}\right)} = \dfrac{6}{5}$$

$$E = I \times R = 20 \times \dfrac{6}{5} = 24\,V$$

$$\therefore I_{2\Omega} = \dfrac{E}{R_1} = \dfrac{24}{2} = 12A$$

10 에어컨의 순환과정은 압축기(컴프레서) → 응축기(콘
　덴서) → 건조기(리시버 드라이어) → 팽창밸브 → 증발
　기(이베퍼레이터)이다.

11 동절기에는 인화성을 좋게 하기 위해 일반적으로 부탄
　70%, 프로판 30%의 비율로 구성된다.

12 혼합비가 희박할 경우에는 연료입자와 입자사이의 거
　리가 멀어져서 화염전파가 잘 되지 않으므로 연소속도가
　빠를 수 없다. 이런 불완전 연소로 인해 오히려 너무
　희박한 혼합비에서는 HC의 배출량이 증가하게 되는 것
　이다.

13 유성기어 장치에서 선기어 고정에 링기어 구동이면 변속
　비는 1보다 커서 유성기어 캐리어는 감속하게 된다.

14 직접 분사실식(Direct injection chamber type)의
　특징
　- 열효율이 높고, 구조가 간단하고, 기동이 쉽다.
　- 실린더 헤드와 피스톤 헤드에 요철로 둔 것
　- 연소실 체적에 대한 표면적 비가 작아 냉각 손실이
　　적다.
　- 사용 연료에 민감하고 노크 발생이 쉽다.

15 교류발전기에서 교류를 직류로 변경시키는 장치는 다
　이오드이지만 일반적으로는 A/D 컨버터가 그 역할을
　한다. 이와는 반대로 직류를 교류로 변경시키는 장치
　를 인버터라 한다.

16 사이드슬립 발생 이유는 토인이 맞지 않아서 이고 토인을 조정하기 위해 타이로드의 길이를 조정한다. 타이로드의 길이를 늘이면 토인, 길이를 줄이면 토 아웃이 된다.

17 수막현상은 타이어 폭이 넓고 트레드 패턴이 러그형식이거나 홈의 깊이가 적을수록 잘 발생된다.

18 크랭크축을 회전하기 전에 배기행정에 있는 실린더는 4번이다. 하지만 크랭크축 방향으로 180° 즉 한 위상차만큼 회전하게 되므로 2번 실린더가 배기행정 쪽으로 넘어와서 위치하게 된다.

19 ②번이 답이라는 것을 쉽게 찾을 수 있을 것이고 ①의 인테크럴 링크 독립식 서스펜션(IRS)으로 일부 최신 고급 차량에 적용되어 있는 독립식 후륜 서스펜션의 종류로 높은 주행 성능을 위해 스프링 및 질량을 최소한 장치이다.

20 밸브 회전 기구를 설명하는 것으로 밸브가 회전하게 되면 밸브시트와 밸브면 사이에 카본이 쌓이는 것을 방지한다.

22 ① 구동되는 모터로도 발전이 가능하다.
② 구동모터가 변속기에 장착된다.
③ EV 주행 모드가 가능하다.

23 ② 에너지 저장시스템의 단위 체적당 출력을 출력밀도라 한다. HEV, EV에 사용되는 슈퍼-캐퍼시터는 리튬이온 배터리($200 \sim 3000 W/kg_f$)보다 출력 밀도($2000 \sim 4000$)가 더 높다.

제 3 회 자동차정비

01	①	02	①	03	①	04	④	05	③
06	④	07	③	08	④	09	③	10	④
11	②	12	①	13	④	14	①	15	④
16	②	17	①	18	①	19	①	20	④
21	③	22	④	23	④	24	④	25	④

01 연료의 기본 분사량을 결정하기 위한 가장 중요한 신호는 엔진의 회전수이다. 이 회전수를 바탕으로 흡입공기량을 측정하여 기본 분사량을 결정하는데 만약 흡입공기량의 정보가 정확하지 않을 때 스로틀 밸브의 각도도 활용하게 된다. 따라서 기본 분사량을 결정하기 위해 반드시 필요한 신호는 엔진 회전수이고 그 외에 스로틀 밸브의 각도와 흡입 공기량이 필요하게 된다. 또한 냉간 시 기본 분사량을 결정하기 위해 냉각수온의 신호를 참조한다. 만약, 선지에 엔진의 회전수가 빠졌을 경우 나머지 입력신호의 비중을 고려해 답을 선택하면 된다.

02 직류 발전기 컷·아웃 릴레이의 역할은 배터리에서 직류 발전기로 전류가 흐르는 것을 방지하는 역류방지이다. 그 역할을 교류발전기에서는 실리콘 다이오드가 수행한다.

03 클러치가 미끄러지면 변속기 입력축으로 동력이 잘 전달되지 않고 바퀴에 구동력이 약하게 되어 운전자는 가속 페달을 더 밟게 된다. 이 때문에 클러치에서 슬립에 의한 소음이 발생될 수도 있고 연료 소비량은 많아지게 된다.

04 WTS의 불량으로 ECU가 냉간 시를 인지하지 못할 경우 연료량 부족으로 공전상태가 불안정할 수 있다. 또한 WTS에서 ECU 쪽으로 신호자체가 입력되지 않을 경우 ECU는 냉간으로 판단하고 지속적으로 연료의 분사량을 증량시키게 된다. 이럴 경우 농후한 공연비로 인해 ②, ③선지의 현상이 발생된다.

05 스톨 포인트에서 클러치 포인트까지 스테이터 내부의 원웨이 클러치가 회전을 고정시켜 주고 클러치 포인트 이후에는 스테이터에 흘러들어 오는 유체의 방향이 바뀌게 되어 펌프 터빈과 같은 방향으로 회전하게 된다.

06 가솔린 기관의 연소실의 종류에는 반구형, 욕조형, 지붕형, 쐐기형 등이 있고 보조형연소실은 디젤 기관의 연소실 종류이다.

07 **안전 체크 밸브** : 동력조향장치 고장 시 수동조작을 쉽게 해주며 제어밸브 내에 위치한다.

08 지르코니아 방식의 산소센서는 배기관과 대기중의 산소 농도 차에 의해 자체 기전력을 만든다. 이러한 이유로 0.1~0.9V의 낮은 기전력이 만들어 지는 것이다.

09
$$압축비(\varepsilon) = \frac{V_{실린더}}{V_{연소실}} = \frac{V_{연소실} + V_{행정}}{V_{연소실}}$$
$$= 1 + \frac{V_{행정}}{V_{연소실}} = 1 + \frac{252cc}{35cc} = 8.2$$

　　* 1cm³ = 1cc

10 추진축 길이의 변화를 주기위한 슬립이음의 구성품인 축의 스플라인부가 마모되면 이음사이의 유격 때문에 축 전체가 소음과 진동을 일으키게 된다.

11
$$종감속비 = \frac{링기어\ 잇수}{구동피니언\ 잇수} = \frac{42}{5} = 8.4$$
$$\therefore 1400rpm \div 8.4 \fallingdotseq 167rpm$$

12 ③번 보기의 경우 상황에 따라 차고가 달라지게 되므로 전조등의 조사방향을 상·하로 제어할 필요성이 있다. 요즘 생산되는 일부 차종에서는 조향핸들의 작동정도에 따라 전조등의 조사방향을 좌·우로 제어(코너링 오토레벨링)하기도 한다.

13 최근에는 지구온난화 지수가 낮은 R-134a 와 더불어 불포화탄화수소인 R-1234yf 등의 냉매도 사용된다.

14
$$공기\ 과잉률 = \frac{흡입된\ 공기량}{이론상\ 공기량}\ 으로\ 과잉률이\ 커지면$$
희박연소 상황이라 연소 속도는 느려진다.

15
- **리듀싱 밸브** : 감압밸브
- **거버너 밸브** : 유성기어의 변속이 그때의 주행속도(출력축의 회전속도)에 적응하도록 보디와 밸브의 오일 배출구가 열리는 정도를 결정하는 밸브
- **매뉴얼 밸브** : 운전자가 운전석에서 자동변속기의 시프트 레버를 조작했을 때 작동하는 밸브이며, 변속레버의 움직임에 따라 P, R, N, D 등의 각 레인지로 변환하여 유로를 변경시킨다.

16 점화지연의 3가지는 기계적 지연, 전기적 지연, 화염 전파지연 등이다.

17 연료의 분사량 결정은 플런저의 유효행정에 정비례한다. 즉 플런저의 유효행정을 크게 하면 연료 토출량이 많아진다.

18 베이퍼라이저는 감압, 기화, 압력 조절 등의 기능을 하며, 봄베로부터 압송된 높은 압력의 액체 LPG를 베이퍼라이저에서 압력을 낮춘 후 기체 LPG로 기화시켜 엔진 출력 및 연료 소비량에 만족할 수 있도록 압력을 조절한다.

19 브레이크슈 리턴 스프링은 페달을 놓으면 오일이 휠 실린더에서 마스터 실린더로 되돌아가게 하며, 슈의 위치를 확보하여 슈와 드럼의 간극을 유지해 준다. 그리고 리턴 스프링이 약하면 휠 실린더 내의 잔압이 낮아진다.

20 제32조(물품적재장치)
　① 자동차의 적재함 기타의 물품적재장치는 견고하고 안전하게 물품을 적재·운반할 수 있는 구조로서 다음 각 호의 기준에 적합하여야 한다.
　　1. 일반형 및 덤프형 화물자동차의 적재함은 위쪽이 개방된 구조일 것
　　2. 밴형 화물자동차는 다음 각 목의 기준에 적합할 것
　　　가. 물품적하구는 뒷쪽 또는 옆쪽으로 하되, 문은 좌우·상하로 열리는 구조이거나 미닫이식으로 할 것

22 소프트 랜딩 제어 : 시동 OFF시 엔진 부조를 줄이기 위해 서서히 속도를 줄여준다.

23 전원이 차단되었을 때 굳이 CU 커넥터는 분리할 필요가 없다.(CU 점검할 때는 분리해야 함.)

25 전장 점검 및 교환 시 가장 먼저 선행되어야 할 작업이 보조배터리 (−)케이블 탈거이다.

01	④	02	①	03	②	04	①	05	④
06	①	07	②	08	①	09	②	10	②
11	①	12	②	13	①	14	①	15	①
16	③	17	②	18	④	19	④	20	①
21	①	22	④	23	③	24	④	25	①

01 릴리스 포크에 조립되어 있는 릴리스 베어링은 동력 전달시 즉 클러치 페달을 밟지 않았을 때에는 회전하지 않는다. 항상 기관과 같이 회전하는 부품은 클러치 커버, 클러치 스프링, 릴리스 레버 등이 있다.

02 밸브시트가 침하될 경우 밸브스프링의 높이가 길어지며 장력은 오히려 작아지게 된다.
- **블로우백** : 압축 행정 또는 폭발 행정일 때 가스가 밸브와 밸브 시트 사이에서 누출되는 현상.

03 공기 브레이크의 압축 공기 계통
① **릴레이 밸브** : 제동 시 브레이크 챔버로 공기를 보내거나 배출시키는 밸브 (뒷 브레이크 용)
② **퀵 릴리스 밸브** : 제동이 풀릴 때 챔버의 공기를 신속히 배출시키는 밸브 (앞 브레이크 용)
③ **언로우더 밸브** : 공기 압축기가 필요 이상으로 작동되는 것을 방지
④ **압력조절기** : 공기탱크의 압력을 조정하는 기구
⑤ **브레이크 캠** : 공기 브레이크에서 브레이크슈를 직접 작동시키는 것
⑥ **브레이크 챔버** : 휠 실린더와 같은 작용을 하며 브레이크 캠을 작용하며, 챔버는 압축 공기 압력을 기계적 힘(제동압력)으로 바꾸어 주는 역할을 한다.
⑦ **브레이크 밸브** : 브레이크 페달 아래쪽에 위치한 밸브로 밟은 양에 따라 제동력이 결정된다.

04 **제17조(연료장치)** ① 자동차의 연료탱크·주입구 및 가스배출구는 다음 각호의 기준에 적합하여야 한다. 〈개정 1997.1.17., 1997.8.25.〉
1. 연료장치는 자동차의 움직임에 의하여 연료가 새지 아니하는 구조일 것
2. 배기관의 끝으로부터 30센티미터 이상 떨어져 있을 것(연료탱크를 제외한다)
3. 노출된 전기단자 및 전기개폐기로부터 20센티미터 이상 떨어져 있을 것(연료탱크를 제외한다)
4. 차실안에 설치하지 아니하여야 하며, 연료탱크는 차실과 벽 또는 보호판 등으로 격리되는 구조일 것

05 ① 응축기 이후에는 건조기 또는 팽창밸브(오리피스 튜브)가 설치된다.
② 증발기에 감온통이나 온도센서가 부착되어 팽창밸브에서 과도하게 냉매가 흐르는 것을 제어한다.

③ R-1234yf의 냉방능력이 R-134a 보다 떨어져 내부에 열교환기를 필요로 한다.

06 이론적 공연비 부근에서 가장 많이 배출되는 것이 NOx이고 희박한 공연비에서 배출량이 증가하는 것이 HC이다.

07 타이어의 제일 안쪽 뼈대가 되는 카커스층 그 밖의 층에 브레이커가 위치하게 되고 노면과 직접 닫는 곳에 트레드부가 위치하고 있다.

08 수온 조절기가 열린 상태에서 고착이 되면 오히려 과냉의 원인이 되어 처음 시동 시 엔진 워밍업 시간이 길어진다.

09 사이클링은 배터리의 충·방전이 반복되는 것을 말하며, 사이클링이 장기간 이루어지면 배터리 극판의 작용물질이 탈락되어 엘리먼트 레스트에 축적되기 때문에 극판의 아래 부분이 단락되는데 이러한 현상을 브리지 현상이라 한다.

10 엔진의 출력이 저하 된다고 브레이크 장치에 영향을 끼치지 않는다. 다만 타이밍 벨트가 주행 중에 끊어 져서 엔진이 멈췄을 경우나 진공식 배력 장치의 진공 호스가 문제가 생겼을 때에는 배력 작동이 되지 않기 때문에 제동력이 부족하게 된다.

11 공전 시 연소실에 공급되는 공기량을 조절하는 액추에이터에는 ISC-서보방식, 스텝모터방식, 공전 액추에이터 방식 등이 있다.

12 자기청정 온도보다 낮으면 카본이 퇴적되어 실화가 발생되고 반대로 너무 높으면 발화원의 역할을 하여 조기점화의 원인이 된다.

13
$$[+]불균율 = \frac{66cc - 60cc}{60cc} \times 100 = 10\%$$
가 된다. 참고로
$$[-]불균율 = \frac{60cc - 58cc}{60cc} \times 100 ≒ 3.3\%$$

14 시동작업에 직접적으로 관련하는 센서는 크랭크 각 센서이다. 연료 분사시기를 결정하고 엔진 1 회전 당 흡입 공기량, 점화 신호 시기 등을 계산하기 때문이다.

15 ①은 캠버의 필요성을 설명한 것이다.

16 ① LPG 엔진의 특성상(일부 기체 상태로 연료공급) 가솔린 엔진보다 필요한 공기량이 적기 때문에 흡입공기량에 문제가 생기면 출력에 바로 영향을 끼치게 된다.
② 가솔린 엔진에 비해 엔진의 온도와 오일의 온도가 더 높게 유지된다. 따라서 온도에 민감한 질소산화물의 배출량이 많아지게 된다.
③ 영하의 온도에서 기화를 돕기 위해 프로판의 함유량을 높이게 된다.

17 예연소실식 분사 압력이 100~120kg$_f$/㎠ 이기 때문에 개시 압력은 이보다 조금 높은 130kg$_f$/㎠ 정도 된다.

18 로터코일 내부에 전원이 공급되는 순서를 질문한 것으로 교류발전기의 전압조정기 그림을 참조하면 될 것이다.

19 저전압 배터리를 충전하기 위해 사용하는 것이 LDC이다.

20 스톨포인트, 즉 속도비가 "0"일 때 회전력 변환비율이 2~3 : 1 로 가장 크다.

22 D 레인지에서 엔진구동 없이 EV 모드가 가능하다.

23 전기 자동차의 특징
① 대용량 고전압 배터리를 탑재한다.
② 전기 모터를 사용하여 구동력을 얻는다.
③ 변속기가 필요 없으며, 단순한 감속기를 이용하여 토크를 증대시킨다.
④ 외부 전력을 이용하여 배터리를 충전한다.
⑤ 전기를 동력원으로 사용하기 때문에 주행 시 배출가스가 없다.
⑥ 배터리에 100% 의존하기 때문에 배터리 용량 따라 주행거리가 제한된다.

24
$$E = \frac{P}{I}$$
P : 전력(W), E : 전압(V), I : 전류(A)
$$E = \frac{80 \times 1000}{100} = 800V$$

25 저소음 자동차 경고음 발생장치 설치 기준
① 하이브리드 자동차, 전기 자동차, 연료 전지 자동차 등 동력 발생장치가 전동기인 자동차(이하 "저소음자동차"라 한다)에는 경고음 발생장치를 설치하여야 한다.
② 최소한 20km/h 이하의 주행상태에서 경고음을 내야 한다.
③ 전진 주행 시 발생되는 전체음의 크기는 75dB(A)을 초과하지 않아야 한다.
④ 운전자가 경고음 발생을 중단시킬 수 있는 장치를 설치하여서는 아니 된다.
⑤ 경고음은 전진 주행시 자동차의 속도변화를 보행자가 알 수 있도록 자동차에서 발생되는 경고음은 5km/h 부터 20km/h의 범위에서 속도변화에 따라 평균적으로 1km/h 당 0.8% 이상의 비율로 변화할 것.

제 4 회 자동차정비

01	③	02	④	03	②	04	③	05	①
06	①	07	②	08	①	09	①	10	③
11	③	12	④	13	②	14	④	15	④
16	①	17	③	18	④	19	②	20	①
21	①	22	②	23	③	24	④	25	②

01 혼합비가 농후한 상태에서 연소되어 산소가 부족할 때 많이 발생된다.

02 사람이 가장 편안하게 느끼는 현가장치의 진동수와도 같다.

03 ECU는 일반적으로 TPS의 신호가 비정상적일 경우 공전 스위치의 신호로 공전 여부만 판단하여 연료를 분사하게 된다. 운전자가 가속 페달을 밟게 되면 공전이 아니라고 판단하여 필요보다 많은 연료를 분사하게 되고 이 때문에 연료가 오버 플로어 되어 시동이 꺼지거나 출력이 부족할 수도 있고 배출가스 중에 매연도 많아지는 것이다. 이러한 이유로 연비는 나빠지게 된다.

04 과급기 장치는 고온, 고압에 노출되므로 엔진 내구성에는 좋지 않은 영향을 끼친다.

05 핸들의 조작력을 가볍게 만들어 주는 요소는 차량을 정면에서 봤을 때 지면의 수선과 기울기를 가지는 각으로 타이어 중심과 만드는 각 캠버와 조향축 경사각이 만드는 조향축(킹핀) 경사각이다. 보기 중에 조향축(킹핀)경사각이 없으므로 캠버가 답이 된다.

06 자동차에서 온도를 측정하는 반도체로 부특성 서미스터(온도가 증가하면 저항이 감소)를 많이 사용한다.
※ 이 문제는 보기 중 온도를 측정하는 센서를 찾으면 된다.

07 분사된 연료의 빠른 연소와 분사되는 위치를 고려해야 하기 때문에 설계의 제한을 받게 된다.

08 185 타이어 폭(mm)   70 편평비(%)
R 레이디얼   13 림 직경 or 타이어 내경(인치)
85 허용하중(kg$_f$) H 속도기호

09 경유는 자연발화점이 낮아 자기착화방식을 택하고 인화점이 높아 상온에서 안전한 연료이다.

10 ① 주행빔 전조등은 좌우 각 1개 또는 2개이며, 백색이어야 한다.
② 실드빔 형식의 전조등은 반사경, 렌즈, 필라멘트가 일체형이고 교환 시 가격이 비싸다.
③ 실드빔 전조등은 다른 물질과 화학반응을 일으키지 않는 불활성가스가 봉입되어 있으며 일반적으로 질소가스를 이용한다. 질소가스는 증기와 산소가 접촉

해서 화학반응을 일으키는 것을 차단한다.

④ 전조등 회로의 램프는 좌·우 병렬로 연결되어 있어 한 쪽이 필라멘트가 끊어지더라도 다른 한 쪽을 정상적으로 사용할 수 있다.

11 ① 점화플러그가 자기청정 온도보다 낮게 유지되어 오손의 원인이 됨.
② 자기청정온도 이하의 원인으로 오손 및 실화가 일어남.
④ 오일 연소는 카본 발생의 원인이 된다.

12 토크와 회전수는 반비례 관계에 있다. 따라서 회전수가 1500rpm에서 2500rpm으로 1.6배 증가 되었으므로, 토크는 20kg$_f$·m 보다 1.6배 감소하면 된다. $\frac{20}{1.6} = 12.5$ kg$_f$·m 이 된다.
따라서 약 12kg$_f$·m가 답이 된다.

13 오버드라이브 장치의 부착 시 장점
ⓐ 연료 소비량을 20% 절약 시킨다.
ⓑ 엔진의 수명이 연장되고, 운전이 정숙하다.
ⓒ 엔진 동일 회전 속도에서 차속을 30% 빠르게 한다.
ⓓ 크랭크축의 회전속도보다 추진축의 회전속도를 크게 할 수 있다.

14 클러치 페달의 자유간극이 클 때에는 동력 전달과는 상관없이 차단이 제대로 되지 않아 변속 시 소음과 진동이 일어날 수 있다.

15 제동 시 휠에 미끄럼이 발생되어 슬립률이 20%를 넘어가면 모터를 작동하여 제동압력을 감소시킨다.

16 (1) 각 실린더의 흡입·압축·폭발·배기 행정에 관계없이 크랭크축 1회전에 일정한 위치에서 1회 분사(1사이클에 2회 분사)를 한다. 즉, 각 실린더의 흡입 요구량 중 2분의 1씩 분사를 한다.
(2) 시동 시 또는 아이들 포지션 스위치(IPS)가 OFF된 상태에서 스로틀 밸브 개도 변화율이 규정값 보다 같거나 클 때, 즉 급가속 시 4개의 인젝터가 동시에 연료를 분사한다.

17 축전지의 격리판이 전기를 통하게 되면 단락의 원인이 되므로 비 전도성이여야 한다.

18 고속에서 조향이 가벼워지는 것은 동력조향장치의 단점이다.
이 부분을 보완하기 위해서 EPS, MDPS 등의 시스템이 개발되었다.

19 크랭킹 중 엔진의 회전수는 200~300rpm 이다. 이 때 폭발행정 TDC전 5°에서 점화시기를 결정하고 엔진의 회전수가 올라가면 점화시점을 더욱 빠르게 진각시키게 된다. 이유는 폭발 상사점 후 10~13°에서 최대 폭발압력을 얻기 위함이다.

20 밸브 간극이 규정 값보다 크면 정상 작동온도에서 밸브가 완전하게 개방되지 않는다.

21 고전원 전기장치 간 전기 배선(보호기구 내부에 위치하는 경우는 제외한다)의 피복은 주황색이어야 한다.

22 안전 플러그는 기계적인 분리를 통하여 고전압 배터리 내부 회로의 연결을 차단하는 장치이다. 연결 부품으로는 고전압 배터리 팩, 파워 릴레이 어셈블리, 급속 충전 릴레이, BMU, 모터, EPCU, 완속 충전기, 고전압 조인트 박스, 파워 케이블, 전기 모터식 에어컨 컴프레서 등이 있다.

23 수소 연료전지 자동차의 특징
① 연료 전지의 효율이 높다.
② 전기 구동장치의 효율이 높다.
③ 이동하면서 유해물질을 배출하지 않는다.
④ 낮은 회전속도에서 큰 회전토크를 얻을 수 있다.
⑤ 연료 충전소요 시간이 짧고, 주행거리가 길다.
⑥ 동력원 전체의 작동소음 수준이 낮다.
⑦ 공운전 소비가 없다.
⑧ 실내 난방에 폐열을 사용할 수 있다.
⑨ 연료 전지의 모듈 구성이 가능하다.
⑩ 관리, 유지비용이 적다.

24 정기적으로 교환하여야 하는 부품
① 연료 전지 클리너 필터 : 매 20,000km
② 연료 전지(스택) 냉각수 : 매 60,000km
③ 연료 전지 냉각수 이온 필터 : 매 60,000km
④ 감속기 윤활유 : 무점검 무교체

25 전기 자동차의 고전압 장치 점검 시 안전 플러그를 탈착한 후에 시행하여야 한다. 안전 플러그는 고전압 전기 계통을 기계적인 분리를 통하여 고전압 배터리 내부의 회로 연결을 차단한다.

01	②	02	④	03	②	04	②	05	②
06	②	07	③	08	④	09	③	10	①
11	③	12	④	13	④	14	④	15	④
16	②	17	②	18	①	19	①	20	②
21	②	22	③	23	①	24	③	25	②

01 크랭크 핀은 커넥팅 로드 대단부의 부분이 크랭크축과 접촉하는 베어링 부분으로 유격이 크면 유압이 낮아지고 저온 시에 소음과 진동이 발생될 수 있다. 또한 윤활간극이 커져서 오일순환 유압이 낮아지고 이로 인해 오일의 유면이 높아져 크랭크축의 평형추에 의해 비산되는 오일량이 증가하게 되고 이는 윤활유가 연소에 의해 소비가 증대되는 원인이 되기도 한다.
흑색 연기를 뿜는 경우는 농후한 혼합비에서 연소가 이루어졌을 때의 증상이다.

02 LSD 장치는 슬립을 줄여주는 기능을 하므로 수명이 단축되는 것과는 거리가 멀다.

03 DIS는 4기통 기준 2 or 4개의 점화플러그를 하나의 코일로 제어하여 배전기가 필요 없는 방식이다.

04 실린더와 피스톤의 랜드가 직접 접촉은 하지 않는다. 피스톤 링과 접촉을 하게 된다.

05 전동식 전자제어 동력조향장치 MDPS 에서는 유압을 사용하지 않기 때문에 펌프가 필요하지 않다.

06 TCS는 영문명에서처럼 가속페달을 밟아서 구동되는 순간 바퀴가 슬립하지 않도록 제동해주는 전자제어장치이다.

07 ① 플렉시블 이음의 설치각은 2~3도
② 휠 쪽을 버필드 조인트, 차동기어장치 쪽을 더블옵셋 조인트라 하고 이쪽이 길이변화가 가능하다.

08 • 조향축 상하 조절 : 틸트
• 조향축 길이 조절 : 텔레스코핑

09 ① 이론적 공연비 부근에서 NOx 의 발생량은 증가한다.
② 공연비가 과도하게 희박한 상태에서는 오히려 HC의 발생량이 증가된다.
④ NOx의 발생 정도는 엔진의 온도에 크게 영향을 받는다.

10 정지거리 = 공주거리 + 제동거리

11 싱크로메시 기구는 동기물림식에 사용된다. 회전수를 싱크로나이저 링의 콘 부분의 경사면을 통해 동기화 시켜 변속충격을 최소화한다.

12 이름에서처럼 저온의 아이들 상태를 빨리 끝내기 위한 장치이다.

13 ① 원심, 진공 진각 기구는 배전기 타입에서 점화시기를 조정하는 장치이다.
② 채터링 현상 : 접점 방식의 스위치 개폐 시 발생되는 진동 현상.

14 노크센서의 정보를 활용해 점화시기를 조정하게 된다. 연료의 분사량과는 관련이 없다.

15 $P = IE$ 에서 $P = 60\,W$
병렬 2개의 전구이므로 $60 + 60 = 120\,W$
(참고 : 직렬일 때는 가장 큰값 선택)
$120 = I \times 12$ 이므로 $I = 10A$

16 가변흡기시스템을 두는 이유는 고속에서는 흡기관의 길이를 짧게 하여 유체의 관성력을 최대한 줄이고 저속고 부하 영역에서는 흡기관의 길이를 길게 하여 관성력에 의해 공기의 흡입을 원활하게 만든다.

17 LPI 기관은 봄베 내의 펌프를 이용하여 액체의 연료를 인젝터에 공급한다. 액체가 분사되면서 기화될 때 빙결되는 것을 방지하기 위해 아이싱 팁이 필요하다.

18 ①의 경우, 같은 체적하에 산소의 밀도가 떨어지게 되고 공연비를 맞추기 위해 분사량도 줄여야 한다.

19 **정전류 최대 충전** : 용량의 20%
표준 : 10%
최소 : 5%

20 **주차제동장치의 제동능력 및 조작력 기준**
(제15조제1항제12호관련)
1. 주차제동장치의 제동능력 및 조작력 기준

구분		기준
1. 측정자동차의 상태		공차상태의 자동차에 운전자 1인이 승차한 상태
2. 측정시 조작력	승용 자동차	발조작식의 경우 : 60킬로그램 이하
		손조작식의 경우 : 40킬로그램 이하
	그 밖의 자동차	발조작식의 경우 : 70킬로그램 이하
		손조작식의 경우 : 50킬로그램 이하
3. 제동능력		경사각 11도30분 이상의 경사면에서 정지상태를 유지할 수 있거나 제동능력이 차량중량의 20퍼센트 이상일 것

21 모터 컨트롤 유닛(MCU)의 기능은 고전압 배터리의 직류를 3상 교류로 바꾸어 모터에 공급하며, 회생 제동을 할 때 모터에서 발생되는 3상 교류를 직류로 바꾸어 고전압 배터리에 공급하는 컨버터(AC → DC 변환)의 기능을 수행한다.

22 리튬이온 배터리 양극 재료

① 리튬코발트산화물($LiCoO_2$)
② 리튬니켈코발트망간산화물($Li[Ni, Co, Mn]O_2$)
③ 리튬니켈코발트알루미늄산화물($Li[Ni, Co, Al]O_2$)
④ 리튬망간산화물($LiMn_2O_4$)
⑤ 리튬인산철($LiFePO_4$)

23
① **회생 재생 시스템** : 감속할 때 구동 모터는 바퀴에 의해 구동되어 발전기의 역할을 한다. 즉 감속할 때 발생하는 운동 에너지를 전기 에너지로 전환시켜 고전압 배터리를 충전한다.
② **파워 릴레이 시스템** : 파워 릴레이 어셈블리는 (+)극과 (-)극 메인 릴레이, 프리차지 릴레이, 프리차지 레지스터와 배터리 전류 센서로 구성되어 배터리 관리 시스템 ECU의 제어 신호에 의해 고전압 배터리와 인버터 사이의 고전압 전원 회로를 제어한다.
③ **아이들링 스톱 시스템** : 연비와 배출가스 저감을 위해 자동차가 정지하여 일정한 조건을 만족할 때에는 엔진의 작동을 정지시킨다.
④ **고전압 배터리 시스템** : 배터리 팩 어셈블리, 배터리 관리 시스템(BMS), 전자 제어 장치(ECU), 파워 릴레이 어셈블리, 케이스, 제어 배선, 쿨링 팬 및 쿨링 덕트로 구성되어 고전압 배터리는 전기 모터에 전력을 공급하고, 회생 제동 시 발생되는 전기 에너지를 저장한다.

24 센서 감지가 정상적으로 작동하지 않고 자동 해제되는 조건

① 범퍼 표면 또는 범퍼 내부에 이물질이 묻어 있을 경우
② 차량 후방에 짐칸(트레일러, 캐리어 등)을 장착한 경우
③ 차량이 넓은 지역이나 광활한 사막에서 운행할 경우
④ 눈이나 비가 많이 오는 경우

25 하이브리드 자동차의 기준

① **일반 하이브리드 자동차** : 구동 축전지의 공칭 전압은 직류 60V 초과(환경친화적 자동차의 요건 등에 관한 규정 제4조제1항)
② **플러그인 하이브리드 자동차** : 구동 축전지의 공칭 전압은 직류 100V 초과(환경친화적 자동차의 요건 등에 관한 규정 제4조제6항)

제 5 회 자동차정비

01	③	02	③	03	③	04	③	05	②
06	①	07	②	08	③	09	②	10	①
11	①	12	③	13	①	14	②	15	②
16	②	17	②	18	②	19	①	20	④
21	④	22	④	23	①	24	①	25	②

01 타이어의 정적 불평형의 트램핑에 관련된 질문이다.

02 부동형 캘리퍼의 특징은 한쪽 피스톤만 작동하여 반발력으로 캘리퍼를 당겨서 패드를 디스크에 압착시킨다. 그러므로 피스톤의 이동량이 커지게 된다. 이는 장점이 아닌 단점에 해당된다.

03 변속선도 내의 업시프트 선도와 다운시프트 선도의 속도차이를 두어 설계하는 이유도 히스테리시스 작용을 하기 위해서이다.

05 (제12조제1항 및 제64조제1항 관련)
Ⅰ. **자동차용 공기압타이어의 표기·구조 및 성능 기준**
1. **공기압타이어 표기 기준**
가. 공기압타이어(이하 이 표에서 "타이어"라 한다) 트레드 부분에는 트레드 깊이가 1.6밀리미터까지 마모된 것을 표시하는 트레드 마모지시기를 표기할 것

06 열선식 및 열막식은 공기의 질량 유량을 계측하는 방식으로 체적 유량을 계측하는 베인식과 칼만와류식에 비해 다음과 같은 장점을 가지고 있다.
1. 흡입 공기 온도가 변화해도 측정상의 오차가 거의 없다.
2. 공기 질량을 직접 정확하게 계측할 수 있어 기관 작동 상태에 적용하는 능력이 개선

07 일반적으로 극판 수는 화학적 평형을 고려하여 음극판을 양극판 보다 1장 더 두고 있다.

08 **언로더 밸브** : 공기브레이크 작동 시 컴프레셔 내 압력이 과도하게 상승하는 것을 방지하기 위해 작동을 정지시키는 밸브

09 펌프의 작동이 없을 때 스프링의 장력에 의해 체크 볼이 유입라인을 막게 된다.

10 유압이 높아지는 원인
① 유압 조정 밸브(릴리프 밸브) 스프링의 장력이 강할 때
② 윤활계통의 일부가 막혔을 때
③ 윤활유의 점도가 높을 때

11 기상 밸브는 LPG 기관의 연료장치에서 냉각수의 온도가 낮을 때 시동성을 좋게 하기 위해 작동한다.

12 ① 실린더의 이론적 발생 마력을 지시마력이라 한다.

② 6실린더 엔진의 크랭크축의 위상차는 4행정 사이클은 120°, 2행정 사이클은 60°이다.

④ 4실린더 DOHC 엔진의 밸브수가 일반적으로 16개이다.

13 가솔린은 탄소와 수소의 화합물이다.

> **개념 확장**
>
> **LPG가 가솔린에 비해 유해배출가스가 적게 나오는 이유는?(단, 공연비는 동일 조건)**
>
> ❶ 탄소원자의 수가 적기 때문에
>
> ② 탄소원자의 수가 많기 때문에
>
> ③ 수소원자의 수가 많기 때문에
>
> ④ 수소원자의 수가 적기 때문에
>
> **해설** LPG : 부탄 (C_4H_9), 프로판 (C_3H_7),
> 가솔린 : C_8H_{18}, 경유 : $C_{12}H_{24}$, LNG : 메탄(CH_4)

14 착화점이란 연료가 그 온도가 높아지면 외부로부터 불꽃을 가까이 하지 않아도 발화하여 연소된다. 이때의 최저 온도이다.

> **개념 확장**
>
> **가솔린 기관에 사용되는 연료의 구비조건이 아닌 것은?**
>
> ① 체적 및 무게가 적고 발열량이 클 것
>
> ② 연소 후 유해 화합물을 남기지 말 것
>
> ❸ 착화온도가 낮을 것
>
> ④ 옥탄가가 높을 것
>
> **해설** 착화온도가 낮으면 조기점화의 원인이 되고 이는 노킹의 일으키는 주된 원인이 된다.

15 헤드 볼트를 규정 토크로 조이지 않으면

① 압축압력 및 폭발압력이 낮아진다.

② 냉각수가 실린더로 유입된다.

③ 기관 오일이 냉각수와 섞인다.

④ 기관의 출력이 저하한다.

⑤ 실린더 헤드가 변형되기 쉽다.

⑥ 냉각수 및 엔진 오일이 누출된다.

16 종감속 기어의 종류

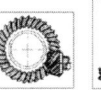

Spiral bevel gear　　Hypoid gear　　Worm and Worm gear

17 $$옥탄가 = \frac{이소옥탄}{이소옥탄 + 노멀헵탄} \times 100$$

18 점화 코일에서 고전압을 얻도록 유도하는 공식

$$E_2 = \frac{N_2}{N_1}E_1 \qquad 100 \times 250\,V = 25000\,V$$

E_1 : 1차 코일에 유도된 전압

E_2 : 2차 코일에 유도된 전압

N_1 : 1차 코일의 유효권수　　N_2 : 2차 코일의 유효권수

19 제너다이오드는 브레이크다운 전압에 다다르면 역방향으로도 전류를 인가시키는 특성을 가지고 있으며 이는 발전기에서 과충전을 방지하기 위한 용도로 사용하게 된다.

20 댐퍼클러치는 많은 토크가 필요하지 않는 고속 영역에서 작동된다.

22 모터 냉각 시스템의 구성품

① 냉각수 라디에이터(스택 라디에이터) : 전장품의 증가에 따른 대응을 위해 공기저항을 최소화하여 고성능 라디에이터를 적용하였다.

② 냉각수 이온 필터 : 스택 냉각수의 이온을 필터링하여 차량의 전기 전도도를 일정 수준으로 유지하여 전기 안전성을 확보(운전자 감전 방지, 절연 저항 유지)해주는 기능을 한다.

③ 전자식 워터 펌프 : 내부 인버터에 의해 구동되는 전동 펌프로 FCU와 통신을 통해 회전수를 제어하고 워터 펌프는 연료 전지 냉각 시스템의 냉각수를 순환시키는 역할을 한다.

23 조종레버가 전진 또는 후진 위치에 있는 경우에도 원동기를 시동할 수 있는 자동차

① 하이브리드 자동차

② 전기자동차

③ 원동기의 구동이 모두 정지될 경우 변속기가 자동으로 중립위치로 변환되는 구조를 갖춘 자동차

④ 주행하다가 정지하면 원동기의 시동을 자동으로 제어하는 장치를 갖춘 자동차

24 베리언트 코딩은 신품의 ADAS 모듈을 교체한 후 차량에 장착된 옵션의 종류에 따라 모듈의 기능을 최적화시키는 작업으로 해당 차량에 맞는 사양을 정확하게 입력하지 않을 경우 교체 전 모듈의 사양으로 인식을 하여 관련 고장코드 및 경고등을 표출한다. 전용의 스캐너를 이용하여 베리언트 코딩을 수행하여야 하며, 미진행 시 "베리언트 코딩 이상, 사양 설정 오류" 등의 DTC 고장 코드가 소거되지 않을 수 있다.

25 PTC(Positive Temperature Coefficient) 히터

② PTC 히터는 전원을 연결하면 바로 코일이 가열되어 그 열로 난방을 한다.

01	②	02	①	03	②	04	②	05	②
06	③	07	②	08	①	09	④	10	①
11	①	12	②	13	①	14	①	15	③
16	③	17	②	18	②	19	①	20	①
21	③	22	②	23	③	24	①	25	②

01 윤활유 순환 순서

오일팬(섬프) → 오일스트레이너 → 오일펌프(압력⇑ 유압조절밸브 통한 오일팬 리턴가능) → 오일필터(필터 막혔을 때 : 바이패스밸브 작동) → 크랭크 축 및 엔진블록으로 순환 → 실린더 헤드(유압리프터 포함)

02 제19조(차대 및 차체)

① 자동차의 차대 및 차체는 다음 각호의 기준에 적합하여야 한다. 〈개정 2017. 11. 14.〉

3. 자동차의 가장 뒤의 차축 중심에서 차체의 뒷부분 끝(범퍼 및 견인용 장치를 제외한다)까지의 수평거리("뒤 오우버행"을 말한다)는 가장 앞의 차축중심에서 가장 뒤의 차축중심까지의 수평거리의 2분의 1 이하일 것. 다만, 다음 각 목의 경우에는 각 목에서 정하는 기준에 적합하여야 한다.

가. 경형 및 소형자동차의 경우에는 20분의 11 이하일 것

나. 승합자동차, 화물자동차(화물을 차체 밖으로 나오게 적재할 우려가 없는 경우에 한정한다), 특수자동차의 경우에는 3분의 2 이하일 것. 다만, 차량총중량 3.5톤 이하인 센터차축트레일러의 경우에는 4미터 이내로 할 수 있다.

03 오일 색깔로 점검하는 방법

ⓐ **검은색** : 교환 시기를 넘겨 심하게 오염되었을 때

ⓑ **붉은색** : 가솔린이 유입되었을 때

ⓒ **우유색** : 냉각수가 섞여 있을 때

ⓓ **회 색** : 연소생성물인 4에틸 납 Pb{C_2H_5}₄의 혼입

04 가솔린 엔진 35~45 kg$_f$/㎠,

디젤엔진 55~65 kg$_f$/㎠ :

디젤엔진이 폭발 압력이 더 크다.

05 독립식 차축의 현가장치에 사용되는 위시본 형식은 평행사변형과 SLA형으로 나눌 수 있다.

비 교	평행사변형	SLA
위아래컨트롤 암의 길이	같다.	위 < 아래
캠 버	변화 없다.	변한다.
윤 거	변한다.	변화 없다.
타이어 마모도	빠르다.	느리다.

※ SLA형식의 스프링이 피로하거나 약해지면 바퀴의 윗부분이 안쪽으로 움직여 부의 캠버가 된다.

06 자동차를 평탄 지면에 주차시킨 다음, 오일 레벨 게이지를 빼내기 전에 게이지 주위를 깨끗이 청소하고 변속레버를 P 레인지로 선택한 후 주차 브레이크를 걸고 엔진을 기동시킨 후 변속기 내의 유온(油溫)이 70~80℃에 이를 때까지 엔진을 공전 상태로 한다.

선택 레버를 차례로 각 레인지로 이동시켜 토크 컨버터와 유압회로에 오일을 채운 후 시프트 레버를 N위치에 놓고 측정한다. 그리고 레벨 게이지를 빼내어 오일량이 "HOT" 범위에 있는가를 확인하고, 오일이 부족하면 "HOT" 범위까지 채운다.

07 퓨즈는 단락 및 누전에 의해 과대 전류가 흐르면 차단되어 전류의 흐름을 방지하는 부품으로 전기회로에 직렬로 설치된다. 재질은 납과 주석의 합금이다.

08 이모빌라이저는 차량의 도난을 방지할 목적으로 적용되는 장치이며, 도난 상황에서 시동이 걸리지 않도록 제어한다. 그리고 엔진 시동은 반드시 차량에 등록된 키로만 시동이 가능하다. 엔진 시동을 제어하는 장치는 점화장치, 연료장치, 시동장치이다.

09 판스프링은 여러 장 겹쳐 충격흡수 작용을 하도록 한 것이다.

10 코너링 포스(cornering force)란 타이어가 어떤 슬립 각도로 선회할 때 접지 면에 생기는 힘 중에서 타이어 진행방향에 대해 직각으로 작용하는 성질. 즉 커브를 돌 때 원심력을 이겨내는 힘이다.

11 조향 기어비 = $\dfrac{조향핸들이\ 회전한\ 각도}{피트먼\ 암이\ 움직인\ 각도}$

∴ $\dfrac{360°}{40°} = 9$

12 유압 브레이크에서 잔압을 유지시키는 부품은 마스터 실린더의 체크 밸브와 슈의 리턴 스프링이다.

13 주행빔 전조등의 발광면은 상측, 하측, 내측, 외측의 5도 이내에서 관측 가능해야 한다.

14 단 행정기관의 특징

① 흡·배기 밸브의 지름을 크게 하여 효율을 증대할 수 있다.

② 기관의 높이를 낮게 할 수 있다.

③ 피스톤의 평균속도를 올리지 않고 기관의 회전속도를 높일 수 있다.

④ 피스톤이 과열하기 쉽고, 폭발압력이 커 기관 베어링의 폭이 넓어야 한다.

⑤ 회전속도가 증가하면 관성력의 불평형으로 회전부분의 진동이 커진다.

⑥ 실린더 안지름이 커 기관의 길이가 길어진다.

15 전기 모터의 장점은 마찰이 적기 때문에 손실되는 마찰 열이 적게 발생하며, 후진 기어가 없어도 후진이 가능하고, 소음과 진동이 적다.

$$평균 효율성 = \frac{(장치의\ 총\ 사용\ 시간-고장에\ 의한\ 손실\ 시간)}{장치의\ 총\ 사용\ 시간} \times 100$$

으로 나타낼 수 있으며 내연기관보다 전기모터의 효율성이 좋은 편이다.

16 용어 풀이
① **스텀블**(stumble) : 가감속할 때 차량이 앞뒤로 과도하게 진동하는 현상
② **스톨링**(stalling) : 공급된 부하 때문에 기관의 회전을 멈추기 바로 전의 상태
③ **헤지테이션**(hesitation) : 가속 중 순간적인 멈춤으로서, 출발할 때 가속 이외의 어떤 속도에서 스로틀의 응답성이 부족한 상태
④ **서징**(surging) : 펌프나 송풍기 등을 설계 유량(流量)보다 현저하게 적은 유량의 상태에서 가동하였을 때 압력, 유량, 회전수, 동력 등이 주기적으로 변동하여 일종의 자려(自勵) 진동을 일으키는 현상

17 자동 에어컨 시스템에서 ECU로 입력되는 센서는 외기 온도 센서, 내기 온도(실내온도) 센서, 냉각수 온도 센서, 일사 센서(SUN 센서), 핀 서모 센서, AQS 센서, 습도 센서 등이 있다.

18 BP6ES에서 B는 점화플러그 나사부분 지름, P는 자기 돌출형(프로젝티드 코어 노스 플러그), 6은 열가(열값), E는 점화플러그 나사길이, S는 표준형을 의미한다.

19 ① 오버 스티어링 현상이란 자동차가 주행 중 선회할 때 조향 각도를 일정하게 하여도 선회 반지름이 작아지는 현상이다.
② 언더 스티어링이란 자동차가 주행 중 선회할 때 조향 각도를 일정하게 하여도 선회 반지름이 커지는 현상이다.

20 배빗메탈의 주재료는 주석(Sn)이다.

21 배터리 전압 = 모듈 수 × 셀의 수 × 셀 전압
배터리 전압 = 9 × 8 × 3.75V = 270V

22 전기 자동차의 제어 시스템
① **파워 제한 기능** : 배터리 보호를 위해 상황별 입·출력 에너지 제한 값을 산출하여 차량제어기로 정보 정보를 제공한다.
② **냉각 제어 기능** : 최적의 배터리 동작 온도를 유지하기 위한 냉각 팬을 이용하여 배터리 온도를 유지 관리한다.
③ **SOC 추정 기능** : 배터리 전압, 전류, 온도를 측정하여 배터리의 SOC를 계산하고 차량 제어기에 전송하여 SOC 영역을 관리한다.

④ **고전압 릴레이 제어 기능** : 고전압 배터리단과 고전압 을 사용하는 PE(Power Electric) 부품의 전원 공급 및 전원을 차단한다.

23 전기 자동차 히트 펌프의 칠러는 저온 저압 가스 냉매를 모터의 폐열을 이용하여 2차 열 교환을 한다.

24 SBW(Shift By Wire) – 다이얼식 변속기

25 회생 제동 모드
① 주행 중 감속 또는 브레이크에 의한 제동 발생시점에서 모터를 발전기 역할인 충전 모드로 제어하여 전기 에너지를 회수하는 작동 모드이다.
② 하이브리드 전기 자동차는 제동 에너지의 일부를 전기 에너지로 회수하는 연비 향상 기술이다.
③ 하이브리드 전기 자동차는 감속 또는 제동 시 관성(운동) 에너지를 전기에너지로 변환하여 회수한다.

01	①	**02**	①	**03**	④	**04**	④	**05**	④
06	③	**07**	③	**08**	③	**09**	④	**10**	②
11	①	**12**	①	**13**	④	**14**	②	**15**	②
16	③	**17**	④	**18**	①	**19**	①	**20**	④
21	④	**22**	④	**23**	③	**24**	①	**25**	②

01 옥탄가의 표기방법
① **리서치 옥탄가** : 전부하 저속 즉 저속에서 급 가속할 때 기관의 앤티노크성을 표시하는데 적당하다.
② **모터 옥탄가** : 고속 전부하, 고속 부분부하, 그리고 저속 부분부하 상태인 기관의 앤티노크성을 표시하는데 적당하다.
③ **로드 옥탄가** : 표준 연료를 사용하여 기관을 운전하는 방법으로 가솔린의 앤티노크성을 직접 결정할 수 있다. 이때는 기관의 노크 경향을 변화시키기 위하여 수동으로 점화시기를 제어하는 방식이 이용된다.
④ **프런트 옥탄가** : 연료의 구성성분 중 100℃까지 증류되는 부분의 리서치 옥탄가(RON)로서, 가속 노크에 관한 연료의 특성을 이해하는데 중요한 자료이다.

02 착화 지연기간은 연료가 연소실에 분사된 후 착화될 때까지의 기간으로 약 1/1000 ~ 4/1000초 정도 소요되며, 이 기간이 길어지면 노크가 발생한다.

03 블로다운이란 배기행정 초기에 배기 밸브가 열려 배기가스 자체의 압력에 의하여 배기가스가 배출되는 현상이다.

04 **촉매 변환기 설치 차량의 운행 및 시험할 때 주의사항**
① 무연 가솔린을 사용한다.
② 주행 중 점화 스위치 OFF 금지
③ 차량을 밀어서 시동 금지
④ 파워 밸런스 시험은 실린더 당 10초 이내로 할 것

05 서지 탱크의 역할은 실린더 상호간에 흡입 공기 간섭 방지, 흡입 공기 충진 효율 증대, 연소실에 균일한 공기 공급이다.

06 압력식 캡의 작용
① 냉각수의 비등점을 높여 냉각범위를 넓게 냉각효과를 크게 하기 위하여 사용한다.
② 압력 밸브는 라디에이터 내의 압력이 규정 값(게이지 압력으로 0.2~0.9kg₁/cm²)이상 되면 열려 과잉 압력의 수증기를 배출한다.
③ 부압 밸브는 방열기 내에 냉각수가 냉각될 때 부압이 발생하면 열려 부압을 제거한다.
④ 라디에이터를 소형·경량화 할 수 있다.

07 **배기가스 재순환 장치(EGR system)**
① 연소가스를 재순환시켜 연소실 내의 연소 온도를 낮춰 질소산화물(NOx)을 저감시키기 위한 장치이다.

② 가속 성능을 향상시키기 위해 급가속시에는 차단된다.
③ 연소된 가스가 흡입되므로 엔진의 출력이 저하된다.
④ 엔진의 냉각수 온도가 낮을 때는 작동하지 않는다.
⑤ 탄화수소와 일산화탄소량은 저감되지 않는다.

08 연료 펌프에 설치된 릴리프 밸브의 역할은 연료 압력이 과다하게 상승되는 것을 억제시키고 모터의 과부하를 억제하며, 펌프에서 나오는 연료를 다시 탱크로 복귀시킨다.

09 타이어 트레드 패턴에는 리브 패턴, 러그 패턴, 리브러그 패턴, 블록 패턴, 오프 더 로드 패턴 등이 있다.

10 ECU 입력요소에는 차속 센서, 스로틀 위치 센서, 조향 휠 각속도 센서 등이 있다.

11 동기 물림 기구는 변속하려는 기어와 메인 스플라인과의 회전수를 같게 한다. 메인 스플라인=싱크로나이저 허브 내의 스플라인 부를 뜻함.

12 **전자제어 현가장치의 제어** : 앤티 롤 제어, 앤티 스쿼트 제어, 앤티 다이브 제어, 앤티 피칭 제어, 앤티 바운싱 제어, 차속감응 제어, 앤티 쉐이크 제어

13 유입전류($I_1 + I_3 + I_4$)=유출전류($I_2 + I_5$)에서
$5A + 3A + 4A = 2A + I_5$
$\therefore I_5 = 10A$

14 전해액 온도가 낮으면 황산의 확산이 둔해진다.

15 **배기밸브 열림 각도**
= 배기밸브 열림+배기밸브 닫힘+180°
$\therefore 55° + 15° + 180° = 250°$

16

점화전압이 결정되는 요인	점화요구 전압	
	높다	**낮다**
전극간극	크다	작다
압축	높다	낮다
혼합비	희박	농후
전극온도	낮다	높다
전극형상	둥그스름하다	날카롭다
점화시기	늦다	빠르다

17 전류란 자유전자의 흐름이며, 단위는 A를 사용한다. 전류에는 직류와 교류가 있고, 전류는 전압에 비례하고, 저항에 반비례한다.

18 슬리퍼 피스톤(slipper piston)은 측압을 받지 않는 스커트 부분을 잘라낸 것으로 실린더 마모를 적게 하며, 피스톤 중량을 가볍게 하고, 피스톤 슬랩을 감소시킬 수 있는 특징이 있다.

19 슬립률=$\dfrac{\text{자동차 속도} - \text{바퀴속도}}{\text{자동차 속도}} \times 100$
로 표시한다. ABS의 작동은 슬립률 10~20%의 범위이다.

20 클러치의 구비조건
① 회전관성이 작을 것
② 동력전달이 확실하고 신속할 것
③ 방열이 잘되어 과열되지 않을 것
④ 회전부분의 평형이 좋을 것
⑤ 동력을 차단할 경우에는 신속하고 확실할 것

21 병렬형 하드 타입 하이브리드 자동차의 특징
① TMED(Transmission Mounted Electric Device) 방식은 모터가 변속기에 직결되어 있다.
② 전기 자동차 주행(모터 단독 구동) 모드를 위해 엔진과 모터 사이에 클러치로 분리되어 있다.
③ 출발과 저속 주행 시에는 모터만을 이용하는 전기 자동차 모드로 주행한다.
④ 부하가 적은 평지의 주행에서는 엔진의 동력만을 이용하여 주행한다.
⑤ 가속 및 등판 주행과 같이 큰 출력이 요구되는 주행 상태에서는 엔진과 모터를 동시에 이용하여 주행한다.
⑥ 풀 HEV 타입 또는 하드(hard) 타입 HEV시스템이라고 한다.
⑦ 주행 중 엔진 시동을 위한 HSG(hybrid starter generator : 엔진의 크랭크축과 연동되어 엔진을 시동할 때에는 기동 전동기로, 발전을 할 경우에는 발전기로 작동하는 장치)가 있다.

22 동력 전달 구조에 따른 분류
① **하드 타입 병렬형** : 두 동력원이 거의 대등한 비율로 차량 구동에 기능하는 것으로 대부분의 경우 두 동력원 중 한 동력만으로도 차량 구동이 가능한 하이브리드 자동차
② **소프트 타입 병렬형** : 두 동력원이 서로 대등하지 않으며, 보조 동력원이 주 동력원의 추진 구동력에 보조적인 역할만 수행하는 것으로 대부분의 경우 보조 동력만으로는 차량을 구동시키기 어려운 하이브리드 자동차
③ **직렬형** : 2개 동력원 중 하나는 다른 하나의 동력을 공급하는 데 사용되나 구동축에는 직접 동력 전달이 되지 않는 구조를 갖는 하이브리드 자동차이다.
④ **복합형** : 엔진의 구동력이 기계적으로 구동축에 전달되기도 하고 그 일부가 전동기를 거쳐 전기 에너지로 전환된 후 구동축에서 다시 기계적 에너지로 변경되어 구동축에 전달되는 방식의 동력 분배 전달 구조를 갖는다.

23 CD 모드와 CS 모드
① **CD 모드**(충전-소진 모드 ; Charge depleting mode) : RESS(Rechargeable Energy Storage System)에 충전된 전기 에너지를 소비하며, 자동차를 운전하는 모드이다.
② **CS 모드**(충전-유지 모드 ; Charge sustaining mode) : RESS(Rechargeable Energy Storage System)가 충전 및 방전을 하며, 전기 에너지의 충전량이 유지되는 동안 연료를 소비하며, 운전하는 모드이다.
③ **HWFET 모드** : 고속 연비는 고속으로 항속 주행이 가능한 특성을 반영하여 고속도로 주행 모드(HWFET)라 불리는 테스트 모드를 통하여 연비를 측정한다.
④ **PTP 모드** : 도심 연비의 경우 도심 주행 모드(FTP-75)라 불리는 테스트 모드를 통해 측정하게 된다.

01	③	02	②	03	④	04	④	05	④
06	③	07	②	08	③	09	④	10	①
11	④	12	③	13	③	14	④	15	③
16	④	17	④	18	③	19	③	20	③
21	③	22	③	23	③	24	④	25	④

01 습식 라이너는 냉각수와 직접 접촉하는 방식으로 냉각효과 크다. 실링이 파손되면 크랭크 케이스로 냉각수가 들어갈 우려가 있으며, 습식 라이너를 끼울 때에는 라이너 바깥둘레에 비눗물을 바른다.

02 조향장치가 갖추어야 할 조건
① 고속주행에서도 조향핸들이 안정되고, 복원력이 좋을 것
② 수명이 길고 다루기나 정비가 쉬울 것
③ 조향핸들의 회전과 바퀴의 선회차이가 작을 것
④ 조향조작이 주행 중의 충격을 적게 받을 것
⑤ 진행방향을 바꿀 때 섀시 및 보디 각부에 무리한 힘이 작용하지 않을 것
⑥ 회전반경이 작으며, 조작하기 쉽고 방향전환이 원활하게 이루어질 것

03 제94조(운전자의 시계범위)
① 승용자동차와 경형승합자동차는 별표 12의 운전자의 전방시계범위와 제50조에 따른 운전자의 후방시계범위를 확보하는 구조이어야 한다.
〈개정 2008.1.14.〉
② 자동차의 앞면창유리[승용자동차(컨버터블자동차 등 특수한 구조의 승용자동차를 포함한다)의 경우에는 뒷면창유리 또는 창을 포함한다] 및 <u>운전자좌석 좌우의 창유리 또는 창은 가시광선 투과율이 70퍼센트 이상이어야 한다.</u> 다만, 운전자의 시계범위외의 차광을 위한 부분은 그러하지 아니하다.

04 유압 브레이크는 파스칼의 원리를 이용한 장치이며, 파스칼의 원리란 밀폐된 용기 내에 액체를 가득 채우고 압력을 가하면 모든 방향으로 같은 압력이 작용한다는 원리이다.

05 쇽업소버는 스프링이 압축되었다가 원위치로 되돌아올 때 작은 구멍(오리피스)을 통과하는 오일의 저항으로 진동을 감소시킨다.

06 전동방식 동력 조향장치의 장점
① 연료 소비율(연비)이 향상된다.
② 에너지 소비가 적으며, 구조가 간단하다.
③ 엔진의 가동이 정지된 때에도 조향 조작력 증대가 가능하다.
④ 조향 특성 튜닝(tuning)이 쉽다.
⑤ 엔진룸 레이아웃(ray-out) 설정 및 모듈화가 쉽다.
⑥ 유압제어 장치가 없어 환경 친화적이다.
⑦ 엔진룸의 공간 활용도가 향상된다.

07 오버드라이브 장치는 기관의 여유 출력을 이용한 것으로 변속기의 출력 회전속도를 입력 회전속도보다 빠르게 한다.

08 전자제어 연료분사 기관의 연료 펌프에서 릴리프 밸브의 작용 압력은 $3.5\sim5.0kg_f/cm^2$이다.
교재마다 압력의 차이가 조금씩 날 것입니다. 이유는 엔진의 종류와 시스템의 다양성에서 오는 차이라 생각하시면 됩니다. 이런 경우는 중복되는 수치의 범위를 기억해서 암기하시면 됩니다.

09 직접분사식의 장점
① 실린더 헤드의 구조가 간단해 열효율이 높고, 연료 소비율이 적다.
② 연소실 체적에 대한 표면적 비율이 적어 냉각 손실이 적다.
③ 기관시동이 쉽다.

10 인젝터의 연료 분사량은 인젝터의 개방시간 즉 솔레노이드 코일에 흐르는 전류의 통전시간으로 제어한다.

12 진공 배력장치에 이상이 있으면 기관 시동 off 상태에서 브레이크 페달을 여러 차례 작동 후 브레이크 페달을 밟은 상태에서 시동을 걸었는데 브레이크 페달이 내려가지 않는다.

13 연료 분사에 필요한 조건은 무화(안개화), 분무(분포), 관통력이다.

14 ECU의 출력 신호에는 인젝터 작동 신호, ISC(공전속도 조절기구) 작동 신호, PCSV 작동 신호, 에어컨 릴레이 작동 신호 등이 있다.

15 전자제어 가솔린 기관에 적용되는 가장 이상적인 공연비는 14.7 : 1이다.

16 과급장치의 인터쿨러를 활용하면 흡기 온도의 상승을 억제할 수 있다.
흡기관의 굴곡을 완만하게 하고 거리를 짧게 하는 것이 흡기 저항을 감소시킬 수 있는 방법이다.
배기 저항을 감소시키기 위해 웨스트 게이트 밸브 등을 활용하기도 한다.

17 가솔린 기관의 노킹방지 방법
① 화염전파거리를 짧게 하는 연소실 형상을 사용한다.
② 자연 발화온도가 높은 연료를 사용한다.
③ 동일 압축비에서 혼합기의 온도를 낮추는 연소실 형상을 사용한다.
④ 연소속도가 빠른 연료를 사용한다.
⑤ 점화시기를 늦춘다.
⑥ 옥탄가가 높은 가솔린을 사용한다.

⑦ 혼합가스에 와류가 발생하도록 한다.
⑧ 냉각수 온도를 낮춘다.

18 과충전을 방지하기 위해 로터 코일에 전류를 차단하면 스테이터에서 교류전기가 만들어지지 않는 원리를 생각하면 된다.

19 TR을 사용하는 점화장치는 기본적으로 트랜지스터의 3대 작용 중 스위칭 작용을 사용한다. 베이스 전원을 제어해서 점화 1차 코일의 전원을 인가 및 차단하게 되는 것이다. 전원을 차단할 때 1차 코일에서는 자기유도작용, 2차 코일에서는 상호유도작용이 발생된다.

20 점화장치의 고주파 억제용 장치로 TVRS 케이블이나 저항 플러그 등도 있다. 같이 정리해 두면 좋을 것이다.

21 마스터 BMS 표면에 표시되는 항목
① BMS 구동용 외부 전원의 전압 범위 또는 자체 배터리 시스템으로부터 공급 받는 BMS 구동용 전압 범위
② 제어 및 모니터링 하는 배터리 팩의 최대 전압
③ 제어 및 모니터링 하는 배터리 팩의 최대 전류
④ 사용하는 동작 온도 범위
⑤ 저장 보관용 온도 범위

22 영국의 제임스 에킨슨이 1886년 제창한 열 사이클로써 압축 행정과 팽창 행정을 독립적으로 설정할 수 있는 기구를 가진 것이며, 압축비와 팽창비를 별개로 설정할 수 있는 시스템이기 때문에 팽창비를 높게 하여 공급된 열에너지를 보다 많은 운동에너지로 변환하여 열효율을 높일 수 있다.

24 절대온도 = ℃ + 273.15
절대온도 = 25℃ + 273.15 = 298.15

01	④	02	②	03	④	04	③	05	③
06	②	07	③	08	④	09	①	10	④
11	②	12	①	13	②	14	③	15	③
16	②	17	②	18	③	19	②	20	③
21	①	22	①	23	②	24	②	25	③

01 교류 발전기는 타여자 방식을, 직류 발전기는 자여자 방식을 사용한다.

02 $P = \dfrac{W}{A}$

P : 유압, W : 푸시로드에 작용하는 힘,
A : 피스톤 면적

$\therefore \dfrac{120\mathrm{kg_f}}{3\mathrm{cm}^2} = 40\mathrm{kg_f/cm}^2$

03 애커먼 장토의 원리는 조향각도를 최대로 하고, 선회할 때 선회하는 안쪽 바퀴의 조향각도가 바깥쪽 바퀴의 조향각도보다 크게 되며, 뒷차축의 연장선상의 한 점을 중심으로 동심원을 그리면서 선회하여 사이드슬립 방지와 조향핸들 조작에 따른 저항을 감소시킬 수 있는 방식이다.

04 캠축의 구동방식에는 벨트 전동방식, 체인 전동방식, 기어 전동방식 등이 있다.

05 EPS의 기본 전자제어의 개념은 차속센서를 이용한 속도 감응형 제어이다. 저속에서는 조향핸들을 가볍게 조작 가능할 수 있도록, 고속에서는 무겁게 조작할 수 있도록 하는 것이다. 이 제어를 위해 유압을 이용하는 방식과 전동 모터를 이용하는 방식, 이 두 가지를 같이 사용하는 방식으로 나눌 수 있다.
② 전동 펌프식이 전동 모터를 이용해 유압을 작동시키는 방식이고
④ 유압 반력 제어식이 유압을 이용하여 제어하는 방식 중에 하나이다.

06 배기가스에 산소량이 많이 존재하고 있다면 연소실 내의 혼합기는 희박하다.

07 오버런닝 클러치의 종류에는 롤러식, 스프래그식, 다판 클러치식 등이 있다.

08 드럼 브레이크는 디스크 브레이크에 비해 자기작동 효과가 큰 장점이 있다.

09 TCU로 입력되는 신호에는 스로틀 포지션 센서, 기관 회전수, 인히비터 스위치, 펄스 제너레이터 A & B(입력 및 출력축 속도센서), 수온센서, 유온센서, 가속스위치, 오버드라이브 스위치, 킥다운 서보 스위치, 차속센서 등이 있다.

10 리듀싱 밸브는 오일라인압력을 근원으로 하여 오일라인 압력보다 낮은 일정한 압력을 형성한다.

11 변속기 기어의 이중물림을 방지하는 장치는 인터록 장치이다.

12 열선식 질량유량 계량방식은 발열체와 공기 사이의 열전달 현상을 이용한다.

13 피스톤 링의 3가지 작용은 기밀유지 작용(밀봉작용), 오일제어 작용, 열전도 작용(냉각작용)이다.

14 에어백에 사용되는 가스는 질소가스이다.

15 베이퍼 록(증기폐쇄)이란 액체가 흐르는 연료펌프나 파이프의 일부가 열을 받으면 파이프 내의 액체가 비등하여 증기가 발생하며, 이 증기가 액체의 유동을 방해하는 현상이다.

16 냉각장치의 비점을 높이기 위해 압력 캡을 사용하게 된다. 때문에 고온의 냉각수가 높은 압력을 받으며 순환하기 때문에 과열상태에서 바로 보충하면 화상에 노출될 수 있다.

17 피스톤 간극이 크면
① 피스톤 슬랩(piston slap)현상이 발생된다.
② 압축압력이 저하된다.
③ 기관오일이 연소실로 올라온다.
④ 블로바이가 일어난다.
⑤ 기관오일이 연료로 희석된다.
⑥ 기관의 출력이 낮아진다.
⑦ 백색 배기가스가 발생한다.

18 랙과 피니언의 원리로 선회 시 양쪽 각 바퀴의 회전수 차이를 보상해 준다.

19 가솔린을 완전 연소시키면 이산화탄소와 물이 발생된다.

20 점화플러그에서 열방출이 가장 큰 부분은 나사부(실린더 헤드로 81%전도)이다.

23 모터 컨트롤 유닛(MCU)의 기능은 고전압 배터리의 직류를 3상 교류로 바꾸어 모터에 공급하며, 회생 제동을 할 때 모터에서 발생되는 3상 교류를 직류로 바꾸어 고전압 배터리에 공급하는 컨버터(AC→ DC 변환)의 기능을 수행한다.

24 ② HCU는 ABS의 구성요소이다.

25 펄스 폭 변조 방식(PWM)에서는 동일한 스위칭 주기 내에서 ON 시간의 비율을 바꿈으로써 출력 전압 또는 전류를 제어할 수 있으며 스위칭 주파수가 낮을 경우 출력값은 낮아지며 출력 듀티비를 50%일 경우에는 기존 전압의 50%를 출력전압으로 출력한다.

제 8 회 **자동차공학**

01	③	02	④	03	③	04	①	05	④
06	①	07	④	08	①	09	③	10	①
11	②	12	④	13	③	14	④	15	②
16	①	17	①	18	③	19	③	20	④
21	①	22	④	23	②	24	③	25	②

01
$$V = \pi D \times \frac{En}{Rt \times Rf} \times \frac{60}{1000}$$
V : 주행속도(km/h),
D : 바퀴지름,
En : 기관 회전수,
Rt : 변속비,
Rf : 최종감속비
$$\therefore \ 3.14 \times 0.3 \times 2 \times \frac{3500}{1.5 \times 4.8} \times \frac{60}{1000}$$
$$= 54.95 \text{km/h}$$

02 ECS의 입력센서 : 차고센서, 조향 휠 각속도 센서, G(중력 가속도)센서, 인히비터 스위치, 차속센서, 스로틀 위치센서, 고압 및 저압스위치, 뒤 압력센서, 모드선택 스위치, 전조등 릴레이, 도어 스위치, 제동등 스위치, 공전스위치

03 액슬축(차축)의 지지방식에는 3/4 부동식, 반부동식, 전부동식 등이 있다.

04 조향축과 관련된 각이 조향핸들의 복원성에 영향을 준다.

05 댐퍼 클러치가 작동하지 않는 경우
① 제1속 및 후진할 때
② 기관 브레이크가 작동할 때
③ 오일온도가 60℃이하일 때
④ 냉각수 온도가 50℃이하일 때
⑤ 제3속에서 제2속으로 시프트 다운될 때
⑥ 기관 회전속도가 800rpm이하일 때
⑦ 변속레버가 중립위치에 있을 때

06 휠 스피드 센서의 작용은 바퀴의 회전속도를 톤휠과 센서의 자력선 변화로 감지하여 이를 전기적 신호(교류펄스)로 바꾸어 ABS ECU로 보내면, ABS ECU는 바퀴가 록(lock, 잠김)되는 것을 검출한다.

07 ABS는 브레이크에 적용된 전자제어장치이다.

08
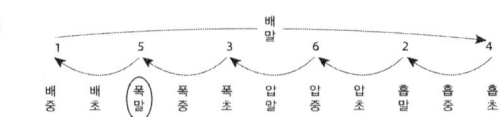

09 디젤기관의 연료분사량은 분사펌프에 설치된 조속기로 한다.

10 봄베는 LPG 저장 탱크이며, 유지압력은 7~10bar 정도이며 80%이상 과충전을 방지하기 위해 과충전 방지 밸브가 있다.

11
① 배기량$(Vs) = \dfrac{1280}{4} = 320$

② $\epsilon = \dfrac{Vc + Vs}{Vc}$

　　　ϵ : 압축비,　Vs : 실린더 배기량(행정체적),
　　　Vc : 연소실 체적

　　　$\therefore \dfrac{40 + 320}{40} = 9$

12 윤활부 및 새로 교환된 오일 여과기 등에 충분히 오일이 공급되고 난 후 오일량을 점검하는 것이 정확한 점검 방법이다.

13 전해액을 만들 때에는 절연체 그릇을 사용하여야 하며, 증류수에 황산을 조금씩 첨가하면서 혼합한다.

14 삼원촉매장치는 배기가스 중의 CO, HC, NOx를 N_2, H_2O, CO_2 등으로 산화 또는 환원시킨다.

15 액상 또는 기상 솔레노이드 밸브는 LPG 기관에서 냉각수 온도신호에 따라 기체 또는 액체의 연료를 차단하거나 공급한다.

16 점화시기 제어순서는 각종 센서 → ECU → 파워 트랜지스터 → 점화코일이다.

17

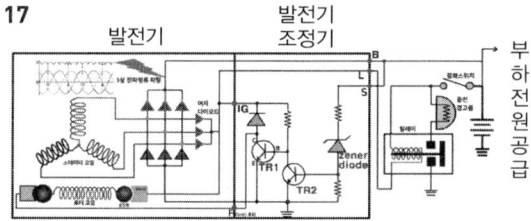

그림 교류 발전 조정기

18 축전지를 과방전 상태로 오래 두면 못쓰게 되는 이유는 극판이 영구 황산납(유화, 설페이션)이 되기 때문이며, 비중이 1.200(20℃) 정도가 되면 보충전을 하고, 보관 시에는 15일에 1번씩 보충전을 한다.

19 자재이음은 동력전달 각도의 변화를 가능하게 한다.

20 급가속 시 앞이 들리게 되는 노스업(스쿼트) 현상이 일어난다.

22 하이브리드화 수준(정도)에 따른 분류
　㉠ 마일드(mild) 또는 소프트(soft)
　㉡ 하드(hard) 또는 스트롱(strong)
　㉢ 완전(Full)

- **마일드**(Mild 또는 Soft)-하이브리드란 자동차의 두 동력원이 서로 대등하지 않으며, 보조 동력원이 주 동력원의 추진 구동력에 보조역할을 수행하는 유형으로 대부분, 보조 동력원(전기기계)만으로는 차량을 구동하기 어려운 하이브리드 자동차를 말한다.
- **스트롱**(Strong 또는 Hard)-하이브리드란 하이브리드 자동차의 두 동력원이 거의 대등한 비율로 차량 구동에 관여하는 유형으로 대부분, 두 동력원 중 하나의 동력원만으로 차량 구동이 가능한 하이브리드 자동차를 말한다.
- **완전**(Full)-하이브리드란 전기기계가 전장품 구동을 위해 전기를 생산할 수 있고, 주행 중 내연기관을 보조하는 기능 외에 전기주행 모드를 구현할 수 있는 하이브리드 자동차를 말한다.

24 동력전달 구조에 따른 분류
　– 직렬, 병렬, 복합(동력분할형)

25 안전 플러그
① 리어 시트 하단에 장착되어 있으며, 기계적인 분리를 통하여 고전압 배터리 내부의 회로 연결을 차단하는 장치이다.
② 고전압 시스템을 점검하거나 정비하기 전에 반드시 안전 플러그를 분리하여 고전압을 차단하도록 하여야 한다.
③ 메인 퓨즈(250A 퓨즈)는 안전 플러그 내에 장착되어 있으며, 고전압 배터리 및 고전압 회로를 과전류로부터 보호하는 기능을 한다.

01	④	02	③	03	④	04	④	05	①
06	③	07	④	08	③	09	②	10	③
11	④	12	②	13	③	14	③	15	③
16	④	17	④	18	①	19	①	20	①
21	②	22	①	23	③	24	③	25	③

01 자동변속기의 특징
① 기어변속이 편리하므로 기관 스톨(갑자기 정지해버리는 현상)이 없으므로 안전운전이 가능하다.
② 기관에서 생긴 진동이 바퀴로 전달되는 과정에서 흡수된다.
③ 과부하가 걸려도 기관에 직접 전달하지 않으므로 기관의 수명이 길다.
④ 발진, 가속, 감속이 원활하게 이루어져 승차감이 좋다.
⑤ 구동력이 크기 때문에 등판발진이 쉽고 최대 등판능력도 크다.
⑥ 유체에 의한 변속으로 충격이 적다.
⑦ 기관의 토크를 유체를 통해 전달되므로 연료소비율이 증대한다.(연비가 불량하다.)
"④" 선지의 최고속도가 다소 낮은 것은 단점에 해당한다.

02 제39조(후퇴등)
자동차(차량총중량 0.75톤 이하인 피견인자동차는 제외한다)의 뒷면에는 다음 각 호의 기준에 적합한 후퇴등을 설치하여야 한다.
1. 1개 또는 2개를 설치할 것. 다만, 길이가 600센티미터 이상인 자동차(승용자동차는 제외한다)에는 자동차 측면 좌·우에 각각 1개 또는 2개를 추가로 설치할 수 있다.
2. 등광색은 백색일 것
3. 후퇴등의 설치 및 광도기준은 별표 6의10에 적합할 것
[별표 6의10] 〈신설 2014.6.10〉
1. 후퇴등의 설치기준
가. 설치위치
1) 높이 : 후퇴등의 발광면은 공차상태에서 지상 250밀리미터 이상 1,200밀리미터 이내일 것

03 독립형 분사펌프의 분사시기 조정은 펌프와 타이밍기어의 커플링으로 한다.

04 스톨 테스트 방법
① 트랜스 액슬 오일온도가 정상 작동온도(70 ~ 80℃)로 된 후 실시한다.
② 바퀴에 버팀목을 받친다.
③ 시험 중 차량의 앞뒤에는 사람이 서 있지 않게 한다.
④ 사이드 브레이크를 잠근 후 풋 브레이크를 밟고 변속레버를 D또는 R위치에서 한다.
⑤ 변속레버를 'D' 또는 'R' 위치에 놓고 최대 기관회전수로 결함부위를 판단한다.
⑥ 스톨 테스트할 때 가속페달을 밟는 시험시간은 5초 이내이어야 한다.

05 판스프링의 구조
① 닙(nip) : 스프링 양끝의 휘어진 부분이다.
② 스팬(span) : 스프링 아이(eye)와 아이 중심거리이다.
③ 섀클(shackle) : 스팬의 길이를 변화시키며, 차체에 스프링을 설치하는 부분이다.
④ 캠버(camber) : 스프링의 휨 량이다.

06 클러치의 역할
① 엔진과의 연결을 차단하는 일을 한다.
② 변속기로 전달되는 엔진의 토크를 필요에 따라 단속한다.
③ 관성운전을 할 때 엔진과 변속기의 연결을 차단한다.
④ 출발할 때 엔진의 동력을 서서히 연결하는 일을 한다.

07 • 인화 : 불을 끌어당기는 현상
• 발화 : 불이 일어나기 시작
• 착화 : 불이 붙는 것
• 점화 : 불을 키는 것
발화, 착화, 점화는 거의 같은 용도로 사용되는 단어이고 인화는 불이 일어난 포인트가 작용점이 아니라 끌어당기는 부분이기 때문에 위의 3단어와는 차이가 난다.

08 센서에서 출력되는 전압의 범위는 5V이하이다.

09 • 펠티어 효과 : 두 종류의 도체를 결합하고 전류를 흐르도록 할 때, 한 쪽의 접점은 발열하여 온도가 상승하고 다른 쪽의 접점에서는 흡열하여 온도가 낮아지는 현상
• 제백 효과 : 펠티어 효과의 반대 개념으로 이중의 금속을 연결하여 한쪽을 고온, 다른 쪽은 저온으로 했을 때 기전력이 발생하는 현상
• 홀 효과 : 전류를 직각방향으로 자계에 가했을 때 전류와 자계에 직각인 방향으로 기전력이 발생하는 현상.

10 지르코니아 O_2센서(Zirconia λ-sensor)
O_2 센서는 고체 전해질의 **지르코니아 소자(ZrO_2)**의 양면에 백금 전극을 설치하고 이 전극을 보호하기 위하여 전극 외측을 세라믹으로 코팅하였다.

11 엔진이 정지 된 상태에서 배터리가 방전되지 않는 한 상시 전원이 공급된다.

12 복권 전동기 안에 캠판이 있어 캠의 홈 부분에 기준 위치와 일치하면 그 곳이 정위치가 되는 것이다.

13 인히비터 스위치 불량 시 기동전동기 ST 단자 쪽으로 배터리 전류가 흘러갈 수 없어 크랭킹도 되지 않는다.

14 옵티컬 타입의 센서를 말하는 것으로 포토다이오드에 빛이 들어오면 역방향으로 전류가 흐르게 된다.

15 ABS 시스템이 상용화 되지 않았을 때 차속을 변속기 출력축의 감속기에 위치한 드리븐 기어에서 신호를 받아 계기판의 속도계로 사용하였다.

16 스플릿형에는 I, U, T 슬롯이 있다. 기계적 강도가 높은 재질을 사용하여 통형으로 제작한 솔리드형이 있다. 히트댐은 분류에 속하지 않고 헤드에 받은 열이 스커트부로 열전달 되는 것을 막아 준다.

17 옵티컬타입의 센서는 주로 배전기 내부에 설치된다. 인덕션타입(마그네틱 픽업코일)과 액티브타입(홀센서)은 크랭크과 캠축의 회전부에 설치되는 경우가 대부분이다.

18 자동차에서 배터리(축전지)를 떼어낼 때에는 항상 접지(-)를 먼저 풀고 나중에 조립한다.
이 방법이 단자 탈부착 시 불꽃이 가장 적게 일어나는 방법이다.

19 SPI 방식 : 스로틀 보디 주변 설치
GDI 방식 : 연소실 내부 설치

20 점도에 따라 오일의 유성이 달라지기 때문에 상황에 따라 제어하는 압력을 다르게 할 필요성이 요구됨.

21 직렬형은 모터로만 자동차가 구동되기 때문에 병렬형에 비해 모터 용량을 크게 하여야 한다.

22 • **안전 운전 범위**(SOA : Safe Operation Area) 셀이 안전하게 운전될 수 있는 전압, 전류, 온도범위
• **잔존 수명**(SOH : State Of Health) 초기 제조상태의 배터리와 비교하여 언급된 성능을 공급할 수 있는 능력이 있고, 배터리 상태의 일반적인 조건을 반영하여 측정된 상황
• **사이클 수명**(cycle life) 규정된 조건으로 충전과 방전을 반복하는 사이클의 수로 규정된 충전과 방전 종료기준까지 수행한다.

24 감속기는 변속기의 기능이 없다.

01	③	02	④	03	④	04	②	05	④
06	③	07	④	08	①	09	④	10	④
11	③	12	②	13	①	14	④	15	④
16	③	17	③	18	①	19	①	20	①
21	②	22	②	23	①	24	③	25	②

01 제58조(경광등 및 싸이렌)
• 군경, 소방 (적색 or 청색)
• 민방위 업무, 전신, 전화, 전기, 가스, 도로관리(황색)
• 구급차 혈액 공급차량 (녹색)

02 $300cc = 0.3l$
$0.3l \times 14 \times 0.73 = 3.066 \mathrm{kg_f}$

03 블로바이 가스 제어장치에 관한 설명으로 ②번 보기에서 설명한 강제식은 흡입라인의 진공도를 이용한 것을 설명한 것이며 송풍기를 따로 두지는 않는다.

04 질소산화물은 혼합비가 농후할 때, 혼합비가 일정하고 흡기다기관의 부압은 강할 때, 기관의 압축비가 낮을 때 발생농도가 낮다. 점화시기가 빠르면 조기점화 때문에 노킹이 발생되고 연소실의 온도는 올라가게 된다.

05 브레이크나 클러치 스위치 신호가 들어오게 되면 정속 주행 장치를 해지하는 신호로 사용 할 것이고 크루즈 컨트롤의 작동여부를 결정짓는 운전자 의사를 반영한 스위치 신호도 필요한 것이다.

06 브레이크 내 잔압 유지는 위쪽의 체크밸브와 아래쪽의 슈의 리턴스프링이 그 역할을 수행한다.

07 P.C.V 밸브는 서지탱크의 진공압으로 작동되는 체크밸브이다.

08 기동전동기의 오버러닝 클러치, 토크컨버터의 스테이터, 유성기어장치 등의 내부에 원웨이 클러치가 사용되어 한쪽 방향의 회전을 제한하는 기능을 한다.

09 엔진 높이를 낮고 편평하게 설계하여 주행 성능을 높인 수평 대향형 엔진이 있다.

10 압력판의 기구학적 위치를 생각하면 된다.

11 ③번의 브레이크 오일 압력센서는 ESP (VDC) 시스템이 작동 중을 때 운전자의 제동 의지를 알기 위해 부착되어진 센서이다. 이 문제는 ABS시스템에 관련된 문제이므로 ③이 답인 것이다.

12 제20조(견인장치 및 연결장치)
① 자동차(피견인자동차를 제외한다)의 앞면 또는 뒷면에는 자동차의 길이방향으로 견인할 때에 해당 자동차 중량의 2분의 1 이상의 힘에 견딜 수 있고, 진동

및 충격 등에 의하여 분리되지 아니하는 구조의 견인 장치를 갖추어야 한다.

13 제38조의2(안개등)
① 자동차(피견인자동차는 제외한다)의 앞면에 안개등을 설치할 경우에는 다음 각 호의 기준에 적합하게 설치하여야 한다. 〈개정 2018. 7. 11.〉
1. 좌·우에 각각 1개를 설치할 것. 다만, 너비가 130센티미터 이하인 초소형자동차에는 1개를 설치할 수 있다.
2. 등광색은 백색 또는 황색일 것
3. 앞면안개등의 설치 및 광도기준은 별표 6의6에 적합할 것. 다만, 초소형자동차는 별표 37의 기준을 적용할 수 있다.
② 자동차의 뒷면에 안개등을 설치할 경우에는 다음 각 호의 기준에 적합하게 설치하여야 한다. 〈개정 2018. 7. 11.〉
1. 2개 이하로 설치할 것
2. 등광색은 적색일 것
3. 뒷면안개등의 설치 및 광도기준은 별표 6의7에 적합할 것. 다만, 초소형자동차는 별표 38의 기준을 적용할 수 있다.

14 차속센서가 고장이 나면 ABS 시스템이 림홈(페일세이프)기능으로 전환되어 일반 브레이크를 사용할 수 있다.

15 ① 분사시기가 빨라지면 연소실에 높은 압력이 유지되기 어려우므로 착화가 지연되게 된다.
② 불완전 연소로 배기가스가 흑색을 띠게 된다.
③ 엔진의 출력도 저하되게 된다.
④ 최고 압력이 되기 전에 분사하게 되므로 분사압력은 오히려 감소하게 된다.

16 수동변속기의 기어 바꿈 시 충돌음의 대부분은 싱크로매시기구의 싱크로나이저 링의 마모 때문이다. 싱크로나이저 스프링의 장력이 부족할 경우 키가 밖으로 힘을 받지 못하여 기어가 잘 빠지는 원인이 된다.

17 $\dfrac{1}{\dfrac{1}{4}+\dfrac{1}{12}} = \dfrac{1}{\dfrac{3}{12}+\dfrac{1}{12}} = \dfrac{1}{\dfrac{4}{12}} = 3\Omega$

18 일반적으로 타이어 교환 후 이런 증상이 간혹 발생된다. 이는 타이어를 휠에 조립하고 나서 휠 밸런스를 제대로 보지 않았을 경우일 가능성이 높다.

19 • **스프링 상수 2단계** : 소프트, 하드 /
 • **감쇠력 3단계** : 오토, 소프트, 하드 /
 • **차고 3단계** : 노말, 로우, 하이

20 베이퍼라이저는 LPG 기관의 구성품이다.
레귤레이터 유닛 → 연료압력조절기

21 스타터 제너레이터의 기능
① EV(전기 자동차)모드에서 HEV(하이브리드 자동차)모드로 전환할 때 엔진을 시동하는 시동 전동기로 작동한다.
② 발전을 할 경우에는 발전기로 작동하는 장치이며, 주행 중 감속할 때 발생하는 운동 에너지를 전기 에너지로 전환하여 배터리를 충전한다.
③ HSG(스타터 제너레이터)는 주행 중 엔진과 HEV 모터(변속기)를 충격 없이 연결시켜 준다.

22 **연료전지 종류** : (공기 호흡형, 알칼리, 직접, 직접 메탄올, 용융 탄산염, 인산형, 고분자 전해질, 양자 교환막, 재생, 고체 산화물, 고체 고분자) 연료전지

01	①	02	④	03	①	04	②	05	③
06	④	07	①	08	②	09	④	10	④
11	③	12	①	13	①	14	①	15	④
16	①	17	①	18	④	19	③	20	③
21	②	22	④	23	②	24	②	25	②

01 코일에 단락이 생겼을 경우 짧은 구간의 저항에 많은 전류가 흐르게 된다.

02 핸드 브레이크를 당겨서 뒤쪽의 두 바퀴에 제동력을 가하기 위해서는 하나의 와이어에 장력을 주었을 때 두 개의 와이어로 전달하는 장치가 필요하다. 이 때 사용하는 것이 이퀄라이저이다. 이름에서처럼 양쪽에 대등한 힘을 전달하는 장치라 생각하면 된다.

03 IQA(Injector Quantity Adaptation)
인젝터간 연료 분사량 편차 보정 및 각 실린더의 인젝터 상호간 보정을 통하여 안정을 추구함. 인젝터 및 ECU 수리 및 교환 시 코딩을 반드시 해야 함. 코딩을 하지 않을 경우 냉간 시 부조 현상.

04 ②은 오일홈의 역할을 설명한 것으로 크러시에 대한 설명이 아니다.
④의 크러시가 크면 베어링이 서로 맞물려 변형이 일어나게 된다. 반대로 너무 작게 되면 온도가 내려갔을 때 유격이 커져서 베어링이 유동 될 수 있다.

05 스로틀 밸브가 닫혀 있을 경우 즉, 운전자가 가속 페달을 많이 밟지 않았을 경우 흡기 다기관이나 서지탱크 쪽의 진공도가 높아진다. 진공도가 높아 질 경우 연료압력 조정기 위쪽에 높은 진공도로 인하여 밸브가 열리게 되고 연료가 탱크 쪽으로 리턴 되는 양도 많아지게 된다. 리턴이 많이 되면 압력은 당연히 낮아지게 될 것이고 인젝터 작동 시 연료 분사 압력은 높지 않아 공전 시에 알맞은 연료가 분사되게 된다.

06 ABS시스템은 브레이크 작동 시 슬립율이 10~20%를 유지할 수 있도록 해제 및 작동을 반복한다.

07 ∞Ω은 저항이 너무 커서 테스트기로 측정할 때 측정전과 비교하여 테스터기 표시 창에 아무런 변화가 없는 상태를 말한다. 0Ω은 저항이 없는 상태로 전류가 흐를 때 아무런 저항이 없다는 뜻이다.

08 좌우 조향각을 다르게 하여(내측을 더 크게 함) 선회 시 저항이 크게 걸리지 않도록 하는데 그 목적이 있다.

09 오일레벨 스틱이 불량하더라도 고정되는 높이가 높고 구멍이 작기 때문에 오일이 누유 되지는 않는다.

10 댐퍼(락업)클러치는 토크가 필요로 하는 구간에서는 작동되지 않아야 한다.
  • TPS : 가속여부 확인
  • 펄스제너레이터-B : 펄스제너레이터-A와 비교 후 부하 여부 확인
  • 오일온도센서 : 냉간 시 엔진이 부하 받으므로 댐퍼클러치를 작동시키면 안되는 기준신호로 사용

11 농후한 혼합기는 연료입자가 굵어지게 되는 경향이 있어 한 번에 연소하기 어려워지게 되고 이는 출력의 감소, 불완전 연소 등에 영향을 끼치게 된다. 그리고 연소 이후 카본이 생성되는 주된 원인이 되기도 한다.

12 • 레귤레이터 밸브 : 기계적인 밸브이다. 스프링 장력으로 토크 컨버터 내의 유압을 일정하게 만들어 준다.
  • 압력조정 밸브 : N → D 즉 변속시의 라인압력을 제어하는 밸브이다.
  ※ 문제에서는 변속시가 아니라 차량이 출발할 때라는 전제조건을 줬으므로 차량이 구동될 때 토크를 키워주는 토크 컨버터 문제라고 보는 것이 맞다.

13 VDC(ESP) 시스템이 작동 중에 경고등이 점등된다. ABS는 작동 중에 경고등이 점등되지 않는다. 자기 진단 중에는 경고등이 점등되는 주기로 고장코드를 파악할 수 있다.

14 ①, ③ 열린 상태에서 고장 발생 시 연료가 계속 탱크로 리턴 되어 시동이 잘 되지 않을 수 있다.
④ 닫힌 상태에서 고장 발생 시 압력이 계속 높게 유지되어 농후한 혼합기가 계속 공급된다.

15
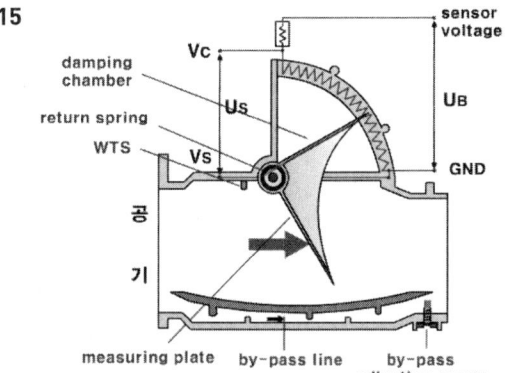

16

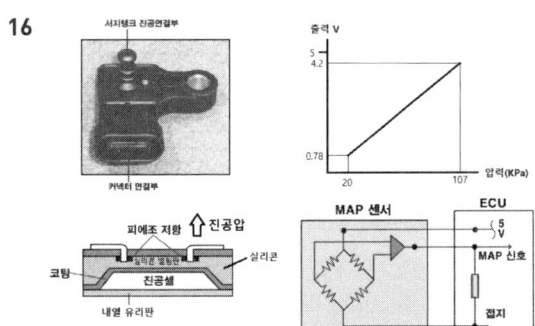

17

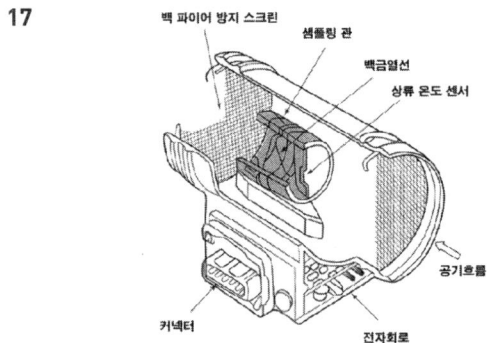

18 표시등 및 경고등은 액추에이터이다.

19 ③의 내용은 디젤기관의 단점에 해당된다.

20 도난을 방지하기 위해 입력 받는 신호를 고려하면 된다.

25 엔클로저(Enclosure) : 울타리를 친 장소를 뜻하며 다음 중 하나 이상의 기능을 지닌 교환형 배터리의 일부분을 말한다.
① **방화용 엔클로저** : 내부로부터의 화재나 불꽃이 확산 되는 것을 최소화 하도록 설계된 엔클러저
③ **감전 방지용 엔클로저** : 위험 전압이 인가되는 부품 또는 위험 에너지가 있는 부품과의 접촉을 막기 위해 설계된 엔클로저
④ **기계적 보호용 엔클로저** : 기계적 또는 기타 물리적 원인에 의한 손상을 방지하기 위해 설계된 엔클로저

제 **10** 회 **자동차공학**

01	①	02	③	03	④	04	④	05	②
06	③	07	③	08	④	09	②	10	②
11	③	12	②	13	②	14	①	15	③
16	②	17	④	18	②	19	②	20	③
21	④	22	④	23	③	24	④	25	①

01 축전지의 용량은 극판의 크기(면적), 극판의 수, 전해액 의 양에 따라 정해진다.

02 차고조정이 정지되는 조건이 아닌 것은 이란 말은 작동 되는 조건을 의미한다.
고속 시에는 차고 조정을 낮게 하여 주행성능을 향상시킨다.

03 가로 홈(스커트부의 열전달 억제)과 세로 홈(전달에 의 한 팽창 억제)을 둔 피스톤(I,U,T)

04 고압라인에 해당되는 부품은 2차 연료펌프, 커먼레일, 인젝터 등이 있다.

05 유압이 전달되지 않거나 낮을 때 압력스위치 접점이 붙 으면서 경고등이 들어오는 구조로 설계가 되어 있어 유 압이 높을 때 경고등이 꺼지게 된다.

06 지르코니아 산소센서는 피드백 제어로 100~ 900mV를 주기로 전압을 발생시킨다.
450mV를 기준으로 주기가 일정 할 때가 이론 혼합비에 가까울 때이다.

07 제동마력 $= \dfrac{2\pi\,TR}{75}$
$= \dfrac{2\times 3.14 \times 10\mathrm{kg_f} \times 1\mathrm{m} \times 1200\mathrm{rps}}{75\times 60}$
$= \dfrac{1256}{75}\,\mathrm{kg_f \cdot m/s} = 16.7\mathrm{PS}$

08 **소프트 랜딩 제어** : 시동 OFF시 엔진 진동을 최소화하기 위해 엔진 회전수를 제어한다.

09 공전 시 조향핸들을 회전시키면 순간적으로 엔진에 출력 이 떨어지게 되는데 이를 보상하기 위한 장치가 오일압 력 스위치이다.

10 차고센서는 옵티컬 방식과 가변저항 방식이 대표적이다.

11 ①, ②, ④는 드럼브레이크의 종류이다.

12 2행정 기관에서 사용되는 윤활방식은 혼합윤활과 분리 윤활 이렇게 둘로 나눌 수 있다.
• **혼합윤활** : 윤활유를 연료에 혼합하여 사용하는 방식 으로 연료는 공급되는 과정에 기화되어 연료로 사용되 고 윤활유는 각 기계마찰 부에 공급되게 된다.

13 풀인 코일은 ST단자와 M단자 사이에 직렬로 연결되어 있으며 힘이 좋아 플런저를 당기는 일을 한다. ③, ④는 홀드인 코일에 대한 설명이다.

14 **회로차단기** : 과잉의 전류가 흘러 과열로 인한 전장품(電裝品)이 손상되는 것을 방지하기 위해 회로를 열어 차단하는 장치를 말한다.

15 냉간 시 상온으로 인지하여 고장이 난 경우 공전상태에서 연료량 부족으로 엔진의 회전이 불안정 하게 된다. 멜코 시스템의 경우 WTS 단선으로 인한 고장 시 −52℃로 고정하여 시스템 고장 시 추운 지역에서도 농후한 혼합비를 공급하여 시동이 꺼지지 않게 한다. 다만 상온에서는 연료 소비량이 늘어날 것이다.

16 산소센서는 연료량 보정용 신호이다.
연료펌프와 맵 센서 오작동 시는 공전상태를 유지하기 힘들다.

17 그림에서처럼 프리 피스톤의 압력이 상승되면 오일 챔버의 압력은 증압된다.

18 터빈의 회전이 1600rpm 일 때 80% 이므로
100%는 80 : 1600 = 100 : x 이므로
x = 2000rpm

19

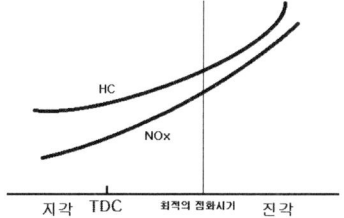

20 1) **유량제어방식(속도감응 제어방식)** : 조향기어 박스의 유량을 조절하는 방식
2) **실린더 바이패스 제어방식** : 동력 실린더 바이패스 제어방식
3) **유압반력 방식** : 제어밸브에 유압을 제어하는 방식

제 10 회 자동차정비

01	④	02	③	03	②	04	③	05	①
06	②	07	④	08	③	09	①	10	④
11	①	12	③	13	③	14	①	15	①
16	④	17	④	18	①	19	④	20	②
21	③	22	③	23	②	24	②	25	①

01 **제동열효율** = (100−35−35) × 기계효율

02 ③의 구동력(가속페달 작동 중)을 제어할 수 있는 장치는 구동력제어시스템(TCS)의 기능이다.

03 편평비 = $\dfrac{\text{타이어 높이}}{\text{타이어 폭}}$ ×100

04 **크세논 가스등의 특징**은 다음과 같다.
① 발광색은 백색광원이다.
② 기동전압이 매우 높아 특별한 기동 장치가 필요하고 제작이 어렵다.
③ 가동시간을 요하지 않는다.
④ 휘도가 높고 발광부 면적이 작아 투광용 광원으로 적합하다.
⑤ 천연 주광색에 가깝다.

05 **스톨 테스트로 확인할 수 있는 사항**
ⓐ 라인 압력 저하
ⓑ 기관의 출력 성능
ⓒ 브레이크의 슬립
ⓓ 앞, 뒤 클러치의 슬립
ⓔ 오버 드라이브 클러치의 슬립
ⓕ 토크 컨버터의 일방향 클러치 작동

06 • **위븐 라이닝(Weaving lining)** : 위븐은 '짜서 만들다. 엮어 만들다' 라는 뜻으로 장 섬유의 석면을 황동, 납, 아연선 등을 심으로 하여 실을 만들어 짠 다음, 광물성 오일과 합성수지로 가공하여 성형한 것으로 유연하고 마찰계수가 크다.
• **몰드 라이닝(Mould lining)** : 몰드는 형판, 틀에 넣어 만든 것 금형의 뜻으로 단 섬유의 석면을 합성수지, 고무 등과의 결합제와 섞은 다음 고온·고압에서 성형한 후 다듬질한 것으로 내열·내마모성이 우수하다.
• **세미 메탈릭 라이닝** : 금속을 많이 첨가한 유기계(탄소가 포함된 유기물질 소재) 마찰재이다.

07 하이드로 에어백은 유압 브레이크 제동압력을 증가시키기 위해 대기압과 공기의 압축압력을 이용한 것이다.

08 **디퓨저** : 확산시키는 장치라는 뜻으로 유체의 유로를 넓혀서 흐름을 느리게 하여 유체의 운동에너지를 저압의 압력에너지로 바꾸는 장치로 터보차저의 외주에 부착한 장치를 말한다.

09 $$손실마력 = \frac{F \times V}{75}$$
$$= \frac{0.25\mathrm{kg_f} \times 4 \times 4 \times 12\mathrm{m/sec}}{75}$$
$$= 0.64PS$$

10 유압이 갑자기 흘러갈 때 충격을 완화시켜주는 장치로 ABS 모듈레이터 안에도 저압과 고압 어큐물레이터가 있다.

11 브레이크 페달을 밟았을 때 공기 밸브는 공기밸브는 열리고 진공밸브는 닫힌다.
브레이크 페달을 놓았을 때 공기 밸브는 닫히고 진공밸브는 열리게 된다.

12 오일이 부족하거나 변질 되었다면 기어가 잘 들어가지 않고 소음이 커질 것이다.

13 복실식인 예연소실과 와류실에 사용되는 예열 플러그로 냉간 시 원활한 시동을 돕는다.

14 급가속 시에는 농후한 혼합비가 요구되므로 피드백제어를 하면 안 된다.

15
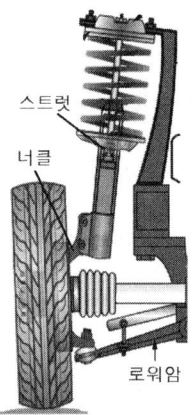

스트럿
너클
로워암

16 토크컨버터의 성능곡선도에서 확인 할 수 있는 내용으로 스톨 포인트란 펌프의 회전은 있지만 터빈은 돌지 않는 상황을 설명한 것이고 터빈의 회전수가 점차 올라감에 따라 속도비가 1까지 증가하게 된다. 속도비가 1에서 기계효율이 가장 좋으며 펌프의 회전수와 터빈의 회전수가 같을 때이다.

17 • 히트 세퍼레이션 현상 : 타이어의 고열에 의해 트레드 층과 카커스 층이 분리되는 현상
• 런 플렛 : 사이드 월에 철심이 있어 펑크 시 급격하게 바람이 빠지지 않게 설계된 타이어를 말함

18 • 토르센형 : LSD의 종류로 응답성이 좋은 토크 비례형 장치로 웜기어와 스퍼기어를 이용한다.
토크 센싱형의 변형된 어원이다.

19 데 디온식 : 종감속장치를 차체에 고정하여 스프링 아래 질량을 감소한 방식으로 슬립이음이 필요하다.

20 유온센서는 자동변속기 오일의 온도를 측정하여 TCU에 정보를 입력하여 댐퍼클러치의 작동유무를 결정하기 위한 신호로도 사용된다.

24 온도센서에는 NTC(부특성 서미스터) 형식이 사용된다.

내용관련 Q&A

gard1212@naver.com

※ 이 책의 내용에 관한 질문은 위 메일로 문의해 주십시오.
질문요지는 이 책에 수록된 내용에 한합니다.
전화로 질문에 답할 수 없음을 양지하시기 바랍니다.

2026년
차량직·전차직 군무원 300제
자동차공학·자동차정비

초판 발행 | 2025년 4월 3일
개정 발행 | 2026년 4월 10일

지 은 이 | 이윤승, 윤명균, 강주원
발 행 인 | 김길현
발 행 처 | ㈜골든벨
등   록 | 제 1987-000018 호
I S B N | 979-11-24114-39-1
가   격 | 26,000원

㉾ 04316 서울특별시 용산구 원효로 245[원효로1가 53-1] 골든벨빌딩 6F
● TEL : 도서 주문 및 발송 02-713-4135 / 회계 경리 02-713-4137
        기획디자인본부 02-713-7452 / 해외 오퍼 및 광고 02-713-7453
● FAX : 02-718-5510   ● http : // www.gbbook.co.kr   ● E-mail : 7134135@ naver.com